| 工业设计案例全书 |



# AutoCAD 2009 电气设计技术（基础·案例篇）

么宏生 编著

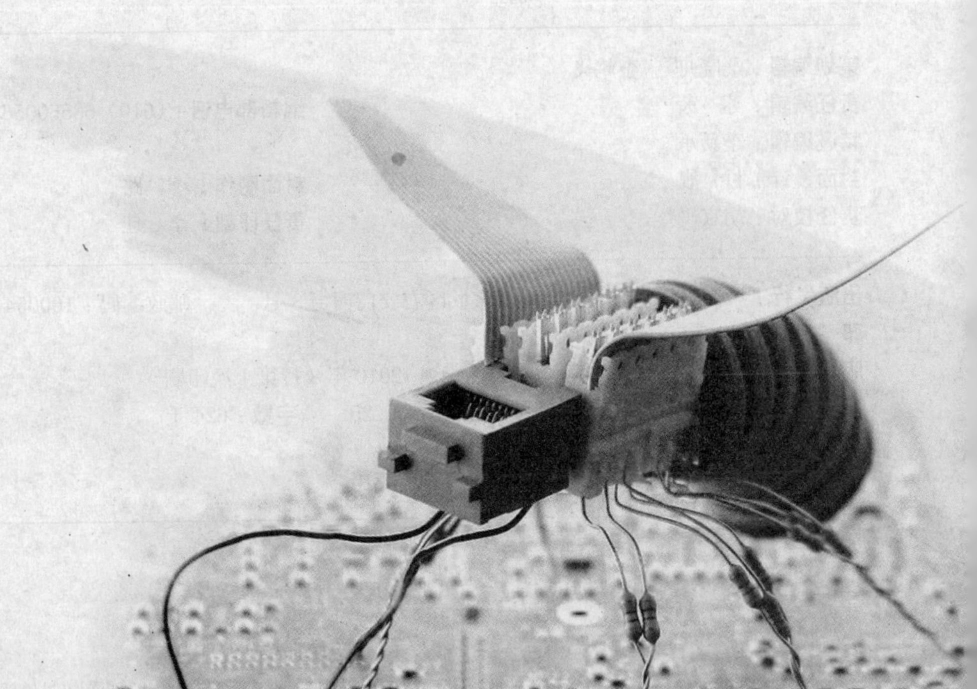

中国铁道出版社
CHINA RAILWAY PUBLISHING HOUSE

## 内容简介

本书是“工业设计案例全书”中的一册，重点介绍了 AutoCAD 2009 中文版在电气设计中的应用方法与技巧。内容包括 AutoCAD 2009 基础知识，图形文件管理，绘制简单、复杂的图形，在绘图过程中学习二维、三维图形命令以及编辑三维图形、尺寸标注、表格与添加文字。最后通过几个大的综合实例来说明 AutoCAD 的绘制功能。在介绍的过程中，知识由浅入深、从易到难，各章节内容既相对独立又前后关联。作者根据自己多年的经验及读者学习的普遍心理，对相关内容的介绍即时给出总结和提示，帮助读者快速掌握所学知识。

本书解说翔实、图文并茂、语言简洁、思路清晰，并配有视频讲解光盘。

本书适合作为初学者的入门教材，也可作为工程技术人员的参考工具书，以及相关培训机构的辅导教材。

**图书在版编目（CIP）数据**

AutoCAD 2009电气设计技术.基础·案例篇/么宏生编著. --北京：中国铁道出版社，2010.5
（工业设计案例全书）
ISBN 978-7-113-11134-2

Ⅰ.①A… Ⅱ.①么… Ⅲ.①电气设备—计算机辅助设计—应用软件，AutoCAD 2009 Ⅳ.①TM02-39

中国版本图书馆CIP数据核字（2010）第036887号

书　　名：AutoCAD 2009 电气设计技术（基础·案例篇）
作　　者：么宏生 编著

策划编辑：严晓舟　李鹤飞
责任编辑：苏　茜　　编辑部电话：（010）63560056
特邀编辑：李新承
封面设计：付　巍　　封面制作：李　路
责任校对：胡京平　　责任印制：李　佳

出版发行：中国铁道出版社（北京市宣武区右安门西街8号　邮政编码：100054）
印　　刷：北京鑫正大印刷有限公司
版　　次：2010年8月第1版　2010年8月第1次印刷
开　　本：880mm×1230mm　1/16　印张：25.25　字数：624千
书　　号：ISBN 978-7-113-11134-2
定　　价：55.00元（附赠光盘）

Foreword

# 前 言

## 本书的写作出发点

AutoCAD 中文版是 Autodesk 公司推出的集 CAD/CAM 为一体的设计平台，在航空、汽车、机械、电气、电子等各工业领域中的应用非常广泛。

本书介绍的软件版本是 AutoCAD 2009 中文版，可绘制任意的二维和三维图形。同传统手工绘图相比，它的速度更快、精度更高，而且应用的领域也非常广泛。本书以敏锐的视角、简练的语言，并结合电力、电气行业的需要，运用基础知识与实例相结合的方式，使读者对 AutoCAD 2009 进行全面掌握。

## 套书介绍

本套丛书以工业设计为主题，分别介绍 AutoCAD、Pro/E、UG 等工业设计软件在各个行业中的详细应用方法。

## 本书内容

本书采用理论与实践相结合的方法，系统地介绍了使用 AutoCAD 2009 进行电气工程制图的方法，循序渐进地介绍了 AutoCAD 2009 的基本操作、二维图形创建与编辑、文字和标注、图案填充、绘制标准图形以及绘制电气施工图等。并且书中辅以大量的典型实例进行讲解，通过详细的操作步骤，读者能够轻松地学习和掌握 AutoCAD 2009。

本书以 AutoCAD 2009 中文版为操作平台，由浅入深、图文并茂地剖析了用 AutoCAD 软件进行电力电气绘图的全过程，使读者能快速、全面地掌握电气设计技术。

本书共分为 16 章，包括：第 1 章 AutoCAD 2009 基础入门；第 2 章绘制图形的基础；第 3 章二维绘图命令；第 4 章二维图形的基本编辑；第 5 章三维绘图命令；第 6 章编辑三维图形；第 7 章尺寸标注；第 8 章表格与添加文字；第 9 章电气工程图制图基础；第 10 章绘制变电工程图；第 11 章输电工程图设计；第 12 章电机供电系统和控制线路图；第 13 章电力工程图设计；第 14 章机械电气图绘制；第 15 章建筑电气图设计；第 16 章通信工程图的绘制。

## 本书读者

本书内容翔实、实例丰富，适合作为初学者的入门教材，也可作为工程技术人员的参考工具书，以及相关培训机构的辅导教材。

## 本书结构

本书以“知识讲解 + 实例操作”的形式进行讲解。整本书的章节安排是：前 9 章为 AutoCAD 中的基础知识，后 7 章为综合实例；其中每章中小节又以前面为基础知识，后面为实例的方式安排。

在前面的基础知识中，详细介绍了每个命令下对话框中各选项的含义及应用方法，并讲解了绘制电力电气工程图的一般步骤。当然要熟练掌握电力电气方面的知识，只靠理论学习和少量的练习是远远不够的，编著本书的目的正是为了使读者通过书中大量的经典实例，迅速掌握各种绘图方法，使读者在短时间内成为一名绘图设计高手。

另外，在讲解和操作的过程中，配有知识链接，随时对内容进行注释。

## 本书特点

本书是进一步学习 AutoCAD 电力电气设计的实例图书，其特点如下：

- 实例丰富：与其他同类书籍相比，包括更多的实例及设计方法。在每章中除了有“实例操作”外，还有“精通必备”。
- 讲解详细：从执行命令到命令中相关选项的含义及应用，条理清晰，保证自学的读者能够独立学习书中的内容。
- 附赠光盘：随书光盘中制作了本书的全程同步视频文件，以帮助读者轻松、高效地学习。

## 本书约定

在本书中，针对一些常出现的操作方式、常用的词语进行以下约定。

- 单击：将鼠标指针移至某位置处，然后按一下鼠标的左键。
- 双击：将鼠标指针移至某位置处，然后连续快速地按两下鼠标的左键。
- 右击：将鼠标指针移至某位置处，然后按一下鼠标的右键。

每章的最后小节中安排了“实例操作”以及“精通必备”。“实例操作”是针对本章的知识制作出一个实例效果，“精通必备”则是对其他一些相关的知识进行实例演练。

本书由么宏生编著。

由于作者水平有限，书中难免出现错误或疏漏，请读者给予批评指正。

编　者

2010 年 5 月

Contents

# 目 录

# Chapter 1

# AutoCAD 2009 基础入门

## 本章内容

本章通过对 AutoCAD 2009 及其界面的简单介绍，将 AutoCAD 2009 崭新的一面一览无余地展示在用户的面前。

## 本章学习地图

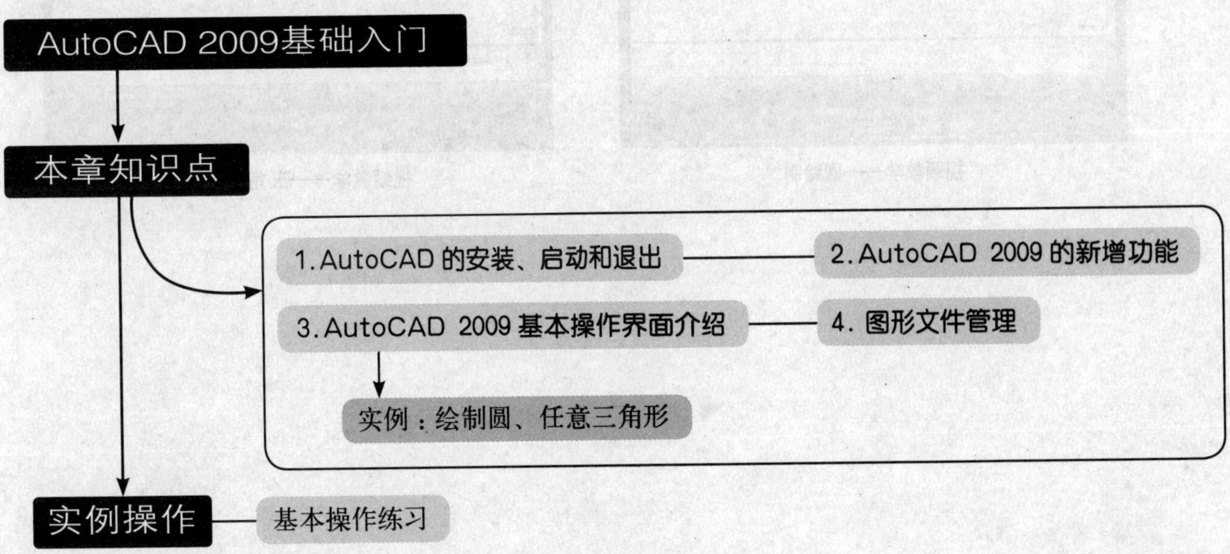


## 本章知识重点

- AutoCAD 2009的安装、启动、退出及其新增功能。
- AutoCAD 2009基本操作界面。
- AutoCAD 2009图形文件管理的基本操作方法，包括新建图形文件、打开图形文件、保存图形文件、关闭图形文件等。

## 本章实例效果图

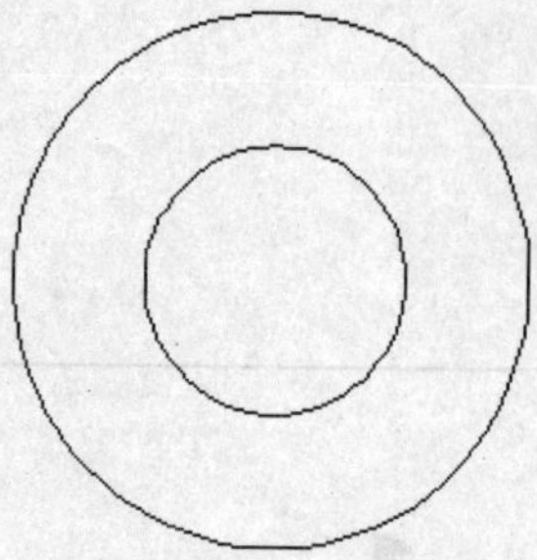

绘制半径为 200 的圆

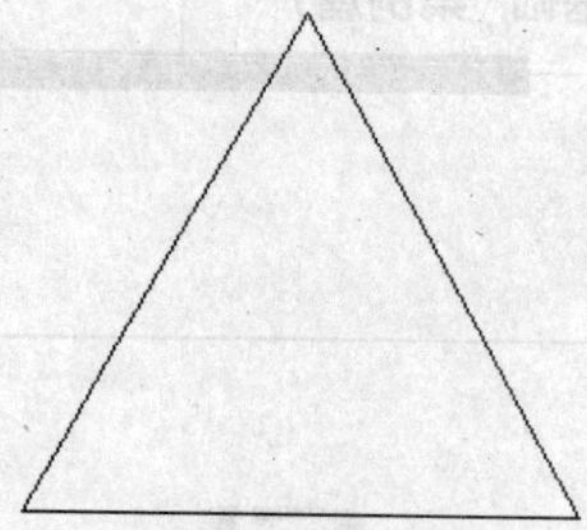

绘制任意三角形

## 本章视频效果图

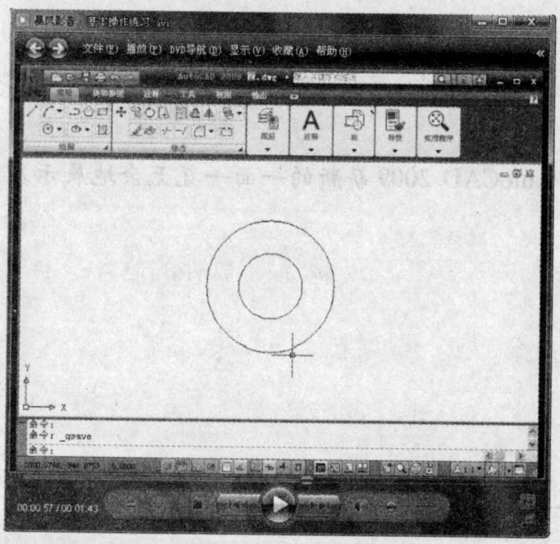

视频教学——圆绘制

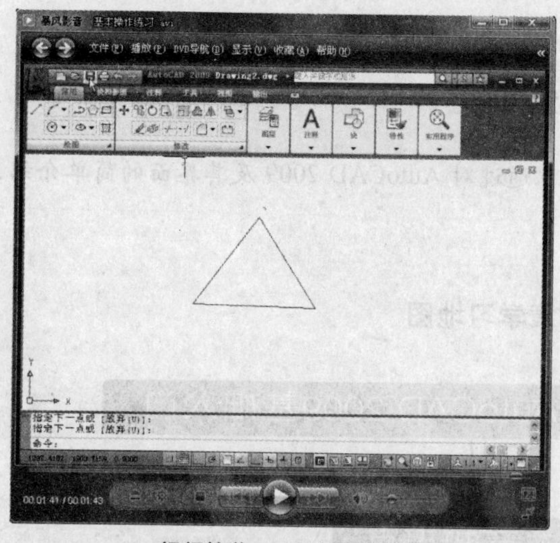

视频教学——三角形绘制

AutoCAD是由美国Autodesk公司开发的通用计算机辅助设计软件，具有快捷、方便绘制二维图形、三维图形，能与Internet连接等优点，深受广大用户的欢迎。AutoCAD自1982年问世以来，进行了10余次升级，功能日趋完善，已成为工程设计领域中应用最为广泛的计算机辅助绘图与设计软件之一。AutoCAD 2009在以前版本的基础上界面更加完善，更多地将工具进行细化和升级，提高了工作效率。

传统的绘图方法是用各种绘图仪器及工具进行手工绘制。如果在工业、电气、建筑和机械等行业采用这种绘图方法，不但劳动强度大，制图效率低，而且对过于复杂烦琐的图形不能进行复制，这会给绘图带来很大麻烦，影响整个工作进度。AutoCAD是随着计算机图形学理论和技术的不断发展而产生的新兴学科，是现代工业设计中非常重要的一项技术。

AutoCAD 2009是AutoCAD经过10多次技术变革和产品升级而产生的，具有CAD普遍拥有的绘图速度快、精度高等优点。其基本功能不变，包括以下几点：

- ◆ 绘制与编辑二维、三维图形。
- ◆ 标注图形尺寸。
- ◆ 渲染三维图形。
- ◆ 输出与打印图形。
- ◆ 与Internet连接。

## 1.1 AutoCAD的安装、启动和退出

正确地安装软件是使用该软件之前的重要工作。为了保证软件的运行稳定与工作效率，必须确保系统配置能达到软件的要求。本节将介绍中文版AutoCAD 2009对系统的要求及安装、启动和退出的相关操作。

### 1.1.1 AutoCAD 2009对软、硬件的要求

中文版AutoCAD 2009在以前版本的基础上优化与增加了部分功能，其配置要求与以前略有不同。

**1．安装AutoCAD 2009的硬件推荐配置**

- ◆ CPU：Pentium Ⅲ或Pentium 4（建议使用Pentium 4）800 MHz。
- ◆ 内存：512 MB。
- ◆ 硬盘：750 MB。
- ◆ 图形卡：1024×768 VGA真彩色（最低要求）；OpenGL兼容视频卡（可选）。
- ◆ 输入设备：鼠标、轨迹球或其他设备。
- ◆ 输出设备：绘图仪、打印机或数字化仪。
- ◆ CD-ROM：任意速度（仅用于安装）。

**2．安装AutoCAD 2009所需软件**

- ◆ 操作系统：（32位）Windows XP、Windows Vista。
- ◆ 浏览器：Microsoft Internet Explorer 6.0 Service Pack 1（或更高版本）。

### 1.1.2 AutoCAD 2009的安装

中文版AutoCAD 2009在各种操作系统下的安装过程基本上是一样的，下面就以Windows Vista系统为例来介绍它的安装过程。

**Step 1** 将AutoCAD 2009的安装光盘放到光驱内，打开AutoCAD 2009安装文件夹。双击“setup”图标，打开图1-1所示的窗口。

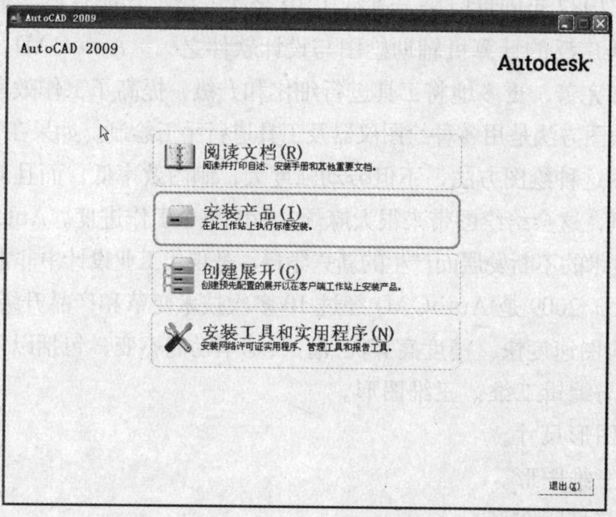


图 1-1
双击“setup”图标后的窗口

**Step 2** 单击窗口中的“安装产品”开始安装，此时弹出“安装向导”窗口，如图1-2所示。

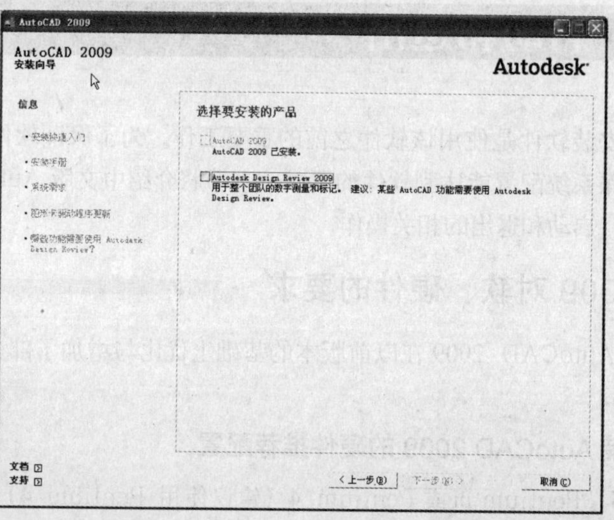


图 1-2
“安装向导”窗口

## 1.1.3 中文版AutoCAD 2009的启动和退出

软件安装完成后，就可以使用软件进行绘图了。下面就介绍一下AutoCAD 2009的启动和退出的具体操作步骤。

### 1. 启动

可以通过以下方法启动AutoCAD 2009。

- ◆ 开始菜单：选择“开始”→“Autodesk”→“AutoCAD 2009”命令。
- ◆ 桌面：双击桌面上的图标，或者右击桌面上的图标，从弹出的快捷菜单中选择“打开”命令。

以上两种方式均可打开AutoCAD 2009的操作界面。首次启动AutoCAD 2009，会弹出“新功能专题研习”界面，如图1-3所示。如果想马上查看新功能，就选中默认的“是”单选按钮；如果现在不想看，就可以选中“以后再说”或“不，不再显示此消息”单选按钮。

图 1-3
“新功能专题研习”界面

### 2. 关闭

可以通以下方法关闭 AutoCAD 2009。

- ◆ 命令行：在命令行中输入“QUIT”。
- ◆ 标题栏：单击标题栏上的“关闭”按钮。
- ◆ 菜单栏：选择“文件”→“退出”命令。
- ◆ 快捷键：按【Alt+F4】组合键。

用户在执行“退出”命令前要注意保存已修改的文件。

如果用户在退出时没有保存已修改的文件，则会弹出提示框，如图 1-4 所示，询问用户是否保存已修改的文件。如果要保存，单击“是”按钮即可；如果不想保存，则单击“否”按钮；单击“取消”按钮后，则取消退出操作。

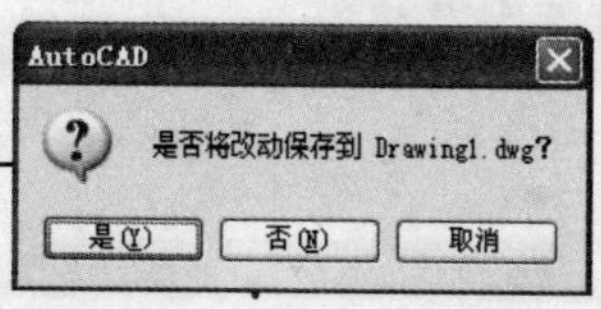


图 1-4
提示框

## 1.2 AutoCAD 2009 的新增功能

中文版 AutoCAD 2009 较之以前的版本在功能和性能方面都有了很大的提高，不但将有些原有功能做了改进，而且增加了一些新的功能，下面将详细介绍 AutoCAD 2009 版本的新增功能。

### 1.2.1 打开 AutoCAD 2009 新功能专题研习菜单

用户想查看新功能，可以在“帮助”菜单中选择“新功能专题研习”命令进行学习。

**Step 1** 选择“帮助”→“新功能专题研习”命令，如图 1-5 所示。

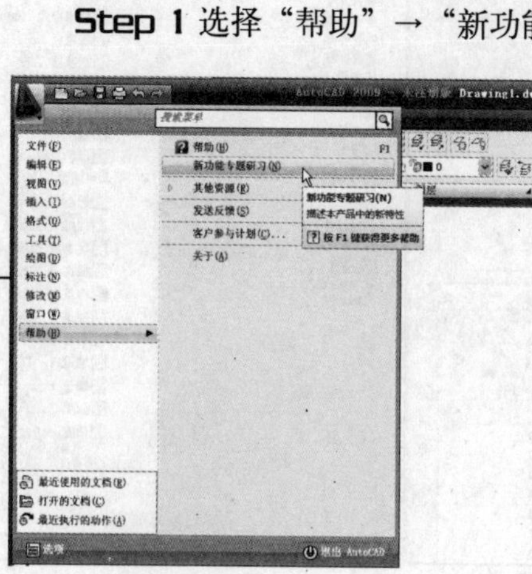

图 1-5
选择“新功能专题研习”命令

**Step 2** 进入“新功能专题研习”窗口，可以查看新功能，如图 1-6 所示。

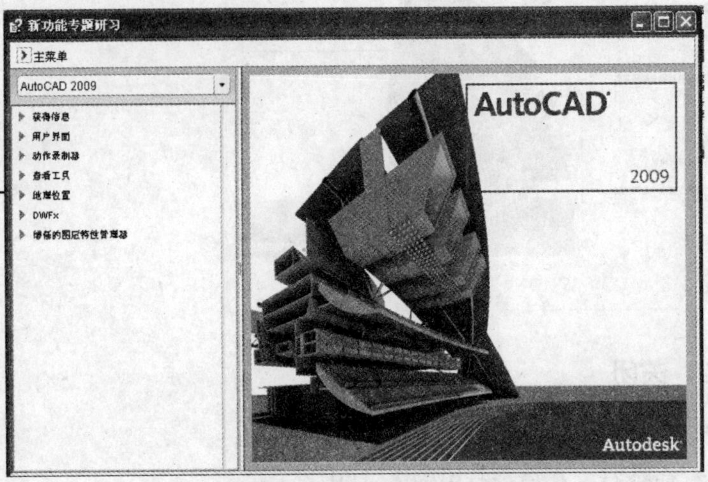


图 1-6
“新功能专题研习”窗口

## 1.2.2 AutoCAD 2009 新功能介绍

### 1. 访问常用工具

应用程序窗口已得到增强，用户可以从中轻松地访问常用工具，例如“菜单浏览器”、“快速访问”工具栏和信息中心。从状态栏中可轻松访问绘图工具、导航工具以及快速查看和注释比例工具，如图 1-7 所示。

图 1-7
访问常用工具

### 2. 自定义工具栏

用户可以创建要显示在功能区上的面板，还可以修改现有功能区面板上的命令和控件。创建或修改面板后，可以在功能区选项卡上显示该面板，如图 1-8 所示。

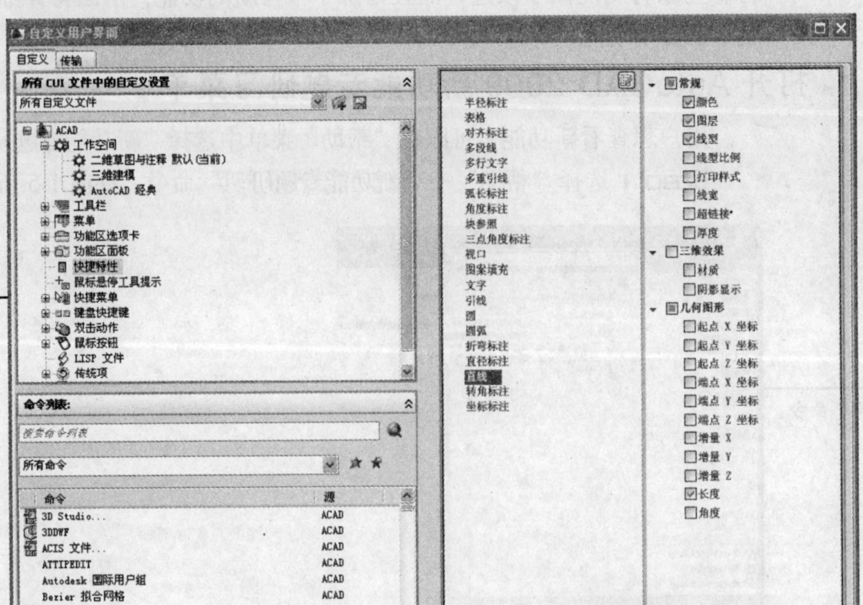


图 1-8
自定义工具栏

### 3．放置“快捷特性”面板

在图形中选择一个对象或多个对象时，将显示“快捷特性”面板。用户可以设置“快捷特性”面板的显示位置。可以更改 QPLOCATION 系统变量的值，也可以在“快捷特性”面板的快捷菜单中选择一种模式。“快捷特性”面板的位置模式包括“光标”和“浮动”两个选项，如图 1-9 所示。

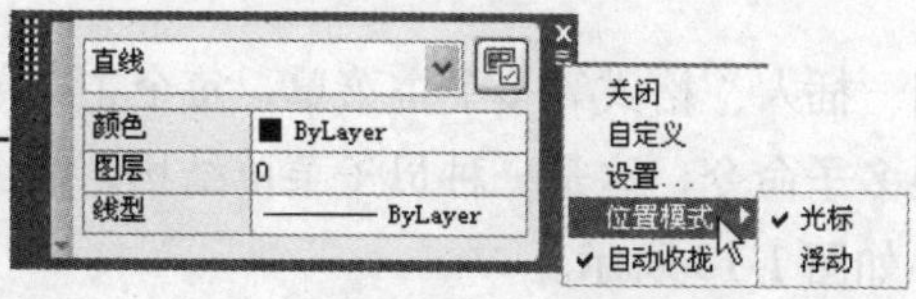


图 1-9
“快捷特性”面板的位置模式

### 4．定义工具提示选项

通过工具提示，可以即时访问图形中有关对象的信息、对话框中的控件、在用户界面中使用的命令、视图缩略图或图形中的布局，如图 1-10 所示。

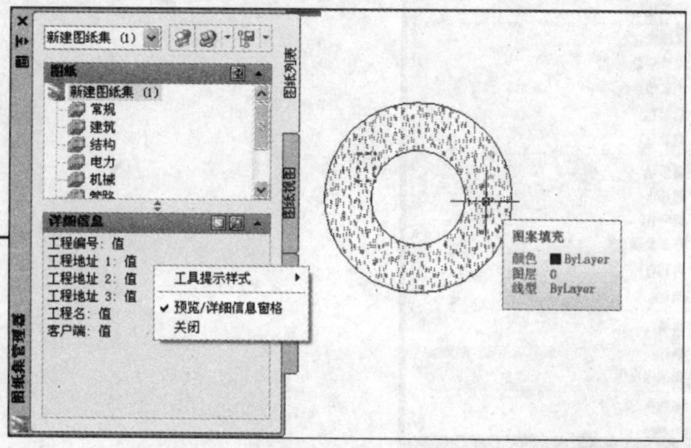


图 1-10
定义工具提示选项

### 5．查看地理位置

可以通过以下两种方法之一查看地理位置信息。

◆ 通过直观表示位置坐标的图形（地理标记）。

◆ 通过显示纬度和经度的状态栏坐标。

查看地理位置如图 1-11 所示。

### 6. 更改图层特性

在图层特性管理器保持打开状态的同时，可对多个图层特性进行更改。可以选择希望可见的图层，而无须重新打开和关闭对话框。无须单击“确定”或“应用”按钮即可查看图层特性更改，如图 1-12 所示。

图 1-11
查看地理位置

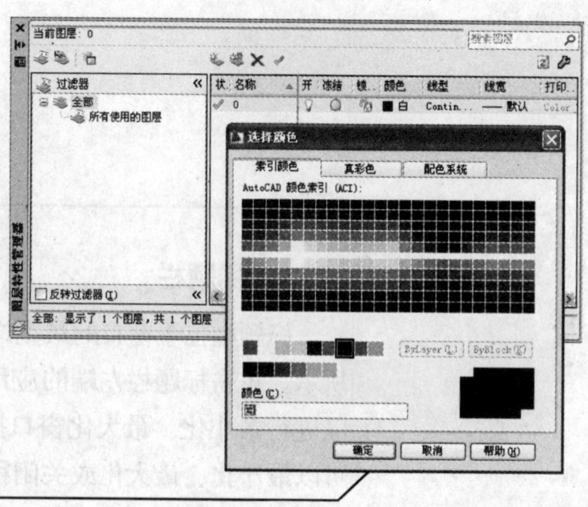


图 1-12
更改图层特性

## 1.3 AutoCAD 2009 基本操作界面介绍

中文版 AutoCAD 2009 的基本操作界面主要由菜单栏、工具栏、绘图窗口、文本窗口与命令行、状态行等组成，下面分别进行介绍。

### 1．菜单栏

包含文件、编辑、视图、插入、格式等多个主菜单，每个主菜单下面都有一系列下拉菜单。下拉菜单中又包含很多子命令，这是一种母子菜单结构。绘图时根据需要，选择相对应的主菜单和命令即可，如图 1-13 所示。

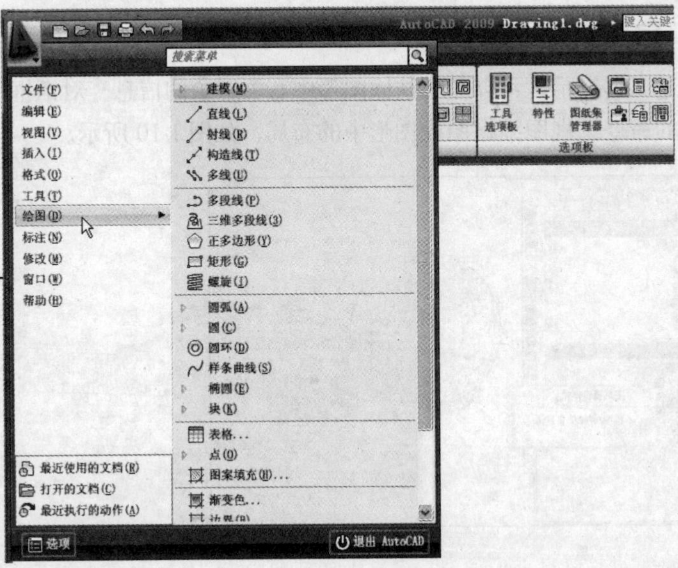

图 1-13
菜单栏

### 2．绘图窗口

绘图窗口是用户绘图的工作区域，如图 1-14 所示。一般的操作都在这个区域中完成。它占据了屏幕的绝大部分空间，用户绘图的所有内容都将显示在这个区域中。在绘图窗口中不仅显示当前的绘图结果，而且还显示了用户当前使用的坐标系的图标，表示了该坐标系的类型和原点、*X* 轴、*Y* 轴、*Z* 轴的方向，如图 1-14 所示。

图 1-14
绘图窗口

### 3．标题栏

标题栏位于窗口的最上端，用于显示当前正在运行的程序名和文件名等信息，如图 1-15 所示。单击标题栏左端的应用程序小图标，弹出一个 AutoCAD 的窗口控制下拉菜单，可以进行最小化、最大化窗口操作，也可以恢复窗口和移动窗口。单击标题栏右端的按钮，可以最小化、最大化或关闭程序窗口。

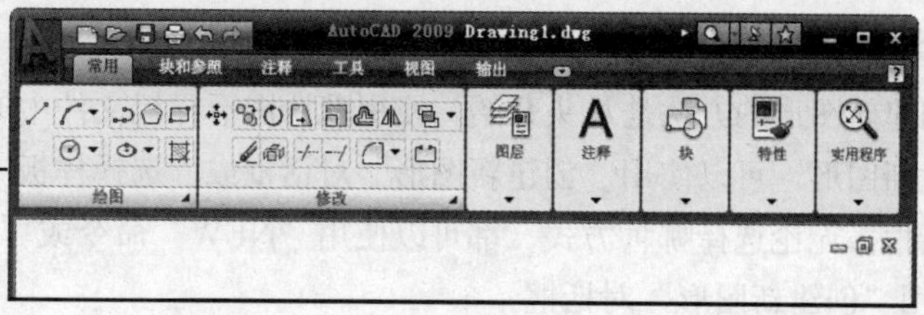


图 1-15
标题栏

### 4．工具栏

调用命令的另一种方式就是应用工具栏，工具栏是一组图标型工具的集合，如图 1-16 所示。很多工具栏是处于隐藏状态的，如果用户想要显示某个隐藏的工具栏，可以直接在某个工具栏上右击，从弹出的快捷菜单中选择相应的命令即可。

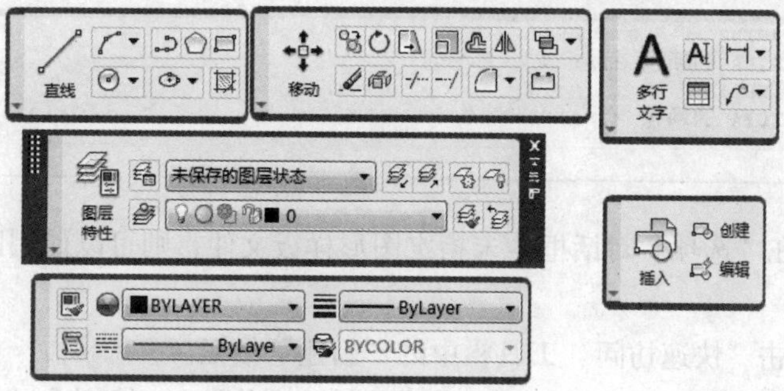


图 1-16
工具栏

### 5．命令行

默认情况下，命令行位于绘图区的底部，用于输入系统命令或显示命令提示信息。用户在菜单栏和工具栏中选择某个命令时，也会在命令行显示提示信息，如图 1-17 所示。

如果用户觉得命令行显示的信息太少，可以根据自己的需要通过拖动命令行与绘图区之间的分隔边框来改变命令行的大小。还可以将命令行拖动至其他位置，将其变为浮动状态。

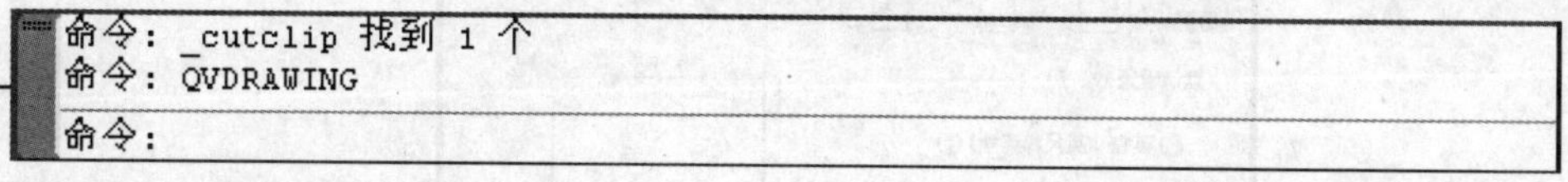


图 1-17
命令行

### 6．状态栏

在命令行下还有一栏——状态栏，如图 1-18 所示。在状态栏中有对象捕捉追踪、正交模式、栅格显示以及显示/隐藏线宽等命令，可以显示图形的一些状态，比如显示线型的线宽或者显示图形界面栅格等。

图 1-18
状态栏

## 1.4 图形文件管理

本节将介绍有关图形文件管理的一些基本操作方法，包括新建图形文件、打开图形文件、保存图形文件、关闭图形文件等，这些都是 AutoCAD 2009 最基础的知识。

### 1.4.1 创建图形文件

创建新图形的方法有多种，包括从头开始创建图形或使用样板文件开始创建图形。无论采用哪种方法，都可以选择测量单位和其他单位格式惯例。

### 1．从头开始创建图形

快速创建新图形的方法是从头开始，使用默认图形样板文件中的设置。

要创建新图形，可以使用“创建新图形”对话框或“选择样板”对话框，也可以不使用任何对话框。无论选择哪种方式，都可以使用“NEW”命令或“QNEW”命令。

1）使用“创建新图形”对话框

必须满足以下条件才能显示“创建新图形”对话框。

◆ STARTUP 系统变量设置为 1（开）。

◆ FILEDIA 系统变量设置为 1（开）。

在命令提示下，输入“STARTUP”和“1”，然后输入“FILEDIA”和“1”，如图 1-19 所示。

```
命令: STARTUP
输入 STARTUP 的新值 <1>: 1
命令: FILEDIA
输入 FILEDIA 的新值 <1>: 1

命令:
```

图 1-19
输入命令

如果在“选项”对话框中未指定图形样板文件，则可以使用以下方法之一打开该对话框。

◆ 单击“快速访问”工具栏中的“新建”按钮。

◆ 单击按钮，从弹出的菜单中选择“文件”→“新建”命令。

◆ 单击“标准”工具栏中的“新建”按钮。

◆ 在命令行中输入“NEW”。

在“创建新图形”对话框中单击“从草图开始”按钮，如图 1-20 所示。 在“默认设置”选项组中选中“英制”或“公制”单选按钮。

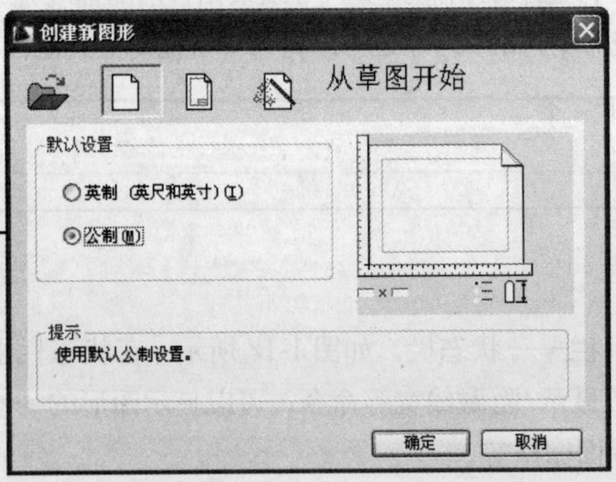


图 1-20
单击“从草图开始”按钮

2）使用“选择样板”对话框

操作步骤如下：

**Step 1** 如有必要，将 STARTUP 系统变量设置为 0，将 FILEDIA 系统变量设置为 1，如图 1-21 所示。

```
命令: STARTUP
输入 STARTUP 的新值 <1>: 0
命令: FILEDIA
输入 FILEDIA 的新值 <1>: 1

命令:
```

图 1-21
设置变量

**Step 2** 单击按钮，从弹出的菜单中选择“工具”→“选项”命令，弹出“选项”对话框。在“选项”对话框“文件”选项卡的节点列表中，单击“样板设置”旁边的加号（+），再单击“样板图形文件位置”旁边的加号（+），然后指定一个文件夹路径，如图 1-22 所示。

**Step 3** 单击"快速新建的默认样板文件名"旁边的加号（+），并指定一个图形样板文件名，单击"确定"按钮。在命令提示下输入"NEW"，弹出"选择样板"对话框，如图 1-23 所示。

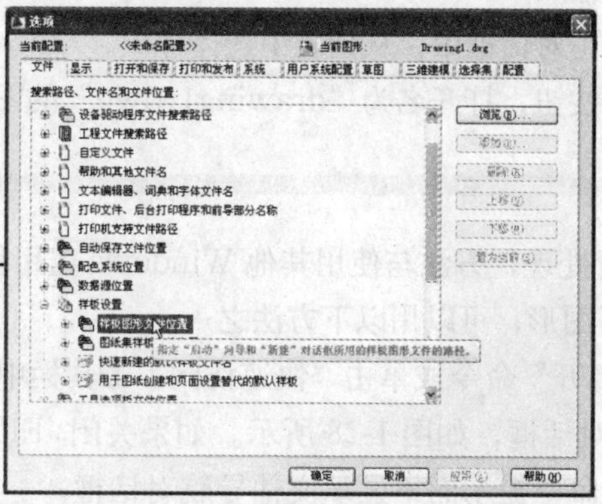

图 1-22
"选项"对话框

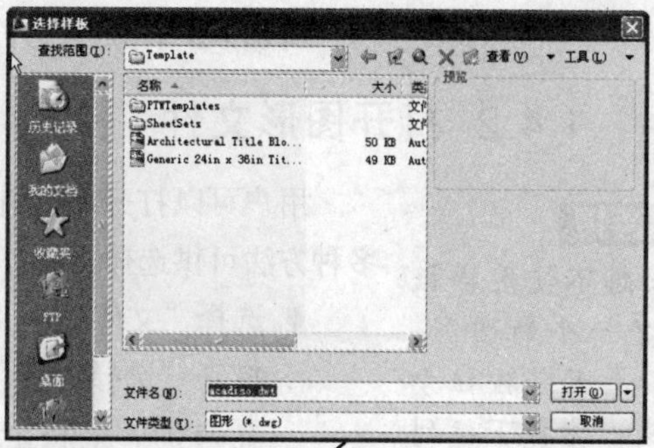

图 1-23
"选择样板"对话框

## 2．使用向导创建新图形

操作步骤如下：

**Step 1** 将 STARTUP 系统变量设置为 1，将 FILEDIA 系统变量设置为 1，如图 1-24 所示。

```
命令: STARTUP
输入 STARTUP 的新值 <1>: 1
命令: FILEDIA
输入 FILEDIA 的新值 <1>: 1
命令:
```

图 1-24
设置变量

**知识链接**

创建的新图形名为"drawing1.dwg"。默认图形名随开始新图形的数目而变化。例如，如果创建另一图形，则默认的图形名为"drawing2.dwg"。

**Step 2** 单击"快速访问"工具栏中的"新建"按钮，或在命令提示下输入"NEW"，弹出"创建新图形"对话框。在"创建新图形"对话框中单击"使用向导"按钮，并选择"选择向导"列表框中的"高级设置"选项，如图 1-25 所示。

**Step 3** 在"高级设置"对话框中单击"下一步"和"上一步"按钮完成向导的每一步设置，如图 1-26 所示。

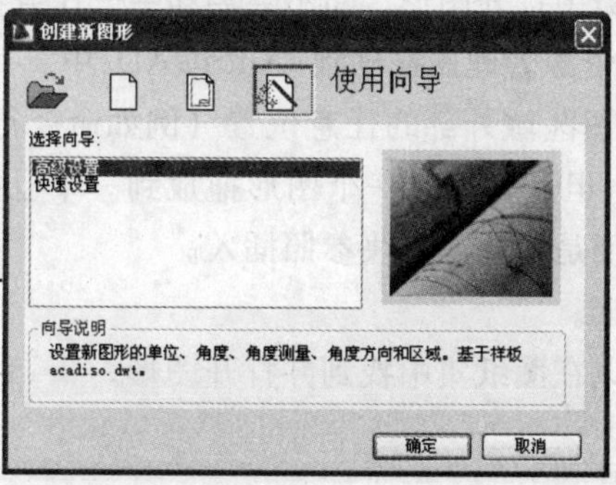

图 1-25
"创建新图形"对话框

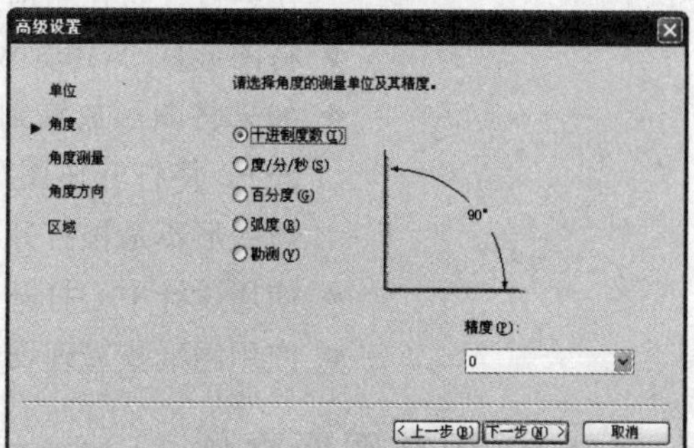

图 1-26
"高级设置"对话框

**Step 4** 在最后一页上单击"完成"按钮，如图 1-27 所示。

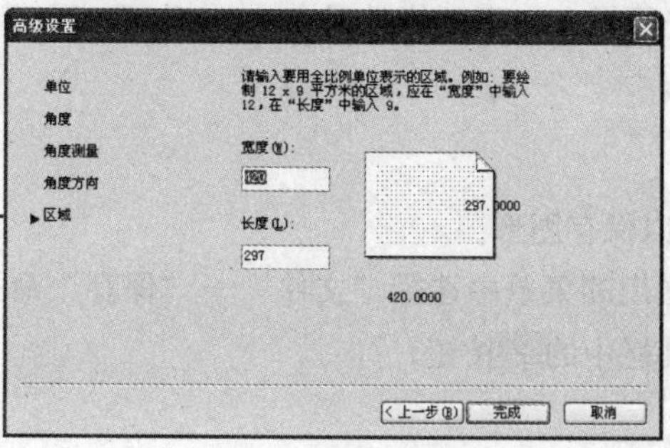

图 1-27
单击"完成"按钮

3．使用样板文件创建图形

操作步骤如下：

**Step 1** 在命令提示下输入“NEW”。

**Step 2** 在“选择样板”对话框中，从列表中选择样板。

**Step 3** 单击“打开”按钮，打开名为“drawing1.dwg”的图形。

## 1.4.2 打开图形文件

用户可以打开图形进行处理，方法与使用其他 Windows 应用程序类似。此外，还有多种方法可供选择。要打开图形，可以用以下方法之一。

> **知识链接**
> 如果想不使用样板文件创建一个新图形，请单击“打开”按钮旁边的箭头，选择下拉列表中的“无样板”选项即可。

- ◆ 选择“文件”→“打开”命令或单击“快速访问”工具栏中的“选择文件”按钮，打开“选择文件”对话框，如图 1-28 所示。如果关闭 FILEDIA 系统变量（设置为 0），则将显示命令提示而不显示文件导航对话框。

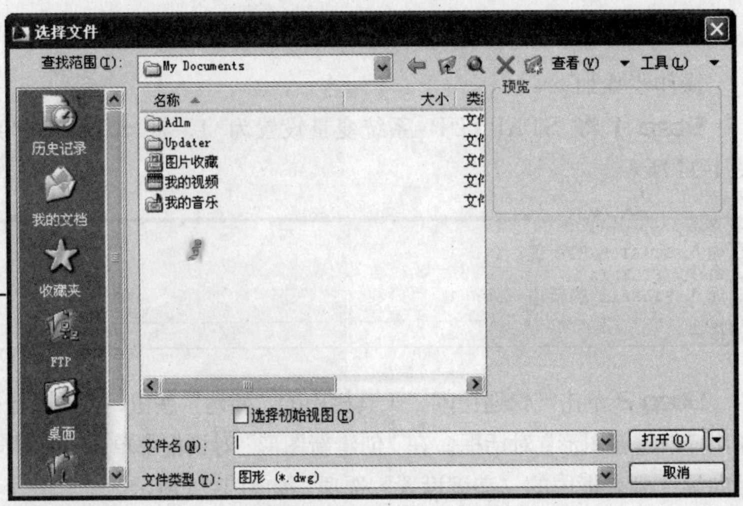


图 1-28
“选择文件”对话框

- ◆ 在 Windows 资源管理器中双击图形启动 AutoCAD 后打开图形。如果程序正在运行，将在当前任务中打开图形，而不会启动另一任务再打开图形。
- ◆ 将图形从 Windows 资源管理器拖动到 AutoCAD 中。
- ◆ 如果将图形放置到绘图区域外部的任意位置（例如命令行或工具栏旁边的空白处），将打开该图形。但是如果将一个图形拖放到一个已打开图形的绘图区域，新图形不是被打开，而是作为一个块参照插入。
- ◆ 使用设计中心打开图形。
- ◆ 使用图纸集管理器可以在图纸集中找到并打开图形。

## 1.4.3 保存图形文件

在 AutoCAD 2009 中，创建完图形文件后，或需要退出 AutoCAD 2009 程序前，首先应对已经绘制的图形进行保存。下面将学习在 AutoCAD 2009 中如何保存图形文件，以及设置文件的安全选项。

1．保存图形

执行以下操作之一可以保存图形。

- ◆ 单击按钮，从弹出的菜单中选择“文件”→“保存”命令。
- ◆ 单击“标准”工具栏中的按钮。

◆ 在命令行中输入“SAVE”命令。

执行上述命令后，如果当前图形尚未保存或执行了“另存为”操作，将会弹出如图 1-29 所示的“图形另存为”对话框。

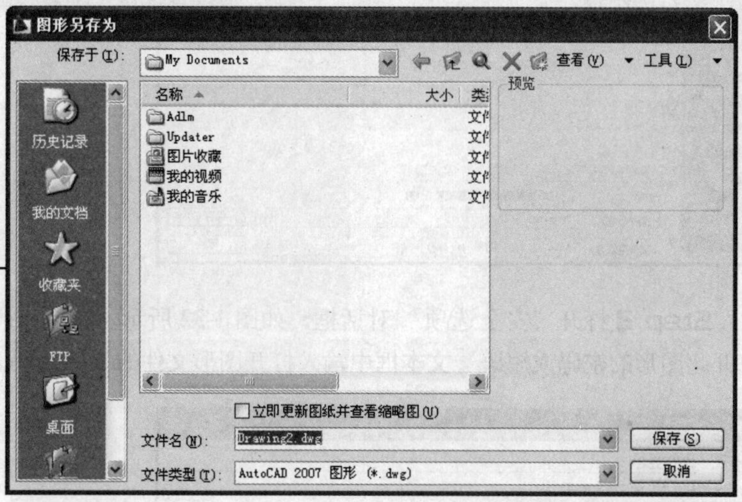


图 1-29
“图形另存为”对话框

## 2．自动保存图形

为防止用户因不注意经常保存文件而在发生意外事件（如断电）时丢失信息，系统提供了自动保存的安全措施，自行设置自动保存的时间间隔，操作步骤如下。

单击按钮，在弹出的菜单中选择“工具”→“选项”命令，弹出“选项”对话框。在“选项”对话框的“打开和保存”选项卡中选中“自动保存”复选框，在“保存间隔分钟数”前的文本框中输入一个数字，单击“确定”按钮，如图 1-30 所示。

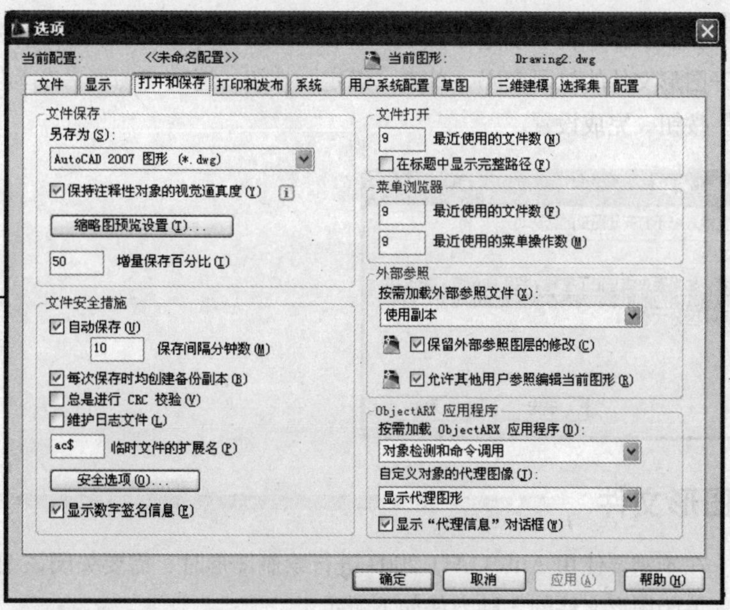


图 1-30
“选项”对话框

**知识链接**

执行“QSAVE”或“SAVE”命令保存图形后，AutoCAD 并没有结束对当前图形的编辑工作。

## 3．设置安全选项

**Step 1** 在保存图形文件时，还可以设定图形文件的打开权限密码。在“图形另存为”对话框中单击“工具”按钮，在弹出的下拉菜单中选择“安全选项”命令，如图 1-31 所示。

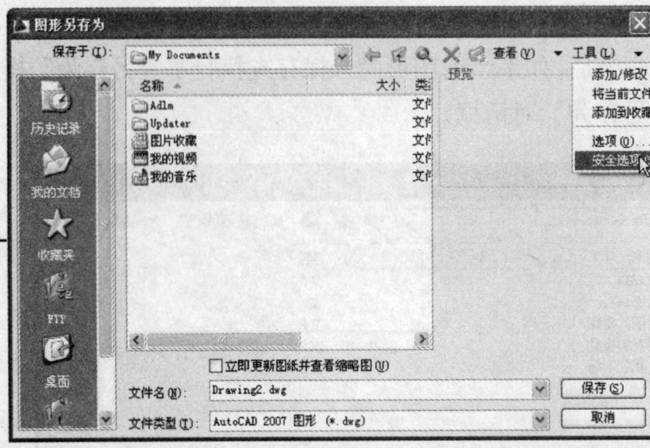


图 1-31

"图形另存为"对话框

**Step 2** 打开"安全选项"对话框，如图 1-32 所示。在"密码"选项卡中的"用于打开此图形的密码或短语"文本框中输入打开图形文件的权限密码。

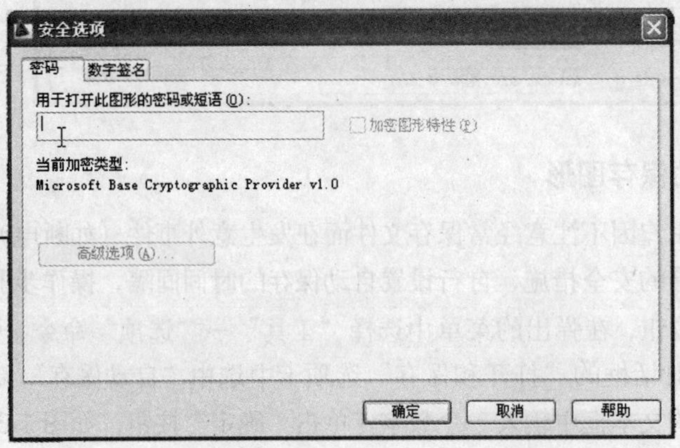


图 1-32

"安全选项"对话框

**Step 3** 单击"确定"按钮，弹出如图 1-33 所示的"确认密码"对话框。再次输入打开图形文件的权限密码，单击"确定"按钮，返回"图形另存为"对话框，再单击"保存"按钮，完成设置。

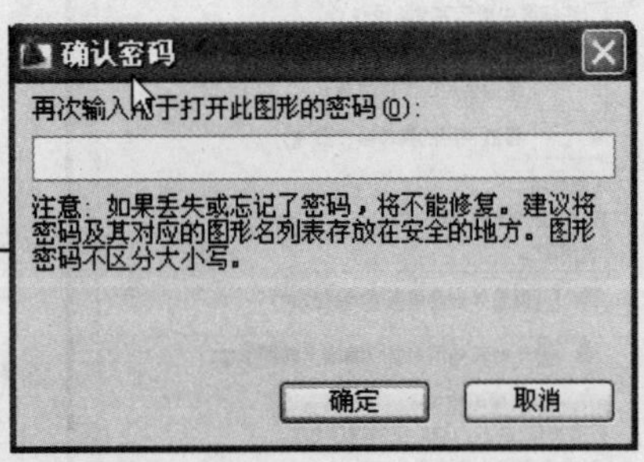


图 1-33

"确认密码"对话框

## 1.4.4 关闭图形文件

在不需要使用 AutoCAD 2009 进行绘制图形时，需要关闭该图形文件。

关闭图形文件的 3 种方法如下所示：

- 单击按钮，从弹出的菜单中选择"文件"→"关闭"命令。
- 单击标题栏右侧的"关闭"按钮。
- 在命令行中输入"CLOSE"命令。

当执行"退出"命令后，如果当前图形文件在修改后尚未存盘，将会弹出如图 1-34 所示的提示框，需要存盘则单击"是"按钮，不需要存盘则单击"否"按钮，单击"取消"按钮则取消关闭当前图形文件操作，表示既不保存也不关闭。

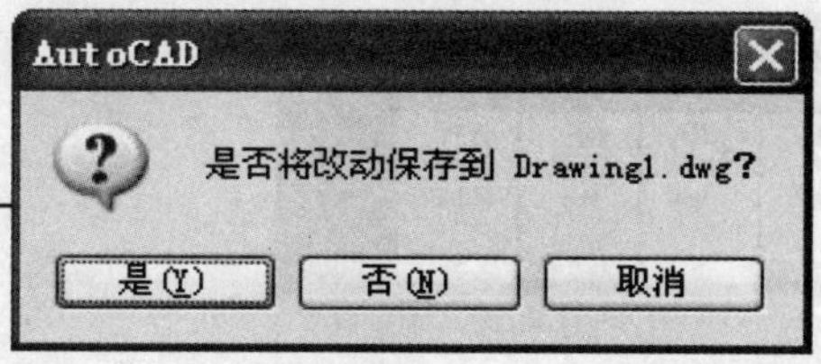


图 1-34
提示框

## 1.4.5 简单的图形编辑操作

图形文件的操作是高效绘图的基础，下面就以一个创建实例来详细讲解 AutoCAD 2009 图形文件的编辑操作过程。

新建一个 .dwt 文件，将图形界限设为 A4 图纸，在操作界面中绘制一个半径为 200 的圆，以“AutoCAD 实例”为文件名存到用户自己的文件目录中。

操作步骤如下：

**Step 1** 单击“标准”工具栏中的按钮，创建一个新文件，如图 1-35 所示（选择“acadiso.dwt”样板文件）。

图 1-35
选择样板文件

**Step 2** 单击“打开”按钮，打开新建文件界面，如图 1-36 所示。

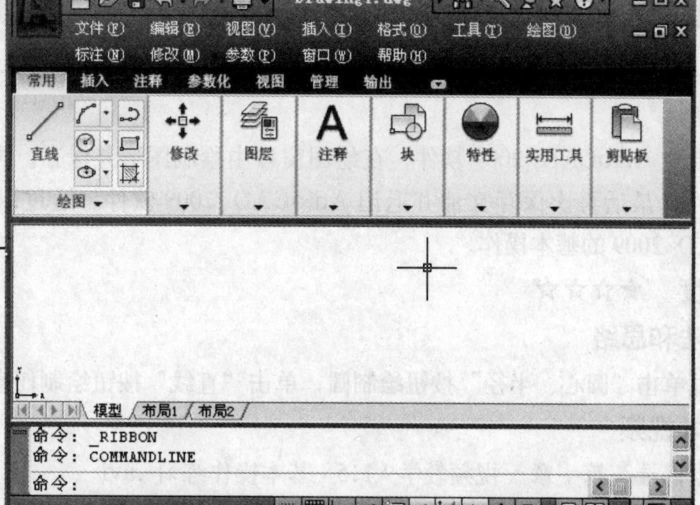


图 1-36
新建文件界面

**Step 3** 单击“绘图”工具栏中的按钮，然后单击界面，在命令行中输入半径 R 为“200”，按【Enter】键，半径为 200 的圆绘制成功，如图 1-37 所示。

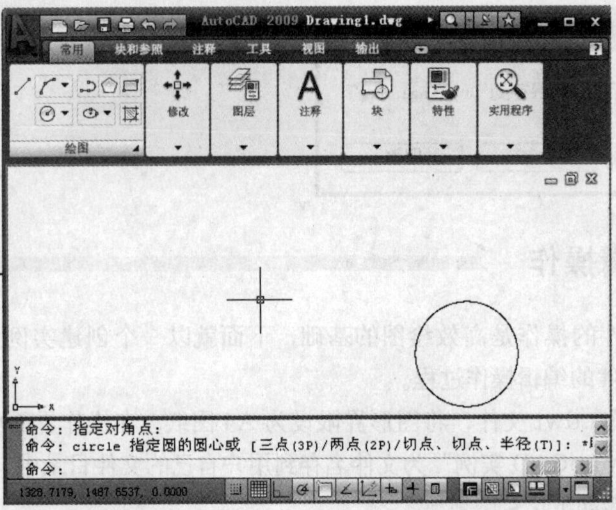


图 1-37

绘制圆

**Step 4** 单击“标准”工具栏中的按钮，保存新建文件。在弹出的“图形另存为”对话框中选择文件所要存放的位置（保存路径）。在“文件名”文本框中输入“AutoCAD实例”文件名，设置“文件类型”为“AutoCAD 2007 图形”，如图 1-38 所示。最后单击“保存”按钮，文件保存完毕。

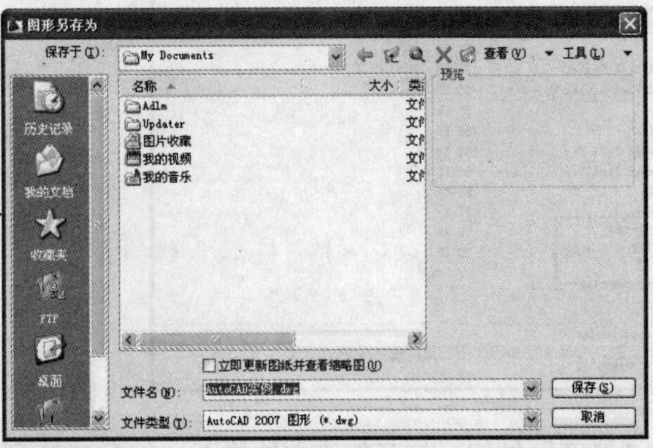


图 1-38

保存图形文件

## 1.5 实例操作：基本操作练习

**实例分析**

先启动 AutoCAD 2009 软件，在绘图窗口中绘制图形并保存。再关闭当前文件，另新建文件。最后再次保存文件并退出 AutoCAD 2009 软件。通过以上操作使用户了解 AutoCAD 2009 的基本操作。

**实例难度** ★☆☆☆

**制作方法和思路**

通过单击“圆心、半径”按钮绘制圆，单击“直线”按钮绘制任意三角形。

**参考教学视频**

光盘目录\第一章\视频教学\1.5\基本操作练习.avi

**实例文件**

**原始文件**：无

**最终文件**：光盘目录\dwg\Ch1\1.5\最终文件\圆.dwg、三角形.dwg

视频文件：

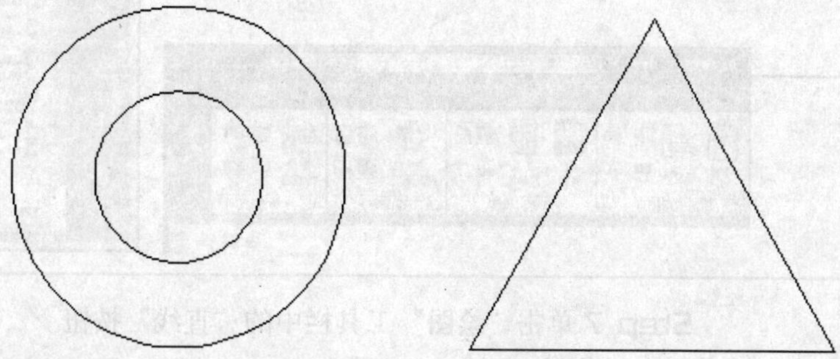

具体操作步骤如下：

**Step 1** 单击绘图工具栏中的“圆心、半径”按钮 。在绘图窗口中任意处指定圆的圆心，并根据命令行提示输入圆的半径为“400”，按【Enter】键，如图 1-39 所示。

**Step 2** 将光标移近圆的附近，如图 1-40 所示，会出现该圆的圆心。

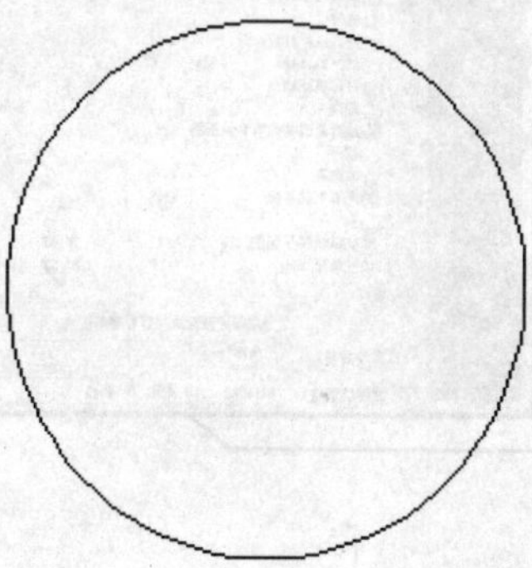

图 1-39
绘制半径为 400 的圆

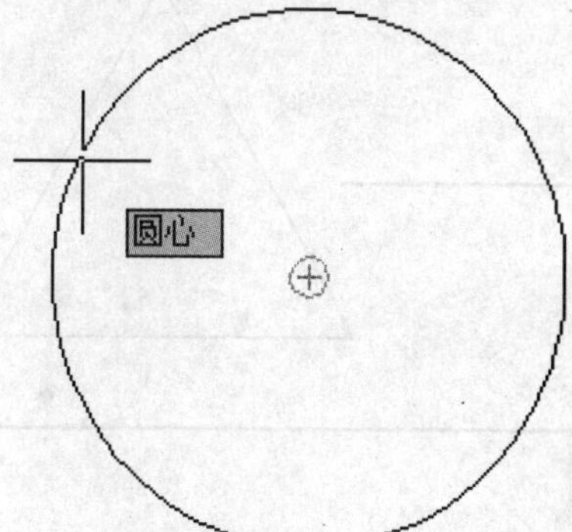


图 1-40
圆心的显示

**Step 3** 将光标移到圆心处并单击，根据命令行提示输入圆的半径为“200”，按【Enter】键，如图 1-41 所示。

**Step 4** 单击按钮，在弹出的菜单中选择“文件”→“另存为”命令，弹出“图形另存为”对话框，如图 1-42 所示。输入要保存的文件名“圆 .dwg”，并输入文件要保存的位置，单击“保存”按钮。

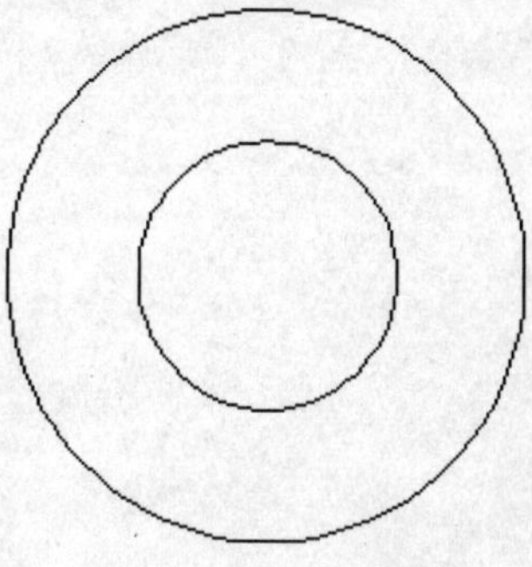

图 1-41
绘制半径为 200 的圆

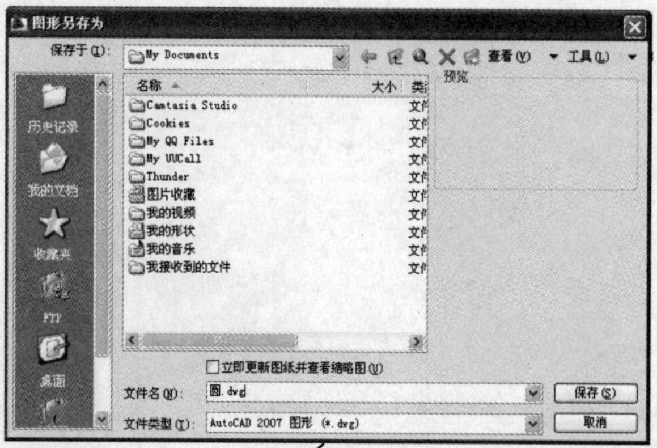

图 1-42
保存文件

**Step 5** 单击绘图窗口右上方的“关闭”按钮，如图 1-43 所示，关闭当前文件。

**Step 6** 单击按钮，弹出“选择样板文件”对话框。选择“acadiso.dwt”样板，如图 1-44 所示，并打开。

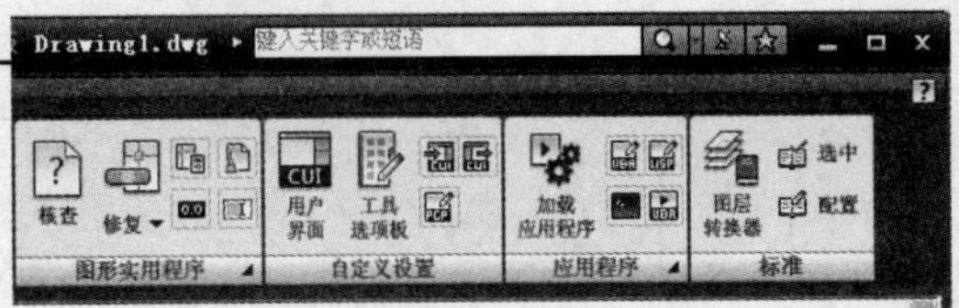


图 1-43

关闭当前文件

图 1-44

“选择样板文件”对话框

**Step 7** 单击“绘图”工具栏中的“直线”按钮 ，在绘图窗口中绘制如图 1-45 所示的任意三角形。

**Step 8** 选择“文件”→“另存为”命令，弹出“图形另存为”对话框，如图 1-46 所示。输入要保存的文件名“三角形 .dwg”，并设置文件要保存的位置，单击“保存”按钮。最后单击标题栏右上方的“关闭”按钮，退出 AutoCAD 2009 软件。

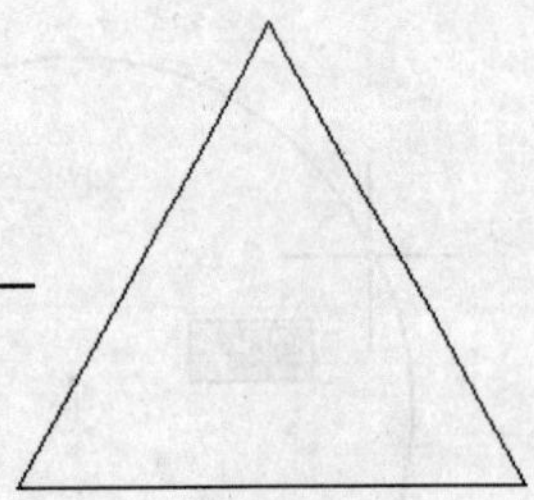

图 1-45

绘制任意三角形

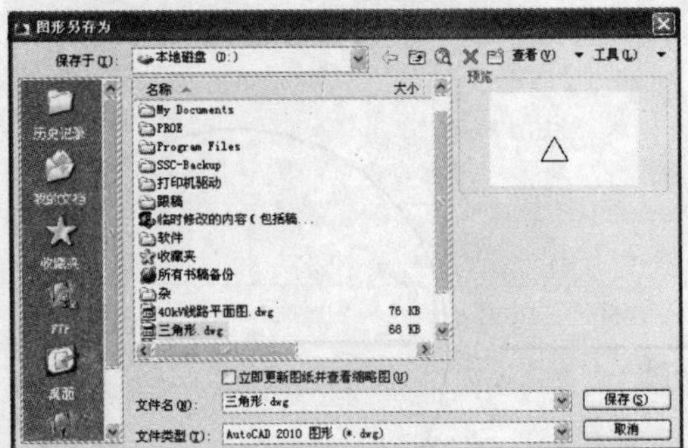


图 1-46

“图形另存为”对话框

# Chapter 2

# 绘制图形的基础

## 本章内容

用户在绘图过程中，想要精确定位某个对象时，必须以某个坐标系作为参照，以便精确地拾取点的位置。图层是用户用来组织和管理图形对象的非常有效的一个工具，它就像是由许多层透明的图纸重叠在一起组成的，用户可以通过图层来组织图形的线型、线宽以及颜色等特性。这样不但可以提高绘图效率，也能更好地保证图形的质量。本章主要学习图层的创建、设置以及图层的管理，掌握好这些方法，对以后的绘图工作非常有帮助。

## 本章学习地图

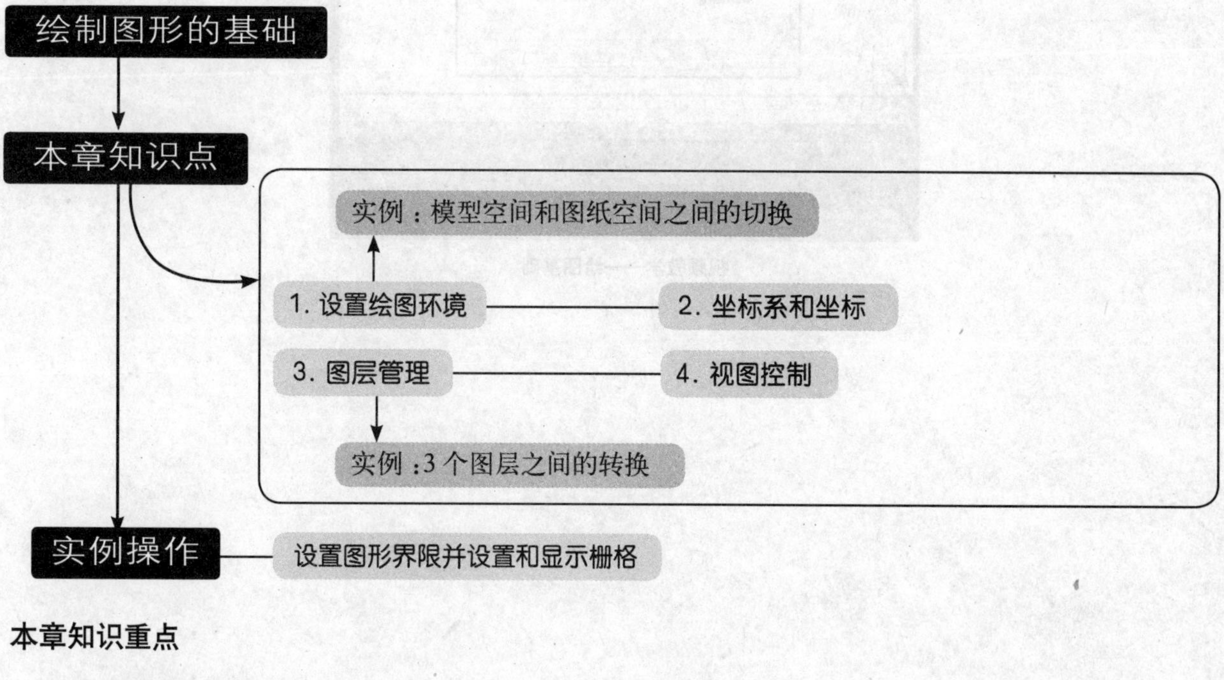


## 本章知识重点

- 绘图环境的设置。
- 绝对坐标和相对坐标精确定位点的方法。
- 图层各状态的意义及其设置方法。
- 图形显示控制即改变视图最常用的方法：缩放和平移视图。

## 本章实例效果图

设置图形界限并设置和显示栅格

## 本章视频效果图

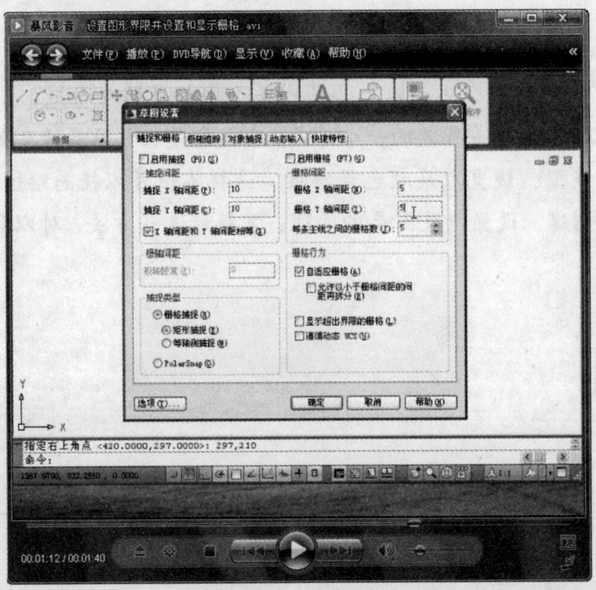

视频教学——绘图基础

# 2.1 设置绘图环境

通常情况下，用户安装好中文版 AutoCAD 2009 后就可以在其默认设置下绘制图形了。但有时为了使用特殊的定点设备、打印机，或提高绘图效率，需要在绘制图形前先对系统参数、绘图环境进行必要的设置。

## 2.1.1 设置参数选项

单击按钮，从弹出的菜单中选择“工具”→“选项”命令，弹出“选项”对话框。在该对话框中包含“文件”、“显示”、“打开和保存”、“打印和发布”、“系统”、“用户系统配置”、“草图”、“三维建模”、“选择集”和“配置”10个选项卡，如图 2-1 所示。

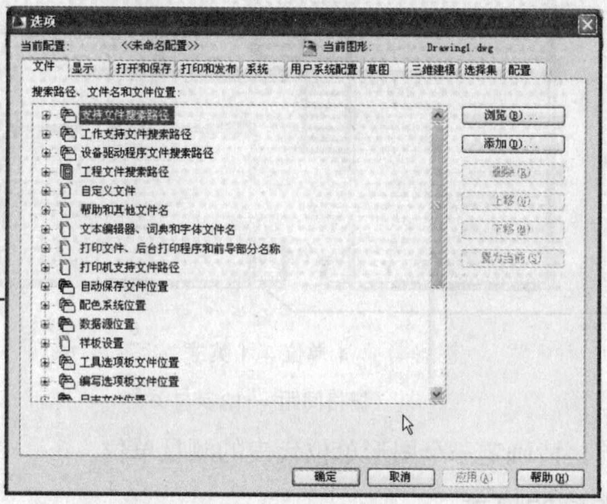


图 2-1
“选项”对话框

下面分别介绍这 10 个选项卡。

- “文件”选项卡：用于确定 AutoCAD 搜索支持文件、驱动程序文件、菜单文件和其他文件的路径，以及用户定义的一些设置。
- “显示”选项卡：用于设置窗口元素、布局元素、显示精度、显示性能、十字光标大小和参照编辑的淡入度等显示属性。
- “打开和保护”选项卡：用于设置是否自动保护文件、自动保护文件时的时间间隔、是否维护日志，以及是否加载外部参照等。
- “打印和发布”选项卡：用于设置 AutoCAD 的输出设备。默认情况下，输出设备为 Windows 打印机。但是在很多情况下，为了输出较大幅面的图形，用户也可能需要使用专门的绘图仪。
- “系统”选项卡：用于设置当前三维图形的显示特性，设置定点设备、是否显示 OLE 特性对话框、是否显示所有警告信息、是否检查网络连接、是否显示启动对话框、是否允许长符号的绘图仪。
- “用户系统配置”选项卡：用于设置是否使用快捷菜单和对象的排序方式。
- “草图”选项卡：用于设置自动捕捉、自动追踪、自动捕捉标记框颜色和大小、靶框大小。
- “三维建模”选项卡：用于对三维绘图模式下的三维十字光标、UCS 图标、动态输入、三维对象、三维导航等选项进行设置。
- “选择集”选项卡：用于设置选择集模式、拾取框大小以及夹点大小等。
- “配置”选项卡：用于实现新建系统配置文件、重命名系统配置文件以及删除系统配置文件等。

## 2.1.2 规划图形单位和比例

与手工绘图不同，用 AutoCAD 创建图形之前不必设置比例。即使最终以指定比例打印到图纸上，用户仍可以以 1:1 比例创建模型。但是，在创建图形之前，必须先决定使用哪种图形单位。

### 1. 选择图形单位

在 AutoCAD 和 AutoCAD LT 中，将以图形单位测量距离。在图形中，一个图形单位可以等于 1 英寸（25.4mm）、1 毫米、1 米或 1 英里（1609.344m），如图 2-2 和图 2-3 所示。

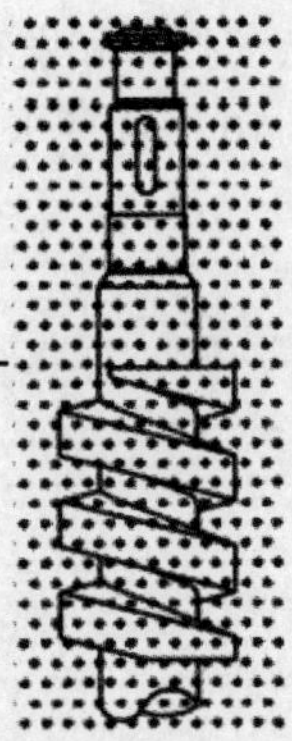

图 2-2
轴

1 单位 = 1 毫米
（栅格间距 = 2 毫米）

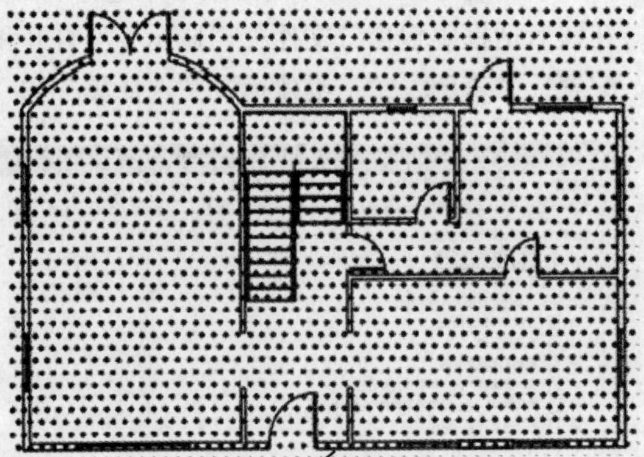

图 2-3
办公室平面图

1 单位 = 1 英寸
（栅格间距 = 12 英寸）

在开始绘图之前，请确定一个图形单位代表的测量单位。

### 2. 设置图形单位的格式

确定使用哪种图形单位后，可以设置图形单位的格式。线性单位可用的格式设置如下：

- 建筑：15.5 个单位的长度显示为 1'-3 1/2"。
- 小数：15.5 个单位的长度显示为 15.5000。
- 工程：15.5 个单位的长度显示为 1'-3.5"。
- 分数：15.5 个单位的长度显示为 15 1/2。
- 科学：15.5 个单位的长度显示为 1.5000E+1。

**知识链接**

图形单位格式仅控制图形单位在屏幕上的显示样式。例如在坐标中、“快捷特性”面板、对话框、以及提示中的值的显示。

例如，如果用户是通常使用“毫米”为单位的机械工程师，则可以将线性单位的格式设置为小数；如果用户是通常使用“英尺”和“英寸”为单位的建筑师，则可以将格式设置为建筑。

检查图形单位格式和精度的具体操作步骤如下：

**Step 1** 选择“格式”→“单位”命令，弹出“图形单位”对话框，如图 2-4 所示。

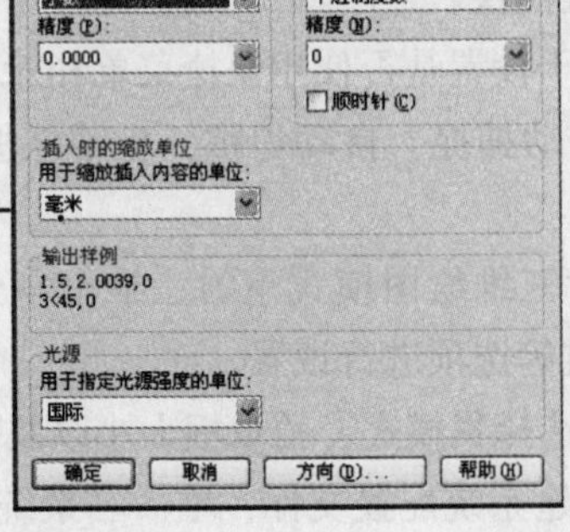


图 2-4
“图形单位”对话框

**Step 2** 在“图形单位”对话框中，注意为“长度”、“角度”和“精度”单位选择的显示样式，如图 2-5 所示。请注意“精度”下显示的值，这表示屏幕上显示的是小数或分数舍入值。最后单击“确定”按钮关闭对话框。

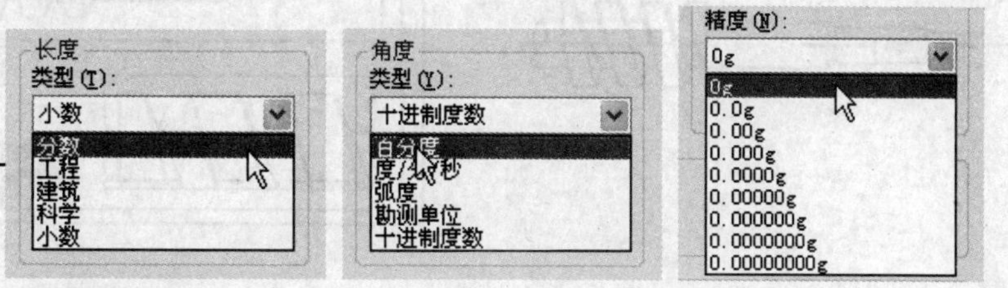


图 2-5

“长度”、“角度”、“精度”单位的显示样式

## 2.1.3 设置图形界限

同手工绘图一样，用 AutoCAD 绘图，也可以为图形设定一定的界限，我们可以设置图形界限来控制图形对象绘制的范围。

图形界限是指绘图区域的边界，它是 AutoCAD 绘图空间中的一个假想的矩形区域，可根据绘图需要设定其大小。

用户可以选择“格式”→“图形界限”命令，或在命令行中输入“LIMITS”命令，设置并控制栅格显示的界限。

命令行提示如下：

```
命令: limits
重新设置模型空间界限:
指定左下角点或[开(ON)/关(OFF)] <0.0000,0.0000>:      //按回车键采用默认值
指定右上角点<420.0000,297.0000>: 594,420             //A2图纸大小的图形界限
```

命令中的参数讲解如下：

- ◆ 左下角点：指定栅格界限的左下角点，如图 2-6 所示。
- ◆ 开：打开界限检查。当界限检查打开时，将无法输入栅格界线以外的点。因为界限检查只测试输入点，所以对象（例如圆）的某些部分可能会延伸出栅格界限。
- ◆ 关：关闭界限检查，但是可以保持当前的图形界限的值用于下一次打开界限检查。

**知识链接**

若打开“栅格”后仍无法正常显示，可通过设置栅格间距使其正常显示。

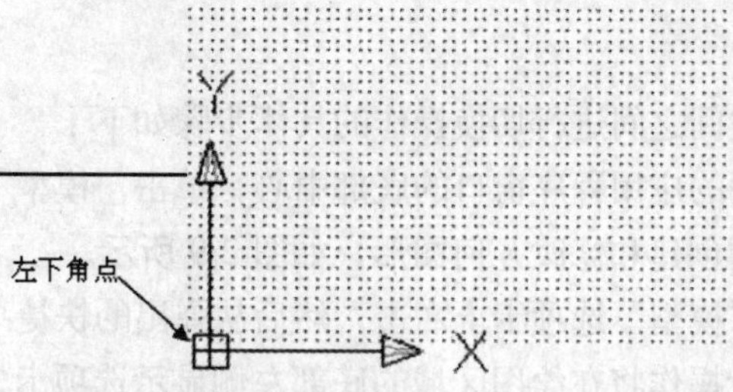


图 2-6

栅格打开时的显示状态

当设置完图形界限后，屏幕上不出现任何变化也看不到该图形界限范围时，则需要打开栅格才能显示图形界限。

## 2.1.4 了解模型和布局

状态栏上的“模型”和“布局”选项卡提供了两种工作环境，使用模型空间可以绘制对象的全尺寸模型，使用布局空间可以创建用于打印的多视图布局，如图 2-7 所示。

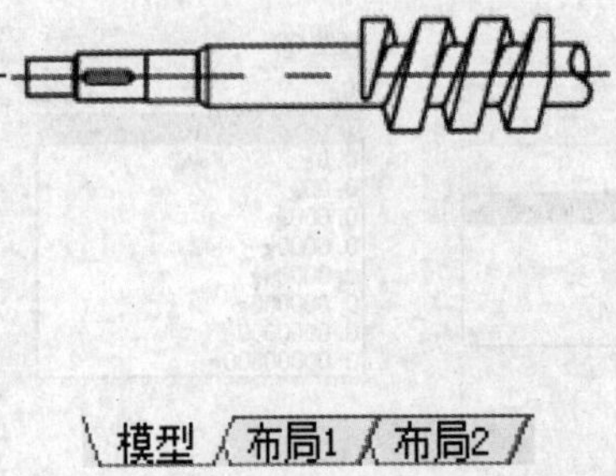


（a）按 1:1 比例创建的全尺寸零件模型

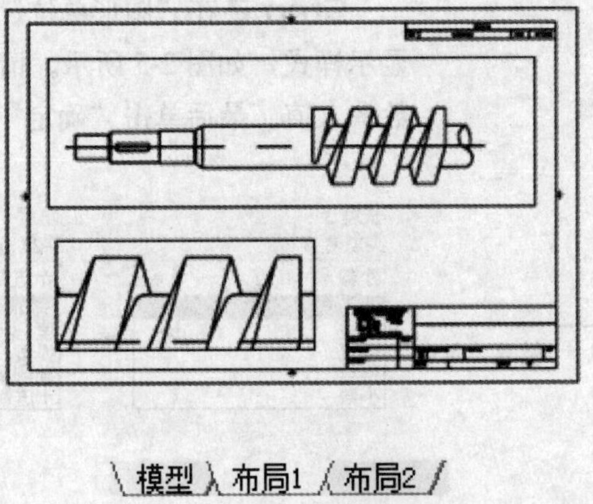


（b）带有标题栏和包含缩放视图的矩形布局视口的布局

图 2-7
模型空间和布局空间

◆ 模型空间用于访问所有绘图区域。

在模型空间中，首先决定一个单位代表 1 毫米、1 米、1 英寸还是其他某个图形单位。接着，设置图形单位格式，以 1:1 比例绘图。

◆ 布局空间用于访问图形布局。

设置布局时，指定要使用的图纸尺寸，布局代表一张可以按各种比例显示一个或多个模型视图的打印图纸，这种布局环境称为图纸空间。在此创建布局视口，作为模型空间中的窗口，每个布局视口可以包含模型的不同视图，如图 2-8 所示。

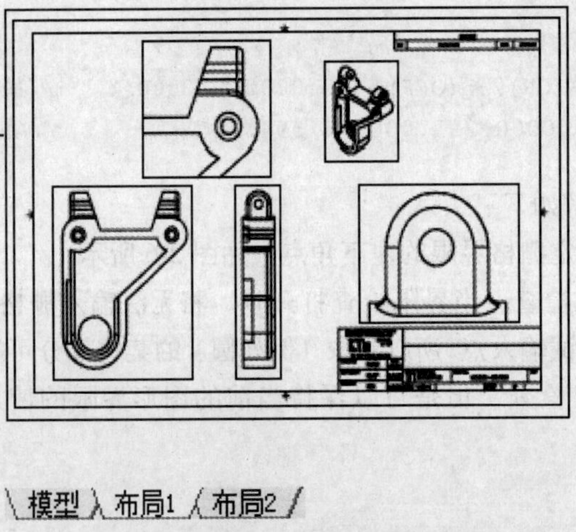


图 2-8
各视口使用不同比例的布局

**知识链接**

模型空间与图纸空间具有一种平行关系。如果把模型空间和图纸空间比喻成两张纸的话，那么它们相当于两张平行放置的纸，模型空间在底部，图纸空间在上部，从图纸空间可以看到模型空间（通过视口），但从模型空间看不到图纸空间，因此它们又具有一种单向关系。

在模型空间和布局空间之间进行切换操作的具体步骤如下：

**Step 1** 在朝向右侧的应用程序窗口的底部中心，单击“模型”选项卡将显示模型空间，用户可在其中为模型创建和修改几何图形，如图 2-9 所示。

**Step 2** 在同一个“模型”选项卡上右击，然后从弹出的快捷菜单中选择“显示模型和布局选项卡”命令，此操作将在绘图区域的底部左侧显示选项卡，如图 2-10 所示。

图 2-9
图形状态栏

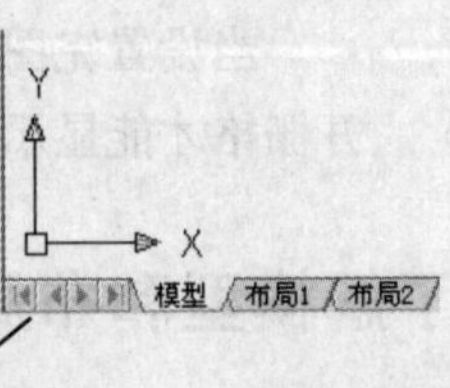


图 2-10
“模型”和“布局”选项卡

**Step 3** 单击“模型”选项卡右侧的“布局”选项卡，布局准备就绪，样例标题栏和布局视口为蓝色矩形。双击矩形视口区域中的任意位置，用户可从布局访问模型空间平移模型空间视图和添加标注，如图 2-11 所示。

**知识链接**

用户可通过在选项卡上右击，然后从弹出的快捷菜单中选择"隐藏模型和布局选项卡"命令来隐藏这些选项卡，并恢复使用按钮。

**Step 4** 双击矩形视口外的空白区域。此操作将使用户返回到图纸空间，如图 2-12 所示。布局视口的边框不再那样粗，并且十字光标在整个绘图区域中都处于活动状态。单击"模型"选项卡可以返回模型空间。

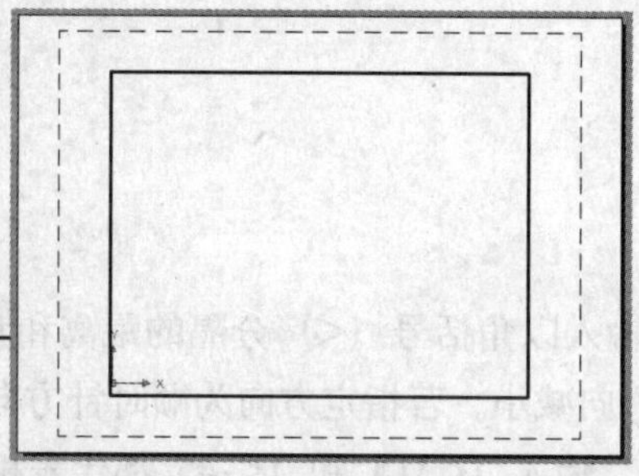

图 2-11 矩形视口

图 2-12 图纸空间

## 2.2 坐标系和坐标

在命令提示中输入点时，可以使用鼠标指定点，也可以在命令提示下输入坐标值。在二维视图中，AutoCAD 提供了两种坐标输入方式，即笛卡儿坐标和极坐标。

### 2.2.1 输入坐标

笛卡儿坐标系（Cartesian Coordinate System，CCS）有 3 个轴，即 *X*、*Y* 和 *Z* 轴。输入坐标值时，需要指示沿 *X*、*Y* 和 *Z* 轴相对于坐标系原点（0,0,0）点的距离(以单位表示)及其方向（正或负）。

在绘制二维图形时，*Z* 坐标默认值为 0，用户只需输入 *X*、*Y* 坐标，即在 XY 平面（也称为工作平面）上指定点。*XY* 平面也称为工作平面，该工作平面类似于平铺的网格纸。笛卡儿坐标的 *X* 值指定水平距离，*Y* 值指定垂直距离。原点（0,0）表示两轴相交的位置。

极坐标是使用距离和角度来定位点的。使用笛卡儿坐标和极坐标，均可以基于原点（0,0）输入绝对坐标，或基于上一指定点输入相对坐标。

#### 1．输入二维笛卡儿坐标

若使用笛卡儿坐标指定点，则输入以逗号分隔的 *X* 和 *Y* 值（*X*,*Y*）。*X* 值是沿水平轴以单位表示的正的或负的距离，*Y* 值是沿垂直轴以单位表示的正的或负的距离。

绝对坐标是基于 UCS 原点（0,0）的，这是 *X* 轴和 *Y* 轴的交点。若已知点坐标的精确 *X* 和 *Y* 值时，则使用绝对坐标较为方便。

相对坐标是基于上一次输入点的坐标为基础的。如果知道某点与前一点的位置关系，可以使用相对 *X*、*Y* 坐标。使用相对坐标，则需要在坐标前面添加一个 @ 符号。例如，输入"@3,4"指定一点，该点相对于前一点沿 *X* 轴方向有 3 个单位，沿 *Y* 轴方向有 4 个单位。

例如，利用"直线"命令绘制一个直角三角形，如图 2-13 所示，A 点的坐标为（30,30），AB 边长为 30，BC 边长为 40。

命令行提示如下。

```
命令: _line 指定第一点: 30,30              //指定起始点A坐标 (30,30)
指定下一点或 [放弃(U)]: @0,30              //输入第二点B的相对坐标
指定下一点或 [放弃(U)]: @40,0              //输入第三点C的相对坐标
指定下一点或 [闭合(C)/放弃(U)]: c          //输入C闭合
```

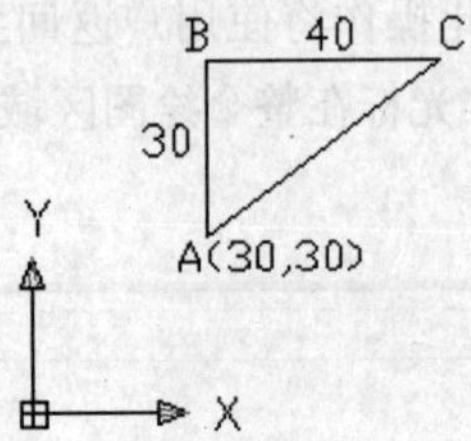


图 2-13

直角三角形

### 2．输入极坐标

若使用极坐标指定一点，则输入以角括号（<）分隔的距离和角度。默认情况下，角度按逆时针方向增大，按顺时针方向减小。若指定方向为顺时针方向，在角度前输入负值。输入格式为：距离 < 角度。例如，输入 1<315 和 1<-45 都代表相同的点。

绝对极坐标从 UCS 原点 (0,0) 开始测量，此原点是 *X* 轴和 *Y* 轴的交点。当知道点的准确距离和角度坐标时，使用绝对极坐标较为方便。

相对坐标是基于上一次输入点的坐标为基础的。如果知道某点与前一点的位置关系，可以使用相对 *X*、*Y* 坐标。使用相对坐标，则需要在坐标前面添加一个 @ 符号，输入格式为：@ 距离 < 角度。例如，输入“@1<45”指定一点，该点距离上一指定点 1 个单位，并且与 *X* 轴成 45°。

输入相对坐标的另一种方法是：通过移动光标指定方向，然后直接输入距离。此方法称为直接距离输入。例如利用“直线”命令绘制一个直角三角形，如图 2-14 所示，A 点的极坐标为 50<45，AB 边长为 30，BC 边长为 40。

命令行提示如下：

```
命令: _line 指定第一点: 50<45                 //指定起始点A
指定下一点或 [放弃(U)]: @30<90                //输入第二点B的相对坐标
指定下一点或 [放弃(U)]: @40<0                 //输入第三点C的相对坐标
指定下一点或 [闭合(C)/放弃(U)]: c             //输入C闭合
```

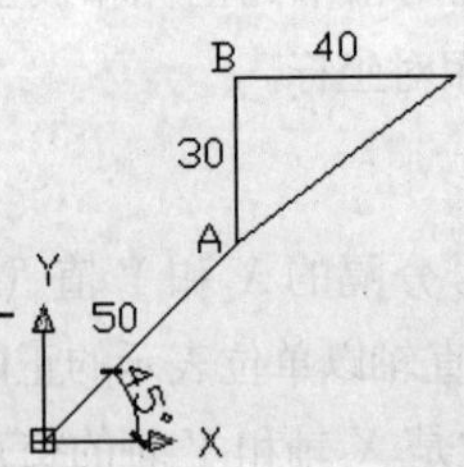


图 2-14

直角三角形

## 2.2.2 用户坐标系

实际上，所有坐标输入以及其他许多工具和操作，均基于当前的 UCS 位置和方向。这些二维工具和操作包括以下内容。

- ◆ 绝对坐标输入和相对坐标输入。
- ◆ 绝对参照角。
- ◆ 正交模式、极轴追踪、对象捕捉追踪、栅格显示和栅格捕捉的水平和垂直定义。
- ◆ 水平标注和垂直标注的方向。
- ◆ 文字对象的方向。
- ◆ 使用“PLAN”命令查看。

为了便于使用坐标输入、栅格显示、栅格捕捉、正交模式和其他图形工具，往往需要重新定位和旋转用户坐标系。移动或旋转 UCS 可以更容易地处理图形的特定区域。

下面介绍用户坐标系的几种常见的使用命令。

### 1．定义新 UCS 原点

我们可以通过选择“工具”→“新建 UCS”→“原点”命令来指定新的原点。

命令行提示如下：

```
命令：_ucs
当前 UCS 名称：*世界*
指定 UCS 的原点或 [面(F)/命名(NA)/对象(OB)/上一个(P)/视图(V)/世界(W)/X/Y/Z/Z 轴(ZA)] <世界>：_o
指定新原点 <0,0,0>:                    //指定新原点即可
```

### 2．恢复 UCS 与 WCS 重合

单击按钮，在弹出的菜单中选择“工具”→“命名 UCS”命令，弹出“UCS”对话框，如图 2-15 所示。然后在“命名 UCS”选项卡中选择“世界”选项，单击“置为当前”按钮，最后单击“确定”按钮。

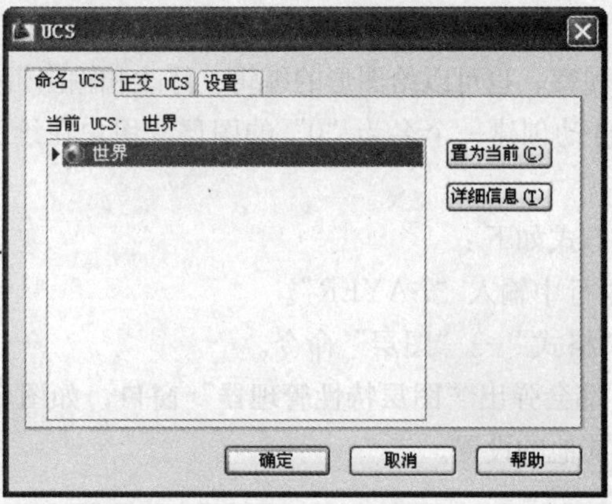


图 2-15
“UCS”对话框

### 3．删除命名 UCS

我们可以通过选择“工具”→“命名 UCS”命令，弹出“UCS”对话框，在“命名 UCS”选项卡上选择要删除的 UCS，按【Delete】键来删除命名 UCS。注意此时不能删除当前 UCS 或具有默认名称为“未命名”的 UCS。

### 4．更改 UCS 的旋转角度

我们可以通过选择“工具”→“新建 UCS”→“Z”命令，在命令行的提示下来指定旋转角度。如图 2-16 所示，将现在的坐标系旋转 60°。

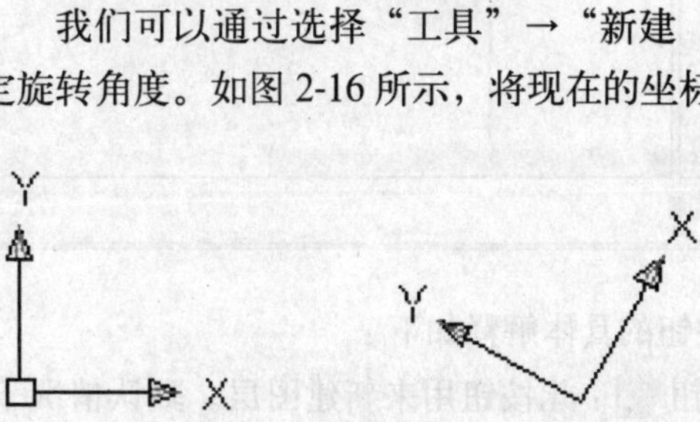


图 2-16
旋转 UCS

命令行提示如下：

```
命令：_ucs
当前 UCS 名称：*世界*
指定 UCS 的原点或 [面(F)/命名(NA)/对象(OB)/上一个(P)/视图(V)/世界(W)/X/Y/Z/Z 轴(ZA)] <世界>：_z
指定绕 Z 轴的旋转角度 <90>：60
```

# 2.3 图层管理

任何图形都是绘制在图层上的，通过将对象分类放到各自的图层中，可以快速有效地控制对象的显示，并对其进行修改，提高工作效率。

## 2.3.1 图层简介

图层主要是用户用来组织和管理图形对象的，它就像是由许多层透明的图纸重叠在一起一样组成的，用户可以通过图层来组织图形的线型、线宽以及颜色等特性。这样不但可以提高绘图效率，也能更好地保证图形的质量。

## 2.3.2 图层的创建

手绘图层必须要有宣纸和笔。在 AutoCAD 中的图层就如同透明的宣纸，在开始绘图前，创建图层是必要的工作。通过管理图层可以直接管理每个图形中的基准线、轮廓线、剖面线、虚线、中心线、尺寸标注及文字注释等元素。这样既可以使图形的各种信息显示得非常清晰有序，便于观察，也可以给图形的编辑、修改和输出带来极大的方便。

AutoCAD 系统会自动创建一个名为“0”的图层，用户在绘图的过程中，可以根据需要随时建立新的图层。

创建新图层的执行方式如下：

- ◆ 命令行：在命令行中输入“LAYER”。
- ◆ 菜单栏：选择“格式”→“图层”命令。

执行上述命令后，都会弹出“图层特性管理器”窗口，如图 2-17 所示。可在该窗口中创建新的图层或进行其他的设置。

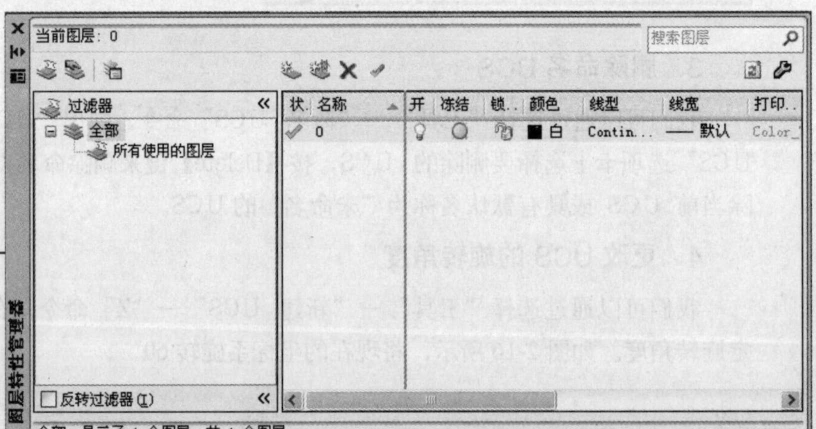


图 2-17
“图层特性管理器”窗口

图 2-17 中各选项按钮的具体解释如下：

- ◆“新建图层”按钮：此按钮用来新建图层。默认情况下，系统自动创建了一个名为“0”的图层。新建图层后，用户可以对其重命名，可以根据习惯用一些有意义的名字，方便记忆和操作。
- ◆“在所有视口中都被冻结的新图层视口”按钮：将新图层进行冻结。
- ◆“删除图层”按钮：此按钮可以删除选中的图层。
- ◆“置为当前”按钮：此按钮可以将选中的图层设置成当前图层。
- ◆“图层列表区”如图 2-18 所示。在这里显示已有的图层及其特性。要修改某一图层的某一特性，单击它所对应的图标即可。

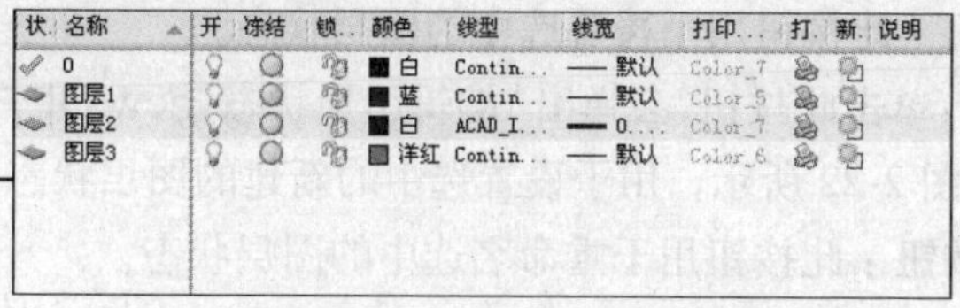


图 2-18

图层列表区

◆“新建特性过滤器”按钮：单击此按钮后，弹出“图层过滤器特性”对话框，如图 2-19 所示。在该对话框中可以基于一个或多个图层特性建立图层过滤器。

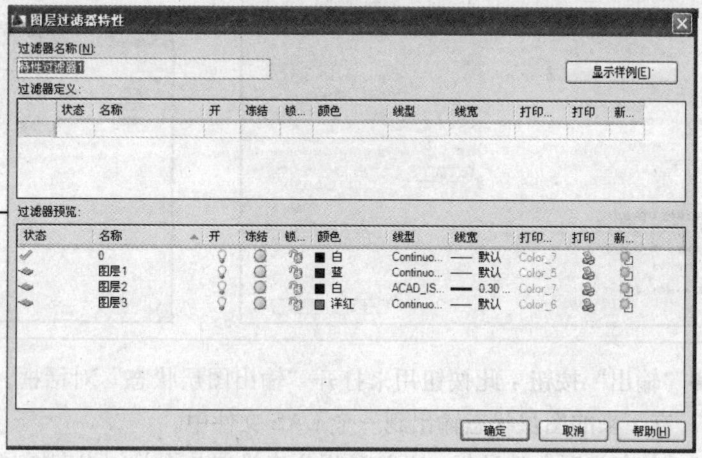


图 2-19

“图层过滤器特性”对话框

◆“新建组过滤器”按钮：此按钮用于创建一个图层过滤器，其中也包含用户选定并添加到过滤器的图层。

◆“图层状态管理器”按钮：单击此按钮，弹出“图层状态管理器”对话框，如图 2-20 所示。通过此对话框可以将图层当前的特性设置保存到命名图层状态中。单击右下角的按钮，则会展开右半部分的对话框，如图 2-21 所示。在展开的“要恢复的图层特性”选项组中，可以通过选中相应的复选框来设置图层状态和特性。

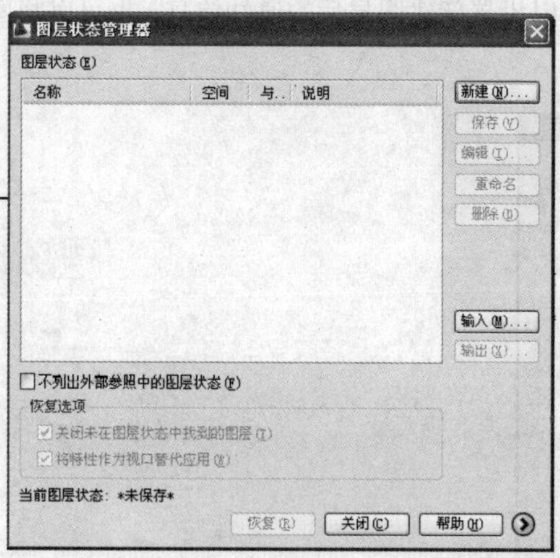


图 2-20

“图层状态管理器”对话框

图 2-20 所示的对话框中的各选项解释如下：

◆“图层状态”列表框：用于显示当前图层已保存的图层状态名称和从外部输入的图层状态名称。

◆“新建”按钮：此按钮用来打开“要保存的新图层状态”对话框，创建新的图层状态。

◆ “保存”按钮：此按钮用于覆盖选中的图层状态。

◆ “编辑”按钮：单击此按钮，会弹出“编辑图层状态：new（用户建立的图层状态名）”对话框，如图 2-22 所示，用于设置选中的新建的图层状态。

◆ “重命名”按钮：此按钮用于重命名选中的图层状态。

◆ “删除”按钮：此按钮用来删除选中的图层状态。

◆ “输入”按钮：此按钮用来打开“输入图层状态”对话框，可以将外部图层状态输入到当前图层中。

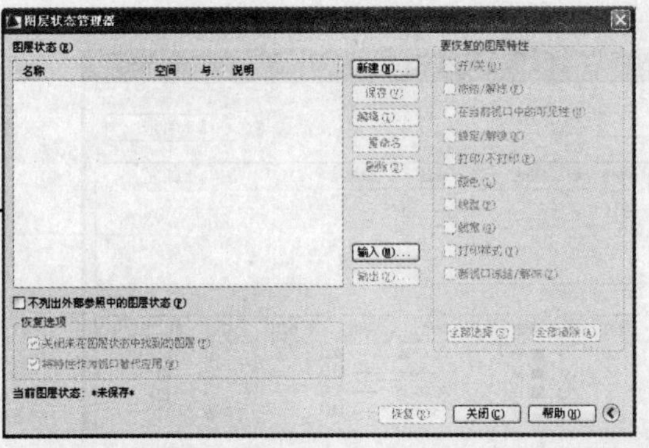

图 2-21 展开的“图层状态管理器”对话框

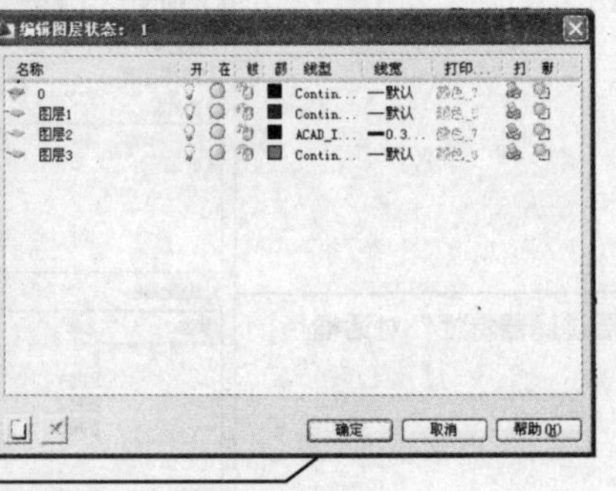

图 2-22 “编辑图层状态”对话框

◆ “输出”按钮：此按钮用来打开“输出图层状态”对话框，可以将当前图形已保存下来的图层状态输出到一个 LAS 文件中。

◆ “恢复选项”选项组：此选项组用来设置是否关闭未在图层状态中找到的图层。

◆ “恢复”按钮：此按钮可以将选中的图层状态恢复到当前图形中，而且只有保存的状态和特性才能被恢复到图层中。

◆ “搜索图层”文本框［搜索图层］：在这里输入字符时，会按名称快速过滤图层列表。关闭图层特性管理器时并不保存此过滤器。

◆ ［□ 反转过滤器(I)］复选框：此复选框用于显示、选择非指定过滤器中的图层。

◆ ［☑ 指示正在使用的图层(U)］复选框：此复选框用于仅显示当前图层状态。

◆ “设置”按钮［设置(E)...］：单击此按钮，弹出“图层设置”对话框，如图 2-23 所示。在此对话框中可以设置新建图层后的通知信息，也可以将图层过滤器应用到“图层”工具栏上。

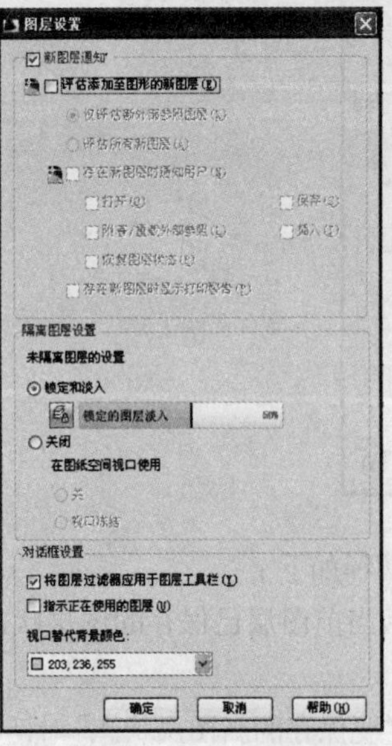

图 2-23 “图层设置”对话框

### 2.3.3 图层的设置

任何图形都是绘制在图层上的，图层可以是系统默认的，也可以是用户自己创建的。每个图层的属性都有相关设置，包括图层名称、关闭 / 打开图层、冻结 / 解冻图层、锁定 / 解锁图层、图层线条颜色、图层线条线型、图层线条宽度、图层打印样式和图层是否打印 9 个选项。

可以通过各种方法来设置图层属性中的颜色、线宽、线型等参数。

#### 1．设置图层颜色

颜色在绘图中是一个很重要的因素，可以代表不同的组件、功能和区域。将不同的图层设置为不同的颜色，可以方便用户区别复杂的图形。系统默认状态下创建图层的颜色设置为 7 号颜色。

设置图层颜色的执行方式如下：

◆ 命令行：在命令行中输入“COLOR”。

◆ 菜单栏：选择“格式”→“颜色”命令。

执行上述命令后，会弹出“选择颜色”对话框，如图 2-24 所示。在这个对话框中用户可以根据自己的需要对每个图层设置相同或者不同的颜色。

在图 2-24 所示的对话框中包括“索引颜色”、“真彩色”和“配色系统”3 个选项卡。其中索引颜色分为标准颜色和灰度颜色，标准颜色包括红色、黄色及绿色等 9 种颜色。

图 2-24
“选择颜色”对话框

1）“索引颜色”选项卡

索引颜色设置如下：

◆“AutoCAD 颜色索引”调色板：这里包括 240 种颜色。当鼠标选中到某一种颜色时，在颜色列表下方将显示其颜色的序号和其对应的 RGB 值，如图 2-25 所示。

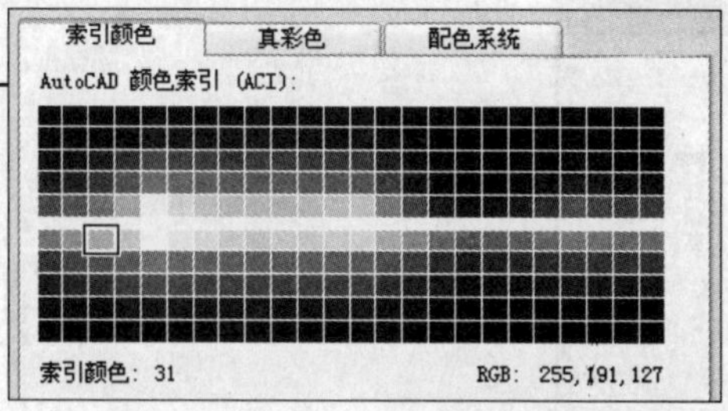


图 2-25
显示颜色序号和其 RGB 值

◆“索引颜色”选项组：该选项组中的标准颜色只适用于 1 ~ 7 号颜色。分别是序号 1 为红色、序号 2 为黄色、序号 3 为绿色、序号 4 为青色、序号 5 为蓝色、序号 6 为品红色和序号 7 为白色 / 黑色，如图 2-26 所示。

灰度颜色 ：“索引颜色”选项组中的灰度颜色用于将图层的颜色设置成灰度色，包含了 6 种灰度。

◆“颜色”文本框：用于显示与编辑所选颜色的名称和编号，如图 2-27 所示。

◆“ByLayer”按钮：单击此按钮可以指定颜色为随层方式，即所绘图形实体的颜色总是与所在的图层颜色一致。

◆“ByBlock”按钮：单击此按钮可以指定颜色为随块方式。

图 2-26
“索引颜色”选项组中的标准颜色

图 2-27
“颜色”文本框

2）“真彩色”选项卡

“真彩色”选项卡的“颜色模式”下拉列表中有“RGB”和“HSL”两种颜色模式。RGB 模式是基于有色光的三原色原理进行设置的，可以直接在每个颜色的文本框中输入其颜色的亮度值。R 代表红色，G 代表绿色，B 代表蓝色，每种颜色都有 256 种不同的亮度值，如图 2-28 所示。HSL 模式是以人类对颜色的感觉为基础的，描述了颜色的 3 种基本特征，可以直接在颜色面板中拾取颜色。如图 2-29 所示，H 代表色调，是从物体反射或透过物体传播的颜色，通常由颜色名称标识，如红色、橙色或绿色；S 代表饱和度，是指颜色的强度或纯度，表示色相中灰色分量所占的比例，使用从 0 ～ 100%的百分比来度量；L 代表亮度，表示颜色的相对明暗程度，通常用从 0 ～ 100% 的百分比来度量。

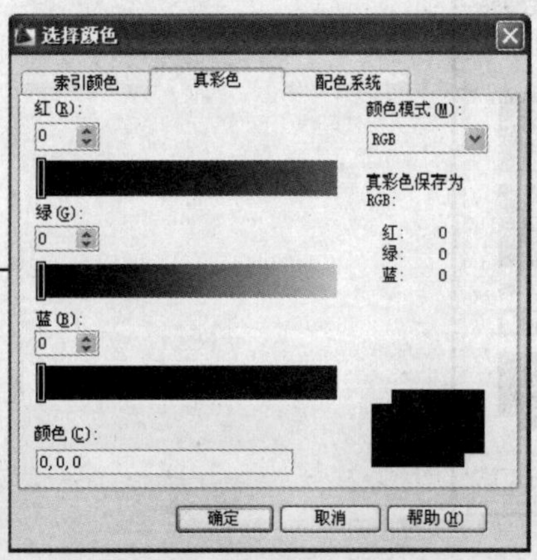


图 2-28
RGB 模式

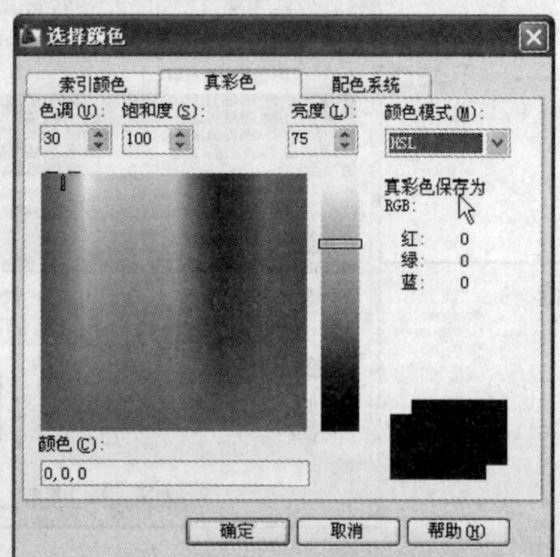


图 2-29
HSL 模式

3）“配色系统”选项卡

如图 2-30 所示，在“配色系统”选项卡中有标准 Pantone 配色系统，用户也可以输入其他配色系统，以便进一步扩充可供使用的颜色。

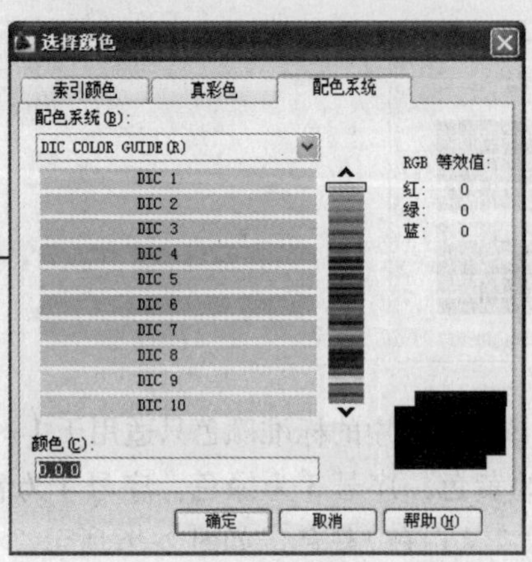


图 2-30
“配色系统”选项卡

## 2．设置图层线型

线型是指作为图层基本元素的线条的组成和显示方式。在绘图时，常需要各种不同的线型来表示不同的构件。以线型划分图层，应该在绘制图形前为图层设置合适的线型，这样在绘制图形时，就可在该图层绘制出符合线型要求的图形对象，以提高绘图效率。

设置图层线型的执行方式如下：

◆ 命令行：在命令行中输入“LINETYPE”。

◆ 菜单栏：选择“格式”→“线型”命令。

执行上述命令后，会弹出“线型管理器”对话框，如图 2-31 所示。

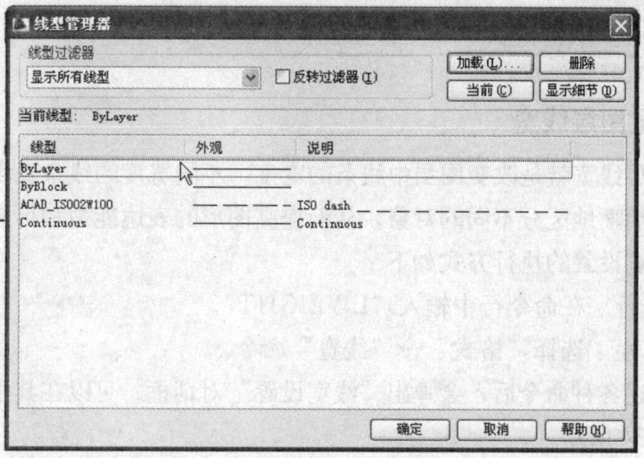


图 2-31
“线型管理器”对话框

“线型管理器”对话框中的各选项具体解释如下：

◆ “线型过滤器”选项组：用于指定线型列表框中要显示的线型。选中右侧的“反向过滤器”复选框，就会以相反的过滤条件显示线型。

◆ “加载”按钮：单击此按钮，将弹出“加载或重载线型”对话框，如图 2-32 所示。用户可以在“可用线型”列表框中选择所需要的线型，也可以单击“文件”按钮，从其他文件中调出所要加载的线型。

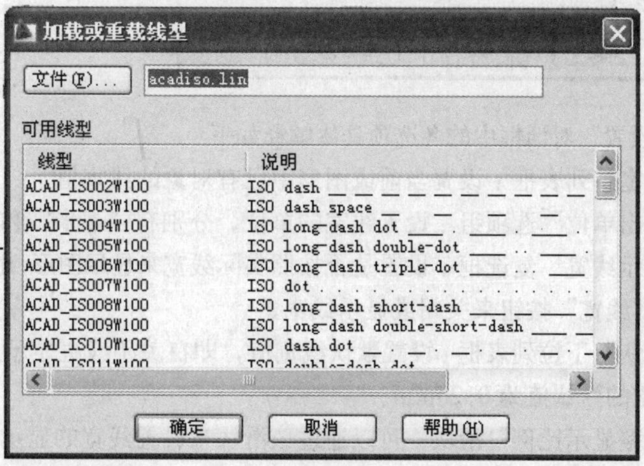


图 2-32
“加载或重载线型”对话框

◆ “删除”按钮：用于删除选定的线型。

◆ “当前”按钮：可以为选择的图层或对象设置当前线型。如果是新创建的对象，系统默认线型是当前线型。

◆ “显示 / 隐藏细节”：按钮用于显示 / 隐藏“线型管理器”对话框中的“详细信息”选项组，如图 2-33 所示。

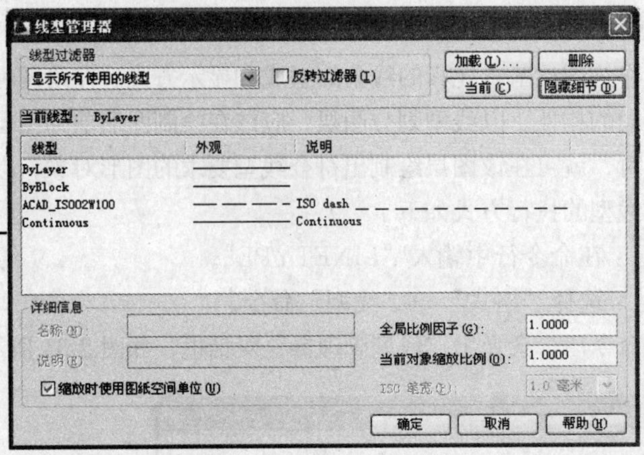

图 2-33
显示“详细信息”选项组的对话框

### 3．设置图层线宽

设置图层线宽就是改变图层中线条的宽度。不同宽度的线条表现图形对象的类型，可以帮助用户清晰地区分不同的对象，从而提高图形的表达能力和可读性。

图层线宽设置的执行方式如下：

◆ 命令行：在命令行中输入“LWEIGHT”。

◆ 菜单栏：选择“格式”→“线宽”命令。

执行上述各种命令后，会弹出“线宽设置”对话框，可以在其中对线宽进行设置和管理，如图 2-34 所示。

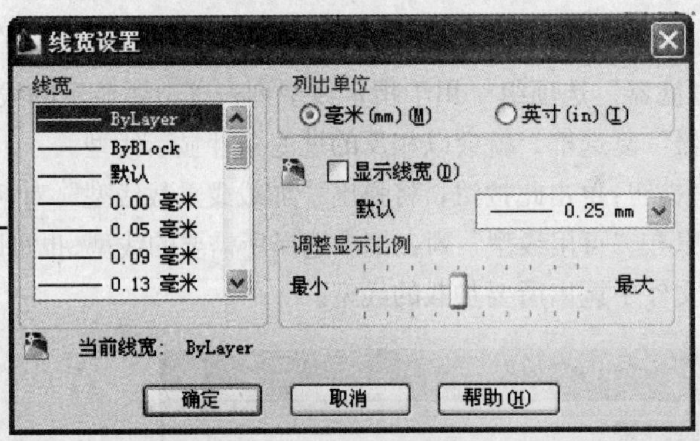

图 2-34
“线宽设置”对话框

“线宽设置”对话框中的各选项具体解释如下：

◆“线宽”列表框：设置当前或图形中已有对象的线宽值。

◆“列出单位”选项组：设置线宽的单位，分别有“毫米”和“英寸”两种单位。

◆“显示线宽”复选框：设置是否按照实际线宽来显示图形，用户可以单击状态栏上的“线宽”按钮来关闭或显示线宽。

◆“默认”下拉列表框：设置默认线宽值，即在关闭线宽显示后系统所显示的线宽。线宽的默认值为 0.25mm。

◆“调整显示比例”滑块：可以通过该滑块来设置线宽的显示比例大小。

## 2.3.4 图层的管理

建立完图层后，需要对其进行管理，包括图层的切换、重命名、删除及图层的显示控制等。

### 1．图层特性的设置

在新建的 AutoCAD 操作界面中，系统对图层各种对象特征默认为随层，是由当前图层默认设置决定的。单独对对象特性进行设置时，新特性将覆盖随层特性。图层的特性包括名称、打开 / 关闭、冻结 / 解冻、锁定 / 解锁、颜色、线型、线宽和打印样式等，如图 2-35 所示。

图层的特性在“图层”工具栏（如图 2-35 所示）和“特性”工具栏（如图 2-36 所示）中都有显示，用户可以在绘图的时候对图形的特性一目了然，也可以在下拉列表框中直接进行设置。

图 2-35
“图层”工具栏

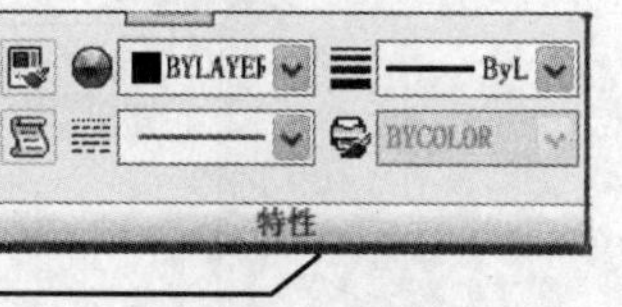


图 2-36
“特性”工具栏

## 2．图层的切换

CAD 图纸在绘制的过程是由两个以上图层组成的，有时为了便于操作，需要在图层之间进行切换。切换图层有以下 3 种办法。

◆ 命令行：在命令行中输入“CLAYER”。
◆ 在“图层”工具栏中的“图层控制”下拉列表框中选择需要的图层即可。
◆ 在“图层特性管理器”窗口的图层列表中选择图层，使其高亮显示，然后单击“置为当前”按钮即可。

## 3．图层的过滤

图层过滤功能简化了图层的操作。当图形文件包含多个图层时，用过滤器对图形进行过滤能极大地方便用户操作。过滤图层可以通过“图层过滤器特性”对话框进行，也可以通过“新建组过滤器”过滤图层。

过滤图层的执行方式如下：

第一种方法是使用“图层过滤器特性”对话框过滤图层。具体操作方法如下。

单击“图层特性管理器”窗口中的“新建特性过滤器”按钮，打开“图层过滤器特性”对话框来命名图层过滤器，如图 2-37 所示。

在图 2-37 所示的对话框中的“过滤器名称”文本框中可以输入过滤器名称，但不允许使用标点类字符。在“过滤器定义”列表框中可以设置过滤条件，其中包括图层名称、状态和颜色等条件。

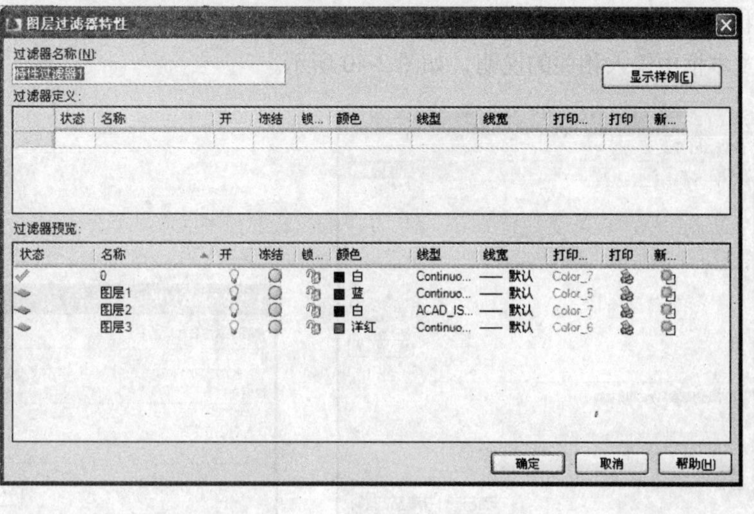


图 2-37
“图层过滤器特性”对话框

第二种方法是使用“新建组过滤器”过滤图层，具体操作方法如下：

单击“图层特性管理器”窗口中的“新建组过滤器”按钮，就会在“图层特性管理器”窗口左侧的过滤器列表中添加一个新的“组过滤器 1”（也可以重命名组过滤器）。单击“所有使用的图层”或者其他过滤器，显示对应的图层信息之后，用户把需要分组过滤的图层拖动到“组过滤器 1”中即可，如图 2-38 所示。

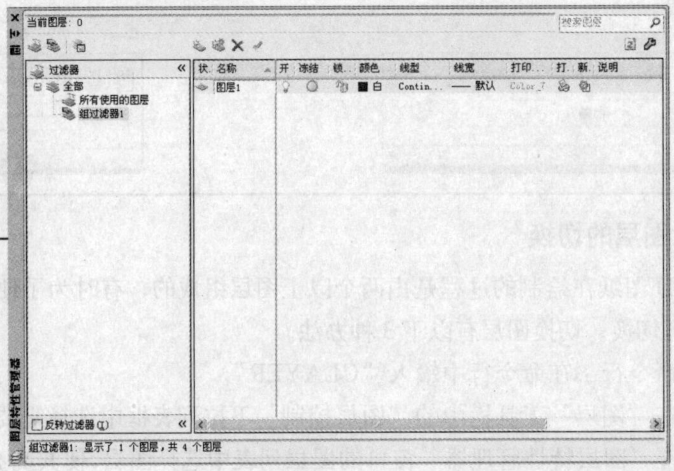

图 2-38
用“新建组过滤器”过滤图层

在上面两种过滤图层的方法中，使用“图层过滤特性”对话框所创建的过滤器中包含的图层是特定的，满足过滤条件的图层才能放在此过滤器中，而使用“新建组过滤器”创建的过滤器所包含的图层取决于用户的实际需要。

### 4．保存和恢复图层设置

图形由多个图层组成，特别是对于具有大量图层的图形来说，保存和恢复图层的设置非常重要，可以方便地进行完成图形后的一系列操作。

图层设置包括图层状态和图层特性，图层状态包括图层是否打开、冻结、锁定及打印等，图层特性包括图形对象的颜色、线宽、线型和打印样式。可以在“图层特性管理器”窗口中管理、保存或恢复图层状态。

1）保存图层设置

保存图层设置的操作步骤如下：

**Step 1** 单击“图层状态管理器”对话框中的“新建”按钮，弹出“要保存的新图层状态”对话框，如图 2-39 所示。在“新图层状态名”文本框中输入图层状态名，在“说明”文本框中输入相关的说明，如图 2-40 所示。

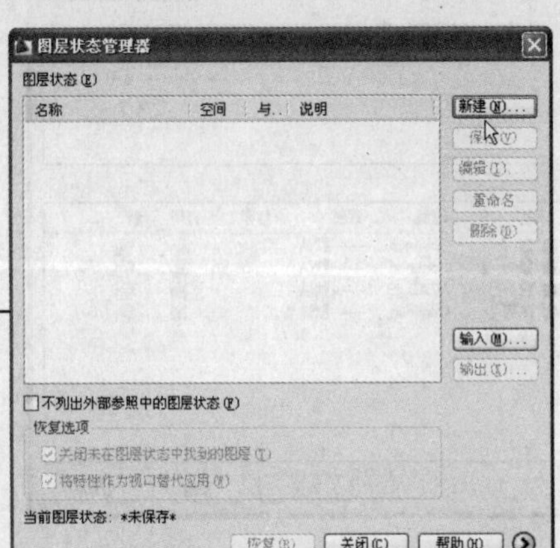

图 2-39
“图层状态管理器”对话框

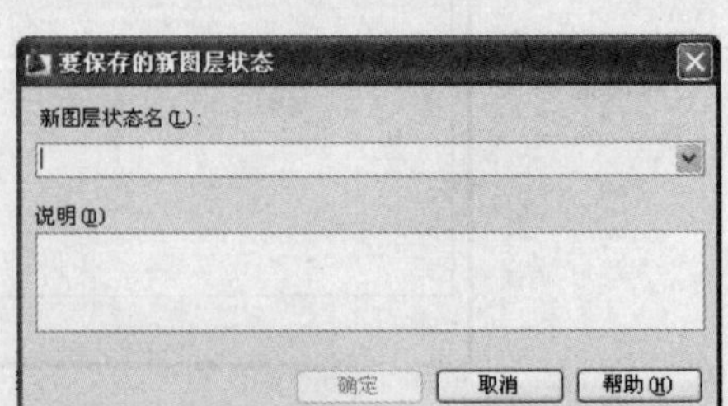

图 2-40
“要保存的新图层状态”对话框

**Step 2** 单击“确定”按钮返回到“图层状态管理器”对话框。在“要恢复的图层特性”选项组中设置恢复选项，最后单击“关闭”按钮即可，如图 2-41 所示。

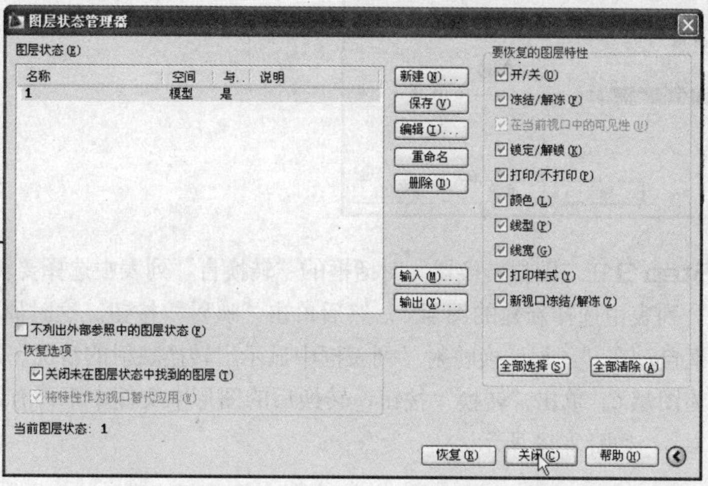

图 2-41

“图层状态管理器”对话框

2）恢复图层设置

单击“图层特性管理器”窗口中的“图层状态管理器”按钮，打开“图层状态管理器”对话框，选择要恢复的图层状态，单击“确定”按钮即可。

## 2.3.5 图层的转换

在绘制图形过程中，有时需要将某些图层上的对象转移到另外一些图层上。图层的转换可以通过“图层转换器”来实现。“图层转换器”可以转换当前图形中的图层，使其与其他图形的图层结构或 CAD 标准文件相互匹配。

利用“图层转换器”转换图层的操作方式为选择“工具”→“CAD 标准”→“图层转换器”命令。

假设一个图形中有 a 和 b 两个图层，需要将这两个图层上的对象转换到新的图层 c 中，具体操作步骤如下：

**Step 1** 选择“工具”→“CAD 标准”→“图层转换器”命令，弹出如图 2-42 所示的“图层转换器”对话框。

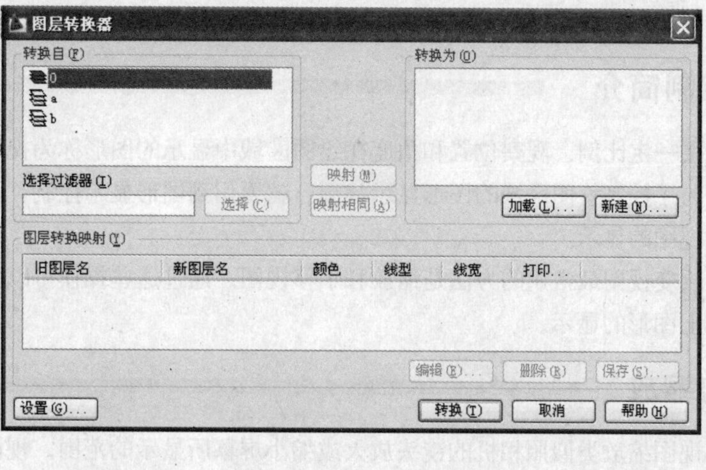

图 2-42

“图层转换器”对话框

**Step 2** 单击“新建”按钮，弹出“新图层”对话框，在“名称”文本框中输入名称“c”，并设定颜色，如图 2-43 所示。最后单击“确定”按钮。

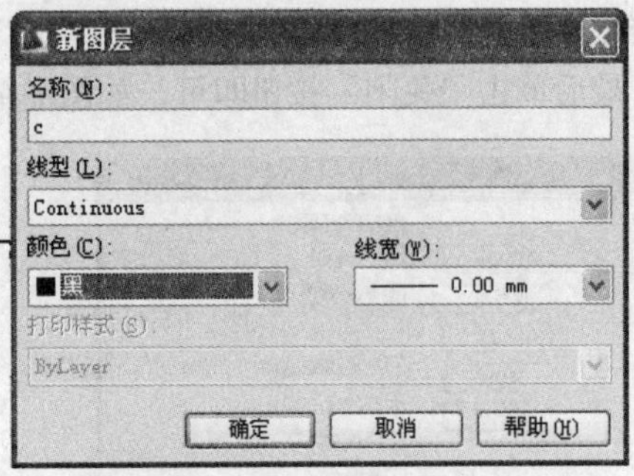


图 2-43
“新图层”对话框

**Step 3** 在“图层转换器”对话框的“转换自”列表中选择要转换的图层 a，再从“转换为”列表中选择新建的图层 c，然后单击“映射”按钮。这时原图层 a 将从“转换自”列表框自动在“图层转换映射”列表框中显示出转换映射的情况。用同样的方法把图层 b 映射为图层 c。单击“转换”按钮，转换后的图形中文件中不再有图层 a 和 b，而产生了新图层 c，如图 2-44 所示。

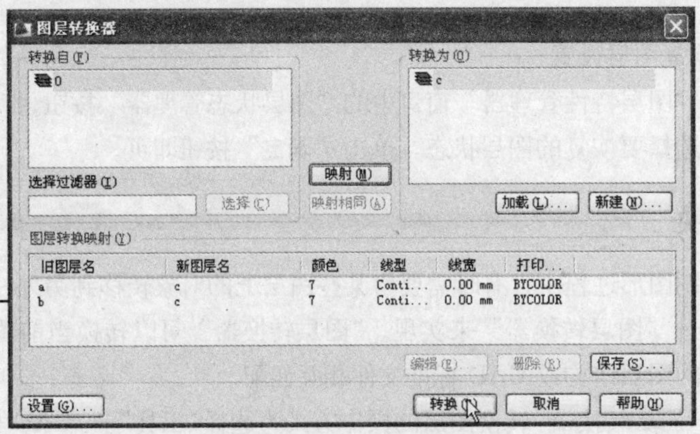


图 2-44
“图层转换器”对话框

## 2.4 视图控制

在 AutoCAD 的模型空间中，当所画的图形过小或线条太密集时，会给点的捕捉和对象的选择带来麻烦，很难做到准确的捕捉和选择。这时就需要用到视图的缩放、平移等控制视图显示的操作工具，以便更加迅速快捷地显示并绘制图形。

### 2.4.1 视图控制简介

按一定比例、观察位置和角度在绘图区域中显示的图形称为视图。在绘制图形的过程中，为了控制绘图区域的图形显示状况，就要用到图形显示控制，而图形显示控制也就是改变视图的显示。

改变视图最常用的方法是缩放和平移视图。通过这些操作可以任意放大、缩小或移动屏幕上图形的显示。

### 2.4.2 视图的缩放

视图缩放类似照相机的镜头放大或缩小屏幕所显示的范围。视图的缩放只改变视图的比例，而对象的实际尺寸不发生变化。在做大幅面图纸时，特别是在做复杂的电配图和机械图的时候，视图的缩放使用频率非常高。

视图缩放的菜单和工具栏分别如图 2-45 和图 2-46 所示。

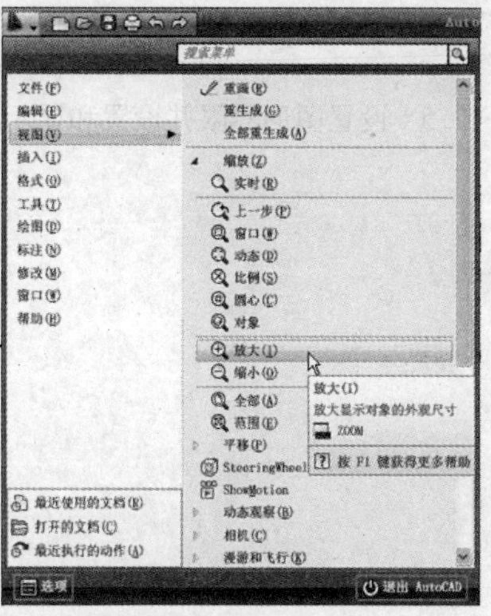

图 2-45

视图缩放菜单

图 2-46

视图缩放工具栏

**知识链接**

在视图缩放中还有窗口缩放、比例缩放、中心缩放、全部缩放、对象缩放、缩放上一个和最大图形范围缩放等，其操作方法与动态缩放类似，此处不再赘述。

视图缩放的执行方式如下：

◆ 命令行：在命令行中输入“ZOOM”。

◆ 工具栏：单击“标准”工具栏中的按钮。

◆ 菜单栏：选择“视图”→“缩放”命令。

上述命令执行后，系统将提示：

```
[全部(A)/中心(C)/动态(D)/范围(E)/上一个(P)/比例(S)/窗口(W)/对象(O)] <实时>:
```

操作实例：采用动态缩放视图，用命令执行方式的操作步骤如下：

**Step 1** 在命令行中输入“ZOOM”。命令行提示：

```
[全部(A)/中心(C)/动态(D)/范围(E)/上一个(P)/比例(S)/窗口(W)/对象(O)] <实时>
```

**Step 2** 在命令行里输入“D”，按【Enter】键确定。

### 2.4.3 视图的平移

使用平移视图命令，可以重新定位图形，以便看清图形的其他部分。此时不会改变图形中对象的位置或比例，只改变视图。

使用实时平移可根据需要在绘图区中随意移动图形，实时平移的执行方式如下：

◆ 命令行：在命令行中输入“PAN”。

◆ 工具栏：单击“标准”工具栏中的“实时平移”按钮。

◆ 菜单栏：选择“视图”→“平移”→“实时”命令。

◆ 快捷菜单：在绘图区中的任意地方右击，从弹出的快捷菜单中选择“平移”命令。

执行上述各种命令后单击，然后拖动手形光标就可以平移图形了。

## 2.5 实例操作：设置图形界限并设置和显示栅格

**实例分析**

本节通过对图形文件进行界限及显示设置，使读者了解如何在开始绘图之前做好准备工作。本例设置图形界限并设置显示栅格，这些在开始绘图之前的设置工作有助于后面的绘图工作。

**实例难度** ★☆☆☆

**制作方法和思路**

通过命令设置图形界限，再通过命令设置栅格的显示方式。

**参考教学视频**

光盘目录 \ 第二章 \ 视频教学 \2.5\ 设置图形界限并设置和显示栅格 .avi

**实例文件**

**原始文件**：无

**最终文件**：无

**视频文件**：

具体的操作步骤如下：

**Step 1** 单击按钮，从弹出的菜单中选择“格式”→“图形界限”命令，如图 2-47 所示。

**Step 2** 命令行提示：指定左下角点或 ［开 (ON)/ 关 (OFF)］ <0.0000,0.0000>:，输入“0,0”并按【Enter】键，如图 2-48 所示。

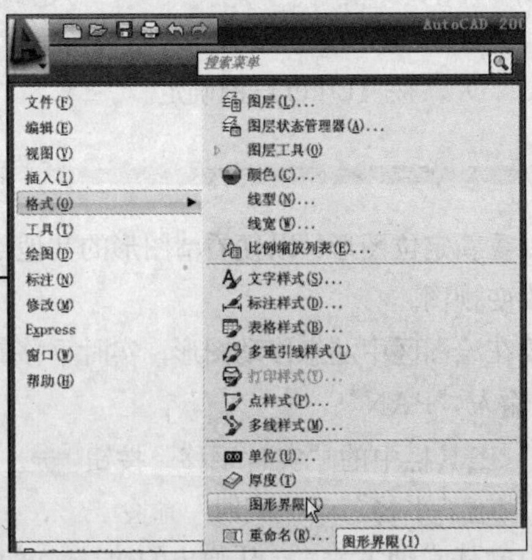


图 2-47

选择命令

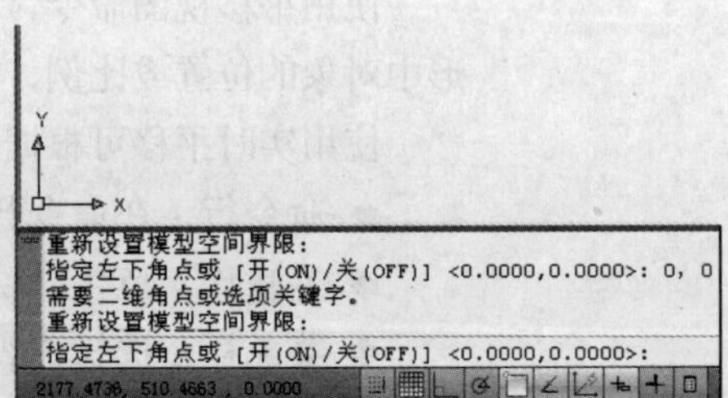


图 2-48

命令行提示

**Step 3** 命令行继续提示：指定右上角点 <420.0000,297.0000>：输入“297,210”并按【Enter】键，如图 2-49 所示。

**Step 4** 右击状态栏中的“栅格显示”按钮，从弹出的快捷菜单中选择“设置”命令，如图 2-50 所示，弹出“草图设置”对话框。




图 2-49

命令行继续提示

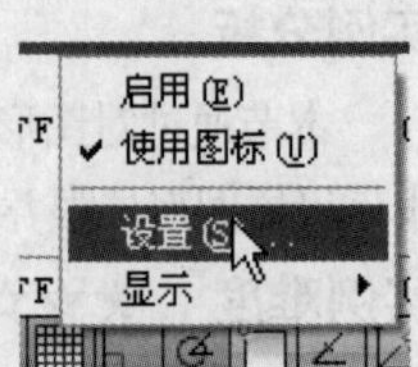


图 2-50

选择“设置”命令

**Step 5** 在“捕捉和栅格”选项卡中，将“栅格 X 轴间距”设置为 5，再将“栅格 Y 轴间距”设置为 5，如图 2-51 所示。

**Step 6** 单击“栅格显示”按钮，显示“栅格”，如图 2-52 所示。

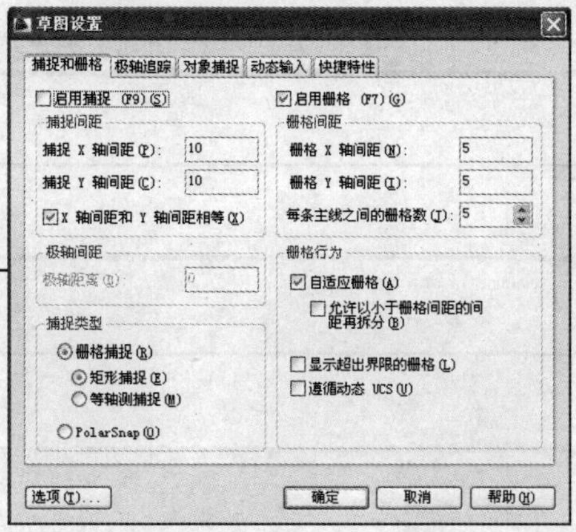


图 2-51

“草图设置”对话框

图 2-52

显示栅格

笔记栏

# Chapter 3

# 二维绘图命令

### 本章内容

所有图形都是由基本图形元素组成的，因此，要使用 AutoCAD 绘图，就必须首先学习如何在 AutoCAD 中绘制一些基本的图形元素。为此，本章将介绍在 AutoCAD 中绘制直线、圆、圆弧、矩形、正多边形、点、样条曲线以及徒手画线的方法。

### 本章学习地图

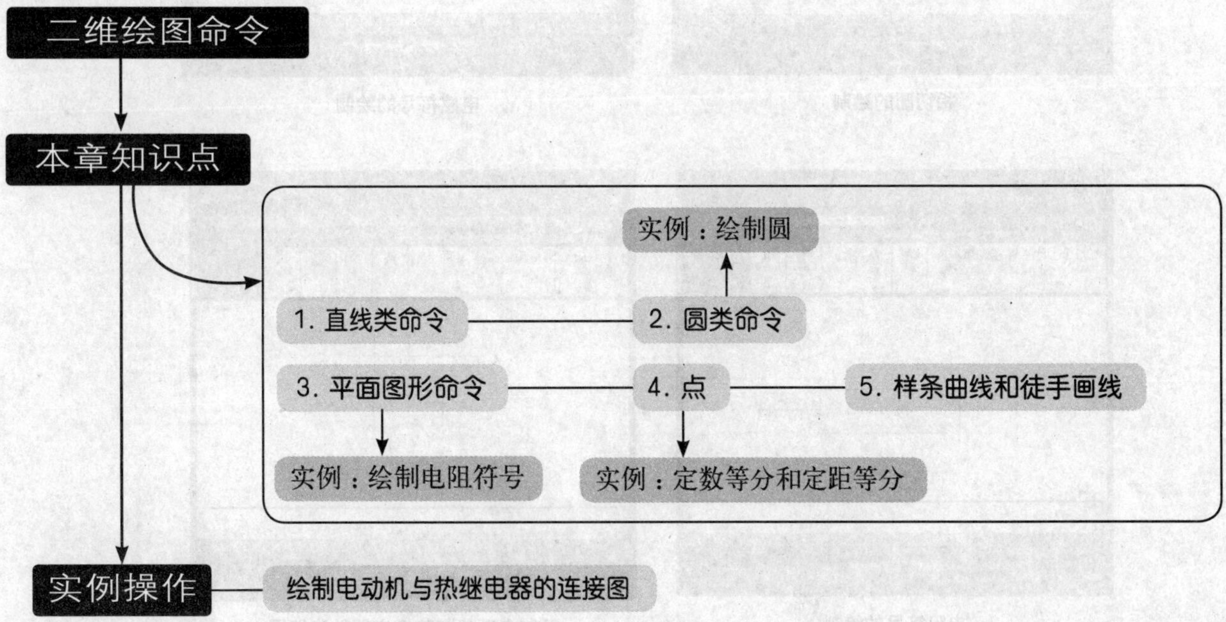


### 本章知识重点

- 掌握绘制直线的方法。
- 掌握圆以及圆弧的绘制方法。

## 本章实例效果图

用“相切、相切、半径”命令绘制圆

用“圆弧”命令绘制的电感符号

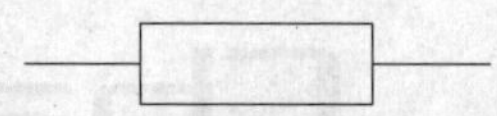

电阻符号

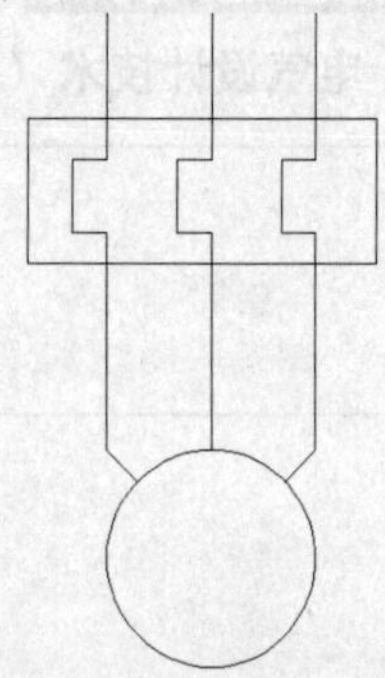

绘制电动机与热继电器连接图

## 本章视频效果图

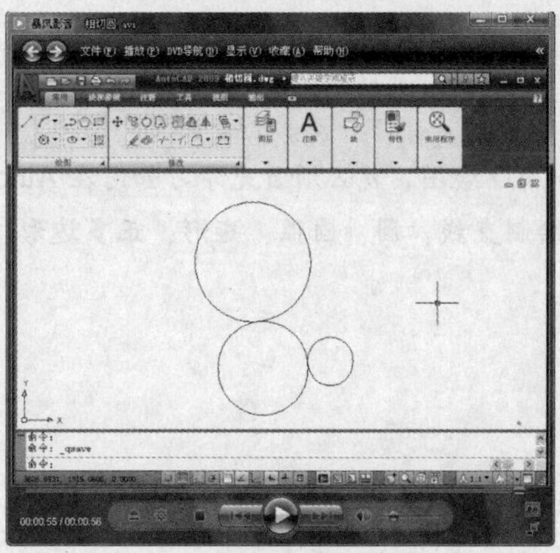

相切圆的绘制

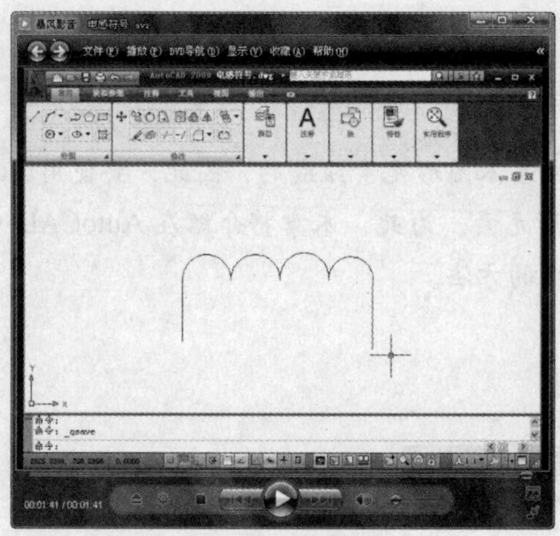

电感符号的绘制

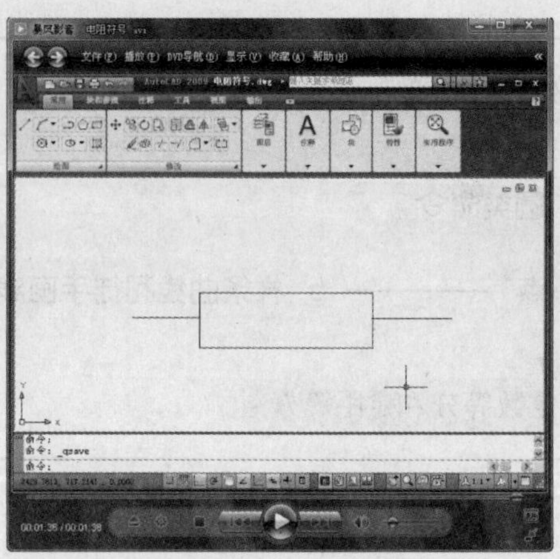

电阻符号的绘制

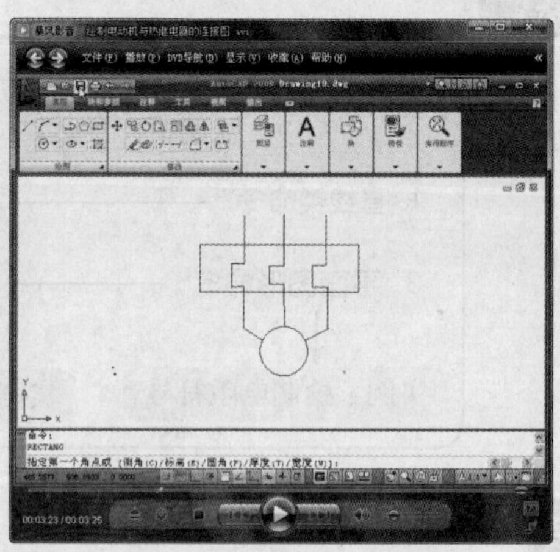

绘制电动机与热继电器的连接图

AutoCAD 2009 软件具有强大的二维绘图功能。二维图形都是由点 / 线类图形、圆类图形、平面图形、多段线、多线、样条曲线、徒手绘制图形等基本图形构成的。在 AutoCAD 中，命令通常有 3 种执行方式：命令行、菜单栏和工具栏。图 3-1 所示为“绘图”工具栏。本章将介绍如何绘制这些基本的二维图形。

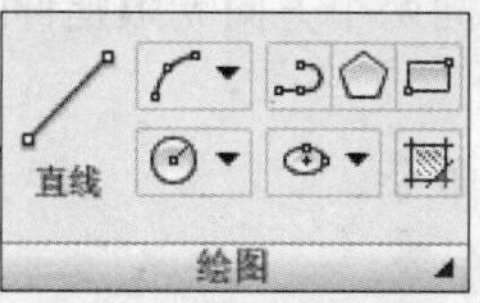

图 3-1
“绘图”工具栏

## 3.1 直线类命令

直线是基本的绘图实体，可以是线段，也可以是一系列连续的线段。下面将要介绍如直线段、射线、构造线、多线段和多线等直线类的命令。

### 3.1.1 直线

直线是 CAD 图形中最基本的单位，可以在两点之间绘制一条直线。

执行“直线”命令的方式有以下 3 种。

◆ 命令行：在命令行中输入“LINE”。

◆ 菜单栏：选择“绘图”→“直线”命令。

◆ 工具栏：单击“绘图”工具栏中的“直线”按钮。

操作实例：使用命令行执行方式，绘制两条长度为 1 000 的直线，且一条直线垂直于另一条直线的中点。操作步骤如下：

**Step 1** 在命令行中输入命令“LINE”。

**Step 2** 命令行提示：“指定第一点：”（在屏幕上单击指定一点，打开正交和对象捕捉功能。）

**Step 3** 命令行提示：“指定下一点或 [ 放弃（U）]”：1000（平行于 $X$ 轴方向绘制，按【Enter】键确定）。

**Step 4** 按【Enter】键确定（第一条长为 1 000 的直线绘制完成）。

**Step 5** 拾取第一条直线的中点，用同样的方法绘制平行 $Y$ 轴的另一条同长度的直线，整个操作完成，如图 3-2 所示。

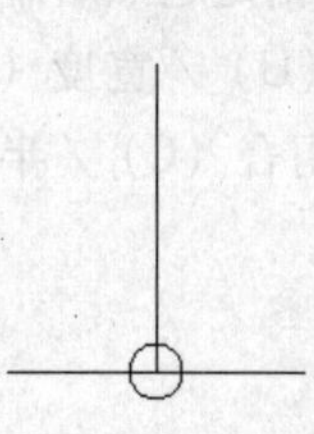
图 3-2
相互垂直的直线段

### 3.1.2 射线

**知识链接**

用 CAD 绘制图形时，制图单位通常都采用“毫米”，如上述实例中输入的“1 000”，是指输入 1 000 毫米。

射线是一端固定，向另一个方向无限延伸的直线，属于辅助线。

绘制射线的执行方式如下：

◆ 命令行：在命令行中输入“RAY”命令。

◆ 菜单栏：选择“绘图”→“射线”命令。

执行上述命令后，命令行提示“指定起点：”在屏幕上单击指定一点。此时，命令行提示“指定通过点：”，在屏幕上指定要通过的点即可，最后按【Enter】键结束命令。

### 3.1.3 构造线

构造线也是绘制的辅助线之一。构造线是向两个方向无限延伸的直线。

绘制构造线的执行方式如下：

◆ 命令行：在命令行中输入“XLINE”命令。

◆ 菜单栏：选择“绘图”→“构造线”命令。

◆ 工具栏：单击“绘图”工具栏中的“构造线”按钮。

执行上述命令后，命令行提示“指定点或[水平（H）/垂直（V）/角度（A）/二等分（B）/偏移（O）]：”，按要求输入即可。

命令行提示的各选项解释如下。

◆ 指定点：指定构造线将要经过的点。

◆ 水平：创建一条通过选定点的水平参照线。

◆ 垂直：创建垂直构造线。

◆ 角度：可以选择一条参照线，再指定构造线与该线之间的角度，也可创建与 $X$ 轴成指定角度的构造线。

◆ 二等分：可以创建二等分指定角的构造线，此时必须指定等分角度的定点、起点和端点。

◆ 偏移：可创建平行于指定线的构造线，此时必须指定偏移距离、基线和构造线位于基线的哪一侧。

### 3.1.4 多段线

多线段是 AutoCAD 中较为重要的一种组合图形，是一种非常有用的线段对象。它由线段、直线和弧线组合而成。多段线可用于绘制各种复杂的图形，应用范围很广。使用多线段命令创建的线段及圆弧都可以设定宽度。

绘制多线段的执行方式如下：

◆ 命令行：在命令行中输入“PLINE”命令。

◆ 菜单栏：选择“绘图”→“多线段”命令。

◆ 工具栏：单击“绘图”工具栏中的“多线段”按钮。

执行上述命令后，命令行提示“指定起点：”，指定起点后命令行会提示“指定下一点或[圆弧（A）/半宽（H）/长度（L）/放弃（U）/宽度（W）]：”，指定一点后命令行会接着提示“指定下一点或[圆弧（A）/闭合（C）/半宽（H）/长度（L）/放弃（U）/宽度（W）]：”，直至到多段线的终点。

上述命令行提示中的各选项解释如下：

◆ 指定起点：指定多线段的起点。

◆ 圆弧：切换至圆弧绘制命令。

◆ 半宽：设置多段线的半宽度。

◆ 闭合：自动封闭多段线，系统会默认以多段线的起点作为闭合终点。

◆ 长度：指定绘制的直线段的长度。在绘制时，系统将沿着绘制上一段直线的方向接着绘制直线。

◆ 放弃：绘制时撤销上一次的操作。

◆ 宽度：设置多段线的宽度。

### 3.1.5 多线

多线是一种组合图形，由 1 ～ 16 条平行线组成对象，这种平行线称为元素。通过指定距多重平行线初始位置的偏移量可以确定元素的位置。多线用途很广，而且能够极大地提高绘图效率。多线一般用于电子路线图、建筑墙体的绘制中。

**知识链接**

若要将多线段转换成单独的直线段和弧线段，可以通过输入“EXPLODE”命令来实现。

绘制多线的执行方式如下：

- ◆ 命令行：在命令行中输入“MLINE”命令。
- ◆ 菜单栏：选择“绘图”→“多线”命令。

执行上述命令后，命令行提示“指定起点或 [ 对正 (J) / 比例 (S) / 样式 (ST) ]:”。在默认情况下，必须指定多线的起点，绘制方法与直线类似。

上述命令行提示中的各选项解释如下：

- ◆ 指定起点：指定多线的起点。
- ◆ 对正：指定绘制多线时的对正方式。
- ◆ 比例：设置多线的平行线之间的距离，即多线的宽度。
- ◆ 样式：设置多线的绘制样式，默认的样式为标准型。用户可根据提示输入所需多线样式名。

**知识链接**

多线的对正方式共有 3 种方式：“上”是指从左向右绘制多线时，多线上最上端的线会随着鼠标移动；“无”是指多线的中心将随着鼠标移动；“下”是指从左向右绘制多线时，多线上最下端的线会随着鼠标移动。

在用多线绘制图形时，其样式是可以重新设置和定义的。比如可以设置线条的数量、颜色和线型以及线间的距离。

设置多线样式的执行方式为：选择“格式”→“多线样式”命令，将弹出如图 3-3 所示的“多线样式”对话框。

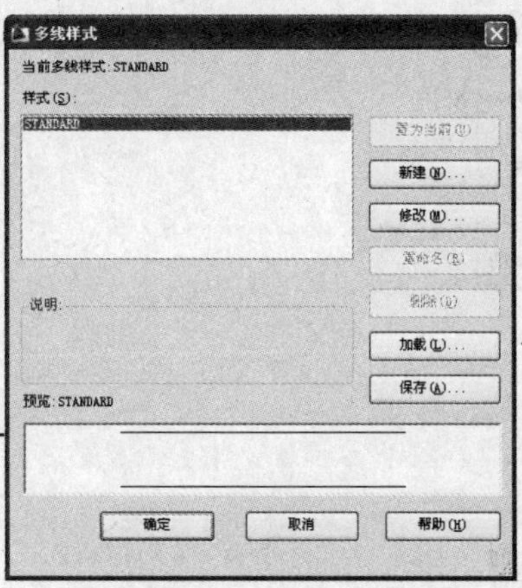


图 3-3
“多线样式”对话框

在设置多线宽度的时候，其宽度值可设置为 0、正值或负值。设置为 0 时各平行线重合；设置为负值时平行线的排列将倒置。此选项不会影响多线本身线型的比例。

## 3.2 圆类命令

圆类命令都是最简单的曲线命令。当启用圆类命令时，可以绘制圆、圆环、圆弧和椭圆等图形。

### 3.2.1 圆

使用“圆”命令可以绘制任意半径的圆。

### 1．圆功能的执行方式

圆功能的执行方式如下：

◆ 命令行：在命令行中输入“CIRCLE”。

◆ 菜单栏：选择“绘图”→“圆”命令。

◆ 工具栏：单击“绘图”工具栏中的“圆”按钮⊙。

执行上述命令后，命令行提示“指定圆的圆心或［三点（3P）/两点（2P）/切点、切点、半径（T）］：”。

命令行提示中各选项的解释如下：

◆ 指定圆的圆心：系统默认的选项，需要指定圆的圆心。

◆ 指定圆的半径：提示用户在命令行中输入圆的半径。

◆ 指定圆的直径：提示用户在命令行中输入圆的直径。

◆ 三点（3P）：在绘图区确定圆的三点位置。

◆ 两点（2P）：在绘图区确定圆直径的两个端点。

◆ 相切、相切、半径（T）：在绘图区指定圆的半径和两个相切对象。

### 2．绘制圆的方法

在“绘图”工具栏中单击“圆”按钮旁边的小箭头启用“圆”命令时，会弹出如图3-4所示的菜单，从菜单中可以看出绘制圆的方法有以下6种。

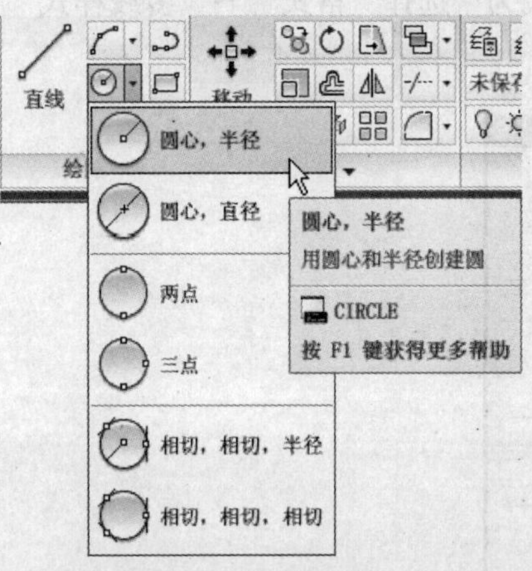


图3-4
“圆”操作子菜单

1）用“圆心、半径”命令画圆

在“绘图”工具栏中，单击“圆”按钮，在绘图区指定圆心，在命令行中输入半径，绘制完成。

2）用“圆心、直径”命令画圆

在“绘图”工具栏中单击“圆”按钮，在绘图区指定圆心，在命令行中输入直径，绘制完成。

3）用“三点”命令画圆

在“绘图”工具栏中单击“圆”按钮或在命令行中输入“3P（三点）”，在绘图区中分别指定圆上的第一点、第二点、第三点，最后在命令行中输入半径，绘制完成。

4）用“两点”命令绘制圆

在“绘图”工具栏中单击“圆”按钮或在命令行中输入“2P（两点）”，在绘图区指定圆的直径的第一端点，再在绘图区指定圆直径另一个端点，绘制完成。

5）用“相切、相切、半径”命令绘制圆

在“绘图”工具栏中单击“圆”按钮或在命令行中输入“T（相切、相切、半径）”，在绘图区分别指定对象与圆的第一个切点、第二个切点，在命令行中输入半径，绘制完成。

**知识链接**

要创建与两个对象相切的圆，必须指定每个对象上的切点和圆的半径。切点可以是对象上的任何一点，而相切的对象可以是圆、圆弧或直线。

6）用“相切、相切、相切”命令

选择“绘图”→“圆”→“相切、相切、相切”命令，在绘图区指定对象与圆的第一个切点，再在绘图区指定对象与圆的第二个切点、第三个切点，绘制完成。

### 3．操作实例

实例 1：用“圆心、半径”命令的方法绘制一个半径为 500 的圆，如图 3-5 所示。

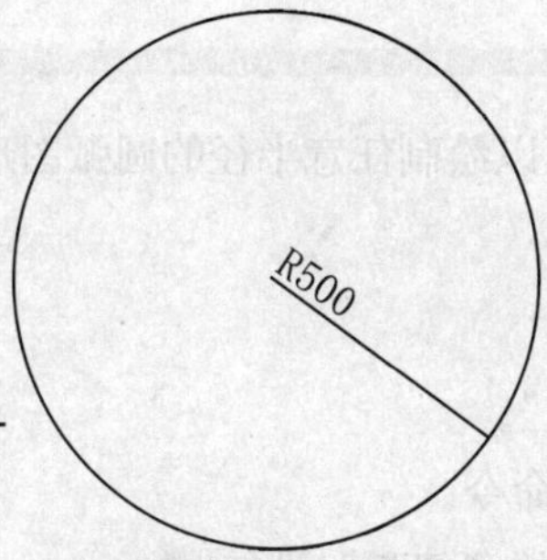


图 3-5
用“圆心、半径”命令绘制圆

具体的操作步骤如下：

**Step 1** 单击工具栏上的“圆”按钮。

**Step 2** 命令行提示“_circle 指定圆的圆心或 [ 三点（3P）/ 两点（2P）/ 切点、切点、半径（T）]：”（在屏幕上任意指定一点）。

**Step 3** 指定圆的半径或 [ 直径（D）]<79.0029>：R。

**Step 4** 指定圆的半径 <158.0058>：500（输入直径值）。

实例 2：用“相切、相切、半径”命令的方法绘制半径为 500 的圆。

操作步骤如下所示：

**Step 1** 单击按钮，在弹出的菜单中选择“绘图”→“圆”→“相切、相切、半径”命令，如图 3-6 所示。

**Step 2** 命令行提示“对象与圆的第一个切点”（在第一个圆上单击，如图 3-7 所示）。

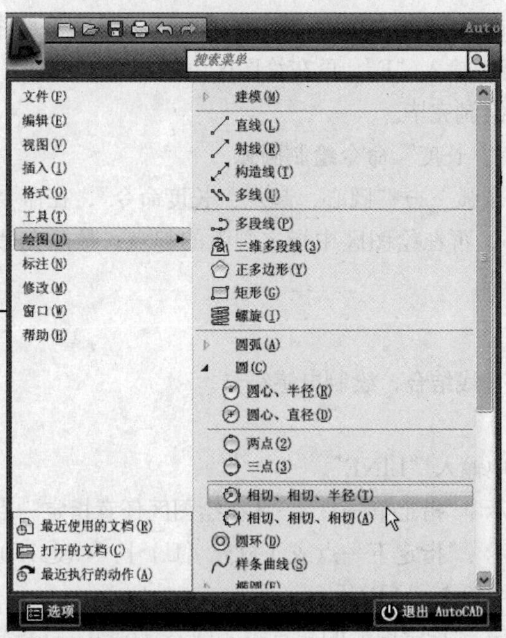


图 3-6
“圆”操作子菜单

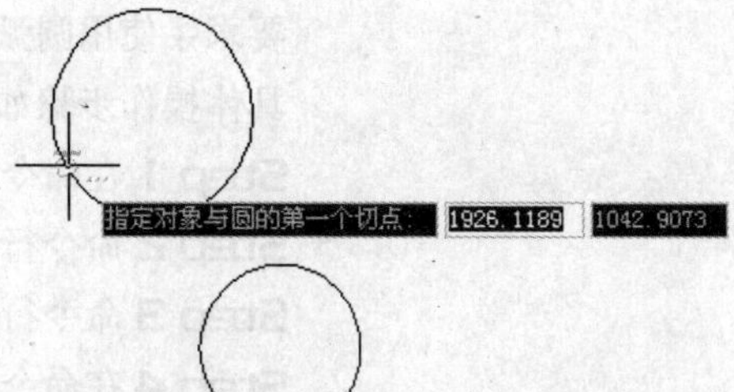


图 3-7
指定对象与圆的第一个切点

**Step 3** 指定对象与圆的第二个切点（在第二个圆上单击，如图 3-8 所示）。

**Step 4** 指定圆的半径 <500>：500（输入半径值，绘制完毕如图 3-9 所示）。

图 3-8

指定对象与圆的第二个切点

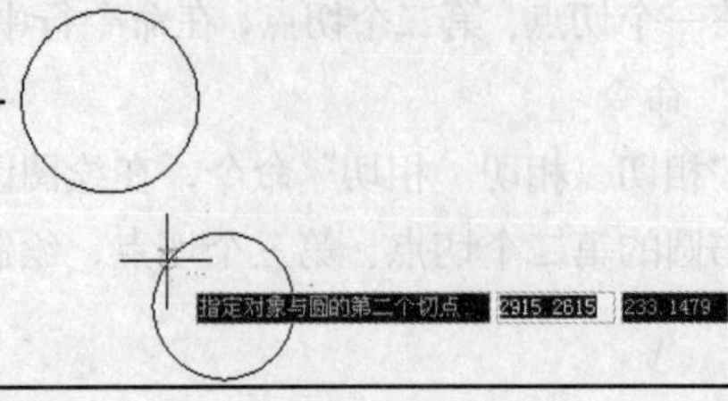


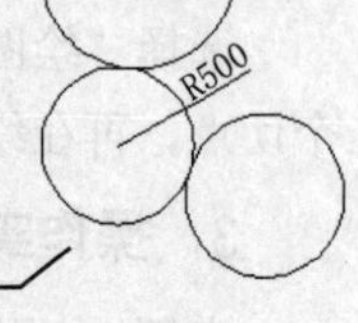


图 3-9

用“相切、相切、半径”命令绘制圆

## 3.2.2 圆弧

圆弧是圆的一部分，使用圆弧功能可以绘制任意半径的圆弧图形。

### 1．圆弧的执行方式

圆弧的执行方式如下：

◆ 命令行：在命令行中输入“ARC”。

◆ 菜单栏：选择“绘图”→“圆”命令。

◆ 工具栏：单击“绘图”工具栏中的“圆弧”按钮。

在“绘图”工具栏中单击“圆弧”按钮旁边的小箭头时，会弹出如图 3-10 所示的菜单，从菜单中可以看出绘制圆的方法有以下 11 种。用户可以根据功能和需求选择适合自己的绘制圆弧的方法。下面重点介绍 4 种绘制圆弧的方法。

1）三点画弧

在“绘图”工具栏中单击“圆弧”按钮，在绘图区中指定圆弧的第一个点（起点），然后在绘图区指定圆弧的第二个点，最后在绘图区指定圆弧的第三个点（端点），绘制完毕。

2）用“起点、圆心、端点”命令绘制圆弧

选择“绘图”→“圆弧”→“起点、圆心、端点”命令，在绘图区中指定圆弧的第一个点（起点），在命令行中输入“C”，再在绘图区指定圆弧的圆心（圆弧的第二个点），最后在绘图区指定圆弧的第三个点（圆弧的端点），绘制完毕。

3）用“起点、端点、角度”命令绘制圆弧

选择“绘图”→“圆弧”→“起点、端点、角度”命令，在绘图区中指定圆弧的第一个点（起点），在命令行中输入“E”，再在绘图区中指定圆弧的端点，在命令行输入“A”，最后指定圆弧的夹角，绘制完毕。

4）用“圆心、起点、长度”命令绘制圆弧

选择“绘图”→“圆弧”→“圆心、起点、长度命令”，在命令行中输入“C”，在绘图区中指定圆弧的圆心，再在绘图区中指定圆弧的起点。最后在命令行中输入“L”，指定圆弧的弦长，绘制完毕。

### 2．操作实例

要求：使用圆弧和直线结合，绘制电感符号。

具体操作步骤如下：

**Step 1** 在命令行中输入“LINE”。

**Step 2** 命令行提示：“指定第一点：”（在绘图区任意指定一点）。

**Step 3** 命令行提示：“指定下一点或［放弃（U）］：”（@150<90°）”。

**Step 4** 在命令行中输入“ARC”。

**Step 5** 命令行提示：“指定圆弧的起点或［圆心（C）］:”（指定直线的第二个点——圆弧起点）。

**Step 6** 命令行提示：“指定圆弧的第二个点或［圆心(C)／端点(E)]”:(指定第二点)。

**Step 7** 命令行提示：“指定圆弧的端点：”（指定圆弧端点）。

**Step 8** 用同样的方法以第一个圆弧的端点为下个圆弧的起点分别再连续画 3 个弧。

**Step 9** 在命令行中输入“LINE”。

**Step 10** 命令行提示“指定第一点：”(以最后一个圆弧的端点为第一点)。

**Step 11** 命令行提示“指定下一点或 [ 放弃（U）]：”（@150<-90°）。

电感符号绘制完成，如图 3-11 所示。

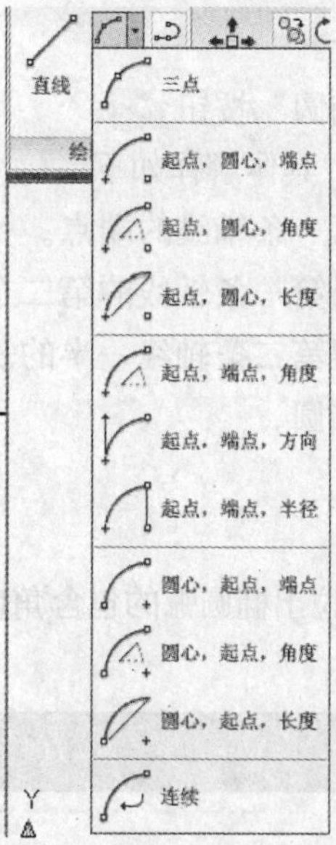


图 3-10
“圆弧”操作子菜单

图 3-11
用圆弧绘制的电感符号

## 3.2.3 圆环

圆环是填充环或实体填充圆。若要创建圆环，可指定它的内、外直径和圆心。

圆环的执行方式如下：

◆ 命令行：在命令行中输入“DONUT”。

◆ 菜单栏：选择“绘图”→“圆环”命令。

执行上述命令后，命令行提示“指定圆环的内径”，在输入内径值后会接着提示“指定圆环的外径”，输入外径值按【Enter】键即可。

操作实例：调用圆环命令绘制圆环，如图 3-12 所示。

图 3-12
圆环

具体操作步骤如下：

**Step 1** 在命令行中输入“DONUT”。

**Step 2** 命令行提示“指定圆环的内径 <12.0000>：”30。

**Step 3** 命令行提示“指定圆环的内径 <25.0000>：”60。

**Step 4** 命令行提示“指定圆环的中心点或 < 退出 >:”(在屏幕上想要画圆环的地方单击)。

### 3.2.4 椭圆与椭圆弧

椭圆是由圆心、长轴和短轴构成的几何对象。使用“椭圆”命令可以绘制任意形状的椭圆和椭圆弧图形。

椭圆的执行方式有以下几种：

◆ 命令行：在命令行中输入“ELLIPSE”。

◆ 菜单栏：选择“绘图”→“椭圆”命令。

◆ 工具栏：单击“绘图”工具栏上的“椭圆”按钮。

执行上述命令后，命令行会出现提示选项，具体解释如下：

◆ 指定椭圆的轴端点：指定所绘制椭圆第一条轴线的端点。

◆ 指定轴的另一个端点：指定所绘制椭圆第一条轴线的第二个端点。

◆ 指定另一条半轴长度：指定所绘制椭圆第二条轴线一半的长度。

◆ 旋转：通过绕第一条轴旋转圆来创建椭圆。

◆ 圆弧：在绘图区中创建一段椭圆弧。

◆ 中心点：指定椭圆的中心点。

绘制椭圆弧的方法与绘制椭圆类似，只是要拉出椭圆弧的包含角度即可，在此不再赘述。

## 3.3 平面图形命令

基本的图形有点、线、平面等。平面图形包括很多，如矩形、正多边形等。这些平面图形如果用一条条的线来绘制，工作效率就会很低，因此可以在 AutoCAD 中利用“矩形”和“多边形”命令方便地画出图形。

### 3.3.1 矩形

矩形是实际应用中使用最普遍的工具之一，矩形是一种封闭的多线段对象。

矩形的执行方法有以下 3 种：

◆ 命令行：在命令行中输入“RECTANG”。

◆ 菜单栏：选择“绘图”→“矩形”命令。

◆ 工具栏：单击“绘图”工具栏中的“矩形”按钮。

当执行上述命令后，命令行中会出现提示选项，具体解释如下：

◆ 指定第一个角点：在绘图区指定矩形的第一个点。

◆ 指定另一个角点：在绘图区指定矩形的另外一个点（相对于前一个点的对角点）。

◆ 倒角：设置矩形的倒角距离。

◆ 标高：设置矩形所在的平面高度，该选项一般用于三维绘图。

◆ 圆角：设置矩形的圆角半径。

◆ 厚度：设置矩形的厚度，此选项也用于三维绘图。

◆ 宽度：设置矩形四条边的线宽。

◆ 面积：指定矩形的面积与长度或宽度。

◆ 尺寸：指定矩形的长度和宽度。

◆ 旋转：指定矩形的旋转角度。

图 3-13 所示为使用“矩形”命令后绘制的各种矩形。

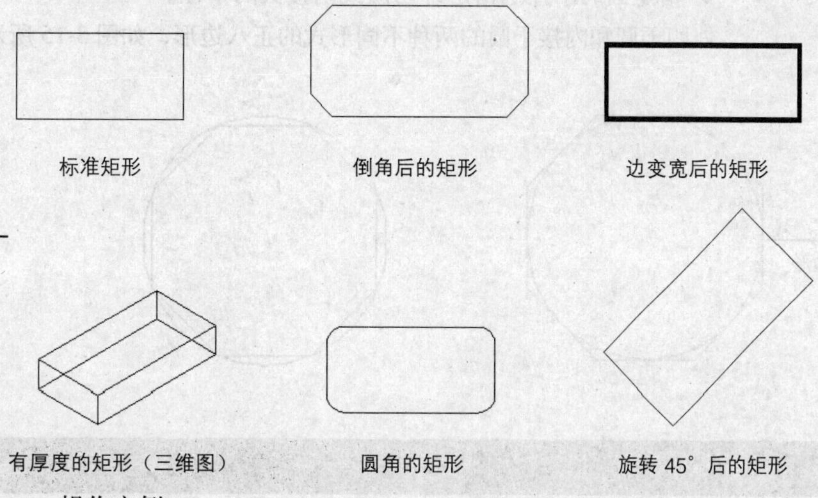


图 3-13
绘制的各种矩形

操作实例

要求：使用矩形命令绘制一个电阻符号。

操作步骤如下：

**Step 1** 在命令行中输入“RECTANG”。

**Step 2** 命令行提示“指定第一个角点或 [倒角（C）/标高（E）/圆角（F）/厚度（T）/宽度（W）]：”(0,0)。

**Step 3** 命令行提示“指定另一个角点或 [面积(A)/尺寸(D)/旋转(R)]:”(300,100)。

电阻主体部分矩形绘制成功，下面绘制电阻两端电线接点部分。

**Step 4** 在命令行中输入“LINE”。

**Step 5** 命令行提示“指定第一点：”，指定矩形一端的中点（正交和捕捉打开，捕捉中点）。

**Step 6** 命令行提示“指定另一点：”，@150<180°（一端电线接点绘制成功）。

用同样的方法绘制另一端的电线接点，整个电阻符号绘制完毕，如图 3-14 所示。

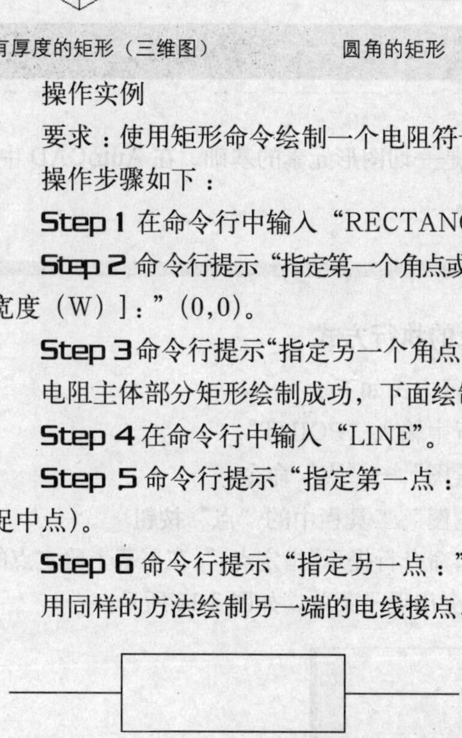

图 3-14
电阻符号

## 3.3.2 正多边形

正多边形是具有 3 条以上等边长的闭合二维图形。

“正多边形”命令启用的执行方式有以下 3 种：

- ◆ 命令行：在命令行中输入“POLYGON”。
- ◆ 菜单栏：选择“绘图”→“正多边形”命令。
- ◆ 工具栏：单击“绘图”工具栏中的“正多边形”按钮。
- ◆ 执行上述各种命令后，命令行中会出现提示选项，具体解释如下所示。
- ◆ 输入边的数目：在命令行中输入正多边形的边数。
- ◆ 指定正多边形的中心点：在绘图区中指定正多边形的中心点。
- ◆ 边：在绘图区指定第一条边的两个端点来定义正多边形；若已知边长，可在命令行中输入边的长度值，这样可以绘制正多边形。
- ◆ 内接于圆：指定内接圆的半径，正多边形的所有顶点都在此圆周上。
- ◆ 外切于圆：指定外切圆的半径，正多边形的所有中心点都在此圆周上。

◆ 指定圆的半径：指定外切圆或内接圆的半径。

外切于圆和内接于圆的两种不同形式的正八边形，如图 3-15 所示。

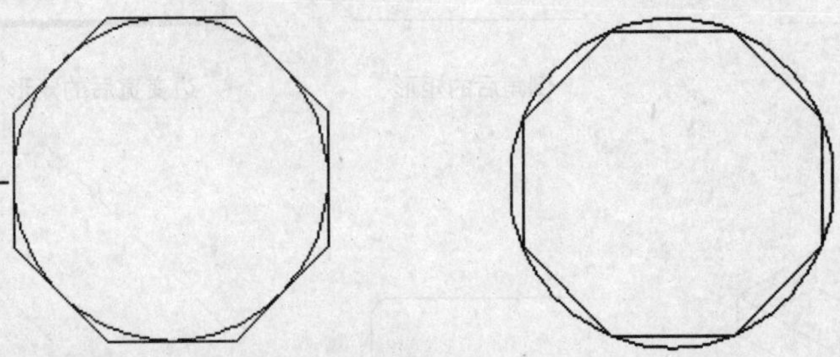

图 3-15

外切于圆和内接于圆的正八边形

## 3.4 点

从几何角度上讲，点是一切图形元素的基础。在 AutoCAD 中，点可以作为节点，也可作为绘图的主要参考点。

### 3.4.1 绘制点

#### 1．启用“点”命令的执行方式

启用“点”命令的执行方式如下：

◆ 命令行：在命令行中输入“POINT”。

◆ 菜单栏：选择“绘图”→“点”命令。

◆ 工具栏：单击“绘图”工具栏中的“点”按钮 。

在执行完上述命令后，命令行提示“指定点：”，在屏幕上确定点的位置即可。当选择“绘图”→“点”命令时，将会出现子菜单，如图 3-16 所示。

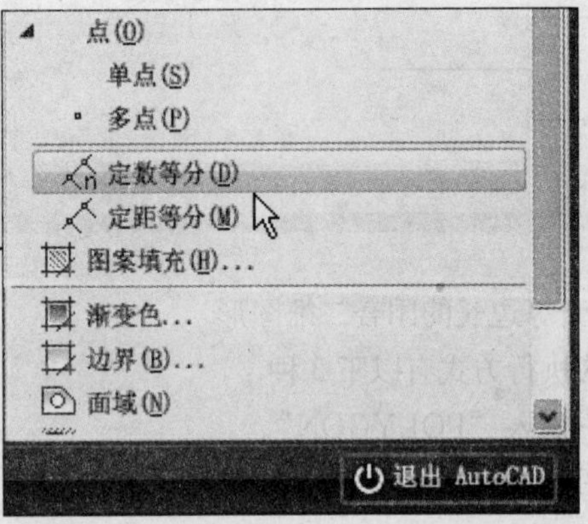


图 3-16

“点”命令下的子菜单

#### 2．设置点的样式

点和线条一样，也有很多的样式。在绘制前最好设置其样式和大小，以保证在点屏幕上清晰可辨。

点样式的设置操作如下所示：

选择“格式”→“点样式”命令，弹出如图 3-17 所示的“点样式”对话框。

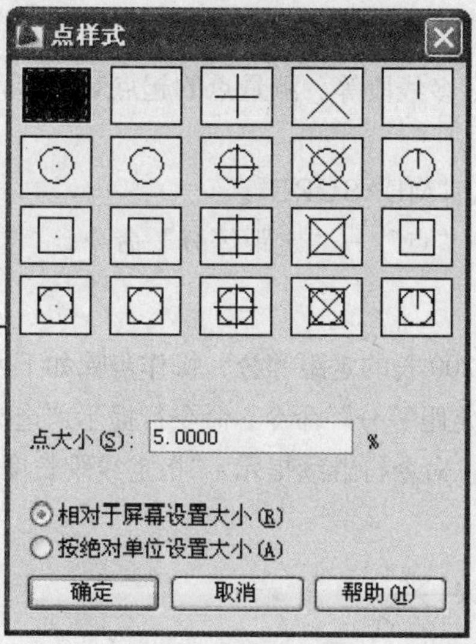


图 3-17
"点样式"对话框

## 3.4.2 等分点

当点作为节点时，在 AutoCAD 中使用"DIVIDE（DIV）"命令，可以在对象上按指定数目等距均分创建点。使用该操作不是把对象等分成单独的对象，只是标明定数等分的位置，将这些定数等分点作为参考几何点。等分的起点因不同的对象类型而不同。

**知识链接**

等分点的起点因不同的对象类型而不同，例如直线或非闭合的多线段，其起点是距离选择点最近的端点；若是闭合的多线段，起点是多线段的起点；对于圆来说，起点的捕捉角度在方向线与圆的交点处。

### 1．定数等分点的启用

定数等分点对象包括直线、圆、多线段等。启动定数等分点命令的执行方式如下：

- 命令行：在命令行中输入"DIVIDE"。
- 菜单栏：选择"绘图"→"点"→"定数等分"命令。

### 2．操作实例

选择"绘图"→"点"→"定数等分"命令，命令行提示："选择要定数等分的对象："（用鼠标单击所要定数等分的对象，比如圆），命令行接着提示："输入线段数目或［块（B）］："（在命令行中输入所要定数等分的数目，比如 6），效果如图 3-18 所示。

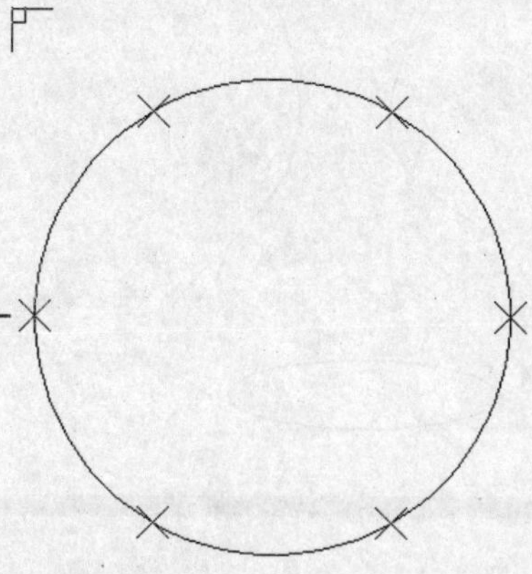

图 3-18
定数六等分的圆

## 3.4.3 测量点

等分点包括定数等分和定距等分。定数等分点是根据指定的数目来等分对象而创建点或插入块的，而定距等分是根据指定的距离来创建等分点或插入块的。定距等分点也叫测量点，这种操作同样也不会将对象等分成单独的对象。

**知识链接**

定数等分点命令和测量点虽然都属于等分点类别，但是定数等分点命令（DIVIDE）和测量点命令（MEASURE）的区别是："DIVIDE"命令要求用户提供分段数，然后根据对象的总长度自动计算等分线段的长度；而"MEASURE"命令要求用户提供每段的长度，然后根据对象总长度自动计算分段数。

### 1. 测量点的启用

测量点的对象包括直线、圆、多线段等。测量点的起点对于不同的对象类型也是不相同的。

- ◆ 命令行：在命令行中输入"MEASURE"。
- ◆ 菜单栏：选择"绘图"→"点"→"定距等分"命令。

### 2. 操作实例

将一个非闭合的多线段按照 200 长的定距等分，操作步骤如下所示：

选择"绘图"→"点"→"定距等分"命令，命令行提示："选择要定数等分的对象："（单击绘图区中的非闭合多线段），命令行继续提示："指定线段长度或［块（B）］：" 200，操作完成，如图 3-19 所示。

图 3-19

定距 200 等分后的非闭合多线段

## 3.5 样条曲线和徒手画线

样条曲线是一种特殊的线段，用于绘制曲线，平滑度比圆弧更好，它是通过或接近指定点的拟合曲线。AutoCAD 使用一种非均匀有理 B 样条（NURBS）曲线的特殊曲线类型，曲线在控制点之间产生一条光滑的曲线。适用于表达各种具有不规则变化曲率半径的曲线，如图 3-20 所示。

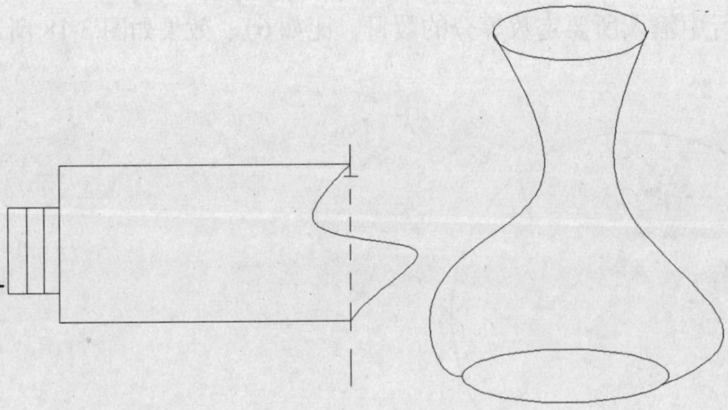

图 3-20

样条曲线的应用

### 3.5.1 绘制样条曲线

启用样条曲线的执行方式如下：

- ◆ 命令行：在命令行中输入"SPLINE"。
- ◆ 工具栏：在"绘图"工具栏中单击"样条曲线"按钮~。
- ◆ 菜单栏：选择"绘图"→"样条曲线"命令。

执行上述命令后，命令行会出现提示选项，其具体解释如下。

- ◆ 指定第一个点：在绘图区中指定样条曲线的第一点。

◆ 指定下一点：在绘图区中指定样条曲线的下一点。
◆ 对象：指定要转化为样条曲线的对象。
◆ 闭合：将最后一点定义为与第一点一致，并使它在连接处相切，这样就可以闭合样条曲线。
◆ 拟合公差：修改当前样条曲线的拟合公差。
◆ 起点切向：在绘图区指定样条曲线的第一点和最后一点的切向。
◆ 指定起点切向：在绘图区指定样条曲线第一点的切向。
◆ 指定端点切向：在绘图区指定样条曲线最后一点的切向。

### 3.5.2 徒手画线

徒手绘制的图形由于其形状规则的随意性，给刻板的工程绘图带来了很大的灵活性，有助于用户绘制个性化的图形，使其更接近于现实世界。徒手画线主要用于绘制不规则边界，它是由许多线条段组成的，每条线段都可以是独立的对象或多线段。

启动“徒手画线”功能的执行方式如下：

命令行：在命令行里输入“SKETCH”。

命令行提示中各选项的具体解释如下：

◆ 画笔：控制抬笔或落笔，单击或者按【P】键就表示抬笔和落笔。用定义点设备选择命令前必须提笔。
◆ 退出：退出徒手画线状态，保存所绘制的曲线。
◆ 结束：退出徒手画线状态，不保存所绘制的曲线。
◆ 记录：不退出徒手画线状态，保存所绘制的曲线，但不改变画笔的位置。
◆ 删除：删除未保存的曲线，如果画笔已落下则提起画笔。
◆ 连续：连续从上次所画的线段的末端，或从前一步删除的线段的端点开始画线。

## 3.6 实例操作：绘制电动机与热继电器的连接图

**实例分析**

本节通过绘制电动机与热继电器的连接图，让读者通过实际操作熟悉圆、直线和矩形的绘制过程。

**实例难度** ★★☆☆

**制作方法和思路**

通过圆工具制作出电动机，再通过直线和矩形绘制出其他相应的零部件。

**参考教学视频**

光盘目录 \ 第三章 \ 视频教学 \3.6\ 绘制电动机与热继电器的连接图 .avi

**实例文件**

**原始文件**：无

**最终文件**：光盘目录 \dwg\Ch3\3.6\ 最终文件 \ 连接电动机与热继电器 .dwg

视频文件：

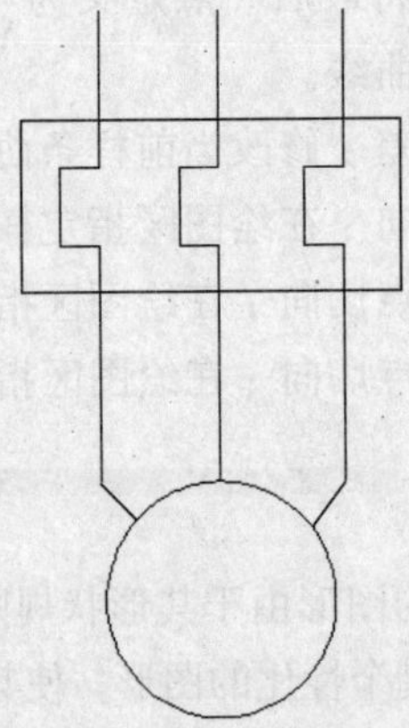

具体操作步骤如下：

**Step 1** 单击“圆心、半径”按钮，输入半径为“150”，按【Enter】键，如图 3-21 所示。

**Step 2** 单击“直线”按钮，绘制直线，如图 3-22 所示。

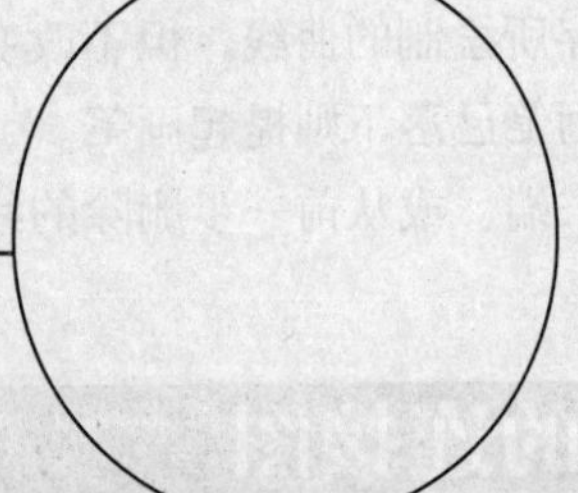

图 3-21
绘制圆

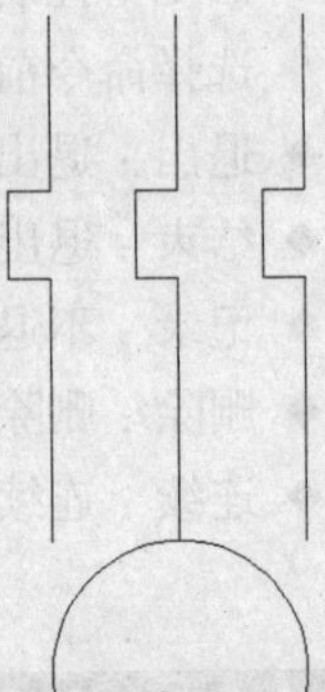

图 3-22
绘制直线

**Step 3** 单击“直线”按钮，绘制直线到圆的垂线，如图 3-23 所示。

**Step 4** 单击“矩形”按钮，在图上指定矩形的第一点，输入“D”并按【Enter】键，再根据命令行的提示，输入矩形的尺寸，长度为“500”，宽度为“200”，效果如图 3-24 所示。

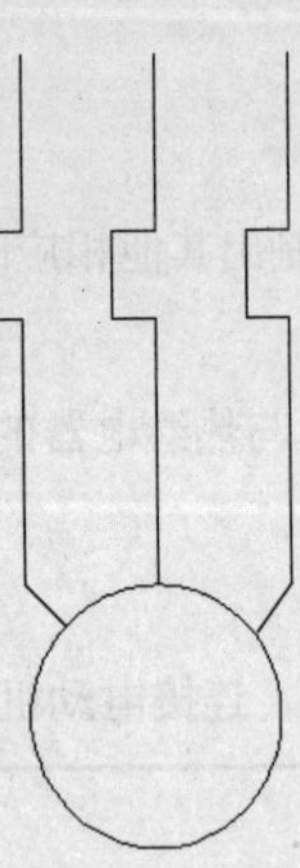

图 3-23
绘制垂线

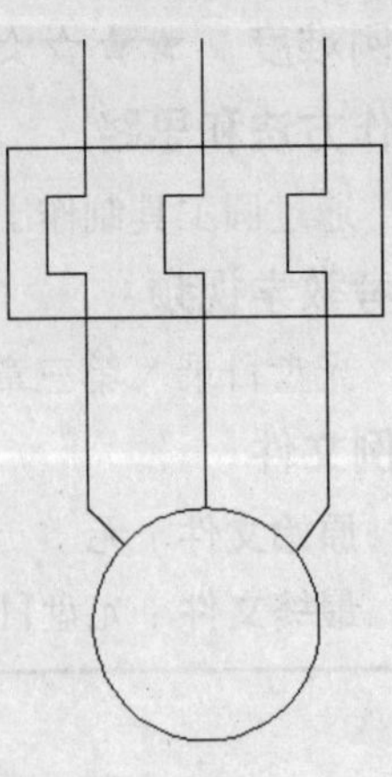

图 3-24
绘制矩形

# Chapter 4

# 二维图形的基本编辑

## 本章内容

用户在绘图时，单纯使用 AutoCAD 所提供的绘图工具只能创建一些基本图形，想要绘制复杂的图形，必须借助于“修改”菜单所提供的图形编辑命令，对已有图形对象进行复制、删除、镜像、修剪、移动及其他操作。在对图形进行编辑时必须先选择对象，然后才进行编辑。利用这些工具，可以极大地提高绘图效率。

## 本章学习地图

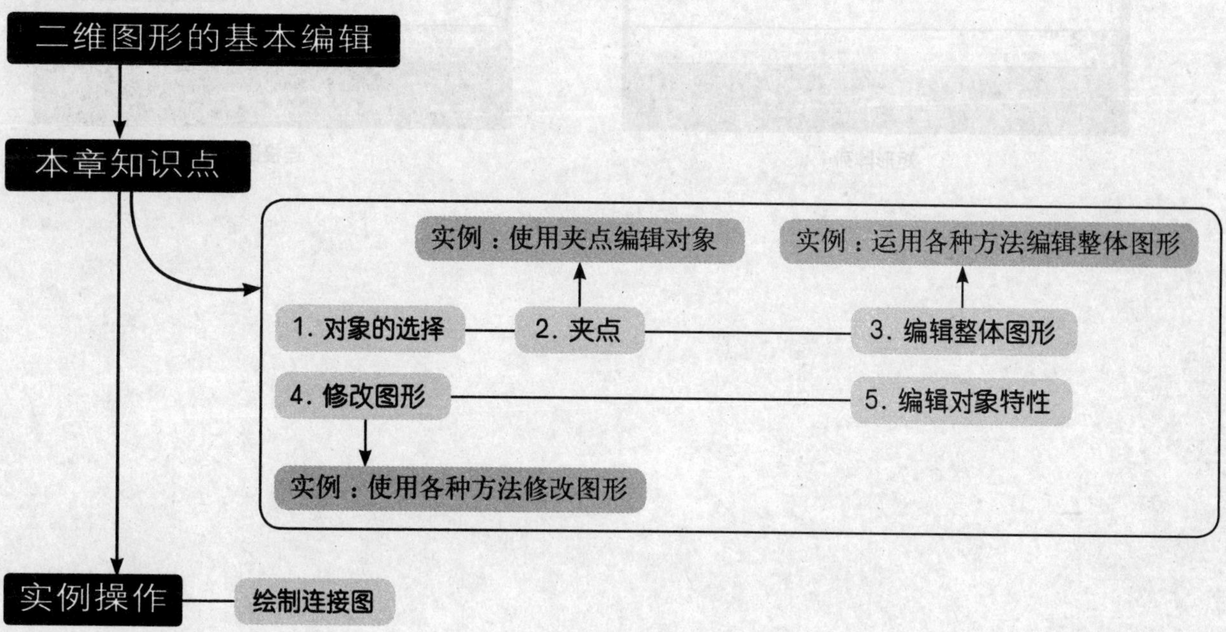


## 本章知识重点

- 使用夹点编辑对象。
- 整体图形的编辑方法运用。
- 图形的修改。

## 本章实例效果图

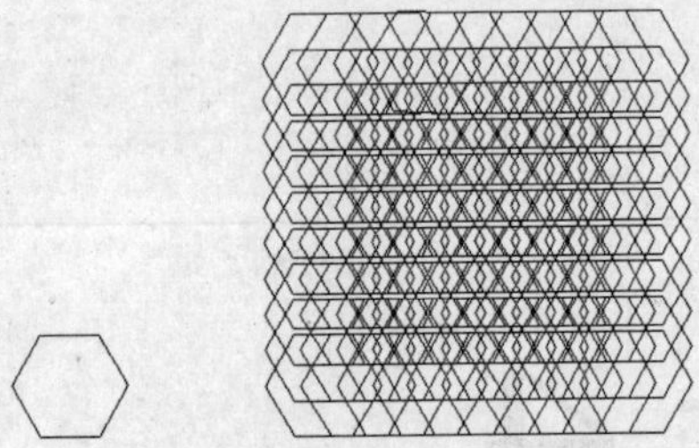

使用“矩形阵列”阵列图形

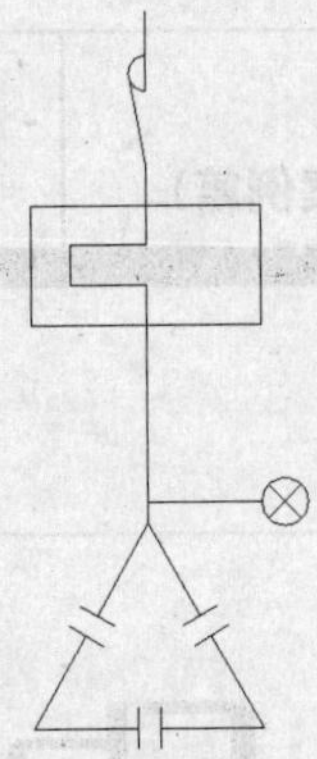

连接图

## 本章视频效果图

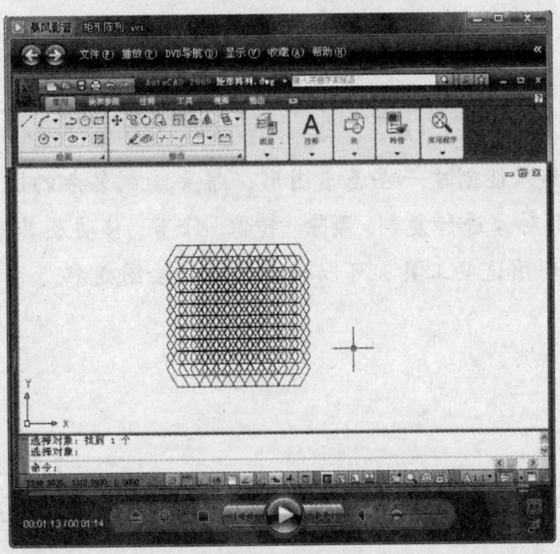

矩形阵列

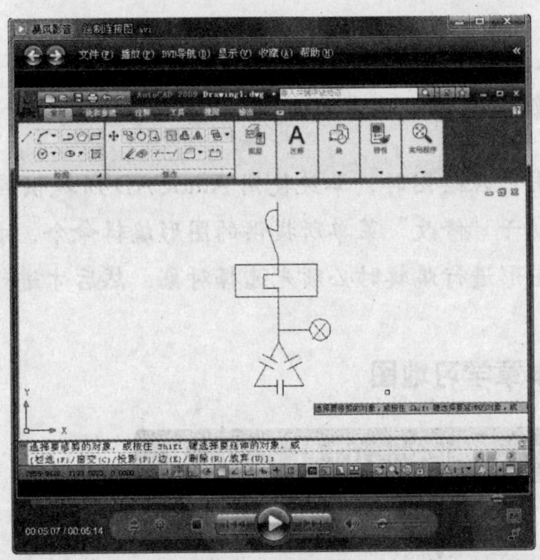

连接图

在实际应用中绘制好了基本图形元素后，经常要对它们进行各种编辑和修改，以符合电气图纸的习惯和要求。在修改和编辑这些图形时通常需要对图形的局部进行编辑，此时将这些要修改的图形集定义为对象可以方便地对它们进行编辑和修改，而其他没有定义的部分不受影响。

# 4.1 对象的选择

在本节内容中，将主要介绍在编辑对象前如何进行对象选择和设置对象选择模。用户在对图形进行编辑之前，必须先选择要编辑的对象。AutoCAD 系统用虚线高亮显示所选择的对象，这些对象就构成了选择集，它可以包括单个对象，也可以包括复杂的对象编组。

## 4.1.1 对象选择

在 AutoCAD 2009 系统中，有很多选择对象的方法。用户可以通过单击对象逐个选择，也可以用矩形窗口或交叉窗口选择，还可以选择最近创建对象、前面的选择集或图形中的所有对象，还可以向选择集中添加对象或从中删除对象。

### 1. 标准选择模式

当用户选择对象时，在命令行中输入“SELECT”，命令行提示“选择对象：”，在提示下输入“?”，将会出现如下提示：

```
需要点或窗口(W)/上一个(L)/窗交(C)/框(BOX)/全部(ALL)/栏选(F)/圈围(WP)/圈交(CP)/编组(G)/添加(A)/删除(R)/多个(M)/前一个(P)/放弃(U)/自动(AU)/单个(SI)/子对象(SU)/对象(O)
```

命令行的各项说明如下：

- ◆ 需要点：在默认情况下，用户可以直接选择对象，此时光标为一个小方框（拾取框），可利用该方框逐个拾取对象。用户在寻找时系统将寻找落在拾取框内或与拾取框相交的最近建立的对象。用此种方法拾取对象方便直观，但是精确度不高，尤其是在对象排列比较密集的地方，往往容易选错或多选对象。另外，用该方法每次只能选择一个对象，要选择大量对象时就会比较麻烦。
- ◆ 窗口：用户可以选择矩形（由两点定义）区域中的所有对象。从左到右指定矩形两个角点创建矩形选择窗口，所有位于矩形窗口中的对象均被选中，在窗口之外的对象或者部分在该窗口的对象则不能被选中，如图 4-1 所示。

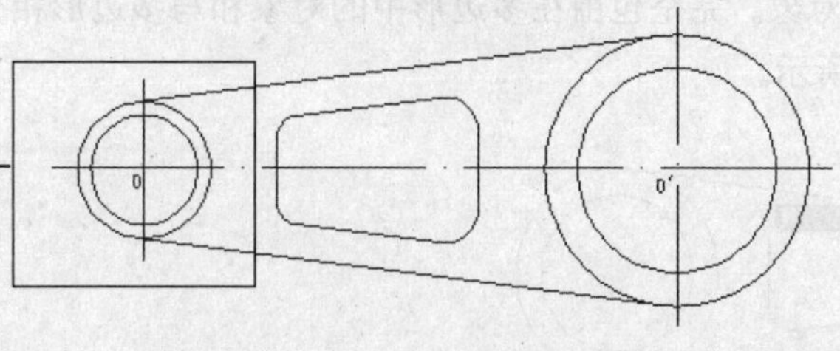

图 4-1
使用“窗口”方式选择对象

- ◆ 上一个：选择最近一次创建的可见对象。对象必须在当前空间（模型空间或图纸空间）中，并且一定不要将对象的图层设置为冻结或关闭状态。不管使用多少次“上一个”选项，都只有一个对象被选中。
- ◆ 窗交：使用交叉窗口选择对象时，可选择区域（由两点确定）内部或与其相交的所有对象。窗交显示的方框为虚线或高亮度方框，这与窗口选择框不同。从左到右指定角点创建窗交选择，全部位于窗口之内或与窗口边界相交的对象都将被选中，如图 4-2 所示。

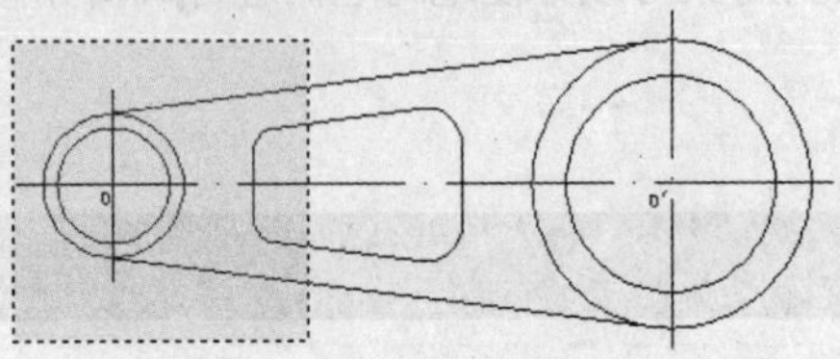

图 4-2
使用“窗交”方式选择对象

◆ 框：是由“窗口”和“窗交”组合而成的一个单独选项，可选择矩形（由两点确定）内部或与之相交的所有对象。如果矩形的点是从左至右指定的，即为“窗口”选项，否则即为“窗交”选项。

◆ 全部：用于选择图形中没有被锁定、关闭或冻结的图层上的所有对象。

◆ 栏选：用于选择与选择栏相交的所有对象。选择栏是一条开放的多点栅栏（多段直线），其中所有与栅栏线相接触的对象均会被选中，如图 4-3 所示。栏选方法与圈交方法相似，只是栏选不闭合，并且栏选可以与自己相交。

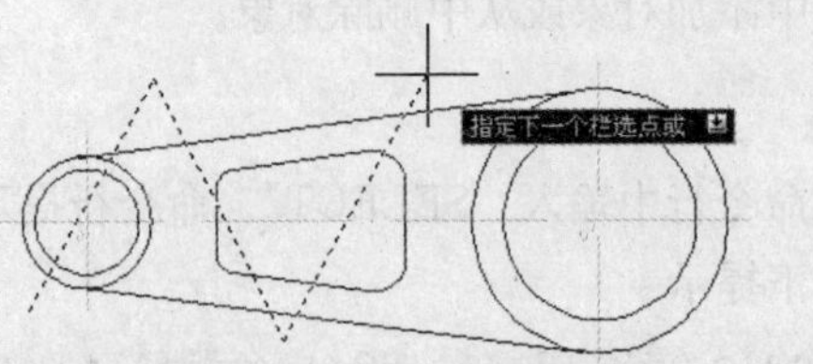


图 4-3
使用“栏选”方式选择对象

◆ 圈围：选择多边形（通过待选对象周围的点定义）中的所有对象。该多边形可以为任意形状，但不能与自身相交或相切。将绘制多边形的最后一条线段，所以该多边形在任何时候都是闭合的。完全包围在多边形中的对象将被选中，如图 4-4 所示。

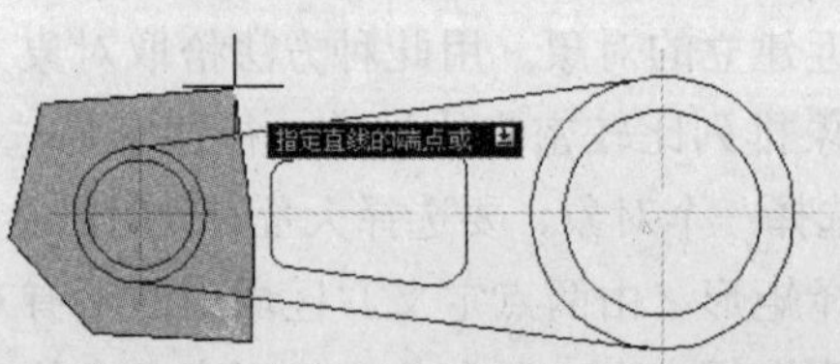


图 4-4
使用“圈围”方式选择对象

◆ 圈交：此方法与“窗交”方法类似，绘制一个不规则的封闭多边形作为交叉窗口来选择对象。完全包围在多边形中的对象和与多边形相交的对象将都被选中，如图 4-5 所示。

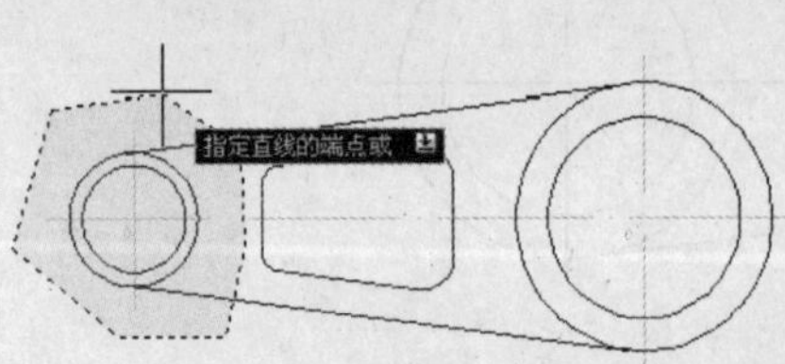


图 4-5
使用“圈交”方式选择对象

◆ 编组：该选项用于选择指定组中的所有对象。

◆ 添加：可以使用任何对象选择方法将选定对象添加到选择集中。通过设置 Pickadd 系统变量来实现。Pickadd 设置为 1（默认）时，则后面所选择的对象均被加入到选择集中；如果 Pickadd 设置为 0，则最近所选择的对象被加入到选择集中。

◆ 删除：可以使用任何对象选择方法从当前选择集中删除对象。删除模式的替换模式是在选择单个对象时按【Shift】键，或者使用"自动"选项。

◆ 多个：指定多次选择而不高亮显示对象，从而加快对复杂对象的选择过程。如果两次指定相交对象的交点，"多个"也将选中这两个相交对象。

◆ 前一个：选择最近创建的选择集。从图形中删除对象将清除"前一个"选项设置。程序将跟踪是在模型空间中还是在图纸空间中指定每个选择集。如果在两个空间中切换，将忽略"前一个"选择集。

◆ 放弃：放弃选择最近加到选择集中的对象。如果最近一次选择的对象多于一个，将从选择集中删除最后一次选择的所有对象。

◆ 自动：切换到自动选择，指向一个对象即可选择该对象。指向对象内部或外部的空白区，将形成框选方法定义的选择框的第一个角点。"自动"和"添加"为默认模式。

◆ 单个：切换到单选模式，选择指定的第一个或第一组对象而不继续提示进一步选择。

◆ 子对象：使用户可以逐个选择原始形状，这些形状是复合实体的一部分或三维实体上的顶点、边和面。可以选择这些子对象的其中之一，也可以创建多个子对象的选择集。选择集可以包含多种类型的子对象，按住【Ctrl】键与选择"SELECT"命令的"子对象"选项相同，如图 4-6 所示。

◆ "对象"：选中需要选择的对象。

图 4-6
"子对象"选择方式

2．选择集的修改

修改选择集的方法有 4 种，分别是删除（Remove）、添加（Add）、放弃（Undo）和取消选择过程。

通过使用"修改"命令，用户可向选择集中添加或从中撤销对象。修改命令用在使用对象选择过程选择了至少一个对象之后，按【Enter】键接受指定对象之前。

◆ 放弃(Undo)：撤销最后添加进选择集中的对象。如果重复撤销，将在选择集中逐次后退。

◆ 删除(Remove)：允许用户从选择集中删除某对象。用户可以从选择集中删除以任何对象选择方法选择的对象。

◆ 添加(Add)：向选择集中添加对象。Add 选项经常用在 Remove 选项之后。添加使提示行变为"选择对象："，然后向选择集中添加对象。

◆ 取消选择过程：随时按【Esc】键可取消选择过程，并从选择集中删除选择对象，提示行返回"命令："。

## 4.1.2 设置选择模式

AutoCAD 2009 允许用户设置不同的对象选择模式。前面介绍了基本的对象选择模式，熟练的用户可使用更多的选择模式。

此外，也可设置选择选项。单击按钮，从弹出的菜单中选择"工具"→"选项"命令，弹出"选项"对话框，如图 4-7 所示。选择"选择集"选项卡即可对相关内容进行设置。

在"拾取框大小"选项组中，拖动滑块即可设置选择对象时拾取框的大小。在"夹点大小”选项组中，拖动滑块可设置选择对象时夹点的大小。在“夹点”选项组中可设置未选中夹点的颜色、选中夹点的颜色及悬停夹点的颜色等，用户可根据自己的需要根据对话框的提示进行设置。

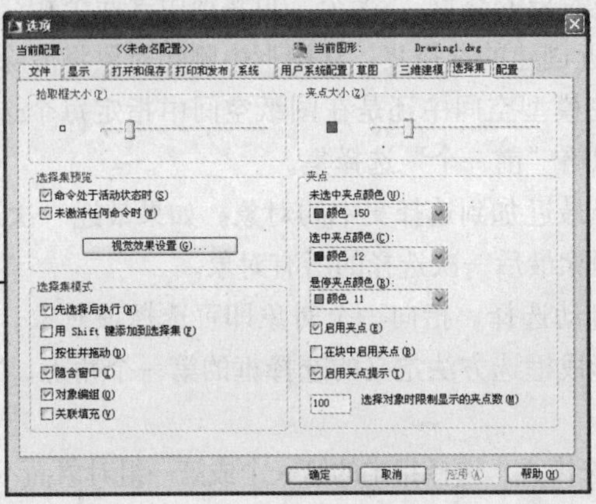

图 4-7
“选项”对话框

“选择集模式”选项组中各选项的具体说明如下所示：

- “先选择后执行”复选框：该复选框用于设置是否可以先选择对象，构造一个选择集，再对该选择集进行编辑操作。
- “用【Shift】键添加到选择集”复选框：该复选框用于设置向已有选择集中添加对象的方式。当用户选中该复选框时，即表示向选择集中添加对象时必须同时按下【Shift】键。
- “按住并拖动”复选框：该复选框用于控制用鼠标定义选择窗口的方式。当用户选中该复选框时，即表示必须按下鼠标右键并拖动才能生成一个选择窗口；相反，用户可以分两次在屏幕上用鼠标定义选择窗口的角点，给定第一个角点后，将会出现一个动态选择窗口。
- “隐含窗口”复选框：该复选框用于控制是否自动生成一个选择窗口。当用户选中该复选框时，可以在出现选择对象提示后，直接在绘图区中拖动，画出一个矩形窗口来选择对象；相反，则不允许用户自动拖动出一个选择窗口，而只能输入“W”或“C”来响应。
- “对象编组”复选框：该复选框用于控制是否可以自动按组选择对象。当选中该复选框时，用户选择某个对象组中的一个对象，将会选中这个对象组中的所有对象。
- “关联填充”复选框：该复选框用于控制是否可从关联性填充中选择编辑对象。当用户选中该复选框时，就可以只选择一个关联性填充，即可以选择填充的所有对象，包括边界。

# 4.2 夹点

用户可以通过夹点非常方便和快捷地完成某些常用的编辑操作，如复制、镜像、移动、旋转、拉伸或缩放等。

## 4.2.1 夹点简介及其显示方法

### 1. 夹点的简介

夹点是一个小矩形框，这些小矩形框用于标记被选中对象的夹点，即对象上的控制点，图 4-8 所示为不同对象的夹点。

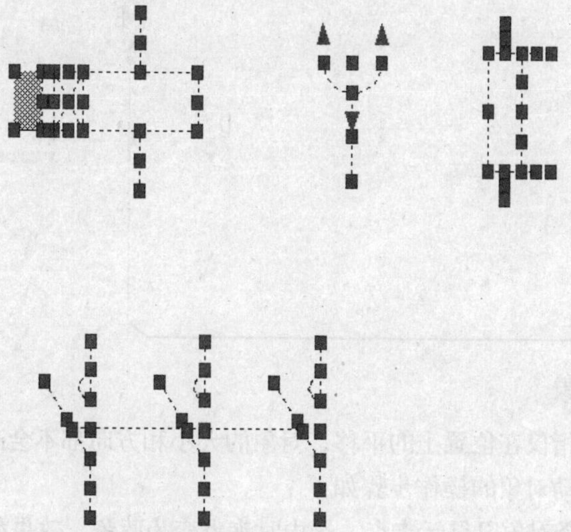

图 4-8
不同对象显示的夹点

### 2. 夹点的显示

在默认的情况下，夹点是打开的。选择“工具”→“选项”命令，弹出“选项”对话框如图 4-9 所示。在“选项”对话框中选择“选择集”选项卡，在“夹点”选项组中，选中“启用夹点”复选框，并且还可以修改夹点的颜色和大小，最后单击“确定”按钮。

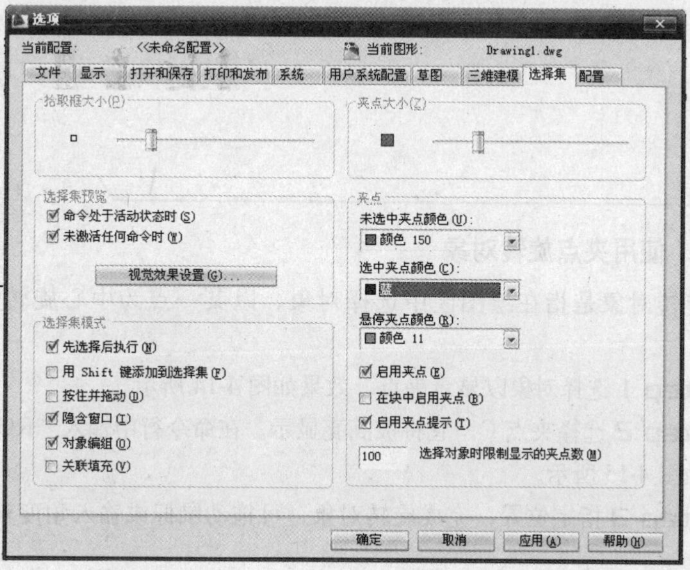


图 4-9
“选项”对话框

## 4.2.2 使用夹点编辑对象

夹点是一种集成的编辑模式，提供了一种很方便快捷的图形编辑操作方式。

### 1. 使用夹点拉伸对象

使用夹点拉伸对象的操作步骤如下：

选择对象以显示夹点，选择一个用于拉伸的夹点，此夹点将显示为蓝色（以用户设置的颜色为准，本书编者设置为蓝色）。指定拉伸对象的新位置操作如下：

**Step 1** 选择对象以显示夹点，选中时夹点变为蓝色，其效果如图 4-10 所示。

**Step 2** 单击 A 点作为拉伸夹点。命令行提示：“指定拉伸点或 [ 基点 (B)/ 复制 (C)/ 放弃 (U)/ 退出 (X)]：”(用鼠标拖动 A 点至 D 点)。用同样的方法分别将 B、C 两夹点向 E、F 两点拉伸，如图 4-11 所示。

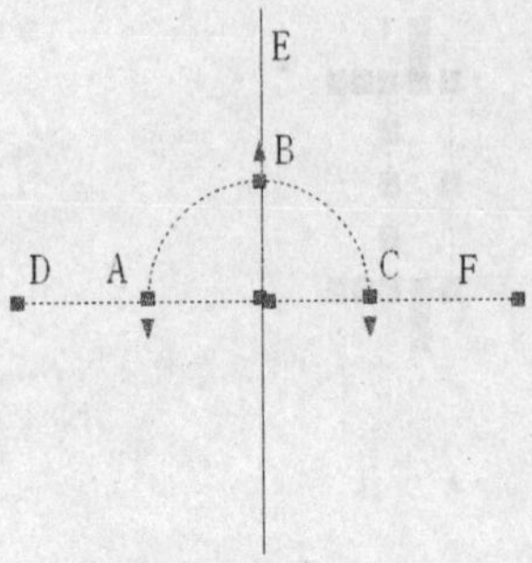


图 4-10
使用夹点拉伸前的图形

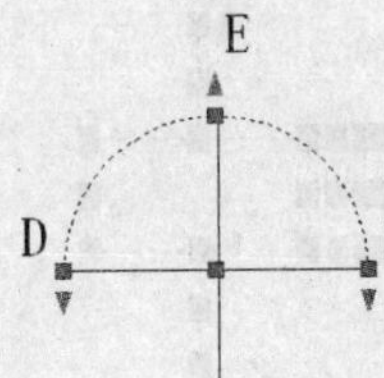


图 4-11
使用夹点拉伸后的图形

## 2．移动对象

移动对象是指仅在位置上的平移，对象的大小和方向都不会改变。

使用夹点移动对象的操作步骤如下：

**Step 1** 选择对象以显示夹点，选中时夹点变为蓝色，效果如图 4-12 所示。

**Step 2** 在命令行中输入“MO”，进入移动模式。单击 A 点，然后移动到 D 点。操作完成，效果如图 4-13 所示。

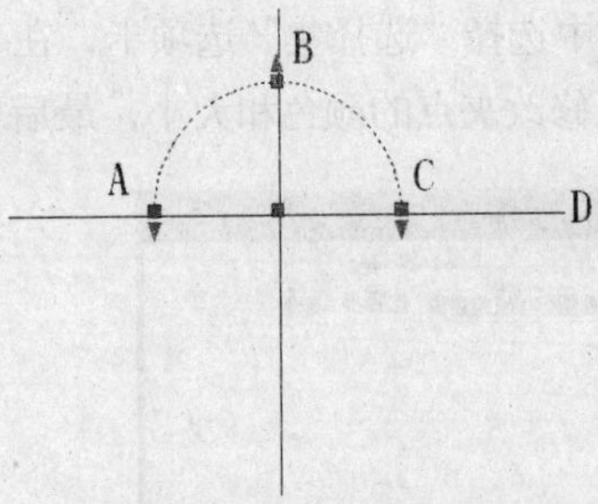


图 4-12
使用夹点移动前的图形

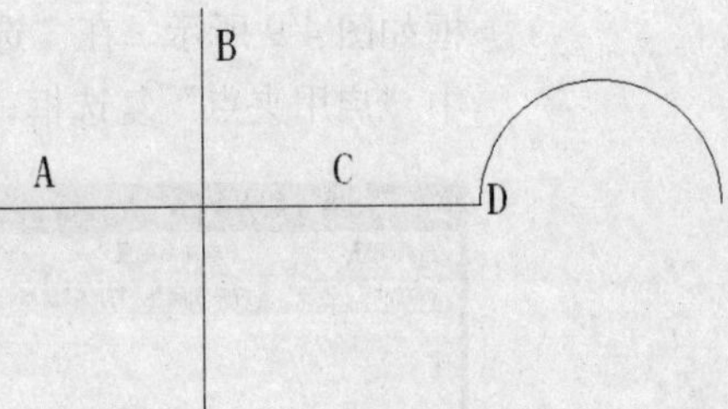


图 4-13
使用夹点移动后的图形

## 3．使用夹点旋转对象

旋转对象是指在绘图区中选择对象，以某一点为中心旋转任意角度，操作步骤如下：

**Step 1** 选择对象以显示夹点，效果如图 4-14 所示。

**Step 2** 选择夹点 C，它将被高亮显示。在命令行中输入“RO”，进入旋转模式，其效果如图 4-15 所示。

**Step 3** 指定位置，完成旋转对象，可拖动鼠标或输入角度来指定位置，如图 4-16 所示。

**知识链接**

通常在默认情况下，输入角度值后或通过拖动的方式确定了旋转角度后，便可以将对象绕着基点旋转指定的角度。用户也可以选择“参考”，以参考方式来旋转对象。

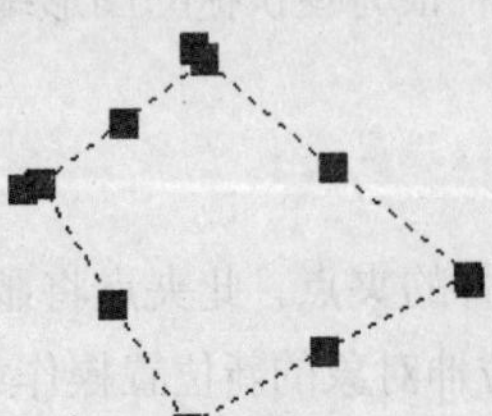

图 4-14
使用夹点旋转图形前

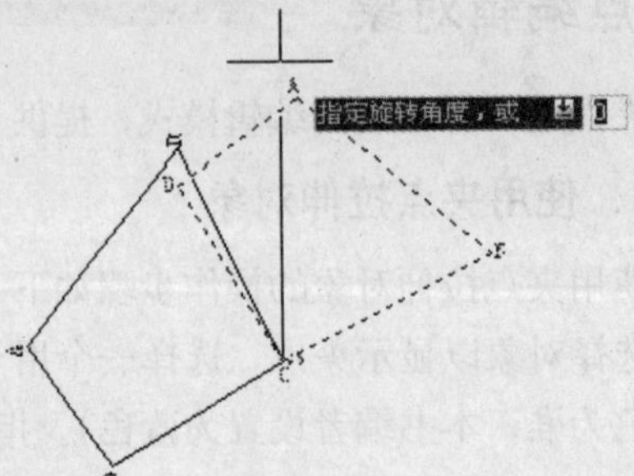


图 4-15
使用夹点旋转图形中

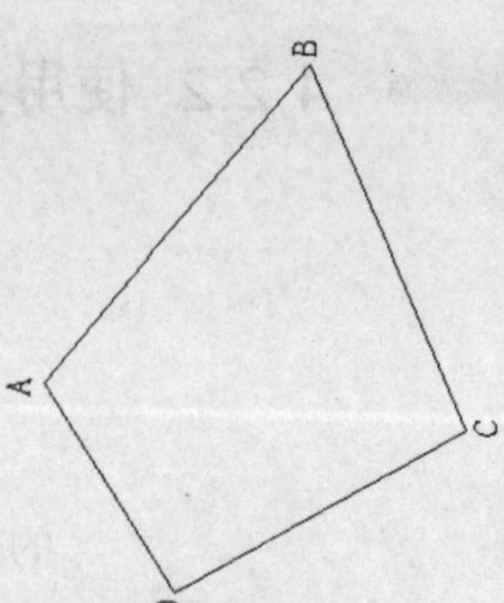


图 4-16 使用夹点旋转对象后

#### 4．使用夹点缩放对象

使用夹点可以缩放对象，操作步骤如下：

**Step 1** 选择对象以显示夹点。选择夹点 A，如图 4-17 所示。

**Step 2** 在命令行中输入“SC”，进入到“缩放”模式。在命令行中再输入新的大小比例值后，整个操作完成，如图 4-18 所示。

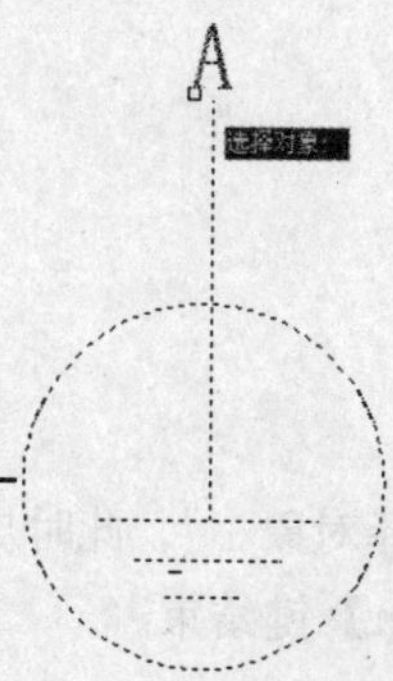


图 4-17
使用夹点缩放对象前

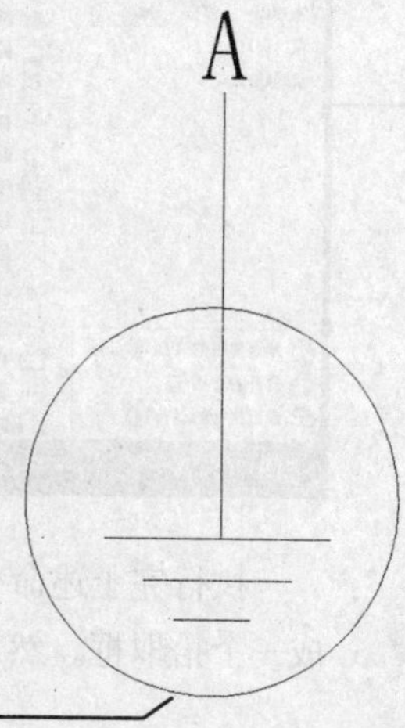


图 4-18
使用夹点缩放对象后

#### 5．使用夹点镜像对象

使用夹点镜像对象与“镜像”命令类似，打开“正交模式”绘制一条垂直或水平的镜像直线，以便创造镜像的对象。

选择要创建镜像的对象，选择夹点，在命令行中输入“MIRROR”进入镜像模式，指定镜像线的第一点，再指定镜像线的第二点，将创建的镜像对象选择保留或删除。

由于使用夹点镜像对象的操作步骤与旋转、缩放等相似，在此不再赘述。

## 4.3 编辑整体图形

在 AutoCAD 中，有些图形是非常复杂的，需要对那些简单的二维图形整体进行比如删除、复制、镜像、偏移等编辑，才能达到最后需要的效果。

### 4.3.1 删除对象

当不需要图形中某一对象时，就要对其进行删除。在用 AutoCAD 绘制图形的过程中，使用“删除”命令是十分常见的。

启用“删除”命令的执行方式如下：

◆ 命令行：在命令行里输入“ERASE”。
◆ 菜单栏：选择“修改”→“删除”命令，如图 4-19 所示。
◆ 工具栏：单击“修改”工具栏中的“删除”按钮。
◆ 快捷菜单：在绘图区中选择要删除的图形对象后右击，从弹出的快捷菜单中选择“删除”命令。
◆ 快捷键：在绘图区选择要删除的图形对象，然后按【Delete】键。

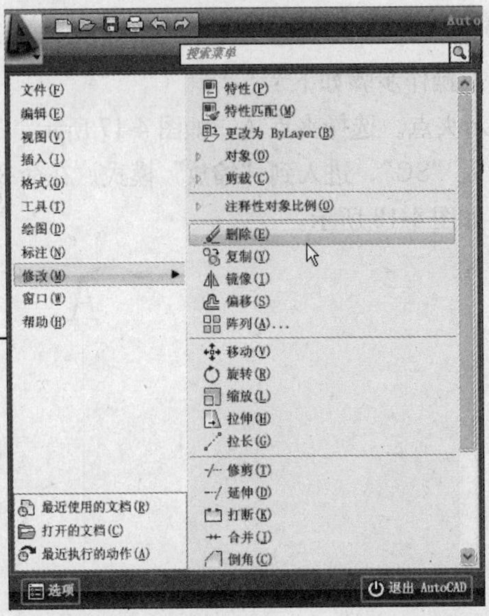


图 4-19

选择“删除”命令

执行完上述命令后，命令行提示信息为：“选择对象：”，此时屏幕上的十字光标会变成一个拾取框。然后选择要删除的对象，按【Enter】键结束。

## 4.3.2 复制对象

### 1. 执行复制功能

在绘制图形的过程中，“复制”命令可以用来复制图形中的对象，所复制的对象只能在该图形中应用。启用“复制”命令的执行方式如下：

- 命令行：在命令行中输入“COPY”。
- 工具栏：单击“修改”工具栏中的“复制”按钮。
- 菜单栏：选择“修改”→“复制”命令。

执行完上述命令后，命令行提示信息：“选择对象：”，用户选择要复制的对象，系统继续提示：“指定基点或[位移(D)/模式（O）]＜位移＞：”，用户指定复制对象的基准点或者通过指定位移点进行复制。然后系统继续提示：“指定第二个点或[位移(D)/模式（O）]＜位移＞：指定第二点或＜使用第一个点作为位移＞：”。指定第二点后，系统提示“指定第二点或[退出（E）/放弃（U）]”，在该提示下连续指定新点，实现多重复制。

### 2. 操作实例

使用“复制”命令绘制图形，要求沿 $X$ 正轴方向连续复制 3 个接触器，相对基点或上一点的距离为 40，操作步骤如下所示：

**Step 1** 在命令行中输入“COPY”后，命令行提示：“选择对象：”（选择如图 4-20 所示的点 A）。

**Step 2** 选择对象后命令行提示：“指定基点或[位移（D）/模式（O）]＜位移＞：”（指定接触器中的点 A），如图 4-21 所示。

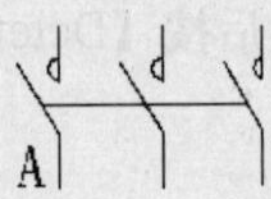


图 4-20

所选择的对象

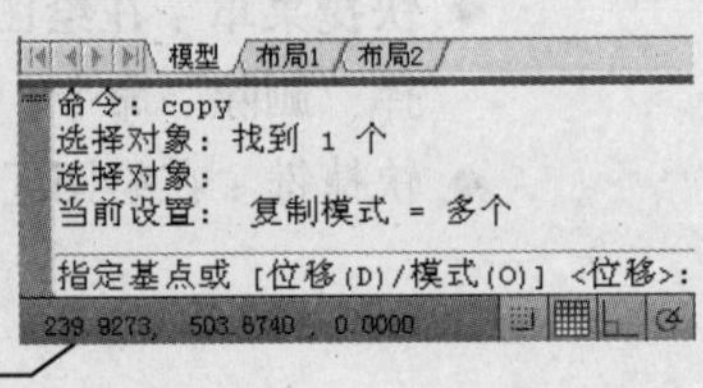


图 4-21

命令行

**Step 3** 命令行提示："指定第二个点或 [ 位移（D）/ 模式（O）]< 位移 >：指定第二点或 < 使用第一个点作为位移 >："（以 A 点为基准点，向 *X* 轴正方向拖动鼠标，在命令直接输入 A 点到 A1 点的相对距离"40"，如图 4-22 所示）。

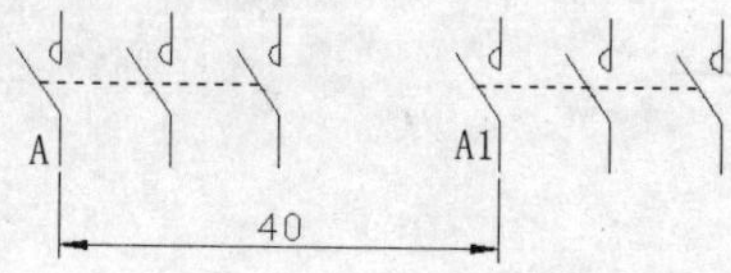


图 4-22
对象复制点 A 向点 A1 的过程

**Step 4** 命令行提示："指定第二个点或 [ 退出（E）/ 放弃（U）]< 退出 >："（使用第一个位移点 A 为基准点，向 *X* 轴正方向拖动鼠标，在命令行中直接输入 A 点到 A2 点的相对距离"80"，如图 4-23 所示）。命令行提示："指定第二个点或 [ 退出 (E(/ 放弃 (U)]< 退出 >："。

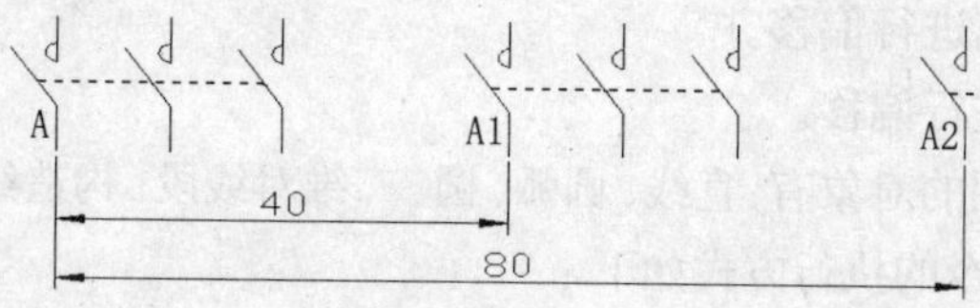


图 4-23
对象复制点 A 向点 A2 的过程

## 4.3.3 镜像对象

### 1．执行镜像功能

在实际的绘图过程中，通常会碰到对称性的图形。在 AutoCAD 中，系统提供了"镜像"命令，用户只需要绘制出对称性图形的一半，利用"镜像"命令就能复制出对称图形的另一半。因此，使用"镜像"命令可以关于镜像轴创建对象的镜像图像副本。

启用镜像功能的执行方式如下：

◆ 命令行：在命令行中输入"MIRROR"。
◆ 工具栏：单击"修改"工具栏中的"镜像"按钮。
◆ 菜单栏：选择"修改"→"镜像"命令。

执行上述命令后，命令行提示信息："选择对象："。选择镜像对象后，系统继续提示："指定镜像线的第一点："。确定镜像线的第一点后，系统继续提示："指定镜像线的第二点："。确定镜像线的第二点后，最后命令行提示："是否删除源对象？ [ 是 (Y)/ 否 (N)]<N>："。确定是否删除镜像对象，默认不删除源对象；输入"Y"，则删除源对象。

**知识链接**

在 AutoCAD 2009 中使用"复制"命令编辑整体图形时，如果已知目标点相对机电的坐标或两点间的相对距离值，可以在"指定第二个点或 < 使用第一个点作为位移 >："提示下输入两点的相对距离，指定目标点。

### 2．操作实例

使用"镜像"命令绘制图形。

**Step 1** 在命令行中输入"MIRROR"。命令行提示："选择对象："（用窗口选择方法选择如图 4-24 所示的所有图形）。

**Step 2** 命令行提示："选择对象："。命令行继续提示："指定镜像线的第一点："（拾取点 A），"指定镜像线的第一点：指定镜像线的第二点："（拾取点 B），如图 4-25 所示。

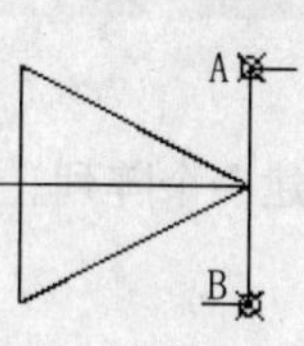


图 4-24
所选择的对象

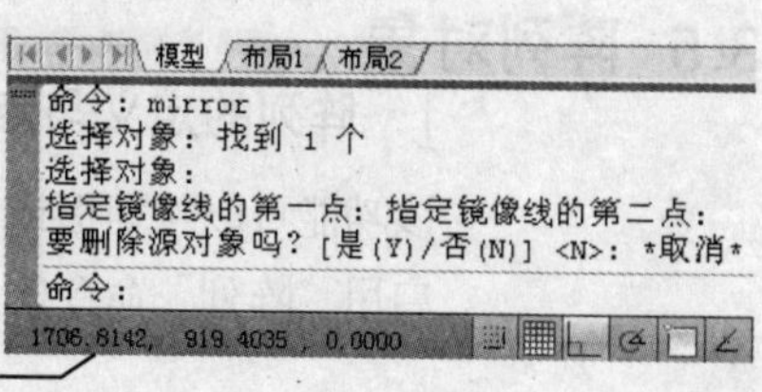


图 4-25
命令行

**Step 3** 命令行提示：要删除源对象吗？［是（Y）/ 否（N）］<N>：（不删除源对象，按【Enter】键确定，镜像结果如图 4-26 所示）。

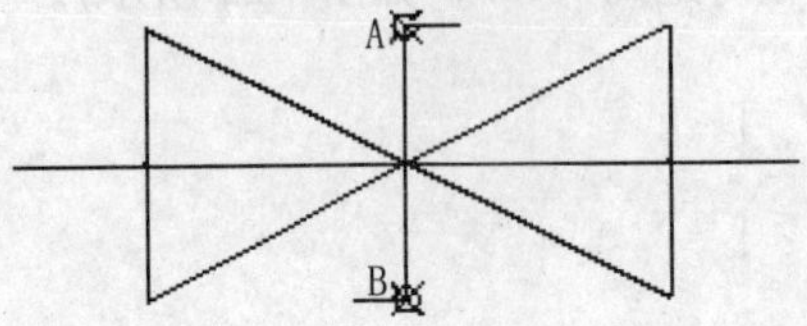


图 4-26
对象复制点 A 向点 B 的过程

## 4.3.4 偏移对象

### 1. 执行偏移功能

使用“偏移”命令可用于创建造型与选定对象造型平行的新对象。可以用两种操作“偏移”的方法来创建新的对象如下所示：

◆ 按指定的距离进行偏移。

◆ 通过指定点进行偏移。

“偏移”命令使用的对象有：直线、圆弧、圆、二维对线段、构造线（参照线）和射线等。

启用“偏移”命令的执行方式如下：

◆ 命令行：在命令行中输入“OFFSET”。

◆ 工具栏：单击“修改”工具栏中的“偏移”按钮。

◆ 菜单栏：选择“修改”→“偏移”命令。

### 2. 操作实例

使用“偏移”命令绘制图形，步骤如下：

**Step 1** 在命令行中输入“OFFSET”。命令行提示：“指定偏移距离或［通过 (T)/ 删除 (E)/ 图层 (L)] <100.0000>：”100，命令行提示：“选择要偏移的对象，或［退出 (E)/ 放弃 (U)] ＜退出＞：”（选择要偏移的对象，如图 4-27 所示）。

**Step 2** 命令行提示：“指定要偏移的那一侧上的点，或［退出 (E)/ 多个 (M)/ 放弃 (U)] ＜退出＞：”（指定要偏移的方向或位置），命令行提示：“选择要偏移的对象，或［退出 (E)/ 放弃 (U)] ＜退出＞：”，如图 4-28 所示。

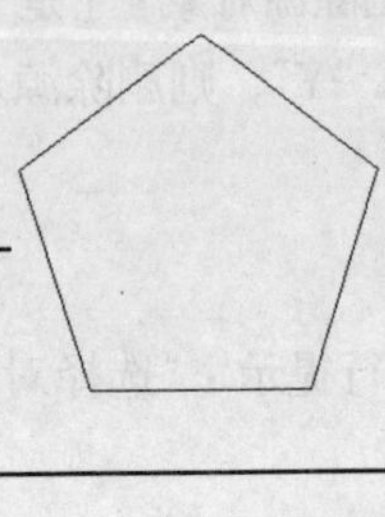

图 4-27
所选择的对象

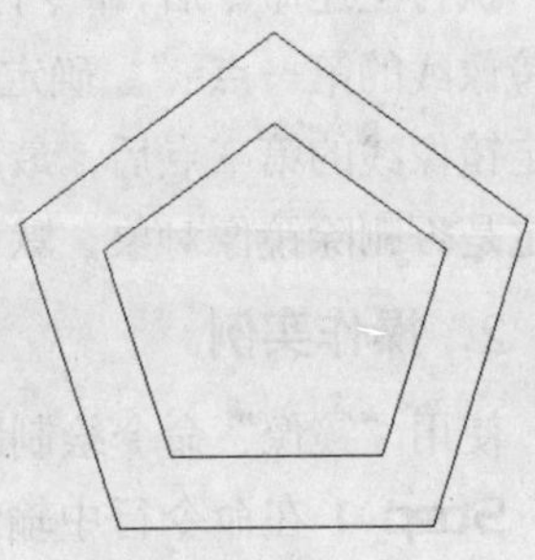

图 4-28
偏移后的图形

## 4.3.5 阵列对象

### 1. 阵列的定义与启用

该功能可以按矩形或环形图案复制对象，创建一个阵列。

启用“阵列”命令的执行方式如下：

◆ 命令行：在命令行中输入“ARRAY”。

◆ 菜单栏：选择“修改”→“阵列”命令。

◆ 工具栏：单击“修改”工具栏中的“阵列”按钮。

执行完上述命令后，将弹出“阵列”对话框，如图 4-29 所示。

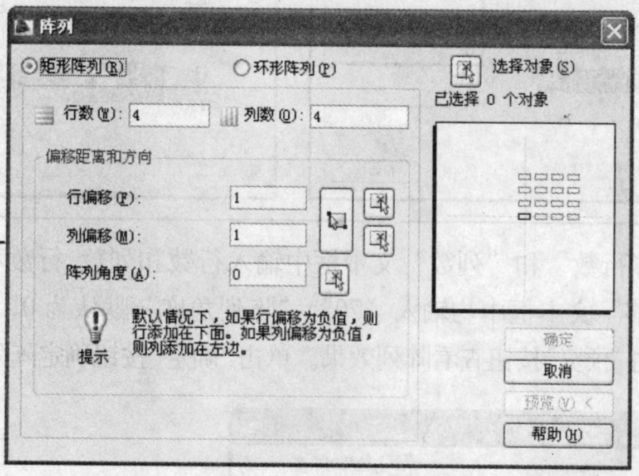


图 4-29

“阵列”对话框

在图 4-29 所示的“阵列”对话框中包含了“矩形阵列”和“环形阵列”两个单选按钮。

## 2．矩形阵列

“矩形阵列”在绘图过程中可以用来创建选定对象副本的行和列阵列。如图 4-29 所示的“矩形阵列”界面中的各项具体解释如下：

◆“行数”文本框：设置阵列的行数。

◆“列数”文本框：设置阵列的列数。

◆“偏移距离和方向”选项组：输入行间距、列间距以及相对 UCS 坐标系 *X* 轴的旋转角度。

◆“选择对象”按钮：回到绘图区域中拾取阵列复制的对象。

◆ 预览窗口：显示当前的阵列模式、行间距、列间距及阵列角度。

◆“预览”按钮：单击此按钮，切换到绘图窗口，预览阵列的效果。

使用“矩形阵列”命令将图 4-30 中所示的（a）图形阵列为（b）中所示的图形。

（a）　（b）

图 4-30

使用“矩形阵列”命令阵列图形

具体操作步骤如下：

**Step 1** 按钮令行中输入“ARRAY”（弹出“阵列”对话框），选中对话框中的“矩形阵列”单选按钮，如图 4-31 所示。

**Step 2** 单击对话框中的“选择对象”按钮，命令行提示：“选择对象：”（如图 4-32 所示，选择如图 4-30（a）所示的图形，按【Enter】键确定），选择后的界面如图 4-32 所示。

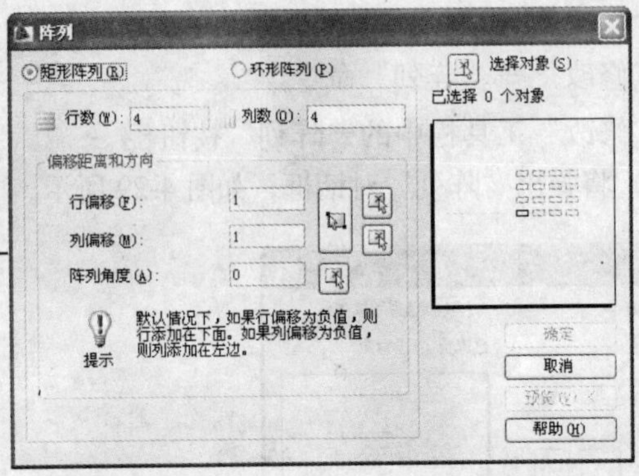


图 4-31

“矩形阵列”界面

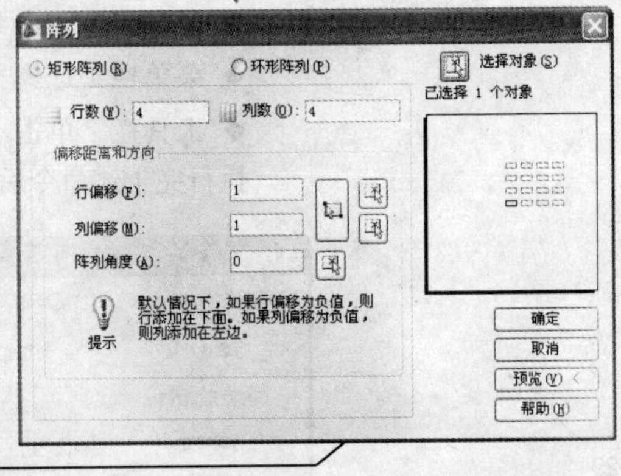


图 4-32

选择对象后的界面

**Step 3** 在“行数”和“列数”文本框中输入行数和列数，行数和列数都为 10；在“行偏移”和“列偏移”文本框中均输入“70”，“阵列角度”默认为 0，如图 4-33 所示。

**Step 4** 单击“预览”按钮查看阵列效果。单击“确定”按钮确定阵列操作，如图 4-34 所示。

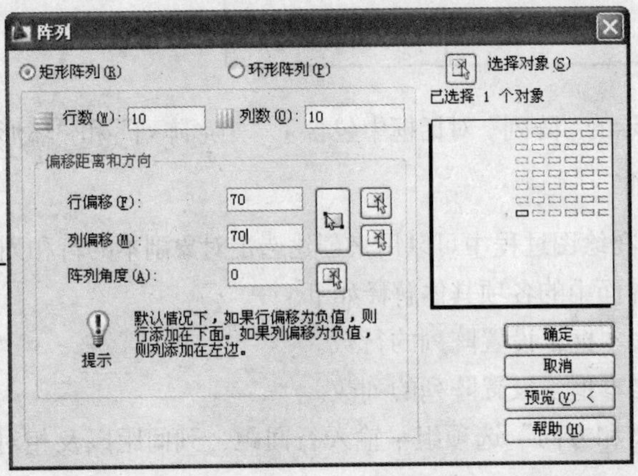


图 4-33

设置参数

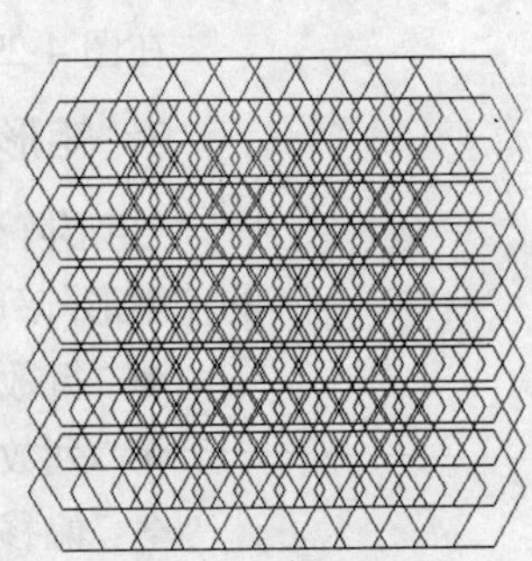

图 4-34

“矩形阵列”阵列图形

在上述操作中，行间距和列间距的正负值会影响阵列的方向。列间距为负值，将向左边阵列；行间距为负值，则向下方阵列。

## 3．环形阵列

在图 4-29 所示的“阵列”对话框中选中“环形阵列”单选按钮，将出现如图 4-35 所示的“环形阵列”界面。

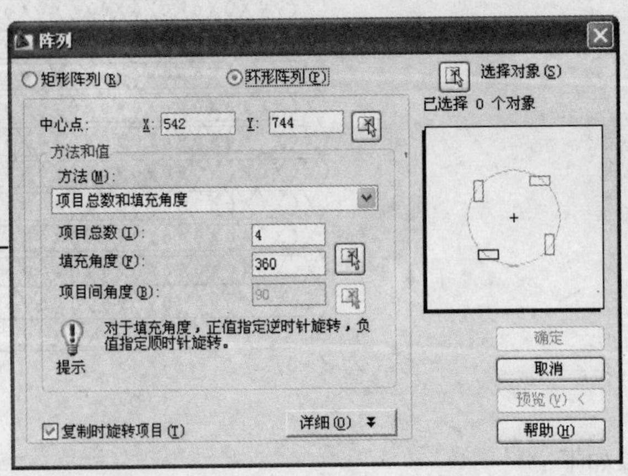


图 4-35

“环形阵列”界面

“环形阵列”通过围绕指定的圆心复制选定对象来创建阵列，下面解释如图 4-35 所示界面有关选项的具体解释。

◆ “中心点”选项组：用于输入环形阵列中心点的坐标。或单击“拾取中心点”按钮在绘图区中拾取中心点。

- ◆“方法和值”选项组：确定环形阵列的具体方法和相应数值。
- ◆“方法”下拉列表：指定对象所用的方法。包括项目总数和填充角度、项目总数和项目间的角度及填充角度和项目间的角度 3 种方法。
- ◆“项目总数”文本框：设置在环形阵列中显示的对象数目，系统默认为 4。
- ◆“填充角度”文本框：通过定义阵列中第一个和最后一个元素的基点之间的包含角度来设置阵列大小。正值指定逆时针旋转，负值指定顺时针旋转。默认值为 360，不允许值为 0。
- ◆“项目间角度”文本框：设置阵列对象的基点和阵列中心之间的包含角。输入正值或负值将影响阵列的方向，默认方向值为 90。

使用“环形阵列”命令将图 4-36 中所示的图（a）阵列变成（b）。

图 4-36
使用“环形阵列”命令阵列图

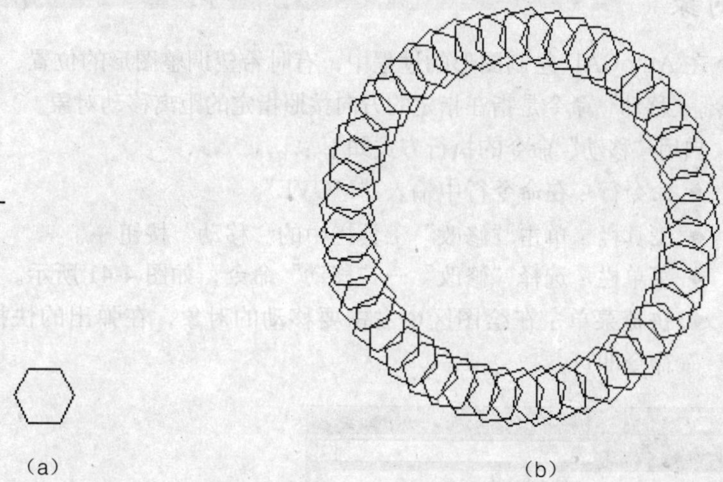


具体操作步骤如下：

**Step 1** 在命令行中输入“ARRAY”（弹出“阵列”对话框），选中对话框中的“环形阵列”单选按钮，如图 4-37 所示。

**Step 2** 单击对话框中的“选择对象”按钮，命令行提示：“选择对象：”（选择图 4-36（a）所示的图形，按【Enter】键确定）。单击“拾取中心点”按钮，（在绘图区图形对象周边指定一点。按【Enter】键确定，如图 4-38 所示）。

图 4-37
“环形阵列”界面

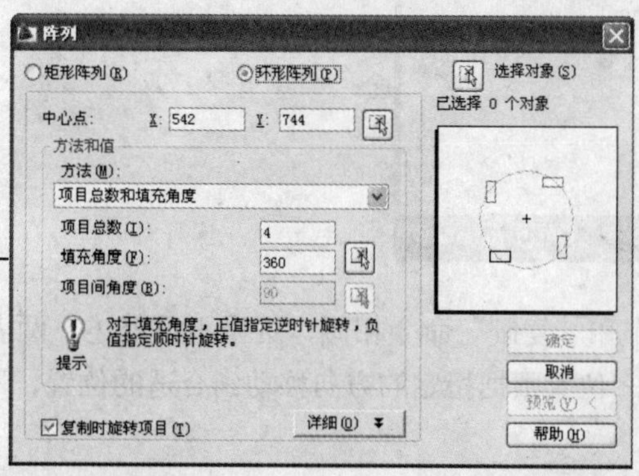


图 4-38
选择对象

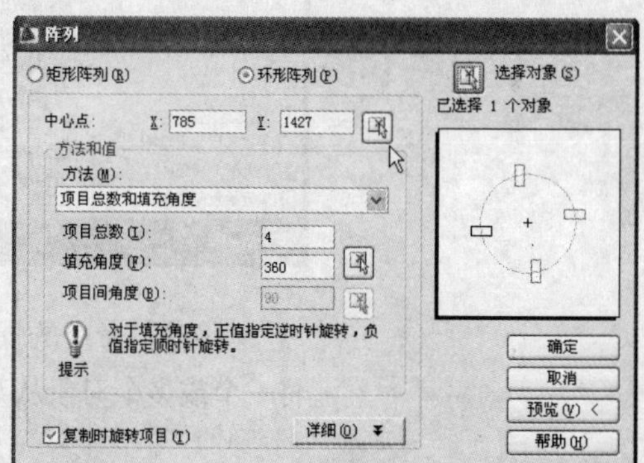


**Step 3** 在对话框中的“方法和值”选项组中的“方法”下拉列表中选择“项目总数和填充角度”选项，在“项目总数”文本框中输入“48”，在“填充角度”文本框中输入“360”，如图 4-39 所示。

**Step 4** 单击“预览”按钮查看阵列效果。右击确定阵列操作，效果如图 4-40 所示。

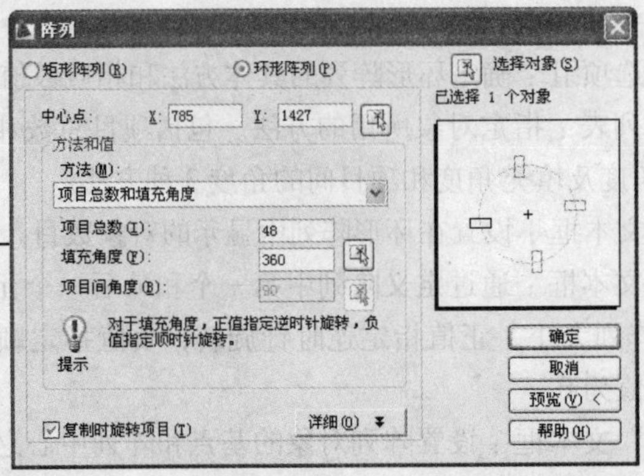


图 4-39
设置参数

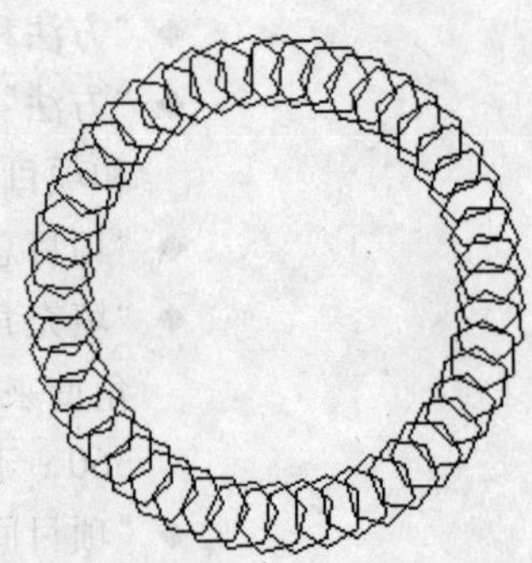

图 4-40
“矩形阵列”阵列图形

## 4.3.6 移动对象

在 AutoCAD 绘制图形的过程中，有时希望调整图形的位置，这就需要使用“移动”命令。“移动”命令是指在指定的方向按照指定的距离移动对象。

启用“移动”命令的执行方式如下：

- 命令行：在命令行中输入“MOVE”。
- 工具栏：单击“修改”工具栏中的“移动”按钮✥。
- 菜单栏：选择“修改”→“移动”命令，如图 4-41 所示。
- 快捷菜单：在绘图区中右击要移动的对象，在弹出的快捷菜单中选择“移动”命令即可。

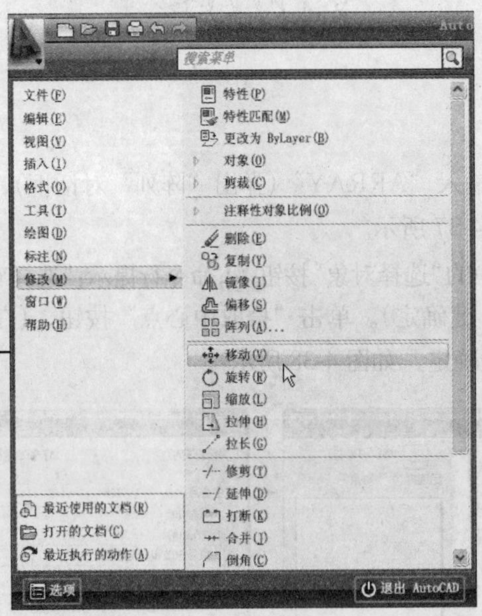


图 4-41
选择“移动”命令

“移动”命令的操作和“复制”命令相似，这里不再赘述。两者的区别在于：移动是将一个或多个对象从某一位置根据指定的方向移动到合适的位置，不保留源对象。

## 4.3.7 旋转对象

### 1．旋转的定义与启用

在绘制图形时，有些图形是相同的，只是位置进行了角度的调换，这时就需要对图形进行旋转。“旋转”命令可以绕指定的基点按照某个角度进行旋转。

**知识链接**

旋转时的正方向和零角度方向，可以使用系统变量 ANGDIR 和 ANGBASE 设置，也可以选择“格式”→“单位”命令，弹出“图形单位”对话框进行设置。

启用“旋转”命令的执行方式如下。

- 命令行：在命令行中输入“ROTATE”。
- 工具栏：单击“修改”工具栏中的“移动”按钮。
- 菜单栏：选择“修改”→“移动”命令。

**2．操作实例**

使用“旋转”命令编辑三相器，操作步骤如下：

**Step 1** 在命令行中输入“ROTATE”命令行提示：“选择对象：”，选择如图 4-42 所示的图形。命令行提示：“选择对象：”。

**Step 2** 命令行提示：“指定旋转角度，或[复制(C)/参照(R)]<位移>：”180，如图 4-43 所示。

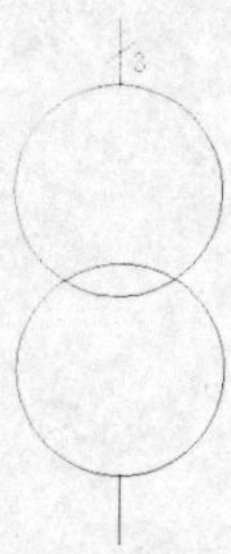

图 4-42
旋转前的图形

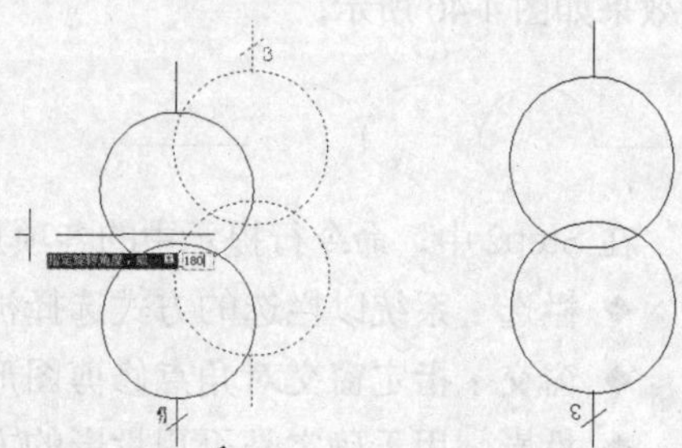

图 4-43
使用“旋转”命令编辑图形

### 4.3.8 对齐对象

“对齐”命令可以通过移动、旋转或缩放 3 个操作来使一个对象与另一个对象对齐，可以只进行一个或两个操作，也可以 3 个操作都进行。

## 4.4 修改图形

AutoCAD 中的图形是由基本的二维图形进行多元组合而成的，而有些图形对象在进行组合时由于各种因素，不能达到最佳效果，这就需要对这些组合图形对象进行修改，比如进行修剪、缩放等一系列编辑操作。

### 4.4.1 修剪对象

**1．修剪的定义和启用**

“修剪”命令可以以某一对象为剪切边（边界）修剪其他对象。作为边界的对象与要修剪的对象相交，也可以不相交。不相交时将修剪到延伸交点。

作为修剪的对象可以是任意的平面线条。

启用“修剪”命令的执行方式如下：

- 命令行：在命令行中输入“TRIM”。
- 工具栏：单击“修改”工具栏中的“修剪”按钮。
- 菜单栏：选择“修改”→“修剪”命令。

**2．实例操作**

使用“修剪”命令编辑图形，具体的操作步骤如下：

**Step 1** 在命令行中输入“TRIM”。命令行提示：“选择修剪边 ... 选择对象或 < 全部选择 >：”（选择直线，如图 4-44 所示）。

**Step 2** 命令行提示：“选择对象：”。命令行继续提示：“选择要修剪的对象，或按住【Shift】键选择要延伸的对象，或 [ 栏选 (F)/ 窗交 (C)/ 投影 (P)/ 边 (E)/ 删除 (R)/ 放弃 (U)]：”，如图 4-45 所示。

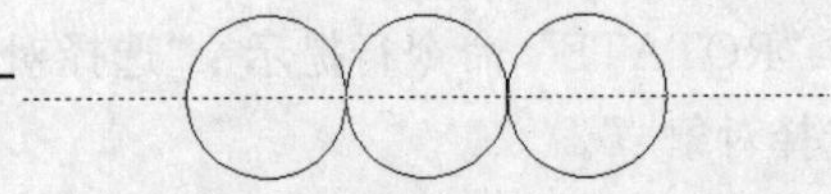

图 4-44
选择修剪边

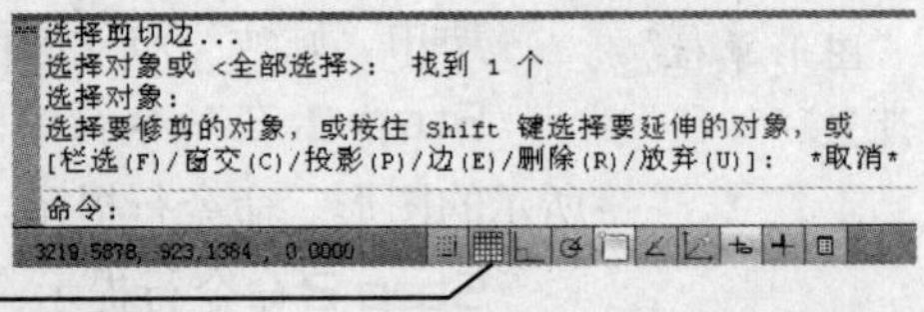


图 4-45
命令行

**Step 3** 逐渐单个修剪圆，再用同样的方法以 3 个半圆为修剪边，修剪直线部分。最后效果如图 4-46 所示。

图 4-46
效果图

在 Step2 中，命令行提示中的各项具体解释如下：

◆ 栏选：系统以栏选的方式选择被修剪对象。
◆ 窗交：指定窗交对角点修剪图形对象。
◆ 投影：用于确定是否用投影的方式修剪对象。
◆ 边：用于确定修剪边的隐含延伸模式。
◆ 删除：确定要删除的对象。
◆ 放弃：取消上一次的操作。

## 4.4.2 延伸对象

### 1. 延伸的定义与启用

延伸就是使对象的终点落到指定的某个对象的边界上。

启用延伸功能的执行方式如下：

◆ 命令行：在命令行中输入“EXTEND”。
◆ 工具栏：单击“修改”工具栏中的“延伸”按钮。
◆ 菜单栏：选择“修改”→“延伸”命令。

### 2. 操作实例

使用“延伸”命令延伸图形对象的具体操作步骤如下：

**Step 1** 在命令行中输入“EXTEND”。命令行提示：“选择对象或 < 全部选择 >：”（选择圆，如图 4-47 所示）。

**Step 2** 命令行提示：“选择对象：”。命令行继续提示：“选择要延伸的对象，或按住 Shift 键选择要修剪的对象，或 [ 栏选 (F)/ 窗交 (C)/ 投影 (P)/ 边 (E)/ 放弃 (U)]：”（选择所有线段，结果如图 4-48 所示）。

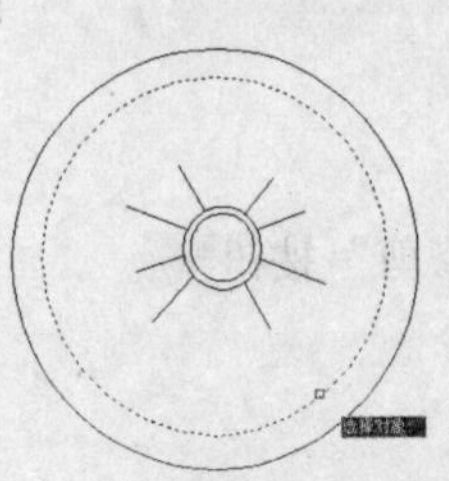

图 4-47
选择圆作为边界

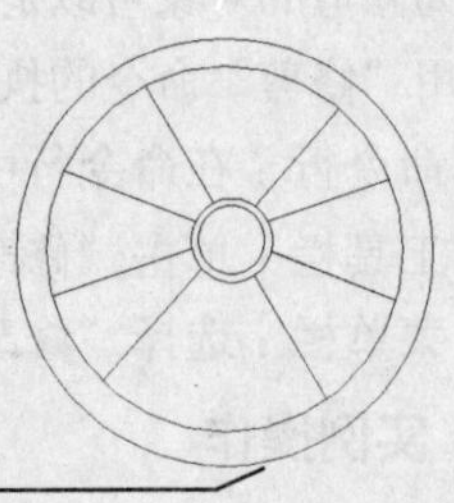

图 4-48
延伸后的图形

### 4.4.3 缩放对象

**1. 缩放的定义和启用**

在 AutoCAD 制图中，缩放可以将图形对象按照指定的比例缩小和放大图形。

启用缩放功能的执行方式如下：

- ◆ 命令行：在命令行中输入“SCALE”。
- ◆ 工具栏：单击“修改”工具栏中的“缩放”按钮▢。
- ◆ 菜单栏：选择“修改”→“缩放”命令。
- ◆ 快捷菜单：在绘图区域中右击要缩放的对象，从弹出的快捷菜单中选择“缩放”命令。

**2. 操作实例**

使用“缩放”命令编辑图形，操作步骤如下：

**Step 1** 在命令行中输入“SCALE”。命令行提示：“选择对象：”（将图 4-49 中的对象全部选中）。

**Step 2** 命令行提示：“选择对象：”。命令行继续提示：“指定基点：”（捕捉圆的圆心作为基点）。命令行继续提示：“指定比例因子或 [ 复制 (C)/ 参照 (R)]<2.0000>：” 3。按【Enter】键确定，效果如图 4-50 所示。

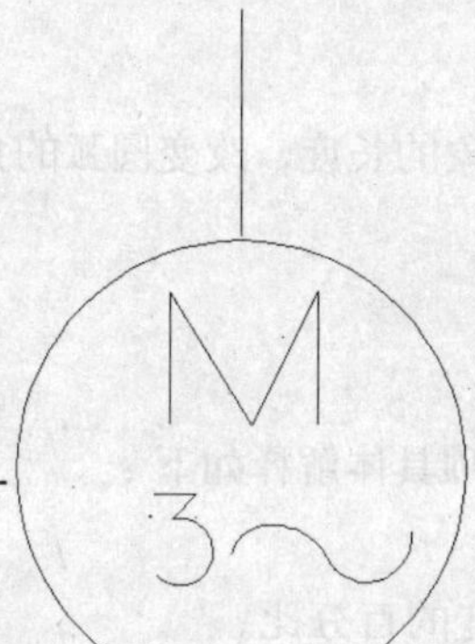

图 4-49
选择对象

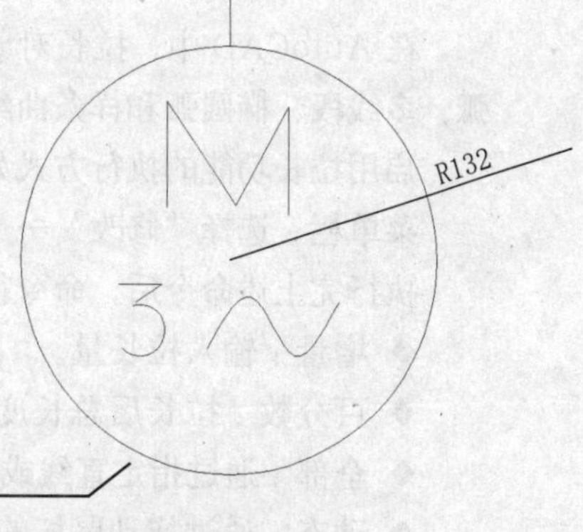


图 4-50
放大后的图形

在执行上述操作中，命令行提示的各项具体解释如下：

- ◆ 指定比例因子：影响图形对象缩放的比例值。
- ◆ 复制：选择此项，图形对象在缩放比例后，将保留源对象。
- ◆ 参照：输入参照比例值，来决定对象的缩放。

### 4.4.4 拉伸对象

**1. 拉伸对象的定义和启用**

“拉伸”命令可以重新定位穿过或在交叉选择窗口内的对象的端点。“拉伸”命令仅移动位于交叉选择内的顶点和端点，不更改位于交叉选择外的顶点和端点。但是它不修改三维实体、多段线宽度、切向或者曲线拟合的信息。

启用“拉伸”命令的执行方式如下：

- ◆ 命令行：在命令行中输入“STRETCH”。
- ◆ 工具栏：单击“修改”工具栏中的“拉伸”按钮▢。
- ◆ 菜单栏：选择“修改”→“拉伸”命令。

### 2．操作实例

使用“拉伸”命令编辑图形的操作步骤如下：

**Step 1** 在命令行中输入“STRETCH”，命令行提示：“选择对象：”（以交叉窗口或交叉多边形选择要拉伸的对象，如图 4-51 所示）。

**Step 2** 命令行提示：“选择对象：”。命令行继续提示：“指定基点或[位移(D)]< 位移>：”（指定 A 点）。命令行继续提示：“指定第二个点或 < 使用第一个点作为位移 >：”（指定 B 点，结果如图 4-52 所示）。

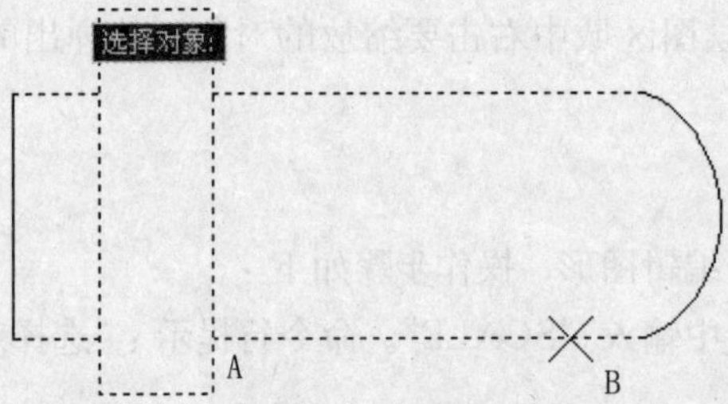


图 4-51
选择拉伸对象

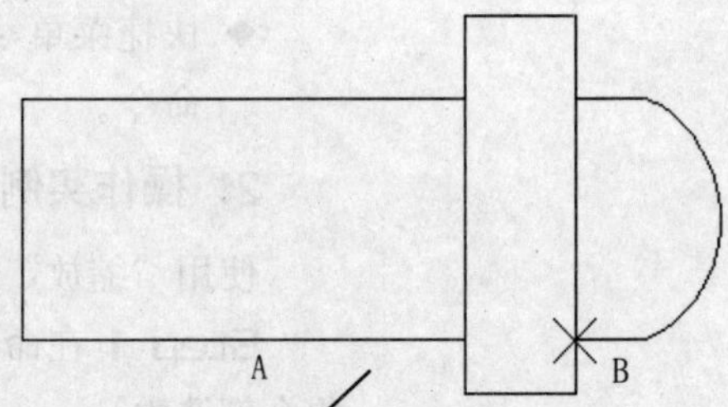


图 4-52
拉伸结果

## 4.4.5 拉长对象

### 1．拉长的定义和启用

在 AutoCAD 中，拉长对象可以改变对象的长度，改变圆弧的角度，改变非闭合的圆弧、多线段、椭圆弧和样条曲线的长度。

启用拉长功能的执行方式如下：

菜单栏：选择“修改”→“拉长”命令。

执行完上述命令后，命令行提示中的各项具体解释如下：

- ◆ 增量：输入拉长量。
- ◆ 百分数：拉长后总长度相对于原长度的百分比。
- ◆ 全部：通过指定直线或圆弧的新的长度值或新的包含角度来进行对象的拉长操作。
- ◆ 动态：通过拖动鼠标的方法来动态地确定对象的端点来改变对象的长度。

### 2．操作实例

1）以设置增量的方式拉长箭头

**Step 1** 选择“修改”→“拉长”命令，如图 4-53 所示。

**Step 2** 命令行提示：“选择对象或[增量(DE)/百分数(P)/全部(T)/动态(DY)]：”DE。命令行继续提示：“输入长度增量或[角度(A)]：”20，如图 4-54 所示。

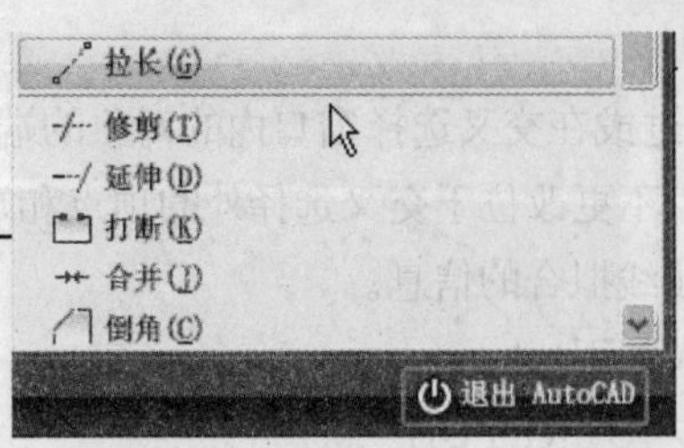


图 4-53
选择命令

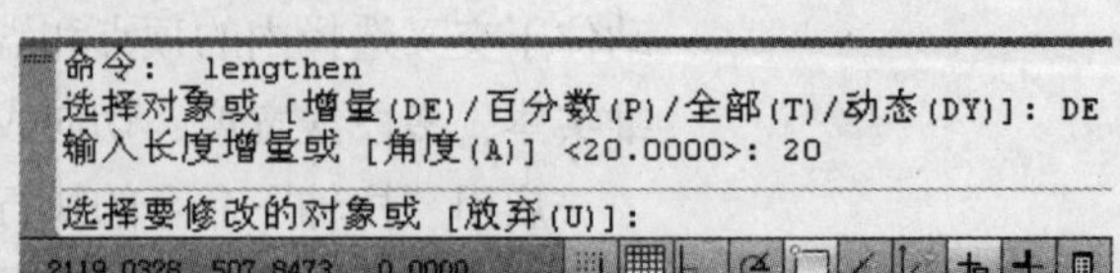


图 4-54
命令行

**Step 3** 命令行提示：“选择要修改的对象或[放弃(U)]：”（选择箭头的两条直线，如图 4-55 所示，选择完毕按【Enter】键完成拉长）。

**Step 4** 单击“修改”工具栏中的“删除”按钮（删除原封口直线），再单击“绘图”工具栏中的“直线”按钮（绘制新的封口直线，结果如图 4-56 所示）。

图 4-55
选择对象

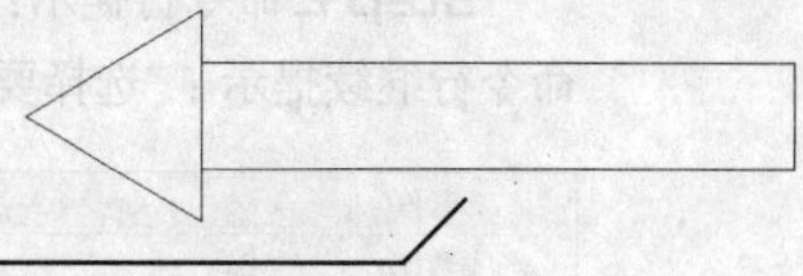

图 4-56
拉长结果

2）以设置百分数的方式拉长对象

**Step 1** 选择“修改”→“拉长”命令，如图 4-57 所示。

**Step 2** 命令行提示：“选择对象或[增量(DE)/百分数(P)/全部(T)/动态(DY)]:”p。命令行继续提示：“输入长度百分数 <100.0000>：”200。命令行继续提示：“选择要修改的对象或[放弃(U)]：”，如图 4-58 所示。

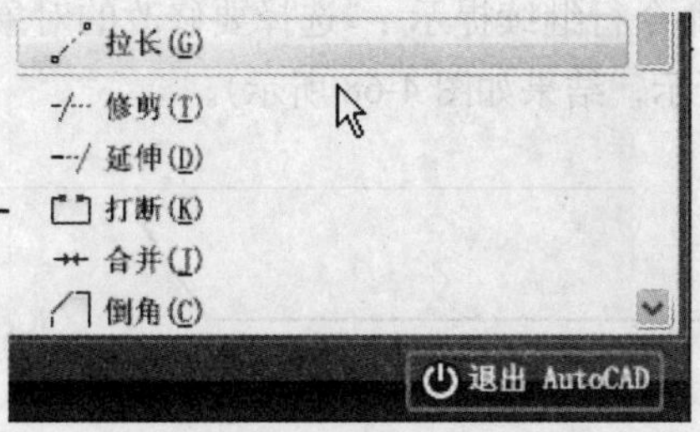


图 4-57
选择命令

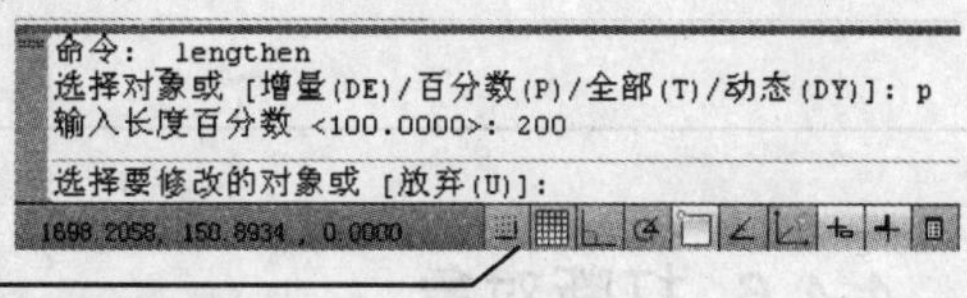


图 4-58
命令行

**Step 3** 选择原图，如图 4-59 所示。命令行提示：“选择要修改的对象或[放弃(U)]:”（结束拉长操作，结果如图 4-60 所示）。

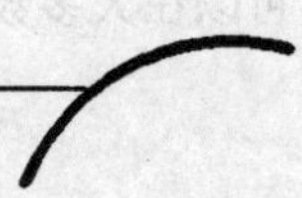

图 4-59
原图

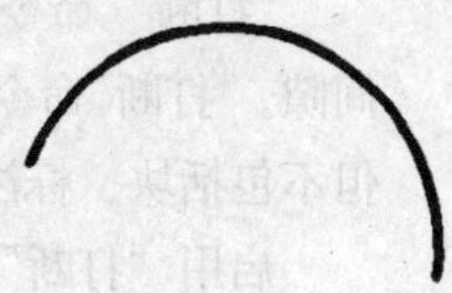

图 4-60
拉长后的图

3）以设置全部的方式拉长对象

**Step 1** 选择“修改”→“拉长”命令，如图 4-61 所示。

**Step 2** 命令行提示：“选择对象或[增量(DE)/百分数(P)/全部(T)/动态(DY)]:”t。命令行继续提示：“指定总长度或[角度(A)]<1.0000>：”80。命令行继续提示：“选择要修改的对象或[放弃(U)]：”，如图 4-62 所示。

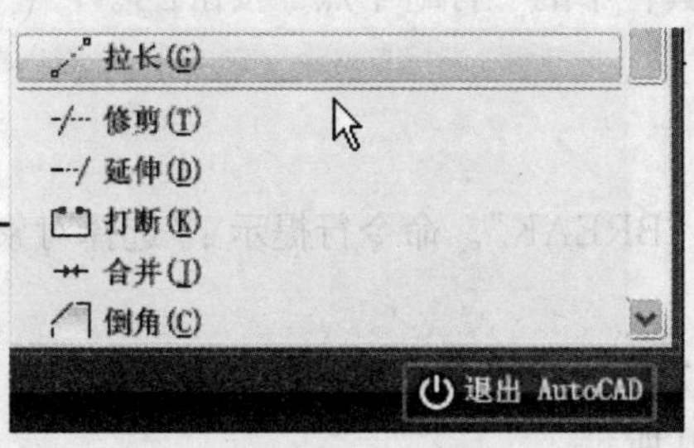


图 4-61
选择命令

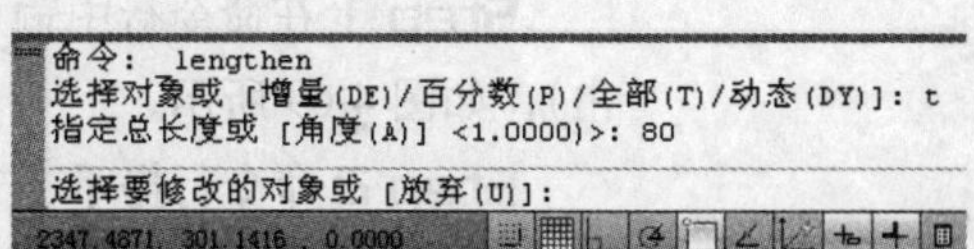


图 4-62
命令行

**Step 3** 选择多段线，原图如图 4-63 所示。命令行提示：“选择要修改的对象或[放弃(U)]：”（结束拉长操作，结果如图 4-64 所示）。

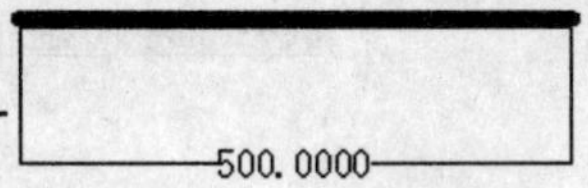


图 4-63
原图

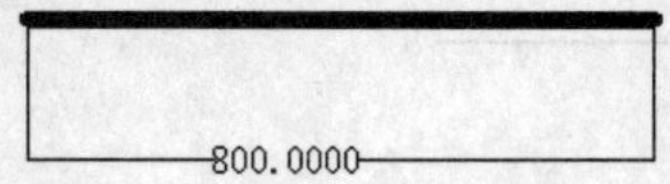


图 4-64
拉长后的图

4）以动态设置的方式拉长对象

**Step 1** 选择“修改”→“拉长”命令，如图 4-65 所示。

**Step 2** 命令行提示：“选择对象或 [ 增量 (DE)/ 百分数 (P)/ 全部 (T)/ 动态 (DY)]：”dy。命令行继续提示：“选择要修改的对象或 [ 放弃 (U)]：”，如图 4-66 所示。

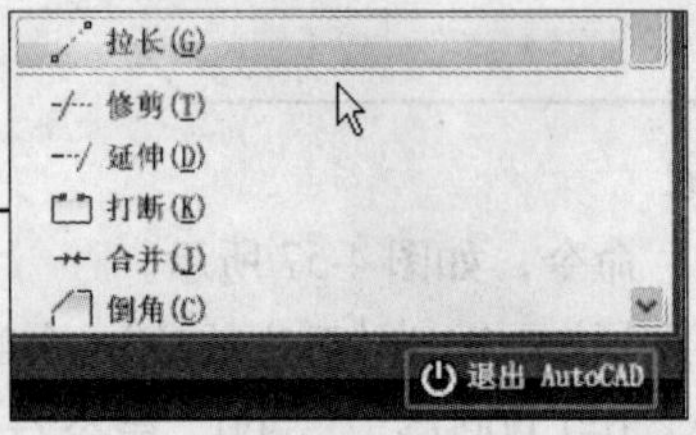


图 4-65
选择命令

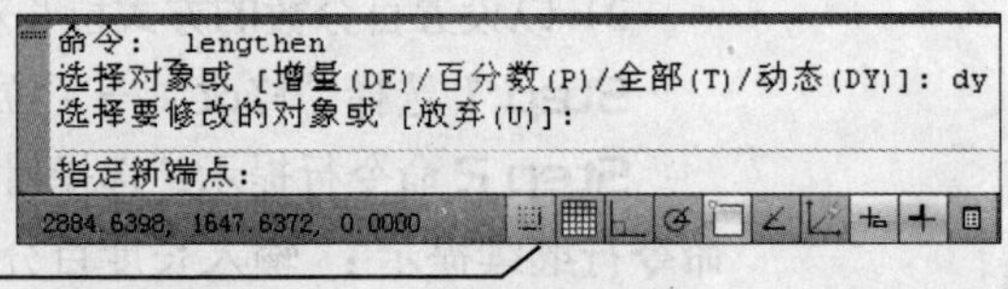


图 4-66
命令行

**Step 3** 在直线的右端某处单击，命令行提示：“指定新端点：”（在直线的外部任意一处单击，直线即被拉长）。命令行继续提示：“选择要修改的对象或 [ 放弃 (U)]：”（结束拉长操作，原图如图 4-67 所示，结果如图 4-68 所示）。

图 4-67
原图

图 4-68
拉长后的图

## 4.4.6 打断对象

### 1. 打断的定义和启用

“打断”命令可以将一个对象打断为两个对象，对象之间可以具有间隙，也可以没有间隙。“打断”命令只能打断对象或删除对象的一部分。可以在大多数几何对象上创建打断，但不包括块、标注、多线和面域对象。

启用“打断”命令的执行方式如下：

◆ 命令行：在命令行中输入“BREAK”。

◆ 工具栏：单击“修改”工具栏中的“打断”按钮 。

◆ 菜单栏：选择“修改”→“打断”命令。

在“打断”命令中可以派生出另外一个命令。此命令可以将对象在一点处断开成两个对象，即“打断于点”命令。启用该命令的执行方式如下。

工具栏：单击“修改”工具栏中的“打断于点”按钮 。

### 2. 实例操作

具体的操作步骤如下：

**Step 1** 在命令行中输入“BREAK”。命令行提示：“选择对象：”（在圆上任一处单击），如图 4-69 所示。

**Step 2** 命令行提示：“指定第二个打断点或 [ 第一点 (F)]：” f。命令行继续提示：“指定第一个打断点：”，如图 4-70 所示。

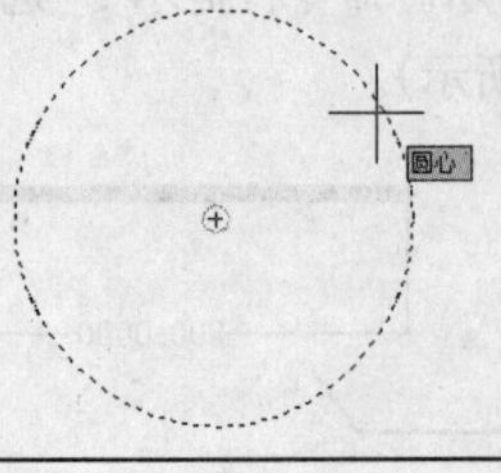


图 4-69
选择对象

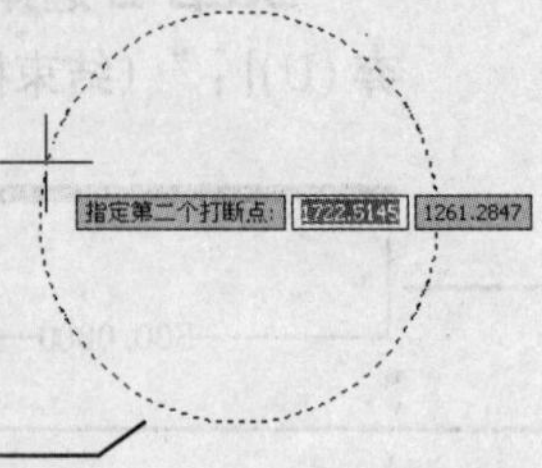


图 4-70
指定打断点

**Step 3** 命令行提示："指定第二个打断点："。原图如图 4-71 所示，效果如图 4-72 所示。

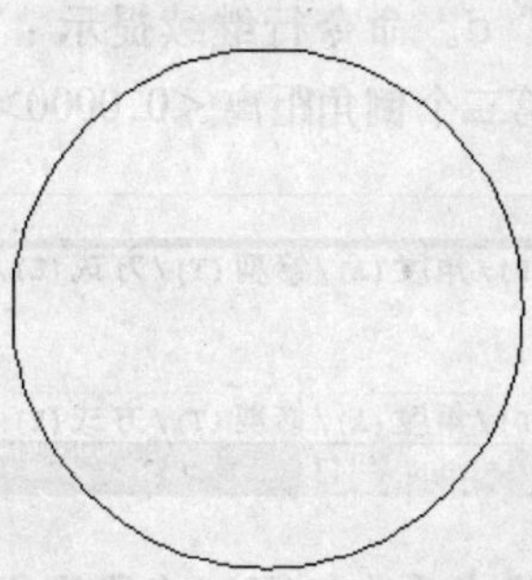

图 4-71
原图

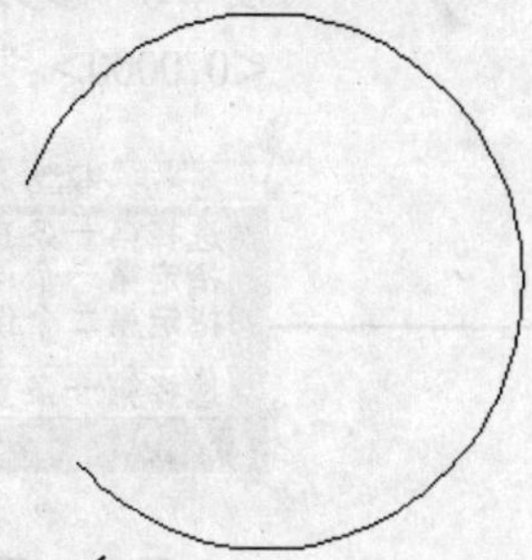

图 4-72
打断之后的图

## 4.4.7 倒角和圆角

### 1. 倒角的定义和启用

"倒角"命令是指将连接两个非平行的对象，通过延伸或修剪将使它们相交或利用斜线连接，它通常表示角点上的倒角边。

启用"倒角"命令的执行方式如下：

- ◆ 命令行：在命令行中输入"CHAMFER"。
- ◆ 工具栏：单击"修改"工具栏中的"倒角"按钮。
- ◆ 菜单栏：选择"修改"→"倒角"命令。

执行完上述命令操作后，命令行出现的提示中的各项具体解释如下。

- ◆ 放弃：放弃倒角操作命令。
- ◆ 多段线：一次对整个二维多段线进行倒角。
- ◆ 距离：设置倒角至选定边端点的距离。
- ◆ 角度：用第一条线的倒角距离和第二条线的角度设置倒角距离。
- ◆ 修剪：设置倒角后是否保留原拐角边，选择"修剪"命令即表示倒角后对倒角边进行修剪；选择"不修剪"命令则表示不进行修剪。
- ◆ 方式：用于设置倒角的方法，可以采用两个距离进行倒角操作，还可以采用一个距离和一个相应的角度进行倒角操作。
- ◆ 多个：给对个对象集加倒角。

### 2. 操作实例

对图形进行倒角，具体的操作步骤如下所示：

**Step 1** 选择"修改"→"倒角"命令，如图 4-73 所示。命令行提示："("修剪"模式）当前倒角距离 1=0.0000，距离 2=0.0000"。

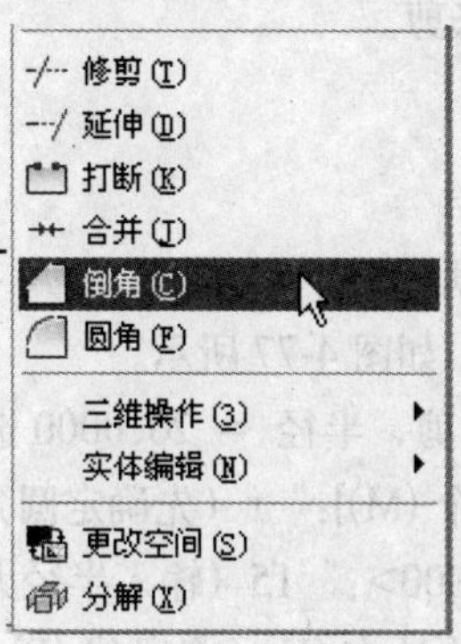


图 4-73
选择命令

**Step 2** 命令行提示："选择第一条直线或［放弃(U)/ 多段线(P)/ 距离(D)/ 角度(A)/ 修剪(T)/ 方式(E)/ 多个(M)]：" d。命令行继续提示："指定第一个倒角距离 <0.0000>：" 8。命令行继续提示："指定第二个倒角距离 <0.0000>：" 8，如图 4-74 所示。

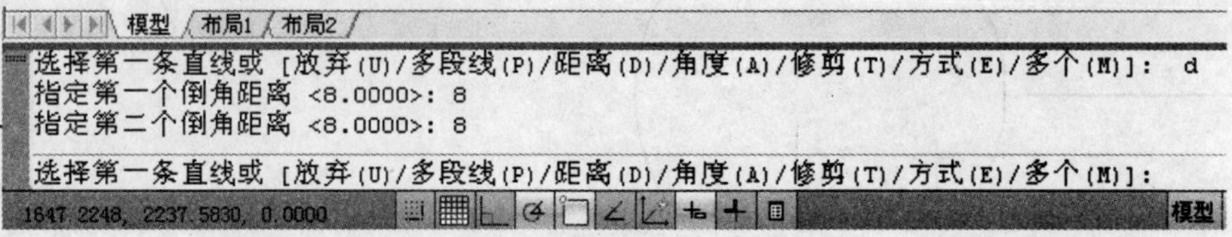


图 4-74
命令行

**Step 3** 命令行提示："选择第一条直线或［放弃(U)/ 多段线(P)/ 距离(D)/ 角度(A)/ 修剪(T)/ 方式(E)/ 多个(M)]："（在矩形的底边线上单击）。命令行继续提示："选择第二条直线，或按住 Shift 键选择要应用角点的直线："（在矩形的右边线上单击，原图如图 4-75 所示，结果如图 4-76 所示）。

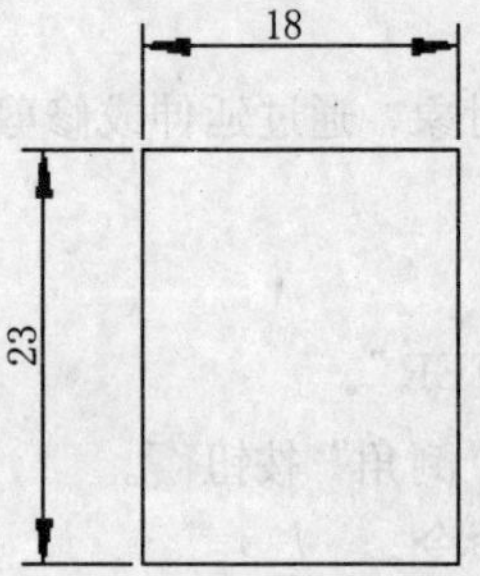


图 4-75
原图

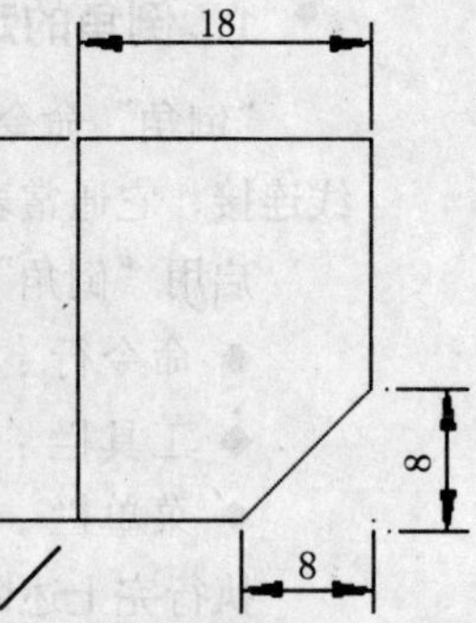


图 4-76
"倒角"操作后的图

### 3．圆角的定义和启用

圆角就是通过一个指定半径的圆弧来光滑地连接两个对象。这两个对象可以是圆弧、圆、椭圆、直线、多段线等。

如果要进行圆角的两个对象都位于同一图层，那么圆角线将位于该图层。否则，圆角线将位于当前图层中。

启用圆角功能的执行方式如下：

◆ 命令行：在命令行中输入"FILLET"。
◆ 工具栏：单击"修改"工具栏中"圆角"按钮。
◆ 菜单栏：选择"修改"→"圆角"命令。
◆ 执行完上述操作后，命令行将会出现提示，其中各项的具体解释如下。
◆ 多段线：用于在一条二维多段线的两段直线段的交点处插入圆角弧。
◆ 半径：设置圆角的圆弧半径。
◆ 修剪：设置圆角后是否对对象进行修剪。
◆ 多个：给多个对象集加圆角。

### 4．操作实例

对图形进行圆角，具体的操作步骤如下所示：

**Step 1** 选择"修改"→"圆角"命令，如图 4-77 所示。

命令行提示："当前设置：模式 = 不修剪，半径 = 20.0000 选择第一个对象或［放弃(U)/ 多段线(P)/ 半径(R)/ 修剪(T)/ 多个(M)]：" r（先确定圆角半径）。

命令行继续提示："指定圆角半径 <0.0000>：" 15（输入半径大小为 15）。

命令行继续提示："选择第一个对象或［放弃(U)/ 多段线(P)/ 半径(R)/ 修剪(T)/

多个(M)]：”t（选择修剪模式）。

命令行继续提示：“输入修剪模式选项［修剪(T)/不修剪(N)]＜修剪＞：”t（选择圆角时修剪，也可以在鼠标右侧进行动态选择）。

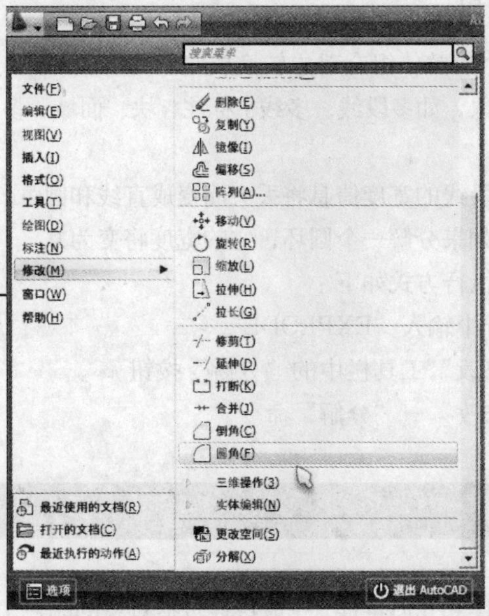


图 4-77

选择命令

**Step 2** 命令行提示：“选择第一个对象或［放弃(U)/多段线(P)/半径(R)/修剪(T)/多个(M)]：”（选择如图 4-78 所示的水平边）。

**Step 3** 命令行提示：“选择第二个对象，或按住【Shift】键选择要应用角点的对象：”，得到如图 4-79 所示效果图）。

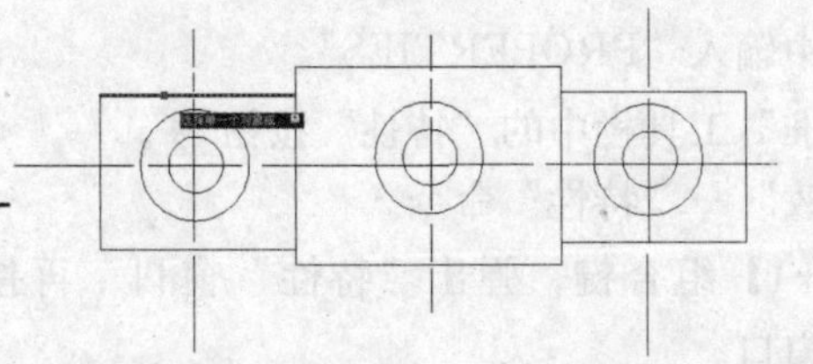

图 4-78

选择水平边

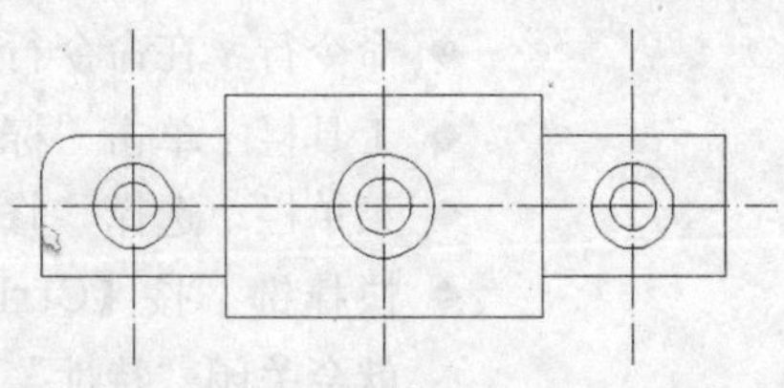

图 4-79

选择竖直边

**Step 4** 重复 Step1 ～ Step3 的方法对其他角进行圆角处理，结果如图 4-80 所示。

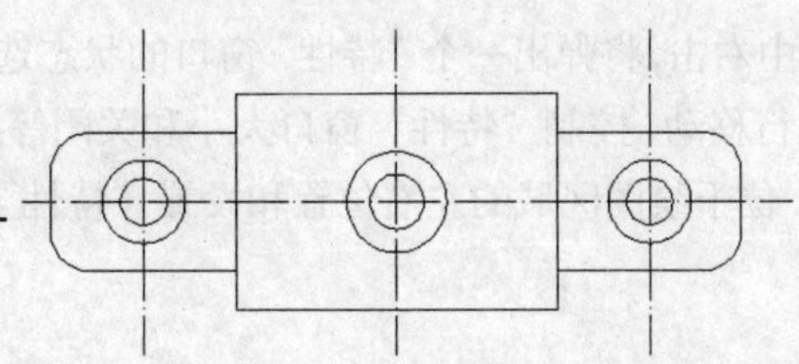

图 4-80

“圆角”操作后的图

## 4.4.8 合并和分解

### 1. 合并的定义和启用

“合并”命令是“分解”命令的反命令，它可以将原来就是独立的对象或被“分解”命令分解的独立对象合并成一个整体。“合并”命令用于将相似的对象合并为一个对象，该对象可以是圆弧、椭圆弧、直线、多段线以及样条曲线。

启用“合并”命令的执行方式如下：

◆ 命令行：在命令行中输入“JOIN”。

◆ 工具栏：单击“修改”工具栏中的“合并”按钮。

◆ 菜单栏：选择“修改”→“合并”命令。

### 2．分解的定义和启用

“分解”命令将把单个的整体组合对象转换成它们的组成部分。组合对象即由多个基本对象组合而成的复杂对象，如多段线、多线、标注、块、面域、多面网格、多边形网格、三维网格以及三维实体等。

如果分解多段线，多段线的宽度信息将丢失而变成直线和圆弧。直线和圆弧将沿原来多段线的的中心线放置。如果分解一个圆环，它的宽度将变为0。

启用“分解”命令的执行方式如下：

◆ 命令行：在命令行中输入“EXPLODE”。

◆ 工具栏：单击“修改”工具栏中的“分解”按钮。

◆ 菜单栏：选择“修改”→“分解”命令。

## 4.5 编辑对象特性

对象特性包含一般特性和几何特性，一般特性包括对象的颜色、线型、图层及线宽等，几何特性包括对象的尺寸和位置。可以直接在“特性”窗口中设置和修改对象的特性。

### 4.5.1 打开“特性”窗口

根据用户选择的对象，在“特性”窗口中显示的相应内容会有所不同。

打开“特性”窗口的执行方式如下：

◆ 命令行：在命令行中输入“PROPERTIES”。

◆ 工具栏：单击“标准”工具栏中的“特性”按钮。

◆ 菜单栏：选择“修改”→“特性”命令。

◆ 快捷键：按【Ctrl+1】组合键，弹出“特性”窗口；再按【Ctrl+1】组合键，就会关闭“特性”窗口。

执行完上述命令后，将弹出“特性”窗口，如图4-81所示。该窗口在默认的情况下是浮动状态。

在“特性”窗口主题栏中右击，将弹出一个“特性”窗口的状态选项框，如图4-82所示。通过该选项框，用户可以进行移动、控制“特性”窗口大小和关闭等操作，也可以设置“特性”窗口状态是否为固定、位于绘图区域的左右位置和设置“特性”窗口是否自动隐藏。

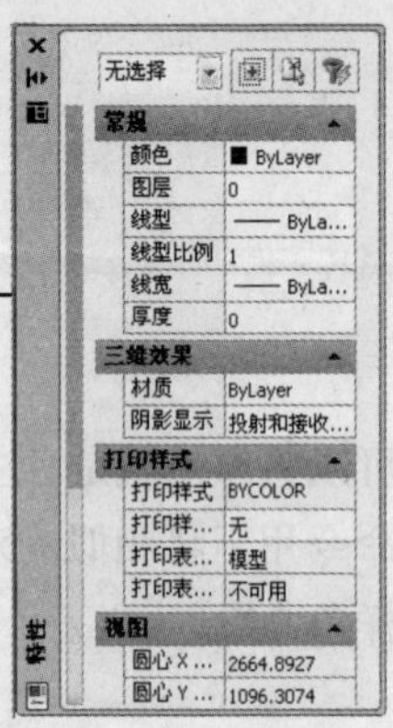


图 4-81
“特性”窗口

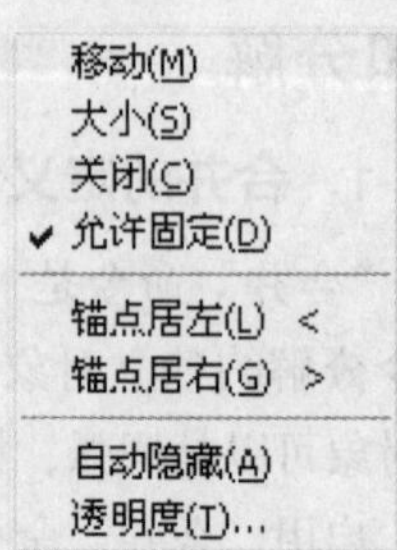


图 4-82
“特性”窗口的状态选项框

### 4.5.2 “特性”窗口的功能

“特性”窗口中显示了当前选择集中对象的所有特性和特性值，当选中多个对象时，将显示它们的共有特性。可以通过它浏览、修改对象的特性，也可以通过它浏览、修改满足应用程序接口标准的第三方应用程序对象。

“特性”窗口的介绍如下：

- ◆ 打开“特性”窗口，在没有选中对象时，窗口显示整个图纸的特性和当前设置；当用户选择了某个对象后，窗口就将列出该对象的共有特性和其当前设置。选择了同一类的多个对象后，窗口内将列出这些对象的共有特性和当前设置；选择不同类型的对象后，窗口只列出这些对象的基本特性和当前设置。
- ◆ “特性”窗口不影响在绘图区的工作。打开“特性”窗口后，用户仍然可以执行系统命令，进行各种操作。
- ◆ “切换 PICKADD 系统变量值”按钮：用于修改 PICKADD 系统变量的值，设置是否可以选择多个对象进行编辑。
- ◆ “选择对象”按钮：用于切换至绘图窗口，可以选择其他对象。
- ◆ “快速选择”按钮：用于打开“快速选择”对话框，可以快速创建供编辑用的选择集。
- ◆ 在“特性”窗口内双击对象的特性栏，可以显示该特性所有可能的值。
- ◆ 修改所选择对象的特性时，可以直接输入新值，也可以从下拉列表中选择值，还可以通过对话框改变值或利用“选择对象”按钮在绘图区内改变其坐标值。

## 4.6 实例操作：绘制连接图

**实例分析**

本节通过绘制一幅连接图，让读者通过实际操作加深对二维图形绘制的掌握，并且通过“阵列”、“移动”、“修剪”等命令使读者熟悉二维图形的基本编辑操作。

**实例难度** ★★☆☆

**制作方法和思路**

通过正多边形绘制正三角形，再通过直线和圆绘制其他零件，而后对图形进行矩形阵列、移动、修剪等编辑修改。

**参考教学视频**

光盘目录 \ 第四章 \ 视频教学 \4.6\ 绘制连接图 .avi

**实例文件**

**原始文件**：无

**最终文件**：光盘目录 \dwg \Ch4\4.6\ 最终文件 \ 绘制连接图 .dwg

视频文件：

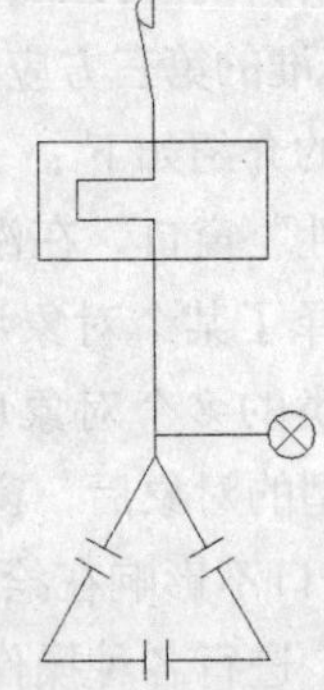

具体操作步骤如下：

**Step 1** 利用“正多边形”命令绘制正三角形，如图 4-83 所示。

**Step 2** 利用“直线”命令绘制如图 4-84 所示的图形。

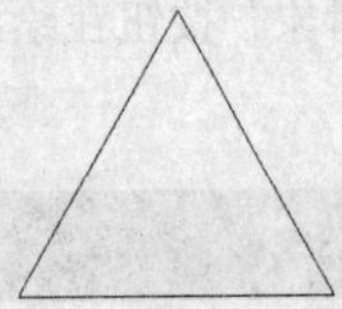

图 4-83
绘制正三角形

图 4-84
利用“直线”命令绘图

**Step 3** 利用“圆”命令和“直线”命令绘制如图 4-85 所示的图形。

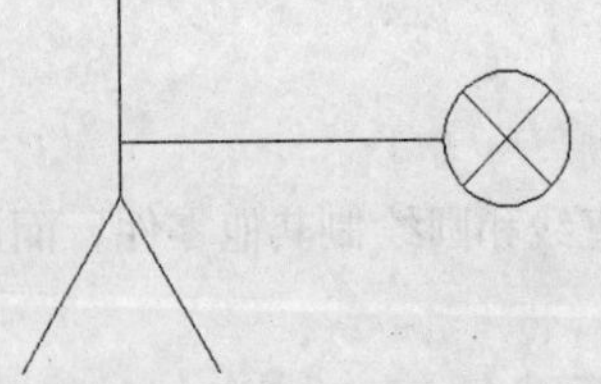

图 4-85
绘制直线和圆

**Step 4** 利用“直线”命令在正三角形上绘制两条垂直线，并利用“阵列”命令对两条直线进行环行矩阵，其效果如图 4-86 所示。

**Step 5** 利用“矩形”命令绘制如图 4-87 所示的矩形。

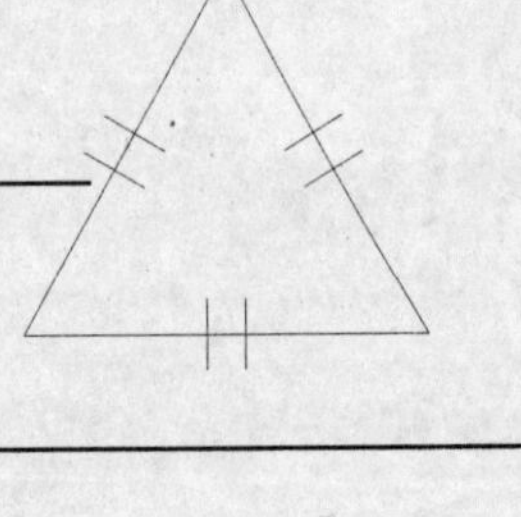

图 4-86
环行矩阵

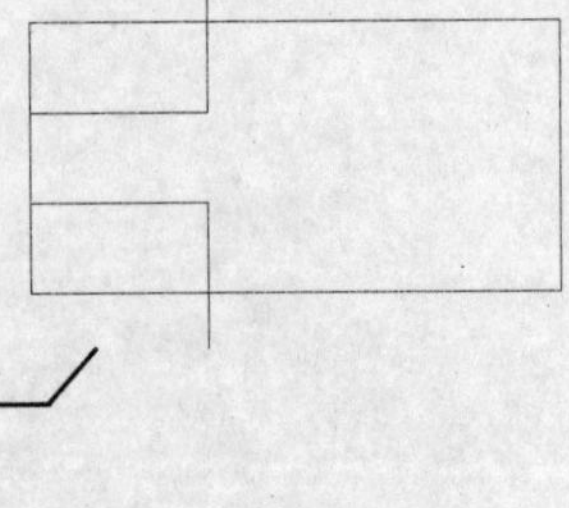

图 4-87
绘制矩形

**Step 6** 单击"修改"工具栏中的"移动"按钮，或者右击矩形，从弹出的快捷菜单中选择"移动"命令。根据命令行的提示，对矩形进行移动，将其移动至如图 4-88 所示的合适的位置。

**Step 7** 单击"修改"工具栏中的"修剪"按钮，先在操作界面任意处右击，再单击，然后对要修剪的图形进行修剪，结果如图 4-89 所示。

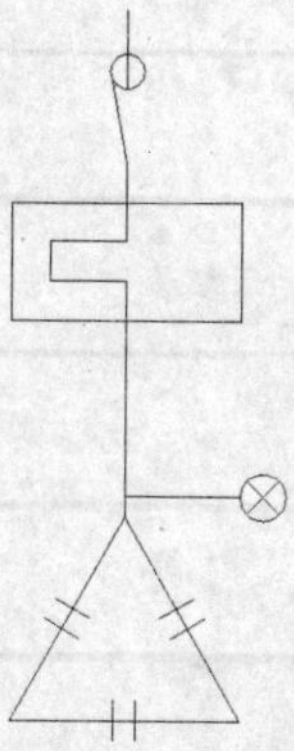

图 4-88
移动矩形后

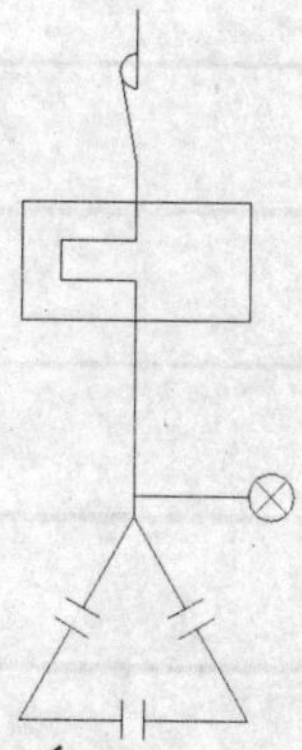

图 4-89
修剪后的图形

# 笔记栏

# Chapter 5

# 三维绘图命令

## 本章内容

三维绘图是 AutoCAD 2009 的一个特色，本章将从三维绘图的基础开始介绍，讲解如何三维建模、绘制三维实体等内容。

## 本章学习地图

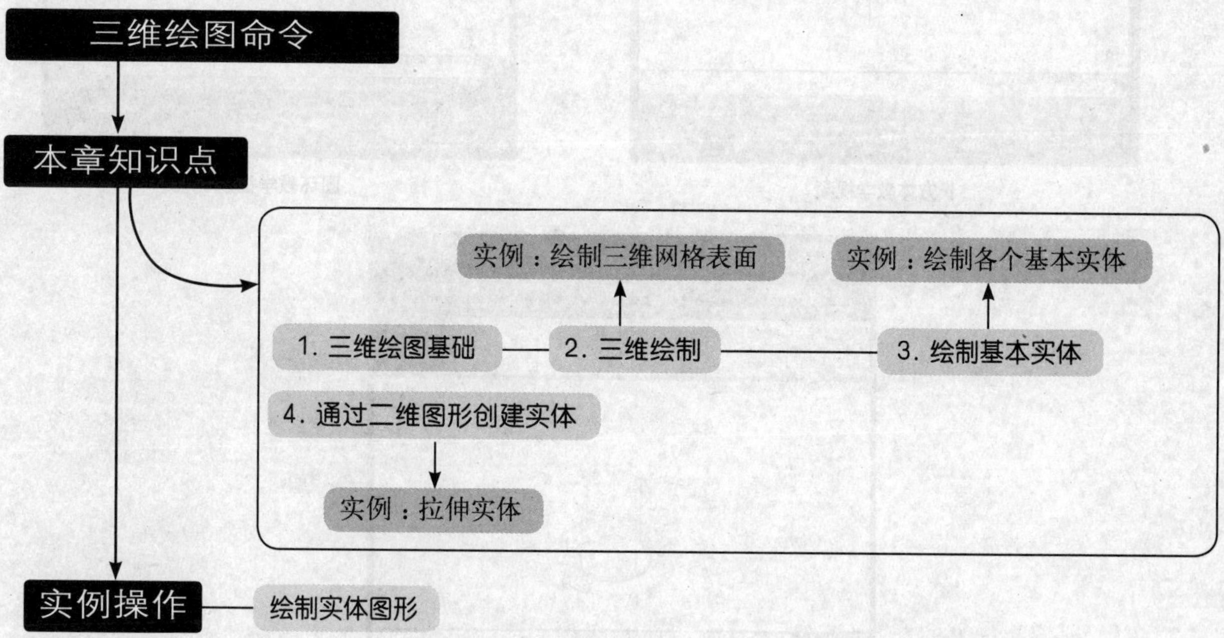


## 本章知识重点

- 绘制三维点和面。
- 绘制长方体、楔体、圆柱体等基本实体。
- 通过二维图形创建实体。

## 本章实例效果图

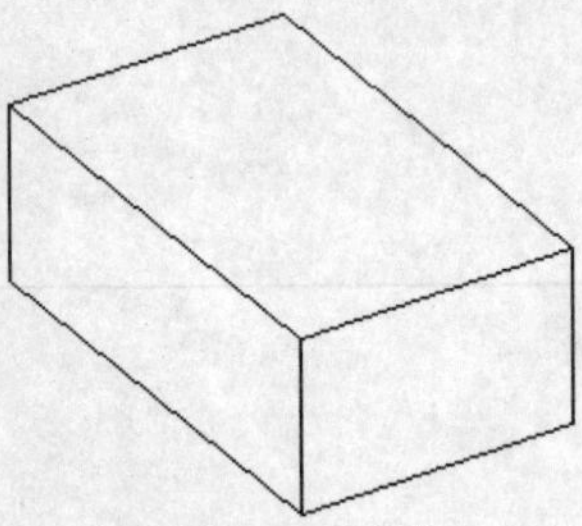

长方体

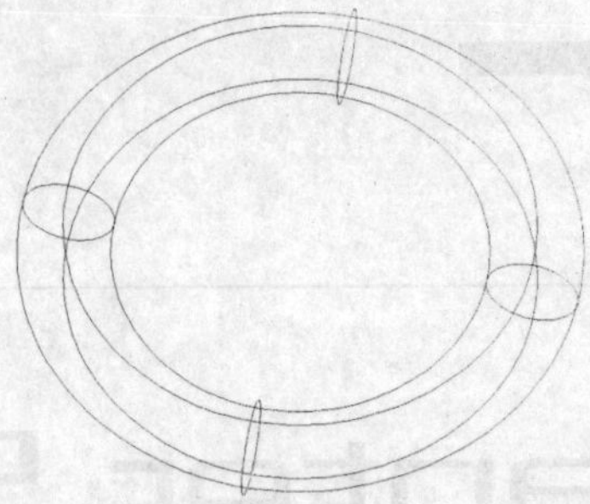

圆环

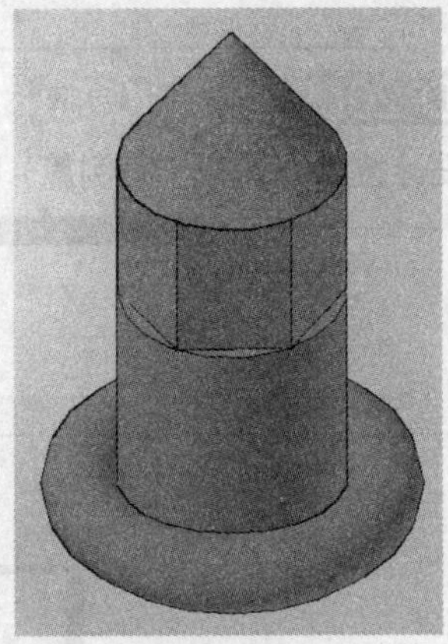

实体效果图

## 本章视频效果图

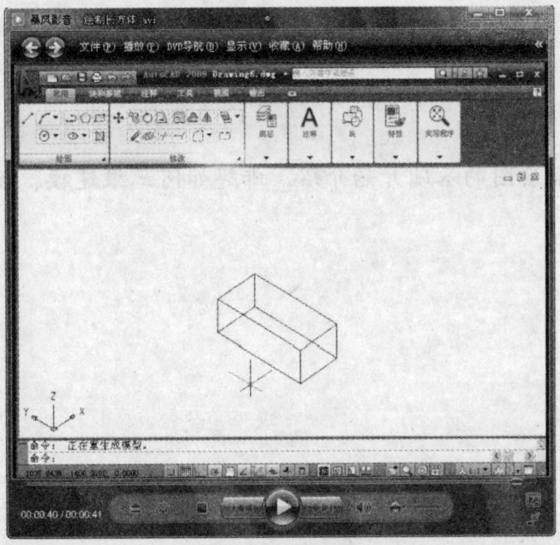

长方体教学视频

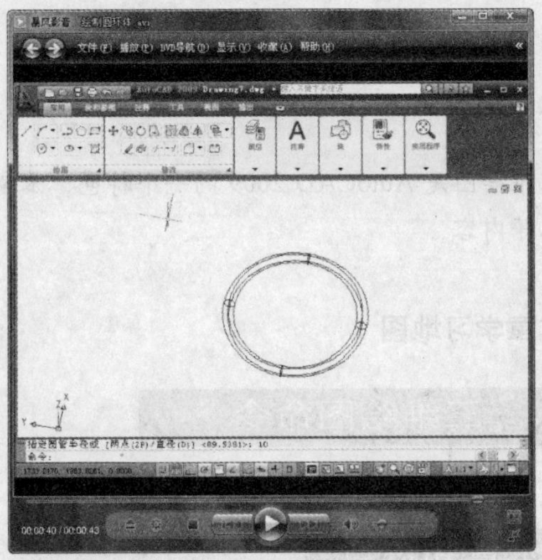

圆环教学视频

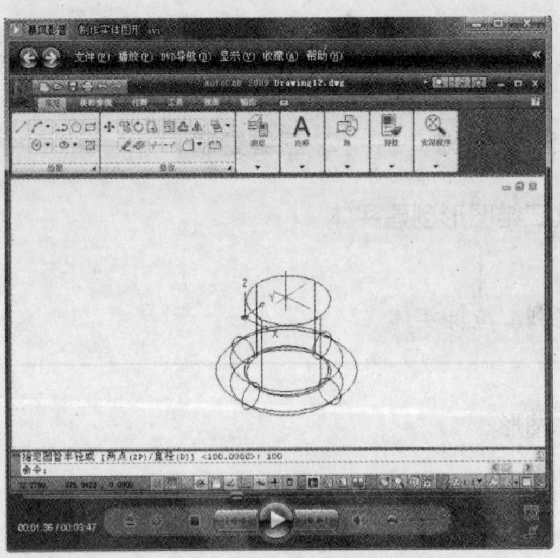

实体效果

在绘制产品图形的过程中用多个平面图形来反映产品设计是非常必要的。但若要观察这个产品的全局，以便达到更直观的效果，就需要绘制产品的立体图。在 AutoCAD 2009 中除了具有强大的二维绘图功能外，还具备了一定的三维绘图能力。创建三维图形可以采用以下 3 种方法。

◆ 线架模型方式：为一种轮廓模型，由三维的直线和曲线组成，没有面和体的特征。

◆ 曲面模型方式：用面描述三维对象，不仅定义三维对象的边界，而且还定义表面，即具有面的特征。

◆ 实体模型方式：不仅具有线和面的特征，而且还具有体的特征，各实体对象间可以进行各种布尔运算操作，从而创建复杂的三维实体图形。

# 5.1 三维绘图基础

在 AutoCAD 中，要创建和观察三维图形，就一定要使用三维坐标系和三维坐标。因此，了解并掌握三维坐标系，树立正确的空间观念，是学习三维图形绘制的基础。

## 5.1.1 用户坐标

在三维空间中，用户坐标系（UCS）非常有用。由于世界坐标系（WCS）是固定不动的，因此在三维空间创建三维模型是相当不便的。这时就需要创建用户坐标系。

用户坐标系可以移动或旋转，还可以保存并再次使用。建立用户坐标系的操作方法如下：

◆ 命令行：在命令行中输入“UCS”。

◆ 工具栏：单击“UCS”工具栏中的“UCS”按钮（如图 5-1 所示）。

◆ 菜单栏：选择“工具”→“新建 UCS”命令，如图 5-2 所示。

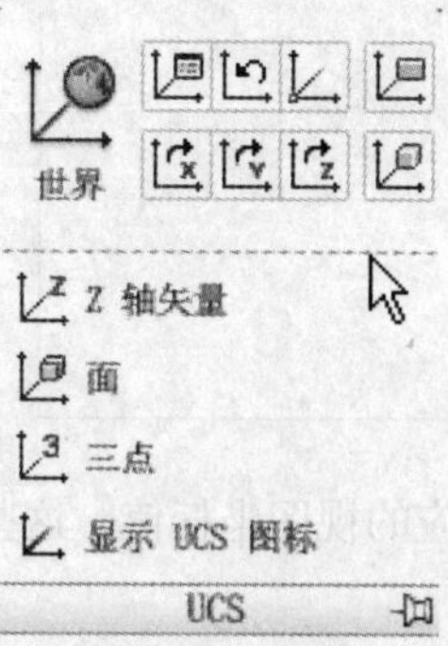


图 5-1

“UCS”工具栏

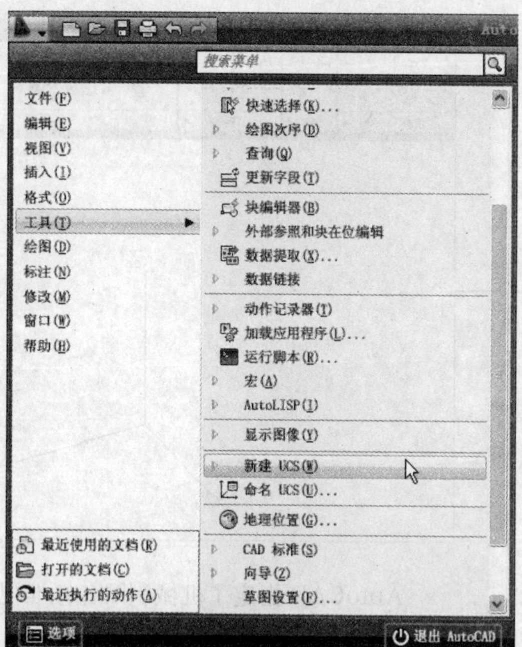


图 5-2

选择“新建 UCS”命令

执行完上述命令后，命令行会出现提示，其中的各项具体解释如下：

◆ 指定新 UCS 的原点：在绘图区域移动当前 UCS 的原点，建立新的 UCS。

- ◆ 面：通过选定实体的面来建立新的坐标系。
- ◆ 命名：给当前 UCS 命名并保存，方便随时调用。
- ◆ 对象：通过选定三维对象定义新的坐标系。
- ◆ 上一个：恢复上一个 UCS。
- ◆ 视图：以平行于屏幕的平面为新坐标系的 *XY* 面，但原点保持不变。
- ◆ 世界：将当前用户坐标系设置为世界坐标系。
- ◆ *X*、*Y*、*Z*：以 *X* 、*Y*、*Z* 轴为中心旋转角度，从而建立新的 UCS。
- ◆ *Z* 轴：用特定的 *Z* 轴正半轴来定义 UCS。

## 5.1.2 设置视图的显示

视点是指观察图形的方向。例如，绘制正方体时，如果使用平面坐标系即 *Z* 轴垂直于屏幕，此时仅能看到物体在 *XY* 平面上的投影。如果调整视点至当前坐标系的左上方，将看到一个三维物体。显示视图的方式如下：

菜单栏：选择"视图"→"三维视图"→"视点"命令。

在三维空间中，为了便于观察模型，可任意修改视点的位置。执行"VPOINT"命令，AutoCAD 提示如下："指定视点或 [ 旋转 (R)]< 显示坐标球和三轴架 >："。

各选项的含义如下：

- ◆ 旋转：用于指定视点与原点的连线在 *XY* 平面的投影与 *X* 轴正向的夹角，以及视点与原点的连线与 *XY* 平面的夹角。
- ◆ 显示坐标球和三轴架：如果不输入任何坐标值而直接按【Enter】键，那么系统将出现坐标球和三轴架，如图 5-3 所示。坐标球位于屏幕上右上角，是一个二维显示的球体。在坐标球上显示一个小十字光标，可以使用定点设备移动这个十字光标到球体的任意位置上。当移动光标时，三轴架将根据坐标球指示的观察方向进行旋转。

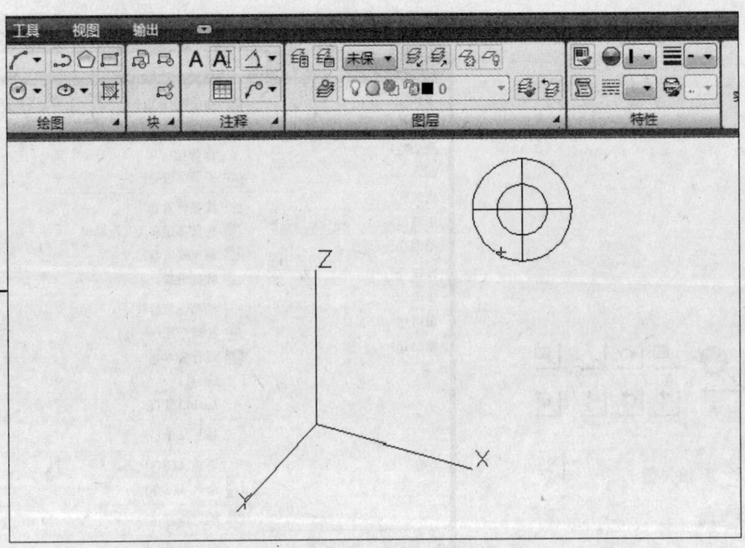


图 5-3
使用"视点"命令设置视点

AutoCAD 指定了机械制图各标准视图对应的视图坐标值，这些坐标值如下：

- ◆ 在俯视图中输入"0，1，0"。
- ◆ 在主视图中输入"0，0，1"。
- ◆ 在右视图中输入"1，0，0"。
- ◆ 在等轴测视图中输入"1，1，1"。

### 5.1.3 动态观察

由于三维图形是立体的，在绘制的过程中需要观察了解每个面，这时就需要使用AutoCAD的“动态观察”命令，它可以实现三维图形任意角度的连续旋转观察。

启用动态观察功能的执行方式如下：

- ◆ 命令行：在命令行中输入“3DORBIT”。
- ◆ 菜单栏：选择“视图”→“动态观察”命令，如图5-4所示。

“动态观察”子菜单中的各项命令解释如下：

- ◆ 受约束的动态观察：控制在三维空间中交互式查看对象。
- ◆ 自由动态观察图形：使用不受约束的动态观察，控制三维中对象的交互式查看。
- ◆ 连续动态观察：启用交互式三维视图，并将对象设置为连续运动。

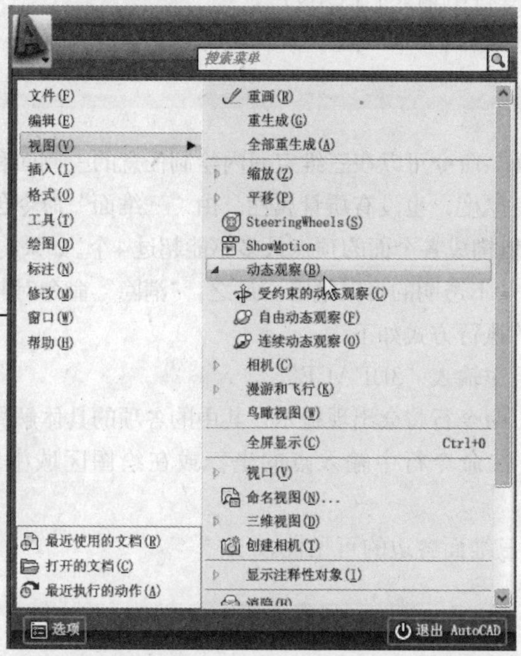


图5-4

选择命令

启用三维“动态观察”命令后，还可以进行其他的显示操作。在绘图区域中右击，从弹出的快捷菜单中选择“其他导航模式”命令，随后又弹出一个操作子菜单，如图5-5所示。

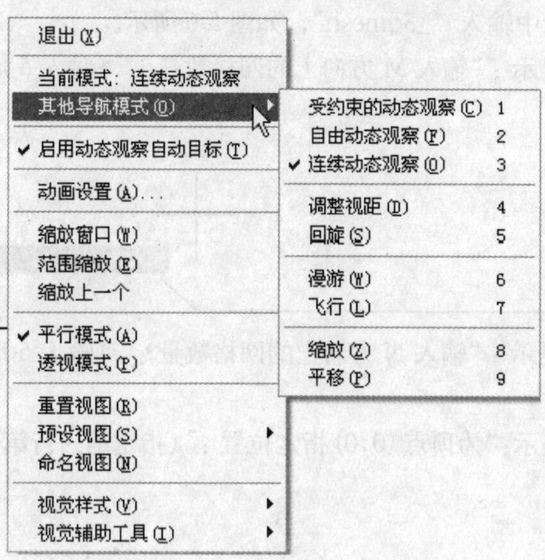


图5-5

“动态观察”过程中的“其他导航模式”

# 5.2 三维绘制

三维绘制包括点、三维面、三维网络表面等基本操作。

## 5.2.1 绘制三维点

绘制和编辑三维图形时，若只通过观察来确定点的位置，容易造成很多误差。AutoCAD 提供了一种精确输入和拾取三维点的方法。

**知识链接**

绘制三维直线、构造线和样条曲线时，具体绘制方法与二维相似，此处不再赘述。

由于在三维图形对象上的一些特殊点，如交点、中点等不能通过输入坐标的方法来实现，可以采用三维坐标下的目标捕捉法来拾取点。

启用三维点绘制命令的执行方式如下：

- 命令行：在命令行中输入“POINT”。
- 菜单栏：选择“绘图”→“点”→“单点”命令。

## 5.2.2 绘制三维面

使用绘制“三维面”命令可以在三维空间内绘制任意的三侧面和四侧面。三维面是三维空间的表面，它没有厚度，也没有质量属性。由“三维面”命令创建的每个面的各顶点可以有不同的Z坐标，但构成各个面的顶点最多不能超过4个。如果构成面的4个顶点共面，“消隐”命令认为该面是不透明的可以消隐。反之，“消隐”命令对其无效。

启用绘制三维面的执行方式如下：

命令行：在命令行中输入“3DFACE”。

执行上述命令后，命令行将会出现提示，其中的各项的具体解释如下：

- 指定第一点：在命令行中输入点的坐标或在绘图区域中单击，确定三维面的起点。
- 不可见：控制三维面各边的可见性。

## 5.2.3 绘制三维网格表面

绘制三维网格表面为创建自由格式的多边形网格，它主要是为程序员而设计的。

在命令行中输入“3dmesh”，即可调用该命令。

绘制三维网格表面的操作步骤如下：

**Step 1** 在命令行中输入“_3dmesh”，如图 5-6 所示。

**Step 2** 命令行提示：“输入 M 方向上的网格数量：”（输入 5 后按【Enter】键），效果如图 5-7 所示。

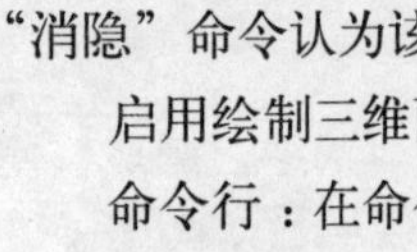


图 5-6
输入命令

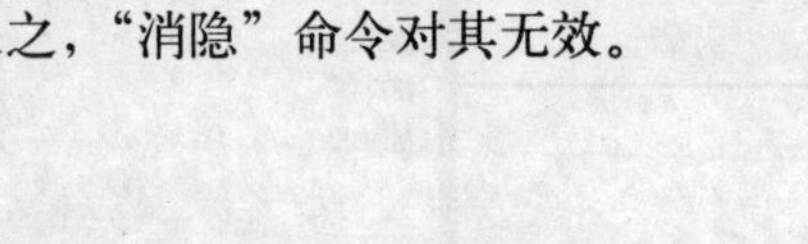


图 5-7
输入网格数量

**Step 3** 命令行提示：“输入 N 方向上的网格数量：”（输入 5 后按【Enter】键），如图 5-8 所示。

**Step 4** 命令行提示：“为顶点 (0,0) 指定位置：”（指定第一行第一列的点后按【Enter】键）如图 5-9 所示。

图 5-8
输入网格数量

图 5-9
指定定点位置

**Step 5** 命令行提示:“为顶点 (0,1) 指定位置 :”(指定第一行第二列的点后按【Enter】键),如图 5-10 所示。

**Step 6** 命令行提示:“为顶点 (7,7) 指定位置 :”(指定第七行第七列的点后按【Enter】键),创建如图 5-11 所示的三维网格。

图 5-10
指定点

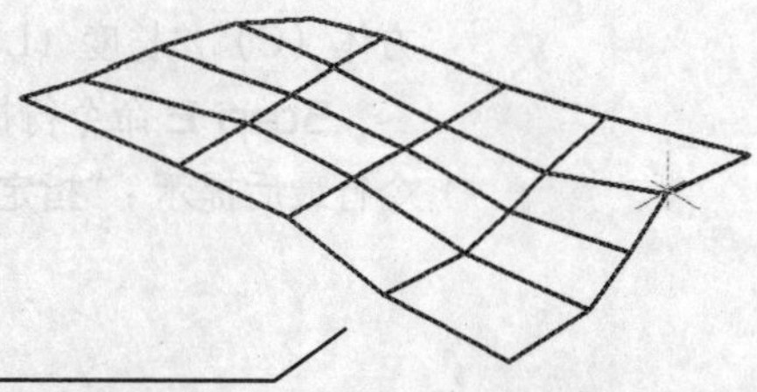

图 5-11
创建完成

# 5.3 绘制基本实体

在三维图形中，三维实体的信息是最完整的。可以根据基本实体创建实体。基本实体有长方体、圆锥体、圆柱体、圆环体和楔体。在 AutoCAD 中可以应用差集或交集将这些简单的基本三维实体组合成更为复杂的实体。

三维实体的命令可以通过选择“绘图”→“建模”命令来启用，如图 5-12 所示。

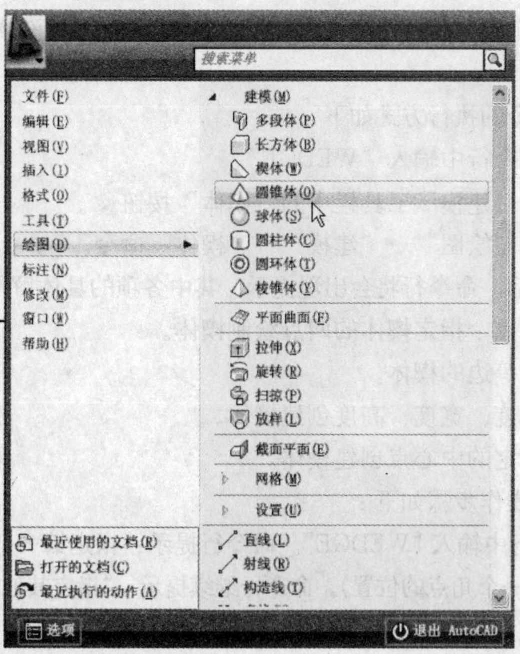


图 5-12
“建模”子菜单

## 5.3.1 绘制长方体

启用绘制“长方体”命令的执行方式如下 :

◆ 命令行 : 在命令行中输入“BOX”。

◆ 菜单栏：选择“绘图”→“建模”→“长方体”命令。

执行完上述命令后，命令行中会出现提示，其中的各项具体的解释如下。

◆ 角点：在绘图区域中指定长方体的一个角点，并在命令行中输入其他角点的值。

◆ 立方体：绘制等边的长方体。

◆ 长度：按指定的长度、宽度、高度创建长方体。

◆ 中心：使用指定的中心点创建长方体。

绘制长方体的具体步骤如下：

**Step 1** 在命令行中输入“BOX”。命令行提示：“指定第一个角点或[中心（C）]：”（在屏幕上单击，指定长方体底面一个角点的位置）。命令行继续提示：“指定其他角点或[立方体（C）/长度（L）]：”L（使用长度绘制长方体），如图 5-13 所示。

**Step 2** 命令行提示：“指定长度：”200。命令行继续提示：“指定宽度：”120。命令行最后提示：“指定高度或[两点（2P）]：”90。长方体绘制完成，如图 5-14 所示。

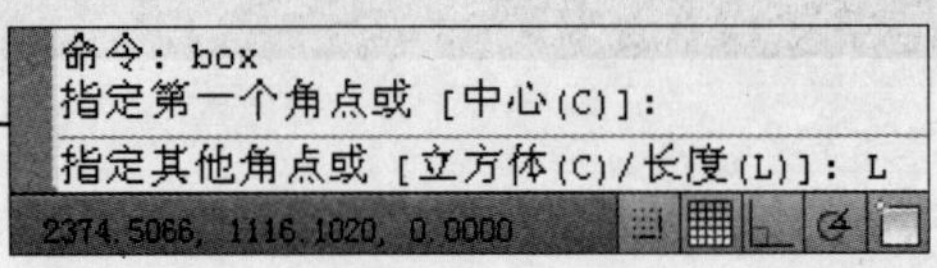


图 5-13
命令行提示

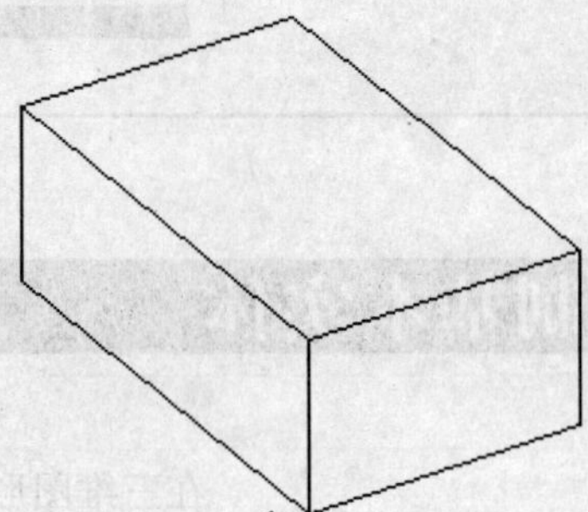

图 5-14
绘制的长方体

## 5.3.2 绘制楔体

楔体实际上是半个长方体。使用“楔体”命令可以创建五面三维实体，并使其倾斜面沿 $X$ 轴方向。

启用“楔体”命令的执行方式如下：

◆ 命令行：在命令行中输入“WEDGE”。

◆ 工具栏：单击“建模”工具栏中的“楔体”按钮。

◆ 菜单栏：选择“绘图”→“建模”→“楔体”命令。

执行完上述命令后，命令行将会出现提示，其中各项的具体解释如下。

◆ 指定楔体的角点：指定楔体的两点绘制楔体。

◆ 立方体：绘制等边的楔体。

◆ 长度：使用长度、宽度、高度创建楔体。

◆ 中心：使用指定的中心点创建楔体。

绘制楔体的具体操作步骤如下：

**Step 1** 在命令行中输入“WEDGE”。命令行提示：“指定第一个角点或[中心（C）]：”（单击指定长方体底面一个角点的位置）。命令行继续提示：“指定其他角点或[立方体（C）/长度（L）]：”L（使用长度绘制长方体），如图 5-15 所示。

**Step 2** 命令行提示：“指定长度：”300。命令行继续提示：“指定宽度：”100。命令行最后提示：“指定高度：”120。楔体绘制完成，如图 5-16 所示。

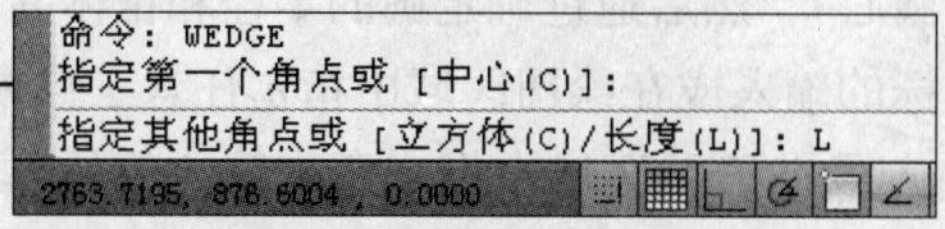


图 5-15 命令行

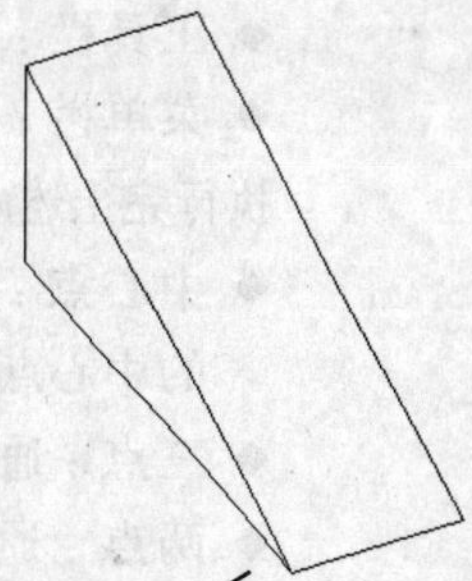

图 5-16 绘制的楔体

## 5.3.3 绘制圆柱体

圆柱体是以圆或椭圆为底面的三维实体，在各种工程图中应用较为广泛。

启用绘制“圆柱体”命令的执行方式如下：

◆ 命令行：在命令行中输入“CYLINDER”。

◆ 工具栏：单击“建模”工具栏中的“圆柱体”按钮。

◆ 菜单栏：选择“绘图”→“建模”→“圆柱体”命令。

执行完上述命令后，命令行将会出现提示，其中的各项具体解释如下。

◆ 中心点：通过坐标输入或在绘图区域任意单击，指定圆柱体底面的中心点。

◆ 三点：通过坐标输入或在绘图区域指定三点来绘制圆柱体。

◆ 两点：通过坐标输入或在绘图区域指定两点确定圆柱底面圆的直径，然后通过输入高度绘制圆柱体。

◆ 切点、切点、半径：定义具有指定半径，且与两个对象相切的圆柱体底面。

◆ 椭圆：指定圆柱体的椭圆底面。

绘制圆柱体具体操作如下：

**Step 1** 在命令行中输入“CYLINDER”。命令行提示“指定底面的中心点或[三点（3P）/两点（2P）/切点、切点、半径（T）/椭圆（E）]：”（在绘图区域中单击指定圆柱体底面的中心点的位置），如图 5-17 所示。

**Step 2** 命令行提示：“指定底面半径或[直径(D)]：”50（输入圆柱体底面的半径“50”后按【Enter】键）。命令行继续提示“指定高度或[两点(2P)/轴端点(A)]<默认值>：”100（输入圆柱体的高度“100”后按【Enter】键），如图 5-18 所示。

图 5-17 命令行

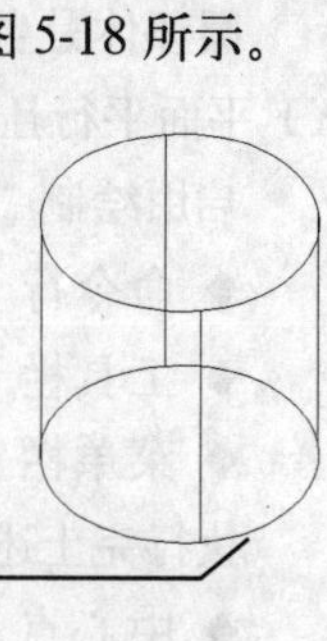

图 5-18 绘制圆柱体

## 5.3.4 绘制圆锥体

圆锥体是由圆或圆底面及顶点所构成的，顶点确定了圆锥体的高度和方向。

启用绘制“圆锥体”命令的执行方式如下：

◆ 命令行：在命令行中输入“CONE”。

◆ 工具栏：单击“建模”工具栏中的“圆锥体”按钮。
◆ 菜单栏：选择“绘图”→“建模”→“圆锥体”命令。

执行完上述命令后，命令行将出现提示，具体解释如下。

◆ 中心点：通过对点坐标输入或在绘图区域指定任意一点，以确定圆锥体底面圆的中心点（即圆的圆心），然后通过确定圆的半径和锥体高度来绘制圆锥体。
◆ 三点：通过三点坐标的输入或在绘图区域中指定任意三点来绘制圆锥体。
◆ 两点：通过坐标输入或在绘图区域中指定两点确定圆锥体底面圆的直径，然后通过输入高度绘制圆锥体。
◆ 切点、切点、半径：定义具有指定半径，且与两个对象相切的圆锥体底面。
◆ 椭圆：创建圆锥体的椭圆底面。

绘制圆锥体的具体操作如下：

**Step 1** 在命令行中输入“CONE”。命令行提示：“指定底面的中心点或[三点(3P)/两点(2P)/切点、切点、半径(T)/椭圆 (E)]：”（在绘图区域中任意指定一点，确定底面圆的中心位置），如图 5-19 所示。

**Step 2** 命令行提示“指定底面半径或[直径(D)]< 默认值 >：”120（在命令行输入底面圆的半径）。命令行继续提示“指定高度或[两点(2P)/轴端点(A)/顶面半径(T)]< 默认值 >：”500（在命令行中输入圆锥体的高度“500”），如图 5-20 所示。

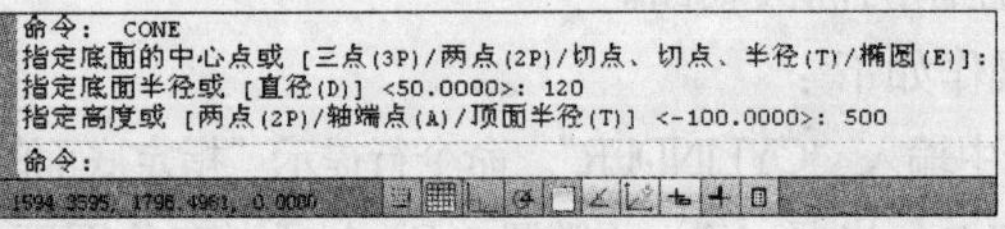


图 5-19
命令行

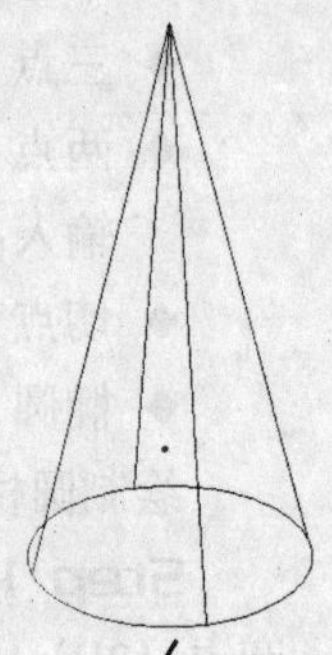

图 5-20
绘制圆锥体

## 5.3.5 绘制圆环体

圆环体是生活常能见到的实体图形，它与轮胎和救生圈相似。圆环体与当前 UCS 的 *XY* 平面平行且被该平面平分。

启用绘制“圆环体”命令的执行方式如下：

◆ 命令行：在命令行中输入“TORUS”。
◆ 工具栏：单击“建模”工具栏中的“圆环体”按钮。
◆ 菜单栏：选择“绘图”→“建模”→“圆环体”命令。

执行完上述命令后，命令行将会出现提示，其中的各项具体解释如下。

◆ 中心点：通过坐标输入或在绘图区域中单击任意一点，以指定中心点后，再将放置圆环体以使其中心轴与当前用户坐标系（UCS）的 *Z* 轴平行。
◆ 三点：用指定的 3 个点定义圆环体的圆周。
◆ 两点：用指定的两个点定义圆环体的圆周。
◆ 切点、切点、半径：使用指定半径定义可与两个对象相切的圆环体。

绘制圆环体的具体操作步骤如下：

**Step 1** 在命令行中输入“TORUS”。命令行提示：“指定中心点或[三点(3P)/两

点 (2P)/ 切点、切点、半径 (T)]：”（在绘图区域中任意单击以确定圆柱体底面的中心位置），如图 5-21 所示。

**Step 2** 命令行提示：“指定半径或 [ 直径 (D)]< 默认值 >：” 50 命令行继续提示“指定圆管半径或 [ 两点 (2P)/ 直径 (D)]：”“10（输入圆管的半径“10”后按【Enter】键），如图 5-22 所示。

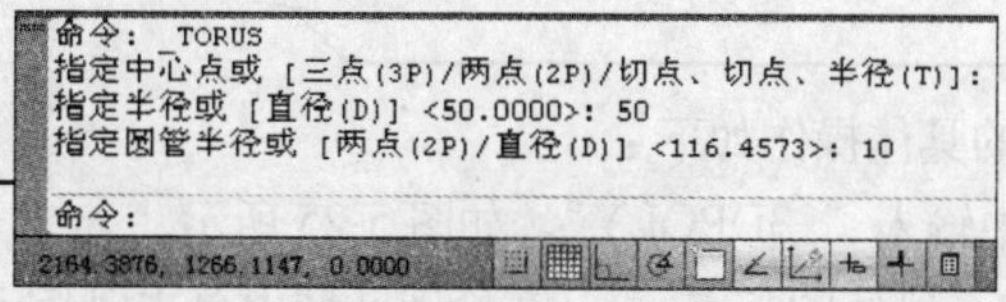


图 5-21
命令行

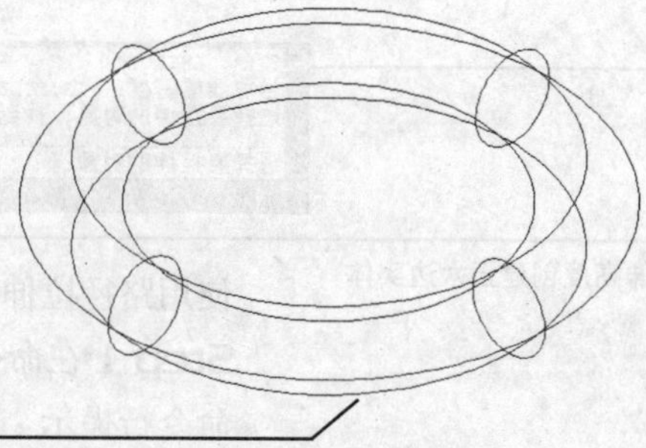

图 5-22
绘制圆环体

# 5.4 通过二维图形创建实体

在 AutoCAD 中，实体的创建还可以通过对一些二维的图形进行拉伸、旋转等方式来进行。本节将介绍如何通过二维图形创建实体。

## 5.4.1 拉伸

拉伸实体实际类似给二维对象增加厚度，通过将对象或平面沿指定的方向拉伸，并指定距离来创建三维实体或曲面。

启用“拉伸”命令创建实体的执行方式如下：

- ◆ 命令行：在命令行中输入“EXTRUDE”。
- ◆ 工具栏：单击“建模”工具栏中的“拉伸”按钮 。
- ◆ 菜单栏：选择“绘图”→“建模”→“拉伸”命令。

对上述命令执行完后，命令行将会出现提示，其中的各项具体解释如下。

- ◆ 拉伸高度：通过设置拉伸的距离值来确定拉伸的高度。输入距离值的正负将影响到对象所拉伸的方向。
- ◆ 方向：通过指定拉伸对象的起点和端点来创建实体。
- ◆ 路径：选择基于指定曲线对象的拉伸路径，路径将移动到轮廓的质心。然后沿选定路径拉伸选定对象的轮廓以创建实体或曲面。
- ◆ 倾斜角：如果为倾斜角指定一个点而不是输入值，则必须拾取第二个点。用于拉伸的倾斜角是两个指定点之间的距离。

利用拉伸创建实体的具体操作步骤如下：

**Step 1** 在命令行中输入“EXTRUDE”。命令行提示：“选择要拉伸的对象：”（在绘图区域选择要拉伸的正六边形）。命令行继续提示：“选择要拉伸的对象：”（按【Enter】键或右击，选择结束），如图 5-23 所示。

**Step 2** 命令行提示：“指定拉伸的高度或 [ 方向 (D) / 路径 (P) / 倾斜角 (T) ] <19.1889>：” 400。整个使用拉伸高度创建实体过程完成，如图 5-24 所示。

命令：EXTRUDE
当前线框密度： ISOLINES=4
选择要拉伸的对象：找到 1 个
选择要拉伸的对象：
2013.9268, 857.5704 , 0.0000

图 5-23
命令行

图 5-24
使用拉伸高度创建正六边实体

使用路径拉伸实体的具体操作如下：

**Step 1** 在命令行中输入“_3DPOLY”，如图 5-25 所示。

命令行提示：“指定多段线的起点：”（在绘图区域中单击以指定三维多段线起点的位置）。

命令行提示：“指定直线的端点或 [ 放弃（U）]：” @0,0,20（输入三维多段线第一个端点的相对位置坐标 0，0，20）。

命令行提示：“指定直线的端点或 [ 放弃（U）]：” @20,0,0（输入三维多段线第二个端点的相对位置坐标 20，0，0）。

命令行提示：“指定直线的端点或 [ 放弃 (U)]：”@0,20,0（输入三维多段线第三个端点）

命令行提示：“指定直线的端点或 [ 闭合 (C)/ 放弃 (U)]：”（按【Enter】键结束“三维多段线”命令）。

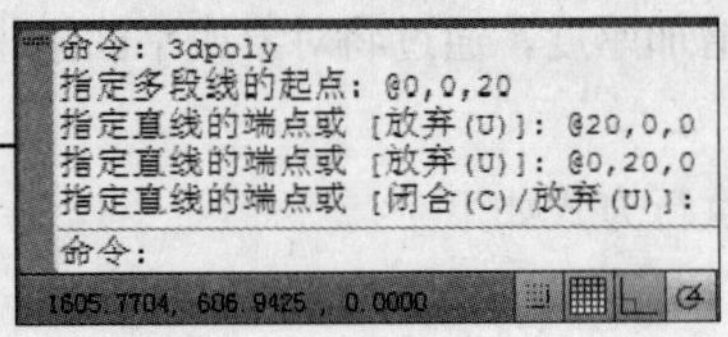
命令：3dpoly
指定多段线的起点：@0,0,20
指定直线的端点或 [放弃(U)]：@20,0,0
指定直线的端点或 [放弃(U)]：@0,20,0
指定直线的端点或 [闭合(C)/放弃(U)]：
命令：
1605.7704, 606.9425 , 0.0000

图 5-25
命令行

**Step 2** 单击“USC”工具栏中的“原点”按钮，捕捉三维多段线的起点为坐标原点，如图 5-26 所示。

**Step 3** 单击“绘图”工具栏中的“椭圆”按钮，捕捉三维多段线的起点为椭圆中心，绘制一个短轴距为 4，长轴距为 6 的椭圆，如图 5-27 所示。

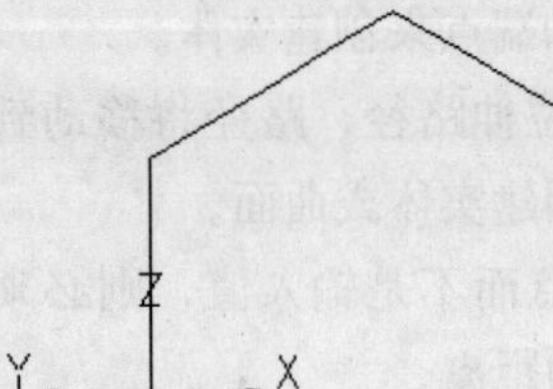


图 5-26
绘制路径

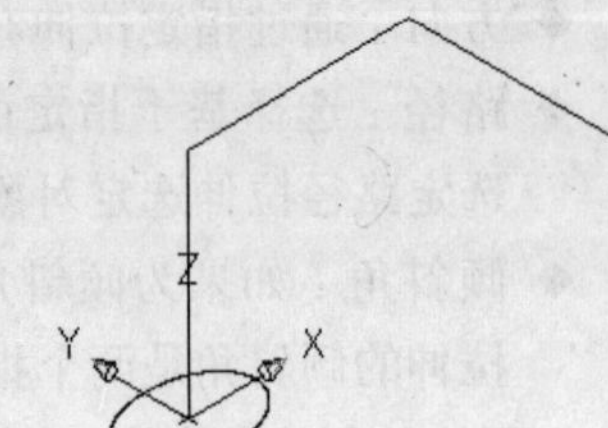


图 5-27
绘制拉伸对象椭圆

**Step 4** 在命令行中输入“EXTRUDE”，如图 5-28 所示。

命令行提示：“当前线框密度：ISOLINES=4”。

命令行提示：“选择要拉伸的对象：找到 1 个（单击椭圆为拉伸对象）。

命令行提示：“选择要拉伸的对象：”（按【Enter】键，结束选择拉伸对象）。

命令行提示：“指定拉伸的高度或 [ 方向 (D)/ 路径 (P)/ 倾斜角 (T)]：” P（输入“P”后按【Enter】键，选择“路径”选项）。

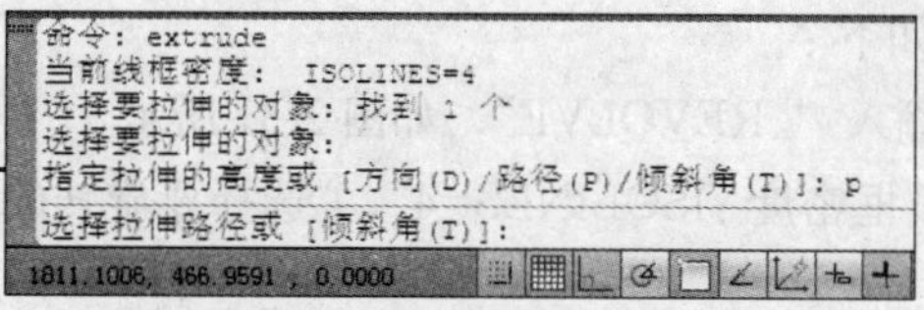


图 5-28
命令行菜单

**Step 5** 命令行提示："选择拉伸路径或 [ 倾斜角 (T)]："（单击三维多段线为拉伸路径，生成如图 5-29 所示的图形。）

**Step 6** 在命令行中输入"ISOLINES"。命令行提示："输入 ISOLINES 的新值 <4>："20，输入线框密度值"20"后的新图形如图 5-30 所示。

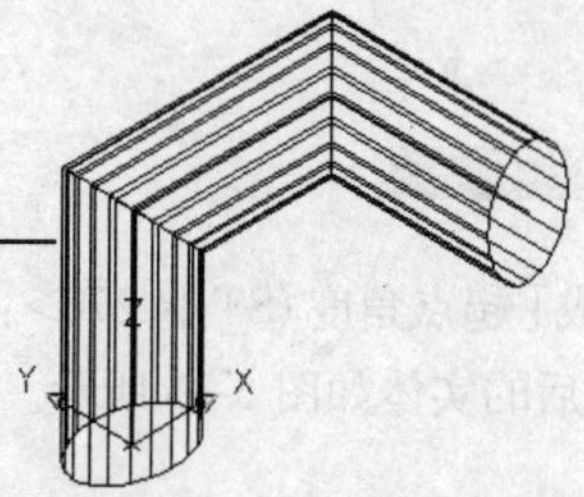


图 5-29
路径拉伸实体

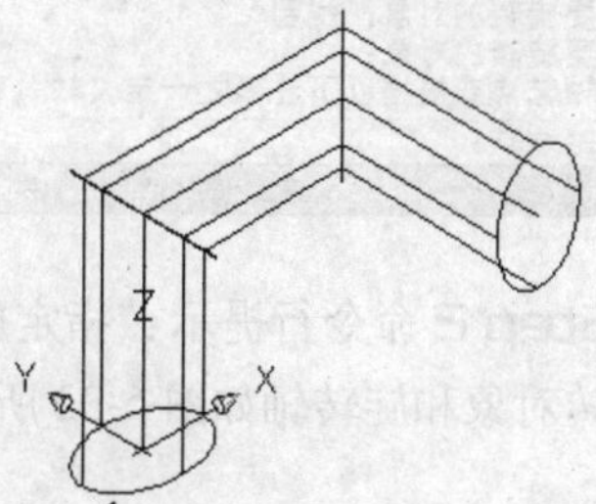


图 5-30
路径拉伸实体

相关知识介绍如下：

- 拉伸实体只能拉伸闭合的对象，例如多段线、多边形、矩形、圆、椭圆、闭合的样条曲线、圆环和面域。不能拉伸三维对象、包含在块中的对象、有交叉或横断部分的多段线，或非闭合多段线。
- 拉伸路径可以是直线、圆、圆弧、椭圆、椭圆弧、多段线或样条曲线，路径可以封闭，也可以不封闭。
- 路径与轮廓表面一般在两个互相垂直的平面内。
- 在拉伸高度时，为指定高度而输入正值将沿当前 UCS 的 $Z$ 轴正方向拉伸，输入负值将沿 $Z$ 轴负方向拉伸。
- 如果拉伸闭合对象，则生成的对象为实体；如果拉伸开放对象，则生成的对象为曲面。

## 5.4.2 旋转

使用旋转可以将一个闭合对象绕当前 UCS 的 $X$ 轴或 $Y$ 轴旋转一定的角度来创建实体或曲面，也可以绕直线、多段线或两个指定的点旋转对象。

启用旋转功能创建实体的执行方式如下：

- 命令行：在命令行中输入"REVOLVE"。
- 工具栏：单击"建模"工具栏中的"旋转"按钮。
- 菜单栏：选择"绘图"→"建模"→"旋转"命令。

执行完上述命令后，命令行将会出现提示，其中各项具体解释如下。

- 轴起点：在旋转轴上指定轴的起点。
- 对象：使用户可以选择现有的对象，此对象定义了旋转选定对象时所绕的轴。轴的正方向从该对象的最近端点指向最远端点。
- $X$（轴）：使用当前 UCS 的正向 $X$ 轴作为轴的正方向。
- $Y$（轴）：使用当前 UCS 的正向 $Y$ 轴作为轴的正方向。
- $Z$（轴）：使用当前 UCS 的正向 $Z$ 轴作为轴的正方向。

旋转实体的具体操作如下：

**Step 1** 在命令行中输入“_REVOLVE”，如图 2-31 所示。

命令行提示：“当前线框密度：ISOLINES=4”，“选择要旋转的对象：”（单击矩形为旋转对象）。

命令行提示：“找到 1 个”，“选择要旋转的对象：”（按【Enter】键结束选择旋转对象）。

命令行提示：“指定轴起点或根据以下选项之一定义轴 [ 对象 (O)/X/Y/Z]< 对象 >：”（捕捉轴线一端点作为旋转轴起点）。

命令行提示：“指定轴端点：”（捕捉轴线另一端点）。

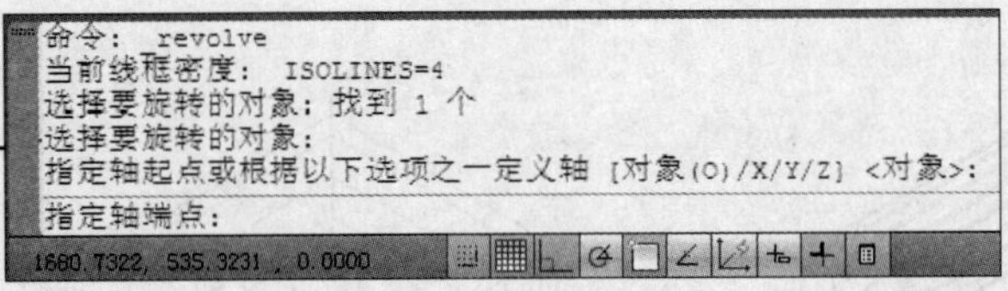


图 5-31

命令行

**Step 2** 命令行提示：“指定旋转角度或 [ 起点角度 (ST)]<270>：”（输入 270° 旋转），原旋转对象和旋转轴如图 5-32 所示，旋转后的实体如图 5-33 所示。

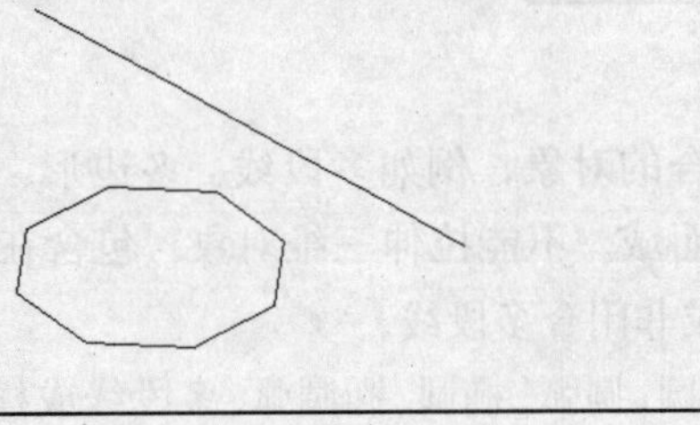

图 5-32

原旋转对象和旋转轴

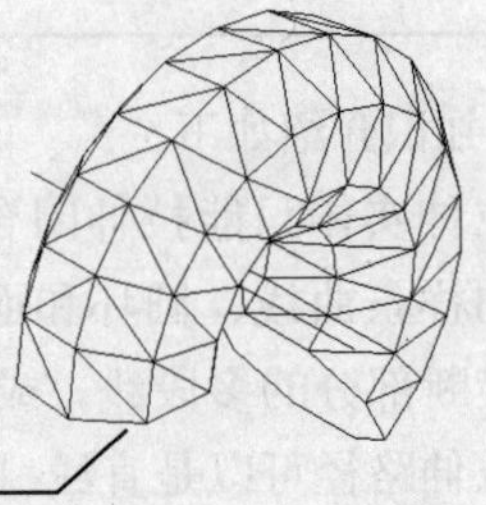

图 5-33

旋转后的实体

## 5.4.3 扫掠

使用“扫掠”命令，可以通过沿开放或闭合的二维或三维路径扫掠开放或闭合的平面曲线（轮廓），来创建新实体或曲面。如果沿一条路径扫掠开放的曲线，则生成曲面。可以一次扫掠多个对象，但这些对象必须位于同一平面。

启用扫掠功能创建实体的执行方式如下：

- 命令行：在命令行中输入“SWEEPE”。
- 菜单栏：选择“绘图”→“建模”→“扫掠”命令。
- 工具栏：单击“建模”工具栏中的“扫掠”按钮。

执行完上述命令后，命令行将会出现提示，其中各项具体的解释如下。

- 定义轴：指定旋转轴的第一点和第二点。为默认选项。
- 对象：选择现有的实体（直线或多段线）中的单条线段定义轴，对象绕该轴旋转。轴的正方向从这条直线上的最近端点指向最远端点。
- *X* 轴：使用当前 UCS 的正向 *X* 轴作为轴的正方向。
- *Y* 轴：使用当前 UCS 的正向 *Y* 轴作为轴的正方向。
- 指定旋转角度 <360>：以指定角度旋转二维对象。旋转角度正向符合右手法则。
- 对齐：指定是否对齐轮廓，以使其作为扫掠路径切向的法向。默认情况下，轮廓是对齐的。
- 基点：指定要扫掠对象的基点。如果指定的点不在选定对象所在的平面上，则该点将被投影到该平面上。
- 比例：指定比例因子以进行扫掠操作。从扫掠路径的开始到结束，比例因子将统一应用到扫掠的对象。输入比例因子或“[参照(R)] <1.0000>：指定比例因子”、输入“r”调用参照选项或按【Enter】键指定默认值。

◆ 扭曲：设置正被扫掠的对象的扭曲角度。扭曲角度指定沿扫掠路径全部长度的旋转量。

## 5.5 实例操作：绘制实体图形

**实例分析**

通过二维图形的绘制组合创建三维实体图形。

**实例难度** ★★★☆

**制作方法和思路**

通过绘制圆柱体、圆环体、正六边体、圆锥体等二维图形创建所给三维实体图形。

**参考教学视频**

光盘目录 \ 第五章 \ 视频教学 \5.5\ 制作实体图形 .avi

**实例文件**

**原始文件**：无

**最终文件**：光盘目录 \dwg \Ch5\5.5\ 最终文件 \ 绘制实体图形 .dwg

**视频文件：**

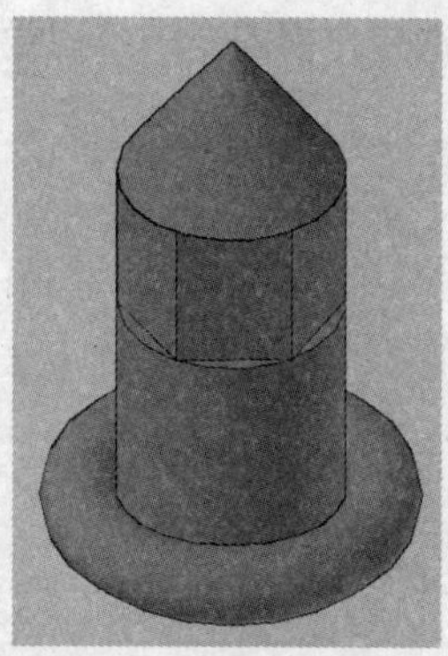

具体操作步骤如下：

**Step 1** 选择“视图”→“三维视图”→“东南等轴测”命令，设置操作界面坐标轴，效果如图 5-34 所示。

**Step 2** 选择“绘图”→“建模”→“圆柱体”命令，根据命令行的提示，在绘图操作界面中的任意处指定圆柱体的圆心，再输入圆柱体的尺寸，输入半径为“300”、高度为“600”，如图 5-35 所示。

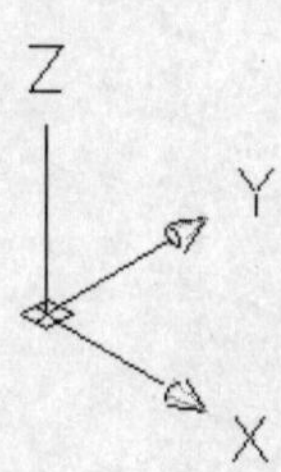


图 5-34
坐标轴

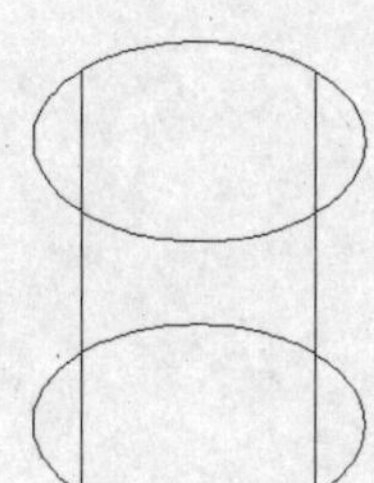

图 5-35
圆柱体

**Step 3** 选择“绘图”→“建模”→“圆环体”命令，根据命令行的提示，在圆柱体的圆心处指定圆环体的圆心，再输入圆环的半径为“400”，圆管半径为“100”，如图 5-36 所示。

**Step 4** 单击“绘图”工具栏中的“正多边形”按钮⬠，根据命令行的提示，输入正多边形边数为“6”。在圆柱体上表面的圆心处指定正多边形的中心，输入内接于圆，与圆柱体上表面圆相内接。再选择“绘图”→“建模”→“拉伸”命令，根据命令行的提示，对正多边形进行拉伸，输入拉伸高度为“400”，如图 5-37 所示。

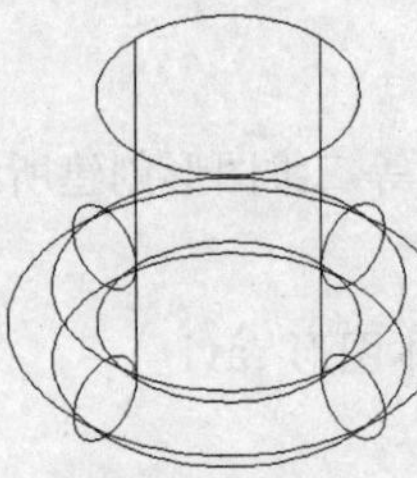

图 5-36
绘制圆环体

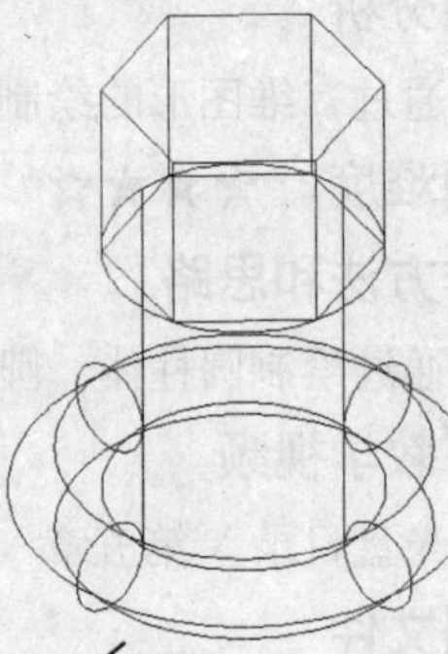

图 5-37
绘制正六边体

**Step 5** 选择“绘图”→“建模”→“圆锥体”命令，根据命令行的提示，在正六边形上表面的中心处指定圆锥体的圆心。根据命令行的提示，输入半径为“300”，高度为“400”，如图 5-38 所示。

**Step 6** 选择“视图”→“视觉样式”→“概念”命令，出现如图 5-39 所示的效果。

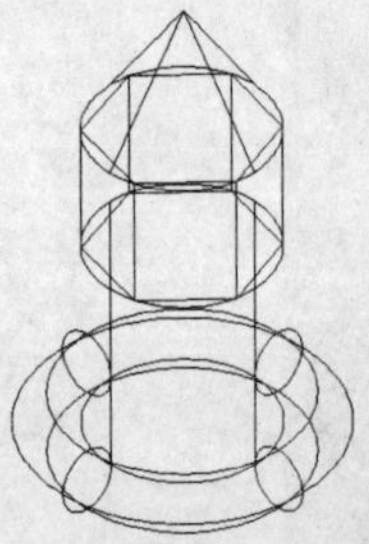

图 5-38
绘制圆锥体

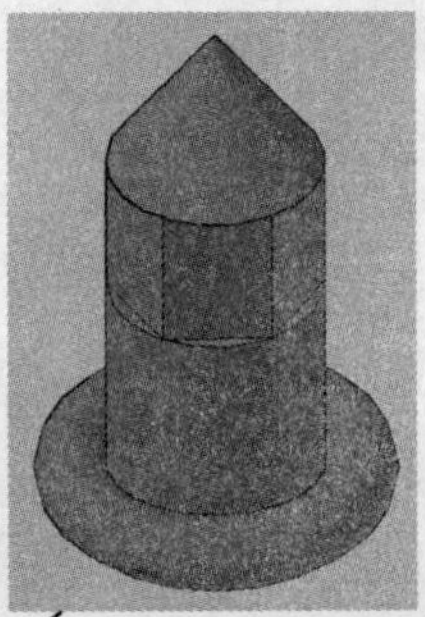

图 5-39
最终效果图

# Chapter 6

# 编辑三维图形

## 本章内容

在学习了三维建模和绘制三维实体等内容之后，本章将继续学习三维图形的编辑，其中包括布尔运算、网格面的编辑、三维实体的编辑等内容。

## 本章学习地图

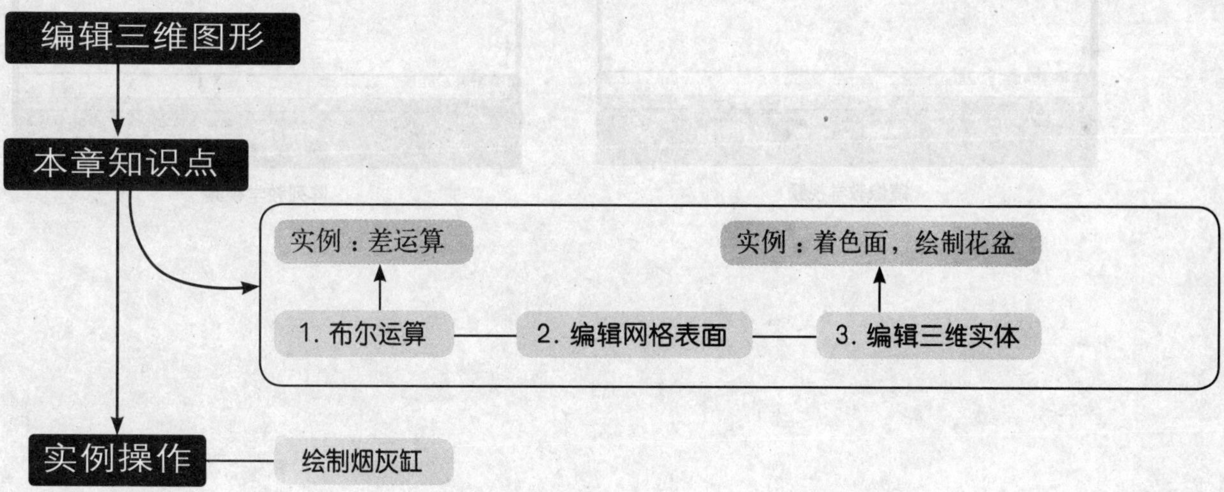


## 本章知识重点

- 布尔运算。
- 三维实体的编辑。

## 本章实例效果图

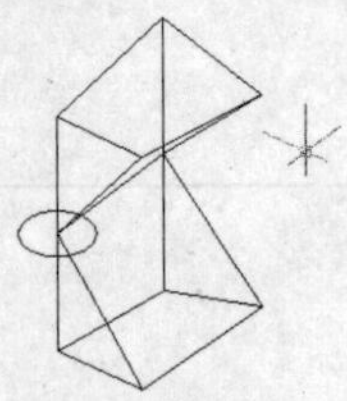

三维镜像

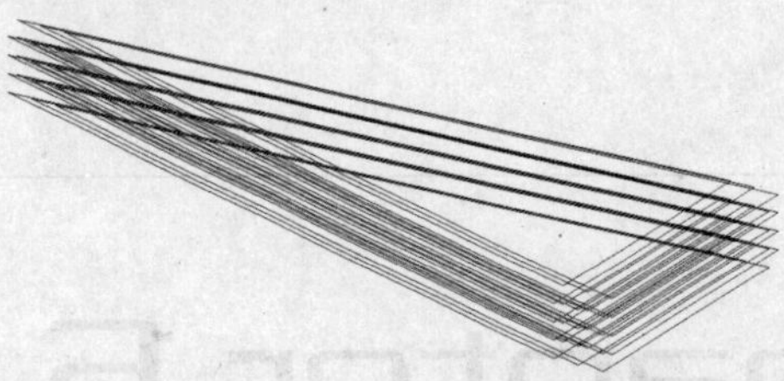

三维阵列

烟灰缸效果图

## 本章视频效果图

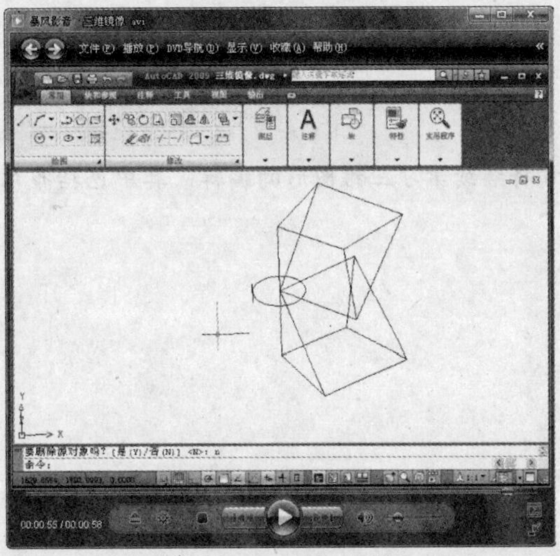

镜像教学视频

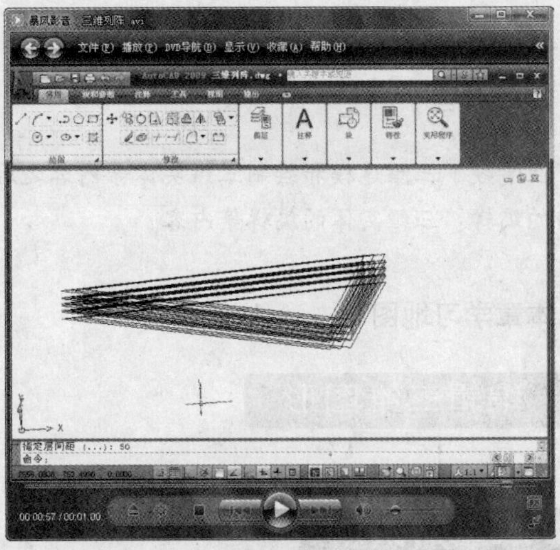

阵列教学视频

在 AutoCAD 2009 中，可以学习三维模型的基本绘制方法，基本绘图命令一般只能绘制形状规则的形体和组合体。对于形状复杂的组合体，AutoCAD 提供了功能强大的三维编辑功能。利用布尔运算，我们可以建立孔、槽等特殊结构；利用实心体的面、边、体的编辑功能，我们能够非常方便地对实体的表面进行拉伸、偏移、锥化等操作，也可以对实体本身进行抽壳、压印等操作。利用这些编辑功能，我们可以很方便地对模型细节结构的形状和尺寸进行修改。

对于网格表面，AutoCAD 也提供了多种编辑方法，其中关键点编辑方法在对手绘不规则表面进行编辑时非常方便。

三维建模自身的显示效果是非常粗糙的，不利于真实效果的展现，还需要使用渲染工具对实体进行渲染。AutoCAD 中提供的渲染功能能够对模型进行设置光源、创建场景、赋予材质、加入背景、添加周围风景和雾化等细致的处理。

# 6.1 布尔运算

布尔运算在数学的集合运算中得到了广泛应用，AutoCAD 也将该运算应用到实体的创建过程中。布尔运算就是对两个或多个三维实体进行“并”(Union)、“交”(Intersection)、“差”（Subtract）运算，使它们进行组合后生成符合设计要求的新实体。本节将详细介绍对三维实体进行布尔运算的具体过程。

## 6.1.1 并集

并集为通过添加操作合并选定面域或实体。执行方法如下：

(◆ 命令行：在命令行中输入“UNION”。

◆ 工具栏：单击“实体编辑”工具栏中的“并集”按钮 。)

利用并集运算绘制圆柱贯通体的操作步骤如下：

**Step 1** 在命令行输入：_“CYLINDER”，如图 6-1 所示。

**Step 2** 命令行提示：“指定底面的中心点或[三点(3P)/两点(2P)/切点、切点、半径(T)/椭圆(E)]：”，如图 6-2 所示。

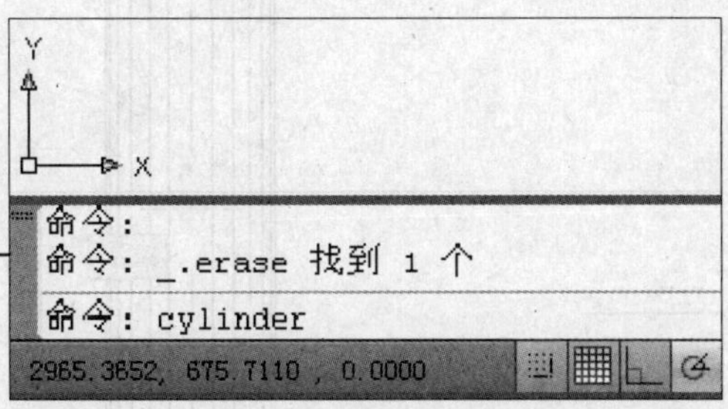

图 6-1
命令行

图 6-2
命令行

**Step 3** 命令行提示：“指定底面半径或[直径(D)]：” 20（输入圆柱体底面半径“20”后按【Enter】键），如图 6-3 所示。

**Step 4** 命令行提示：“指定高度或[两点(2P)/轴端点(A)]：” 120（输入圆柱体高度“120”后按【Enter】键），如图 6-4 所示。

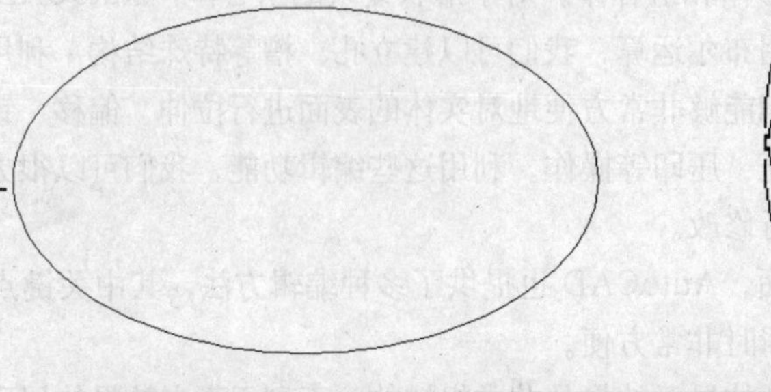

图 6-3
圆柱体底面

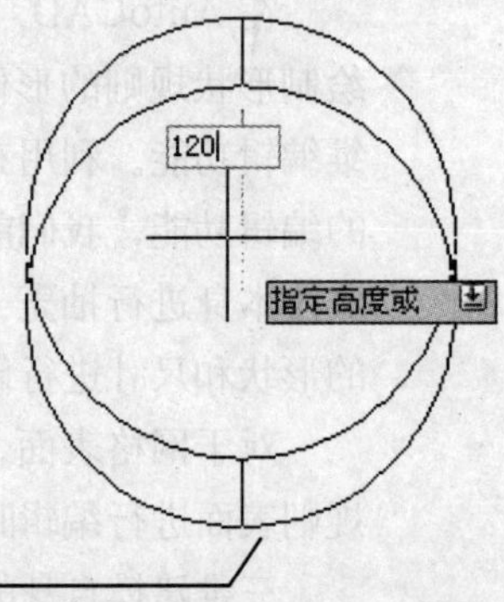


图 6-4
圆柱体

**Step 5** 单击“视图”工具栏中的“前视”按钮，如图 6-5 所示。

**Step 6** 单击“绘图”工具栏中的“直线”按钮，分别在圆柱体的两个端面圆上捕捉象限点，绘制一条辅助线，如图 6-6 所示。

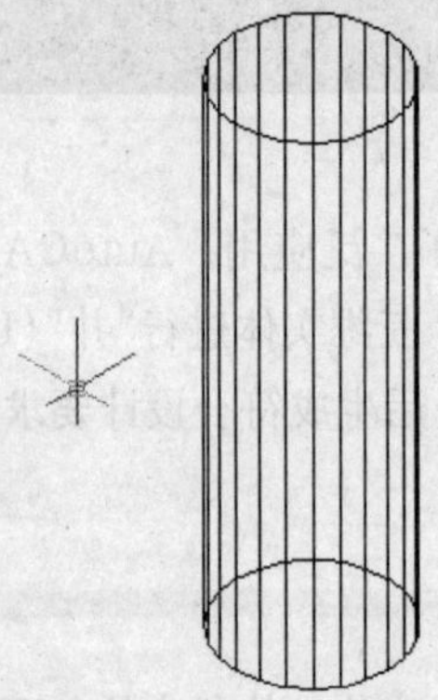


图 6-5
圆柱体主试图

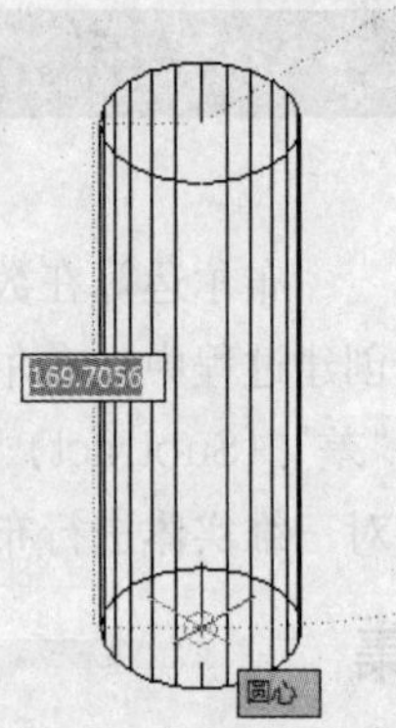


图 6-6
添加辅助线

**Step 7** 在命令行中输入“_CYLINDER”，如图 6-7 所示。

**Step 8** 命令行提示：“指定底面的中心点或 [ 三点 (3P)/ 两点 (2P)/ 切点、切点、半径 (T)/ 椭圆 (E)]：”（捕捉辅助线中点，指定为第二个圆柱体底面中心点的位置），如图 6-8 所示。

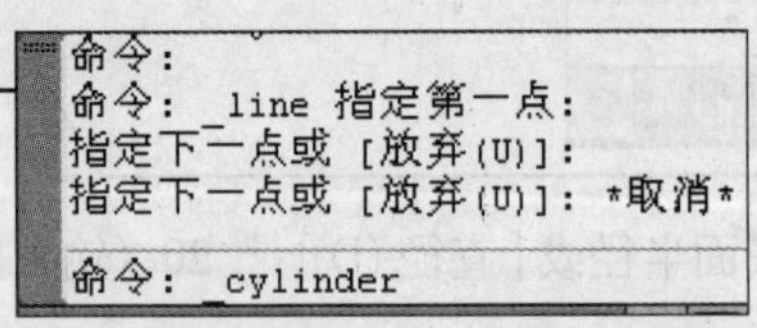


图 6-7
命令行

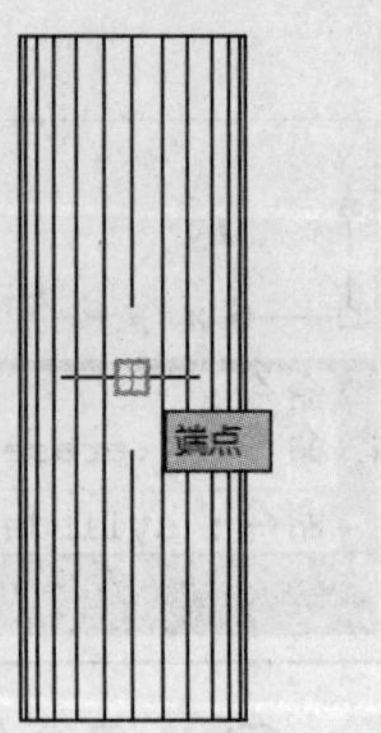


图 6-8
捕捉中点

**Step 9** 命令行提示：“指定底面半径或 [ 直径 (D)]：” 20（输入圆柱体底面半径“20”后按【Enter】键），如图 6-9 所示。

**Step 10** 命令行提示：“指定高度或 [ 两点 (2P)/ 轴端点 (A)]：” 120（输入圆柱体高度“120”后按【Enter】键，创建另一圆柱体），如图 6-10 所示。

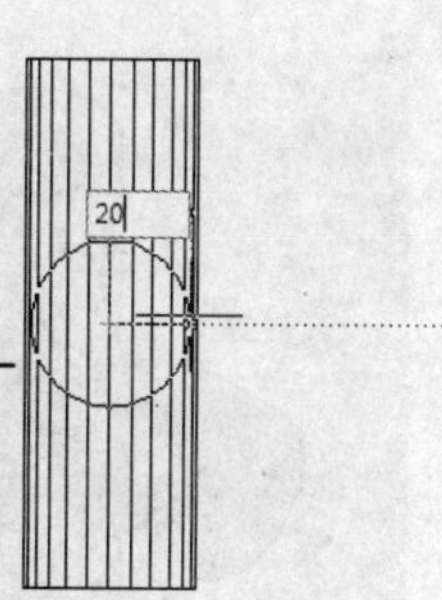


图 6-9
圆柱体底面

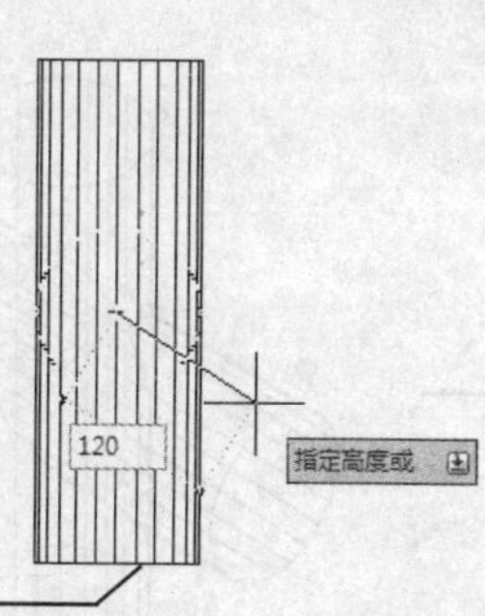


图 6-10
输入高度

**Step 11** 单击“视图”工具栏中的“西南等轴测”按钮，效果如图 6-11 所示。

**Step 12** 单击“修改”工具栏中的“移动”按钮，调整第二个圆柱体的位置，如图 6-12 所示。

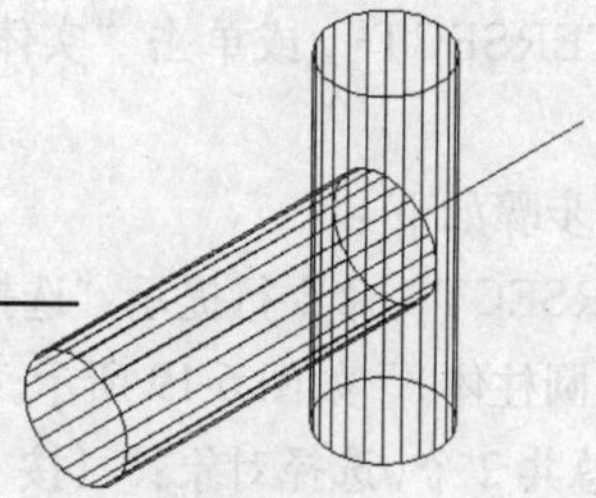

图 6-11
等轴测

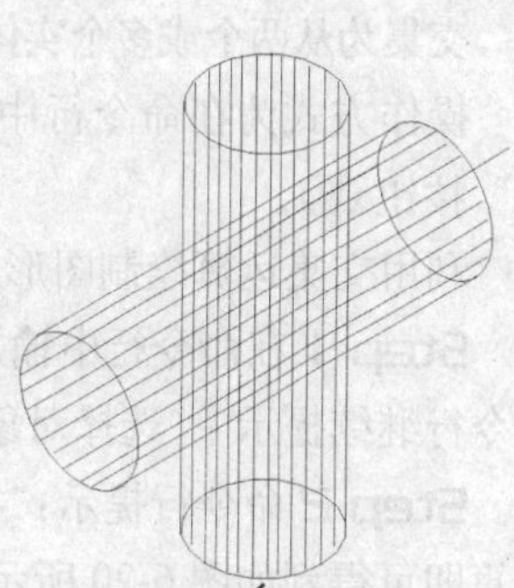

图 6-12
移动圆柱体位置

**Step 13** 在命令行中输入“_UNION”，如图 6-13 所示。

**Step 14** 命令行提示：“选择对象：”（单击圆柱），如图 6-14 所示。

图 6-13
命令行

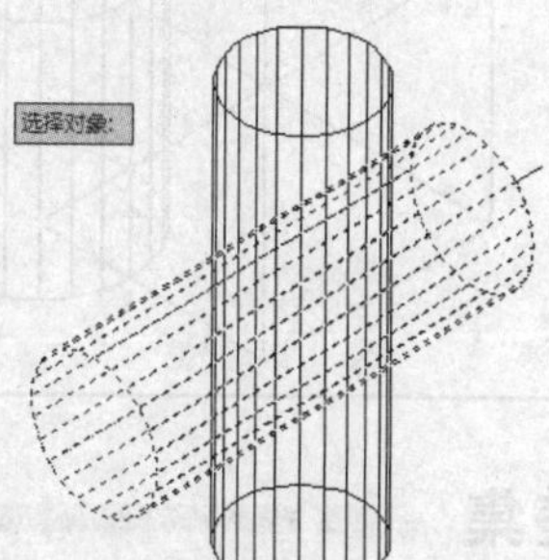


图 6-14
选择对象

**Step 15** 命令行提示：“选择对象，找到 1 个：”（单击另一圆柱），如图 6-15 所示。

**Step 16** 命令行提示：“选择对象，找到 1 个，总计 2 个：”（按【Enter】键后结束“并”运算），如图 6-16 所示。

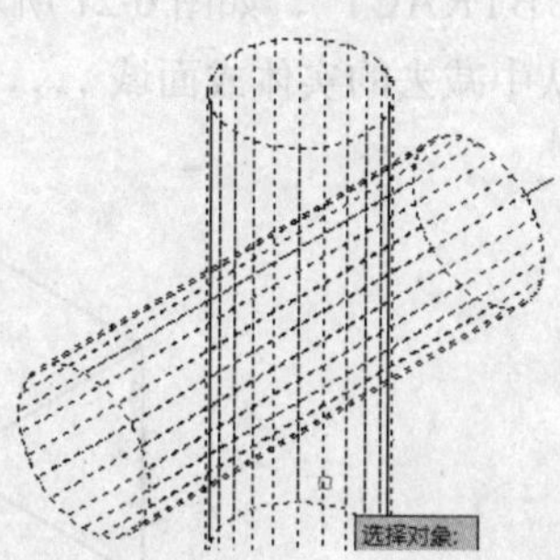


图 6-15
第二个圆柱体

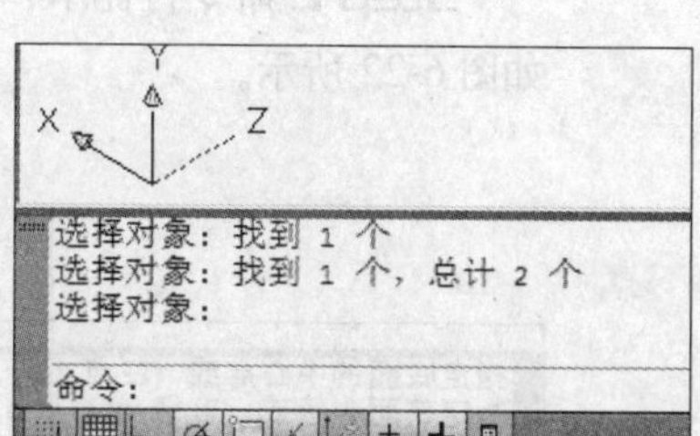


图 6-16
命令行

**Step 17** 单击“动态观察”工具栏中的“自由动态观察”按钮，调整观察方向并进行消隐，即可得到的圆柱贯通体，如图 6-17 所示。最终的效果如图 6-18 所示。

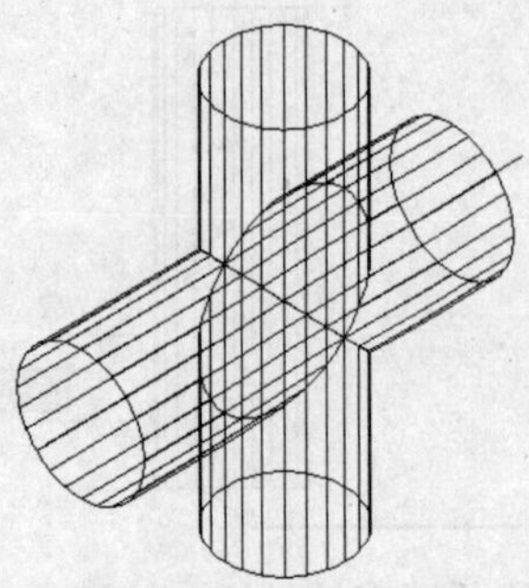

图 6-17
圆柱贯通体

图 6-18
三维实体图

## 6.1.2 交集

交集为从两个或多个实体或面域的交集中创建复合实体或面域，然后删除交集外的区域。

操作方式为在命令行中输入“INTERSECT”，或单击“实体编辑”工具栏中的“交集”按钮。

利用交集运算绘制图形的具体操作步骤如下：

**Step 1** 在命令行中输入“_INTERSECT”，命令行提示：“选择对象：”（单击长方体），命令行继续提示：“选择对象：”（单击圆柱体），如图 6-19 所示。

**Step 2** 命令行提示：“找到 1 个，总共 2 个，选择对象：”（按【Enter】键后结束“交”运算即可得到如图 6-20 所示的图形）。

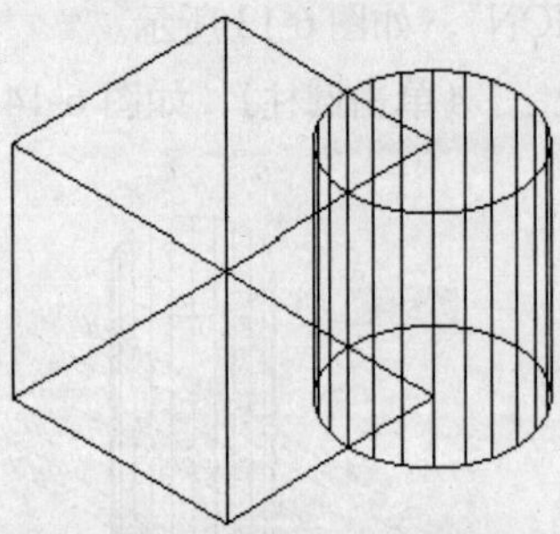

图 6-19
求交集前

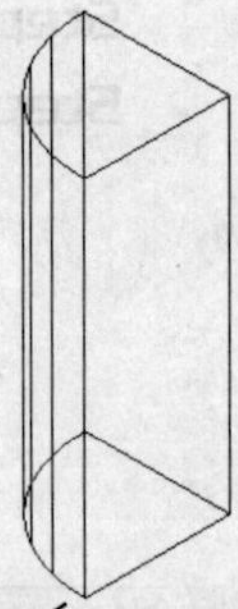

图 6-20
求交集后

## 6.1.3 差集

差集通过减操作合并选定的面域或实体。

操作方式为在命令行中输入“SUBTRACT”，或单击“实体编辑”工具栏中的“差集”按钮。

利用差集运算绘制图形，具体操作步骤如下：

**Step 1** 在命令行中输入“_SUBTRACT”，如图 6-21 所示 。

**Step 2** 命令行提示：“选择要从中减去的实体或面域 ...，选择对象：”（单击长方体），如图 6-22 所示。

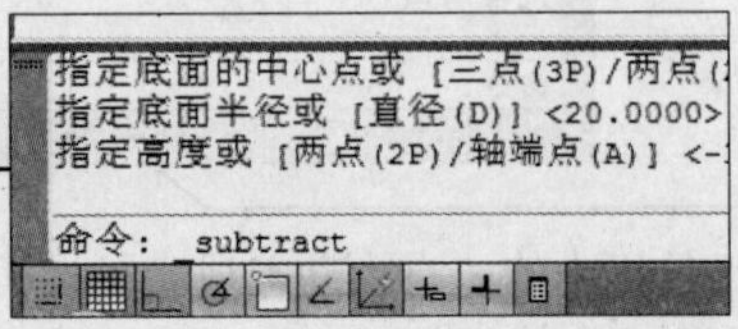


图 6-21
命令行提示

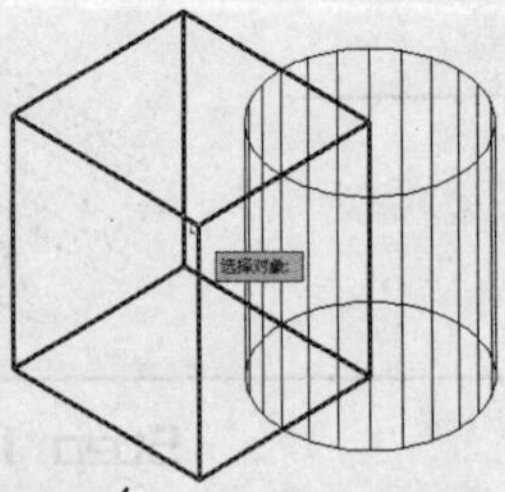

图 6-22
长方体

**Step 3** 命令行提示："找到 1 个"，选择对象："（按回车键后结束选择要从中减去的实体），如图 6-23 所示。

**Step 4** 命令行提示："选择要减去的实体或面域 ... 选择对象："（单击圆柱体），如图 6-24 所示。

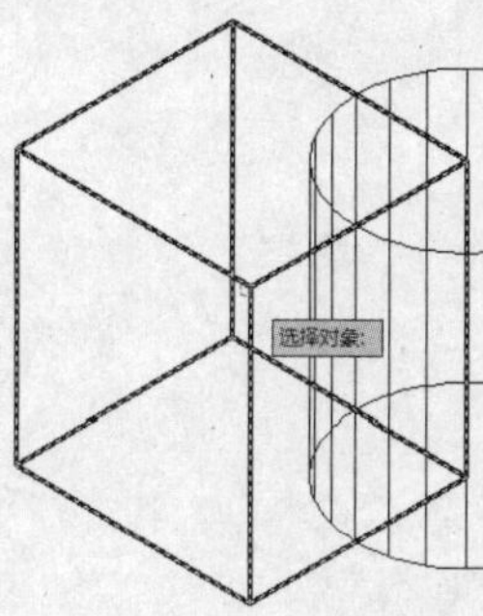


图 6-23
选择对象

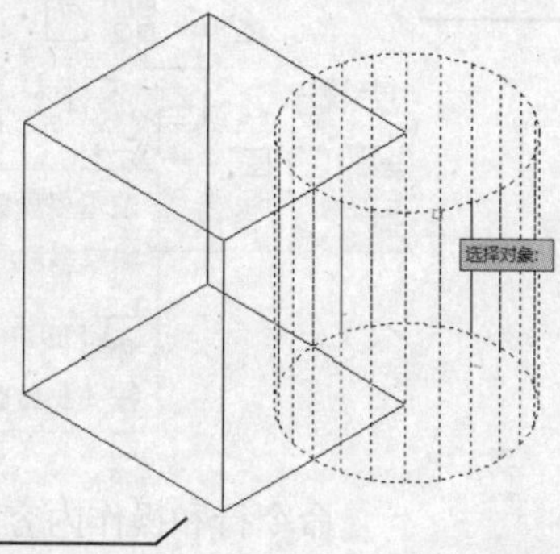


图 6-24
减去实体

**知识链接**

执行"差"操作的两个面域必须位于同一平面上。但是，通过在不同的平面上选择面域集，可同时执行多个"差"操作。程序会在每个平面上分别生成减去的面域。如果没有其他选定的共面面域，则该面域将被拒绝。

**Step 5** 命令行提示："找到 1 个，选择对象："按【Enter】键后结束"差"运算，得到如图 6-25 所示的图形，其中右图为最终的效果。

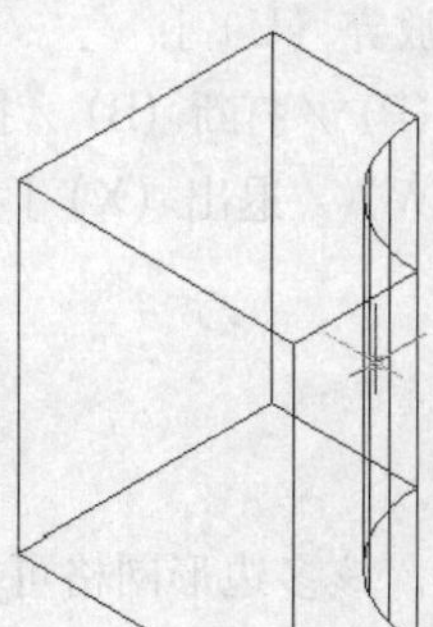

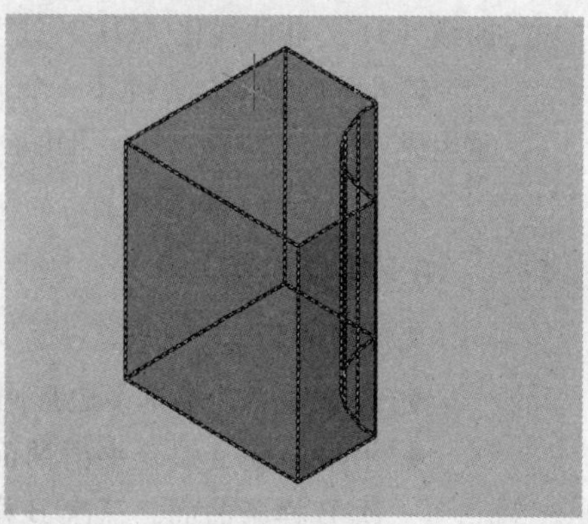

图 6-25
"差"运算结果

## 6.2 编辑网格表面

用表面造型命令创建的三维网格表面，其网格密度由顶点的数目决定。这些顶点是三维多段线的顶点，整个表面可以看成是由三维多段线所构成的表面。

网格表面可以用"多段线、编辑"命令（PEDIT、DDMODIFY）或"关键点"命令进行编辑。

### 6.2.1 "多短线"修改网格表面

#### 1．功能

调整网格曲面顶点的位置，并能改变网格表面类型。

#### 2．执行方式

执行方式如下所示：

- ◆ 命令行：在命令行中输入"PEDIT"。
- ◆ 菜单栏：选择"修改"→"对象"→"多段线"命令。

◆ 快捷菜单：右击要编辑的多段线，在弹出的快捷菜单中选择“编辑多段线”命令。

◆ 工具栏：在“常用”工具栏中单击“编辑多线段”按钮，如图 6-26 所示。

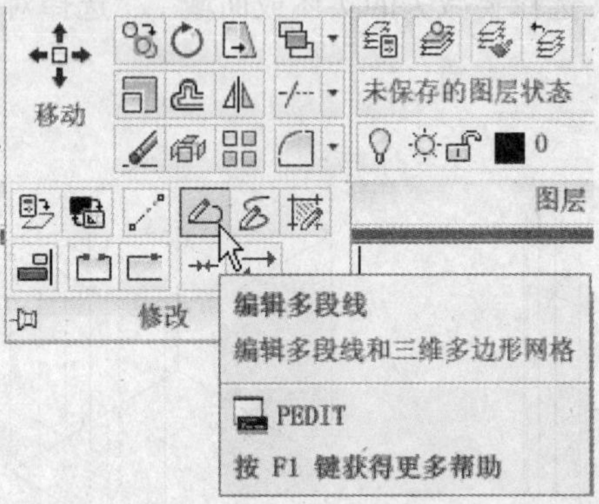


图 6-26
“编辑多段线”按钮

命令行和操作内容如下：

命令：_pedit

选择多段线或 [ 多条（M）]:

输入选项 [ 打开（O）/ 合并（J）/ 宽度（W）/ 编辑顶点（E）/ 拟合（F）/ 样条曲线（S）/ 非曲线化（D）/ 线型生成（L）/ 放弃（U）]:

输入顶点编辑选项：[ 下一个（N）/ 上一个（P）/ 打断（B）/ 插入（I）/ 移动（M）/ 重生成（R）/ 拉直（S）/ 切向（T）/ 宽度（W）/ 退出（X）] <N>:

指定标记顶点的新位置：

### 3. 选项说明

选项说明如下：

◆ 编辑顶点：编辑多边形网格的各个顶点，该多边形网格可视为 $M \times N$ 阵列。

◆ 平滑曲面：拟合平滑曲面。光滑曲面的类型由系统变量决定，曲面类型包括二次 B 样条曲面、三次 B 样条曲面和 Bezier 曲面。

◆ 下一个 / 上一个：选择下一个或上一个顶点。

◆ 左 / 右 / 上 / 下：选择左、右、上、下的顶点。

◆ 移动：将当前顶点移动到新位置。

◆ 重生成：重新显示图形。

◆ 退出：退出编辑顶点状态。

◆ 非平滑：恢复原控制点多边形网格。

◆ $M$ 向关闭（M）：如果 $M$ 方向的多段方向上的多边形网格是打开的，将关闭 $M$ 方向的多段线；如果 $M$ 方向上的多边形网格是关闭的，将打开 $M$ 方向的多段线。

◆ $N$ 向关闭：如果 $N$ 方向上的多边形网格是打开的，将关闭 $N$ 方向的多段线。

◆ 放弃：撤销操作，可一直返回到 PEDIT 任务的开始状态。

SURFTYPE 的值越大，生成的曲面越光滑。

## 6.2.2 “特性”修改网格表面

### 1．功能

调整网格曲面顶点的位置，并能改变网格表面类型。

### 2．执行方式

执行方式如下：

◆ 命令行：输入“DDMODIFY”命令。

◆ 菜单栏：选择“修改”→“特性”命令。

◆ 快捷菜单：选择要编辑的多段线，在绘图区域中右击，从弹出的快捷菜单中选择“特性”命令，弹出“特性”窗口，如图 6-27 所示。

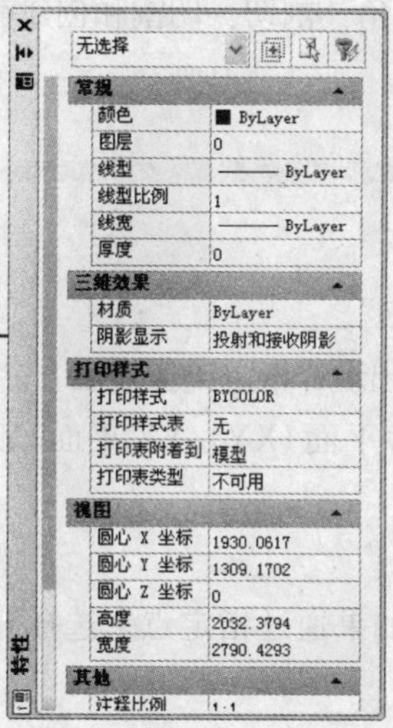


图 6-27

“特性”窗口

调整顶点位置和修改表面类型的命令如下：

顶点：选择该项后，可以输入数字或通过单击按钮来指定要编辑的顶点。

顶点 X/ 顶点 Y/ 顶点 Z：选中任意一个选项，用户可以在文本框中输入点的绝对坐标，也可以通过右侧的按钮捕捉其他点或输入相对坐标来移动顶点，还可以通过计算器来进行快速计算。

通过下拉列表中的选项可以选择打开或关闭多段线。

### 3．操作步骤

用单行或多行文字命令在实体表面书写文字，选中文字后打开“特性”窗口，在窗口内修改对象厚度。

## 6.2.3 “关键点”修改网格表面

### 1．功能

利用关键点编辑模式修改网格顶点的位置。该方式可以同时编辑多个顶点，使用非常方便快捷。

### 2．执行方式

在不执行任何命令的情况下选择网格表面，按【Shift】键选择多个顶点，单击其中一个顶点，激活关键点编辑模式。

输入顶点的新坐标“@X、Y、Z”后按【Enter】键，按【Esc】键取消选择状态，修改的效果如图 6-28 所示。

（a）原图　　（b）操作后

图 6-28
修改网格表面

## 6.3 编辑三维实体

三维实体编辑包括实体分解、倒角、圆角、剖切、切割和创建截面等操作。下面就来详细介绍各种编辑操作。

### 6.3.1 三维镜像

**知识链接**

应用“特性”窗口也可以在三维空间中编辑二维文字，通过设置文字厚度使之呈现三维效果。该方法仅适用于shx字体。

创建相对于某一平面的镜像对象。

执行方式为在命令行输入“MIRROR3D”。

调用“MIRROR3D”命令后，命令行会出现“指定镜像平面（三点）的第一个点或[对象(O)/最近的(L)/Z轴(Z)/视图(V)/XY平面(XY)/YZ平面(YZ)/ZX平面(ZX)/三点(3)]<三点>:”等提示。

其选项含义如下：

- 三点：通过3个点定义镜像平面。如果通过指定点来选择此选项，将不显示“在镜像平面上指定第一点”的提示。
- *Z*轴：根据平面上的一个点和平面法线上的一个点定义镜像平面。
- 视图：将镜像平面与当前视口中通过指定点的视图平面对齐。
- *XY*(*YZ*、*ZX*)平面：将镜像平面与一个通过指定点的标准平面（*XY*、*YZ*或*ZX*）对齐。

绘制三维镜像图的具体操作步骤如下所示：

**Step 1** 在命令行中输入“_MIRROR3D”，效果如图6-29所示。

**Step 2** 在命令行中提示：“选择对象：”，效果如图6-30所示。

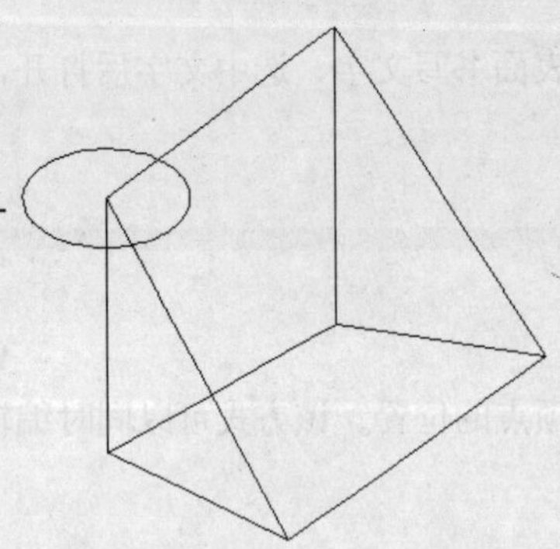

图 6-29
绘制草图

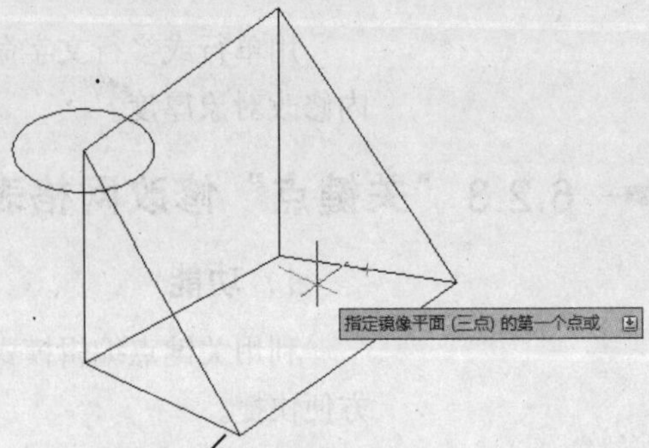


图 6-30
选择对象

**Step 3** 命令行提示：“选择对象：”（按【Enter】键结束对象选择命令），如图6-31所示。

**Step 4** 重复操作，选择镜像点，如图6-32所示。

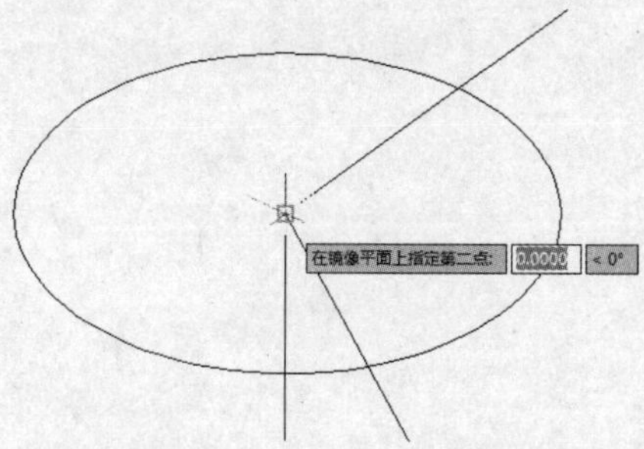


图 6-31

选择镜像点

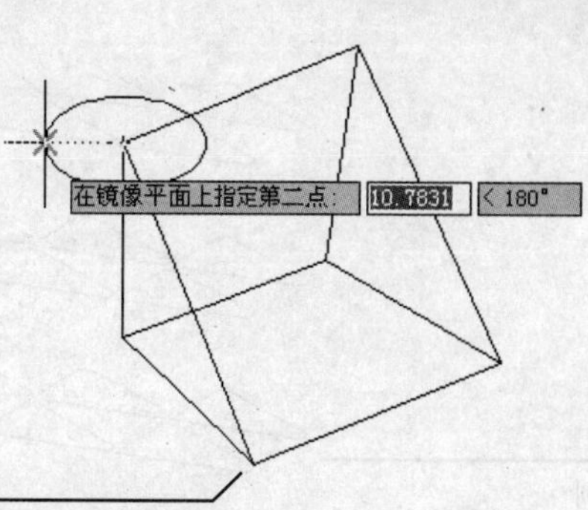


图 6-32

选择镜像点

**Step 5** 命令行提示：“选择圆、圆弧或二维多段线线段：”。

**Step 6** 命令行提示：“是否删除源对象？ [是(Y)/ 否(N)]< 否 >：”，如图 6-33 所示。默认不删除源对象，按【Enter】键后得出镜像后的图形如图 6-34 所示。

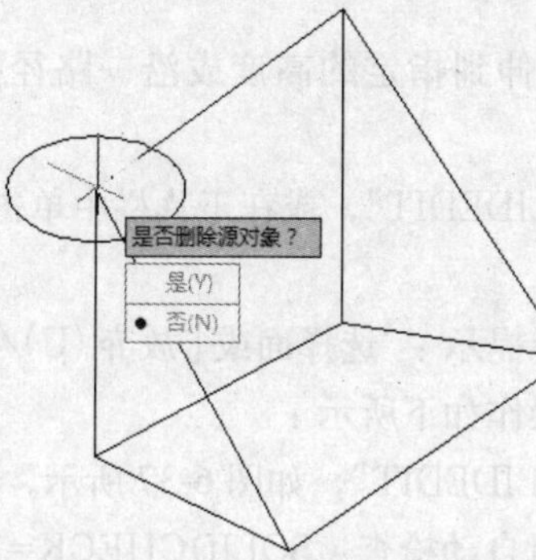


图 6-33

选择是否删除源对象

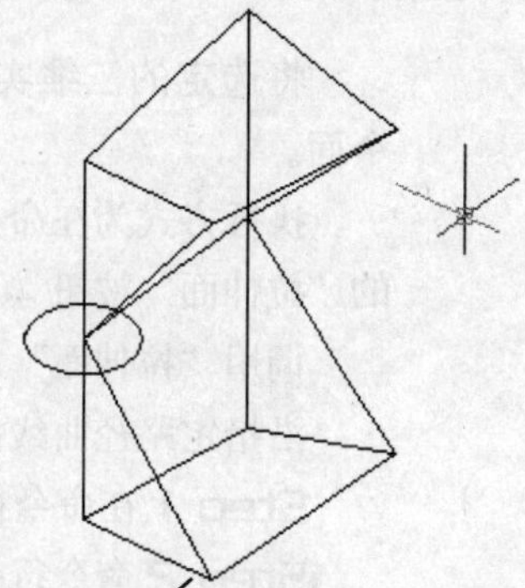

图 6-34

最终结果图

## 6.3.2 三维列阵

“三维阵列”命令可以在三维空间中使用环形阵列或矩形阵列方式复制对象。

执行方式为在命令行输入“3DARRAY”或选择“修改”→“三维操作(3)”→“三维阵列(3)”命令调用“三维阵列”命令。

绘制三维矩形阵列图的具体操作如下所示：

**Step 1** 在命令行中输入“_3DARRAY”。

命令行提示：“选择对象：”(选择如图 6-35 所示的对象)。

命令行提示：“选择对象：”(按【Enter】键结束对象选择命令)。

命令行提示：“输入阵列类型 [ 矩形 (R)/ 环形 (P)]< 矩形 >：”(默认输入阵列类型为“矩形”后按【Enter】键)

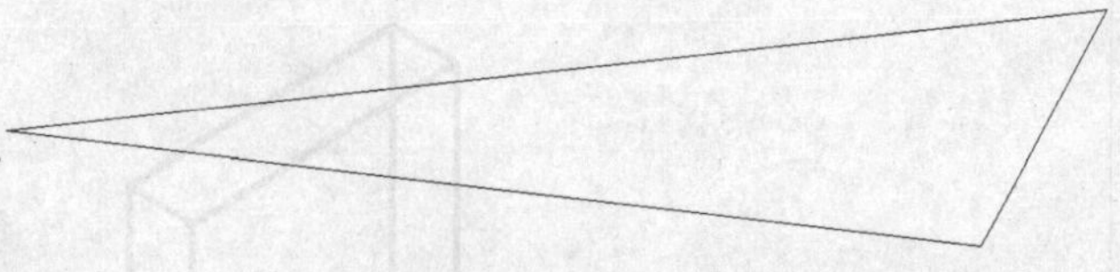

图 6-35

三维矩形阵列

**Step 2** 命令行提示：“输入行数 (---)<1>：”2（输入行数“2”后按【Enter】键）。

命令行提示：“输入列数 (|||)<1>：”3（输入列数“3”后按【Enter】键）。

命令行提示：“输入层数 (...)<1>：”4（输入层数“4”后按【Enter】键）。

命令行提示：“指定行间距 (---)：”40（输入行间距“40”后按【Enter】键）。

命令行提示：“指定列间距 (|||)：”50（输入列间距“50”后按【Enter】键）。

命令行提示：“指定层间距 (...)：”50，输入层高“50”后按【Enter】键，生成如图 6-36 所示的阵列图。

图 6-36
三维矩形阵列

## 6.3.3 拉伸面

将选定的三维实体对象的面拉伸到指定的高度或沿一路径拉伸，一次可以选择多个面。

执行方式为在命令行输入“SOLIDEDIT”，或在工具栏中单击“实体编辑”工具栏中的“拉伸面”按钮 。

调用“拉伸面”命令后，命令行提示：“选择面或 [ 放弃 (U)/ 删除 (R)]：”。

沿指定路径曲线拉伸面的具体操作如下所示：

**Step 1** 在命令行中输入“_SOLIDEDIT”，如图 6-37 所示。

**Step 2** 命令行提示“实体编辑自动检查：SOLIDCHECK=1 输入实体编辑选项 [ 面 (F)/ 边 (E)/ 体 (B)/ 放弃 (U)/ 退出 (X)]< 退出 >：”f（选择“面”命令后按【Enter】键），如图 6-38 所示。

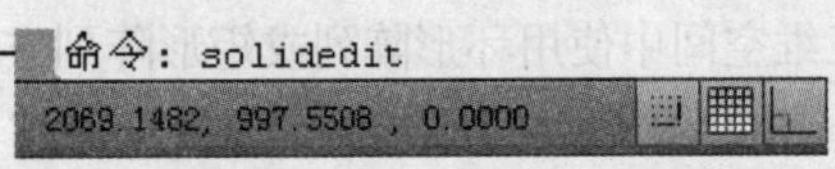


图 6-37
命令行

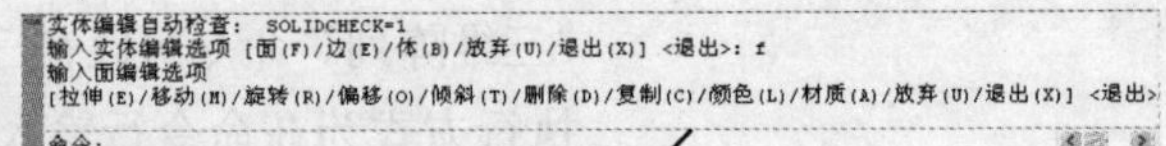


图 6-38
命令行

**Step 3** 命令行提示：“输入面编辑选项 [ 拉伸 (E)/ 移动 (M)/ 旋转 (R)/ 偏移 (O)/ 倾斜 (T)/ 删除 (D)/ 复制 (C)/ 颜色 (L)/ 材质 (A)/ 放弃 (U)/ 退出 (X)]< 退出 >：”e（选择“拉伸”命令后按【Enter】键），如图 6-39 所示。

**Step 4** 命令行提示：“选择面或 [ 放弃 (U)/ 删除 (R)]：”（选择要进行移动的面），如图 6-40 所示。

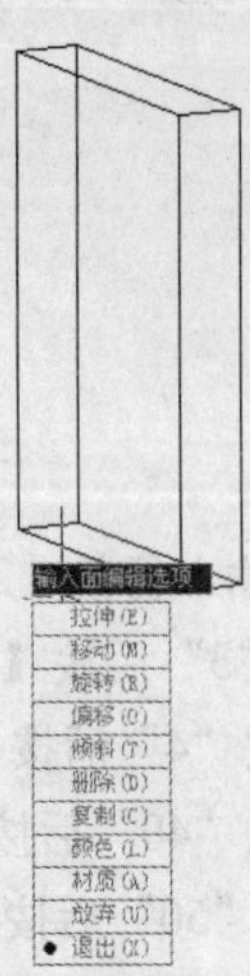


图 6-39
选择“拉伸”命令

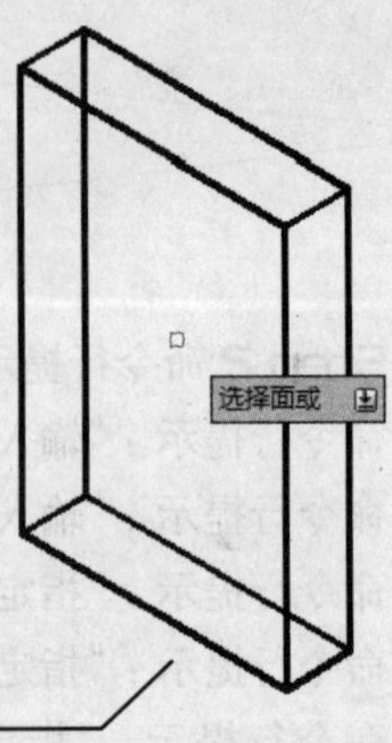


图 6-40
选择移动的面

**Step 5** 命令行提示“选择面或[放弃(U)/删除(R)/全部(ALL)]:”(按【Enter】键，结束选择面命令)，如图 6-41 所示。

**Step 6** 命令行提示“指定拉伸高度或[路径(P)]:”P(选择拉伸路径命令后按【Enter】键)，如图 6-42 所示。

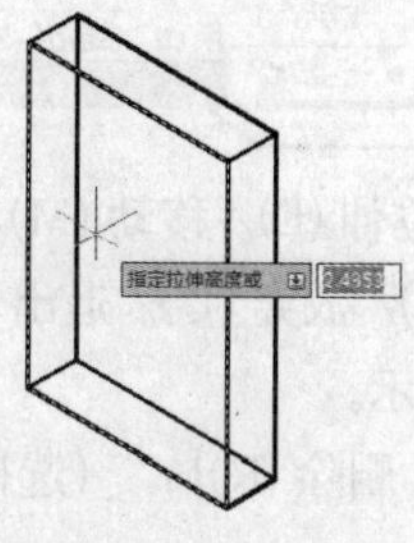

图 6-41
选择面

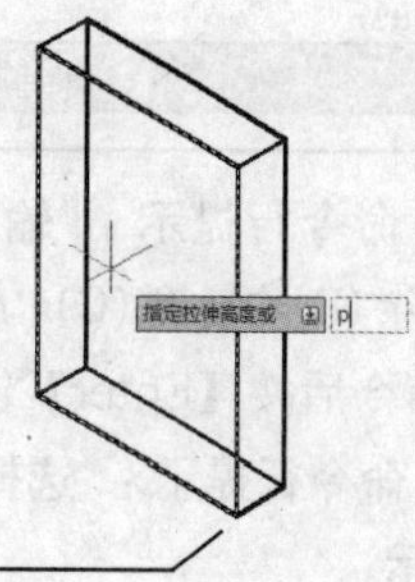

图 6-42
指定拉伸高度

**Step 7** 命令行提示：“选择拉伸路径：”，最终结果如图 6-43 所示。

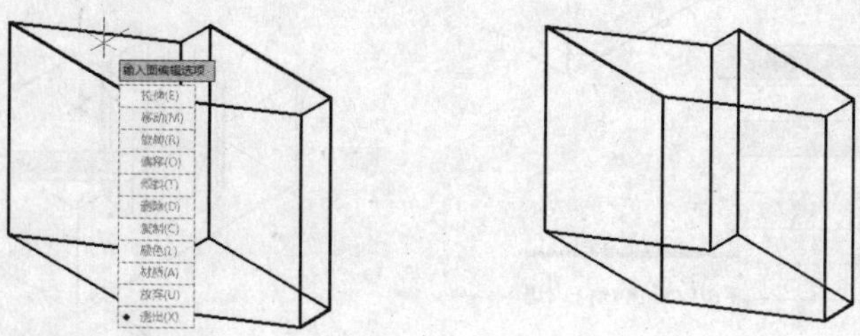

图 6-43
拉伸图形

**知识链接**

命令行中的各命令说明如下：

- 删除：从选择集中删除以前选择的面。系统将显示“删除面或[放弃（U）/添加（A）/全部（ALL）]：选择一个或多个面（1）、输入选项或按【Enter】键”
- 放弃：取消选择最近从选择集中删除的面后将重显示提示。如果当前未选择面，将显示以下提示：“已完全放弃面选择操作”。
- 添加：向选择集中添加面。选择后命令行会提示“选择面或[放弃（U）/删除（R）/全部（ALL）]：选择一个或多个面（1），或选择选项”。放弃为取消选择最近添加到选择集中的面选择后重显示提示；删除为删除以前选定的面后重显示提示；全部为选择所有面然后将它们添加到选择集并重显示提示。
- 全部：选择所有面并将它们添加到选择集中。

选择面或选项后，将显示以下提示:“选择面或[放弃（U）/删除（R）/全部（ALL）]:选择一个或多个面（1）、输入选项或按【Enter】键”。

- 拉伸高度：设置拉伸的方向和高度。如果输入正值，则沿面的法向拉伸；如果输入负值，则沿面的反法向拉伸。
- 路径：以指定的直线或曲线来设置拉伸路径。所有选定面轮廓将沿此路径拉伸。

## 6.3.4 移动面

沿指定的高度或距离移动选定的三维实体对象的面，一次可以选择多个面。

在命令行中输入“SOLIDEDIT”或在工具栏中单击“实体编辑”工具栏中的“移动面”按钮。

移动面的具体操作步骤如下：

**Step 1** 在命令行中输入“_SOLIDEDIT”，如图 6-44 所示。

**Step 2** 命令行提示:“实体编辑自动检查:SOLIDCHECK=1，输入实体编辑选项[面(F)/边(E)/体(B)/放弃(U)/退出(X)]<退出>:”f(选择“面”命令后按【Enter】键)，如图 6-45 所示

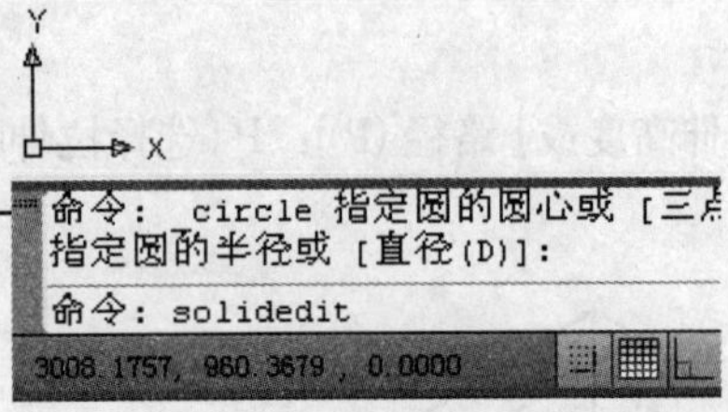


图 6-44
命令行

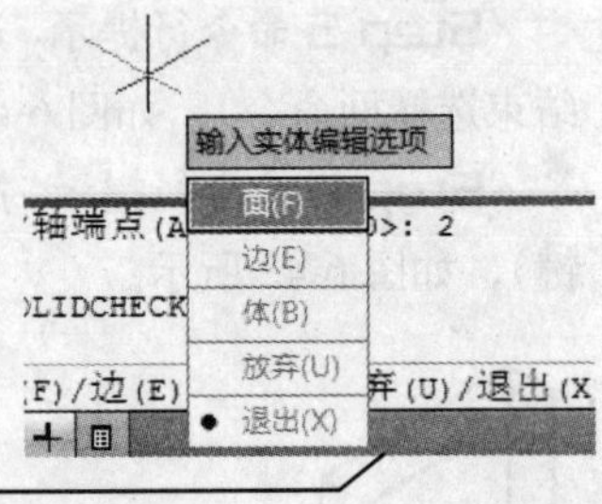


图 6-45
命令行

**Step 3** 命令行提示："输入面编辑选项 [ 拉伸 (E)/ 移动 (M)/ 旋转 (R)/ 偏移 (O)/ 倾斜 (T)/ 删除 (D)/ 复制 (C)/ 颜色 (L)/ 材质 (A)/ 放弃 (U)/ 退出 (X)]< 退出 >：" m（选择"移动"命令后按【Enter】键），如图 6-46 所示。

**Step 4** 命令行提示："选择面或 [ 放弃 (U)/ 删除 (R)]：" （选择要进行移动的面 1），如图 6-47 所示。

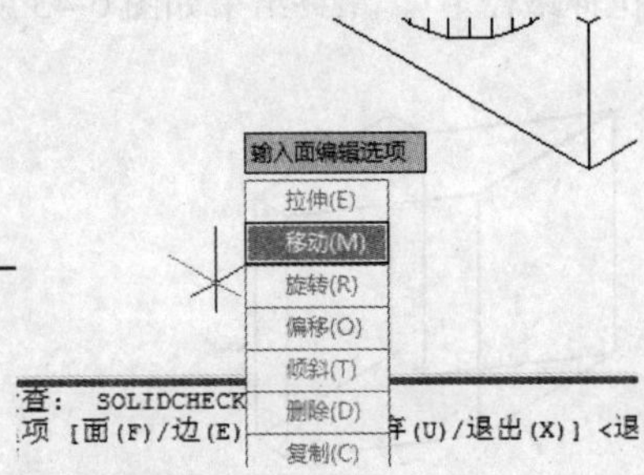


图 6-46
选择"移动"命令

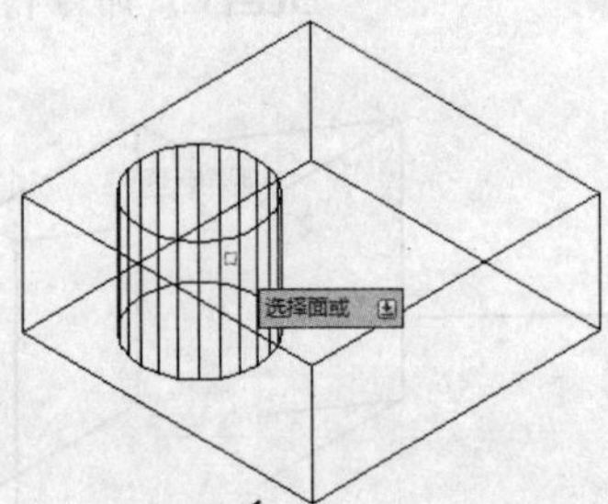


图 6-47
选择移动对象

**Step 5** 命令行提示："选择面或 [ 放弃 (U)/ 删除 (R)/ 全部 (ALL)]：" （按【Enter】键结束选择面命令），如图 6-48 所示。

**Step 6** 命令行提示："指定基点或位移：" （选择关键点 2），如图 6-49 所示。

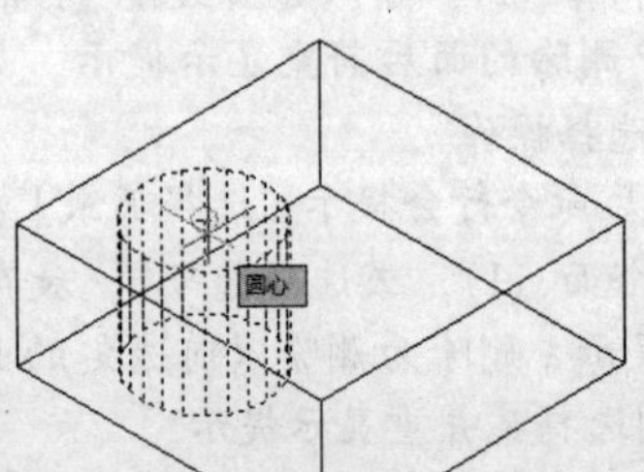


图 6-48
结束选择面

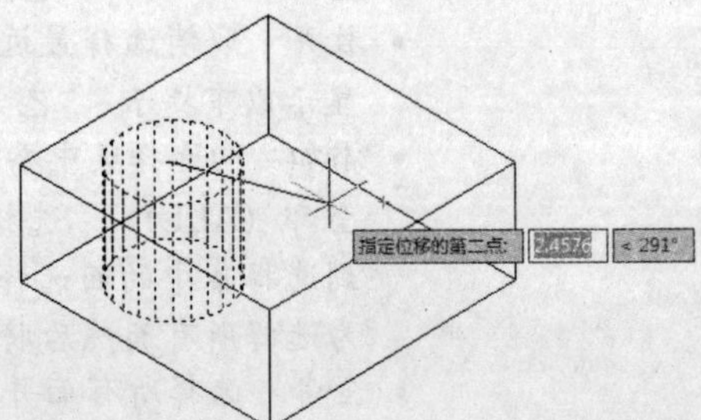


图 6-49
指定基点

**Step 7** 命令行提示"指定位移的第二点："（选择关键点 3），最终效果如图 6-50 所示。

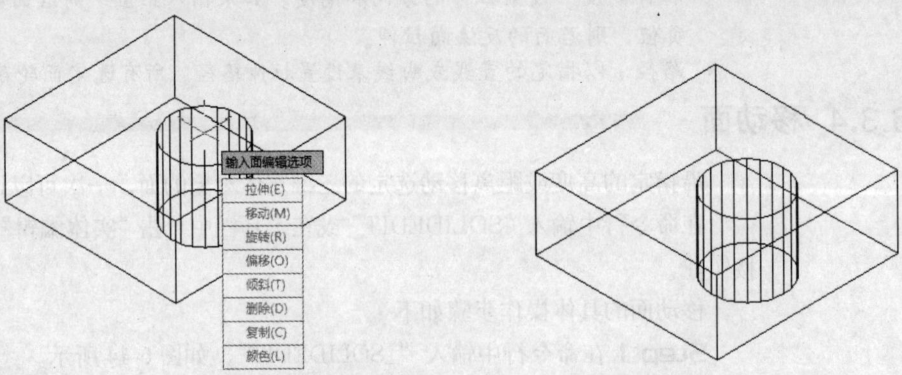


图 6-50
移动面

## 6.3.5 旋转面

绕指定的轴旋转一个或多个面或实体的某些部分。

操作方式为在命令行输入“SOLIDEDIT”，或单击“实体编辑”工具栏中的“旋转面”按钮。

> **知识链接**
>
> 指定的两个点将定义一个位移矢量，用于指示选定的面移动的距离和方向。SOLIDEDIT使用第一个点作为基点并相对于基点放置一个副本。如果指定一个点（通常输入为坐标），然后按【Enter】键，则将使用此坐标作为新位置。

有关“放弃”、“删除”、“添加”和“全部”选项的说明与“拉伸”中相应选项的说明相同。选择面或输入选项后，将显示以下提示：

◆“选择面或[放弃(U)/删除(R)/全部(ALL)]：”（选择一个或多个面、输入选项或按【Enter】键）。

◆“指定轴点或[经过对象的轴(A)/视图(V)/X轴(X)/Y轴(Y)/Z轴(Z)]<两点>：”（输入选项、指定点或按【Enter】键）。

> **知识链接**
>
> 命令行中的各命令说明如下：
>
> - 轴点，两点：使用两个点定义旋转轴。在“旋转”主提示下按【Enter】键将显示“在旋转轴上指定第一个点：”、“在旋转轴上指定第二个点：”、“指定旋转角度或[参照(R)]：”。
> - 旋转角度：从当前位置起，使对象绕选定的轴旋转指定的角度。
> - 经过对象的轴：将旋转轴与现有对象对齐。可选择下列对象：。
>
> ➢ 直线：将旋转轴与选定直线对齐。
>
> ➢ 圆：将旋转轴与圆的三维轴（此轴垂直于圆所在的平面且通过圆心）对齐。
>
> ➢ 圆弧：将旋转轴与圆弧的三维轴（此轴垂直于圆弧所在的平面且通过圆弧圆心）对齐。
>
> ➢ 椭圆：将旋转轴与椭圆的三维轴（此轴垂直于椭圆所在的平面且通过椭圆中心）对齐。
>
> ➢ 二维多段线：将旋转轴与由多段线的起点和端点构成的三维轴对齐。
>
> ➢ 三维多段线：将旋转轴与由多段线的起点和端点构成的三维轴对齐。
>
> ➢ 样条曲线：将旋转轴与由样条曲线的起点和端点构成的三维轴对齐。
>
> ➢ 视图：将旋转轴与当前通过选定点的视口的观察方向对齐。选择“视图”命令后会出现“指定旋转原点<0,0,0>：”和“指定旋转角度或[参照(R)]：”提示。
>
> ➢ 参照：指定参照角度和新角度。提取参照命令后，会提示“指定参照(起点)角度<0>：”和“指定端点角度：”。其中起点角度和端点角度之间的差值即为计算的旋转角度。
>
> ➢ *X*轴、*Y*轴、*Z*轴：将旋转轴与通过选定点的轴（*X*、*Y*、*Z*轴）对齐。

旋转三维面的具体操作如下所示：

**Step 1** 在命令行中输入“_SOLIDEDIT”命令行提示：“实体编辑自动检查：SOLIDCHECK=1 输入实体编辑选项[面(F)/边(E)/体(B)/放弃(U)/退出(X)]<退出>：”f（选择“面”命令，后按【Enter】键）。选择旋转命令，选择图6-51所示的要进行旋转的面1。

**Step 2** 选择“旋转”命令，选择如图6-52所示的要进行旋转的面，再选择如图6-52所示的轴点2，作为旋转中心输入旋转角度30°。

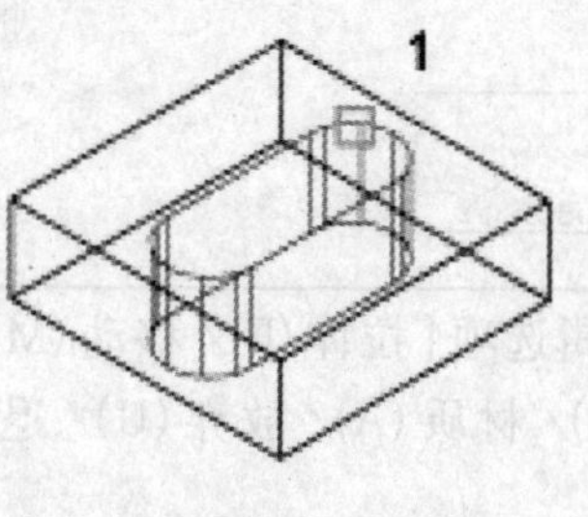


图6-51

选定面

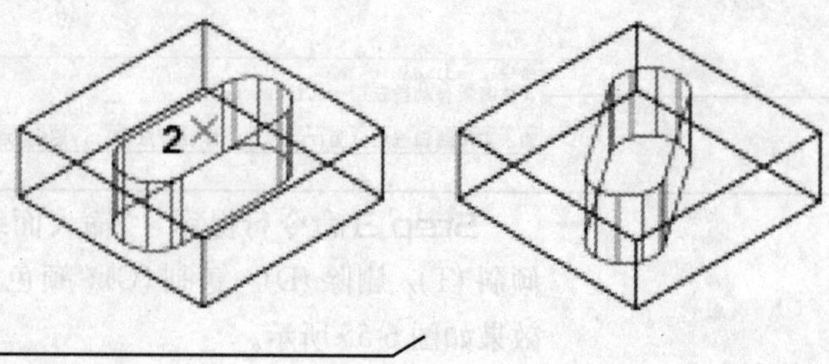


图6-52

旋转面

## 6.3.6 偏移面

按指定的距离或通过指定的点，将面均匀地偏移。正值增大实体尺寸或体积，负值减小实体尺寸或体积。

操作方式为在命令行中输入“SOLIDEDIT”，或单击“实体编辑”工具栏中的“偏移面”按钮。

有关“放弃”、“删除”、“添加”和“全部”选项的说明与“拉伸”中相应选项的说明相同。选择面或输入选项后，将显示以下提示：

◆“选择面或[放弃(U)/删除(R)/全部(ALL)]：”（选择一个或多个面、输入选项或按【Enter】键）。

◆“指定偏移距离：”（指定距离，其中指定正值增加实体大小，指定负值减小实体大小）。

## 6.3.7 倾斜面

按一个角度将面进行倾斜。倾斜角的旋转方向由选择基点和第二点（沿选定矢量）的顺序决定。

操作方式为在命令行中输入“SOLIDEDIT”，或单击“实体编辑”工具栏中的“倾斜面”按钮。

有关“放弃”、“删除”、“添加”和“全部”选项的说明与“拉伸”中相应选项的说明相同。选择面或输入选项后，将显示以下提示：

◆“选择面或[放弃(U)/删除(R)/全部(ALL)]：”（选择一个或多个面、输入选项或按【Enter】键）。

◆“指定基点：”（指定点）。

◆“指定沿倾斜轴的另一个点：”（指定点）。

◆“指定倾斜角：”（指定介于-90°和+90°之间的角度）。

其中正角度将往里倾斜选定的面，负角度将往外倾斜面。默认角度为0，可以垂直于平面拉伸面。选择集中所有选定的面将倾斜相同的角度。

倾斜面的操作步骤如下：

**Step 1** 在命令行中输入“_SOLIDEDIT”，如图6-53所示。

**Step 2** 命令行提示：“实体编辑自动检查：SOLIDCHECK=1，输入实体编辑选项[面(F)/边(E)/体(B)/放弃(U)/退出(X)]<退出>：”f（选择“面”命令后按【Enter】键），如图6-54所示。

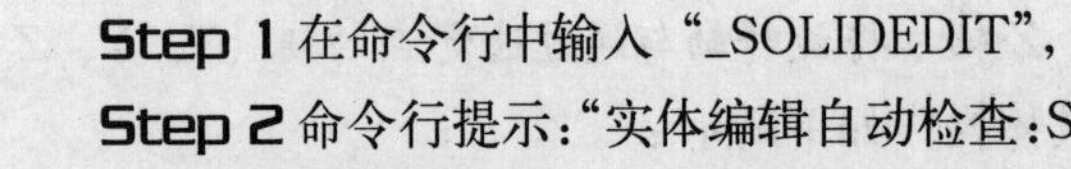

命令：_solidedit
实体编辑自动检查：SOLIDCHECK=1
输入实体编辑选项 [面(F)/边(E)/体(B)/放弃(U)/退出(X)] <退出>: f

图6-53

命令行

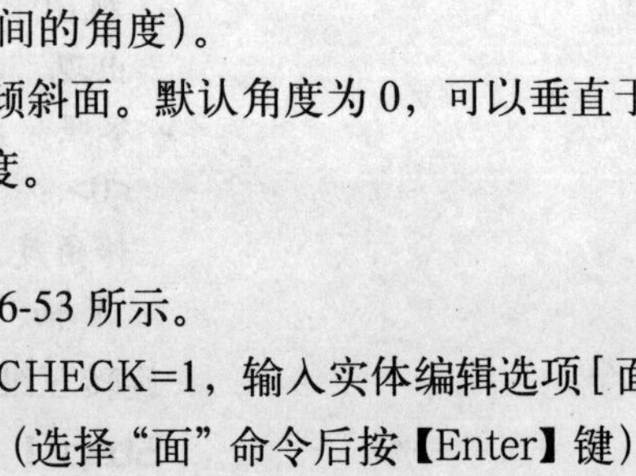

图6-54

选择面

**Step 3** 命令行提示：“输入面编辑选项[拉伸(E)/移动(M)/旋转(R)/偏移(O)/倾斜(T)/删除(D)/复制(C)/颜色(L)/材质(A)/放弃(U)/退出(X)]<退出>：”t，效果如图6-55所示。

**Step 4** 命令行提示：“选择面或[放弃(U)/删除(R)]：”，效果如图6-56所示。

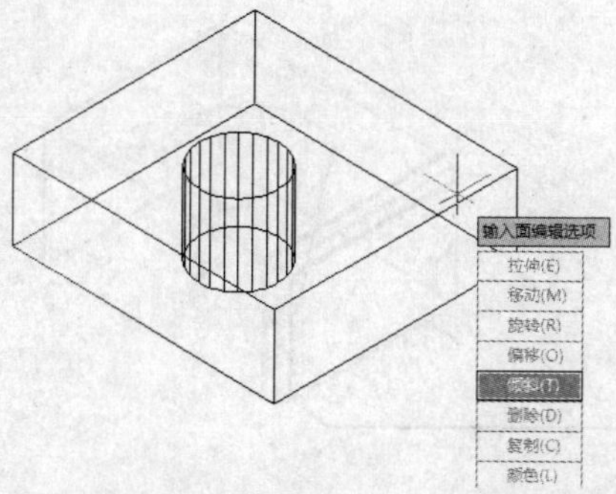


图 6-55
选择“倾斜”命令

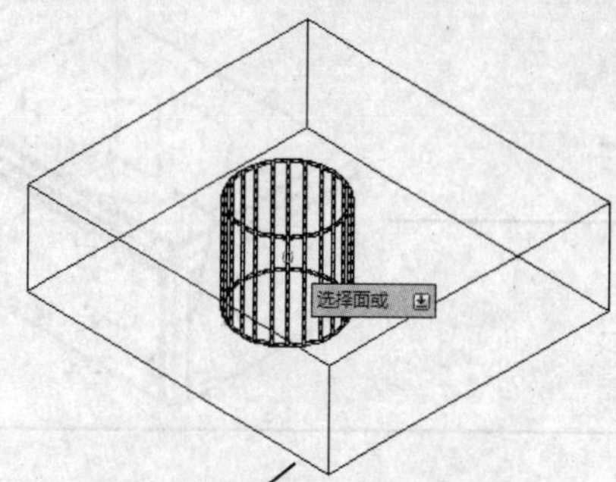


图 6-56
选择倾斜面

**Step 5** 命令行提示“选择面或 [ 放弃 (U)/ 删除 (R)/ 全部 (ALL)] ：”（按【Enter】键结束选择面命令），如图 6-57 所示。

**Step 6** 命令行提示“指定基点：”（选择倾斜的基点，即倾斜后不动的点），如图 6-58 所示。

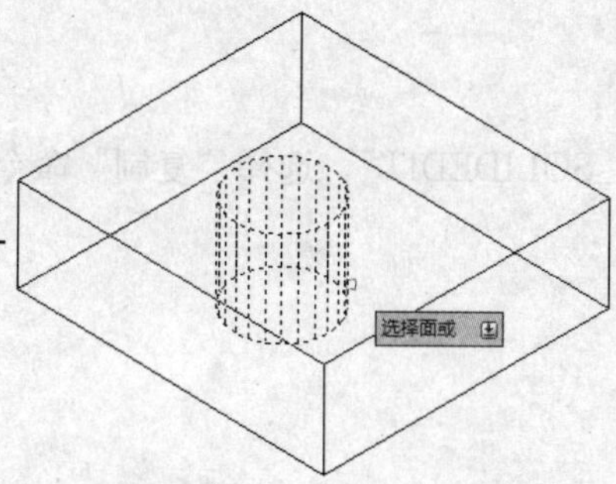


图 6-57
结束命令

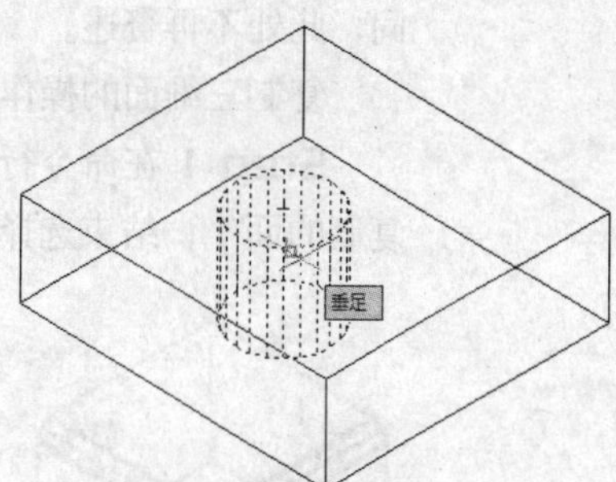


图 6-58
指定基点

**Step 7** 命令行提示“指定沿倾斜轴的另一个点 ：”，如图 6-59 所示。

**Step 8** 命令行提示“指定倾斜角度 ：”10，效果如图 6-60 所示。

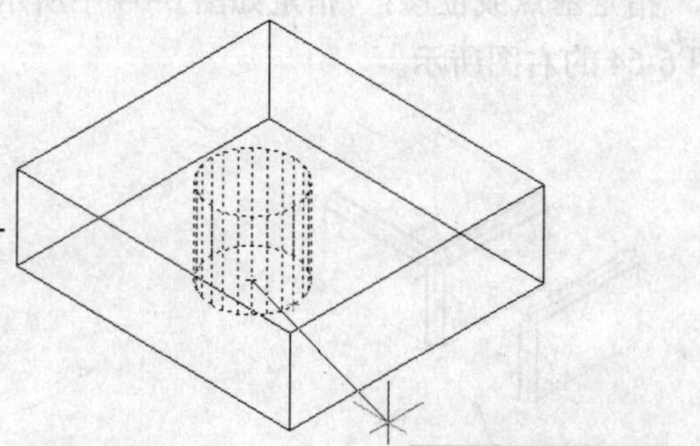


图 6-59
指定另一点

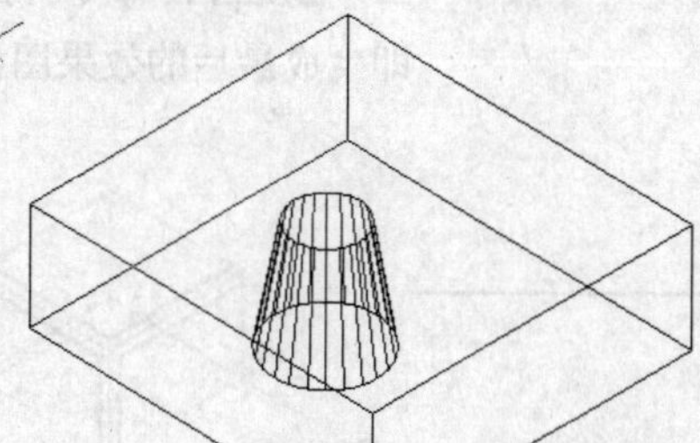

图 6-60
指定倾斜角度

## 6.3.8 删除面

删除面，还包括圆角和倒角。

执行方式为在命令行中输入“SOLIDEDIT”或单击“实体编辑”工具栏中的“删除面”按钮 。

删除三维面的操作步骤如下 ：

**Step 1** 在命令行中输入“_SOLIDEDIT”。

**Step 2** 选择“删除”命令，再选择图 6-61 中要删除的面 1，结束选择面命令，即生成如图 6-62 所示的图形。

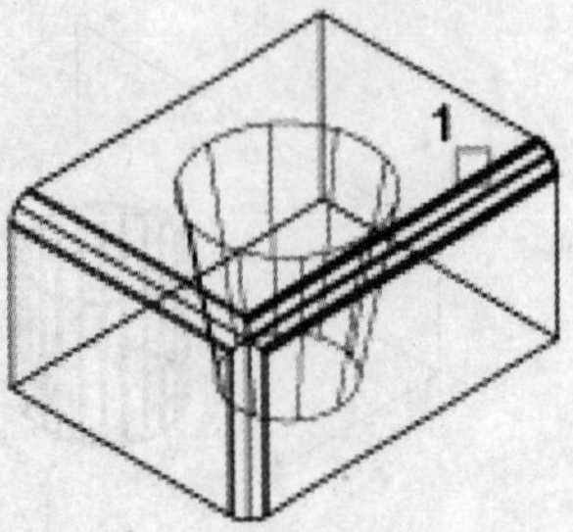


图 6-61
选定面

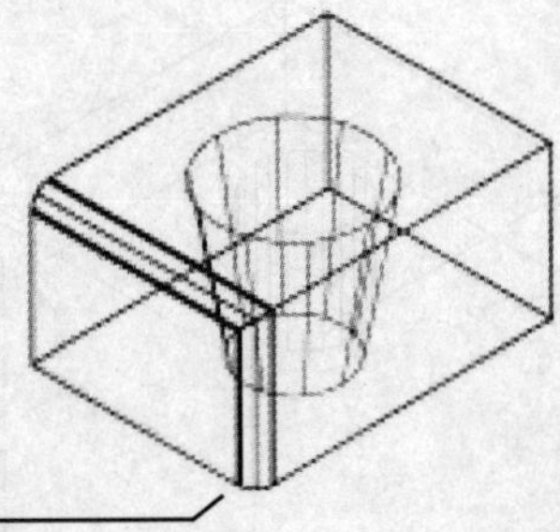

图 6-62
删除面

## 6.3.9 复制面

复制面将面复制为面域或体。

执行方式为在命令行中输入“SOLIDEDIT”或单击“实体编辑”工具栏中的“复制面”按钮 。

有关“放弃”、“删除”、“添加”和“全部”选项的说明与“拉伸”中相应选项说明相同，此处不再赘述。

复制三维面的操作步骤如下：

**Step 1** 在命令行中输入“_SOLIDEDIT”，选择“复制”命令，选择如图 6-63 中要复制的面 1，结束选择面命令。

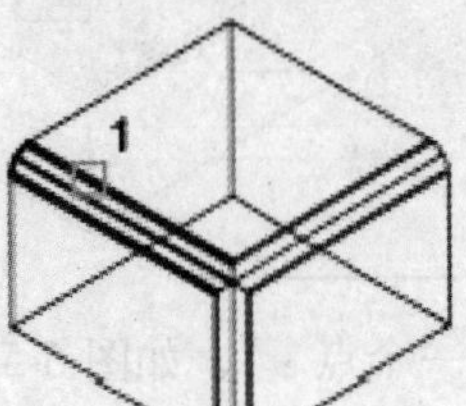


图 6-63
选定面

**Step 2** 命令行提示“指定基点或位移:”，指定如图 6-64 中所示的基点 2，再指定点 3，即生成最后的效果图如图 6-64 的右图所示。

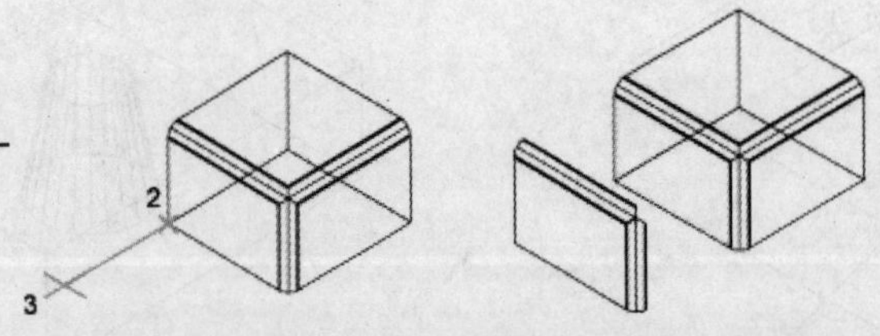


图 6-64
复制面及效果

## 6.3.10 着色面

着色面为修改面的颜色。

执行方式为在命令行中输入“SOLIDEDIT”，或单击“实体编辑”工具栏中的“着色面”按钮 。

有关“放弃”、“删除”、“添加”和“全部”选项的说明与“拉伸”中相应选项说明相同，此处不再赘述。

着色面的具体操作步骤如下：

**Step 1** 在命令行输入“_SOLIDEDIT”，如图 6-65 所示。

**Step 2** 命令行提示：“实体编辑自动检查：SOLIDCHECK=1，输入实体编辑选项 [ 面 (F)/ 边 (E)/ 体 (B)/ 放弃 (U)/ 退出 (X)]< 退出 >：”f（选择“面”命令后按【Enter】键），如图 6-66 所示。

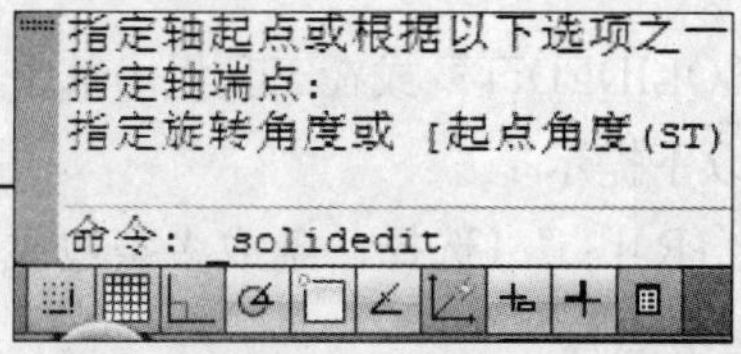


图 6-65
命令行

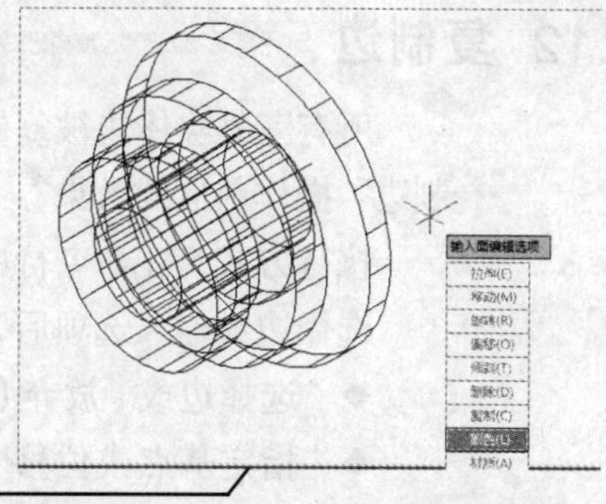

图 6-66
选择“面”命令

**Step 3** 命令行提示：“输入面编辑选项 [ 拉伸 (E)/ 移动 (M)/ 旋转 (R)/ 偏移 (O)/ 倾斜 (T)/ 删除 (D)/ 复制 (C)/ 颜色 (L)/ 材质 (A)/ 放弃 (U)/ 退出 (X)]< 退出 >：”l（选择“颜色”命令），如图 6-67 所示。

**Step 4** 命令行提示：“选择面或 [ 放弃 (U)/ 删除 (R)]：”，效果如图 6-68 所示。

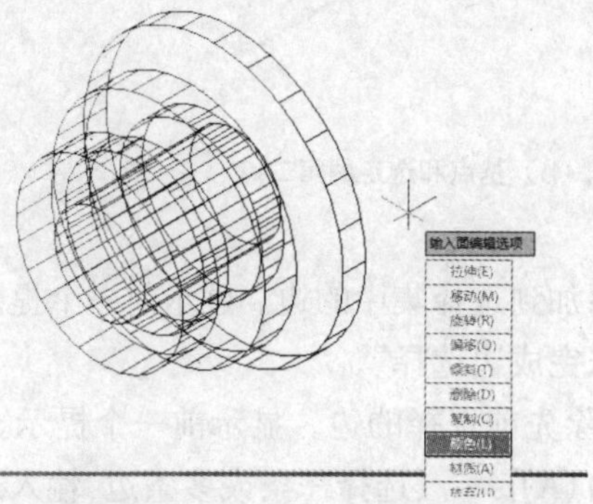

图 6-67
选择“颜色”命令

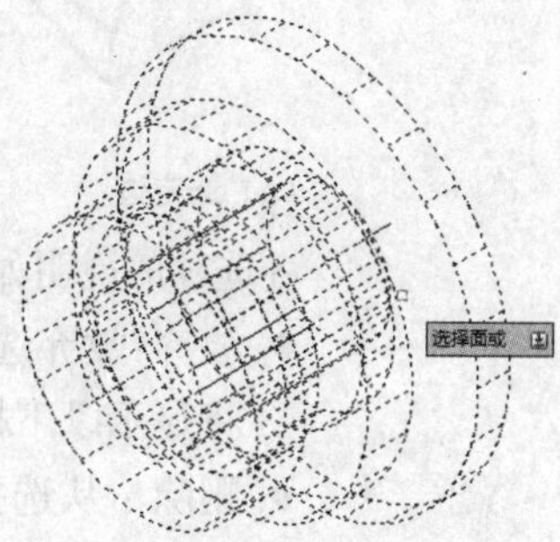

图 6-68
选择着色面

**Step 5** 命令行提示：“选择面或 [ 放弃 (U)/ 删除 (R)/ 全部 (ALL)]：”（按【Enter】键结束选择面命令）。

**Step 6** 系统弹出如图 6-69 所示的“选择颜色”对话框，设置红色作为着色面颜色，单击“确定”按钮，显示图形效果，如图 6-70 所示。

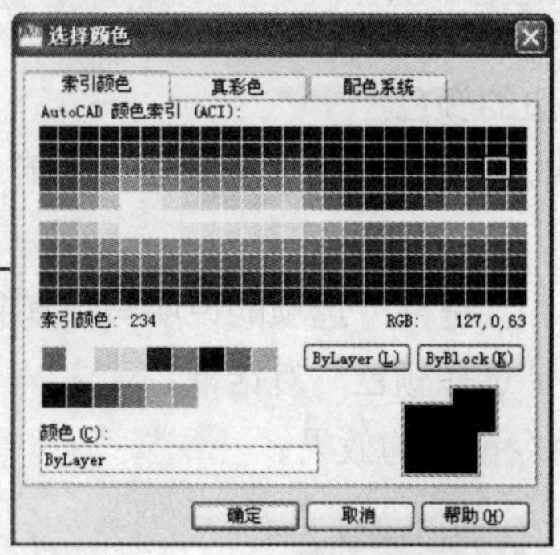

图 6-69
选择颜色

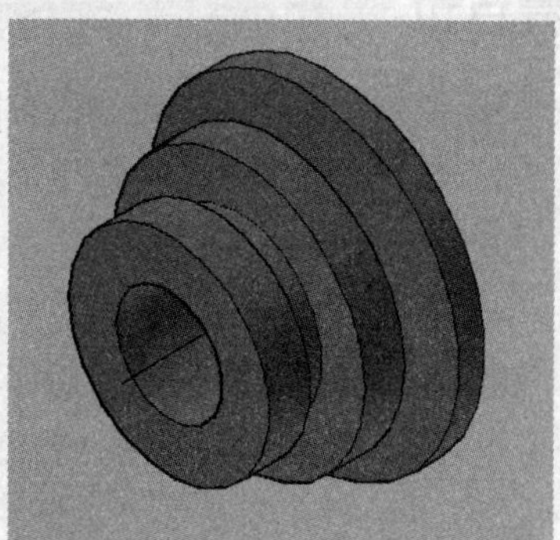

图 6-70
着色效果

## 6.3.11 材质

将材质指定到选定面的执行方式为在命令行中输入“SOLIDEDIT”。

其中有关“放弃”、“删除”、“添加”和“全部”选项的说明与“拉伸”中相应选项的说明相同。

选择面或输入选项后，将显示以下提示：

◆ “选择面或 [ 放弃 (U)/ 删除 (R)/ 全部 (ALL)]：”（选择一个或多个面、输入选项或按【Enter】键）。

◆ “输入新的材质名称 < 随层 >：”（输入材质名称或按【Enter】键）。

## 6.3.12 复制边

所有三维实体边被复制为直线、圆弧、圆、椭圆或样条曲线，图 6-71 所示为进行“复制边”操作前后的效果。

执行方式为在命令行中输入“SOLIDEDIT”或在工具栏中单击“复制边”按钮。

选择边或输入选项后，将显示以下提示：

- “选择边或 [ 放弃 (U)/ 删除 (R)]：”（选择一条或多条边或按【Enter】键）。
- “指定基点或位移：”（指定基点）。
- “指定位移的第二点：”（指定点）。

图 6-71

复制边

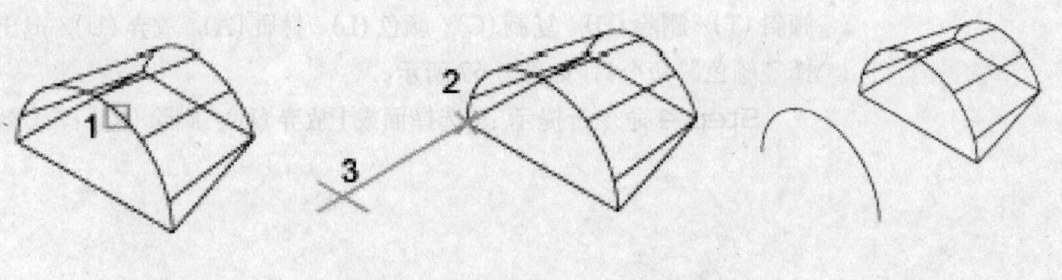


（a）选定边　（b）基点和选定的第二点　（c）复制了边

各选项的说明如下：

- 放弃：放弃选择最近添加到选择集中的边。显示前一个提示。如果已删除所有边，将显示以下提示：“未完成边选择”。
- 删除：从选择集中删除先前选择的边。显示前一个提示。命令行将提示：“删除边或 [ 放弃 (U)/ 添加 (A)]：”（选择一条或多条边、输入选项或按【Enter】键）。
- 添加：向选择集中添加边。系统提示：“选择边或 [ 放弃 (U)/ 删除 (R)]：（选择一条或多条边或输入选项”）。
  - 放弃：未取消选择最近添加到选择集中的边。显示前一个提示。
  - 删除：删除上一次选定的边。显示前一个提示。

## 6.3.13 着色边

使用“着色边”命令，可以更改边的颜色。

执行方式为在命令行中输入“SOLIDEDIT”或单击“实体编辑”工具栏中的“着色边”按钮。

有关“放弃”、“删除”、“添加”和“全部”选项的说明与“复制”中相应选项的说明相同。选择边或输入选项后，将显示“选择颜色”对话框。

图 6-72 所示为使用“着色边”命令前后的效果。

图 6-72

着色三通管边

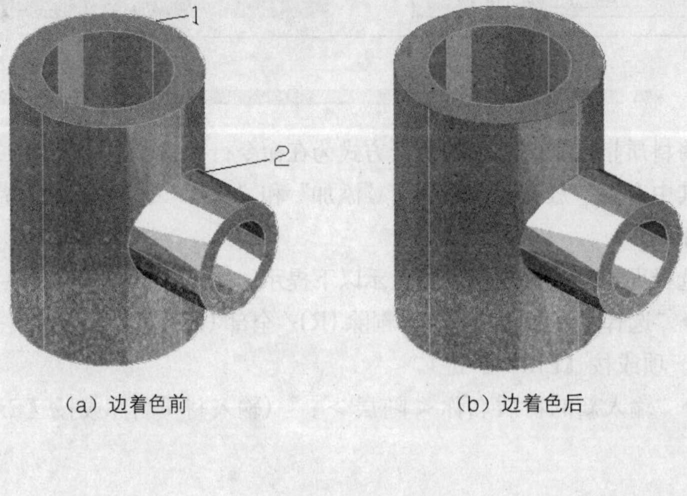


（a）边着色前　（b）边着色后

### 6.3.14 压印

使用“压印”命令可以在选定的对象上压印一个对象。为了使压印操作成功，被压印的对象必须与选定对象的一个或多个面相交。“压印”选项仅限于以下对象执行：圆弧、圆、直线、二维和三维多段线、椭圆、样条曲线、面域、体和三维实体。

执行方式为在命令行中输入“SOLIDEDIT”或单击“实体编辑”工具栏中的“压印边”按钮。

### 6.3.15 抽壳

抽壳是用指定的厚度创建一个空的薄层。可以为所有面指定一个固定的薄层厚度。通过选择面可以将这些面排除在壳外。一个三维实体只能有一个壳，通过将现有面偏移出其原位置来创建新的面。

执行方式为在命令行中输入“SOLIDEDIT”或单击“实体编辑”工具栏中的“抽壳”按钮。

执行抽壳命令后，AutoCAD 提示如下：

- “输入实体编辑选项 [ 面 (F)/ 边 (E)/ 体 (B)/ 放弃 (U)/ 退出 (X)]< 退出 >:”(在该提示下输入“B”)。
- “输入体编辑选项 [ 压印 (I)/ 分割实体 (P)/ 抽壳 (S)/ 清除 (L)/ 检查 (C)/ 放弃 (U)/ 退出 (X)]< 退出 >：”（在该提示下输入“S”)。
- “选择三维实体：”（在该提示下选择要抽壳的三维实体)。
- “删除面或 [ 放弃 (U)/ 添加 (A)/ 全部 (ALL)]:”(在该提示下直接按【Enter】键)。
- “输入抽壳偏移距离：”（在该提示下输入抽壳要偏移的距离)。

有关“放弃”、“删除”、“添加”和“全部”选项的说明与“拉伸”中相应选项的说明相同。

利用“抽壳”命令绘制花盆的具体操作如下所示：

**Step 1** 在命令行中输入“_SOLIDEDIT”，如图 6-73 所示。

**Step 2** 命令行提示：“实体编辑自动检查：SOLIDCHECK=1，输入实体编辑选项 [ 面 (F)/ 边 (E)/ 体 (B)/ 放弃 (U)/ 退出 (X)]< 退出 >:” b（选择“体”命令后按【Enter】键)，如图 6-74 所示。

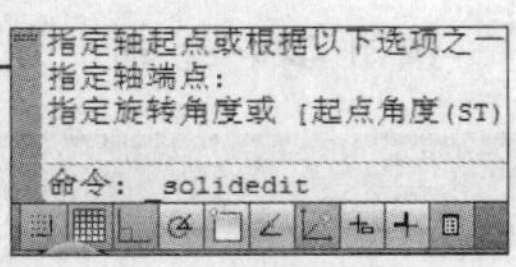


图 6-73
命令行

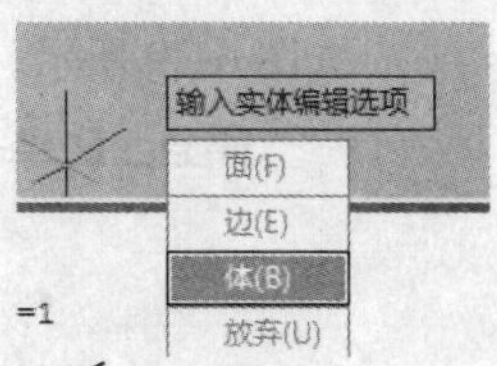


图 6-74
选择“体”命令

**Step 3** 命令行提示：“输入面编辑选项 [ 压印 (I)/ 分割实体 (P)/ 抽壳 (S)/ 清除 (L)/ 检查 (C)/ 放弃 (U)/ 退出 (X)]：< 退出 >：” S（选择“抽壳”命令后按【Enter】键)，如图 6-75 所示。

**Step 4** 命令行提示：“选择三维实体：”（选择实体)，如图 6-76 所示。

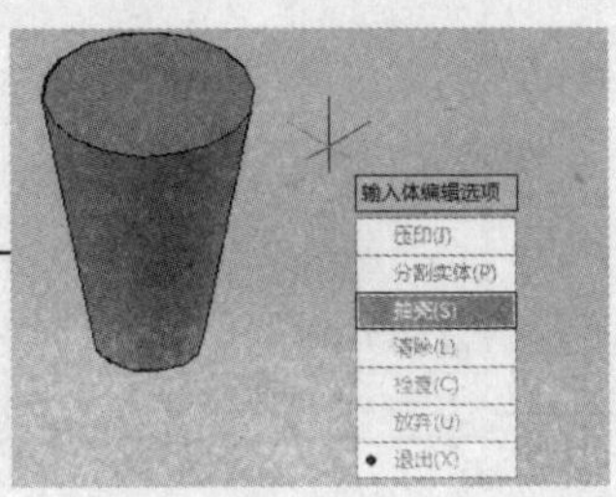


图 6-75
选择“抽壳”命令

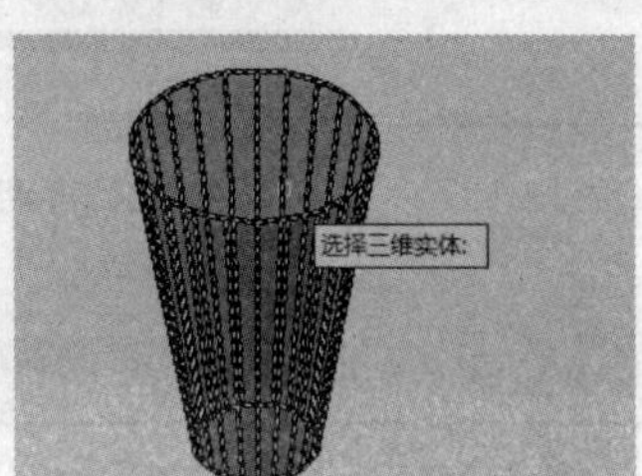


图 6-76
选择三维实体

**Step 5** 命令行提示："删除面或 [ 放弃 (U)/ 添加 (A)/ 全部 (ALL)]："（选择图中面），如图 6-77 所示。

**Step 6** 命令行提示："输入抽壳偏移距离："(指定抽壳偏移距离为 2)，如图 6-78 所示。

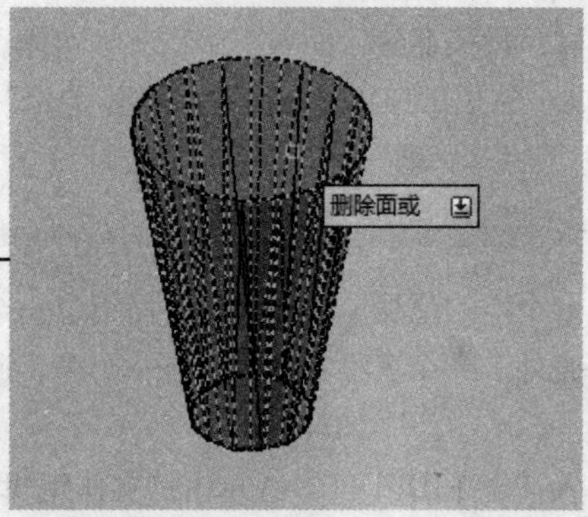


图 6-77
选择面

图 6-78
抽壳

## 6.4 实例操作：绘制烟灰缸

**实例分析**

烟灰缸为我们生活中常见的三维实体。本节内容通过绘制烟灰缸的实例让读者熟悉和掌握三维图形的基本绘制方法和实体编辑步骤。

**实例难度** ★★☆

**制作方法和思路**

以烟灰缸为例，介绍三维图形的编辑，系统地深化了读者对布尔运算以及拉伸面、旋转面、指定材质、着色等编辑方法的运用能力。

具体操作步骤如下：

**Step 1** 单击"视图"工具栏中的"西南等轴测"按钮，将视图转换为西南等轴测，如图 6-79 所示。

**Step 2** 单击"绘图"工具栏中的"矩形"按钮，绘制正方形)，如图 6-80 所示。

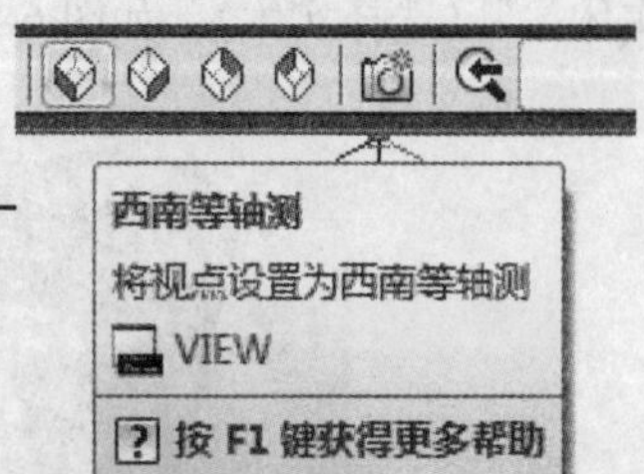


图 6-79
工具栏

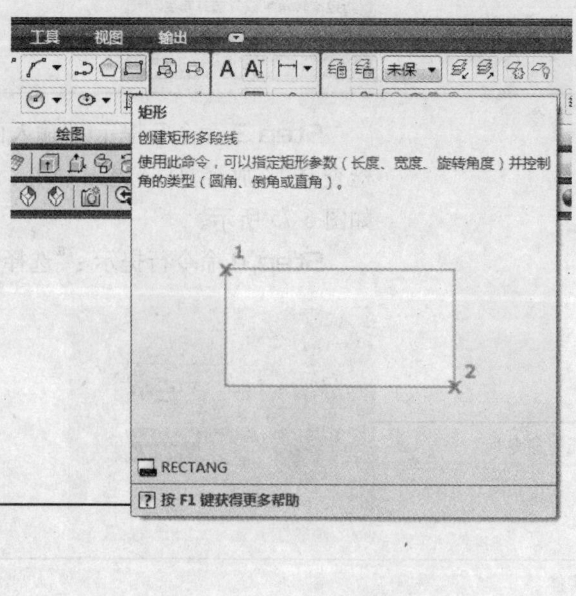


图 6-80
绘制正方体

**Step 3** 命令行提示:“指定第一个角点或[倒角(C)/标高(E)/圆角(F)/厚度(T)/宽度(W)]:”0，0，0(输入原点坐标为第一个角点)，如图6-81所示。

**Step 4** 命令行提示:“指定另一个角点或[面积(A)/尺寸(D)/旋转(R)]:”d(选择尺寸选项)，如图6-82所示。

图6-81
输入坐标角点

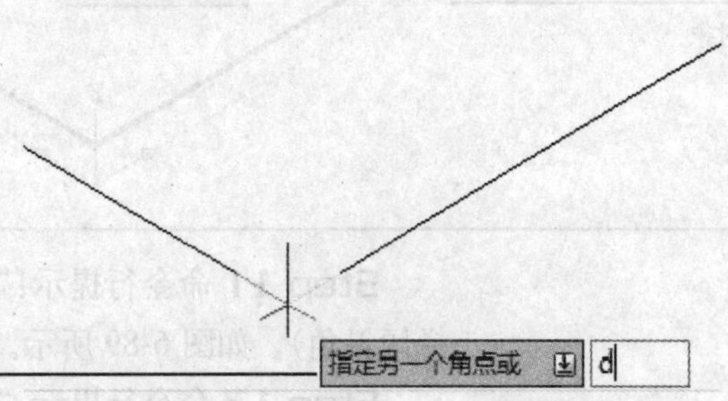


图6-82
选择尺寸选项

**Step 5** 命令行提示:“指定矩形的长度:”100(输入矩形长度为“100”后按【Enter】键)，如图6-83所示。

**Step 6** 命令行提示:“指定矩形的宽度:”100(输入矩形宽度为“100”后按【Enter】键)，如图6-84所示。

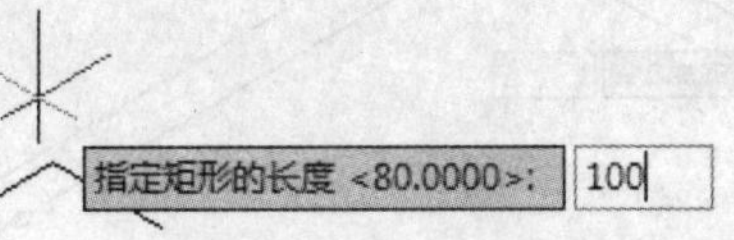


图6-83
指定矩形长度

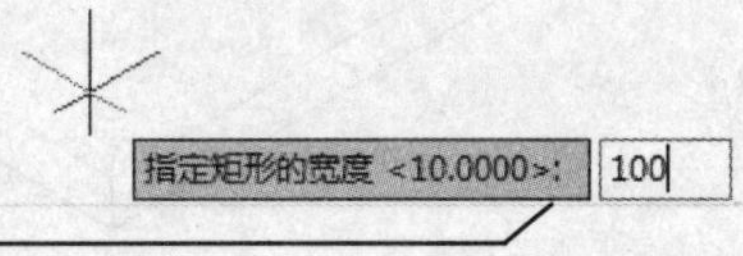


图6-84
指定矩形宽度

**Step 7** 以同样的操作步骤绘制第一角点为(10,10,0)，边长为80的正方形，如图6-85所示。

**Step 8** 单击“建模”工具栏中“拉伸”按钮，将上步绘制的两个正方形进行拉伸，如图6-86所示。

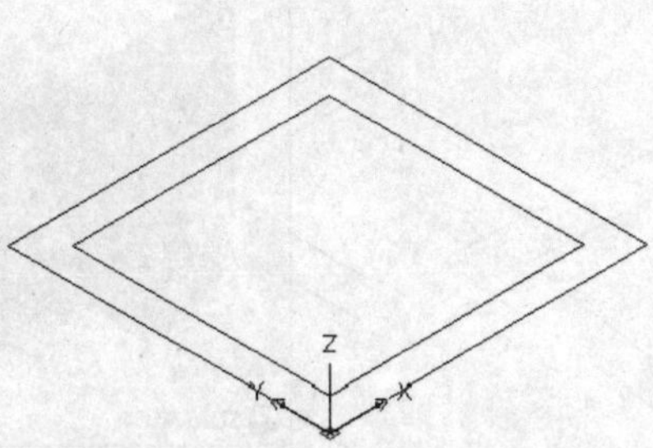


图6-85
绘制角点

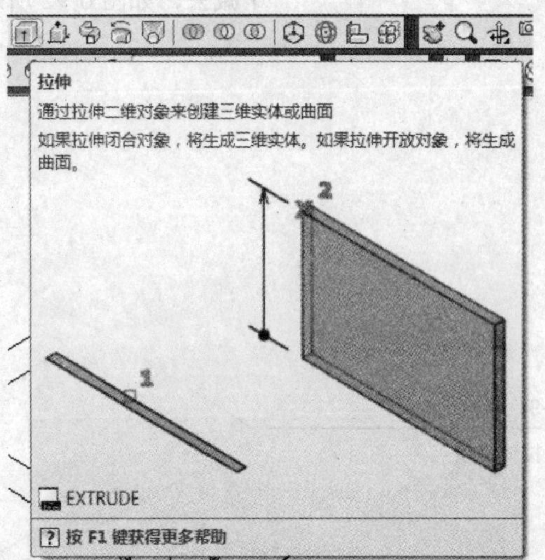


图6-86
拉伸

**Step 9** 命令行提示:“选择要拉伸的对象:”(选择两个正方形后按【Enter】键)，选择绘制好的两个正方形为拉伸对象，如图6-87所示。

**Step 10** 命令行提示:“选择要拉伸的对象:”(按【Enter】键后结束选择对象)，如图6-88所示。

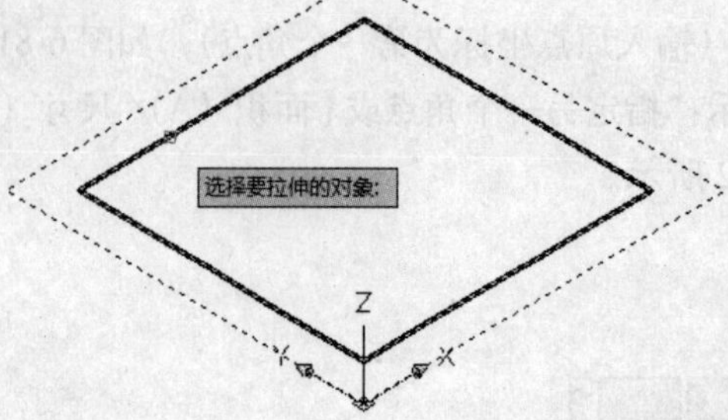


图 6-87
选择拉伸对象

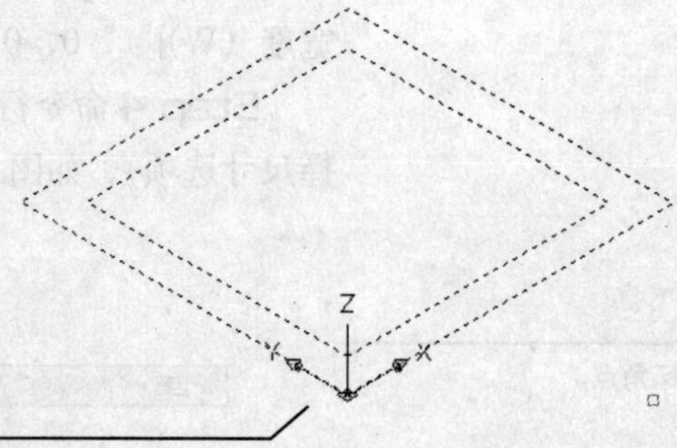


图 6-88
结束选择

**Step 11** 命令行提示：“指定拉伸的高度或 [ 方向 (D)/ 路径 (P)/ 倾斜角 (T)]：” t（选择倾斜角），如图 6-89 所示。

**Step 12** 命令行提示：“指定拉伸的倾斜角度 <0>：” 6（指定拉伸的倾斜角度为 6°，按【Enter】键），如图 6-90 所示。

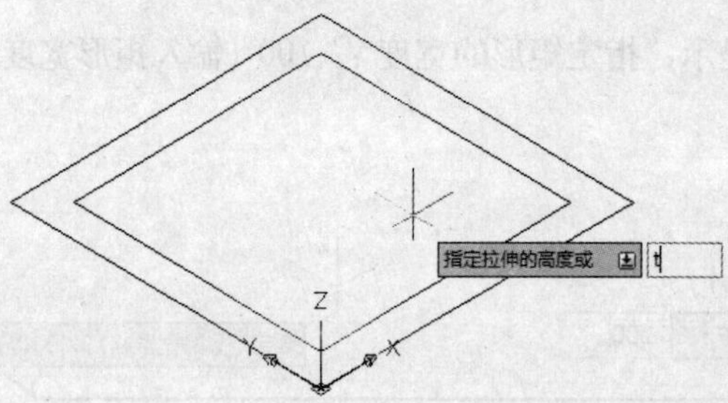


图 6-89
选择倾斜角

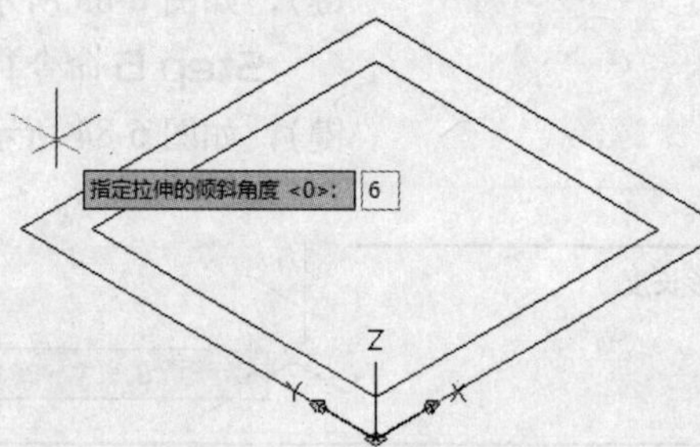


图 6-90
指定拉伸倾斜角度

**Step 13** 命令行提示：“指定拉伸的高度或 [ 方向 (D)/ 路径 (P)/ 倾斜角 (T)]：” 35（输入拉伸的高度为 “35” 后按【Enter】键），如图 6-91 所示。

**Step 14** 单击 “实体编辑” 工具栏中的 “差集” 按钮，将小拉伸体从大拉伸体中减去，如图 6-92 所示。

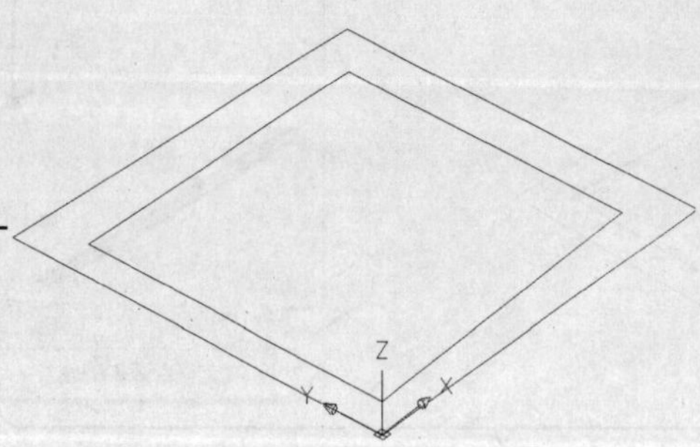


图 6-91
指定拉伸高度

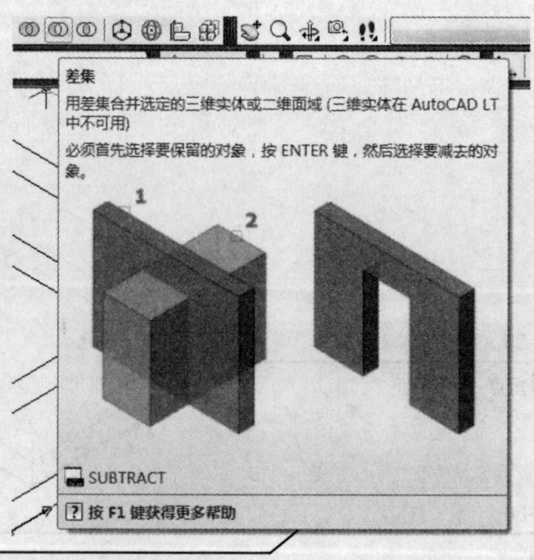


图 6-92
差集运算

**Step 15** 命令行提示：“选择要从中减去的实体或面域 ... 选择对象：”（单击大拉伸体），如图 6-93 所示。

**Step 16** 命令行提示：“找到 1 个选择对象：”（按【Enter】键，结束选择要从中减去的实体命令），如图 6-94 所示。

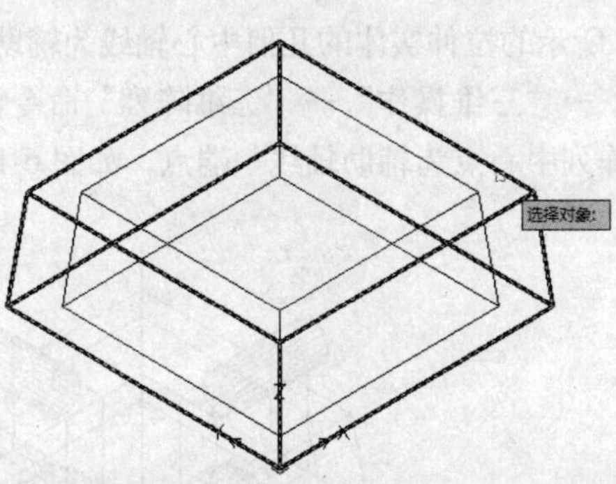


图 6-93
选择对象

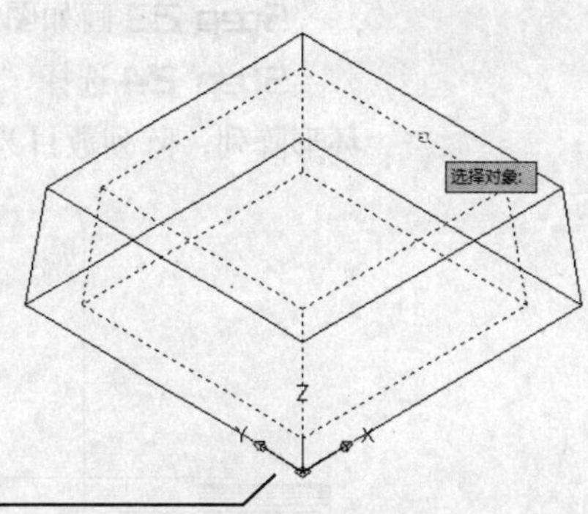


图 6-94
运行差集运算

**Step 17** 命令行提示:“选择要减去的实体或面域 ... 选择对象 :”(单击小拉伸体),如图 6-95 所示。

**Step 18** 命令行提示:“找到 1 个,选择对象 :”(按【Enter】键后结束“差”运算),如图 6-96 所示。

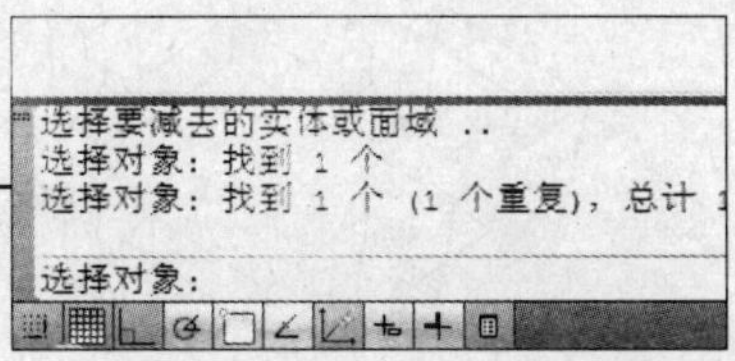


图 6-95
命令行

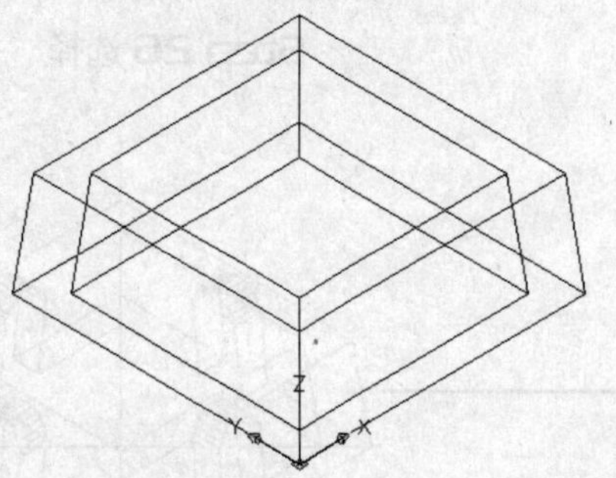


图 6-96
结束运算

**Step 19** 选择“视图”→“消隐”命令,得到消隐后的效果如图 6-97 所示)。

**Step 20** 单击“UCS”工具栏中的“X”按钮,将 *X* 轴旋转 90°,如图 6-98 所示。

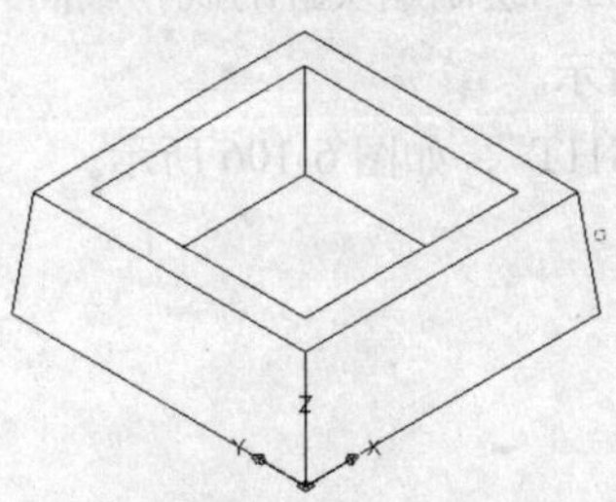


图 6-97
消隐

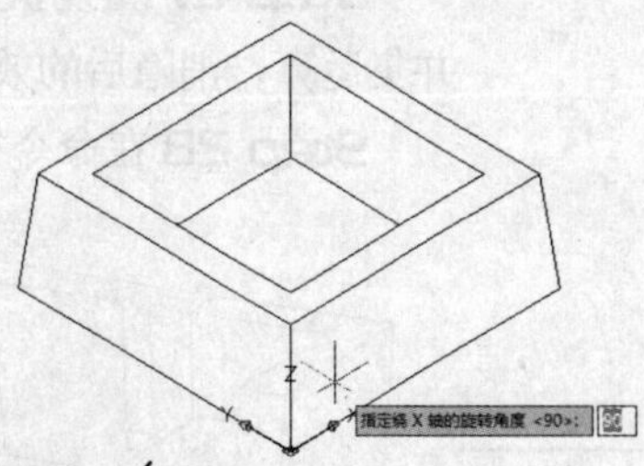


图 6-98
选择轴

**Step 21** 单击“建模”工具栏中的“圆柱体”按钮,以点(50,25,-15)为底面圆心,如图 6-99 示,绘制一个半径为 8,高为 40 的圆柱体。

**Step 22** 单击“建模”工具栏中的“长方体”按钮,以点(42,25,-15)为第一角点,绘制一个长为 16,宽为 40,高为 40 的长方体,如图 6-100 所示)。

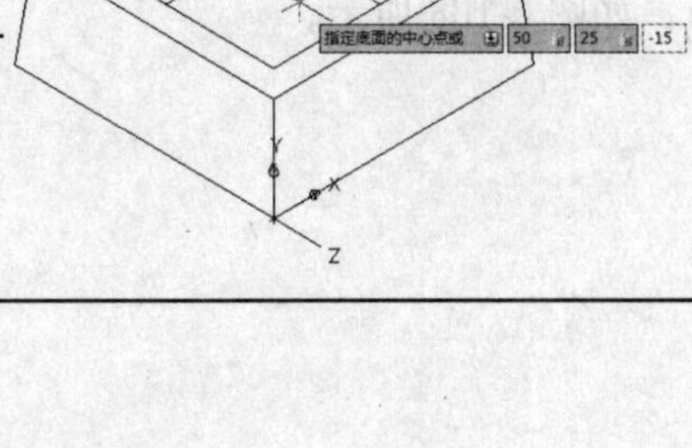


图 6-99
绘制圆柱体

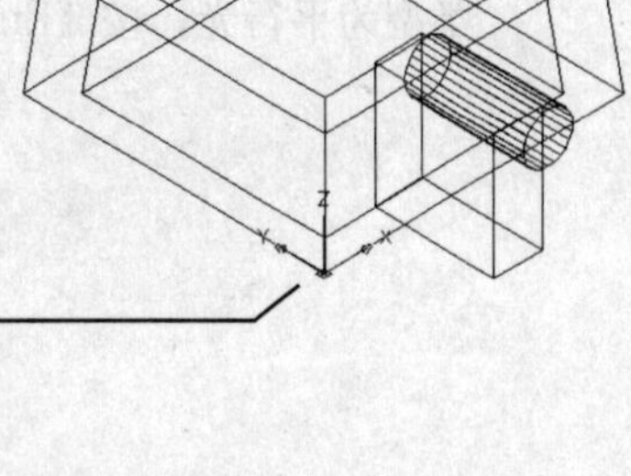

图 6-100
绘制长方体

**Step 23** 画如图 6-101 所示的拉伸实体的几何中心轴线为辅助线。

**Step 24** 选择“修改”→“三维操作”→“三维阵列”命令，将合并后的实体进行环形阵列，阵列数目为 4，阵列中心点为辅助轴线一端点，如图 6-102 所示。

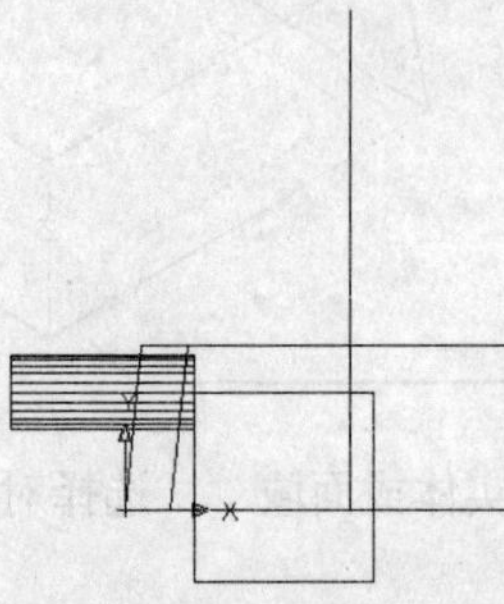

图 6-101
画辅助线

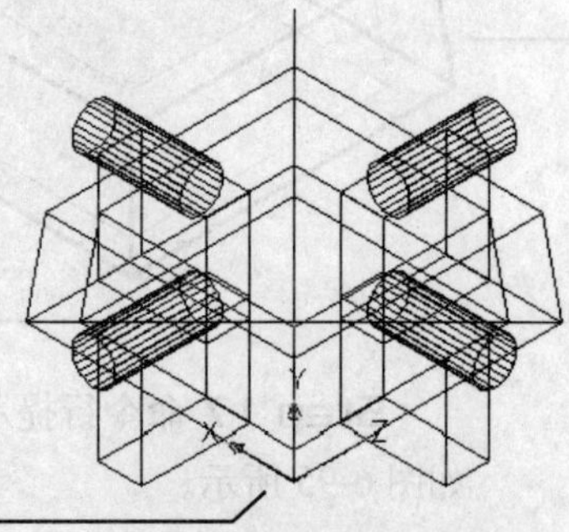

图 6-102
阵列

**Step 25** 单击“实体编辑”工具栏中的“差集”按钮，将所有图形进行差运算，如图 6-103 所示。

**Step 26** 选择“视图”→“消隐”命令，得到消隐后的效果如图 6-104 所示。

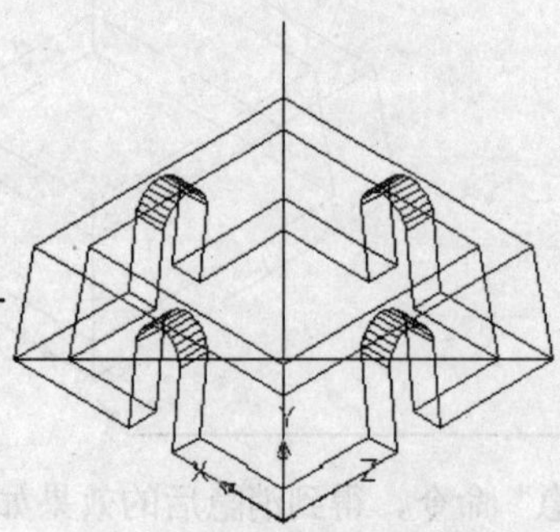

图 6-103
差集运算

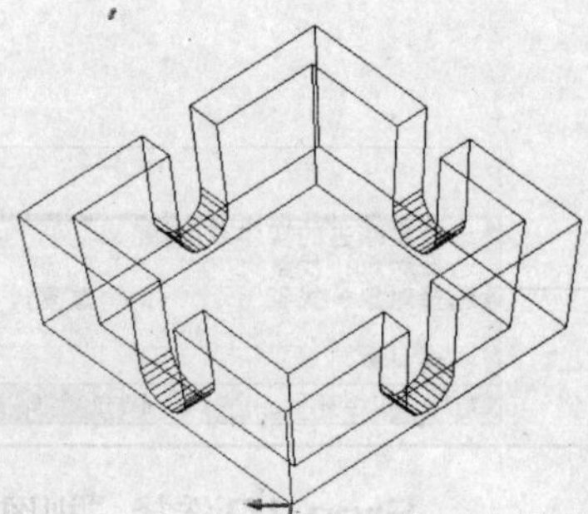

图 6-104
消隐效果

**Step 27** 重复执行 Step2 ~ Step3，绘制烟灰缸的底，底高为 5，将缸底与缸体进行并集运算，消隐后的效果如图 6-105 所示。

**Step 28** 在命令行中输入“_LIGHT”，如图 6-106 所示。

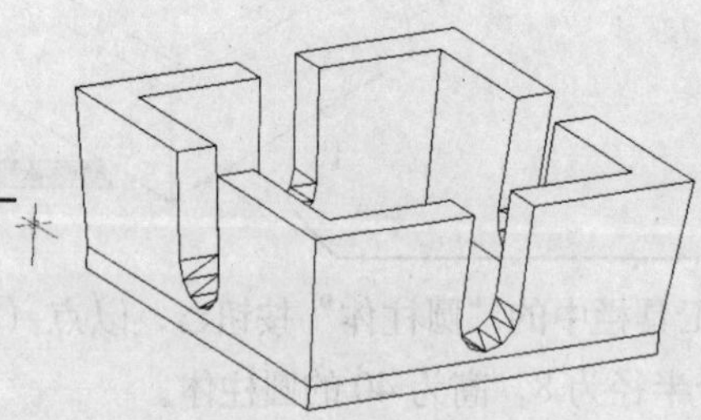

图 6-105
效果消隐

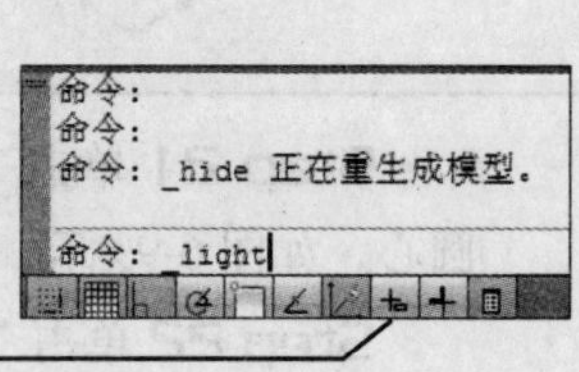


图 6-106
命令行提示

**Step 29** 系统弹出“光源 - 视口光源模式”对话框，选择“使用默认光源保持打开状态”选项，如图 6-107 所示 。

**Step 30** 命令行提示 :“输入光源类型 [ 点光源 (P)/ 聚光灯 (S)/ 光域网 (W)/ 目标点光源 (T)/ 自由聚光灯 (F)/ 自由光域 (B)/ 平行光 (D)]< 点光源 > ：” d（选择输入光源类型为平行光，按【Enter】键），如图 6-108 所示。

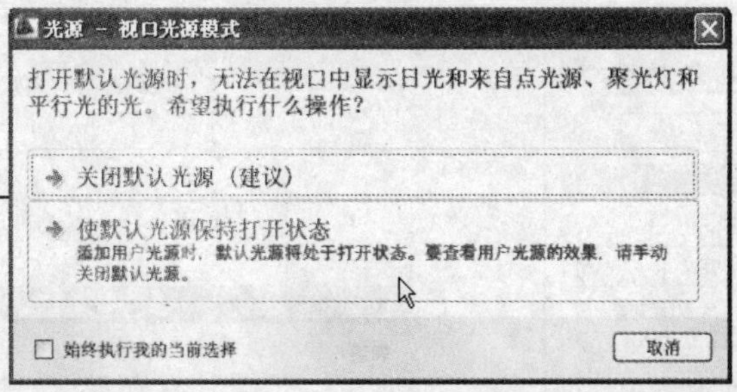


图 6-107

“视口光源模式”对话框

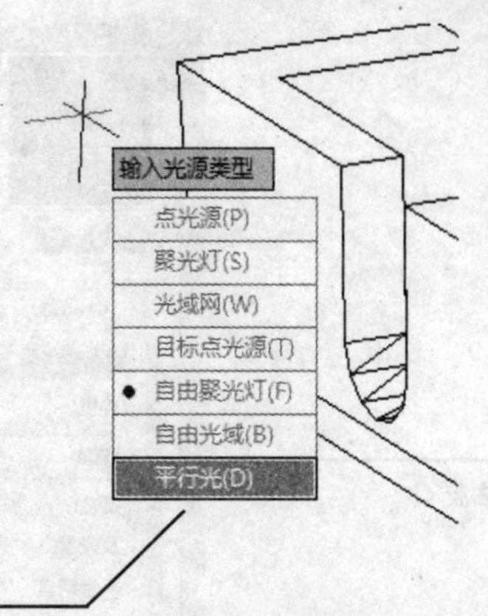


图 6-108

光源类型为平行光

**Step 31** 命令行提示：“指定光源来向 <0,0,0> 或 [ 矢量 (V)]：” 100, 500, 1 000（指定光源来向为点（100,500,1 000），如图 6-109 所示。

**Step 32** 命令行提示：“指定光源去向 <1,1,1>：”（指定光源去向为点（0,−500,−100），如图 6-110 所示。

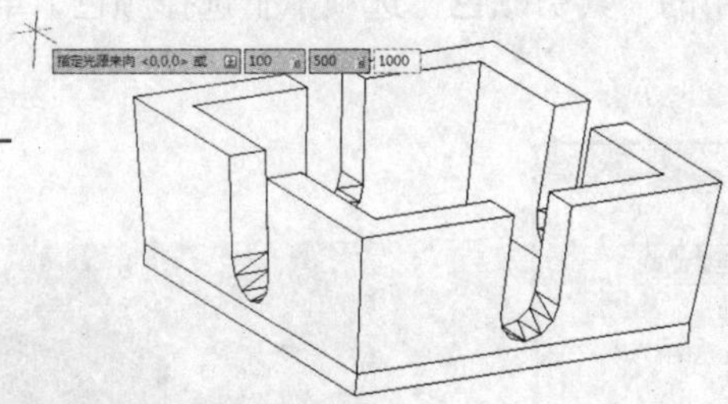


图 6-109

指定光源来向

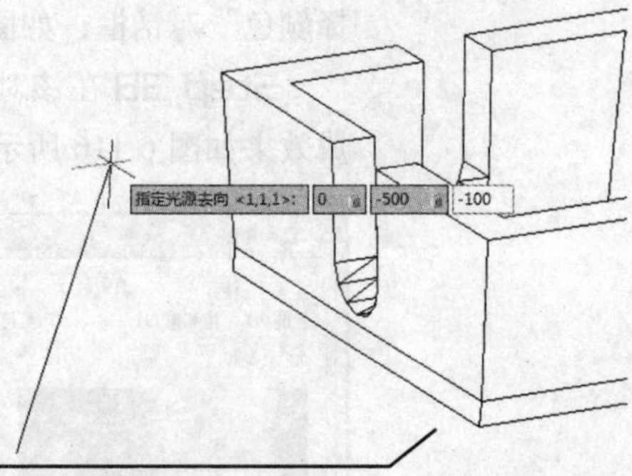


图 6-110

指定光源去向

**Step 33** 命令行提示：“输入要更改的选项 [ 名称 (N)/ 强度因子 (I)/ 状态 (S)/ 光度 (P)/ 阴影 (W)/ 过滤颜色 (C)/ 退出 (X)]< 退出 >：” x（默认为“退出”选项，着色后生成效果），如图 6-111 所示。

**Step 34** 在命令行中输入“_MATERIALS”，如图 6-112 所示。

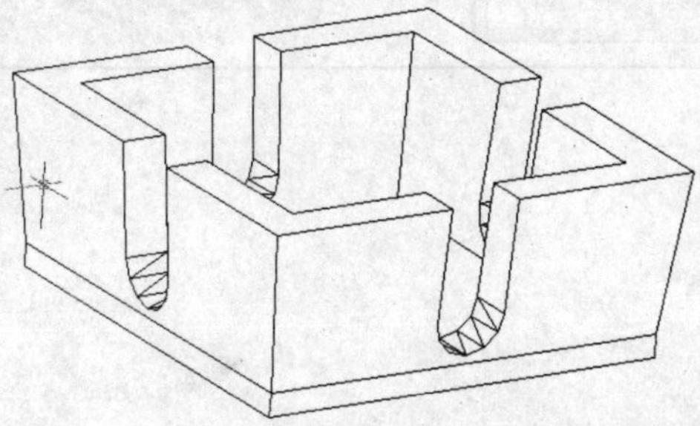

图 6-111

退出

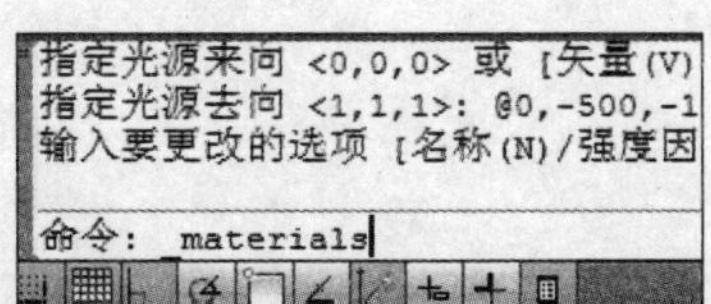


图 6-112

输入命令

**Step 35** 弹出“材质”对话框，如图 6-113 所示。

**Step 36** 在该对话框的“材质编辑器 - 全局”选项卡的“类型：”下拉列表中选择“真实”选项，在“样板：”下拉列表中选择“玻璃 - 半透明”选项，如图 6-114 所示。

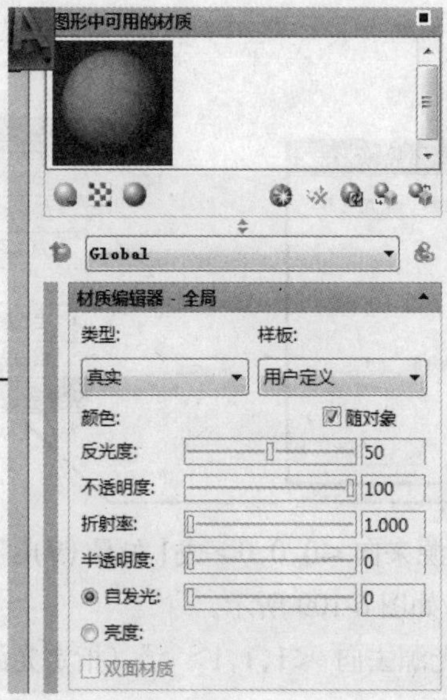


图 6-113

“材质”对话框

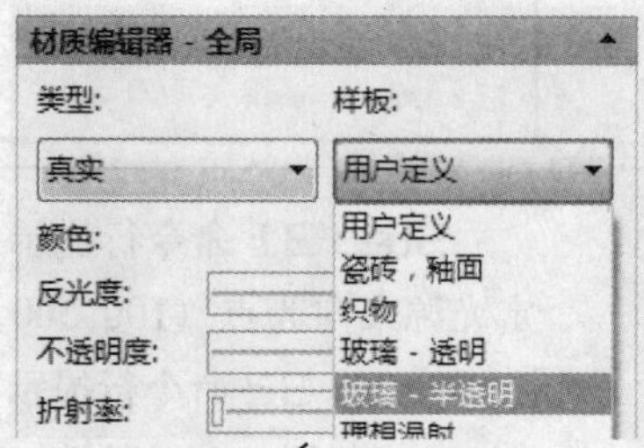


图 6-114

“材质编辑器”对话框

**Step 37** 取消选中“随对象”复选框，单击跳出的“漫射颜色”按钮，弹出“选择颜色”对话框，如图 6-115 所示。

**Step 38** 在该对话框中的“索引颜色”选项卡上选择颜色，单击“确定”按钮，生成效果如图 6-116 所示。

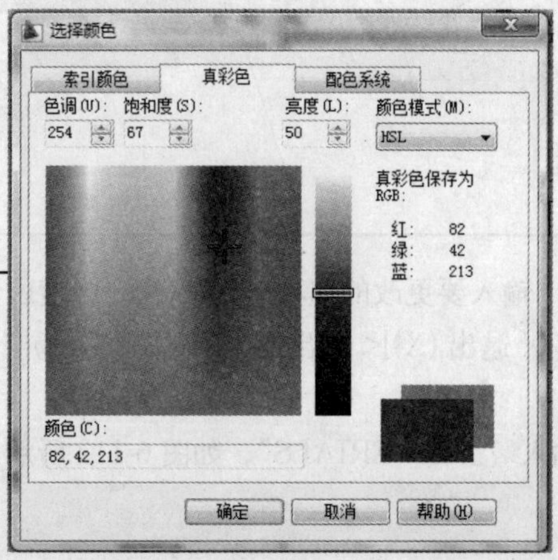


图 6-115

“选择颜色”对话框

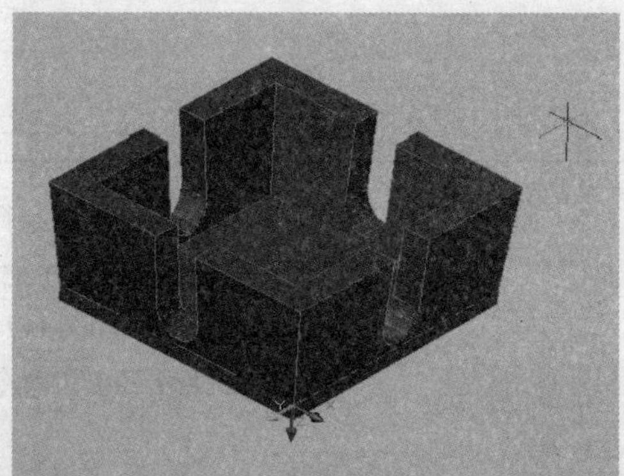

图 6-116

烟灰缸最后效果图

# Chapter 7

# 尺寸标注

## 本章内容

尺寸标注是建筑绘图设计中的一项主要内容。由于图形主要用来反映对象的形状，而对象个部分的真实大小以及相互间的位置只有通过标注尺寸才能确定下来。文字标注在尺寸标注中起到了重要的注视和说明作用。

本章将主要介绍尺寸标注的基本知识，常用的标注尺寸命令以及尺寸标注的编辑修改工具以及介绍如何创建文字样式，怎样使用单行文字和多行文字输入文字等内容。

## 本章学习地图

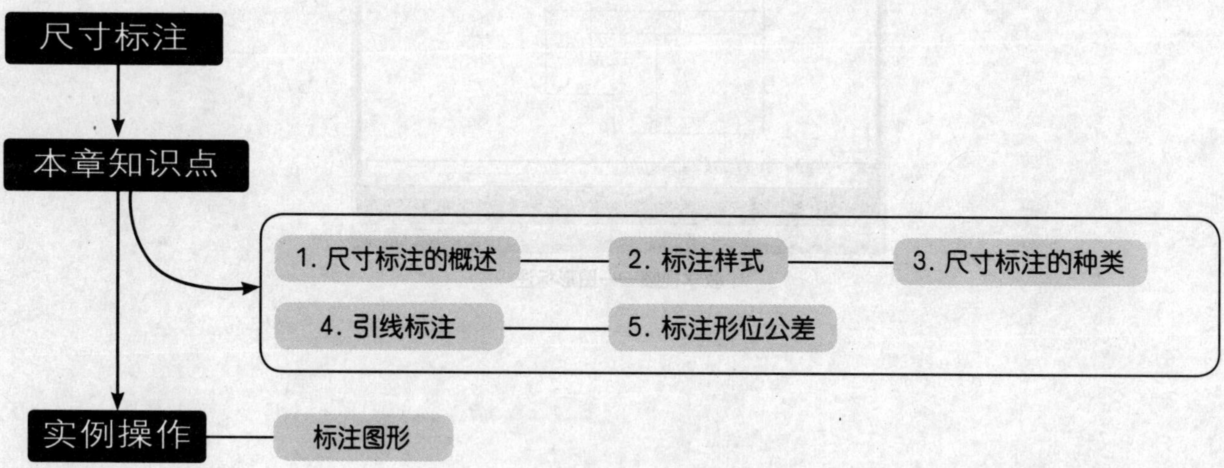


## 本章知识重点

- 尺寸标注的规则、组成、类型及步骤。
- 标注样式的应用。
- 尺寸标注所包含的种类。

## 本章实例效果图

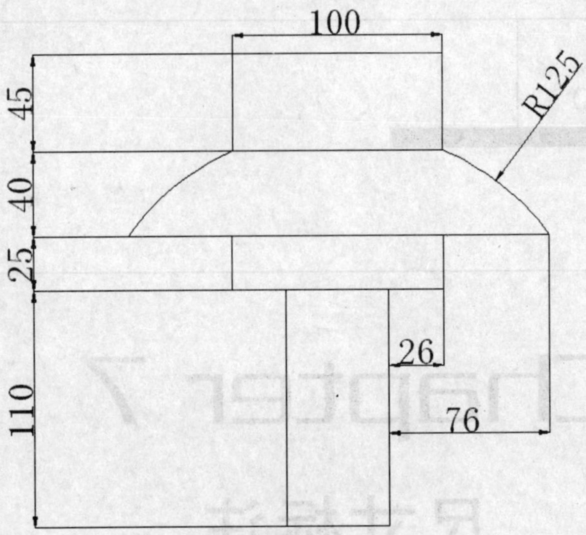


标注图形

## 本章视频效果图

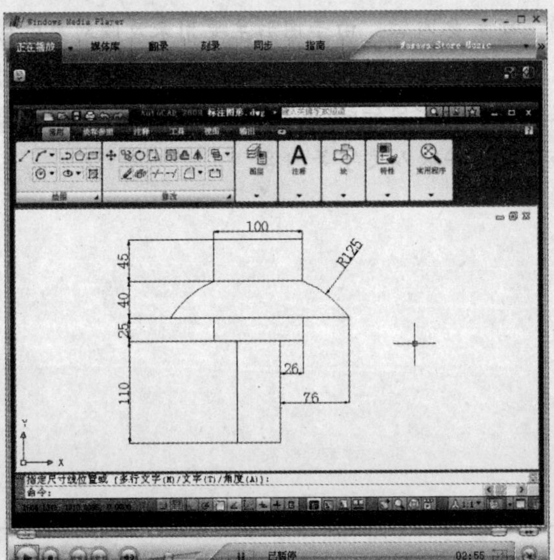

教学视频——图形标注

在图形设计中，尺寸作为加工、检验和组装电气装置的依据，是 AutoCAD 2009 电气设计图样中不可缺少的内容，是工程图样中的重要的组成部分。一幅工程图样不管绘制得多么精确，输出精度有多高，组装电气装置的依据还是图样中的标注尺寸。因此读者应该重点理解每一种尺寸标注的概念、用途和操作方法。尺寸标注包括基本尺寸标注、文字注释、尺寸公差、形位公差和表面粗糙度等内容。熟练掌握尺寸标注，对每一个 CAD 绘图人员来说都是十分必要的。

# 7.1 尺寸标注的概述

尺寸标注是绘图设计工作中一项非常重要的内容。一张完整的图纸中除了需要用图形和文字来表示对象之外，还需要用尺寸标注来说明尺寸大小。尺寸既是机械图样中不可缺少的内容，也是绘制机械图样时最容易出错的环节尺寸标注对传达有关设计元素的尺寸和材料等信息有着非常重要的作用，因此在对图形进行标注前，应该首先了解标注的组成、类型和规则及步骤等。国家标准对尺寸标注进行了详细的规定，利用 AutoCAD 绘制图样时应严格按照这些规定执行。

## 7.1.1 尺寸标注的规则

在我国的“工程制图国家标准”中，对尺寸标注的规则进行了一些规定，要求尺寸标注必须遵守以下基本规则：

- 物体的真实大小应以图形上所标注的尺寸数值为依据，与图形的显示大小和绘图的精确度无关。
- 图形中的尺寸以“毫米”为单位时，不需要标注尺寸单位的代号或名称。如果采用其他单位，则必须注明尺寸单位的代号或名称，如度、厘米、英寸等。
- 图形中所标注的尺寸为图形所表示的物体的最后完工尺寸，如果是中间过程的尺寸（如在涂镀前的尺寸等），则必须另加说明。
- 物体的每一尺寸，一般只标注一次，并应标注在最能清晰反映该结构的视图上。

## 7.1.2 尺寸标注的组成

一个完整的标注，通常由以下几个部分组成：标注文字、尺寸线、箭头、尺寸界线、中心线和圆心等，如图 7-1 所示。

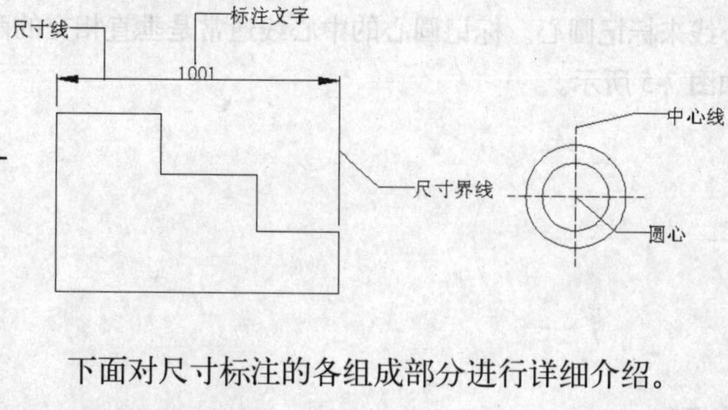


图 7-1
标注元素

下面对尺寸标注的各组成部分进行详细介绍。

### 1. 标注文字尺

尺寸文字是标注尺寸大小或说明的文字，表明了图形的实际测量值。尺寸文字可以只反映基本尺寸，也可以带尺寸公差。尺寸文字既可以放在尺寸线之上，也可以放在尺寸线之间。如果尺寸界线内放不下尺寸文本时，系统会自动将其放在尺寸界线外面，如图 7-2 所示。

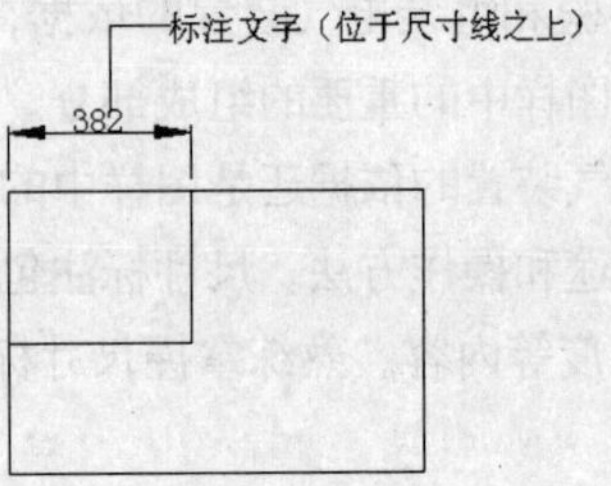


图 7-2
标注文字位于尺寸线之上

**2. 尺寸线**

尺寸线一般是一条线段，有时也可以是一条圆弧，它表明标注的范围。尺寸线的末端常带有箭头，指示出标注的起点和终点，如图 7-3 所示。尺寸线和标注文字通常放置在测量区域之内，若果空间不足，尺寸线或文字也可以移到测量区域之外。

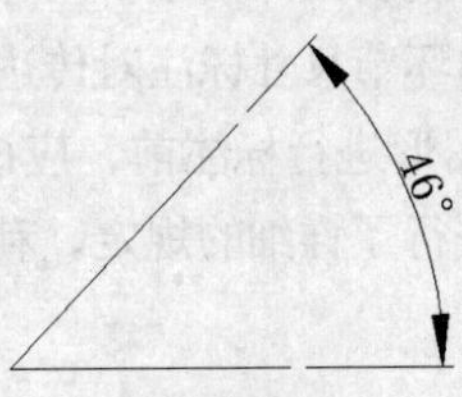


图 7-3
尺寸线的形成

**3. 尺寸界线**

为了标注清晰，通常通过尺寸界线将尺寸引到被标注对象之外。有时也用几何图形的轮廓线或中心线来代替尺寸界线。

**4. 尺寸终端**

尺寸终端用来标注尺寸线的两端，AutoCAD 2009 提供了多种多样的终端形式，通常在机械制图中习惯以箭头来表示尺寸终端，而建筑制图中则习惯以短斜线来表示。用户也可以根据自己的需要自行设置终端形式，如图 7-4 所示。

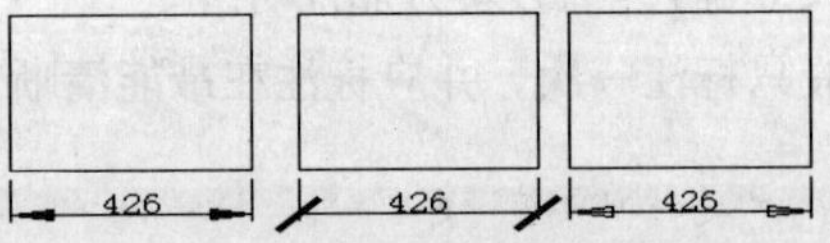


图 7-4
尺寸终端的形式

**5. 圆心标记**

圆心标记在圆或圆弧的圆心放置了一个小十字符号标记圆心或中心线。在实际中，更多的是用中心线来标记圆心。标记圆心的中心线通常是垂直相交的两条点画线，交点刚好位于圆心，如图 7-5 所示。

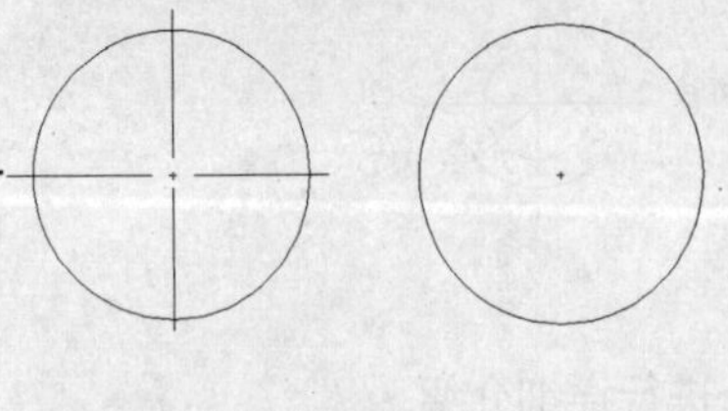

图 7-5
圆心标记

## 7.1.3 尺寸标注的类型

标注是在图形中添加测量注释的过程，用户可以为各种对象沿着各个方向创建标注，基本的标注类型包括线性、径向（半径和直径）、角度、坐标、弧长，线性标注可以是水平、垂直、对齐、旋转、基线或连续（链式）的。

以上这些标注通过单击▲按钮，从弹出的菜单中选择“标注”命令可以调用相应的标注命令，如图 7-6 所示。

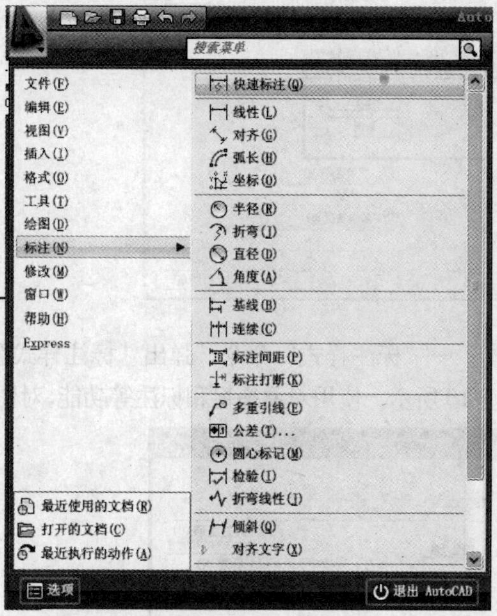


图 7-6

通过菜单栏调用各种标注命令

菜单栏中的大部分标注命令也可以通过单击“标注”工具栏中的相关标注命令来选择。图 7-7 所示为“标注”工具栏。

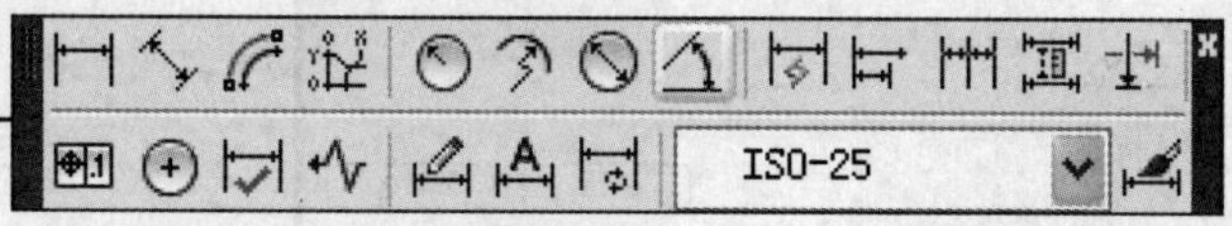


图 7-7

“标注”工具栏

## 7.1.4 创建尺寸标注的步骤

对图形进行尺寸标注的具体操作步骤如下：

**Step 1** 选择“格式”→“图层”命令，弹出“图层特性管理器”窗口建立一个独立的图层，专门用于尺寸标注，如图 7-8 所示。

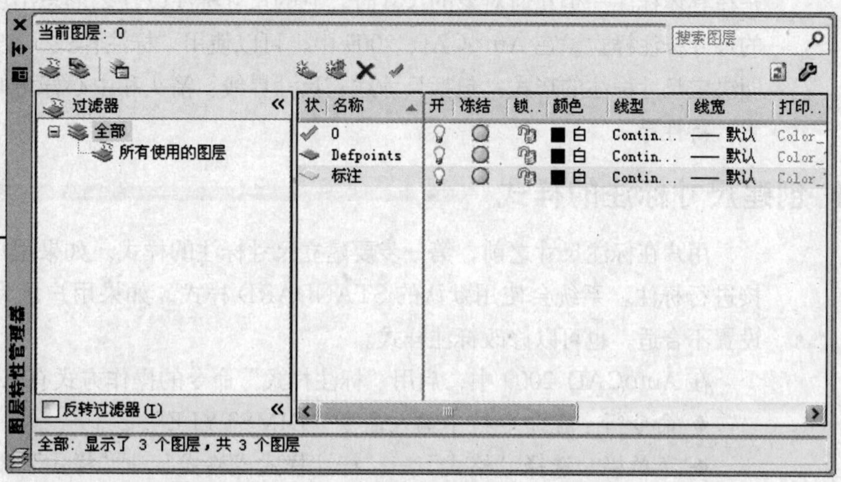


图 7-8

“图形特性管理器”对话框

**Step 2** 选择“格式”→“文字样式”命令，弹出“文字样式”对话框，可以在该对话框中建立一种文字样式，专门用于尺寸标注，如图 7-9 所示。

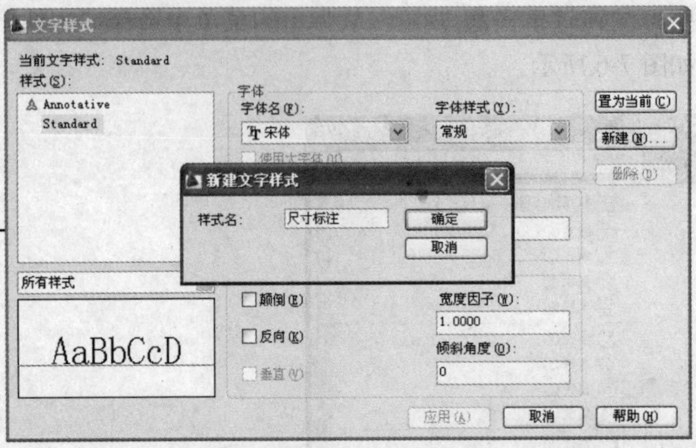


图 7-9

创建“尺寸标注”的文字样式

**Step 3** 选择“格式”→“标注样式”命令，弹出“标注样式管理器”对话框，在此可以设置标注样式，如图 7-10 所示。使用对象捕捉和标注等功能，对图形中的元素进行标注。

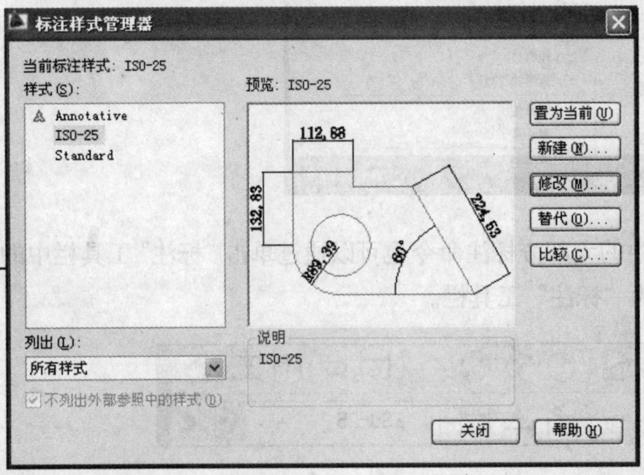


图 7-10

“标注样式管理器”的对话框

# 7.2 标注样式

组成尺寸标注的尺寸界线、尺寸线、尺寸文本及箭头等可以采用多种多样的形式，用户在具体标注一个几何对象的尺寸时，它的尺寸标注以什么形态出现，取决于当前所采用的尺寸标注样式。在 AutoCAD 2009 中，可以使用“标注样式”控制标注的格式和外观，即决定尺寸标注的形式，包括尺寸线、尺寸界线、箭头和中心标记的形式、尺寸文本的位置、特性等。

## 7.2.1 创建尺寸标注的样式

用户在标注尺寸之前，第一步要建立尺寸标注的样式。如果用户不建立尺寸样式而直接进行标注，系统会使用默认的 STANDARD 样式。如果用户认为使用标注样式的某些设置不合适，也可以修改标注样式。

在 AutoCAD 2009 中，启用“标注样式”命令的操作方式有以下几种：

- 命令行：在命令行中输入命令“DIMSTYLE”。
- 菜单栏：选择“格式”→“标注样式或格式”→“样式”命令。
- 工具栏：单击“标注”工具栏中的“标注样式”按钮。

调用“标注样式”命令后，系统会打开“标注样式管理器”对话框，如上图 7-10 所示的对话框。用户可以方便直观地定制和浏览尺寸标注样式，还可以根据已经存在的标注样式定义新的标注样式，这样有利于创建一组相关的标注样式。对于已经存在的标注样式，用户可以为其创建一个子样式，子样式的设置仅限于特定类型的尺寸标注。

“标注样式管理器”对话框的选项具体说明如下所示：

◆“置为当前”按钮：用于把在“样式”列表框中选择的样式设置为当前样式。

◆“新建”按钮：用于定义一个新的尺寸标注样式。单击该按钮，弹出“创建新标注样式”对话框，如图 7-11 所示。用户可通过此对话框创建一个新的尺寸标注样式，可以在对话框中的“新样式名”文本框中输入新的标注名称，在“基础样式”下拉列表中选择创建新样式所基于的标注样式。

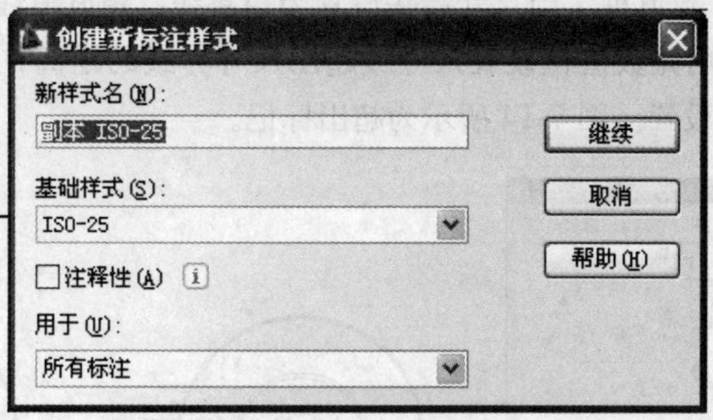


图 7-11

“创建新标注样式”对话框

◆“修改”按钮：用于修改已存在的标注样式。单击该按钮，弹出“修改标注样式”对话框。此对话框与“新建标注样式”对话框中的各选项完全相同，用户可以在此修改已有的标注样式。

◆“替代”按钮：用于创建当前标注样式的替代样式。单击该按钮，弹出“替代当前样式”对话框。

◆“比较”按钮：用于比较两个尺寸标注样式在参数上的区别或浏览一个尺寸标注样式的参数设置。单击该按钮，弹出“比较标注样式”对话框，如图 7-12 所示。用户可以把比较结果复制到剪切板上，然后再粘贴到其他 Windows 应用软件上。

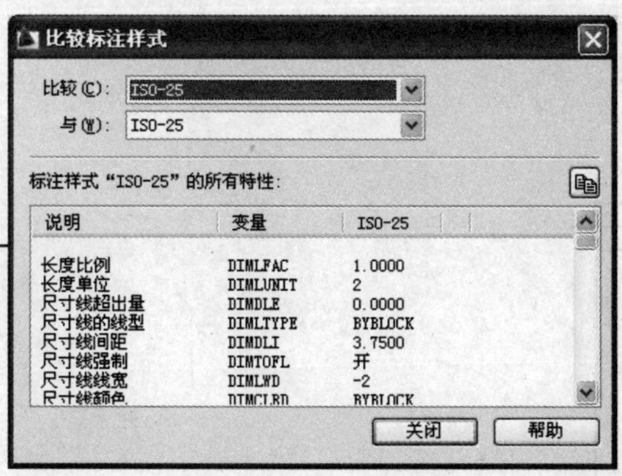


图 7-12

“比较标注样式”对话框

## 7.2.2 设置线

如图 7-13 所示的“新建标注样式”对话框中，第一个选项是“线”选项卡，用来设置尺寸线、尺寸界线的格式和位置。

### 1. 尺寸线

在尺寸线中可以设置尺寸的颜色、线宽、超出标记即基线间距等属性，各选项具体说明如下：

◆“颜色”下拉列表：用于设置尺寸线的颜色。可直接输入颜色名字，也可从下拉列表中选择。默认情况下，颜色是随块的，也可以使用系统变量 DIMCLRD 来设置。

◆“线型”下拉列表：用于设置尺寸线的线型，下拉列表中列出了各种线型的名字。该选项没有对应的系统变量。

◆“线宽”下拉列表：用于设置尺寸线的宽度，下拉列表中列出了各种线宽的名字和宽度。默认情况下，尺寸线的线宽是随块的，也可以使用系统变量 DIMWD 来设置。

◆“超出标记”数值框：当尺寸箭头设置为短斜线、短波浪线等，或尺寸线上无箭头时，可利用此数值框设置尺寸线超出尺寸界线的距离，也可以使用系统变量 DIMDLE 来设置。图 7-14 所示为超出标记。

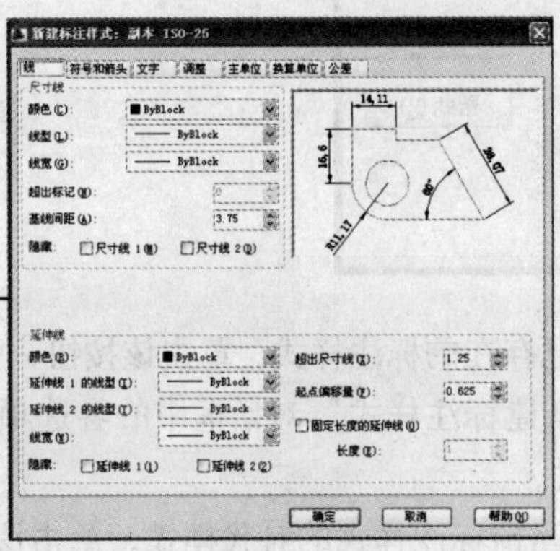

图 7-13

“新建标注样式”对话框（打开“线”选项卡）

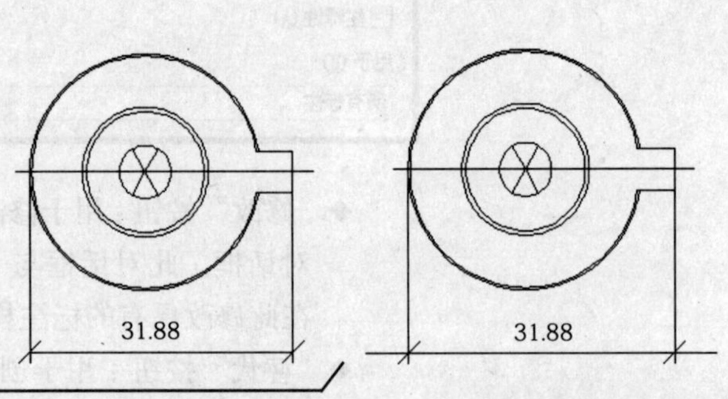


（a）超出标记为 0　　（b）超出标记为 5

图 7-14

设置超出标记

◆“基线间距”数值框：用于设置以基线方式标注尺寸时，相邻两尺寸线之间的距离，也可以用系统变量 DIMDLI 设置。基线间距如图 7-15 所示。

◆“隐藏”选项组：用于确定是否隐藏尺寸线及相应的箭头。选中“尺寸线 1”复选框时表示隐藏第一段尺寸线；选中“尺寸线 2”复选框时表示隐藏第二段尺寸线。相对应的系统变量为 DIMSD1 和 DIMSD2。

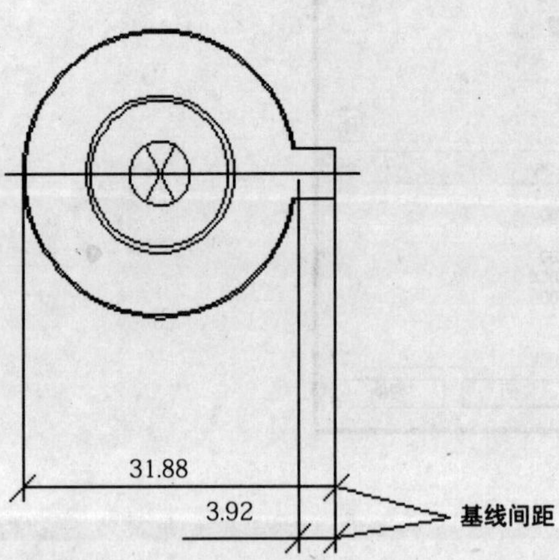


图 7-15

设置基线间距

## 2．尺寸界线

用于确定尺寸界线的形式，其中各选项的含义说明如下：

◆“颜色”下拉列表：用于设置尺寸界线的颜色，也可以使用系统变量 DIMCL RE 来设置。

◆“尺寸界线 1”和“尺寸界线 2”下拉列表：分别用于设置尺寸界线 1 和尺寸界线 2 的线型。

◆“线宽”下拉列表：用于设置尺寸界线的宽度，也可以使用系统变量 DIMLWE 来设置。

◆“超出尺寸线”数值框：用于确定尺寸界线超出尺寸线的距离，对应的尺寸变量是 DIMEXE，如图 7-16 所示。

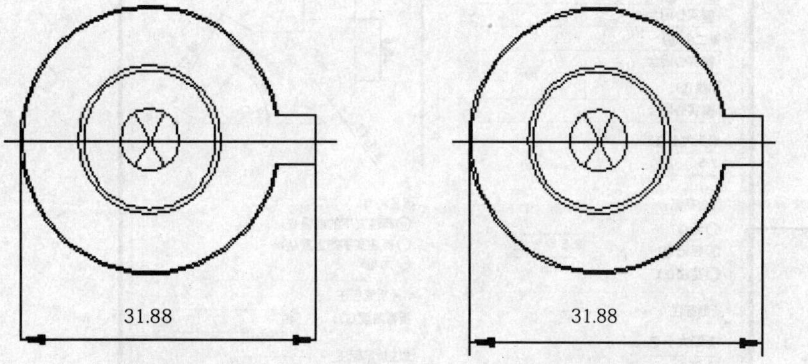


（a）超出距离为 0　　（b）超出距离不为 0

图 7-16
超出尺寸线距离设置

◆“起点偏移量”数值框：用于确定尺寸界线的实际起点相对于指定的尺寸界线的起始点的偏移量，也可以用系统变量 DIMEXO 设置，如图 7-17 所示。

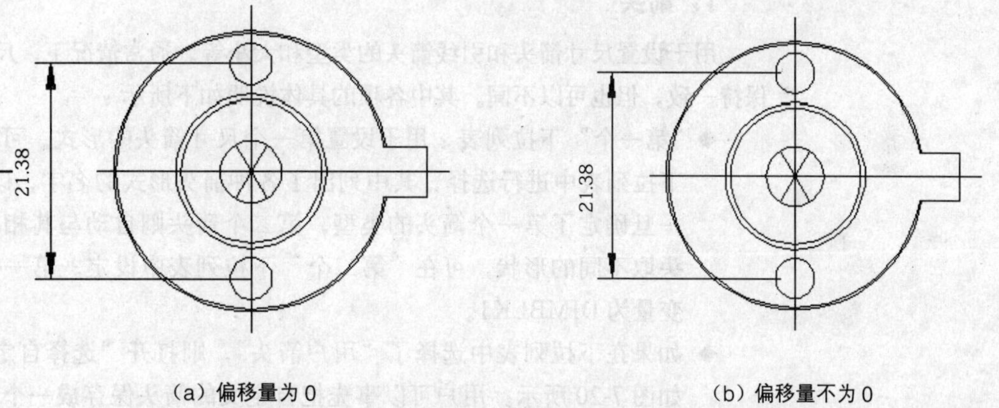


（a）偏移量为 0　　（b）偏移量不为 0

图 7-17
起点偏移量设置

**知识链接**

尺寸样式显示框是以样例的形式显示用户设置的尺寸样式。

◆“隐藏”选项组：用于确定是否隐藏尺寸界线。选中“尺寸界线 1”复选框时表示隐藏第一段尺寸界线；选中“尺寸界线 2”复选框时表示隐藏第二段尺寸界线。相对应的系统变量为 DIMSE1 和 DIMSE2，如图 7-18 所示。

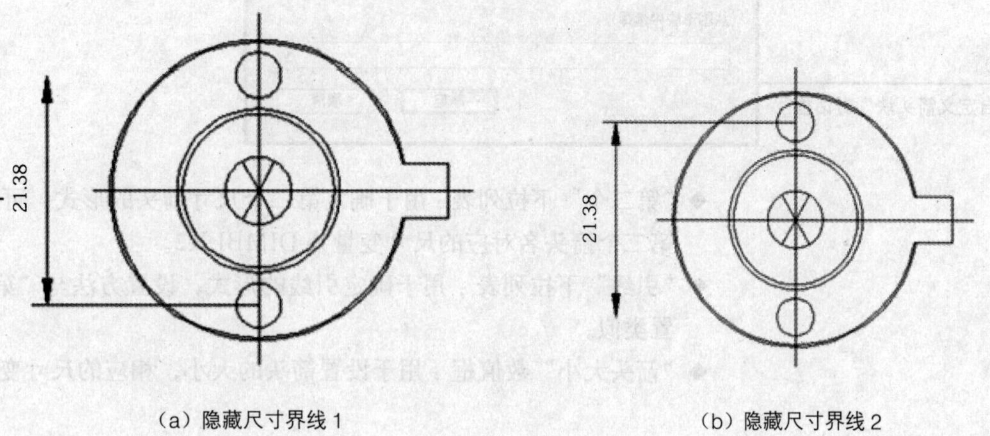


（a）隐藏尺寸界线 1　　（b）隐藏尺寸界线 2

图 7-18
隐藏尺寸界线效果

## 7.2.3 设置符号和箭头

在图 7-19 所示的“新建标注样式”对话框中，第二个选项卡是“符号和箭头”选项卡，用于设置箭头、圆心标记、弧长符号、半径折弯标注和线型折弯标注的形式和特性。

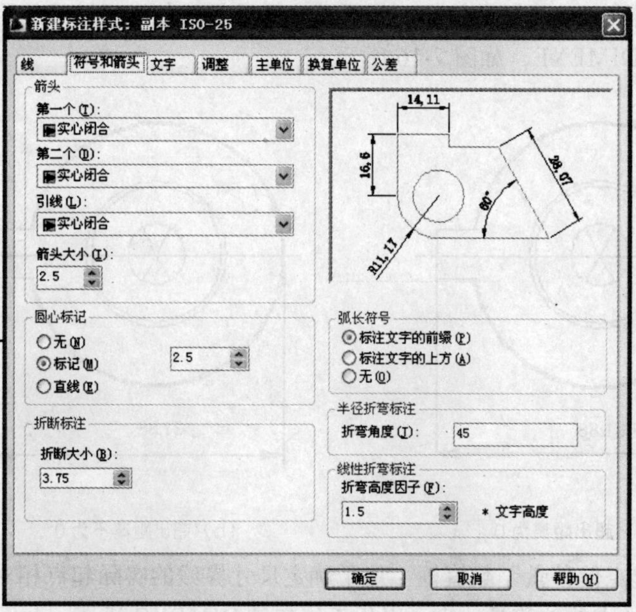

图 7-19

“符号和箭头”选项卡

### 1．箭头

用于设置尺寸箭头和引线箭头的类型和大小等。通常情况下，尺寸线的两个箭头应该保持一致，但也可以不同。其中各项的具体说明如下所示：

- “第一个”下拉列表：用于设置第一个尺寸箭头的形式。可单击右侧的小箭头从下拉列表中进行选择，其中列出了各种箭头形式的名字，以及各类箭头的形状。一旦确定了第一个箭头的类型，第二个箭头则自动与其相匹配。要想第二个箭头取不同的形状，可在“第二个”下拉列表中设定。第一个箭头名对应的尺寸变量为 DIMBLK1。
- 如果在下拉列表中选择了“用户箭头”，则打开“选择自定义箭头块”对话框，如图 7-20 所示。用户可以事先把自定义的箭头保存成一个图块，在此输入图块名称即可。

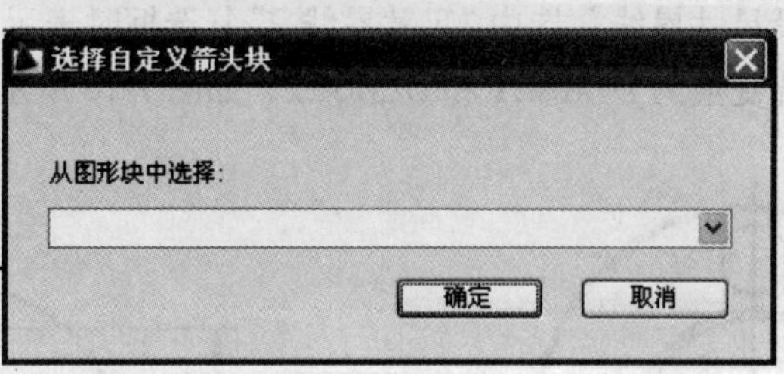

图 7-20

“选择自定义箭头块”对话框

- “第二个”下拉列表：用于确定第二个尺寸箭头的形式，可以与第一个箭头不同。第二个箭头名对应的尺寸变量为 DIMBLK2。
- “引线”下拉列表：用于确定引线的形式，设置方法与“第一个”下拉列表的设置类似。
- “箭头大小”数值框：用于设置箭头的大小，相应的尺寸变量为 DIMASZ。

◆ "无"单选按钮：不显示弧长符号。

如果要翻转箭头的方向，可选择要翻转的箭头旁边的一个标注对象后右击，在弹出的快捷菜单中选择"翻转箭头"命令，即可翻转箭头。

### 2．圆心标记

用于设置半径标注、直径标注和中心标注中的中心标记和中心线的形式，对应的尺寸变量为 DIMCEN。其中各选项的含义说明如下：

◆ "无"单选按钮：即不产生中心标记，也不产生中心线。此时变量 DIMCEN 的值为 0。
◆ "直线"单选按钮：中心标记为直线的形式。系统将中心线的大小以一个负值存在 DIMCEN 中。
◆ "标记"单选按钮：中心标记为一个记号。系统将标记大小以一个正值存在 DIMCEN 中。
◆ 微调框：用于设置中心标记和中心线的大小和粗细。

### 3．弧长符号

用于控制弧长标注中圆弧符号的显示，其中各项说明如下所示：

◆ "标注文字的前缀"单选按钮：将弧长符号放置在标注文字的前面，如图 7-21 所示。
◆ "标注文字的上方"单选按钮：将弧长符号放置在标注文字的上方，如图 7-22 所示。

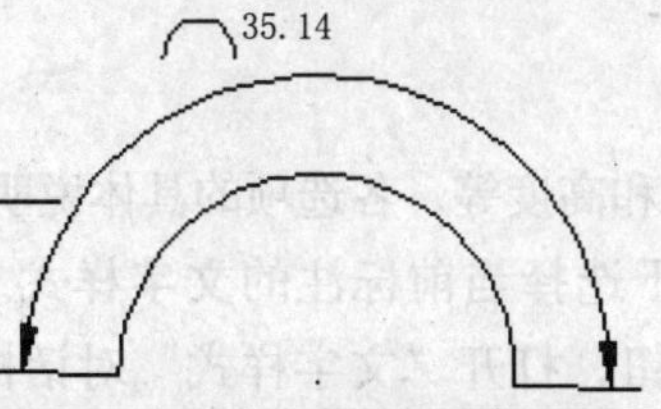


图 7-21

弧长符号放置在标注文字前

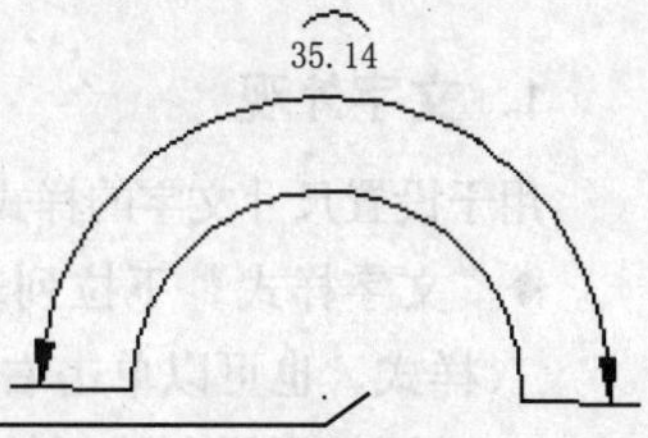


图 7-22

弧长符号放置在标注文字上

### 4．半径折弯标注

用于控制半径标注的显示。半径折弯标注通常在中心点位于页面外部时创建。在"折弯角度"文本框中可以输入连接半径标注的尺寸界线和尺寸线的横向直线的角度，如图 7-23 所示。

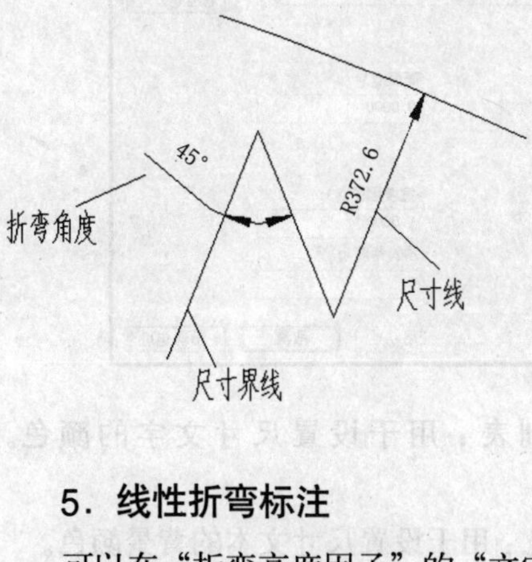


图 7-23

折弯角度

### 5．线性折弯标注

可以在"折弯高度因子"的"文字高度"数值框里设置折弯高度因子的文字高度。

### 6．折断标注

可以在"折断大小"数值框中设置折断标注的大小。

## 7.2.4 文字样式

文字是标注中显示尺寸或其他内容的重要部分，用户可以在标注样式中设置文字外观、位置及对齐方式等。切换到"文字"选项卡，如图 7-24 所示。

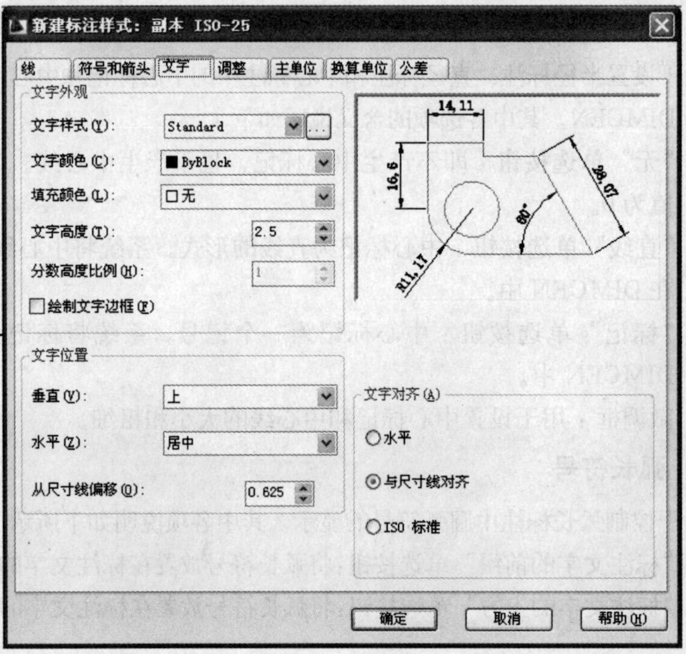

图 7-24
“文字”选项卡

## 1．文字外观

用于设置尺寸文字的样式、颜色和高度等，各选项的具体说明如下：

◆“文字样式”下拉列表：用于选择当前标注的文字样式。可在下拉列表中选择样式，也可以单击右侧的按钮，打开“文字样式”对话框，如图 7-25 所示，该对话框用于创建新的文字样式或对已有文字样式进行修改。对应的系统变量为 DIMTXSTY。

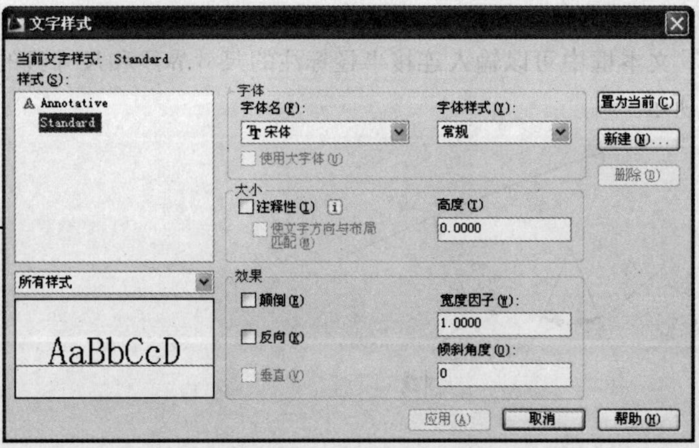

图 7-25
“文字样式”对话框

◆“文字颜色”下拉列表：用于设置尺寸文字的颜色。对应的系统变量为 DIMCLRT。

◆“填充颜色”下拉列表：用于设置尺寸文本的背景颜色。

◆“文字高度”数值框：用于设置尺寸文字的高度，对应的系统变量为 DIMTXT。需注意的是，如果选用的文字样式中已经设置了文字的高度，则在此处的设置是无效的；如果文字样式中设置的文字高度为 0，则以此处的设置为准。

◆“分数高度比例”数值框：用于确定标注文字中的分数相对于其他标注文字的比例，系统将此比例值与标注文字高度的乘积作为分数的高度。

◆“绘制文字边框”复选框：用于给标注文字周围加边框，如图 7-26 所示。

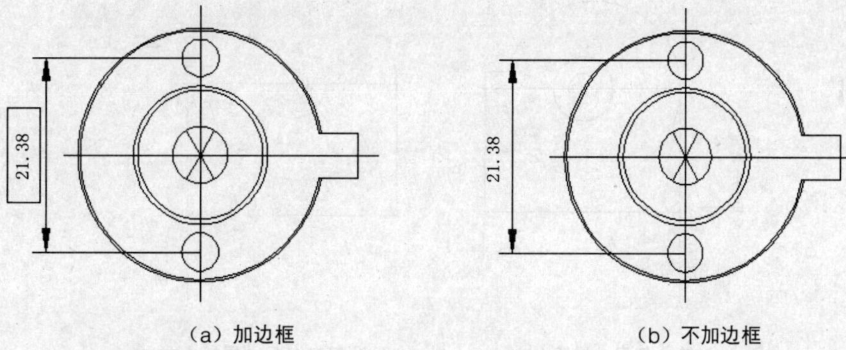


（a）加边框　（b）不加边框

图 7-26 文字加边框与不加边框效果对比

## 2. 文字位置

用于设置文字的垂直、水平位置及距离尺寸线的偏移量。各选项的含义说明如下：

- “垂直”下拉列表：用于确定尺寸文本相对于尺寸线在垂直方向上的对齐方式，对应的尺寸变量为IMTAD。其中的选项包括“置中”、“上方”、“外部”和“JIS”。“置中”表示将尺寸文本放置在尺寸线的中间；“上方”表示将尺寸文本放置在尺寸线的上方；“外部”表示将尺寸文本放置在远离第一条尺寸界线起点的位置，即和所标注的对象分列于尺寸线的两侧；“JIS”表示使尺寸文本的放置位置符合JIS（日本工业标准）规则。设置效果如图7-27所示。

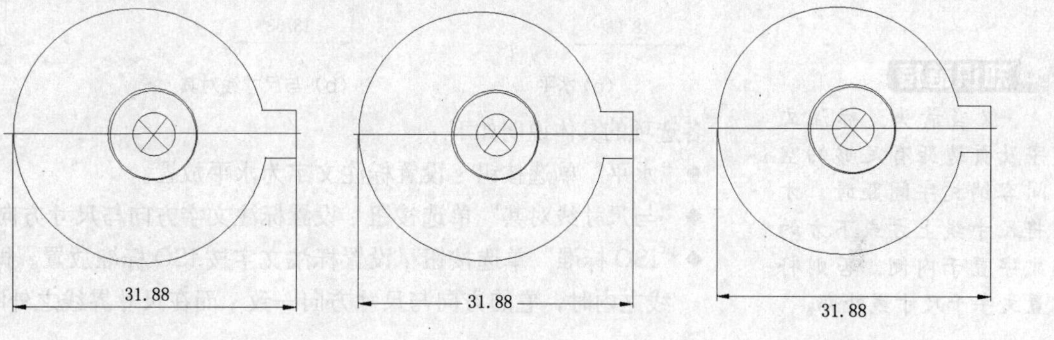


（a）上方　（b）置中　（c）外部

图 7-27 文字垂直位置

- “水平”下拉列表：用于设置标注文字相对于尺寸线和尺寸界线在水平方向的位置，包括“置中”、“第一条尺寸界线”、“第二条尺寸界线”、“第一条尺寸界线上方”和“第二条尺寸界线上方”5个选项。对应的系统变量为DIMJUST，对应值分别为0、1、2、3、4。设置效果如图7-28所示。
- “从尺寸线偏移”数值框：用于设置标注文字与尺寸线之间的距离。若标注文字位于尺寸线的中间，就表示断开处尺寸线端点与尺寸文字的间距。如果尺寸文字带有边框，则可以控制文字边框与其中文字的距离。

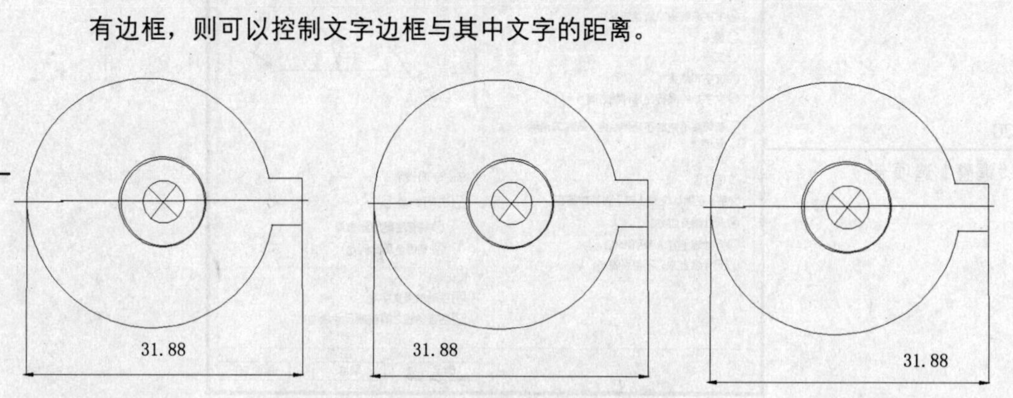


（a）置中　（b）第一条尺寸界线　（c）第二条尺寸界线

图 7-28 文字垂直位置

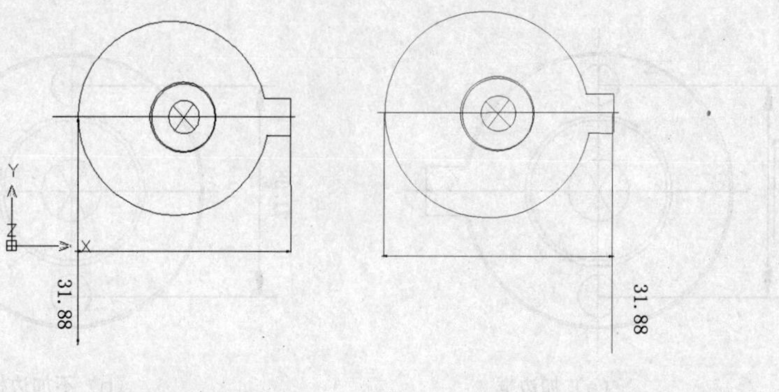


（d）第一条尺寸界线上方　　（e）第二条尺寸界线上方

### 3．文字对齐

用于设置标注文字是保持水平还是与尺寸线平行，如图 7-29 所示。

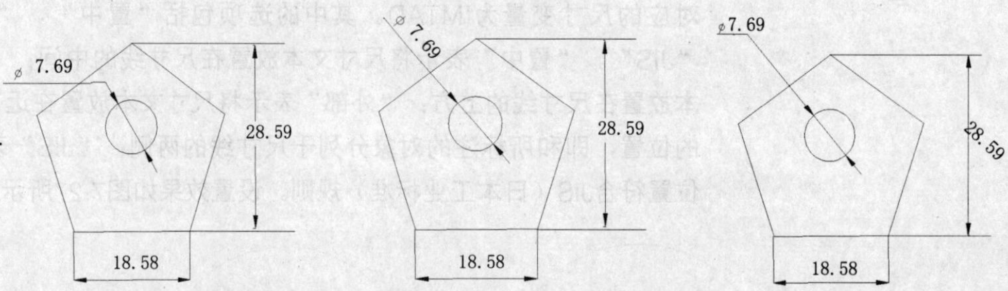


（a）水平　　（b）与尺寸线对其　　（c）ISO 标准

图 7-29
文字对齐方式

**知识链接**

仅当箭头、标注文字及页边距有足够的空间容纳文字间距时，才将尺寸线上方或下方的文字置于内侧，否则将置文字于尺寸线外部。

各选项的具体说明如下：

◆“水平”单选按钮：设置标注文字为水平放置。

◆“与尺寸线对其”单选按钮：设置标注文字方向与尺寸方向一致。

◆“ISO 标准”单选按钮：设置标注文字按 ISO 标准放置。即当标注文字在尺寸界线之内时，它的方向与尺寸方向一致；而在尺寸界线之外时，将水平放置。

## 7.2.5 调整

如图 7-30 所示，切换到“调整”选项卡，在其中可以进一步对标注文字、箭头、引线和尺寸线的位置进行调整。

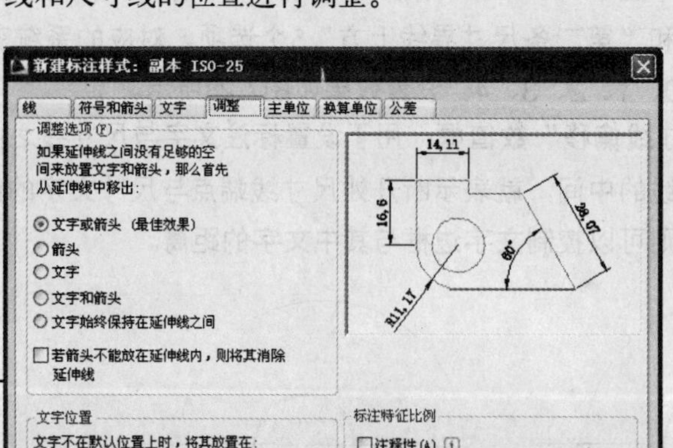


图 7-30
设置“调整”选项卡

### 1. 调整选项

◆ 当尺寸界线之间没有足够的空间同时放置标注文字和箭头时，可以通过“调整选项”选项组中的各选项来设置如何从尺寸界线之间调整文字或箭头，图 7-29 中“调整”选项卡上的各项说明如下所示：

◆“文字或箭头（最佳效果）”单选按钮：选中此单选按钮，由系统按最佳效果自动移除文本或箭头：即如果空间允许，把尺寸文本和箭头都放在两尺寸界线之间；如果两尺寸界线之间只够放置尺寸文本，则把文本放在尺寸界线之间，而把箭头放在尺寸界线的外边；如果只够放置箭头，则把箭头放在里边，把文本放在外边；如果两尺寸界线之间既放不下文本，也放不下箭头，则把二者均放在外边。

◆“箭头”单选按钮：选中此单选按钮，则首先将箭头移出：即如果空间允许，把尺寸文本和箭头都放在两尺寸界线之间；如果空间只够放置箭头，则把箭头放在尺寸界线之间，把文本放在外边；如果尺寸界线之间的空间放不下箭头，则把箭头和文本均放在外面。

◆“文字”单选按钮：选中此单选按钮，则首先将文字移出：即如果空间允许，把尺寸文本和箭头都放在两尺寸界线之间；否则把文本放在尺寸界线之间，把箭头放在外面；如果尺寸界线之间的空间放不下尺寸文本，则把文本和箭头都放在外面。

◆“文字和箭头”单选按钮：选中此单选按钮，可将文字和箭头都移出：即如果空间允许，把尺寸文本和箭头都放在两尺寸界线之间；否则把文本和箭头都放在尺寸界线外面。

◆“文字始终保持在延伸线之间”单选按钮：选中此单选按钮，可将文字始终保持在尺寸界线之内，对应的系统变量为 DIMTIX。

◆“若箭头不能放在延伸线内，则将其消除延伸线”复选框：选中此复选框，如果尺寸界线之间的空间不足以容纳箭头，则不显示标注箭头，相对应的系统变量为 DIMSOXD。文字与尺寸线的调整位置如图 7-31 所示。

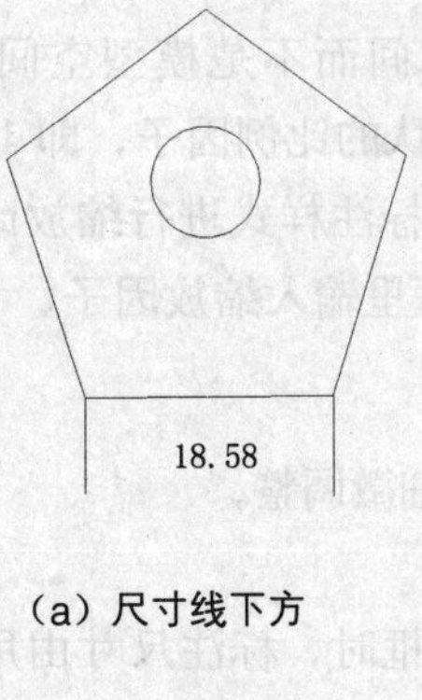

(a) 尺寸线下方

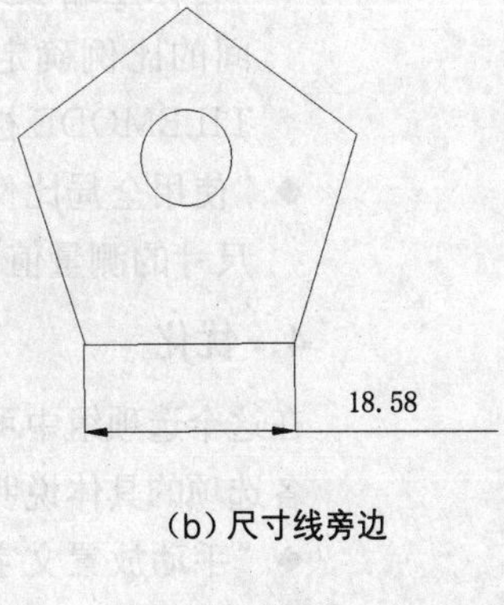

(b) 尺寸线旁边

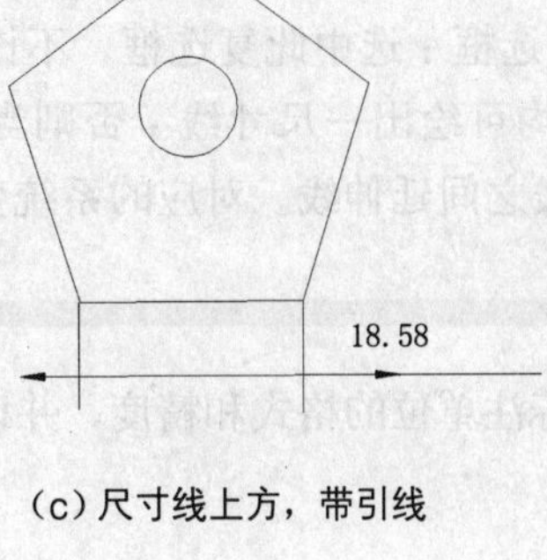

(c) 尺寸线上方，带引线

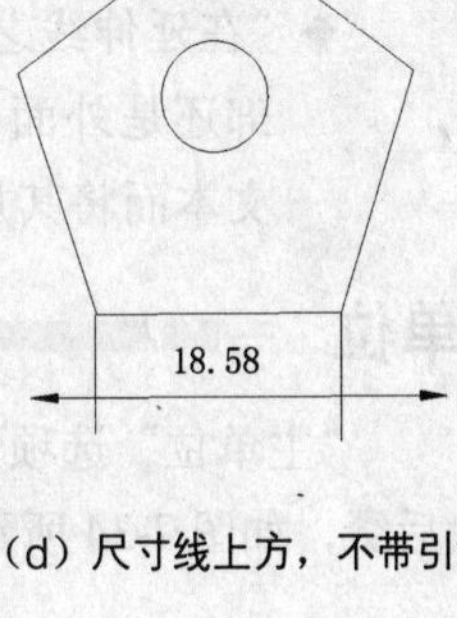

(d) 尺寸线上方，不带引线

图 7-31
文字和箭头的调整位置

2．文字位置

当文字不在默认位置上时，可以在这里选择尺寸文字的放置位置，包括 3 个单选按钮："尺寸线旁边"、"尺寸线上方，带引线"和"尺寸线上方，不带引线"，如图 7-32 所示。

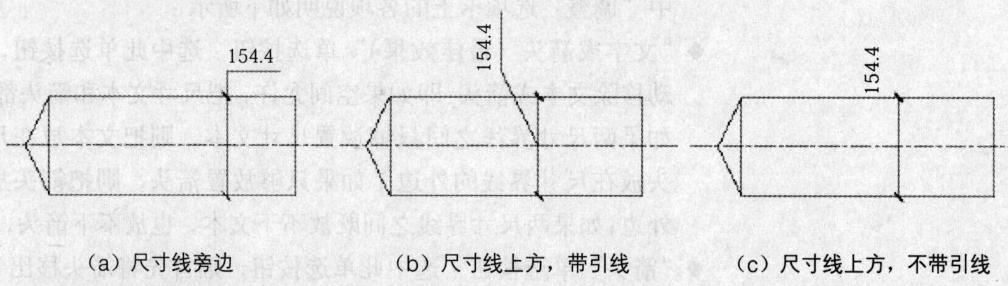


图 7-32
调整文字位置

3．标注特征比例

在这个选项组用来设置标注尺寸的特征比例，以便通过设置全局比例因子来增加或减少标注的大小，如图 7-33 所示。

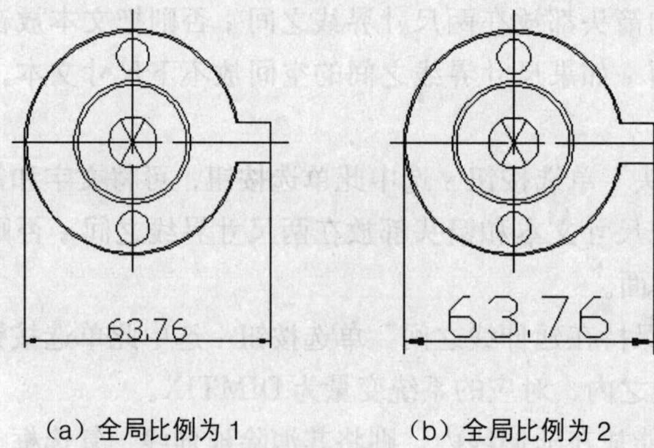


图 7-33
使用全局比例控制标注尺寸

各选项的具体说明如下：

◆"注释性"复选框：是否将标注特征比例设置为注释性的。

◆"将标注缩放到全局"单选按钮：用户可根据当前模型空间视口和图纸空间之间的比例确定比例因子。当在图纸空间而不是模型空间视口工作时，或者当 TILEMODE 被设置成 1 时，将使用默认的比例因子，即 1.0。

◆"使用全局比例"单选按钮：对所有的标注样式进行缩放比例，该比例并不改变尺寸的测量值。用户可在其后的数值框里输入缩放因子。

4．优化

在这个选项组中可以对文本的尺寸线进行细微调整。

各选项的具体说明如下：

◆"手动放置文字"复选框：选中此复选框时，标注尺寸由用户确定尺寸文本的放置位置，忽略前面的对齐设置。

◆"在延伸线之间绘制尺寸线"复选框：选中此复选框，不论尺寸文本在延伸线内部还是外面，在两延伸线之间均可绘出一尺寸线；否则当延伸线内放不下尺寸文本而将其放在外面时，延伸线之间延伸线。对应的系统变量为 DIMTOFL。

## 7.2.6 主单位

"主单位"选项卡主要用于设置主标注单位的格式和精度，并设置标注文字的前缀和后缀，如图 7-34 所示。

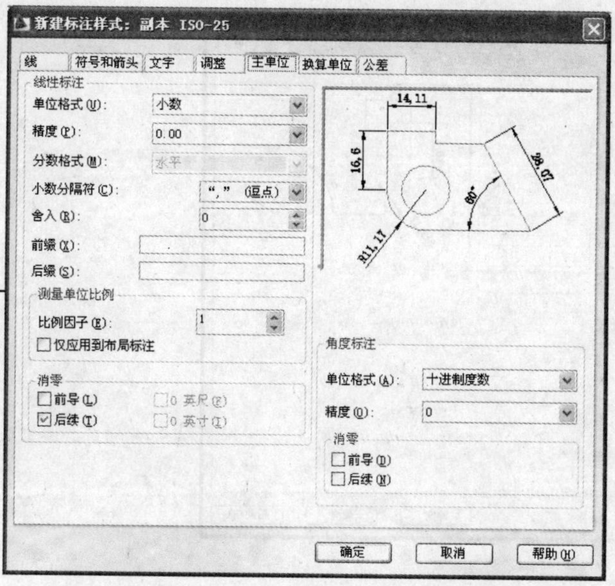

图 7-34
设置"主单位"选项卡

标注的数值可以显示为单个的测量值或在两种测量系统中显示。在这两种情况下，都可以控制数值表示方式的细节。

1．线性标注

在此可以设置线性标注的单位格式和精度。各选项具体说明如下：

◆"单位格式"下拉列表：用于设置除角度标注之外，其余各种标注类型的尺寸单位，其中包括"科学"、"小数"、"工程"、"建筑"、"分数"和"Windows 桌面"6 种单位制，用户可根据自己的需要进行选择。对应的系统变量为 DIMLUNIT。
◆"精度"下拉列表：用于设置除角度标注之外的其他标注的尺寸精度，对应的系统变量为 DIMDEC。
◆"分数格式"下拉列表：用于设置分数的形式，其中包括"水平"、"对角"和"非重叠"3 种形式。对应的系统变量为 DIMFRAC。
◆"小数分隔符"下拉列表：用于设置十进制单位的分隔符，其中包括"句点"、"逗点"和"空格"3 种形式。对应的系统变量为 DIMDSEP。
◆"舍入"数值框：用于设置除角度标注之外的尺寸测量值的舍入值。
◆"前缀"文本框：用于设置标注文字的前缀。用户可输入文本，也可以用控制符产生特殊字符，这些文本会被加在所有尺寸之前。对应的系统变量为 DIMPOST。
◆"后缀"文本框：用于设置标注文字的后缀。

2. 测量单位比例选项组

用于确定系统自动测量尺寸中的比例因子。其中"比例因子"数值框用来设置除角度之外所有尺寸测量的比例因子。如果选中"仅应用到布局标注"复选框，则设置的比例因子只适用于布局标注。

## 7.2.7 换算单位

"换算单位"选项卡用于设置替换单位，如图 7-35 所示。通过换算标注单位，可以转换使用不同测量单位制的标注，通常是显示英制标注的等效公制标注，或公制标注的等效英制标注。在标注文字中，换算标注单位显示在主单位旁边的方括号（[]）中，如图 7-36 所示。

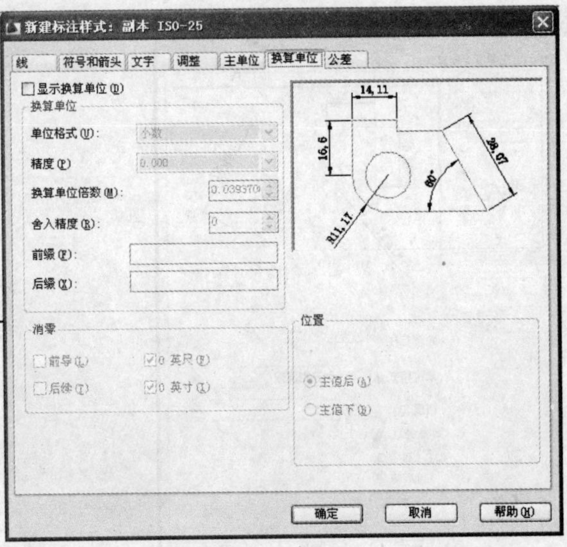


图 7-35
“换算单位”选项卡

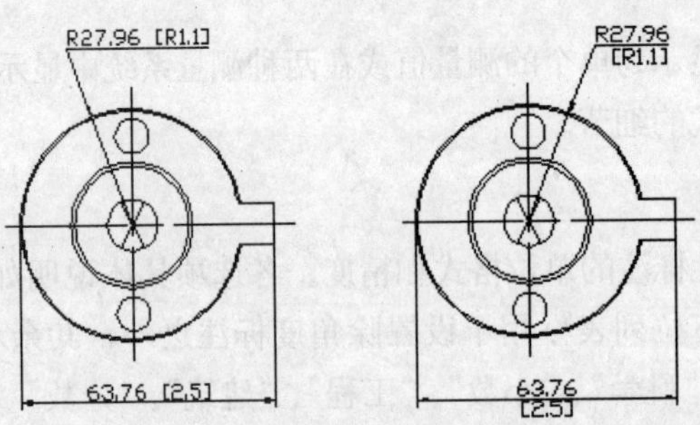


图 7-36
使用换算单位

在“换算单位”选项卡中的各项说明如下：

### 1．显示换算单位

选中该复选框后，对话框中其他的选项才可用。

### 2．换算单位

各选项具体说明如下：

- ◆“单位格式”下拉列表：选择替换单位采用的单位制。
- ◆“精度”下拉列表：用于设置替换单位的精度。
- ◆“换算单位倍数”数值框：用于指定主单位和替换单位的转换因子，对应的系统变量为 DIMALTF。
- ◆“舍入精度”数值框：用于设定替换单位的圆整规则。
- ◆“后缀”文本框：用于设置替换单位文本的固定后缀，对应的系统变量为 DIMAPOST。
- ◆“前缀”文本框：用于设置替换单位文本的固定前缀，对应的系统变量为 DIMAPOST。

### 3．消零

用于设置是否省略尺寸标注中的 0，对应的系统变量为 DIMALTZ。

### 4．位置

用于设置替换单位尺寸标注的位置，具体如下所示：

◆“主值后”单选按钮：将替换单位尺寸标注放置在主单位标注的后边。

◆“主值下”单选按钮：将替换单位尺寸标注放置在主单位标注的下边。

### 7.2.8 设置公差

切换到“公差”选项卡，如图 7-37 所示，用来确定标注公差的方式。

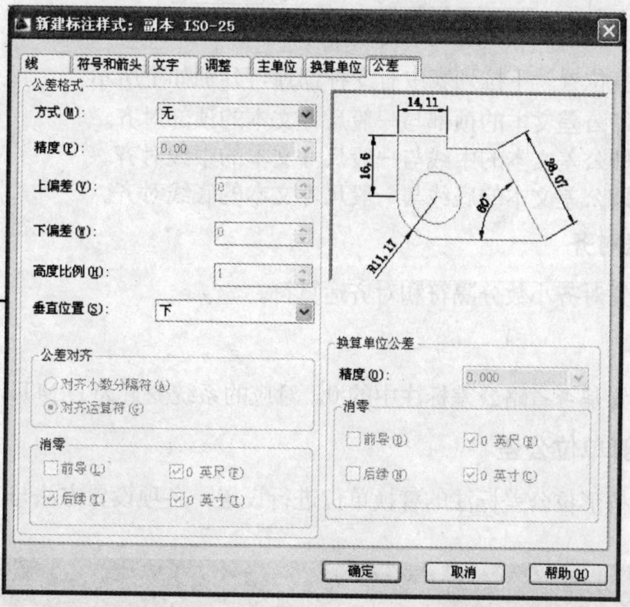


图 7-37

设置“公差”选项卡

#### 1．公差格式

用于设置公差的标注方式，具体各选项的解释如下：

◆“方式”下拉列表：用于设置以何种形式标注公差。单击右侧的向下箭头，弹出下拉列表，提供了 5 种标注公差的形式，用户可从中选择。这 5 种形式分别是“无”、“对称”、“极限偏差”、“极限尺寸”和“基本尺寸”。其中“无”表示不标注公差，其余 4 种标注情况如图 7-38 所示。

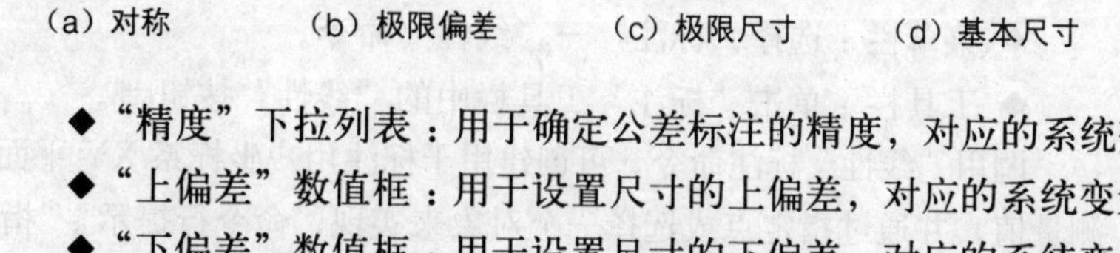


（a）对称　（b）极限偏差　（c）极限尺寸　（d）基本尺寸

图 7-38

公差标注的形式

◆“精度”下拉列表：用于确定公差标注的精度，对应的系统变量为 DIMTDEC。

◆“上偏差”数值框：用于设置尺寸的上偏差，对应的系统变量为 DIMTP。

◆“下偏差”数值框：用于设置尺寸的下偏差，对应的系统变量为 DIMTM。

◆“高度比例”数值框：用于设置公差文本的高度比例，即公差文本的高度与一般尺寸文本的高度之比，对应的系统变量为 DIMTFAC。

◆“垂直位置”下拉列表：用于控制“对称”和“极限偏差”形式的公差标注的文本对齐方式，如图 7-39 所示。

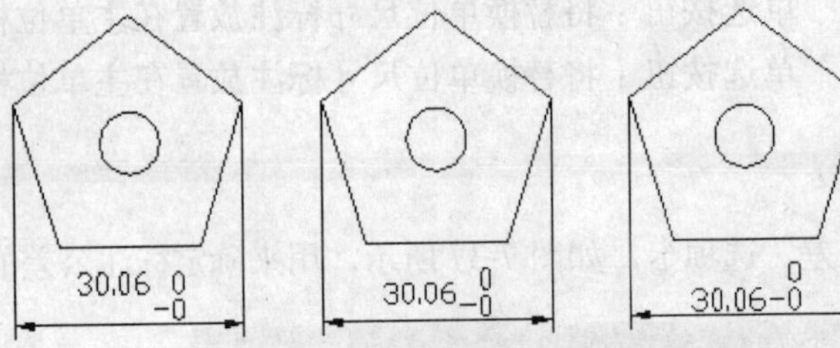


图 7-39
公差文本的对齐方式

在“垂直位置”下拉列表中有 3 种位置，分别如下所示。

- 上：即公差文本的顶部与一般尺寸文本的顶部对齐。
- 中：即公差文本的中线与一般尺寸文本的中线对齐。
- 下：即公差文本的底线与一般尺寸文本的底线对齐。

### 2. 公差对齐

用于设置对齐小数分隔符和对齐运算符。

### 3. 消零

用于设置是否省略公差标注中的 0，对应的系统变量为 DIMTZIN。

### 4．换算单位公差

用于对齐形位公差标注的替换单位进行设置，各项设置方法与上面类似。

# 7.3 尺寸标注的种类

正确地进行尺寸标注是设计绘图工作中非常重要的一个环节。AutoCAD 2009 版提供了方便、快捷的尺寸标注方法，可以通过执行命令来实现，也可利用菜单或工具栏中的按钮来实现。

## 7.3.1 长度型尺寸标注

在设计过程中，通常需要对图形的长度进行尺寸标注。在 AutoCAD 中可以使用“线性”标注。线性标注用于标注图形对象的线性距离或长度，其中包括水平标注、垂直标注和旋转标注 3 种类型。水平标注用于标注对象上的两点在水平方向上的距离，尺寸线沿水平方向放置；垂直标注用于标注对象上的两点在垂直方向的距离，尺寸线沿垂直方向放置；旋转标注用于标注对象上的两点在指定方向上的距离，尺寸线沿旋转角度方向放置。

在 AutoCAD 2009 中，启用“线性”标注命令的方式有以下几种：

- 命令行：在命令行中输入命令“DIMLINEAR”。
- 菜单栏：选择“标注”→“线性”命令。
- 工具栏：单击“标注”工具栏中的“线性”按钮。

调用“线性”标注命令，可创建用于标注用户坐标系 XY 平面中的两个点之间的距离测量值，并通过指定点或选择一个对象来实现，命令行提示：“指定第一条尺寸界线原点或＜选择对象＞：”。

在 AutoCAD 2009 中启用“线性”标注命令标注图形尺寸的方法如下：

**Step 1** 选择“文件”→“打开”命令，将已经创建好的“窗户”图形文件打开，如图 7-40 所示。

**Step 2** 选择“标注”→“线性”命令，根据命令行提示：“指定第一条延伸线原点或（选择对象）”，首先捕捉左上角点为第一点，如图 7-41 所示。

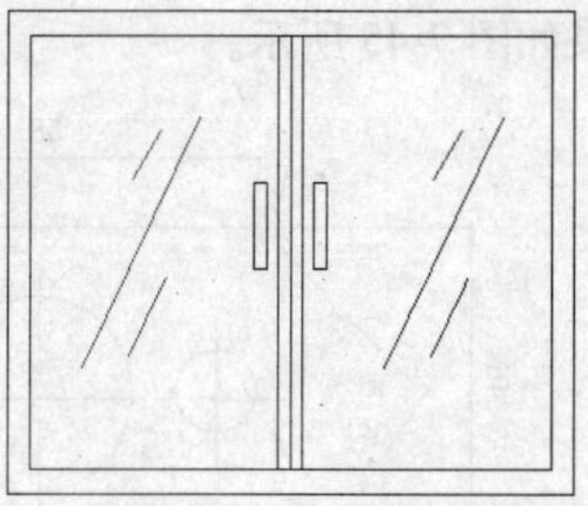

图 7-40

打开“窗户”图形文件

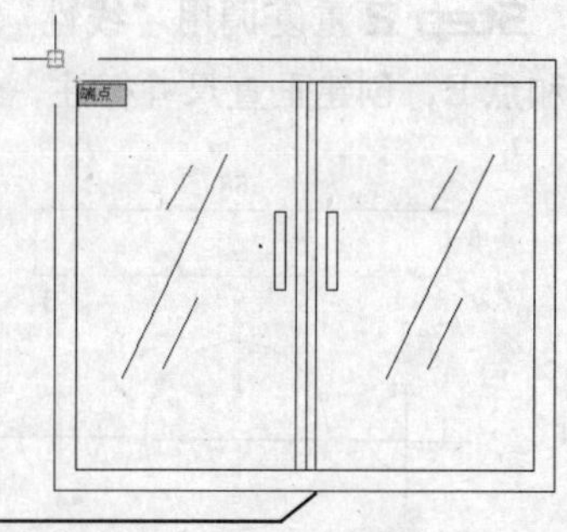

图 7-41

捕捉标注第一点

**Step 3** 根据命令行提示：“指定第二条延伸线原点”，捕捉窗户左下角为第二点，这样得到窗户左边外框尺寸标注结果，如图 7-42 所示。

**Step 4** 再次调用“线性”标注命令，分别标注窗户的其他几边的长度尺寸，最终结果如图 7-43 所示。

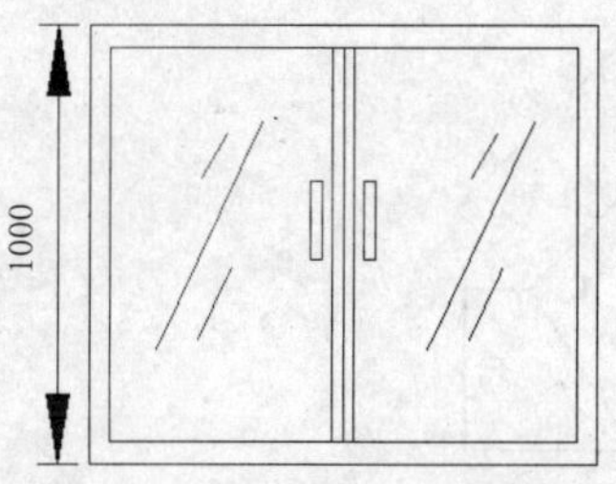


图 7-42

尺寸标注 1000

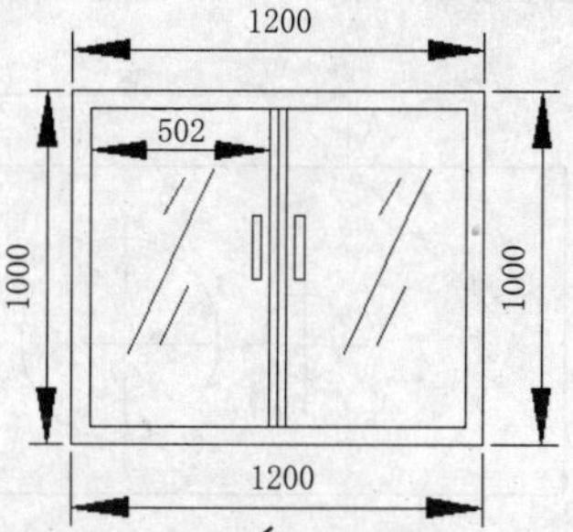


图 7-43

标注其他线性尺寸

选择对象后，命令行提示：“指定尺寸线位置或[多行文字（M）/文字（T）/角度（A）/水平（H）/垂直（V）/旋转（R）]:”，其中各项的具体说明如下所示：

- ◆ 指定尺寸线位置：用于确定尺寸线的位置。用户可以移动鼠标选择合适的尺寸线位置，按【Enter】键或者单击确定即可。
- ◆ 多行文字：选择此项，用户可用多行文字编辑器确定尺寸文字。
- ◆ 文字：可以以单行文字的形式输入标注文字。选择该项后，系统提示：“输入标注文字 <默认值>:”，其中默认值是系统自动测量得到的被标注线段的长度，直接按【Enter】键即可采用此长度值。用户也可以输入其他的值代替默认值。
- ◆ 角度：用于设置尺寸文本的倾斜角度。
- ◆ 水平：不管标注什么方向的线段，尺寸线都会被水平放置。
- ◆ 垂直：不管标注什么方向的线段，尺寸线都会被垂直放置。
- ◆ 旋转：输入旋转角度值，可以旋转标注尺寸。

## 7.3.2 对齐标注

对齐标注是指标注两点之间的实际长度。对齐标注的尺寸线平行于两点的连线，在 AutoCAD 2009 中启用“对齐”标注命令的操作方式有以下几种：

- ◆ 命令行：在命令行中输入命令“DIMALIGNED”。
- ◆ 菜单栏：选择“标注”→“对齐”命令。
- ◆ 工具栏：单击“标注”工具栏中的“对齐”按钮。

在 AutoCAD 2009 中启用“对齐”标注命令标注图形尺寸的方法如下：

**Step 1** 选择“标注”→“线性”命令，根据命令行的提示，选择如图 7-44 所示的点 A 为尺寸界线的第一点，点 B 为尺寸界线的第二点。向上移动鼠标，选择适当的位置，单击确定尺寸线位置，结果如图 7-44 所示。

Step 2 重复调用“线性”标注命令，采用相同的方法，分别标注点 D 和点 C、点 A 和点 E，创建垂直尺寸标注，最终结果如图 7-45 所示。

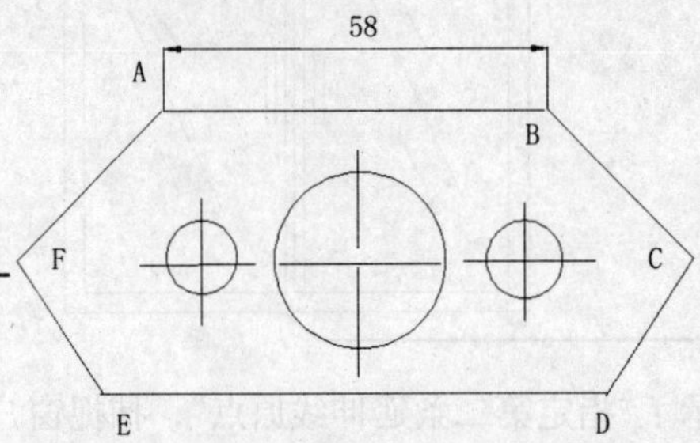


图 7-44

水平线性标注

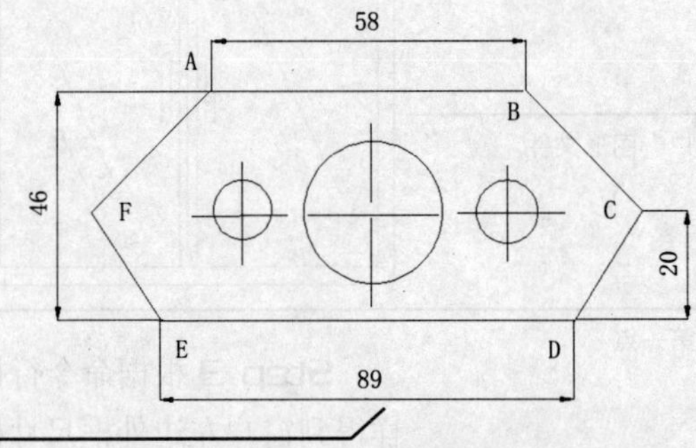


图 7-45

其余线性标注

Step 3 选择“标注”→“对齐”命令，根据命令行的提示，捕捉如图 7-46 中的点 B 为对齐标注第一条尺寸界线的原点，捕捉点 C 为第二条尺寸界线的原点。移动鼠标，选择适当的位置单击确定，最终得到如图 7-46 所示的对齐标注的尺寸结果。

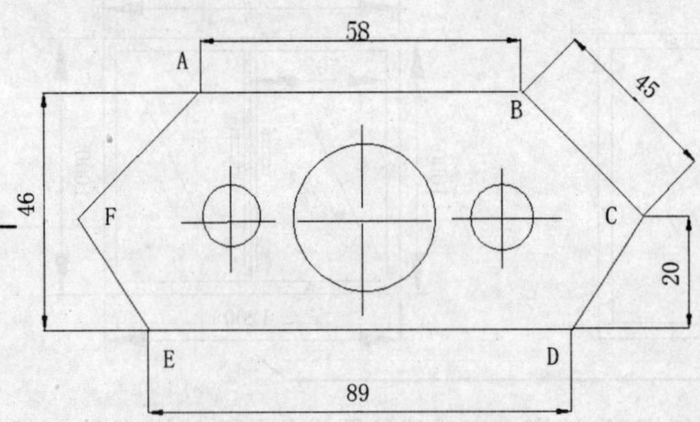


图 7-46

对齐标注后的结果

## 7.3.3 坐标标注

应用坐标标注可以标明位置点相对于当前坐标系原点的坐标值，它是由 X 坐标或 Y 坐标和引线组成的。坐标标注一般在机械绘图中应用比较多，执行方式如下：

◆ 命令行：在命令行中输入命令“DIMORDINATE”。

◆ 菜单栏：选择“标注”→“坐标”命令。

◆ 工具栏：单击“标注”工具栏中的“对齐”按钮。

使用坐标标注的操作方法如下所示：

Step 1 选择“工具”→“新建 UCS”→“原点”命令，将用户坐标设置到图中的 A 点。

Step 2 选择“标注”→“坐标”命令，创建点 B 的坐标标注。首先指定点 B，向右水平拖动鼠标，创建 B 点的 Y 坐标标注，向右下方拖动鼠标，创建 B 点的 X 坐标标注。

Step 3 重复以上操作，创建各点的 X 和 Y 坐标标注，最终结果如图 7-47 所示。

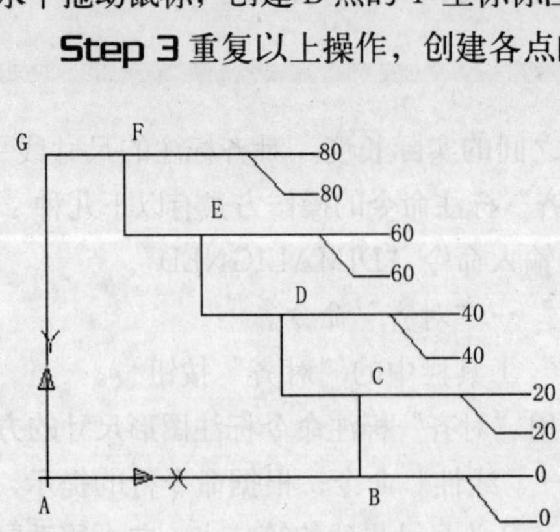


图 7-47

坐标标注

调用“对齐”命令后，命令行提示：“指定点坐标：”，指定要标注坐标的点，系统会把这个点作为指引线的起点，并且提示：“指定引线端点或 [X 基准 (X) /Y 基准 (Y) / 多行文字 (M) / 文字 (T) / 角度 (A) ]：”，各选项的具体说明如下：

◆ 指定引线端点：用于确定另一点。可根据这两个点之间的坐标差决定是生成 *X* 坐标尺寸还是 *Y* 坐标尺寸。如果这两个点之间 *Y* 坐标的距离相差大，就生成 *X* 坐标；否则生成 *Y* 坐标。

◆ *X* 基准：用于生成该点的 *X* 坐标。

◆ *Y* 基准：用于生成该点的 *Y* 坐标。

### 7.3.4 基线标注

基线标注以某一个尺寸标注的第一尺寸界线为基线，创建另一个尺寸标注。这种方法通常应用于机械设计和建筑设计中。

在 AutoCAD 2009 中启用“基线”标注命令的操作方法有以下几种：

◆ 命令行：在命令行中输入命令“DIMBASELINE”。

◆ 菜单栏：选择“标注”→“基线”命令。

◆ 工具栏：单击“标注”工具栏中的“基线”按钮。

调用“基线”标注命令后，系统提示：“指定第二条尺寸界线原点或 [ 放弃 (U) / 选择 (S) ] <选择>：”各选项具体说明如下：

◆ 指定第二条尺寸界线：用来直接确定另一个尺寸的第二条尺寸界线的起点，系统以上次标注的尺寸为基准标注出相应尺寸。

◆ 选择：在上述提示下直接按回车键，系统提示：“选择基准标注：”，用户选择作为基准的尺寸标注。

### 7.3.5 连续标注

连续标注用来创建一系列首尾相连放置的标注，每个连续标注都从前一个标注的第二条尺寸界线处开始。在 AutoCAD 2009 中启用“连续”标注命令的操作方式有以下几种：

◆ 命令行：在命令行中输入命令“DIMCONTINUE”。

◆ 菜单栏：选择“标注”→“连续”命令。

◆ 工具栏：单击“标注”工具栏中的“连续”按钮。

调用“连续”标注命令后，系统提示：“指定第二条尺寸界线原点或 [ 放弃(U)/ 选择(S)] <选择>：”，其中各选项与基线标注中的完全相同，请参照基线标注的解释。

### 7.3.6 角度标注

角度标注用于标注两条不平行直线之间按角度、圆和圆弧的角度或三点之间的角度进行标注。

在 AutoCAD 2009 中启用“角度”标注命令的方式有以下几种：

◆ 命令行：在命令行中输入命令“DIMANGLAR”。

◆ 菜单栏：选择“标注”→“角度”命令。

◆ 工具栏：单击“标注”工具栏中的“角度”按钮。

调用“角度”命令后，系统提示：“选择圆弧、圆、直线或 <指定顶点>：”，命令行中各项提示的解释如下所示：

◆ 选择圆弧：当用户选择一个圆弧后，系统性提示：“指定标注弧线位置或 [ 多行文字 (M) / 文字 (T) / 角度 (A) ]：”，如果直接确定了弧线的位置，系统按自动测量得到的值标注出相应的角度；如果用户之前选择了“多行文字”、“文字”或“角度”项，可以设置尺寸文字和它的旋转角度。圆弧标注如图 7-48 所示。

◆ 圆：当用户选择圆时，系统提示：“指定角的第二个端点：”，需要用户确定另一点作为角的第二个端点。这个点可以在圆上，也可以不在圆上，之后系统提示：“指定标注弧线位置或 [多行文字（M）/文字（T）/角度（A）]：”来确定标注弧线的位置。圆标注如图 7-49 所示。

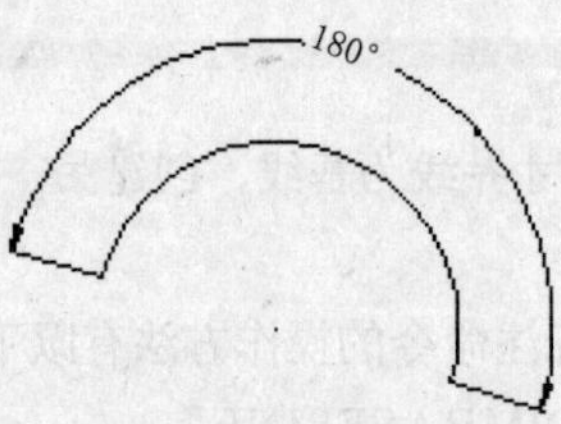


图 7-48
标注圆弧角度

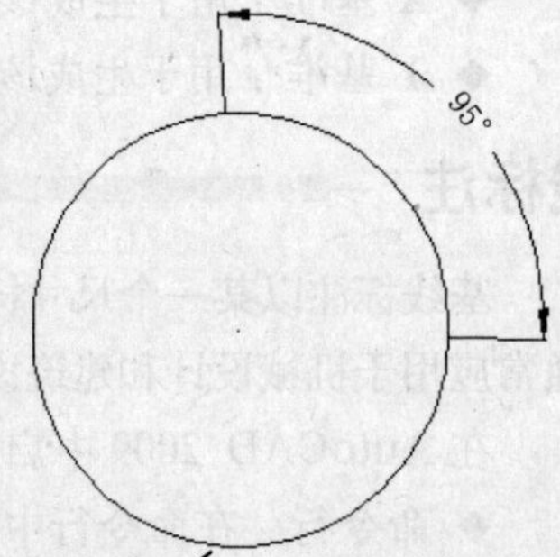


图 7-49
标注圆角度

◆ 直线：用户必须选择两条直线，之后再确定标注弧线的位置，系统自动标注出这两条直线之间的夹角，如图 7-50 所示。

◆ 指定顶点：直接按回车键即为按指定顶点标注。即先确定角的顶点，然后分别指定角的两个端点，最后再确定标注弧线的位置，如图 7-51 所示。

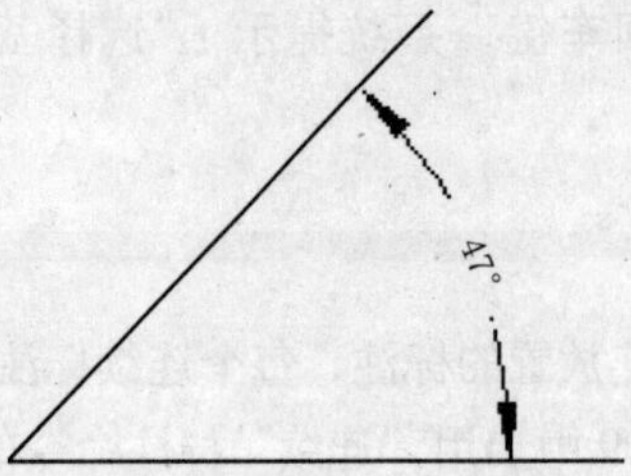


图 7-50
标注两条直线之间的夹角

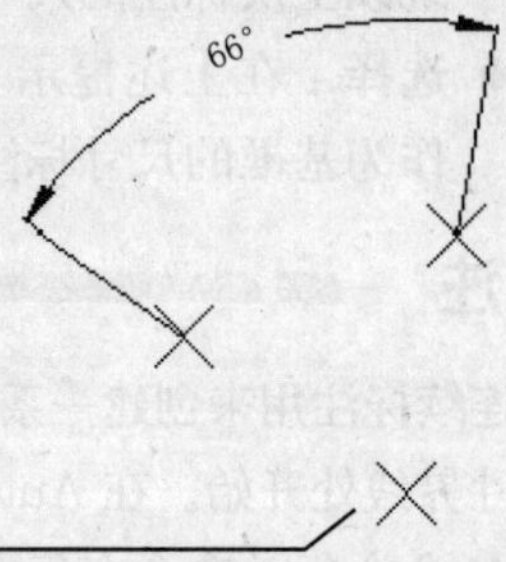


图 7-51
标注三点确定的角度

## 7.3.7 弧长标注

弧长标注用于测量圆弧或多段线弧线段上的距离。弧长标注的典型用法包括测量围绕凸轮的距离或表示电缆的长度。为区别它们是线性标注还是角度标注，默认情况下，弧长标注将显示一个圆弧符号。

在 AutoCAD 2009 中启用“弧长”标注命令的操作方法有以下几种：

◆ 命令行：在命令行中输入命令“DIMARC”。

◆ 菜单栏：选择“标注”→“弧长”命令。

◆ 工具栏：单击“标注”工具栏中的“弧长”按钮。

调用“弧长”标注命令后，系统提示：“选择弧线段或多段线弧线段：”，选择弧线段后，系统接着提示：“指定弧长标注位置或 [多行文字（M）/文字（T）/角度（A）/部分（P）/引线（L）]：”，其中主要说明具体如下所示：

◆ 部分：用于缩短弧长标注的长度。选择后，系统提示：“指定弧长标注的第一个点：”，指定后接着提示：“指定弧长标注的第二个点：”，指定圆弧上弧长标注的终点即可，如图 7-52 所示。

◆ 引线：用于添加引线对象。引线是按照径向绘制的，指向所标注圆弧的圆心。

需要注意的是，仅当圆弧的包含角度大于 90° 时才显示此项，如图 7-53 所示。

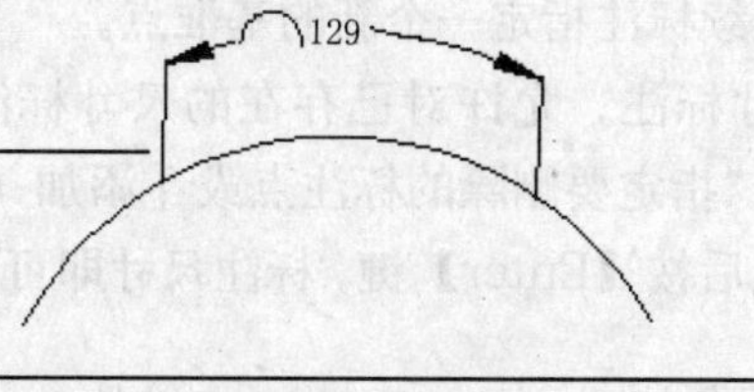


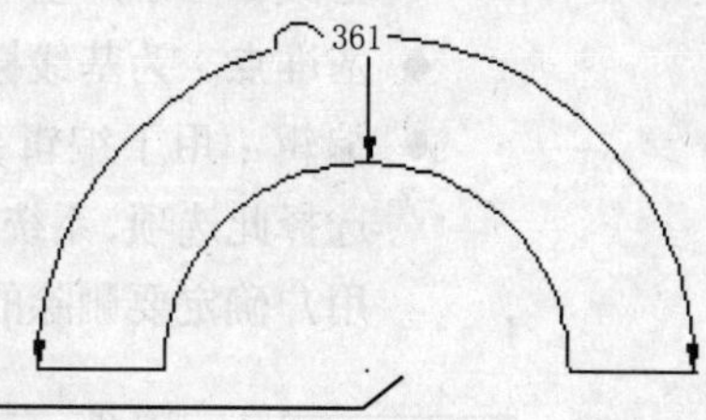


图 7-52
部分圆弧标注

图 7-53
引线

## 7.3.8 半径、直径和圆心标记

半径标注就是标注圆或圆弧的半径尺寸；直径标注就是标注圆或圆弧的直径尺寸；圆心标记用于给指定的圆弧画出圆心符号，标记圆心，其标记可以为短十字线，也可以为中心线。

在 AutoCAD 2009 中启用"半径 / 直径 / 圆心标记"标注命令的操作方法有以下几种：

- ◆ 命令行：在命令行中输入命令 "DIMRADIUS/DIMDIAMETER/DIMCENTER"。
- ◆ 菜单栏：选择 "标注" → "半径 / 直径 / 圆心标记" 命令。
- ◆ 工具栏：单击 "标注" 工具栏中的 "半径" 按钮、"直径" 按钮、"圆心标记" 按钮。

调用 "半径" 命令后，系统提示："选择圆弧或圆："。选择后系统接着提示："指定尺寸线位置或 [ 多行文字 (M)/ 文字 (T)/ 角度 (A)]："，用户可根据自己的需要选择任意一项来输入或编辑尺寸文本，或确定尺寸文本的倾斜角度。也可以通过直接确定尺寸线位置标注出指定圆或圆弧的半径。

调用 "直径" 命令后，系统提示："选择圆弧或圆："。选择后系统接着提示："指定尺寸线位置或 [ 多行文字 M)/ 文字 ( (T)/ 角度 (A)]："，用户可根据自己的需要选择任意一项来输入或编辑尺寸文本，或确定尺寸文本的倾斜角度。也可以通过直接确定尺寸线位置标注出指定圆或圆弧的半径。

调用 "圆心标记" 命令后，系统提示："选择圆弧或圆："，选择要标注中心或中心线的圆弧或圆。

## 7.3.9 快速标注

"快速标注" 命令可使用户交互地、动态地、自动化地进行尺寸标注。在 "快速标注" 命令中可以同时选择多个圆或圆弧标注直径或半径，也可同时选择多个对象进行基线标注和连续标注，选择一次即可完成多个标注，因此可节省时间，提高工作效率。

在 AutoCAD 2009 中启用 "快速标注" 命令的操作方法有以下几种：

- ◆ 命令行：在命令行中输入命令 "QDIM"。
- ◆ 菜单栏：选择 "标注" →"快速标注" 命令。
- ◆ 工具栏：单击 "标注" 工具栏中的 "快速标注" 按钮。

调用 "快速标注" 命令后，系统提示："关联标注优先级 = 端点选择要标注的几何图形"，选择要标注的尺寸的多个对象后按回车键。系统接着提示："指定尺寸线位置或 [ 连续 (C)/ 并列 (S)/ 基线 (B)/ 坐标 (O)/ 半径 (R)/ 直径 (D)/ 基准点 (P)/ 编辑 (E)/ 设置 (T)] < 连续 >："，其中主要各项的具体说明如下所示：

- ◆ 连续：用于产生一系列连续标注的尺寸。选择此项，系统会提示用户选择要进行快速标注的对象。选择后按回车键，返回到上面的提示，给定尺寸线的位置，即完成尺寸标注。

◆ 并列：用于产生一系列交错的尺寸标注，如图 7-54 所示。

◆ 基线：用于产生一系列基线标注尺寸。

◆ 基准点：为基线标注和连续标注指定一个新的基准点。

◆ 编辑：用于编辑多个尺寸标注。允许对已存在的尺寸标注添加或移去尺寸点。选择此选项，系统会提示：“指定要删除的标注点或 [ 添加（A）/ 退出（X）]：”，用户确定要删除的标注点后按【Enter】键，标注尺寸即可更新，如图 7-55 所示。

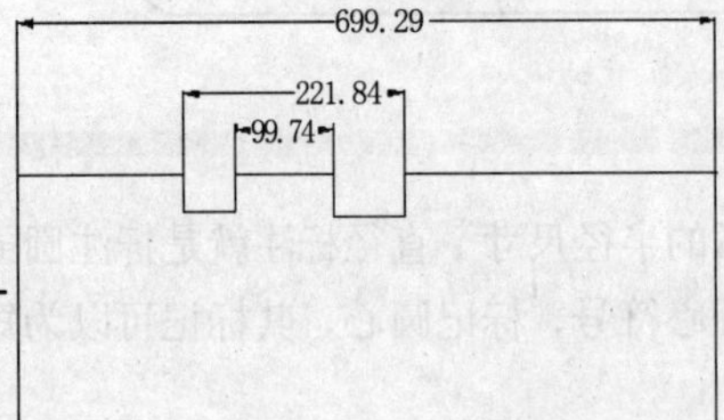


图 7-54
交错尺寸标注

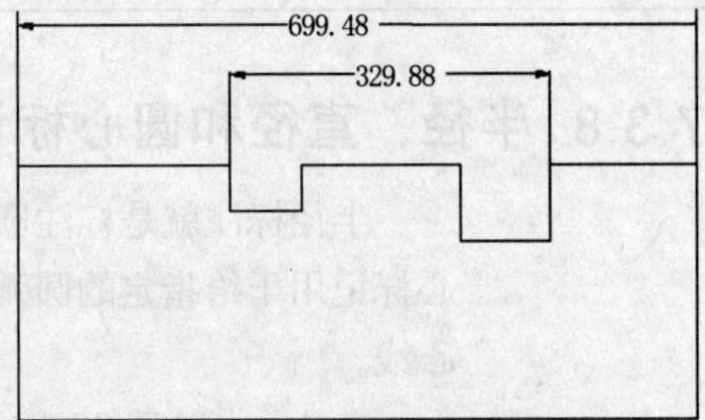


图 7-55
删除标注点

## 7.4 引线标注

利用引线标注可以创建带有一个或多个引线、多种格式的注释文字及多行旁注和说明等，还可以标注特定的尺寸，如圆角、倒角等。

### 1. 利用“QLEADER”命令进行引线标注

利用“QLEADER”命令可以快速生成引线及注释，并且可以通过命令行优化对话框进行用户自定义，由此可以消除不必要的命令行提示，达到最高的工作效率。

在命令行中输入“QLEADER”。在对图形进行引线标注前，用户可以先对引线格式进行设置。在调用了引线命令后，系统提示：“指定第一个引线点或 [ 设置（S）] < 设置 >：”，输入“S”后，弹出“引线设置”对话框，如图 7-56 所示。

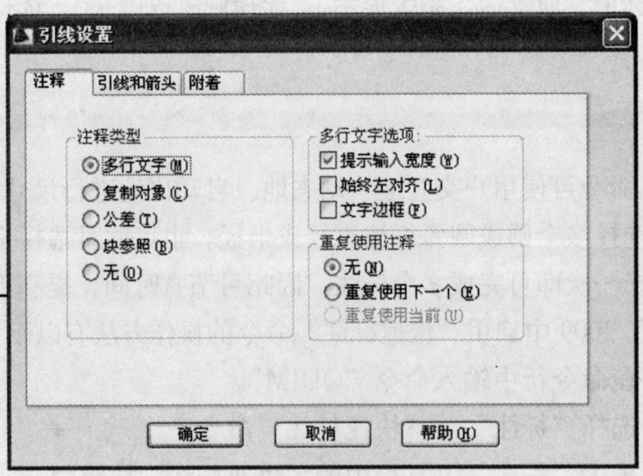


图 7-56
“引线设置”对话框

命令行中的各项提示说明如下：

◆ 指定第一个引线点：在上面的提示下确定一点作为指引线的第一点，系统提示：“指定下一点：”。输入指引线的第二点，接着提示：“指定下一点：”。输入指引线的第三点。输入完引线的各点后，系统会提示：“指定文字宽度 <0.0000>：”，输入多行文本的宽度。接着提示：“输入注释文字的第一行 < 多行文字（M）>：”，用户根据提示信息进行选择即可。

◆ 设置：选择此项，弹出“引线设置”对话框，如图 7-55 所示。可以对引线标注进行设置。该对话框包含 3 个选项卡：“注释”、“引线和箭头”和“附着”。下面分别介绍这 3 个选项卡。

➢“注释”选项卡：设置引线标注中的注释文本的类型、多行文字的格式，并确定注释文本是否多次使用。“注释”选项卡如图 7-55 所示。

➢“引线和箭头”选项卡：设置引线和箭头格式。其中“点数”选项组用于设置执行“QLEADER”命令时系统提示用户输入的点的数目。需注意的是，设置的点数要比用户希望的引线的段数多 1。用户可以利用数值框来进行设置，如果选中“无限制”复选框，系统会一直提示用户输入点直到连续按【Enter】键两次为止。“角度约束”选项组设置第一段和第二段引线的角度约束。“引线和箭头”选项卡如图 7-57 所示。

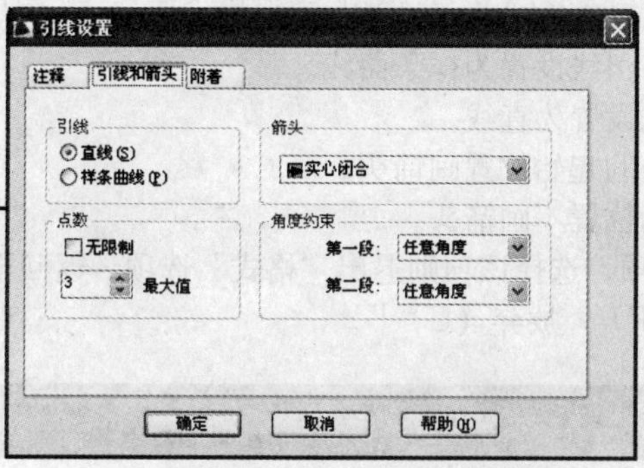


图 7-57
“引线设置”对话框的“引线和箭头”选项卡

➢“附着”选项卡：设置引线和多行文本注释的附着位置。“附着”选项卡如图 7-58 所示。设置好引线的各个选项后，系统提示：“指定第一个引线点或 [ 设置 (S)]<设置 >:”，指点引线的起点。接着继续提示：“指定下一点：”，指定引线的第二点。系统再提示：“指定文字宽度 <0>：”，指定标注文本的宽度。最后系统提示：“输入注释文字的第一行 < 多行文字 (M)> ：”，通过单行文本或多行文本编辑器对引线进行文本标注。

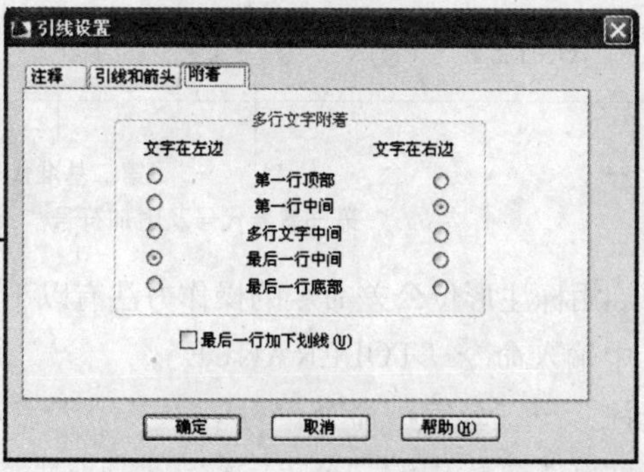


图 7-58
“附着”选项卡

## 2. 利用“LEADER”命令进行引线标注

利用“LEADER”命令可以灵活创建多样的引线标注形式，用户可以根据自己的需要把引线设置成折线或者曲线；引线的端部可以有箭头，也可以没有箭头。

在命令行输入“LEADER”即为调为该命令的方式。

调用该命令后，命令行提示：“指定引线起点”。输入起点后，系统提示：“指定下一点”，输入引线的另一点，系统便可由这两点画出引线，并继续提示：“指定下一点或 [注释（A）/ 格式（F）/ 放弃（U）]”。

各选项具体的说明如下：

◆ 指定下一点：可直接输入一点，系统会根据前面的点画出折线作为引线。

◆ 注释：输入注释文本，此项为默认项。在上面的提示下直接按【Enter】键，系统提示："输入注释文字的第一行或 <选项>："，若选择"输入注释文字的第一行"，在此提示下输入第一行文本后按【Enter】键，用户可以继续输入第二行文本。这样反复执行，直到输入全部注释文本。然后在此提示下直接按回车键，系统便会在引线终端标注出所输入的多行文本，并结束命令的执行；如果直接按【Enter】键，系统提示："输入注释选项 [ 公差（T）/ 副本（C）/ 块（B）/ 无（N）/ 多行文字（M）] <多行文字>："，在此提示下选择一个注释选项或直接按【Enter】键，即选择"多行文字"选项。

◆ "格式"：确定引线的形式。选择此项则系统提示："输入引线格式选项 [ 样条曲线 (S)/ 直线 (ST)/ 箭头 (A)/ 无 (N)] <退出>："，其选项解释如下：

➢ 样条曲线：用于将引线设置为样条曲线。

➢ 直线：用于将引线设置为直线。

➢ 箭头：用于在引线的起始位置画箭头。

➢ 无：在引线的起始位置不画箭头。

➢ 退出：此项为默认项，选择该项则退出"格式"选项，返回至"指定下一点或 [ 注释（A）/ 格式（F）/ 放弃（U）]"。

# 7.5 标注形位公差

形位公差在机械图形中非常重要，它表示特征的形状、轮廓、方向、位置和跳动的允许偏差。可以通过特征控制框来添加形位公差，这些框中包含单个标注的所有公差信息。标注形位公差一般使用如图 7-59 所示的样式，它通常由形位公差符号、框、形位公差值、材料状况和基准代号等组成。

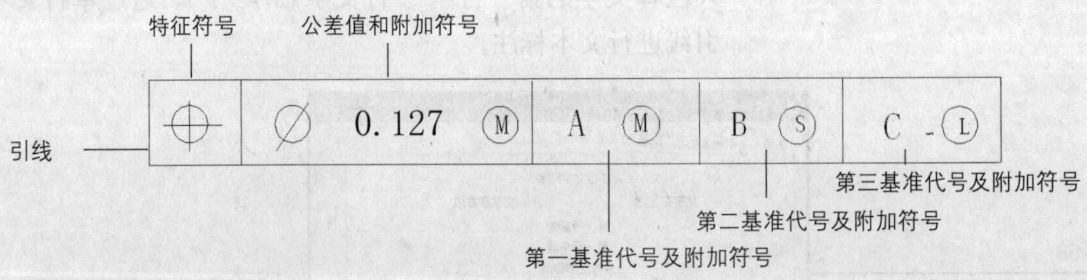


图 7-59
形位公差标注的组成

在 AutoCAD 2009 中启用标注形位公差命令的操作方法有以下几种：

◆ 命令行：在命令行中输入命令"TOLERANCE"。

◆ 菜单栏：选择"标注"→"公差"命令。

◆ 工具栏：单击"标注"工具栏中的"公差"按钮。

调用"公差"命令后，弹出"形位公差"对话框，如图 7-60 所示。用户在此对话框中可以设置形位公差标注。

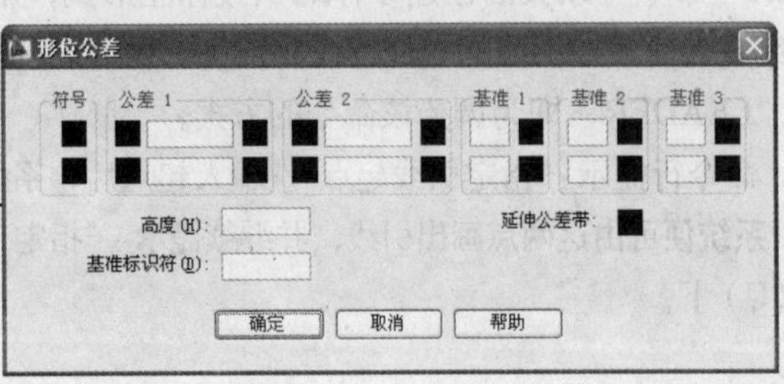


图 7-60
"形位公差"对话框

“形位公差”对话框中的设置介绍如下：

- ◆“符号”选项组：用于设置所要标注形位公差的符号。单击下面的黑色框，弹出“特征符号”对话框，如图 7-61 所示。
- ◆“公差 1”和“公差 2”选项组：单击该选项组下面的黑色框，就可以插入一个直径符号。用户可在中间的文本框中输入具体的公差值。单击其后的黑色框，弹出“附加符号”对话框，用户可以通过该对话框为公差选择包容条件符号，如图 7-62 所示。
- ◆“基准 1”、“基准 2”和“基准 3”选项组：用于设置公差基准和相应的包容条件。用户可在前面的文本框中输入基准符号；单击其后的黑色框，打开“附加符号”对话框，用户可以通过该对话框为公差选择包容条件符号，如图 7-62 所示。
- ◆“高度”文本框：用于设置投影公差带的值。投影公差带控制固定垂直部分延伸区的高度变化，并且以位置公差控制公差精度。
- ◆“延伸公差带”：单击其后的黑色框，可以在投影公差带值的后面插入投影公差符号。
- ◆“基准标识符”文本框：用于创建由参照文字组成的基准标识符号。

图 7-61
“特征符号”对话框

图 7-62
“附加符号”对话框

## 7.6 实例操作：标注图形

**实例分析**

本节通过新建标注样式，对现有的图形进行标注，使读者掌握对图形进行标注的方法及操作过程。

**实例难度** ★★★☆

**制作方法和思路**

通过新建标注样式命令新建一个标注，应用新建的标注对指定的图形进行标注。

**参考教学视频**

光盘目录 \ 第七章 \ 视频教学 \7.6\ 标注图形 .avi

**实例文件**

**原始文件**：光盘目录 \dwg\Ch7\7.6\ 原始文件 \ 标注图形 .dwg

**最终文件**：光盘目录 \dwg\Ch7\7.6\ 最终文件 \ 标注图形完毕 .dwg

视频文件：

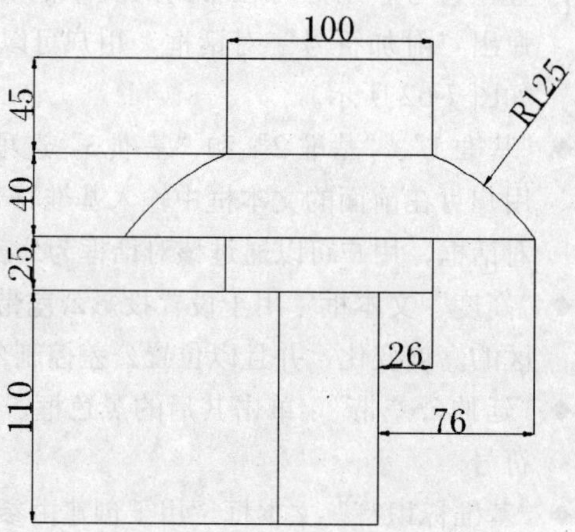


具体操作步骤如下：

**Step 1** 打开光盘\光盘目录\dwg\Ch7\7.6\原始文件\标注图形.dwg，导出如图 7-63 所示的文件。

**Step 2** 选择“标注”→“标注样式”命令，弹出如图 7-64 所示的“标注样式管理器”对话框。

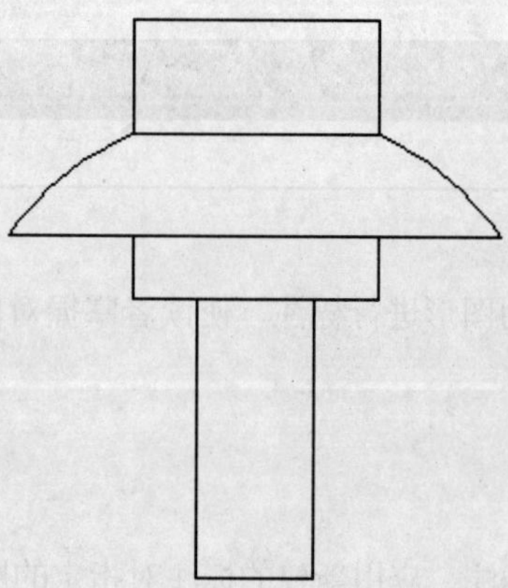

图 7-63
导出文件

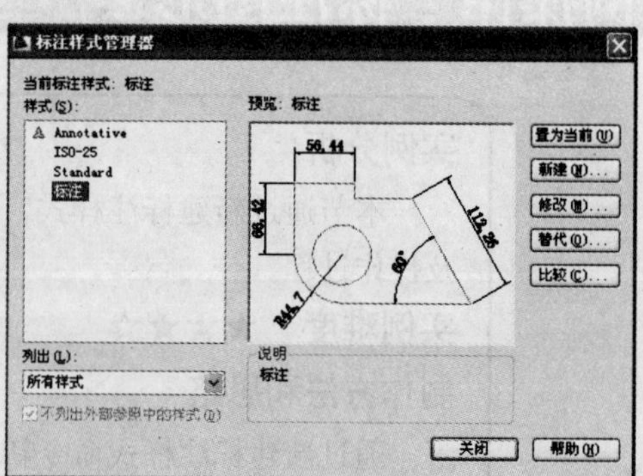


图 7-64
“标注样式管理器”对话框

**Step 3** 在对话框中单击“新建”按钮，弹出“创建新标注样式”对话框。在“新样式名”文本框中输入标注样式的名称“标注”，如图 7-65 所示。单击“继续”按钮，弹出“新标注样式：标注”对话框，对新建的标注样式进行设置。

**Step 4** 在“线”选项卡中的“超出尺寸线”数值框中设置值为“5”,在“起点偏移量”数值框中设置值为“2”在“尺寸线”选项组中的“基线间距”数值框的值设置为“20”,如图 7-66 所示;将“符号和箭头”选项卡中“箭头”选项组中的“箭头大小”设置为“5”;将“文字”选项卡中“文字高度”的值设置为“12”;将“主单位”选项卡中“精度”的值设置为“0”。

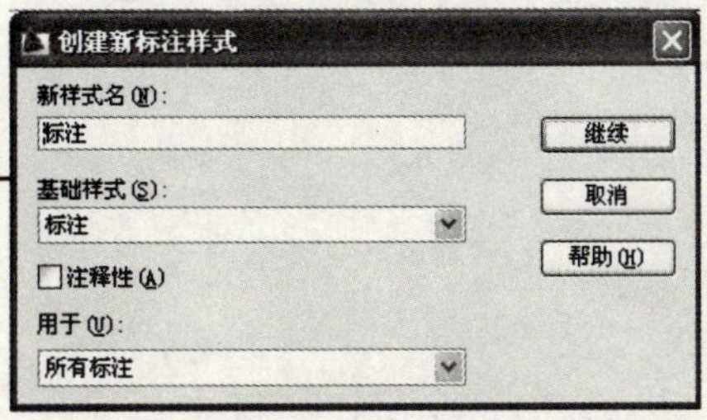


图 7-65

“创建新标注样式”对话框

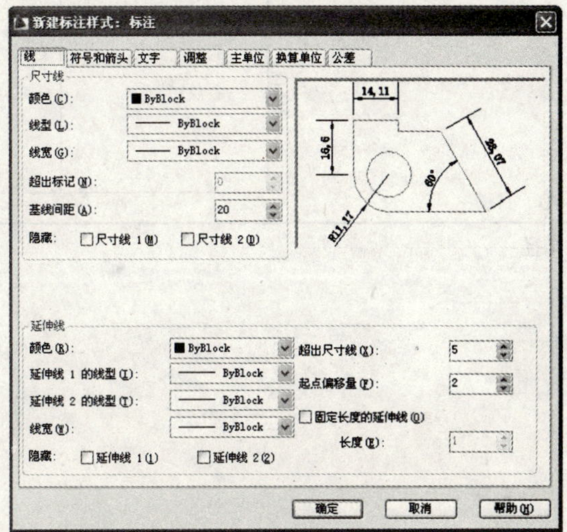


图 7-66

“新建标注样式：标注”对话框

**Step 5** 设置完后，单击“确定”按钮，再将名为“标注”的标注样式设置为当前，即在“标注样式管理器”对话框中选中“标注”并单击“置为当前”按钮,然后关闭对话框。单击工具栏中的“线性标注”按钮,然后右击操作界面空白处,再对要标注的对象进行标注,结果如图 7-67 所示。

**Step 6** 再次单击工具栏中的“线性标注”按钮，根据命令行的提示，对要标注的线段进行标注，结果如图 7-68 所示。

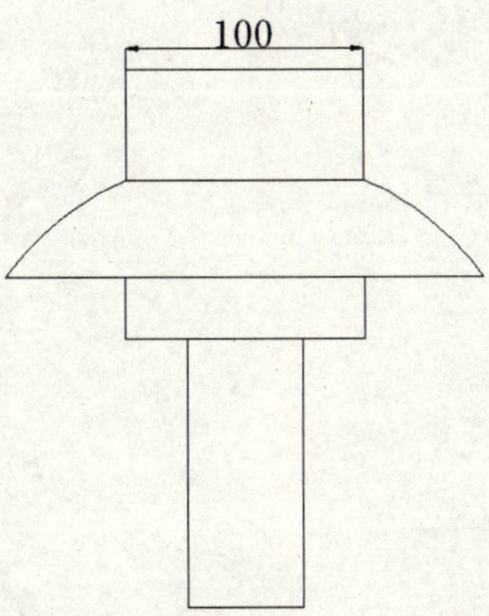


图 7-67

线性标注

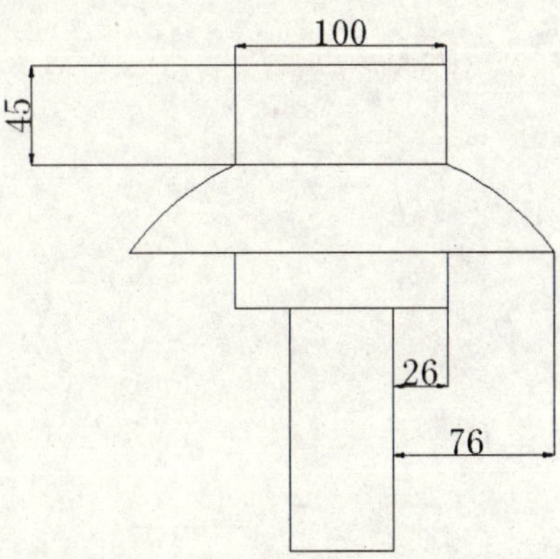


图 7-68

标注其他线段

**Step 7** 单击工具栏中的“连续标注”按钮,依次标注如图 7-69 所示的线段的尺寸。

**Step 8** 单击工具栏中的“半径”按钮,然后对要标注的对象进行标注,结果如图 7-70 所示。

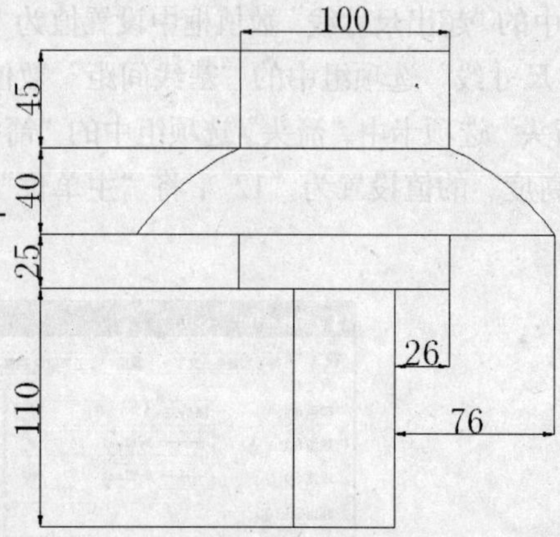


图 7-69
连续标注

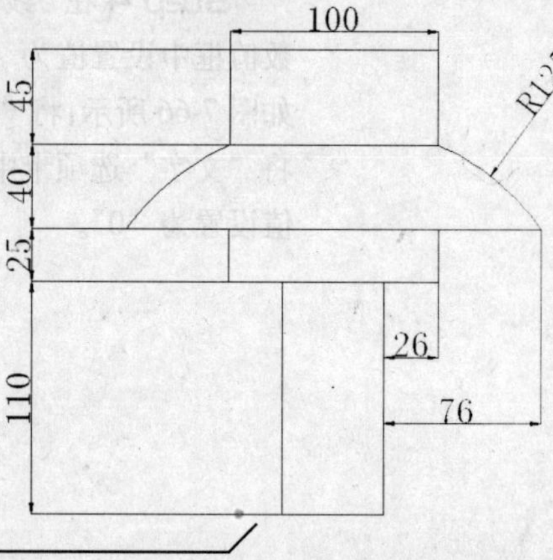


图 7-70
标注半径

# Chapter 8

# 表格与添加文字

## 本章内容

通过本章的学习，读者应掌握创建文字样式的方法，包括设置样式名、字体、文字效果；设置表格样式的方法，包括设置数据、列标题和标题样式；创建与编辑单行文字和多行文字方法；使用文字控制符和“文字格式”工具栏编辑文字的方法；创建表格方法及如何编辑表格和表格单元的方法。

## 本章学习地图

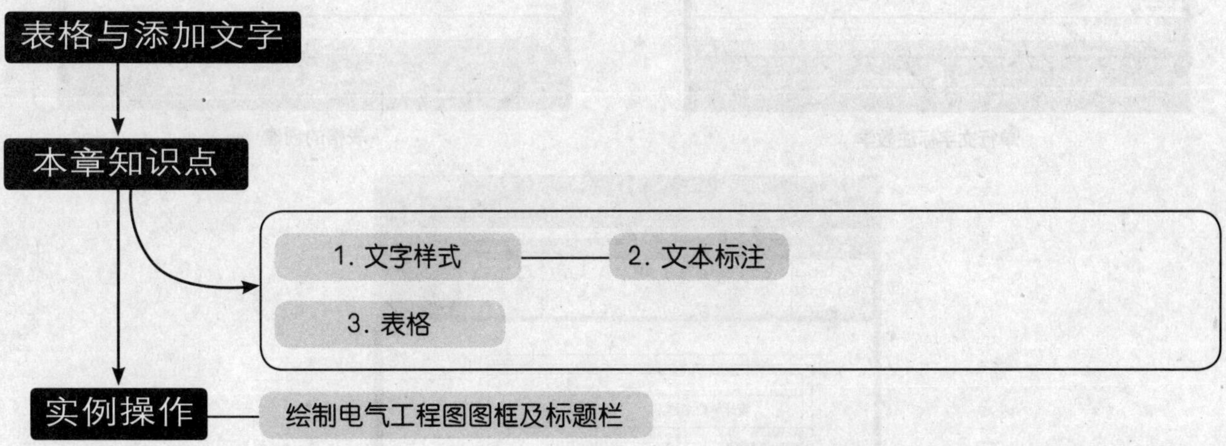


## 本章知识重点

- 定义文字样式。
- 设置当前文字。
- 单行文字标注。
- 多行文字标注。
- 创建表格样式。
- 创建/编辑表格。

## 本章实例效果图

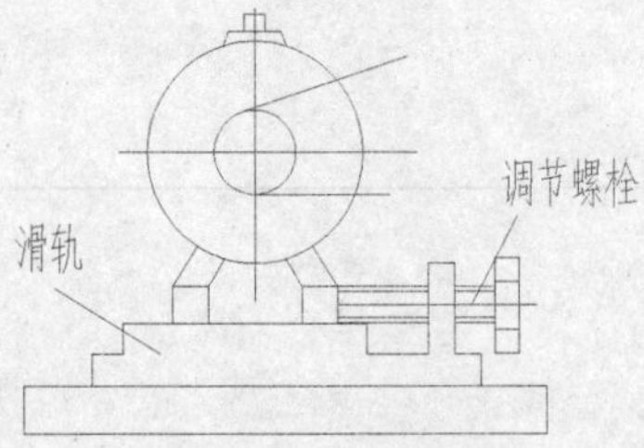


单行文字标注

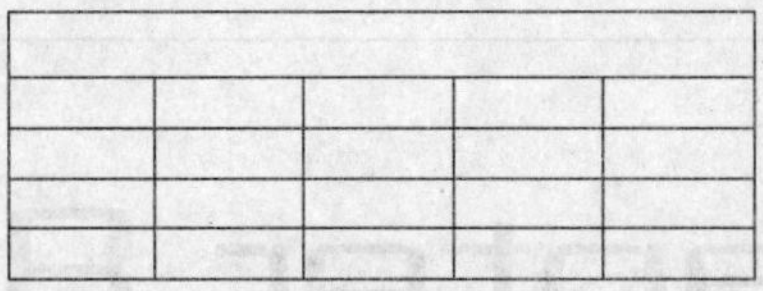

创建表格

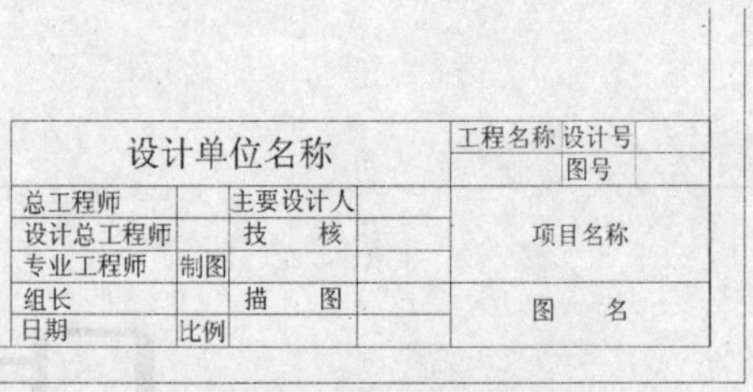


绘制电气工程图图框及标题栏

## 本章视频效果图

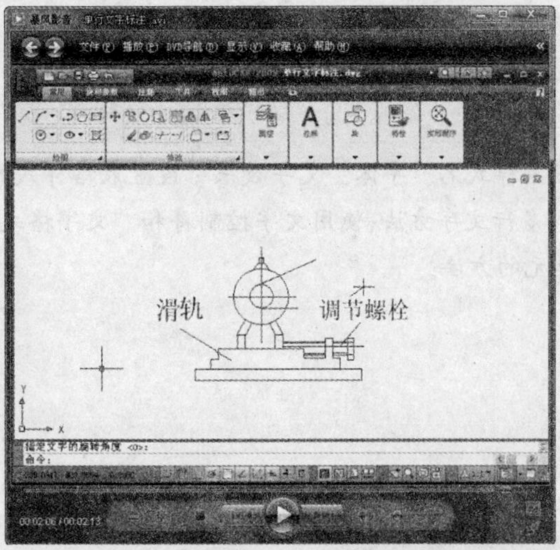


单行文字标注教学

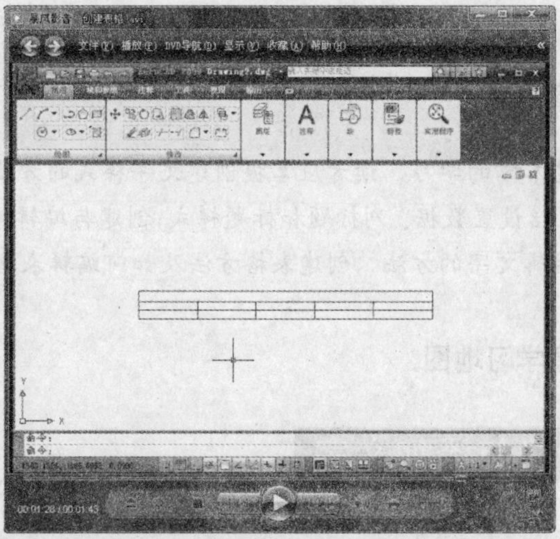

表格的创建

电气工程图的设计

文字对象是 AutoCAD 图形中很重要的图形元素，是机械制图和工程制图中不可缺少的组成部分。在一个完整的图样中，通常都包含一些文字注释来标注图样中的一些非图形信息。例如，机械工程图形中的技术要求、装配说明，以及工程制图中的材料说明、施工要求等。另外，使用表格功能可以创建不同类型的表格，还可以从其他软件中复制表格，以简化制图操作。

# 8.1 文字样式

文字样式用于设置图形中所用文字的字体、高度和宽度等系数。在对图形进行标注前的首要任务就是设置文字样式，在一幅图形中可以有多种文字样式，用于管理不同对象的标注。

## 8.1.1 定义文字样式

在 AutoCAD 中，所有文字都有与之相关联的文字样式。在创建文字注释和尺寸标注时，AutoCAD 通常使用当前的文字样式。也可以根据具体要求重新设置文字样式或创建新的样式。

在 AutoCAD 2009 中启用定义“文字样式”命令的方法如下所示：

◆ 命令行：在命令行中输入命令“STYLE”。

◆ 菜单栏：选择“格式”→“文字样式”命令。

◆ 工具栏：单击“注释”工具栏中的“文字样式”按钮。

执行上述各种启用“文字样式”命令的操作方式后，弹出“文字样式”对话框，如图 8-1 所示。利用该对话框可以创建或修改文字样式，并可以设置文字的当前样式。

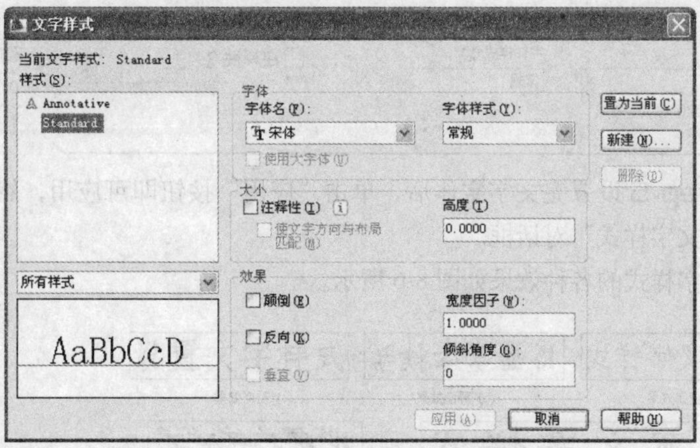


图 8-1
“文字样式”对话框

## 8.1.2 设置当前文字

在用 AutoCAD 绘制图形的时候，通常默认的是使用当前文字样式。但是在绘制一些特殊图纸的时候，比如绘制具有一定标准的机械图纸和建筑图纸等，就需要对当前的文字样式进行设置。设置当前的文字，包括文字“字体”、“字型”、“高度”、“宽度系数”、“倾斜角”、“反向”、“倒置”以及“垂直”等参数。

设置当前文字的具体操作如下所示：

**Step 1** 设置样式名称。单击“文字样式”对话框中的“新建”按钮，弹出“新建文字样式”对话框，如图 8-2 所示。在其中输入新建文字样式的名字，文字样式名称最长可达 255 个字符，其中包括字母、数字和特殊字符，如美元符号（$）、下划线（_）和连字符（-）等。如果不输入文字样式名，应用程序将自动将文字样式命名为“样式 n”，其中 n 表示从 1 开始的数字。

**Step 2** 命名文字样式后，新设置的文字样式名将显示在“文字样式”对话框上“样式”下的列表框中。也还可在该列表框中右击文字样式名，从弹出的快捷菜单中选择“置为当前”、“重命名”和“删除”命令，进行相应的操作，如图 8-3 所示。

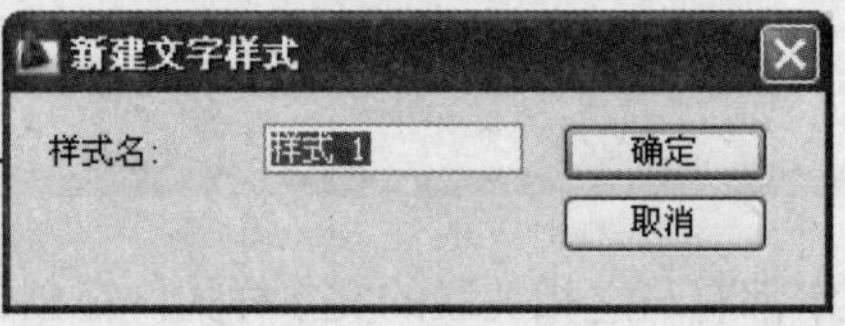


图 8-2

“新建文字样式”对话框

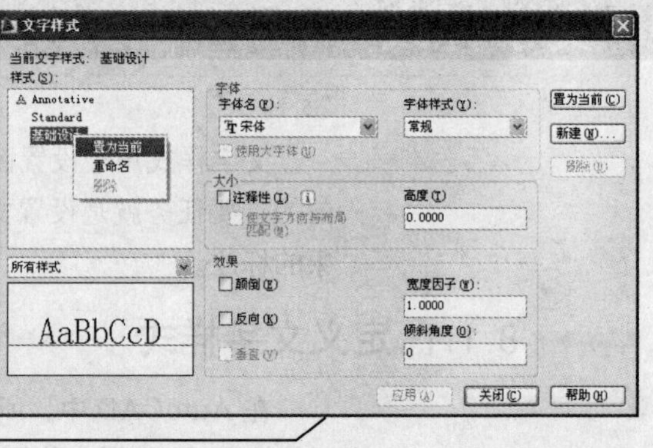


图 8-3

操作新建文字样式

**Step 3** 设置文字字体。如图 8-4 所示中的“文字样式”对话框的“字体”选项组用于设置文字样式使用的字体和字的高度等属性。其中，“字体名”下拉列表用于选择字体；“字体样式”下拉列表用于选择字体格式，如斜体、粗体和常规字体等；选中“使用大字体”复选框时，“字体样式”下拉列表变为“大字体”下拉列表，用于选择大字体文件。

**Step 4** 如图 8-5 所示的“大小”选项组中的“高度”文本框用于设置文字的高度。如果将文字的高度设为 0，在使用“TEXT”命令标注文字时，命令行将显示“指定高度：”提示，要求指定文字的高度。如果在“高度”文本框中输入了文字高度，AutoCAD 2009 将按此高度标注文字，而不再提示指定高度。

图 8-4

“字体”选项组

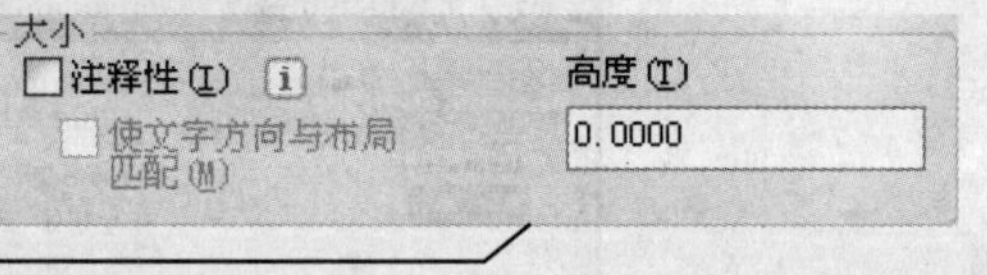


图 8-5

“大小”选项组

**Step 5** 设置完文字字体后，单击“应用”按钮即可应用，然后单击“关闭”按钮，关闭“文字样式”对话框。

文字样式的各种效果如图 8-6 所示。

**知识链接**

AutoCAD 2009 提供了符合标注要求的字体文件：gbenor.shx、gbeitc.shx 和 gbcbig.shx 文件。其中，gbenor.shx 和 gbeitc.shx 文件分别用于标注直体和斜体字母与数字；gbcbig.shx 则用于标注中文。

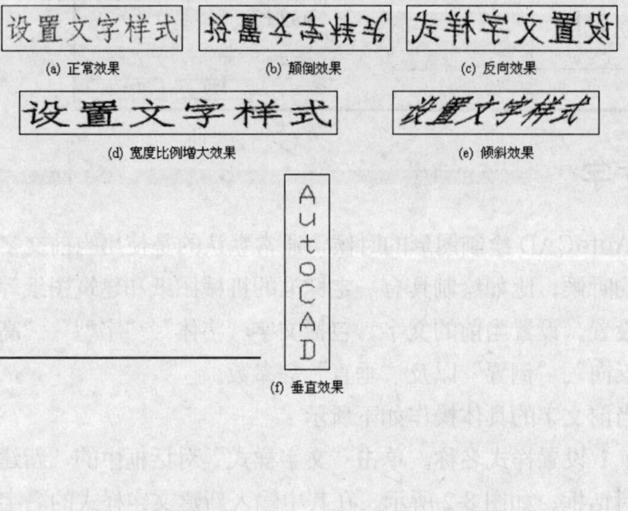


图 8-6

文字样式的各种效果

通过选中“注释性”复选框可以创建注释性文字，为图形中的说明和标签使用注释性文字。

该样式设置了文字在图纸上的高度。当前注释比例将自动确定文字在模型空间视口或图纸空间视口中的显示大小。例如，要使文字在图纸上以 3/16" 的高度显示，用户可以定义文字样式的图纸高度为 3/16"。将文字添加到比例为 1/2"=1'0" 的视口中时，与该视口比例相同的当前注释比例将自动缩放文字以 4.5" 的比例正确显示。通过将现有的非注释性文字的注释性特性更改为“是”，用户还可以将该文字更改为注释性文字。此操作适用于通过文字样式或通过“TEXT”和“MTEXT”命令创建的所有文字。

## 8.2 文本标注

在 AutoCAD 图形文件中添加文字可以更准确地表达各种信息，如复杂的技术要求、标题栏信息、标签，甚至可以作为图形的一部分。用户可以使用多种方法创建文字，对简短的内容可以使用单行文字，对带有内容格式的较长内容可以使用多行文字。

### 8.2.1 单行文字标注

对于不需要多种字体或多行排列的简短内容，可以直接创建单行文字，单行文字尤其适合创建一些标签内容。利用单行文字进行注释的时候，可以创建一行或多行的文字，其中每按下【Enter】键，可以结束每一行的创建。每行文字都是独立的对象，可以对它们进行重新定位、调整格式或进行其他修改。

启用“单行文字”命令的操作方式有以下几种：

◆ 命令行：在命令行中输入命令“DTEXT”。

◆ 菜单栏：选择“绘图”→“文字”→“单行文字”命令。

◆ 工具栏：单击“文字”工具栏中的“单行文字”按钮 A|。

在图形中输入单行文字的操作步骤如下：

**Step 1** 选择“绘图”→“文字”→“单行文字”命令。在绘图窗口右侧需要输入文字的地方单击，单击后可确定文字的起点，如图 8-7 所示。

**Step 2** 命令行提示“指定高度 <20>：”10（指定文字的高度为 10）。命令行继续提示：“指定文字的旋转角度 <0>：” 0（指定文字的旋转角度为 0°），此时文字输入处的变化如图 8-8 所示。

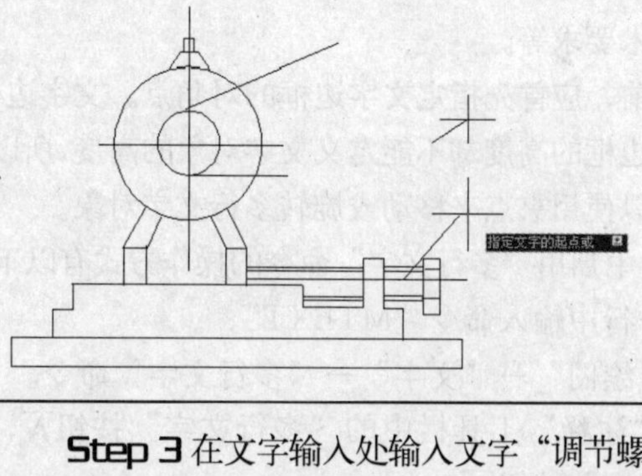


图 8-7
设置文字起点

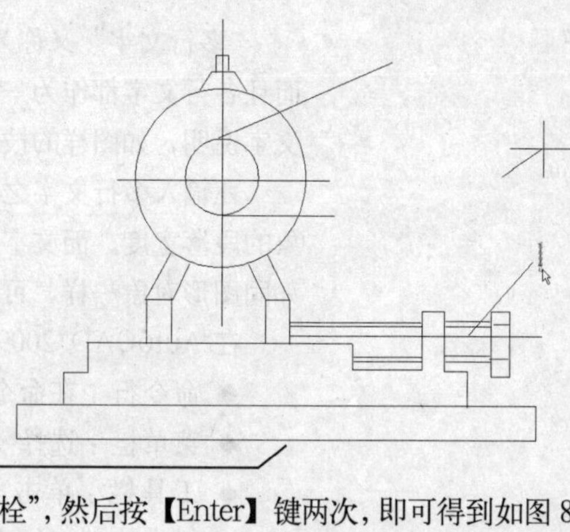

图 8-8
输入文字

**Step 3** 在文字输入处输入文字“调节螺栓”，然后按【Enter】键两次，即可得到如图 8-9 所示的注释文字——调节螺栓。重复上述步骤，输入左侧文字“滑轨”，最终效果如图 8-9 所示。

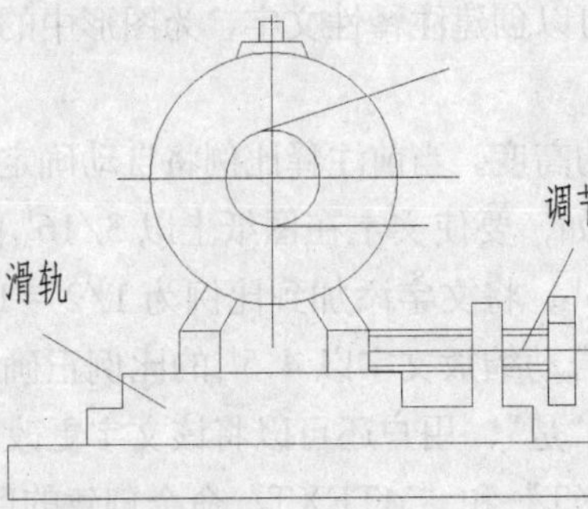


图 8-9
输入文字后的效果

**知识链接**

根据命令行的提示，在“输入选项”菜单中包括了各种对正命令，可以直接在菜单中选择对正方式，或者在命令行中输入提示对应的字母，如输入“br”，即采用右下对正文字，文字对正所依据的位置如图 8-10 所示。

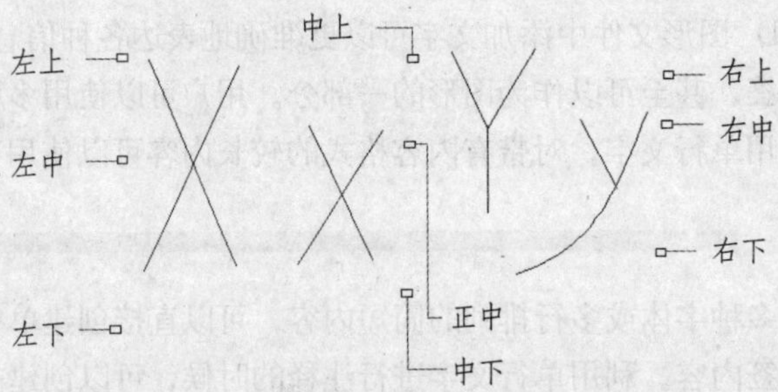


图 8-10
文字的对正方式

在创建单行文字时，如果要使用某种文字样式，可在调用“单行文字”命令后，在命令行中输入“S（样式）”，在“输入样式名”提示下输入现有的样式名称。如果不能确定要使用的文字样式名称，可先查看样式列表，输入“？”，并按两次【Enter】键即可打开样式列表。

**知识链接**

在输入文字的过程中，可以随时改变文字的位置。如果在输入文字的过程中想改变后面输入文字的位置，可将光标移到新的位置并按拾取键，原标注行结束。光标出现在新确定的位置后，可以在此继续输入文字。但在标注文字时，不论采用哪种文字排列方式，输入文字时，在屏幕上显示的文字都是按左对齐的方式排列的，直到结束“TEXT”命令后，才按指定的排列方式重新生成文字。

### 8.2.2 多行文字标注

“多行文字”又称为段落文字，是一种更易于管理的文字对象，由两行以上的文字组成，而且各行文字都作为一个整体处理。在机械制图中，常使用多行文字功能创建较为复杂的文字说明，如图样的技术要求等。

在输入多行文字之前，应首先指定文字边框的对角点。文字边框用于定义多行文字对象的段落宽度。而文字边框的高度却不能定义文字对象的高度，所以不必考虑其尺寸大小。如同图形对象一样，可以使用夹点来移动或旋转多行文字对象。

在 AutoCAD 2009 中启用“多行文字”命令的操作方式有以下几种：

- 命令行：在命令行中输入命令“MTEXT”。
- 菜单栏：选择“绘图”→“文字”→“多行文字”命令。
- 工具栏：单击“注释”工具栏中的“多行文字”按钮A，或单击“绘图”工具栏中的“多行文字”按钮A。

在绘制图形中创建多行文字对象的操作步骤如下：

**Step 1** 选择“视图”→“文字”→“多行文字”命令，在当前视图中要输入多行文字的位置处单击，指定第一个角点，如图 8-11 所示。

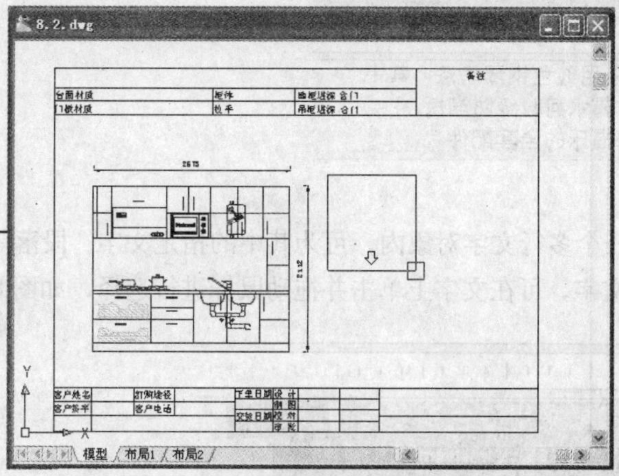

图 8-11
确定第一角点

**Step 2** 移动光标，再次单击，指定边框的对角点以确定多行文字对象的宽度。或者输入“W（宽度）”，然后输入宽度数值。此时会显示在位文字编辑器，如图 8-12 所示。

图 8-12
在位文字编辑器

**Step 3** 输入文字内容时，要另起一行输入，可按【Enter】键换行。如果要对每个段落进行首行缩进，拖动标尺上的第一行缩进滑块。而要对每个段落的其他行设置缩进，可拖动底部的段落滑块，如图 8-13 所示。

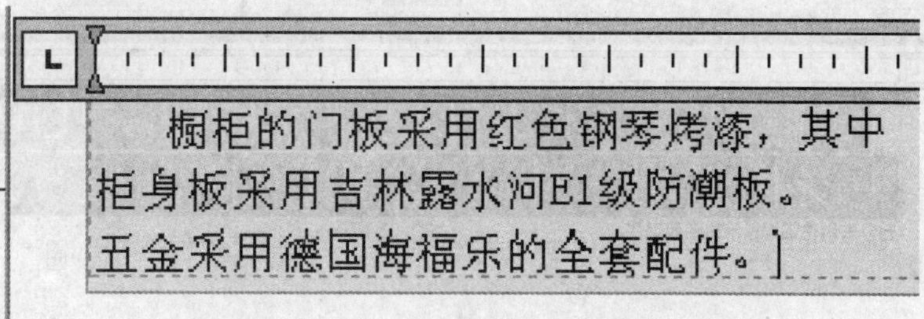


图 8-13
设置段落缩进

**Step 4** 如果需要使用其他文字样式，可单击“文字格式”工具栏最左侧的样式下拉列表，在其中选择需要的样式，如图 8-14 所示。

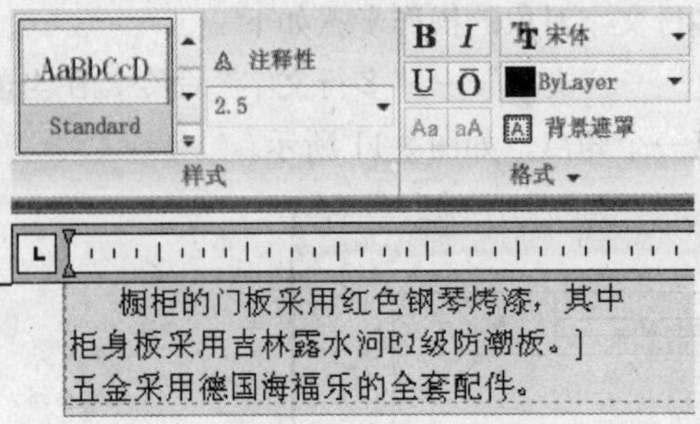


图 8-14
选择文字样式

**Step 5** 在一个多行文字对象内，可为其中的指定文字、段落等设置不同的格式。要选择一个或多个文字，可在文字上单击并拖动鼠标进行选择，如图 8-15 所示。

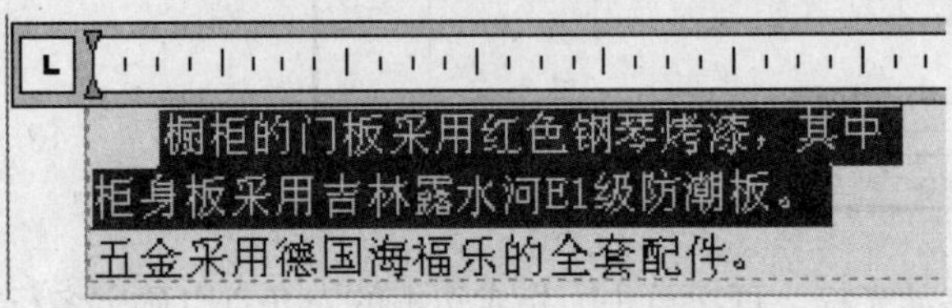


图 8-15
选择文字

**Step 6** 如果在书写的过程中，要选择一个词组，可在该词组上双击；如果要选择一个文字段落，可在该文字段落上连续单击 3 次。可以将选定的文字，进一步根据需要设置其格式。如果要修改字体，可单击“文字格式”工具栏中的“字体”下拉列表，在其中选择需要的字体，如图 8-16 所示。

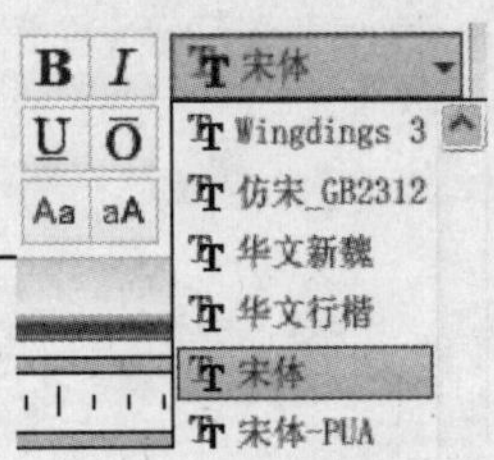


图 8-16
选择字体

**Step 7** 要修改选定文字的高度，可单击“文字格式”工具栏中的“文字高度”下拉列表，在其中选择需要的高度设置，或者直接输入文字高度数值，如图 8-17 所示。

图 8-17
设置字体高度

**Step 8** 对于设置了 TrueType 字体类型的文字，可单击“文字格式”工具栏中的“加粗”按钮 **B**，使用加粗格式；单击“斜体”按钮 *I*，使用斜体格式；单击“下划线”按钮，使用下画线格式，如图 8-18 所示。

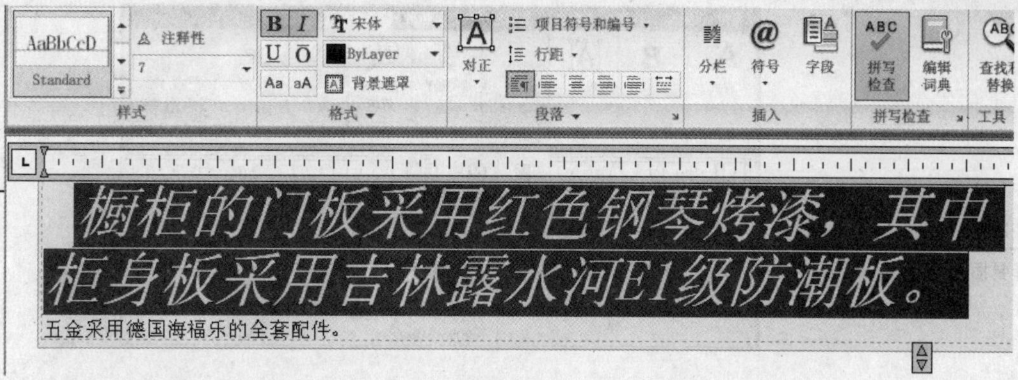


图 8-18
设置文字格式

**Step 9** 要设置选定文字的颜色，可以单击“文字格式”工具栏中的“颜色”下拉列表，在其中选择一种颜色，如图 8-19 所示。

**Step 10** 选择其中的“选择颜色”选项，可显示“选择颜色”对话框，如图 8-20 所示。输入文字内容并设置了格式之后，单击“文字格式”工具栏中的“确定”按钮，即可保存并退出编辑器。

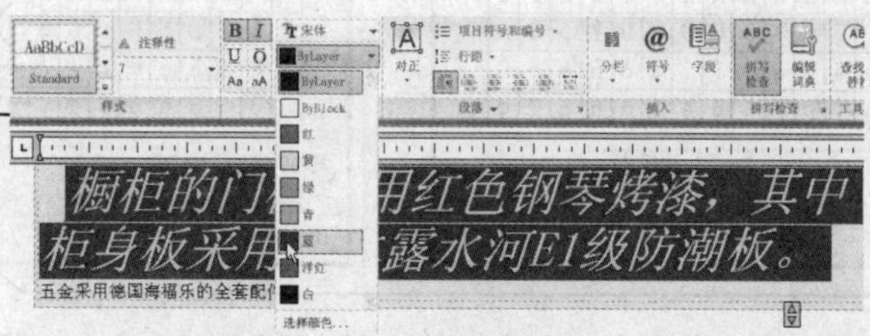

图 8-19
设置颜色

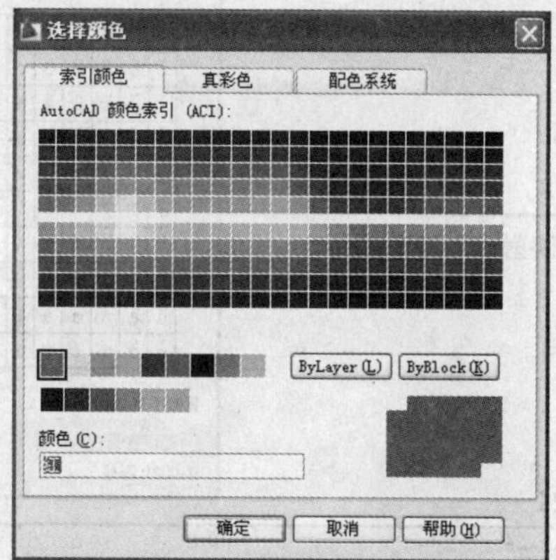


图 8-20
“选择颜色”对话框

**Step 11** 输入完成文本内容后，单击“文字编辑器”工具栏上的“关闭”按钮，即可退出文字编辑状态，如图 8-21 所示。

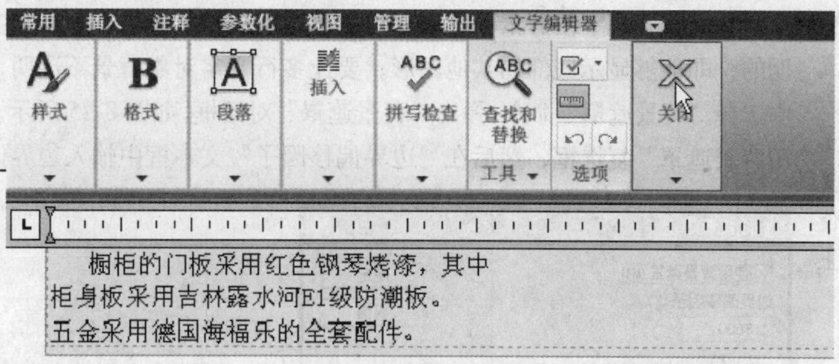


图 8-21
展开工具栏

**知识链接**

单击编辑器外部的图形或按【Ctrl+Enter】组合键也可以保存修改并退出编辑器。

对于已经创建的多行文字对象，双击该对象即可打开在位文字编辑器，此时可对其中的文字内容进行修改。

**Step 12** 在输入文字内容时，若要插入特殊的符号或字符，可单击工具栏中的“符号”按钮，在弹出的下拉菜单中选择需要插入的符号，如图 8-22 所示。

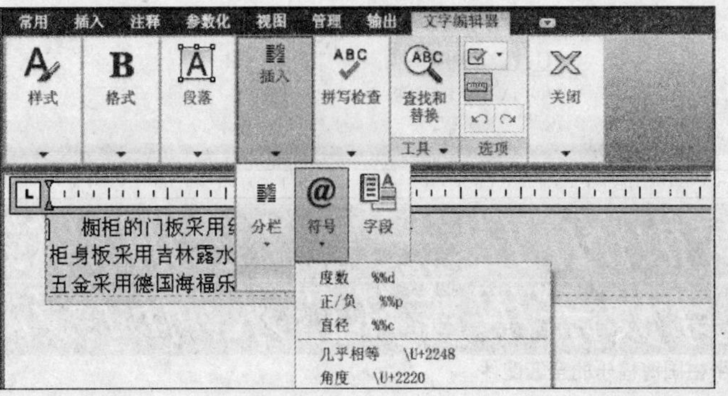

图 8-22
选择要插入的符号

**Step 13** 如果选择“其他”选项，则可打开“字符映射表”对话框，如图 8-23 所示。

**Step 14** 在“字体”下拉列表框中选择一种字体，然后在其中的列表中选择字符。要插入单个字符，可以在选择该字符后单击“复制”按钮。要同时插入多个字符，可以选择字符后单击“选择”按钮，将所选择的字符复制到“复制字符”文本框中，如图 8-24 所示。

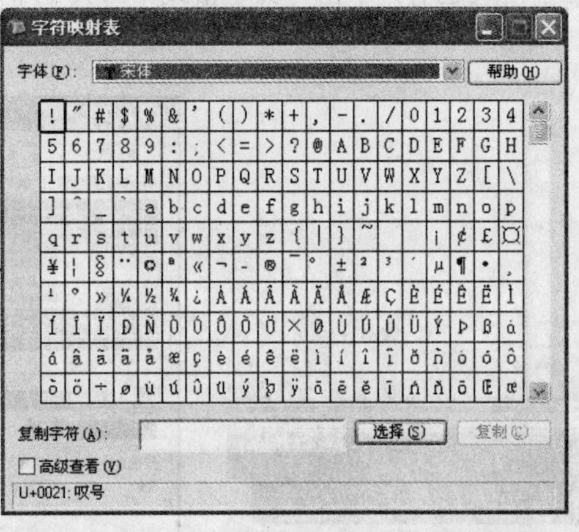

图 8-23
“字符映射表”对话框

图 8-24
复制字符

**Step 15** 单击“复制”按钮，将选择的字符复制到 Windows 剪贴板中。关闭对话框，在编辑器中右击，在弹出的快捷菜单中选择“粘贴”命令，即可插入所选择的字符。默认情况下，多行文字对象是背景透明的，尽管可以在右键快捷菜单中选择“不透明背景”命令，在编辑状态下使背景不透明。但是在退出编辑状态后，多行文字对象的背景仍然是透明的，即能够显示底部的其他图形。要让多行文字对象背景不透明，可以在右键快捷菜单中选择“背景遮罩”命令，弹出“背景遮罩”对话框，如图 8-25 所示。在对话框中选中“使用背景遮罩”复选框，然后在“边界偏移因子”文本框中输入边界偏移因子的值。

**知识链接**

边界偏移因子的值是基于文字高度设置的，将偏移因子设置为 1.0 时，非常适合多行文字对象；偏移因子设置为 1.5（默认值），会使背景在文字高度基础上扩展 0.5 倍。

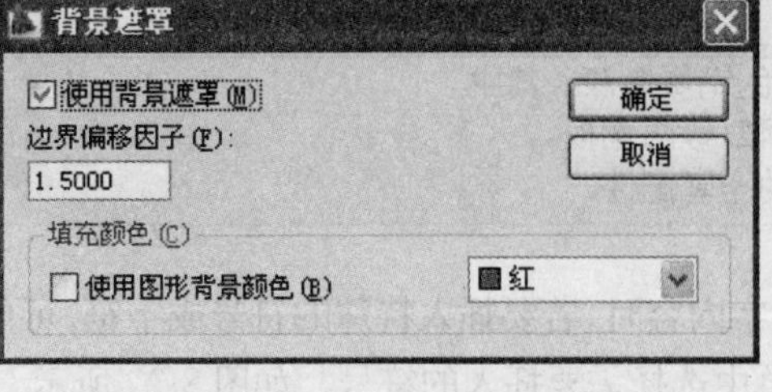


图 8-25
“背景遮罩”对话框

**Step 16** 在“填充颜色”选项组中选中“使用图形背景色”复选框，可使用当前图形默认的背景色。单击右侧的颜色下拉列表，可选择其他颜色。单击“确定”按钮，关闭对话框，返回编辑器。退出编辑器后，多行文字对象仍然显示指定颜色的不透明背景，如图 8-26 所示。

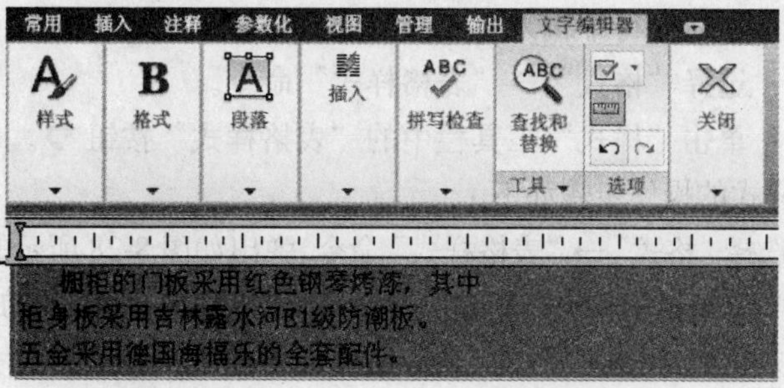


图 8-26
多行文本的不透明背景

**知识链接**

在图 8-27 中的“编号”下拉列表中，大家若选择“以字母标记”选项，在段落文字前的排列序号将以字母的形式出现（有大写和小写选择）；选择“以项目符号标记”选项，在段落文字前的排列序号将以项目符号的形式出现。

**Step 17** 与单行文字对象相同，多行文字也可以设置对正属性，文字将相对于用户定义的文字宽度的边界框靠左对正或靠右对正。单击“段落”工具栏中扩展的各个对正工具按钮，即可设置相应的文字对正方式。当多行文本中包含若干个并列的项目时，可以使用列表来排列。用户可以像大多数文字处理软件那样使用这里的列表功能。选择几个并列项目后，单击“编号”按钮 ，可以使项目自动按照数字方式排列，如图 8-27 所示。

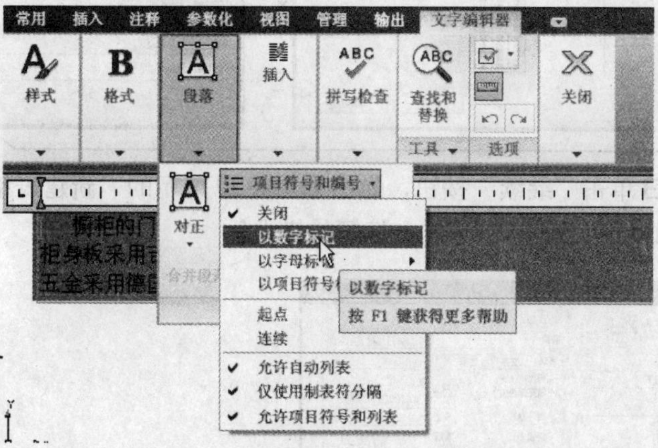


图 8-27
按照数字方式排列

## 8.3 表格

表格是由包含注释（以文字为主，也包含多个块）的单元构成的矩形阵列，是在行和列中包含数据的对象。用户可以从空表格或表格样式中创建表格对象，还可以将表格链接至 Microsoft Excel 电子表格中。表格的外观由表格样式控制。用户可以使用默认表格样式 STANDARD，也可以创建自己的表格样式。表格单元数据可以包括文字和多个块，还可以包含使用其他表格单元中的值进行计算的公式。

### 8.3.1 创建表格样式

表格使用行和列以一种简洁清晰的形式提供信息，常用于一些组件的图形中。表格样式控制一个表格的外观，用于保证标准的字体、颜色、文本、高度和行距。用户可以使用默认的表格样式，也可以根据需要自定义表格样式。

在 AutoCAD 2009 中启用“表格样式”命令的操作方式有以下几种：

◆ 命令行：在命令行中输入命令“TABLESTYLE”。

◆ 菜单栏：选择“格式”→“表格样式”命令。

◆ 工具栏：单击“样式”工具栏中的“表格样式”按钮。

创建表格样式的操作步骤如下：

**Step 1** 选择“格式”→“表格样式”命令，弹出如图 8-28 所示的“表格样式”对话框。

**Step 2** 单击对话框中的“新建”按钮，弹出如图 8-29 所示的“创建新的表格样式”对话框。在该对话框中的“新样式名”文本框中输入新的表格样式名，在“基础样式”下拉列表中选择一种基础样式作为模板，新样式将在该样式的基础上进行修改。

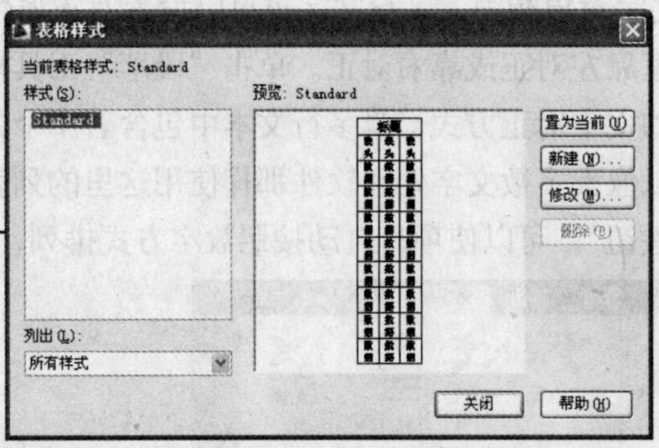


图 8-28

“表格样式”对话框

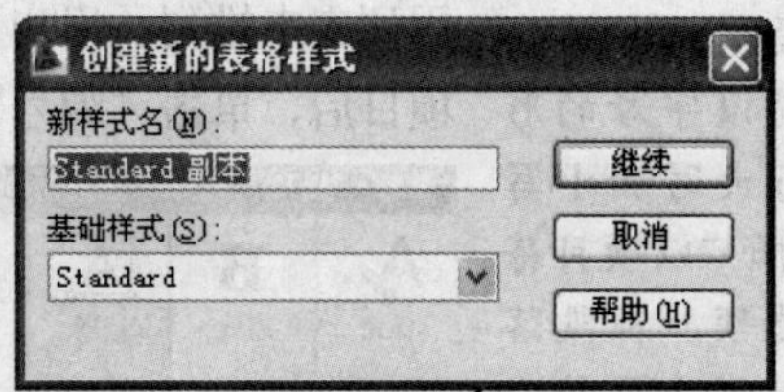


图 8-29

“创建新的表格样式”对话框

**Step 3** 单击“继续”按钮，弹出如图 8-30 所示的“新建表格样式”对话框，在该对话框中可以设置数据、列表题和标题的样式。

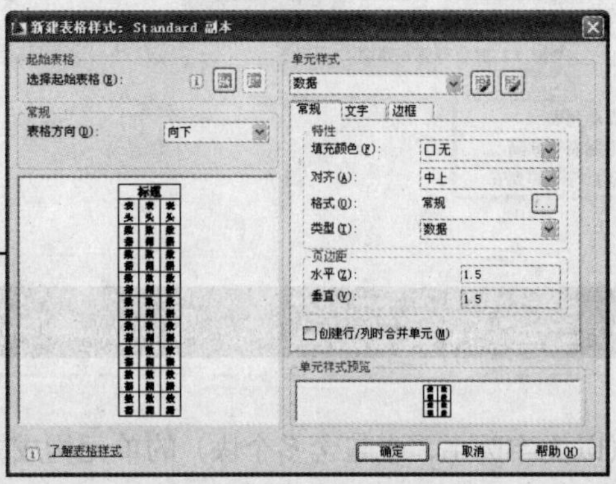


图 8-30

“新建表格样式”对话框

在图 8-30 所示的对话框中，相关选项介绍如下：

◆ “起始表格”选项组：在“起始表格”选项组中单击“选择起始表格”按钮，选择绘图窗口中以创建的表格作为新建表格样式的起始表格，单击其右边的按钮，可取消选择。

◆ “表格方向”下拉列表：在“常规”选项组中的“表格方向”下拉列表中选择表的生成方向是向上或向下。该选项的下方白色区域形成表格的预览。

◆ “单元样式”选项组：表格的单元有标题、表头、数据 3 种。在“单元样式”下拉列表中依次选择这 3 种单元，通过“常规”、“文字”、“边框” 3 个选项卡便可对每种单元样式进行设置。

## 8.3.2 创建表格

“创建表格”命令用于图形中表格的创建，从而对图形进行注释和说明。创建表格对象时，首先产生一个空表格，然后在表格的单元格中添加数据内容。

启用“创建表格”命令的操作方式有以下几种：

◆ 命令行：在命令行中输入命令“TABLE”。

◆ 菜单栏：选择“绘图”→“表格”命令。

◆ 工具栏：单击“绘图”工具栏中的“表格”按钮。

表格由行和列组成，最小单位为单元格。创建表格的方法如下：

**Step 1** 选择“绘图”→“表格”命令，弹出如图 8-31 所示的“插入表格”对话框。

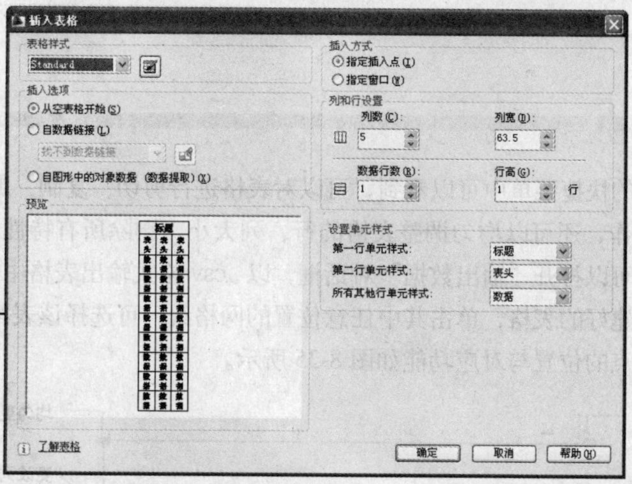

图 8-31
“插入表格”对话框

**Step 2** 在左侧的“表格样式”下拉列表中选择一种表格样式，或单击其右侧的 按钮，可以创建一个新的表格样式。在下侧“插入选项”选项组中选择表格的插入方式。如果选中“从空表格开始”单选按钮，可以创建手动填充数据的空表格；如果选中“自数据链接”单选按钮，可以从外部电子表格中的数据创建表格。单击下拉列表旁边的按钮，弹出“选择数据链接”对话框，如图 8-32 所示。通过该对话框进行数据链接设置；如果选择“自图形中的对象数据（数据提取）”单选按钮，可以启动“数据提取”向导。

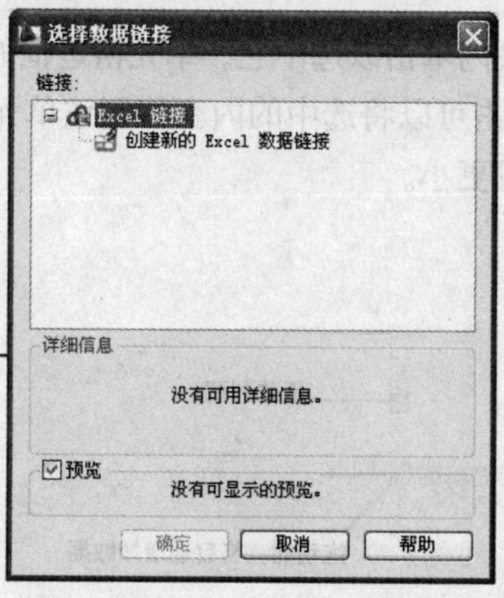

图 8-32
“选择数据链接”对话框

**Step 3** 在“插入表格”对话框中右侧的“插入方式”选项组中选择表格的插入方式，如图 8-33 所示。如果选中“指定插入点”单选按钮，则需要在视口中指定表格左上角的位置。大家可以使用鼠标定位也可以在命令行中输入坐标值。如果表格样式将表格的方向设置为由上而下读取，则插入点位于表格的左下角；如果选中“指定窗口”单选按钮，则需要指定表格的大小和位置。可以使用定点设备，也可以在命令提示下输入坐标值。选中此单选按钮时，行数、列数、列宽和行高取决于窗口的大小以及列和行的设置。

**Step 4** 在“列和行设置”选项组中，根据需要设置要插入表格的列和行的数目，以及对应的列宽和行高。设置完毕后，单击“确定”按钮关闭对话框，根据设置所创建的表格如图 8-34 所示。

图 8-33
“插入方式”选项组

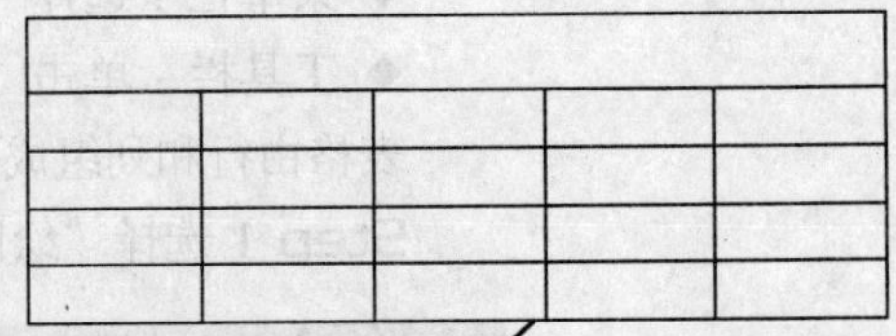

图 8-34
创建的表格

## 8.3.3 编辑表格

从表格的快捷菜单中可以看到，可以对表格进行剪切、复制、删除、移动、缩放和旋转等简单操作，还可以均匀调整表格的行、列大小，删除所有特性替代。当选择“输出”命令时，还可以打开“输出数据”对话框，以 .csv 格式输出表格中的数据。

对于创建好的表格，单击其中任意位置的网格线，可选择该表格对象，表格上显示夹点，控制夹点的位置与对应功能如图 8-35 所示。

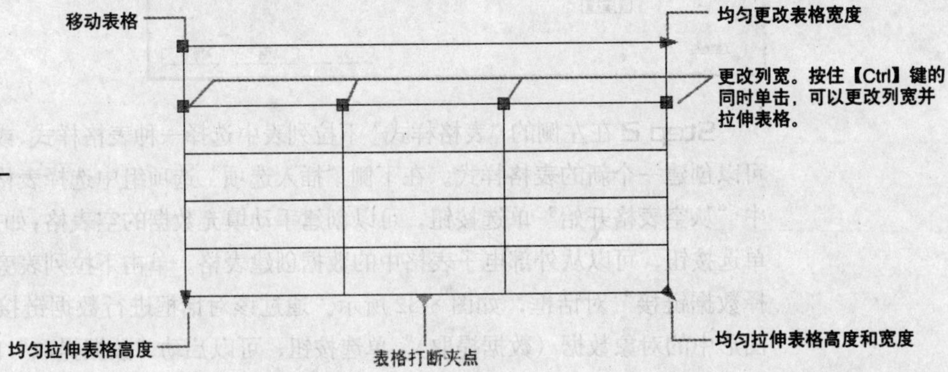


图 8-35
表格的各夹点及其作用

编辑表格的单元格时，在单元格内单击以选中它。单元格边框的中央将显示夹点，如图 8-36 所示。在另一个单元格内单击可以将选中的内容移到该单元格。拖动单元格上的夹点可以使单元格及其列或行更宽或更小。

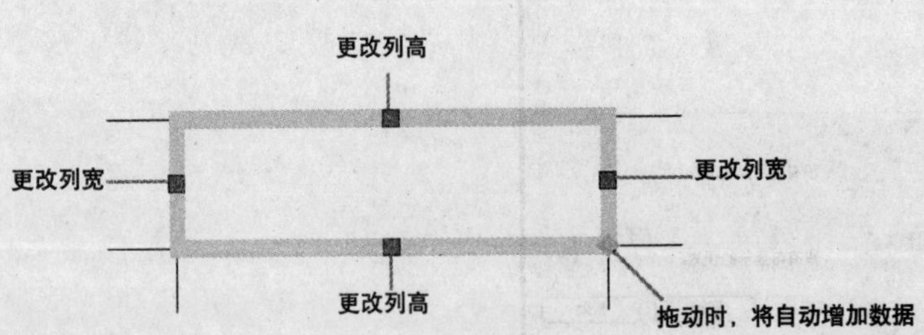


图 8-36
单元格的各夹点及其作用

在表格的单元格内部单击时，将显示“表格”工具栏，如图 8-37 所示。使用此工具栏，可以执行以下操作：

◆ 编辑行和列。
◆ 合并和取消合并单元格。
◆ 改变单元格边框的外观。
◆ 编辑数据格式和对齐。
◆ 锁定和解锁编辑单元格。
◆ 插入块、字段和公式。
◆ 创建和编辑单元格样式。

◆ 将表格链接至外部数据。

选择单元格后，也可以在其上右击，从弹出的快捷菜单中选项“插入”、“删除”等相应命令对单元格进行修改。选择单元格后，可以使用【Ctrl+Y】组合键重复上一个操作。

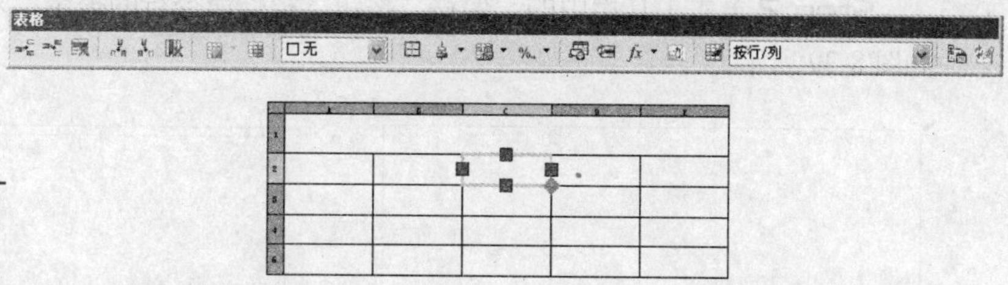

图 8-37

“表格”工具栏

**知识链接**

使用重复上一个操作的【Ctrl+Y】组合键，仅用于重复通过快捷菜单或表格工具栏执行的操作。

选择一个单元格后，按【F2】键可以编辑该单元格中的文字。

要选择多个单元格，请单击并在多个单元格上拖动。按住【Shift】键并在另一个单元内单击，可以同时选中这两个单元以及它们之间的所有单元。

## 8.4 实例操作：绘制电气工程图图框及标题栏

**实例分析**

本节通过绘制工程图图框及标题栏，让读者通过实际操作加深对绘制表格和添加文字的掌握，并且通过绘制矩形、偏移、分解插入表格等操作使读者熟悉表格和添加文字的基本编辑。

**实例难度** ★★★☆

**制作方法和思路**

通过矩形绘制，将矩形偏移后进行分解，然后再偏移修剪完成工程图框，最后创建表格并编辑表格。

**参考教学视频**

光盘目录\第八章\视频教学\8.4\绘制电气工程图图框及标题栏.avi

**实例文件**

**原始文件**：无

**最终文件**：光盘目录\dwg\Ch8\8.4\最终文件\绘制电气工程图图框及标题栏.dwg

**视频文件**：

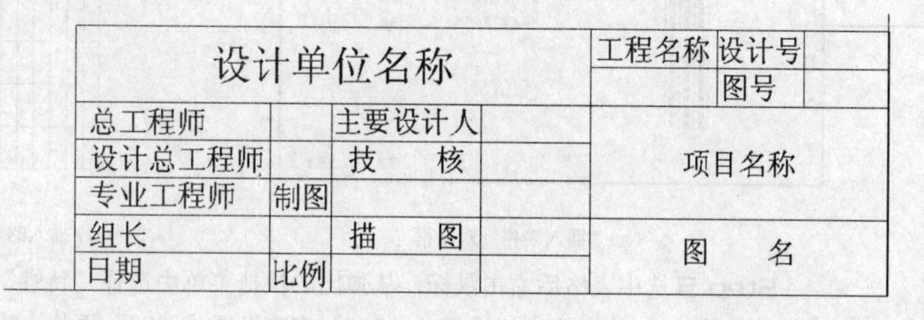

具体的操作步骤如下：

**Step 1** 单击工具栏中的“矩形”按钮，然后在操作界面的任意空白处指定矩形的第一点。根据命令行的提示，输入矩形的尺寸，即长为 594，宽为 420，结果如图 8-38 所示。

**Step 2** 单击工具栏中的“偏移”按钮。根据命令行的提示，对外边框向内偏移 10，如图 8-39 所示。

图 8-38
绘制图框的外边框

图 8-39
偏移外边框

**Step 3** 单击工具栏中的“分解”按钮，对偏移到里面的矩形进行分解。然后再将里面矩形的左边向右偏移 15，并进行修剪，结果如图 8-40 所示。

图 8-40
偏移并修剪

**Step 4** 选择“绘图”→“表格”命令，弹出“插入表格”对话框，从中对要插入的表格进行设置。设置列为“7”列，列宽为“20”，数据行数为“7”，行高为“8”，如图 8-41 所示。

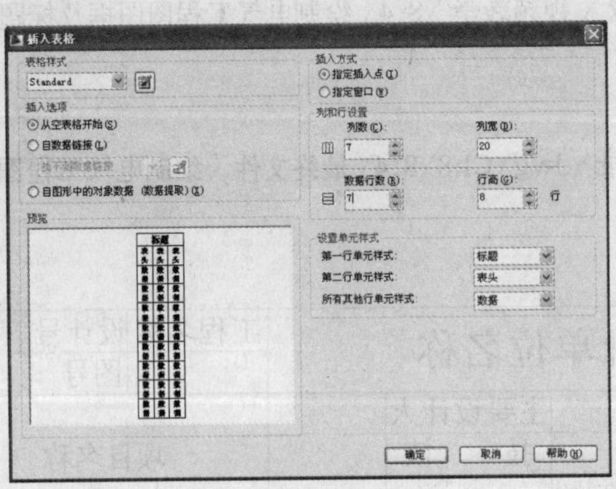


（a）“插入表格”对话框

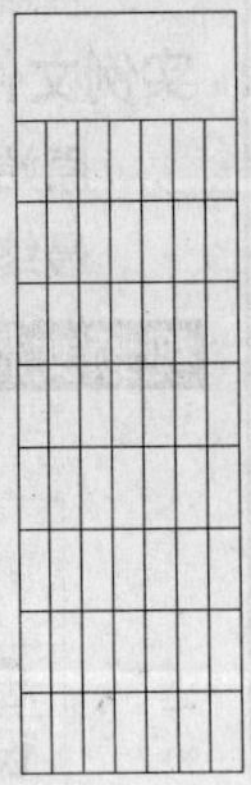

（b）插入的表格

图 8-41
设置表格

**Step 5** 选中表格后右击鼠标，从弹出的快捷菜单中选择“特性”窗口。在该窗口中设置表格的尺寸，将表格宽度设置为“200”，高度设置为“83”，再将表格移至如图 8-42（b）所示的位置。

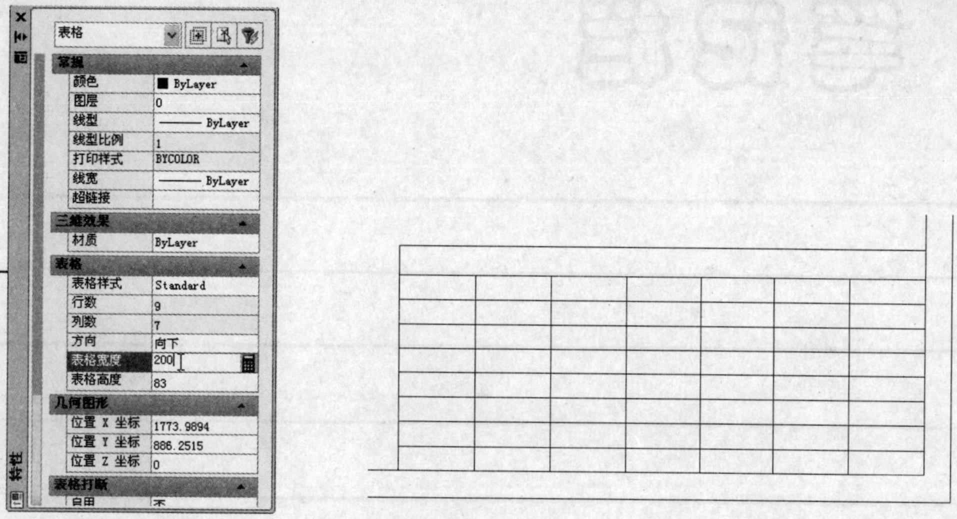


（a）“特性”窗口　　（b）移动表格

图 8-42
移动表格

**Step 6** 合并单元格。选中要合并的单元格，然后右击，在弹出的快捷菜单中选择“合并”→“全部”命令，并删除多余的表格，结果如图 8-43 所示。

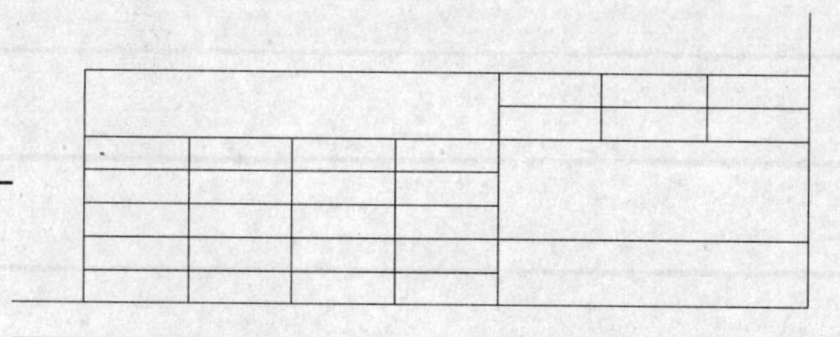

图 8-43
合并单元格

**Step 7** 单击工具栏中的“多行文字”按钮，在如图 8-44 所示的表格中添加文字，并对表格的尺寸进行调节。

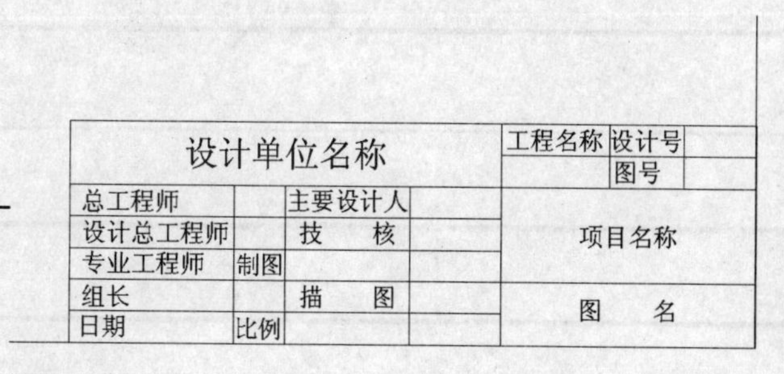


图 8-44
输入文字

# 笔记栏

# Chapter 9

# 电气工程图制图基础

## 本章内容

通过本章的学习，读者应掌握电气工程图的类型、特点；电气工程图设计规范，包括图纸的格式与幅面尺寸，如何设置图框、标题栏、会签栏、图幅分区、设置图线，在设置文本规范时应注意哪些。

## 本章学习地图

电气工程图制图基础

本章知识点

1. 电气工程图的简介
2. 电气工程图设计规范

实例操作 —— 电气工程图的格式与幅面

## 本章知识重点

- 电气工程图的类别。
- 电气工程图的特点。
- 电气工程图设计规范。

## 本章实例效果图

电气工程图的格式与幅面

## 本章视频效果图

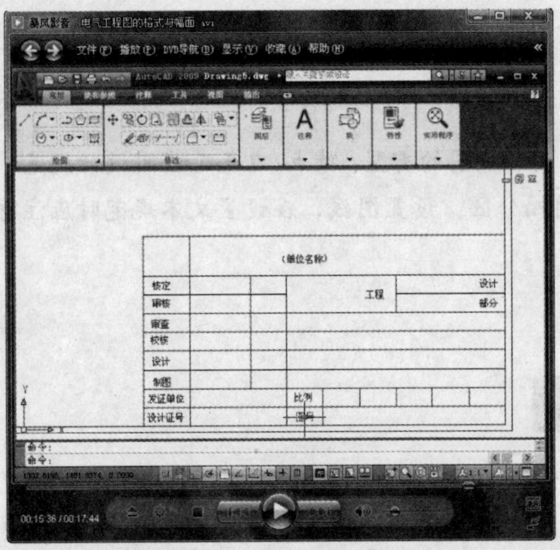


视频教学——电气工程图制图基础

在绘制工程图的时候遵循一定的原则，可以让人看懂图纸，能更好地将工程师的设计意图表达出来。本章将介绍以下内容：电气工程图的种类及特点、电气工程图设计规范和标题栏的绘制等，让读者对使用 AutoCAD 2009 绘制电气工程图的基础知识及制图规则有一定的了解。

# 9.1 电气工程图的简介

电气工程图根据功能和使用场合分为不同类型，但是这些不同类型也具有某些共同的特点，这有别于建筑工程图、机械工程图等。

## 9.1.1 电气工程图的类别

电气工程图是一类应用十分广泛的电气图，其种类也很多。电气工程图用来阐述电气工程的构成和功能，描述电气装置的工作原理，提供安装和维护使用信息。通常电气工程图包括以下几项内容：

### 1. 图纸的目录和前言

图纸目录便于检索图纸，是由序号、图纸名称、编号、张数等构成的。图纸目录是对某个电气工程的所有图纸编出目录。前言包括设计说明、图例、设备材料明细表和工程经费概率表等。

### 2. 电气系统图和框图

电气系统图和框图主要表示整个工程或某一单项工程的供电方式和电能输送关系，也可以表示某一装置各主要组成部分的关系。

### 3. 电工、电子线路图

电工、电子线路图主要表示某一个系统或装置的工作原理，如电动机控制回路、继电保护原理等。

### 4. 设备布置图

设备布置图主要表示各种电气设备的布置方式、安装方式及相互间的尺寸关系，主要包括平面布置图、立面布置图、断面图和纵横剖面图等。

### 5. 设备、元件及材料表

设备、元件和材料表是把某一电气工程所需要的主要设备、元件、材料和有关的数据列成表格，表示其名称、符号、型号、规格、数量。这种表格主要用于说明图上符号所对应的元件名称和有关数据，应与图联系起来阅读，如图 9-1 所示。

设备元素表

| 序号 | 符号 | 名称 | 型号 | 规格 | 单位 | 数量 | 备注 |
|---|---|---|---|---|---|---|---|
| 1 | M | 异步电动机 | Y | 300V，15kW | 台 | 1 | |
| 2 | KM | 交流接触器 | CJ10 | 300V，40A | 个 | 1 | |
| 3 | FU2 | 熔断器 | RC1 | 250V，1A | 个 | 1 | 配熔断丝 1A |
| 4 | FU1 | 熔断器 | RT0 | 380V，40A | 个 | 3 | 配熔断丝 30A |
| 5 | K | 热继电器 | JR3 | 60A | 个 | 1 | 鉴定值 25A |
| 6 | S1 S2 | 按钮 | LA2 | 250V，3A | 个 | 2 | 一常开、一常闭触点 |

图 9-1
设备元素表

### 6. 大样图

大样图用于表示电气工程某一部件和构件的机构，用于指导加工与安装，部分大样图为国家标准图。

7. 产品使用说明电气图

厂家通常在产品使用说明书中附上电气工程中选用的设备和装置电气图。

8. 电气平面图

电气平面图表示电气工程中电气设备、装置和线路的平面布置，一般在建筑平面图中绘制出来。根据用途不同，电气工程平面图可分为线路平面图、变电所平面图、动力平面图、照明平面图、弱电系统平面图和防雷与接地平面图等。

9. 其他电气图

电气系统图、电路图、接线图和平面图是最主要的电气工程图。但在一些较为复杂的电气工程中，为了补充和详细说明某一局部工程，还需要使用一些特殊的电气图，如功能图、逻辑图、印制板电路图、曲线图和表格等。

### 9.1.2 电气工程图的特点

电气工程图具有自己的特点，分别表现在元器件的表达、形式、内容和布局等方面。

1．电气元件的 3 种表示方法

用于电气元件的表示方法有 3 种，可分别采用集中表示法、半集中表示法和分开表示法。

集中表示法是把一个元件各组成部分的图形符号绘制在一起的方法。比如，可以把交流接触器的主触头和辅助触头、热继电器的热元件和触头集中绘制在一起。

分开表示法是把一个元件的各组成部分分开布置；对于同一个交流接触器，可以把驱动线圈、主触头、辅助触头、热继电器 K 的热元件、触头分别画在不同的电路中，用同一个符号 KM 或 K 将各部分联系起来。

半集中表示法是介于集中表示法和分开表示法之间的一种表示法。其特点是：在图中把一个项目某些部分的图形符号分开布置，并用机械连接线表示出项目中各部分的关系。其目的是得到清晰的电路布局。在这里，机械连接线可以是直线，也可以折弯、分支和交叉。

2．电气工程图的主要表现形式

简图是采用标准的电气图形符号和带注释的方框，或简化的外形图来表示关系或设备中各组成部分相互关系的一种图。电气工程图绝大多数采用简图的形式。

3．电气工程图的基本要素

图形符号、文字符号和项目代号是构成电气图的基本要素，一些技术数据也是电气图的主要内容。电气系统、设备或装置通常由许多部件、组件和功能单元等组成，这些部件组件或功能单元称为项目。项目一般用简单的符号表示，这些符号就是图形符号。为了加以区别，通常每个图形符号都要有相应的文字符号。一般是用一种图形符号描述和区分这些项目的名称、功能、状态、特征、相互关系、安装位置和电气连接等，不必画出它们的外形结构。

在一张图上，一类设备只用一种图形符号。比如各种熔断器都是用一个符号表示。为了区别同一类设备中不同元件的名称、功能、状态、特征及安装位置等，还必须在符号旁边标注文字符号。例如，不同功能、不同规格的熔断器分表标注为 FU1、FU2、FU3。为了更具体地区分，除了标注文字符号、项目代号外，有时还要标注一些技术数据，如图中熔断器的有关技术数据、RL-15/15A 等。

4．电气工程图描述的主要内容

一种电气设备主要由各电气元件和连接线构成，因此无论电路图、系统图、还是平面图和接线图，都是以电气元件和连接线作为描述的主要内容的。

#### 5．表示连接线去向的两种方法

在接线图的某些电路图中，通常要求表示连接线的两端各引向何处。表示连接线去向一般有连接线表示法和中断线表示法。

表示两接线端子（或连接点）之间导线的线条连接的方法，称为连接线表示法；表示两接线端子或连接点之间导线的线条中断的方法，称为中断线表示法。

#### 6．电气工程图的多样性

能量流、信息流、逻辑流和功能流等有不同的描述方法，也形成不同的电气工程图。描述能量流和信息流的电气工程图有系统图、信号框图、电子线路图和接线图等；描述逻辑流的电气工程图主要是逻辑图；描述功能流的电气工程图有表图和程序框图等。

#### 7．电气工程图的两种基本布局

功能布局法是指电气图中元件符号的布置，是只考虑便于看出它们所表示的元件之间的功能关系而不考虑实际位置的一种布局方法。电气工程图中的系统图和电路图都采用这种布局方法。

位置布局法是指电气中元件符号的布置对应于该元件实际位置的布局方法。如电气工程中的接线图、设备布置图等通常都采用这种方法。

## 9.2 电气工程图设计规范

电气工程设计部门设计、绘制图纸，施工单位按图纸组织工程施工，所以图纸必须有设计和施工等部门共同遵守的一定格式和一些基本规定、要求。这些规定包括建筑电气工程图自身的规定和机械制图、建筑制图等方面的有关规定。这就形成了图幅的规范、图线的规范和字体的规范。

### 9.2.1 图纸的格式与幅面尺寸

#### 1．图纸的格式

一张图纸的完整图面是由边框线、图框线、标题栏和会签栏构成的，其格式如图 9-2 所示。

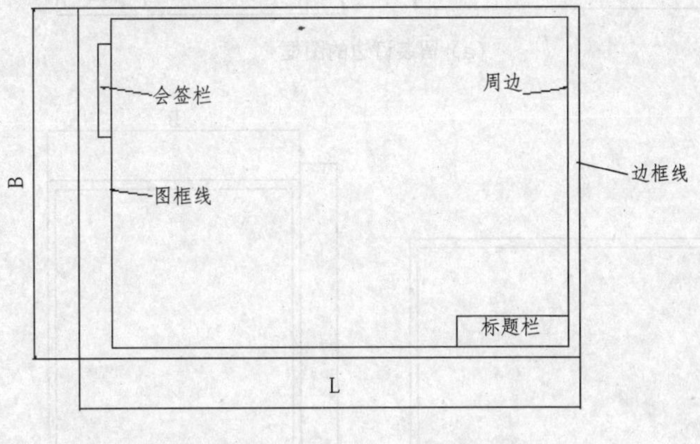


图 9-2
图面

#### 2．幅面尺寸

图纸的幅面就是由边框线所围成的图面。幅面尺寸共分 5 等——A0 ~ A4，具体的尺寸要求如表 9-1 和表 9-2 所示。

图纸的优选实际幅面列于表 9-1 中，当需要加长的图纸时，应采用表 9-2 中所规定的幅面。

表9-1　基本幅面尺寸（单位：mm）

| 幅面代号 | A0 | A1 | A2 | A3 | A4 |
|---|---|---|---|---|---|
| 宽×长（*B*×*L*） | 841×1189 | 594×841 | 420×594 | 297×420 | 210×297 |

表9-2　加长图纸的幅面尺寸（单位：mm）

| 幅面代号 | A0 | A1 | A2 | A3 | A4 |
|---|---|---|---|---|---|
| 宽×长（*B*×*L*） | 420×891 | 420×1189 | 279×630 | 279×841 | 279×1051 |

## 9.2.2 图框

### 1．图框尺寸

图框又分为内框和外框，外框尺寸即为表 9-1 和表 9-2 中规定的尺寸。内框尺寸为外框尺寸减去相应的“a”“c”“e”的尺寸，如表 9-3、图 9-3 中所示。加长幅面的内框尺寸，按选用的基本幅面大一号的图框尺寸确定。

表9-3　内框尺寸（单位：mm）

| 幅面代号 | A0 | A1 | A2 | A3 | A4 |
|---|---|---|---|---|---|
| A | 10 | | 5 | | |
| B | 20 | 10 | | | |
| C | 25 | | | | |

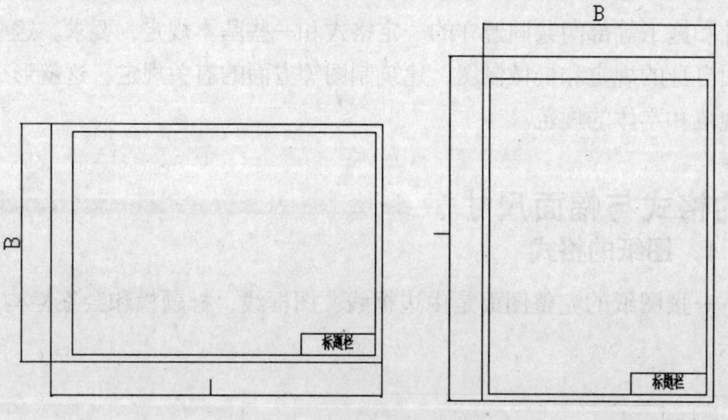


（a）留装订边的图框

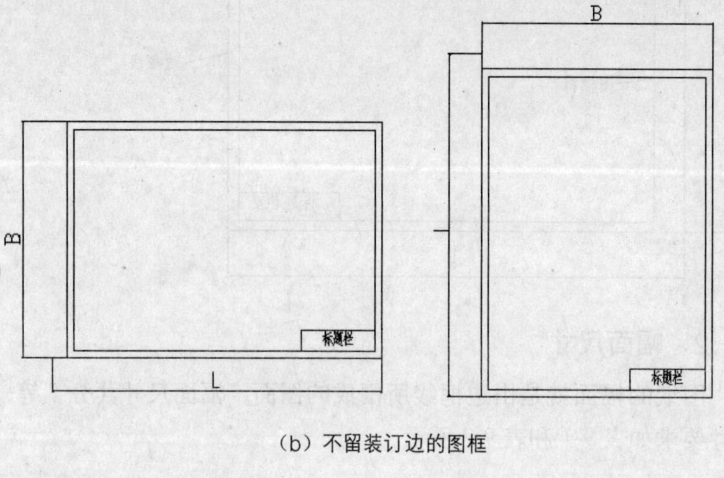


（b）不留装订边的图框

图 9-3
两种不同的图框

### 2．图框宽度

图宽的内框线根据不同图幅、不同输出设备，宜采用不同的线宽，如表10-4所示。各种图幅的外框线均为0.25的实线。

表9-4 图幅内框线宽（单位：mm）

| 幅面 | 绘图机型 | |
|---|---|---|
| | 喷墨绘图机 | 笔式绘图机 |
| A0、A1及其加长图 | 1.0mm | 0.7mm |
| A2、A3、A4及其加长图 | 0.7mm | 0.5mm |

## 9.2.3 标题栏

### 1．标题栏的位置

无论对x型水平放置的图纸，还是y型垂直放置的图纸，标题栏都应放在图面的右下角，如前面的图9-2和图9-3中所示。标题栏的观看方向应与图的观看方向相一致。

### 2．标题栏的格式

目前我国尚没有统一规定的标题栏格式，各设计部门标题栏格式不一定相同。通常采用的标题栏格式应有以下内容：设计单位名称、工程名称、项目名称、图名、图别和图号等，图9-4所示的是一种标题栏格式。

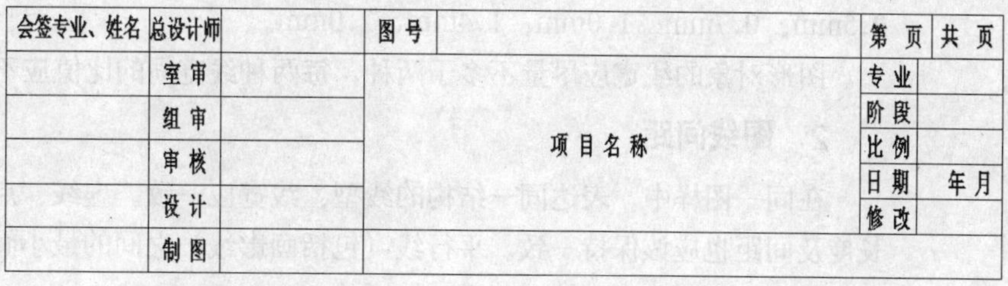


图9-4
标题栏格式

### 3．标题栏图线

标题栏外框线一般为0.5mm的实线，内分格线一般为0.15mm的实线。

## 9.2.4 会签栏

与多个专业相关的图纸应有会签栏，会签栏的格式如图9-5所示，其外框线宽一般为0.5mm，内框线宽一般为0.15mm。

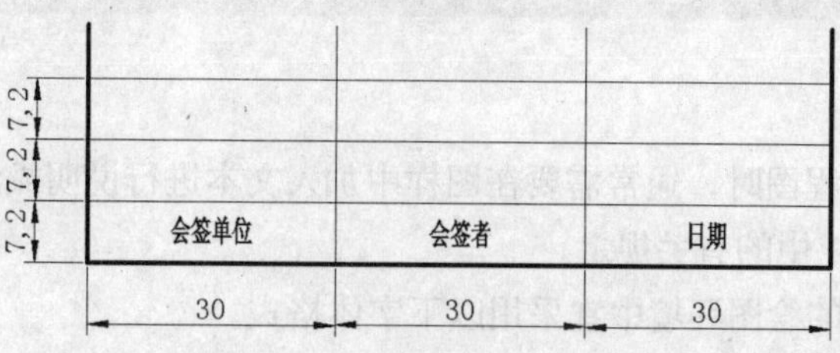


图9-5
会签栏

## 9.2.5 图幅分区

当所绘制的电气图上的内容很多时，尤其是对一些幅面大、内容复杂的图要进行分区，以便在读图或更改图的过程中，迅速找到相应的部分。

分格数必须是偶数，并按图的复杂性选择。建议组成部分区的长方形的任何边长都小于 25mm，最多都不大于 75mm。

分区应沿着一边用大写字母，另一边用数字做标记。标记的顺序可以从标题栏相对的一角开始，如图 9-6 所示。

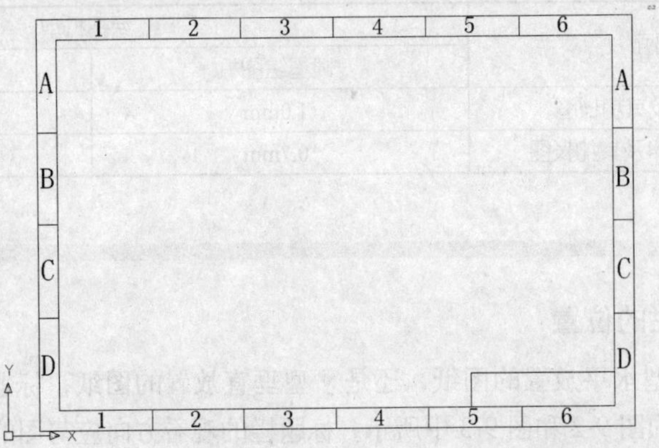


图 9-6
图幅分区

## 9.2.6 图线

### 1．线宽

根据用途，图线宽度宜从下列线宽中选择：0.15mm、0.25mm、0.35mm、0.4mm、0.5mm、0.7mm、1.0mm、1.4mm、2.0mm。

图形对象的线宽应尽量不多于两种，每两种线宽间的比值应不小于 2。

### 2．图线间距

在同一图样中，表达同一结构的线型、线宽应一致。虚线、点画线和双点画线的线段长度及间距也应该保持一致。平行线（包括画影线）之间的最小间距不小于粗线宽度的两倍，建议不小于 0.7mm。

### 3．图线的形式

根据不同的结构含义，应采用不同的线型。

### 4．线型比例

线型比例 $k$ 与印制比例宜保持适当关系。当印制比例为 $1:n$ 时，在确定线型库文件后，线型比例可取 $k \times n$。

## 9.2.7 文本规范

### 1．字体

在绘制电气工程图时，通常需要在图样中加入文本进行说明或注释，文本中使用字体应符合 GB/T14691 中的有关规定。

在 AutoCAD 的绘图环境中宜采用以下字体格式。

◆ 中文：HZTXT.SHX（仿宋体单线），此种字体是一种专用工程字体。

◆ 拉丁字母、数字：ROMANS.SHX（罗马体单线）。

◆ 希腊字母：GREEKS.SHX。

### 2．文本字符尺寸

常用的文本文字高度有以下 7 种，用户在使用时可以从中选择。常见的文本高度有

2.5mm、3.5mm、5mm、7mm、10mm、14mm、20mm。

图样及表格中的文字均采用正体字书写。汉字的高度 $h$ 应不小于 3.5mm，数字、字母的高度 $h$ 不应小于 2.5mm；字体宽度一般为 $h/\sqrt{2}$；如需要书写更大的字，其字体高度应按 $\sqrt{2}$ 的比率递增。表示指数、分数、极限偏差和注脚等的数字和字母，应采用小于一号的字体，不同的情况字符高度如表 9-5 和表 9-6 所示。

表9-5 最小字符高度（单位：mm）

| 字符高度 | 图幅 | | | | |
|---|---|---|---|---|---|
| | A0 | A1 | A2 | A3 | A4 |
| 汉字 | 5 | 5 | 3.5 | 3.5 | 3.5 |
| 数字和字母 | 3.5 | 3.5 | 2.5 | 2.5 | 2.5 |

表9-6 图样中各种文本尺寸（单位：mm）

| 文本类型 | 中文 | | 字母或数字 | |
|---|---|---|---|---|
| | 字高 | 字宽 | 字高 | 字宽 |
| 标题栏图名 | 7～10 | 5～7 | 5～7 | 3.5～5 |
| 图形图名 | 7 | 5 | 5 | 3.5 |
| 说明抬头 | 7 | 5 | 5 | 3.5 |
| 说明条文 | 5 | 3.5 | 3.5 | 2.5 |
| 图形文字标注 | 5 | 3.5 | 3.5 | 2.5 |
| 图号 | 5 | 3.5 | 3.5 | 2.5 |

### 3. 表格中的字符

表格中数字书写的要求为：带小数的数字，按小数点对齐；不带小数点的数字，按个位数对齐。表格中的文本书写按正文左对齐。

## 9.2.8 绘图比例

电气工程图中的设备布置图、安装图最好能按比例绘制，绘图的比例应符合 GB/T14690 中的有关规定。绘图时，通常应以设定的图形单位按原尺寸 1:1 的比例建立模型，并按选定的图纸大小打印出图。

常用的绘图比例系列如表 9-7 所示。

表9-7 绘图比例系列

| | | | | |
|---|---|---|---|---|
| 常用比例 | 原比例 | | 1:1 | |
| | 缩小比例 | $1:1\times10^n$ | $1:2\times10^n$ | $1:5\times10^n$ |
| | 放大比例 | $2\times10^n:1$ | $5\times10^n:1$ | $1\times10^n:1$ |
| 可用比例 | 缩小比例 | $1:1.5\times10^n$ | $1:2.5\times10^n$ | $1:4\times10^n$ |
| | 放大比例 | $2.5\times10^n:1$ | $4\times10^n:1$ | |

## 9.2.9 绘图方位

通常来说，电气平面图按上北下南、左西右东来表示建筑物和设备的位置和朝向。但外电总平面图中用方位标记（指北针方向）来表示朝向。这是因为外电总平面图表现的图形不能总是刚好符合某规格的图样幅面，需要旋转一个角度才行。

## 9.2.10 安装标高

在电气平面图中，电气设备和线路的安装高度是用标高来表示的，这与建筑制图类似。标高有绝对标高和相对标高两种表示方法。绝对标高是我国的一种高度表示方法，又称为海拔高度。相对标高是选定某一参考面为零点而确定的高度尺寸。建筑工程图上采用的相对标高，一般选定建筑物室外地平面为 +0.00mm。标注方法是根据这个高度标出相对高度。

在电气平面图中，也可以选择每一层地平面或楼面为参考面，电气设备和线路安装敷设位置高度以该层地平面为基准，一般称为敷设标高。

### 9.2.11 定位轴线

电力、照明和电信平面布置图通常是在建筑物平面图上完成的。由于在建筑平面图中，建筑物都标有定位轴线，因此电气平面布置图也带有轴线。定位轴线编号的原则是：在水平方向采用阿拉伯数字，从左向右注写；在垂直方向采用拉丁字母（其中 I、O、Z 不用），由下往上注写，数字和字母分别用点画线引出。通过定位轴线可以帮助人们了解电气设备和其他设备的具体安装位置，使用定位轴线可以很容易地找到设备的位置。这样，修改、设计变更图样就变得更加方便。

### 9.2.12 详图

电气设备中的某些零件、连接点等的结构、做法、安装工艺要求，有时候需要单独放大，详细表示，这种图称为详图。

电气设备某些部分的详图可以画在同一张图样上，也可画在另一张图样上。为了将它们联系起来，需要使用一个统一的标记。标注在总图某位置的标记称为详图索引标志，标注在详图位置上的标记称为详图标志。

## 9.3 实例操作：电气工程图的格式与幅面

**实例分析**

本节通过制作电气工程图的格式与幅面，使读者掌握图框的绘制，以及在图框中添加多行文字的方法。

**实例难度** ★★★★

**制作方法和思路**

通过“矩形”工具绘制矩形，通过偏移得到另一个矩形，再通过直线的绘制与偏移得到表格，最后通过“多行文字”工具添加多行文字。

**参考教学视频**

光盘目录 \ 第九章 \ 视频教学 \9.3\ 电气工程图的格式与幅面 .avi

**实例文件**

**原始文件**：无

**最终文件**：光盘目录 \dwg\Ch9\9.3\ 最终文件 \ 电气工程图的格式与幅面 .dwg

视频文件：

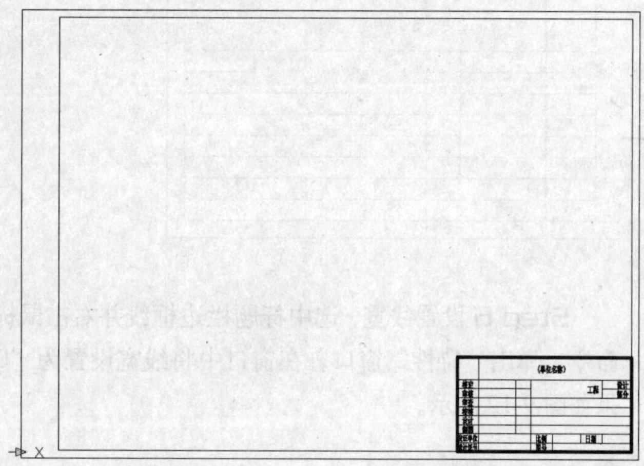

具体操作步骤如下：

**Step 1** 绘制外边框，单击工具栏中的“矩形”按钮，根据命令行的提示在操作界面指定矩形的第一点，输入“d”，然后再输入矩形的尺寸，长为420，宽为297，如图9-7所示。

**Step 2** 单击工具栏中的“偏移”按钮，将外边框向内偏移5，再单击工具栏中的“分解”按钮，将偏移到矩形内的矩形进行分解。再次单击“偏移”按钮，将里面矩形的左边向右偏移20，再单击“修剪”按钮，对里面的矩形进行修剪，结果如图9-8所示。

图9-7
绘制矩形

图9-8
修剪、偏移矩形

**Step 3** 绘制标题栏边框线，利用“直线”命令绘制如图9-9所示的标题栏边框线，长为120，宽为63。

**Step 4** 偏移边框线，利用“偏移”命令，依次向右偏移15mm、25mm、10mm、15mm、20mm、15mm，向下的偏移量依次为15mm、6mm、6mm、6mm、6mm、6mm、6mm、6mm，结果如图9-10所示。

图9-9
绘制标题栏边框线

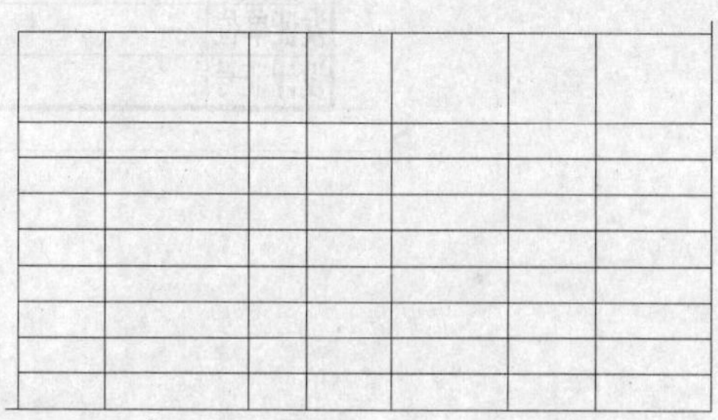

图9-10
偏移边框线

**Step 5** 修剪图表框线，利用“修剪”命令，对多余的直线进行修剪，如图 9-11 所示。

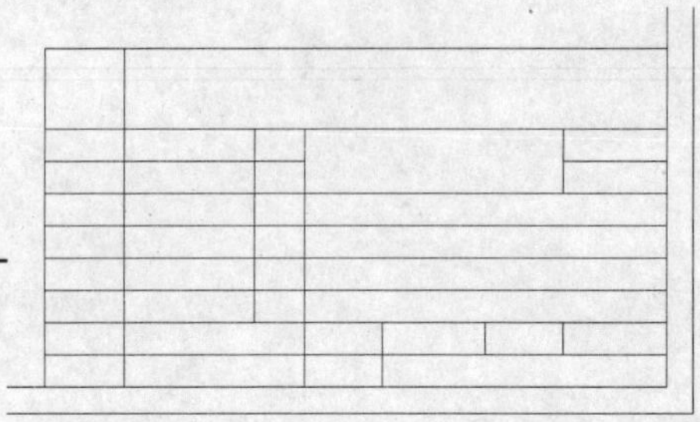

图 9-11
修剪直线

**Step 6** 设置线宽，选中标题栏边框线并右击鼠标，在弹出的快捷菜单中选择“特性”命令，弹出“特性”窗口。在窗口中将线宽设置为“0.5”，并将状态栏中的线宽打开，效果如图 9-12 所示。

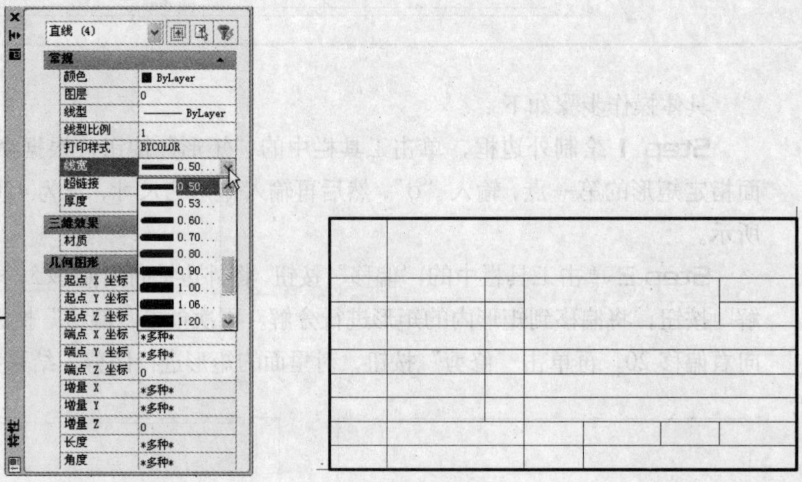


图 9-12
设置线宽

（a）“特性”窗口　　（b）设置并显示线宽后

**Step 7** 输入文字，单击工具栏中的“多行文字”按钮，字体的高度设置为“5”，宽度比例设置为“0.7”，倾斜角度默认值为“0”。最后输入如图 9-13 所示的文字。

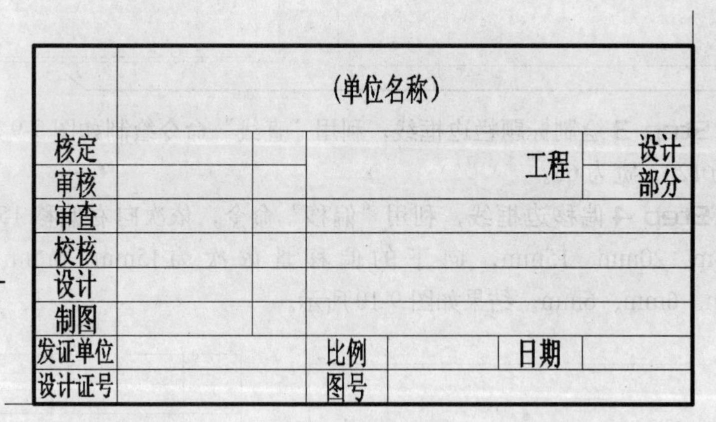


图 9-13
输入文字

# Chapter 10

# 绘制变电工程图

## 本章内容

通过学习绘制系统图、电气主接线图以及低压配电系统图来绘制变电工程图。

## 本章学习地图

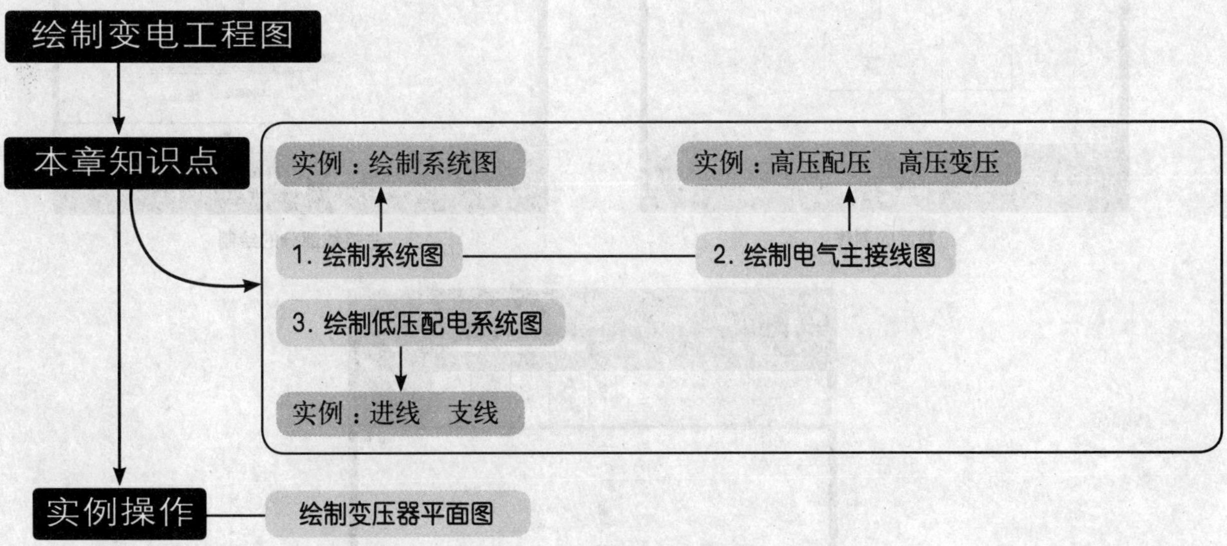


## 本章知识重点

- 变电工程的了解。
- 变电工程图的绘制。

## 本章实例效果图

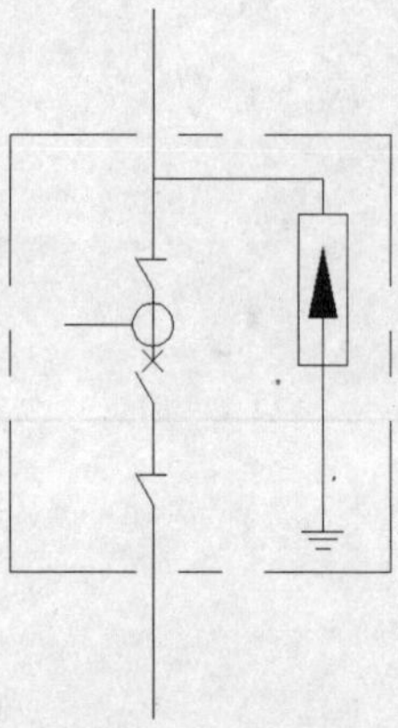

绘制变电所截面图

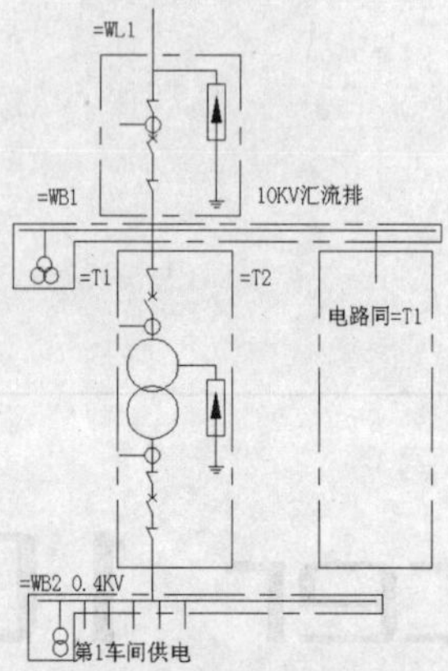


电气主接线图

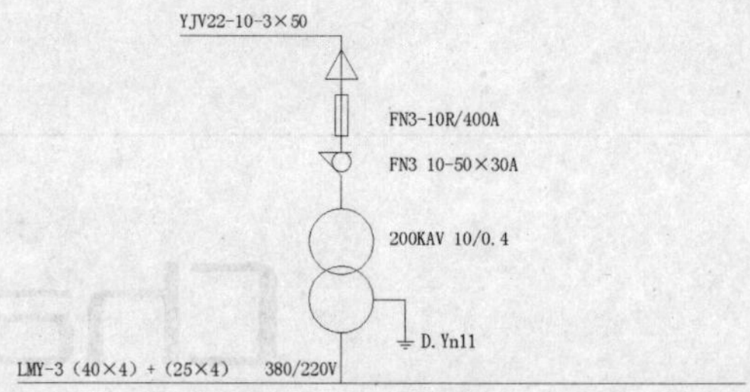


电缆线路工程图设计

## 本章视频效果图

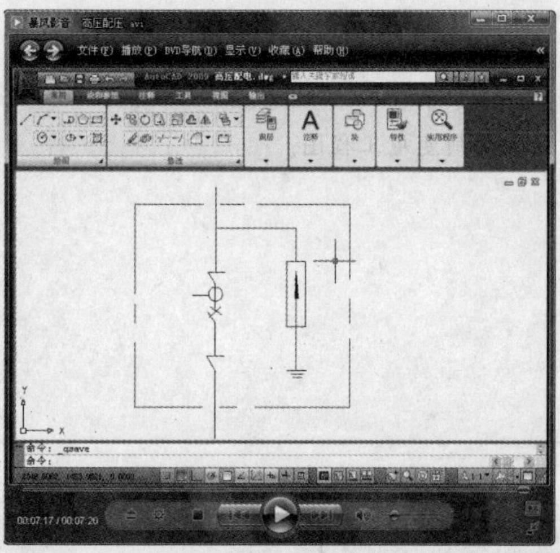

截图的制作

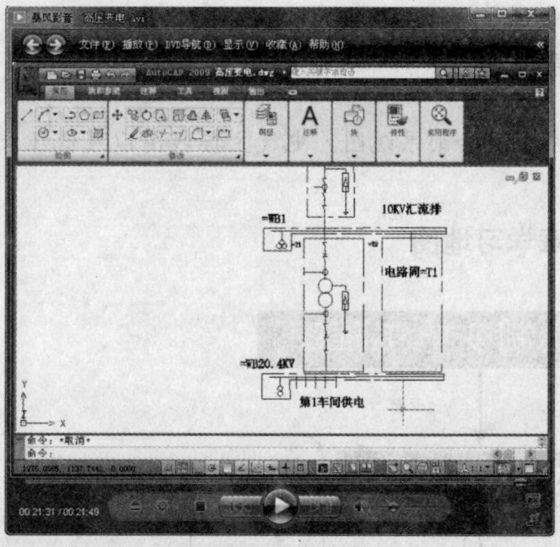

主接线部分的绘制

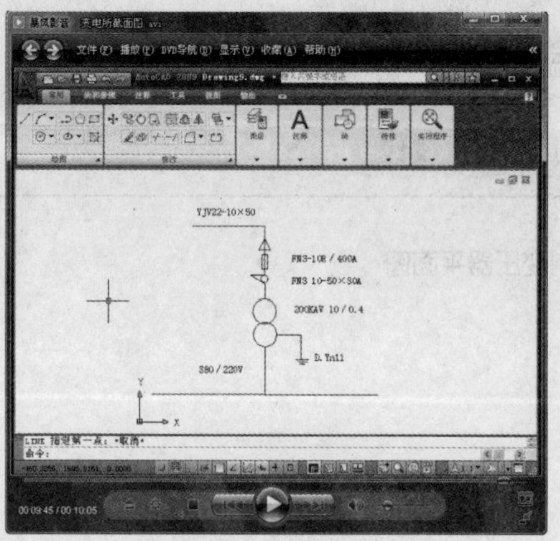

电缆线路图的设计

电力系统由发电厂、变电所、线路和用户组成。变电所是联系发电厂和用户的中间环节，起着变换和分配电能的作用。变电所和输电线路作为电力系统的变电部分同其他部分一样，是电力系统重要的组成部分。电力系统要安全、可靠、经济地运行，就需要变电部分安全可靠地运行，这些正是建立在变电工程设计和施工准确先进的基础上的。

## 10.1 绘制系统图

系统图阐述了变电所的工作原理：电力通过一些具有自我保护功能的高压开关接入变压器进行变压，整套设备应该接地良好。

具体操作步骤如下：

**Step 1** 打开 AutoCAD 2009 应用程序，选择图形样板，建立新文件，将新文件命名为“系统图 .dwg”并保存，如图 10-1 所示。

图 10-1
新建文件

**Step 2** 利用“圆”命令绘制一个半径为 10 的小圆，再利用“复制”命令在圆的下方复制另一个同样大小的小圆，如图 10-2 所示。

**Step 3** 单击工具栏中的“直线”按钮，在图 10-2 中两个圆的上下方各绘制一条直线，如图 10-3 所示。

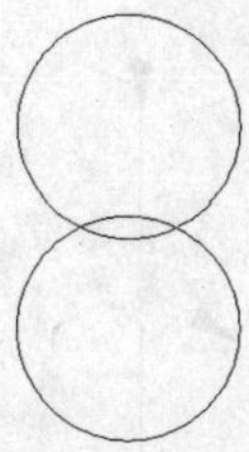

图 10-2
绘制圆

图 10-3
绘制直线

**Step 4** 单击“绘图”工具栏中的“矩形”按钮，在图 10-3 的旁边绘制如图 10-4 所示的矩形。

**Step 5** 单击“绘图”工具栏中的“直线”按钮，在上方圆的直线的顶端绘制一条斜线。再单击“绘图”工具栏中的“矩形”按钮，沿斜线绘制一个和斜线相平行的矩形，如图 10-5 所示。

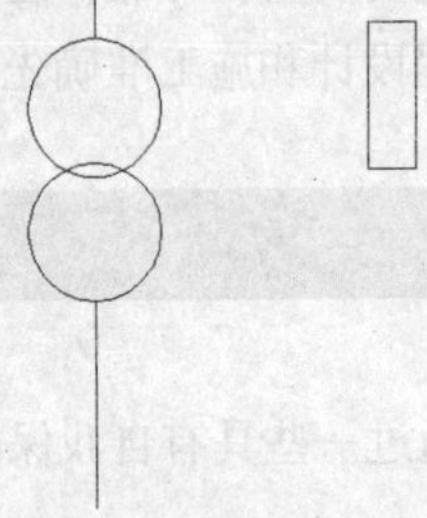

图 10-4
绘制矩形

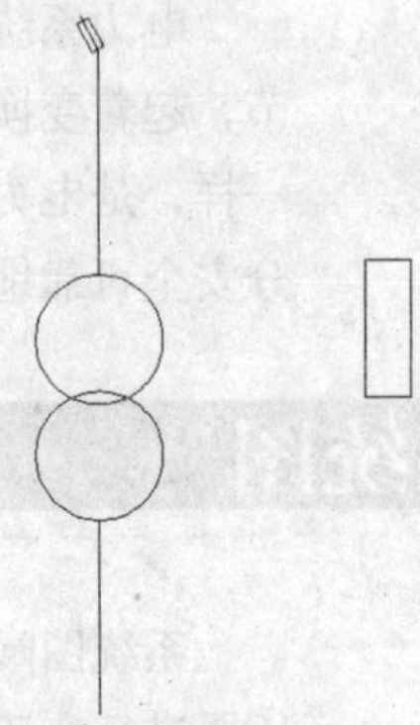

图 10-5
绘制斜矩形

**Step 6** 单击“绘图”工具栏中的“多段线”按钮，根据命令行的提示，绘制如图 10-6 所示的多段线。在命令行出现如下提示。

```
命令: _pline
指定起点:当前线宽为 0.0000
指定下一个点或 [圆弧(A)/半宽(H)/长度(L)/放弃(U)/宽度(W)]:
指定下一点或 [圆弧(A)/闭合(C)/半宽(H)/长度(L)/放弃(U)/宽度(W)]: w
指定起点宽度 <0.0000>: 4
指定端点宽度 <4.0000>: 0
指定下一点或 [圆弧(A)/闭合(C)/半宽(H)/长度(L)/放弃(U)/宽度(W)]:
指定下一点或 [圆弧(A)/闭合(C)/半宽(H)/长度(L)/放弃(U)/宽度(W)]: *取消*
```

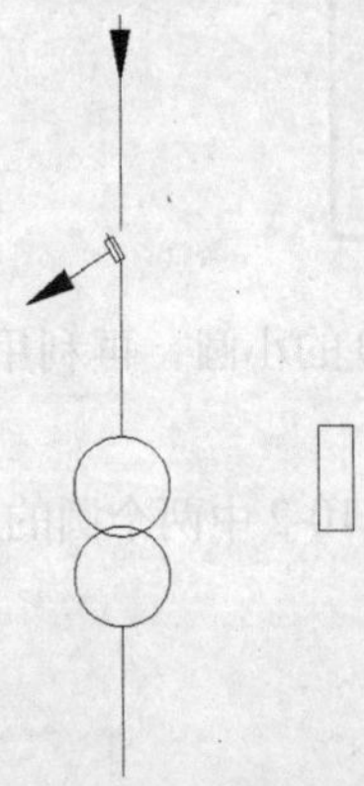

图 10-6
绘制多段线

**Step 7** 单击“绘图”工具栏中的“直线”按钮，绘制如图 10-7 所示的斜线。

**Step 8** 单击“绘图”工具栏中的“多段线”按钮，根据命令行的提示，绘制如图 10-8 所示的多段线。

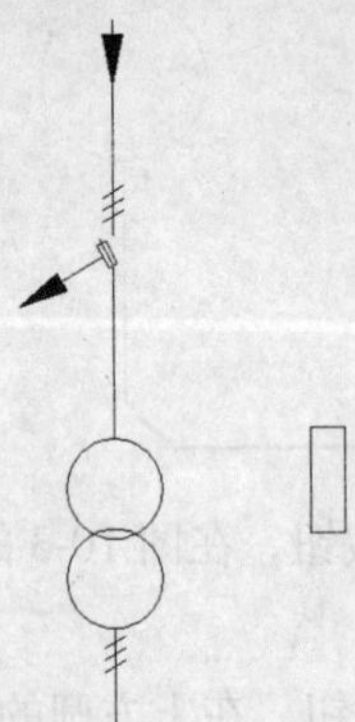

图 10-7
绘制斜线

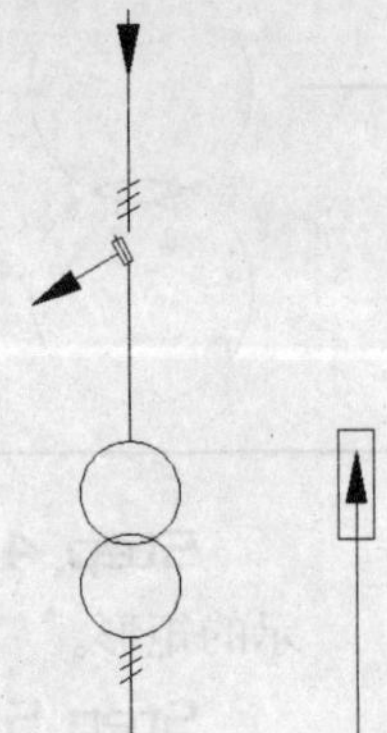

图 10-8
绘制多段线

**Step 9** 单击“绘图”工具栏中的“直线”按钮，绘制如图 10-9 所示的直线。

**Step 10** 单击“绘图”工具栏中的“直线”按钮，绘制地线符号。单击“注释”工具栏中的“多行文字”按钮，书写各个元件的代号，结果如图 10-10 所示。

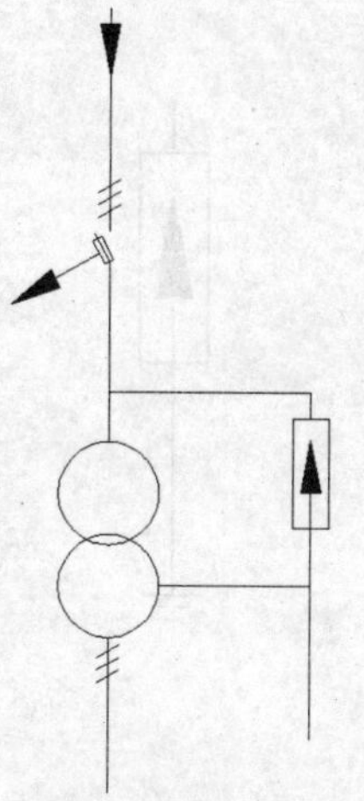

图 10-9

绘制直线

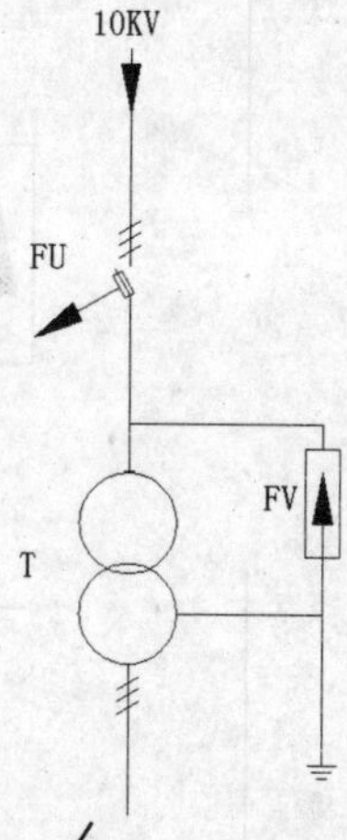


图 10-10

绘制地线符号和元件代号

## 10.2 绘制电气主接线图

电气主接线设备包括高压配压设备和变压设备。高压电先经过配电设备，然后接入变压器，高压配压设备接入高压母线，然后接入高压监测设备、变压设备。变压设备包括冗余设备，这是提高安全所必需的。变压设备输出的低压电力接入低压母线，就可以输送给用电设备使用了。

### 10.2.1 高压配压

高压电不能直接进入变电所，先要经过若干高压保护设备，包括为了避免雷暴袭击的避雷设备，以及为了在过载、过流等情况下自动断开线路的保护线路。下面一一进行绘制。

具体的操作步骤如下：

**Step 1** 新建一个文件，将新文件命名为“高压配压 .dwg”并保存，如图 10−11 所示。

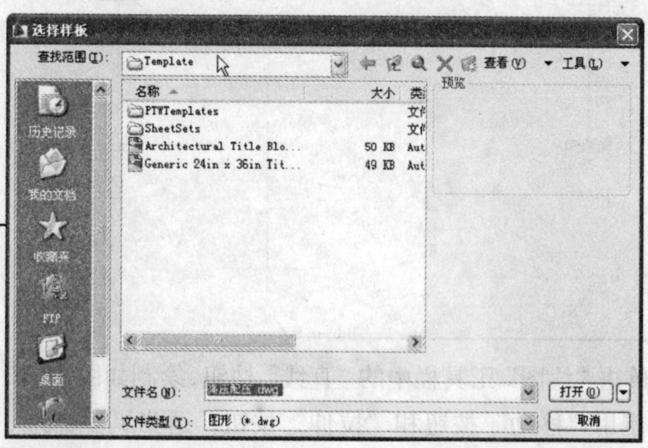


图 10-11

新建文件

**Step 2** 利用“复制”命令从以前绘制的图形中复制如图 10-12 所示的元件符号，准备绘制隔离开关线路。

**Step 3** 单击“绘图”工具栏中的“直线”按钮，绘制如图 10-13 所示的直线和斜线。

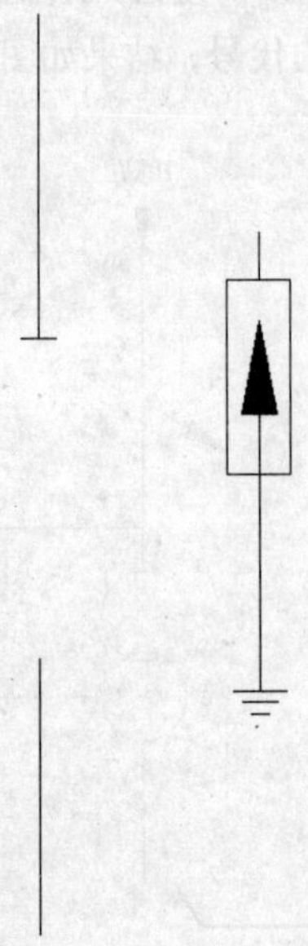

图 10-12
复制元件符号

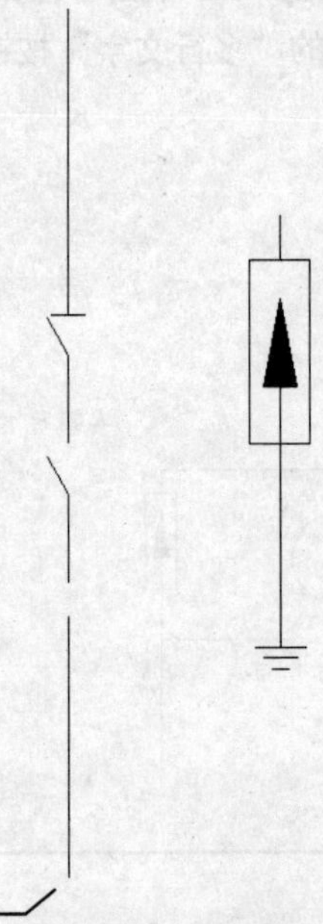

图 10-13
绘制直线和斜线

**Step 4** 在操作界面任意处右击，在弹出的快捷菜单中选择“带基点复制”命令，根据命令行的提示选择基点，即选择地线中一条直线的中点，再选择对象即选择地线的一条直线，然后按回车键。再右击，在弹出的快捷菜单中选择“粘贴”命令，然后再粘贴到如图 10-14 所示的位置。

**Step 5** 单击“绘图”工具栏中的“圆”按钮，在线路中绘制一个圆。然后单击“绘图”工具栏中的“直线”按钮，从圆的左边象限点绘制水平向左的一条短直线，形成电流互感器，如图 10-15 所示。

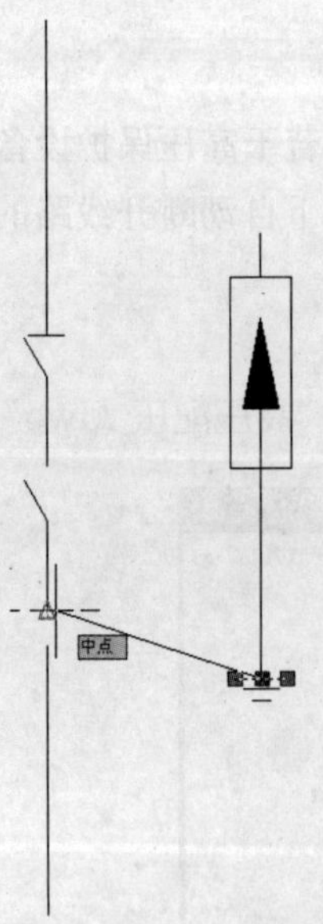


图 10-14
带基点复制

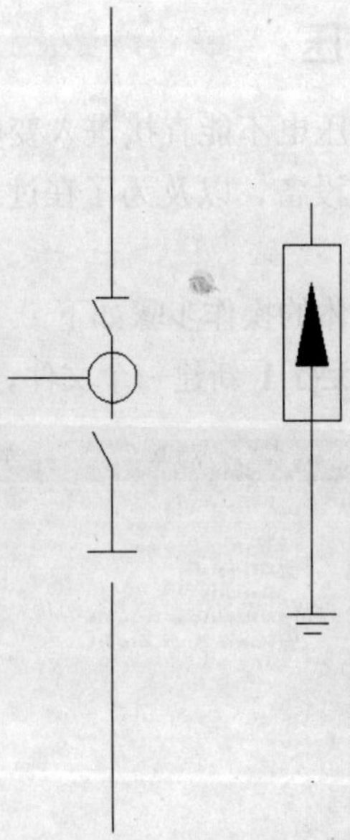

图 10-15
绘制电流互感器

**Step 6** 单击“绘图”工具栏中的“直线”按钮，绘制如图 10-16 所示的交叉的斜直线。

**Step 7** 使用“移动”按钮和“拉伸”按钮，适当调整图形，使图形紧凑整齐，如图 10-17 所示。

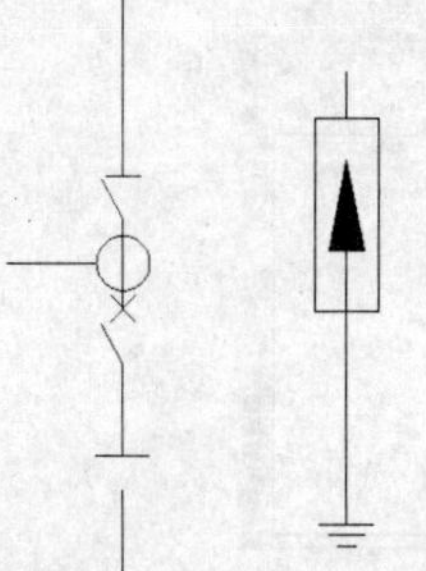

图 10-16

绘制斜直线

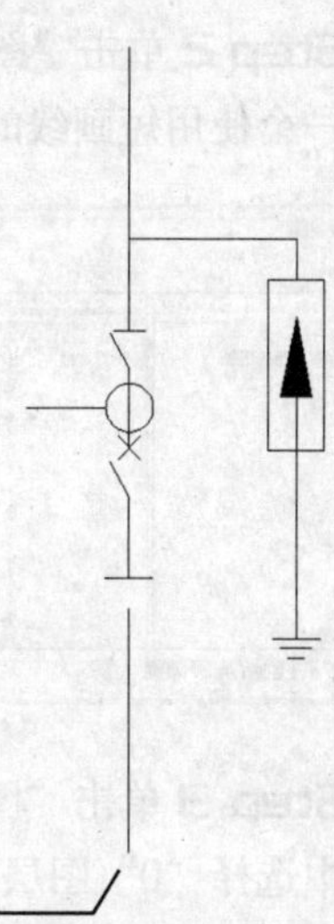

图 10-17

调整图形

**Step 8** 单击“图层”工具栏中的“图层特性”按钮，弹出“图层特性管理器”窗口，如图 10-18 所示。新建一个使用短画线的“功能框”图层，并单击“置为当前”按钮使它转入编辑状态。

**Step 9** 单击“绘图”工具栏中的“矩形”按钮，根据命令行的提示，绘制包含所有元件的矩形，效果图如图 10-19 所示。

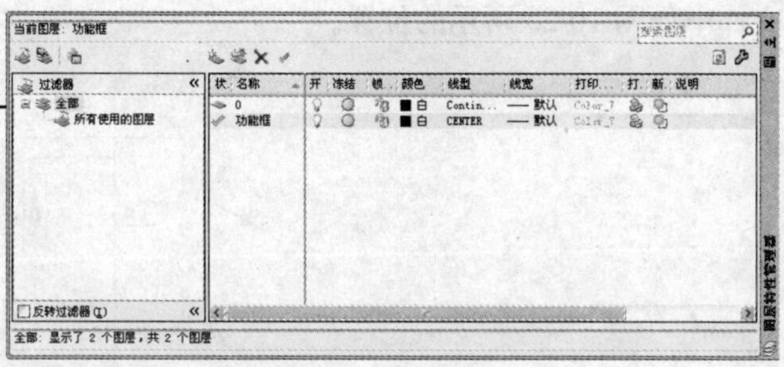


图 10-18

“图层特性管理器”窗口

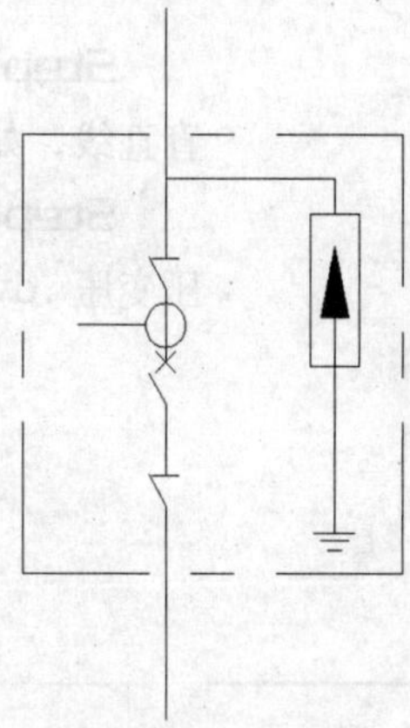

图 10-19

绘制矩形

## 10.2.2 高压变压

变压设备是变电所的核心设备，主要是高压／低压变压器，以及其他使变压器长期、正常工作的各种保护设备、接地设备、电压、电流、负载监测设备。

具体操作步骤如下：

**Step 1** 新建一个文件，将新文件命名为“高压变压 .dwg”并保存，如图 10-20 所示。

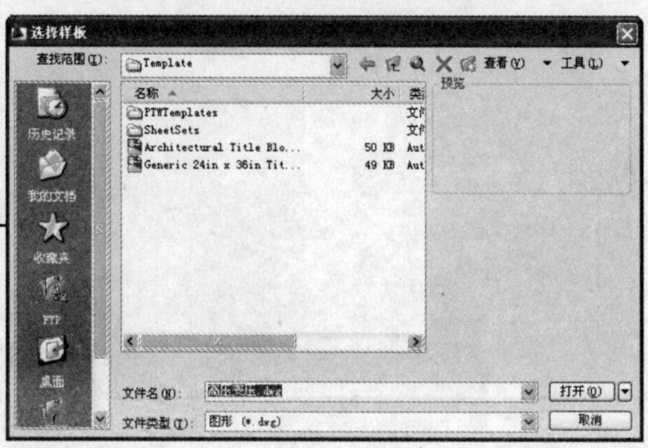


图 10-20

新建文件

**Step 2** 单击“图层”工具栏中的“图层特性”按钮，弹出“图层特性管理器”窗口，新建一个使用短画线的“功能框”图层，关闭对话框，如图 10-21 所示。

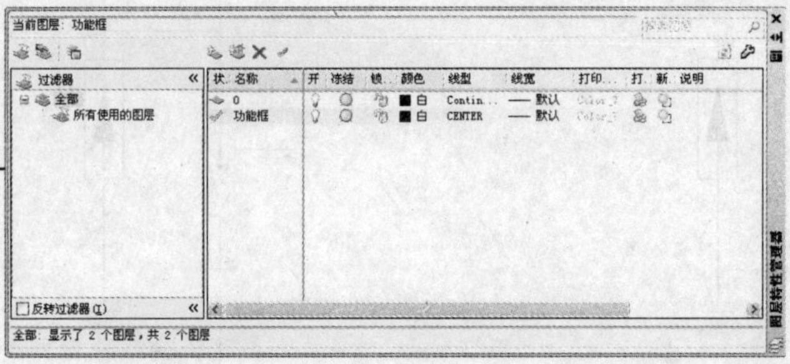

图 10-21
“图层特性管理器”窗口

**Step 3** 单击“图层”工具栏中的下拉列表右边的小三角，如图 10-22 所示，在下拉列表中选择“0”图层，使其转入当前图层。

**Step 4** 单击“绘图”工具栏中的“直线”按钮，绘制一条横线作为高压母线，如图 10-23 所示。

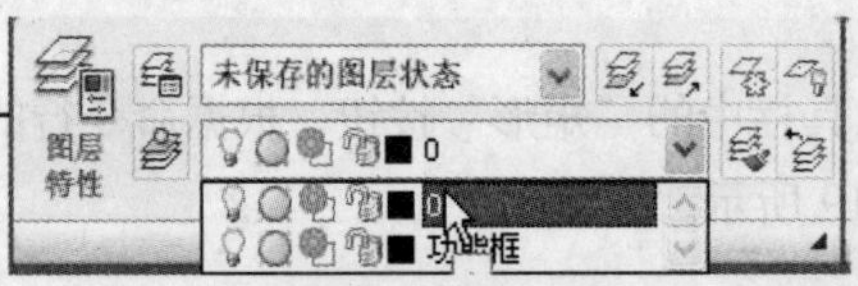


图 10-22
选择图层

图 10-23
绘制高压母线

**Step 5** 再次单击“绘图”工具栏中的“直线”按钮，在母线左边绘制一条向下的垂直线，如图 10-24 所示。

**Step 6** 打开“高压配压 .dwg”文件，利用“复制”命令复制对象，并粘贴到“高压变压 .dwg”文件中如图 10-25 所示的位置。

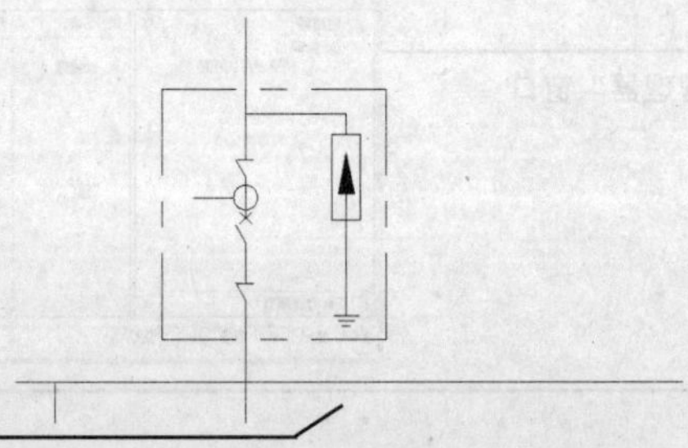

图 10-24
绘制垂直线
图 10-25
复制电流互感器

**Step 7** 在界面上右击，在弹出的快捷菜单中选择“带基点复制”命令，根据命令行的提示选择基点，再选择该圆为对象，按回车键。再右击，在弹出的快捷菜单中选择“粘贴”命令，粘贴到如图 10-26 所示的位置。

**Step 8** 选择“修改”→“阵列”命令，弹出“阵列”对话框。以所复制的圆的下边象限点为阵列中心，把该圆环形阵列 3 个，如图 10-27 所示。

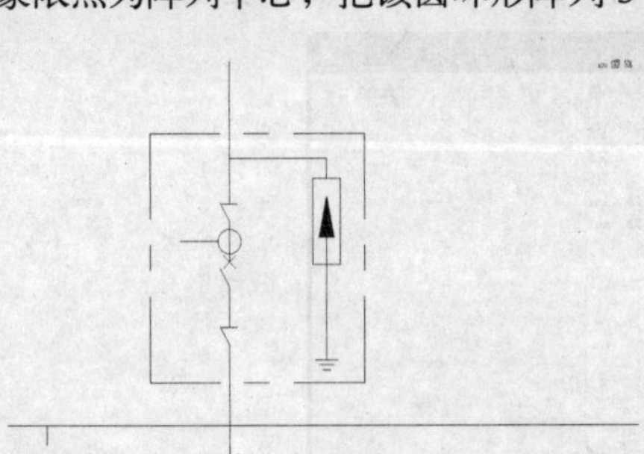

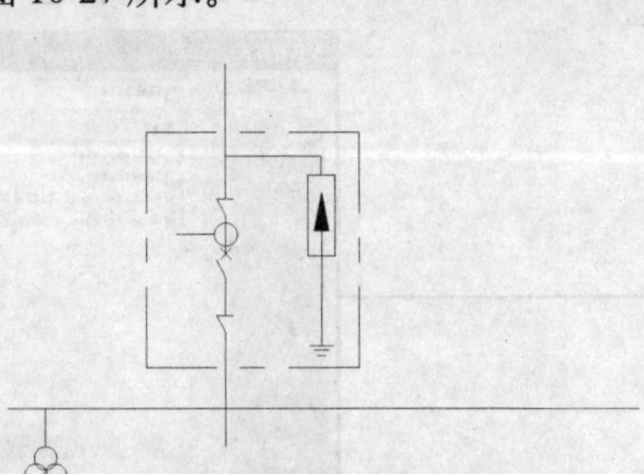

图 10-26
带基点复制

图 10-27
阵列圆

**Step 9** 单击“绘图”工具栏中的“多段线”按钮，绘制一条封闭的多段线，把母线和阵列的圆框起来，如图 10-28 所示。

**Step 10** 选中上一步骤所绘的多段线，单击“图层”工具栏的下拉列表右边的小三角，在图层列表中选择“功能框”图层，将所选中的多段线转换成短画线，如图 10-29 所示。

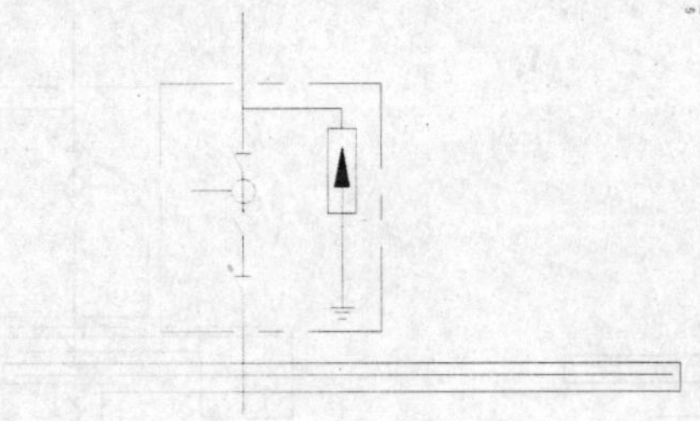

图 10-28
绘制多段线

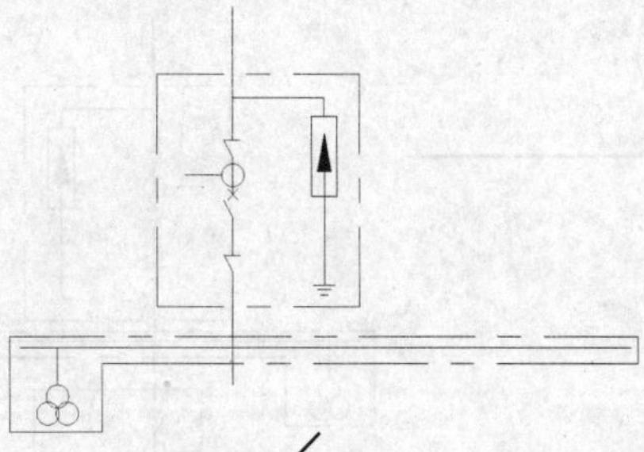

图 10-29
转化线型

**Step 11** 复制如图 10-29 所示的元件符号，组成第一条变压线路，如图 10-30 所示。

**Step 12** 选择“修改”→“拉伸”命令，调整线路上的图形，如图 10-31 所示。

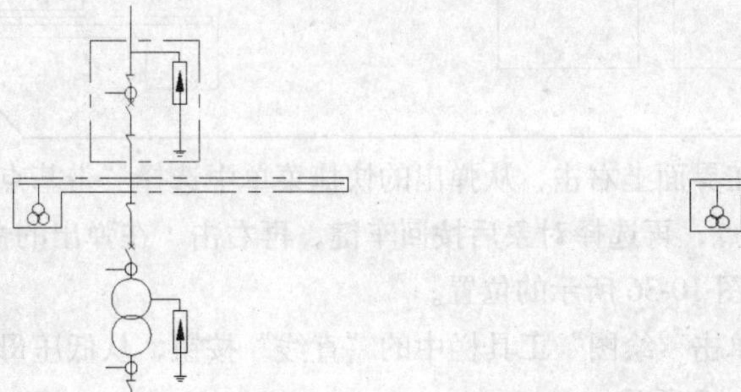

图 10-30
复制元件符号

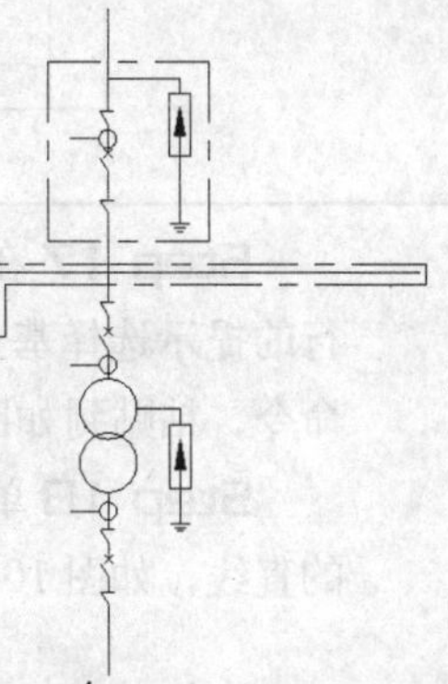

图 10-31
调整图形

**Step 13** 单击“绘图”工具栏中的“矩形”按钮，绘制第一条变压线路中所有元件的矩形。然后单击“图层”工具栏下拉列表右边的小三角，在下拉列表中选择“功能框”图层，将所选中的多段线转换成短画线，如图 10-32 所示。

**Step 14** 在界面上右击，在弹出的快捷菜单中选择“带基点复制”命令，根据命令行的提示选择基点，再选择对象即选择该线框为对象，按回车键。再右击，在弹出的快捷菜单中选择“粘贴”命令，粘贴到图 10-33 所示的位置。

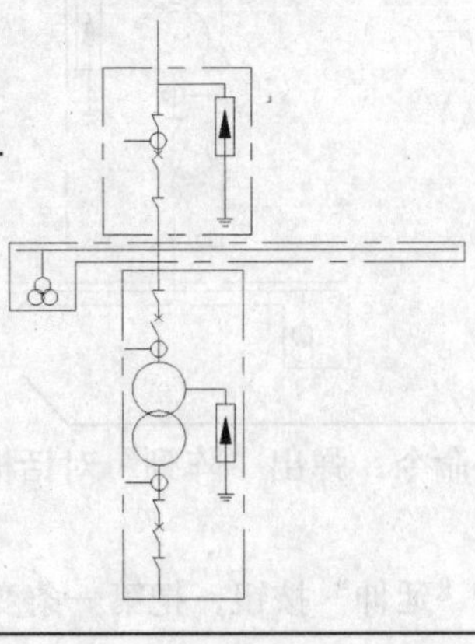

图 10-32
绘制线框

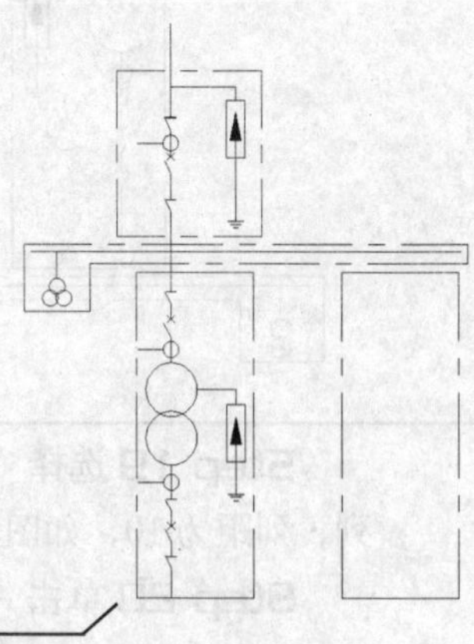

图 10-33
复制线框

**Step 15** 单击“绘图”工具栏中的“直线”按钮，在第二条变压线路线框内，从母线向下绘制一条直线，以示该线路存在，如图 10-34 所示。

**Step 16** 在界面上右击，从弹出的快捷菜单中选择“带基点复制”命令，根据命令行的提示选择基点，再选择对象，按回车键。然后再右击，在从弹出的快捷菜单中选择“粘贴”命令，粘贴到图 10-35 所示的位置。

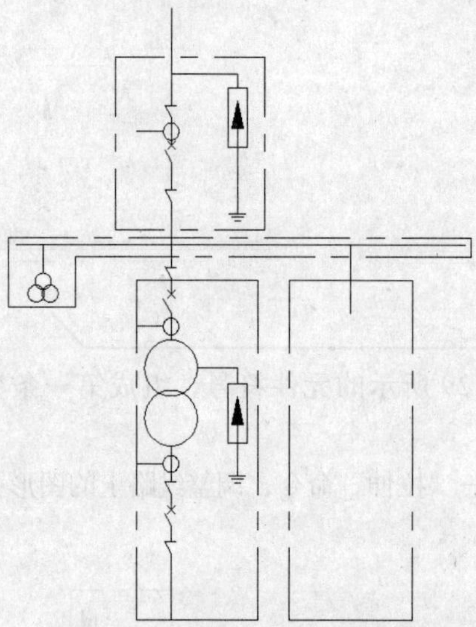

图 10-34
绘制直线

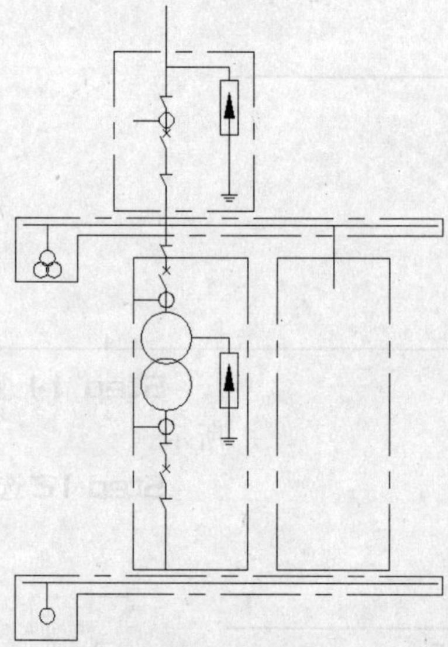

图 10-35
复制线框和母线

**Step 17** 在界面上右击，从弹出的快捷菜单中选择“带基点复制”命令，根据命令行的提示选择基点，再选择对象后按回车键。再右击，在弹出的快捷菜单中选择“粘贴”命令，粘贴到如图 10-36 所示的位置。

**Step 18** 单击“绘图”工具栏中的“直线”按钮，从低压母线上绘制一条垂直向下的直线，如图 10-37 所示。

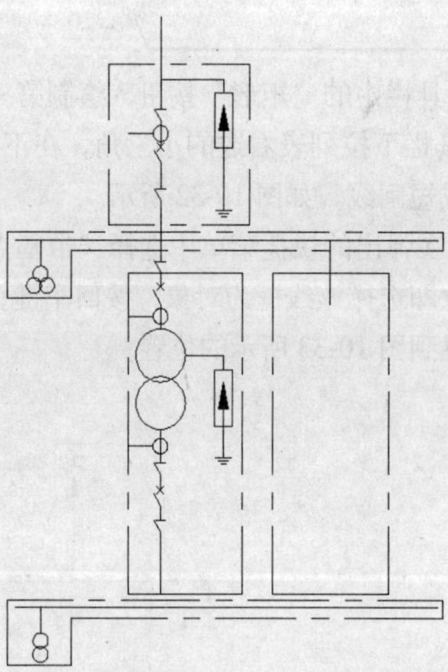

图 10-36
复制圆

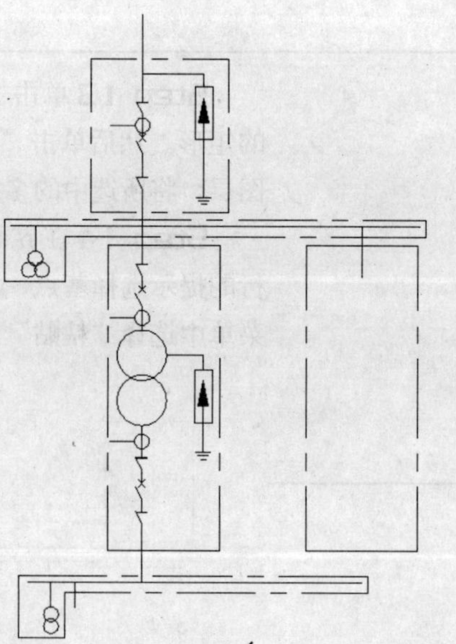

图 10-37
绘制直线

**Step 19** 选择“修改”→“阵列”命令，弹出“阵列”对话框，把直线向右阵列 5 列，列距为 10，如图 10-38 所示。

**Step 20** 单击“修改”工具栏中的“延伸”按钮，把第一条变压线路下的直线延伸到低压母线上，如图 10-39 所示。

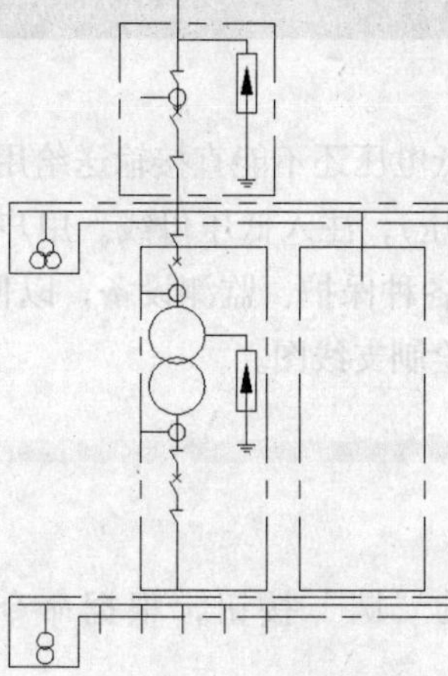

图 10-38
阵列直线

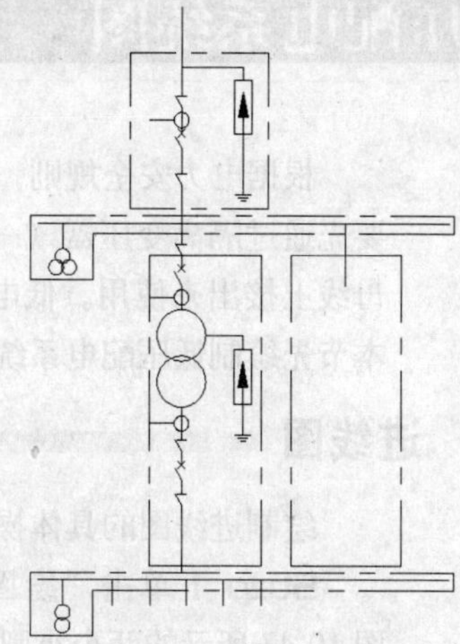

图 10-39
延伸直线

**Step 21** 单击“注释”工具栏中的“多行文字”按钮，在高压隔离开关框上书写代号“=WL1”，以及高压母线的代号和参数，如图 10-40 所示。

**Step 22** 使用“移动”命令和“拉伸”命令，适当调整图形，使其紧凑整齐，如图 10-41 所示。

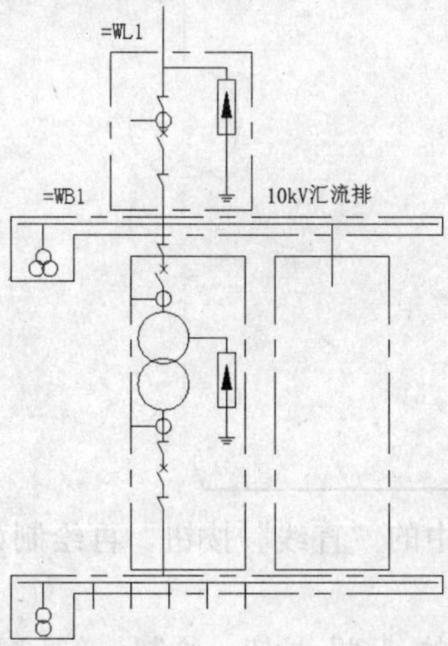


图 10-40
书写代号和参数

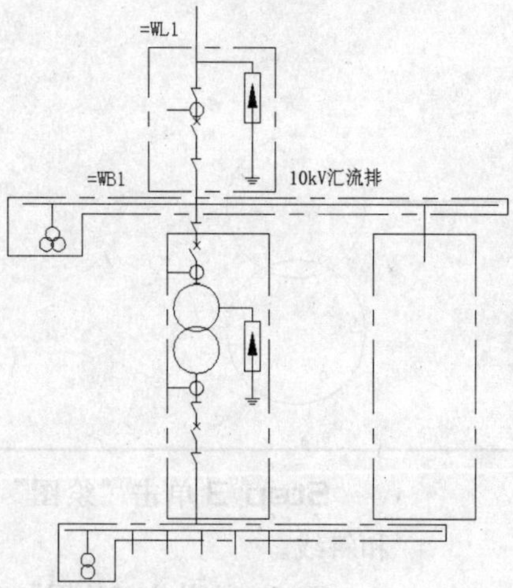


图 10-41
调整图形

**Step 23** 单击“注释”工具栏中的“多行文字”按钮，在图中书写文字，如图 10-42 所示。

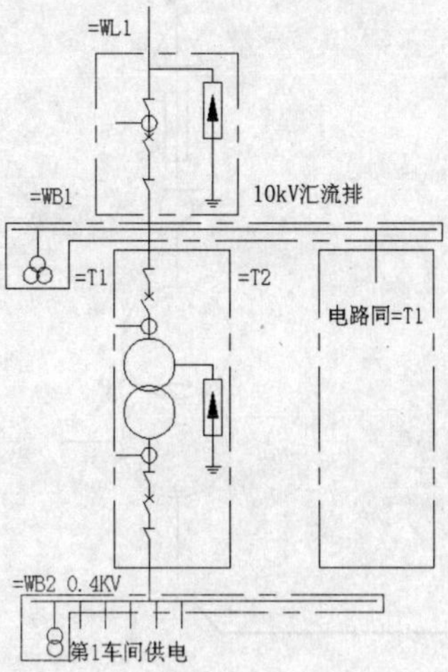


图 10-42
书写其他文字

# 10.3 绘制低压配电系统图

根据电力安全规则，变电所输出的低电压还不能直接输送给用电设备使用。低电压需要先通过隔离变压器（一般进行1:1变压），注入低压母线。用户只能把各条低压线路从母线上接出来使用。低电压也需要安装各种保护、监测设备，以便监测、保护低压电网。本节先绘制低压配电系统的进线图，再绘制支线图。

## 10.3.1 进线图

绘制进线图的具体操作步骤如下：

**Step 1** 单击“绘图”工具栏中的“圆”按钮，根据命令行的提示分别绘制如图10-43所示的两个小圆。

**Step 2** 单击“绘图”工具栏中的“直线”按钮，在两个圆的上、下两个端点处各绘制两条竖直的直线，如图10-44所示。

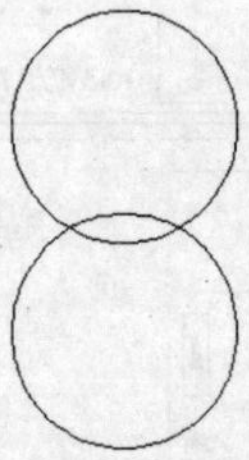

图10-43
绘制两个圆

图10-44
绘制直线

**Step 3** 单击“绘图”工具栏中的“直线”按钮，再绘制如图10-45所示的直线和斜线。

**Step 4** 单击“绘图”工具栏中的“圆”按钮，绘制一个小圆；单击“绘图”工具栏中的“矩形”按钮，在上边竖直直线上绘制一个小长矩形；单击“绘图”工具栏中的“正多边形”按钮，在小矩形正上方绘制一个正三角形，如图10-46所示。

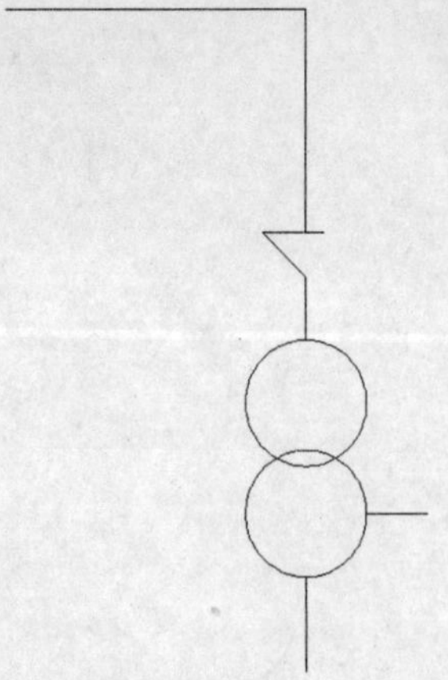

图10-45
绘制直线和斜线

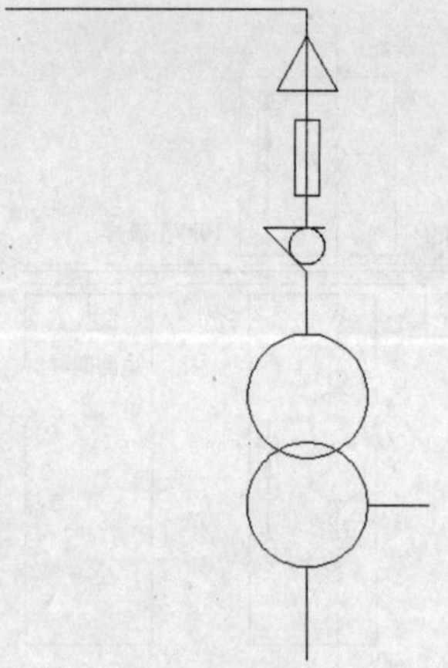

图10-46
绘制元件

**Step 5** 单击“绘图”工具栏中的“直线”按钮，绘制如图 10-47 所示的地线。

**Step 6** 单击“注释”工具栏中的“多行文字”按钮，在线路中书写元件的代号等文字，如图 10-48 所示。

图 10-47
绘制地线

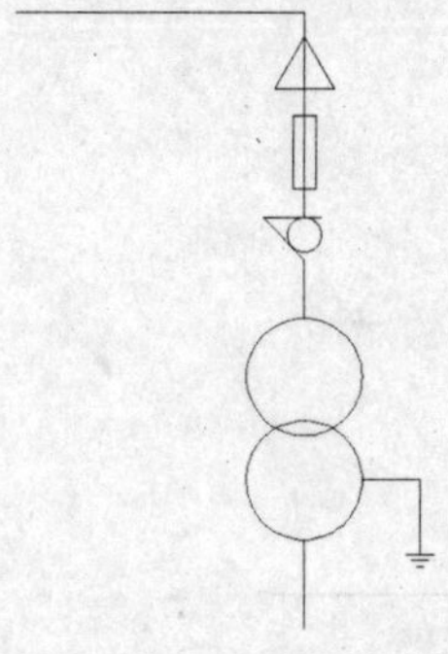

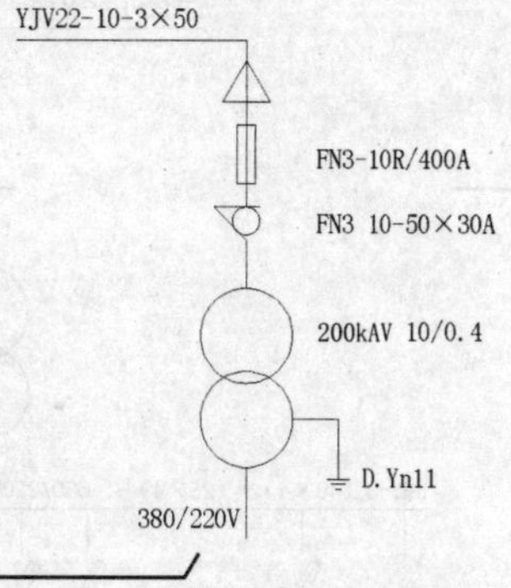


图 10-48
书写元件代号

**Step 7** 单击“绘图”工具栏中的“直线”按钮，绘制一条横直线作为变压器出线上的汇流线，如图 10-49 所示。

**Step 8** 单击“注释”工具栏中的“多行文字”按钮，书写汇流线型号，效果如图 10-50 所示。

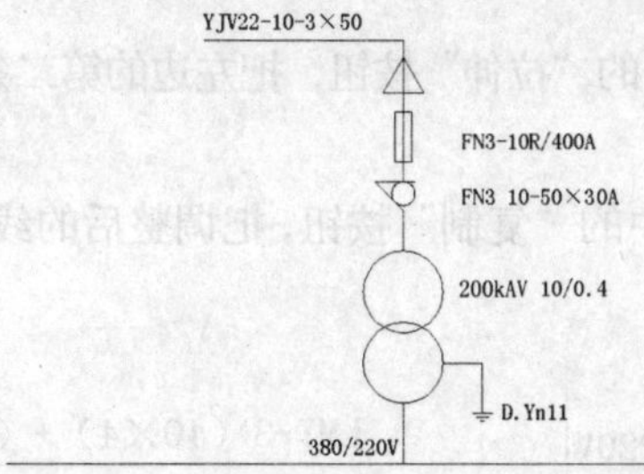


图 10-49
绘制汇流线

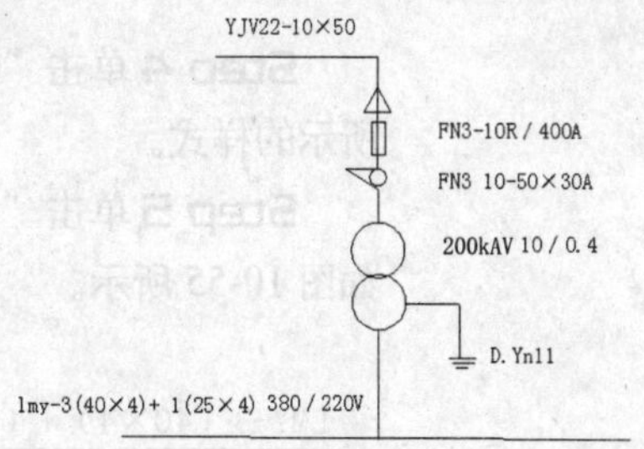


图 10-50
书写汇流线的型号

## 10.3.2 支线图

由于用电设备不同，同一电压的线路也要安装不同的保护、检测设备。

绘制支线图的操作步骤如下：

**Step 1** 单击“绘图”工具栏中的“直线”按钮，在汇流线的左边向下绘制如图 10-51 所示的直线和斜线。

**Step 2** 单击“绘图”工具栏中的“矩形”按钮，根据命令行的提示在斜线上绘制一个小矩形；单击“绘图”工具栏中的“圆”按钮，在竖直直线上绘制半径为 5 的小圆；单击“绘图”工具栏中的“正多边形”按钮，在小圆的正下方绘制一个正三角形，如图 10-52 所示。

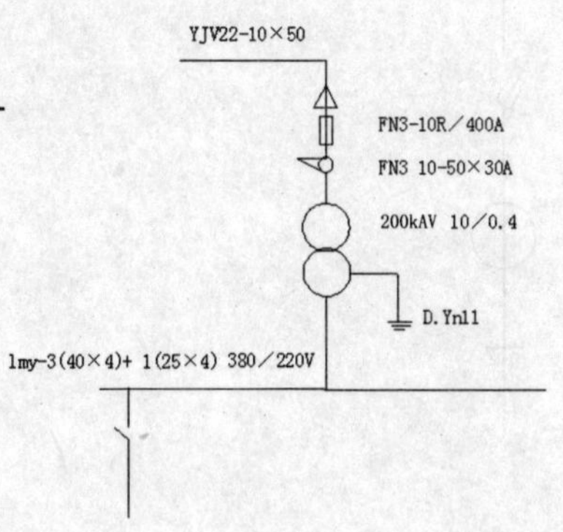


图 10-51
绘制直线和斜线

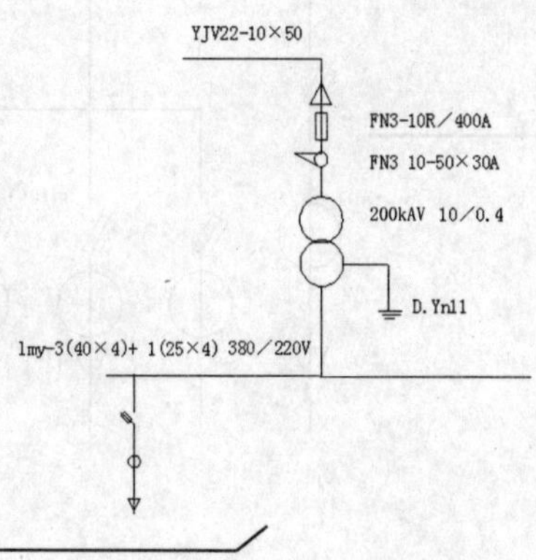


图 10-52
绘制线路

**Step 3** 右击，在弹出的快捷菜单中选择“带基点复制”命令，然后根据命令行的提示，选择线路和汇流线的交点为基点，再选择线路为选择对象，再次在操作界面任意处右击，在弹出的快捷菜单中选择“粘贴”命令，然后进行粘贴，如图 10-53 所示。

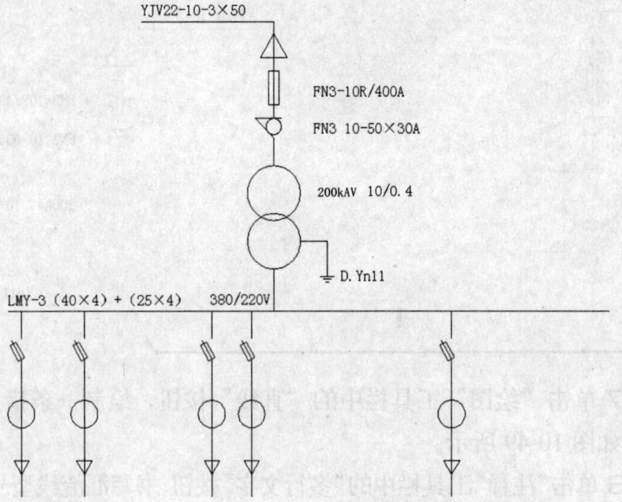


图 10-53

复制线路

**Step 4** 单击“修改”工具栏中的“拉伸”按钮，把左边的第二条线路调整成如图 10-54 所示的样式。

**Step 5** 单击“修改”工具栏中的“复制”按钮，把调整后的线路向两边各复制一份，如图 10-55 所示。

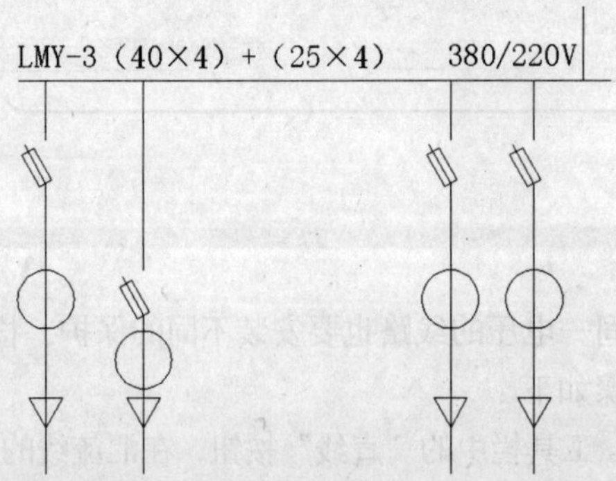


图 10-54

调整线路

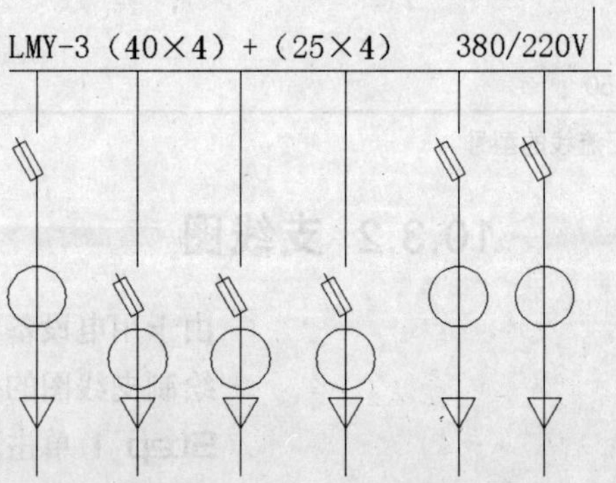


图 10-55

复制线路

**Step 6** 单击“绘图”工具栏中的“直线”按钮，绘制连接左边 3 条支路的连线。再单击“修改”工具栏中的“修剪”按钮，将多余直线修剪掉，形成组合支线，如图 10-56 所示。

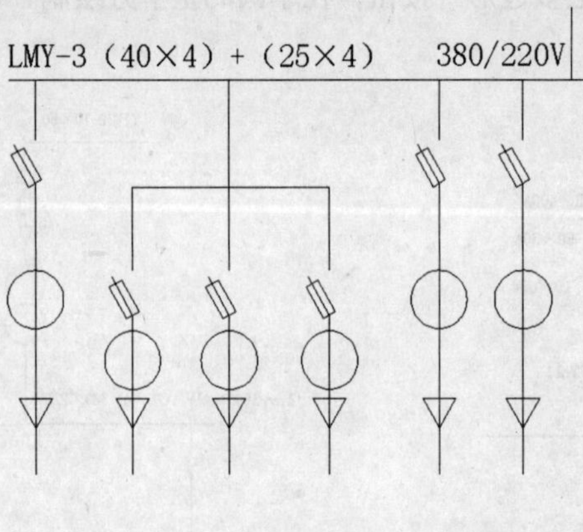


图 10-56

形成组合支线

**Step 7** 单击“修改”工具栏中的“复制”按钮，把组合支线向右复制两份，如图 10-57 所示。

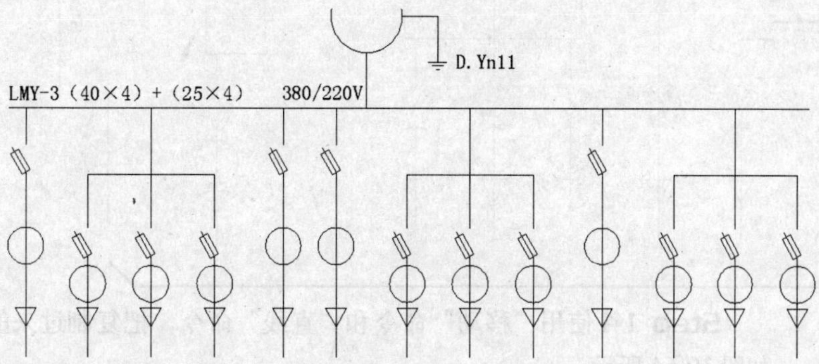


图 10-57
复制组合支线

**Step 8** 单击选中右边组合支线上面的横直线，然后再选中直线出现的两个夹点，再分别向两边拉伸 5，如图 10-58 所示。

**Step 9** 单击“绘图”工具栏中的“直线”按钮，从所拉伸的直线端点绘制垂直向母线的连线，如图 10-59 所示。

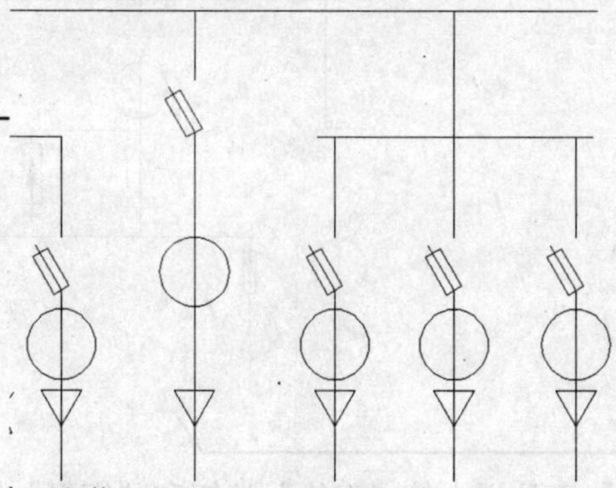

图 10-58
拉伸线头

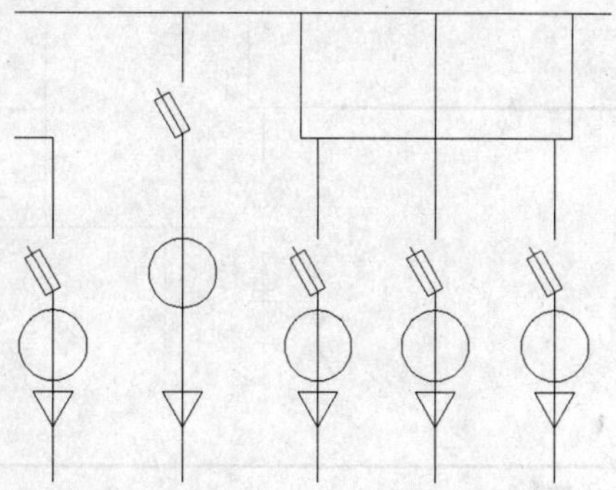

图 10-59
绘制垂直连线

**Step 10** 单击“修改”工具栏中的“复制”按钮，复制如图 10-60 所示的元件。

**Step 11** 单击“绘图”工具栏中的“直线”按钮，在右边组合直线的中间线上绘制两条相交叉的短斜直线，如图 10-61 所示。

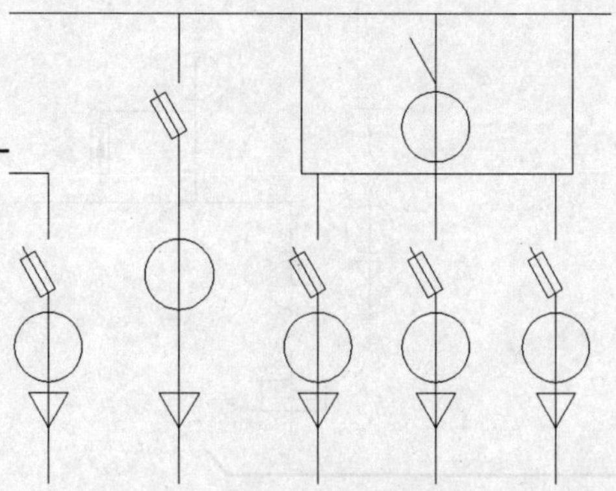

图 10-60
复制元件

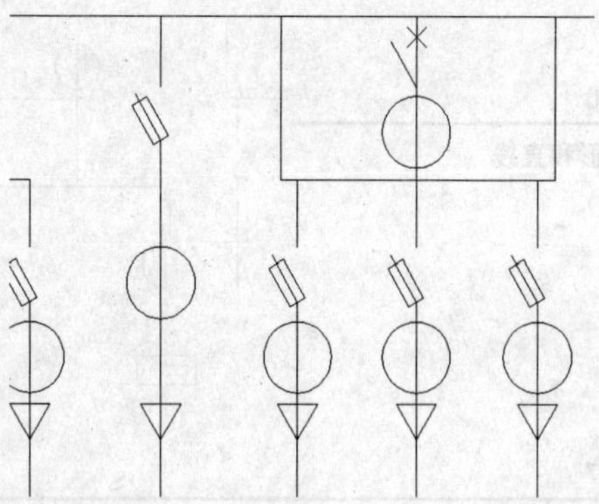

图 10-61
绘制交叉斜线

**Step 12** 单击“修改”工具栏中的“修剪”按钮，对两个短斜直线所在的直线进行修剪，如图 10-62 所示。

**Step 13** 从以前绘制的图形中复制如图 10-63 所示的元件符号，放在母线的右边。

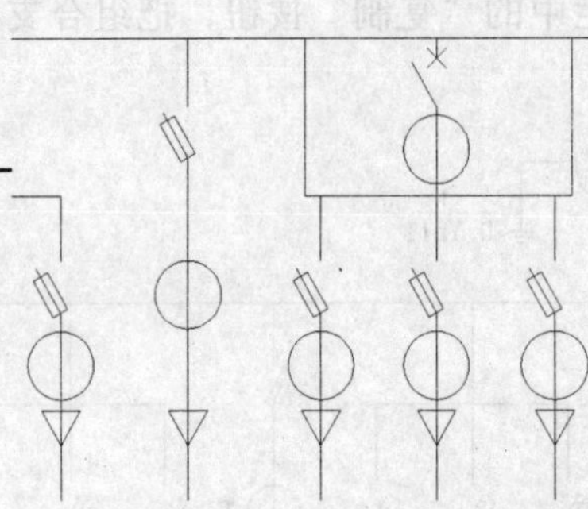

图 10-62
修剪直线

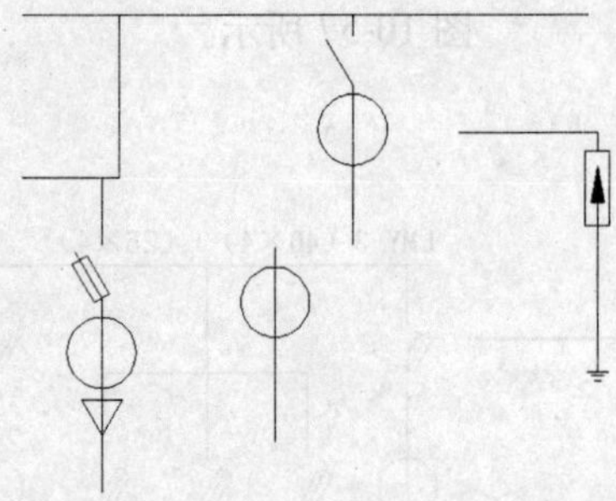

图 10-63
复制元件

**Step 14** 使用“移动”命令和“直线”命令，把复制过来的元件符号组织成线路，如图 10-64 所示。

**Step 15** 选中刚才所组织元件中的圆，再选中该圆出现的圆心，并将圆移动至合适的位置。单击“绘图”工具栏中的“矩形”按钮，在圆的正上方绘制一个竖直方向的长矩形；单击“绘图”工具栏中的“圆”按钮，在圆的正下方绘制一个小圆，如图 10-65 所示。

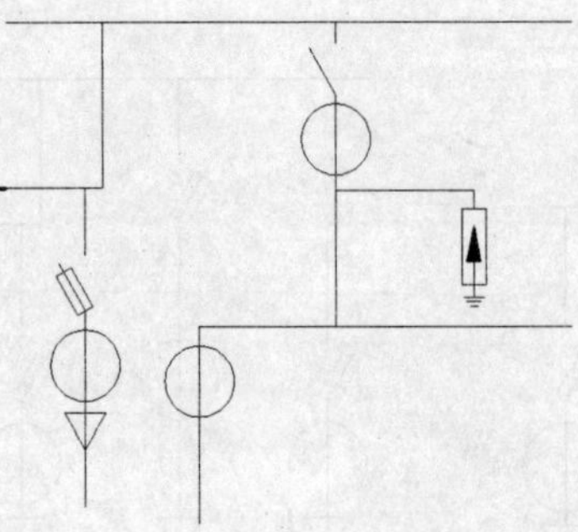

图 10-64
组织元件

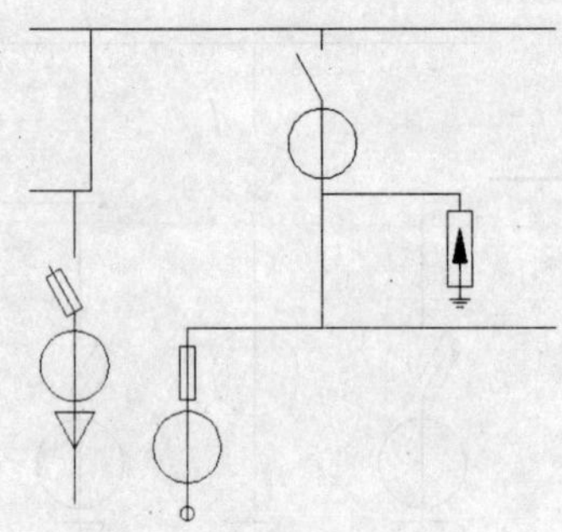

图 10-65
绘制矩形和小圆

**Step 16** 单击“绘图”工具栏中的“直线”按钮和“矩形”按钮，绘制如图 10-66 所示的直线和矩形。

**Step 17** 单击“修改”工具栏中的“修剪”按钮，将多余的圆弧和直线修剪掉，从而形成热继电器符号，如图 10-67 所示。

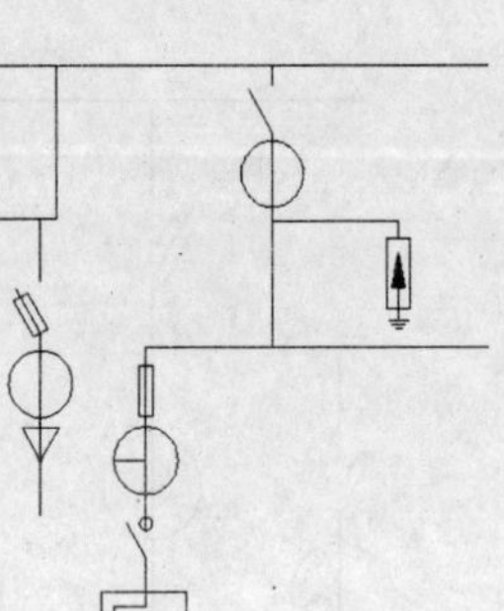

图 10-66
绘制矩形和直线

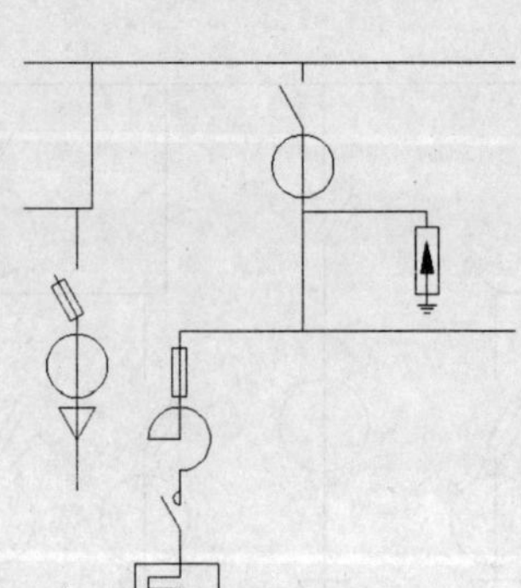

图 10-67
修剪直线和小圆

**Step 18** 单击“绘图”工具栏中的“圆”按钮和“直线”按钮，在热继电器右边绘制一个信号灯符号，如图 10-68 所示。

**Step 19** 单击“绘图”工具栏中的“直线”按钮，绘制信号灯左边象限点到线路的垂线，如图 10-69 所示。

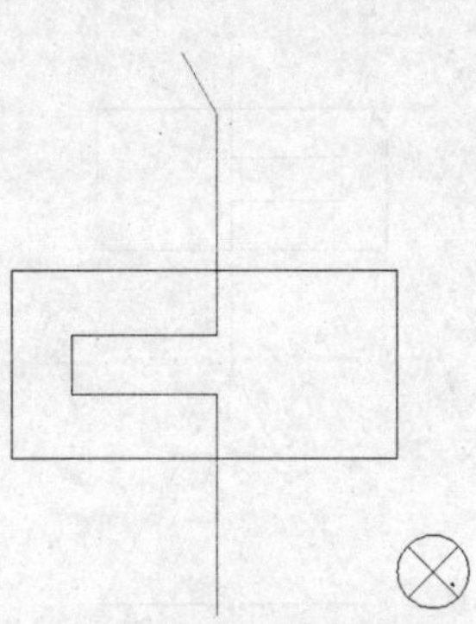

图 10-68
绘制信号灯符号

图 10-69
绘制垂线

**Step 20** 单击“绘图”工具栏中的“圆”按钮，绘制一个 $\phi=8$ 的圆。然后单击“修改”工具栏中的“移动”按钮，把该圆以其上边象限点为移动基准点，线路下边端点为移动目标点进行移动，如图 10-70 所示。

**Step 21** 单击“绘图”工具栏中的“正多边形”按钮，以刚绘制的圆的圆心为正多边形的中心绘制一个内接的正三角形，如图 10-71 所示。

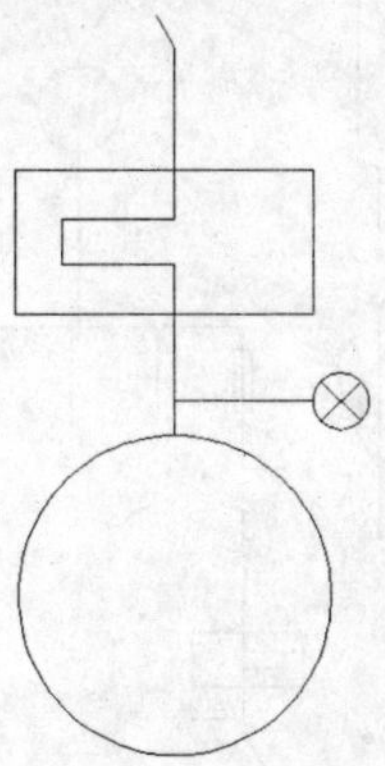

图 10-70
绘制并移动 $\phi=8$ 的圆

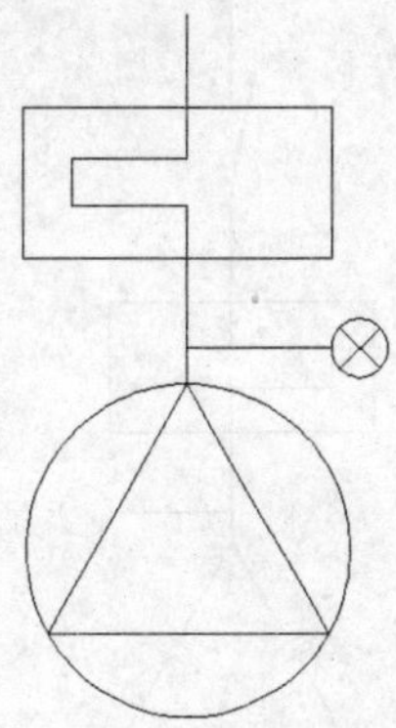

图 10-71
绘制正三角形

**Step 22** 单击“绘图”工具栏中的“直线”按钮，在所绘制的正三角形的下边直线上绘制如图 10-72 所示的两条垂直短直线。

**Step 23** 单击“修改”工具栏中的“阵列”按钮，以圆形为阵列中心，把垂直短直线以环形阵列两个，如图 10-73 所示。

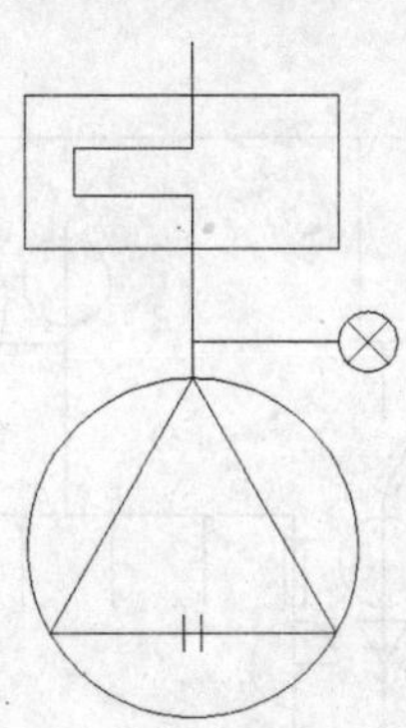

图 10-72
绘制短直线

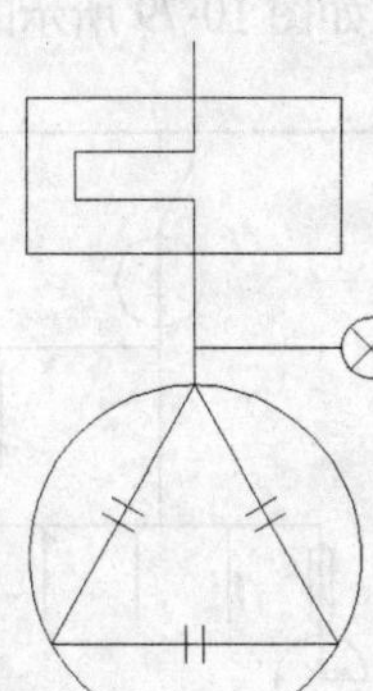

图 10-73
阵列短直线

**Step 24** 单击“修改”工具栏中的“删除”按钮，删除 $\phi=8$ 的圆，如图 10-74 所示。

**Step 25** 单击“修改”工具栏中的“修剪”按钮，将两条短直线中的线段修剪掉，如图 10-75 所示。

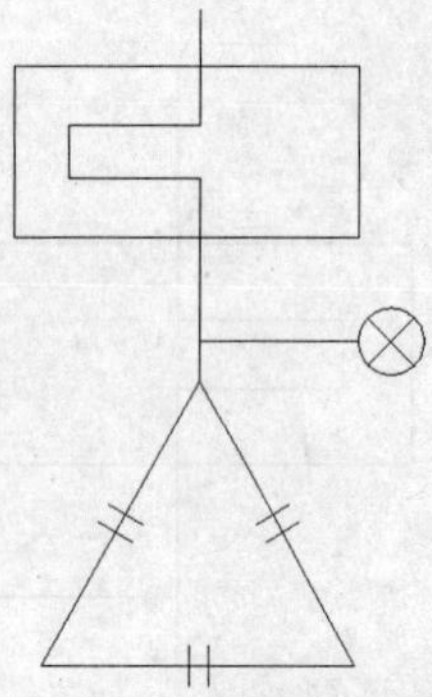

图 10-74
删除 $\phi$=8 的圆

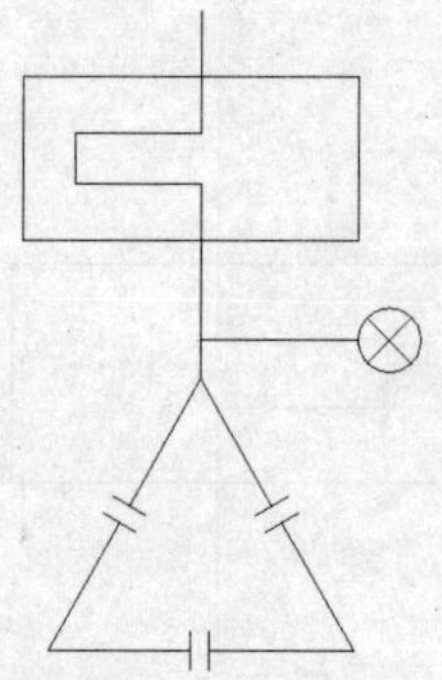

图 10-75
修剪线头

**Step 26** 单击“修改”工具栏中的“旋转”按钮，以热继电器上端点为旋转中心，把按键适当旋转，使其转变成常闭按键，如图 10-76 所示。

**Step 27** 单击“修改”工具栏中的“偏移”按钮，在热继电器右边偏移 5 条竖直线，并单击“修剪”按钮，修剪所偏移的 5 条直线，如图 10-77 所示。

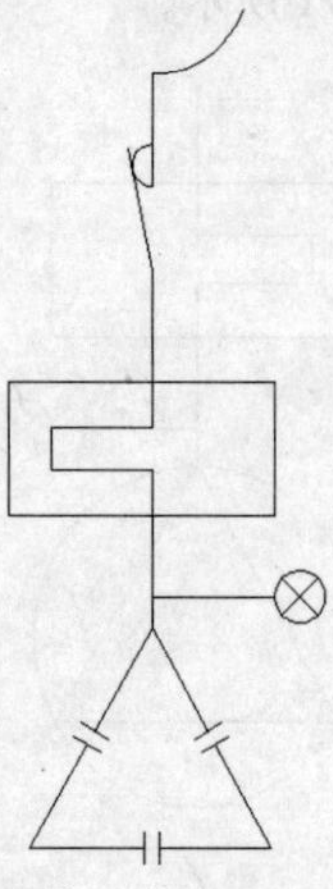

图 10-76
转变按钮

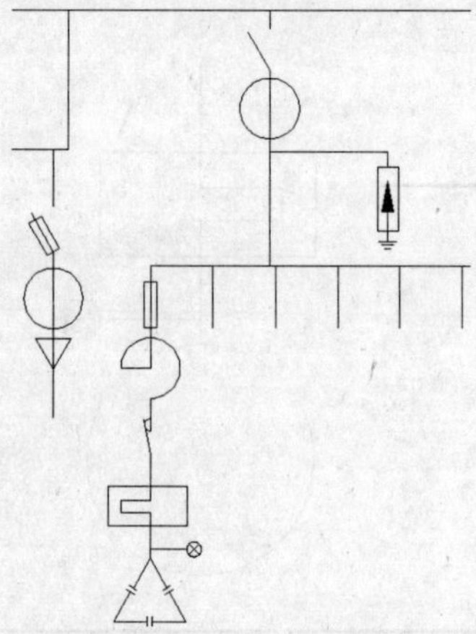

图 10-77
偏移直线

**Step 28** 单击“修改”工具栏中的“修剪”按钮，将偏移到最右边的直线多余的线头修剪掉，如图 10-78 所示。

**Step 29** 单击“修改”工具栏中的“移动”按钮，将热继电器以及偏移的 5 条直线移动到如图 10-79 所示的位置。

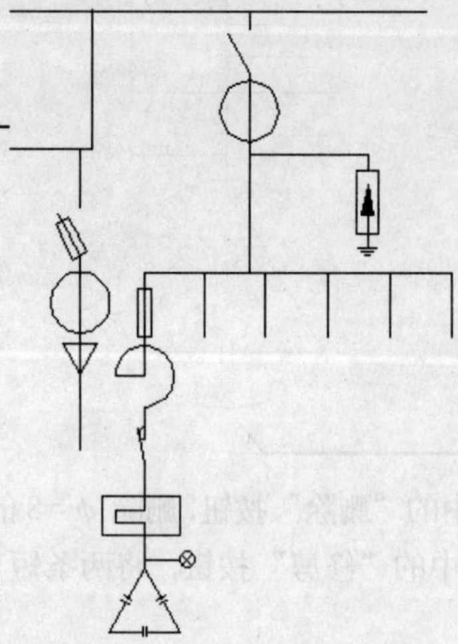

图 10-78
修剪线头

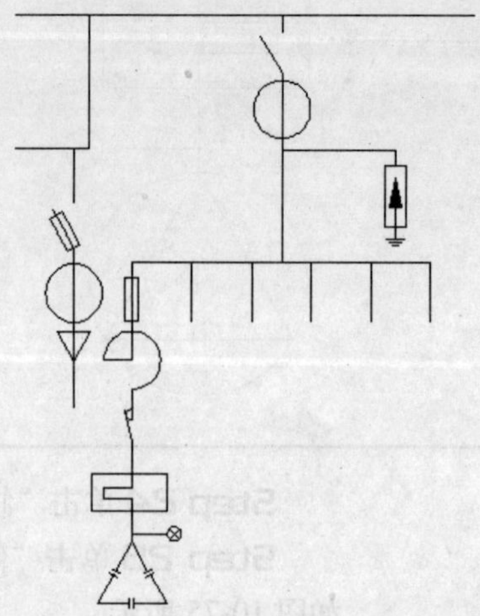

图 10-79
移动图形

**Step 30** 单击“修改”工具栏中的“复制”按钮，把低压母线向下复制 3 份，如图 10-80 所示。

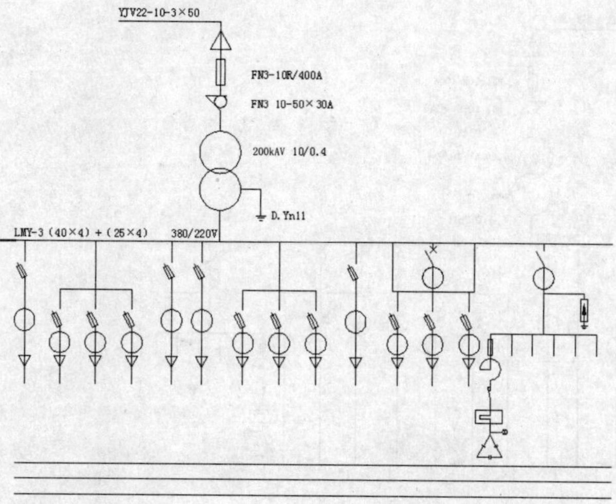


图 10-80
复制图形

**Step 31** 单击“绘图”工具栏中的“直线”按钮，绘制左边 3 个端点的上下两段连线，如图 10-81 所示。

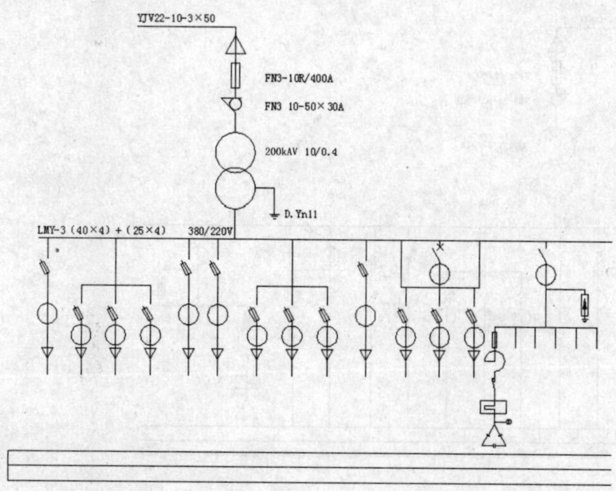


图 10-81
绘制断点连线

**Step 32** 单击“修改”工具栏中的“阵列”按钮，把绘制的端点连线的上端点的连线向右阵列 13 列，列距为 41，如图 10-82 所示。

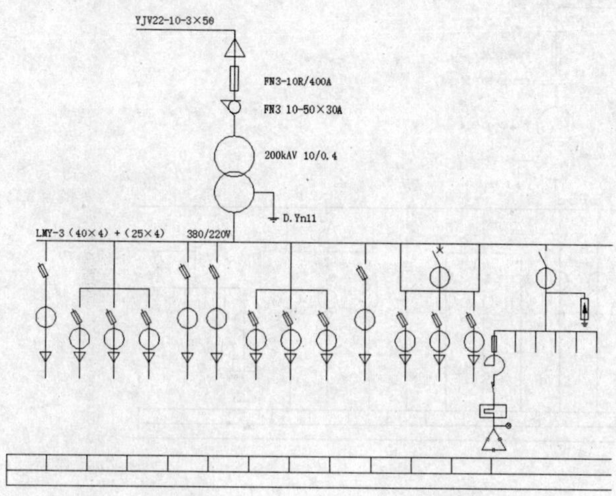


图 10-82
阵列直线

**Step 33** 单击“修改”工具栏中的“延伸”按钮，把所有支路的下端延伸到下边表格上，如图 10-83 所示。

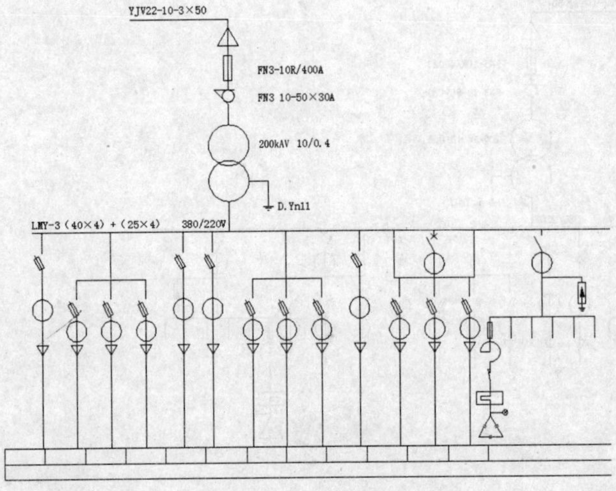

图 10-83
延伸直线

**Step 34** 单击“修改”工具栏中的“移动”按钮，调整表格，使其与线路相适应，如图 10-84 所示。

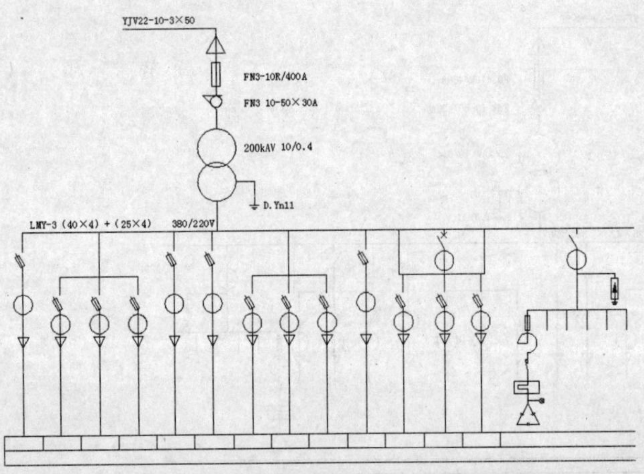

图 10-84
调整表格

**Step 35** 单击“绘图”工具栏中的“直线”按钮，绘制右边 3 个端点的上下两段连线，如图 10-85 所示。

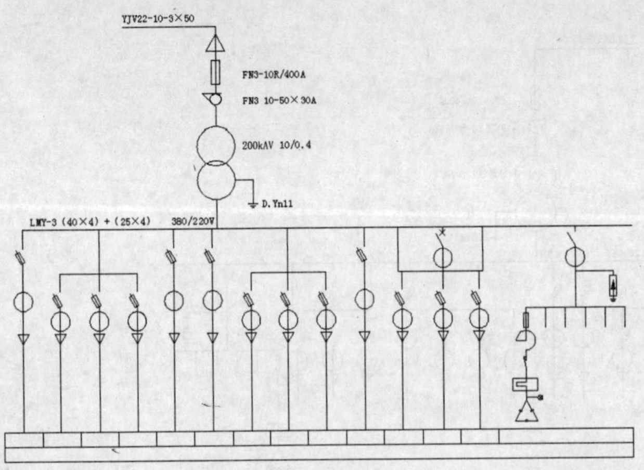

图 10-85
绘制断点连线

**Step 36** 单击“修改”工具栏中的“延伸”按钮，以表格底边为延伸边界线，延伸中间的若干垂直隔断线，如图 10-86 所示。

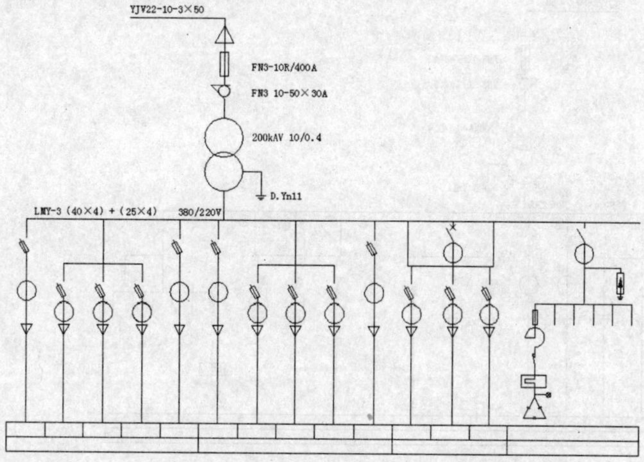


图 10-86

延伸直线

**Step 37** 单击“绘图”工具栏中的“圆”按钮，在第一条线路左上角绘制 $\phi=12$ 的圆，如图 10-87 所示。

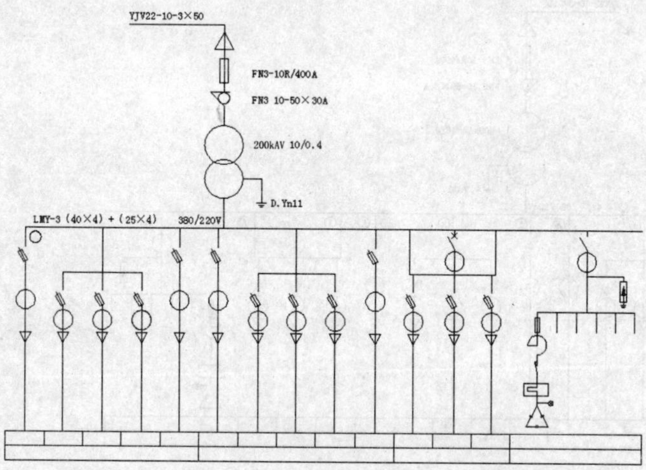


图 10-87

绘制 $\phi=12$ 的圆

**Step 38** 单击“注释”工具栏中的“多行文字”按钮，在 $\phi=12$ 的圆中书写文字“A”，表示电流表，如图 10-88 所示。

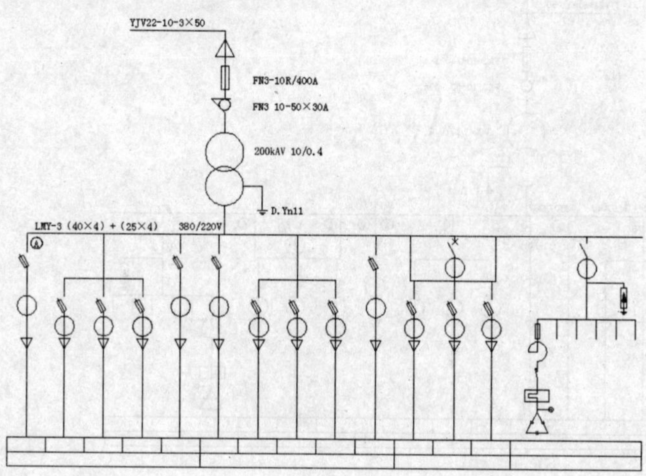


图 10-88

书写文字“A”

**Step 39** 单击“修改”工具栏中的“复制”按钮，把电流表符号向右复制，在每条线路上配置一个，如图 10-89 所示。

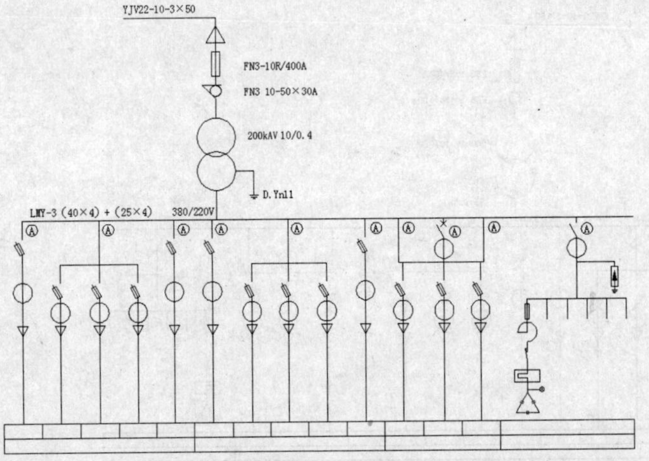


图 10-89

复制电流表符号

**Step 40** 单击“修改”工具栏中的“复制”按钮，在第四条单条线路上配置一个电流表符号，如图 10-90 所示。

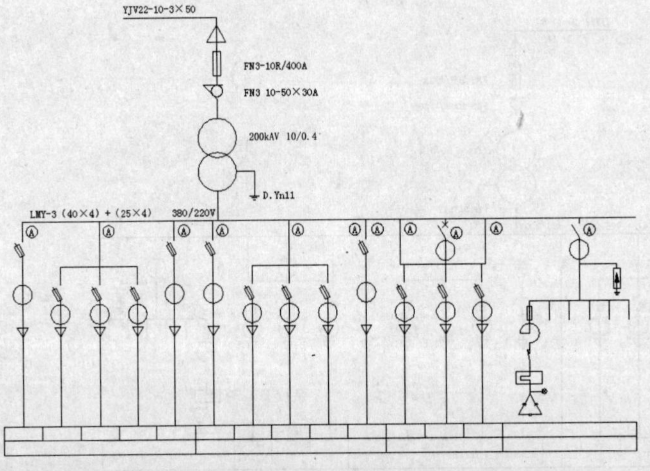


图 10-90

配置另一个电流表符号

**Step 41** 单击“文字”工具栏中的“编辑”命令按钮，把刚才配置的电流表右边的电流表符号中的文字“A”改成“V”，形成电压表符号，如图 10-91 所示。

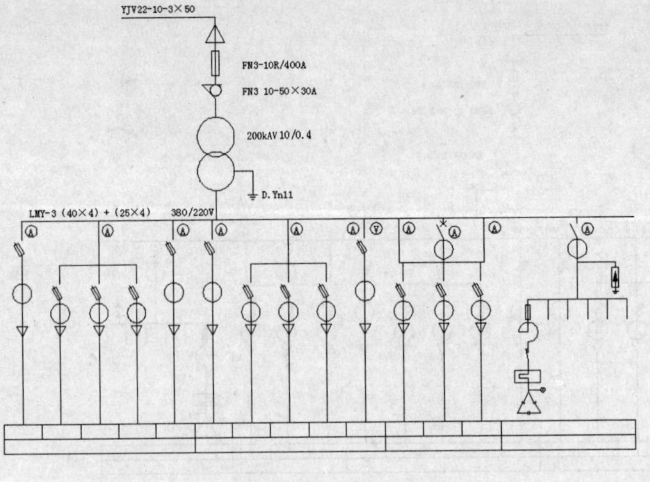


图 10-91

配置电压表符号

**Step 42** 单击“注释”工具栏中的“多行文字”按钮，书写第一条线路上元件的代号，如图 10-92 所示。

**Step 43** 单击“注释”工具栏中的“多行文字”按钮，书写第一条线路上下端导线的型号，如图 10-93 所示。

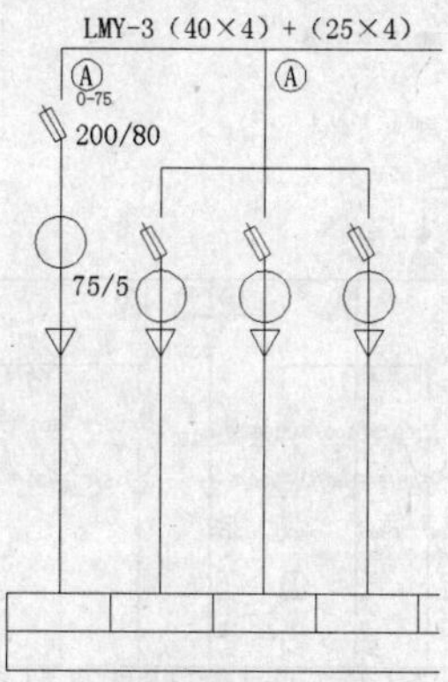


图 10-92
书写第一条线路的元件代号

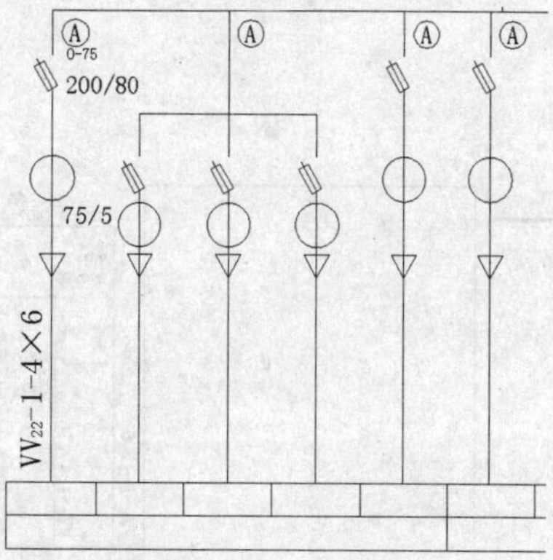


图 10-93
书写导线的型号

**Step 44** 单击“注释”工具栏中的“多行文字”按钮，书写其他线路上元件符号、导线的型号，如图 10-94 所示。

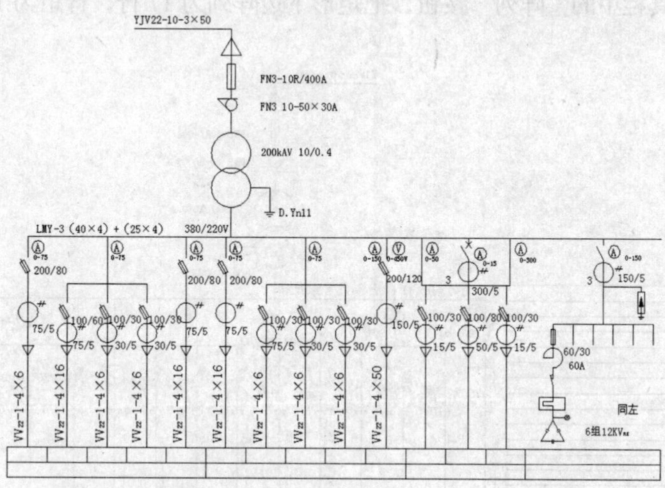


图 10-94
书写其他文字

**Step 45** 单击“注释”工具栏中的“多行文字”按钮，在表格中书写各个支路的代号和组号，如图 10-95 所示。

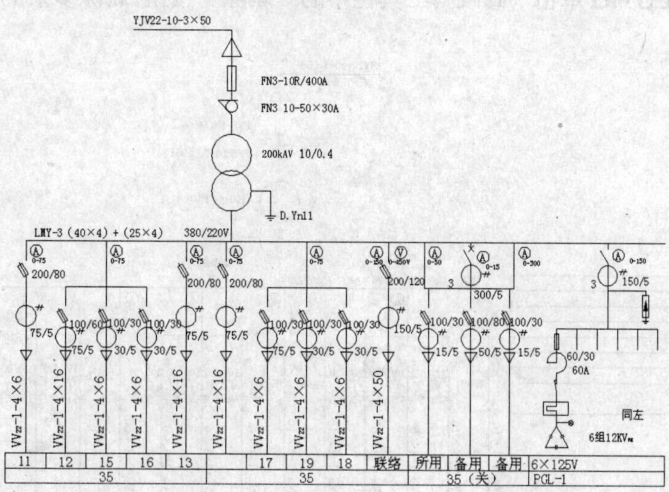


图 10-95
书写线路代号和文字

**Step 46** 单击“绘图”工具栏中的“矩形”按钮，根据命令行提示绘制如图 10-96 所示的矩形。

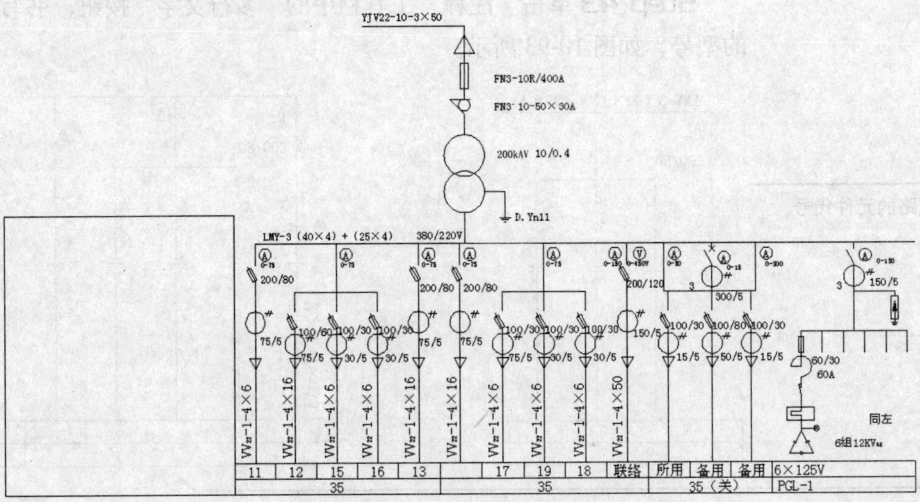


图 10-96
绘制矩形

**Step 47** 单击“修改”工具栏中的“分解”按钮，把矩形分解成直线。然后单击“修改”工具栏中的“阵列”按钮，把矩形下边阵列为 17 行，行距为 15，如图 10-97 所示。

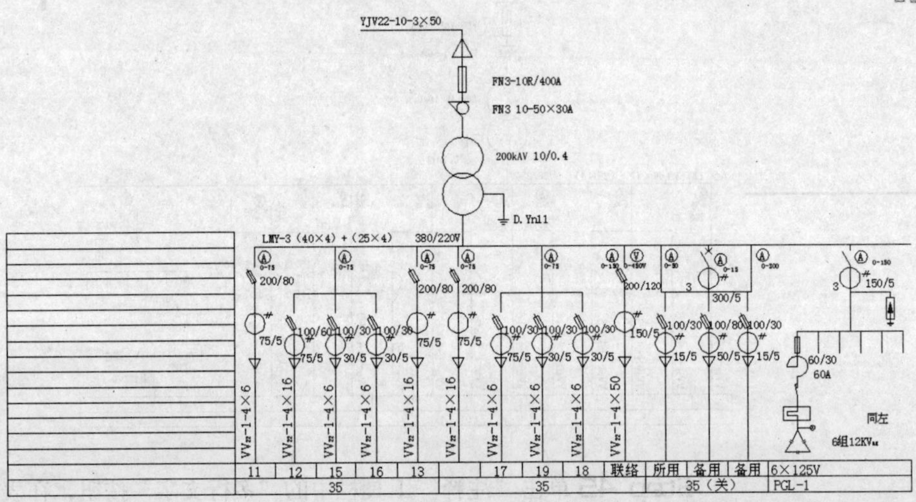


图 10-97
阵列直线

**Step 48** 单击“修改”工具栏中的“删除”按钮，删除多余的直线，如图 10-98 所示。

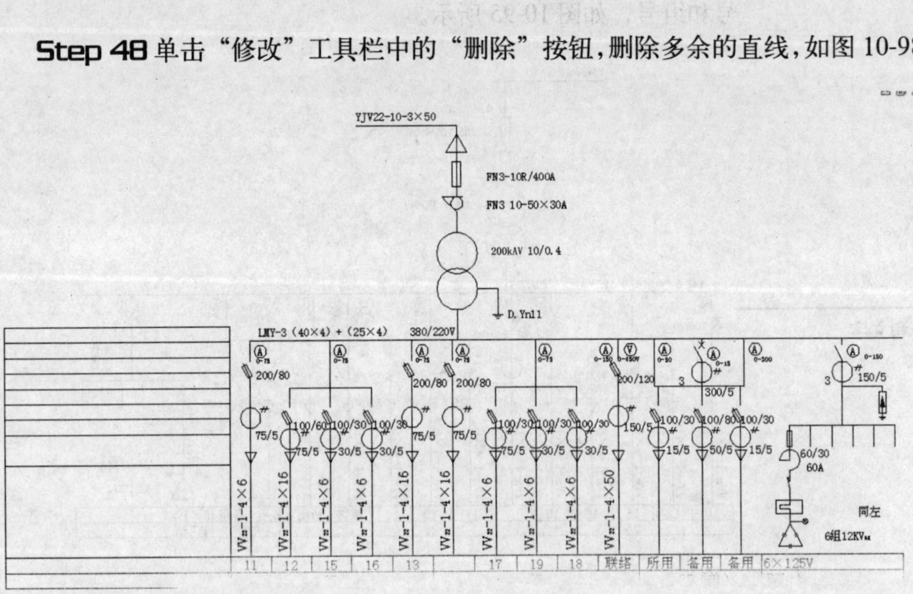


图 10-98
删除直线

**Step 49** 单击“注释”工具栏中的“多行文字”按钮，在左边表格中书写各行元件名称的文字，效果如图 10-99 所示。

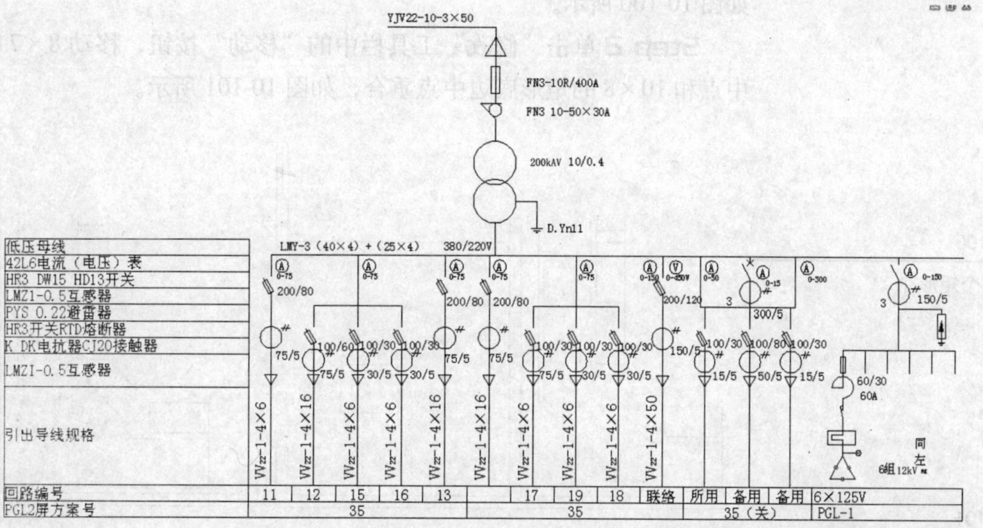

图 10-99
书写文字

## 10.4 实例操作：绘制变压器平面图

**实例分析**

本节通过启动 AutoCAD 2009 软件，并在绘图操作界面中绘制变压器平面图形。为了使操作更加便捷，可以通过偏移、镜像等操作制作类似或完全相同的部分。

**实例难度** ★★★★

**制作方法和思路**

通过“矩形”和“圆”工具绘制图形，再通过“偏移”命令偏移得到其他图形，再通过镜像得到相同的部分。

**参考教学视频**

光盘目录 \ 第十章 \ 视频教学 \10.4\ 变压器平面图 .avi

**实例文件**

**原始文件**：光盘目录\dwg\Ch10\10.4\ 原始文件 \ 变压器平面图 .dwg

**最终文件**：光盘目录\dwg\Ch10\10.4\ 最终文件 \ 变压器平面添加图 .dwg

**视频文件**：

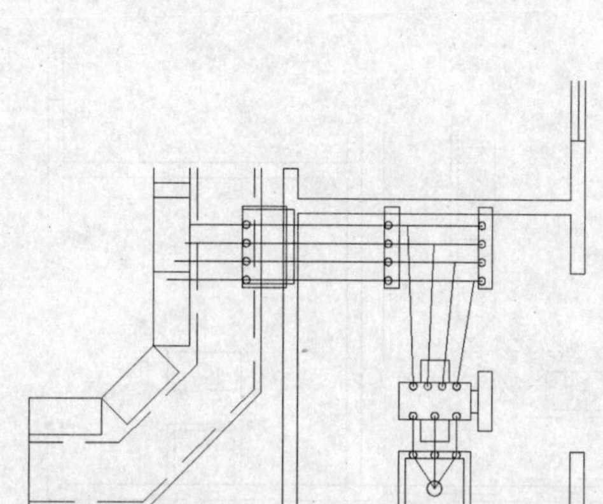

具体操作步骤如下：

**Step 1** 单击“绘图”工具栏中的“矩形”按钮，绘制 10×8 的矩形和 8×7 的矩形，如图 10-100 所示。

**Step 2** 单击“修改”工具栏中的“移动”按钮，移动 8×7 的矩形，使它的底边的中点和 10×8 的矩形底边中点重合，如图 10-101 所示。

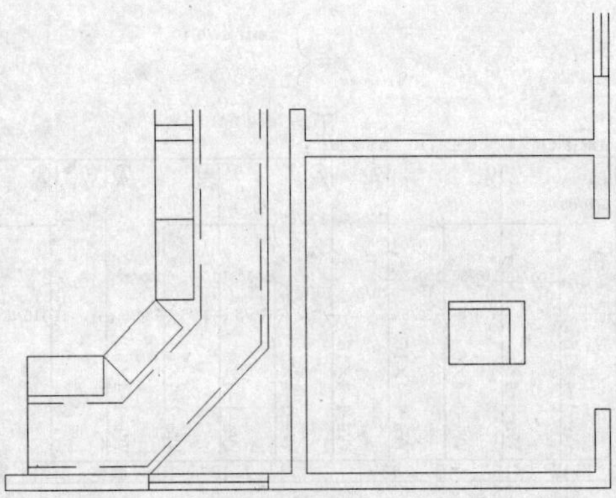

图 10-100
绘制两个矩形

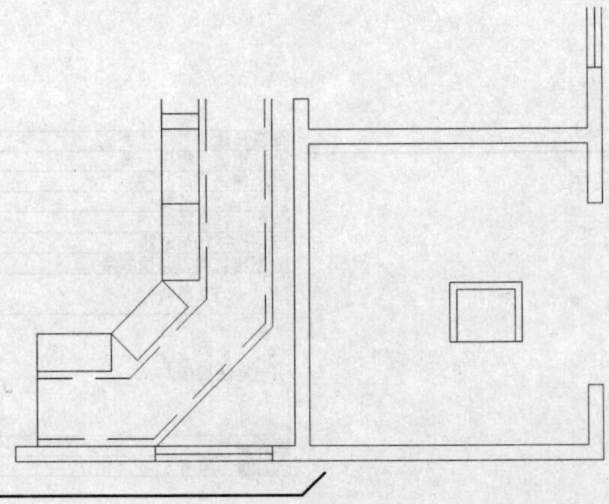

图 10-101
移动 10×8 的矩形

**Step 3** 单击“修改”工具栏中的“移动”按钮，移动两个矩形，使它们的底边中点和两个矩形下边直线的中点重合，如图 10-102 所示。

**Step 4** 单击“绘图”工具栏中的“矩形”按钮，绘制 10×5 的矩形，如图 10-103 所示。

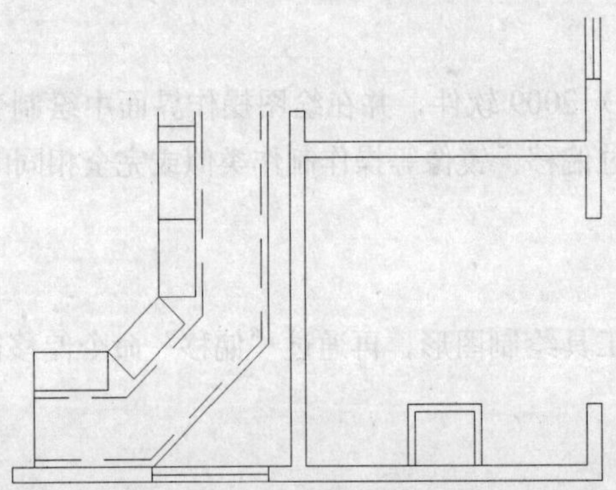

图 10-102
移动两个矩形

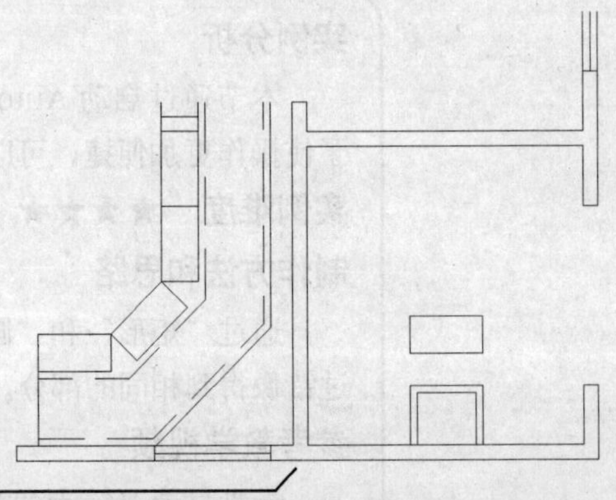

图 10-103
绘制 10×5 的矩形

**Step 5** 单击“绘图”工具栏中的“矩形”按钮，绘制 1×3 的矩形，如图 10-104 所示。

**Step 6** 单击“绘图”工具栏中的“矩形”按钮，绘制 2×8 的矩形，如图 10-105 所示。

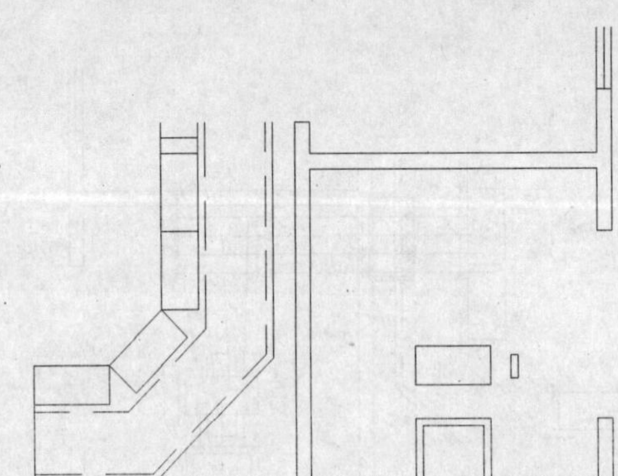

图 10-104
绘制 1×3 的矩形

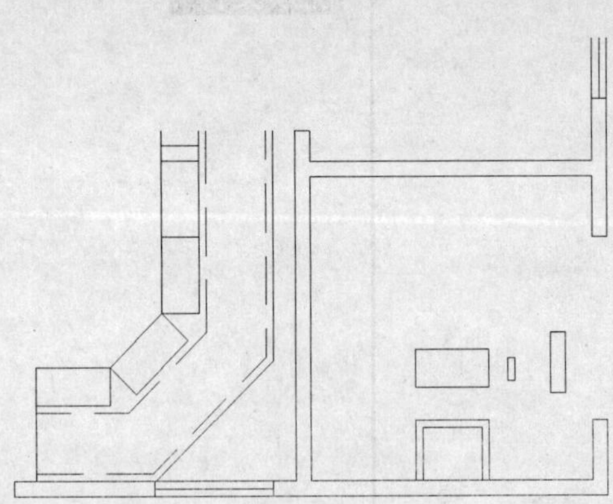

图 10-105
绘制 2×8 的矩形

**Step 7** 单击“绘图”工具栏中的“矩形”按钮，绘制 4×3 的矩形，如图 10-106 所示。

**Step 8** 单击“修改”工具栏中的“移动”按钮，使用对边中点重合的方法，重新排列各个矩形，如图 10-107 所示。

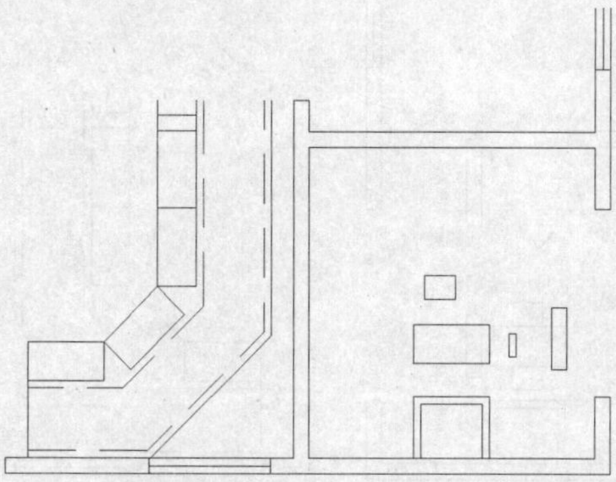

图 10-106
绘制 4×3 的矩形

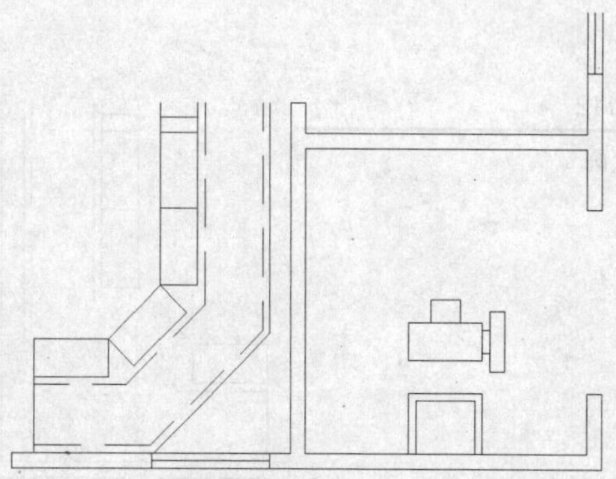

图 10-107
排列矩形

**Step 9** 单击“修改”工具栏中的“镜像”按钮，以 4×3 的矩形为镜像对象进行镜像，如图 10-108 所示。

**Step 10** 单击“绘图”工具栏中的“矩形”按钮，绘制 2×11 的矩形，如图 10-109 所示。

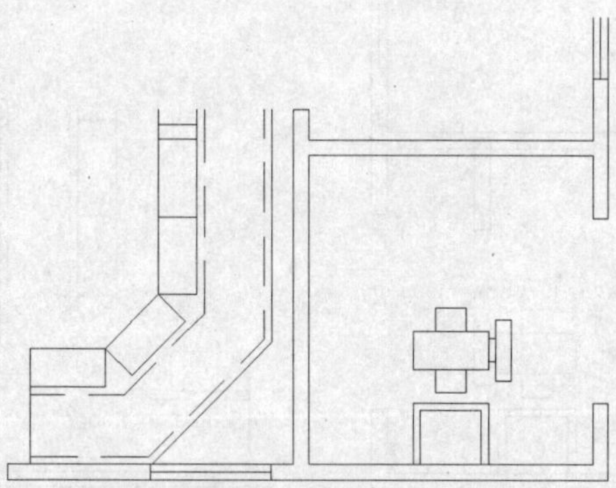

图 10-108
镜像矩形

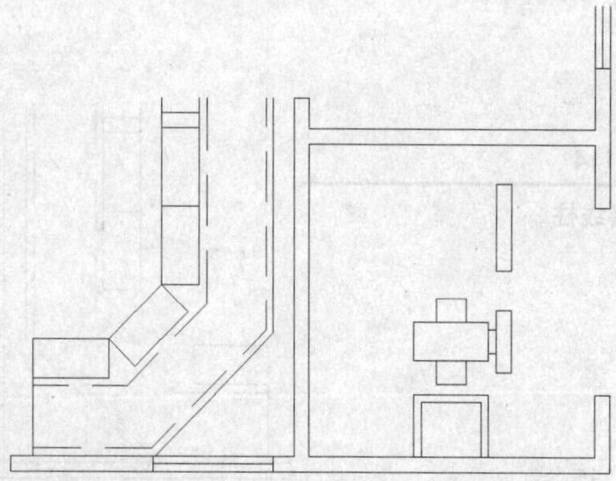

图 10-109
绘制 2×11 的矩形

**Step 11** 单击“绘图”工具栏中的“圆”按钮，绘制一个与 8×7 的矩形的 3 个边相切的圆，如图 10-110 所示。

**Step 12** 单击“绘图”工具栏中的“圆”按钮，绘制一个与刚绘制的圆同心的半径为 1 的小圆，如图 10-111 所示。

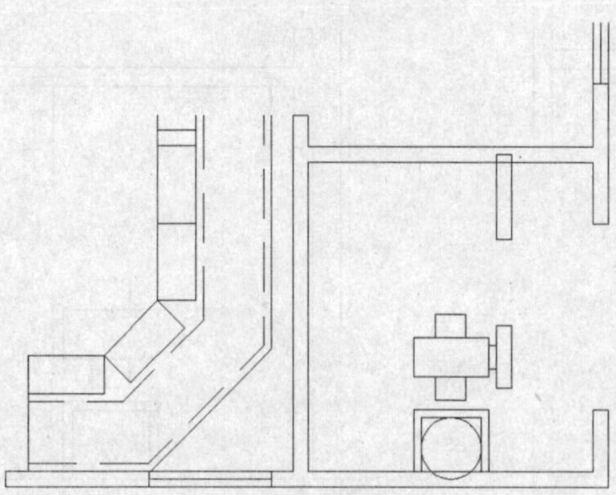

图 10-110
绘制相切圆

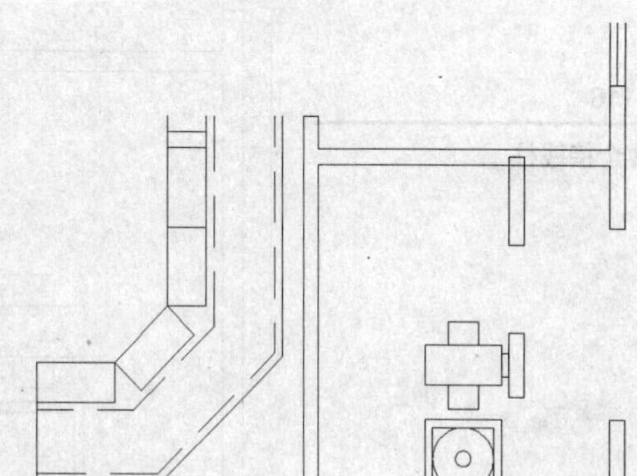

图 10-111
绘制同心圆

**Step 13** 单击“修改”工具栏中的“删除”按钮，将所绘制的与小圆同心的大圆删除，如图 10-112 所示。

**Step 14** 单击“绘图”工具栏中的“圆”按钮，在如图 10-113 所示的两条直线的中点之间绘制一个小圆，作为接线柱。

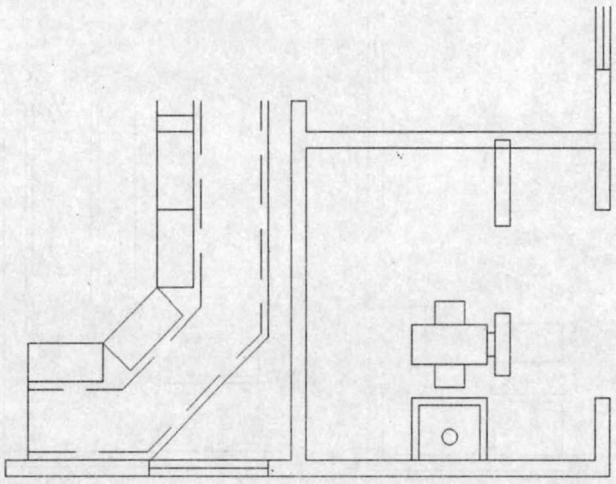

图 10-112
删除大圆

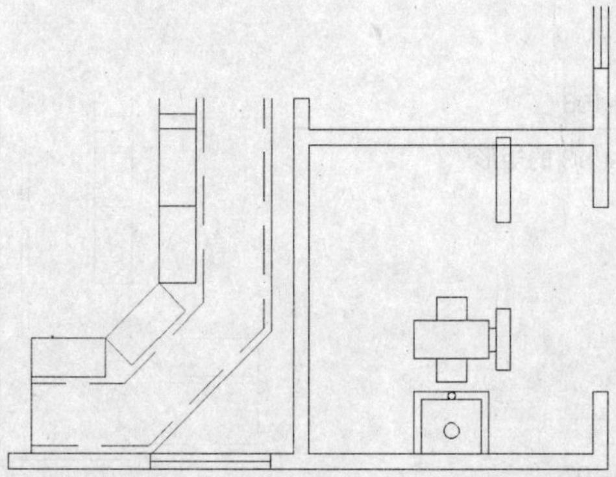

图 10-113
绘制接线柱

**Step 15** 单击“修改”工具栏中的“复制”按钮，把刚才绘制的圆向两边复制一份，复制距离为 3，如图 10-114 所示。

**Step 16** 单击“修改”工具栏中的“复制”按钮，以 3 个接线柱为复制对象，向上复制一份，如图 10-115 所示。

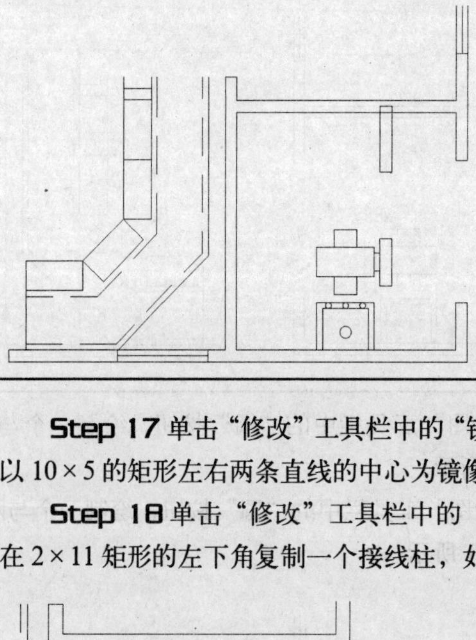

图 10-114
复制接线柱

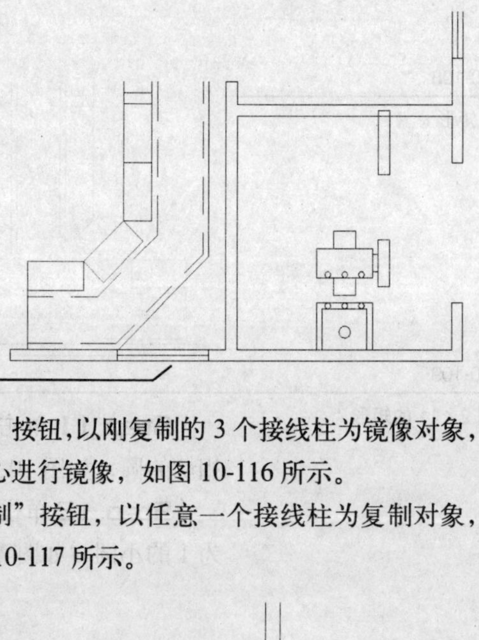

图 10-115
再复制 3 个接线柱

**Step 17** 单击“修改”工具栏中的“镜像”按钮，以刚复制的 3 个接线柱为镜像对象，以 10×5 的矩形左右两条直线的中心为镜像中心进行镜像，如图 10-116 所示。

**Step 18** 单击“修改”工具栏中的“复制”按钮，以任意一个接线柱为复制对象，在 2×11 矩形的左下角复制一个接线柱，如图 10-117 所示。

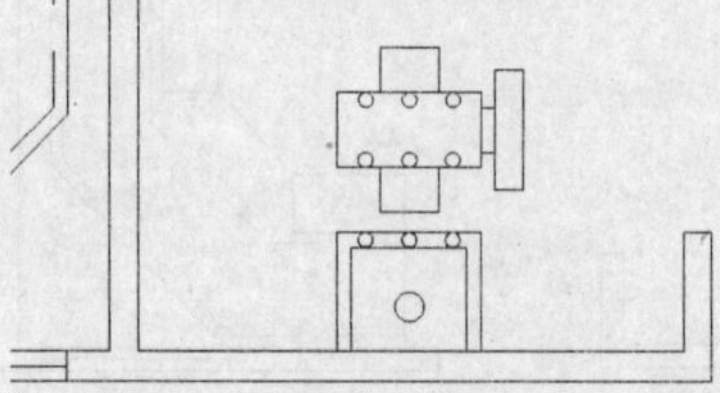

图 10-116
镜像 3 个接线柱

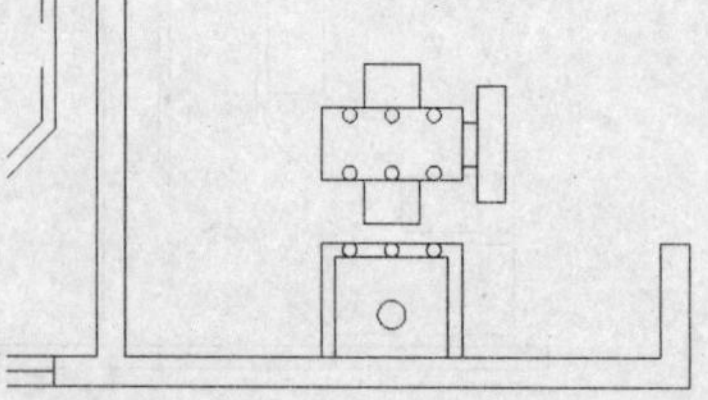

图 10-117
复制接线柱

**Step 19** 单击“修改”工具栏中的“阵列”按钮，把复制得到的接线柱向上阵列 4 行，行距为 2.5，如图 10-118 所示。

**Step 20** 单击“修改”工具栏中的“移动”按钮，将阵列出来的接线柱向上移动 1，如图 10-119 所示。

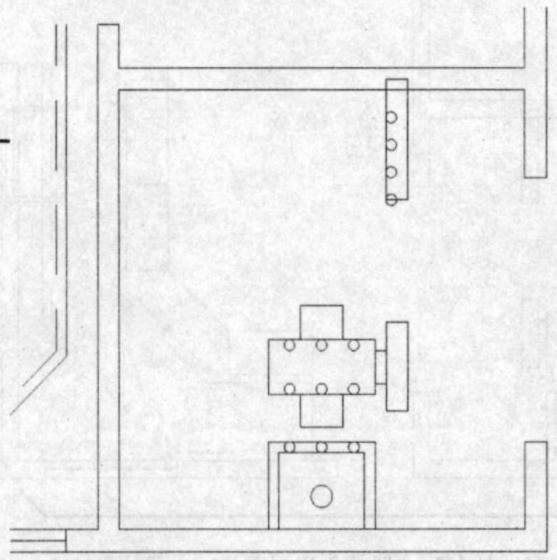

图 10-118
阵列接线柱

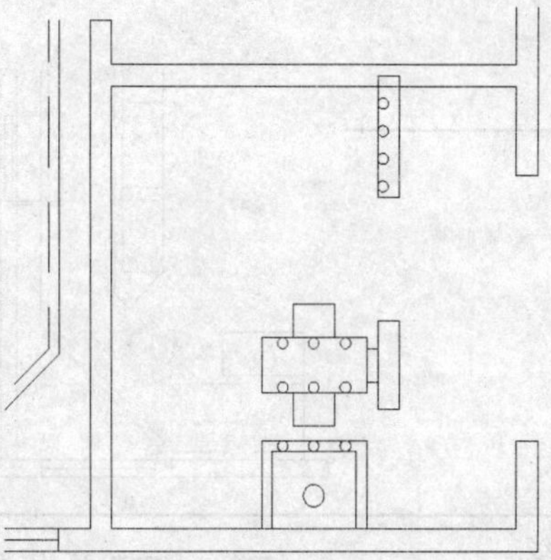

图 10-119
移动接线柱

**Step 21** 单击“修改”工具栏中的“复制”按钮，以支架和接线柱为复制对象向左复制两份，复制距离分别为 13 和 19.5，如图 10-120 所示。

**Step 22** 单击“修改”工具栏中的“拉伸”按钮，将左边的支架向右拉长，拉长距离为 4，如图 10-121 所示。

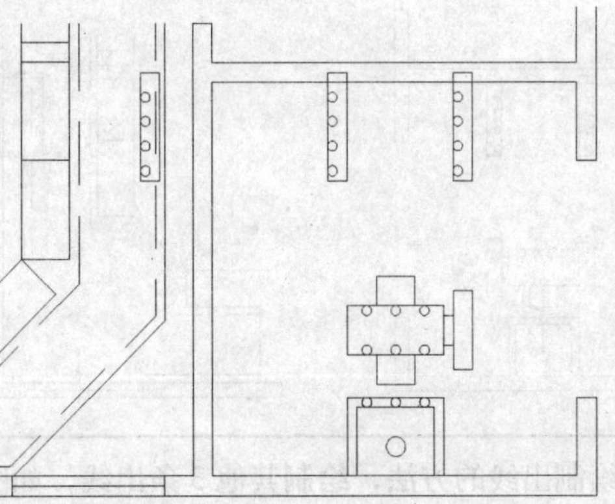

图 10-120
复制支架

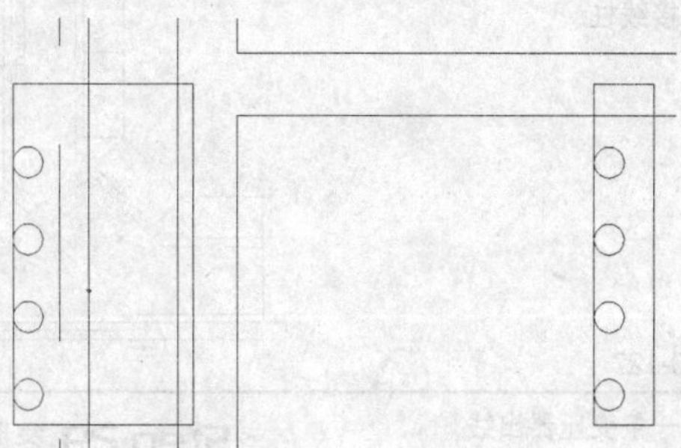

图 10-121
拉长图形

**Step 23** 单击“绘图”工具栏中的“矩形”按钮，绘制 7×10 的矩形，如图 10-122 所示。

**Step 24** 单击“修改”工具栏中的“移动”按钮，把 7×10 的矩形以其左边中点为移动基准点，以所拉长的矩形左边中点为移动目标点移动，如图 10-123 所示。

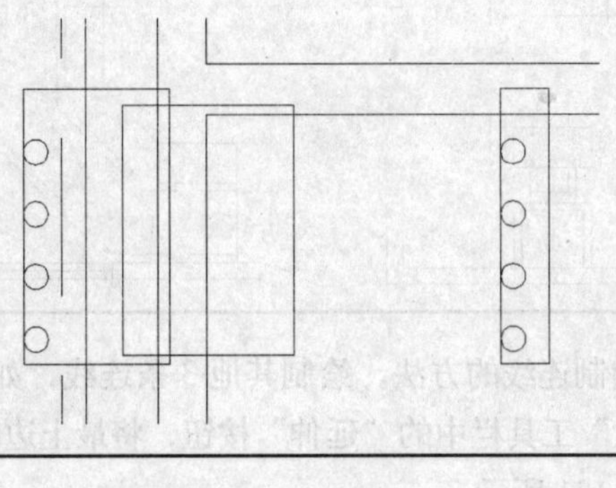

图 10-122
绘制 7×10 的矩形

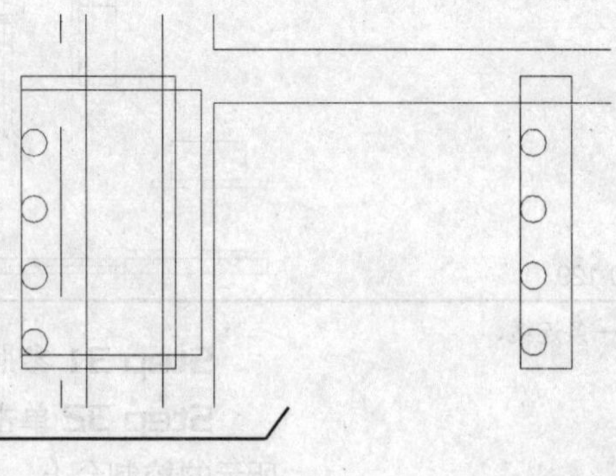

图 10-123
移动 7×10 的矩形

**Step 25** 单击“绘图”工具栏中的“直线”按钮，绘制一条如图 10-124 所示的变压器进线。

**Step 26** 参照上面绘制进线的方法，绘制其他两条进线，如图 10-125 所示。

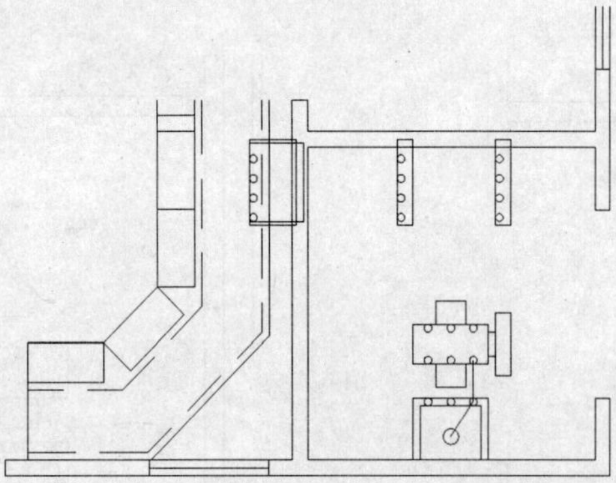

图 10-124
绘制变压器进线

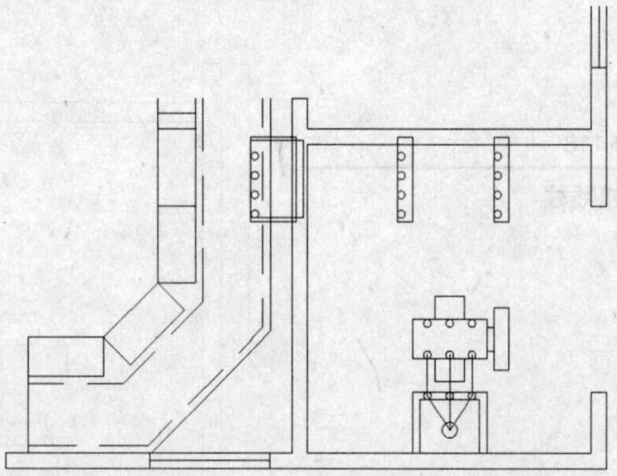

图 10-125
绘制其他两条进线

**Step 27** 单击“修改”工具栏中的“删除”按钮，删除 10×5 的矩形中上面 3 个接线柱中间的接线柱，并利用“镜像”命令绘制如图 10-126 所示的两个接线柱。

**Step 28** 单击“绘图”工具栏中的“直线”按钮，绘制一条如图 10-127 所示的变压器出线。

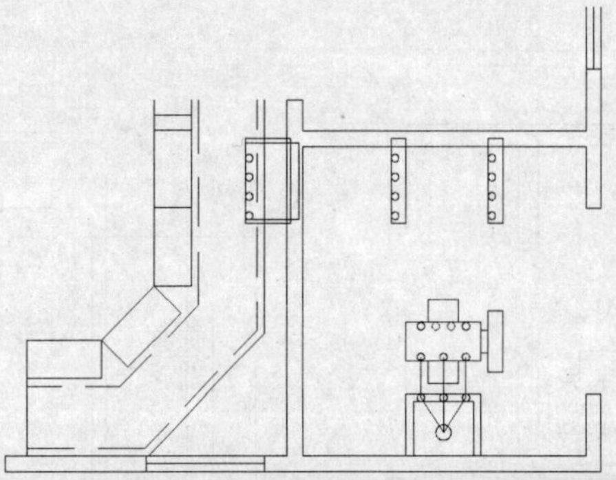

图 10-126
镜像接线柱

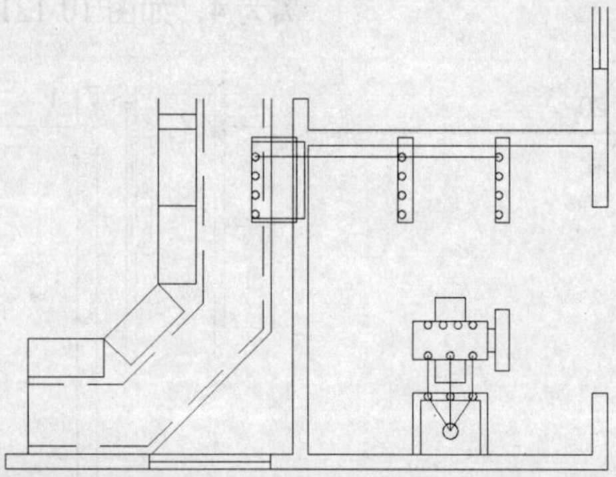

图 10-127
绘制一条变压器出线

**Step 29** 参照上面绘制出线的方法，绘制其他 3 条出线，如图 10-128 所示。

**Step 30** 单击“绘图”工具栏中的“直线”按钮，绘制一条起点在接线柱圆心，端点在变压器出线上的连线，如图 10-129 所示。

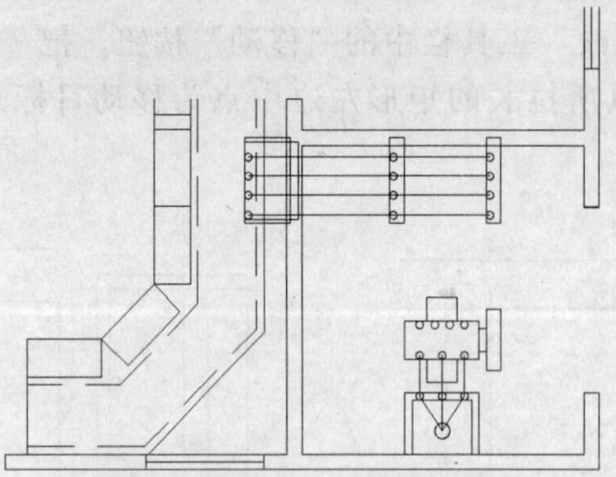

图 10-128
绘制其他出线

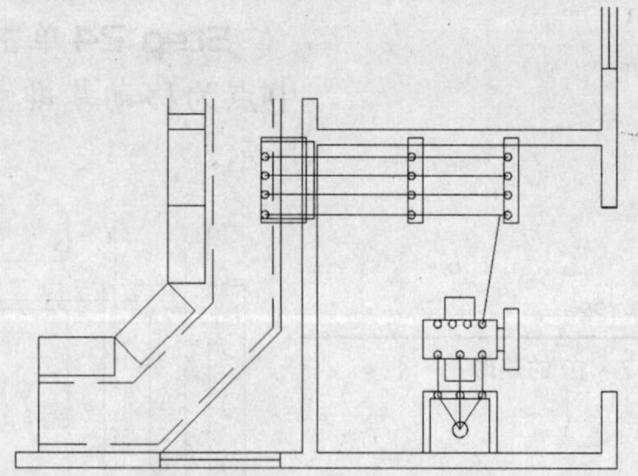

图 10-129
绘制一条连线

**Step 31** 参照上面绘制连线的方法，绘制其他 3 条连线，如图 10-130 所示。

**Step 32** 单击“修改”工具栏中的“延伸”按钮，将最上边的变压器出线延伸到虚线所示的控制台上，如图 10-131 所示。

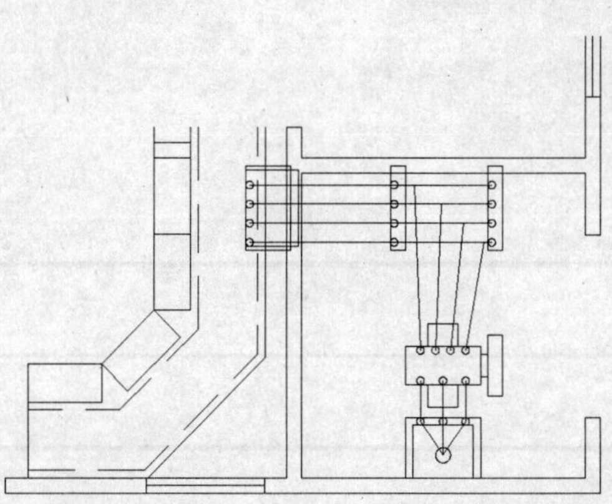

图 10-130
绘制其他连线

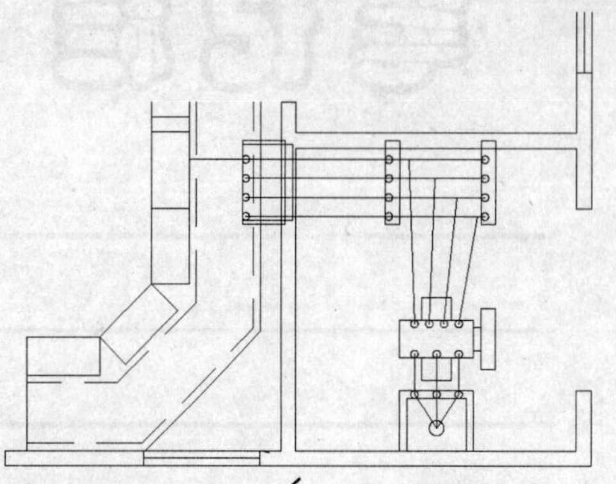

图 10-131
延伸线头

**Step 33** 利用“拉长”命令，分别将其余的 3 条变压器出线向左拉长 9、10、11，最终效果如图 10-132 所示。

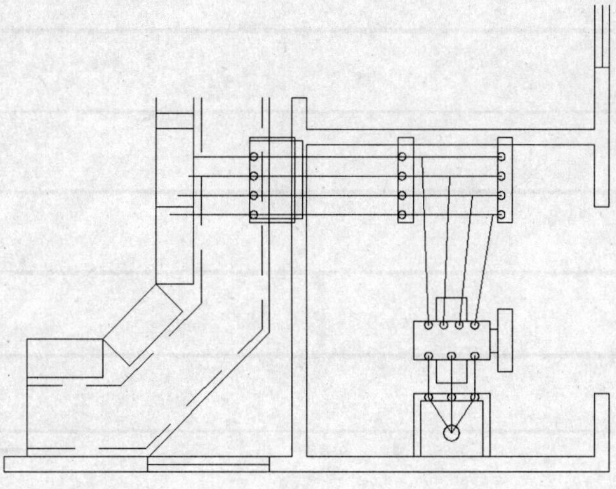

图 10-132
拉长线头

# 笔记栏

# Chapter 11

# 输电工程图设计

### 本章内容

为了把发电厂发出的电能（电力、电动率）输送给用户，必须要有电力输送线路。本章先简单介绍输电工程图的概念和基本情况，然后通过几个具体例子来介绍利用 AutoCAD 2009 绘制输电工程图的方法。

### 本章学习地图

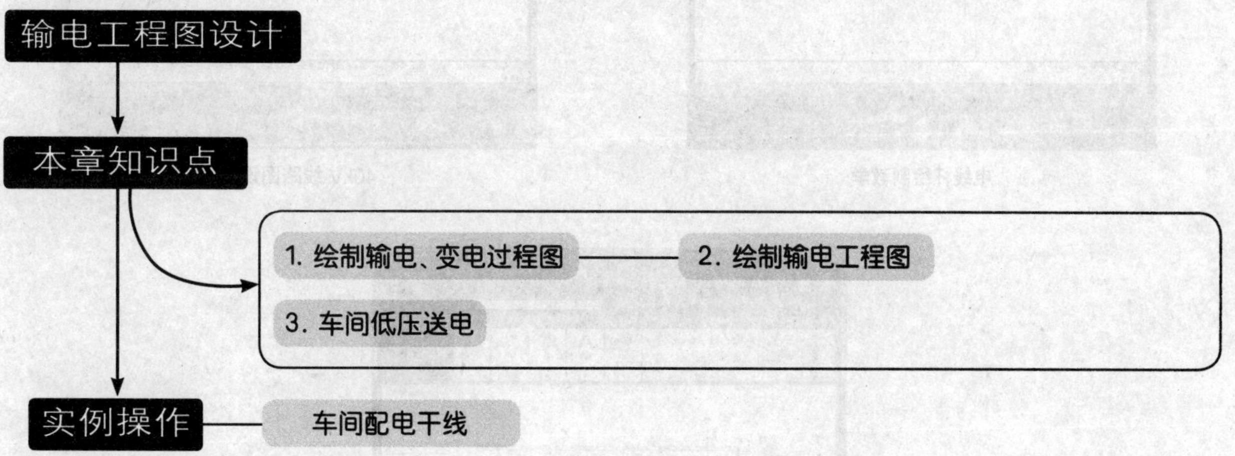


### 本章知识重点

- 电线杆的绘制。
- 40kV线路平面图。
- 轴线与墙线。
- 车间配电干线。

## 本章实例效果图

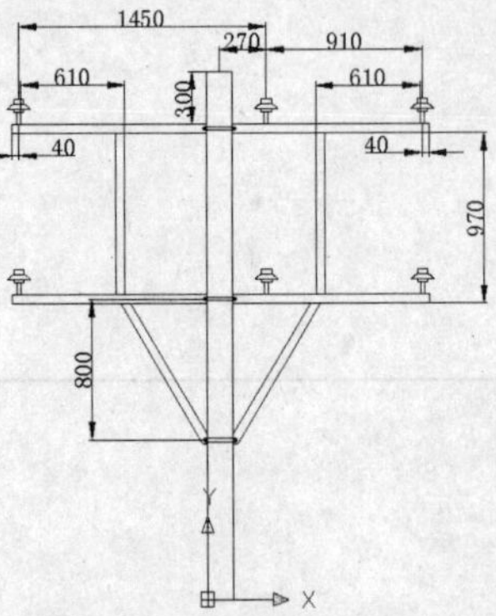


电线杆的绘制

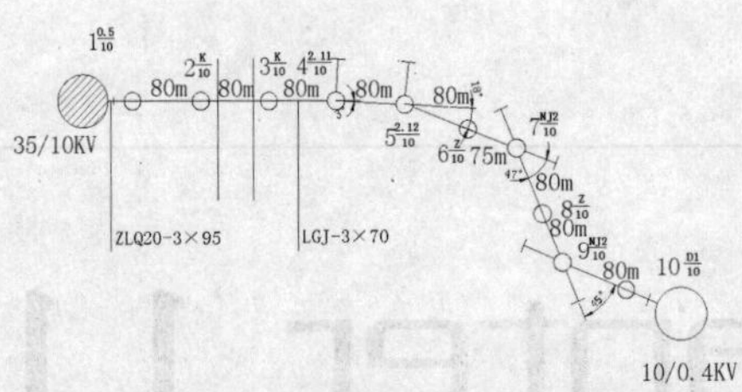


40kV 线路平面图

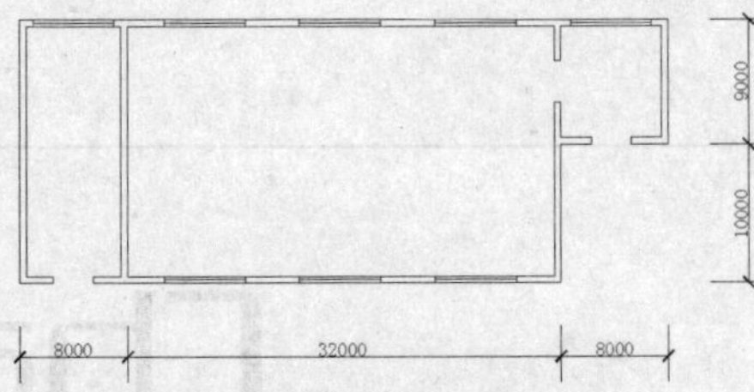


轴线与墙线

## 本章视频效果图

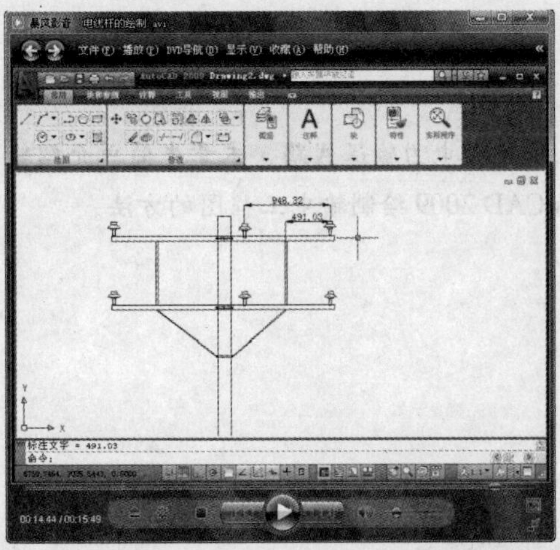

电线杆绘制教学

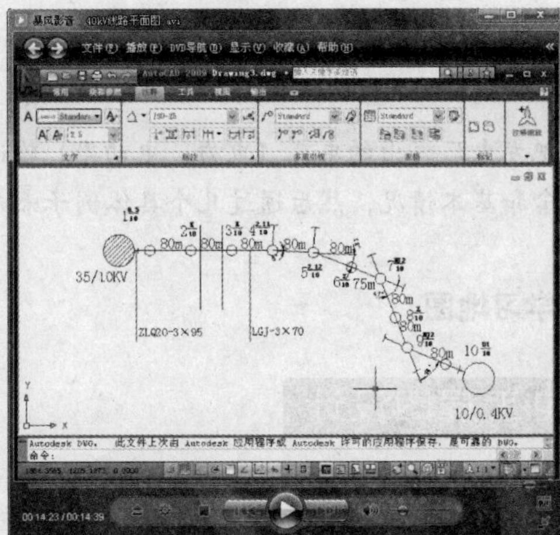

40kV 线路图设计

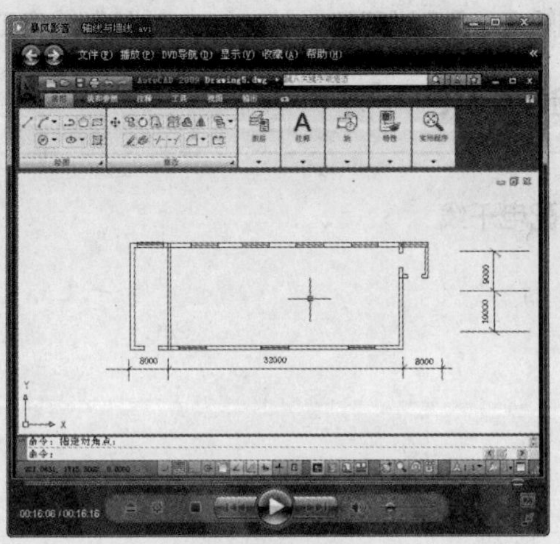

轴线与墙线的绘制

## 11.1 绘制输电、变电过程图

发电厂与用电地区和用户之间相隔的距离较远，且两者电压相差很大，发电厂的电不能直接给用户用。例如，一般生活用电的电压只有220V，工厂用电也只有380V，而从发电厂发出来的电有几千伏、几十千伏之多，这样就出现远距离的高压输电以及一次和二次变电问题。图11-1所示为某输电工程线路图。

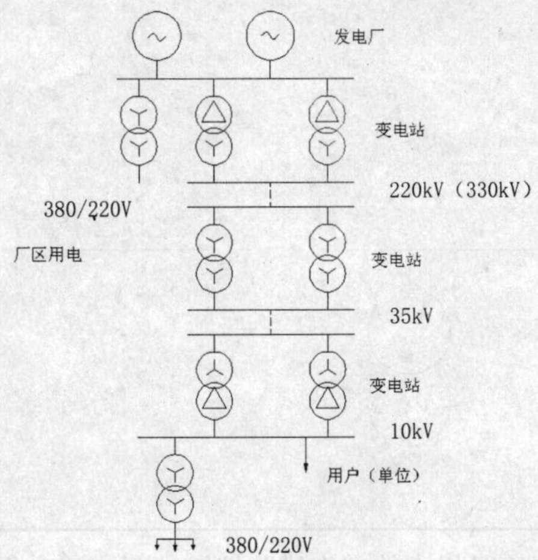


图11-1
某输电工程线路图

绘制输电、变电过程图的具体操作步骤如下：

**Step 1** 绘制一个发电机的符号以表示发电厂。单击“绘图”工具栏中的“圆”按钮，在绘图操作界面上绘制一个半径为20的圆，再单击“绘图”工具栏中的“样条曲线”按钮，如图11-2所示。

**Step 2** 单击“绘图”工具栏中的“直线”按钮，以圆的最下边的象限点为起点向下绘制一条短直线，再绘制一条过该直线下端一点的横直线，如图11-3所示。

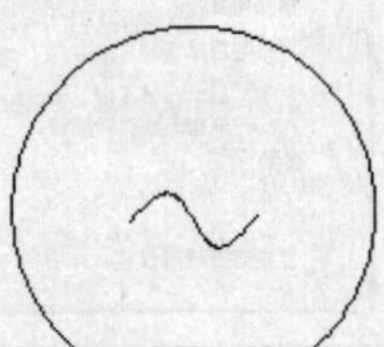

图11-2
绘制电动机符号

图11-3
绘制直线

**Step 3** 单击“绘图”工具栏中的“直线”按钮，继续绘制如图11-4所示的直线。

**Step 4** 画变电站的符号图。先单击“绘图”工具栏中的“圆”按钮，在直线上选一点作为圆心，以半径为20画一圆。再调用“复制”命令，向下复制一个圆，如图11-5所示。

图11-4
继续绘制直线

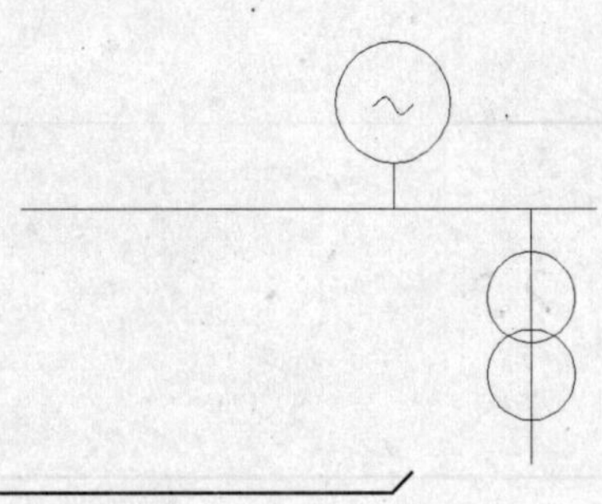

图11-5
绘制圆

**Step 5** 单击“修改”工具栏中的“修剪”按钮，将两个圆中多余的直线修剪掉，如图 11-6 所示。

**Step 6** 单击“绘图”工具栏中的“正多边形”按钮，根据命令行的提示，绘制如图 11-7 所示的正三角形。

```
命令行提示:
命令: _polygon 输入边的数目 <4>: 3
指定正多边形的中心点或 [边(E)]:
输入选项 [内接于圆(I)/外切于圆(C)] <I>: I
指定圆的半径:
```

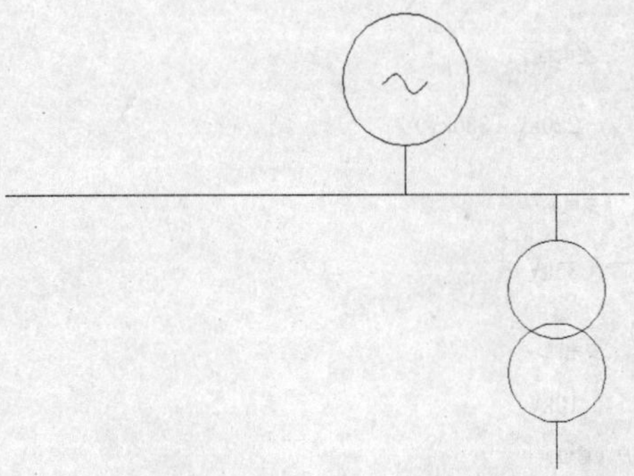

图 11-6
修剪直线

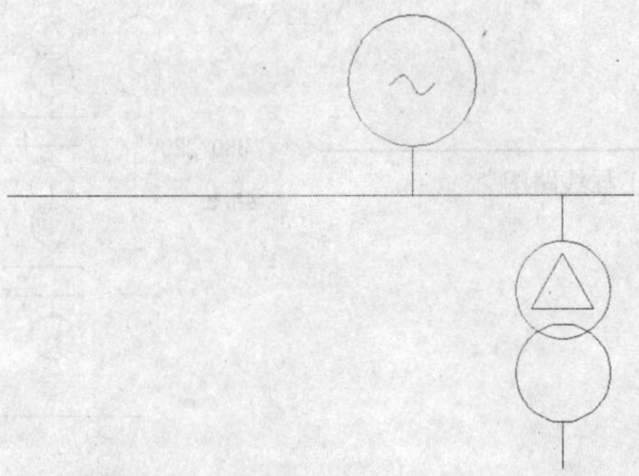

图 11-7
绘制正三角形

**Step 7** 单击“绘图”工具栏中的“直线”按钮，开启“对象捕捉”功能，捕捉圆的圆心，以圆心为起点向下绘制如图 11-8 所示的一小段直线。

**Step 8** 调用“阵列”命令，其中对阵列的设置如图 11-9 所示。

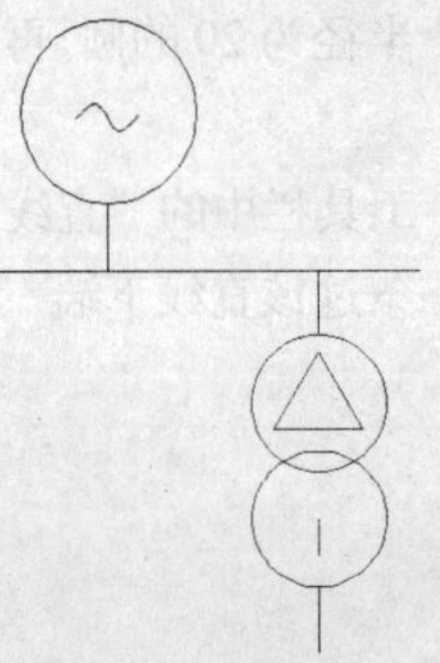

图 11-8
绘制直线

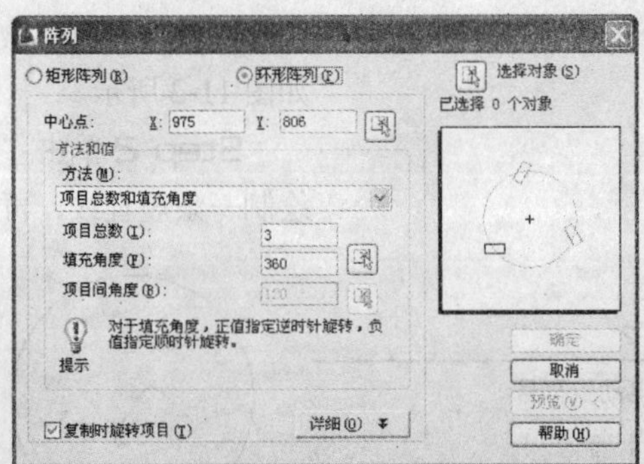


图 11-9
“阵列”对话框

**Step 9** 单击“阵列”对话框中的“选择对象”按钮，选择刚绘制的直线，按【Enter】键返回“阵列”对话框，单击“确定”按钮后如图 11-10 所示。

**Step 10** 单击“绘图”工具栏中的“直线”按钮，绘制如图 11-11 所示的直线。

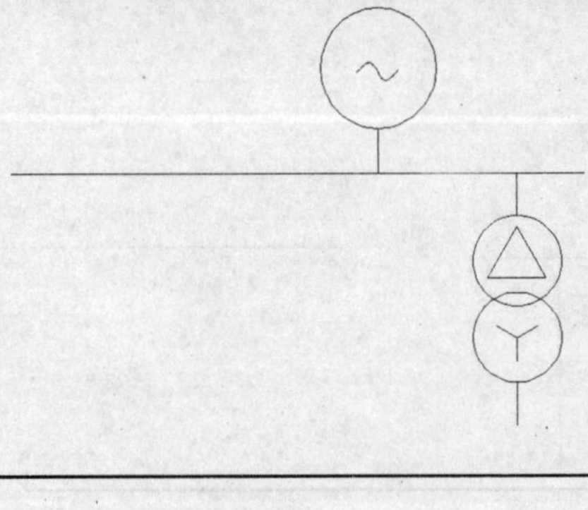

图 11-10
阵列直线

图 11-11
绘制直线

**Step 11** 单击“直线”和“圆”按钮绘制如图 11-12 所示的站用变压器。

**Step 12** 单击“复制”按钮复制如图 11-13 所示的元件。

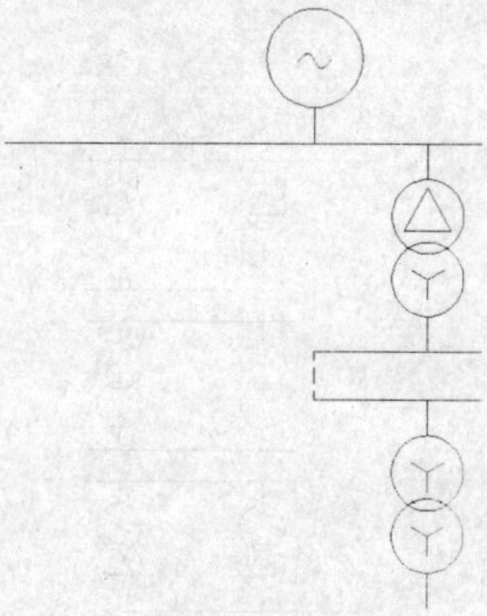

图 11-12
绘制站用变压器

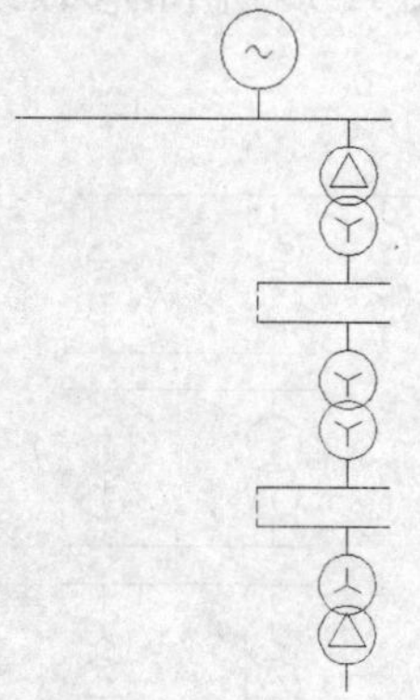

图 11-13
复制元件

**Step 13** 单击“修改”工具栏中的“镜像”按钮，根据命令行的提示进行镜像操作，如图 11-14 所示。

**Step 14** 单击“绘图”工具栏中的“直线”按钮，绘制一条通过最下边两条直线端点的一条横直线，如图 11-15 所示。

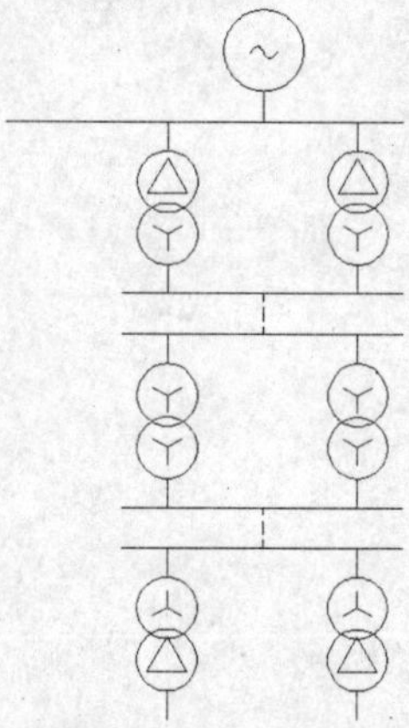

图 11-14
镜像操作

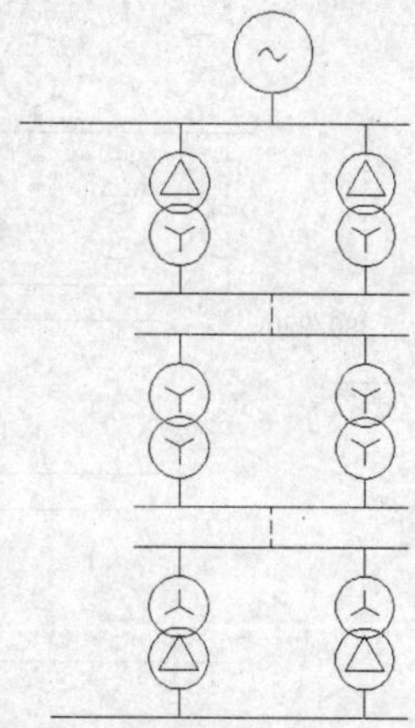

图 11-15
绘制直线

**Step 15** 利用“复制”命令复制如图 11-16 所示的站用变压器符号。

**Step 16** 单击“绘图”工具栏中的“圆”按钮，在如图 11-17 所示的位置绘制一个小圆。

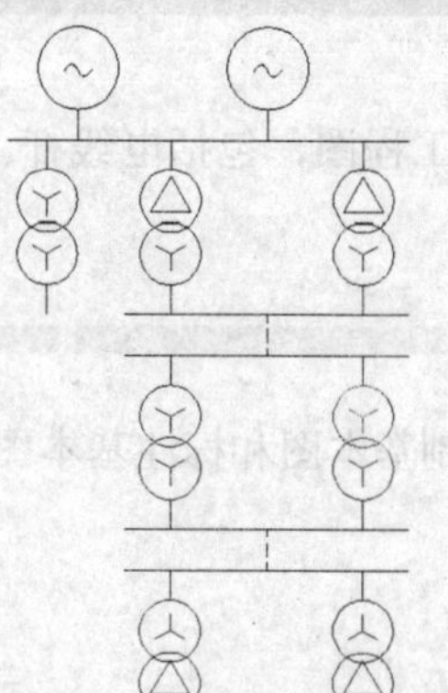

图 11-16
复制站用变压器符号

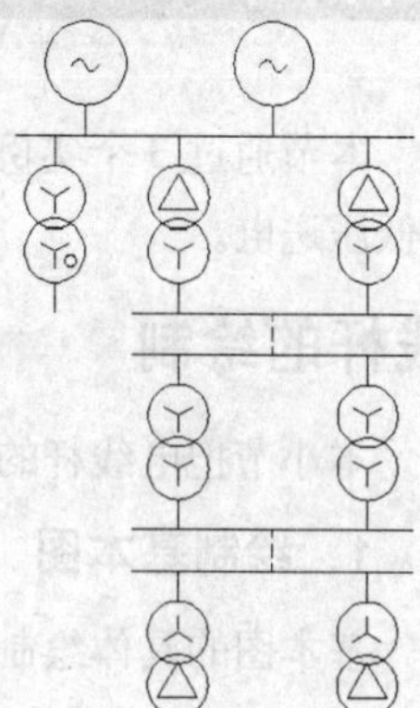

图 11-17
绘制小圆

**Step 17** 指定对象与圆的第二个切点，(在第二个圆上单击，如图 11-18 所示)。

**Step 18** 单击“绘图”工具栏中的“多段线”按钮，根据命令行的提示绘制如图 11-19 所示的多段线。

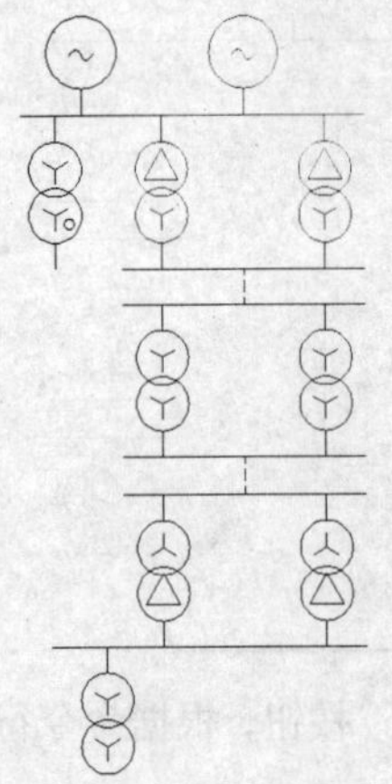

图 11-18

复制站用变压器

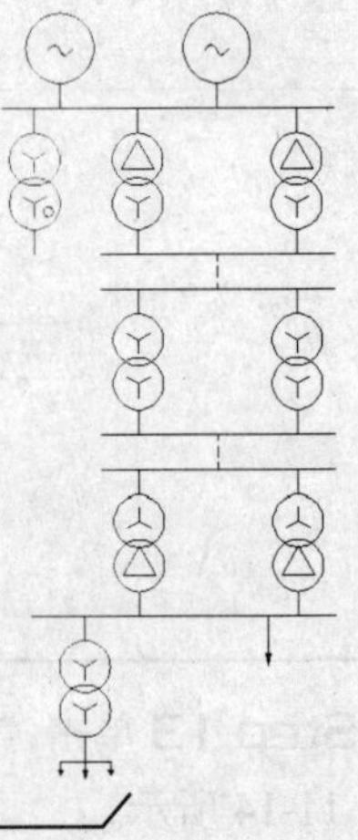

图 11-19

绘制多段线

**Step 19** 单击“注释”工具栏中的“多行文字”按钮，输入如图 11-20 所示的文字。

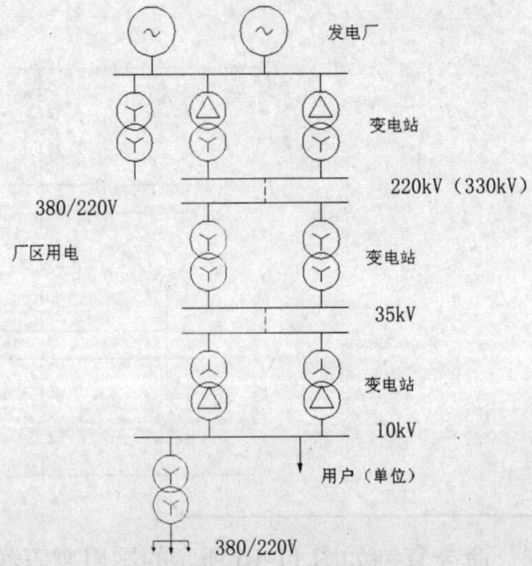


图 11-20

输入文字

# 11.2 绘制输电工程图

本节通过 3 个实例，讲解如何绘制输电工程图，包括电线杆、40kV 线路平面图、车间低压送电。

## 11.2.1 电线杆的绘制

本小节把电线杆的绘制分为两部分：绘制基本图和标注基本图。

### 1. 绘制基本图

基本图的具体绘制步骤如下：

**Step 1** 单击“绘图”工具栏中的“矩形”按钮，绘制起点在原点的 150×3 000 的矩形，如图 11-21 所示。

**Step 2** 单击“绘图”工具栏中的“矩形”按钮，绘制起点在如图 11-22 所示位置的

150×3 000 的矩形。

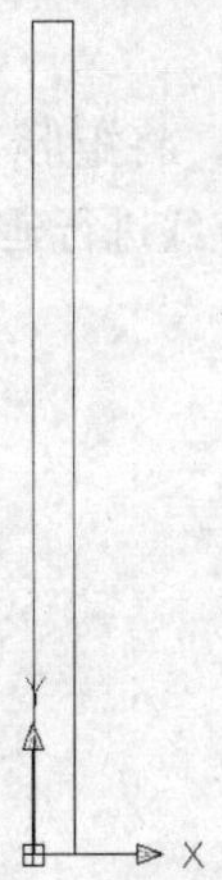

图 11-21

绘制 150×3 000 的矩形

图 11-22

绘制 1 220×（-50）的矩形

**Step 3** 单击“修改”工具栏中的“镜像”按钮，以镜像 1220×(-50)的矩形为镜像对象，以 150×3000 矩形的左边线为对称轴进行镜像，如图 11-23 所示。

**Step 4** 单击“修改”工具栏中的“移动”按钮，把两个 1 220×（-50）矩形垂直向下移动，移动距离为 300，如图 11-24 所示。

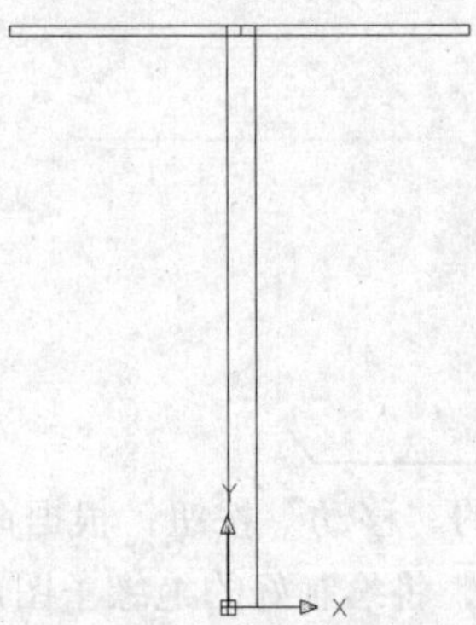

图 11-23

镜像 1 220×（-50）的矩形

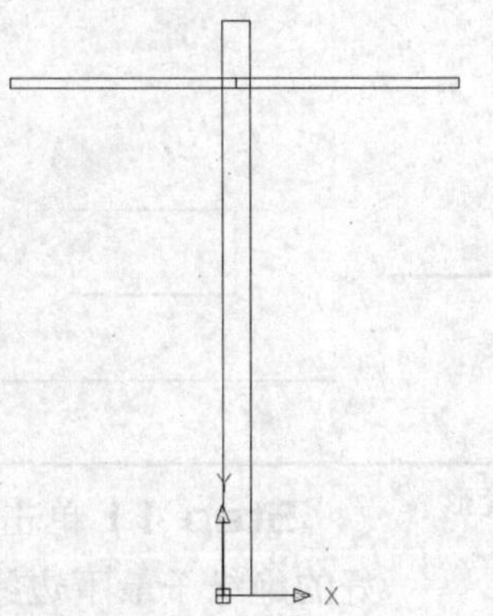

图 11-24

移动两个 1 220×（-50）矩形

**Step 5** 单击“修改”工具栏中的“复制”按钮，根据命令行的提示，把两个 1 220×(-50)矩形垂直向下复制一份，复制距离为 970，如图 11-25 所示。

**Step 6** 单击“绘图”工具栏中的“圆”按钮，绘制一个直径为 160 的圆。再单击“绘图”工具栏中的“直线”按钮，绘制一条起点在圆心的竖直直线，并利用“偏移”命令向左右各偏移一条直线，偏移距离为 30，如图 11-26 所示。

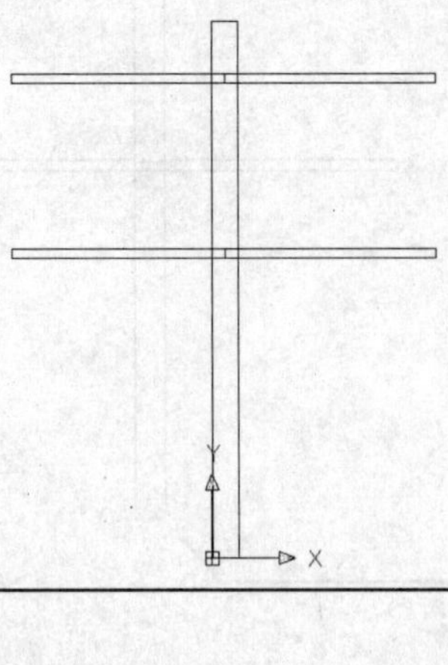

图 11-25

复制两个 1 220×（-50）矩形

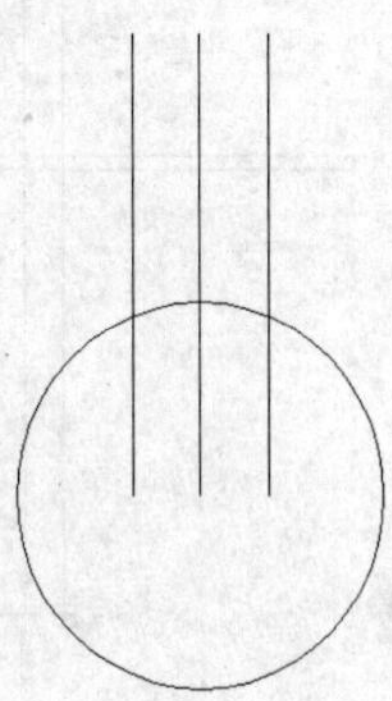

图 11-26

绘制圆和直线

**Step 7** 单击“绘图”工具栏中的“直线”按钮，绘制一个起点在左边直线与圆的交点处长为60、宽为30的矩形；单击“修改”工具栏中的“删除”按钮，将3条直线删除，如图11-27所示。

**Step 8** 单击“修改”工具栏中的“偏移”按钮，将矩形下边线垂直向下偏移30；单击“修改”工具栏中的“延伸”按钮，将偏移好的直线进行延伸，如图11-28所示。

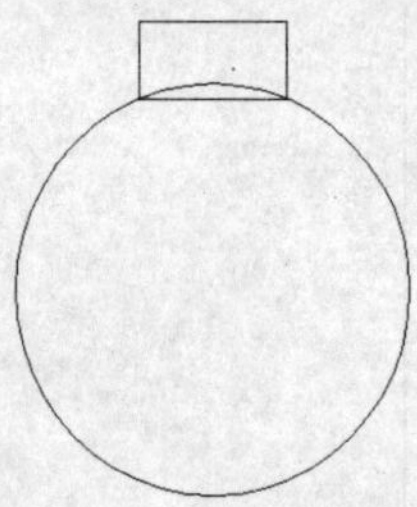

图 11-27

绘制矩形、删除直线

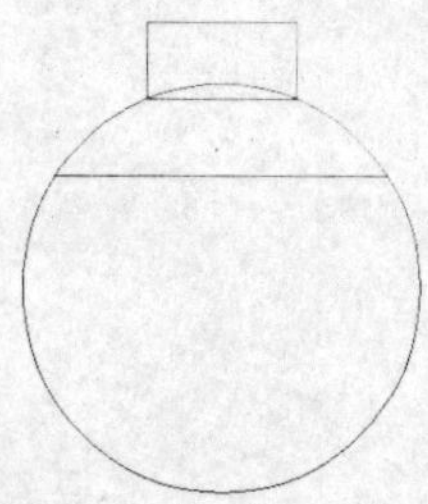

图 11-28

偏移并延伸直线

**Step 9** 单击“修改”工具栏中的“修剪”按钮，将多余的圆弧修剪掉，如图11-29所示。

**Step 10** 单击“绘图”工具栏中的“矩形”按钮，绘制如图11-30所示的60×15和24×70矩形。

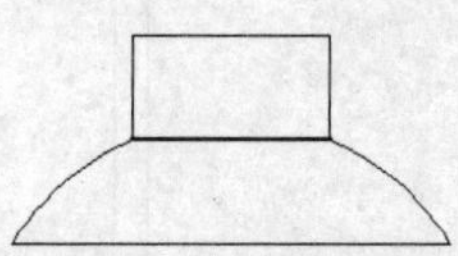

图 11-29

修剪圆弧

图 11-30

绘制 60×15 和 24×70 矩形

**Step 11** 单击“修改”工具栏中的“移动”按钮，根据命令行的提示，以绘制好的绝缘子最下边线的中点为移动基点，将绘制好的绝缘子图形移动至如图11-31所示的位置。

**Step 12** 单击“绘图”工具栏中的“矩形”按钮，绘制起点在如图11-32所示位置的150×3 000矩形。

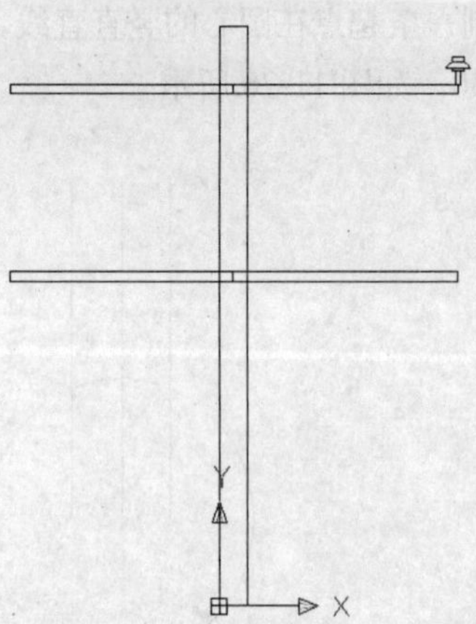

图 11-31

移动图形

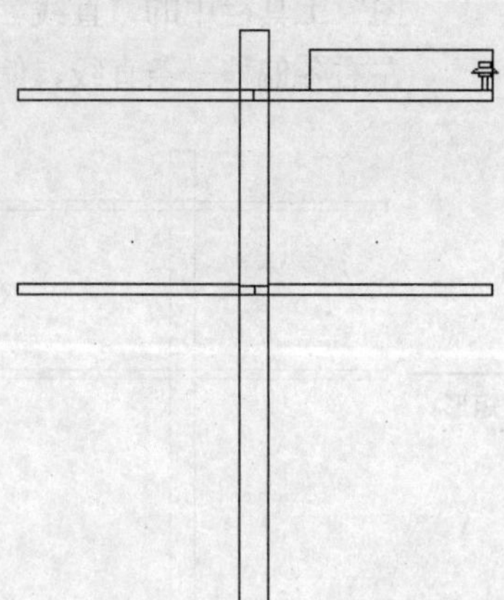

图 11-32

绘制矩形

**Step 13** 单击“修改”工具栏中的“复制”按钮，根据命令行的提示，将绝缘子向左复制一份，复制距离为910，如图11-33所示。

**Step 14** 单击“修改”工具栏中的“复制”按钮，根据命令行的提示，将两个绝缘子垂直向下复制一份，如图11-34所示。

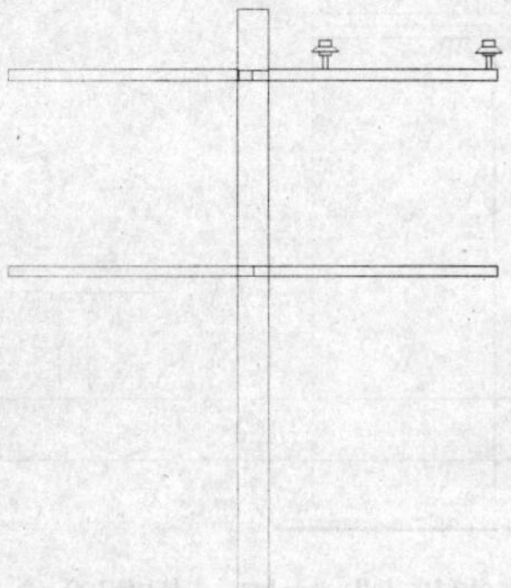

图 11-33

向左复制绝缘子

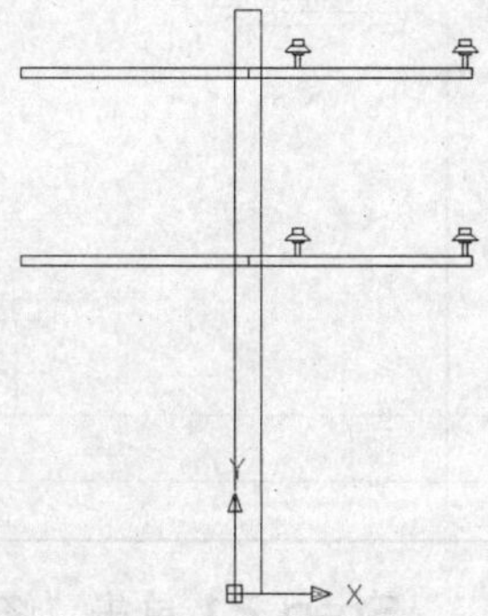


图 11-34

向下复制绝缘子

**Step 15** 单击“修改”工具栏中的“镜像”按钮，根据命令行的提示，以两个1220×（-50）的矩形的公共线为对称轴对右边的上下两个绝缘子进行镜像，如图11-35所示。

**Step 16** 单击“绘图”工具栏中的“矩形”按钮，根据命令行的提示，以150×3 000矩形的最上边线的中点处为起点绘制一个85×10矩形，如图11-36所示。

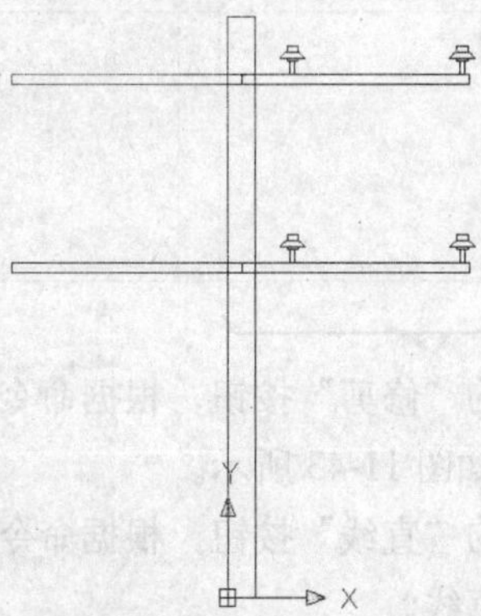


图 11-35

对称复制图形

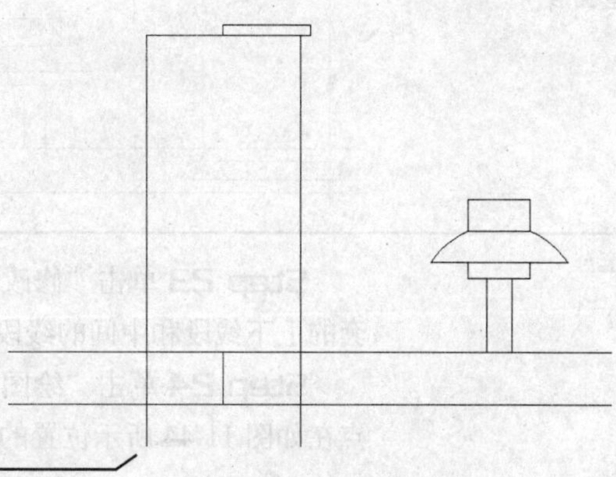

图 11-36

绘制85×10矩形

**Step 17** 单击“修改”工具栏中的“镜像”按钮，根据命令行的提示，以85×10矩形的下边线为对称轴对85×10矩形进行镜像，如图11-37所示。

**Step 18** 单击“绘图”工具栏中的“圆”按钮，在两个85×10矩形的公共线右端点绘制一个直径为20的圆。单击“修改”工具栏中的“修改”按钮将多余的圆弧和直线修剪掉，如图11-38所示。

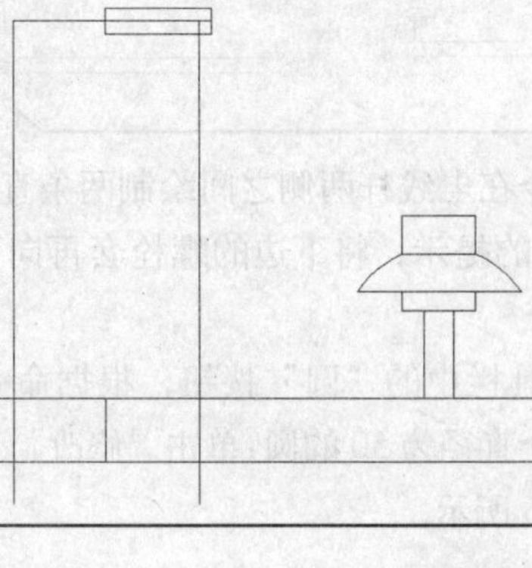

图 11-37

镜像85×10矩形

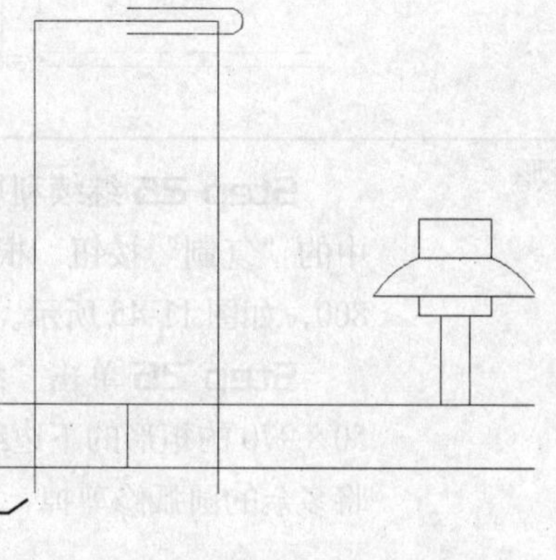

图 11-38

创建半圆弧

**Step 19** 单击“绘图”工具栏中的“圆”按钮，在两个 85×10 矩形的公共线右端点绘制一个直径为 10 的圆，如图 11-39 所示。

**Step 20** 单击“修改”工具栏中的“镜像”按钮，根据命令行的提示，以修剪好的图形中上下端点所在的直线为对称轴，对要镜像的图形进行镜像，如图 11-40 所示。

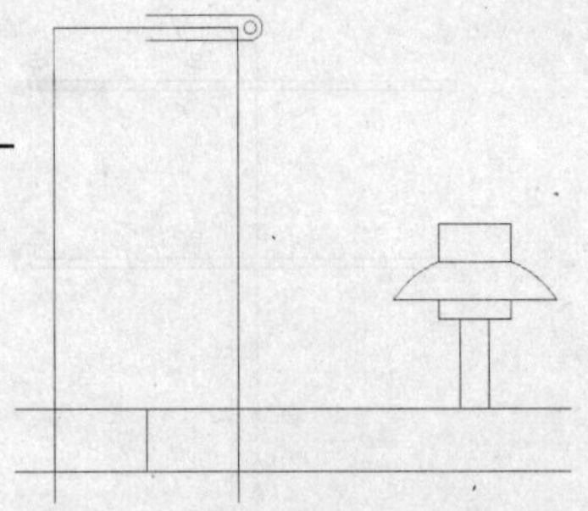

图 11-39
绘制圆

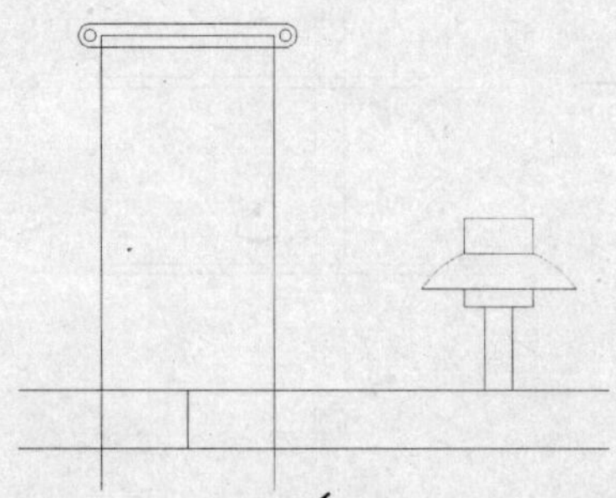

图 11-40
向左镜像图形

**Step 21** 单击“修改”工具栏中的“移动”按钮，根据命令行的提示，将绘制好的螺栓套图形垂直向下移动，移动距离为 325，如图 11-41 所示。

**Step 22** 单击“修改”工具栏中的“复制”按钮，根据命令行的提示，将螺栓套向下复制一份，复制距离为 970，如图 11-42 所示。

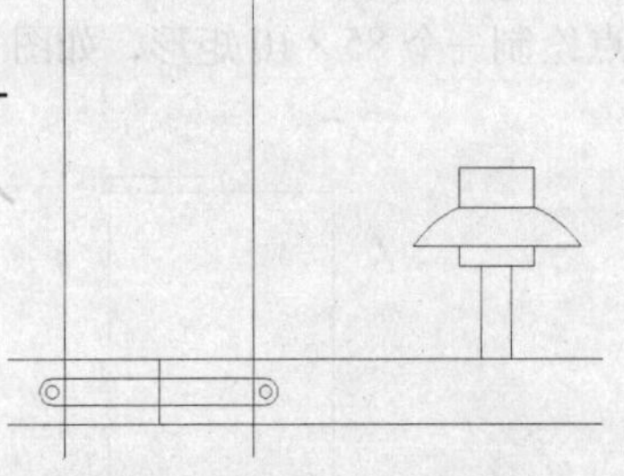

图 11-41
移动螺栓套图形

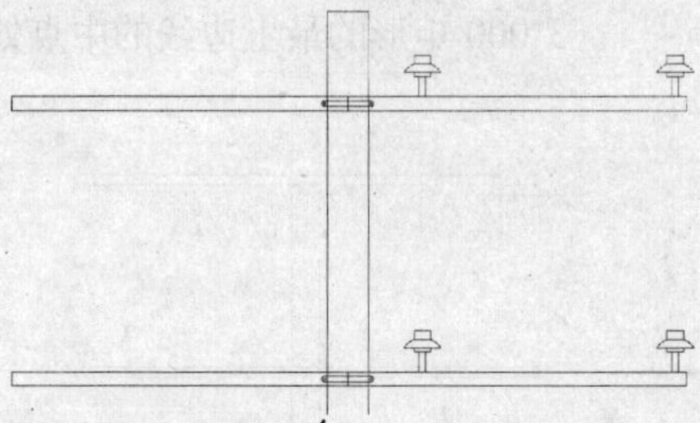

图 11-42
复制螺栓套

**Step 23** 单击“修改”工具栏中的“修剪”按钮，根据命令行的提示，将两个螺栓套的上下线段和中间的线段进行修剪，如图 11-43 所示。

**Step 24** 单击“绘图”工具栏中的“直线”按钮，根据命令行的提示，绘制一个起点在如图 11-44 所示位置的向下垂直的直线。

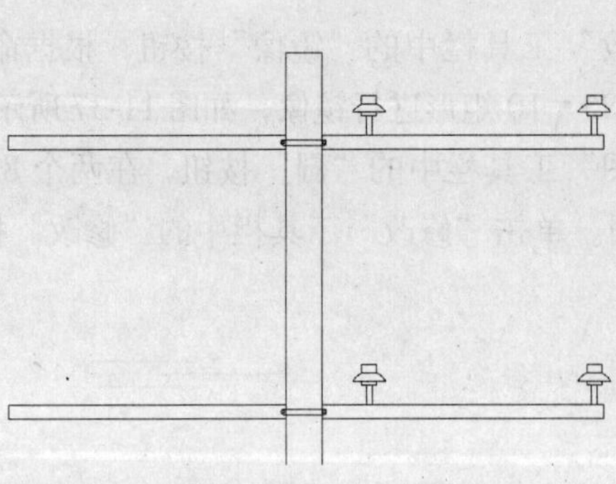

图 11-43
修剪线段

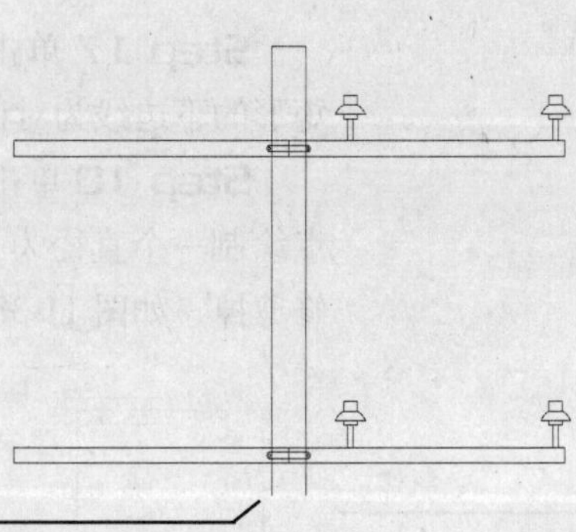

图 11-44
绘制 50×970 的矩形

**Step 25** 继续利用直线命令在电线杆两侧之间绘制两条直线。单击“修改”工具栏中的“复制”按钮，根据命令行的提示，将下边的螺栓套再向下复制一份，复制距离为 800，如图 11-45 所示。

**Step 26** 单击“绘图”工具栏中的“圆”按钮，根据命令行的提示，在所修剪的 50×970 的矩形的下边线绘制一个直径为 50 的圆；单击“修改”工具栏中的“修剪”按钮，将多余的圆弧修剪掉，如图 11-46 所示。

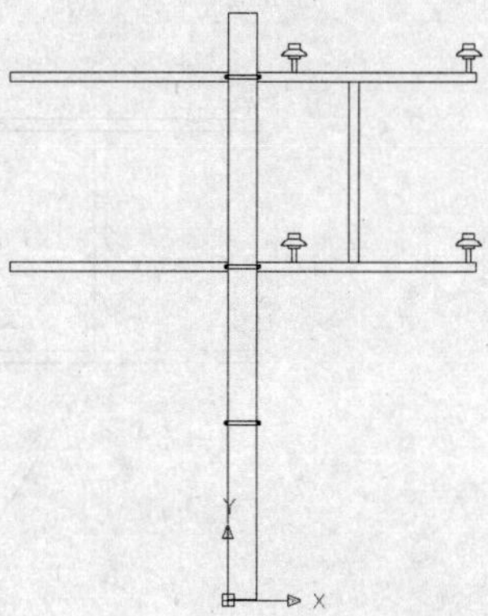

图 11-45
复制图形

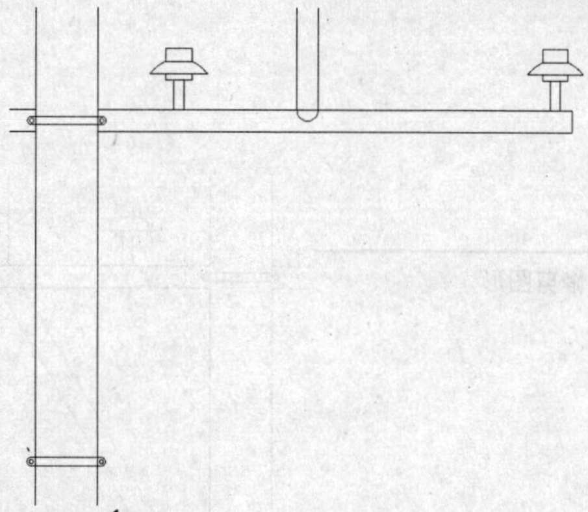

图 11-46
创造半圆弧

**Step 27** 单击“绘图”工具栏中的“直线”按钮，绘制一条起点在刚才所修剪圆弧的圆心，端点在最下一个螺栓套右边小圆圆心的直线，如图 11-47 所示。

**Step 28** 单击“修改”工具栏中的“偏移”按钮，根据命令行的提示，将刚才所绘制的直线向左、右各偏移 25，如图 11-48 所示。

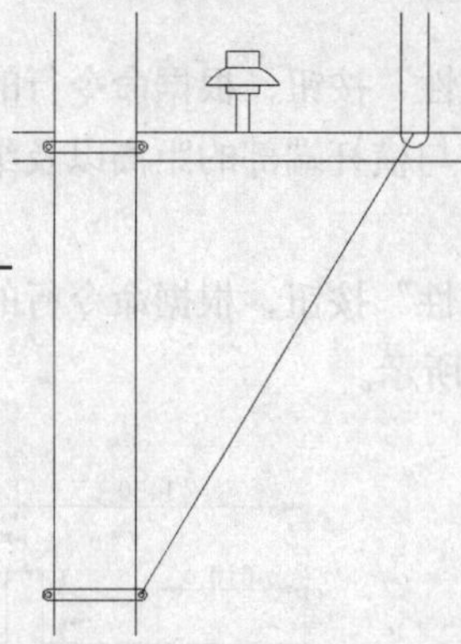

图 11-47
绘制直线

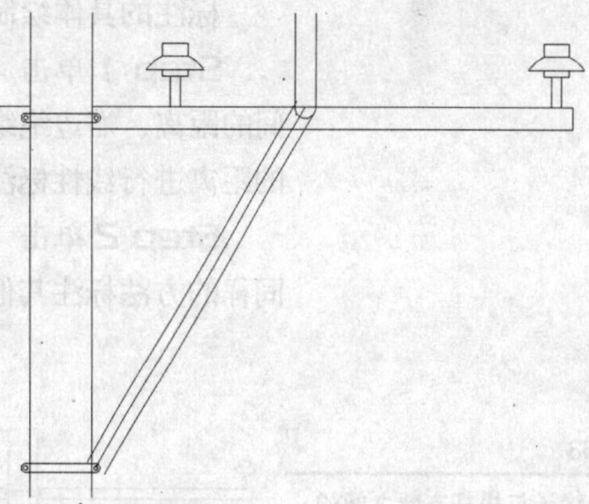

图 11-48
偏移复制直线

**Step 29** 单击“修改”工具栏中的“删除”按钮，根据命令行的提示，将刚才所绘制的 3 条直线中的中间直线删除掉，如图 11-49 所示。

**Step 30** 单击“修改”工具栏中的“偏移”按钮，根据命令行的提示，将剩余两条直线的多余线头修剪掉，如图 11-50 所示。

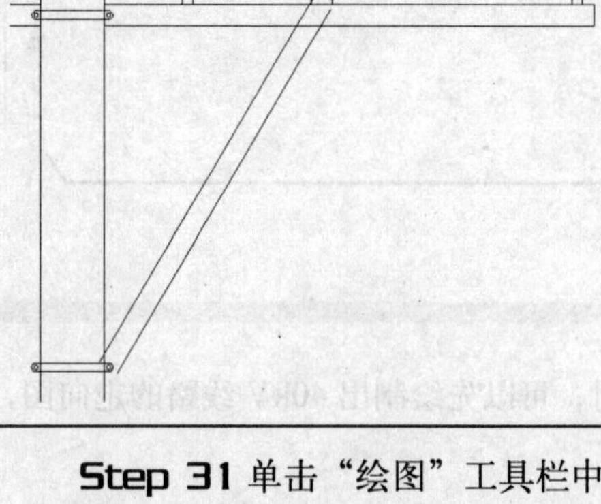

图 11-49
删除直线

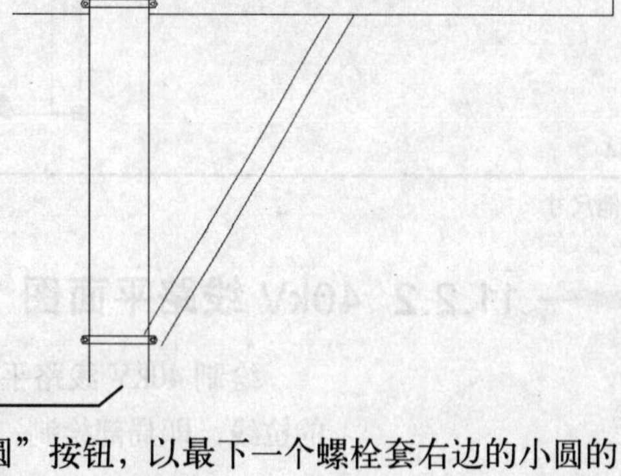

图 11-50
修剪直线

**Step 31** 单击“绘图”工具栏中的“圆”按钮，以最下一个螺栓套右边的小圆的中心为中心，绘制一个直径为 50 的圆；单击“修改”工具栏中的“修剪”按钮，根据命令行的提示，将多余的圆弧和线头修剪掉，如图 11-51 所示。

**Step 32** 单击“修改”工具栏中的“镜像”按钮，根据命令行的提示，以 150×3 000 矩形的中心线为对称轴，镜像如图 11-52 所示的图形。

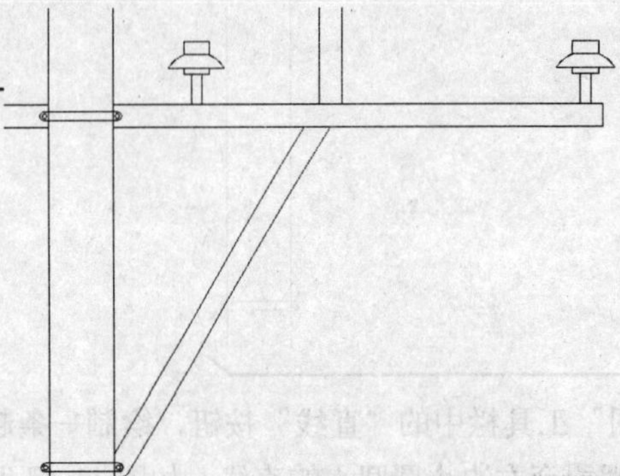

图 11-51
绘制圆并修剪图形

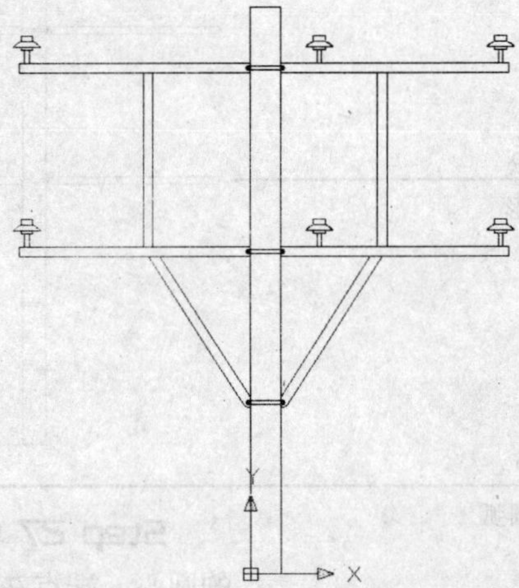


图 11-52
镜像图形

## 2．标注基本图

标注的具体绘制步骤如下：

**Step 1** 单击“注释”工具栏中的“线性”按钮，根据命令行的提示，对两个横杆之间的距离、右边绝缘子之间的距离、绝缘子与横杆端部的距离以及绝缘子与横杆支架之间的距离进行线性标注，如图 11-53 所示。

**Step 2** 单击“注释”工具栏中的“线性”按钮，根据命令行的提示，按照与上一步同样的方法标注其他尺寸，效果如图 11-54 所示。

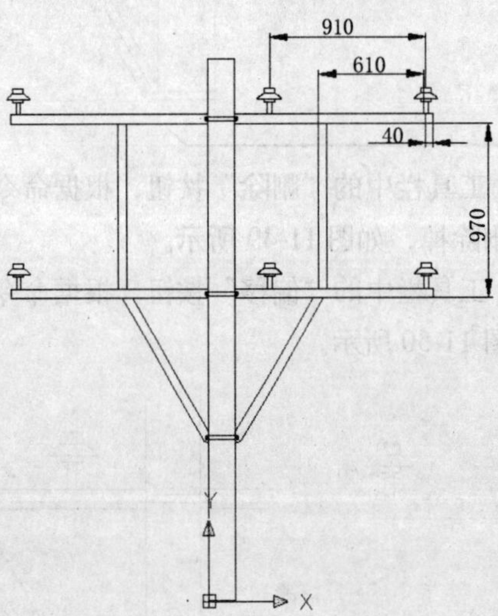


图 11-53
标注绝缘子与横杆支架之间的距离

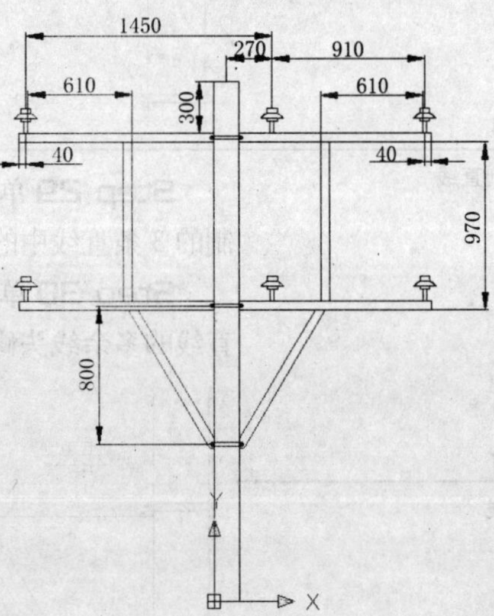


图 11-54
标注其他尺寸

## 11.2.2 40kV 线路平面图

绘制 40kV 线路平面图时，可以先绘制出 40kV 线路的走向图，然后绘制每根电线杆的拉线，即局部绘制。

## 1．走向图

走向线连接电厂和用户，将电力输入或输出变压器。走向线可能跨越高山大河、公路桥梁，因此需要绘制清楚。

走向线的具体绘制步骤如下：

**Step 1** 单击“绘图”工具栏中的“圆”按钮，绘制 $\phi=15$ 的圆，如图 11-55 所示。

**Step 2** 单击“绘图”工具栏中的“图案填充”按钮，给 $\phi=15$ 的圆打上斜剖面线，如图 11-56 所示。

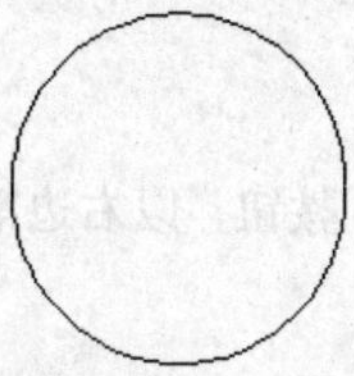

图 11-55
绘制 $\phi=15$ 的圆

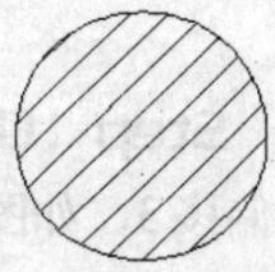

图 11-56
图案填充

**Step 3** 单击“绘图”工具栏中的“圆”按钮，绘制一个和 $\phi=15$ 的圆同心的 $\phi=5$ 的圆，如图 11-57 所示。

**Step 4** 单击“修改”工具栏中的“移动”按钮，将所绘制的 $\phi=5$ 的圆向右边移动，移动距离为 15，如图 11-58 所示。

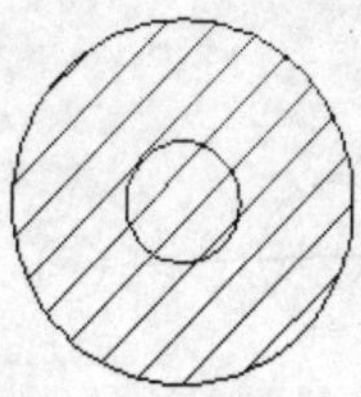

图 11-57
绘制 $\phi=5$ 的圆

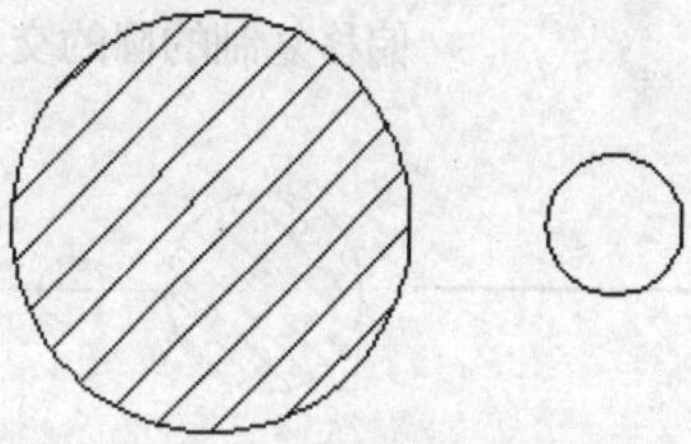

图 11-58
移动 $\phi=5$ 的圆

**Step 5** 单击“修改”工具栏中的“复制”按钮，根据命令行的提示，把 $\phi=5$ 的圆向右复制一份，复制距离为 20，如图 11-59 所示。

**Step 6** 单击“绘图”工具栏中的“直线”按钮，绘制一条起点在 $\phi=15$ 的圆的右象限点，终点在最右边 $\phi=5$ 的小圆的右象限点的直线，如图 11-60 所示。

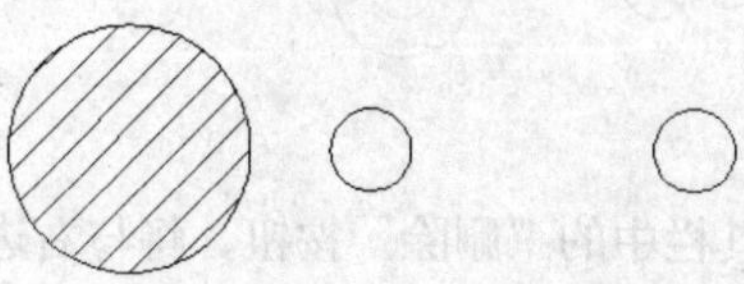

图 11-59
复制 $\phi=5$ 的圆

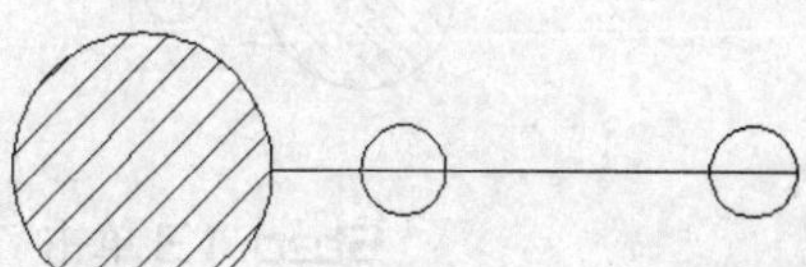

图 11-60
绘制直线

**Step 7** 单击“修改”工具栏中的“阵列”按钮，把右边的 $\phi=5$ 的圆和直线阵列 4 列，列距为 20，如图 11-61 所示。

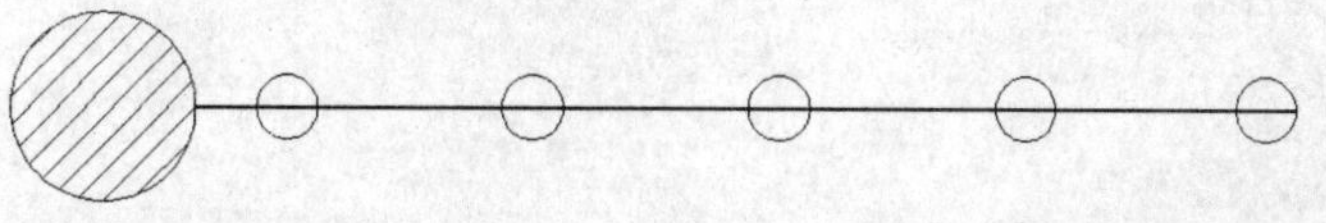

图 11-61
阵列图形

**Step 8** 单击“修改”工具栏中的“修剪”按钮，将多余的线头修剪掉，如图 11-62 所示。

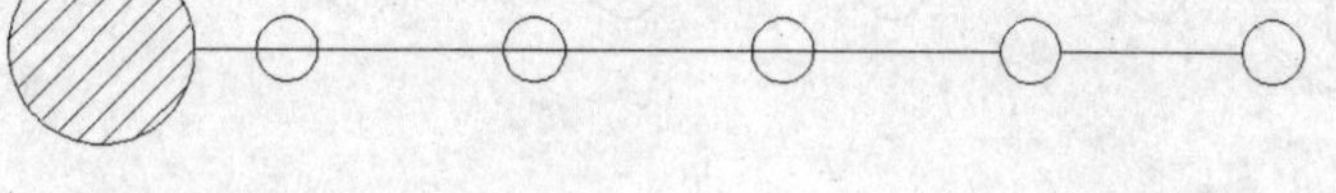

图 11-62
修剪线头

**Step 9** 单击“修改”工具栏中的“旋转”按钮，以右边第二个圆的圆心为旋转中心，把右边的直线和圆旋转 3°，如图 11-63 所示。

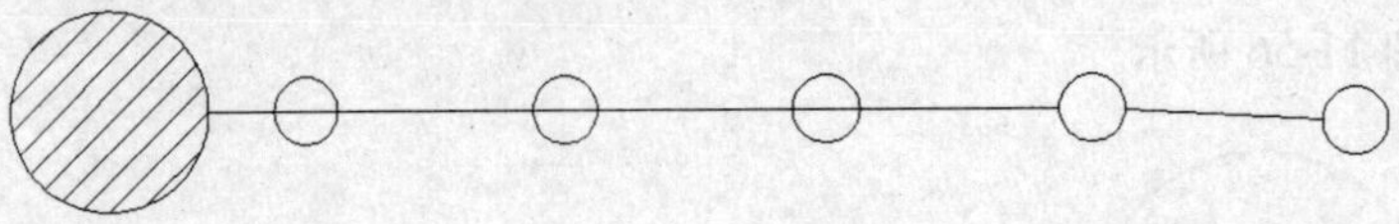

图 11-63
旋转图形

**Step 10** 单击“修改”工具栏中的“偏移”按钮，以右边第二个圆为偏移对象，向外偏移 3，如图 11-64 所示。

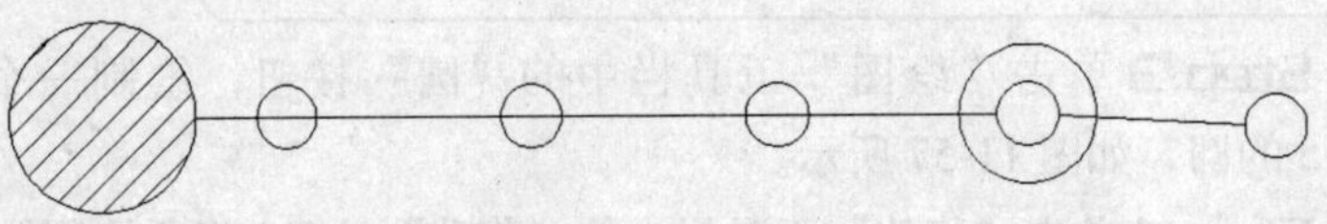

图 11-64
偏移复制圆

**Step 11** 单击“绘图”工具栏中的“直线”按钮，绘制两端分别在右边两段直线与偏移复制的圆的交点的连线，如图 11-65 所示。

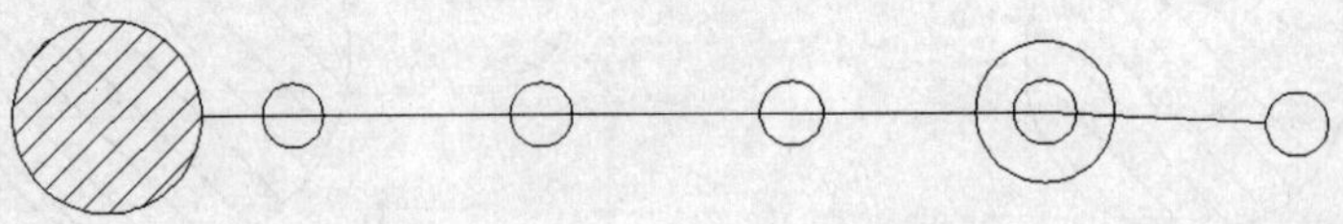

图 11-65
绘制直线

**Step 12** 单击“绘图”工具栏中的“直线”按钮，绘制起点在刚才所绘制的直线上的与该直线垂直的直线，如图 11-66 所示。

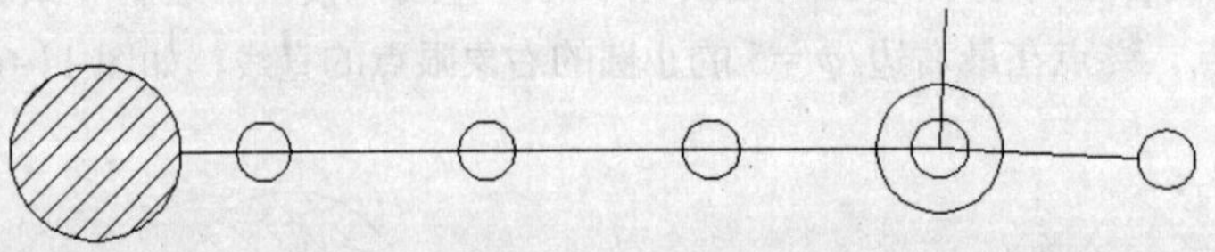

图 11-66
绘制直线

**Step 13** 单击“修改”工具栏中的“删除”按钮，将与右边第二个小圆同心的大圆删除掉，如图 11-67 所示。

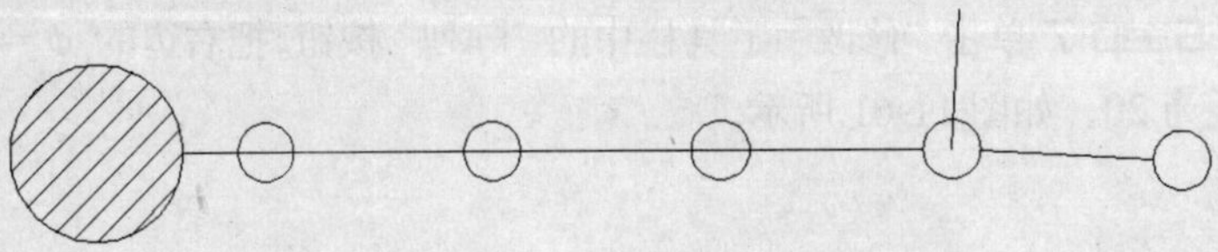

图 11-67
删除圆

**Step 14** 单击“绘图”工具栏中的“直线”按钮，绘制起点在右边第二个圆上的直线，并绘制与该直线相垂直的短直线，如图 11-68 所示。

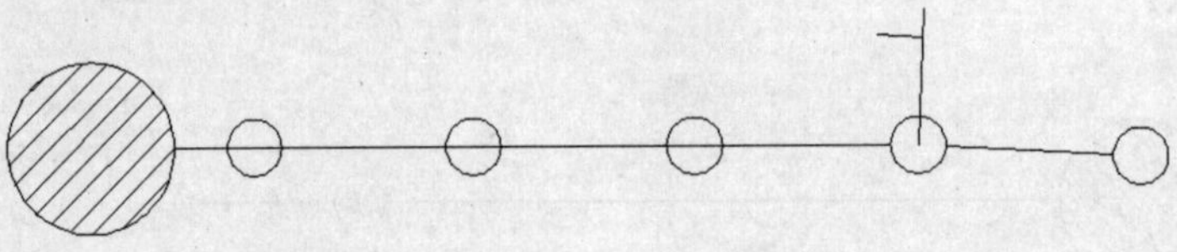

图 11-68
绘制直线

**Step 15** 单击“修改”工具栏中的“移动”按钮，将刚才所绘制的短直线移动到如图 11-69 所示的位置。

图 11-69
移动直线

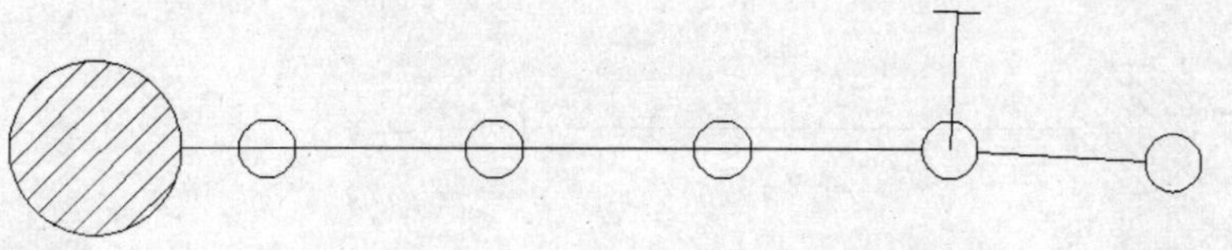

**Step 16** 单击“修改”工具栏中的“修剪”按钮，将右边第二个圆中的多余线头修剪掉，如图 11-70 所示。

图 11-70
修剪线头

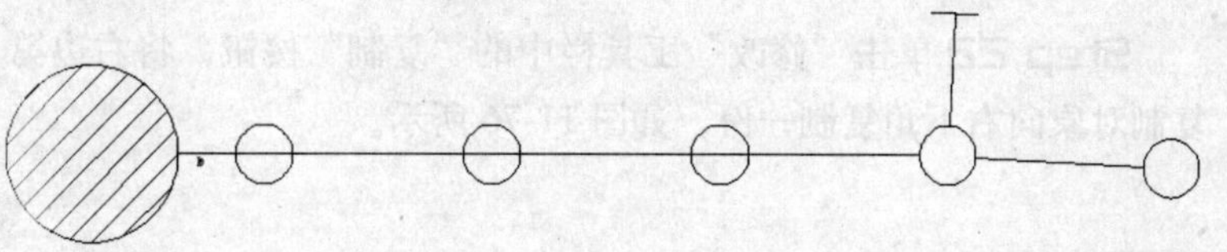

**Step 17** 单击“修改”工具栏中的“复制”按钮，以右边第二个圆和第二条直线为复制对象向右复制一份，如图 11-71 所示。

图 11-71
复制图形

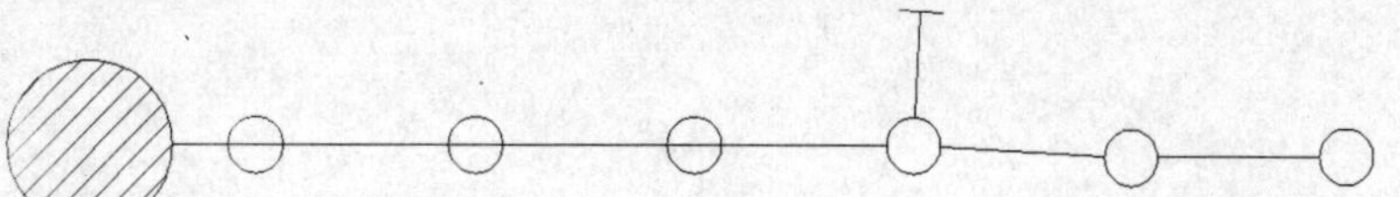

**Step 18** 单击“修改”工具栏中的“旋转”按钮,以右边第二个圆的圆心为旋转中心，把右边的直线和圆旋转 −21°，如图 11-72 所示。

图 11-72
旋转图形

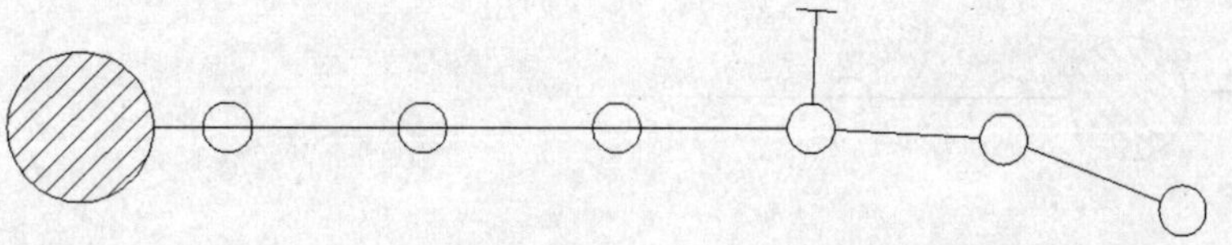

**Step 19** 单击“修改”工具栏中的“复制”按钮，以右边第一个圆和第一条直线为复制对象向右复制一份，如图 11-73 所示。

图 11-73
复制图形

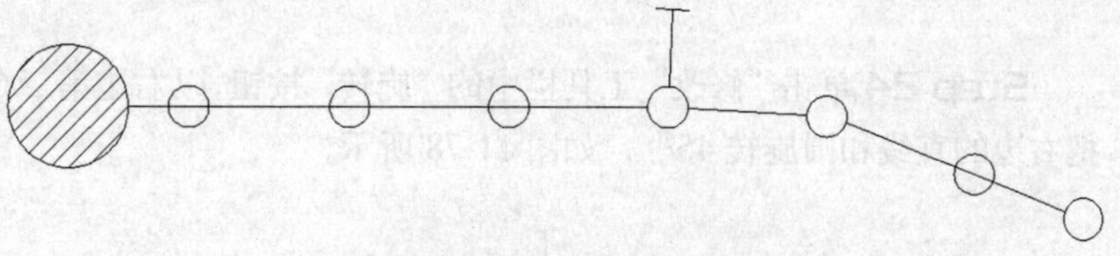

**Step 20** 单击“修改”工具栏中的“复制”按钮，将右边第一个圆和第一条直线为复制对象向右复制一份，如图 11-74 所示。

图 11-74
复制图形

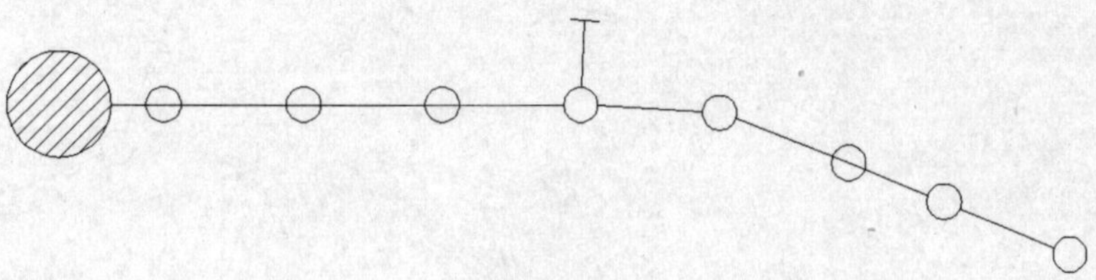

**Step 21** 单击“修改”工具栏中的“旋转”按钮，以右边第二个圆的圆心为旋转中心，把右边的直线和圆旋转 -47°，如图 11-75 所示。

图 11-75
旋转图形

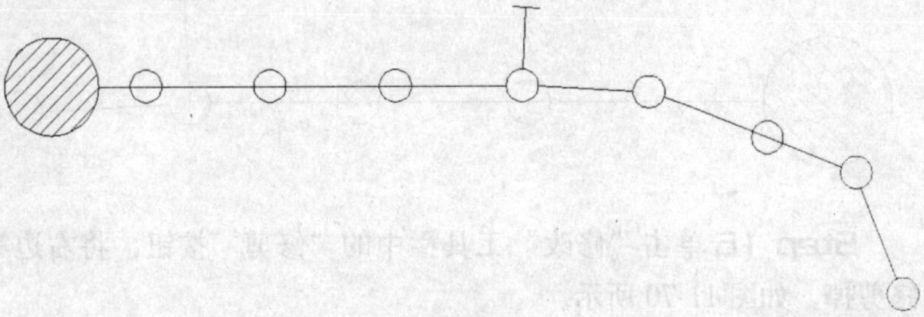

**Step 22** 单击“修改”工具栏中的“复制”按钮，将右边第一个圆和第一条直线为复制对象向右下角复制一份，如图 11-76 所示。

图 11-76
复制图形

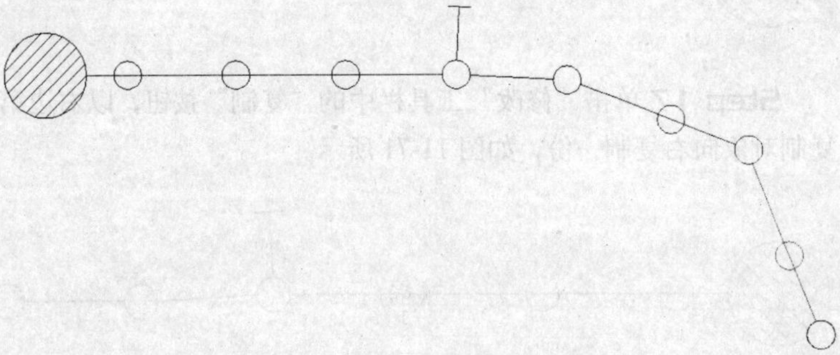

**Step 23** 单击“修改”工具栏中的“复制”按钮，将右边第一个圆和第一条直线为复制对象向右下复制一份，如图 11-77 所示。

图 11-77
复制图形

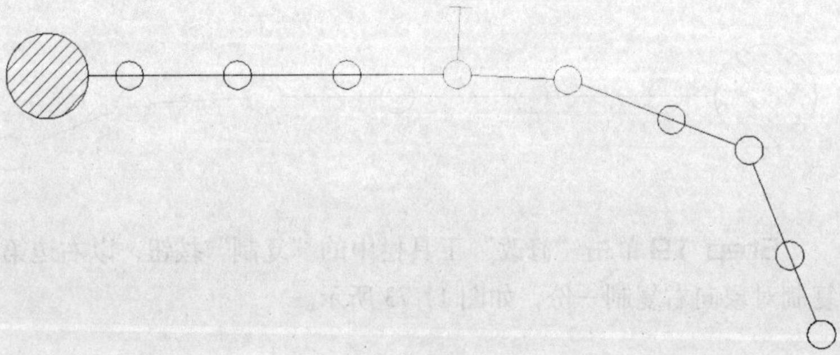

**Step 24** 单击“修改”工具栏中的“旋转”按钮，以右边第二个圆的圆心为旋转中心，把右边的直线和圆旋转 45°，如图 11-78 所示。

图 11-78
旋转图形

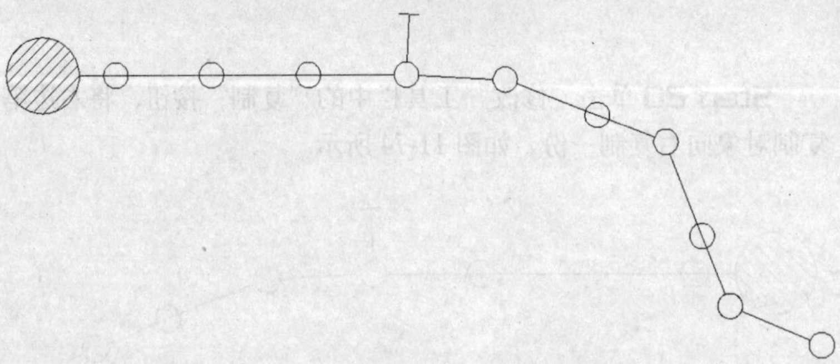

**Step 25** 在命令行中输入命令“LENGTHEN”，把右下方直线的线头拉长 20，如图 11-79 所示。

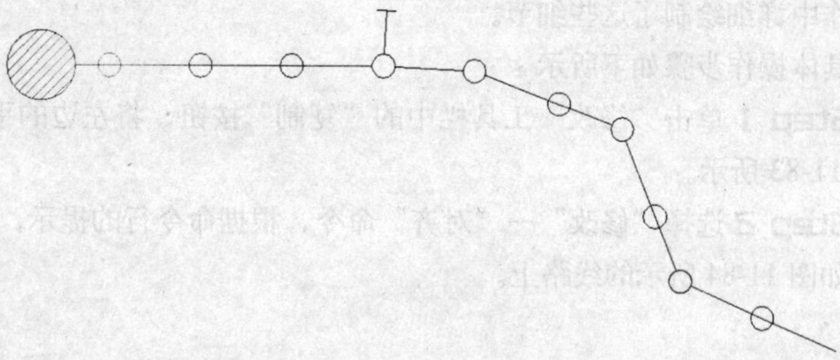

图 11-79
延长线头

**Step 26** 单击“绘图”工具栏中的“圆”按钮，以刚才所拉长直线的右下方端点为圆心绘制一个 $\phi$ =15 的圆，如图 11-80 所示。

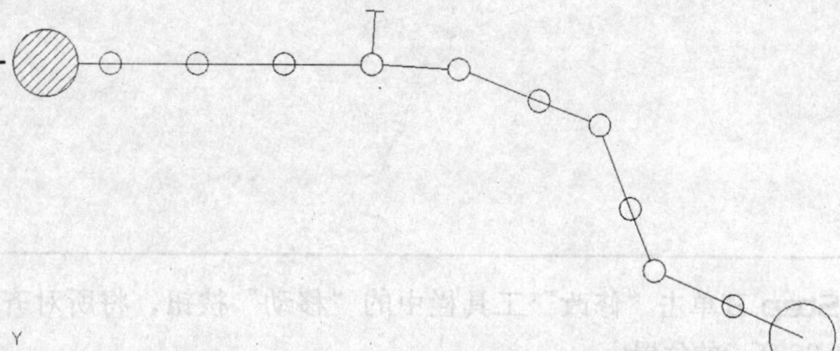

图 11-80
绘制 $\phi$ =15 的圆

**Step 27** 单击“修改”工具栏中的“修剪”按钮，将刚才绘制的圆中多余的线头修剪掉，如图 11-81 所示。

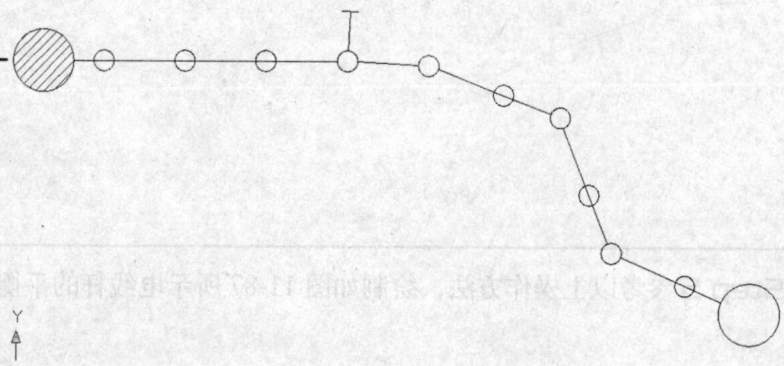

图 11-81
修剪线头

**Step 28** 参考第四根电线杆的平衡拉线绘制方法，绘制第五根拉线的平衡拉线，如图 11-82 所示。

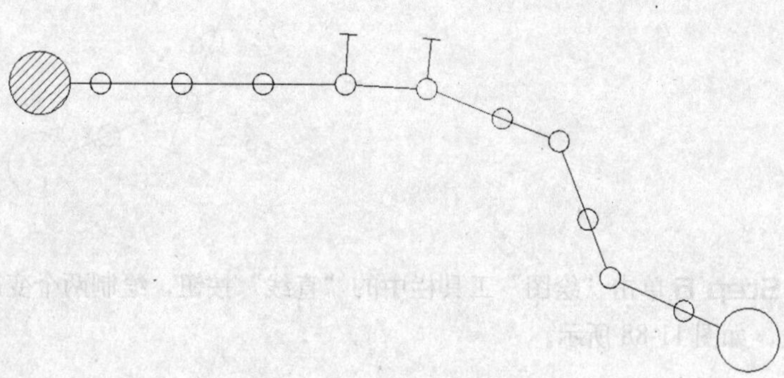

图 11-82
绘制平衡拉线

## 2. 局部

每根电线杆之间线路长度、电线杆受力情况、角度，都是需要表达清楚的。下面的绘图操作中详细绘制了这些细节。

具体操作步骤如下所示：

**Step 1** 单击“修改”工具栏中的“复制”按钮，将左边的平衡拉线向右复制两份，如图 11-83 所示。

**Step 2** 选择“修改”→“对齐”命令，根据命令行的提示，将所复制的平衡拉线对齐到如图 11-84 所示的线路上。

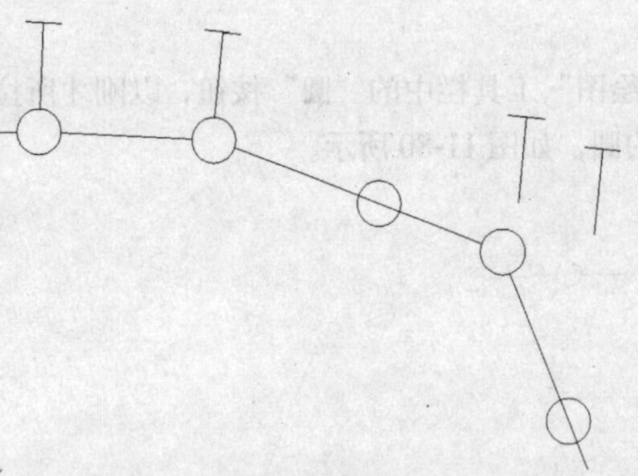
图 11-83
复制图形

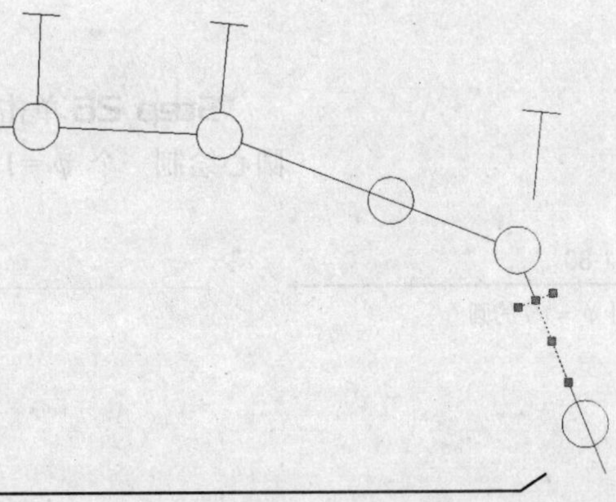
图 11-84
对齐平衡拉线

**Step 3** 单击“修改”工具栏中的“移动”按钮，将所对齐的平衡拉线移动到如图 11-85 所示的位置。

**Step 4** 参考以上操作方法，绘制左边线路的平衡拉线，如图 11-86 所示。

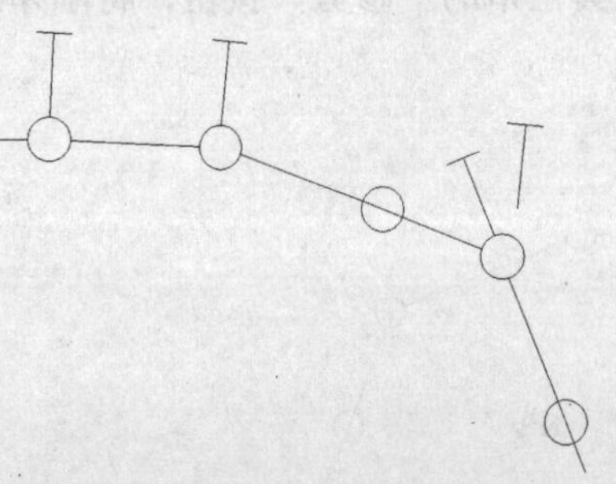
图 11-85
移动平衡拉线

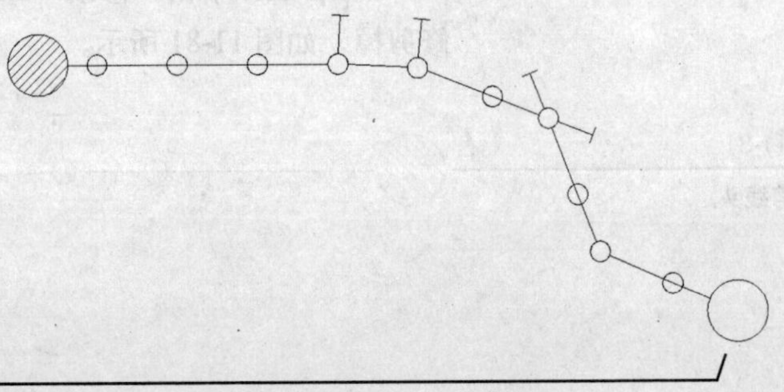
图 11-86
绘制平衡拉线

**Step 5** 参考以上操作方法，绘制如图 11-87 所示电线杆的平衡拉线。

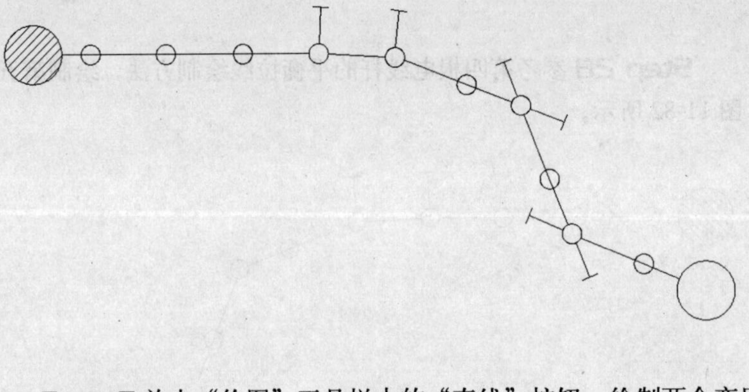
图 11-87
绘制新平衡拉线

**Step 6** 单击“绘图”工具栏中的“直线”按钮，绘制两个变压器旁边线路上的垂直短线，如图 11-88 所示。

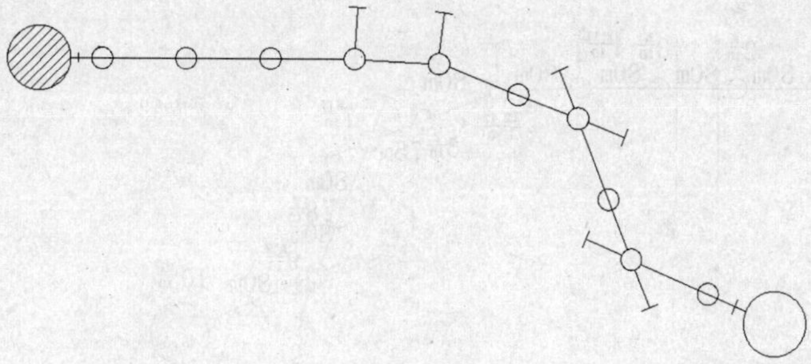

图 11-88

绘制垂直短线

**Step 7** 单击“绘图”工具栏中的“直线”按钮，绘制第二根电线杆右边的两条垂直线，如图 11-89 所示。

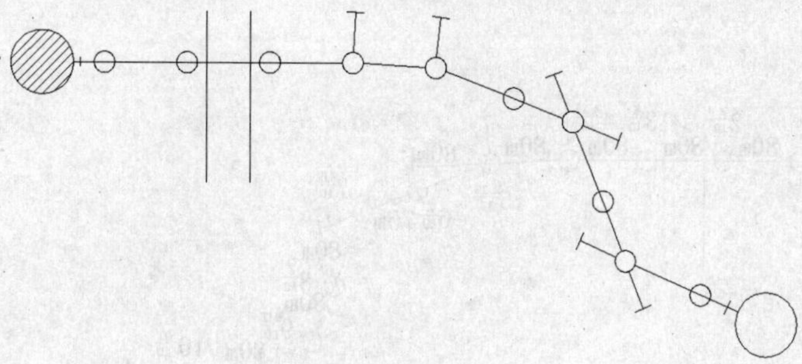

图 11-89

绘制公路

**Step 8** 单击“注释”工具栏中的“多行文字”按钮，在两个变压器附近书写变压器的参数，如图 11-90 所示。

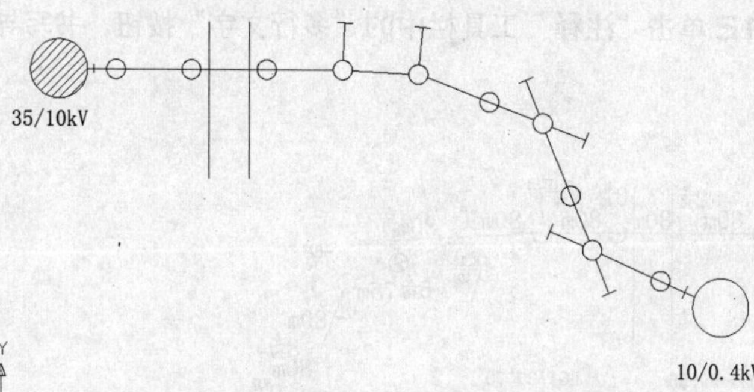


图 11-90

书写参数

**Step 9** 单击“注释”工具栏中的“多行文字”按钮，在各个电线杆附近书写其序号和型号，如图 11-91 所示。

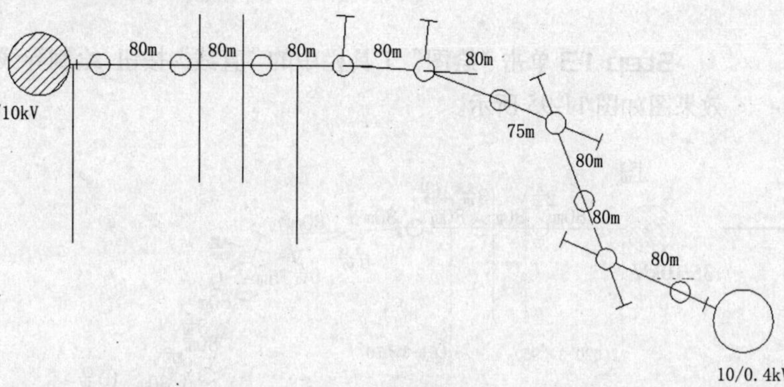


图 11-91

绘制公路

**Step 10** 单击“注释”工具栏中的“多行文字”按钮，书写各条线路的长度，如图 11-92 所示。

图 11-92
书写线路长度

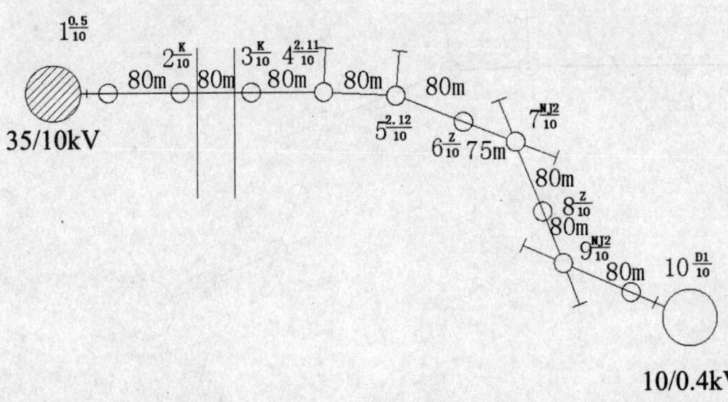


**Step 11** 单击“注释”工具栏中的“角度”按钮，标注线路的转角，如图 11-93 所示。

图 11-93
标注线路的转角

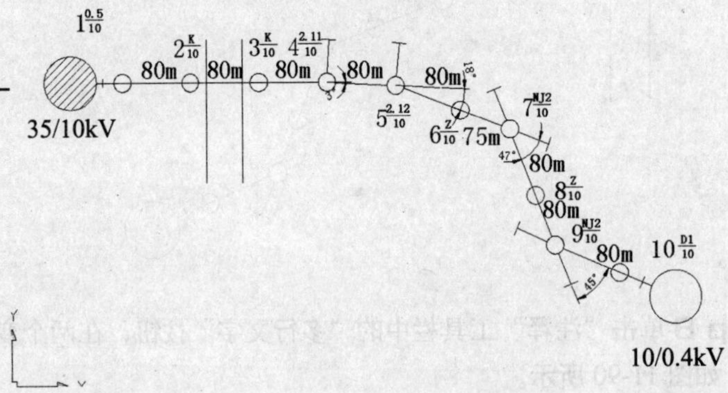


**Step 12** 单击“注释”工具栏中的“多行文字”按钮，书写导线的型号，如图 11-94 所示。

图 11-94
书写导线的型号

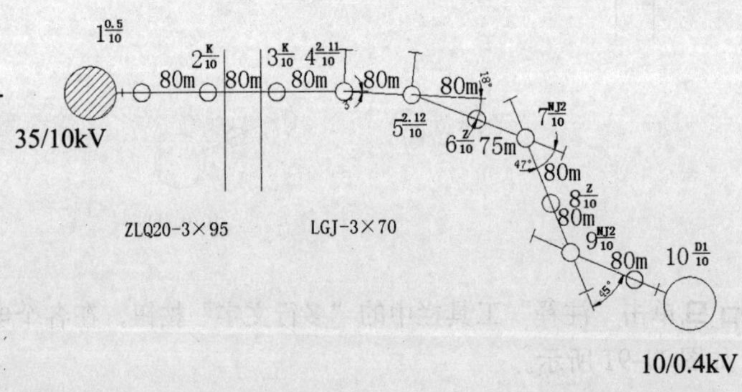


**Step 13** 单击“绘图”工具栏中的“直线”按钮，绘制导线型号文字指向导线的直线，效果图如图 11-95 所示。

图 11-95
绘制直线

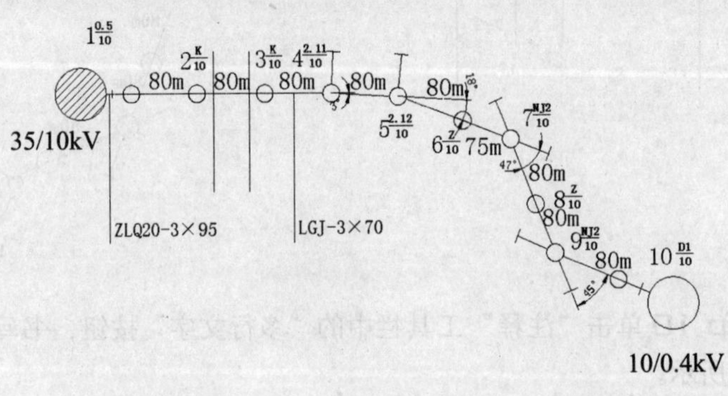

## 11.3 车间低压送电

动力线进入车间后，一般是沿墙壁布置线路，以将电输送给各台机床使用，因此应该在车间建筑平面图的基础上绘制车间动力平面布置图。本例先简单绘制建筑平面图，然后绘制电气图，最后标注电气图。

轴线与墙线的具体绘制步骤如下：

**Step 1** 单击“绘图”工具栏中的“直线”按钮，绘制长度为60的水平直线。然后单击“修改”工具栏中的“偏移”按钮，把该直线向上偏移两份，偏移距离分别为90和190，如图11-96所示。

**Step 2** 单击“绘图”工具栏中的“直线”按钮，绘制长度为40的垂直直线，如图11-97所示。

图 11-96
绘制并偏移水平直线

图 11-97
绘制垂直直线

**Step 3** 单击“修改”工具栏中的“偏移”按钮，把垂直直线向左偏移3份，偏移距离分别为80、400和480，如图11-98所示。

图 11-98
偏移垂直直线

**Step 4** 选择“格式”→“标注样式”命令，在弹出的“标注样式管理器”对话框中单击“修改”按钮弹出“修改标注样式”对话框，在“主单位”选项卡中把标注比例修改为“100”，如图11-99所示。

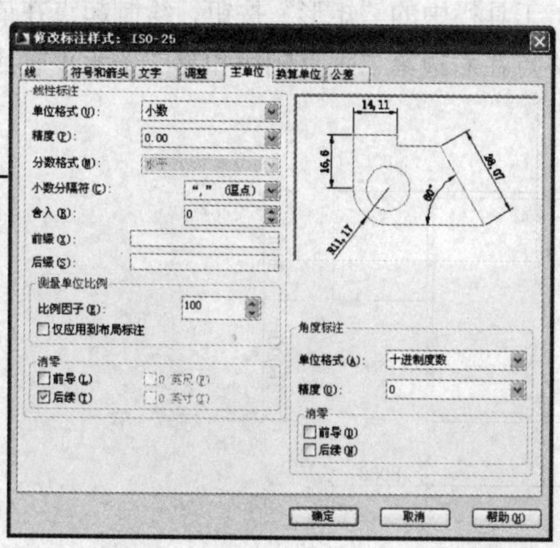


图 11-99
修改标注比例

**Step 5** 单击“注释”工具栏中的“线性”按钮，标注轴线之间的距离，如图 11-100 所示。

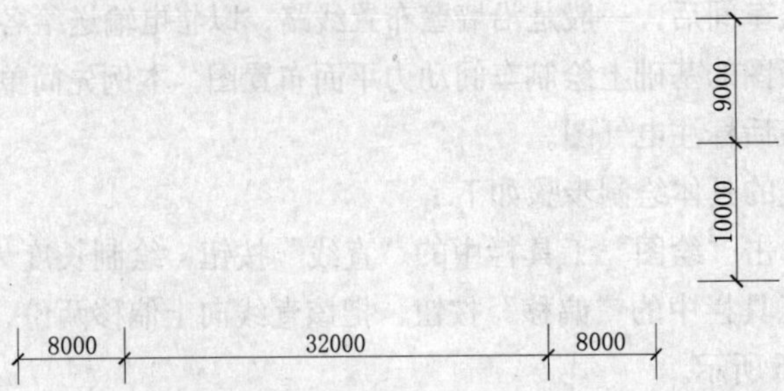


图 11-100
标注轴线距离

**Step 6** 单击“绘图”工具栏中的“矩形”按钮，绘制起点在最左边垂直轴线和最上边水平轴线之间的交点，终点在右边第二垂直轴线和最下边水平轴线之间交点的矩形，如图 11-101 所示。

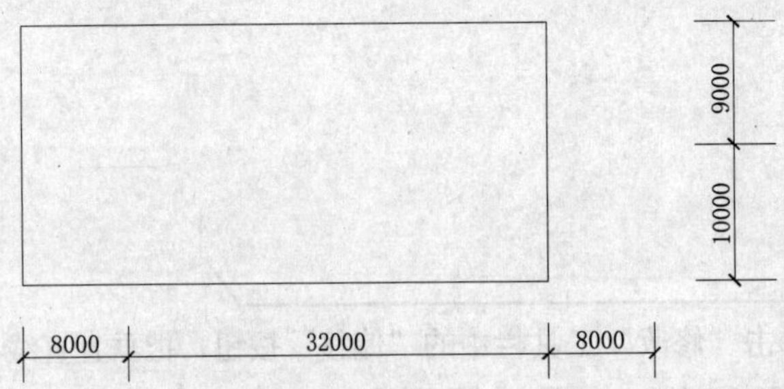


图 11-101
绘制矩形

**Step 7** 单击“修改”工具栏中的“偏移”按钮，将矩形向里边偏移复制一份，偏移距离为 5，如图 11-102 所示。

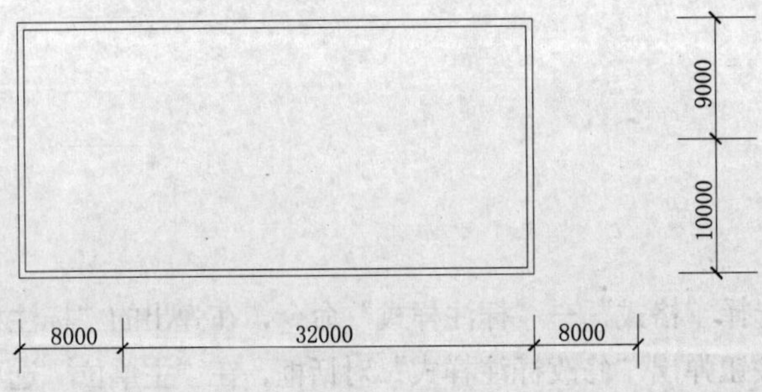


图 11-102
偏移复制矩形

**Step 8** 单击“绘图”工具栏中的“矩形”按钮，绘制起点在最右边垂直轴线和最上边水平轴线之间的交点，终点在右边第二垂直轴线和第二条水平轴线之间交点的矩形，如图 11-103 所示。

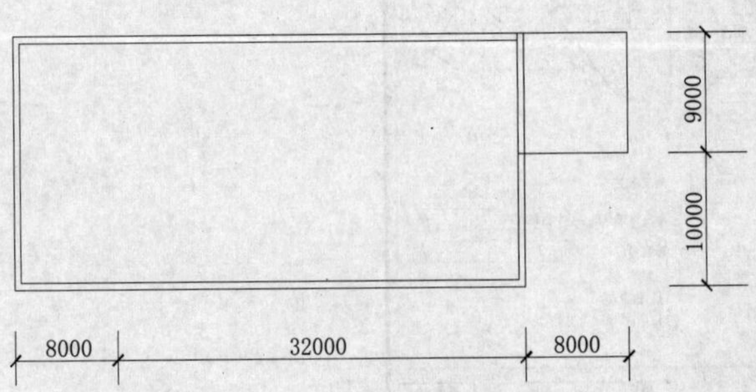


图 11-103
绘制小矩形

**Step 9** 单击“修改”工具栏中的“偏移”按钮，将小矩形向里偏移复制一份，偏移距离为 5，如图 11-104 所示。

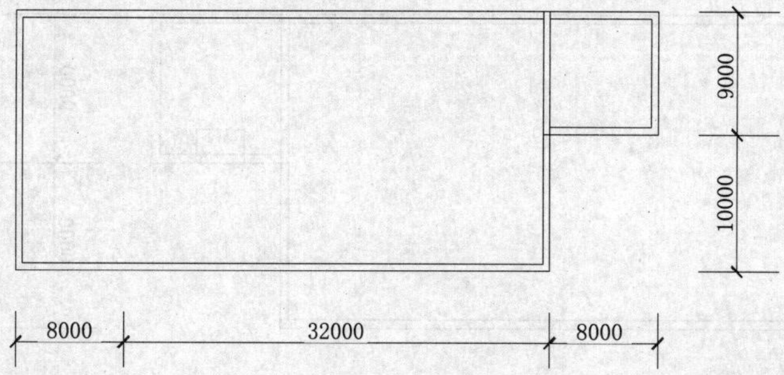


图 11-104

偏移复制小矩形

**Step 10** 单击“绘图”工具栏中的“矩形”按钮，绘制起点在左边第二条垂直轴线和最下边水平轴线之间的交点，终点在上方的（-5）×190 的矩形，如图 11-105 所示。

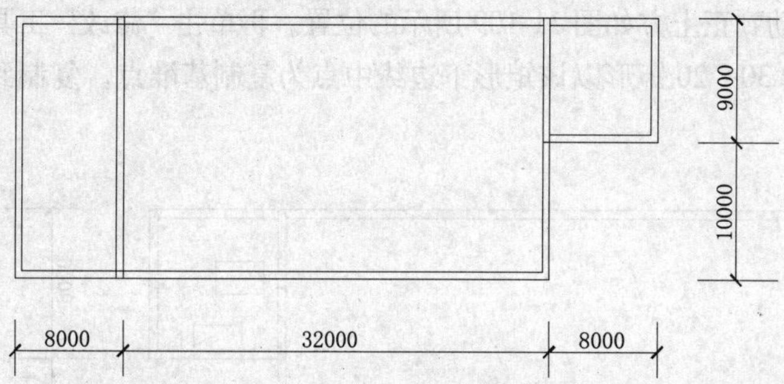


图 11-105

绘制 -5×190 的矩形

**Step 11** 单击“绘图”工具栏中的“矩形”按钮，绘制一个 30×20 的矩形，如图 11-106 所示。

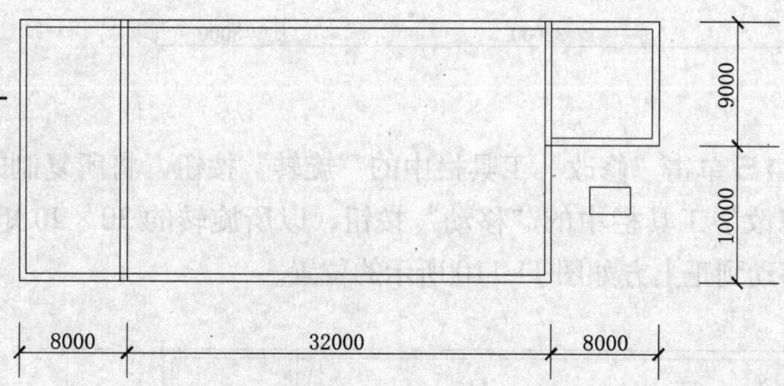


图 11-106

绘制 30×20 的矩形

**Step 12** 单击“修改”工具栏中的“移动”按钮，将所绘制的 30×20 矩形以该矩形下边线中点为移动基准点，移动至如图 11-107 所示的位置。

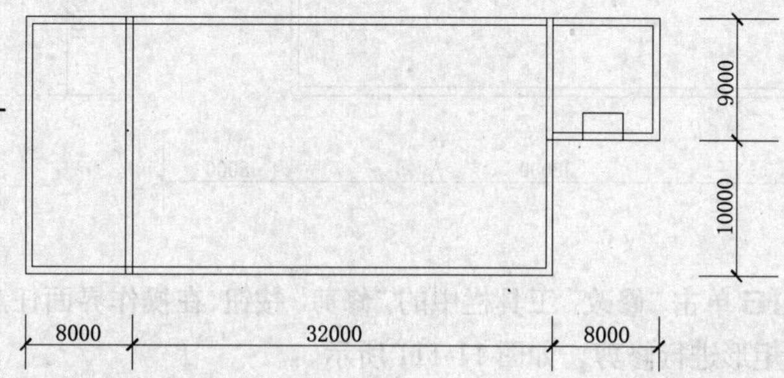


图 11-107

移动 30×20 矩形

**Step 13** 单击“修改”工具栏中的“复制”按钮，将所绘制的 30×20 矩形以该矩形下边线中点为复制基准点，复制到右下方如图 11-108 所示的位置。

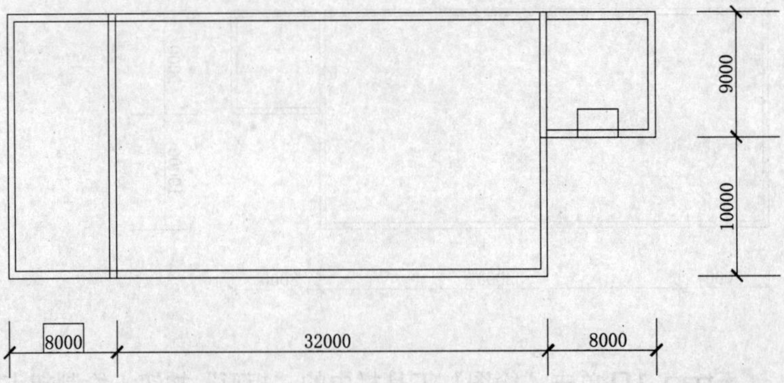


图 11-108
复制 30×20 的矩形

**Step 14** 单击“修改”工具栏中的“移动”按钮，以刚复制矩形下边线中点为移动基准点，移动到正上方如图 11-109 所示的位置。再单击“修改”工具栏中的“复制”按钮，将所绘制的 30×20 矩形以该矩形下边线中点为复制基准点，复制到上方如图 11-109 所示的位置。

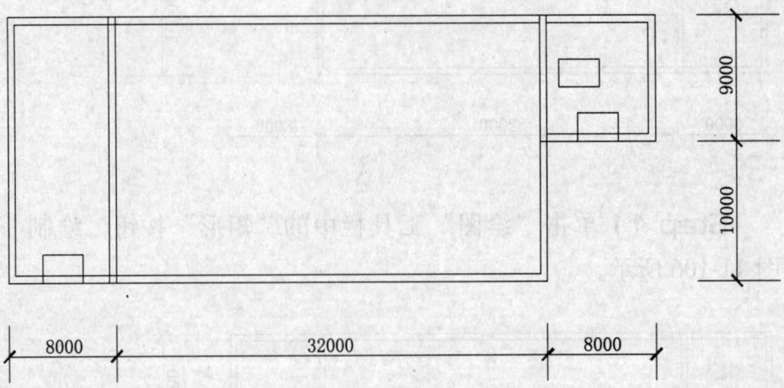


图 11-109
移动并复制 30×20 矩形

**Step 15** 单击“修改”工具栏中的“旋转”按钮，将所复制的矩形进行 90° 旋转。再单击“修改”工具栏中的“移动”按钮，以所旋转的 30×20 矩形右边线中点为移动基准点，移动到正上方如图 11-110 所示的位置。

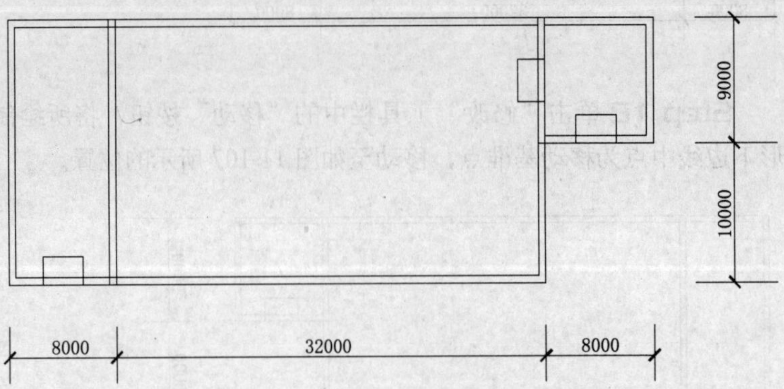


图 11-110
旋转并移动 30×20 矩形

**Step 16** 单击“修改”工具栏中的“修剪”按钮，在操作界面任意空白处右击，再左击，对要修剪的矩形进行修剪，如图 11-111 所示。

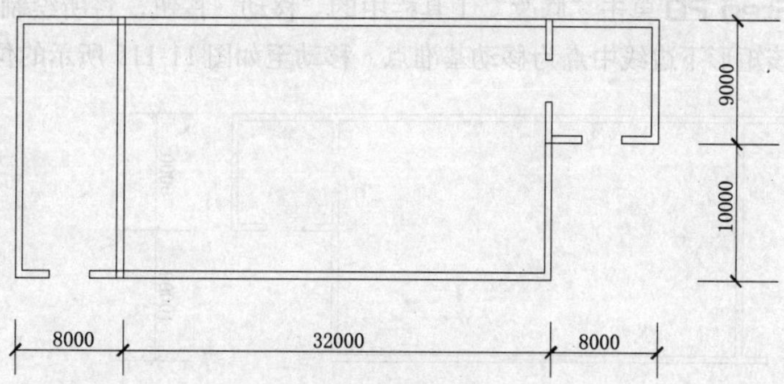


图 11-111
修剪出门洞

**Step 17** 单击“修改”工具栏中的“修剪”按钮，然后在操作界面任意空白处右击，再左击，再对要修剪的墙线内的线头进行修剪，如图 11-112 所示。

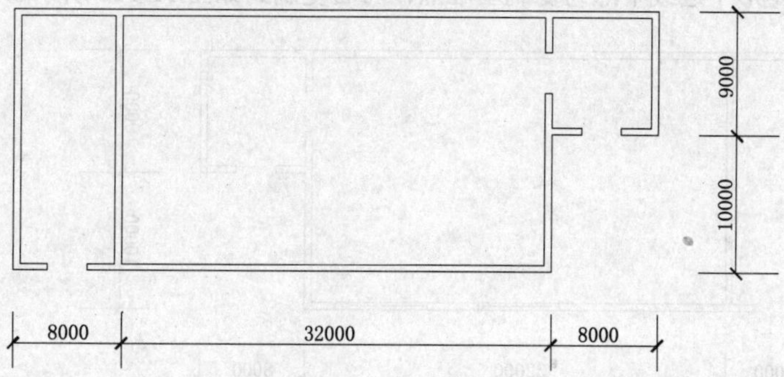


图 11-112
修剪掉墙线内的线头

**Step 18** 单击“绘图”工具栏中的“矩形”按钮，绘制 60×5 的矩形，如图 11-113 所示。

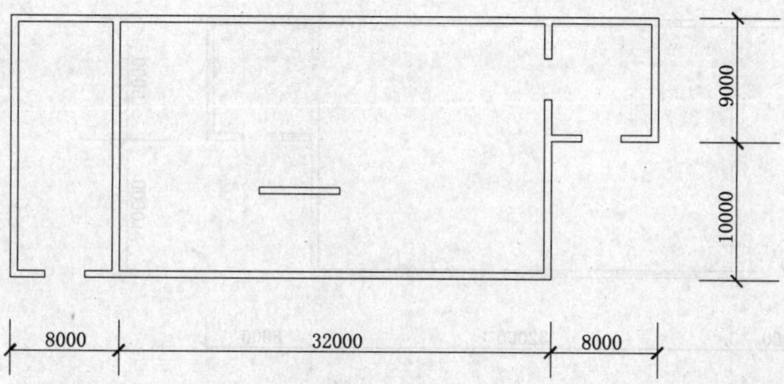


图 11-113
绘制 60×5 的矩形

**Step 19** 单击“绘图”工具栏中的“直线”按钮，在所绘制的 60×5 的矩形中绘制一条起点在矩形左边线中点，终点在右边线中点的直线，如图 11-114 所示。

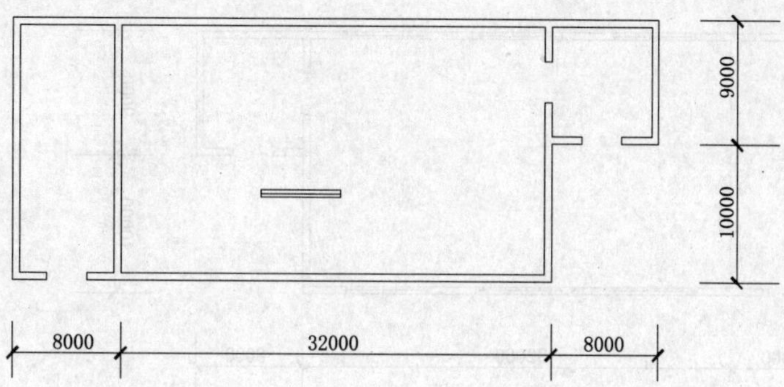


图 11-114
绘制直线

**Step 20** 单击“修改”工具栏中的“移动”按钮，将所绘制的 60×5 的矩形以及直线以该矩形下边线中点为移动基准点，移动至如图 11-115 所示的位置。

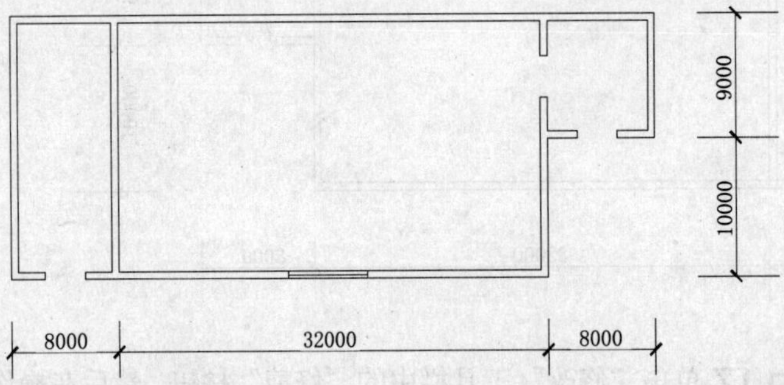


图 11-115
移动图形

**Step 21** 单击“修改”工具栏中的“复制”按钮，将所移动的 60×5 的矩形以及直线以该矩形下边线中点为复制基准点，向右复制到如图 11-116 所示的位置，复制距离为 100。

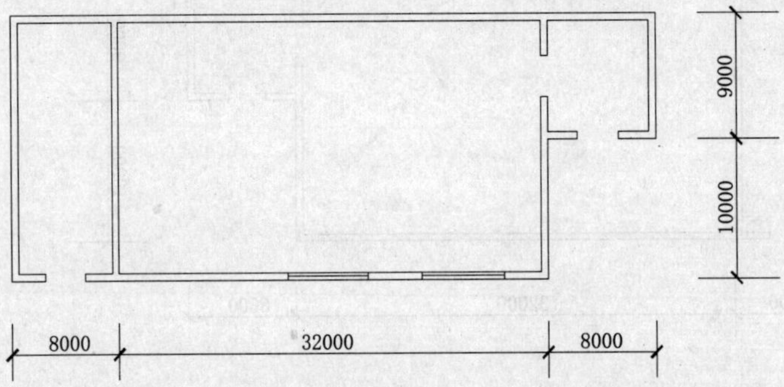


图 11-116
向右复制图形

**Step 22** 单击“修改”工具栏中的“复制”按钮，将所移动的 60×5 的矩形以及直线以该矩形下边线中点为复制基准点，向左复制到如图 11-117 所示的位置，复制距离为 100。

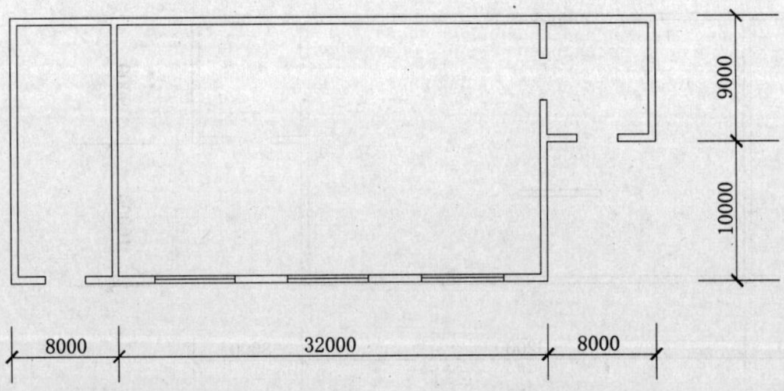


图 11-117
向左复制图形

**Step 23** 单击“修改”工具栏中的“镜像”按钮，以绘制好的 3 个矩形窗洞为镜像对象，以 3 个窗洞上方大矩形的左边线中点所在的水平线为对称轴进行镜像，如图 11-118 所示。

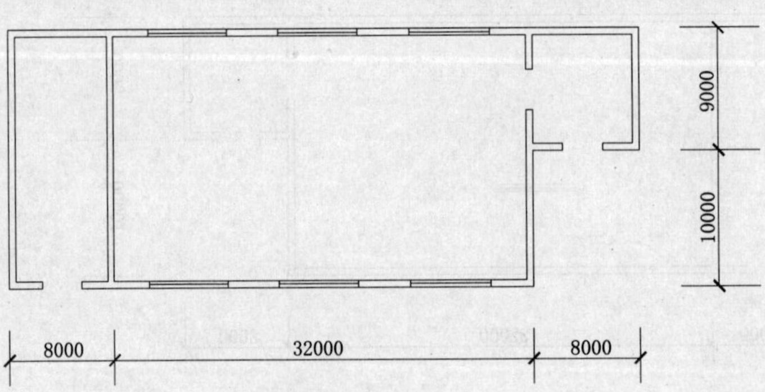


图 11-118
复制 3 个窗洞

**Step 24** 单击“修改”工具栏中的“复制”按钮，将以所绘制好的窗洞下边线中点为复制基准点，复制两个窗洞到如图 11-119 所示的位置。

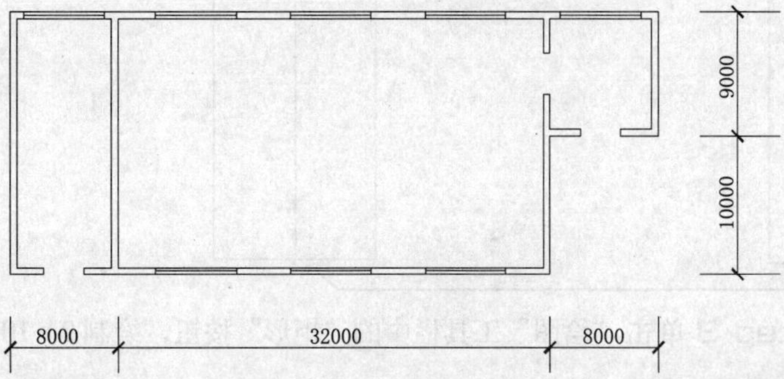


图 11-119
复制窗洞

# 11.4 实例操作：车间配电干线

**实例分析**

本节通过绘制车间配电干线，学习文字的输入方法以及如何设置文字格式，比如文字高度、大小等。

**实例难度** ★★★☆

**制作方法和思路**

通过“矩形”工具绘制矩形，通过镜像得到另一个矩形，再绘制直线，最后通过“多行文字”工具添加多行文字。

**参考教学视频**

光盘目录\第十一章\视频教学\11.4\车间配电干线 .avi

**实例文件**

**原始文件**：无

**最终文件**：光盘目录\dwg\Ch11\11.4\最终文件\车间配电干线 .dwg

**视频文件**：

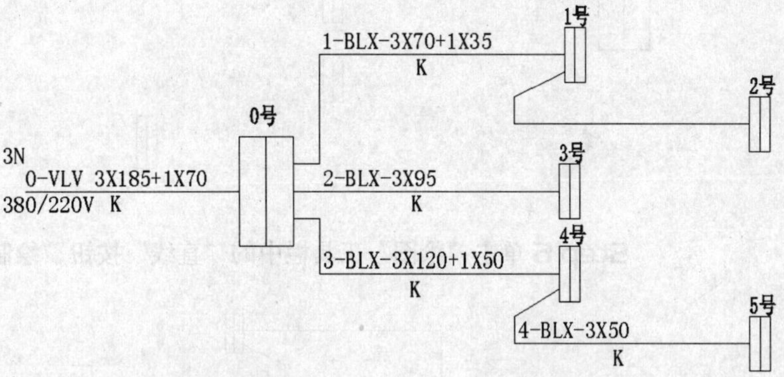


具体操作步骤如下：

**Step 1** 单击“绘图”工具栏中的“矩形”按钮，绘制 5×20 的矩形，如图 11-120 所示。

**Step 2** 单击“修改”工具栏中的“镜像”按钮，以绘制好的矩形为镜像对象，以矩形右边线为对称轴进行镜像，如图 11-121 所示。

图 11-120
绘制 5×20 的矩形

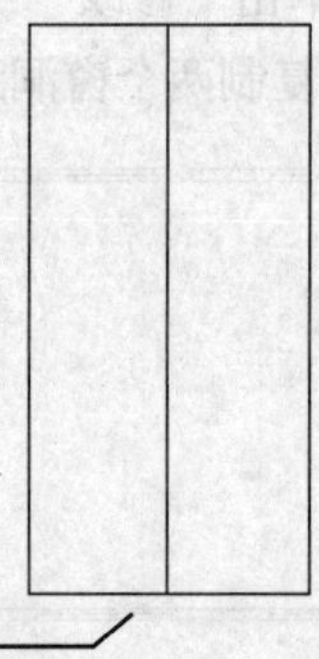

图 11-121
镜像 5×20 的矩形

**Step 3** 单击“绘图”工具栏中的“矩形”按钮，绘制 2×10 的小矩形，如图 11-122 所示。

**Step 4** 单击“修改”工具栏中的“镜像”按钮，以绘制好的小矩形为镜像对象，以小矩形右边线为对称轴进行镜像，如图 11-123 所示。

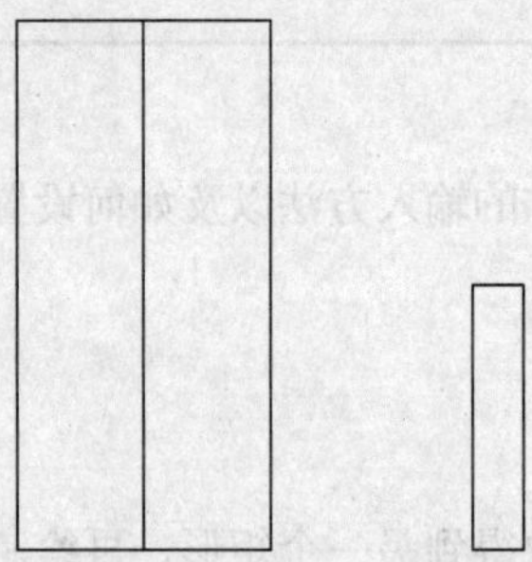

图 11-122
绘制 2×10 的矩形

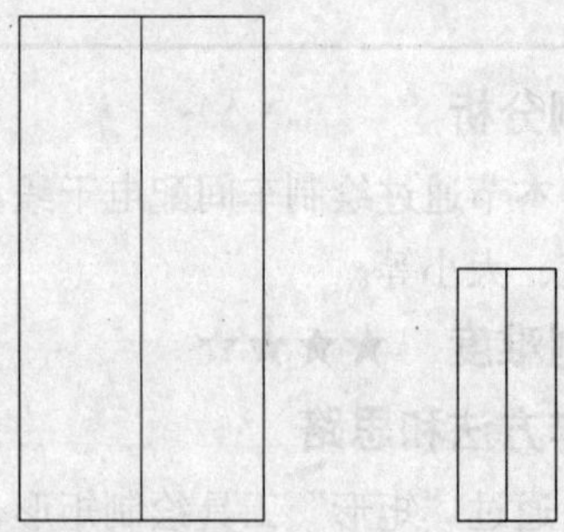

图 11-123
镜像 2×10 的矩形

**Step 5** 单击“修改”工具栏中的“复制”按钮，将以所绘制好的两个小矩形的最左边线中点为复制基准点，复制 4 个两个小矩形。再单击“修改”工具栏中的“移动”按钮，将所绘制好的所有矩形移动至如图 11-124 所示的合适位置。

图 11-124
复制并移动 2×10 的矩形

**Step 6** 单击“绘图”工具栏中的“直线”按钮，绘制如图 11-125 所示的直线。

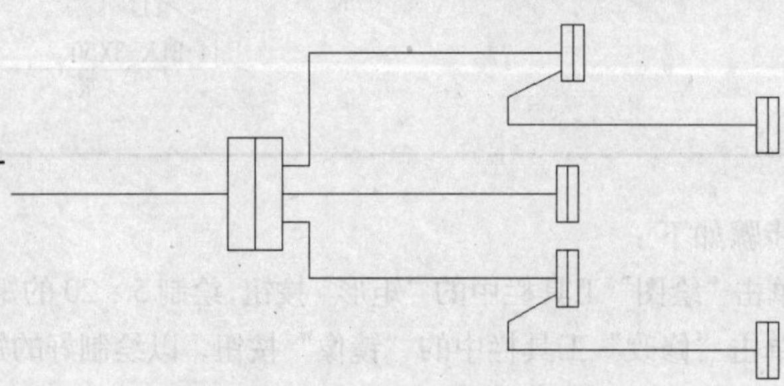

图 11-125
绘制直线

**Step 7** 单击“注释”工具栏中的“多行文字”按钮，书写配电箱和配电柜的编号，如图 11-126 所示。

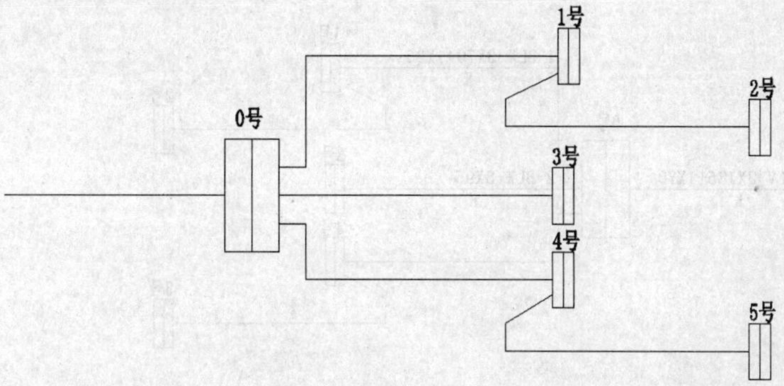


图 11-126
书写编号

**Step 8** 单击“注释”工具栏中的“多行文字”按钮，书写配电柜入线的型号“0-VLV 3X185+1X70”，如图 11-127 所示。

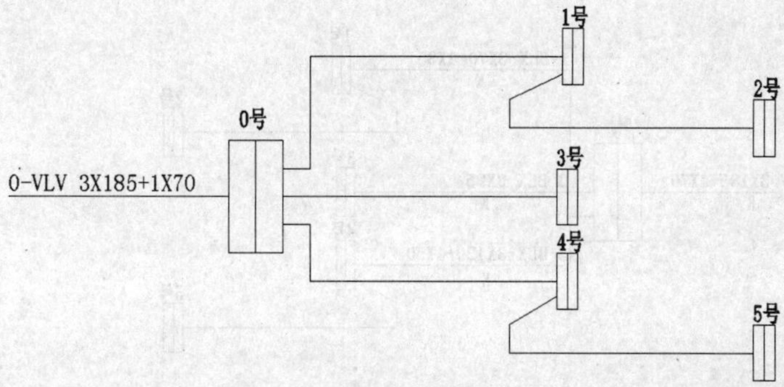


图 11-127
书写配电柜入线型号

**Step 9** 单击“注释”工具栏中的“多行文字”按钮，书写导线下方配电柜入线的型号“K”，如图 11-128 所示。

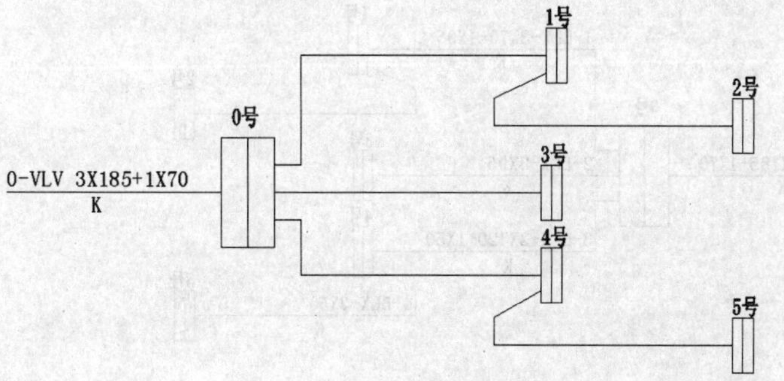


图 11-128
写写“K”

**Step 10** 单击“注释”工具栏中的“多行文字”按钮，书写配电柜和 1 号配电箱之间连线的型号“1-BLX-3X70+1X35”和“K”，如图 11-129 所示。

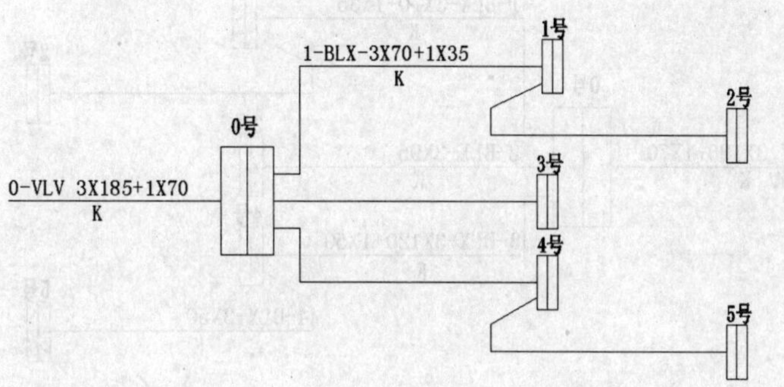


图 11-129
书写 1 号配电箱入线的型号

**Step 11** 单击“注释”工具栏中的“多行文字”按钮，书写 3 号配电箱入线的型号“2-BLX-3X95”和“K”，如图 11-130 所示。

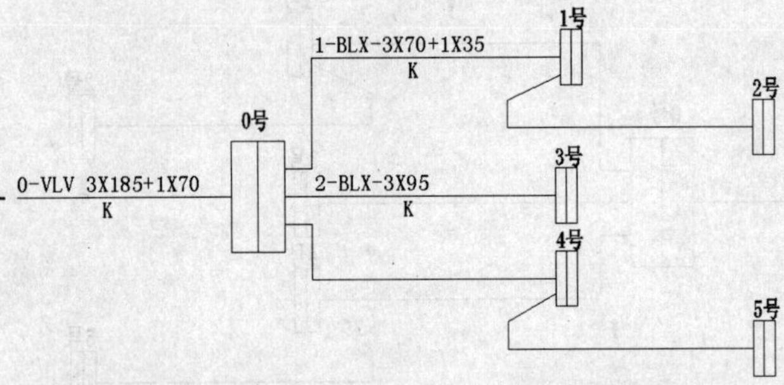


图 11-130
书写 3 号配电箱入线的型号

**Step 12** 单击“注释”工具栏中的“多行文字”命令按钮，书写 4 号配电箱入线的型号“3-BLX-3X120+1X50”和“K”，如图 11-131 所示。

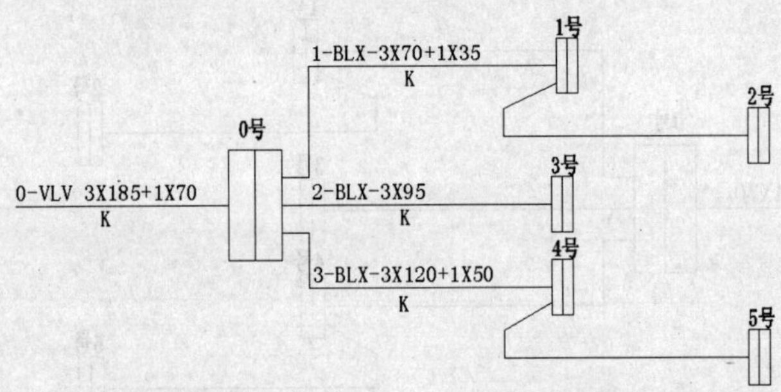


图 11-131
书写 4 号配电箱入线的型号

**Step 13** 单击“注释”工具栏中的“多行文字”按钮，书写 5 号配电箱入线的型号“4-BLX-3X50”和“K”，如图 11-132 所示。

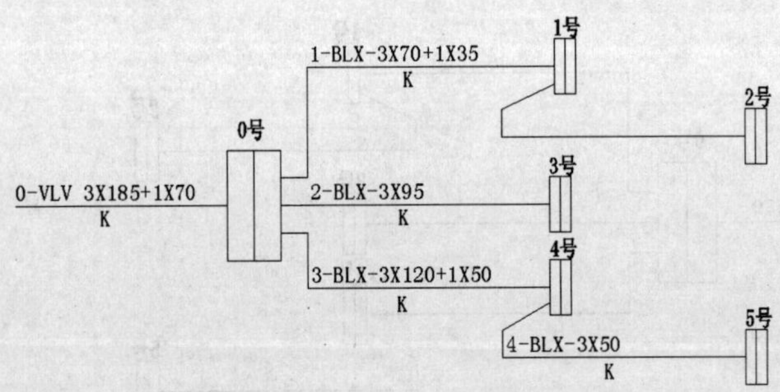


图 11-132
书写 5 号配电箱入线的型号

**Step 14** 单击“注释”工具栏中的“多行文字”按钮，书写配电柜输入电源的参数“3N”和“380/220V”，如图 11-133 所示。

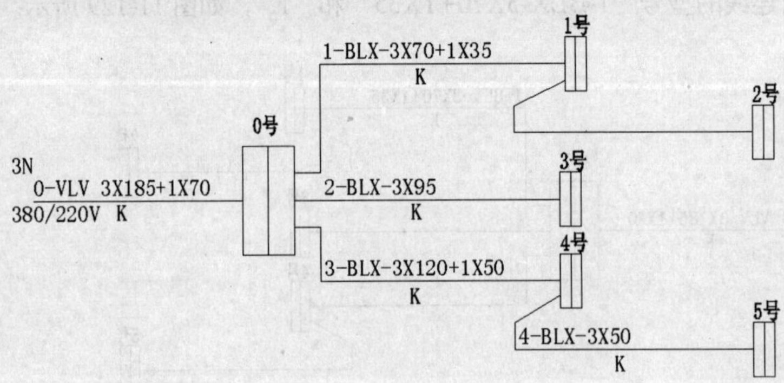


图 11-133
书写配电柜输入电源的参数

# Chapter 12

# 电机供电系统和控制线路图

## 本章内容

在工农业生产中，最为常见动力设备之一就是交流电动机。交流电动机是典型的能量转换设备，它将通过电路传输过来的电能以磁场为媒介，将电能转换为机械能。交流电动机作为驱动装置，同等条件下与其他设备相比，它具有体积小特点。本章通过学习绘制电机供电系统图和控制线路图，掌握电机的各种符号绘制方法。

## 本章学习地图

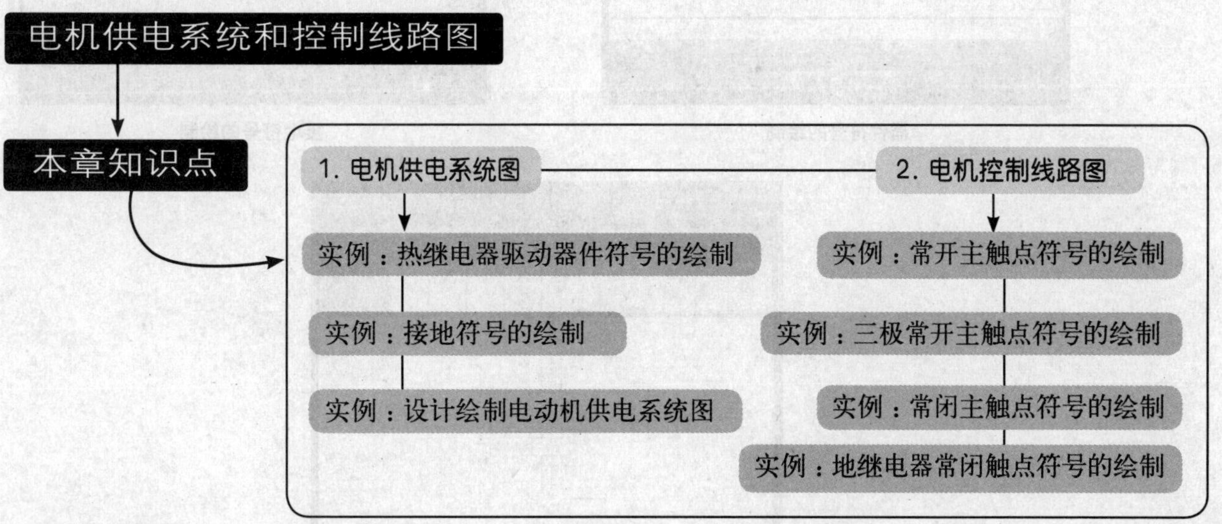


## 本章知识重点

- 电机供电系统图设计分析。
- 热继电器驱动器件符号的绘制。
- 接地符号的绘制。
- 设计绘制电动机供电系统图。
- 电机控制线路图。

## 本章实例效果图

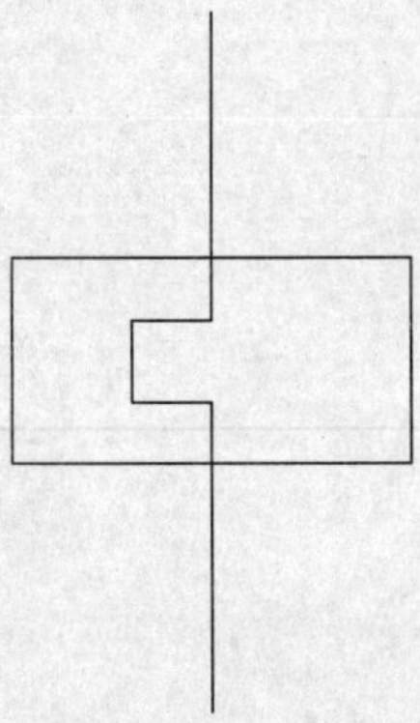

热继电器驱动器件符号的绘制

接地符号的绘制

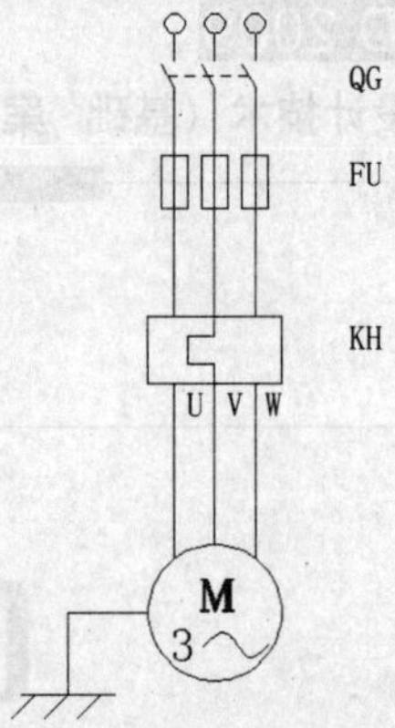


设计绘制电动机供电系统图

## 本章视频效果图

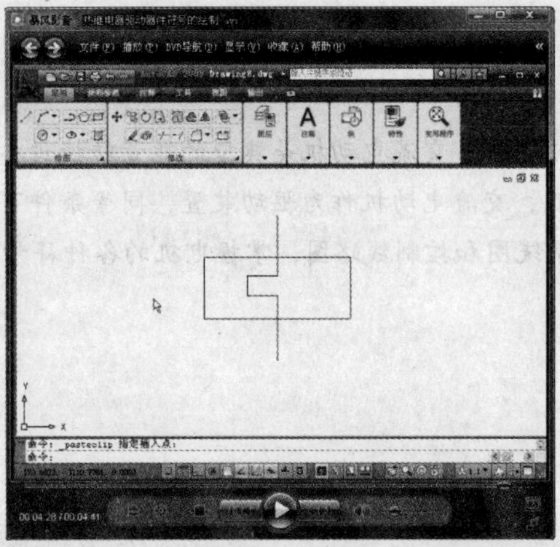

器件符号的绘制

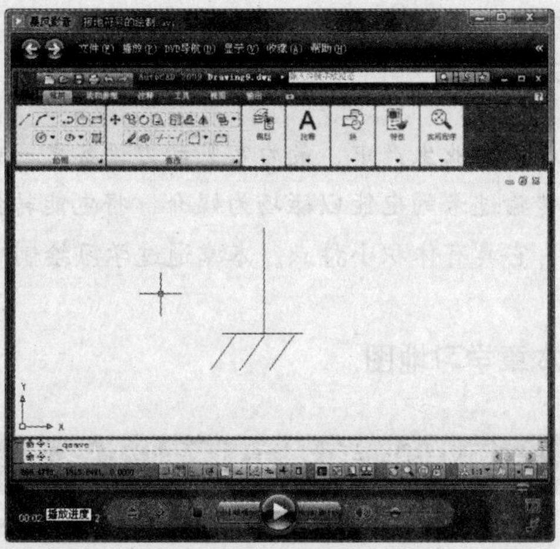

接地符号的绘制

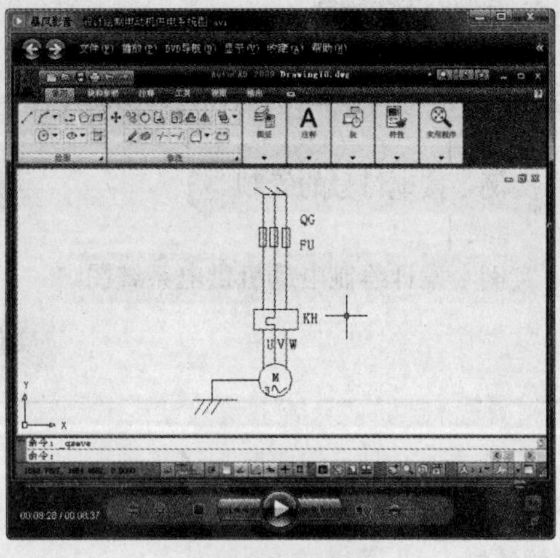

供电系统图的绘制

# 12.1 电机供电系统图

在每个工厂或企业单位都有电机，电机供电力系统图可以清楚地观察到电机的供电线路图。

## 12.1.1 电机供电系统图设计分析

### 1．分析

无论何种电动机，其实质都是将电能转换为机械能的设备，将电能转换为机械能是电动机存在的根本意义。电动机的正常运转是其存在的意义得以实现的重要条件，若要电动机正常运转，则其电气系统应包含以下几个基本部分。

- ◆ 实质功能设备。
- ◆ 能量传入途径。
- ◆ 能量控制设备。
- ◆ 设备保护装置。
- ◆ 人员保护专职。

此处以三相异步交流电动机为分析对象，其正常运转时电器系统的基本组成部分如下：

- ◆ 实质功能设备——三相交流异步电动机。
- ◆ 能量传入途径——导线，此时的导线应为三相。
- ◆ 能量控制设备——主控开关，此时的主控开关应为三极。
- ◆ 设备保护装置——各种继电器开关等。如热继电器，另外还应包含突发事故的预防保护装置，如防止电流骤增的限流保护装置。
- ◆ 人员保护专职——人机隔离装置/地线等。

### 2．结论

电器系统中，尤其是机电工程中的电气系统，若要该系统成为正常运转系统，必须使能量能够顺利地从一种形式转化为另外一种形式，而且转换过程也必须可控、安全、可靠。

## 12.1.2 热继电器驱动器件符号的绘制

热继电器驱动器件符号只要简单的直线段即可组成，具体操作步骤如下：

**Step 1** 单击“绘图”工具栏中的“直线”按钮，绘制一条长度为10的水平直线段，如图12-1所示。

**Step 2** 单击“修改”工具栏中的“偏移”按钮，将刚才所绘制的直线段向下或向上偏移一条新的直线段，偏移距离为5，如图12-2所示。

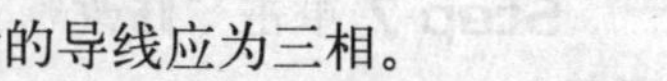

图12-1
绘制水平直线段

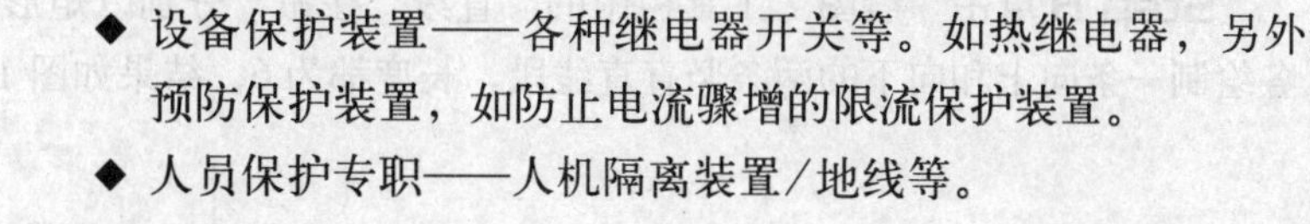

图12-2
偏移直线段

**Step 3** 单击“绘图”工具栏中的“直线”按钮，把所绘制的两条直线的两个端点用竖直直线段连接起来，如图12-3所示。

**Step 4** 单击“绘图”工具栏中的“直线”按钮，绘制一条竖直直线段，将矩形上下两条边的中点连接起来，如图 12-4 所示。

图 12-3
添加两条竖直直线段

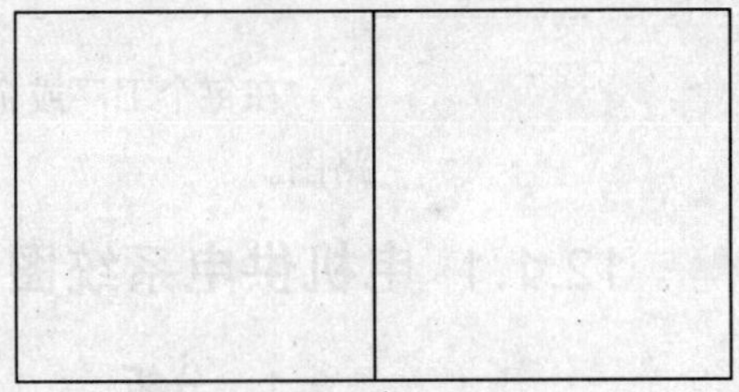

图 12-4
添加竖直中线

**Step 5** 单击“修改”工具栏中的“偏移”按钮，将上下两条边向内偏移 1.5，如图 12-5 所示。

**Step 6** 单击“修改”工具栏中的“偏移”按钮，将左侧边向右偏移 3，如图 12-6 所示。

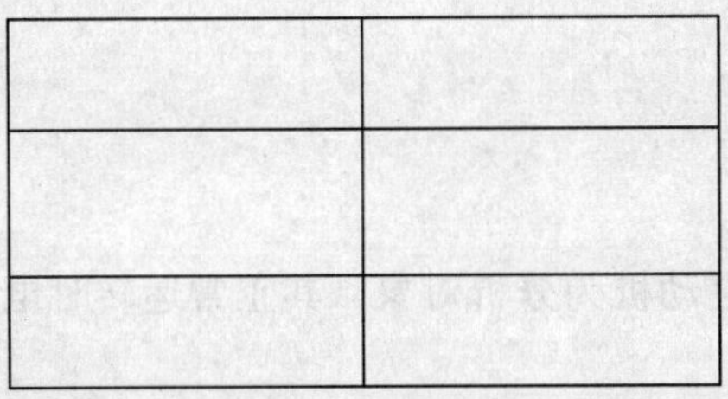

图 12-5
偏移直线段

图 12-6
偏移竖直线

**Step 7** 单击“修改”工具栏中的“修剪”按钮，将多余线段修剪掉，如图 12-7 所示。

**Step 8** 单击“绘图”工具栏中的“直线”按钮，分别以矩形上下边的中点为起点，各绘制一条向上和向下的两条竖直直线段，长度都为 6，结果如图 12-8 所示。

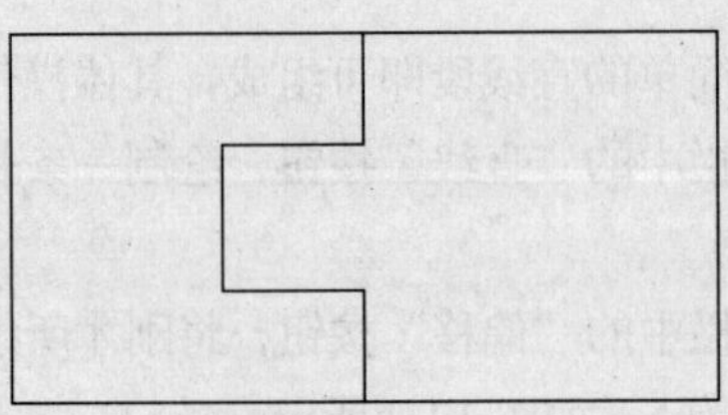

图 12-7
删除多余线段

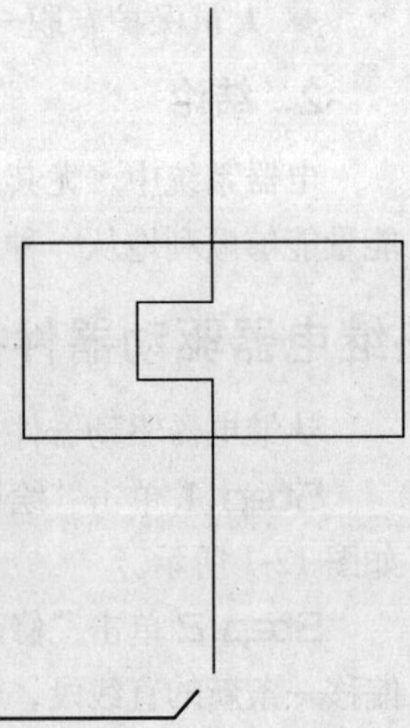

图 12-8
添加上、下导线

## 12.1.3 接地符号的绘制

接地符号的绘制只要简单的直线段即可完成，具体操作步骤如下：

**Step 1** 单击“绘图”工具栏中的“直线”按钮，绘制一条长度为 7 的水平直线段，如图 12-9 所示。

**Step 2** 单击“绘图”工具栏中的“直线”按钮，以刚绘制的水平直线段的中点为起点，向上绘制一条长度为 6 的竖直直线段，如图 12-10 所示。

图 12-9
绘制水平直线段

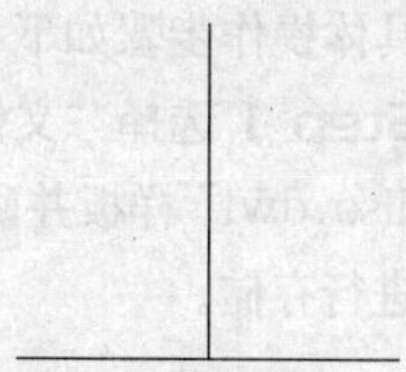

图 12-10
绘制竖直直线段

**Step 3** 单击“绘图”工具栏中的“直线”按钮，绘制一条长度为 2.5 的竖直直线段，如图 12-11 所示。

**Step 4** 单击“修改”工具栏中的“旋转”按钮，根据命令行的提示将所绘制的竖直直线段旋转 45°，如图 12-12 所示。



图 12-11
绘制竖直直线段

图 12-12
旋转竖直直线段

**Step 5** 单击“修改”工具栏中的“阵列”按钮，弹出“阵列”对话框。在对话框中将输入行数设置为“1”，列数设置为“3”，列偏移设置为“2.5”，如图 12-13 所示。

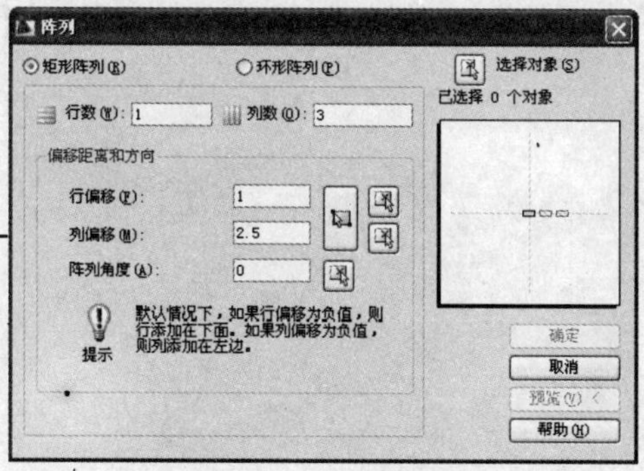


图 12-13
设置“阵列”对话框

**Step 6** 单击“阵列”对话框中的“选择对象”按钮，以所旋转的斜线为阵列对象进行阵列，如图 12-14 所示。

**Step 7** 单击“修改”工具栏中的“移动”按钮，以 3 条斜线的中间一条上端点为基点，移动 3 条斜线，令其基点与水平直线段的中点重合，结果如图 12-15 所示。

图 12-14
阵列斜线

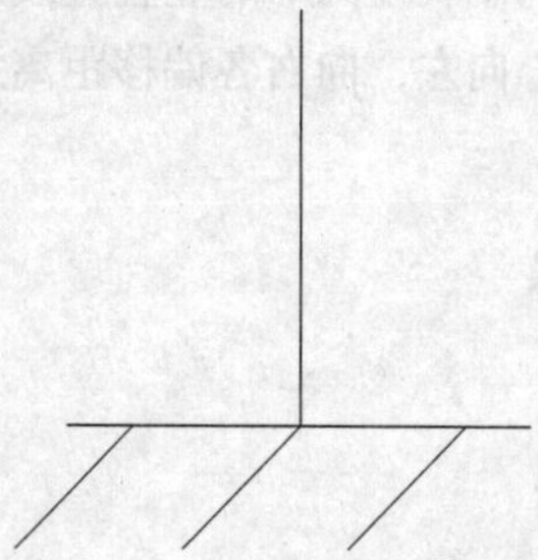

图 12-15
移动斜直线

## 12.1.4 设计绘制电动机供电系统图

设计电动机供电系统图所需的热继电器驱动符号、接地符号已经绘制完毕，接下来可以开始绘制电动机供电系统图了。

具体操作步骤如下：

**Step 1** 选择“文件”→“新建”命令，弹出“选择样板”对话框。在对话框中选择“acadiso.dwt”样板并确定，如图 12-16 所示。再将新建的文件以“电动机供电系统 .dwg”为名进行存储。

图 12-16

新建文件

**Step 2** 单击“绘图”工具栏中的“圆”按钮，绘制一个半径为 5 的圆，如图 12-17 所示。

**Step 3** 单击“绘图”工具栏中的“样条曲线”按钮，根据命令行的提示绘制如图 12-18 所示的样条曲线。

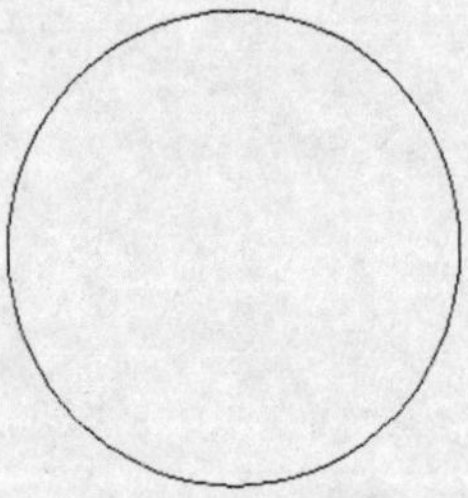

图 12-17

绘制半径为 5 的圆

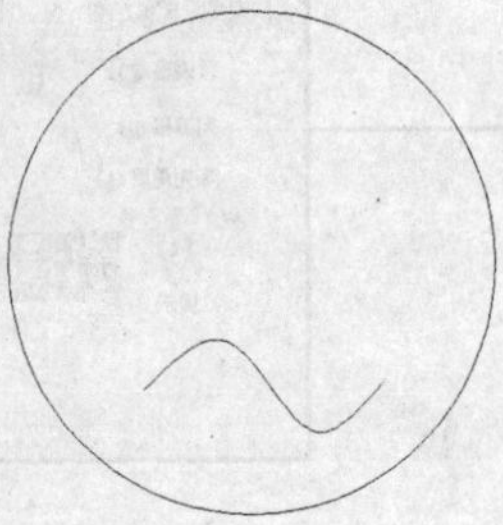

图 12-18

绘制样条曲线

**Step 4** 单击“注释”工具栏中的“多行文字”按钮，在圆中的样条曲线上方书写文字“M”，如图 12-19 所示。

**Step 5** 单击“绘图”工具栏中的“直线”按钮，以圆的上方象限点为起点，向上绘制长度为 8 的竖直直线段。再单击“修改”工具栏中的“偏移”按钮，将所绘制的直线段向左、向右各偏移距离为 3，如图 12-20 所示。

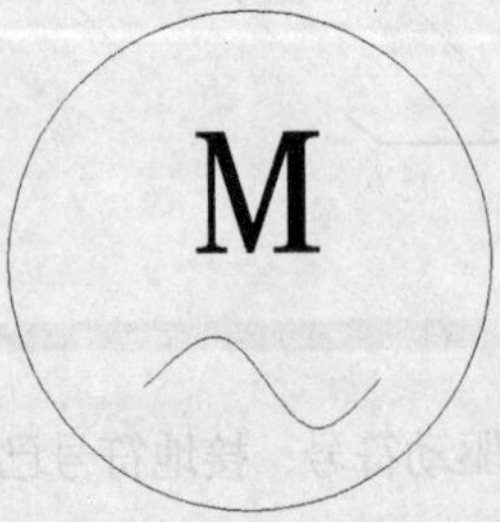


图 12-19

书写“M”

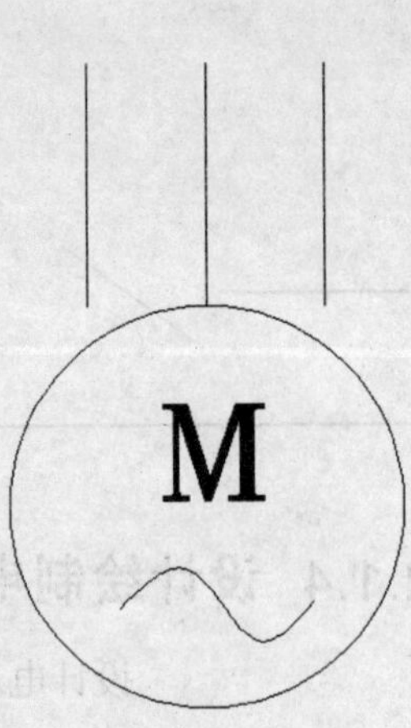


图 12-20

绘制 3 条竖直直线段

**Step 6** 单击“修改”工具栏中的“延伸”按钮，将所偏移的两条直线段的下断点延伸到圆上，如图 12-21 所示。

**Step 7** 单击“注释”工具栏中的“多行文字”按钮，在圆中的样条曲线左边书写文字“3”，如图 12-22 所示。

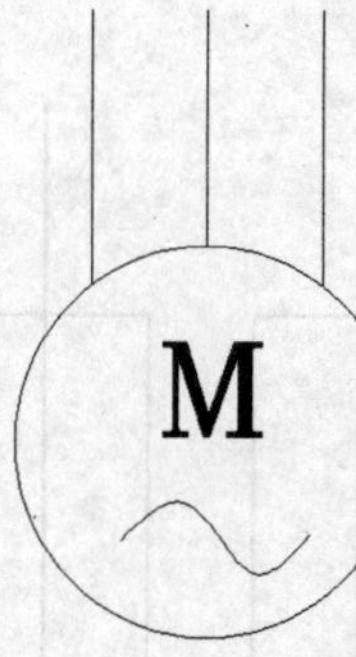


图 12-21
延伸直线段

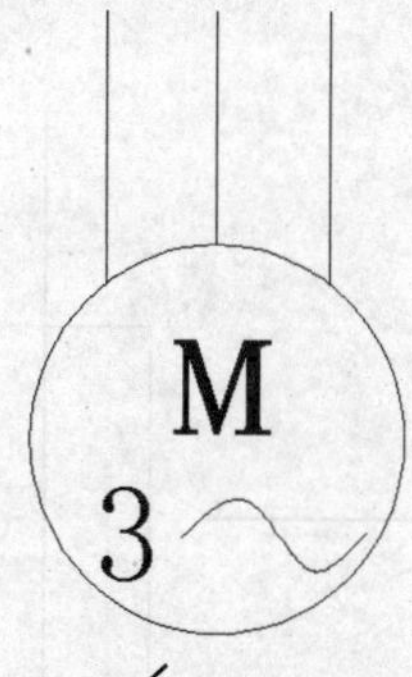


图 12-22
添加文字

**Step 8** 单击“绘图”工具栏中的“直线”按钮，以圆形左边象限点为起点，绘制一条长度为 6 的水平直线段，如图 12-23 所示。

**Step 9** 从以前绘制的图形中复制一份接地符号。再单击“修改”工具栏中的“移动”按钮，根据命令行的提示将所复制的接地符号移动至导线的左侧，如图 12-24 所示。

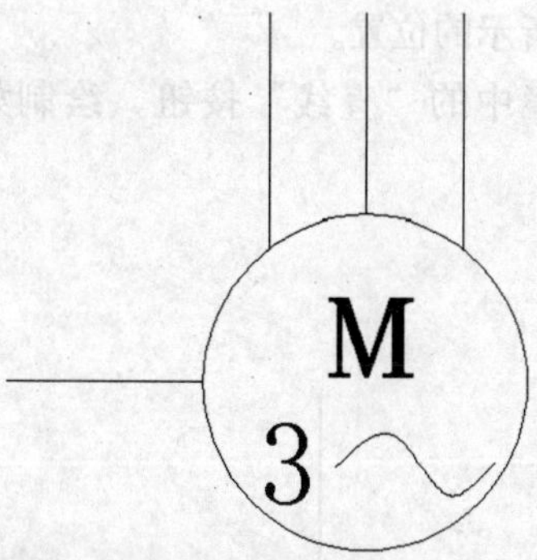


图 12-23
绘制水平直线段

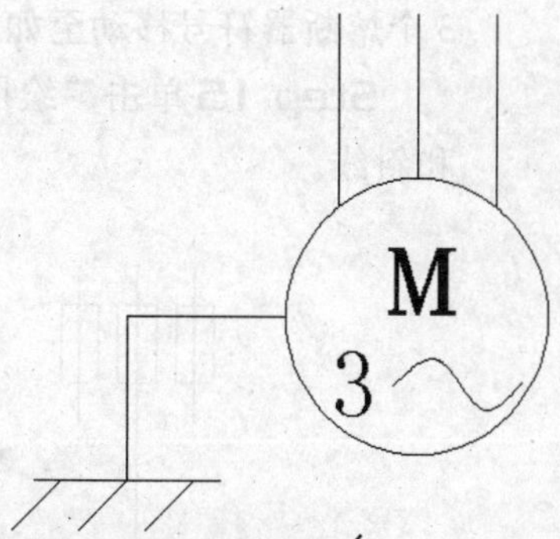


图 12-24
完成接地符号的移动

**Step 10** 从以前绘制的图形中复制一份热继电器符号。再单击“修改”工具栏中的“移动”按钮，根据命令行的提示将所复制的热继电器符号移动至如图 12-25 所示的位置。

**Step 11** 单击“绘图”工具栏中的“矩形”按钮，绘制一个 2×4 的矩形，如图 12-26 所示。

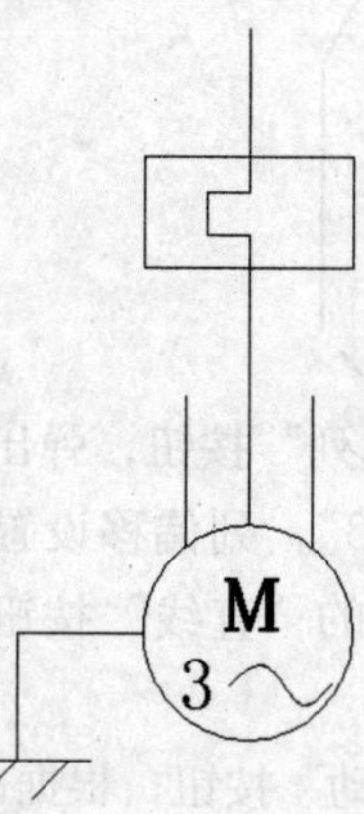


图 12-25
完成热继电器符号的移动

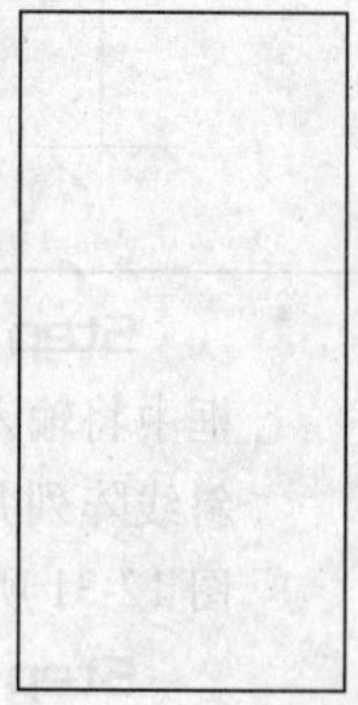

图 12-26
绘制 2×4 的矩形

**Step 12** 单击“绘图”工具栏中的“直线”按钮，绘制一条长度为 8 的竖直直线段，穿过矩形上下两边的中点，如图 12-27 所示。

**Step 13** 单击“修改”工具栏中的“阵列”按钮，弹出“阵列”对话框。在对话框中将输入行数设置为“1”，列数设置为“3”，列偏移设置为“3”，对熔断器符号阵列并确认，如图 12-28 所示。

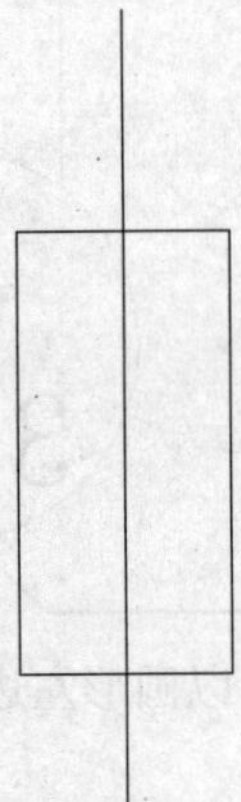

图 12-27
绘制竖直直线段

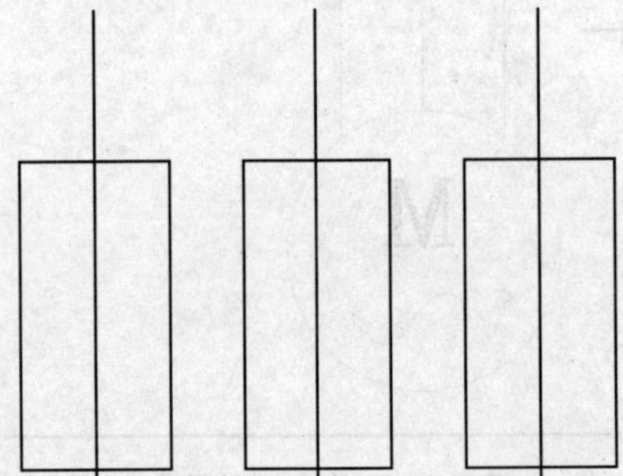

图 12-28
阵列熔断器符号

**Step 14** 单击“修改”工具栏中的“移动”按钮，根据命令行的提示将所绘制的 3 个熔断器符号移动至如图 12-29 所示的位置。

**Step 15** 单击“绘图”工具栏中的“直线”按钮，绘制如图 12-30 所示的直线和斜线。

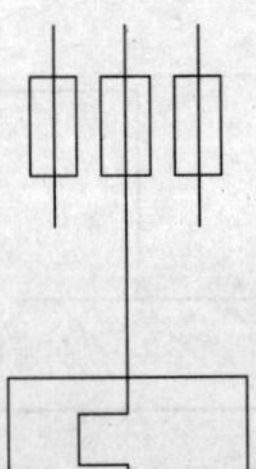

图 12-29
完成熔断器符号的移动

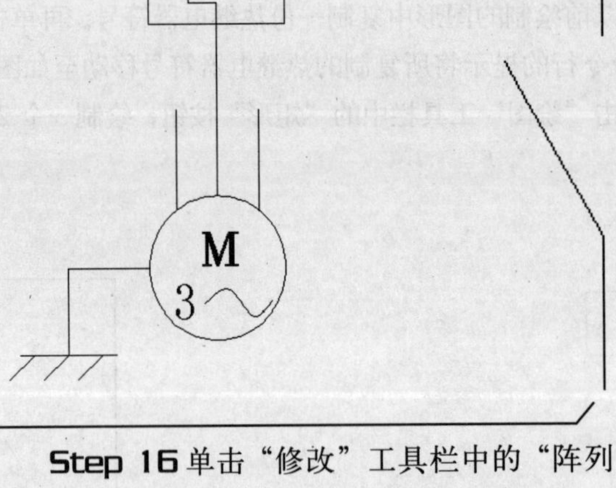


图 12-30
绘制直线和斜线

**Step 16** 单击“修改”工具栏中的“阵列”按钮，弹出“阵列”对话框。在对话框中将输入行数设置为“1”，列数设置为“3”，列偏移设置为“3”，对绘制的直线和斜线阵列并确认。再单击“绘图”工具栏中的“直线”按钮，绘制一条水平虚线，如图 12-31 所示。

**Step 17** 单击“修改”工具栏中的“移动”按钮，根据命令行的提示将所绘制的三极开关符号移动至如图 12-32 所示的位置。

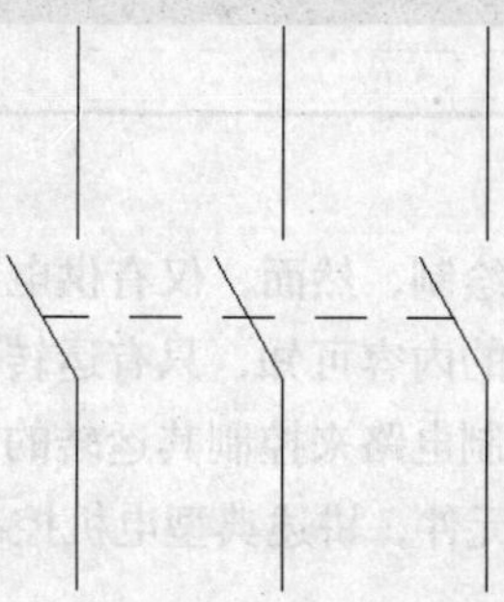

图 12-31
绘制三极开关符号

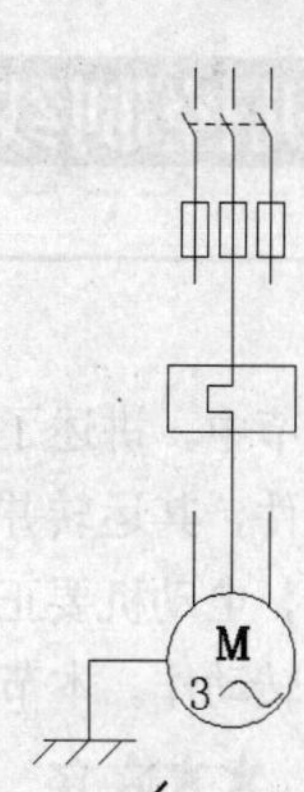


图 12-32
移动三级开关符号

**Step 18** 单击“绘图”工具栏中的“圆”按钮，在三极开关符号左边的上方绘制一个直径为 1.5 的圆，如图 12-33 所示。

**Step 19** 单击“修改”工具栏中的“阵列”按钮，弹出“阵列”对话框。在对话框中将输入行数设置为“1”，列数设置为“3”，列偏移设置为“3”，对绘制的圆进行阵列并确认，如图 12-34 所示。

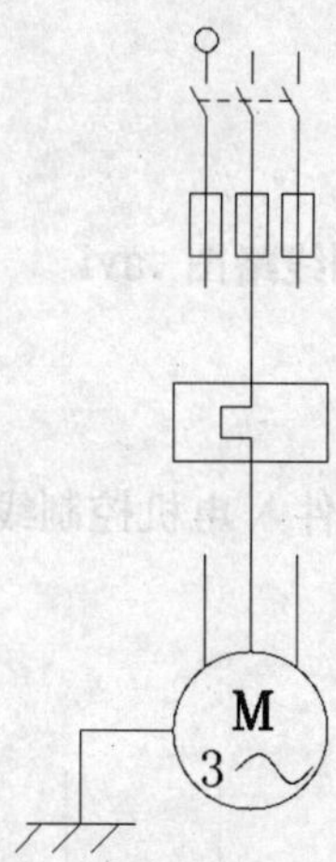


图 12-33
绘制圆表示接线端子符号

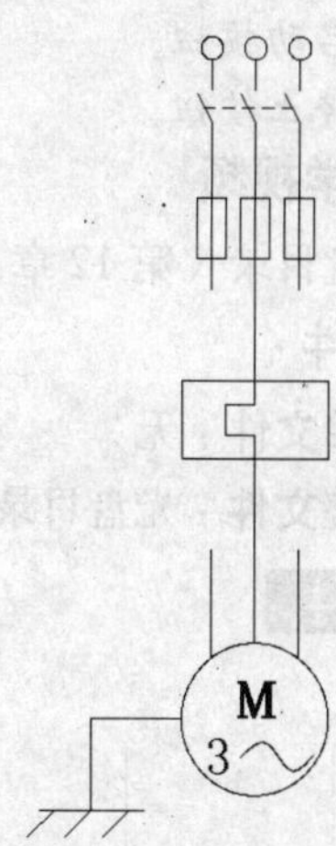


图 12-34
阵列接线端子符号

**Step 20** 单击“修改”工具栏中的“延伸”按钮，将熔断器符号的下端以及三相交流异步电动机符号上的 3 条直线上端点延伸到热继电器的驱动器件的符号上，如图 12-35 所示。

**Step 21** 单击“注释”工具栏中的“多行文字”按钮，为各个元器件添加说明性文字，结果如图 12-36 所示。

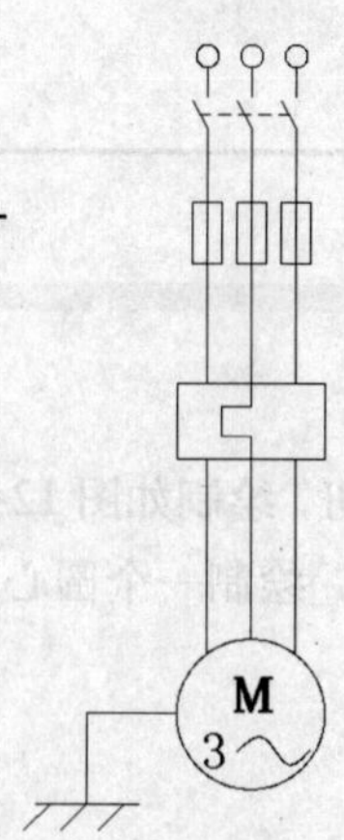


图 12-35
延伸结果

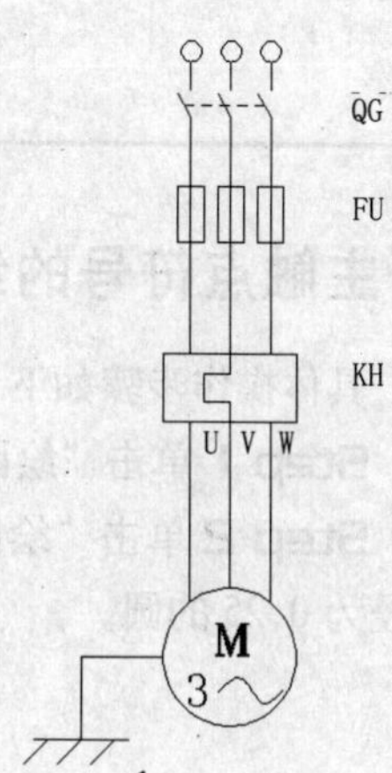


图 12-36
添加说明性文字

# 12.2 实例操作：电机控制线路图

**实例分析**

在上一节中，讲述了电动机供电系统的绘制，然而，仅有供电系统则是电动机正常运转的前提条件，其运转并非可控。由上一节的内容可知，只有运转可控的系统才是实用的系统。因此，电动机要正常运转必须具有控制电路来控制其运转的启停、正反转等，用以完成基本运转动作。本节将以继电器为控制元件，讲述典型电机控制线路的设计绘制。

**实例难度** ★★☆☆

**制作方法和思路**

在采用继电接触器的控制电路中，常采用如下几种符号所示的元器件。

- 常开主触点。
- 常闭主触点。
- 三极常开主触点。
- 热继电器常闭主触点。
- 启动按钮。
- 停止按钮。

**参考教学视频**

光盘目录\第12章\视频教学\12.2\电机控制线路图.avi

**实例文件**

**原始文件**：无

**最终文件**：光盘目录\dwg\Ch12\12.2\最终文件\电机控制线路图.dwg

**视频文件**：

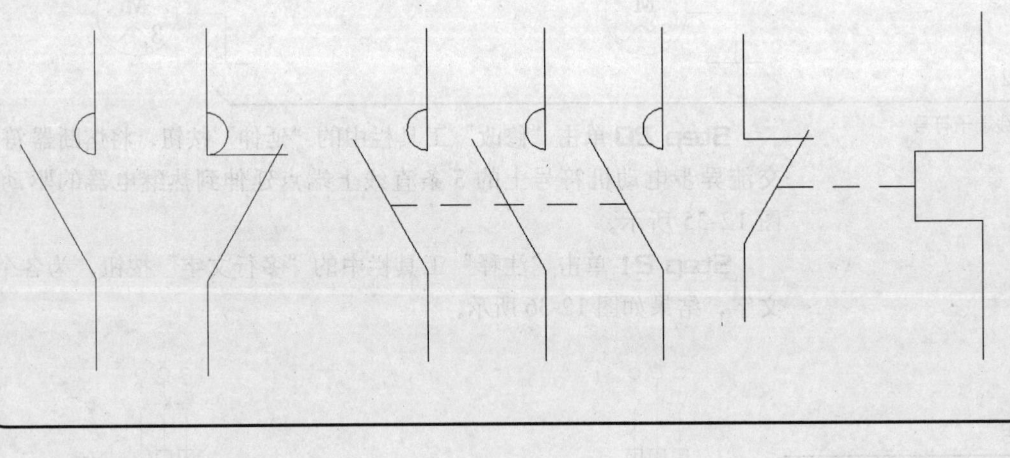

## 12.2.1 常开主触点符号的绘制

具体操作步骤如下：

**Step 1** 单击“绘图”工具栏中的“直线”按钮，绘制如图12-37所示的直线和斜线。

**Step 2** 单击“绘图”工具栏中的“圆”按钮，绘制一个圆心在如图12-38所示位置半径为0.25的圆。

图 12-37
绘制直线和斜线

图 12-38
绘制圆

**Step 3** 单击“修改”工具栏中的“移动”按钮，将所绘制的圆移动至如图 12-39 所示的位置，使圆的下边象限点与导线的端点对齐。

**Step 4** 单击“修改”工具栏中的“修剪”按钮，根据命令行的提示将导线上右侧的半圆修剪掉，结果如图 12-40 所示。

图 12-39
移动圆

图 12-40
修剪右半圆

## 12.2.2 常闭主触点符号的绘制

具体操作步骤如下：

**Step 1** 单击“修改”工具栏中的“复制”按钮，复制一个常开主触点符号，如图 12-41 所示。

**Step 2** 单击“修改”工具栏中的“镜像”按钮，将所复制的常开主触点符号根据命令行的提示进行镜像操作，如图 12-42 所示。

图 12-41
复制结果

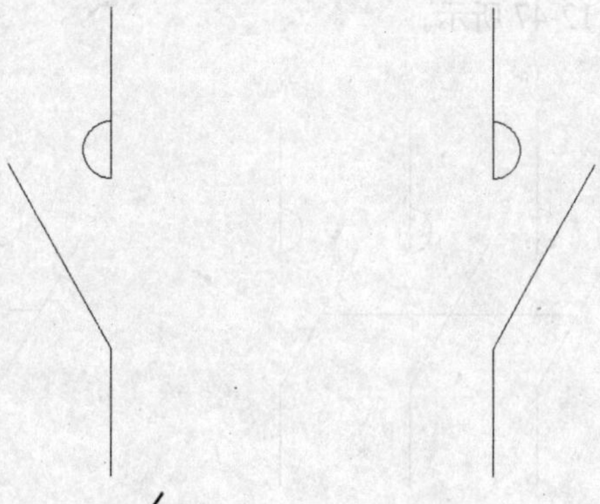

图 12-42
镜像结果

**Step 3** 单击“绘图”工具栏中的“直线”按钮，以上导线下断点为起点，绘制如图 12-43 所示的直线，直线超过斜线 1 ～ 1.5 左右。

图 12-43
添加直线段

## 12.2.3 三极常开主触点符号的绘制

具体操作步骤如下：

**Step 1** 单击“修改”工具栏中的“复制”按钮，复制一个常开主触点符号，如图 12-44 所示。

**Step 2** 单击“修改”工具栏中的“阵列”按钮，弹出“阵列”对话框。在对话框中将输入行数设置为“1”，列数设置为“3”，列偏移设置为“3”，对复制的符号进行阵列并确认，如图 12-45 所示。

图 12-44
复制符号

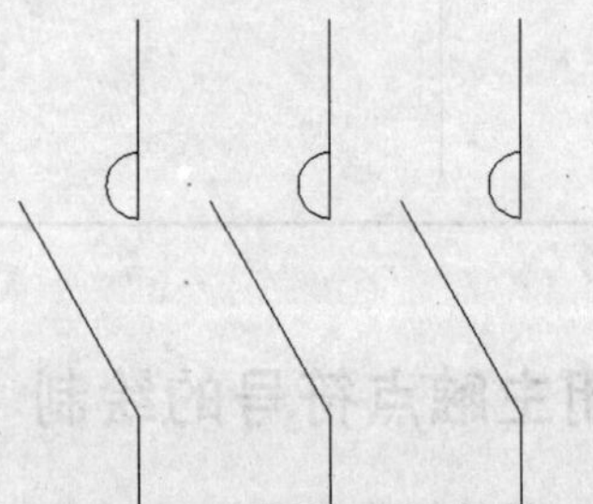

图 12-45
阵列常开主触点符号

**Step 3** 单击“绘图”工具栏中的“直线”按钮，绘制如图 12-46 所示的直线。

**Step 4** 单击水平直线段，令其为选择状态，然后单击“特性”工具栏中的 ByLayer 下拉列表，选择“ACTSOTGL”线型。完成线型设定后，绘制结果如图 12-47 所示。

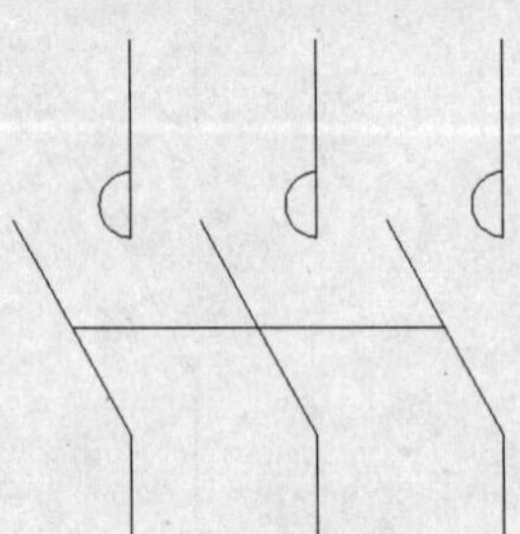

图 12-46
绘制直线

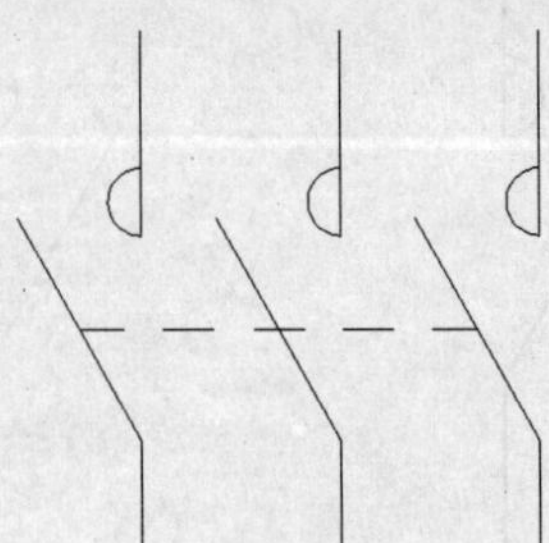

图 12-47
更改线型

## 12.2.4 热继电器常闭触点符号的绘制

具体操作步骤如下：

**Step 1** 单击“修改”工具栏中的“复制”按钮，复制一个常闭主触点符号，如图 12-48 所示。

**Step 2** 单击“修改”工具栏中的“删除”按钮，将半圆删除掉，如图 12-49 所示。

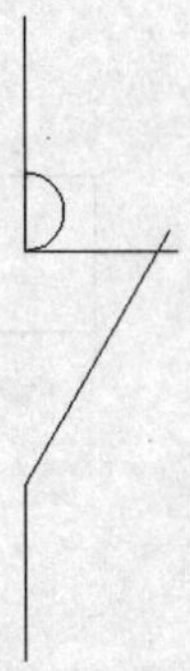

图 12-48
复制常闭主触点符号

图 12-49
删除半圆

**Step 3** 单击“绘图”工具栏中的“直线”按钮，绘制如图 12-50 所示的直线。

**Step 4** 单击水平直线段，令其为选择状态。然后单击“特性”工具栏中的 ByLayer 下拉列表，选择“ACTSOTGL”线型。完成线型设定后，绘制结果如图 12-51 所示。

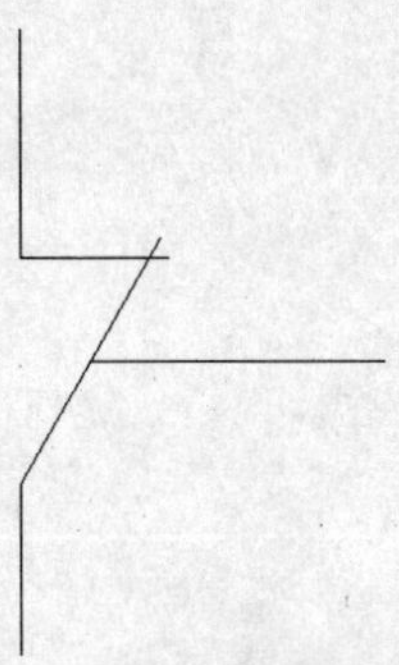

图 12-50
绘制直线

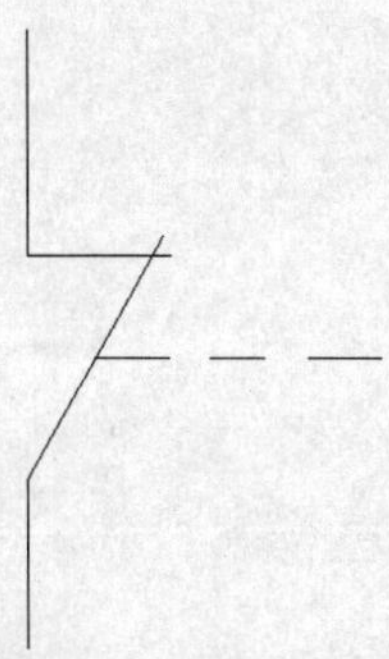

图 12-51
更改线型

**Step 5** 单击“绘图”工具栏中的“矩形”按钮，绘制一个边长为 2 的正方形，如图 12-52 所示。

**Step 6** 单击“修改”工具栏中的“移动”按钮，将绘制的正方形移动至虚线的右端点，如图 12-53 所示。

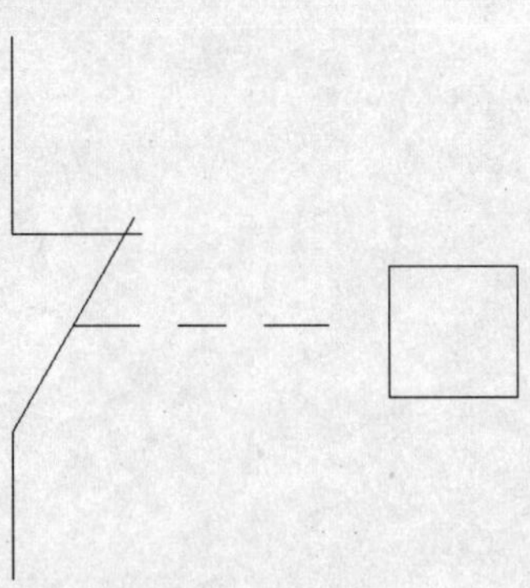

图 12-52
绘制正方形

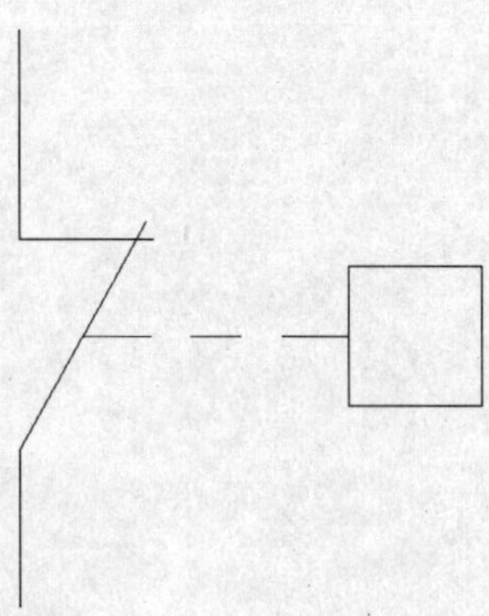

图 12-53
移动正方形

**Step 7** 单击“修改”工具栏中的“删除”按钮，将正方形右侧边删除掉，如图 12-54 所示。

**Step 8** 单击“绘图”工具栏中的“直线”按钮，绘制如图 12-55 所示的直线，直线长度均为 4。

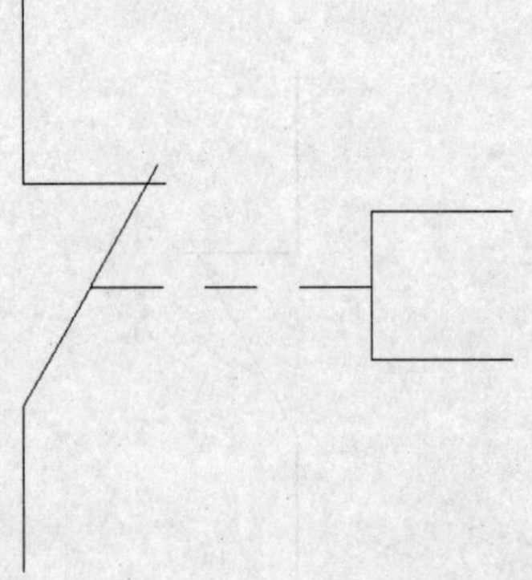

图 12-54
删除正方形右侧边

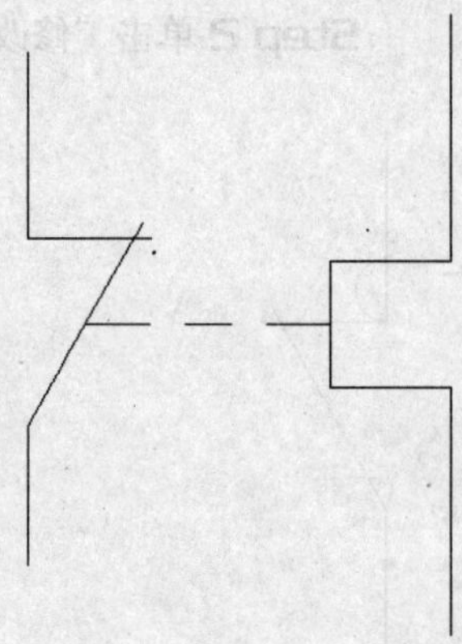

图 12-55
添加上、下导线

# Chapter 13
# 电力工程图设计

## 本章内容

电力系统由发电厂、变电所、线路和用户组成。变电所是联系发电厂和用户的中间环节，起着变换和分配电能的作用，变电所和输电线路作为电力系统的变电部分同其他部分一样，是电力系统重要的组成部分，电力系统要安全可靠经济性的运行，就需要变电部分的安全可靠运行，这些正是建立在变电工程设计和施工准确先进的基础上的。

## 本章学习地图

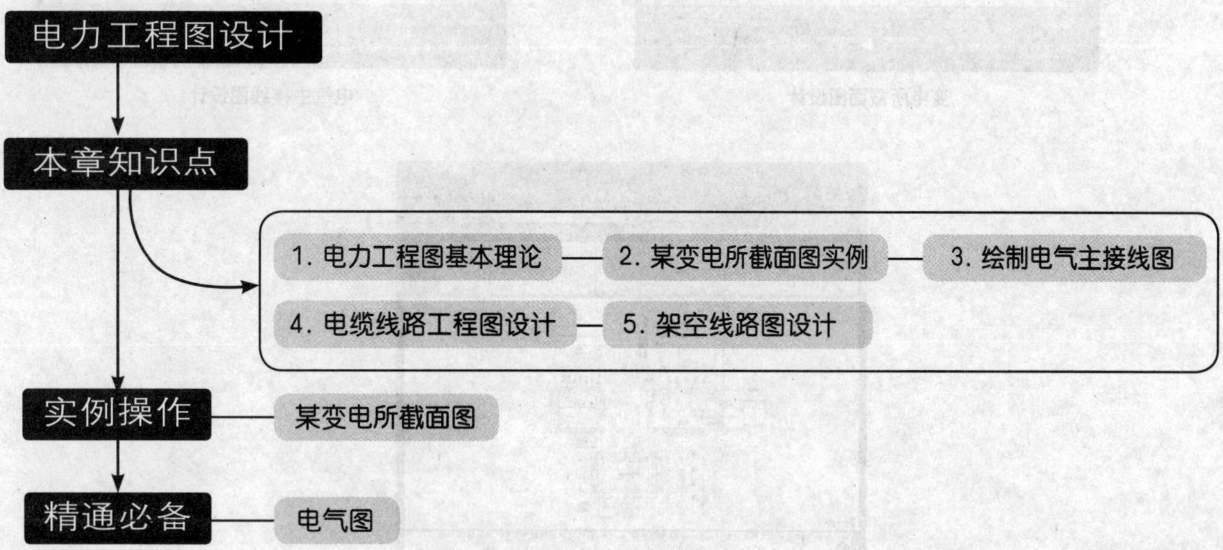


## 本章知识重点

- 电力工程图基本理论。
- 某变电所截面图。
- 绘制电气主接线图。
- 电缆线路工程图设计。
- 架空线路图设计。

## 本章实例效果图

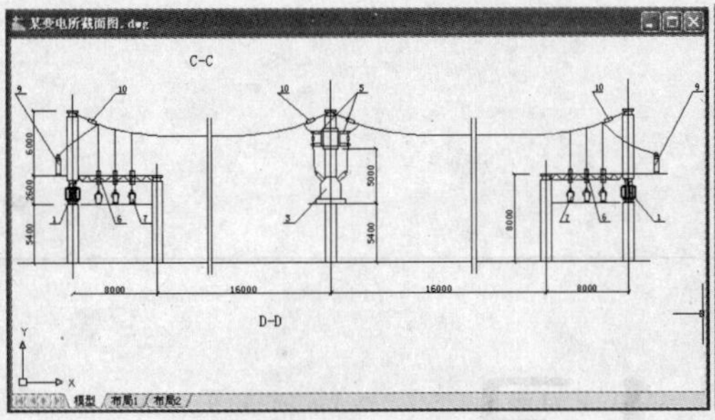


绘制变电所截面图

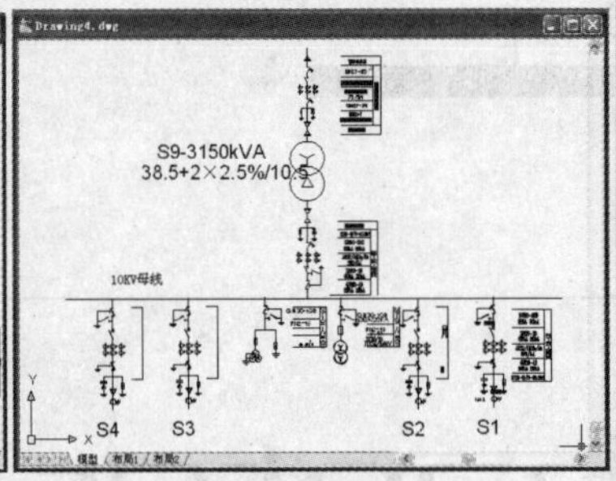


电气主接线图

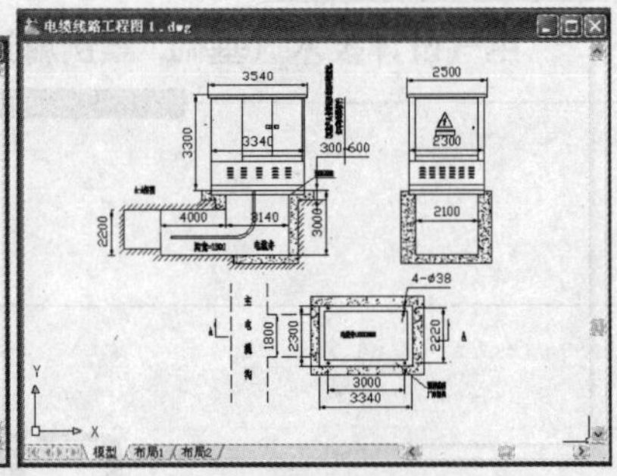


电缆线路工程图设计

## 本章视频效果图

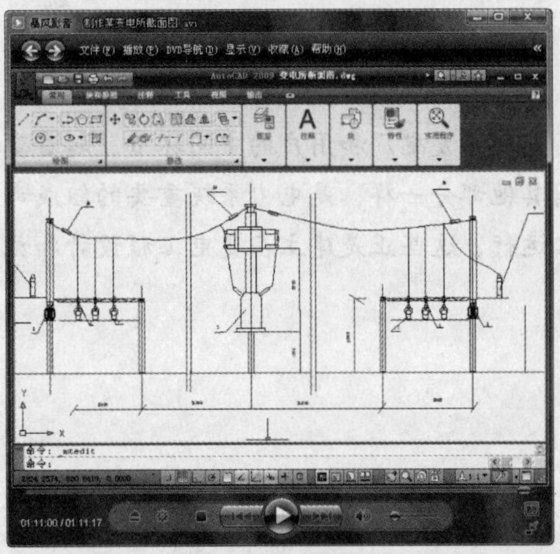

变电所截面图设计

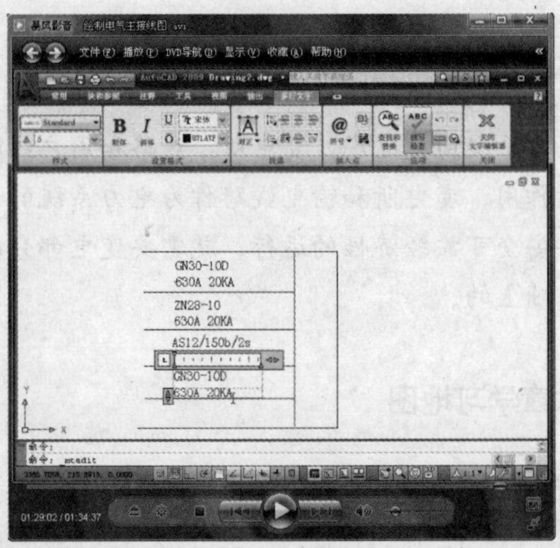


电气主接线图设计

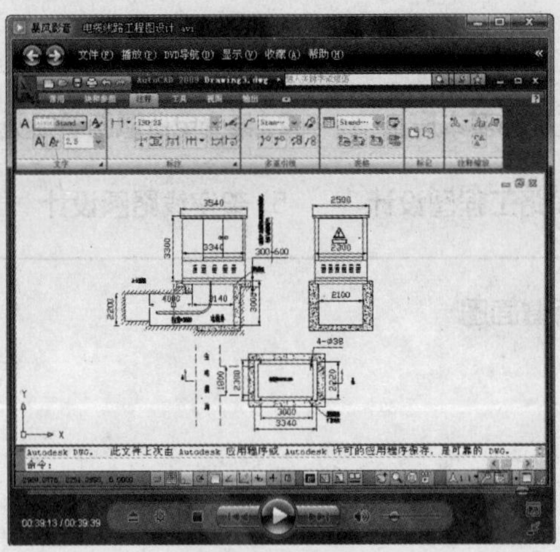

电缆线路工程图设计

# 13.1 电力工程图基本理论

电力工程主要分为变电工程和输电工程两大部分，下面我们首先介绍变电工程和变电工程图的概念，然后再介绍输电工程的基础知识。

## 13.1.1 变电工程简介

### 1. 变电工程

为了更好地了解变电工程与变电工程图，下面对变电工程的重要组成部分——变电所进行简要介绍。

根据变电所在电力系统中的地位，可分为以下几类：

- 枢纽变电所：是电力系统的枢纽点，连接电力系统高压和中压的几个部分，汇集多个电源，电压为 330kV ～ 500kV 的变电所，成为枢纽变电所。全所停电将引起整个系统解列，甚至瘫痪。
- 中间变电所：高压则以交换为主，起系统交换功率功能，或使长距离输电线路分段，一般汇集 2 ～ 3 个电源，电压为 220kV ～ 230kV，同时又降压供给当地用电。这样的变电所主要起到中间环节作用，所以称为中间变电所。全所停电后，将引起区域网络解列。
- 地区变电所：高压侧电压一般为 110kV ～ 220kV，以对地区用户供电为主的变电所全所停电后，仅使该地区中断供电。
- 中断变电所：在输电线路的中端、接近负荷点、简压侧电压多为 110kV，是经降压后直接向用户供电的变电所。全所停电后，只有用户受到损失。

### 2. 变电工程图

为了能够准确清晰地表达电力变电工程的各种意图，就必须采用变电工程图。简单地说，变电工程图也就是对变电站荷载输电线路各种接线形式的具体情况的描述。它的意义就在于用统一直观的标准来表达变电工程的各方面。

变电工程图的种类很多，包括主接线图、二次接线图、变电所平面布置图、变电所断面图、高压开关柜原理布置图等很多种，每种情况各不相同。

## 13.1.2 输电工程简介

电力系统由发电厂、变电所、线路和用户组成。变电所是联系发电厂和用户的中间环节，起着变换和分配电能的作用。变电所和输电线路作为电力系统的变电部分，同其他部分一样，是电力系统重要的组成部分。电力系统要安全可靠地运行，就需要变电部分安全可靠地运行，这些正是建立在变电工程设计和施工准确先进的基础上的。

### 1. 架空输电线路

目前我国电力系统广泛采用的是架空输电线路。架空输电线路的优点是投资少，加工制造简单，容易发现运行线路中的故障并易于修复。架空输电线路一般由导线、避雷线、绝缘子、金具、杆塔、杆塔基础、接地装置和拉线这几部分组成。

1）导线的定义

导线是固定在杆塔上输送电流用的金属线，目前在输电线路设计中，一般采用钢芯铝绞线，局部地区采用铝合金线。

在绘制架空线路图时，导线一般用简单的直线来表示。

2）避雷线的定义

避雷线的作用是防止雷电直接击于导线上，并把雷电流引入大地。避雷线常用镀锌钢绞线，也有采用铝合钢绞线的。目前国内外采用了绝缘避雷线。

在绘制架空线路图时，避雷线一般也用简单的直线来表示。

3）绝缘子的定义

输电线路用的绝缘子主要有针式绝缘子、悬式绝缘子、瓷横担等。

4）金具的定义

通常把输电线路使用的金属部件总称为金具，它的类型繁多，主要有连接金具、连续金具、固定金具、防震锤、间隔棒、均压屏蔽环等几种类型。

5）杆塔的定义

线路杆塔是支撑导线和避雷线的。按照杆塔材料的不同，可分为木杆、铁杆、钢筋混凝杆，国外还采用了铝合金塔。杆塔可分为直线型和耐张型两类。

6）杆塔基础的定义

杆塔基础是用来支承杆塔的，分为钢筋混凝土杆塔基础和铁塔基础两类。

7）接地装置的定义

埋没在基础土壤中的圆钢、扁钢、角钢、钢管或其组合式结构均称为接地装置。其与避雷线或杆塔直接相连，当雷击杆塔或避雷线时，能将雷电流引入大地，可防止雷电击穿绝缘子串的事故发生。

8）拉线的定义

为了节省杆塔钢材，国内外广泛使用了带拉线杆塔。拉线材料一般用镀锌钢绞线。

拉线上端通过拉线抱箍和拉线相连接，下部通过可调节的拉线金具与埋入地下的拉线棒、拉线盘相连接。

**2．电力电缆**

电力电缆在电力系统中是用来传输和分配大功率电能的。电力电缆线路由3部分组成：电缆、电缆附件及线路构筑物。

电缆是由一根包有绝缘的导体或多根相互绝缘的导体（通称线芯）外层包以柔韧、密闭的外壳构成，它是电缆线路的主体。

电缆附件指的是电缆线路中除电缆本体外的其他部件和设备，如中间接头盒、终端盒、电抗器、高压充油电缆线路中的塞止盒、绝缘连接盒和压力箱、高压充气和压力电缆线路中的供气和施加压力设备等。这些附件起到导线连接、绝缘和密封保护的作用。

线路构筑物是电缆线路中用来支持电缆和安装电线附件的部分，如引入管道、电缆杆、电缆井及电缆进线室等。

# 13.2 实例操作：某变电所截面图

**实例分析**

本节通过制作某变电所截面图，让读者通过实际操作熟悉电力工程图的制作过程，并且使用各种工具，对变电所截面图各部分进行绘制。

**实例难度** ★★★★

**制作方法和思路**

变电所截面图各部分之间的位置关系必须严格按规定尺寸来布置。首先设计图纸布局，确定各主要部件在图中的位置，然后分别绘制各杆塔。通过杆塔的位置大致定出整个图纸的结构。之后分别绘制各主要电气设备，把绘制好的电气设备符号安装到对应的杆塔上。最后再添加注释和尺寸标注，完成整张图的绘制。

**参考教学视频**

光盘目录＼第十三章＼视频文件＼13.2＼制作某变电所截面图 .avi

**实例文件**

**原始文件**：无

**最终文件**：光盘目录＼dwg＼Ch13＼13.2＼最终文件＼某变电所截面图 .dwg

**视频文件**：

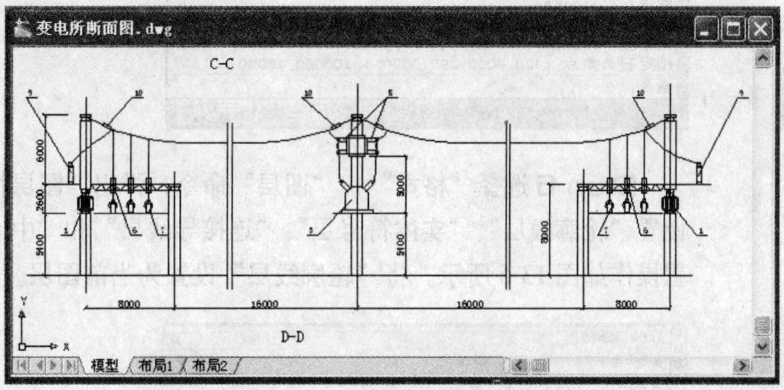


## 13.2.1 设置绘图环境

操作步骤如下：

**Step 1** 打开 AutoCAD 2009 应用程序，选择图形样板，建立新文件，将新文件命名为“变电所截面图 .dwg”并保存，如图 13-1 所示。

**Step 2** 选择“修改”→“缩放”命令，在命令行中设置比例因子为 80，如图 13-2 所示。

图 13-1

创建并保存新文件

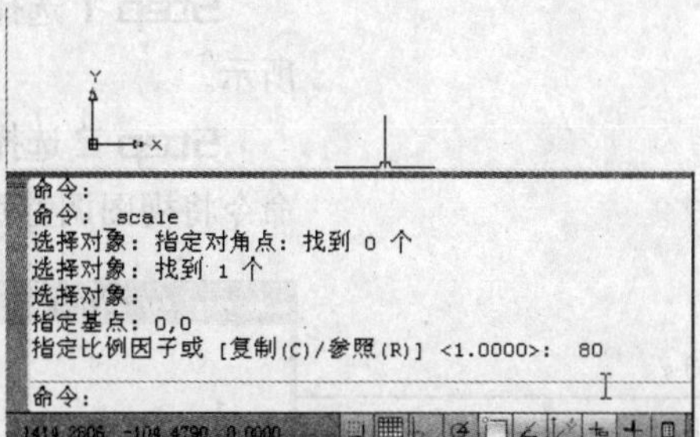


图 13-2

命令行

**Step 3** 选择“格式”→“比例缩放列表”命令，弹出“编辑比例列表”对话框，如图 13-3 所示。

**Step 4** 单击“添加”按钮，弹出“添加比例”对话框。在“比例名称”下面的空格输入比例名称为“变电所截面图”；在“比例特性”选项组中，将“图纸单位”文本框设置为“1”，“图形单位”文本框设置为“80”；即 1 图纸单位＝80 图形单位，如图 13-4 所示。

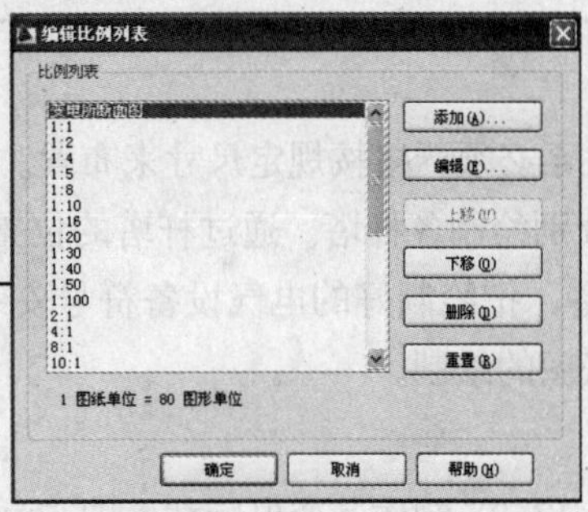

图 13-3
“编辑比例列表”对话框

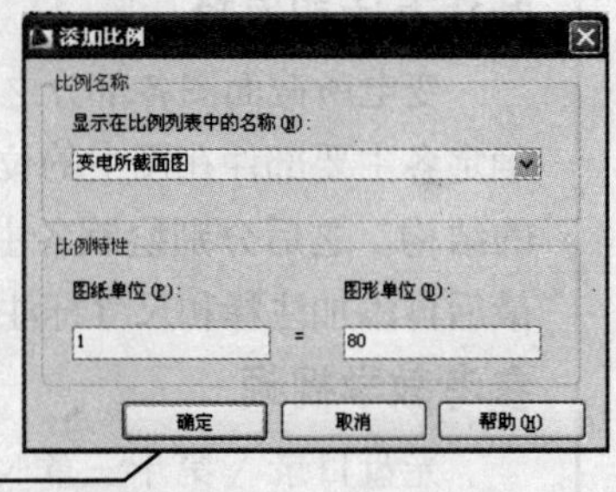

图 13-4
“添加比例”对话框

**Step 5** 选择“格式”→“图形界限”命令，分别设置图形界限的两个角点坐标为：左下角点为（0，0），右上角点为（100 000，18 000），如图 13-5 所示。

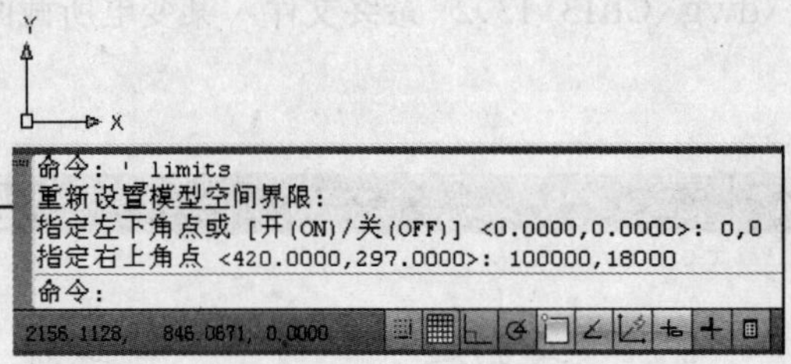


图 13-5
设置图形界限

**Step 6** 选择“格式”→“图层”命令，弹出“图层特性管理器”窗口，在里面分别设置“轮廓线层”、“实体符号层”、“连接导线层”和“中心线层”一共 4 个图层，具体设置操作如图 13-6 所示。将“轮廓线层”设置为当前图层。

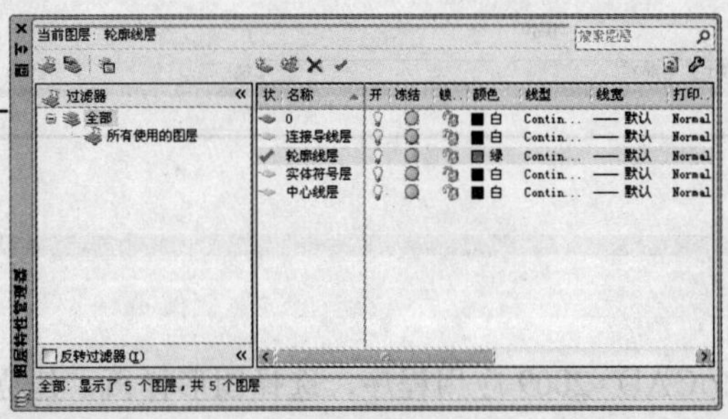

图 13-6
“图层特性管理器”窗口

## 13.2.2 创建杆塔图形

具体操作步骤如下：

**Step 1** 选择“绘图”→“直线”命令，绘制长度为 80 000 水平边界线 1，如图 13-7 所示。

**Step 2** 选择“修改”→“移动”和“修改”→“缩放”命令，利用“缩放”和“移动”命令将视图调整到易于观察的程度，如图 13-8 所示。

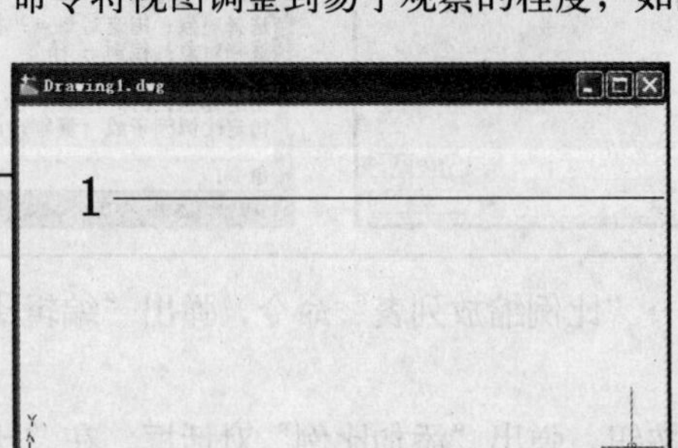

图 13-7
绘制直线

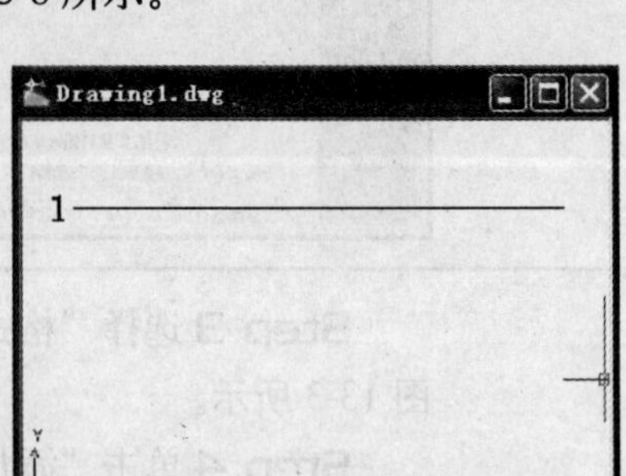

图 13-8
调整图形

**Step 3** 选择“修改”→“偏移”命令，以直线 1 为偏移对象，依次向下绘制直线 2、3 和 4，偏移量分别为 6 000、2 600 和 5 400，如图 13-9 所示。

**Step 4** 单击“图层”工具栏后面的下拉箭头，将“中心线层”设置为当前图层，如图 13-10 所示。

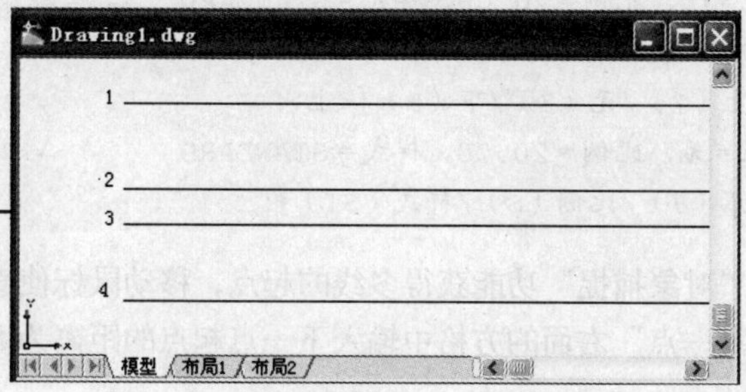


图 13-9
绘制水平偏移线

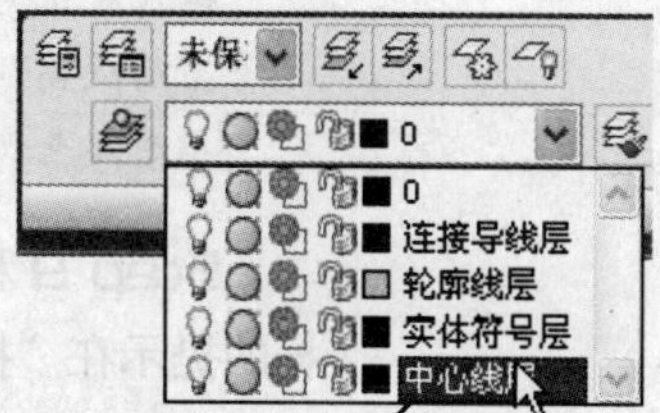


图 13-10
选择图层

**Step 5** 选择“绘图”→“直线”命令，使用“对象捕捉”功能，用鼠标分别捕捉直线 1 和直线 4 的左端点，绘制得到直线 5。再选择“修改”→“偏移”命令，以直线 5 为起始点，依次向右绘制直线 6、7、8 和 9，偏移量分别为 8 000、32 000、32 000 和 8 000，如图 13-11 所示。

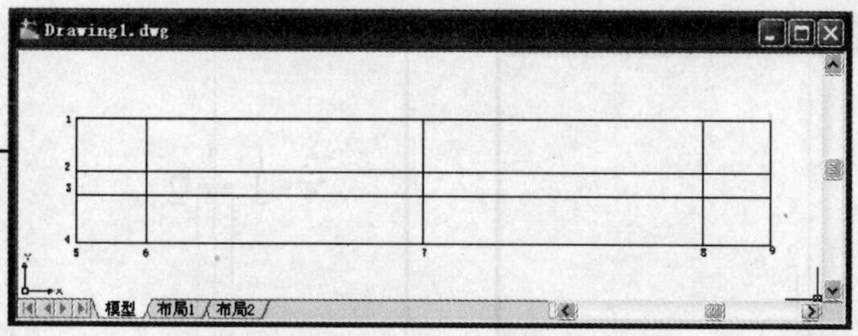


图 13-11
绘制多条直线

**Step 6** 在竖直直线 5、6、7、8 和 9 的位置上分别绘制对应的杆塔。其中，杆塔 1 和 5、2 和 4 分别关于直线 7 对称。只需要绘制 1、2 和 3 一部分，然后通过镜像就可以得到整个图纸框架，如图 13-12 所示。

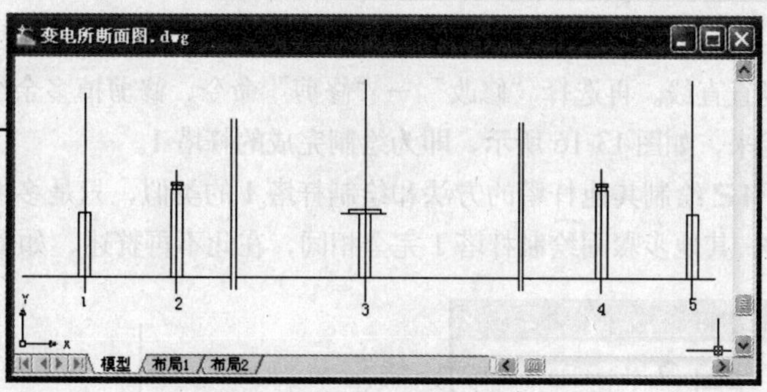


图 13-12
杆塔图架结构

**Step 7** 单击“图层”工具栏后的下拉箭头，将“实体符号层”设置为当前图层，如图 13-13 所示。

**Step 8** 选择“绘图”→“多线”命令，在当前绘图区域中绘制两条竖直线，命令行出现如下提示。

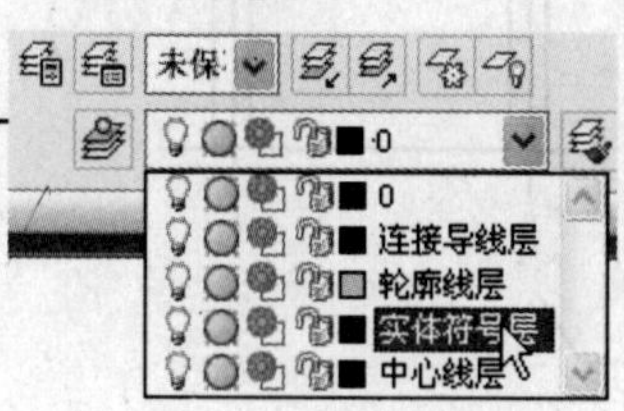


图 13-13
选择图层

```
命令: _mline
当前设置: 对正 = 上, 比例 = 20.00, 样式 = STANDARD
"指定起点或[对正(J)/比例(S)/样式(ST)]: " S
输入多线比例<20.00>: 1000
当前设置: 对正 = 上, 比例 = 20.00, 样式 = STANDARD
"指定起点或[对正(J)/比例(S)/样式(ST)]: " J
输入对正类型[上(T)/无(Z)/下(B)]<上>: Z
当前设置: 对正 = 无, 比例 = 20.00, 样式 = STANDARD
指定起点或[对正(J)/比例(S)/样式(ST)]:
```

**Step 9** 利用“对象捕捉”功能获得多线的起点，移动鼠标使直线保持垂直，跟随鼠标的提示在“指定下一点”右面的方格中输入下一点起点的距离为 5 400，然后按回车键，如图 13-14 所示。

**Step 10** 使用“对象追踪”功能，选择“绘图”→“直线”命令，用鼠标分别捕捉直线 1 和 2 的上端点绘制一条水平线，并选择“修改”→“偏移”命令，以此水平线为起始向上偏移 3 次，偏移量分别为 80、140 和 70，得到 3 条水平直线，如图 13-15 所示。

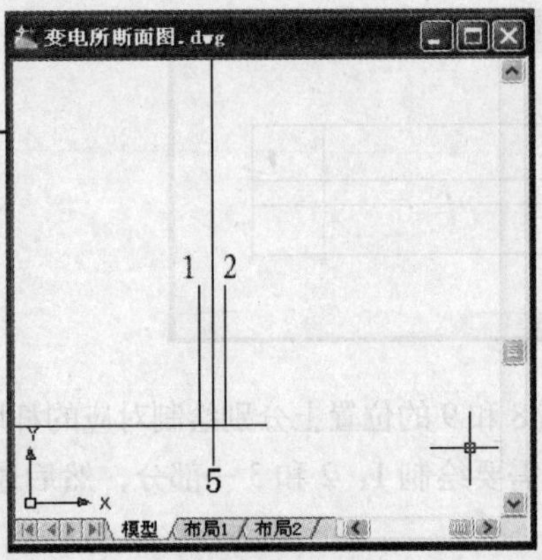


图 13-14

多线绘制的杆塔外轮廓

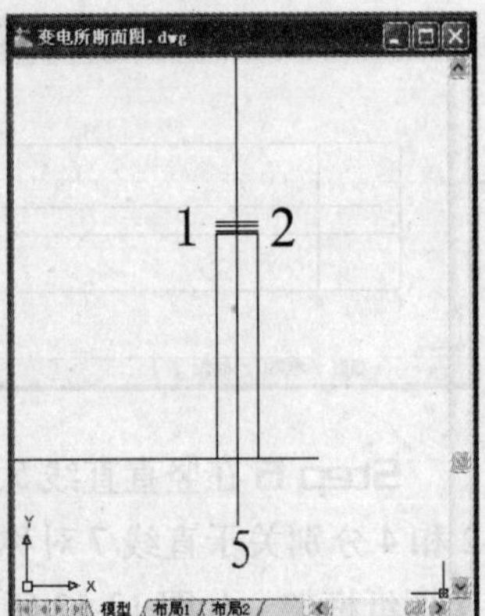


图 13-15

绘制并偏移水平直线

**Step 11** 选择“修改”→“偏移”命令，将中心线分别向左右偏移，偏移量为 240，得到两条竖直直线。再选择“修改”→“修剪”命令，修剪掉多余线段，并将对应直线的端点连接起来，如图 13-16 所示，即为绘制完成的杆塔 1。

**Step 12** 绘制其他杆塔的方法和绘制杆塔 1 的类似，只是多线的中点距离起点的距离是 7 400，其他步骤同绘制杆塔 1 完全相同，在此不再赘述，如图 13-17 所示。

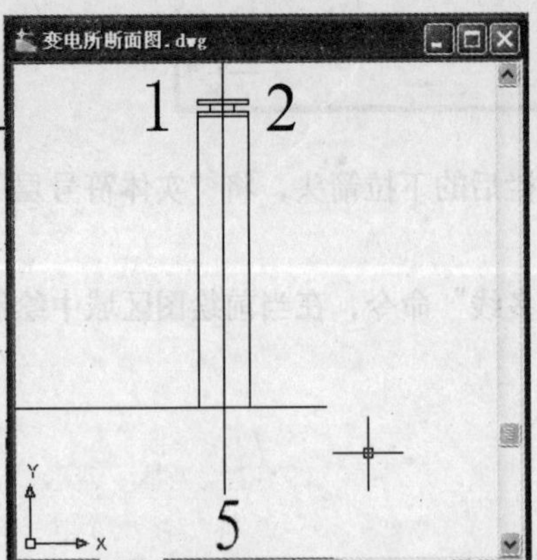


图 13-16

绘制完成的杆塔 1

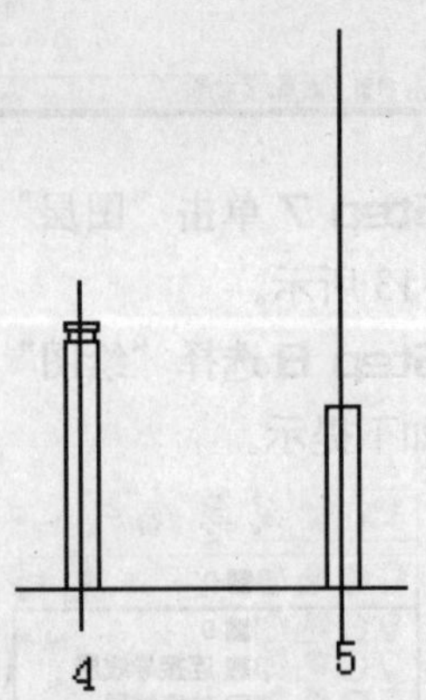


图 13-17

绘制杆塔 2

**Step 13** 利用“对象捕捉”功能，用鼠标捕捉到基点，选择“绘图”→“直线”命令，以基点为起点，向左绘制一条长度为 2 000 的水平直线 1，如图 13-18 所示。

**Step 14** 选择“修改”→“偏移”命令，以直线 1 为起始，绘制直线 2 和 3，偏移量分别为 5 400 和 5 800，如图 13-19 所示。

图 13-18
绘制直线 1

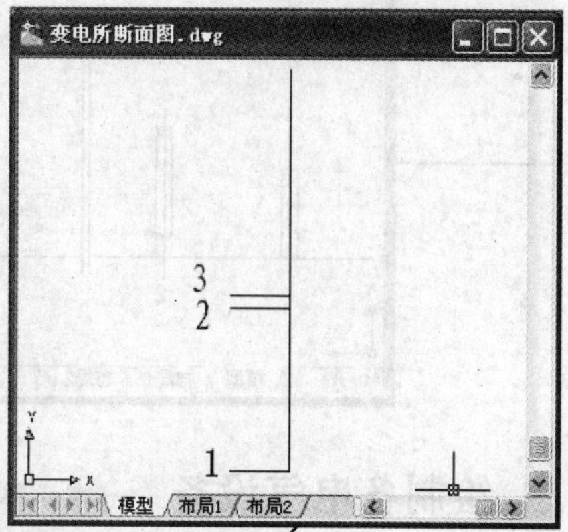


图 13-19
绘制直线 2、直线 3

**Step 15** 选择“修改”→“偏移”命令，以中心线为起始，绘制直线 4 和 5，偏移量分别为 500 和 1400，如图 13-20 所示。

**Step 16** 选中直线 4 和 5，单击“图层”工具栏中的下拉箭头，选择“实体符号层”选项，如图 13-21 所示。

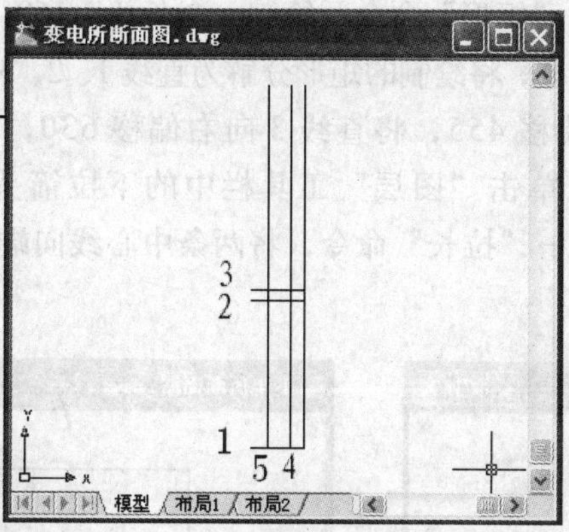


图 13-20
绘制直线 4、直线 5

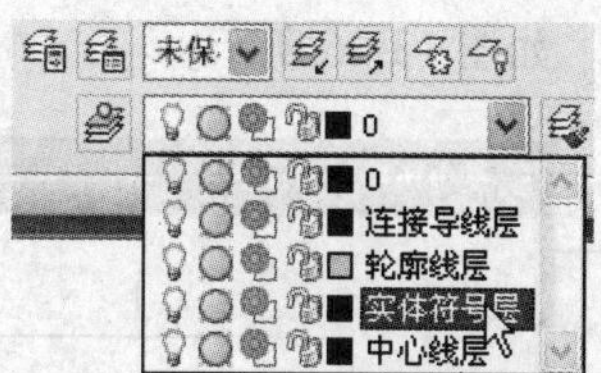


图 13-21
选择图层

**Step 17** 选择“修改”→“修剪”命令，修剪掉多余直线，得到的结果如图 13-22 所示。

**Step 18** 选择“修改”→“镜像”命令，选择所有图形，以中心线为镜像线，镜像得到如图 13-23 所示的结果，即为绘制完成的杆塔 3 的图形符号。

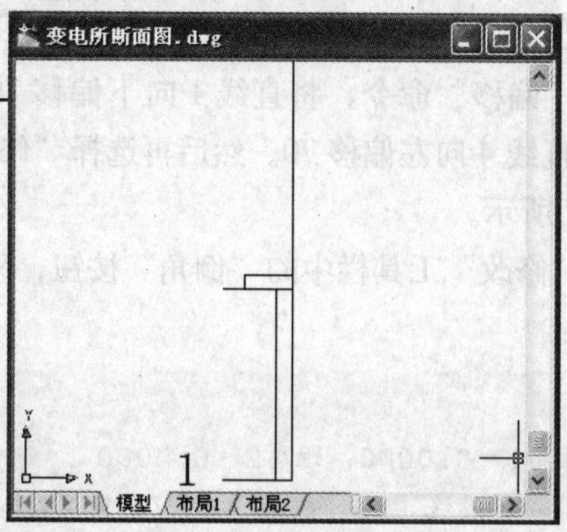


图 13-22
修剪直线

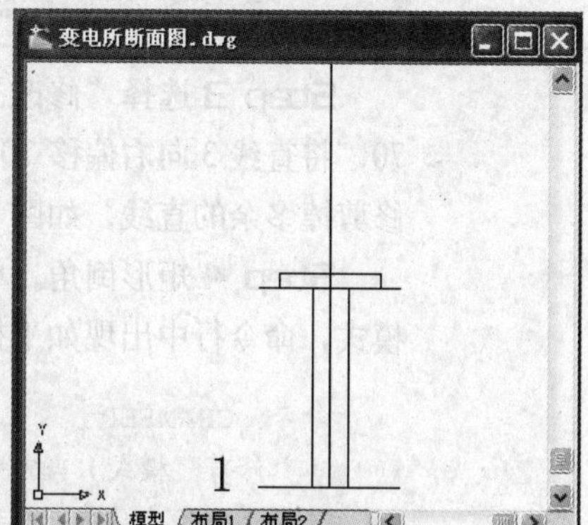


图 13-23
杆塔 3

**Step 19** 选择“修改”→“镜像”命令，以杆塔 1 和 2 为对象，以杆塔 3 的中心线为镜像线，镜像得到的杆塔 4 和 5，结果如图 13-24 所示。

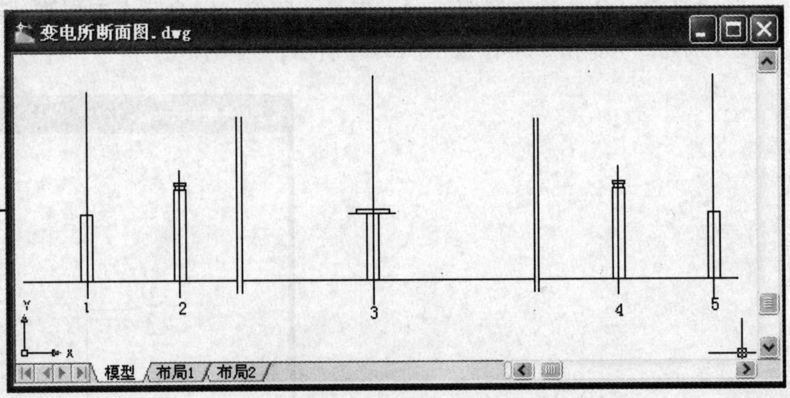


图 13-24
所有杆塔效果

## 13.2.3 绘制各电气设备

在前面绘制完成的图纸布局的基础上，在竖直直线 5、6、7、8 和 9 的位置分别绘制对应的杆塔。其中，杆塔 1 和 5、2 和 4 分别关于直线 7 对称。因此，下面只介绍杆塔 1、2 和 3 的绘制过程，杆塔 4 和 5 可以由 1 和 2 镜像得到。

### 1. 绘制变压器

**Step 1** 选择“绘图”→“矩形”命令，绘制一个长为 1 160，宽为 910 的矩形。并再选择“修改”→“分解”命令，将绘制的矩形分解为直线 1、2、3、4，如图 13-25 所示。

**Step 2** 将直线 1 向下偏移 455，将直线 3 向右偏移 630，得到两条中心线。选定偏移得到的两条中心线，单击“图层”工具栏中的下拉箭头，选择“中心线层”选项，然后再选择“修改”→“拉长”命令，将两条中心线向端点方向分别拉长 100，如图 13-26 所示。

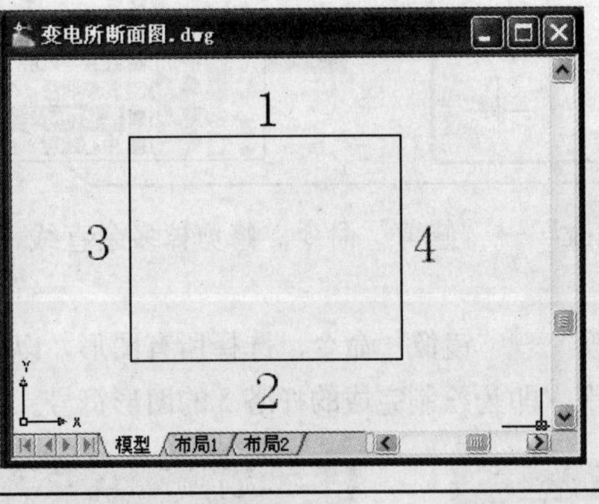


图 13-25
绘制矩形并分解直线

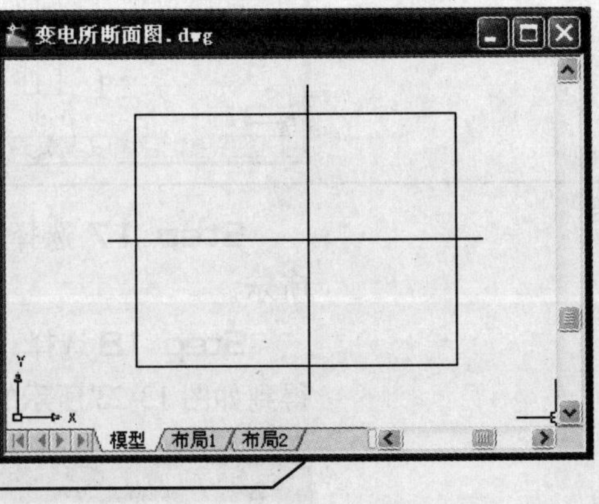


图 13-26
绘制并拉长中心线

**Step 3** 选择“修改”→“偏移”命令，将直线 1 向下偏移 70，将直线 2 向上偏移 70，将直线 3 向右偏移 70，将直线 4 向左偏移 70。然后再选择“修改”→“修剪”命令，修剪掉多余的直线，如图 13-27 所示。

**Step 4** 矩形倒角。单击“修改”工具栏中的“倒角”按钮，采用修剪、角度、距离模式，命令行中出现如下提示：

```
命令: CHAMFER
（“修剪”模式）当前倒角距离1 = 0.0000，距离2 = 0.0000
选择第一条直线或[放弃（U）/多段线（P）/距离（D）/角度（A）/修剪（T）/方式（E）
多个（M）]: d
```

```
指定第一个倒角距离<0.0000>: 35
指定第一个倒角距离<0.0000>: 35
选择第一条直线或[放弃（U）/多段线（P）/距离（D）/角度（A）/修剪（T）/方式（E）
多个（M）]: （选择直线1）
选择第二条直线: （选择直线3）
```

首先完成较大矩形的倒角后，然后完成较小矩形的倒角，较小矩形倒角长度为 17.5，如图 13-28 所示。

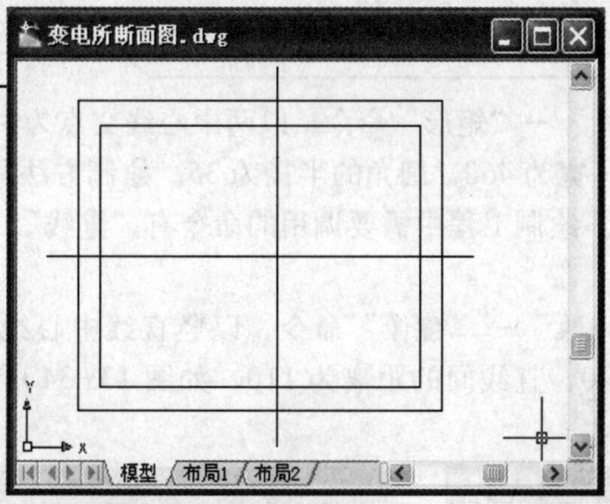


图 13-27
偏移并修剪直线

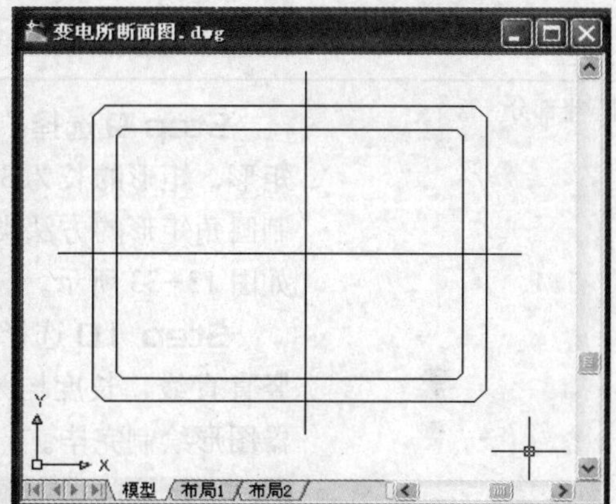


图 13-28
对矩形进行倒角

**Step 5** 选择“修改”→“偏移”命令，将竖直中心线分别向左和向右分别都偏移 460。用前述的方法将偏移得到的两竖直线的图层属性设置为“实体符号层”，如图 13-29 所示。

**Step 6** 选择“绘图”→“直线”命令，使用“对象追踪”功能，以直线 1、2 的上端点为两端点绘制水平直线，并调用“拉长”命令，将水平直线向两端分别拉长 70，结果如图 13-30 所示。

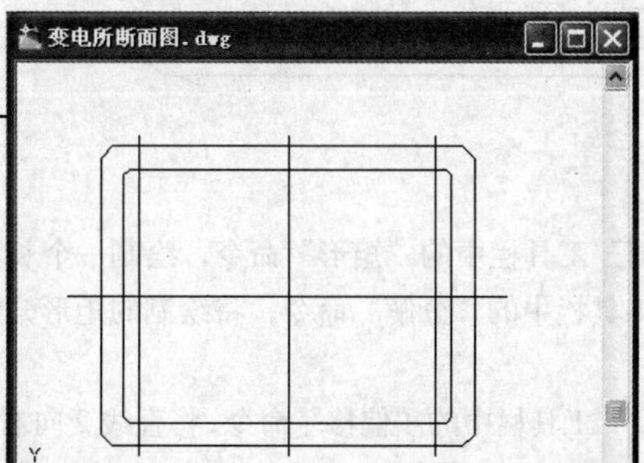


图 13-29
偏移并设置直线

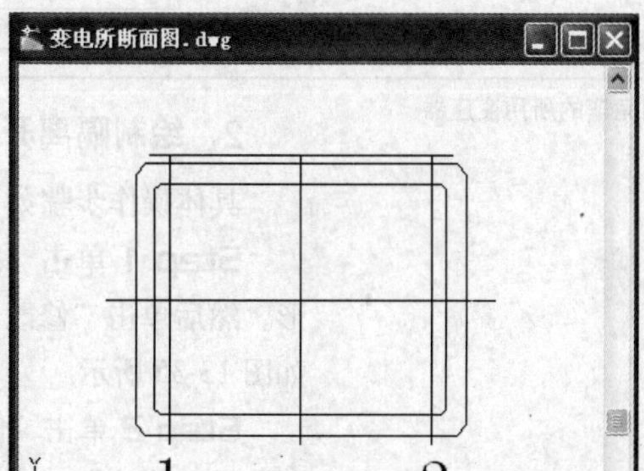


图 13-30
绘制并拉长直线

**Step 7** 将图中的水平直线 3 向上偏移 40，得到直线 4，分别连接直线 3 和 4 的左右端点，如图 13-31 所示。

**Step 8** 用和前面相同的方法绘制下半部分。下半部分两水平直线的距离是 70，其他操作与绘制上半部分相同。完成后再选择“修改”→“修剪”命令，修剪掉多余的直线，如图 13-32 所示。

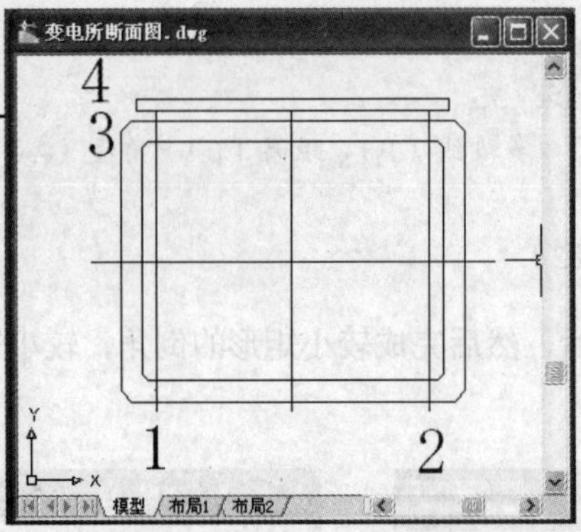


图 13-31

绘制并连接直线

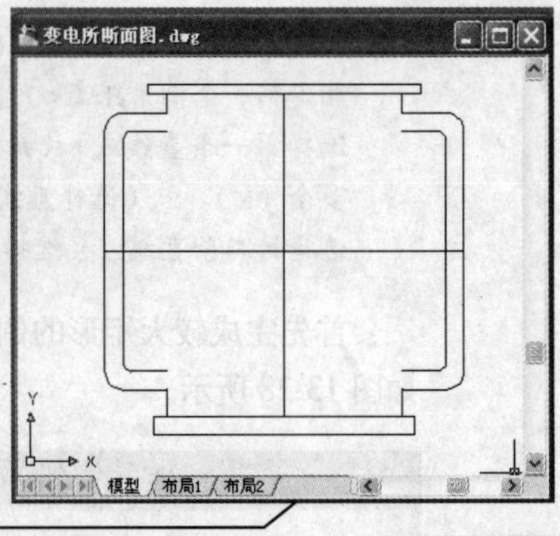


图 13-32

绘制下半部分

**Step 9** 选择“绘图”→“矩形”命令，以两中心线交点为中心绘制一个带圆角的矩形，矩形的长为380、宽为460，圆角的半径为35。绘制方法和Step1～Step5中绘制圆角矩形的方法类似。绘制工程中需要调用的命令有“直线”、“偏移”、“倒角”等，如图13−33所示。

**Step 10** 选择“修改”→“镜像”命令，以竖直线中心线为对称轴，绘制6条竖直直线，长度均为840，直线间的距离为110，如图13−34所示。至此，所用变压器图形绘制完毕。

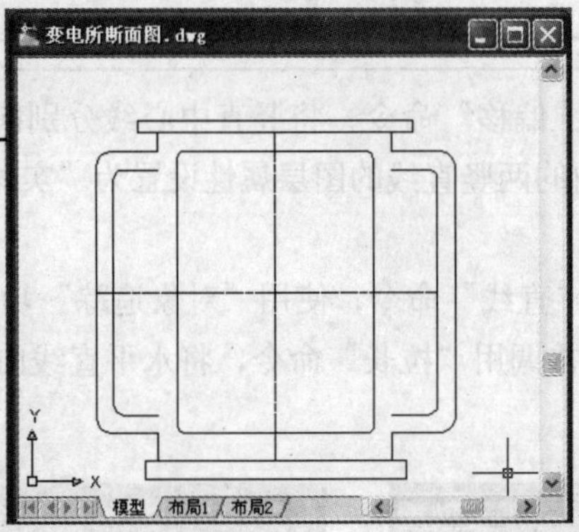


图 13-33

绘制带圆角的矩形

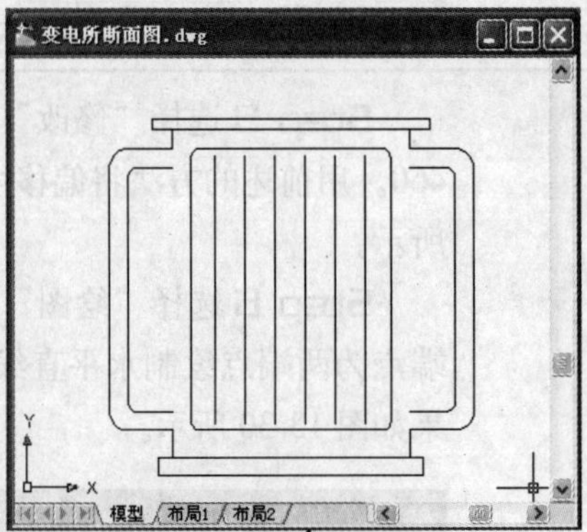


图 13-34

绘制完毕的所用变压器

## 2．绘制隔离开关

具体操作步骤如下：

**Step 1** 单击“绘图”工具栏中的“矩形”命令，绘制一个长为320、宽为680的矩形。然后单击“修改”工具栏中的“分解”命令，将绘制的矩形分解为直线1、2、3、4，如图13-35所示。

**Step 2** 单击“修改”工具栏中的“偏移”命令，将直线2向右偏移160，得到直线5。再选择“修改”→“拉长”命令，将直线5向上拉长110，拉长后直线的上端点为O，结果如图13-36所示。

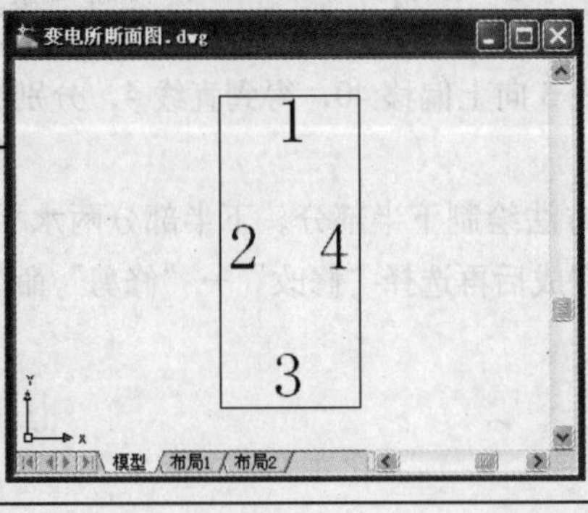


图 13-35

绘制矩形并分解直线

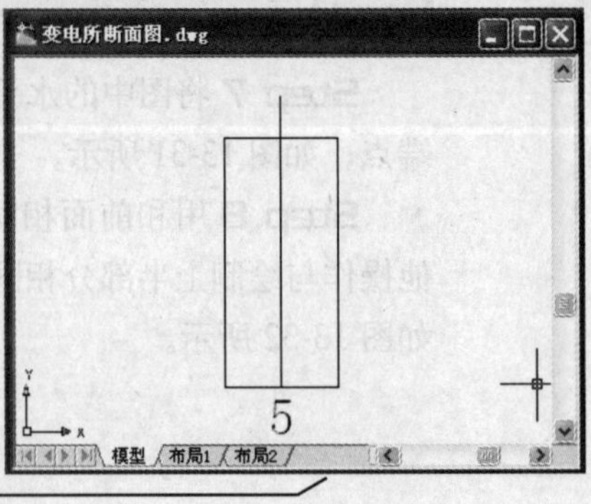


图 13-36

偏移并拉长直线

**Step 3** 单击“绘图”工具栏中的“圆”按钮，使用“对象捕捉”功能，用鼠标捕捉O点，绘制一个半径为110的圆，如图13-37所示。

**Step 4** 此圆和前面绘制的矩形的一边刚好相切。然后删除掉直线5，隔离开关结果如图13-38所示。

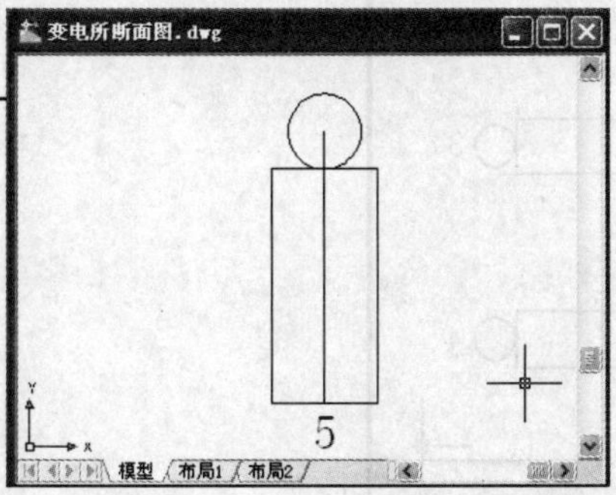


图 13-37

绘制圆

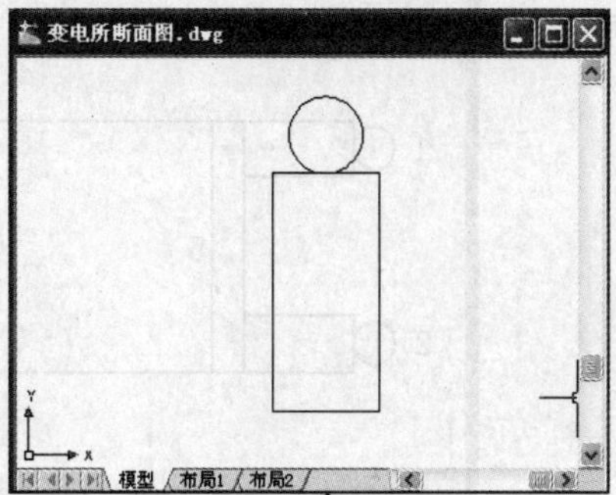


图 13-38

隔离开关绘制完成

**Step 5** 选择“绘图”→“块”→“创建块”命令，弹出“块定义”对话框，如图13-39所示。在“名称”下拉列表中选择“绝缘子”选项，在屏幕上用鼠标捕捉矩形的左下角作为基点，对象选择整个绝缘子，“块单位”下拉列表设置为“毫米”，选中“按统一比例缩放”复选框，然后单击“确定”按钮。

**Step 6** 单击“绘图”工具栏中的“矩形”按钮，绘制一个长1 800、宽1 460的矩形。再单击“修改”工具栏中的“分解”按钮，将绘制的矩形分解为直线1、2、3、4，如图13-40所示。

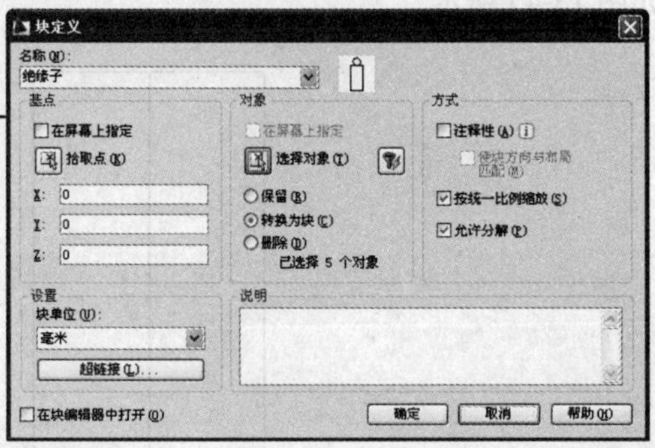


图 13-39

“块定义”对话框

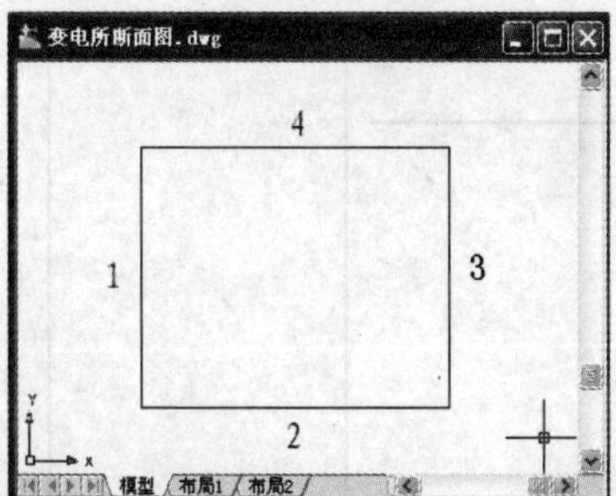


图 13-40

绘制并分解矩形

**Step 7** 单击“修改”工具栏中的“偏移”按钮，将直线1向右偏移190，得到直线5；将直线3向左偏移190，得到直线6，如图13-41所示。

**Step 8** 选择“插入”→“块”命令，弹出“插入”对话框，如图13-42所示。在“名称”下拉列表中选择“绝缘子”选项、选中“插入点”和“比例”选项组中的“在屏幕上指定”复选框，旋转角度根据情况不同输入不同的值。

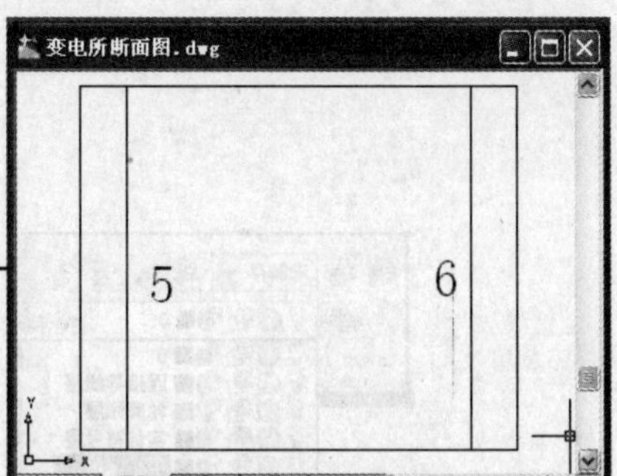


图 13-41

偏移直线

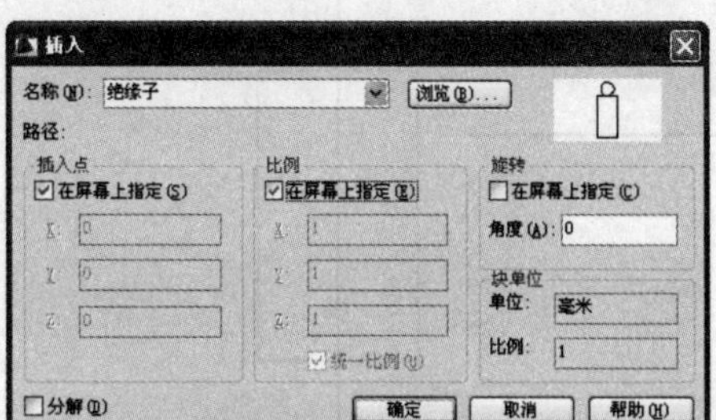


图 13-42

“插入”对话框

**Step 9** 一共要插入 4 次，分别选择矩形的 4 个角点作为插入点，对于绝缘子 1 和 4，旋转角度为 -270°，对于绝缘子 2，旋转角度为 -90°，如图 13-43 所示。

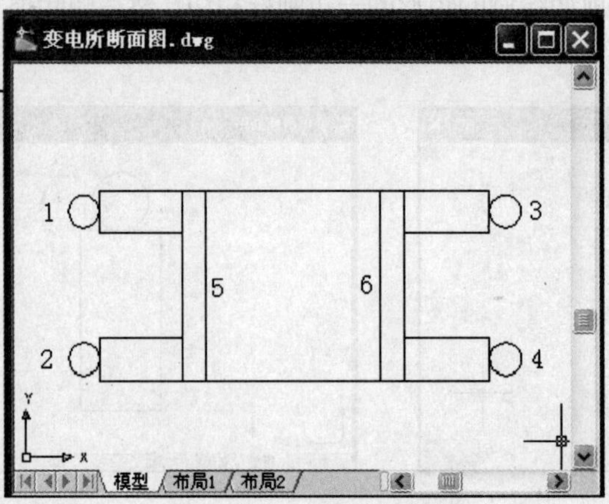


图 13-43
插入“绝缘子”后的结果

### 3. 创建高压互感器

绘制高压互感器的具体操作步骤如下：

**Step 1** 单击“绘图”工具栏中的“矩形”按钮，绘制一个长为 472、宽为 820 的矩形，如图 13-44 所示。

**Step 2** 单击“修改”工具栏中的“分解”按钮，将绘制的矩形分解为 4 条直线。然后单击“修改”工具栏中的“偏移”按钮，将其中一条竖直直线向中心方向偏移 236，得到竖直方向的中心线，如图 13-45 所示。

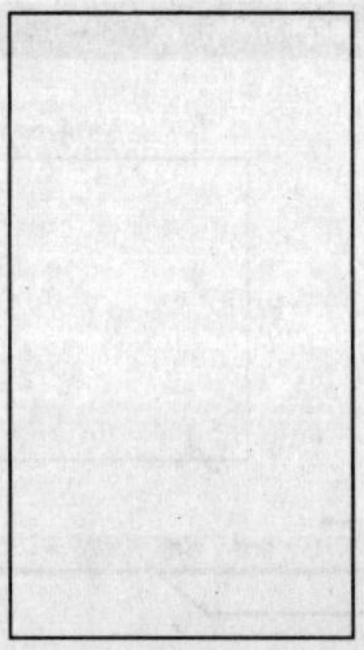

图 13-44
绘制矩形

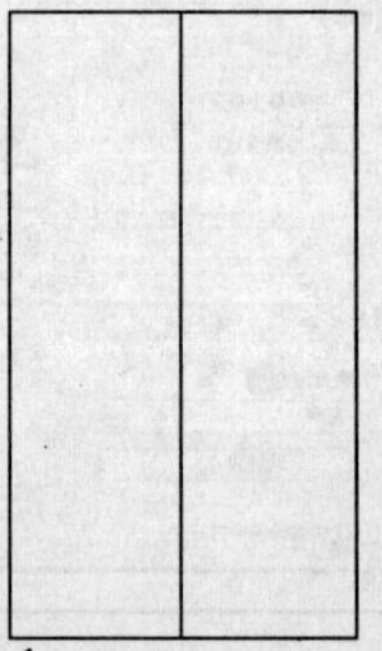

图 13-45
分解并偏移直线

**Step 3** 选择“修改”→“拉长”命令，将此中心线向上拉长 400，向下拉长 200。最后选定中心线，如图 13-46 所示。

**Step 4** 单击“图层”工具栏中的下拉箭头选择“中心线层”选项，单击结束，即得到绘制完成的矩形及其中心线，如图 13-47 所示。

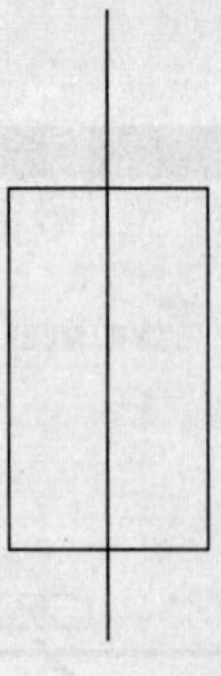

图 13-46
拉长中心线

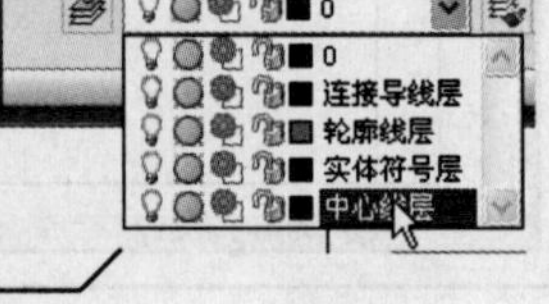


图 13-47
更改图层

**Step 5** 单击“绘图”工具栏中的“圆角”按钮，采用“修剪、角度、距离”模式，对矩形上边两个角倒圆角，上面两个圆角的半径为 36，命令行提示如下。

```
命令: _fillet
当前设置: 模式 = 修剪, 半径 = 0.0000
选择第一个对象或[放弃(U)/多段线(P)/半径(R)/修剪(T)多个(M)]: R
指定圆角半径<0.0000>: 36
选择第一个对象或[放弃(U)/多段线(P)/半径(R)/修剪(T)多个(M)]:
选择第二个对象，或按住【Shift】键选择要应用角点的对象: (选择矩形的上边和左边直线)
```

**Step 6** 采用同前面一样的方法，利用“修剪、角度、距离”模式，对矩形下边的两个角倒圆角，两个圆角的半径为 110，如图 13-48 所示。

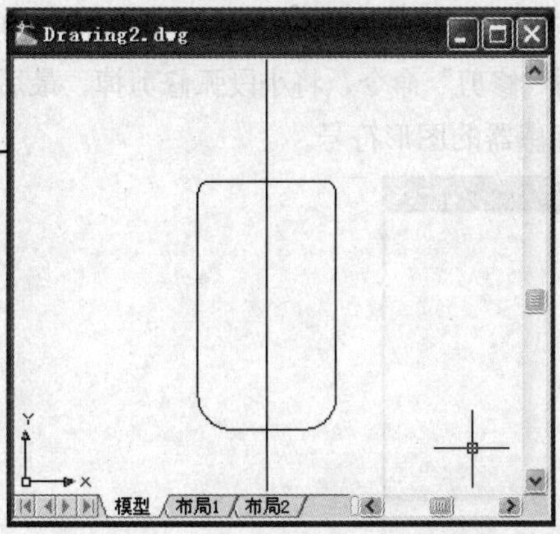


图 13-48
设置圆角半径

**Step 7** 单击“修改”工具栏中的“偏移”按钮，将直线 AB 向下偏移 40。再选择“修改”→“拉长”命令，将偏移得到的直线向两端分别拉长 75，如图 13-49 所示。

**Step 8** 绘制圆弧。指定圆弧的起点，指定圆弧的端点，圆弧半径为 160。再绘制第二段圆弧，起点、端点分别为 B 和 D，半径也为 160，如图 13-50 所示。

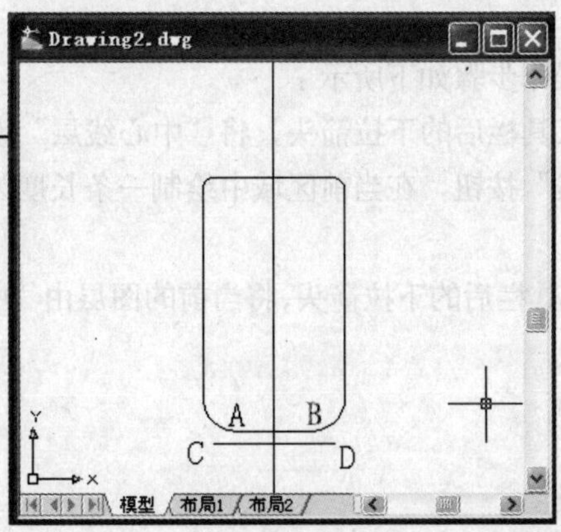


图 13-49
偏移并拉伸直线

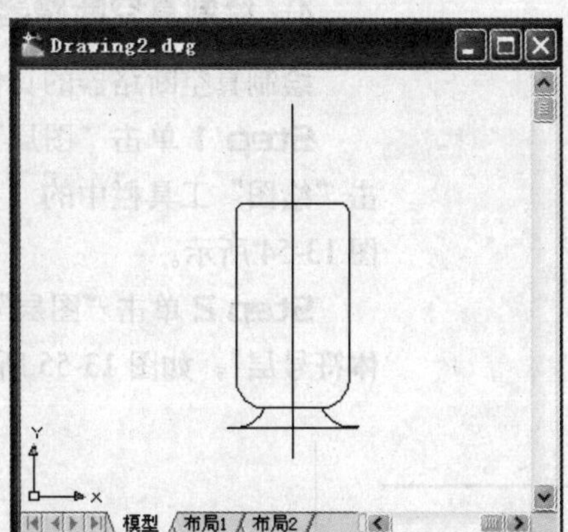


图 13-50
绘制圆弧

**Step 9** 单击“绘图”工具栏中的“直线”按钮，绘制一条长为 500 的竖直直线。以此直线为中心线，单击“绘图”工具栏中的“矩形”按钮，分别绘制 3 个矩形，3 个矩形的长和宽分别为：矩形 A 长 44、宽 40；矩形 B 长 180、宽 200；矩形 C 长为 118、宽 118，如图 13-51 所示。

**Step 10** 选择“修改”→“移动”命令，以矩形 C 下边的中点圆角矩形上边的中点重合为原则，平移矩形 A、B 和 C 或单击“修改”工具“复制”命令，将图 13-51 复制到图 13-50 的上方，效果如图 13-52 所示。

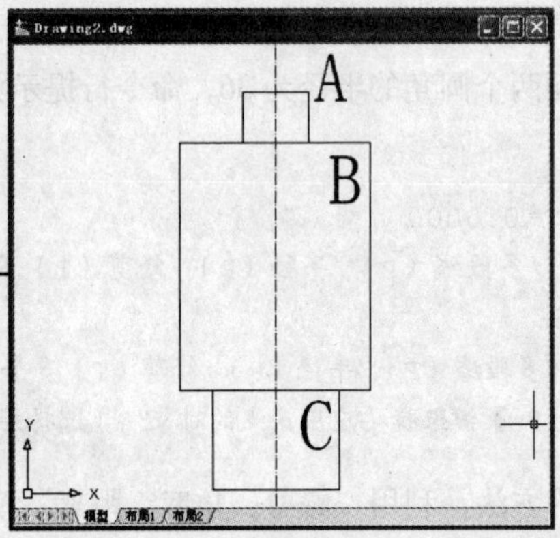


图 13-51

绘制矩形

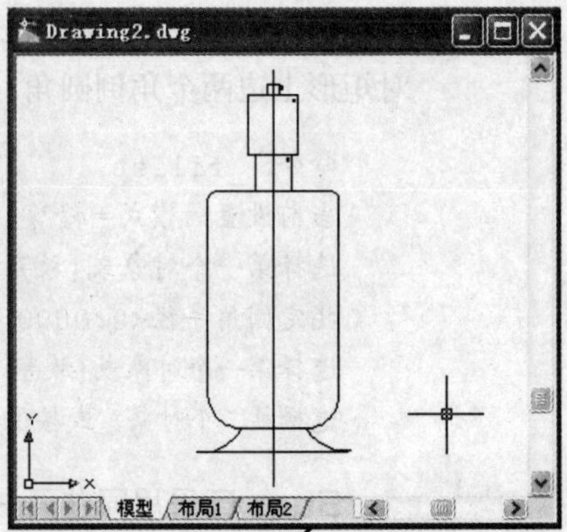


图 13-52

偏移并圆角处理

**Step 11** 单击“绘图”工具栏中的“圆弧”按钮，采用“起点、端点、半径”模式绘制圆弧，圆弧的起点和端点分别为 M 点和 N 点，半径为 360。然后采用“夹点”拉伸将圆弧的起点和端点重合，调用“修剪”命令，将小段弧修剪掉，最后得到的结果如图 13-53 所示，即为绘制完成的高压互感器的图形符号。

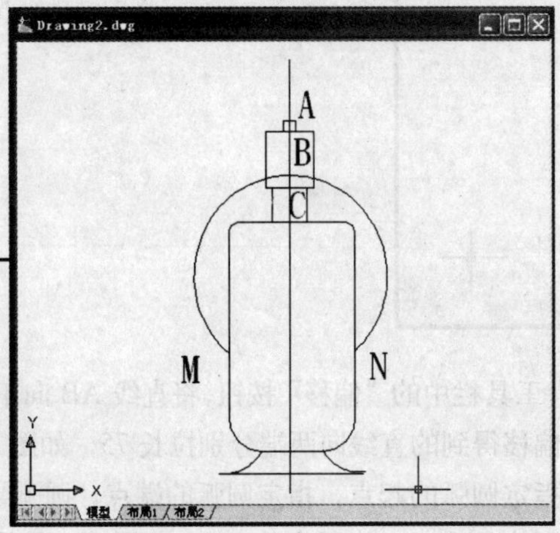


图 13-53

完成圆形绘制

### 4. 绘制真空断路器

绘制真空断路器的具体操作步骤如下所示：

**Step 1** 单击“图层”工具栏后的下拉箭头，将“中心线层”设置为当前图层。再单击“绘图”工具栏中的“直线”按钮，在当前区域中绘制一条长度为 2 000 的中心线，如图 13-54 所示。

**Step 2** 单击“图层”工具栏后的下拉箭头，将当前的图层由“中心线层”切换为“实体符号层”，如图 13-55 所示。

图 13-54

绘制直线

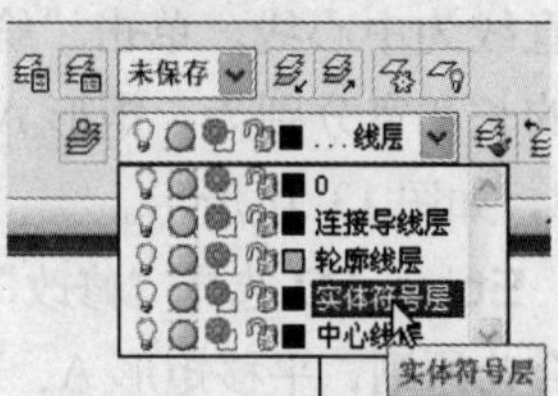


图 13-55

调整图层

**Step 3** 使用“正交”和“对象捕捉”功能，单击“绘图”工具栏中的“直线”按钮，分别绘制直线 2、3 和 4，长度分别为 1 000、1 400 和 400，如图 13-56 所示。

**Step 4** 单击状态栏上的“正交”按钮，使其处于关闭状态。单击“绘图”工具栏中的“直线”按钮，分别捕捉直线 4 的右端点和直线 3 的上端点，得到直线 5，如图 13-57 所示。

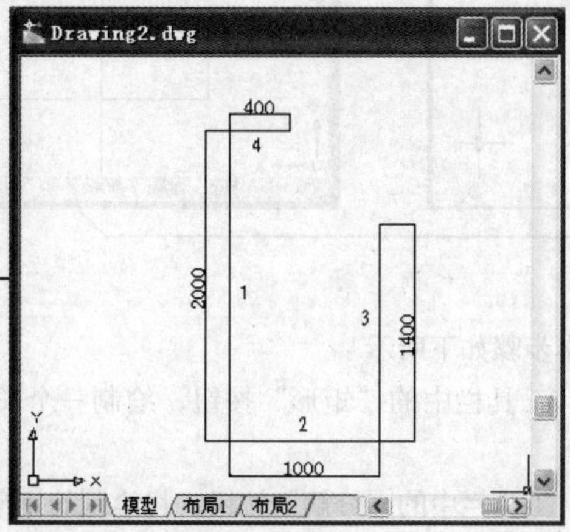


图 13-56

分别绘制其他直线

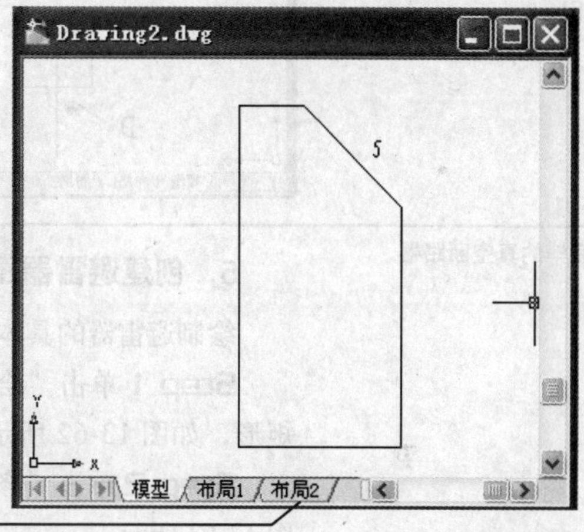


图 13-57

得到直线 5

**Step 5** 单击“修改”工具栏中的“镜像”按钮，选择直线 2、3、4 和 5 为镜像对象，选择直线 1 为镜像线，进行镜像操作。再选择“修改”→“拉长”命令，选择直线 1 为拉长对象，将直线 1 分别向上和向下拉长 400，如图 13-58 所示。

**Step 6** 单击“修改”工具栏中的“偏移”按钮，将中心线向右偏移，偏移量为 700，与五边形的倾斜边的交点为 A，如图 13-59 所示。

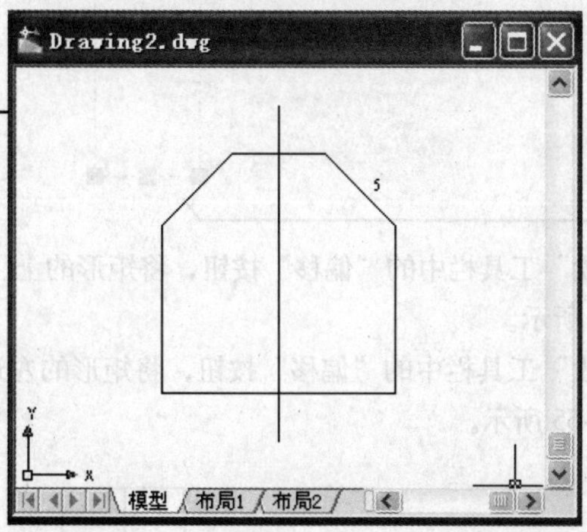


图 13-58

绘制真空断路器的草图

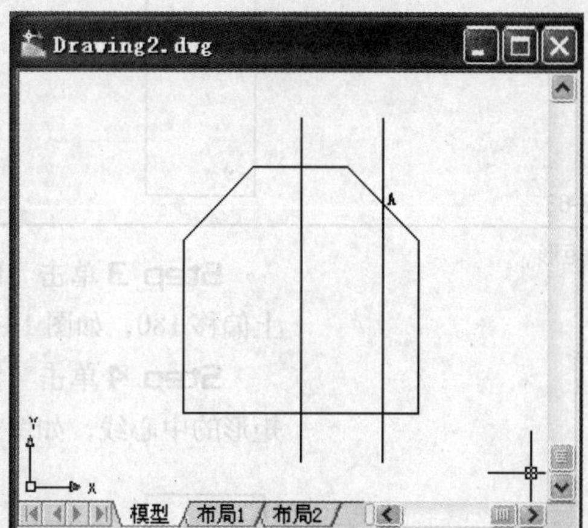


图 13-59

偏移直线

**Step 7** 单击“绘图”工具栏中的“直线”按钮，绘制一条竖直直线，长度为 1 600，并将此直线图层属性设置为“中心线层”。再单击“绘图”工具栏中的“矩形”按钮，绘制两个关于中心线对称的矩形 B 和 C，B 的长和宽分别为 180、190，C 的长和宽分别为 320、900，中心线和矩形 C 底边的交点为 D，如图 13-60 所示。

**Step 8** 单击“修改”工具栏中的“移动”按钮，以点 D 和点 A 重合为原则，捕捉 D 点作为平移的基点，捕捉点 A 作为移动的终点。然后，单击“修改”工具栏中的“旋转”按钮，将矩形以 N 点为基点旋转 − 45°。再单击“修改”工具栏中的“镜像”命令，以矩形为镜像对象，以图形的中心镜像线为镜像线，进行镜像，得到的结果如图 13-61 所示。

图 13-60
绘制矩形

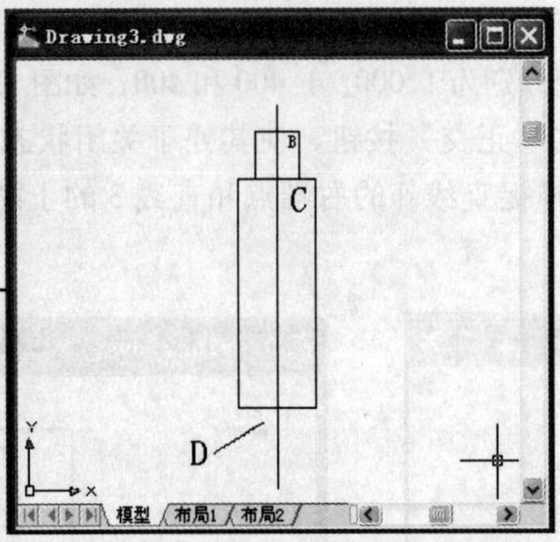


图 13-61
绘制完毕的真空断路器

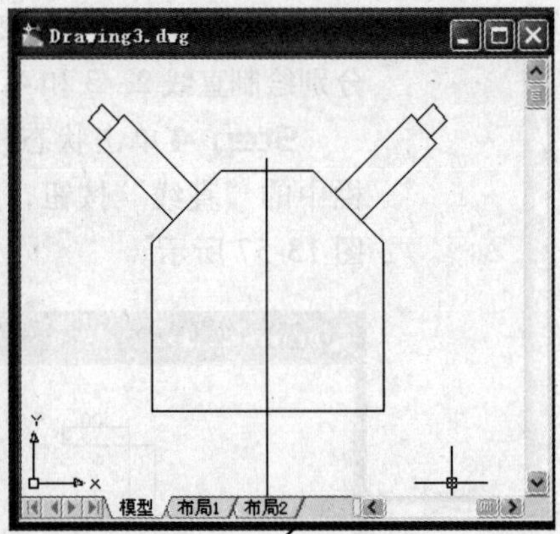


### 5．创建避雷器图形

绘制避雷器的具体操作步骤如下所示：

**Step 1** 单击“绘图”工具栏中的“矩形”按钮，绘制一个长为 440、宽 1 600 的矩形，如图 13-62 所示。

**Step 2** 单击“修改”工具栏中的“分解”按钮，将绘制的矩形分解为 4 条直线，如图 13-63 所示。

图 13-62
绘制矩形

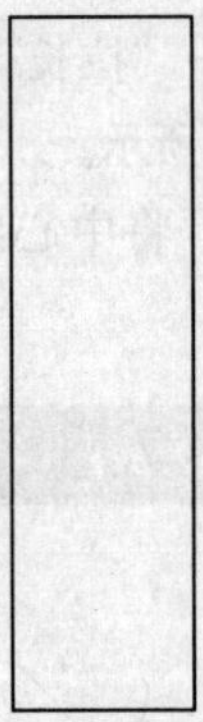

图 13-63
分解矩形

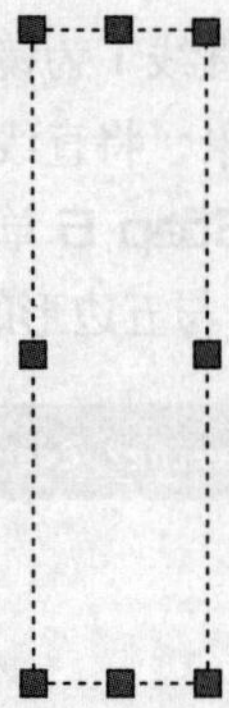

**Step 3** 单击“修改”工具栏中的“偏移”按钮，将矩形的上、下两边分别向下和向上偏移 180，如图 13-64 所示。

**Step 4** 单击“修改”工具栏中的“偏移”按钮，将矩形的左边向右偏移 220，得到矩形的中心线，如图 13-65 所示。

图 13-64
偏移直线

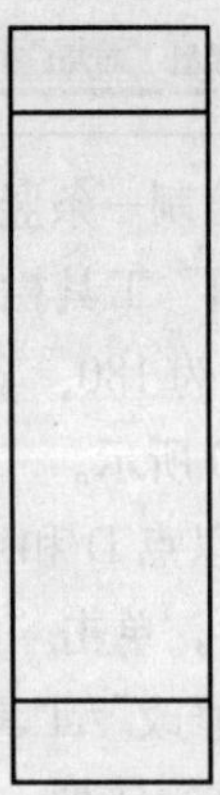

图 13-65
偏移得到中心线

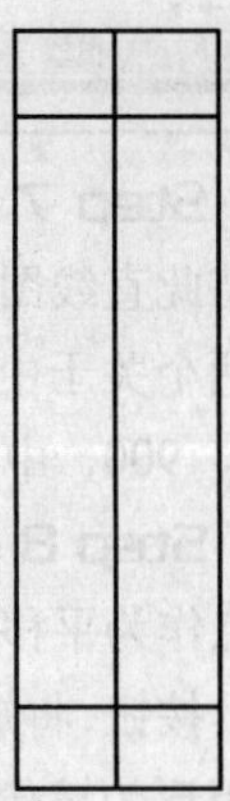

**Step 5** 单击“修改”工具栏中的“拉长”按钮，选择中心线为拉长对象，将中心线向上拉长 170，如图 13-66 所示。

**Step 6** 单击“绘图”工具栏中的“圆”按钮，使用“对象捕捉”功能，捕捉点 O 为圆心，绘制一个半径为 85 的圆。并单击“修改”工具栏中的“删除”按钮，选择中心线，最后按【Enter】键删除中心线。图 13-67 所示为绘制完成的避雷器的图形符号。

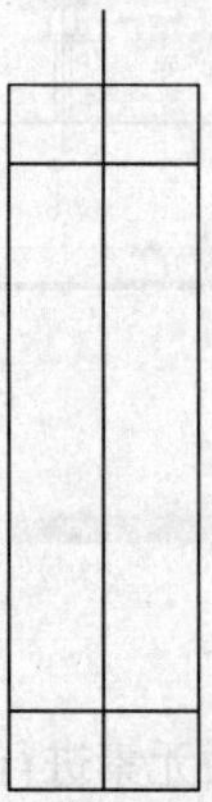

图 13-66

拉长直线

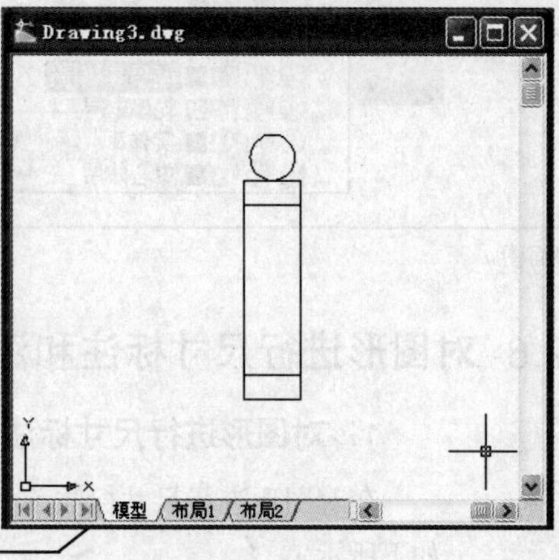

图 13-67

绘制完成的避雷器

## 13.2.4 插入电气设备

将绘制完成的各主要电气设备的符号插入到架构图的相应位置，基本完成草图的绘制。

在插入各主要电气设备的符号时，需要注意以下几点问题：

◆ 尽量使用“对象捕捉”功能，使得电器符号能够准备定位到合适的位置。

◆ 注意选择“修改”→“缩放”命令，调整各图形符号到合适的尺寸，保证整张图的整齐和美观。

完成后的结果如图 13-68 所示。

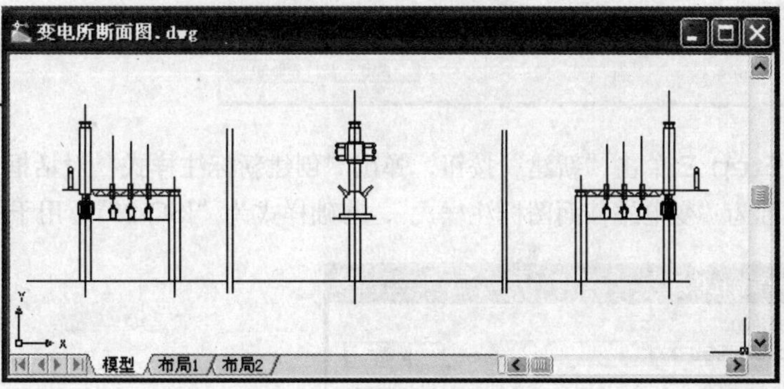

图 13-68

插入电气设备后的结果

## 13.2.5 连接导线

连接导线的具体操作步骤如下所示：

**Step 1** 单击“图层”工具栏后的下拉箭头，将当前图层从“实体符号层”切换为“连接导线层”，如图 13-69 所示。

**Step 2** 分别单击“绘图”工具栏中的“直线”和“圆弧”按钮，绘制连接导线。在绘制过程中，可使用“对象捕捉”功能，捕捉导线的连接点。图 13-70 即为绘制完成的导线变电所截面图。

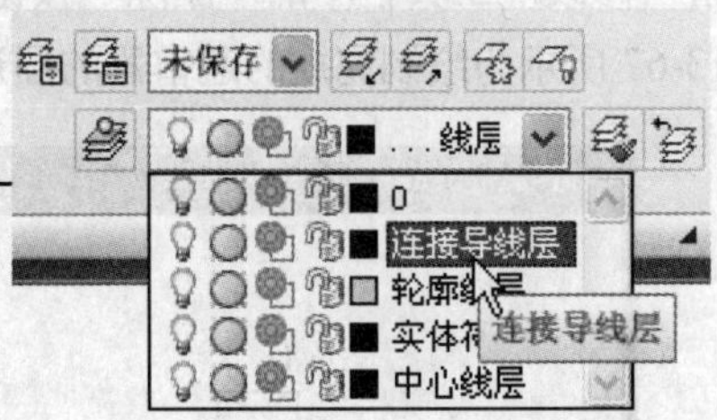


图 13-69
选择图层

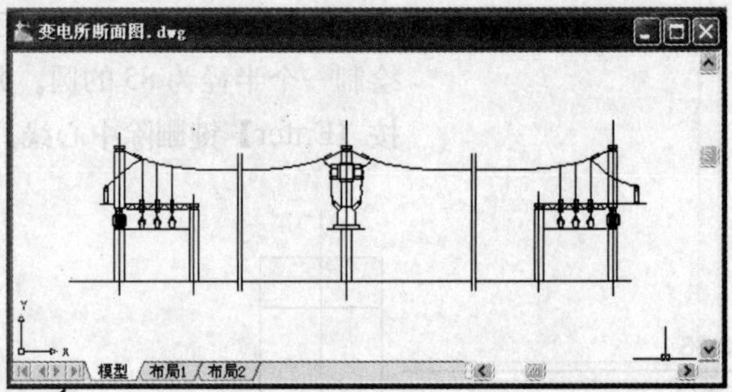


图 13-70
添加导线后的变电所截面图

## 13.2.6 对图形进行尺寸标注和添加说明文字

### 1．对图形进行尺寸标注

在对图形进行尺寸标注前，首先要对标注的一些相关元素进行设置，具体的操作步骤如下所示：

**Step 1** 选择“格式”→“样式标注”命令，弹出“标注样式管理器”对话框，如图 13-71 所示。

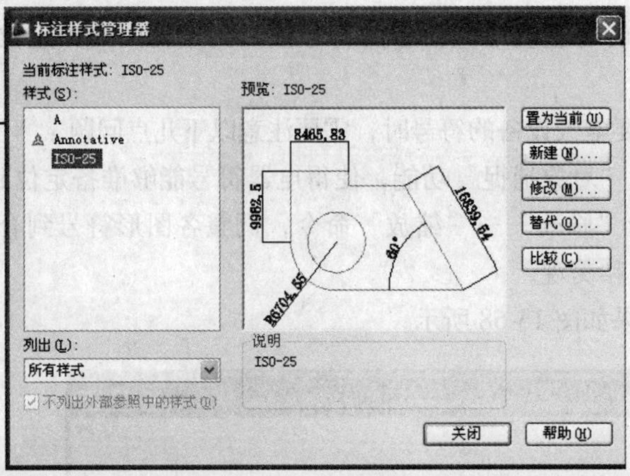


图 13-71
“标注样式管理器”对话框

**Step 2** 单击“新建”按钮，弹出“创建新标注样式”对话框，如图 13-72 所示。样式名称为“变电站截面图标注样式”，基础样式为“ISO-25”，用于“所有标注”。

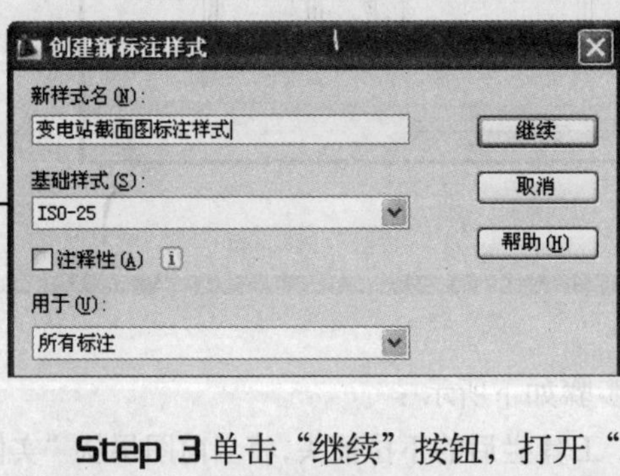


图 13-72
“创建新标注样式”对话框

**Step 3** 单击“继续”按钮，打开“新建标注样式”对话框。其中有 6 个选项卡，可对新建的“变电站截面图标注样式”风格进行设置。“线”选项卡设置如图 13-73 所示。“基线间距”数值框设置为“13”，“超出尺寸线”数值框设置为“2.5”。

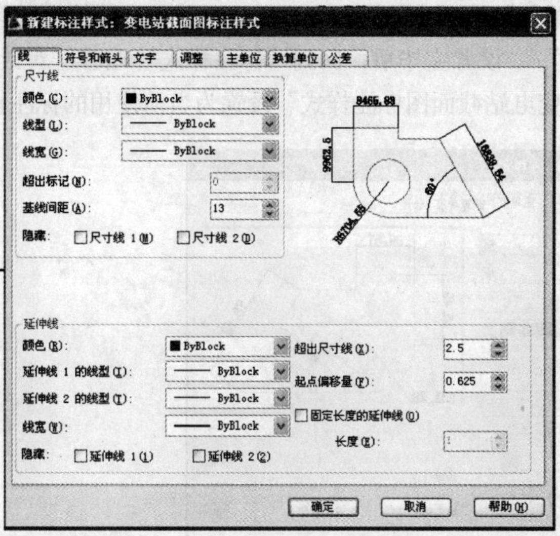

图 13-73
“线”选项卡的设置

**Step 4** “文字”选项卡的设置如图 13-74 所示。“文字高度”数值框设置为“7”,“从尺寸线偏移”数值框设置为“0.5”，文字对齐采用“ISO 标准”方式。

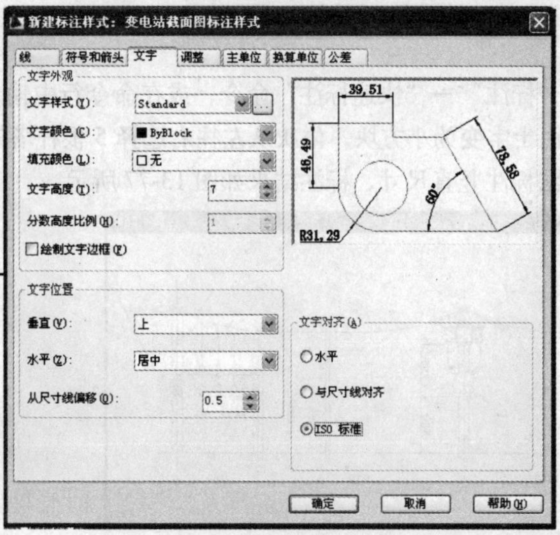

图 13-74
“文字”选项卡的设置

**Step 5** “调整”选项卡的设置如图 13-75 所示。在“文字位置”选项组中选中“尺寸线上方，带引线”单选按钮。

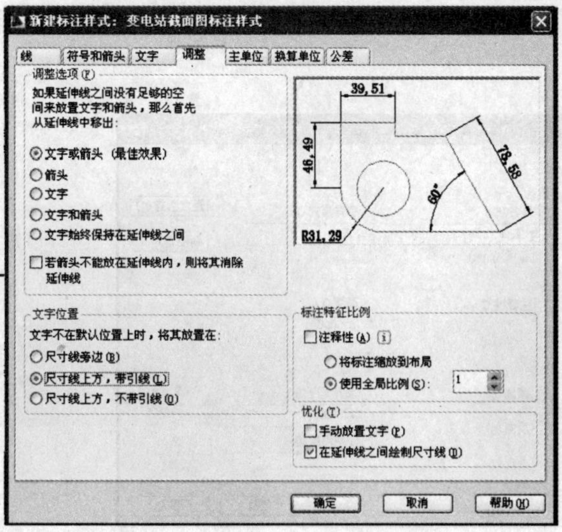

图 13-75
“调整”选项卡的设置

**Step 6**“主单位”选项卡的设置如图 13-76 所示。数值框“舍入”设置为“0”，小数分隔符为“句点”。设置完毕后，回到“标注样式管理器”对话框，单击“置为当前”按钮，将新建的“变电站截面图标注样式”设置为当前使用的标注样式。

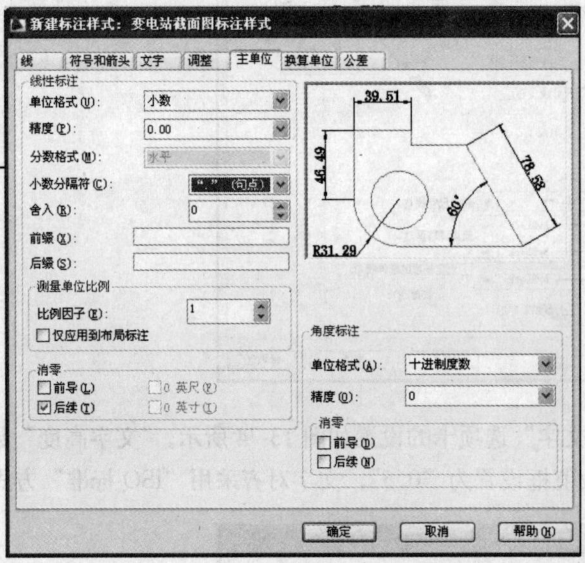


图 13-76
“主单位”选项卡的设置

**Step 7** 选择“标注”→“快速标注”命令，或在命令行中输入“PDLM”命令后按【Enter】键，光标由十字变为小方块，依次从左往右选择 5 根杆塔的中心线，标注水平尺寸。再用相同的方法标注竖直尺寸，标注结果如图 13-77 所示。

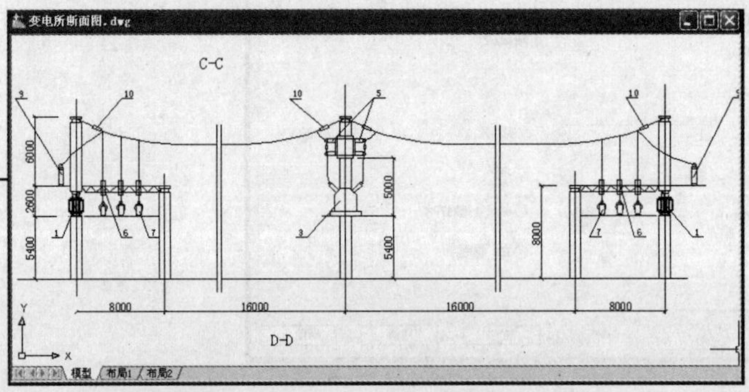


图 13-77
标注完成的变电所截面图

## 2. 对电气图形符号进行标注

对电气图形符号进行标注的操作步骤如下：

**Step 1** 选择“格式”→“文字样式”命令，弹出“文字样式”对话框，如图 13-78 所示。

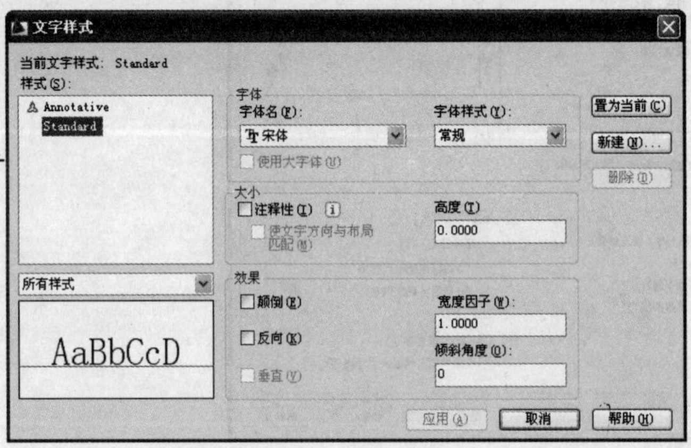


图 13-78
“文字样式”对话框

**Step 2** 在“文字样式”对话框中单击“新建”按钮，然后输入样式名“工程字”，并单击“确定”按钮，如图 13-79 所示。

图 13-79
新建样式

**Step 3** 在“字体名”下拉列表中选择“仿宋 _GB2313”选项，宽度因子输入值为“0.7000”，单击“应用”按钮，如图 13-80 所示。

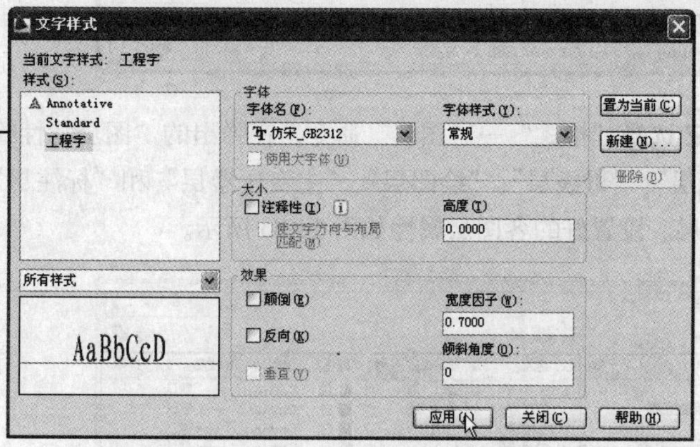


图 13-80
设置样式

**Step 4** 在命令行中输入“MTEXT”命令，选择样式名为“工程字”，对其方式选择中央对齐，输入需要输入的文字，最终效果如图 13-81 所示。

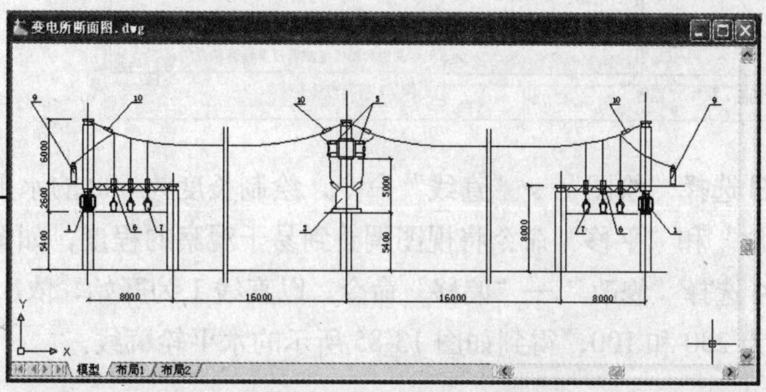


图 13-81
绘制完成的变电所截面图

## 13.3 精通必备：电气图

变电所的电气主接线是高压电气设备通过连接线组成的接受和分配电能的电路，又称一次接线或电气主系统。电气主接线图不仅标明各个主要设备的规格、数量，而且反映了各个部分的关系及作用。

### 13.3.1 绘制电气主接线图

电气主接线图是在 A3 的图纸上绘制的。从 A3 图纸样板开始新图，绘制完毕后要加上 A4 标准图框。具体绘制方法如下：

**Step 1** 打开 AutoCAD 2009 应用程序，以“A3.dwt”样板文件为模板建立新文件，将新文件命名为“变电主接线图 .dwt”并保存，如图 13-82 所示。

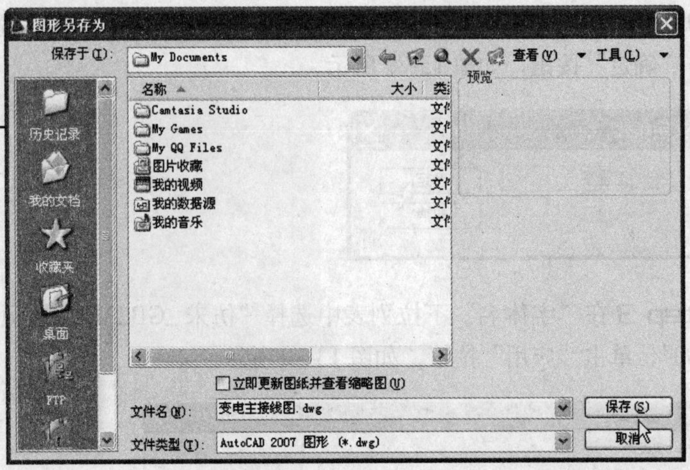


图 13-82
保存文件

**Step 2** 选择“格式”→“图层”命令，在弹出的“图层特性管理器”窗口中分别设置“轮廓线层”、“母线层”、“绘图层”、“主变压器层”和“标注层”，将“轮廓线层”设置为当前图层。设置好的各图层属性如图 13-83 所示。

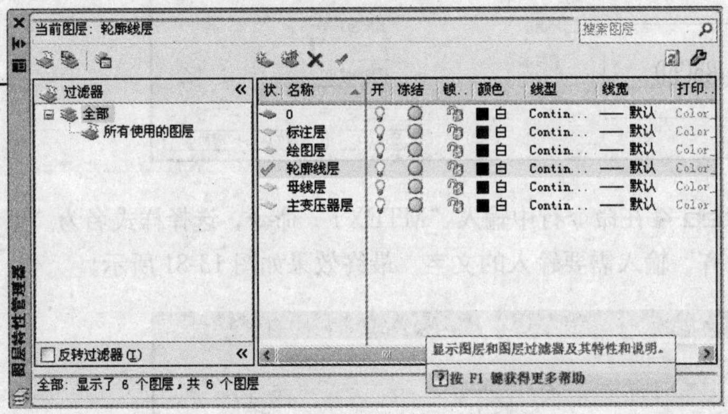


图 13-83
设置图层

**Step 3** 选择“绘图”→“直线”命令，绘制长度为 600 的水平轮廓初始线。然后分别调用“缩放”和“平移”命令将视图调整到易于观察的程度，如图 13-84 所示。

**Step 4** 选择“修改”→“偏移”命令，以直线 1 为开始，依次向下绘制直线 2 和 3，偏移量分别为 200 和 100，得到如图 13-85 所示的水平轮廓线。

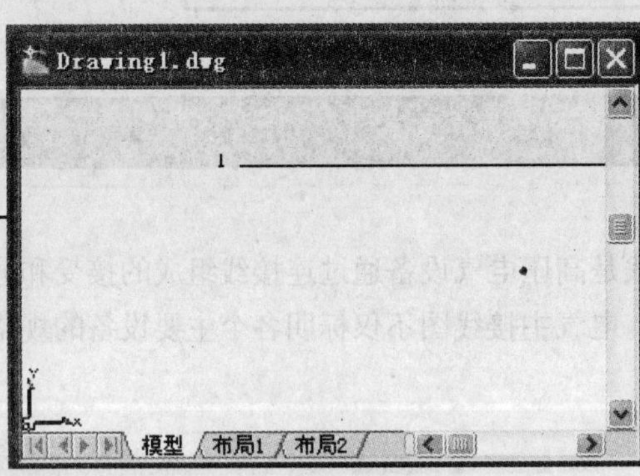


图 13-84
绘制并调整直线

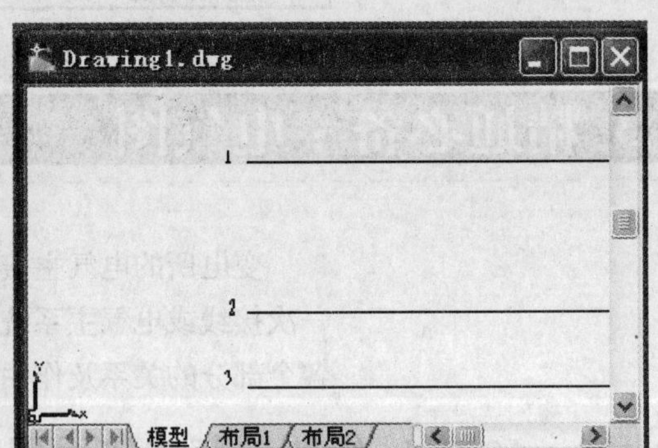


图 13-85
绘制直线 2、直线 3

**Step 5** 选择“绘图”→“直线”命令，同时启用“对象捕捉”功能，绘制直线 4 和 5，得到如图 13-86 所示的轮廓竖直初始线。

**Step 6** 选择“修改”→“偏移”命令，以直线 4 为起始，依次向右偏移 300、300。然后继续执行“偏移”命令，以直线 5 为起始，依次向右偏移 50、100、100、100、100、100、100 和 50，得到所有竖直的轮廓线，效果及尺寸如图 13-87 所示。

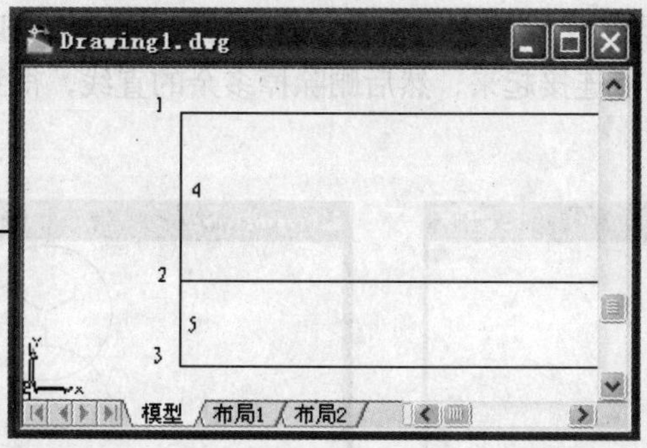


图 13-86
绘制轮廓线竖直初始线

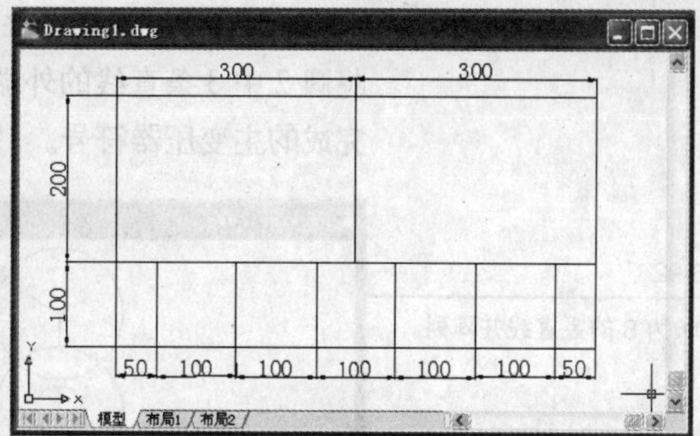


图 13-87
绘制竖直轮廓线

**Step 7** 单击“图层”工具栏后的下拉箭头，将“主变压器层”设为当前图层，调用“圆”命令绘制一个半径为 20 的圆 1。使用“正交”和“对象捕捉”功能，调用“复制”功能复制圆 1，并向下移动，以基点为圆 1 的圆心，位移为 30 得到圆 2，如图 13-88 所示。

**Step 8** 选择“绘图”→“直线”命令，捕捉圆 1 的圆心为直线起点，向下移动，使用“正交”功能，根据命令行提示，输入直线长度 10，按回车键后得到的结果如图 13-89 所示。

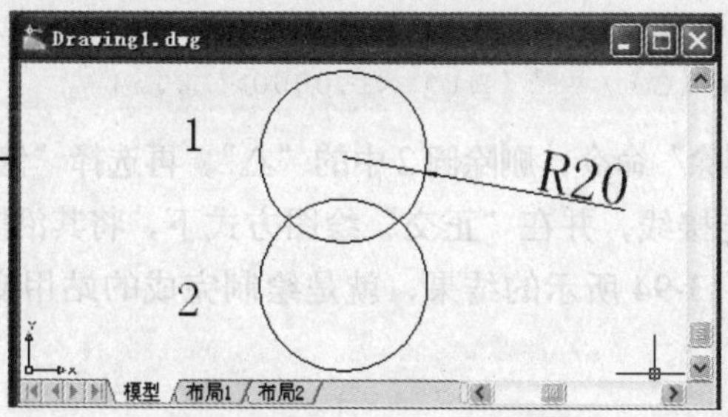


图 13-88
绘制和复制圆

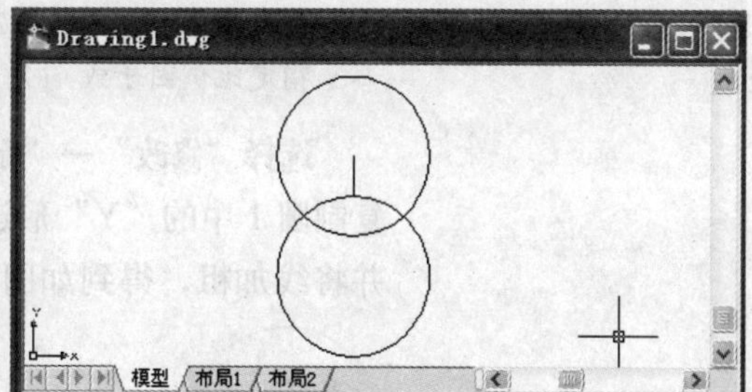


图 13-89
绘制竖直直线

**Step 9** 选择“修改”→“阵列”命令，弹出“阵列”对话框，如图 13-90 所示。选中“环形阵列”单选按钮，单击“选择对象”前面的按钮，选择直线后按回车键。

**Step 10** 捕捉到圆 1 的圆心，并单击鼠标，又返回“阵列”对话框。在“方法”下拉列表中选择“项目总数和填充角度”选项，“项目总数”文本框设置为“3”，“填充角度”文本框设置为“360”，最后单击“确定”按钮，竖直直线被复制 3 份并在圆 1 内均匀分布，效果如图 13-91 所示。

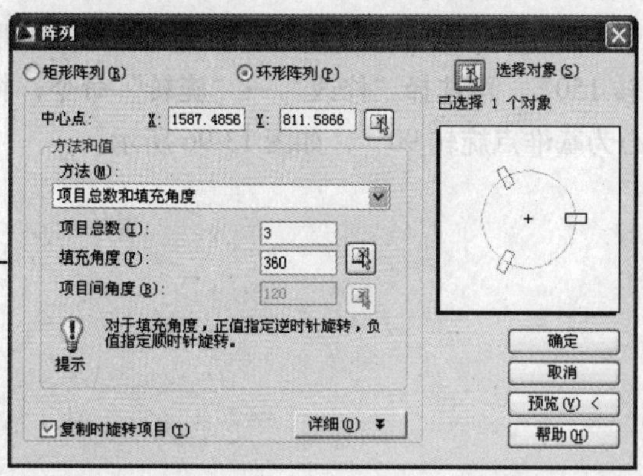


图 13-90
设置“阵列”对话框

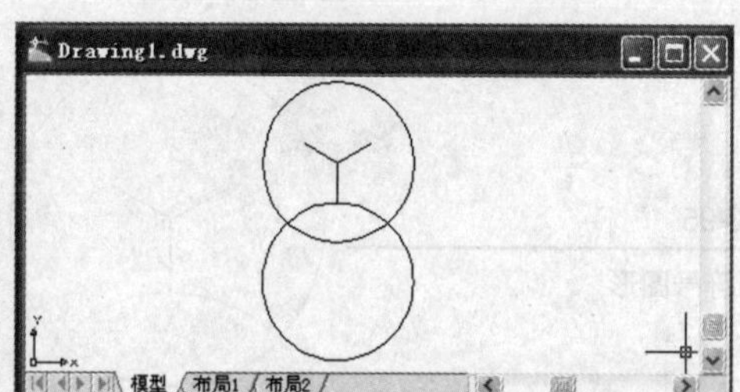


图 13-91
复制竖直直线

**Step 11** 选择“绘图”→“圆”命令，以圆 2 的圆心为圆心，绘制一个半径为 8 的圆。再选择“绘图”→“直线”命令，以圆 2 的圆心为起点，画一条竖直向上长度为 8 的直线，并调用“阵列”命令，绕圆心复制 3 份，如图 13-92 所示。

**Step 12** 选择“修改”→“修剪”命令，修剪半径为 8 的圆和多余直线，并用直线将圆 2 中 3 条直线的外端点连接起来，然后删除掉多余的直线，得到图 13-93，即为绘制完成的主变压器符号。

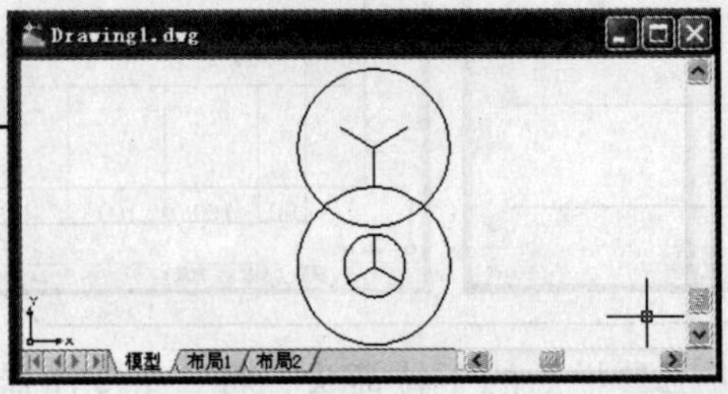


图 13-92
绘制长为 8 的竖直线并阵列

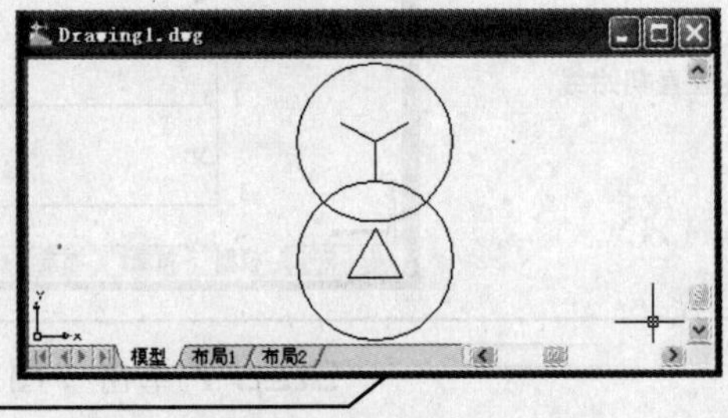


图 13-93
绘制完成的主变压器符号

**Step 13** 选择“修改”→“复制”命令，将上一步中绘制好的主变压器符号复制一份到当前图形中。再选择“修改”→“缩放”命令，选择主变压器符号，将其缩小为原来的 0.5 倍，命令行提示如下：

```
命令: _scale
选择对象: （选择图13-94（a）的主变压器符号）
选择对象:
指定基点: （捕捉圆2的圆心）
指定比例因子或 [复制（C）/参照（R）] <1.0000>: 0.5
```

选择“修改”→“删除”命令，删除圆 2 中的“△”。再选择“修改”→“复制”命令，复制圆 1 中的“Y”形连接线，并在“正交”绘图方式下，将其沿竖直向下方向移动 15，并将线加粗，得到如图 13-94 所示的结果，就是绘制完成的站用变压器符号。

(a) 复制图形　(b) 缩小图形　(c) 站用变压器符号

图 13-94
绘制站用变压器

**Step 14** 选择“修改”→“复制”命令，复制上一步绘制好的站用变压器到当前图形中，尺寸不变，如图 13-95 所示。

**Step 15** 选择“修改”→“旋转”命令，选择复制过来的站用变压器符号，以圆 1 的圆心为基准点，旋转 150°。再选择“修改”→“旋转”命令，将两圆中的“Y”形线分别以对应的圆的圆心为基准点旋转 90°，如图 13-96 所示。

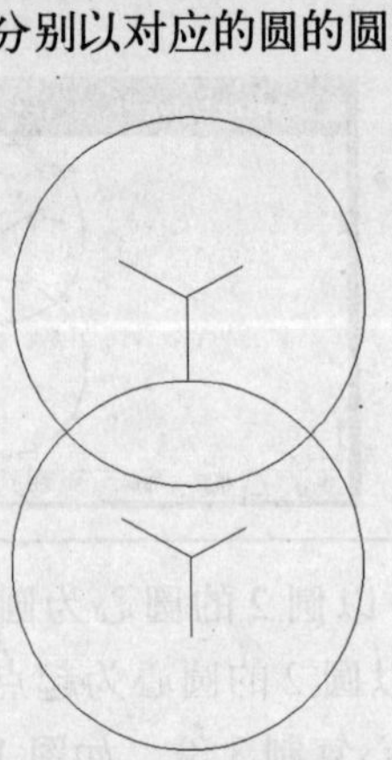

图 13-95
复制符号图形

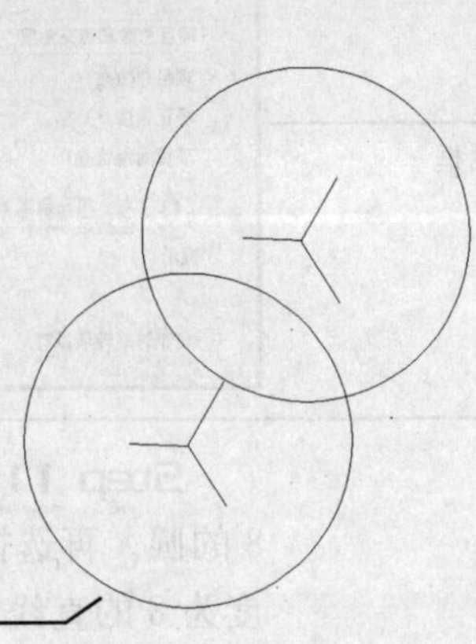

图 13-96
旋转图形

**Step 16** 选择“绘图”→“直线”命令，以圆 2 的圆心为起点，在水平向右方向上画一条直线 L，直线 L 的长度为 15，直线的另一端点为 O，如图 13-97 所示。

**Step 17** 再调用“圆”命令，以 O 为圆心绘制一个半径为 10 的圆，如图 13-98 所示。

图 13-97

绘制直线

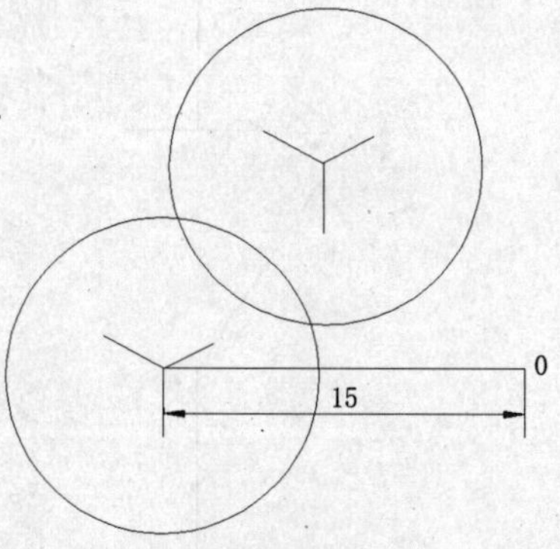


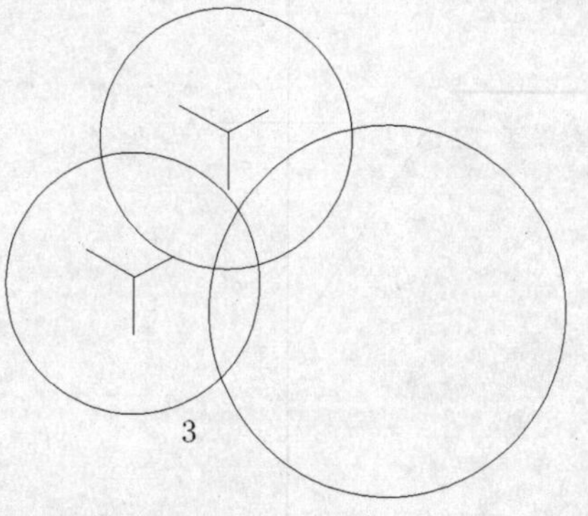


图 13-98

绘制圆

**Step 18** 调用“圆”命令，以圆 3 的圆心为圆心，4 为半径绘制圆 4。绘制圆 4 的内接三角形，方法和前面类似，在此不再赘述。得到内接三角形后，选择“修改”→“偏移”命令，将左边的竖直边向右偏移 4，如图 13-99 所示。

**Step 19** 选择“修改”→“修剪”命令，修剪掉多余的直线段，得到的效果如图 13-100 所示，即完成的电压互感器符号。

图 13-99

绘制圆并偏移直线

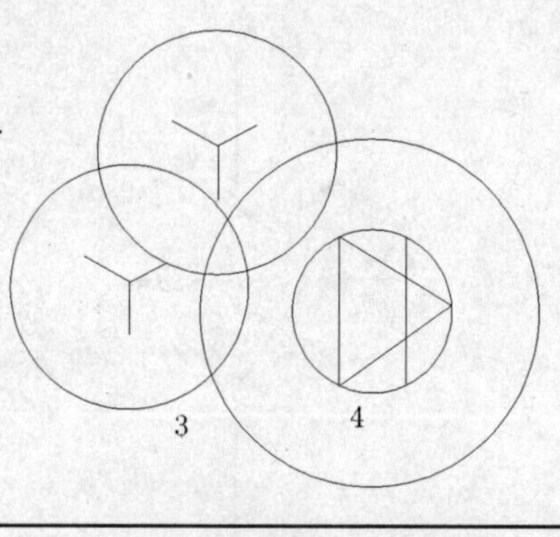


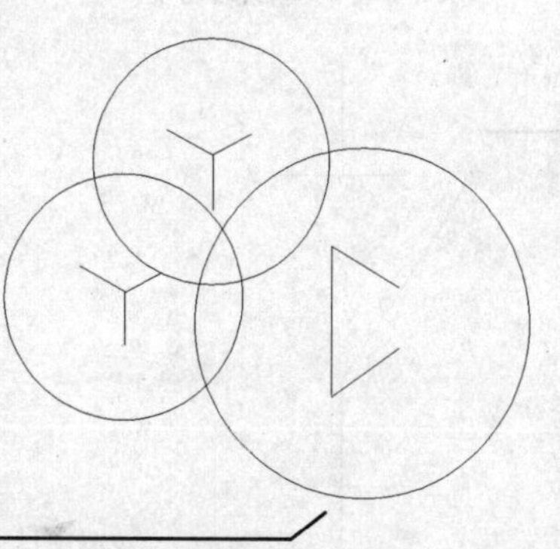

图 13-100

完成的符号

**Step 20** 选择“绘图”→“直线”命令，绘制一竖直线，长度为 24，如图 13-101 所示。

**Step 21** 选择“绘图”→“直线”命令，在竖直线从下往上的 1/3 处，即距离下端点 8 处为起点，利用“极轴追踪”功能绘制一斜线，与竖直线成 30°角。然后以上一条直线的末端点为起点绘制水平直线，端点落在竖直直线上，如图 13-102 所示。

图 13-101

绘制直线

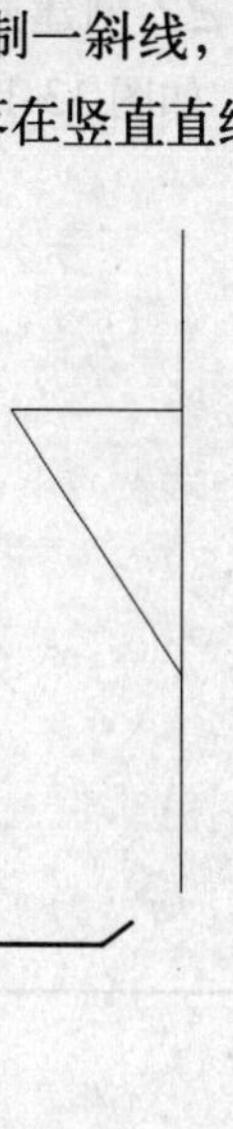

图 13-102

绘制一个三角直线

**Step 22** 选择“修改”→“移动”命令，将水平短线向右移动2，如图13-103所示。

**Step 23** 选择“修改”→“修剪”命令，修剪掉多余的直线，得到如图13-104所示效果，即为绘制完成的隔离开关符号。

图13-103
移动直线

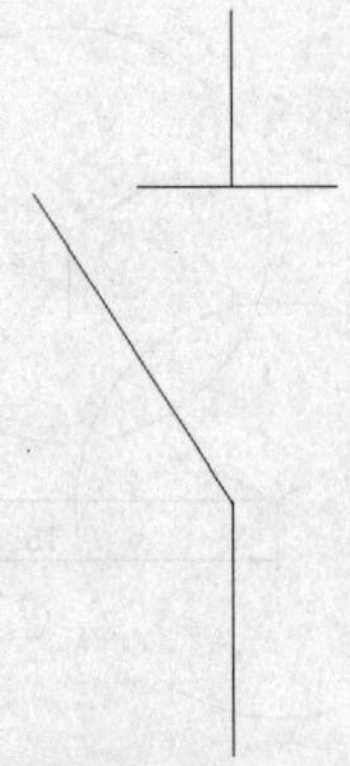

图13-104
修剪后完成隔离开关符号的绘制

**Step 24** 创建断路器符号。选择“修改”→“复制”命令，复制隔离开关符号到当前图形中，尺寸不变，如图13-105所示。

**Step 25** 选择“修改”→“旋转”命令，将水平短线旋转45°，旋转基点为上面的竖直短线的下端点。可以利用“对象捕捉”功能，通过鼠标捕捉得到，旋转后的效果如图13-106所示。

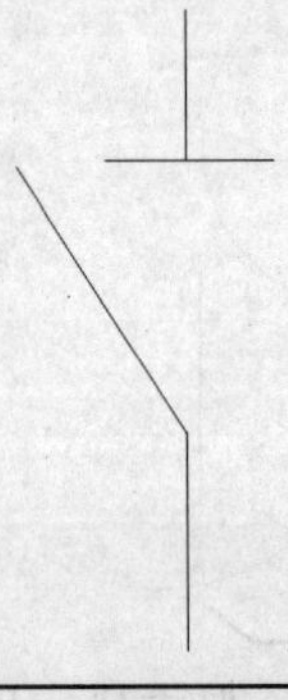

图13-105
复制隔离开关符号

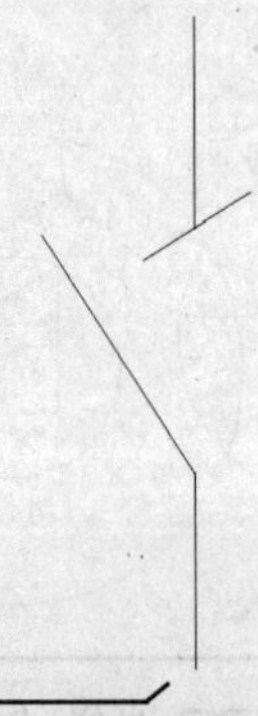

图13-106
旋转水平直线

**Step 26** 选择“修改”→“镜像”命令，镜像上一步中旋转得到的短斜线，镜像线为直线1，如图13-107所示，即为绘制完成的断路器符号。

**Step 27** 创建避雷器符号。选择“绘图”→“直线”命令，绘制一条竖直直线1，长度为24，如图13-108所示。

图13-107
绘制完成的断路器符号

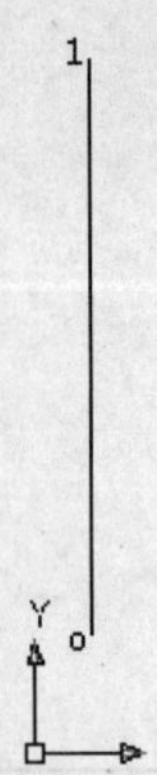


图13-108
绘制竖直直线

**Step 28** 选择“绘图”→“直线”命令，在“正交”绘图方式下，以直线 1 的端点 O 为起点向左绘制水平直线段 2，长度为 2，如图 13-109 所示。

**Step 29** 选择“修改”→“偏移”命令，以直线 2 为起始，绘制直线 3 和 4，偏移量均为 2，如图 13-110 所示。

图 13-109
绘制水平线段 2

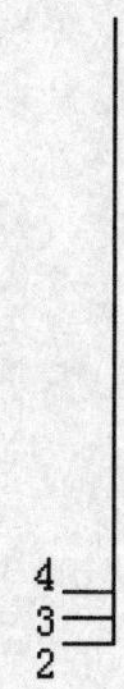


图 13-110
偏移得到直线 3 和 4

**Step 30** 调用“拉长”命令，分别拉长直线 3 和 4，拉长长度分别为 1 和 2，如图 13-111 所示。

**Step 31** 选择“修改”→“镜像”命令，镜像直线 2、3 和 4，镜像线为直线 1，如图 13-112 所示。

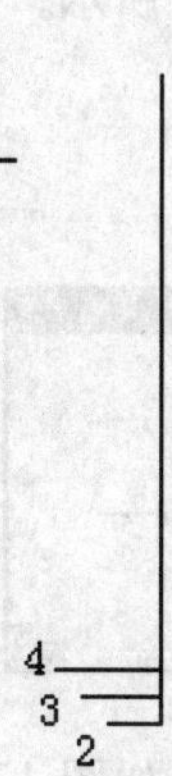


图 13-111
拉长直线 3 和 4

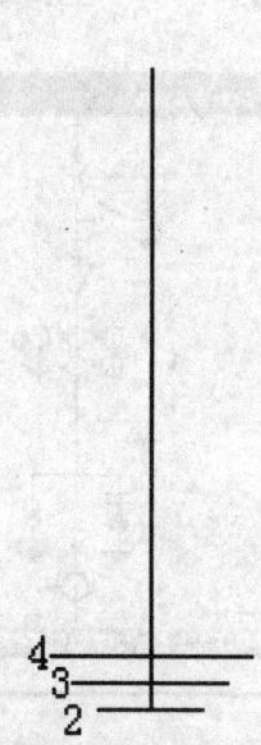


图 13-112
镜像得到另一侧直线

**Step 32** 选择“绘图”→“矩形”命令，绘制一个宽度为 2、高度为 4 的矩形，并将其移动到合适的位置，如图 13-113 所示。

**Step 33** 在矩形的中心位置加入箭头。绘制箭头时，可以先绘制一个小三角形，然后填充即可，也可以通过“多段线”命令绘制箭头，如图 13-114 所示。

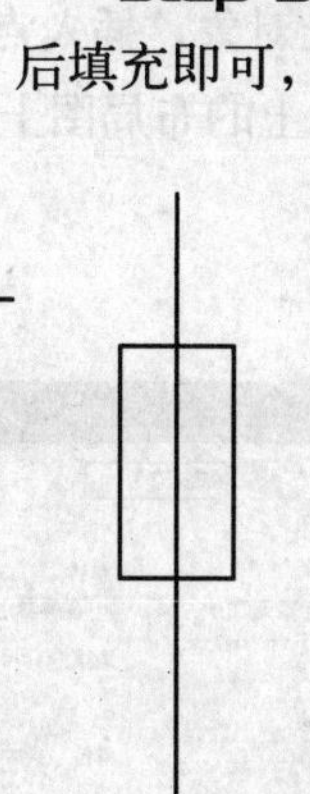


图 13-113
绘制矩形

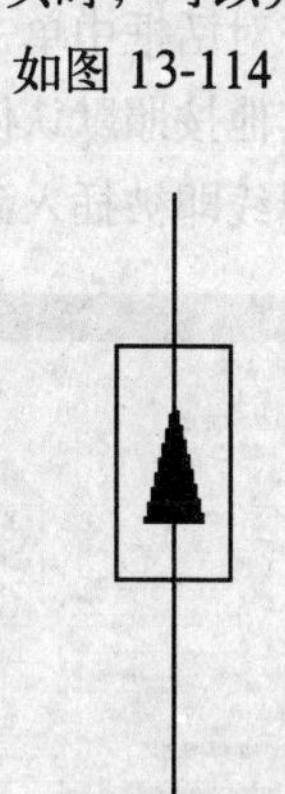


图 13-114
绘制箭头

**Step 34** 选择“修改”→“修剪”命令，修剪掉多余的直线，得到图 13-115，即为绘制完成的避雷器符号。

**Step 35** 选择“绘图”→“多线段”命令，绘制变压器支路的框架，如图 13-116 所示。从 A 点开始，依次绘制直线 AB、BC、CD、DE、DF、FG、GJ、FH、HI 和 KF，长度依次为 20、20、70、20、14、11、16、11、16 和 16。

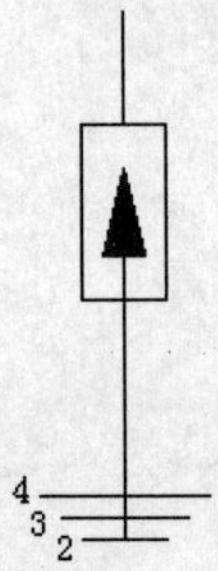


图 13-115

绘制完成的避雷器符号

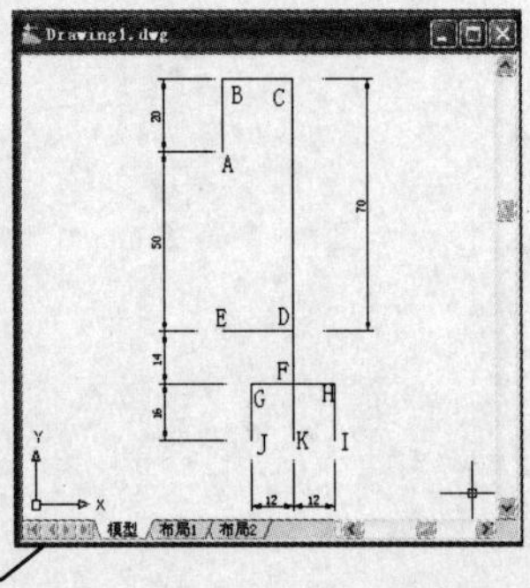


图 13-116

绘制线路线框

**Step 36** 将前面绘制好的图形符号插入到线路框架中，如图 13-117 所示。在命令行输入“WBLOCK”命令，弹出“创建块”对话框，选择整个变压器支路为保存对象，拾取点 C 为基点，将其保存为图块，文件名为“变压器支路”。

**Step 37** 单击“图层”工具栏后的下拉箭头，将“母线层”设置为当前图层。选择“绘图”→“直线”命令，绘制长度为 600 的直线，如图 13-118 所示。

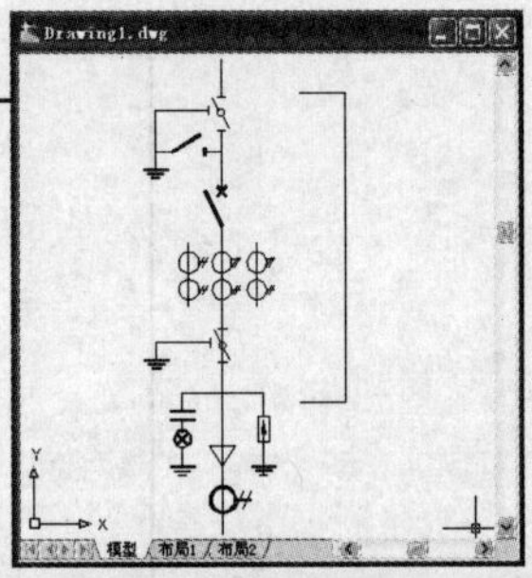


图 13-117

绘制完成的变压器支路

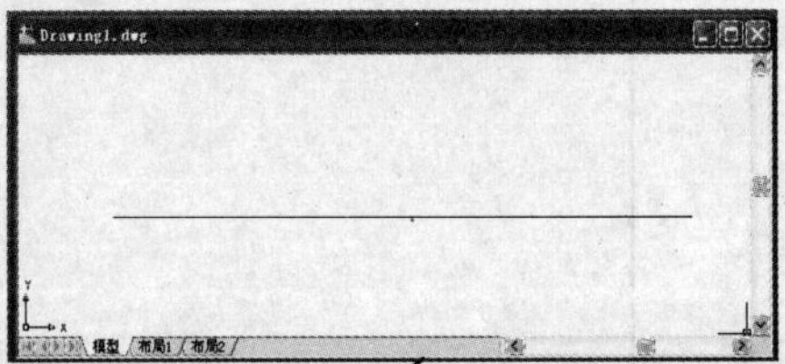


图 13-118

绘制直线

**Step 38** 在命令行中输入“WBLOCK”命令，弹出如图 13-119 所示的“写块”对话框。选择绘制的母线为保存对象，拾取母线的左端点为基点，将其保存为图块，文件名为“母线”。

**Step 39** 单击菜单栏中的“插入块”按钮，弹出“插入”对话框，如图 13-120 所示。在对话框中单击“浏览”按钮，选择“母线”图块为插入对象，“插入点”选择在屏幕上指定，其他按照默认值即可。然后单击“确定”按钮，在屏幕上的布局图上找到相应位置并选择，母线即被插入到合适的位置。

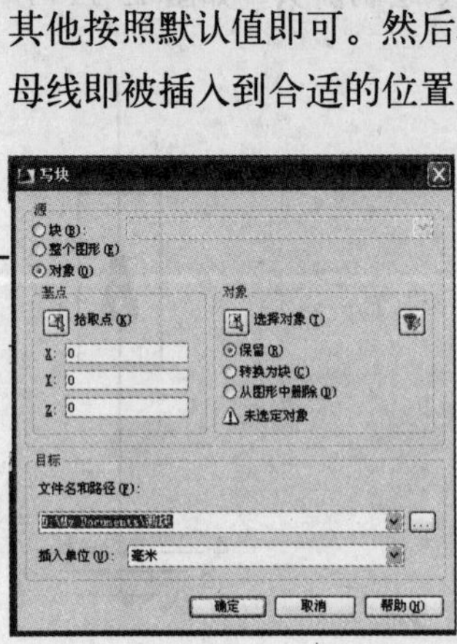


图 13-119

“写块”对话框

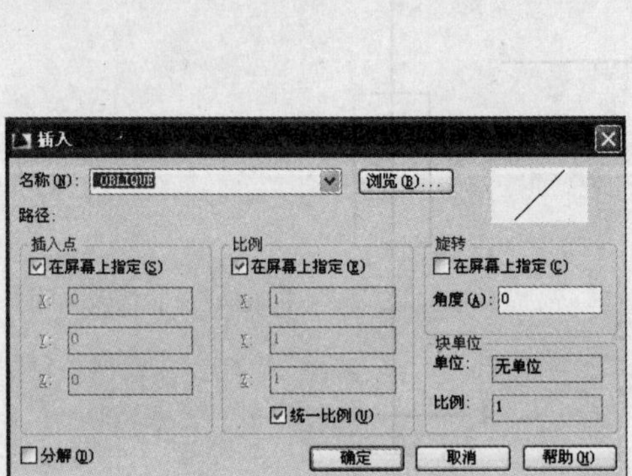


图 13-120

“插入”对话框

**Step 40** 选择“插入”→“块”命令，插入各变压器支路。注意，在插入的过程中，应尽量按照从左到右的原则。具体步骤不再赘述，插入各变压器支路的效果如图 13-121 所示。

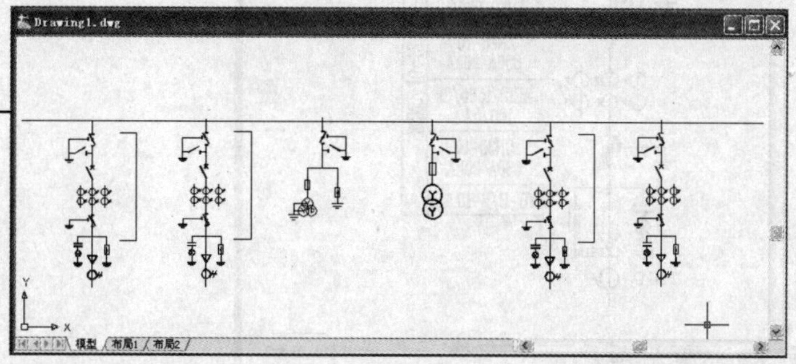


图 13-121

插入各变压器支路的效果

**Step 41** 补充绘制其他图形，包括变压器、接地线和开关等，方法与插入母线和变压器支路大致相同，如图 13-122 所示。

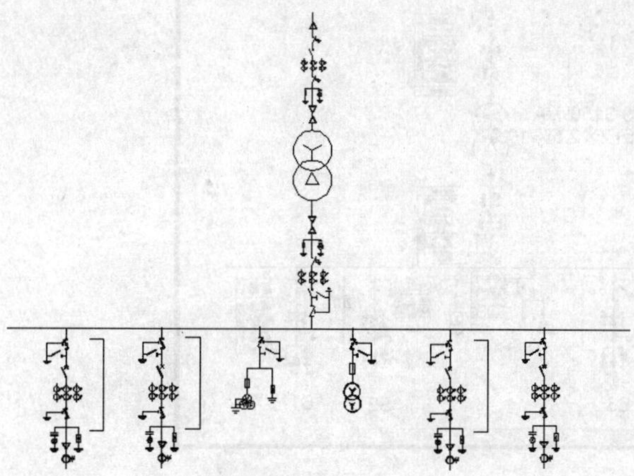

图 13-122

补充绘制其他图形效果

**Step 42** 选择“格式”→“文字样式”命令，弹出“文字样式”对话框。在对话框中单击“新建”按钮，弹出“新建文字样式”对话框。创建一个样式名“标注”的文字样式，字体名设置为“仿宋 GB_2311”，字体样式设置为“常规”，高度为“10”，宽度为“1.4”，如图 13-123 所示。

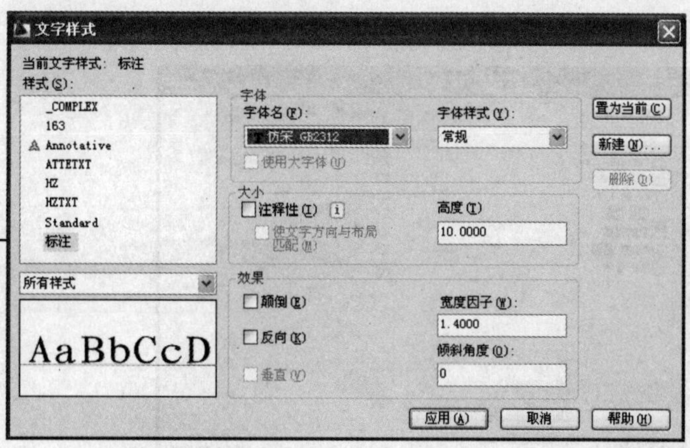


图 13-123

“文字样式”对话框

**Step 43** 在命令行中输入“MTEXT”命令，每次可以输入几行文字，然后调整其位置，以对齐文字。调整位置的时候，结合使用“正交”命令。绘制文字框线，利用绘制直线的命令和“复制”、“偏移”等命令。添加注释后得到的结果如图 13-124 所示。

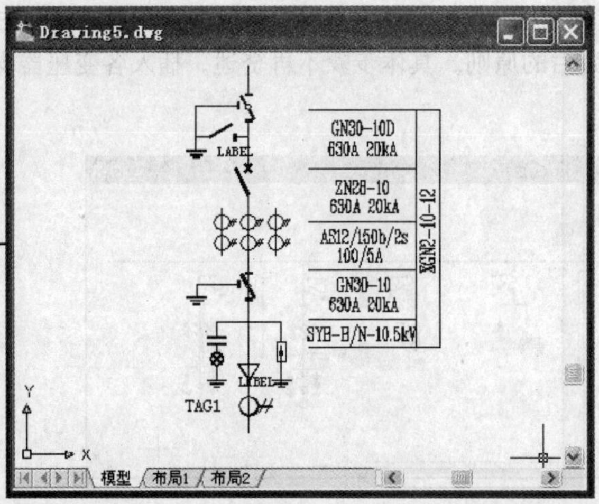


图 13-124

添加注释文字后的效果

**Step 44** 最后绘制完成整体电气主接线图，如图 13-125 所示。

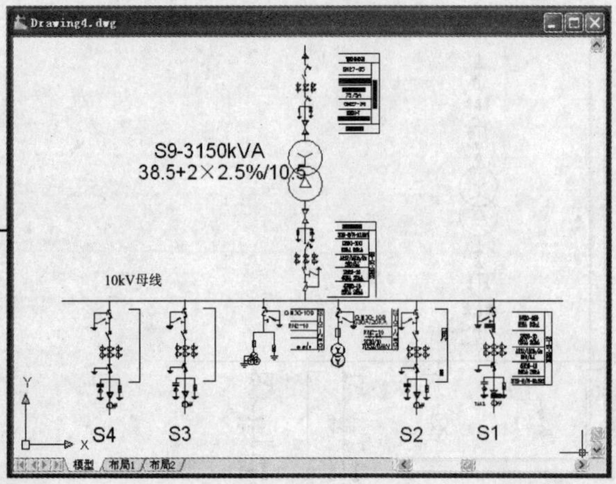


图 13-125

绘制完成的某变电所电气主接线图

## 13.3.2 电缆线路工程图设计

### 1. 设置绘图环境

具体操作步骤如下：

**Step 1** 打开 AutoCAD 2009 应用程序，以“A3.dwt”样板文件为模板建立新文件，保存为“电缆线路工程图 .dwg”，如图 13-126 所示。

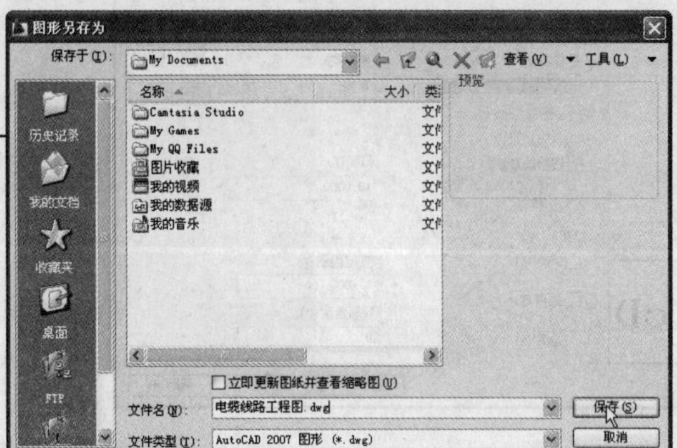


图 13-126

保存文件

**Step 2** 单击“修改”工具栏中的“缩放”命令，将 A3 样板文件的尺寸放大 3 倍，以适应本图的绘制范围，在命令行出现如下提示：

```
命令_scale
选择对象：找到1个（用鼠标选择样板文件的所有内容）
选择对象：
指定基点：0，0
指定比例因子或[复制（C）/参照（R）]<1.0000>：3
执行完毕后，视图内所有图形尺寸被放大3倍。
```

**Step 3** 选择“格式”→“比例缩放列表”，弹出“编辑比例列表”对话框，如图 13-127 所示。在比例列表中选择“1:6”，然后单击“确定”按钮，这样 1 图纸单位＝6 图形单位，可以保证在 A3 的图纸上打印出图形。

**Step 4** 选择“格式”→“图形界限”命令，分别设置图形界限的两个角点坐标为：左下角点为（0，0），右上角点为（3 400，2 800），选择命令如图 13-128 所示。

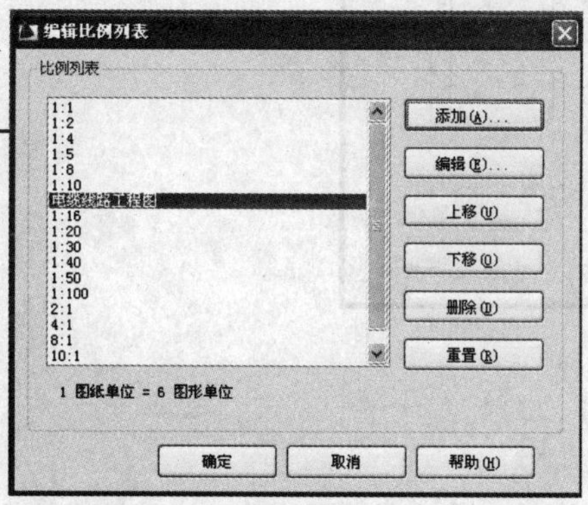


图 13-127

设置缩放比例

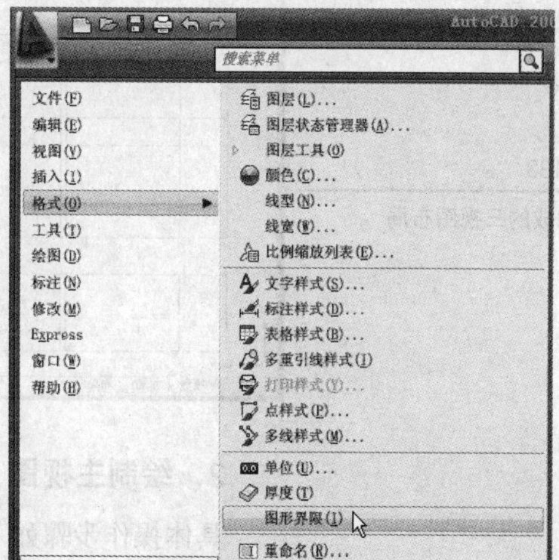


图 13-128

选择命令

**Step 5** 选择“格式”→“图层”命令，设置“轮廓线层”、“实体符号层”、“连接导线层”和“中心线层”一共 4 个图层。各图层的颜色、线型及线宽分别如图 13-129 所示。将“轮廓线层”设置为当前图层。

**Step 6** 单击“修改”工具栏中的“构造线”按钮，在“正交”绘图方式下，绘制一条横贯整个屏幕的水平线 1。再单击“修改”工具栏中的“偏移”命令，以直线为起始，向下依次绘制 5 条直线，偏移量依次为 240、90、300、120 和 250，如图 13-130 所示。

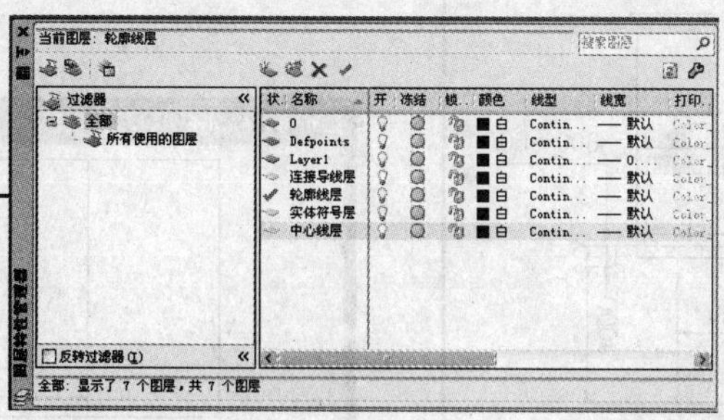


图 13-129

设置图层

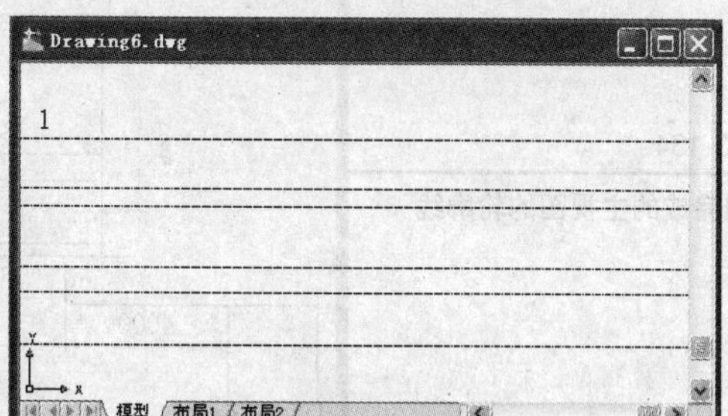


图 13-130

绘制偏移水平线

**Step 7** 单击“绘图”工具栏中“直线”按钮，以上下两条直线的中点为直线的起点和端点，绘制竖直直线 2，得到直线长度为 1 000。单击“修改”工具栏中的“偏移”按钮，以直线 2 为起始，向右依次绘制 12 条直线，偏移量依次为 160、200、360、370、380、500、520、530、540、550、650、750，如图 13-131 所示。

**Step 8** 单击“修改”工具栏中的“修剪”命令，修剪掉多余线段，得到图纸布局，如图 13-132 所示。

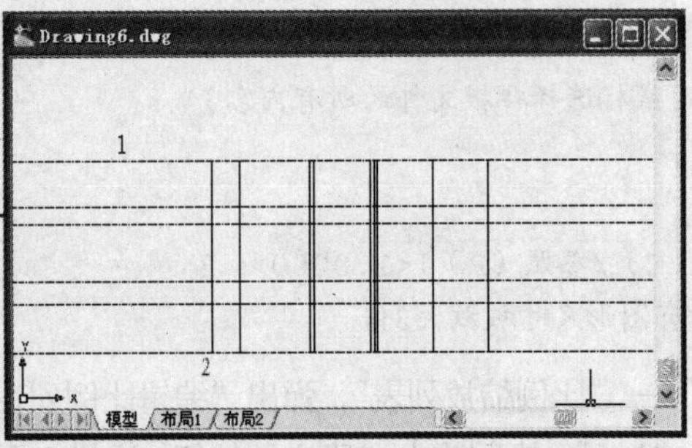


图 13-131
偏移竖直直线

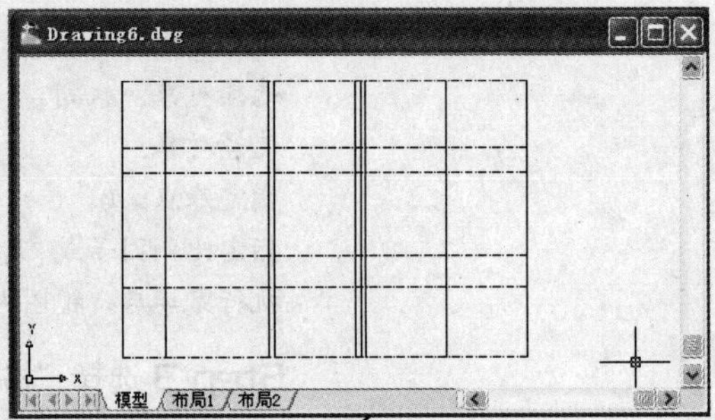


图 13-132
修剪直线并完成图纸布局

**Step 9** 分别单击“修改”工具栏中的“修剪”按钮和“删除”按钮，将图 13-132 分成的 3 个区域，每个区域对应一个视图，如图 13-133 所示。

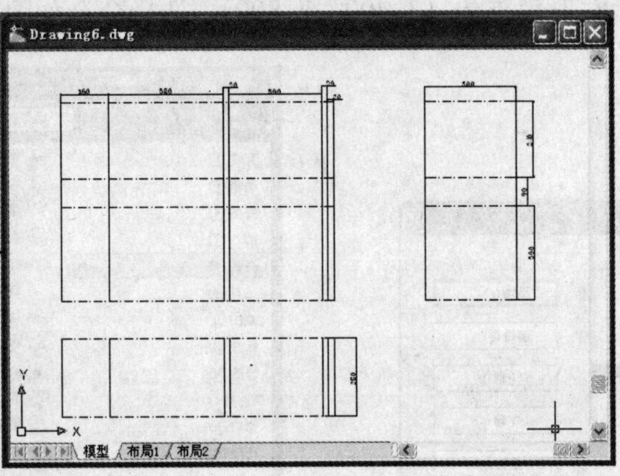


图 13-133
绘制完成的三视图布局

## 2．绘制主视图

具体操作步骤如下：

**Step 1** 分别单击“修改”工具栏中的“修剪”和“删除”按钮，将上图中的视图修剪成如图 13-134 所示的样子，得到主视图的轮廓线，如图 13-134 所示。

**Step 2** 将当前图层从“轮廓线层”切换为“绘图图层”，用直线绘制出主视图的大体轮廓，用两条直线将绘制的大矩形区域三等分，通过偏移与剪切得到小门，并加上把手，如图 13-135 所示。

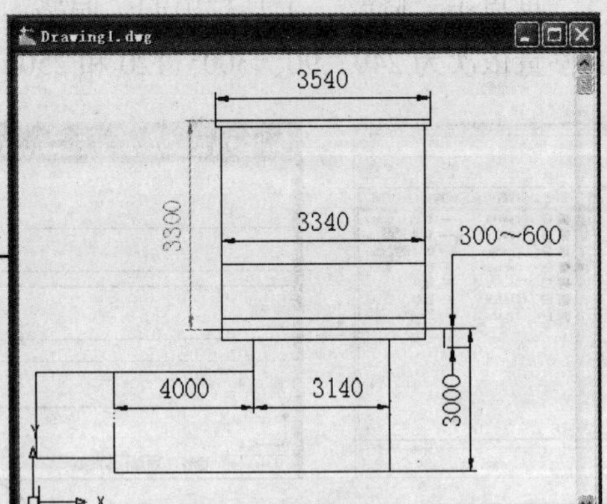


图 13-134
绘制完成的主视图的轮廓线

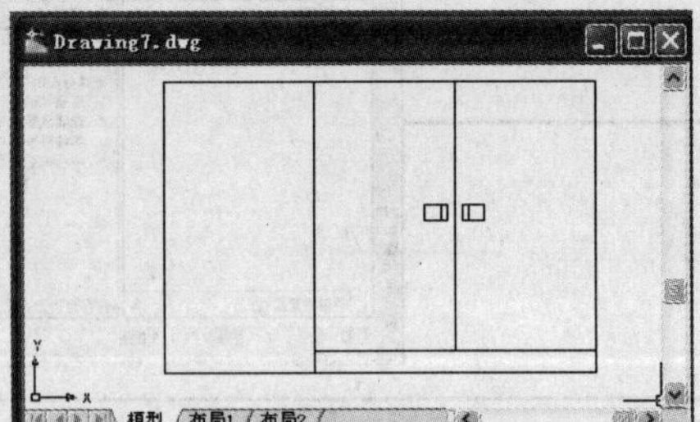


图 13-135
小门绘制完成

**Step 3** 绘制一个长为 120、宽为 30 的矩形，然后单击“修改”工具栏中的“圆角”按钮，将矩形左上端和右上端的两个角进行“倒圆角”操作，半径为 30，通风孔如图 13-136 所示的结果。

**Step 4** 将绘制好的单个通风孔移动到距离区域 2 左上角长 700、宽 300 的位置，如图 13-137 所示。

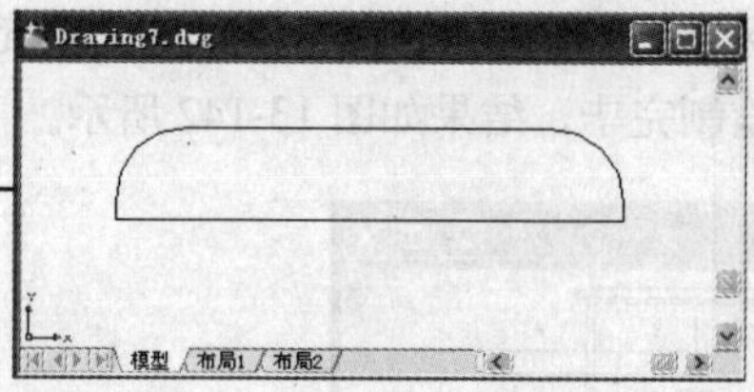

图 13-136

绘制完成的通风孔

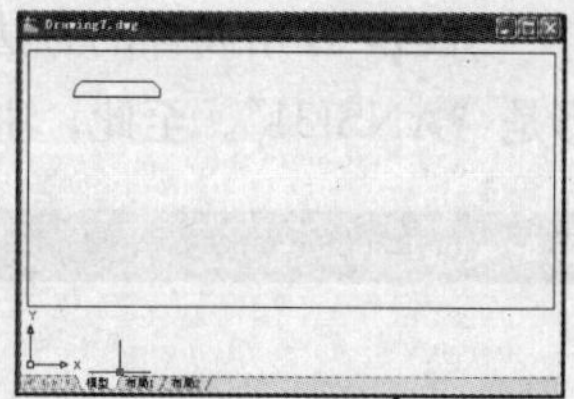

图 13-137

绘制完成的通风面板

**Step 5** 选择“修改”→“阵列”命令，弹出如图 13-138 所示的“阵列”对话框。在对话框中选中“矩形阵列”单选按钮，设置行数为“4”，列数为“4”，单击“选择对象”前的按钮，选择单个的通风孔，按回车键，设置行偏移为“60”，列偏移为“200”，阵列角度为“0”，然后单击“确定”按钮，则区域 2 的通风孔添加完毕。

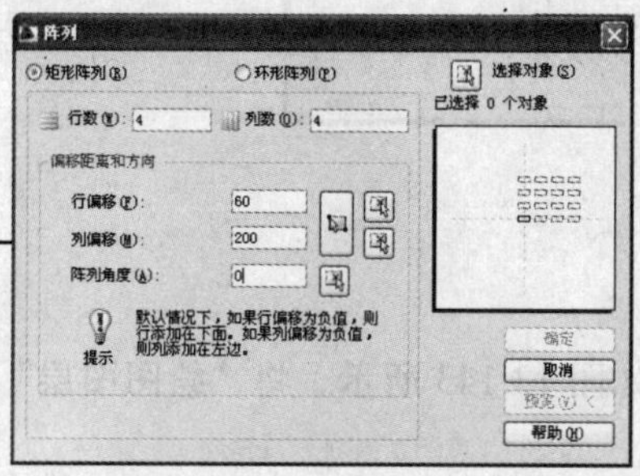

图 13-138

“阵列”对话框

**Step 6** 绘制如图 13-139（a）所示尺寸的两段相互垂直的线段。利用“圆角”功能将两段线段连接起来，圆角的半径为 60。利用“偏移”功能将如图 13-139（b）所示的组合曲线偏移，偏移距离为 12，并将左端两端点连接起来，结果如图 13-139（c）所示。将绘制好的电缆插入主视图中。

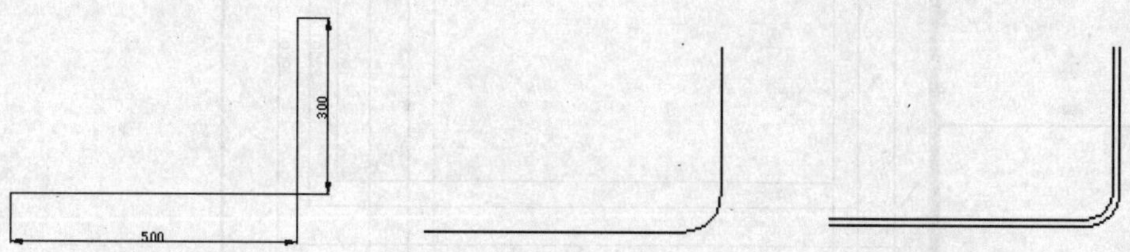


（a）绘制线段　　（b）连接并倒圆角　　（c）偏移

图 13-139

绘制电缆的过程

**Step 7** 利用“偏移”功能绘制边缘。填充主视图下半部分的外边框如图 13-140 所示，由 1、2、3 共 3 个区域组成。下面先填充区域 1。

**Step 8** 选择“绘图”→“图案填充”命令，弹出“图案填充和渐变色”对话框，如图 13-141 所示。

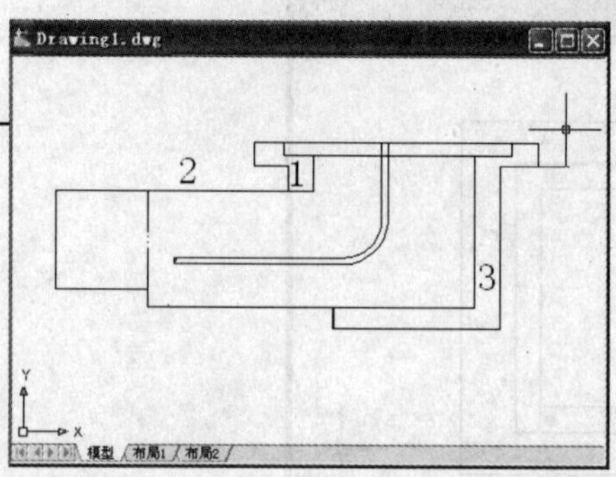


图 13-140

绘制完成的主视图外轮廓

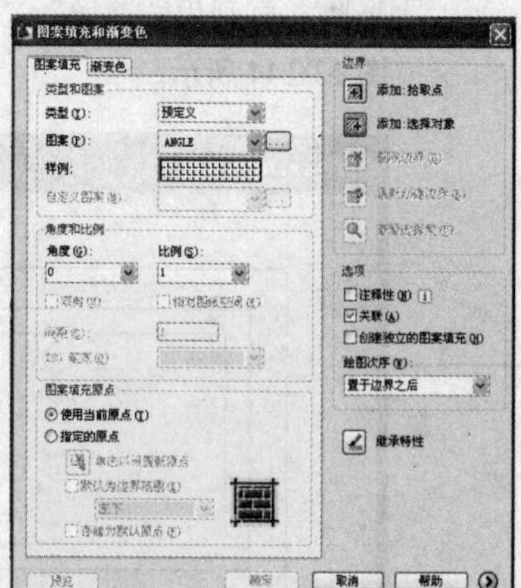

图 13-141

“图案填充和渐变色”对话框

**Step 9** 用同样的方法填充区域 2 和区域 3，唯一不同的是填充区域 2 选择的填充图形是“ANSI31”。至此，主视图绘制完毕，结果如图 13-142 所示。

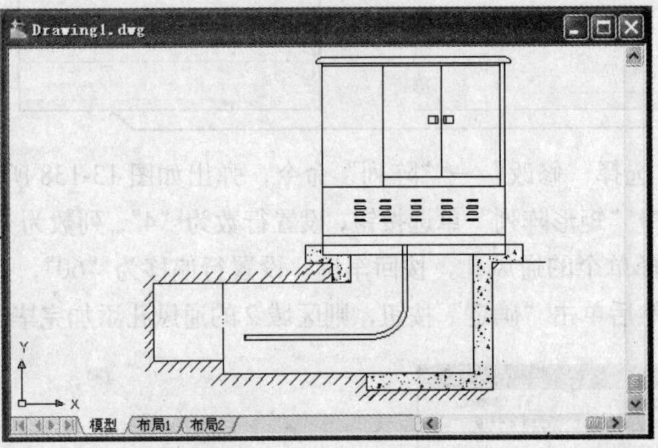

图 13-142
主视图绘制完成

### 3．绘制俯视图

具体操作步骤如下：

**Step 1** 补充轮廓线，尺寸如图 13-143 所示。将“绘图图层”置为当前图层，根据轮廓线绘制出俯视图的草图。

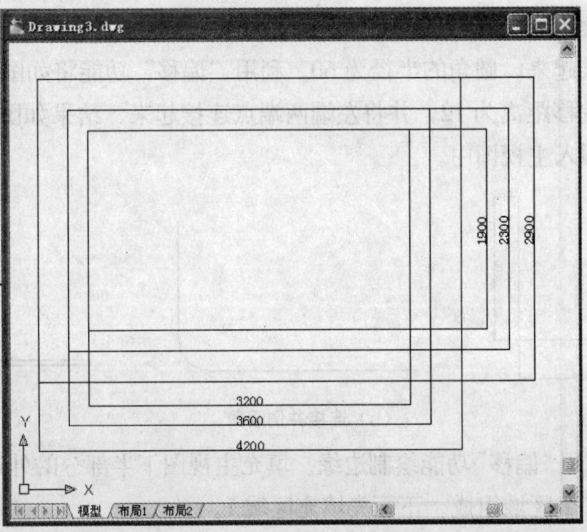


图 13-143
补充轮廓线

**Step 2** 在第二层环的四角附近分别绘制 4 个半径为 38 的小圆，也可以绘制一个小圆，再利用“镜像”、“复制”等命令得到另外 3 个，填充最外面的环形区域，结果如图 13-144 所示。

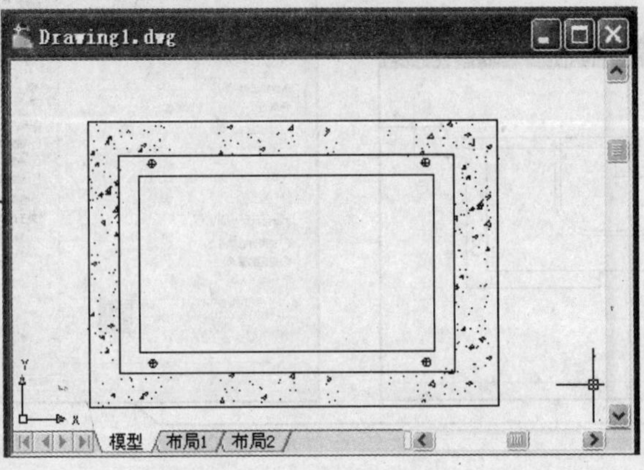

图 13-144
填充俯视图

**Step 3** 绘制主电缆沟，尺寸如图 13-145 所示。至此，俯视图绘制完毕。

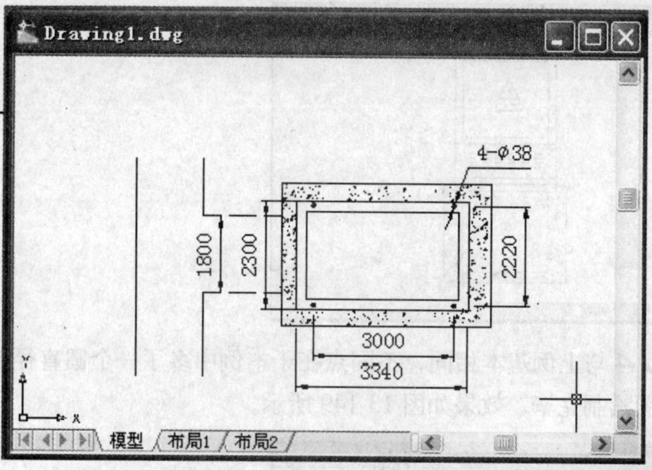


图 13-145
完成俯视图

### 4．绘制左视图

具体操作步骤如下：

**Step 1** 补充轮廓线，尺寸如图 13-146 所示。根据轮廓线绘制左视图的草图，加通风孔。与主视图中一样，先绘制单个通风孔，然后利用"阵列"功能，得到左视图中的通风孔。

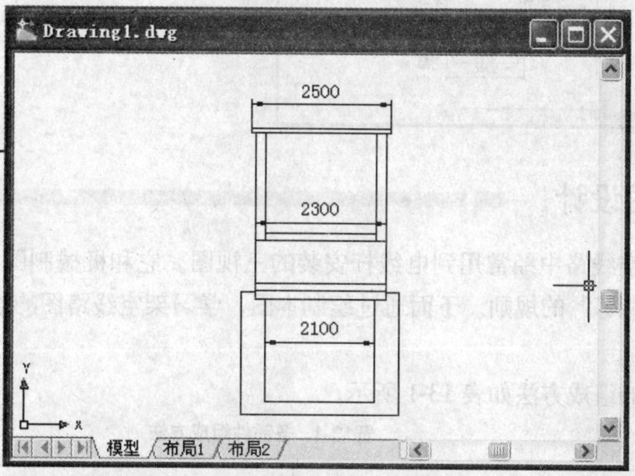


图 13-146
补充左视图外轮廓线

**Step 2** 分别绘制一个长 600、宽 120 的矩形和边长为 600 的等边三角形，在三角形内加入标志⚡，然后将矩形和三角形移动到图中合适的位置，如图 13-147 所示。

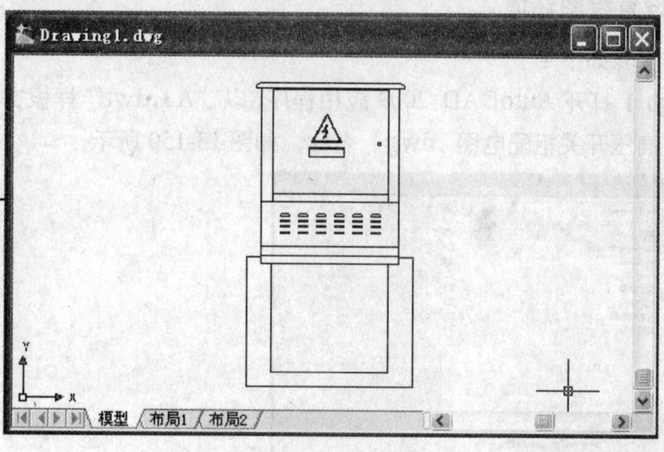


图 13-147
修改后的左视图

**Step 3** 填充外框，结果如图 13-148 所示，至此左视图绘制完毕。

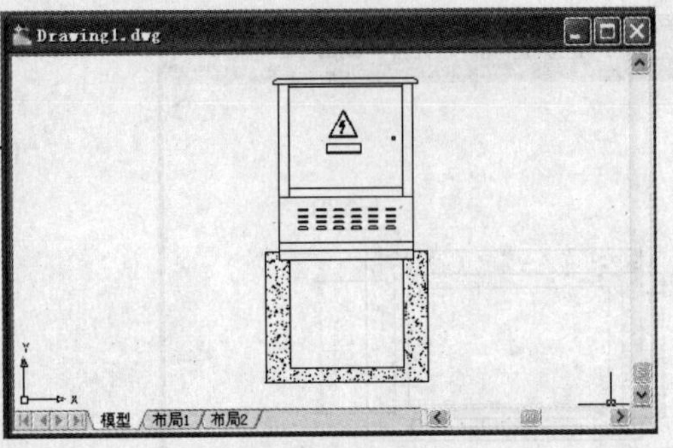


图 13-148
绘制完成的左视图

**Step 4** 与上例基本相同，不同点在于本例中多了一个圆直径的标志。至此，电缆分支箱三视图绘制完毕，效果如图 13-149 所示。

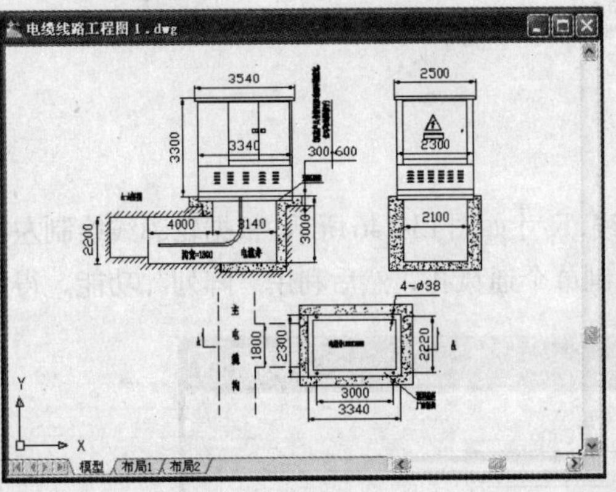


图 13-149
绘制完成的电缆分支箱三视图

## 13.3.3 架空线路图设计

绘制架空线路中经常用到电线杆安装的三视图。它和机械制图类似，满足“长对正，宽平齐，高相等”的规则。下面通过绘制本图，学习架空线路图的绘制方法，达到举一反三的目的。

各部件的组成方法如表 13-1 所示。

**表13-1 各部件组成方法**

| 序 号 | 1 | 2 | 3 | 4 | 5 | 6 | 7 |
|---|---|---|---|---|---|---|---|
| 名 称 | 电线杆 | U形抱箍 | M形抱铁 | 杆顶支座抱箍 | 横担 | 针式绝缘子 | 拉线 |

### 1．设置绘图环境

操作步骤如下：

**Step 1** 打开 AutoCAD 2009 应用程序，以“A3.dwt”样板文件为模板建立新文件，保存为“高压开关柜配电图 .dwg”名称，如图 13-150 所示。

图 13-150
保存文件

**Step 2** 选择“格式”→“比例缩放列表”，弹出“编辑比例列表”对话框，如图 13-151 所示。

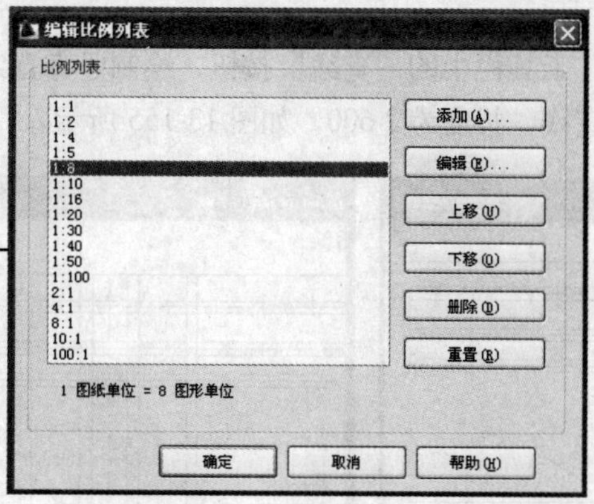


图 13-151

“编辑比例列表”对话框

**Step 3** 选择“格式”→“图形界限”命令，分别设置图形界限的两个角点坐标分别为：左下角点（0,0），右上角点为（3 400,2 800），选择命令如图 13-152 所示。

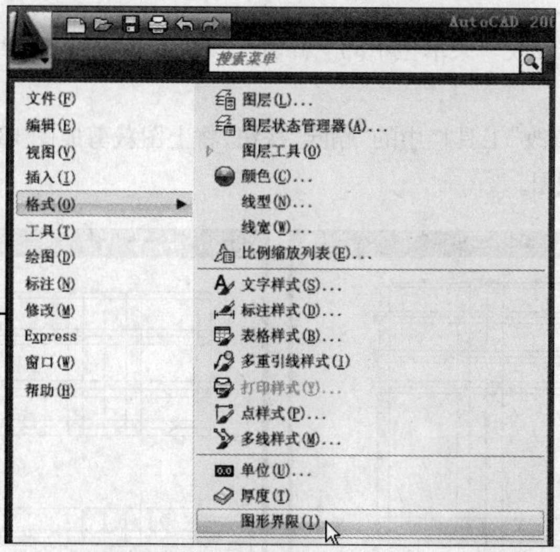


图 13-152

选择命令

**Step 4** 选择“格式”→“图层”，设置“轮廓线层”、“实体符号层”、“连接导线层”和“中心线层”一共 4 个图层。各图层的颜色、线型及线宽分别如图 13-153 所示。将“轮廓线层”设置为当前图层。

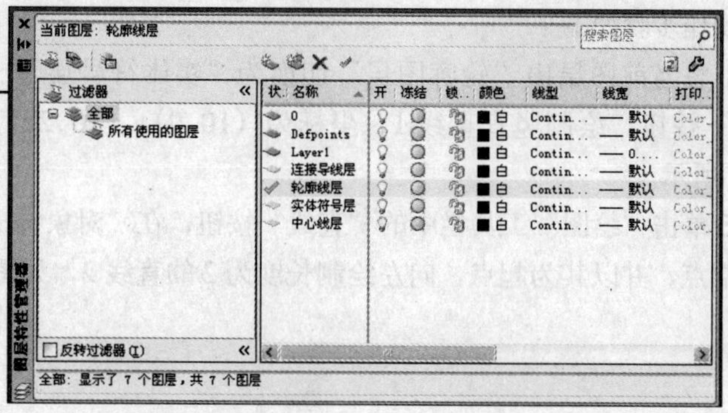


图 13-153

设置图层特性

**Step 5** 单击“绘图”工具栏中“构造线”按钮，在“正交”绘图方式下，绘制一条横贯整个屏幕的水平线 1，命令行提示如下：

```
命令: _xline
指定点或[水平(H)/(V)/角度(A)/二等分(B)/偏移(O)]: H
指定通过点: 400, 2 800
```

**Step 6** 单击“修改”工具栏中的“偏移”按钮，以直线 1 为起始，向下依次绘制 13 条直线，偏移量依次为 240、60、60、280、60、60、180、60、60、1250、170、60 和 60，如图 13-154 所示。

**Step 7** 单击“绘图”工具栏中的“直线”按钮，绘制竖直直线 2，以上下两条直线的中点为端点和起点绘制直线，长度为 2 600，如图 13-155 所示。

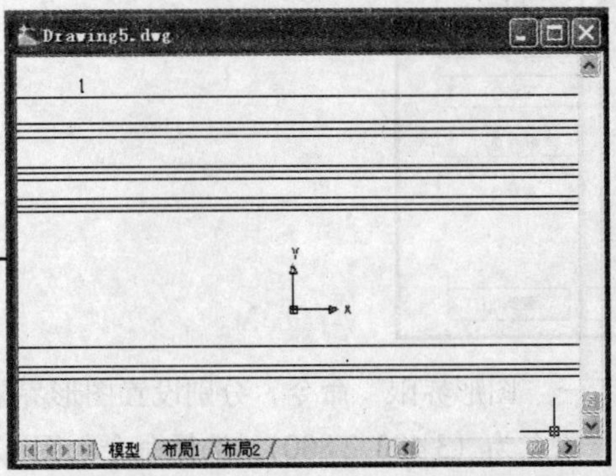

图 13-154
偏移水平直线 1 后的结果

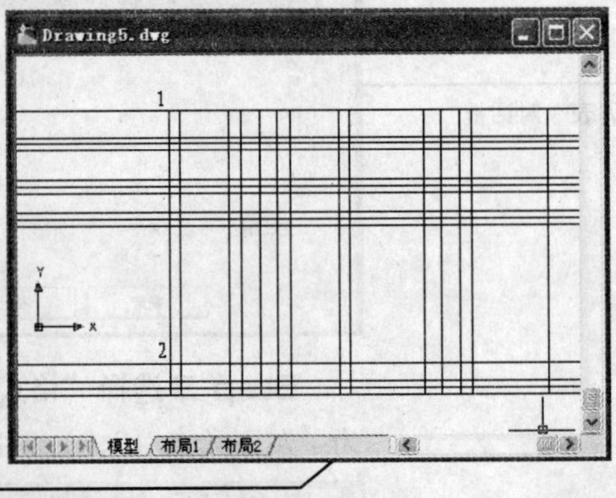

图 13-155
偏移竖直直线后的结果

**Step 8** 单击“修改”菜单栏中的“修剪”按钮，修剪掉多余线段得到图纸布局，如图 13-156 所示。

**Step 9** 单击“修改”工具栏中的“删除”按钮，将上图裁剪成图 13-157 所示的 3 个区域，每个区域对应一个视图。

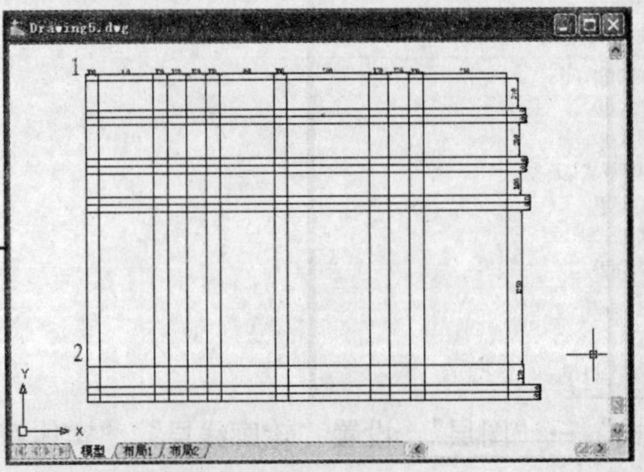

图 13-156
修剪直线后得到的图纸布局

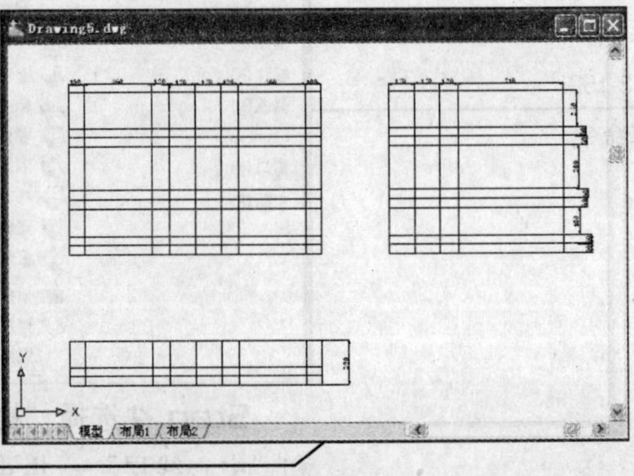

图 13-157
绘制三视图布局

## 2. 绘制主视图

具体的操作步骤如下：

**Step 1** 将当前图层由“轮廓图层”切换为“实体符号层”。单击“绘图”工具栏中的“直线”按钮，绘制竖直直线 1，坐标为（10,0），（10,22）。用鼠标选中直线 1，如图 13-158 所示。

**Step 2** 单击“绘图”工具栏中的“直线”按钮，在“对象捕捉”绘图方式下，捕捉直线 1 的下端点，并以其为起点，向左绘制长度为 2 的直线 2，如图 13-159 所示。

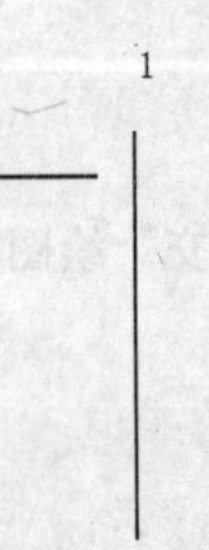

图 13-158
绘制直线 1

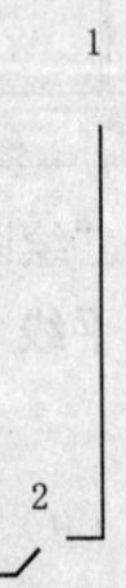

图 13-159
绘制直线 2

**Step 3** 单击“修改”工具栏中的“偏移”按钮，以直线 2 为起始，依次向上分别绘制直线 3、4、5、6、7 和 8，偏移量依次为 1、3、5、1.6、6 和 2.4，并删除直线 2，如图 13-160 所示。

**Step 4** 单击“修改”工具栏中的“拉长”按钮，将直线 6 向左拉长 4.6，将直线 7 和直线 8 分别向左拉长 0.6，如图 13-161 所示。

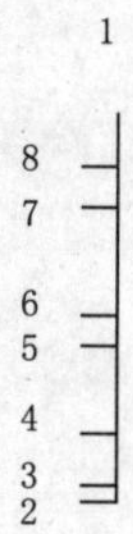


图 13-160
偏移并删除直线

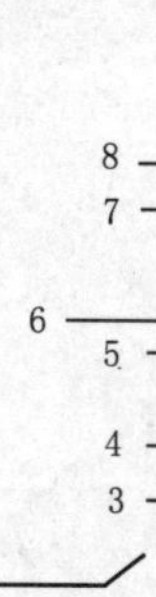


图 13-161
拉长直线

**Step 5** 单击“绘图”工具栏中的“直线”按钮，在“对象捕捉”和“极轴”绘图方式下绘制倾斜线段，方法如下：先捕捉直线 5 的左端点作为起点后单击，同时将鼠标向直线 6 的左端点附近、直线 6 以上的区域移动，这时屏幕上会出现如图 13-162 所示的角度和长度的提示。

**Step 6** 移动鼠标直到角度提示为 125° 时，停止移动鼠标，单击，此时绘制了一条和直线 5 成 125° 角，并和直线 6 有交点的直线。单击“修改”工具栏中的“修剪”按钮，修剪掉多余部分，如图 13-163 所示。

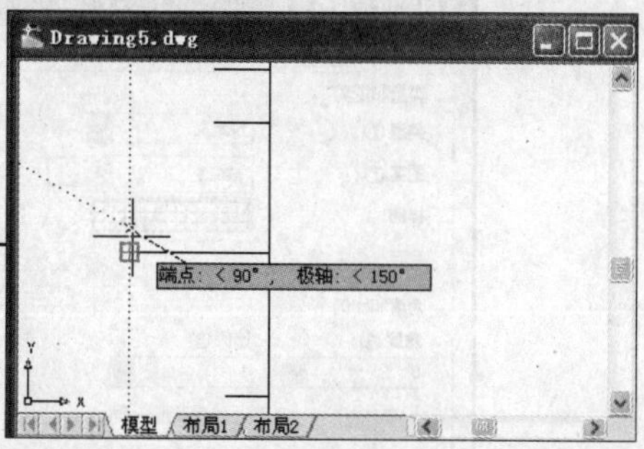


图 13-162
捕捉倾斜直线的端点

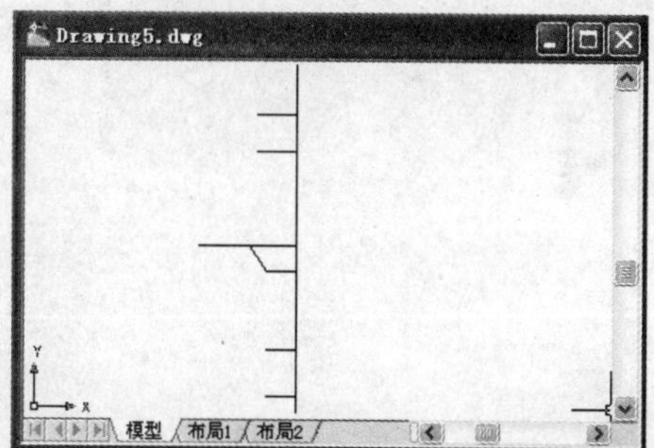


图 13-163
倾斜直线绘制完成

**Step 7** 单击“绘图”工具栏中的“圆弧”按钮，以直线 7 的左端点为起点，以直线 6 的左端点为终点，以 6.5 为半径绘制圆弧，如图 13-164 所示。

**Step 8** 单击“绘图”工具栏中的“直线”按钮，在“对象捕捉”方式下，分别捕捉直线 7 和 8 的左端点作为起点和终点，绘制直线 9。单击“修改”菜单栏中的“拉长”按钮，将直线 9 向上拉长 1，如图 13-165 所示。

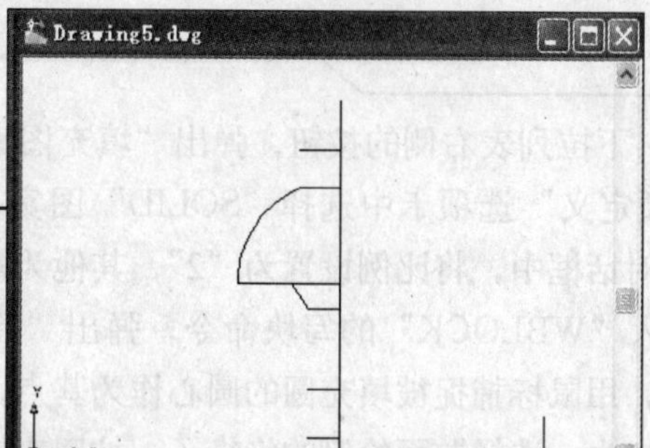


图 13-164
绘制圆弧

图 13-165
绘制直线并拉长

**Step 9** 单击“绘图”工具栏中的“圆弧”按钮，以直线 9 的上端点为起点，以中心线的上端点为终点，以 2 为半径绘制圆弧，如图 13-166 所示。

**Step 10** 单击“修改”工具栏中的“拉长”按钮，将直线 8 向左拉长 1。再单击“修改”工具栏中的“镜像”按钮，选择除中心线以外的图形为镜像对象，以中心线为镜像线，进行镜像操作，如图 13-167 所示。

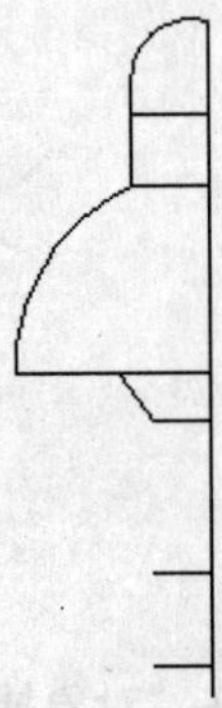

图 13-166

绘制圆弧

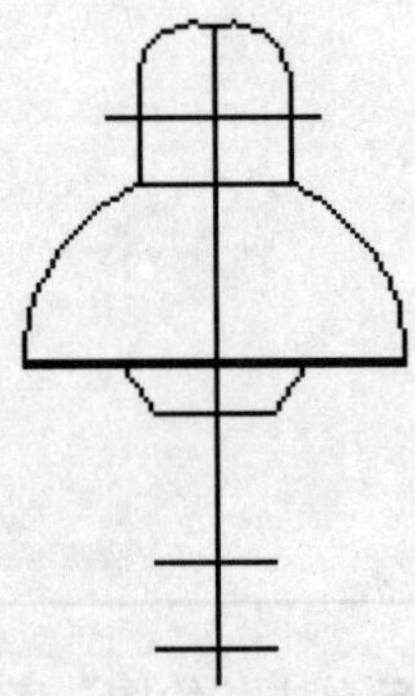

图 13-167

镜像图形

**Step 11** 单击“修改”工具栏中的“修剪”按钮，修剪掉多余的直线，得到如图 13-168 所示的结果。

**Step 12** 单击“绘图”工具栏中的“圆”按钮，以 O 为圆心，绘制半径为 0.25 的圆。再选择“绘图”→“图案填充”命令，弹出“图案填充和渐变色”对话框，如图 13-169 所示。

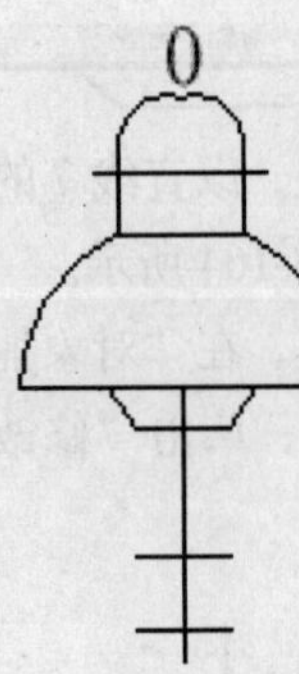


图 13-168

修剪多余的直线

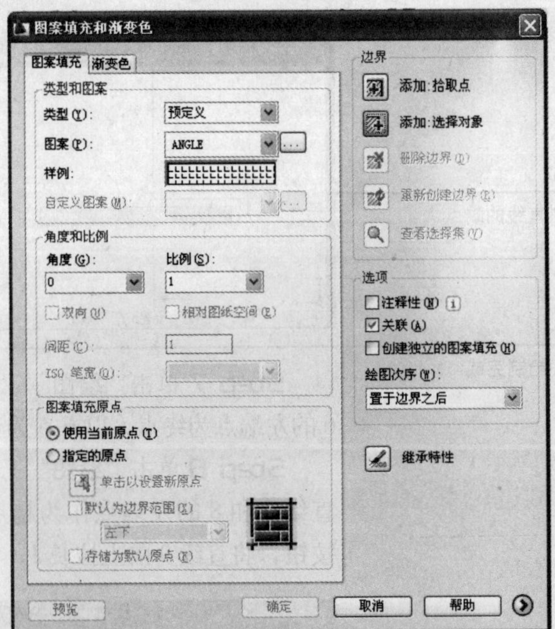


图 13-169

“图案填充和渐变色”对话框

**Step 13** 单击“图案”下拉列表右侧的按钮，弹出“填充图案选项板”对话框，如图 13-170 所示。在“其他预定义”选项卡中选择“SOLID”图案，单击“确定”按钮，回到“图案填充和渐变色”对话框中，将比例设置为“2”，其他为默认值。

**Step 14** 在命令行输入“WBLOCK”的写块命令，弹出“写块”对话框，在对话框中选中“对象”单选按钮，用鼠标捕捉被填充圆的圆心作为基点，单击“选择对象”前面的按钮，暂时返回绘图窗口中，选择前面绘制的绝缘子，按回车键又回到“写块”对话框中，输入文件名和路径，如图 13-171 所示。

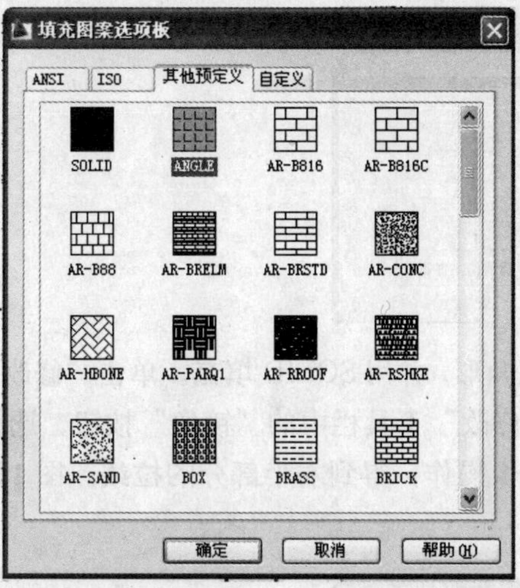

图 13-170
“填充图案选项板”对话框

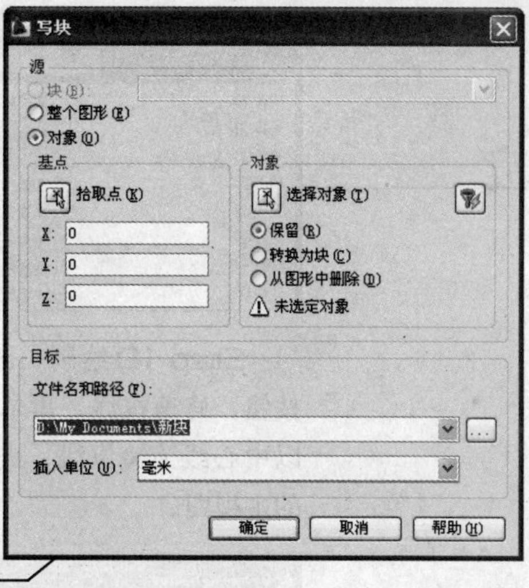

图 13-171
“写块”对话框

**Step 15** 分别单击“修改”工具栏中的“修剪”和“删除”按钮，将图形修剪成如图 13-172 所示的样子。选择矩形 1 和矩形 2，将其图层属性设置为“实体层”。

**Step 16** 单击“修改”工具栏中的“偏移”按钮，选择矩形 1 的左竖直边，向右偏移 7，两条竖直边向上拉长 8。再单击“修改”工具栏中的“拉长”按钮，选择顶杆的两条竖直边，分别向下拉长 300，如图 13-173 所示。

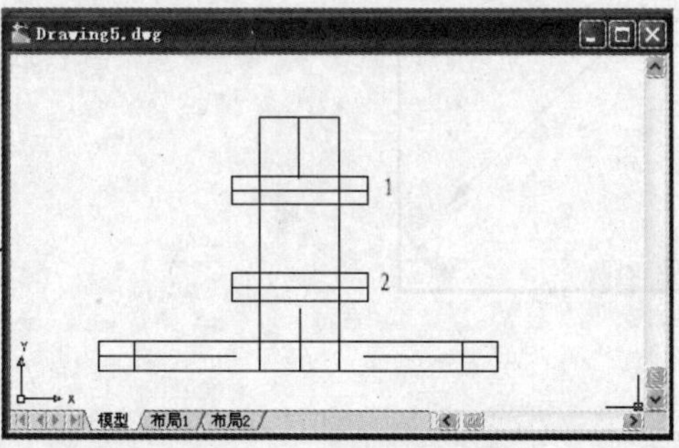

图 13-172
修剪后的主视图

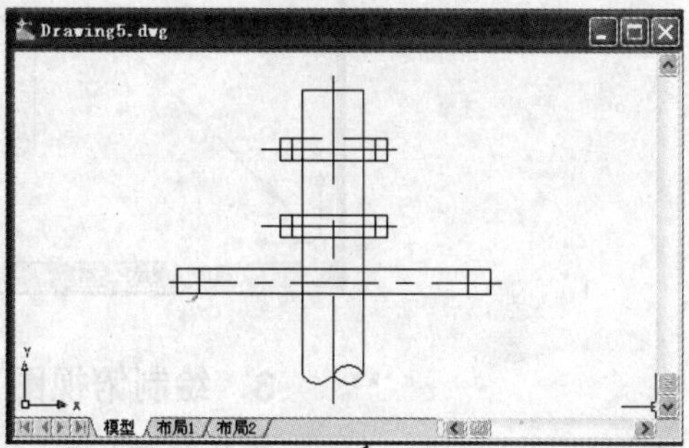

图 13-173
拉长顶杆

**Step 17** 单击工具栏中的“插入块”按钮，弹出“插入”对话框，如图 13-174 所示。在对话框中单击“浏览”按钮，选择前面存储的“绝缘子”块作为插入块，插入点选中“在屏幕上指定”复选框，缩放比例选中“统一比例”复选框，旋转角度为“0”，最后单击“确定”按钮。

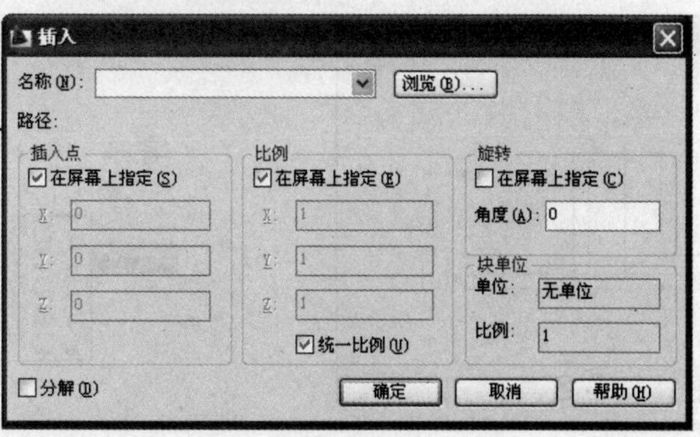

图 13-174
“插入”对话框

**Step 18** 单击“绘图”工具栏中的“直线”按钮，如图 13-175 所示。在“极轴”和“对象捕捉”绘图方式下，捕捉矩形 2 的左下交点作为直线的起点，绘制一条长度为 80，与竖直方向成 125° 角的直线作为拉线。

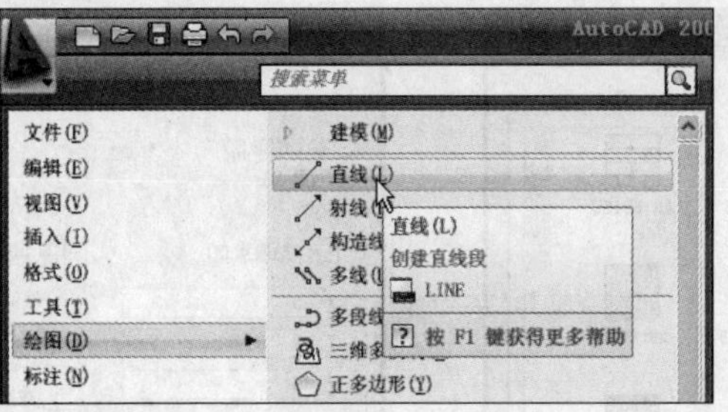


图 13-175
执行命令

**Step 19** 绘制一个小三角形，并用 SOLID 填充。单击“修改”工具栏中的“修剪”按钮，修剪拉线。再单击“修改”工具栏中的“镜像”按钮，选择拉线作为镜像对象，以中心线为镜像线，进行镜像操作，得到右半部分的拉线。图 13-176 所示为绘制完成的主视图。

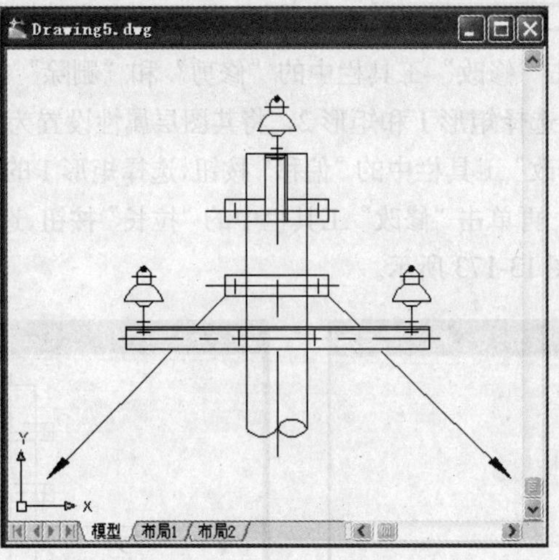


图 13-176
绘制完成的主视图

### 3. 绘制俯视图

操作步骤如下：

**Step 1** 分别单击“修改”工具栏中的“修剪”和“删除”两个按钮，修剪成如图 13-177 所示的样子，得到俯视图的轮廓线。

**Step 2** 选择图 13-177 中的所有边界线，单击“图层”工具栏中的下拉箭头，选择“实体符号层”选项，如图 13-178 所示，将其图层属性设置为实体层。

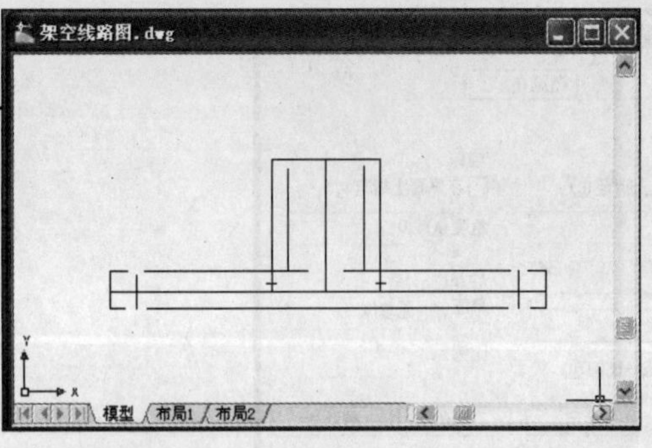


图 13-177
修剪俯视图后的效果

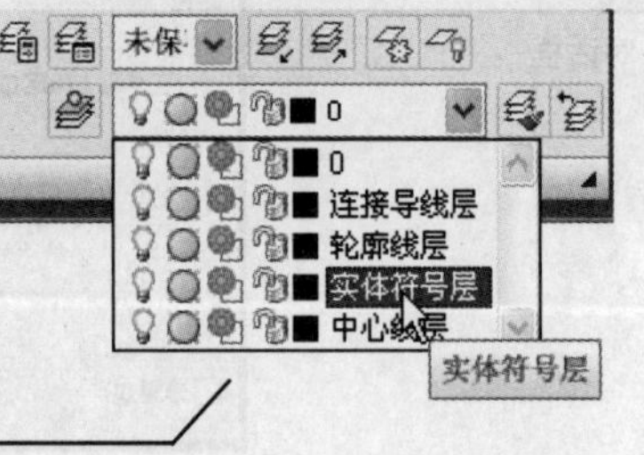


图 13-178
选择图层

**Step 3** 单击“绘图”工具栏中的“圆”按钮，在“对象捕捉”方式下，捕捉 A 点作为圆心，分别绘制半径分别为 3 和 5 的圆，如图 13-179 所示。

**Step 4** 单击“修改”工具栏中的“移动”按钮，将绘制的同心圆向上移动 1，如图 13-180 所示。

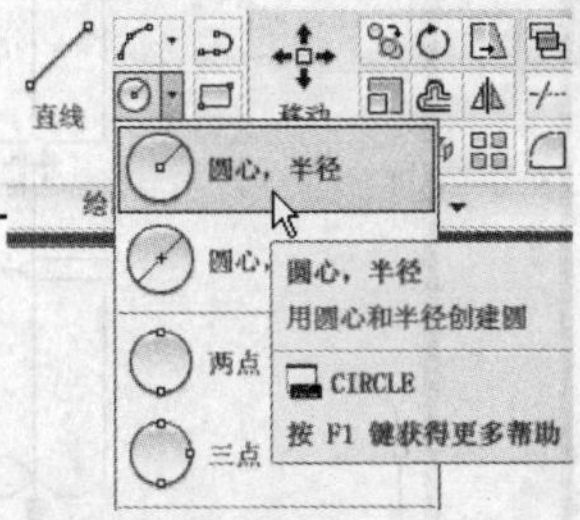


图 13-179

绘制圆

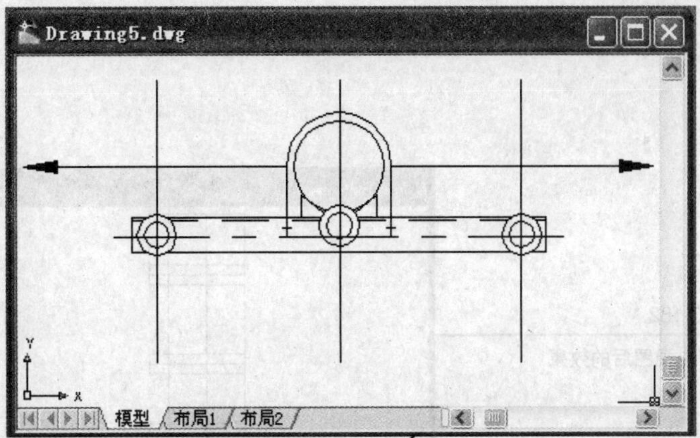


图 13-180

移动圆

**Step 5** 单击“绘图”工具栏中的“圆”按钮，在“对象捕捉”方式下，捕捉 O 点作为圆心，绘制半径为 6 的圆；单击“修改”工具栏中的“移动”按钮，将绘制的同心圆向上移动 18；单击“绘图”工具栏中的“圆弧”按钮，在“对象捕捉”方式下，捕捉 O 点作为圆心，绘制半径为 16 的 1/4 圆；单击“修改”工具栏中的“移动”按钮，将绘制的同心圆向上移动 22；单击“修改”工具栏中的“修剪”按钮，修剪图中多余的圆弧及直径；单击“修改”工具栏中的“镜像”按钮，将中心线左半部分的图形以中心线为镜像线进行镜像操作，得到右半部分的图形。以半圆的圆心为起点绘制拉线，利用“镜像”命令得到图 13-181，并加上拉线，俯视图绘制完成。

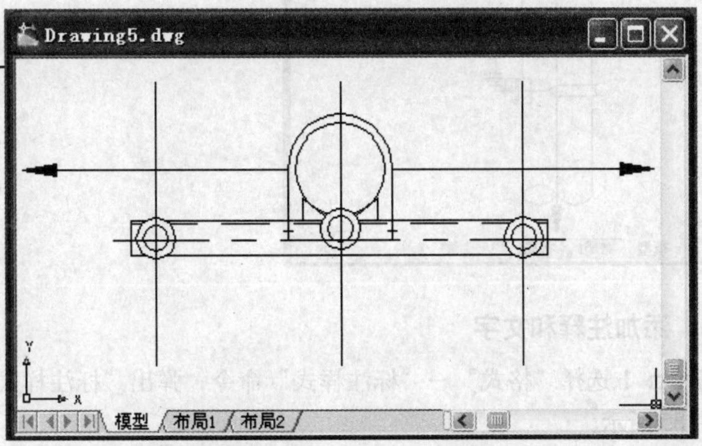


图 13-181

绘制完成的俯视图

### 4. 绘制左视图

操作步骤如下：

**Step 1** 单击“修改”工具栏中的“镜像”按钮，将左视图修剪成如图 13-182 所示的样子，得到左视图的轮廓线。再单击“修改”工具栏中的“拉长”按钮，选择直线 1 和直线 2，向下分别拉长 600。

**Step 2** 单击“绘图”工具栏中的“圆弧”按钮绘制电线杆的底端。单击“绘图”工具栏中“矩形”按钮，绘制一个长为 11、宽为 7 的矩形，并调用“WBLOCK”命令，存为块。再选择“插入”→“块”命令，将“矩形”块分别插入图形中的合适位置，如图 13-183 所示。然后加上电线杆下端剖面，可利用绘制圆弧功能来完成。

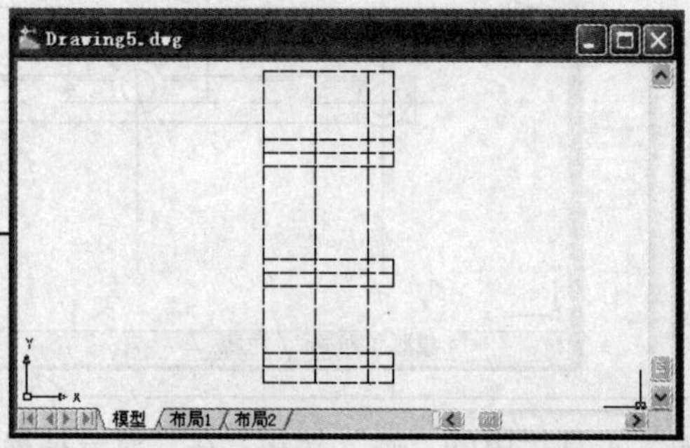


图 13-182
修剪左视图后的效果

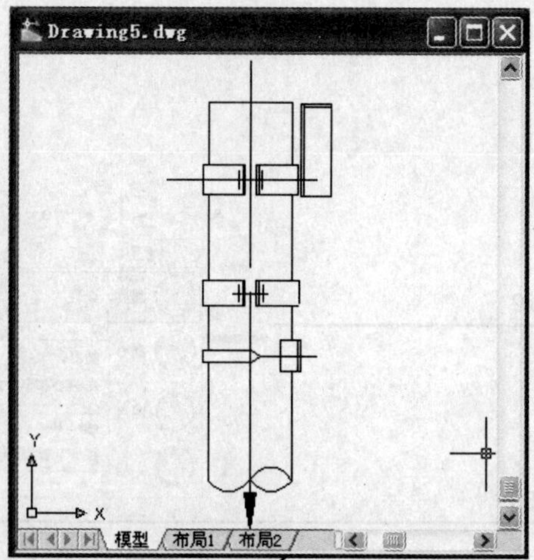


图 13-183
绘制电线杆效果图

**Step 3** 绘制杆顶支座抱箍，插入绝缘子图块，绘制拉线，效果如图 13-184 所示。

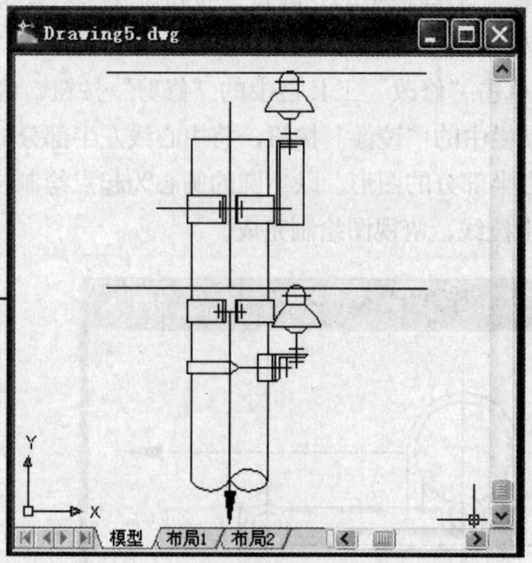


图 13-184
绘制完成的左视图效果

### 5．添加注释和文字

**Step 1** 选择“格式”→“标注样式”命令，弹出“标注样式管理器”对话框，如图 13-185 所示。

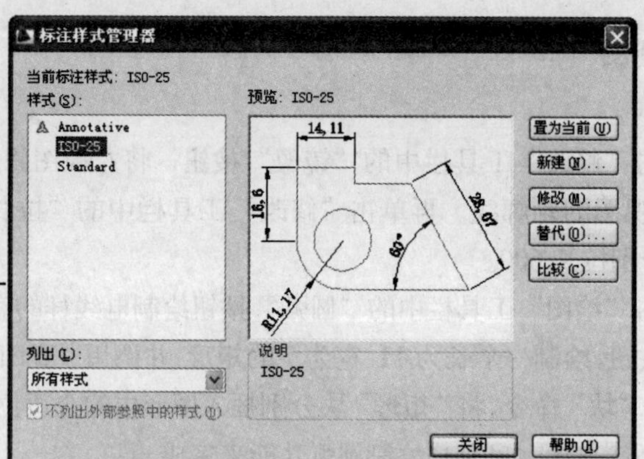


图 13-185
“标注样式管理器”对话框

**Step 2** 在对话框中单击“新建”按钮，弹出“创建新标注样式”对话框，如图 13-186 所示。样式名称为“架空线路图绘制”，基础样式为“ISO-25”，用于“所有标注”。

**Step 3** 单击“继续”按钮，打开“新建标注样式”对话框，其中有 6 个选项卡，可对新建的“架空线路图绘制”的风格进行设置。“线”选项卡的设置如图 13-187 所示。基线间距设置为“13”，超出尺寸线设置为“2.5”。

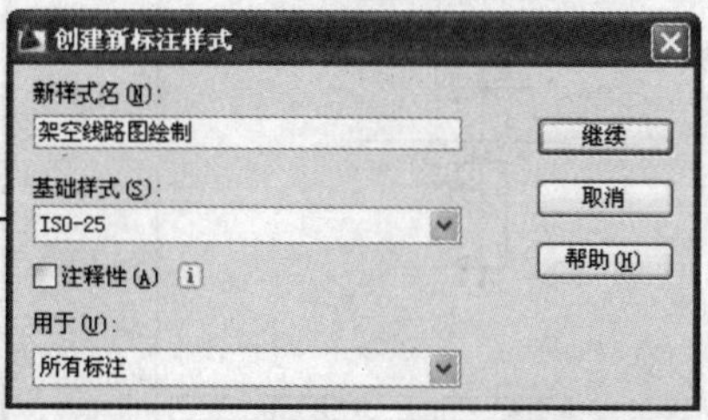


图 13-186
“创建新标注样式”对话框

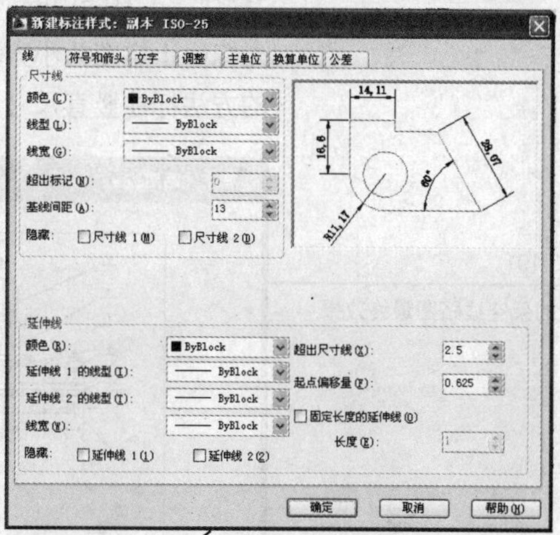


图 13-187
设置“线”选项卡

**Step 4**“文字”选项卡的设置如图 13-188 所示。文字高度设置为“7”，从尺寸线偏移设置为“0.625”，文字对齐采用“ISO 标准”。

**Step 5**“调整”选项卡的设置如图 13-189 所示。在“文字位置”选项组中选择“尺寸线上方，带引线”单选按钮。

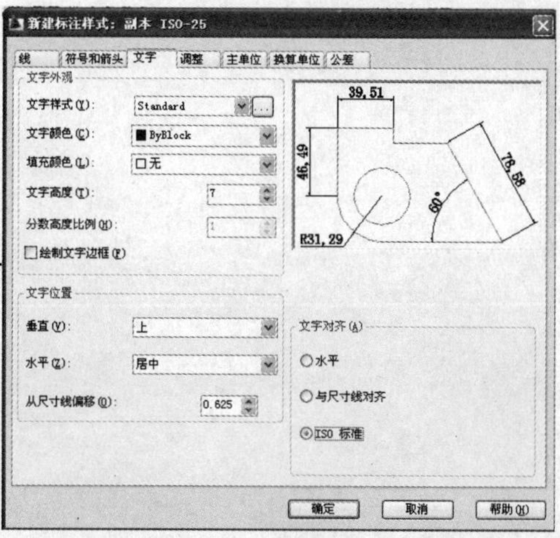


图 13-188
设置“文字”选项卡

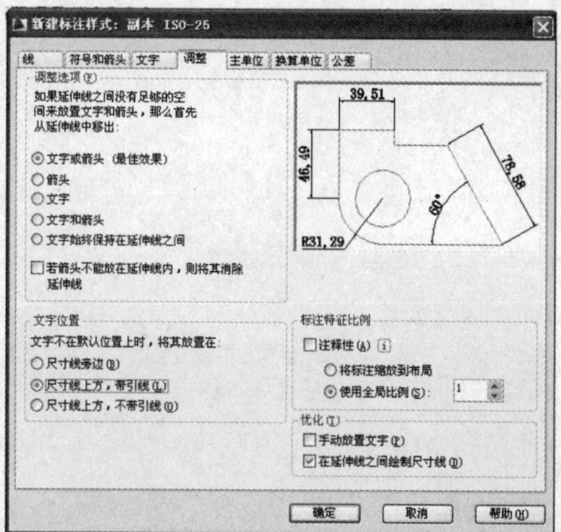


图 13-189
设置“调整”选项卡

**Step 6**“主单位”选项卡的设置如图 13-190 所示。舍入设置为“0”，小数分隔符设置为“句点”。

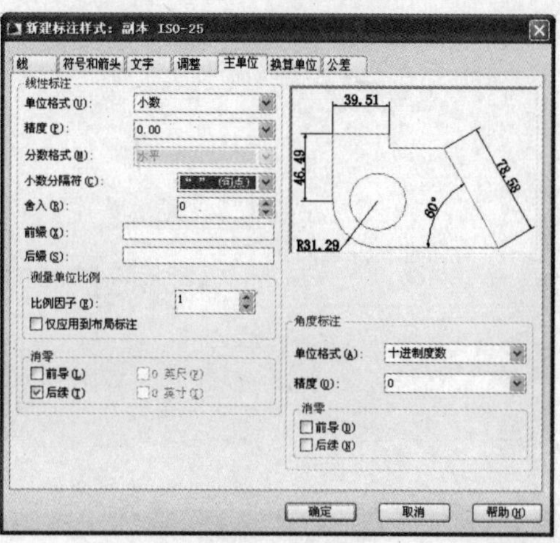


图 13-190
设置“主单位”选项卡

**Step 7** "换算单位"和"公差"选项卡暂时不设置，后面用到时再进行设置。设置完毕后，回到"标注样式管理器"对话框，单击"置为当前"按钮，将新建的"架空线路图绘制"样式设置为当前使用的标注样式。选择"标注"→"快速标注"命令，或者单击"标注"工具栏中的"快速标注"按钮，或在命令行中输入"PDIM"命令后按【Enter】键，光标由十字变为小方块，依次从左往右选择5根杆塔的中心线，标注水平尺寸。再用相同的方法标注竖直尺寸，标注最终结果如图13-191所示。

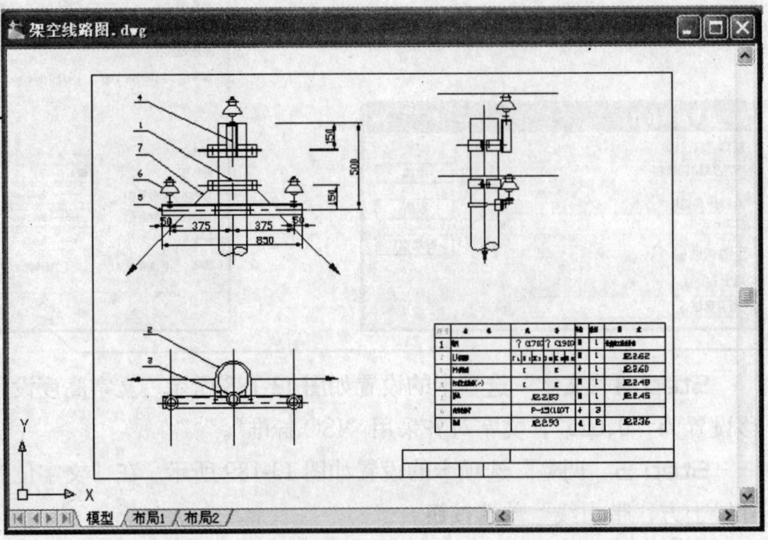


图 13-191

完成的架空线路图最终效果

# Chapter 14

# 机械电气图绘制

## 本章内容

机械电气在工厂发挥着重要作用，机械电气图的绘制方法与第 13 章讲的电力工程绘制方法是相同的。本章主要学习 4 种机械电气图的绘制，三相异步电动机控制电气设计、钻床电气设计、铣床电气设计、汽车发动机点火装置电气设计。

## 本章学习地图

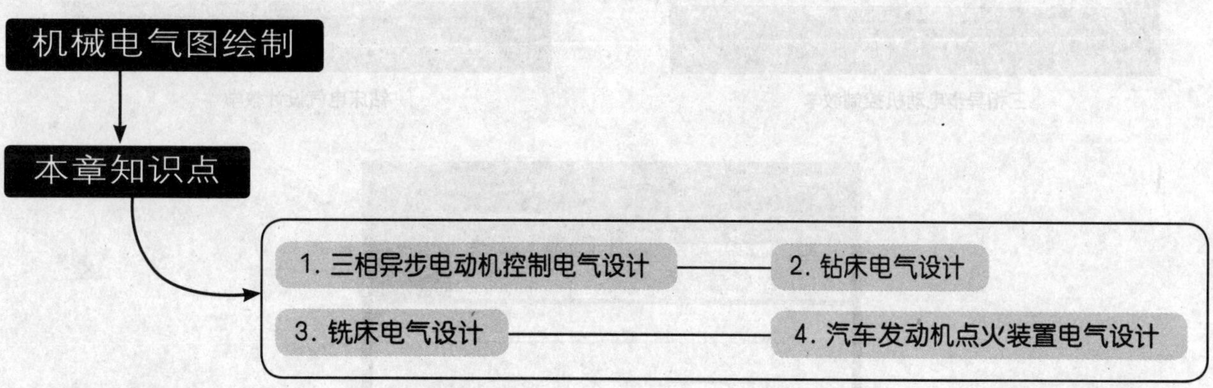


## 本章知识重点

- 三相异步电动机控制电气设计。
- 钻床电气设计。
- 铣床电气设计。
- 汽车发动机点火装置电气设计。

## 本章实例效果图

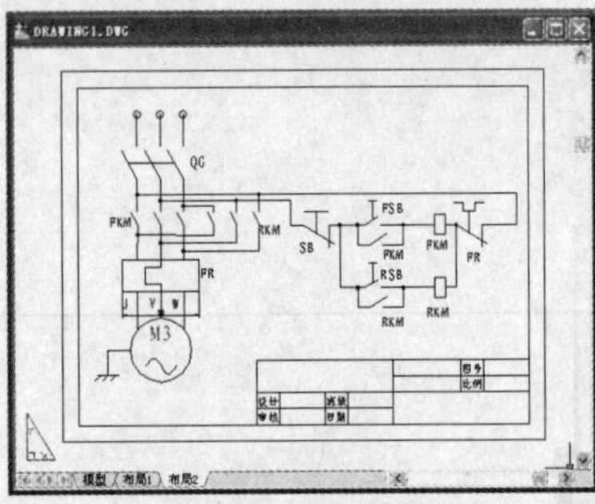

三相异步电动机控制电气设计

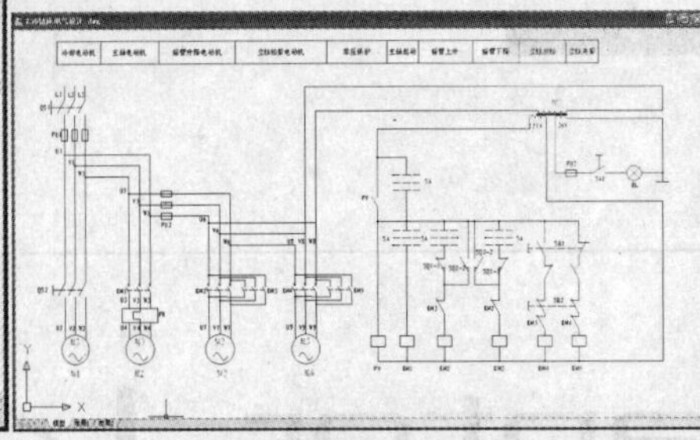

钻床电气设计

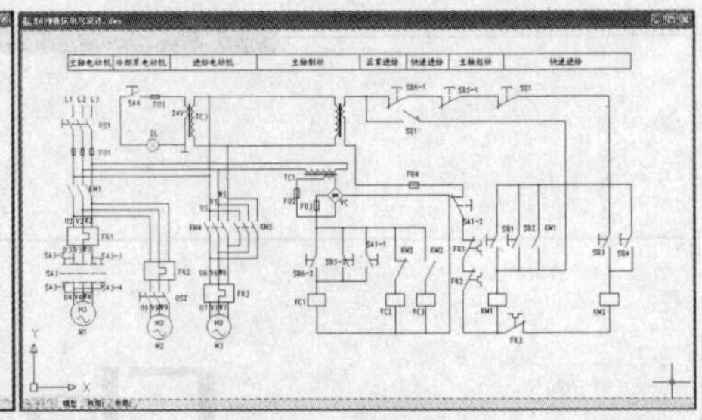

铣床电气设计

## 本章视频效果图

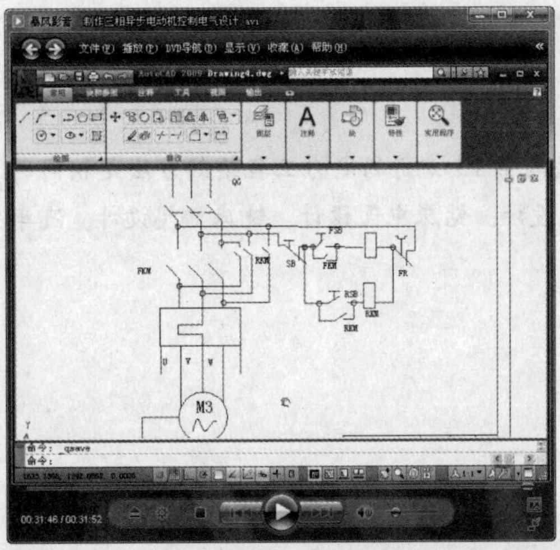

三相异步电动机控制教学

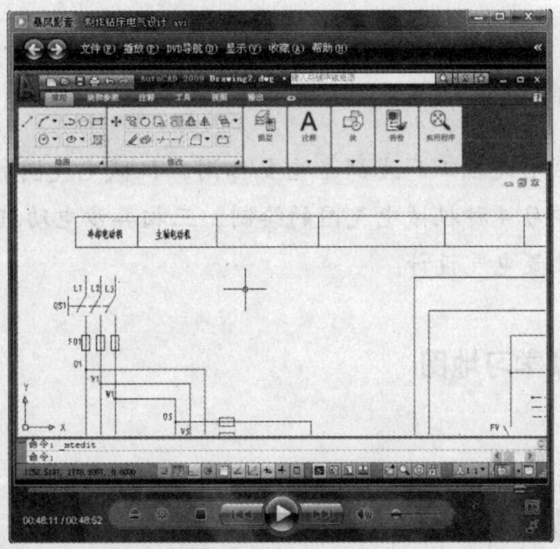

钻床电气设计教学

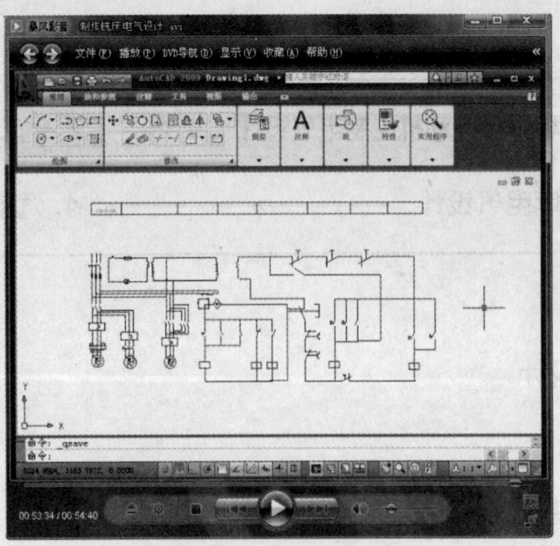

铣床电气设计教学

# 14.1 三相异步电动机控制电气设计

**实例分析**

本节讲解三相异步电动机控制电气设计。三相异步电动机转子的转速低于旋转磁场的转速，转子绕组因与磁场间存在着相对运动而产生电动势和电流，并与磁场相互作用产生电磁转矩，实现能量变换。与单相异步电动机相比，三相异步电动机运行性能好，并可节省各种材料。按转子结构的不同，三相异步电动机可分为笼式和绕线式两种。笼式转子的异步电动机的优点是结构简单、运行可靠、重量轻、价格便宜，得到了广泛的应用；其主要缺点是调速困难。绕线式三相异步电动机的转子和定子一样，也设置了三相绕组并通过滑环、电刷与外部变阻器连接。调节变阻器电阻可以改善电动机的启动性能和调节电动机的转速。

**实例难度** ★★★☆

**制作方法和思路**

三相异步电动机直接输入三相共频点，将电能转化为电动机主轴旋转动能。其控制电路主要采用交流接触器，实现异地控制。只要交换三相异步电动机的两相就可以实现电动机的正反转启动。当电动机过载时，相电流会显著增加，熔断器保险丝断开，对电动机实现过载保护。本节分供电简图、供电系统图和控制电路图 3 个部分逐步深入地讲解三相异步电动机控制电路的设计。

**参考教学视频**

光盘目录 \ 第十四章 \ 视频教学 \14.1\ 制作三相异步电动机控制电气设计 .avi

**实例文件**

**原始文件**：无

**最终文件**：光盘目录 \dwg\Ch14\14.1\ 最终文件 \ 三相异步电动机控制电气设计图 .dwg

**视频文件**：

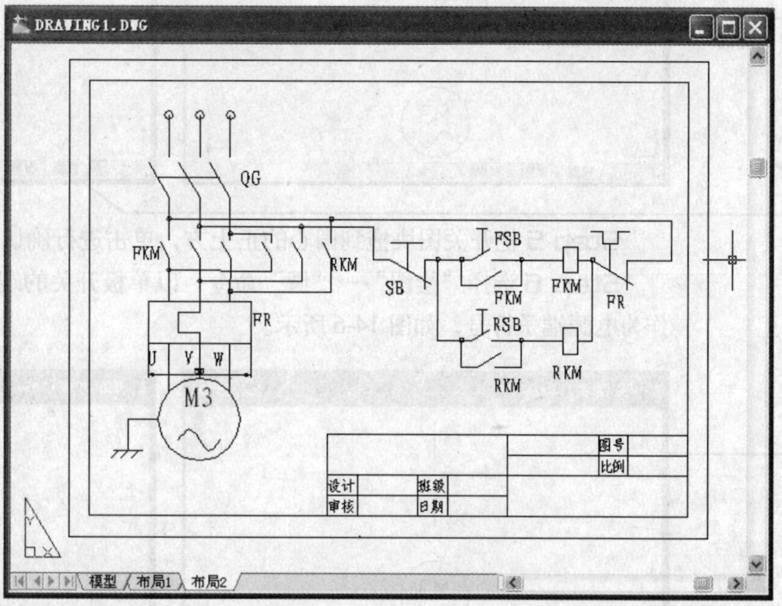

## 14.1.1 三相异步电动机供电简图

操作步骤如下：

**Step 1** 双击桌面上的 AutoCAD 2009 快捷方式，进入 AutoCAD 2009 绘图环境。新建绘图文件，配置绘图环境，调入文件样板，如图 14-1 所示。设置保存路径，取名为“三相异步电动机控制电气设计图 .dwg”，并保存。

**Step 2** 调用“块插入”命令，在当前绘图空间中依次插入“三相交流电动机”和“单极开关”块，如图 14-2 所示。在当前绘图窗口上用选择图块放置点。调用已有的图块能够大大节省绘图工作量，提高绘图效率，专业的电气设计人员一般都有一个自己常用的图块库。

图 14-1
选择文件样板

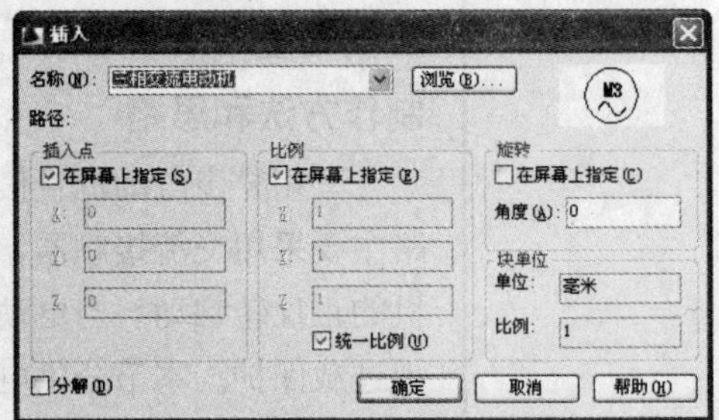


图 14-2
调用块“插入”对话框

**Step 3** 选择“修改”→“移动”命令，选中单极开关图块，以其端点为基点，调整单极开关的位置，使其在电动机的正上方。利用“对象捕捉”和“对象追踪”捕捉图，如图 14-3 所示。

**Step 4** 将鼠标指针放在电机图块圆心附近，系统提示捕捉到圆心；向上拉动鼠标指针，按图 14-4 操作。

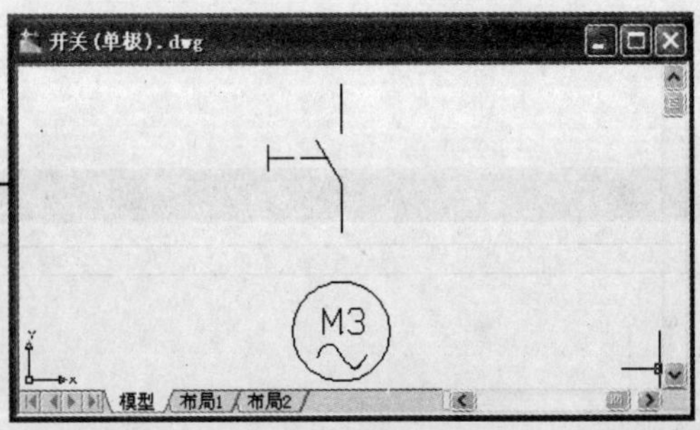


图 14-3
调用“移动”命令并捕捉圆

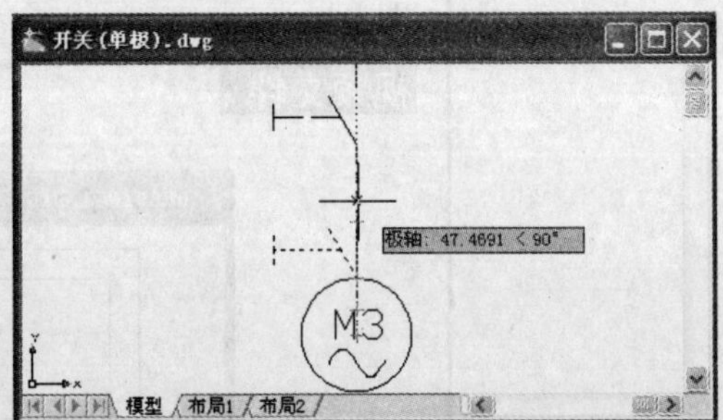


图 14-4
移动开关

**Step 5** 把开关图块拖到圆心的正上方，单击进行确认，得到如图 14-5 所示的效果。

**Step 6** 选择“绘图”→“圆”命令，以单极开关的端点为圆心，绘制半径为 2 的圆作为电源端子符号，如图 14-6 所示。

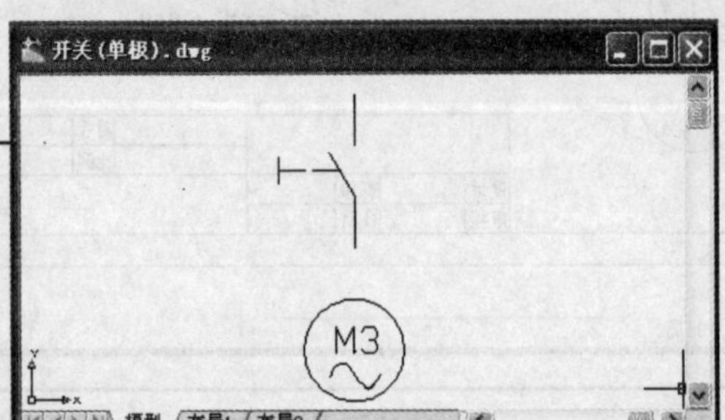


图 14-5
移动操作完成

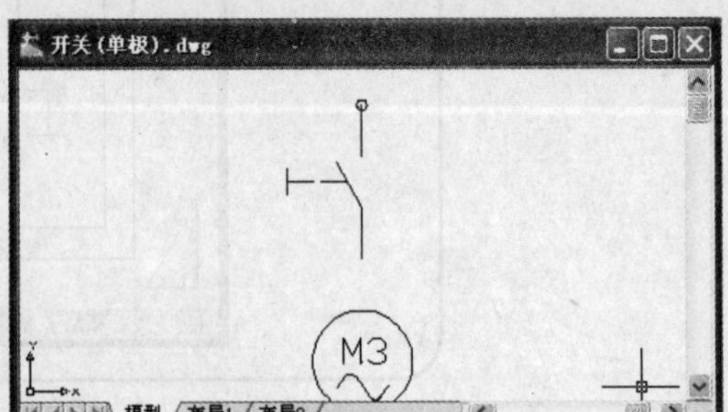


图 14-6
绘制电源端子符号

**Step 7** 选择“修改”→“分解”命令，分解单极开关和电机图块，调用“延伸”命令，以电机符号的圆为延伸边界，单极开关的一端引线为延伸对象，将单极开关一端引线延伸至圆周，如图 14-7 所示。

**Step 8** 选择“绘图”→“直线”命令，右击捕捉延伸线中点，如图 14-8 所示。

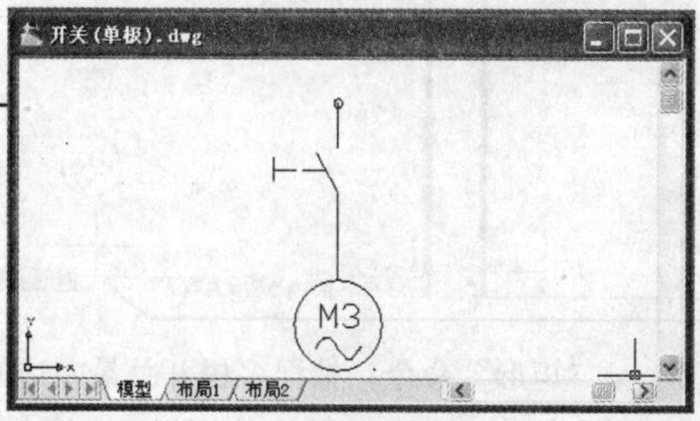


图 14-7
延伸单极开关至圆

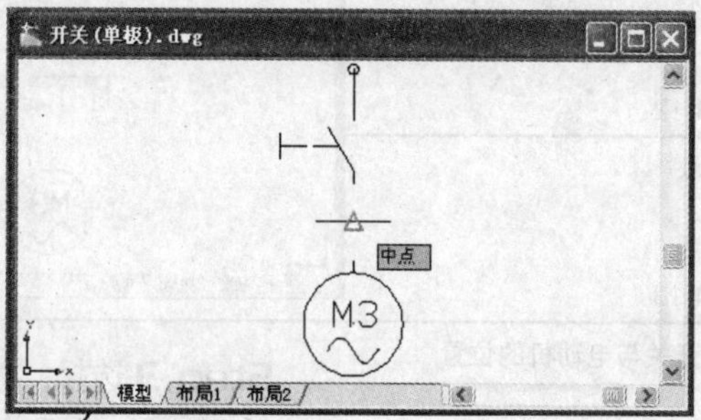


图 14-8
捕捉延伸线的中点

**Step 9** 绘制与 *X* 轴成 60° 角，长为 10 的直线段，如图 14-9 所示。

**Step 10** 选择“绘图”→“直线”命令，捕捉到 Step 9 中直线与单极开关引线的交点，在 *X* 轴 -120° 的方向，作长为 10 的直线段，如图 14-10 所示。

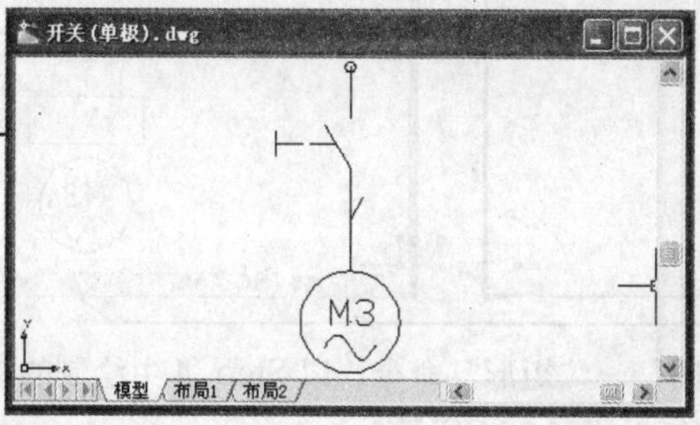


图 14-9
绘制直线段

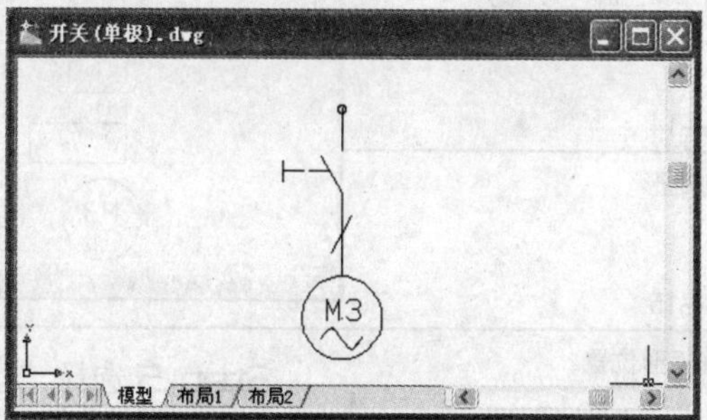


图 14-10
绘制反向直线段

**Step 11** 选择“修改”→“复制”命令，把上一步中绘制的两直线段分别向上、向下复制平移 10 个单位，如图 14-11 所示，表示交流电动机为三相交流供电。完成以上步骤，就得到了三相异步电动机供电简图。

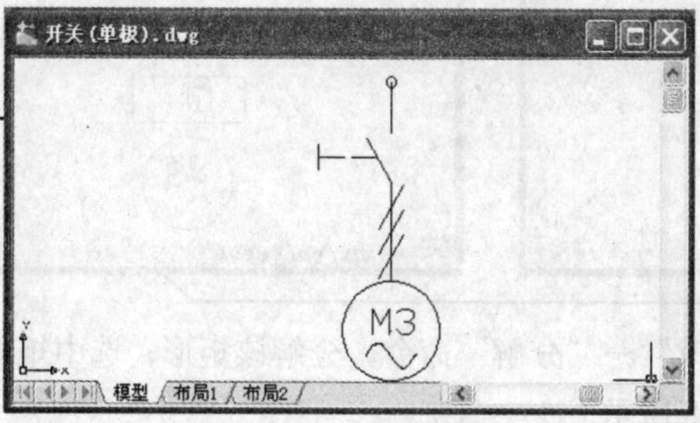


图 14-11
三相异步电动机供电简图

### 14.1.2 三相异步电动机供电系统图

供电系统图比简图详细，专业性也更强，不仅说明电动机的电流走向，还表示了电动机的启动和停止，还要表达利用热熔断器实现过载保护、机壳接地等信息，更加详细地说明电动机的电气界线。

具体操作步骤如下：

**Step 1** 新建绘图文件，配制绘图环境完毕，调用文件样板，设置保存路径，取名为“电动机系统图 .dwg”，并保存。调用“块插入”命令，在绘图界面上插入“三相交流电动机”和“多极开关”块，如图 14-12 所示。

**Step 2** 选择“修改”→“移动”命令，调用“对象捕捉”和“对象追踪”命令，调整多极开关与电动机的相对位置，使其在电动机的正上方。调整后的效果如图 14-13 所示。

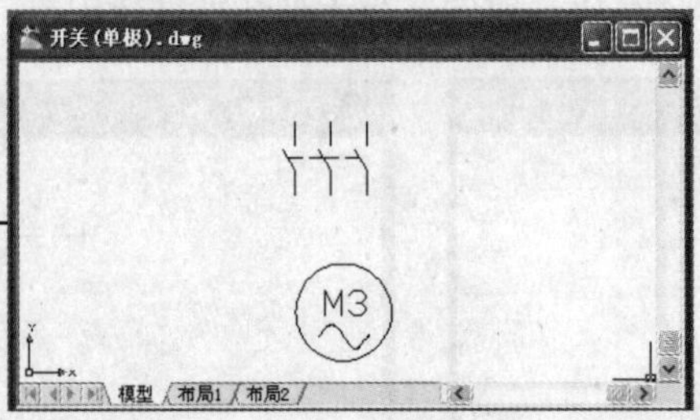


图 14-12
插入块

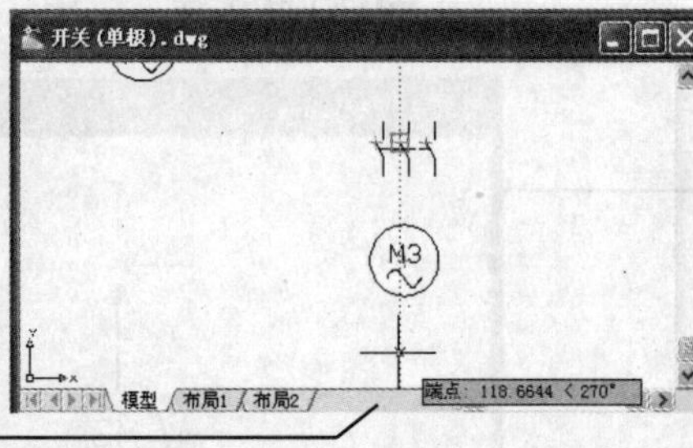


图 14-13
调整开关与电动机的位置

**Step 3** 选择“绘图”→“矩形”命令，捕捉多极开关最左边的端点为矩形的一个对角点，采用相对输入法绘制一个长为 100、宽为 40 的矩形，如图 14-14 所示。

**Step 4** 选择“修改”→“移动”命令，把上一步中绘制的矩形向 *X* 轴负方向移动 20，使得熔断器在多极开关的正下方，如图 14-15 所示。

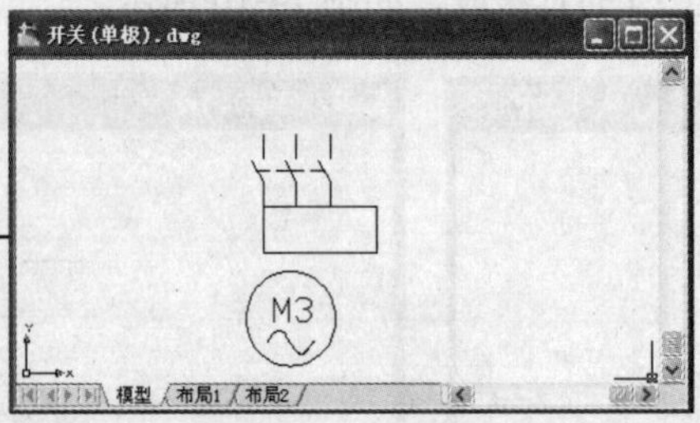


图 14-14
绘制矩形

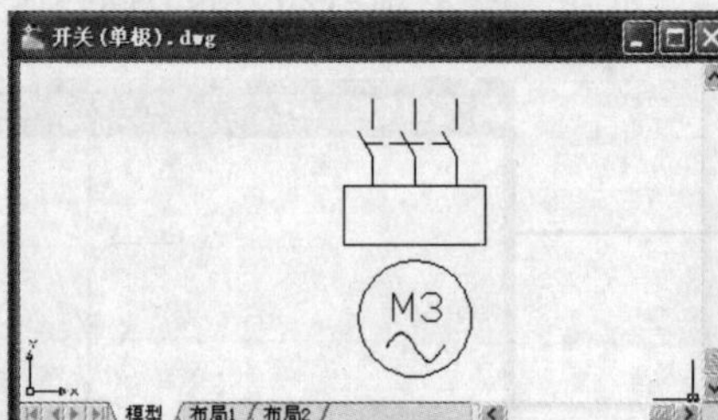


图 14-15
调整矩形位置

**Step 5** 选择“绘图”→“矩形”命令，以 Step 4 中绘制的矩形上边为中点，绘制长为 20、宽为 20 的矩形，如图 14-16 所示。

**Step 6** 选择“修改”→“移动”命令，把新绘制的矩形向 *Y* 轴负方向平移 10 个单位，如图 14-17 所示。

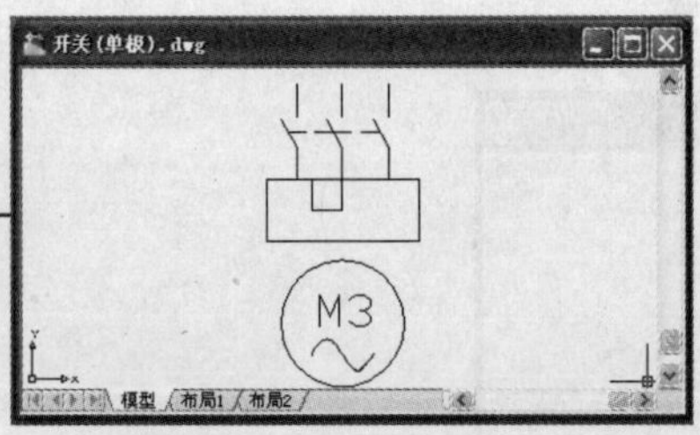


图 14-16
绘制小矩形

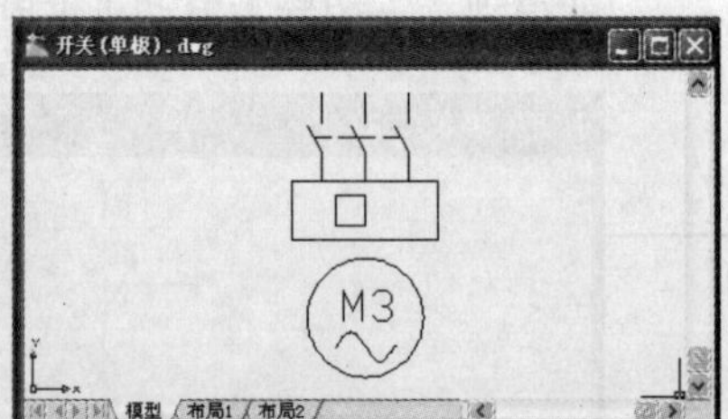


图 14-17
移动小矩形

**Step 7** 选择“修改”→“分解”命令，分解该矩形，选中矩形的右边，按【Delete】键删除右边，如图 14-18 所示。

**Step 8** 选择两次“绘图”→“直线”命令，连接分解开的小矩形端点与大矩形上下两边的中点，如图 14-19 所示。

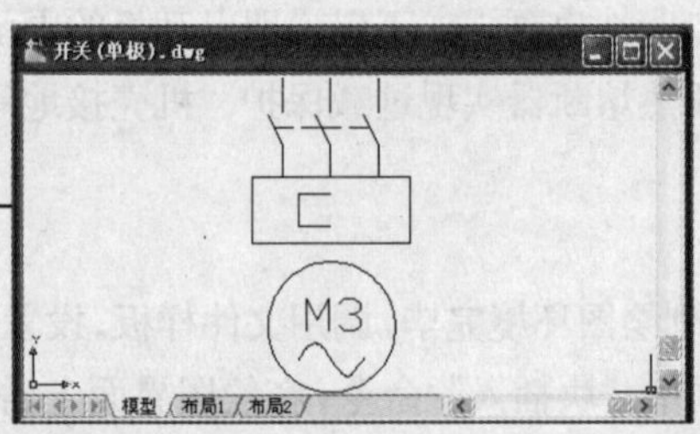


图 14-18
分解小矩形并删除右边

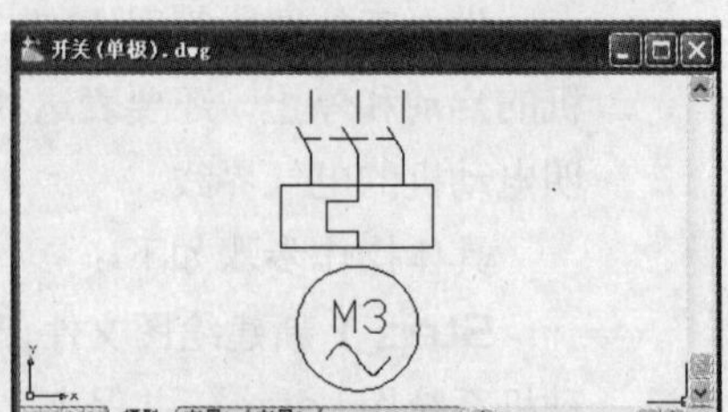


图 14-19
绘制直线

**Step 9** 选择“修改”→“分解”命令,依次分解电动机图块和多极开关图块。调用“延伸”修改命令，以电动机符号的圆为延伸边界，以多极开关的一端引线为延伸对象，将多极开关一端引线延伸至与电动机相交，如图 14-20 所示。

**Step 10** 选择“修改”→“修剪”命令，以大矩形为剪刀线，将上一步中延伸获得的导线在矩形内部的部分裁剪掉，如图 14-21 所示。

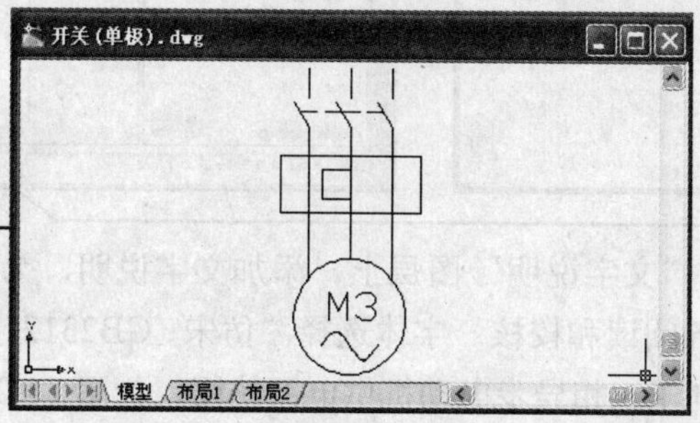


图 14-20
延伸开关一端至圆

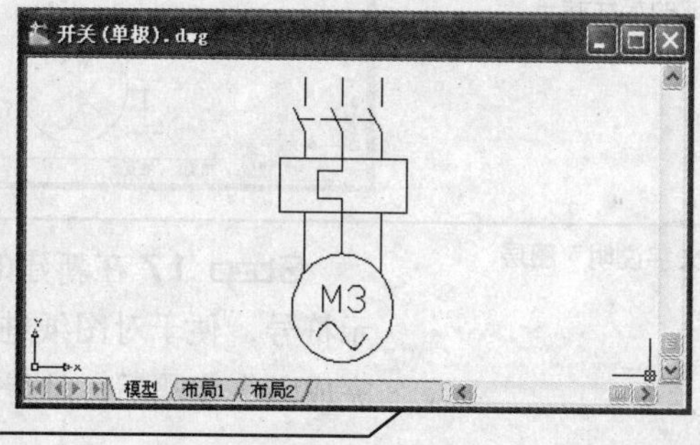


图 14-21
修剪导线

**Step 11** 选择“绘图”→“直线”命令，绘制如图 14-22 所示的连续折线段，也可以调用“多段线”绘图命令来绘制这段折线，但是过程要稍微复杂一些，读者可以自行验证。

**Step 12** 调用“镜像”修改命令，以竖直直线为对称轴生成另一半地平线符号，如图 14-23 所示。

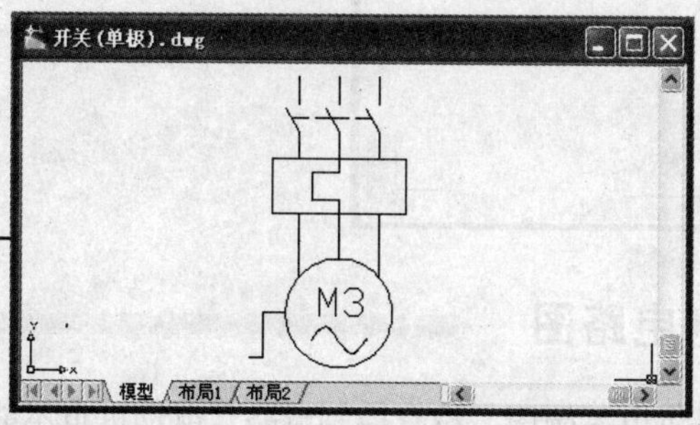


图 14-22
添加折线

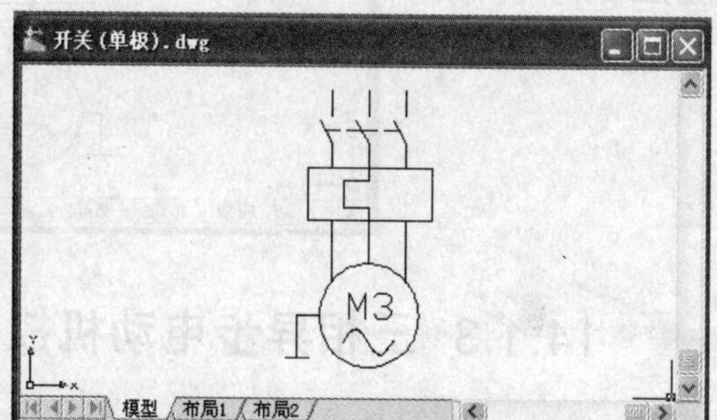


图 14-23
绘制地平线

**Step 13** 选择“绘图”→“直线”命令，在绘制地平线左端点绘制与 $X$ 轴正方向成 -135°，长为 6 的斜线段，如图 14-24 所示。

**Step 14** 选择“修改”→“复制”命令，把斜线向右复制移动两个单位，偏移距离为 5，如图 14-25 所示。

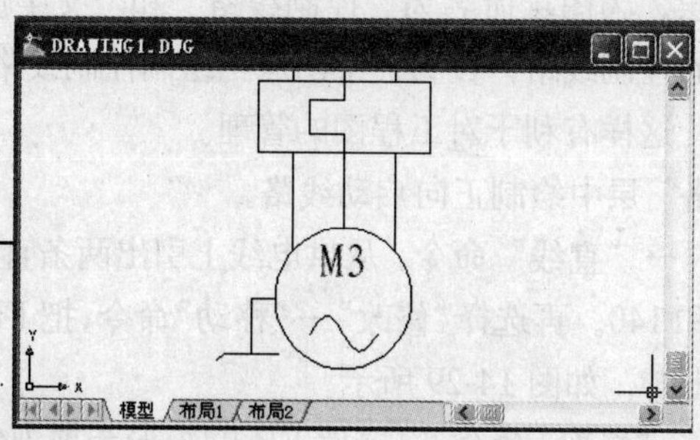


图 14-24
绘制一条斜线

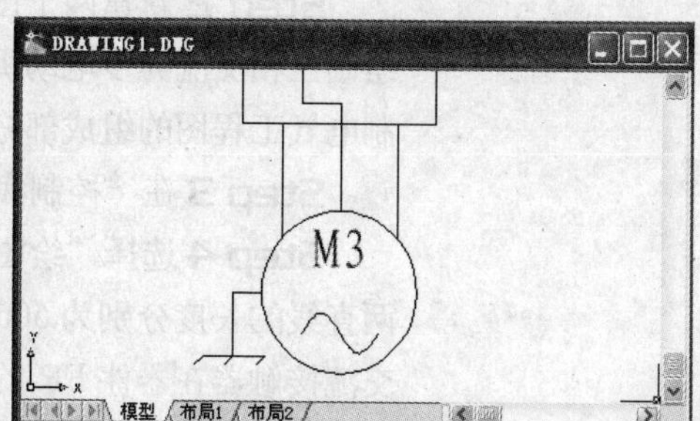


图 14-25
复制两条斜线

**Step 15** 选择“绘图”→“圆”命令，在多极开关端点处绘制一个半径为 4 的圆，作为电源的引入端子。再选择“修改”→“复制”命令，复制移动生成另外两个端子，如图 14-26 所示。

**Step 16** 选择绘制的圆的圆心为复制基点，将另外两根三相导线的端点为放置点。新建图层，取名为“文字说明”，如图 14-27 所示。

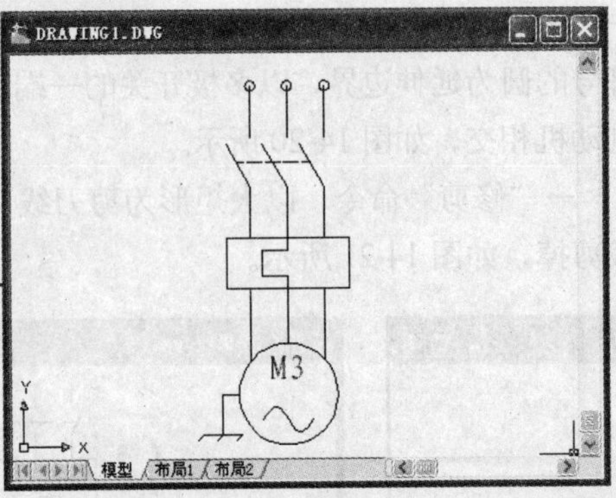


图 14-26
绘制完成的接线端子

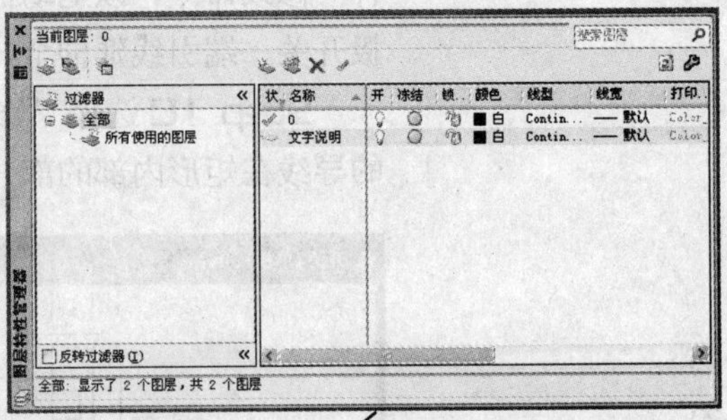


图 14-27
新建“文字说明”图层

**Step 17** 在新建的“文字说明”图层上，添加文字说明，为各器件和导线添加标示符号，便于对图纸进行阅读和校核。字体选择“仿宋 _GB2312”，字号选择“10 号”。完成以上步骤后，就得到了三相异步电动机供电系统图，如图 14-28 所示。

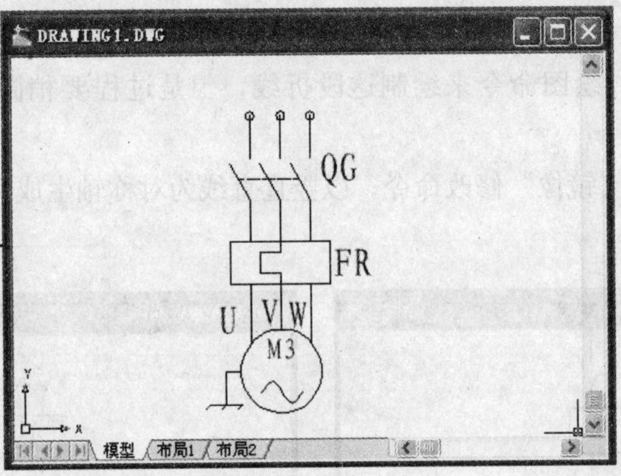


图 14-28
绘制完成的三相异步电动机供电系统图

## 14.1.3 三相异步电动机控制电路图

上一节得到了电动机供电系统图，没有控制电路，电动机也不能实现正反转启动。本小节将详细设计三相异步电动机的正反转启动控制电路及自锁电路。

三相异步电动机控制电路图的设计过程如下：

**Step 1** 打开上一节中绘制好的“电动机系统图 .dwg”文件，设置保存路径，另存为“电动机控制电路图 .dwg”。

**Step 2** 新建两个图层，为图层命名为“控制线路”和“文字说明”。在一个图层上绘制三相交流异步电动机的控制线路，在另一个图层上绘制控制线路的文字标示，分层绘制电气工程图的组成部分，这样有利于对工程图的管理。

**Step 3** 在“控制线路”层中绘制正向启动线路。

**Step 4** 选择“绘图”→“直线”命令，从供电线上引出两条直线，为控制系统供电。两直线的长度分别为 500 和 140。再选择“修改”→“移动”命令，把 FR 部件矩形向下平移，交流接触器在器件 FR 的上游，如图 14-29 所示。

**Step 5** 选择“修改”→“修剪”命令，以器件 FR 的矩形为剪刀线裁掉器件 FR 内部，并删除以上的导线段，如图 14-30 所示。注意，裁减时先裁去矩形上的线段，再裁去矩形中间多余的线段，如果裁减顺序不同，结果也将不同，请读者自行尝试，体会其中的区别。

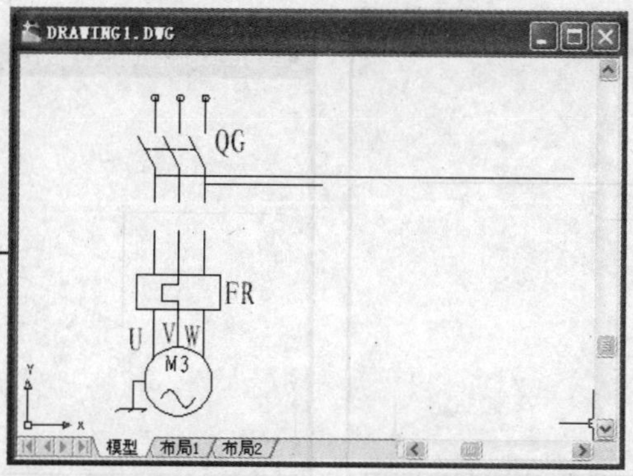


图 14-29
移动 FR 部件

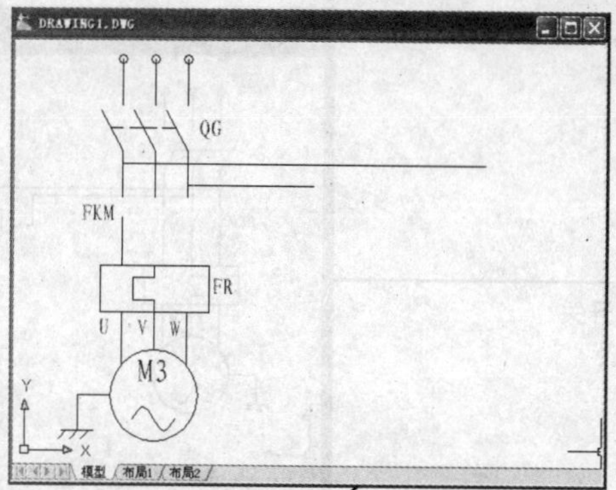


图 14-30
修剪 FR 部件后的效果

**Step 6** 选择两次“绘图”→“直线”命令，在图 14-30 的基础上绘制两段连接的直线，为绘制主触点做准备，如图 14-31 所示。

**Step 7** 调用“旋转”修改命令，把上一步中绘制的直线绕其下方端点旋转 30°，如图 14-32 所示，即得到一对常开主触点。

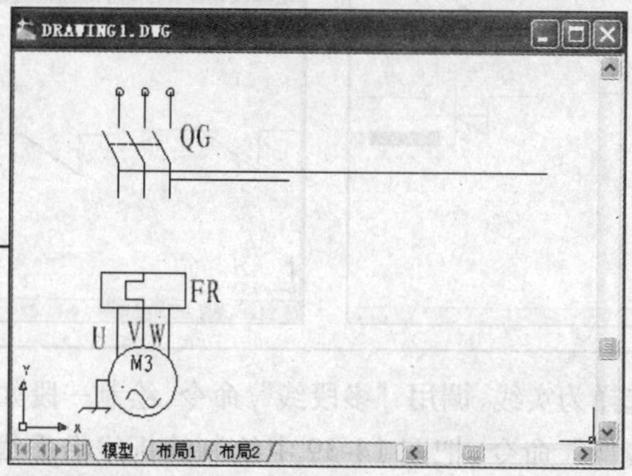


图 14-31
修剪 FR 部件后的效果

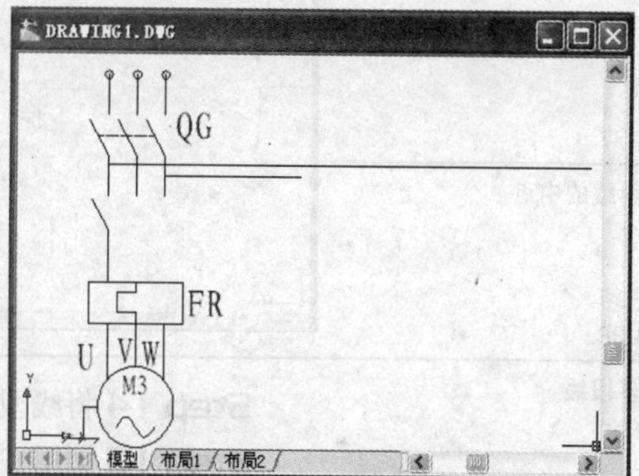


图 14-32
旋转直线后的效果

**Step 8** 选择“修改”→“复制”命令，复制两份 Step 4 中得到的直线，效果如图 14-33 所示，至此完成接触器三对常开的主触点。

**Step 9** 多次选择“绘图”→“直线”命令，绘制常闭急停按钮，如图 14-34 所示。调用“创建图块”绘图命令，把常闭按钮生成的图块保留，供后面设计时调用。

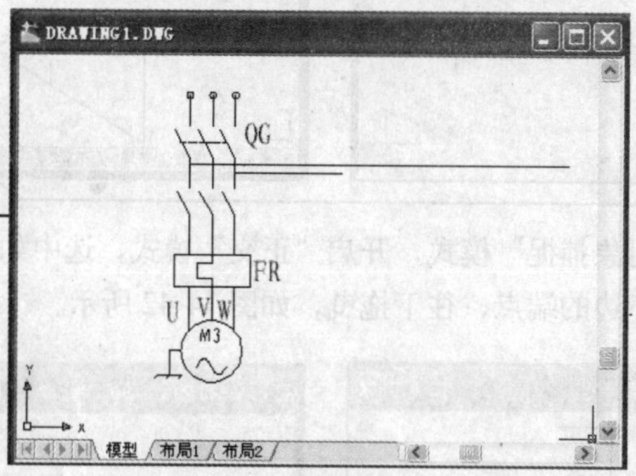


图 14-33
调用“复制”编辑命令后效果

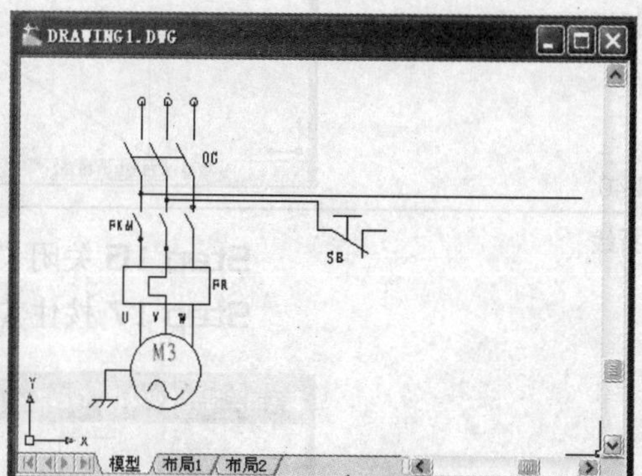


图 14-34
绘制急停按钮

**Step 10** 调用“快插入”绘图命令，插入手动单极开关作为正向启动按钮，插入比例为 0.5，保证手动开关在本图中比例合适，如图 14-35 所示。

**Step 11** 调用“多段线”绘图命令，绘制一条如图 14-36 所示的多段线。调用“分解”命令，分解图中绘制的多段线。

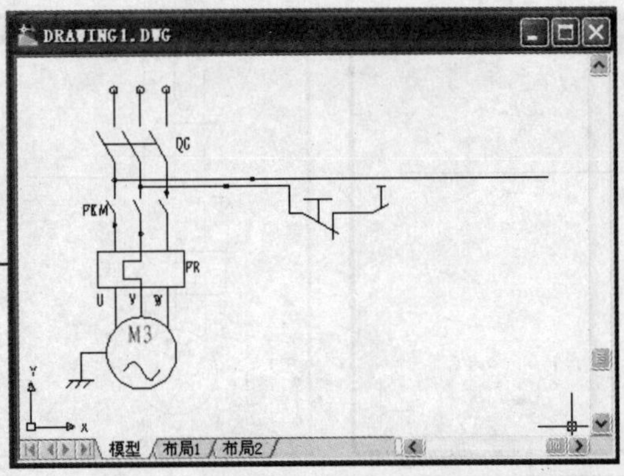


图 14-35
插入正转开关

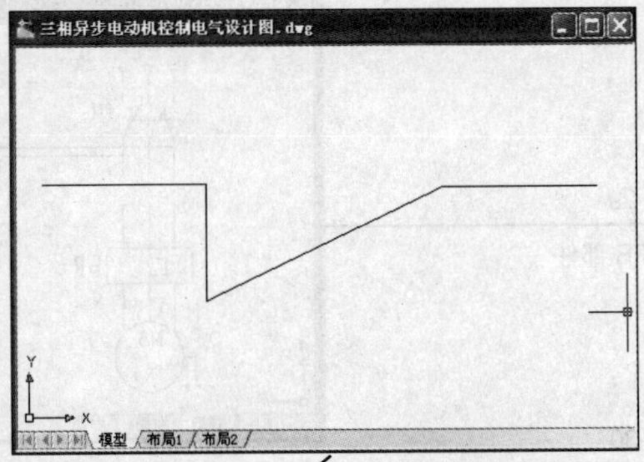


图 14-36
绘制并分解多段线

**Step 12** 将线型选择为虚线，选择“绘图”→“直线”命令，按住【Shift】键再右击捕捉中点。捕捉到斜线的中点，如图 14-37 所示。

**Step 13** 绘制一段长为 18 的直线，如图 14-38 所示。

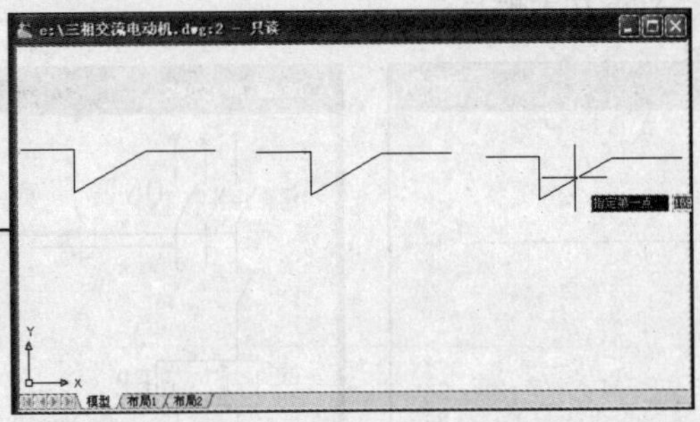


图 14-37
捕捉斜线的中点

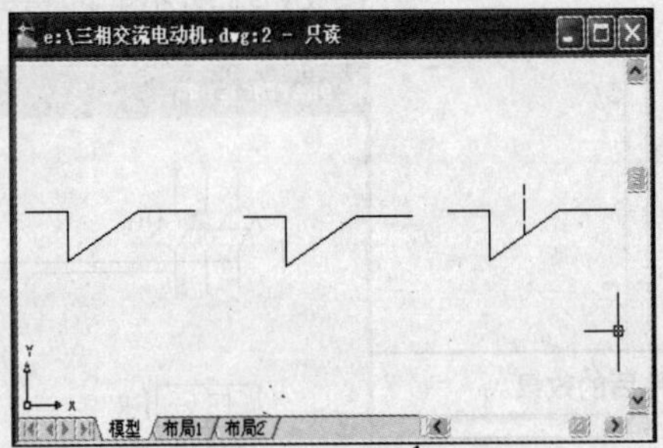


图 14-38
绘制多段线

**Step 14** 将线型选择为实线，调用“多段线”命令，绘制一段如图 14-39 所示的折线。

**Step 15** 调用“镜像”命令，把图 14-39 中绘制的折线沿虚线镜像一份，如图 14-40 所示。

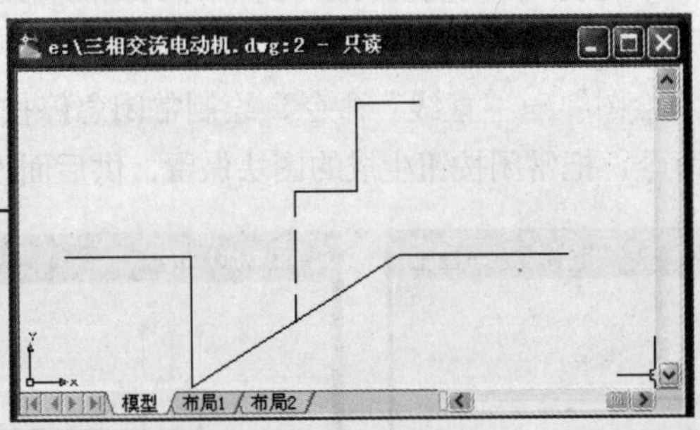


图 14-39
绘制折线

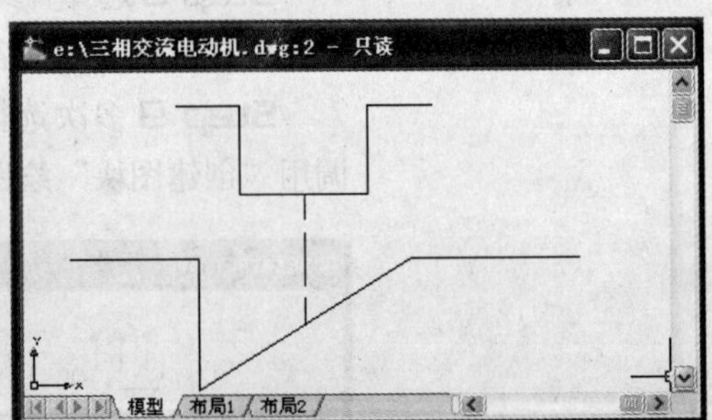


图 14-40
镜像折线

**Step 16** 关闭“对象捕捉”模式，开启“正交”模式，选中如图 14-41 所示的直线。

**Step 17** 按住其下边的端点，往下拖曳，如图 14-42 所示。

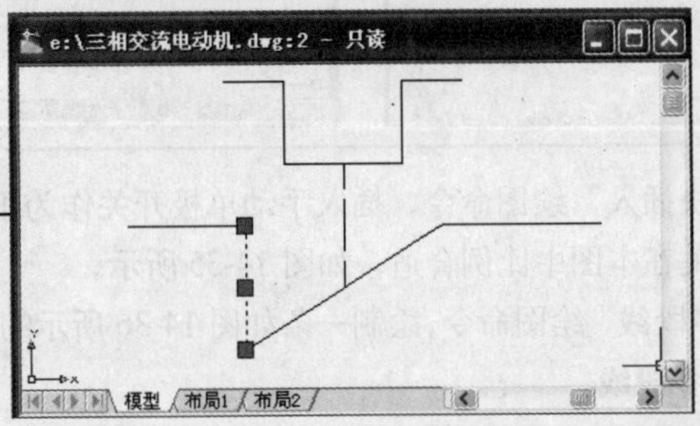


图 14-41
选中直线

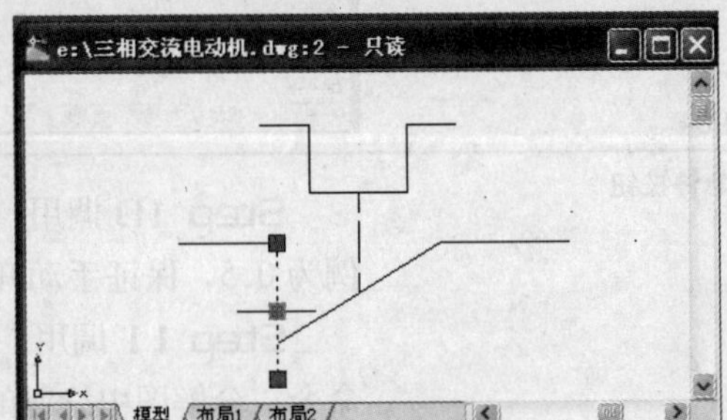


图 14-42
拖曳直线

**Step 18** 在命令行中输入（0,-2）指定拉伸点，确认后的效果如图 14-43 所示。

**Step 19** 选中如图 14-44 所示的斜线，打开“对象捕捉”模式。

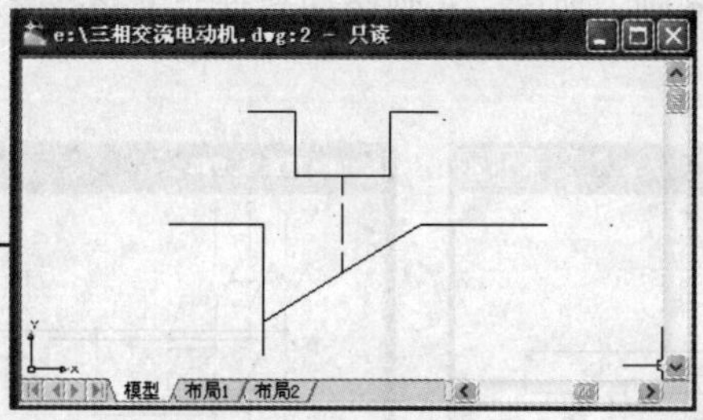


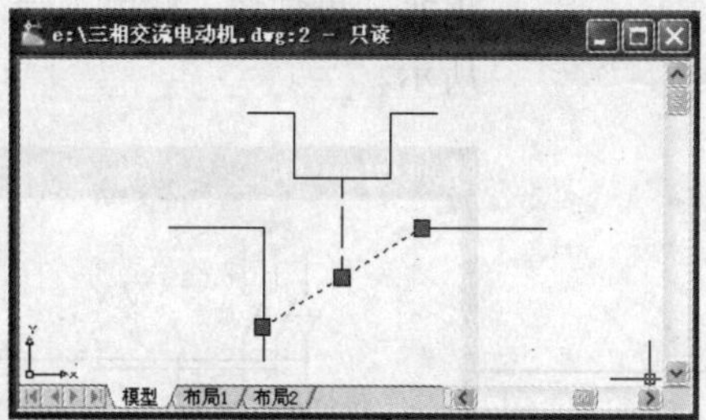


图 14-43

捕捉选中直线图

图 14-44

选中斜线

**Step 20** 按住左边端点，拖曳至如图 14-45 所示的位置。

**Step 21** 单击确认后，热熔断器绘制完毕。再调用“创建块”绘图命令，生成热熔断器符号图块，如图 14-46 所示，以便后面调用。

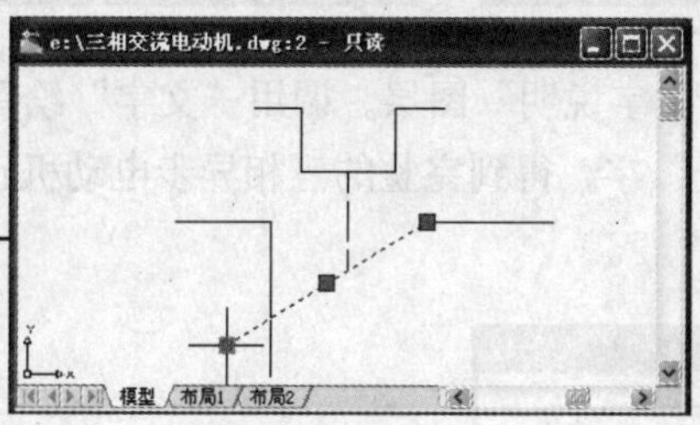


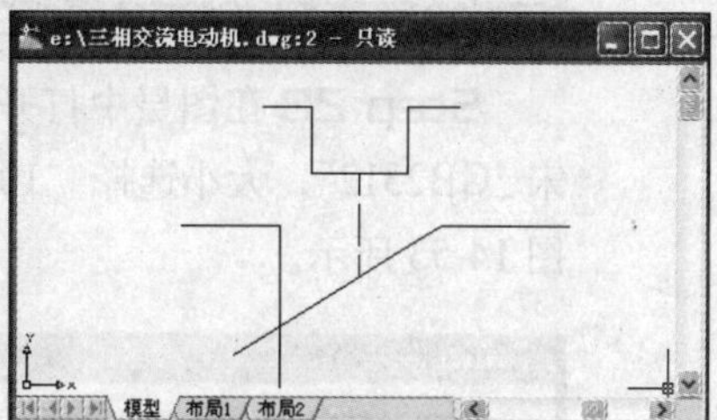


图 14-45

拖曳到指定点

图 14-46

熔断器符号绘制完成

**Step 22** 把熔断器开关图块调入当前的设计界面，如图 14-47 所示。当主回路电流过大，发热 FR 熔断，常开变为常闭时，控制线路失电，回路失电停止运行。

**Step 23** 选择“绘图”→“矩形”命令，绘制正向启动接触器符号，如图 14-48 所示。

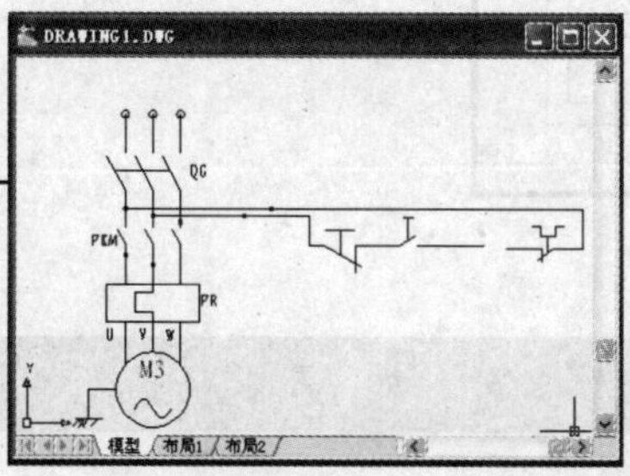


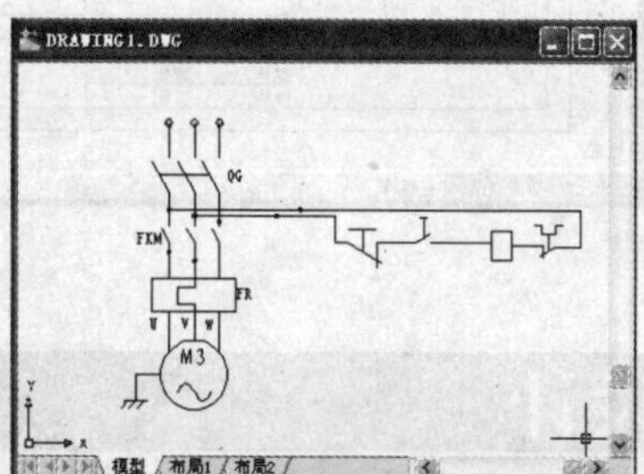


图 14-47

熔断器开关

图 14-48

绘制矩形

**Step 24** 选择“修改”→“复制”命令，把主触点复制一份，如图 14-49 所示。绘制正向启动辅助触点，作为自锁开关。

**Step 25** 绘制方法和过程同绘制正向启动线路相同。注意：反向启动需交换两相电压，对主回路线路应该做出适当修改，只要电动机反转主触点闭合交换了 U 及 W 相达到电动机反转，如图 14-50 所示。

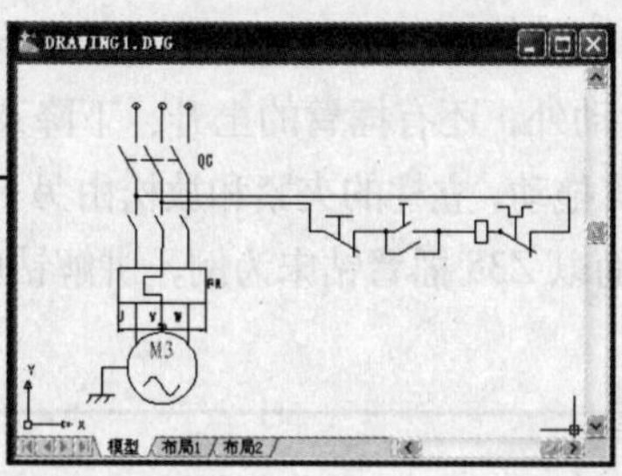


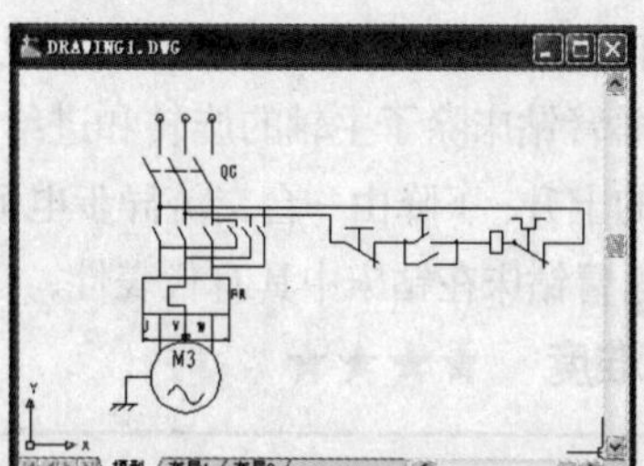


图 14-49

正向启动自锁继电器开关

图 14-50

反向供电电路

**Step 26** 反向启动电路如图 14-51 所示。

**Step 27** 选择“绘图”→“圆”命令。在导线交点绘制半径为 1 的圆，并用“solid”填充。再选择“修改”→“复制”命令，复制移动到每一个导线导通处，效果如图 14-52 所示。

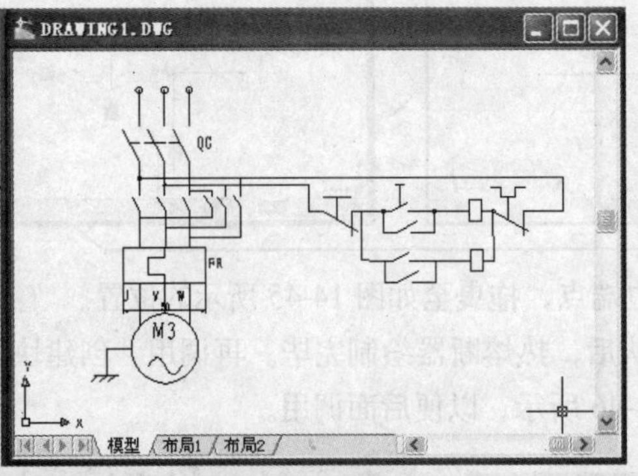


图 14-51
反向启动电路

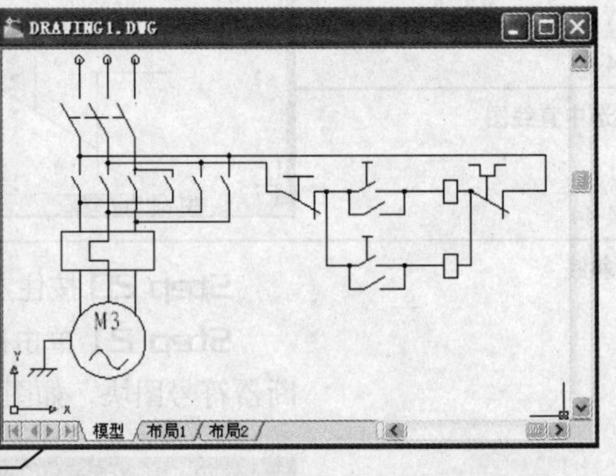


图 14-52
绘制导通点

**Step 28** 在图层中打开“文字说明”图层。调用“文字”绘图命令，字型选择“仿宋 _GB2312”，大小选择“10 号”字，得到完整的三相异步电动机正反转控制线路图，如图 14-53 所示。

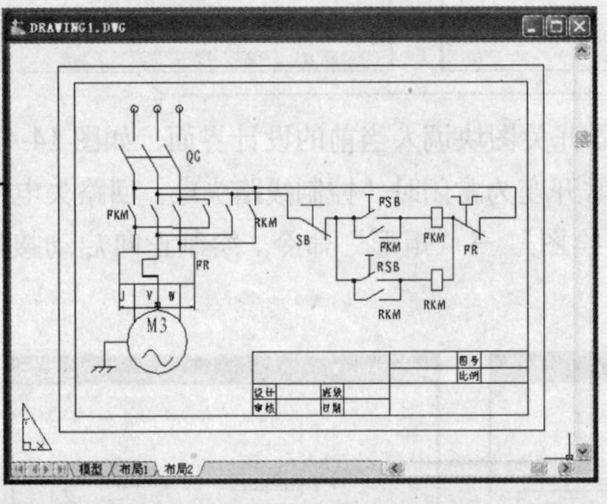


图 14-53
三相异步交流电动机正反转控制电路图

# 14.2 钻床电气设计

**实例分析**

摇臂钻床是一种立式钻床，在钻床中具有一定的典型性，其运动形式分为主运动、进给运动和辅助运动。其中主运动为主轴的旋转运动；进给运动为主轴的纵向移动；辅助运动有摇臂沿外立柱的垂直移动、主轴箱沿摇臂的径向移动、摇臂与外立柱一起相对于内立柱的回转运动。摇臂钻床的主轴旋转运动和进给运动由一台交流异步电动机拖动，主轴的正反转旋转运动是通过机械转换实现的，故主电动机只有一个旋转方向。

摇臂钻床除了主轴的旋转和进给运动外，还有摇臂的上升、下降及立柱的夹紧和放松。摇臂的上升、下降由一台交流异步电动机拖动，立柱的夹紧和放松由另一台交流电动机拖动。Z35 摇臂钻床在钻床中具有代表性，下面以 Z35 摇臂钻床为例，讲解钻床电气的设计过程。

**实例难度** ★★★★

**制作方法和思路**

1）冷却泵电动机的控制

冷却泵电动机 M1 是由转换开关 QS2 直接控制的。

2）主轴电动机的控制

先将电源总开关 QS1 合上，并将十字开关 SA 扳向左方（共有左、右、上、下和中间位置）。这时 SA 的触头压合，零压继电器 FV 吸合并自锁，为其他控制电路接通做好准备。再将十字开关扳向右方，SA 的另一触头接通，KM1 得电吸合，主轴电动机 M2 启动运转，经主轴传动机构带动主轴旋转。主轴的旋转方向由主轴箱上的摩擦离合器手柄操纵。

将 SA 扳到中间位置，接触器 KM1 断电，主轴停车。

3）摇臂升降控制

摇臂升降控制是在零压继电器 FV 得电并自锁的前提下进行的，用来调整工件与钻头的相对高度。这些动作是通过十字开关 SA，接触器 KM2、KM3，位置开关 SQ1、SQ2 控制电动机 M3 来实现的。SQ1 是能够自动复位的鼓形转换开关，其两对触电都调整在常闭状态。SQ2 是不能自动复位的鼓形转换开关，它的两对触电常开，由机械装置带动其通断。

为了使摇臂上升或下降时不致超过允许的极限位置，在摇臂上升和下降的控制电路中，分别串入位置开关 SQ1-1、SQ1-2 的常闭触点。当摇臂上升或下降到极限位置的时候，挡块将相应的位置开关压下，使电动机停转，从而避免事故的发生。

4）立柱夹紧与松开的控制

立柱的夹紧和松开是通过接触器 KM4 和 KM5 控制电动机 M4 的正反来实现的。当需要摇臂和外立柱绕内立柱移动时，应先按下按钮 SB1，接触器 KM4 得电吸合，电动机 M4 正转，通过齿式离合器驱动齿轮式油泵送出高压油，经一定油路系统和传动机构将内外立柱松开。

**参考教学视频**

光盘目录 \ 第十四章 \ 视频教学 \14.2\ 制作钻床电气设计 .avi

**实例文件**

**原始文件**：无

**最终文件**：光盘目录 \dwg\Ch14\14.2\ 最终文件 \ Z35 钻床电气设计 .dwg

**视频文件**：

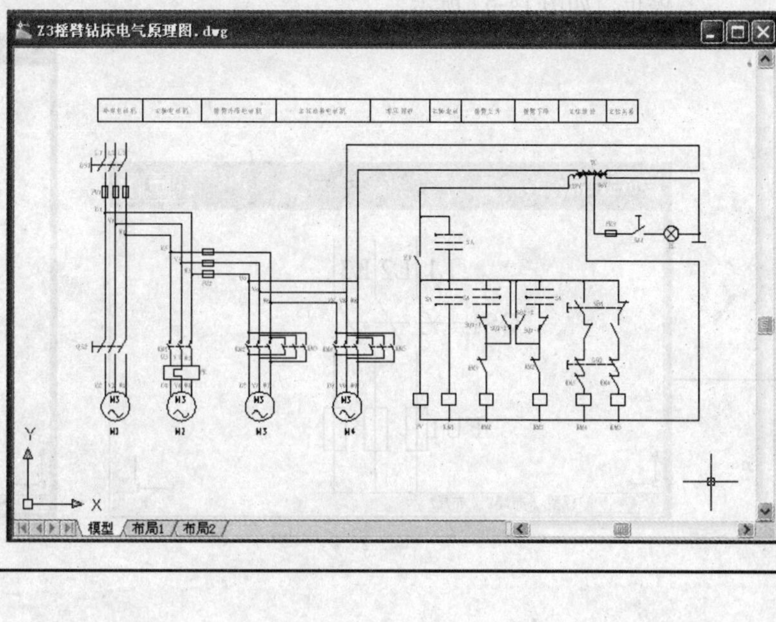

## 14.2.1 主动回路设计

主动回路包括 4 台三相交流异步电动机、冷却泵电动机 M1、主轴电动机 M2、摇臂升降电动机 M3、立柱电动机 M4。其中 M3 和 M4 要求能够正反向启动。其具体设计过程如下：

**Step 1** 进入 AutoCAD 2009 绘图环境，调用新的文件样板，新建文件“Z35 钻床电气设计 .dwg”，如图 14-54 所示。

图 14-54
新建文件

**Step 2** 在文件中新建“主回路”层、“控制回路”层和“文字说明”层 3 个图层。各层设置如图 14-55 所示。

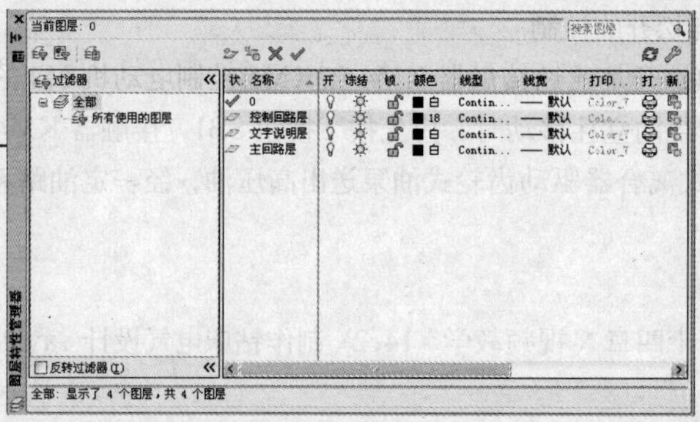


图 14-55
设置图层

**Step 3** 主动回路和控制回路由三相交流总电源供电，通断由总开关控制，各相电源设熔断器防止短路，保证电路安全，如图 14-56 所示。

**Step 4** 冷却泵电动机 M1 为手动启动，手动多极按钮开关 QS2 控制其运行或者停止，如图 14-57 所示。

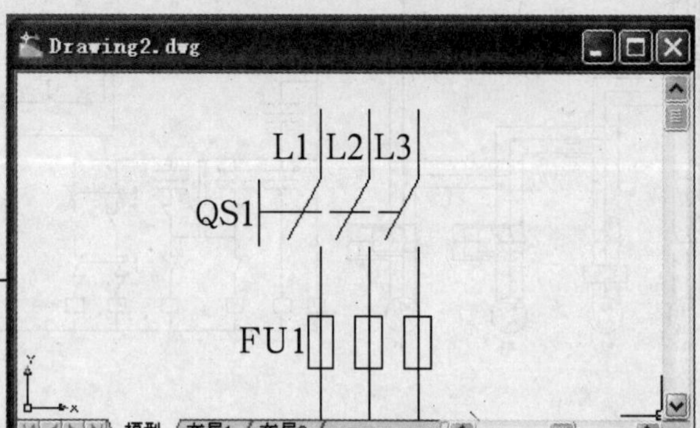


图 14-56
总电源

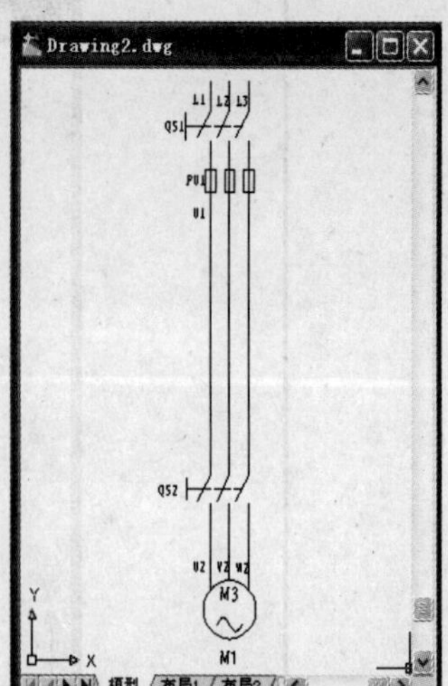


图 14-57
冷却泵电动机

**Step 5** 主轴电动机 M2 的启动和停止由 KM1 的主触点控制，主轴如果过载，相电流会增大，FR 熔断起到保护作用，如图 14-58 所示。

**Step 6** 摇臂升降电动机 M3 要求可以正反向启动及过载保护，回路必须串联正反转继电器主触点和熔断器，如图 14-59 所示。

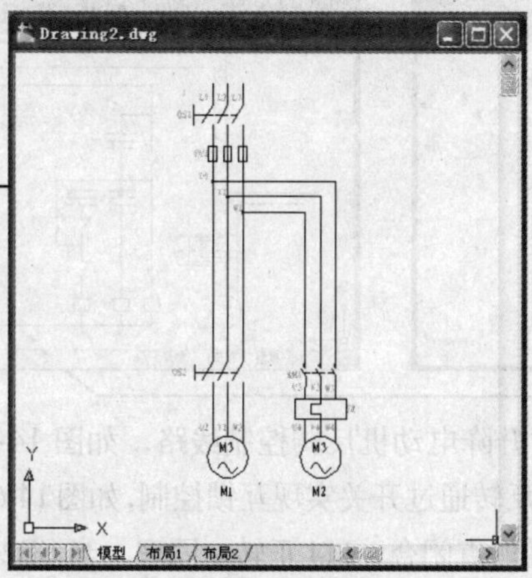

图 14-58
主轴电动机

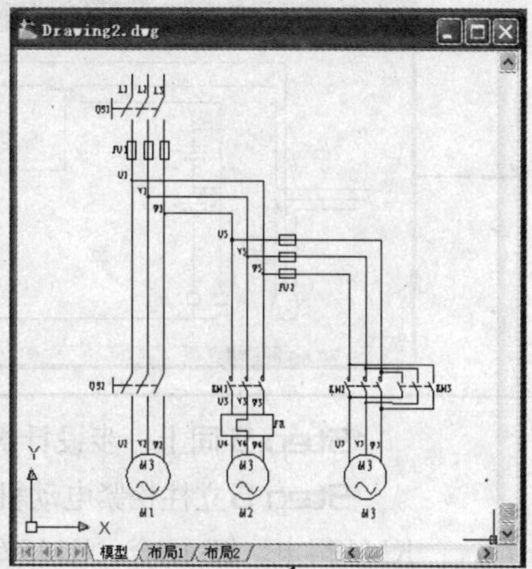

图 14-59
摇臂升降电动机

**Step 7** 立柱松紧电动机 M4 要求可以正反向启动及过载保护，回路必须串联正反转继电器主触点和熔断器，如图 14-60 所示。

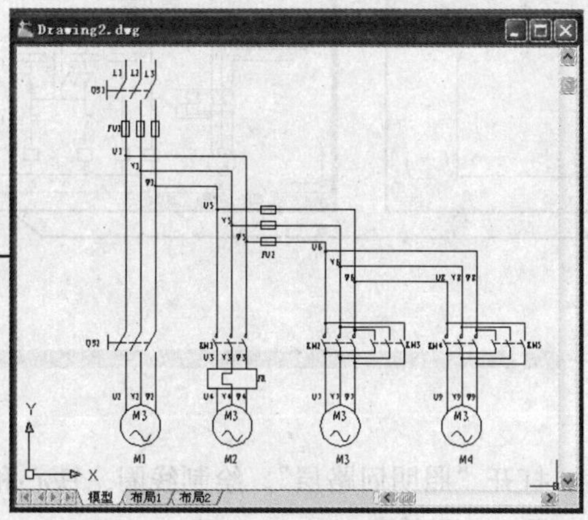

图 14-60
立柱松紧电动机

## 14.2.2 控制回路设计

具体设计过程如下：

**Step 1** 从主回路中为控制回路抽取两根电源线，绘制线圈、铁心和导线符号，供电系统通过变压器为控制系统供电，如图 14-61 所示。

**Step 2** 零压保护是通过鼓形开关 SA 和接触器 FV 实现的，如图 14-62 所示。

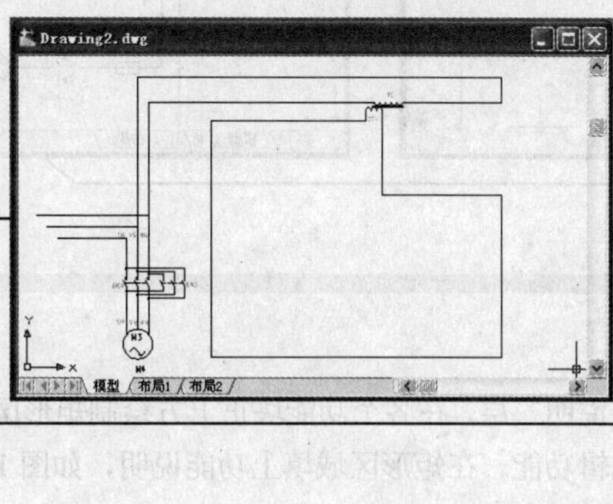

图 14-61
控制系统供电

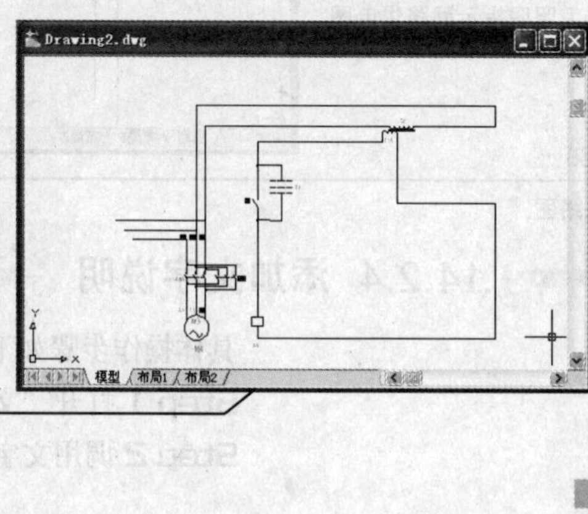

图 14-62
零压保护

**Step 3** SA 扳动、KM1 得电，KM1 主触点闭合，主轴启动，如图 14-63 所示。

**Step 4** 扳动 SA、KM2 得电，其主触点闭合，摇臂升降电动机正转，SQ1 为摇臂的升降限位位置开关，SQ2 为摇臂升降电动机正反转位置开关，KM3 为反转互锁，如图 14-64 所示。

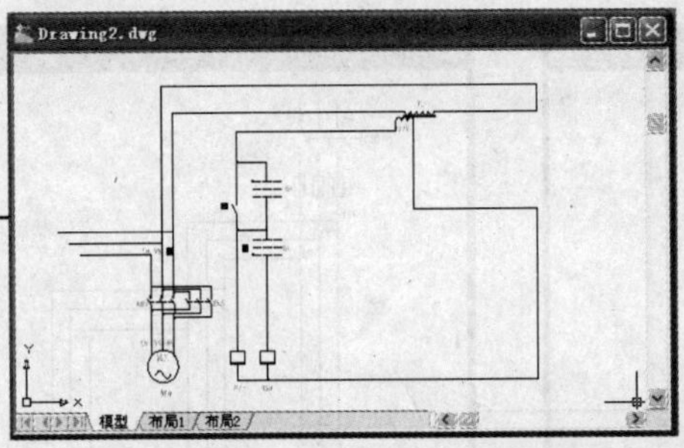


图 14-63

主轴启动

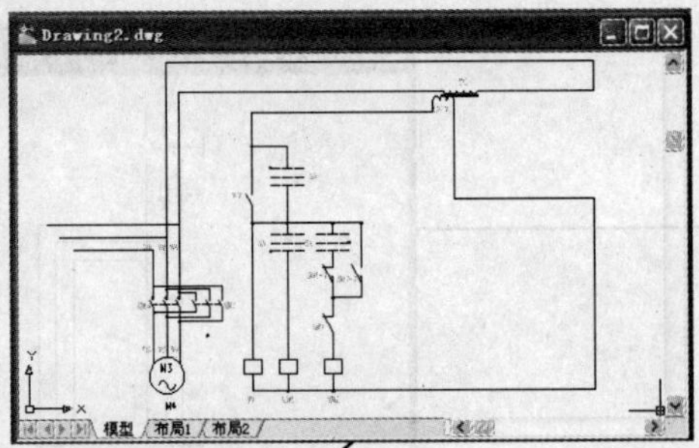


图 14-64

摇臂升降电动机正转

**Step 5** 同上一步设计摇臂升降电动机反转控制线路，如图 14-65 所示。

**Step 6** 立柱松紧电动机正反转通过开关实现互锁控制，如图 14-66 所示。当 SB1 按下时，KM4 得电，SB 闭合，KM5 辅助触点闭合，M4 正转；同理，当 SB2 按下时，M4 反转。

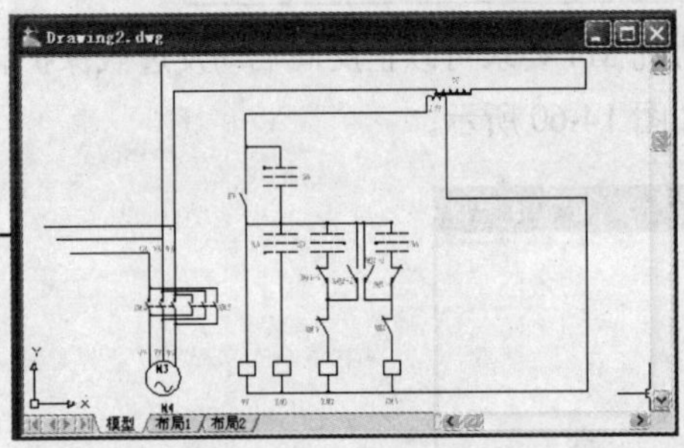


图 14-65

摇臂升降电动机反转

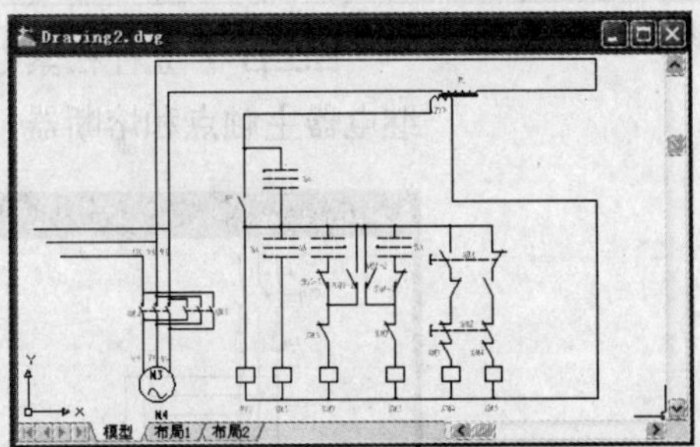


图 14-66

立柱松紧电动机正反转

## 14.2.3 照明指示回路设计

具体设计过程如下：

**Step 1** 选择图层时，打开“照明回路层”。绘制线圈、铁心和导线，供电系统通过变压器为照明回路供电，如图 14-67 所示。

**Step 2** 在上一步中绘制的导线端点右侧插入手动开关、保险丝和照明灯图块，用导线连接，设计完成照明回路，如图 14-68 所示。

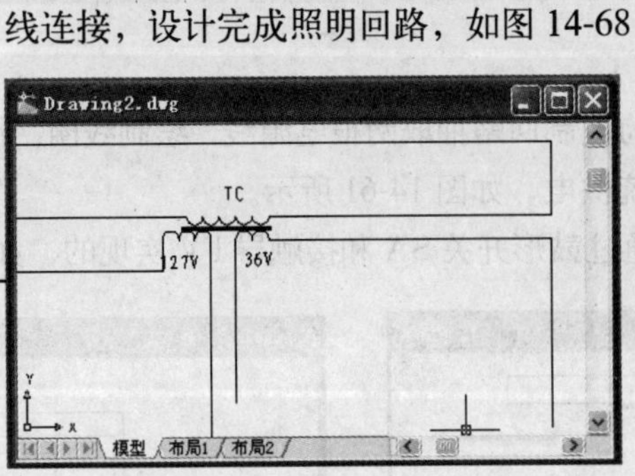


图 14-67

变压器为照明指示回路供电图

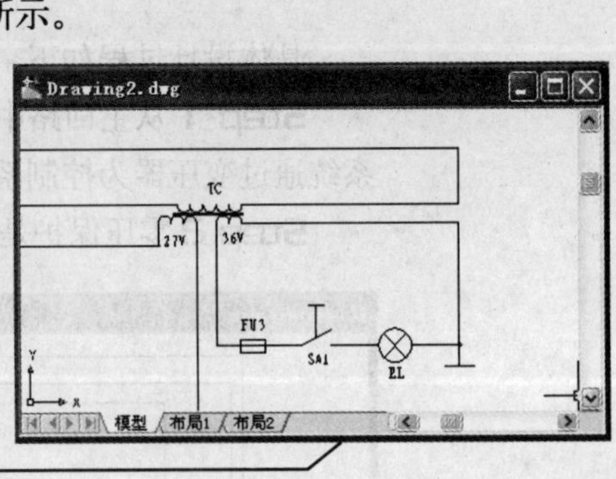


图 14-68

照明电路图

## 14.2.4 添加文字说明

具体操作步骤如下：

**Step 1** 打开“文字说明”层，在各个功能块正上方绘制矩形区域，如图 14-69 所示。

**Step 2** 调用文字编辑功能，在矩形区域填上功能说明，如图 14-70 所示。

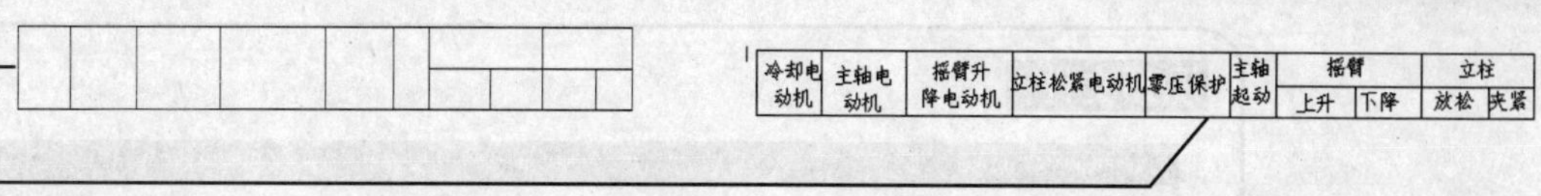


图 14-69

功能区域划分

图 14-70

功能说明表格

# 14.3 铣床电气设计

**实例分析**

铣床可以用来加工平面、斜面、沟槽等。装上分度头，还可以铣切直齿轮和螺旋面。铣床的运动方式可分为主运动、进给运动和辅助运动。由于铣床的工艺范围广，运动形式也很多，因此其控制系统比较复杂，主要特点如下。

- 中小型铣床一般采用三相交流异步电动机拖动。
- 铣床工艺分有顺铣和逆铣之分，故要求主轴电动机可以正反转。
- 铣床主轴装有飞轮，停车时惯性较大，一般采用制动停车方式。
- 为避免铣刀碰伤工件，要求启动时，先开动主轴电动机，然后才可以开动进给电动机；停车时，最好先停进给电动机，后停主轴电动机。

万能铣床在钻床中具有代表性，下面以万能铣床为例，介绍铣床电气设计过程。

**实例难度** ★★★☆

**制作方法和思路**

1. 主轴电动机 M1 的控制

1）主轴电动机的启动

铣床采用两地控制方式，启动按钮 SB1 和停止按钮 SB5 1 为另一组，分别安装在工作台和机床床身上，以便操作。

启动前，选择好主轴转速，并将 SA3 扳到需要的转向上，然后按 SB1 或者 SB2，KM1 得电，其常开主触点闭合，M1 启动，其常开辅助触电闭合起到自锁作用。

2）主轴电动机的制动

当按下停车按钮 SB5 或 SB6 时，接触器 KM1 断电释放，M1 断电减速，同时按下常开触点 SB5 2 或 SB6 2 接通电磁离合器 YC1。离合器吸合，摩擦片抱紧，对主轴电动机进行制动。

2. 冷却泵电动机的控制

由主回路可以看出，只有主轴电动机启动后，冷却泵电动机 M3 才能启动。再按下 QS2，冷却泵电动机才可以启动。

3. 照明电路

变压器 TC3 将 380V 交流变为 24V 安全电压供给照明，转换开关 SA4 控制其亮灭。

**参考教学视频**

光盘目录 \ 第十四章 \ 视频教学 \14.3\ 制作铣床电气设计 .avi

**实例文件**

**原始文件**：无

**最终文件**：光盘目录 \dwgt\Ch14\14.3\ 最终文件 \ X62W 铣床电气设计 .dwg

视频文件：

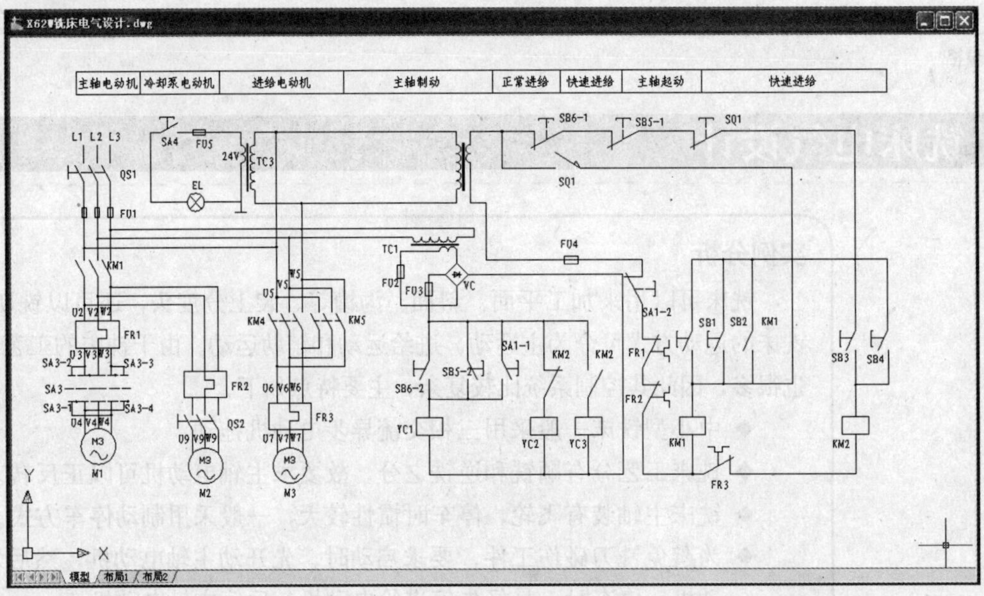


## 14.3.1 主动回路设计

主动回路包括 3 台三相交流异步电动机：主轴电动机 M1、进给电动机 M2、冷却泵电动机 M3。其中 M1 和 M2 要求能够正反向启动，M1 的正反转由手动换向开关实现，M2 的正反转由辅助触点控制线路的接通与断开来实现。只有在 M1 接通时，才有必要打开 M3。

具体的设计过程如下：

**Step 1** 进入 AutoCAD 2009 绘图环境，选择“文件样板”，新建文件“X62W 铣床电气设计 .dwg”。 在文件中新建“主回路”层、“控制回路”层和“文字说明”层控制线路、照明回路 5 个图层。各图层属性设置如图 14-71 所示。

**Step 2** 主动回路和控制回路由三相交流总电源供电，通断由总开关控制，各相电流设熔断器防止短路，保证电路安全，如图 14-72 所示。

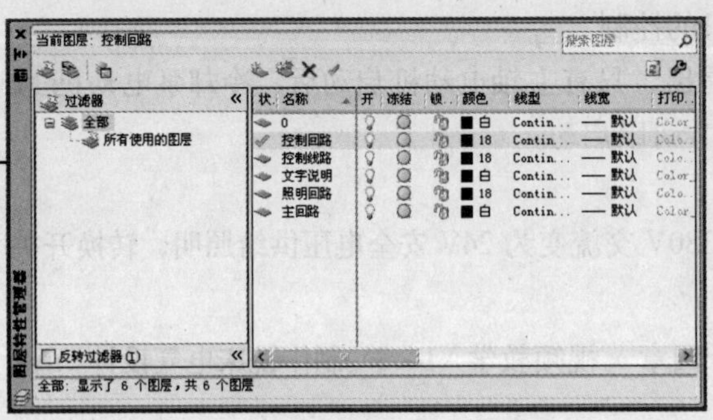


图 14-71
设置图层特性

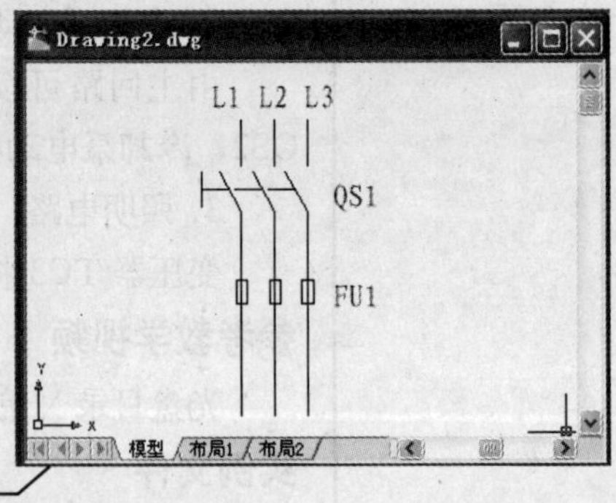


图 14-72
三相交流总电源示意图

**Step 3** 主轴电动机的接通与断开由接触器主触点 KM1 控制，防止主轴过载，在各相电流上装有熔断器 PR1，主轴换向由手动换向开关 SA3 控制，如图 14-73 所示。

**Step 4** 冷却电动机 M3 防止过载，如图 14-74 所示。

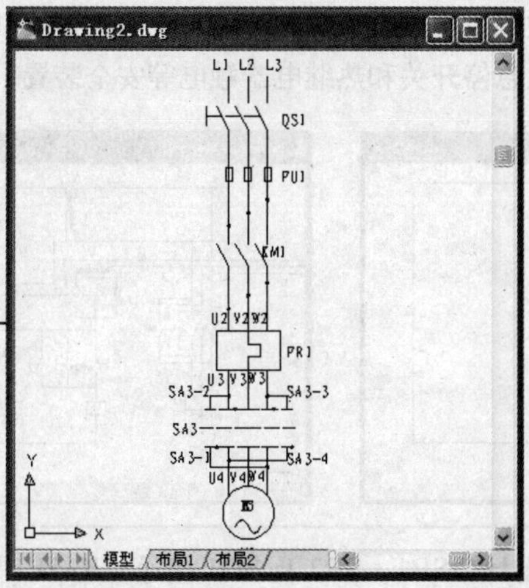


图 14-73
主轴电动机示意图

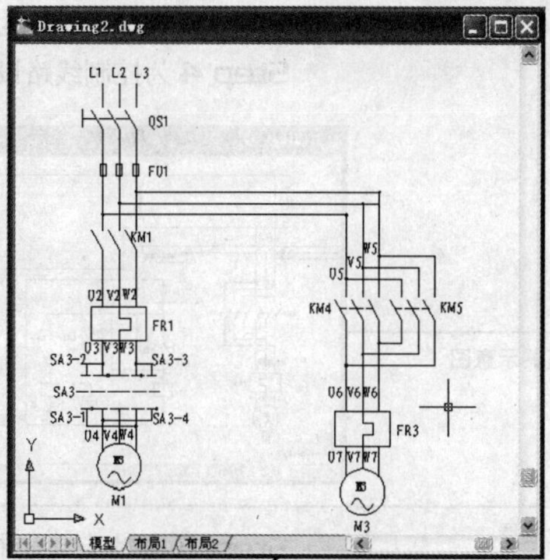


图 14-74
进给电动机示意图

**Step 5** 冷却泵电动机在 KM1 的下游，保证主轴电动机接通才可以手动打开冷却泵，防止过载没有熔断器，如图 14-75 所示。

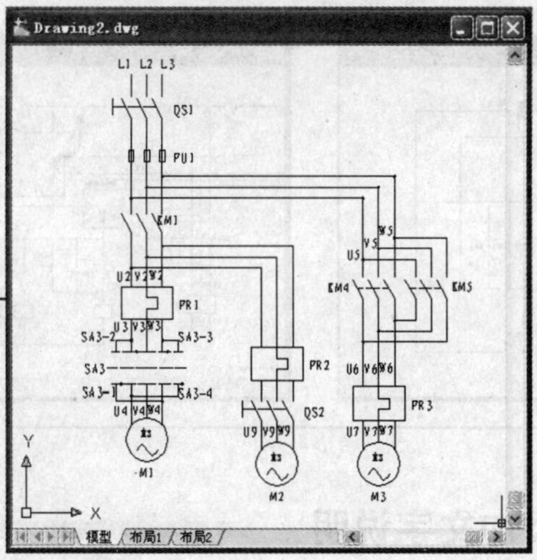


图 14-75
冷却泵电动机示意图

## 14.3.2 控制回路设计

具体的设计过程如下：

**Step 1** 主轴制动是通过电磁离合器 YC1 吸合，摩擦片压紧，对主轴电动机进行制动的。在控制回路图层中，设计变压器为电磁摩擦片供电，如图 14-76 所示。

**Step 2** 设计制动按钮，当 YC1 得电时，摩擦片抱紧，铣床制动；YC2 与 YC3 分别用于在正常进给和快递进给，如图 14-77 所示。

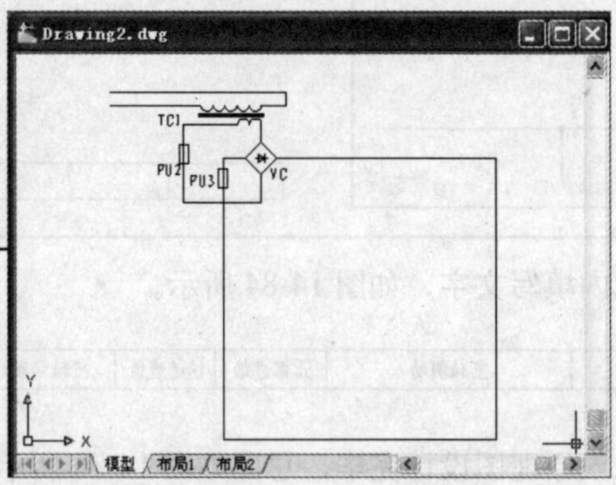


图 14-76
变压器供电示意图

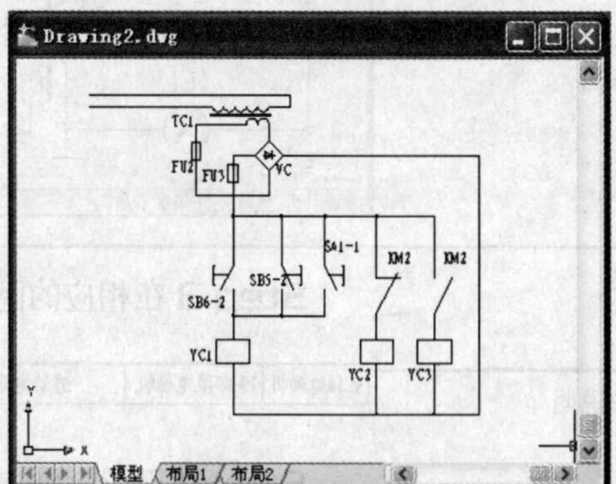


图 14-77
制动控制示意图

**Step 3** 设计变压器为控制系统供电，如图 14-78 所示。

**Step 4** 为控制线路设置急停开关和热继电器触电等安全装置，如图 14-79 所示。

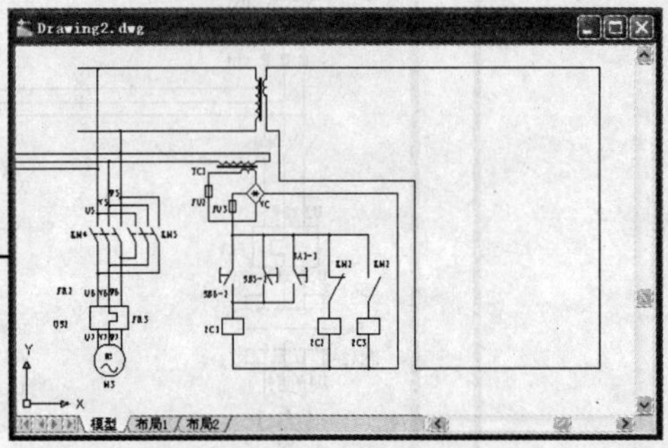


图 14-78
控制系统变压器示意图

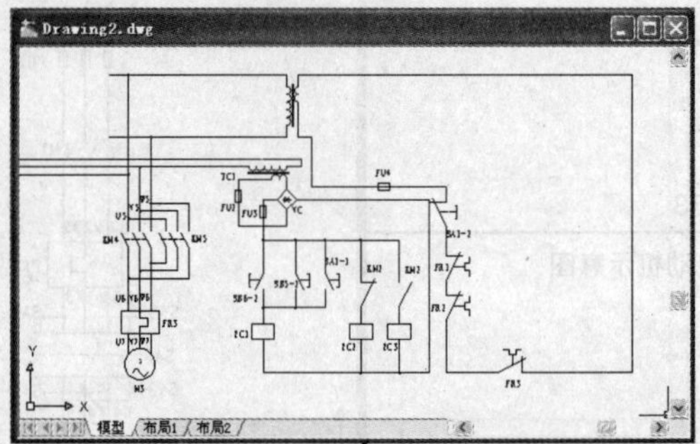


图 14-79
控制线路安全装置

**Step 5** 主轴启动控制设计，SB1、SB2 及 SQ1 接通，KM1 得电并自锁，主轴电动机运转，如图 14-80 所示。

**Step 6** 快速进给由 SB3 和 SB4 控制，当某一按钮接通时，KM2 得电，其辅助触点闭合，YC3 得电，如图 14-81 所示。

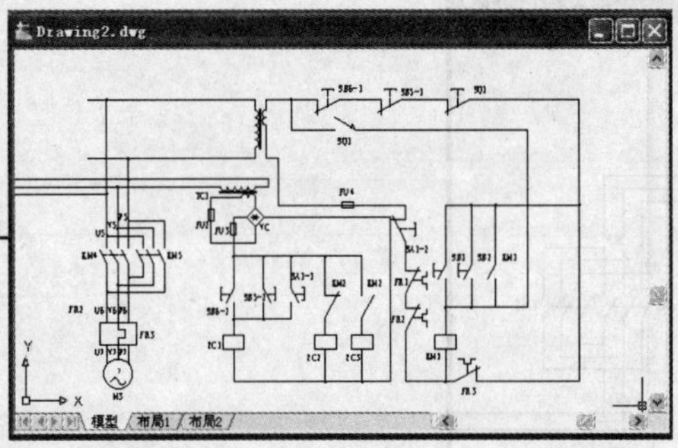


图 14-80
主轴启动示意图

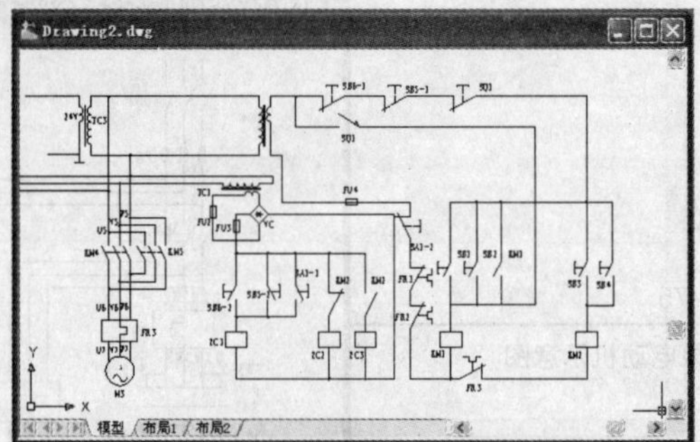


图 14-81
快速进给示意图

## 14.3.3 照明指示回路设计并添加文字说明

具体的设计过程如下：

**Step 1** 变压器次级 24V 为照明灯供电，熔断器起到保护作用，手动开关控制亮灭，如图 14-82 所示。

**Step 2** 在“文字说明”层的各个功能块正上方绘制矩形区域，如图 14-83 所示。

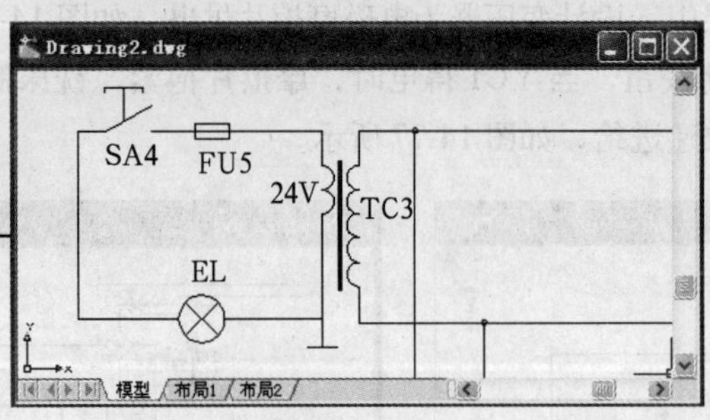


图 14-82
照明线路示意图

图 14-83
绘制矩形表格

**Step 3** 在相应的区域内填写文字，如图 14-84 所示。

图 14-84
编辑文字分块说明

| 主轴电动机 | 冷却泵电动机 | 进给电动机 | 主轴制动 | 正常进给 | 快速进给 | 主轴起动 | 快速进给 |
|---|---|---|---|---|---|---|---|

**Step 4** 至此，铣床电气原理图设计完毕，总图如图 14-85 所示。

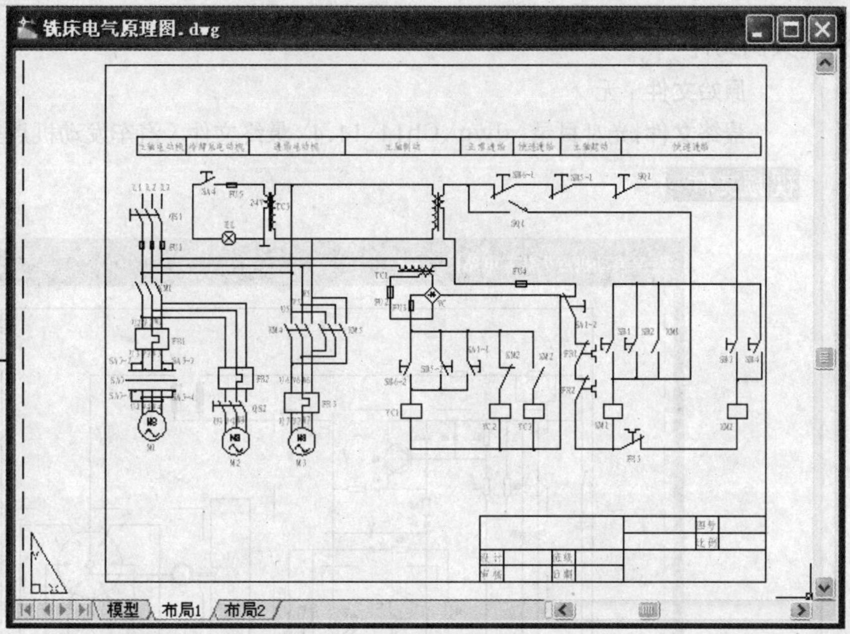

图 14-85
绘制完成的铣床电气原理图

## 14.4 汽车发动机点火装置电气设计

**实例分析**

随着汽车汽油发动机向高转速、高压缩比、大功率、低油耗和低排放的方向发展，传统的点火装置已经不适应使用要求。点火装置的核心部件是点火线圈和开关装置。提高点火线圈的能量，火花塞就能产生足够能量的火花，这是点火装置适应现代发动机运行的基本条件。

**实例难度** ★★★★

**制作方法和思路**

通常的点火线圈里面有两组线圈——初级线圈和次级线圈。初级线圈用较粗的漆包线，通常用 0.5 ~ 1mm 左右的漆包线绕 200 ~ 500 匝左右；次级线圈用较细的漆包线，通常用 0.1mm 左右的漆包线绕 15 000 ~ 25 000 匝左右。初级线圈一端与车上低压电源（+）连接，另一端与开关装置（断电器）连接。次级线圈一端与初级线圈连接，另一端与高压线输出端连接输出高压电。点火线圈之所以能将车上的低压电变成高电压，是由于有与普通变压器相同的形式，初级线圈与次级线圈的匝数比大。但点火线圈工作方式却与普通变压器不一样，普通变压器是连续工作的，而点火线圈则是断续工作的，它根据发动机不同的转速以不同的频率反复进行储能及放能。当初级线圈接通电源时，随着电流的增长四周产生一个很强的磁场，铁芯存储了磁场能；当开关装置使初级线圈电路断开时，初级线圈的磁场迅速衰减，次级线圈就会感应出很高的电压。初级线圈的磁场消失速度越快，次级线圈瞬间的电流越大，两个线圈的匝数比越大，则次级线圈感应出来的电压也越高。

本节将介绍汽车发动机点火装置原理图的设计过程。

**参考教学视频**

光盘目录 \ 第十四章 \ 视频教学 \14.4\ 汽车发动机点火装置电气设计 .avi

**实例文件**

**原始文件**：无

**最终文件**:光盘目录\dwg\Ch14\14.4\最终文件\汽车发动机点火装置电路图.dwg

**视频文件**：

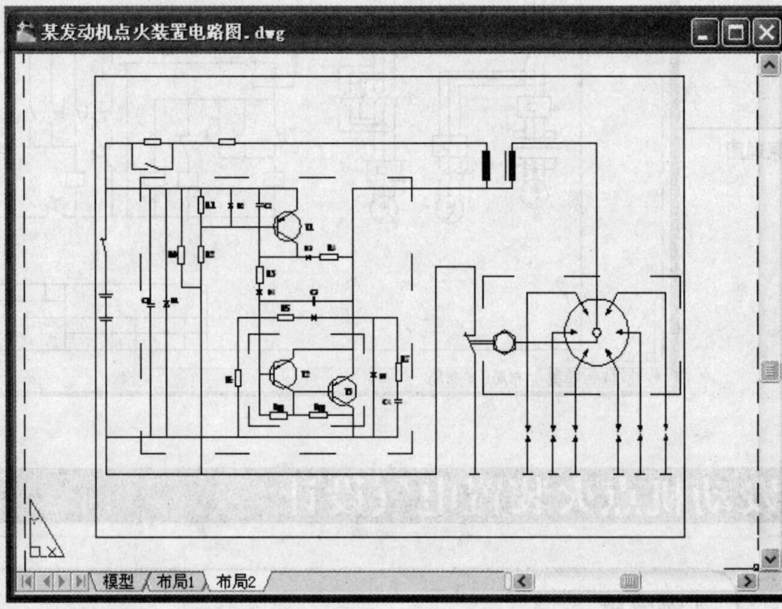


## 14.4.1 设置绘图环境

设置绘图环境的操作步骤如下：

**Step 1** 建立新文件。打开 AutoCAD 2009 应用程序，调用新的文件样板，将新文件命名为“汽车发动机点火装置电路图.dwg”并保存，如图 14-86 所示。

图 14-86
保存文件

**Step 2** 选择“格式”→“图层”命令，设置“连接线层”、“实体符号层”和“虚线层”等 3 个图层，各图层的颜色、线型即线宽分别如图 14-87 所示。将“连接线层”设置为当前图层。

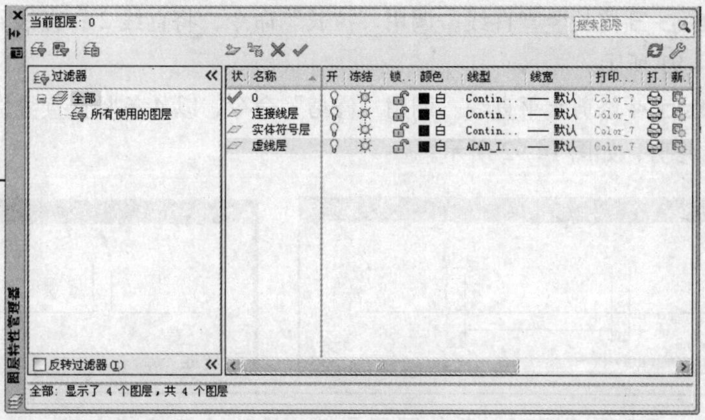

图 14-87
设置图层

## 14.4.2 绘制线路结构图

调用“直线”命令，在“正交”绘图方式下，连续绘制直线，得到如图 14-88 所示的线路结构图。各直线线段尺寸如下：AB=560mm，BC=160mm，AD=80mm，CE=1000mm，EF=200mm，FG=450mm，AN=BM=160mm，NQ=MP=40mm，PS=QT=100mm，RS=200mm，TW=80mm，TJ=400mm，RZ=OL=500mm，LJ=60mm，WV=600mm，UV=460mm，UK=100mm。

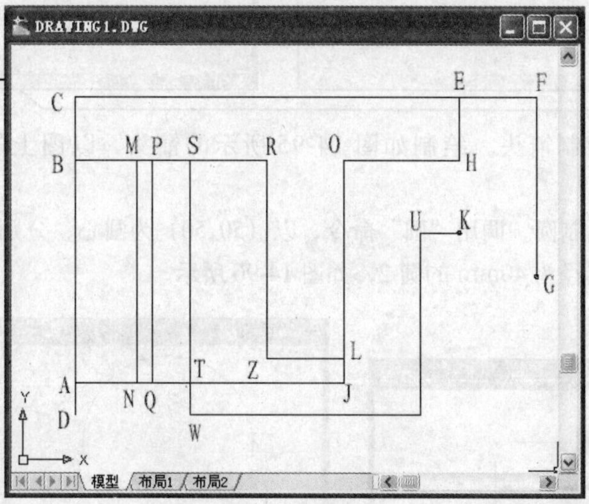

图 14-88
线路结构图

## 14.4.3 绘制主要电气元件

具体操作步骤如下：

**Step 1** 绘制水平直线。调用“直线”命令，绘制水平直线{(100,0),(400,0)}，利用“缩放”和“平移”命令将视图调整到易于观察的程度，如图 14-89 所示。

**Step 2** 绘制竖直直线。调用“直线”命令，绘制竖直直线{(150，0)，(150，10)}，调用“偏移”命令，以直线 1 为起始，依次向右绘制直线 2～4，偏移量依次为 10mm、80mm 和 10mm，如图 14-90 所示。

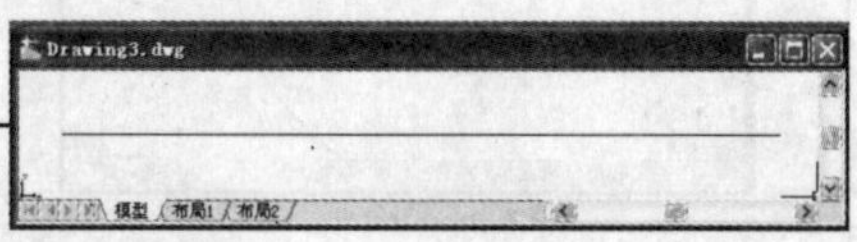

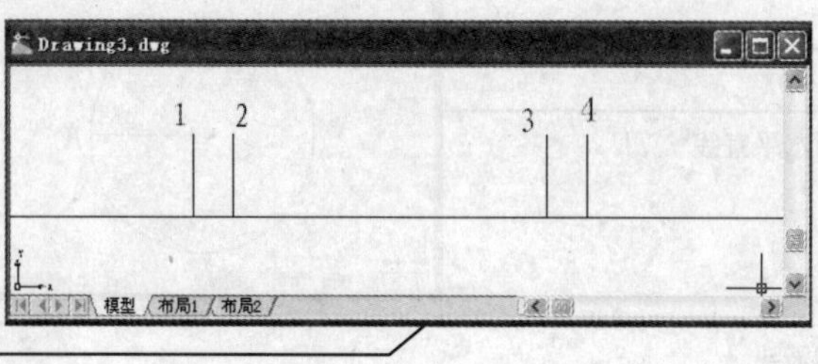

图 14-89
绘制水平直线
图 14-90
偏移竖直直线

**Step 3** 拉长竖直直线。调用“拉长”命令，将直线 2 和直线 4 分别向上拉长 5mm，如图 14-91 所示。

**Step 4** 修剪水平直线。调用“修剪”命令，以 4 条竖直直线作为剪切边，对水平直线进行修剪，如图 14-92 所示。

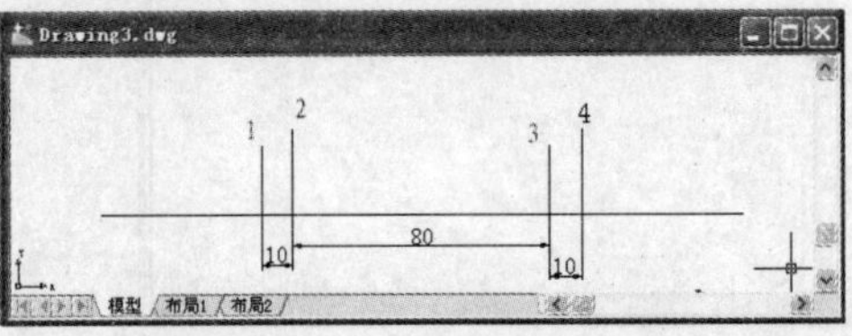


图 14-91
拉长竖直直线

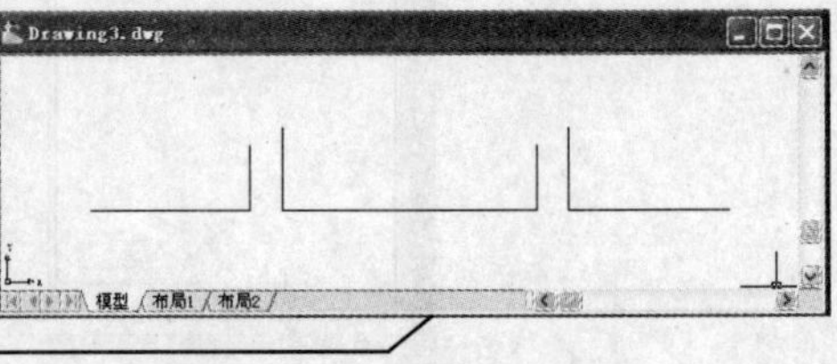


图 14-92
修剪水平直线

**Step 5** 更改图形对象的图层属性。选中 5 条偏移直线，单击“图层”工具栏中的下拉箭头，选择“虚线层”选项，将其图层属性设置为“虚线层”，单击结束，如图 14-93 所示。

**Step 6** 镜像成形。调用“镜像”命令，选择直线 1、2、3 和 4 为镜像对象，以水平直线为镜像线，进行镜像操作，如图 14-94 所示即绘制完成的蓄电池的图形符号。

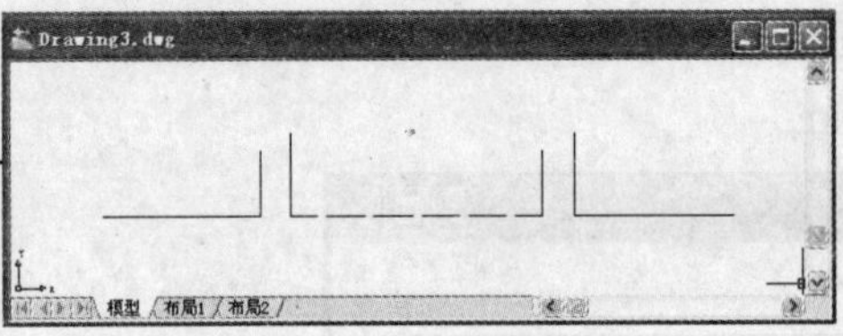


图 14-93
更改图形对象的图层属性

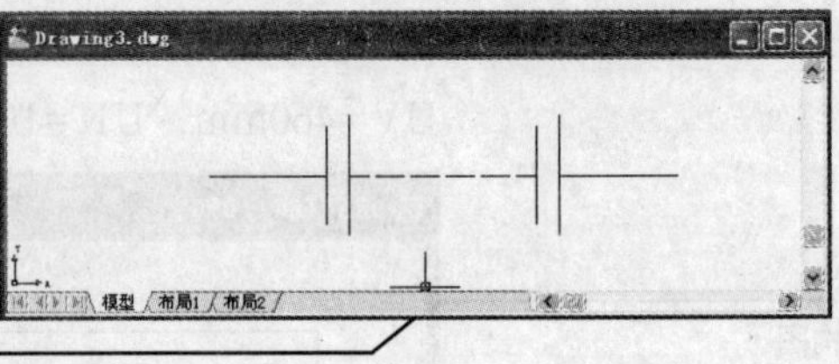


图 14-94
镜像成型后的蓄电池

**Step 7** 绘制箭头。绘制如图 14-95 所示的箭头，以图上的尺寸为准，箭头宽度为 1。

**Step 8** 绘制圆。调用“圆”命令，以（50,50）为圆心，分别绘制一个半径为 3mm 的圆 1 和一个半径为 40mm 的圆 2，如图 14-96 所示。

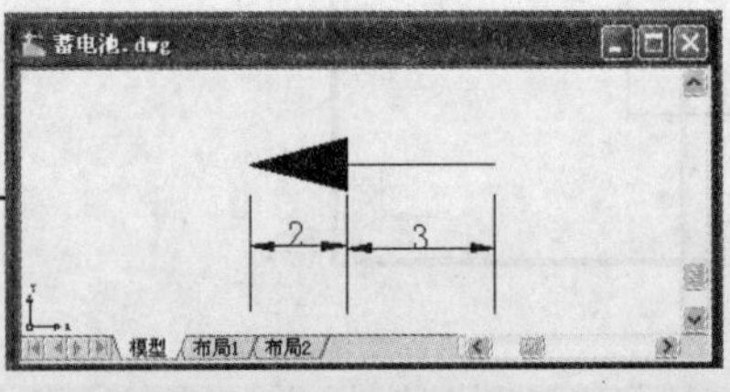


图 14-95
绘制箭头

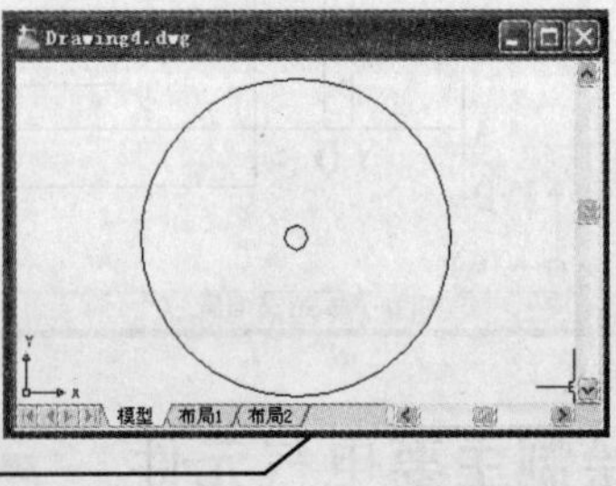


图 14-96
绘制两个圆

**Step 9** 绘制水平直线。调用“直线”命令，在“对象捕捉”和“正交”绘图方式下捕捉圆心，并以其为起点，向右绘制一条长度为 40mm 的水平直线，直线的终点 A 刚好落在圆 1 上，如图 14-97 所示。

**Step 10** 添加箭头。调用“移动”命令，捕捉箭头直线的右端点，以其为基点，将箭头平移到圆 2 以内，目标点为点 A，如图 14-98 所示。

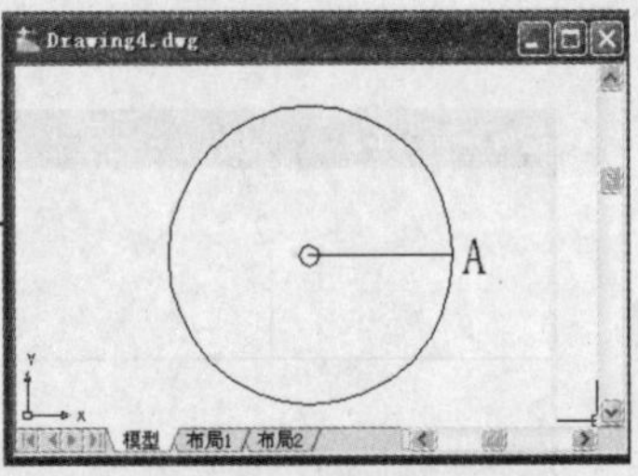


图 14-97
绘制水平直线

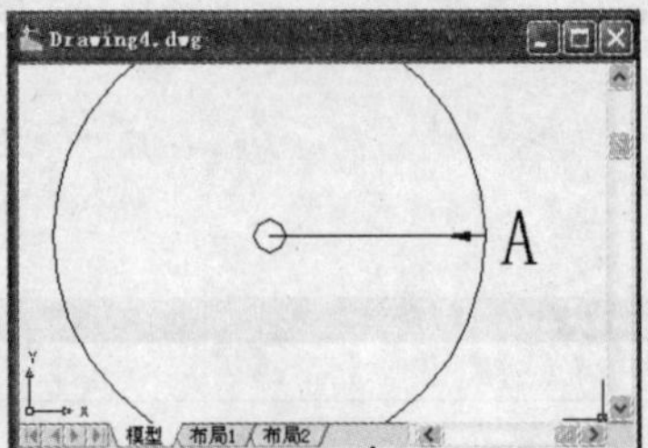


图 14-98
添加箭头

**Step 11** 拉长直线。调用“拉长”命令，将箭头直线向右拉长 14mm，如图 14-99 所示。

**Step 12** 删除直线。调用“删除”命令，删除以圆心为起点的直线，如图 14-100 所示。

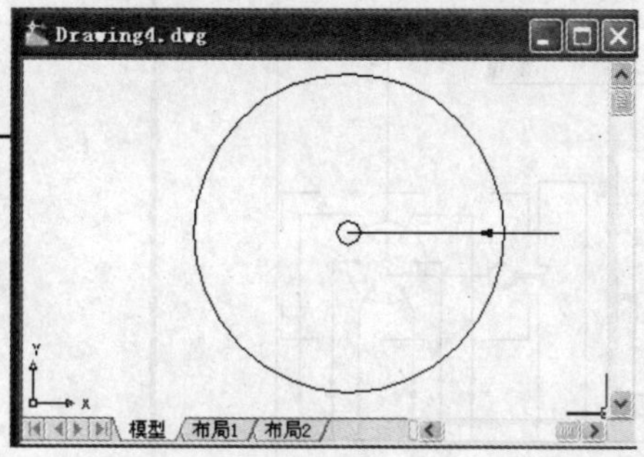

图 14-99
拉长箭头直线

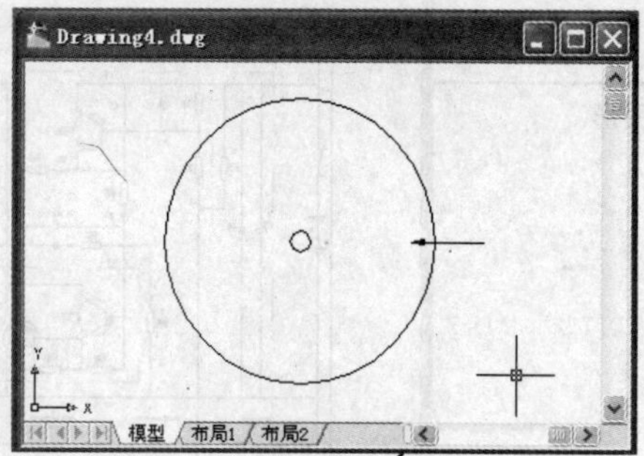

图 14-100
删除直线

**Step 13** 阵列箭头。调用“阵列”命令，弹出“阵列”对话框，如图 14-101 所示。

**Step 14** 选中“环形阵列”单选按钮，单击“选择对象”前面的按钮，捕捉圆心作为中心点；在“方法”下拉列表中选择“项目总数和填充角度”选项；设置项目总数为“6”，填充角度为“360”，项目间角度为“60”，单击“确定”按钮，最后的效果如图 14-102 所示。

图 14-101
“阵列”对话框

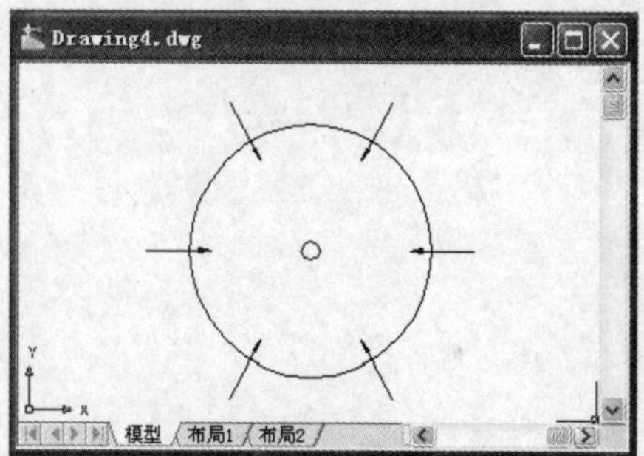

图 14-102
阵列箭头

## 14.4.4 图形各装置的组合

具体操作步骤如下：

**Step 1** 调用“平移”命令，并结合使用“对象追踪”和“正交”功能，将断路器、火花塞、点火电器、启动自举开关等电气元器件组合在一起，形成启动装置，如图 14-103 所示。

**Step 2** 同理，将其他元件进行组合，形成开关装置，如图 14-104 所示。

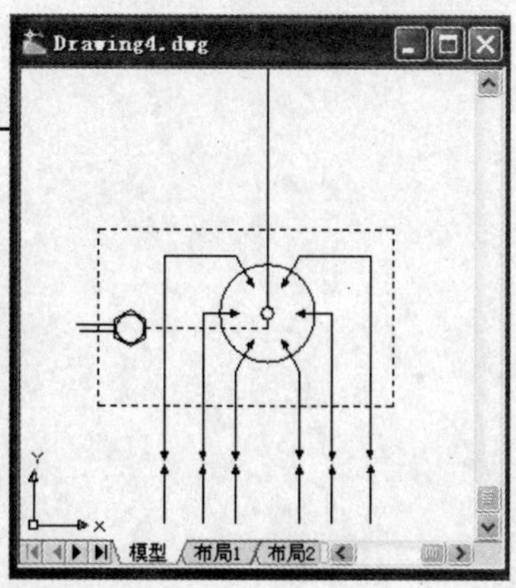

图 14-103
启动装置

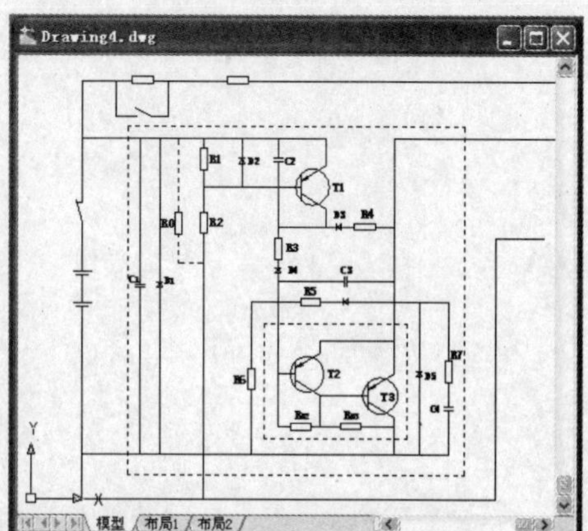

图 14-104
开关设置

Step 3 最后将这两个装置组合在一起，就形成了如图 14-105 所示的结果。

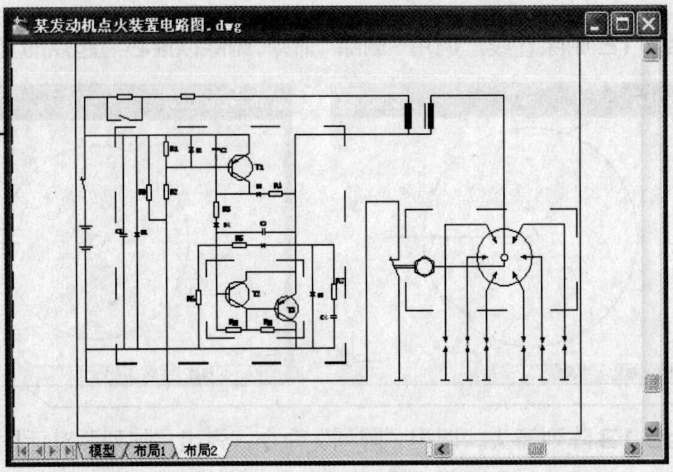


图 14-105
各装置组合后的图形

# Chapter 15

# 建筑电气图设计

## 本章内容

本章将以建筑电气工程设计实例为背景，重点介绍建筑电气工程图的绘制，从而由浅入深的讲解绘图理论至相关专业知识，读者在理解理论的同时还可以对建筑电气工程设计及CAD制图有更深层次的认识。

## 本章学习地图

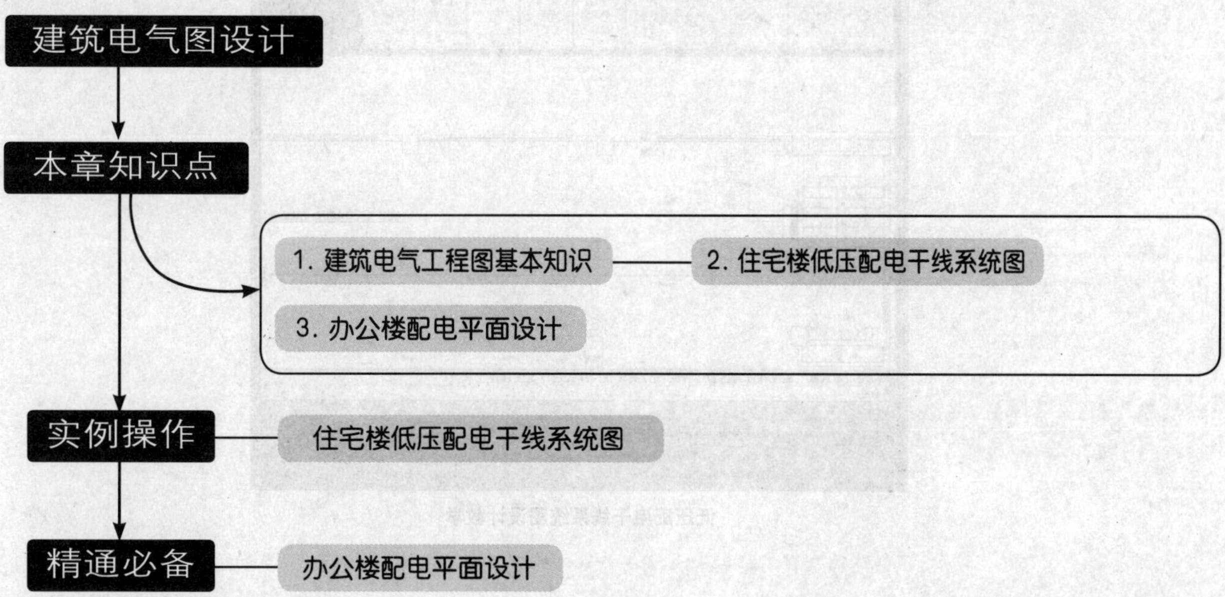


## 本章知识重点

- 建筑电气工程图基本知识。
- 住宅楼低压配电干线系统图。
- 办公楼配电平面设计。

## 本章实例效果图

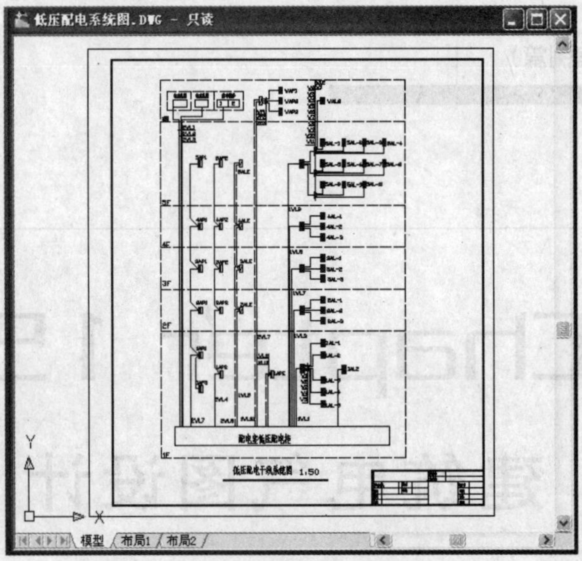

住宅楼低压配电干线系统图

## 本章视频效果图

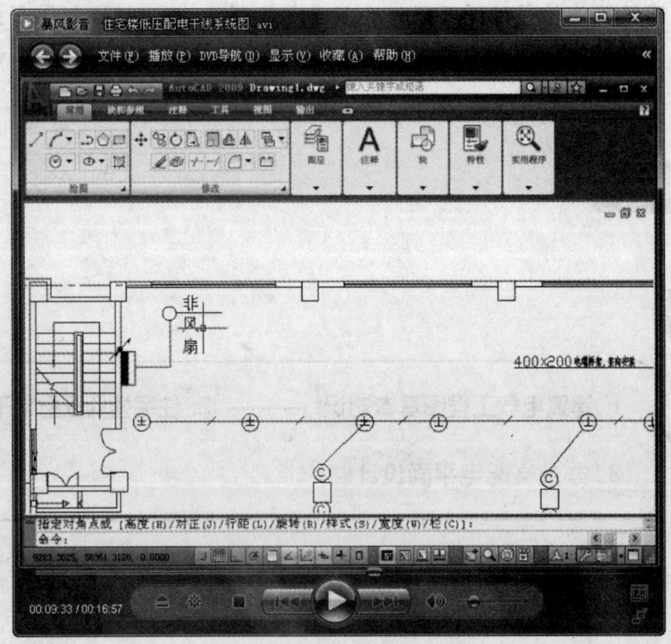

低压配电干线系统图设计教学

# 15.1 建筑电气工程图基本知识

为满足一定的生产生活需要，现代工业与民用建筑中都要安装各种不同功能的电气设施，如照明灯具、电源插座、电视、电话、消防控制装置、各种工业与民用的动力装置、控制设备、智能系统、娱乐电器设施及壁垒装置等。电气工程或设施都要经过专业人员专门设计表达在图纸上，这些相关图纸称为电气施工图（也可称为安装图）。在建筑施工图中，它与给排水施工图、采暖通风施工图一起，统称为设备施工图，其中电气施工图按“电施”编号。

## 15.1.1 概述

各种电气设施都需要表达在图纸中，其主要涉及方面有：一是供电、配电线路的规格与敷设方式；二是各类电气设备与配件的选型、规格与安装方式。而导线、各种电气设备及配件等本身在图纸中多数并不是采用其投影制图，而是用国际或国内统一规定的图例、符号及文字表示的。可参见相关标准规程的图例说明，也可以于图纸中予以详细说明，并将其标绘在按比例绘制的各种建筑结构投影图中（系统图除外），这也是电气施工图的一个特点。

## 15.1.2 建筑电气工程项目的分类

建筑电气工程满足了不同的生产生活以及安全等方面的功能，这些功能的实现又涉及了多项更详细具体的功能项目，共同组建这些项目环节以满足整个建筑电气的整体功能，建筑电气工程一般可包括以下一些项目。

**1．外线工程**

包括室外电源供电电路、室外通信电路等，涉及强电和弱电，如电力线路和电缆线路。

**2．变配电工程**

由变压器、高低压配电柜、母线、电缆、继电保护与电气计量等设备组成的变配电所。

**3．室内配线工程**

主要有线管配线、桥架线槽配线、瓷瓶配线、瓷夹配线、钢索配线等。

**4．电力工程**

各种风机、水泵、电梯、机床、起重机以及其他工业与民用、人防等动力设备（电动机）和控制器与动力配电箱。

**5．照明工程**

照明电路、开关按钮、插座和照明配电箱等相关设备。

**6．接地工程**

各种电气设施的工作接地、保护接地系统。

**7．防雷工程**

建筑物、电气装置和其他构筑物、设备的防雷设施，一般需要有关气象部门防雷中心检测。

**8．发电工程**

各种发电动力装置，如风力发电装置、柴油发电设备等。

**9．弱电工程**

智能网络系统、通信系统（广播、电话、闭路电视系统）、消防报警系统、安保检测系统等。

### 15.1.3 建筑电气工程图的基本规定

工业与民用建筑的各个环节均离不开图纸的表达、建筑设计单位设计、绘制图纸。建筑施工单位按图纸组织工程施工，图纸成为双方信息表达交换的载体，所以设计和施工等部门必须共同遵守图纸的一定格式和标准。这些规定包括建筑电气工程自身的规定，另外也要涉及机械制图、建筑制图等相关工程方面的一些规定。

建筑电气制图一般主要参见《GB/T 50001—2001 房屋建筑制图统一标准》及《GB/T 18135—2000 电气工程 CAD 制图规则》等。

电气制图中涉及的图例、符号、文字符号及项目代号可参照标准《GB 4728 电气图用图形符号》、《GB/T54652—1996 电气设备用图形符号》、《GB/T 5094—1985 电气技术中的项目代号》等。

同时，对于电气工程中的一些常用术语应认识理解，方便识图。我国的相关行业标准和国际上通用的 IEC 标准都比较严格地规定了前期图的有关名词术语概念。这些名词术语是学习电气工程制图及阅读所必需的。

### 15.1.4 建筑电气图的特点

建筑电气图的内容则主要通过如下图纸表达：系统图、位置图（平面图）、电路图（控制原理图）、接线图、端子接线图、设备材料表等。建筑电气图不同于机械图、建筑图，掌握了解建筑电气图的特点，将会对建筑电气工程制图及识图提供很多方便。其特点如下：

- 建筑电气工程图大多是在建筑图上采用统一的图形符号，并加注文字符号绘制出来的。绘制和阅读建筑电气工程图，首先必须明确和熟悉这些图形符号、文字符号及项目代号所代表的内容和物理意义，以及他们之间的相互关系。关于图形符号、文字符号及项目代号可查阅相关标准的解释，如《GB 4728 电气图用图形符号》、《GB/T 5094—1985 电气技术中的项目代号》。
- 任何电路均为闭合电路，一个合理的闭合回路一定包括 4 个基本元素，即电源、用电设备、导线、开关控制设备。正确读懂图纸还必须了解各种设备的基本结构、工作原理、工作程序、主要性能和用途，便于对设备的安装及运行进行了解。
- 电路中的电气设备、元件等之间都是通过导线连接构成的一个整体。识图时可将各有关的图纸联系起来，相互参照。应通过系统图，电路图联系，通过布置图、接线图找位置，交叉查阅可起到事半功倍的效果。
- 建筑电气工程施工通常是与土建工程及其他设备安装工程（给排水管道、工艺管道、采暖通风管道、通信线路、消防系统及机械设备等安装工程）施工相互配合进行的。故识读建筑电气工程图时应与有关的土建工程图、管道工程图等相对应，参照起来阅读，仔细研究电气工程的各施工流程，提高工作效率。
- 有效识读电气工程图也是编制工程预算和施工方案必须具备的一个基本能力。在识图时还应熟悉有关规范、柜长及标准的要求，这样才能真正读懂、读通图纸。

## 15.2 实例操作：住宅楼低压配电干线系统图

**实例分析**

本节通过制作住宅楼低压配电干线系统图，让读者通过实际操作熟悉干线系统图的制作过程，并且使用辅助线、模块工具，对干线系统图进行配电设置。

**实例难度** ★★★★★

**制作方法和思路**

配电干线图没有尺寸标注，很难对图中的对象进行定位。在本节我们以住宅楼低压配电系统图为例，讲解如何绘制一个美观的图。在本例中，我们先用辅助线定位出各个对象的位置，然后从模板库中调用所需要的块插入图形中，最后绘制总线，标注文字说明。

**参考教学视频**

光盘目录\第十五章\视频教学\15.2\住宅楼低压配电干线系统图.avi

**实例文件**

**原始文件**：光盘目录\dwg\Ch15\15.2\原始文件\住宅楼低压配电干线系统图.dwg

**最终文件**：光盘目录\dwg\Ch15\15.2\最终文件\住宅楼低压配电干线系统图.dwg

**视频文件**：

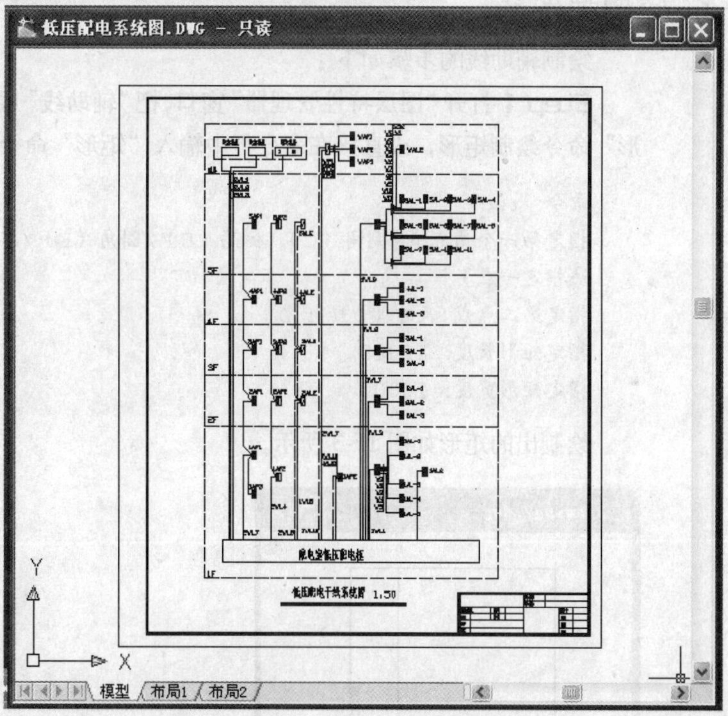


## 15.2.1 绘图环境设置

由于初步设计的绘制辅助矩形的尺寸为20 000×12 000，如果使用1:50的比例，则A3的图块放大50倍为21 000×14 850，因此在这里可以使用A3的图框。

具体操作步骤如下：

**Step 1** 建立新文件。打开AutoCAD 2009的应用程序，调用“A3”样板，建立绘图空间并保存文件。将文件命名为“住宅楼低压配电干线系统图.dwg”并保存，如图15-1所示。

**Step 2** 关闭图层。为了避免图框对前期绘图的影响，将图框和标题栏所在的图关闭。单击“图层特性管理器”按钮，打开“图层特性管理器”对话框，将已经设置好的图框和标题栏所在的“系统层”关闭，如图15-2所示。

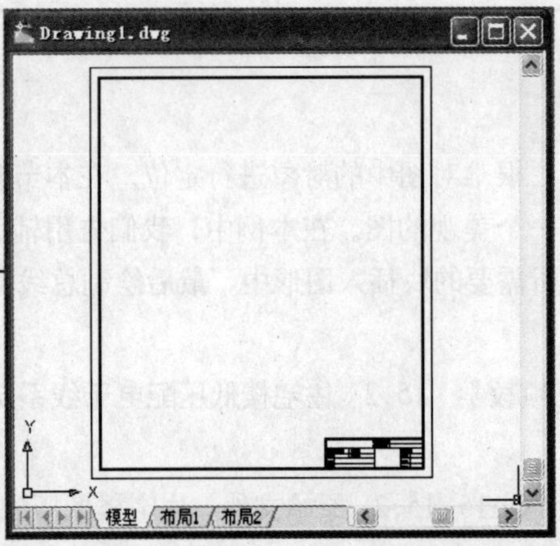


图 15-1
新建文件

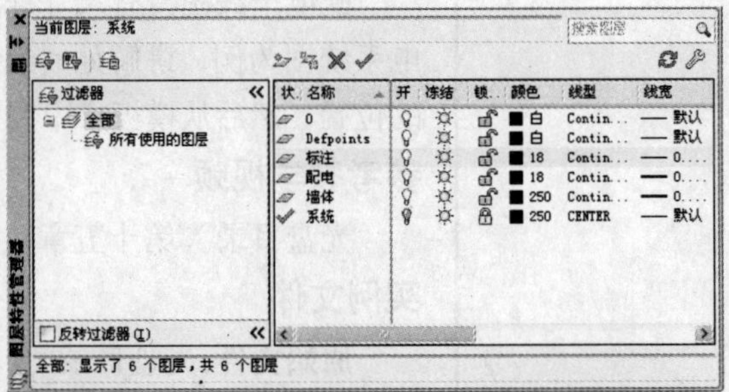


图 15-2
设置图层

## 15.2.2 绘制辅助线

绘制辅助线的步骤如下：

**Step 1** 打开“图层特性管理器”窗口，把“辅助线”层设为当前层。选择“绘图”→“矩形”命令绘制矩形，或直接在命令行中输入“矩形”命令，提示行中的内容如下所示：

```
命令：rec
指定第一个角点或[倒角（C）/标高（E）/圆角（F）/厚度（T）/宽度（W）]：（在绘图区域指定一点）
指定第二点或[尺寸（D）]：D
指定矩形长度：12000
指定矩形宽度：20000
```

绘制出的矩形如图 15-3 所示。

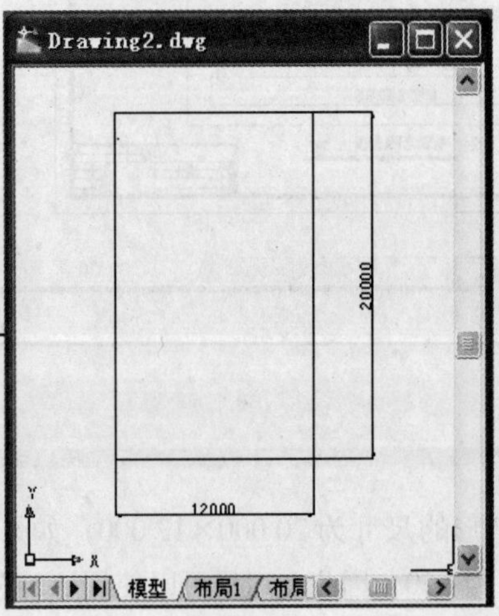


图 15-3
绘制辅助矩形

**Step 2** 分解矩形。选择“修改”→“分解”命令，根据命令行中的提示，选择矩形进行分解。由于矩形是一个整体，所以不能单独对每一个边进行操作，使用“分解”功能将矩形分解为 4 条线段，即可对各条线段进行单独操作，等分矩形边。在命令行中出现以下提示：

```
命令：div
选择要定数等分的对象：（选择矩形的一条长边）
输入线段数目：9
```

同理可以将矩形的一条短边等分为 12 段，如图 15-4 所示。

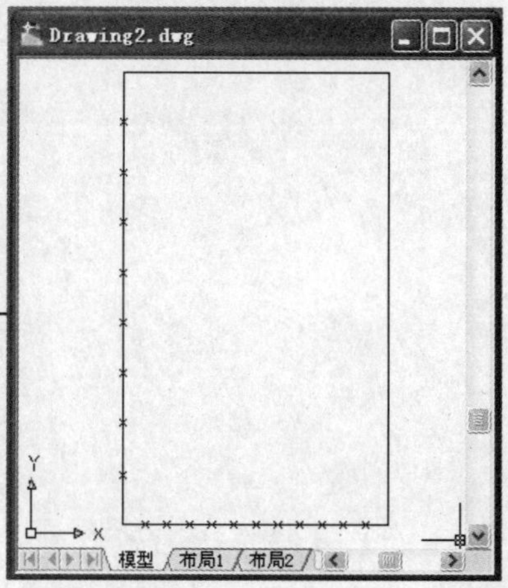


图 15-4
等分矩形边

**Step 3** 绘制辅助线。在绘制辅助线之前，必须设置捕捉节点，这样才可捕捉到我们所平分的节点。右击状态栏中的“对象捕捉”，从弹出的快捷菜单中选择“设置”命令，如图 15-5 所示。

**Step 4** 在弹出的“草图设置”对话框中，选择“对象捕捉”选项卡，并在对“对象捕捉模式”选项组中选中“节点”和“垂足”复选框，如图 15-5 所示。使用“直线”命令，在矩形边上捕捉节点，如图 15-6 所示。

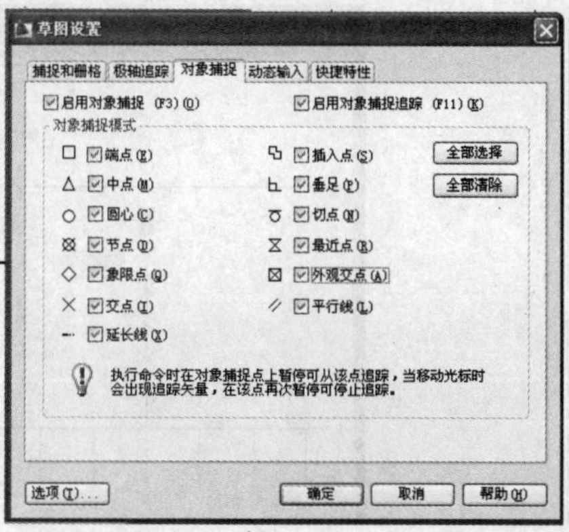


图 15-5
设置节点捕捉

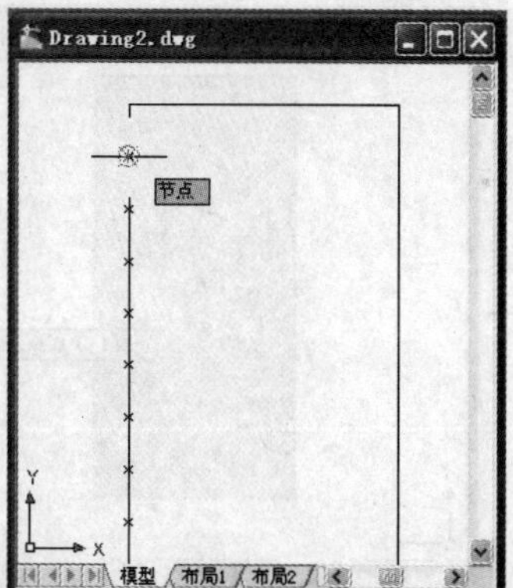


图 15-6
捕捉节点

**Step 5** 初步绘制出来的辅助线如图 15-7 所示。其中第 1 层和第 5 层各占两个节点间距。

**Step 6** 使用“直线”命令，以第 8 条辅助线为端点，在第一层间绘制如图 15-8 所示的局部辅助线 1。

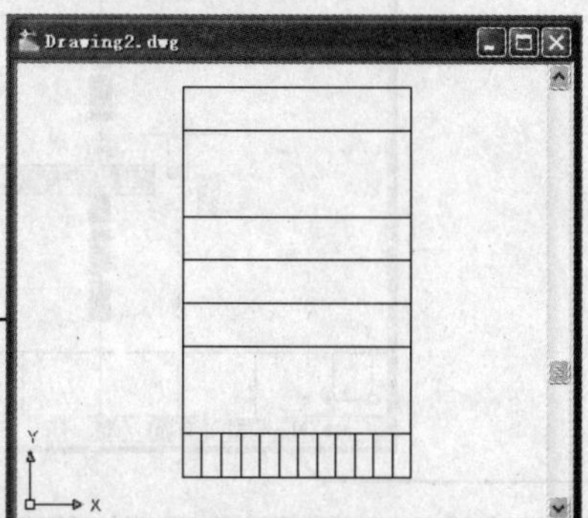


图 15-7
绘制辅助线

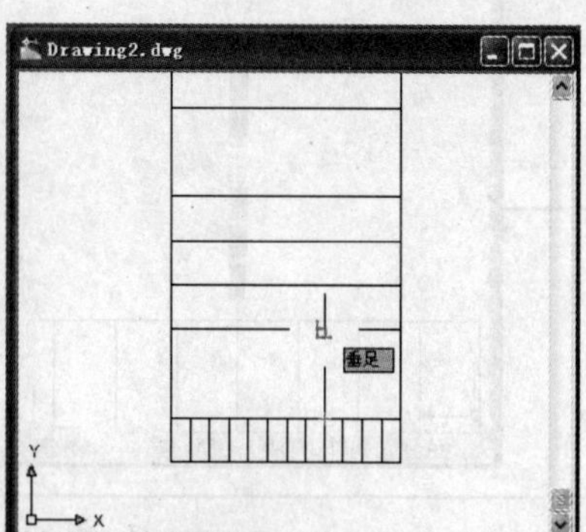


图 15-8
绘制局部辅助线

**Step 7** 将局部辅助线 1 等分为 7 段，如图 15-9 所示，具体操作同等分矩形边。

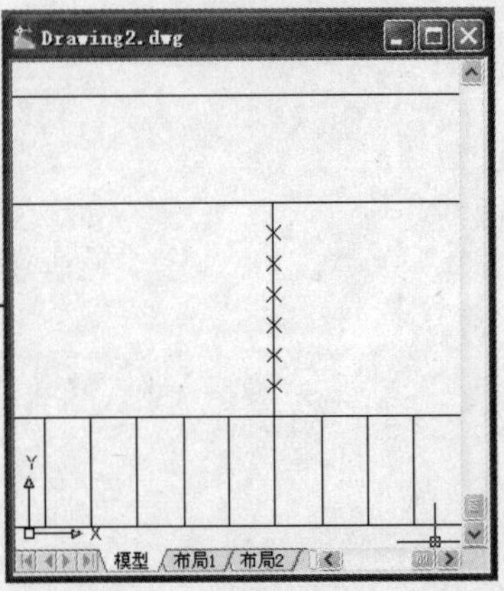


图 15-9
等分局部辅助线

## 15.2.3 设计插入配电模块

具体设计过程如下：

**Step 1** 从以前绘制好的元件库中调入“照明配电箱“、“动力配电箱”、“应急照明配电箱”和“双电源切换箱”，并且使用“EXPLODE”命令分解模块，这样可以在操作的时候方便地抓取图块的中心。利用“复制”命令，抓取图块中心，如图 15-10 所示。

**Step 2** 复制到辅助线 1 的第 1 个节点处，如图 15-11 所示。

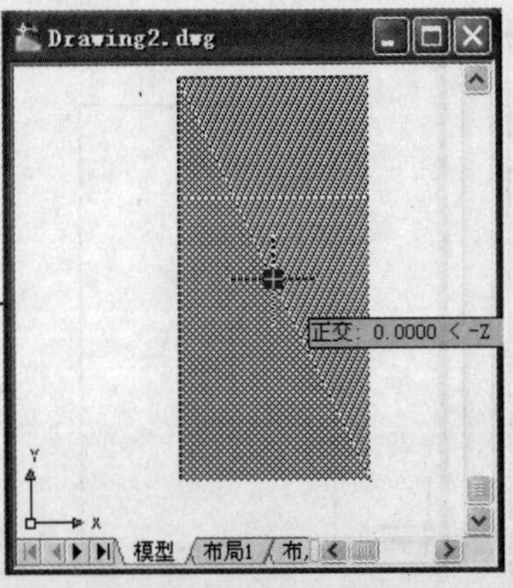


图 15-10
抓取图块中心

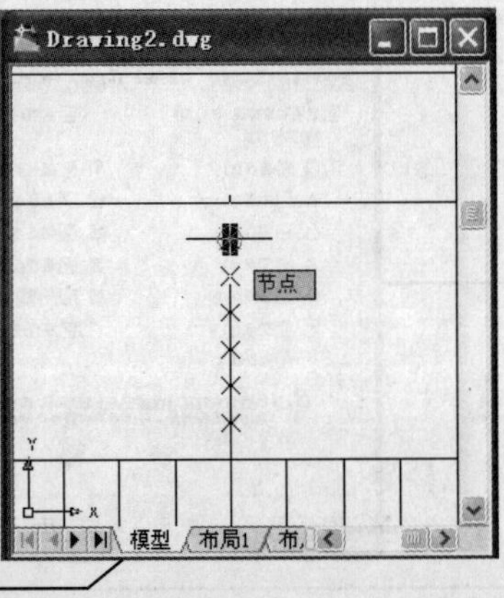


图 15-11
复制至第一个节点处

**Step 3** 同理，在节点 2、4、5、6 上安放照明配电箱，如图 15-12 所示。

**Step 4** 抓取图块中心，捕捉节点 3 与第 7 条辅助线的交点，如图 15-13 所示。

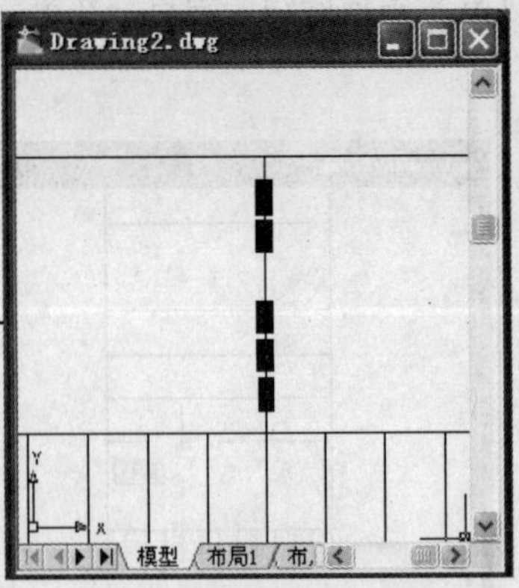


图 15-12
安放照明配电箱

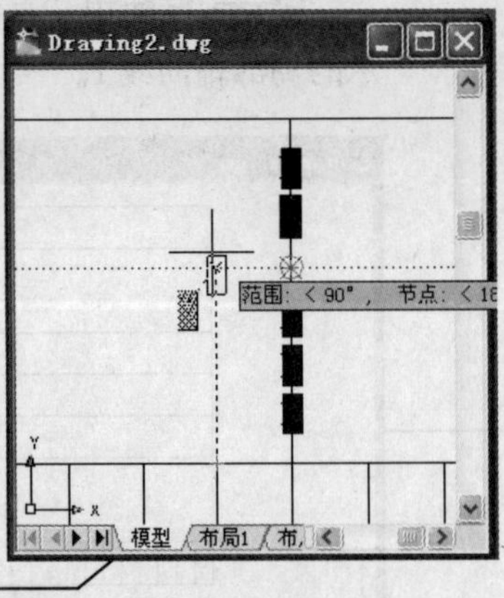


图 15-13
捕捉交点

**Step 5** 由于连线需要的线型是实线，因此可以将图层切换到 0 层，并将图 15-13 所放置的长边等分为 6 段，捕捉节点连线，如图 15-14 所示。

**Step 6** 分别在第 2 条、第 3 条、第 6 条、第 9 条竖向辅助线上放置动力配电箱，如图 15-15 所示。其中，第 2 根辅助线上的两个动力配电箱，横向分别对应于第一节点和第 5 节点。第 3 根和第 7 根辅助线上的动力配电箱横向对应于局部辅助线段的中点。

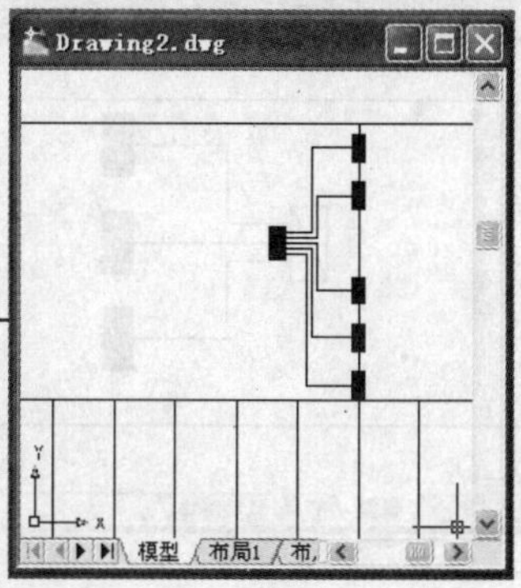


图 15-14
连线

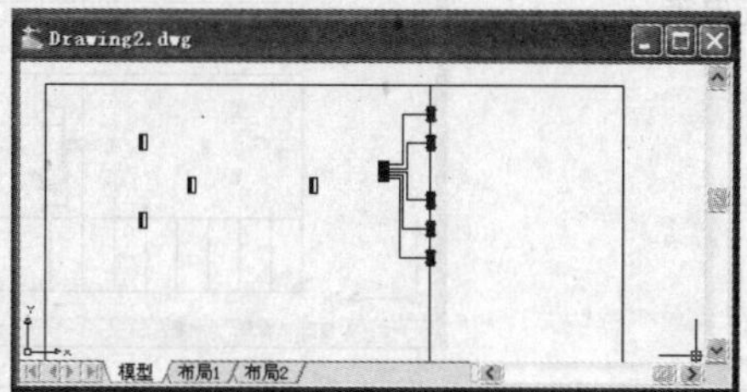


图 15-15
放置动力配电箱

## 15.2.4 绘制 2、3、4 层的配电系统

**Step 1** 绘制第 2 层的配电箱。绘制方法同绘制第 1 层的配电系统图一样，首先在第 8 根辅助线方向上的第 2 层间绘制局部辅助线 2，然后等分为 4，并插入配电箱，如图 15-16 所示。

**Step 2** 分别绘制第 3 层和第 4 层的局部辅助线，并删除第 2 层辅助线，如图 15-17 所示。

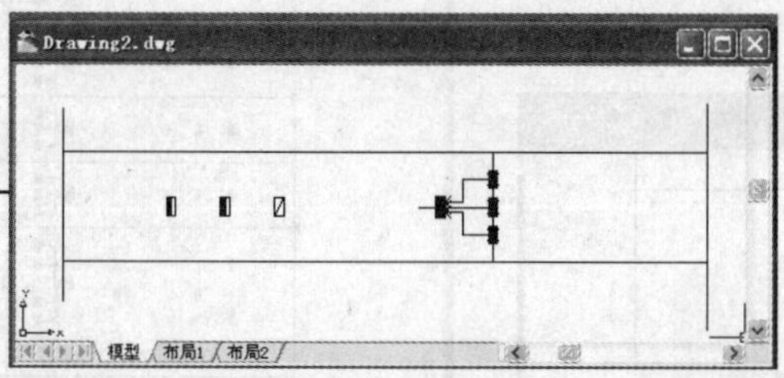


图 15-16
2 层配电箱

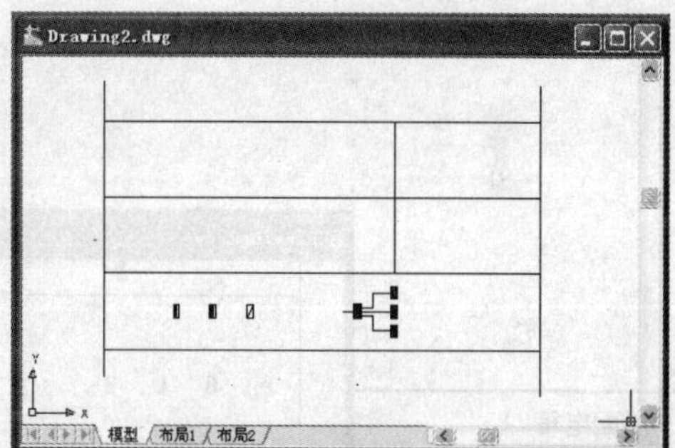


图 15-17
3、4 层辅助线

**Step 3** 利用“复制”命令，抓取第 2 层的所有推行，选择图块中心。复制位置选择第 3 层和第 4 层辅助线的中心，如图 15-18 所示。

**Step 4** 执行“复制”命令后，结果如图 15-19 所示。

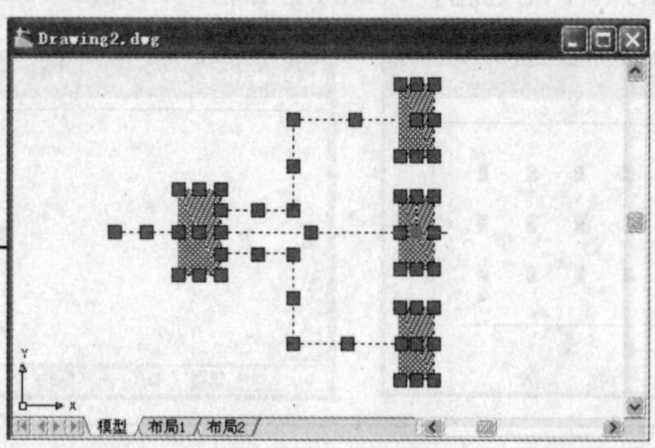


图 15-18
抓取图块中心

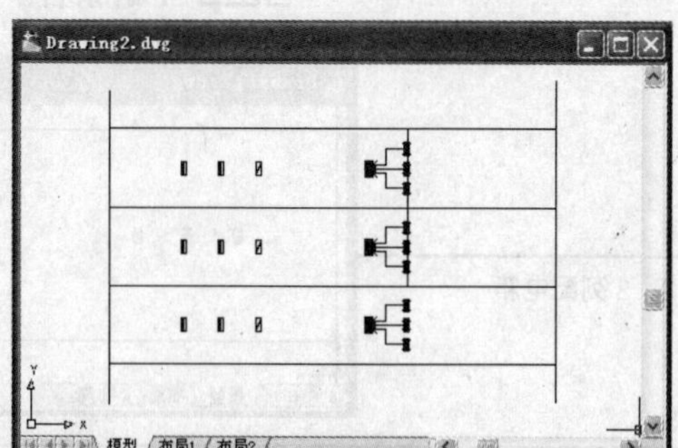


图 15-19
复制结果

**Step 5** 只抓取第 4 层中照明配电箱，将其复制至顶层，其定位关系如图 15-20 所示。

**Step 6** 修改顶层的配电箱，删除照明配电箱，代之以双电源切换箱，结果如图 15-21 所示。

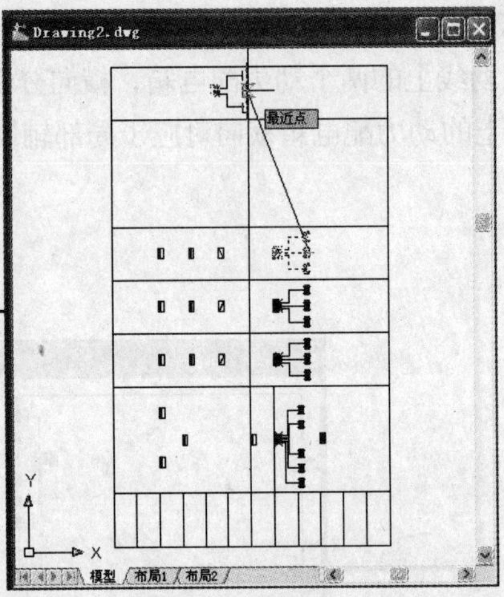


图 15-20

复制第 5 层配电箱

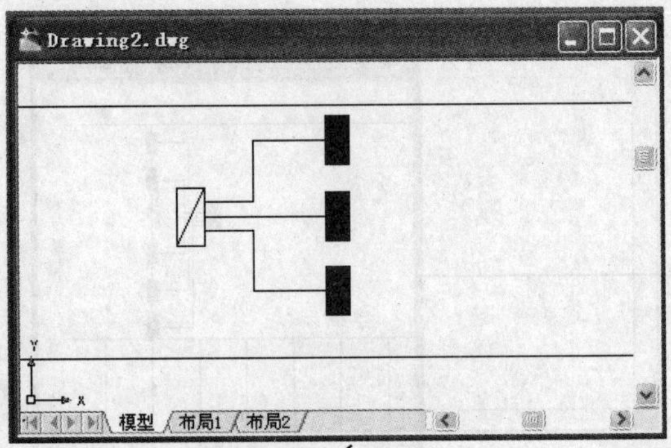


图 15-21

修改配电箱

## 15.2.5 绘制第 5 层配电箱

**Step 1** 绘制局部辅助线，并将其 4 等分，抓取照明配电箱放置到节点上。而动力配电箱及双电源配电箱则同 4 层，复制后的图形如图 15-22 所示。

**Step 2** 抓取竖向的 3 个配电箱，选择其中一个的中心为复制积点，向右复制，如图 15-23 所示。

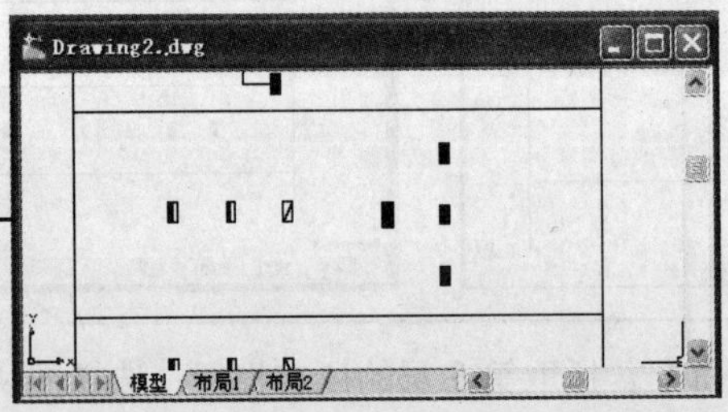


图 15-22

绘制第 5 层配电箱

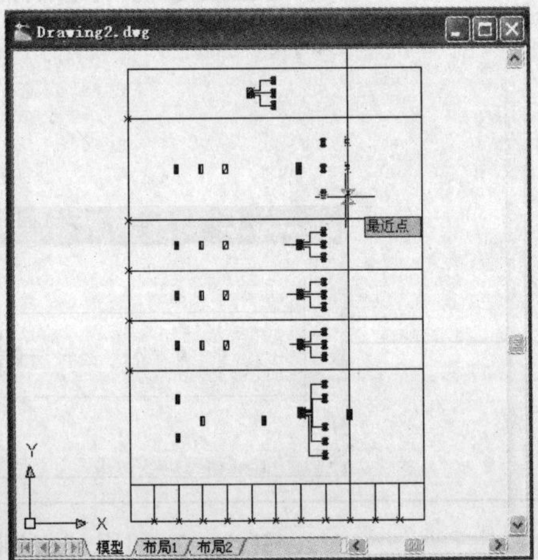


图 15-23

复制第 1 列配电箱

**Step 3** 同理，可以复制另外两列，如图 15-24 所示。

**Step 4** 删除右下角的一个配电箱，5 层的配电箱结果如图 15-25 所示。

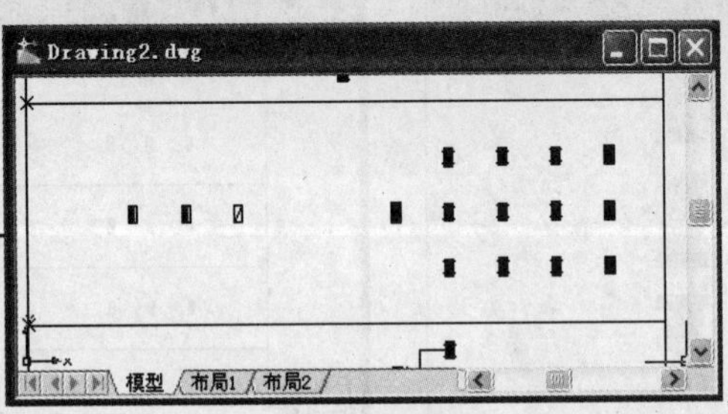


图 15-24

复制第 2、3 列配电箱

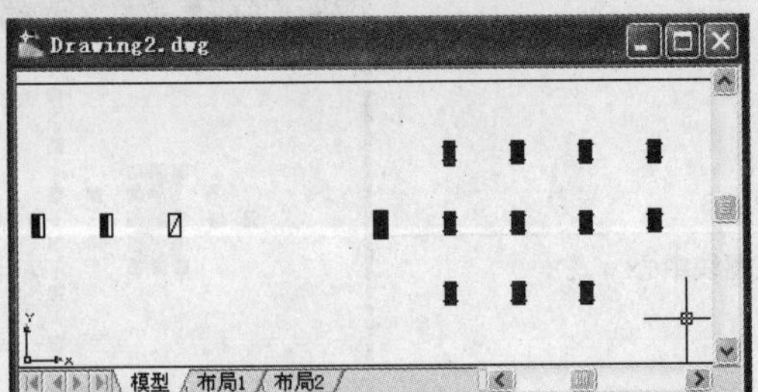


图 15-25

第 5 层的配电箱

**Step 5** 在各个配电箱之间连线，如图 15-26 所示。

**Step 6** 顶层上还要有“冷冻机组”和“制冷机房”，可以在配电箱左边绘制。绘制矩形如图 15-27 所示，其大小及位置以和图形协调为宜。

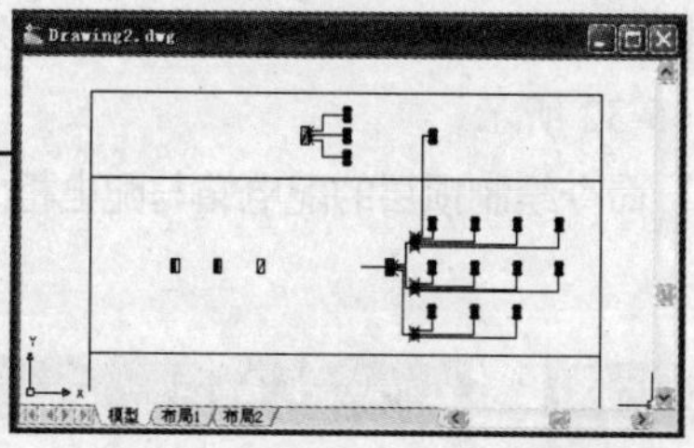


图 15-26
配电箱连线

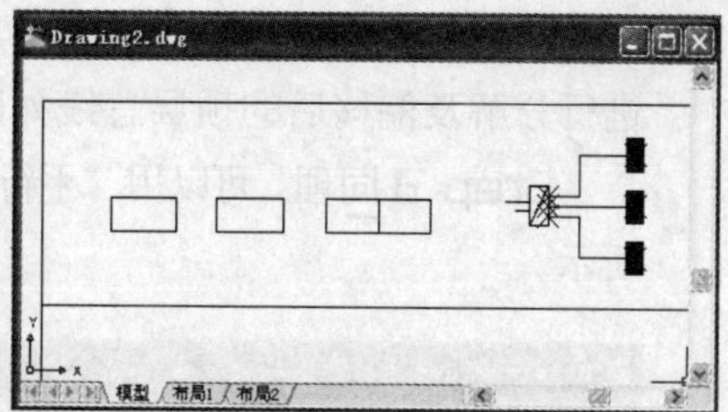


图 15-27
机组及机房

**Step 7** 将图层转换到“辅助线”图层，绘制机房外围辅助线，并标注文字，结果如图 15-28 所示。

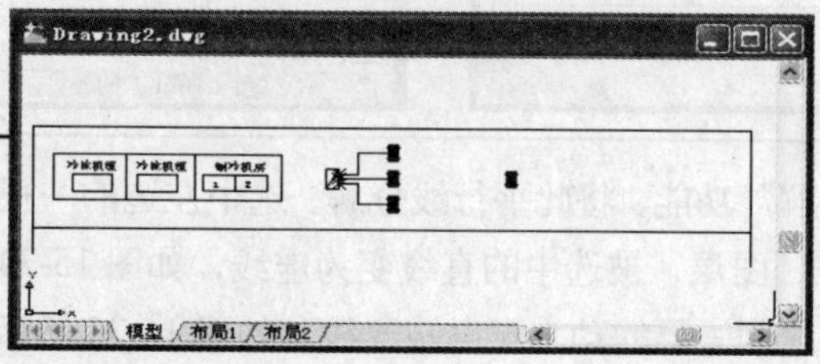


图 15-28
书写文字

## 15.2.6 绘制主机图形

操作步骤如下：

**Step 1** 主机图形最简单，只要绘制一矩形，然后再矩形中写上“配电室低压配电柜”即可。在最底层绘制一矩形，如图 15-29 所示。

**Step 2** 删除辅助线，并且写上“配电室低压配电柜”字样，如图 15-30 所示。

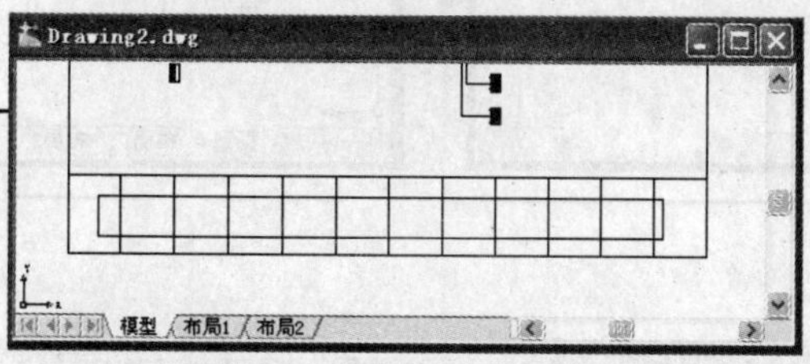


图 15-29
绘制主机

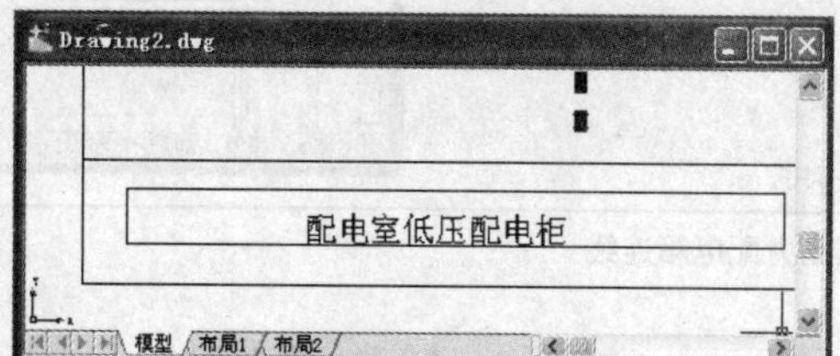


图 15-30
书写文字

## 15.2.7 连接总线

在绘制总线过程中，如果是双线可以使用“平行线”命令；如果是多线，则可以先绘制一条直线，然后使用“阵列”命令，再进行修剪。操作步骤如下：

**Step 1** 用 120 的比例绘制多线，结果如图 15-31 所示。

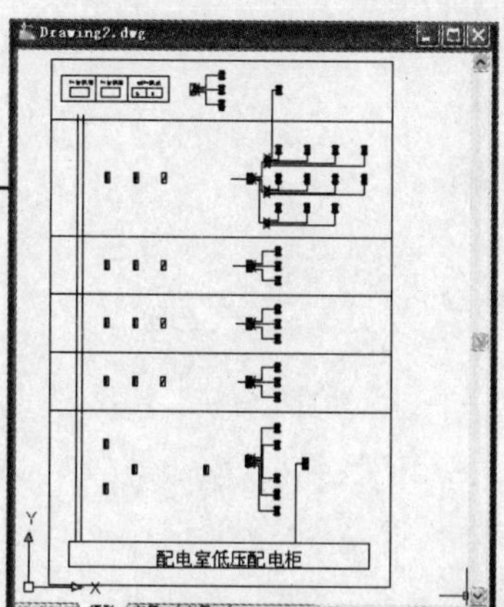


图 15-31
绘制平行线

**Step 2** 将平行线分解，然后将左边的一根线偏移，偏移距离为100（可适度调整）。进行分解及偏移后的顶层总线如图15-32所示。

**Step 3** 同理，可以用“平行线”命令绘制顶层的配电箱与配电柜之间的连线，如图15-33所示。

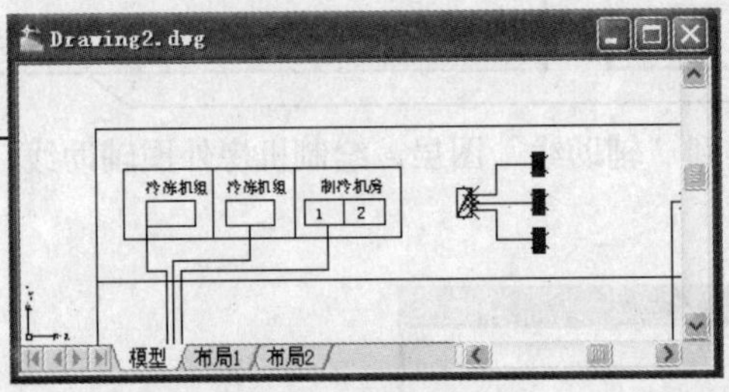


图15-32
顶层总线连接

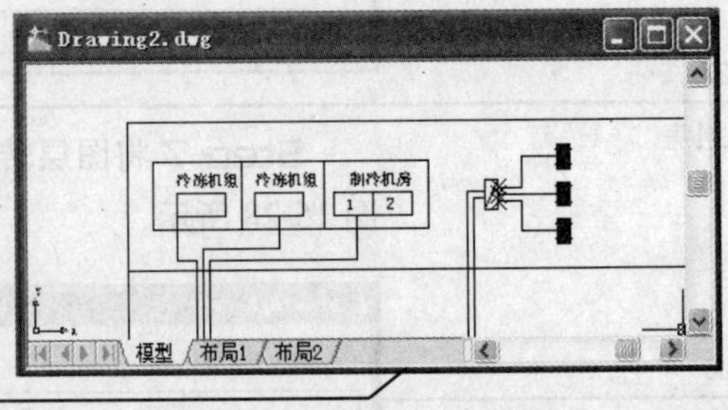


图15-33
绘制连线

**Step 4** 使用“分解”功能，将此平行线分解，选中左边的一根线，然后打开“图层”下拉列表，选择“虚线”图层，被选中的直线变为虚线，如图15-34所示。

**Step 5** 同理可以绘制一层的动力配电箱连线，如图15-35所示。

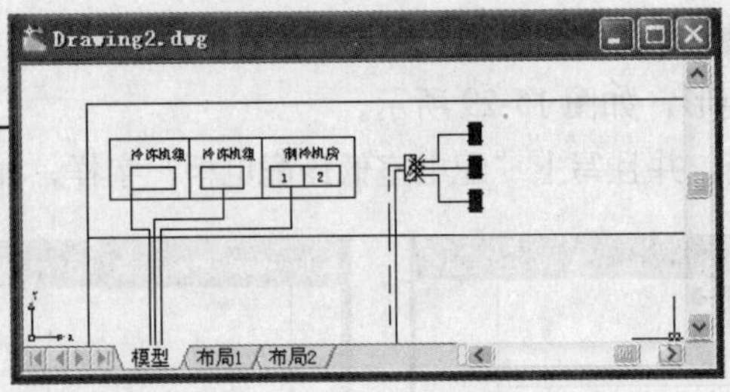


图15-34
改变后的线型

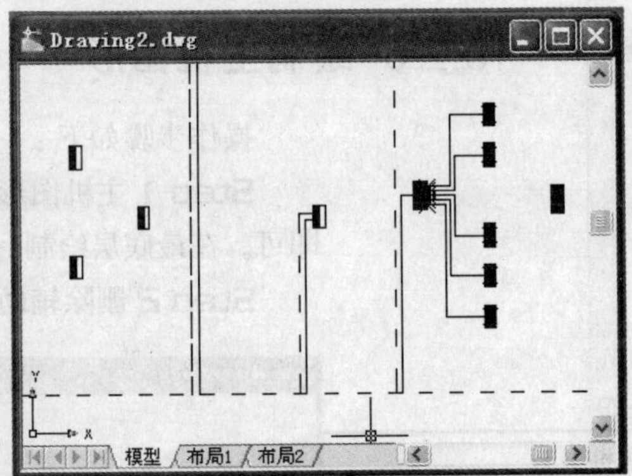


图15-35
一层动力配电箱连线

## 15.2.8 绘制单线

在绘制单线的时候要启用“正交”功能，这样可以避免倾斜误差，绘制的结果如图15-36所示。在图中有实线也有虚线，关于虚线连线的绘制，需要在不同的图层中进行，所以也把其归类到绘制单线中。

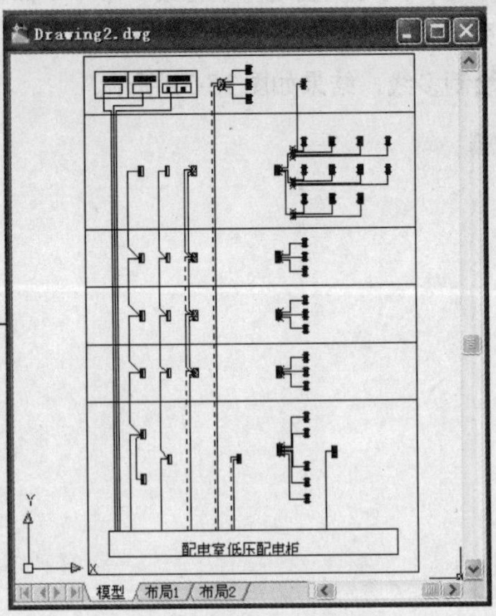


图15-36
绘制单线

## 15.2.9 绘制总线

操作步骤如下：

**Step 1** 使用“直线”命令，绘制如图 15-37 所示的一条竖直线段。

**Step 2** 单击工具栏中的“阵列”按钮，打开如图 15-38 所示的“阵列”对话框。

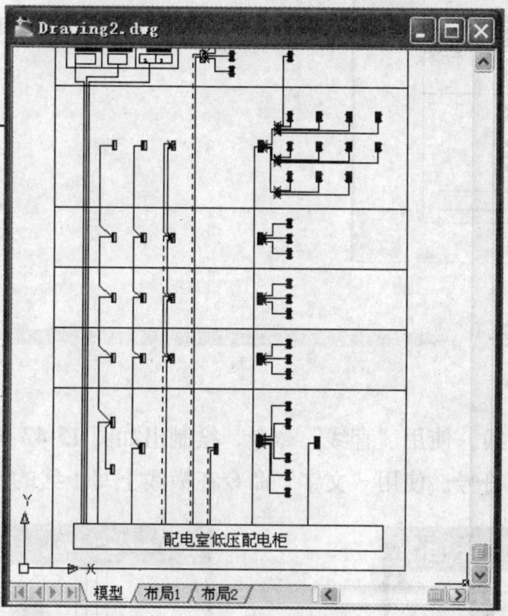


图 15-37
绘制直线

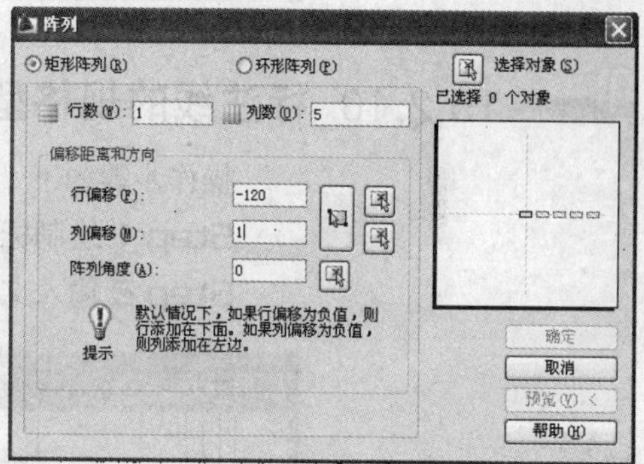


图 15-38
“阵列”对话框

**Step 3** 在对话框中选中“矩形阵列”单选按钮，设置行数为“1”，列数为“5”，行偏移为“-120”（负号表示向左阵列）。单击“选择对象”前面的按钮进入绘图区域，此时鼠标指针变为一小方框，用此方框单击绘制的直线段，然后右击或按回车键，重新回到“阵列”对话框中，最后单击“确定”按钮退出对话框，阵列直线如图 15-39 所示。

**Step 4** 使用“直线”命令绘制照明配电箱与总线之间的线段，如图 15-40 所示。

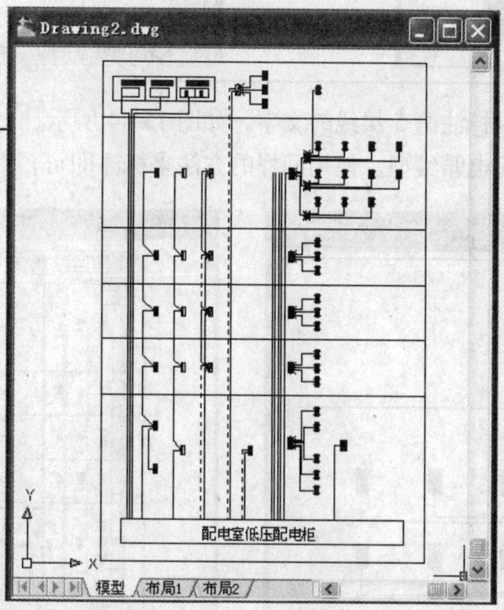


图 15-39
阵列直线

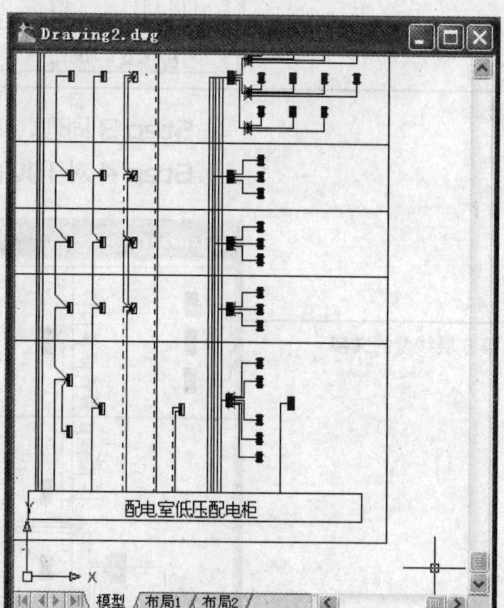


图 15-40
绘制连接直线

**Step 5** 使用“修剪”命令进行修剪，修建完毕后的效果如图 15-41 所示。

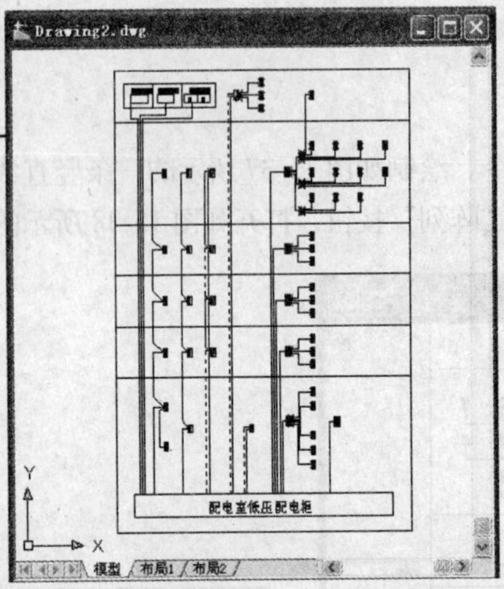


图 15-41

修剪直线

## 15.2.10 标注线的规格型号

操作步骤如下：

**Step 1** 绘制标注线。使用“直线”命令，绘制出如图 15-42 所示的标注线。

**Step 2** 输入文字符号。使用“文字”命令在横线上写上线的型号，如图 15-43 所示。

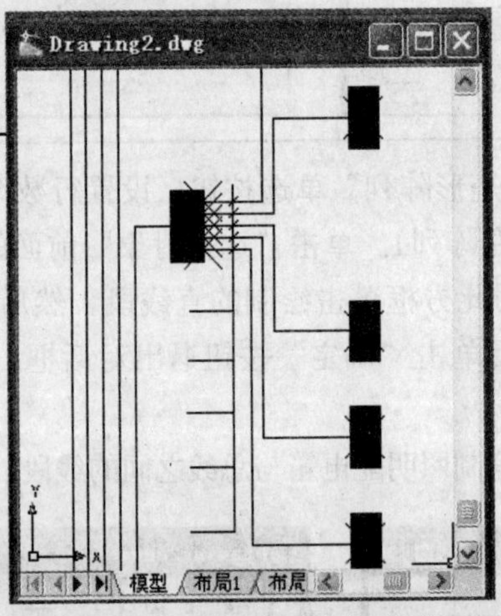


图 15-42

绘制标注线

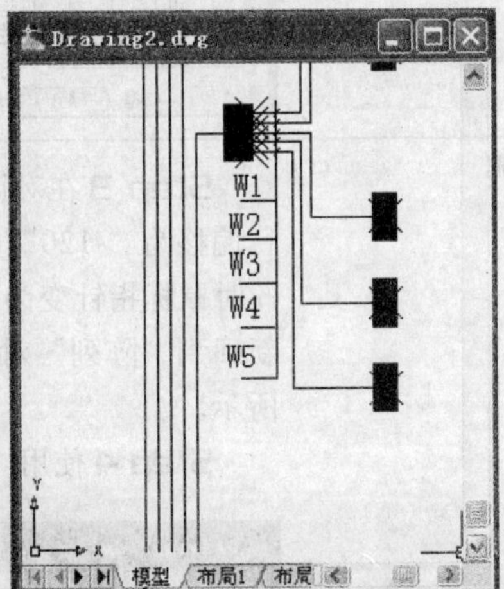


图 15-43

标注文字

**Step 3** 同理，可以标注第 5 层线的文字，如图 15-44 所示。

**Step 4** 对于其他配电箱线型，使用同样的方法来标注即可，结果如图 15-45 所示。

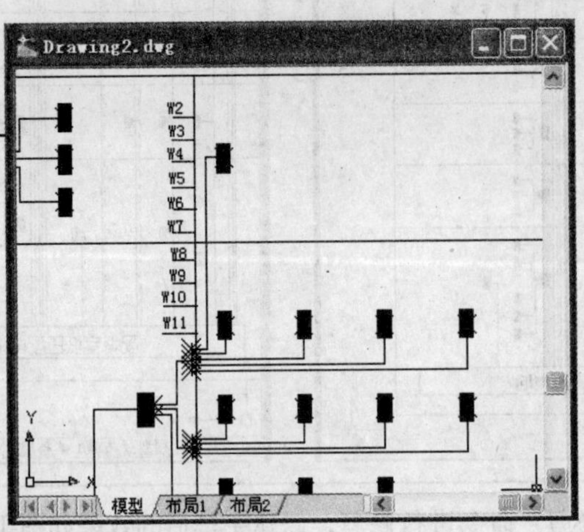


图 15-44

标注第 5 层线型的文字

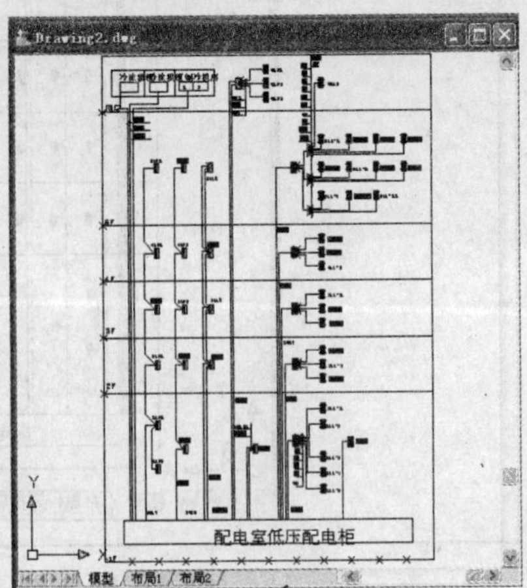


图 15-45

标注图形符号

**Step 5** 打开图层。单击“图层管理器”按钮，打开“图层特性管理器”窗口，把图框和标题栏所在的“系统”层打开。单击“修改”工具栏中的“比例”按钮，选择任意一点为基点，将图框和标题栏放大50倍。调用“移动”命令，移动图形到图框中。在图形的下方写上“低压配电干线系统图1：50”，图15-46所示为最后效果图。

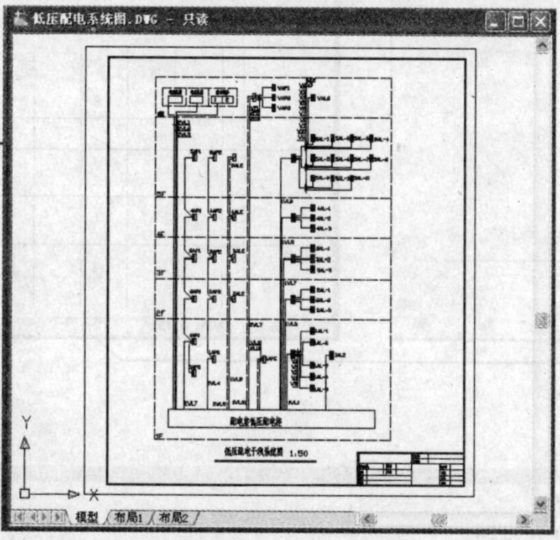

图15-46
最后效果图

# 15.3 精通必备：办公楼配电平面设计

配电平面图的绘制与单纯的建筑图既有联系又有区别。配电平面图首先建立在建筑图的基础上，主要是在建筑平面图中绘制各种用电设备和配电箱之间的连接。本节中将讲解办公楼配电平面图的设计，它和上一节的住宅楼一样都是日常人们的生活场所，其制作思路首先是绘制轴线，把平面图的大致轮廓尺寸定出来，然后绘制墙体，生成整个平面图。其次绘制各种配电符号，最后连成线路。

## 15.3.1 绘图准备

操作步骤如下：

**Step 1** 打开AutoCAD 2009应用程序，建立新文件，并将新文件保存为“办公楼配电平面图.dwg”。选择“格式”→“图层”命令，分别设置以下4个图层：“轴线”、“标注”、“墙体”和“配电”，设置好的各图层属性如图15-47所示。

**Step 2** 将“轴线”图层设置为当前图层。选择“绘图”→“直线”命令，在窗口中绘制轴线。绘制的时候可以先确定两条相互垂直的线，如图15-48所示。

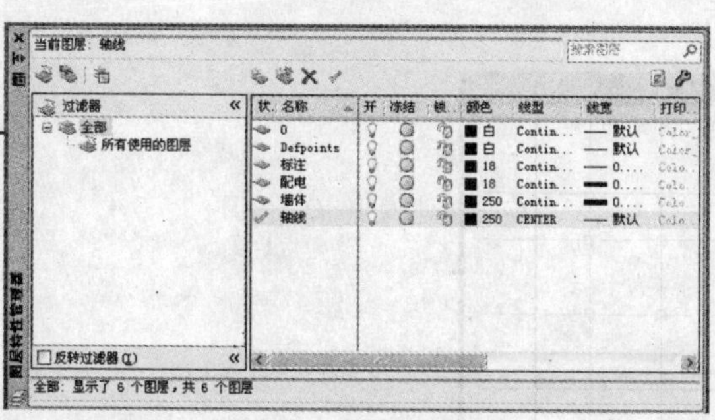

图15-47
配置图层属性

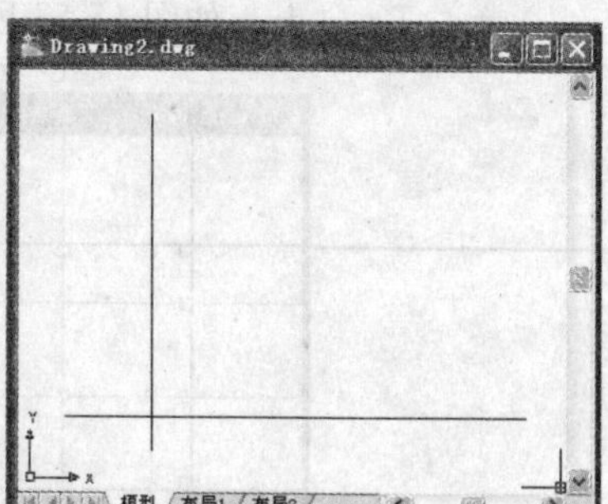

图15-48
绘制两条相互垂直的直线

**Step 3** 单击已绘制的轴线，出现如图15-49所示的夹持点，即图中的小方框。单击任一个小方框就可以使夹持点激活，激活的夹持点呈现红色。

**Step 4** 选择“修改”→“复制”命令。根据命令行的提示，依次输入要复制的距离（左线向右偏移 7 200、1 6000、16 000、16 000、16 000、12 000，下端线向上偏移 16 000、16 000、10 000），即可实现轴线的复制。轴线最终复制结果如图 15-50 所示。

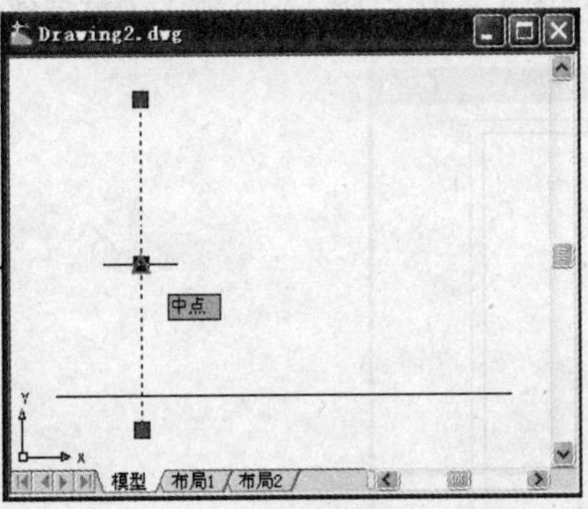


图 15-49
夹持点

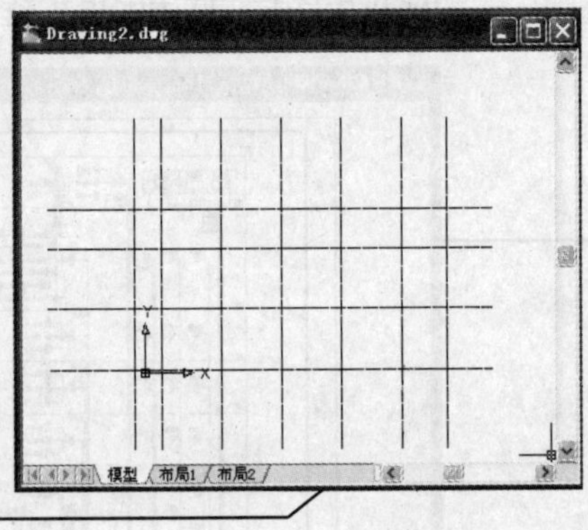


图 15-50
复制后的轴线

## 15.3.2 创建墙体

具体的设计过程如下：

**Step 1** 选择“修改”→“偏移”命令，将左右两边的直线和最下端的直线先分别向外偏移 240，偏移出来的轴线为定位柱子的辅助线。这样可以方便布置柱子，使绘制出来的外墙体与柱子相平。轴线的偏移结果如图 15-51 所示。

**Step 2** 选择“绘图”→“矩形”命令，在图 15-52 中的适当位置绘制矩形，如图 15-54 所示。

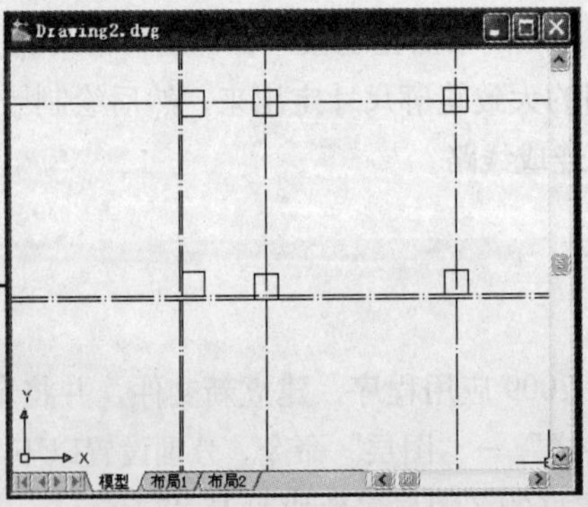


图 15-51
偏移后的局部效果

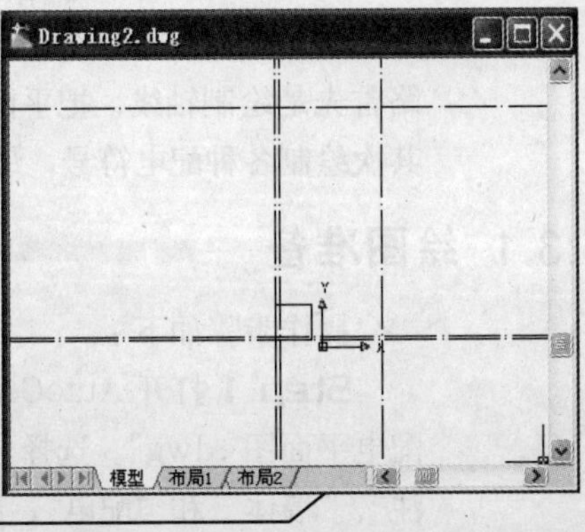


图 15-52
绘制矩形

**Step 3** 选择“绘图”→“矩形”命令，将绘制好的柱子布置到合适的位置，启用“捕捉”功能，选择柱子一边的中点为控制点，然后将柱子放在辅助线和与其垂直轴线的交点上，如图 15-53 所示。

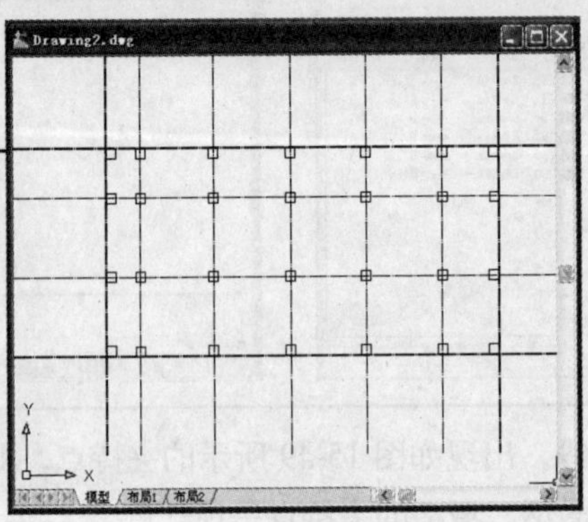


图 15-53
布局柱子

**Step 4** 选择“绘图”→“多线”命令，命令行中出现如下提示：

```
命令_MLINE
指定起点或[对正（J）/比例（S）/样式（ST）]: J
输入对正类[上（T）/无（Z）/下（B）]上: Z
指定起点或[对正（J）/比例（S）/样式（ST）]: S
输入多线比例: 480（墙体的厚度）
指定起点或[对正（J）/比例（S）/样式（ST）]:
指定下一点:
指定下一点或[放弃（U）]:
指定下一点或闭合（C）/[放弃（U）]:
```

最终结果如图 15-54 所示。

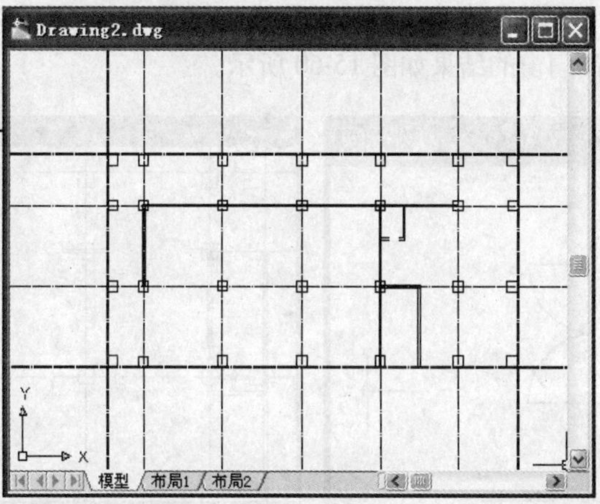


图 15-54
绘制完成的墙体

## 15.3.3 在图形中创建门窗

具体的设计过程如下：

**Step 1** 选择“修改”→“分解”命令，将用多线绘制出来的墙体进行“爆炸”，然后调用“修剪”命令对墙体开洞，如图 15-55 所示。

**Step 2** 选择“绘图”→“直线”命令，连接洞口两侧的端点，然后过直线的中点绘制直线的垂线，如图 15-56 所示。

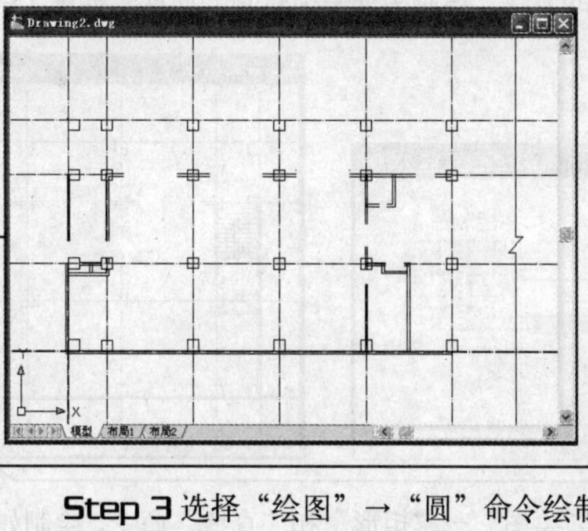


图 15-55
墙体开洞

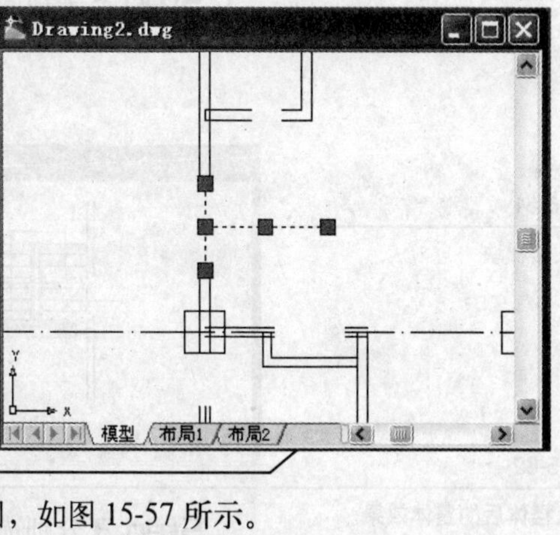


图 15-56
绘制辅助直线

**Step 3** 选择“绘图”→“圆”命令绘制圆，如图 15-57 所示。

**Step 4** 选择“修改”→“修剪”命令，对图 15-57 中的圆进行修剪操作，如图 15-58 所示。

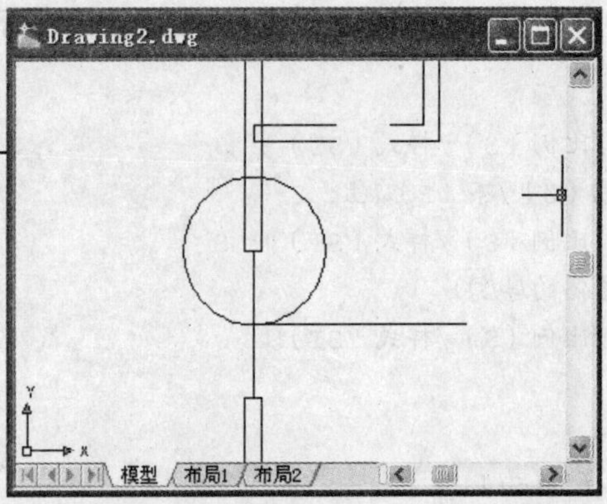


图 15-57

绘制圆

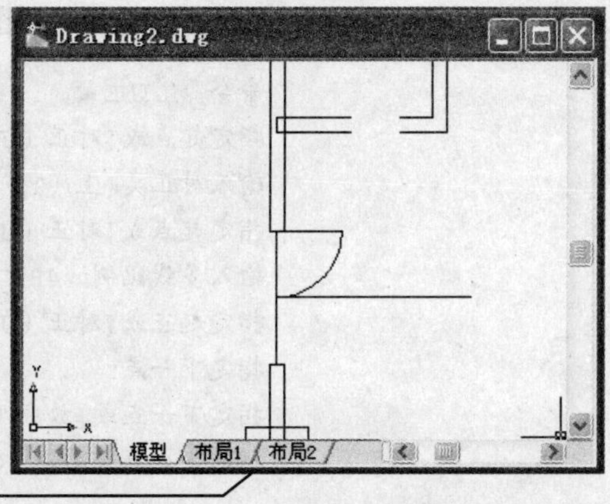


图 15-58

修剪圆

**Step 5** 选择“修改”→“镜像”命令，以辅助轴线为对称轴线对圆弧进行镜像。然后再选择“修改”→“删除”命令，删除辅助线，如图 15-59 所示。

**Step 6** 最终绘制门窗的结果如图 15-60 所示。

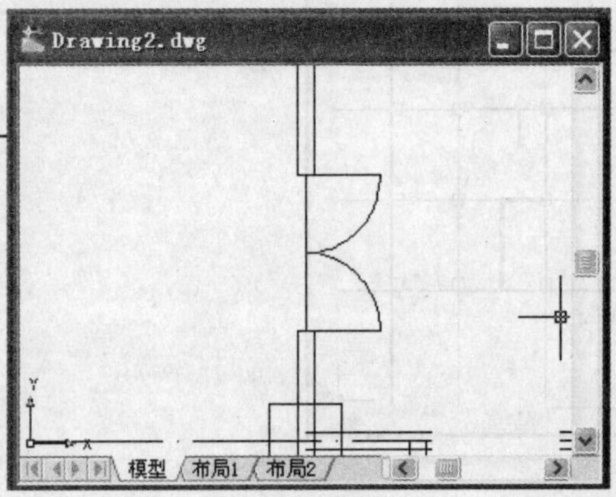


图 15-59

镜像后的双扇门效果

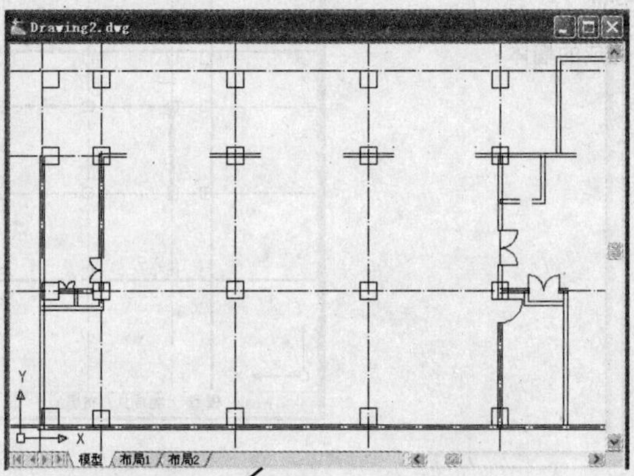


图 15-60

添加门窗后的效果

## 15.3.4 添加楼梯和其他室内设施

具体操作步骤如下：

**Step 1** 调用“块插入”命令，将楼梯图块调入到当前图形中，调整好比例，如图 15-61 所示。

**Step 2** 采用同样的方法，绘制另外一个转角的楼梯，如图 15-62 所示。

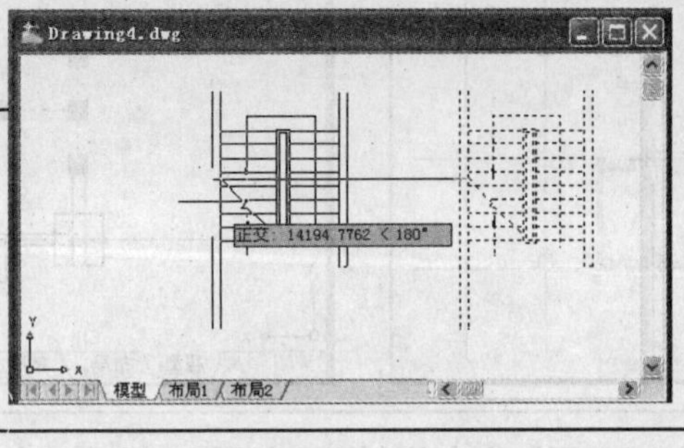


图 15-61

插入楼梯块

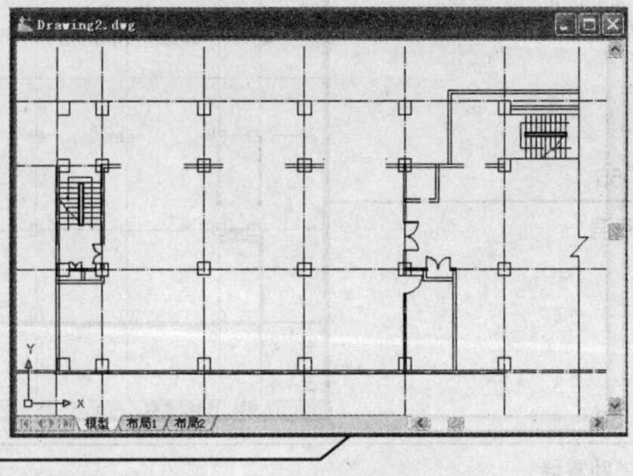


图 15-62

插入楼体后的整体效果

**Step 3** 分别选择“绘图”→“矩形”和“直线”命令，绘制如图 15-63 所示的设施。办公区的空间摆放中，室内设施较少，这里只需绘制如图 15-63 所示的设施就行了。

**Step 4** 调用“修剪”和“删除”命令，对多余的轴线进行删除和修剪，但是为了标注尺寸的方便，边沿的轴线要保留一部分，如图 15-64 所示。

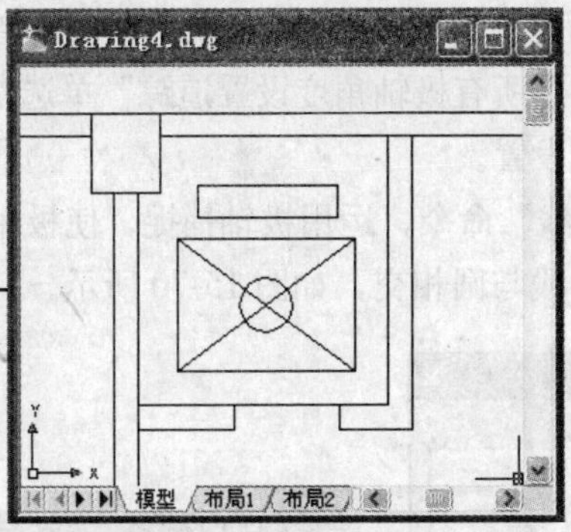


图 15-63

添加室内设施

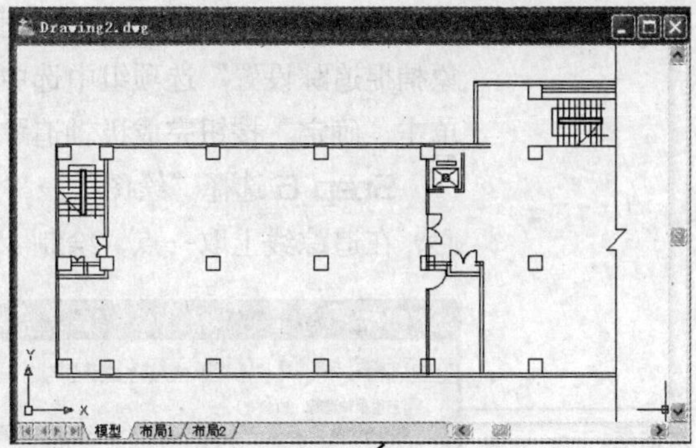


图 15-64

修剪轴线后的效果

## 15.3.5 创建配电干线设施

具体操作步骤如下：

**Step 1** 选择“绘图”→“圆”命令，采用“圆心、半径”模式，在空白区域中绘制一个圆，如图 15-65 所示。

**Step 2** 选择“绘图”→“正多边形”命令，命令行中将会出现以下提示。

```
命令_POLYGON
输入边的数目<4>:
指定正多边形的中点或[边（E）]: （捕捉圆的中心）
输入选项[内接于圆（I）/外切于圆（C）]: C
指定圆的半径:
```

可以拖动鼠标使四边形与圆相切，如图 15-66 所示。

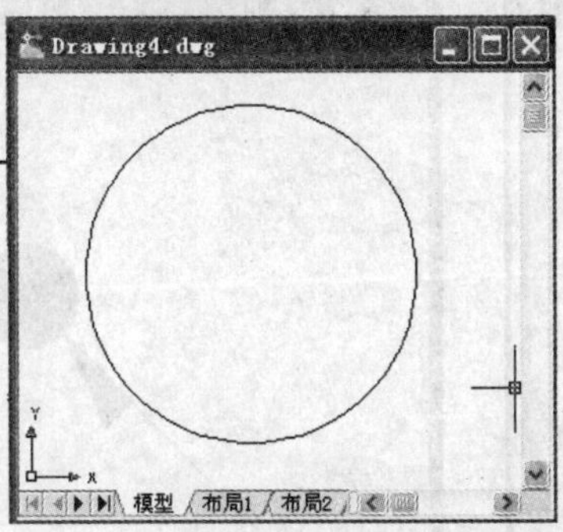


图 15-65

绘制圆

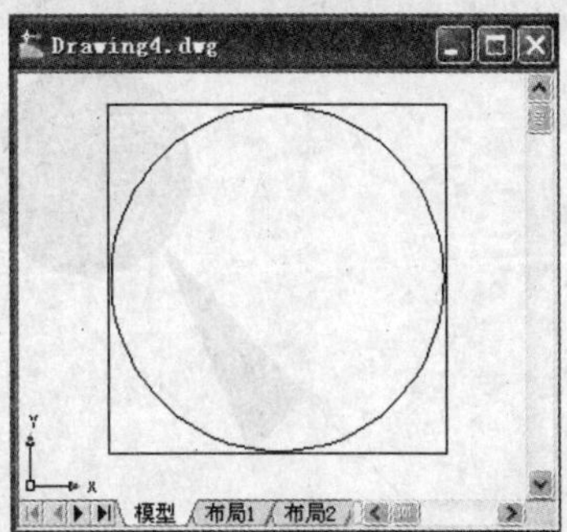


图 15-66

绘制外切于圆的正方形

**Step 3** 选择“绘图”→“文字”→“单行文字”命令，将“±”书写在空白区域。再选择“修改”→“移动”命令，将文字移动到圆的中心，最终绘制的风机盘管的图形如图 15-67 所示。

**Step 4** 选择“绘图”→“圆”命令，在当前绘图区域中拾取任意一点作为圆心，绘制半径为 2 的圆，如图 15-68 所示。

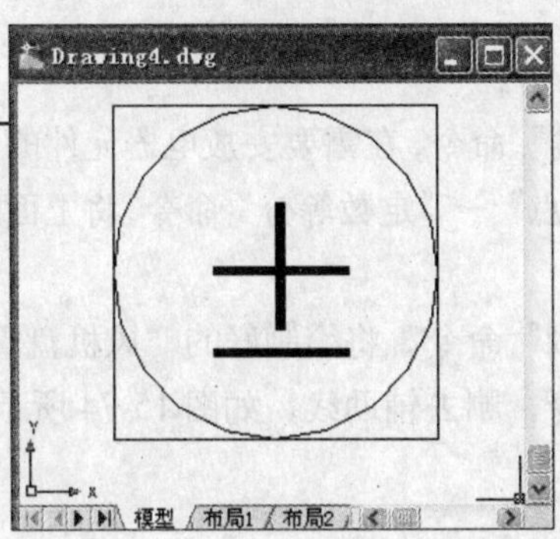


图 15-67

风机盘管符号

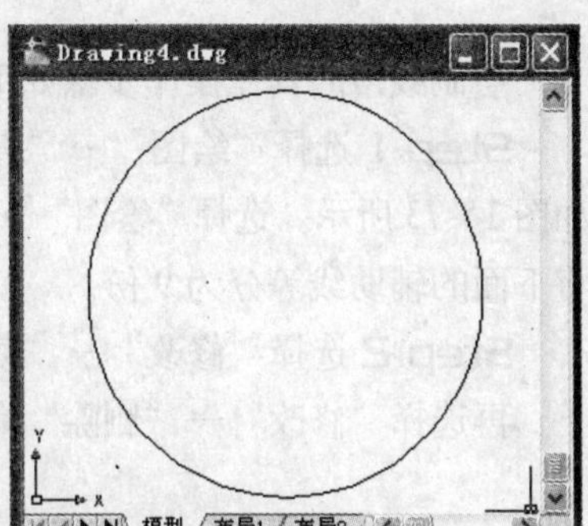


图 15-68

绘制半径为 2 的圆

**Step 5** 打开“草图设置”对话框，在“极轴追踪”选项卡中设置增量角为“45°”，在“对象捕捉追踪设置”选项组中选中“用所有极轴角度设置追踪”单选按钮，如图 15-69 所示。单击“确定”按钮完成极轴追踪的设置。

**Step 6** 选择“绘图”→“直线”命令，运用极轴捕捉，使极轴追踪的 45° 线通过圆心，在追踪线上取一点，绘制 45° 线与圆相交，如图 15-70 所示。

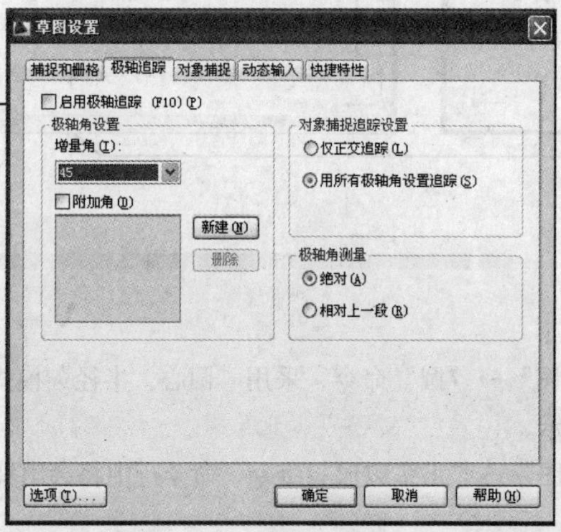


图 15-69
“草图设置”对话框

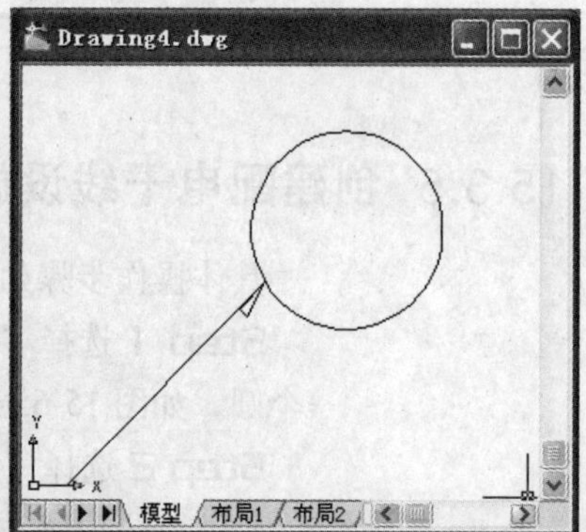


图 15-70
绘制与圆相交的直线

**Step 7** 选择“绘图”→“图案填充”命令，弹出“边界图案填充”对话框，选择图案为“SOLID”，填充结果如图 15-71 所示。

**Step 8** 选择“修改”→“复制”命令，复制直线和三角形，复制的极点取直线的端点，最终绘制好的上下敷管的图形如图 15-72 所示。

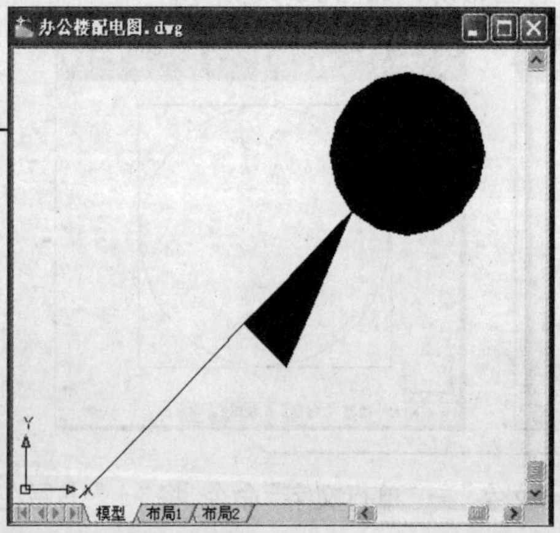


图 15-71
填充后的图形效果

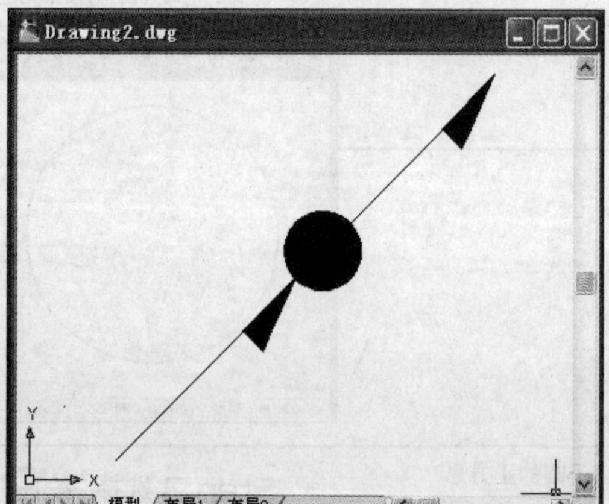


图 15-72
绘制完成的上下敷管

### 15.3.6 线路的绘制方法

绘制线路的具体操作步骤如下：

**Step 1** 选择“绘图”→“直线”命令，在需要安放电器元件的区域绘制两条辅助线，如图 15-73 所示。选择“绘图”→“点”→“定数等分”命令，将上面的辅助线等分为 7 份，将下面的辅助线等分为 9 份。

**Step 2** 选择“修改”→“复制”命令，将绘制好的“风机盘管”分别放在各个节点上。再选择“修改”→“删除”命令，删去辅助线，如图 15-74 所示。

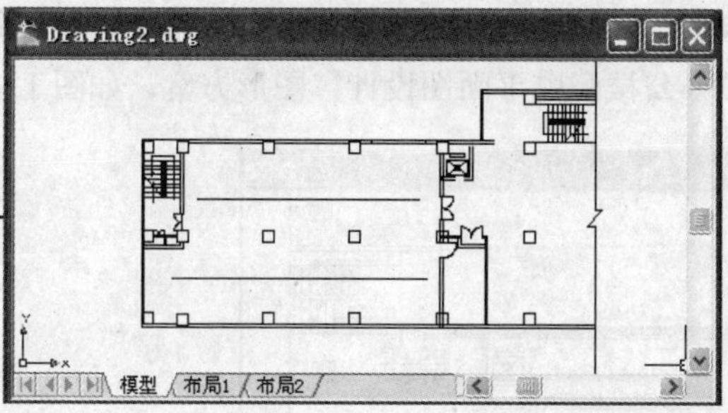


图 15-73
绘制两条直线

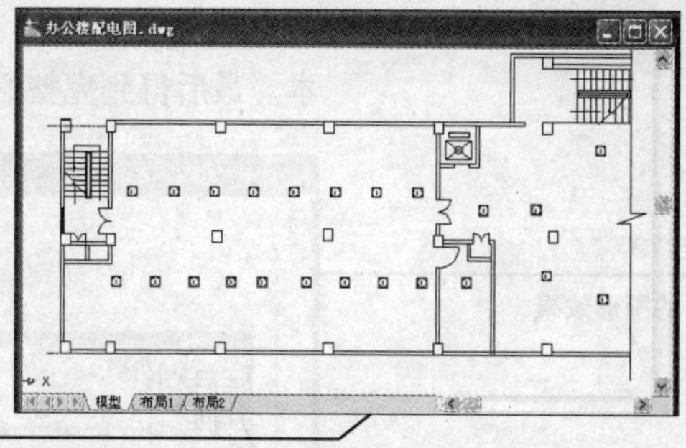

图 15-74
放置风机盘管后的效果

**Step 3** 调用“块插入”命令，调“照明配电箱”和“动力配电箱”图块到当前图形中。再选择“修改”→“移动”命令，将其放置到图形中的适当位置，如图 15-75 所示。

**Step 4** 同理，可以调入“温控与三速开关控制器”及“上下敷管”模块，放入图形中连成线路。在连线的过程中，绘制水平或竖直线的时候，要启用“正交”功能，这样能确保直线水平或竖直，并且绘制操作也更加快捷。绘制的结果如图 15-76 所示。

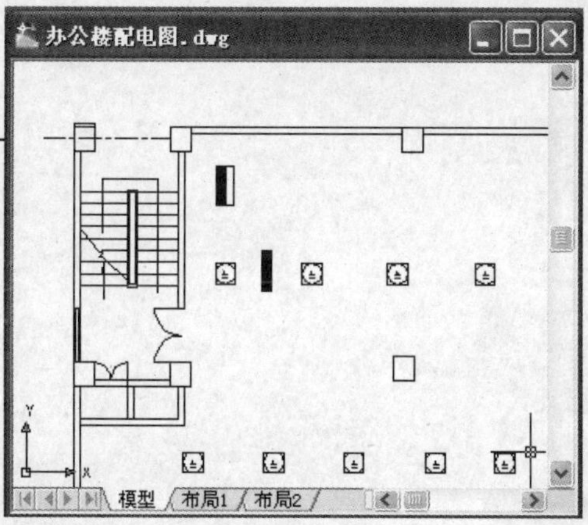


图 15-75
调入配电箱

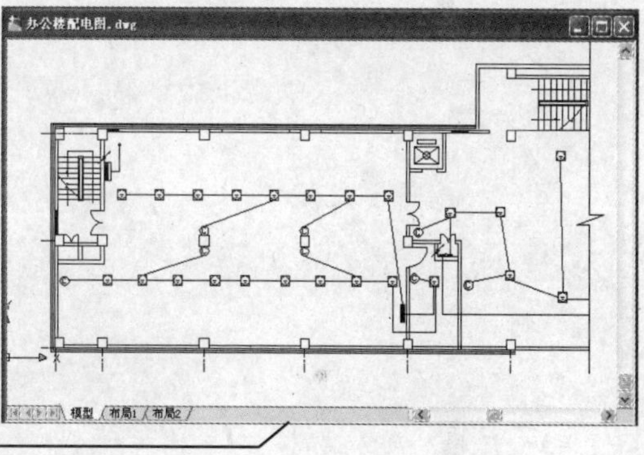

图 15-76
连接线后的效果

## 15.3.7 标注尺寸及文字说明

操作步骤如下：

**Step 1** 打开“图层特性管理器”窗口，将“标注”层设为当前层。首先标注两条轴线的尺寸。再选择“标注”→“连续标注”命令，此时在屏幕中鼠标会直接与基点相连，如图 15-77 所示。

**Step 2** 直接单击其他轴线上的点即可完成快速标注。同理，可以标注其他尺寸，如图 15-78 所示。

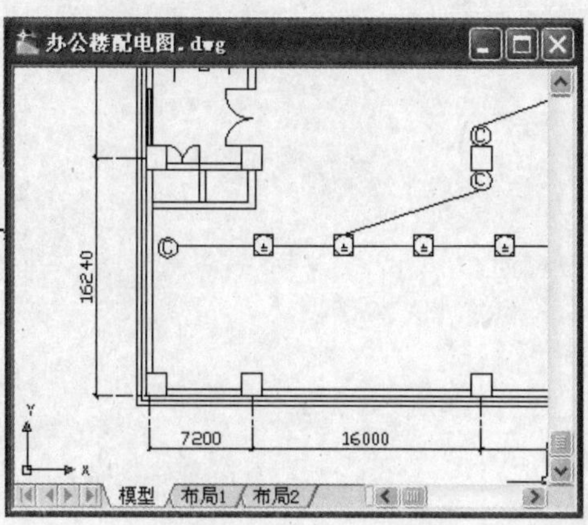


图 15-77
连续标注尺寸

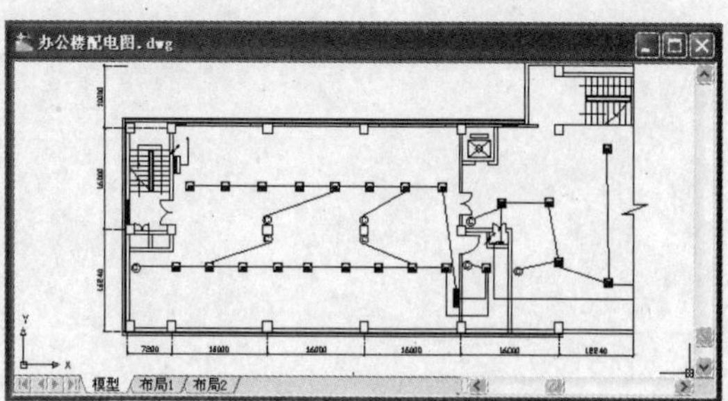

图 15-78
标注其他尺寸

**Step 3** 选择“绘图”→“文字”→“多行文字”命令，根据命令行中的提示标注文本。最后得到完整的“办公楼配电平面图设计”图形方案，如图 15-79 所示。

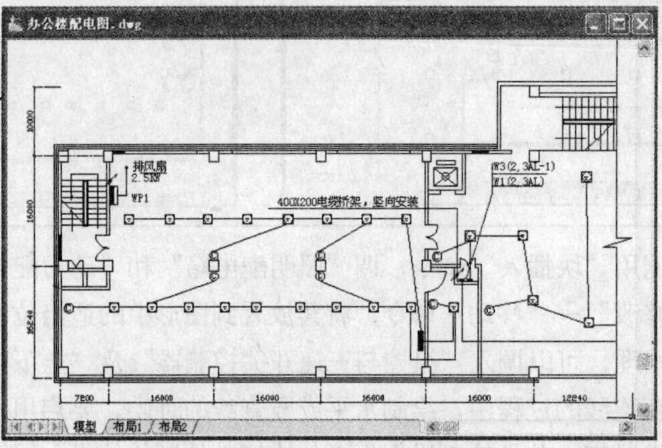


图 15-79
最终的图形效果

# Chapter 16

# 通信工程图的绘制

## 本章内容

本章主要讲解通信工程图的绘制。首先讲解通信工程的简介，接着讲解通信系统图、无线电寻呼系统以及数字交换机系统结构图。

## 本章学习地图

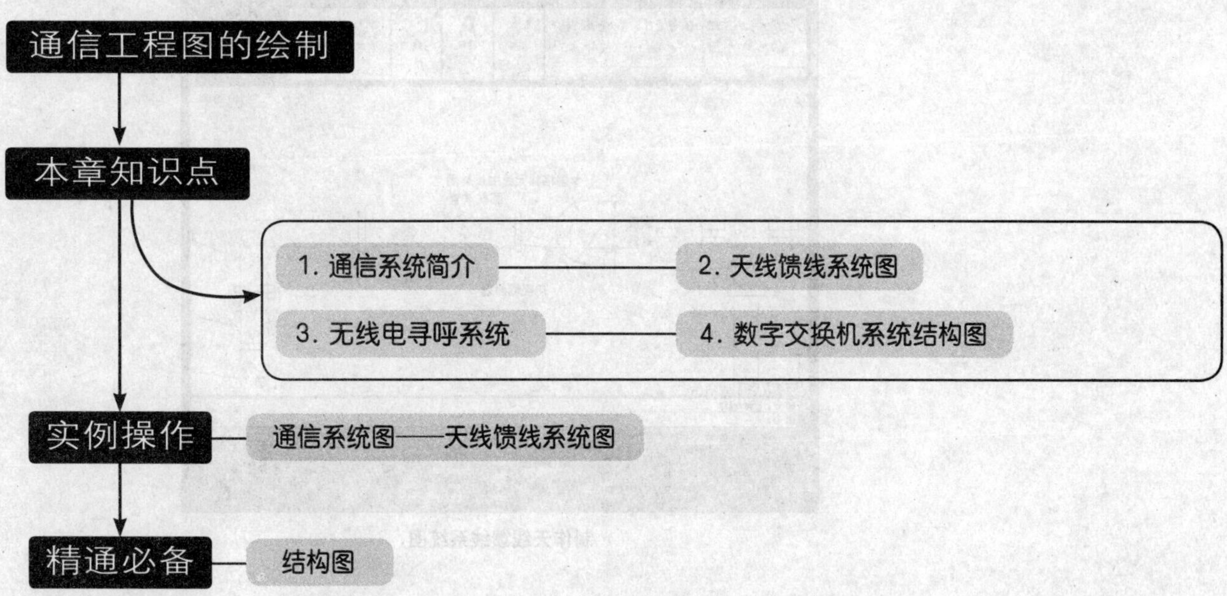


## 本章知识重点

- 通信工程图简介。
- 天线馈线系统图。
- 无线电寻呼系统。
- 数字交换机系统结构图。

## 本章实例效果图

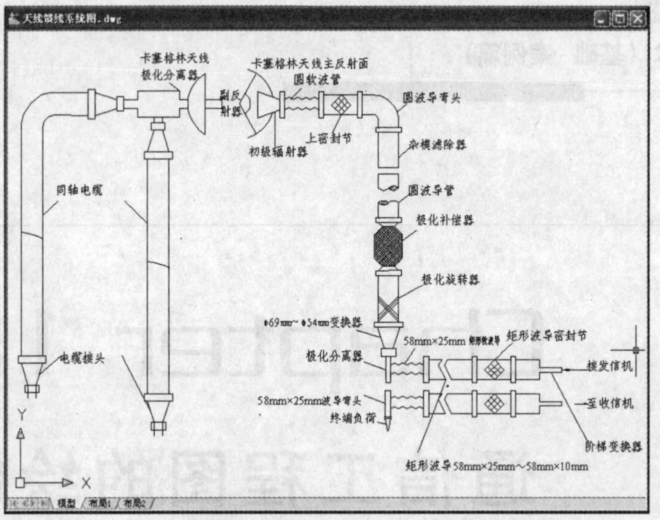


天线馈线系统图

## 本章视频效果图

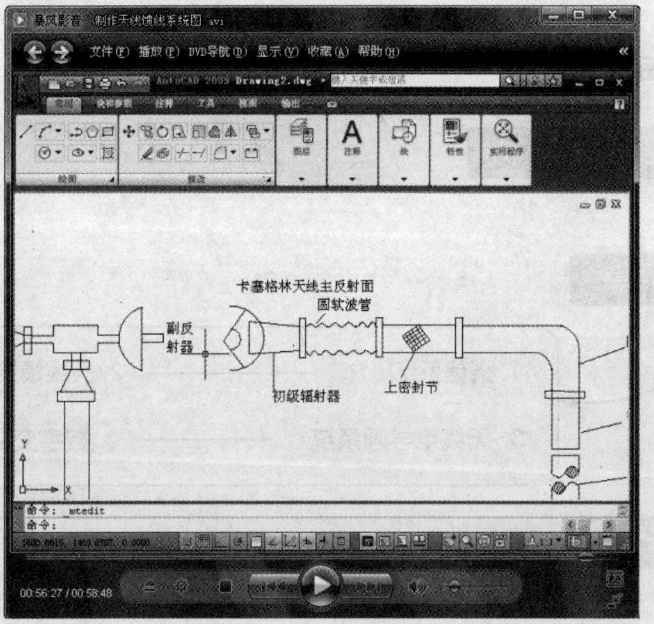


制作天线馈线系统图

# 16.1 通信工程图简介

通信工程图是一类比较特殊的电气图。和传统的电气图不同，通信工程图是最近发展起来的一类电气图，主要应用于通信领域。在本章将介绍通信系统的相关基础知识，并通过一些通信工程图的实例来学习绘制通信工程图的一般方法。

## 16.1.1 通信系统简介

通信就是信息的交流。

通信系统是传递信息所需要的一切技术设备和传输媒介，其过程如图 16-1 所示，通信流程如图 16-2 所示。

图 16-1

通信过程图

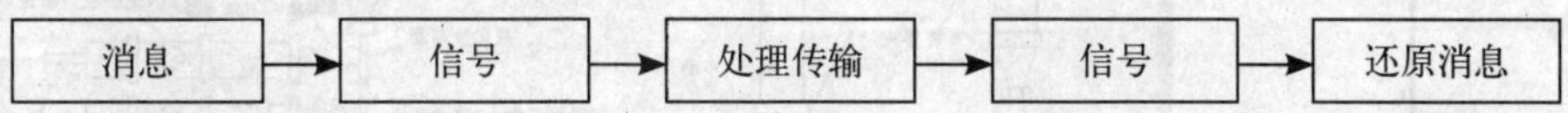


图 16-2

通信流程图

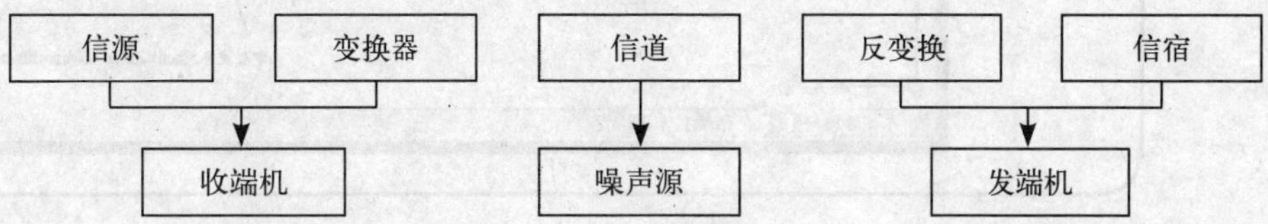


## 16.1.2 通信工程图简介

电子学是信息技术的关键，是现代信息产业的重要基础，它在很大程度上决定着硬件设备的运行能力。衡量微电子技术发展程度的一个重要指标是在微小的硅芯片上集成元件的数量。因此，通信工程图和电子线路图一样，在分析解决、设计等领域占据了重要的地位。

按照传输方式，通信电路图可分为无线发射电路图、有线通信电路图、无线接地电路图。

# 16.2 实例操作：通信系统图——天线馈线系统图

**实例分析**

天线馈线系统图由两部分组成，在这里我们将其分为（a）和（b）两部分，其中（a）为同轴电缆天线馈线系统，（b）为圆波导天线馈线系统。按照顺序一次绘制（a）、（b）两图，这和前面的电气工程图不同，本图没有导线，要严格按照电缆的顺序来绘制。

**实例难度** ★★★★★

**制作方法和思路**

首先设置绘图环境，接下来通过图的绘制完成电缆接线头，然后绘制同轴电缆弯曲部分、副反射器、极化分离器等。

**参考教学视频**

光盘目录 \ 第十六章 \ 视频教学 \16.2\ 制作天线馈线系统图 .avi

**实例文件**

**原始文件**：无

**最终文件**：光盘目录 \dwg\Ch16\16.2\ 最终文件 \ 天线馈线系统图 .dwg

视频文件：

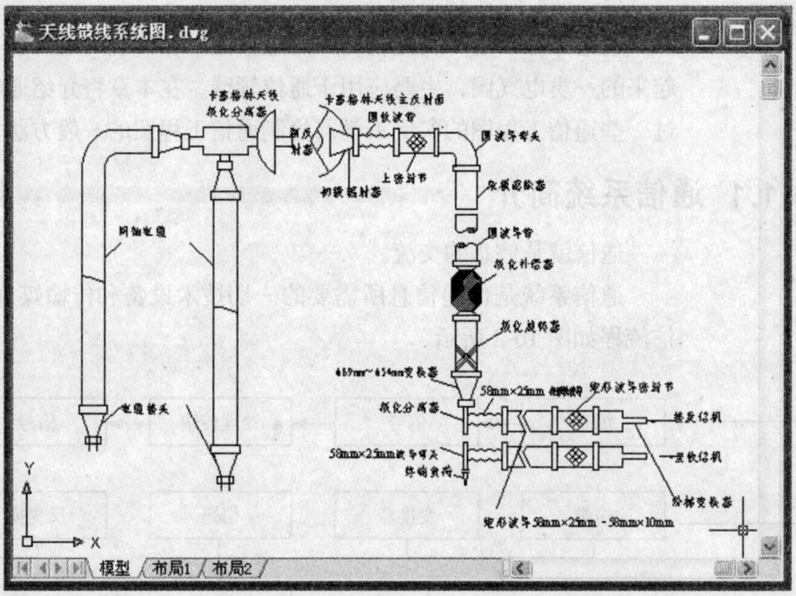


## 16.2.1 绘制天线馈线系统（a）图

具体操作步骤如下：

**Step 1** 打开 AutoCAD 2009 应用程序，在命令行中输入“NEW”或选择“文件”→“新建”命令，弹出“选择样板”对话框，用户在该对话框中选择需要的样板图。

**Step 2** 在“创建新图形”对话框中选择已经绘制好的样板图后，单击“打开”按钮，则会返回绘图区域。同时选择的样板图也会出现在绘图区域内，其中样板图左下端点坐标一般为（0,0），在本例中我们选择 A3 样板图。

**Step 3** 在工具栏中右击，在弹出的快捷菜单中分别选择“图层”、“对象特性”、“绘图”、“修改”和“标注”这 5 个命令，调出这些工具栏，并将它们移到绘图窗口的适当位置。

**Step 4** 选择“格式”→“图层”命令，设置“实体符号层”和“中心线层”一共两个图层，各图层的颜色、线型及线宽分别如图 16-3 所示。其中将“中心线层”设置为当前图层。

**Step 5** 绘制矩形。调用“矩形”命令，绘制一个长为 20mm、宽为 5mm 的矩形。调用“分解”命令，将绘制的矩形分解为直线 1、2、3、4，如图 16-4 所示。

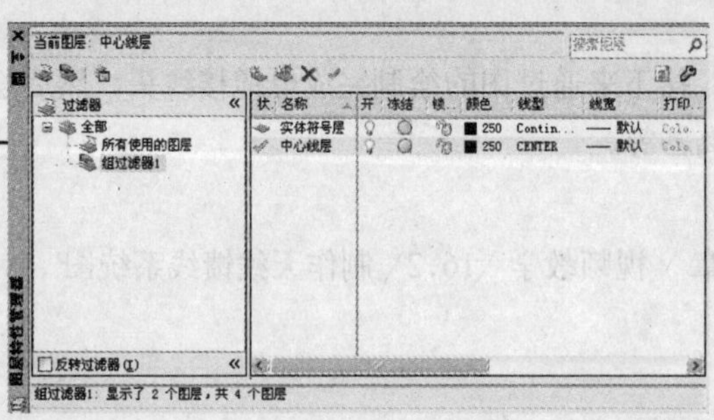


图 16-3 设置图层

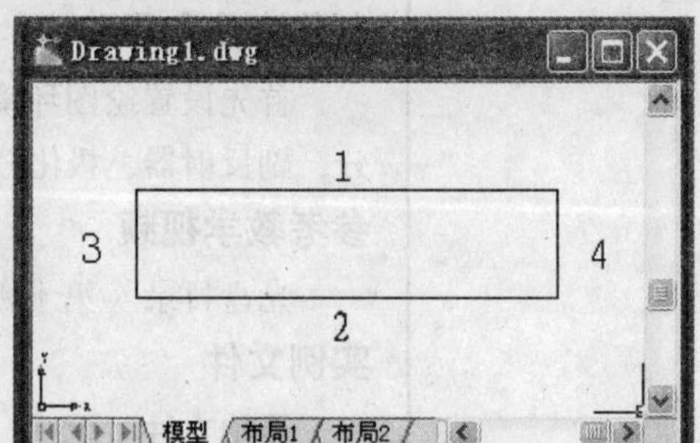


图 16-4 绘制并分解矩形

**Step 6** 调用“偏移”命令，以直线 3 为起始，向右绘制直线 5 和 6，偏移量分别为 5mm 和 10mm，如图 16-5 所示。

**Step 7** 调用“拉长”命令，将直线 5 和 6 分别向下拉长 35mm，如图 16-6 所示。

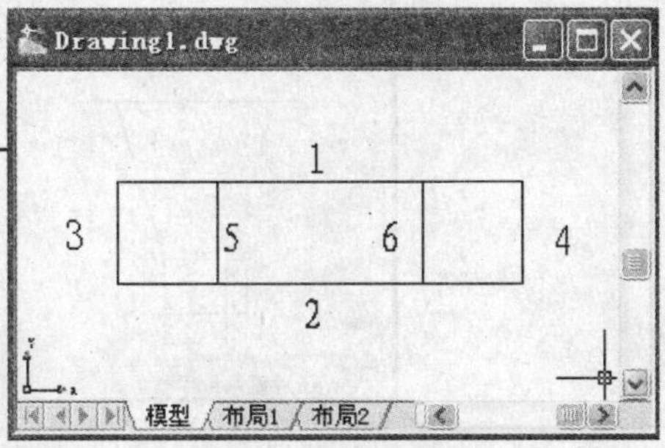


图 16-5
偏移直线

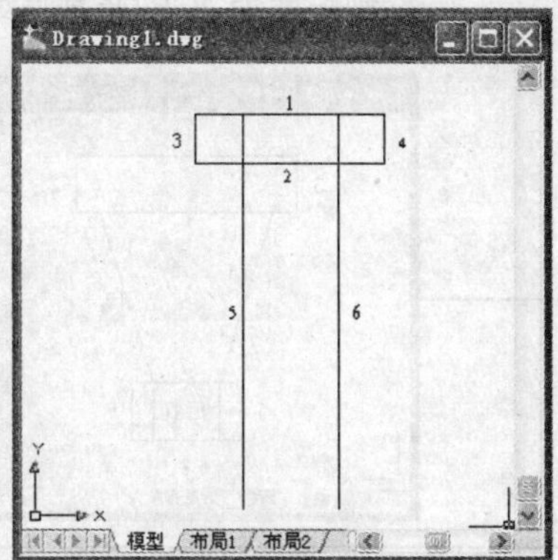


图 16-6
拉长直线

**Step 8** 调用“偏移”命令，以直线 2 为起始，向下绘制直线 7 和 8，偏移量分别为 15mm 和 5mm，如图 16-7 所示。

**Step 9** 调用“修剪”命令，选择图形 1、2、5、6、7、8，对图形进行修剪，得到如图 16-8 所示的图形。

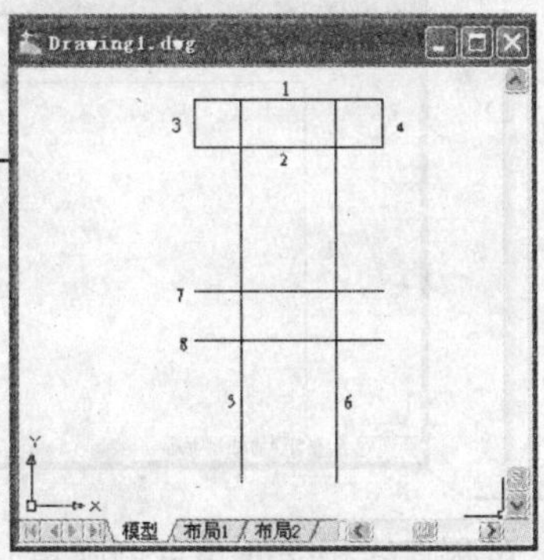


图 16-7
偏移直线

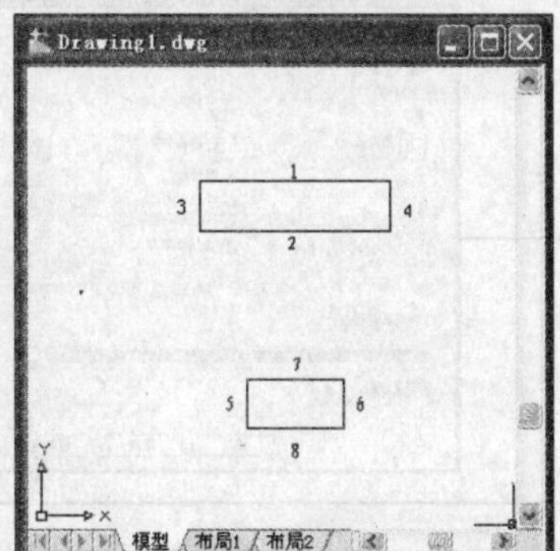


图 16-8
修剪图形

**Step 10** 调用“偏移”命令，以直线 5 为起始，向右绘制直线 9；以直线 6 为起始，向左绘制直线 10，偏移量均为 2（以下步骤中均省略单位），偏移后的图形如图 16-9 所示。

**Step 11** 调用“直线”命令，在“对象捕捉”和“极轴”绘图方式下，捕捉直线 9 的上端点，并以此为起点，向上绘制一条和水平方向成 108°、与直线 2 相交的直线 11。用同样的方法绘制一条与水平方向成 72°、与直线 2 有交点的直线 12，如图 16-10 所示。

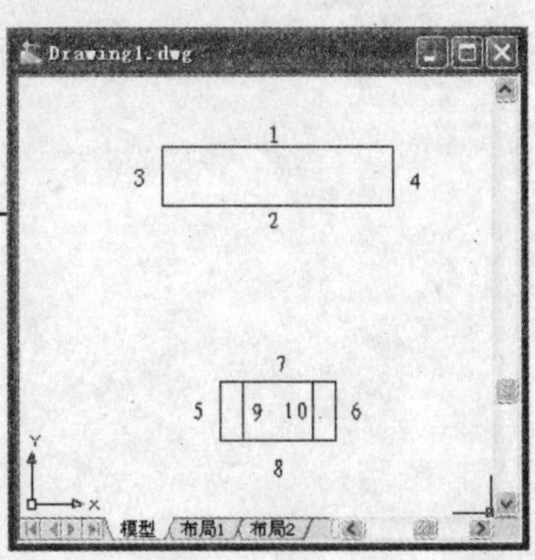


图 16-9
偏移直线

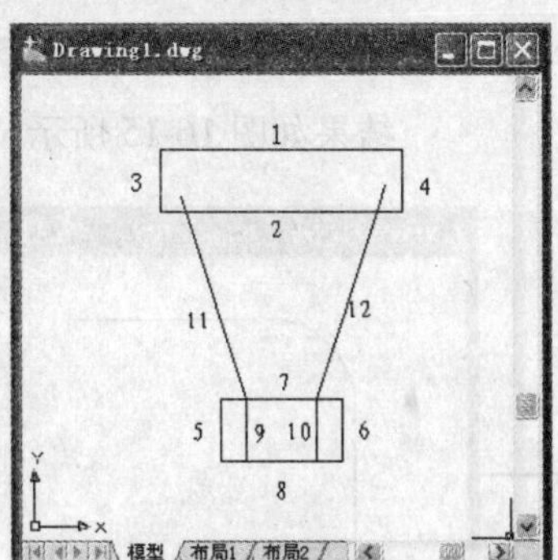


图 16-10
绘制直线

**Step 12** 调用“修剪”命令，以直线 2 为剪切边，对直线 11 和直线 12 进行修剪，得到如图 16-11 所示的图形。

**Step 13** 关闭“极轴”功能，启动“正交”绘图方式。捕捉直线 9 的下端点，向下绘制长度为 40 的竖直直线，如图 16-12 所示。至此电缆接线头绘制完成。

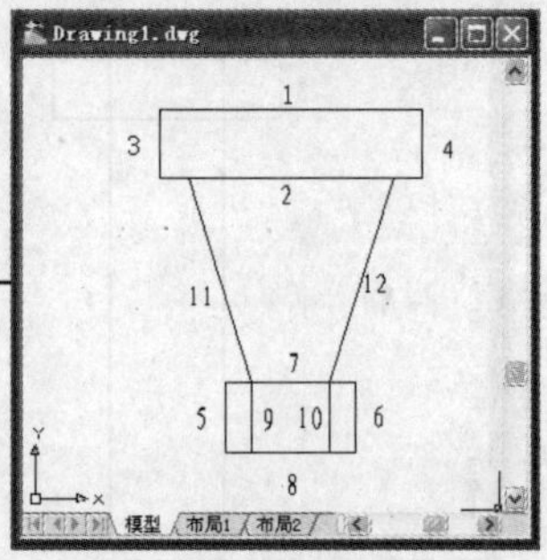

图 16-11
修剪直线

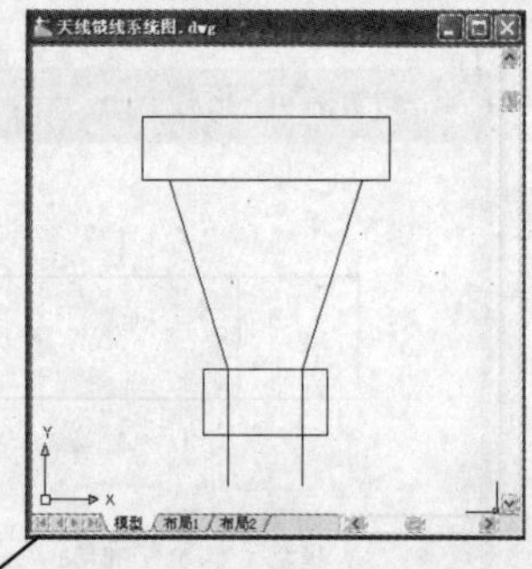

图 16-12
绘制竖直直线

**Step 14** 在命令行中输入“WBLOCK”命令，弹出“写块”对话框，如图 16-13 所示。

**Step 15** 调用“直线”命令，在“正交”绘图方式下分别绘制水平直线 1 和竖直直线 2，长度分别为 40 和 50，如图 16-14 所示。

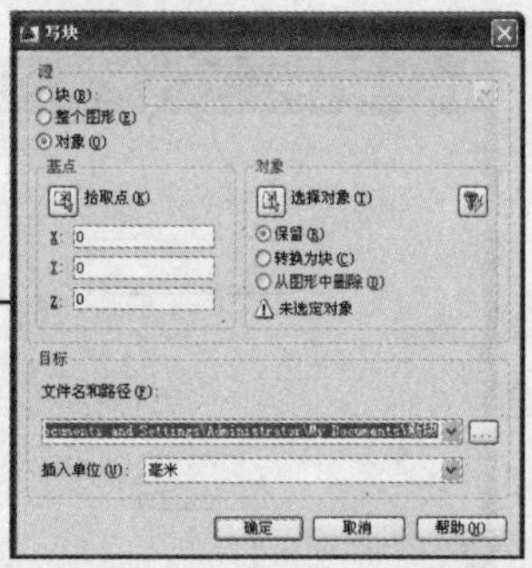

图 16-13
“写块”对话框

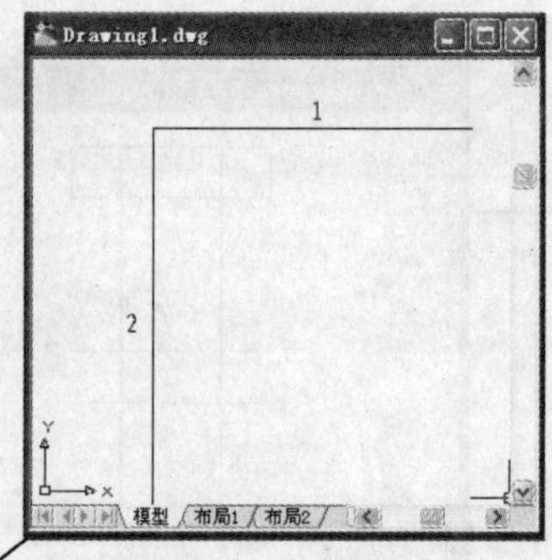

图 16-14
绘制直线

**Step 16** 执行“倒圆角”命令，对两直线相交的角点倒圆角，圆角的半径为 12，命令行中提示如下：

```
命令：_fillet
当前设置：模式=修剪，半径=12
选择第一个对象或[放弃（U）/多段线（P）/半径（R/）修剪（T）/多个（M）]：R
指定圆角半径<12.0000>：12
选择第一个对象或[放弃（U）/多段线（P）/半径（R/）修剪（T）/多个（M）]：（用鼠标拾取直线1）
选择第二个对象或按住Shift键选择要应用的对象：（用鼠标拾取直线）
```

结果如图 16-15 所示。

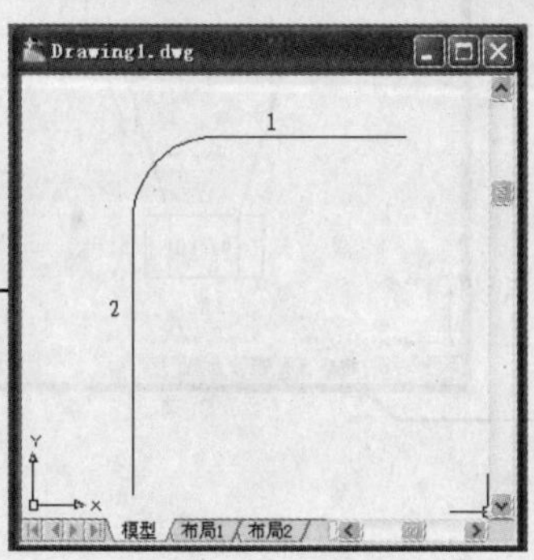

图 16-15
倒圆角

**Step 17** 调用“偏移”命令，将圆弧向外偏移12。然后，将直线1和2分别向左和向上偏移12，偏移结果如图16-16所示。在这里需要提示读者的是，偏移方向只能向外，如果偏移方向是向圆心方向的，将得不到需要的结果。

**Step 18** 调用“圆弧”命令，以（150,150）为圆心，绘制一条半径为60的圆弧，如图16-17所示。

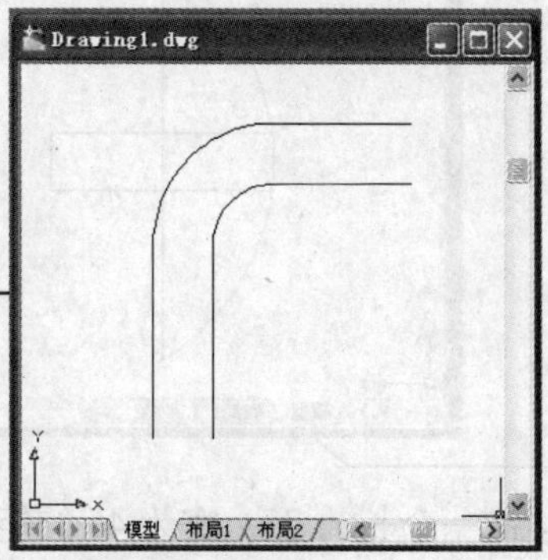


图16-16
绘制同轴电缆弯曲部分

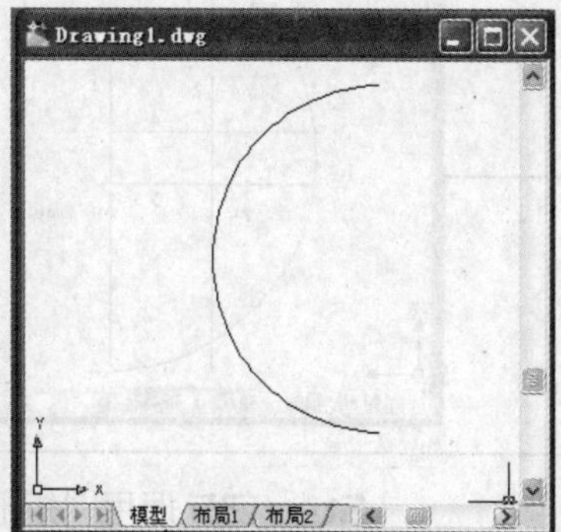


图16-17
绘制圆弧

**Step 19** 调用“直线”命令，在“对象捕捉”绘图方式下，分别捕捉半圆弧的两个端点绘制竖直直线1，如图16-18所示。

**Step 20** 调用“偏移”命令，以直线1为起始，向左绘制直线2，偏移量为30，如图16-19所示。

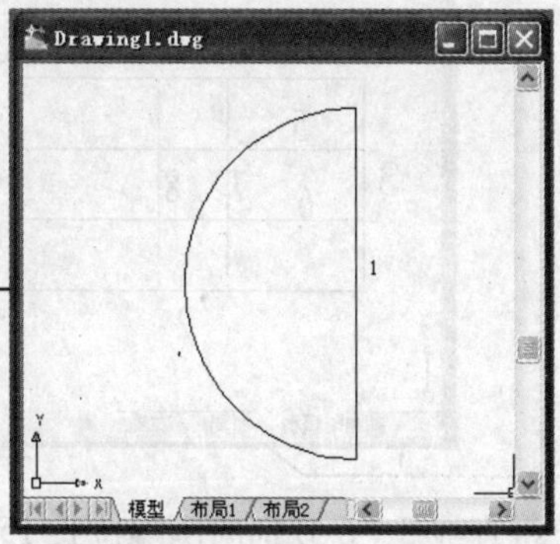


图16-18
绘制直线1

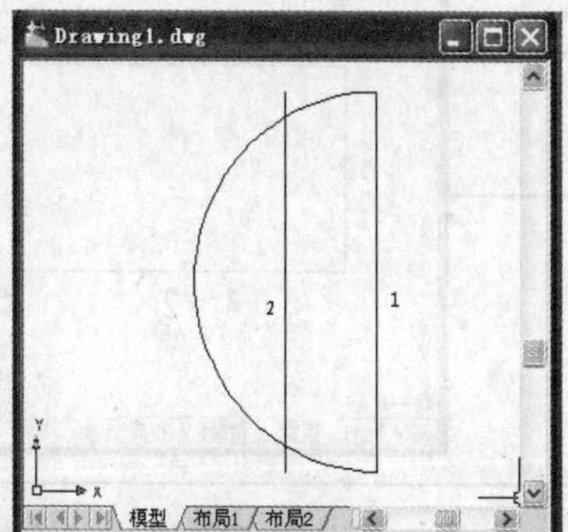


图16-19
偏移直线

**Step 21** 调用“直线”命令，在“对象捕捉”和“正交”绘图方式下捕捉圆弧圆心，以其为起点，向左绘制一条长度为60的水平直线3，其终点在圆弧上，如图16-20所示。

**Step 22** 调用“偏移”命令将直线3分别向上和向下偏移7.5，得到直线4和5，如图16-21所示。

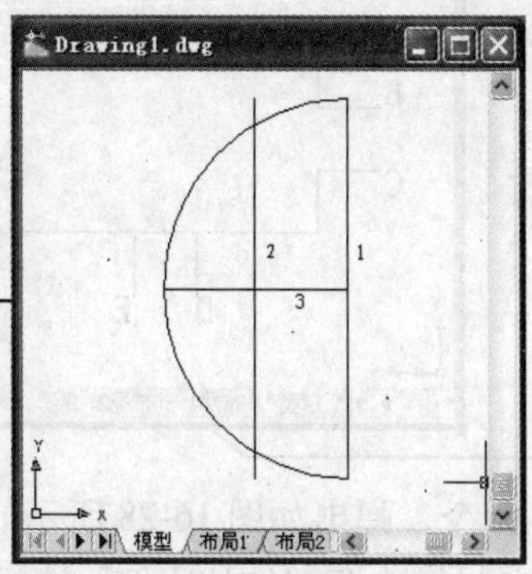


图16-20
绘制直线3

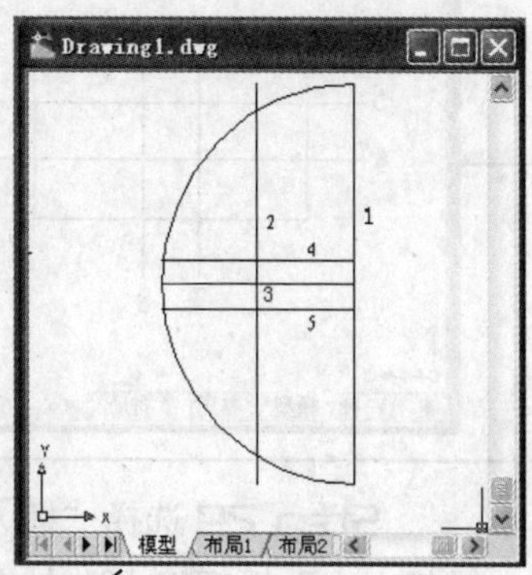


图16-21
偏移直线

**Step 23** 调用“删除”命令，删除直线 3，如图 16-22 所示。

**Step 24** 调用“修剪”和“删除”命令，得到如图 16-23 所示的图形，即为绘制完成的副反射器的图形符号。

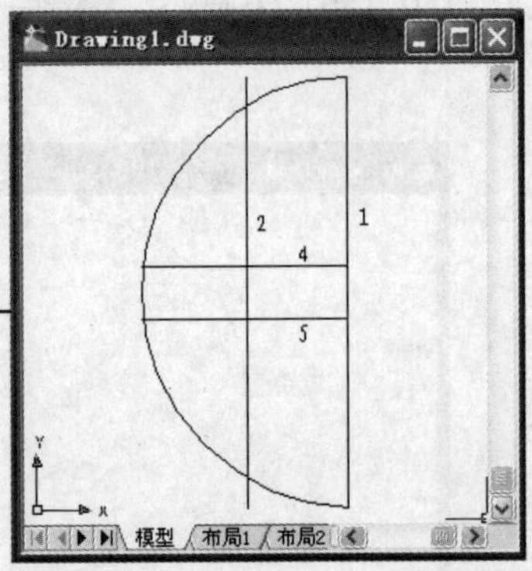


图 16-22
删除直线 3

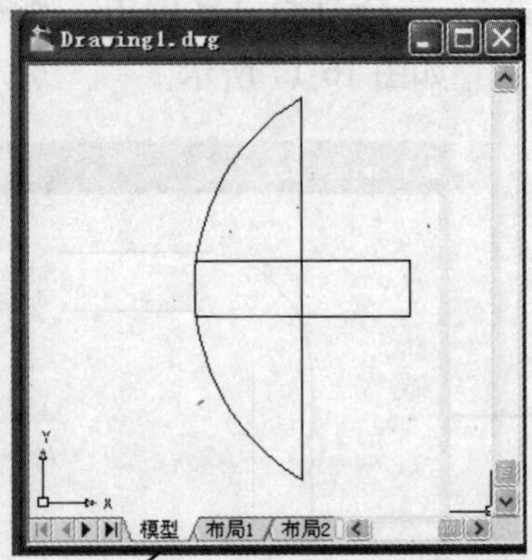


图 16-23
副反射器符号

**Step 25** 调用“矩形”命令，绘制一个长为 75、宽为 45 的矩形，如图 16-24 所示。再调用“分解”命令，将绘制的矩形分解为 1、2、3、4。

**Step 26** 调用“偏移”命令，分别向下绘制直线 5 和 6，偏移量分别为 15 和 15；以直线 3 为起始，分别向右绘制直线 7 和 8，偏移量分别为 25 和 25，如图 16-25 所示。

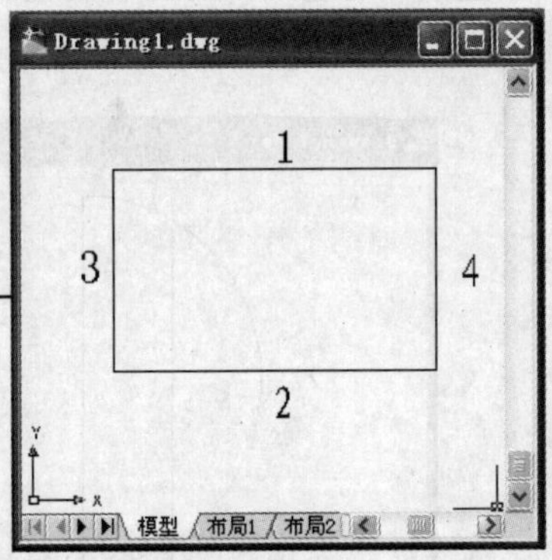


图 16-24
绘制并分解矩形

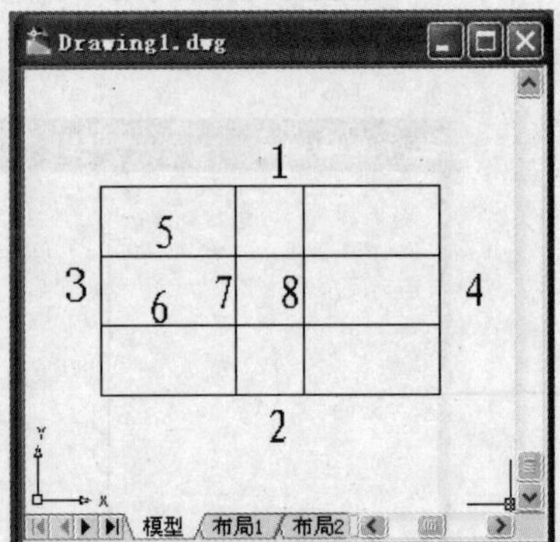


图 16-25
偏移直线

**Step 27** 调用“拉长”命令，将直线 5、6 分别向两端拉长 15，将直线 7、8 分别向下拉长 15，如图 16-26 所示。

**Step 28** 调用“修剪”和“删除”命令，对图形进行修剪，并删除多余的直线段，得到如图 16-27 所示的结果，极化分离器图形符号绘制完成。

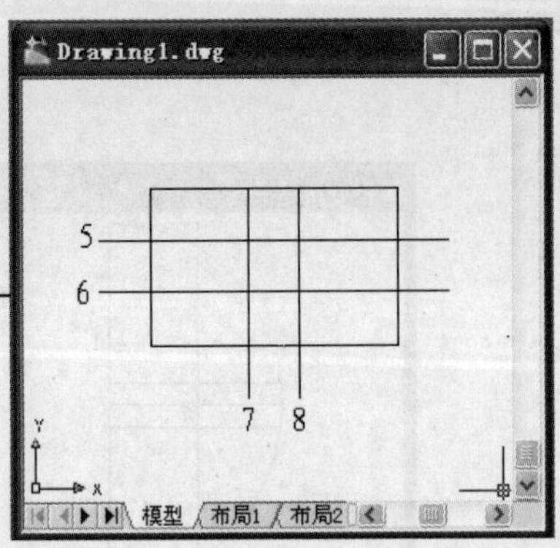


图 16-26
拉长直线

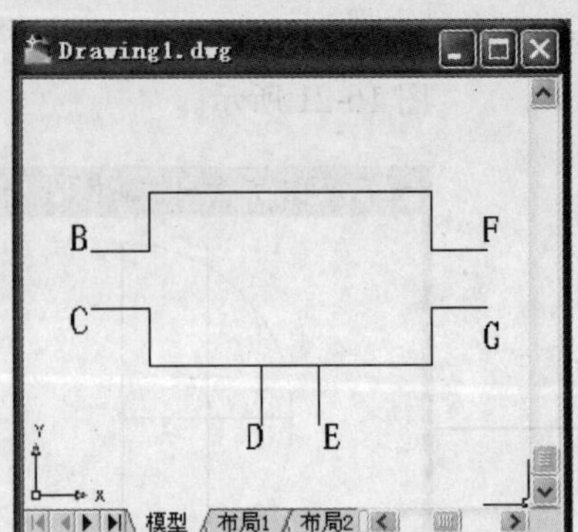


图 16-27
极化分离器符号

**Step 29** 选择“插入”→“块”命令，弹出如图 16-28 所示的“插入”对话框。在“插入点”选项组中选中“在屏幕上指定”复选框，“缩放比例”选择“统一比例”，在“X”文本框中输入“1.5”作为缩放比例，角度设置为“90”。

**Step 30** 将“电缆接线头”块插入到图形中，并使用“对象捕捉”功能捕捉“C”（指图 16-27 中 C 点），使之完美结合，如图 16-29 所示。

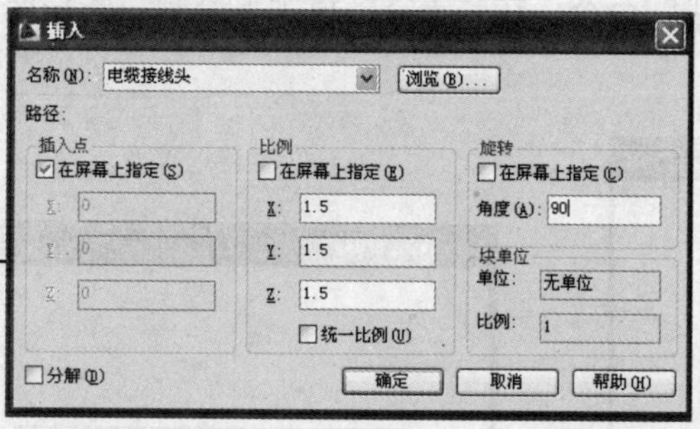


图 16-28

“插入”对话框

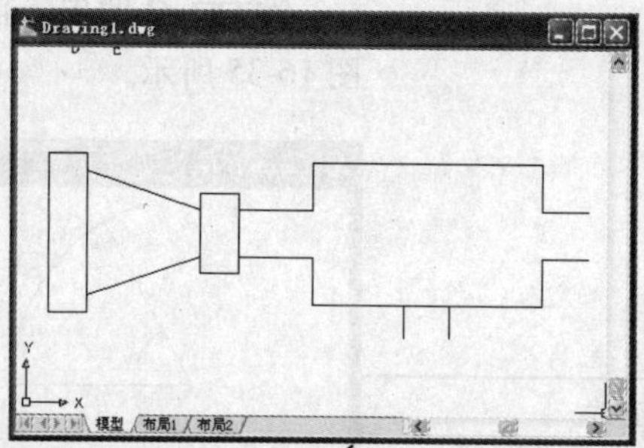


图 16-29

连接“电缆接线头”与“极化分离器”

**Step 31** 采用同样的方式插入另一个电缆接线头，并移入副反射器符号，如图 16-30 所示。再向图形中插入另外两个电缆接线头和弯管连接部分。

**Step 32** 这些电器元件之间用直线连线即可。最后添加注释文字。本图可以作为单独的一幅电气工程图，因此可以在此添加注释文字，也可以在最后完成时一并添加。图 16-31 即为绘制完成的（a）图。

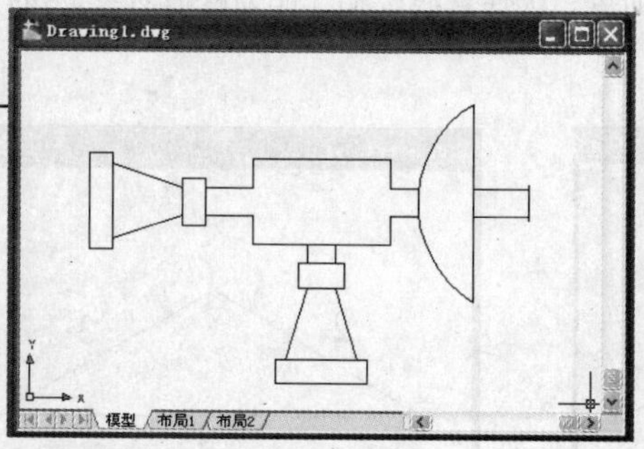


图 16-30

添加电气元件

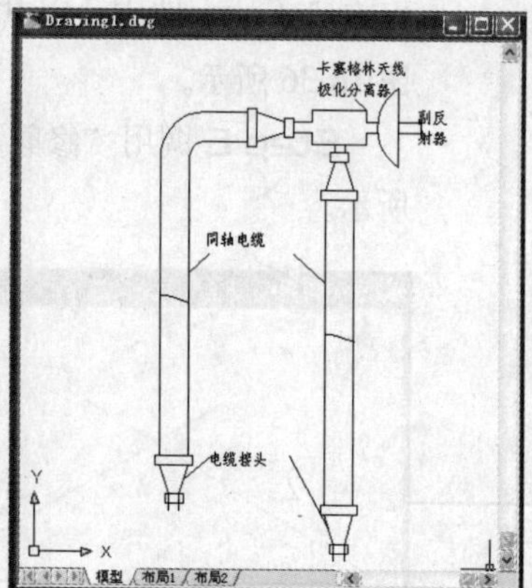


图 16-31

天线馈线系统（a）图

## 16.2.2 绘制天线馈线系统（b）图

### 1. 绘制密封节

具体操作步骤如下：

**Step 1** 调用“圆弧”命令，画两个同心半圆弧，两圆弧半径分别为 60 和 20，如图 16-32 所示。

**Step 2** 调用“直线”命令，在“对象捕捉”和“极轴”模式下，捕捉圆心点，以其为起点，分别绘制 5 条沿半径方向的直线段，这些直线段分别与竖直方向成 30°、60°、90°，长度均为 60，如图 16-33 所示。

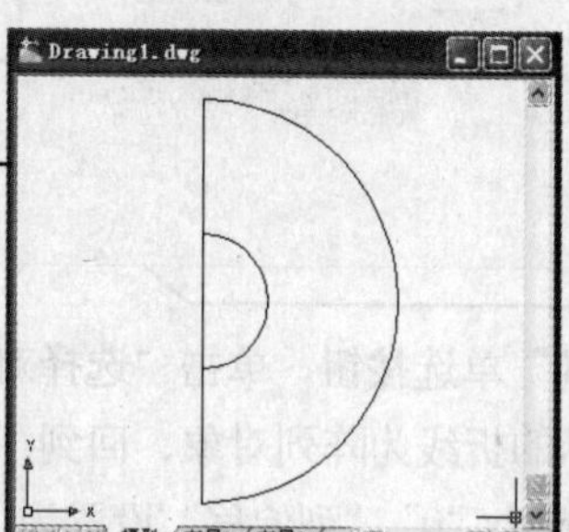


图 16-32

绘制同心圆弧

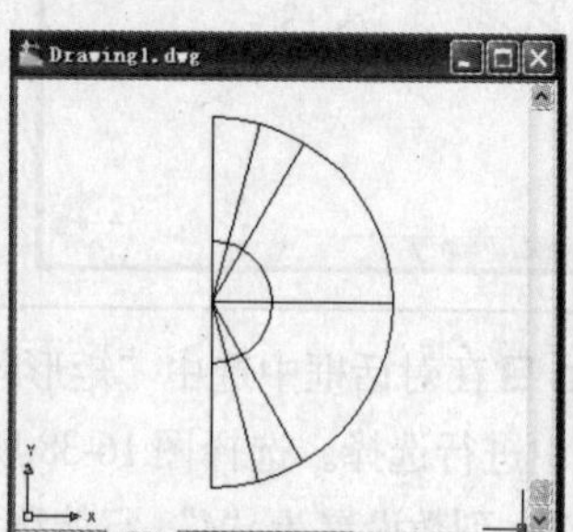


图 16-33

绘制直线段

**Step 3** 调用“修剪”和“删除”命令，对整个图形进行修剪，并删除多余的直线或者圆弧，得到如图 16-34 所示的结果，至此天线反射面绘制完成。

**Step 4** 调用“直线”命令，在“正交”模式下绘制一条长度为 20 的水平直线，如图 16-35 所示。

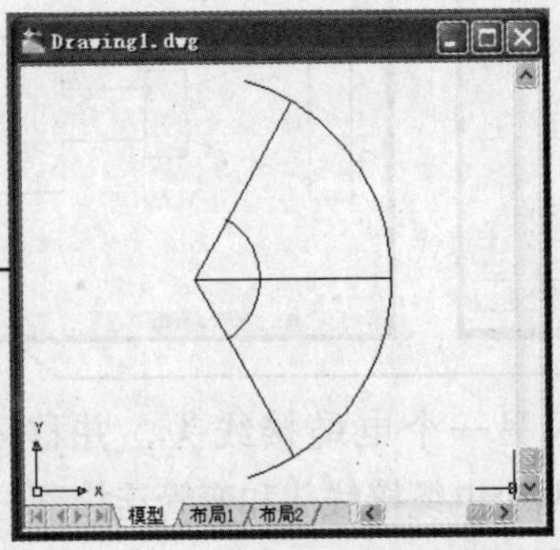


图 16-34
修剪并删除直线

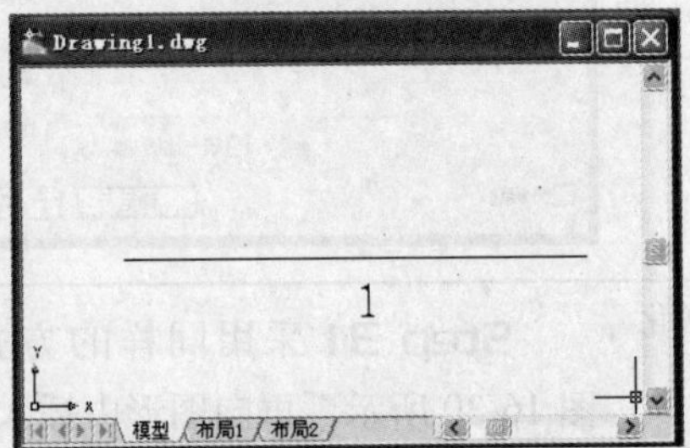


图 16-35
绘制直线

**Step 5** 关闭“正交”方式，激活“对象捕捉”和“极轴”功能，调用“直线”命令，捕捉直线 1 的左端点，以其为起点绘制一条长度为 15，与水平方向成 30° 的直线 2；捕捉直线 1 的右端点，以其为起点，绘制一条长度为 15，与水平方向成 30° 的直线 3，如图 16-36 所示。

**Step 6** 调用“修剪”命令，选择直线 2 和 3 作为修剪对象，执行修剪操作，如图 16-37 所示。

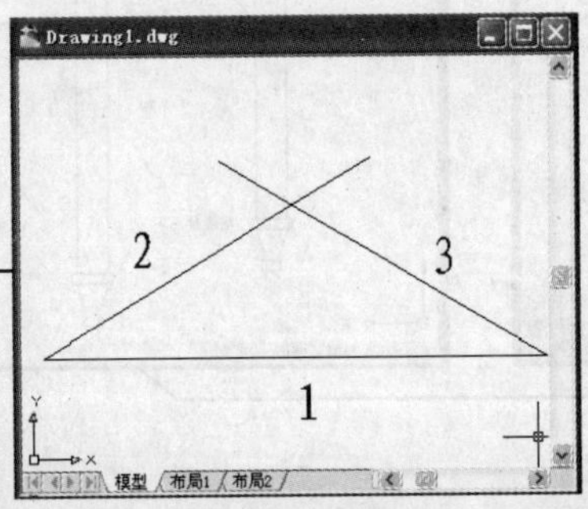


图 16-36
绘制直线 2 和直线 3

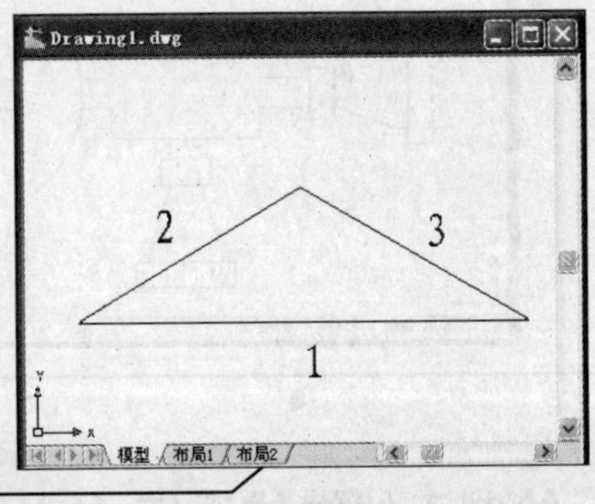


图 16-37
修剪直线

**Step 7** 调用“删除”命令，将直线 1 删除，得到一段折线，如图 16-38 所示。

**Step 8** 选择“修改”→“阵列”命令，弹出“阵列”对话框，如图 16-39 所示。

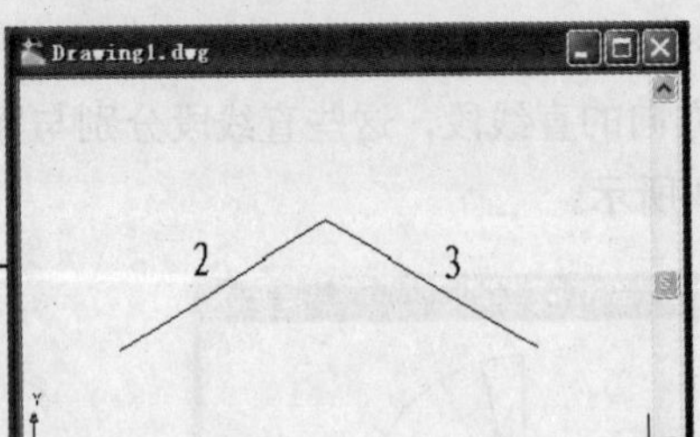


图 16-38
删除直线

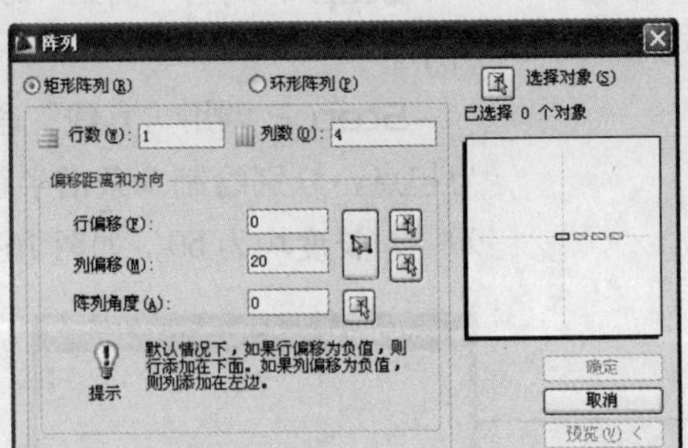


图 16-39
“阵列”对话框

**Step 9** 在对话框中选中“矩形阵列”单选按钮，单击“选择对象”前边的按钮，回到绘图窗口中进行选择。选择图 16-38 所示的折线为阵列对象，回到“阵列”对话框。将行数设置为“1”，列数设置为“4”，行偏移设置为“0”，“列偏移”设置为“20”，如图 16-40 所示。

**Step 10** 将图 16-40 所示的折线复制一份，并向下平移 30，如图 16-41 所示。

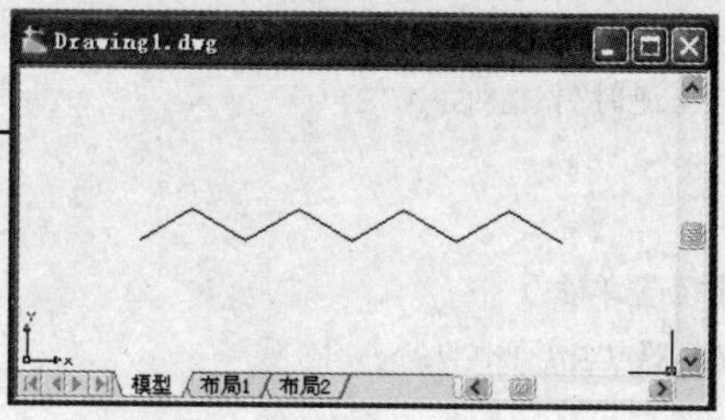


图 16-40
得到阵列效果

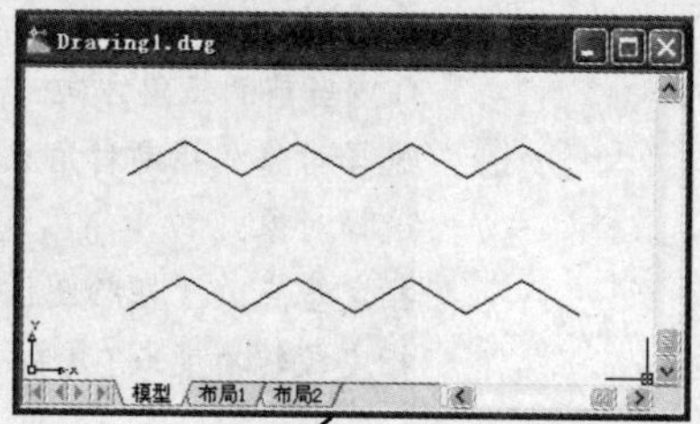


图 16-41
复制折线

**Step 11** 调用“直线”命令，在“对象捕捉”模式下，分别捕捉两端折线的左端点，绘制竖直直线，如图 16-42 所示。

**Step 12** 调用“拉长”命令，将直线分别向上和向下拉长 20，如图 16-43 所示。

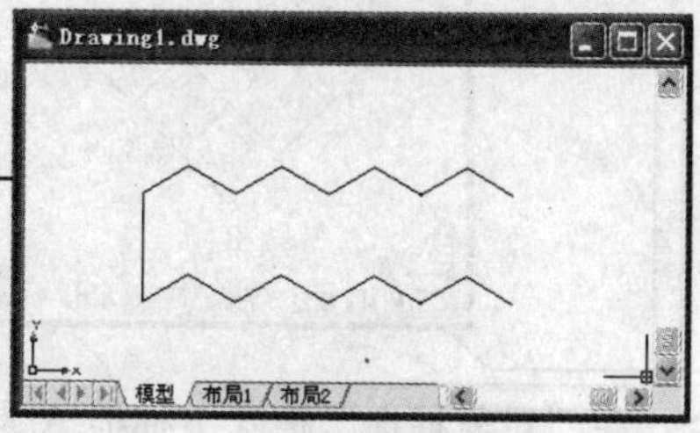


图 16-42
绘制直线

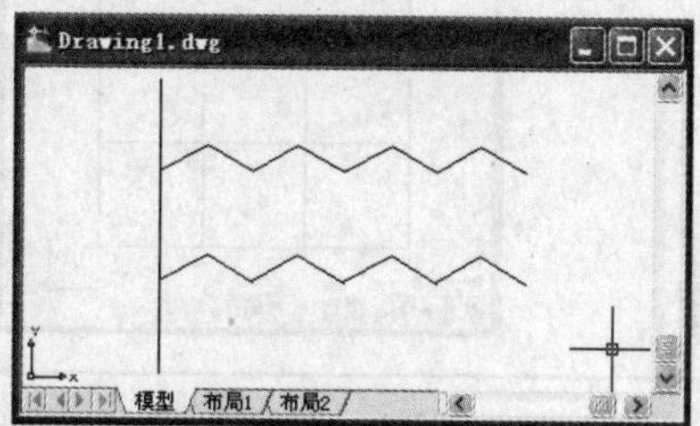


图 16-43
拉长直线

**Step 13** 调用“偏移”命令，向左绘制另一条竖直直线，偏移距离为 10，如图 16-44 所示。

**Step 14** 调用“直线”命令，在“对象捕捉”模式下，分别捕捉两竖直直线的上下端点绘制矩形，如图 16-45 所示。

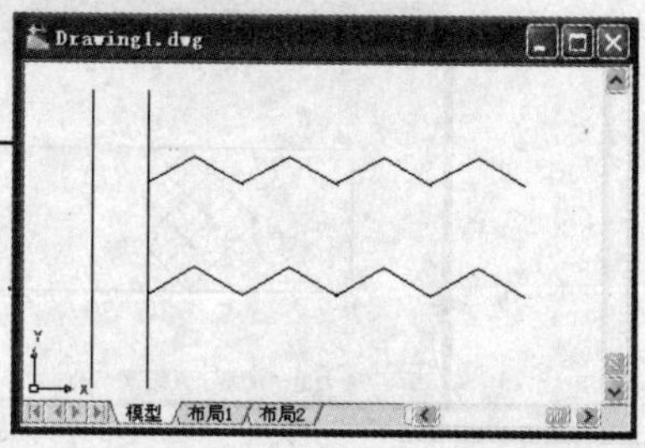


图 16-44
偏移直线

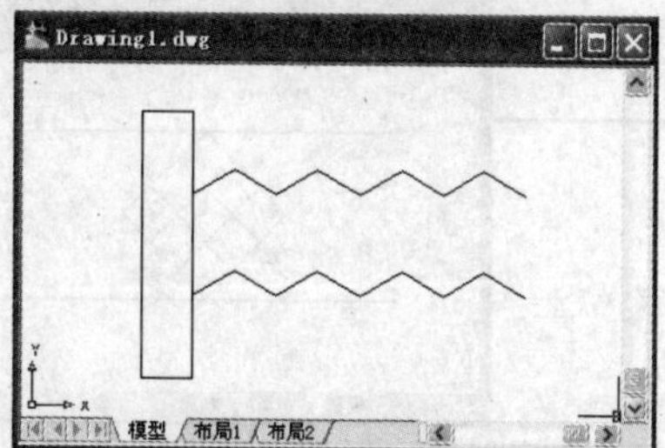


图 16-45
再绘制直线得到矩形

**Step 15** 用同样的方法绘制另外一个矩形，如图 16-46 所示。至此软波管图形符号绘制完成。

**Step 16** 调用“矩形”命令，绘制一个长和宽均为 60 的矩形，如图 16-47 所示。

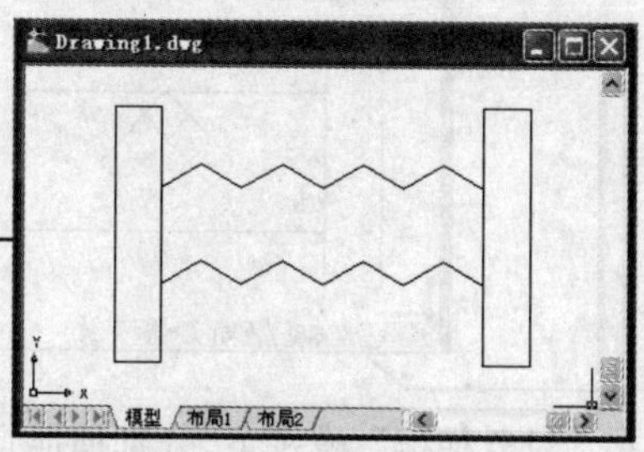


图 16-46
绘制软波管符号

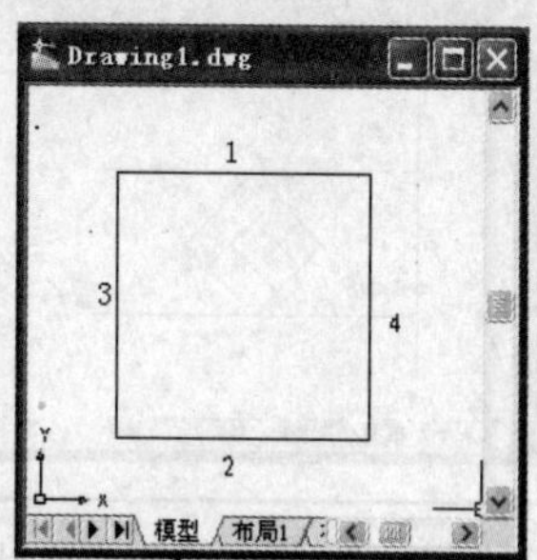


图 16-47
绘制矩形

**Step 17** 调用“分解”命令，将矩形分解为 4 段直线。再调用“偏移”命令，以直线 1 为起始，向下绘制两条直线，偏移量均为 20；以直线 3 为起始，向右绘制两条竖直直线，偏移量均为 20，如图 16-48 所示。

**Step 18** 调用“旋转”命令，命令行提示如下：

```
命令: _rotate
UCS当前的正角方向: ANGDIR=逆时针 ANGBASE=0
选择对象: 指定对角点: 找到8个
选择对象:
指定基点: （在绘图区域所需位置单击）
指定旋转角度或[复制（C）/参照（R）]<270>: 45
```

旋转结果如图 16-49 所示。

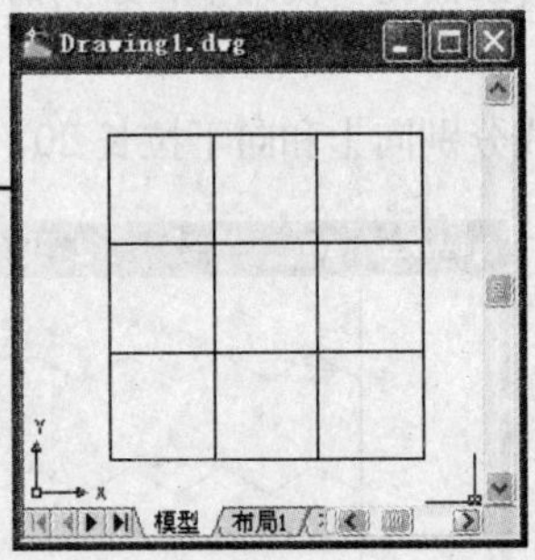


图 16-48

分解并偏移直线

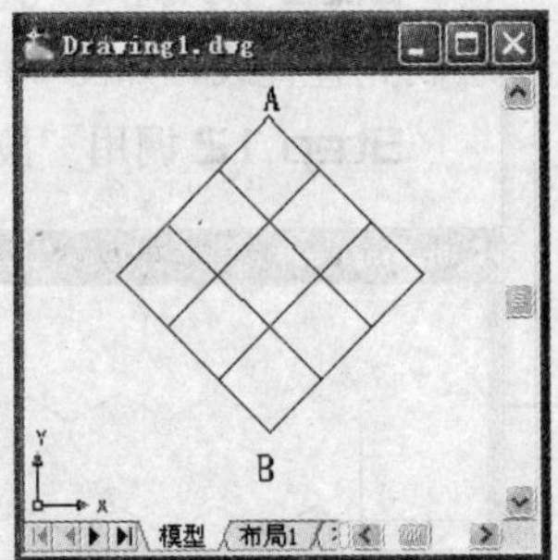


图 16-49

旋转结果

**Step 19** 调用“直线”命令，在“对象捕捉”模式下捕捉 A 点，以其为起点，分别向左和向右绘制长度均为 10 的水平直线 5 和 6；捕捉 B 点，以其为起点，分别向左和向右绘制长度均为 10 的水平直线 7 和 8，如图 16-50 所示。

**Step 20** 调用“直线”命令，在“对象捕捉”模式下，分别捕捉直线 5 和 7 的左端点，绘制竖直直线 9，如图 16-51 所示。

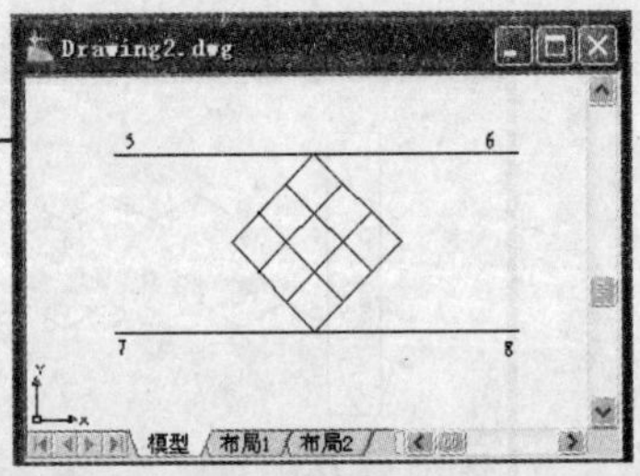


图 16-50

绘制直线

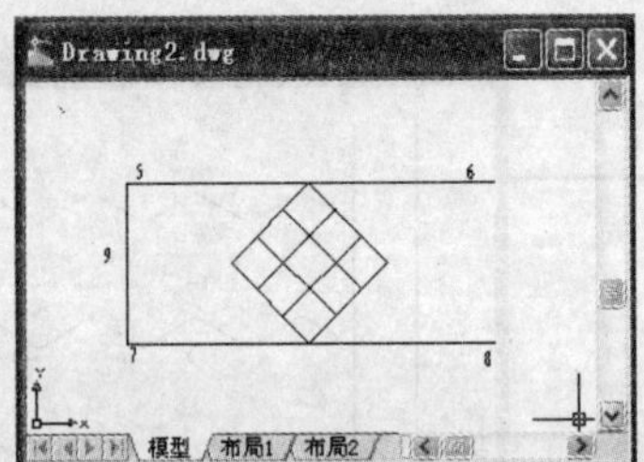


图 16-51

绘制竖直的直线

**Step 21** 调用“拉长”命令，将直线 9 分别向上和向下拉长 35，如图 16-52 所示。

**Step 22** 调用“偏移”命令，以直线 9 为起始，向左绘制竖直直线 10，偏移距离为 35，如图 16-53 所示。

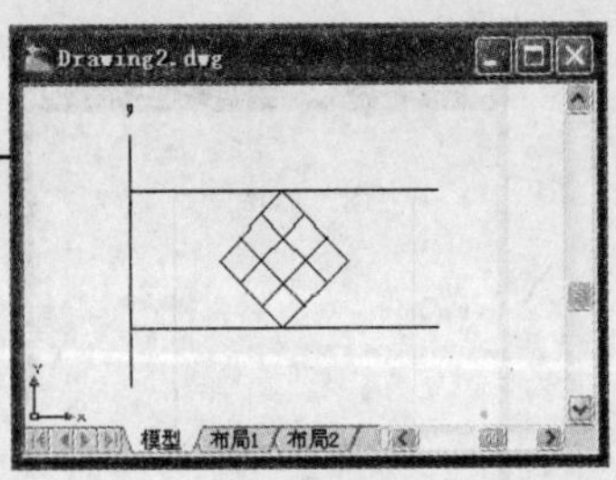


图 16-52

拉长直线

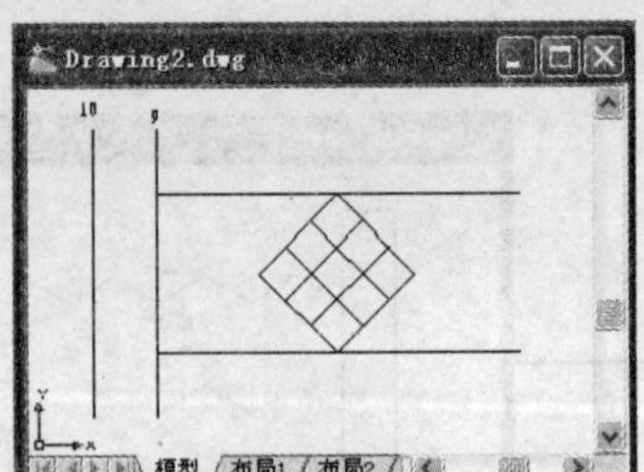


图 16-53

偏移拉长的直线

**Step 23** 调用“直线”命令，在“对象捕捉”模式下，分别捕捉直线 9 和 10 的上端点，绘制一条水平直线；再分别捕捉直线 9 和 10 的下端点，绘制另外一条水平线。这两条水平线和直线 9 和 10 构成了一个矩形，如图 16-54 所示。

**Step 24** 用同样的方法在直线 6 和 8 的右端绘制另外一个矩形，结果如图 16-55 所示。至此，密封节图形符号绘制完成。

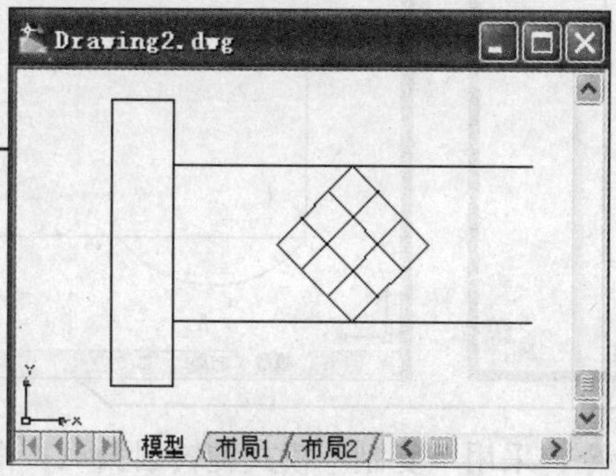


图 16-54
绘制两条水平直线

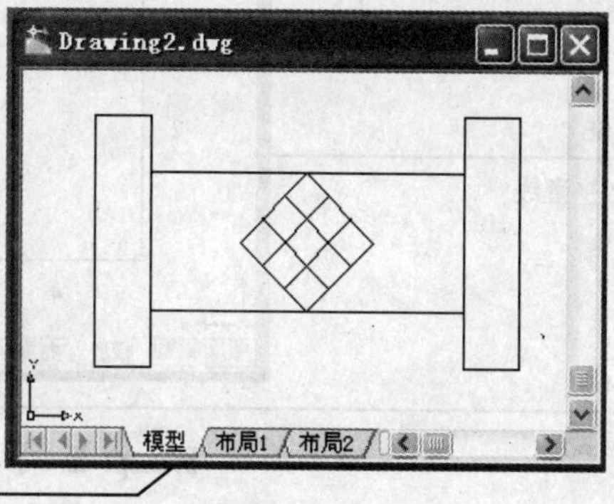


图 16-55
密封节图形

## 2. 绘制圆波导管

圆波导管分为上下两部分，下面先介绍其上半部分的绘制方法。

**Step 1** 调用“直线”命令，在“正交”绘图模式下绘制一条长度为 80 的水平直线 1，如图 16-56 所示。

**Step 2** 调用“直线”命令，在“对象捕捉”和“正交”绘图模式下，捕捉直线 1 的左端点，向下绘制长度为 60 的竖直直线 2；用鼠标捕捉直线 1 的右端点，向下绘制长度为 60 的竖直直线 3，如图 16-57 所示。

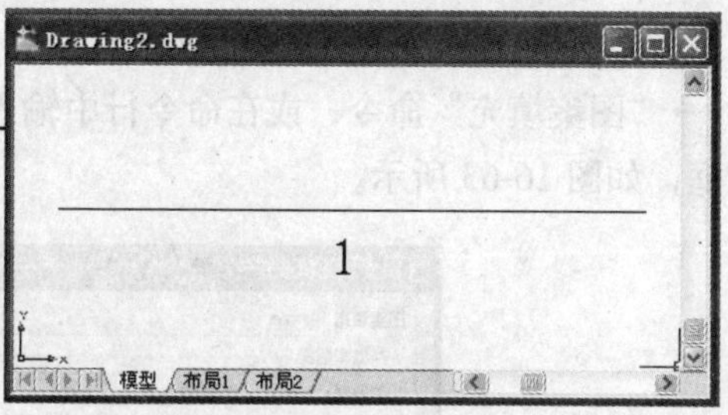


图 16-56
绘制直线 1

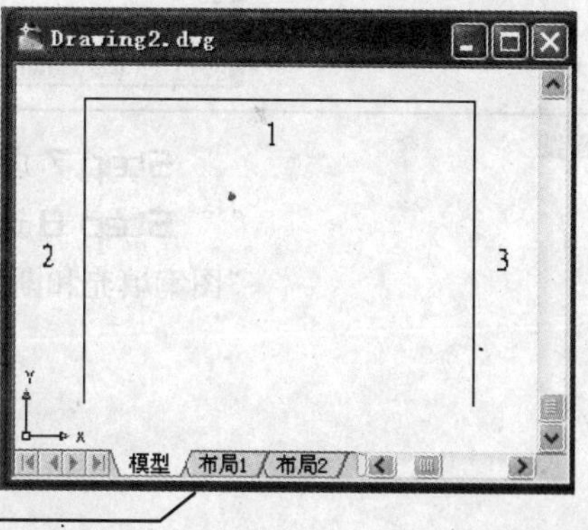


图 16-57
绘制两条竖直直线

**Step 3** 调用“直线”命令，在“对象捕捉”和“正交”绘图模式下，捕捉直线 2 的下端点，向右绘制长度为 40 的水平直线 4；用鼠标捕捉直线 3 的下端点，向左绘制长度为 40 的水平直线 5，如图 16-58 所示。

**Step 4** 调用“圆弧”命令，绘制一段圆弧，命令行提示如下：

```
命令: _arc
指定圆弧的起点或[圆心(C)]:(用鼠标捕捉直线4的左端点)
指定圆弧的第二个点或[圆心(C)/端点(E)]: _e(用鼠标捕捉直线4的右端点)
指定圆弧的端点:
指定圆弧的圆心或[角度(A)/方向(D)/半径(R)]_R 指定圆弧的半径: 25
```

绘制结果如图 16-59 所示。

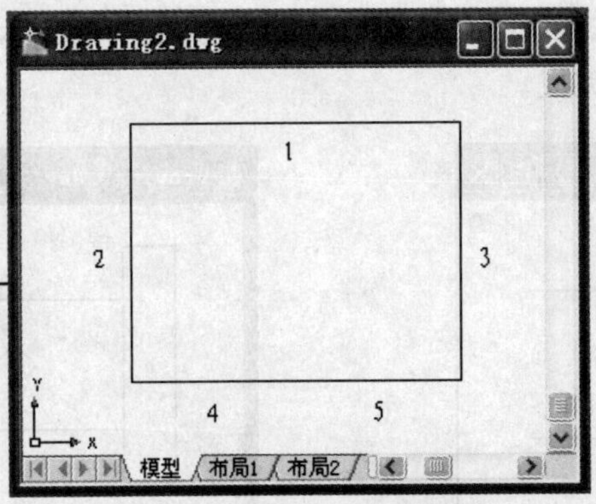


图 16-58

绘制水平直线

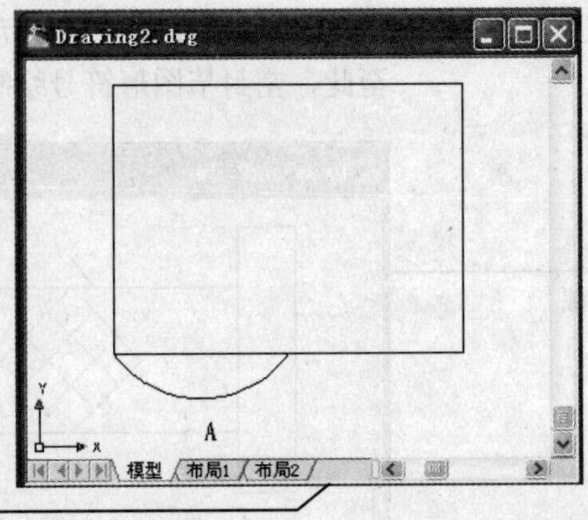


图 16-59

绘制圆弧

**Step 5** 调用“旋转”命令，采用“复制”模式旋转圆弧 A，得到圆弧 B，旋转结果如图 16-60 所示。

**Step 6** 调用“镜像”命令，将圆弧 B 镜像，得到另一条圆弧，如图 16-61 所示。

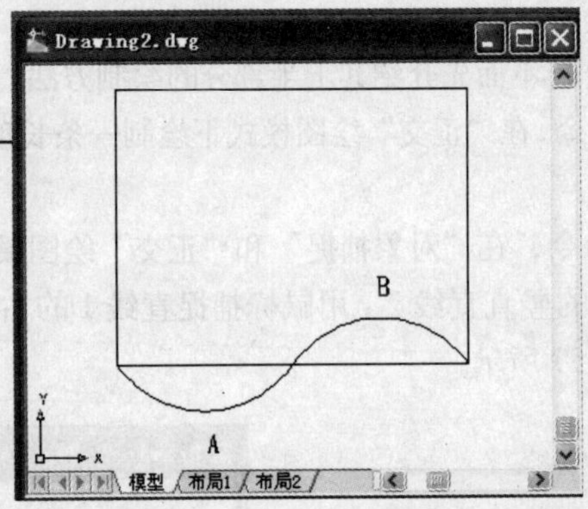


图 16-60

旋转

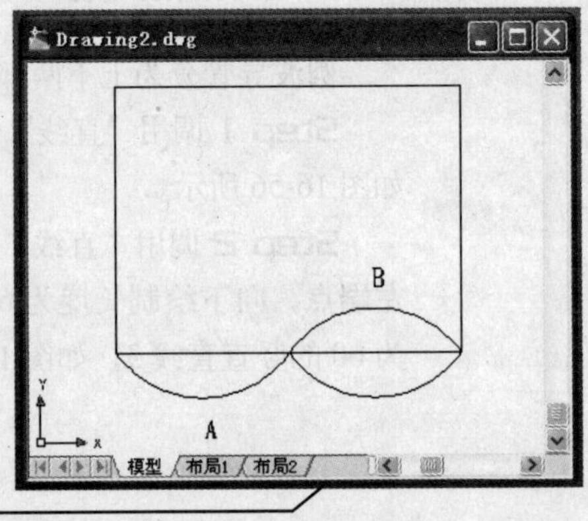


图 16-61

镜像圆弧

**Step 7** 调用“删除”命令，删除直线 4 和 5，得到如图 16-62 所示的结果。

**Step 8** 选择“绘图”→“图案填充”命令，或在命令行中输入“BHATCH”，弹出“图案填充和渐变色”对话框，如图 16-63 所示。

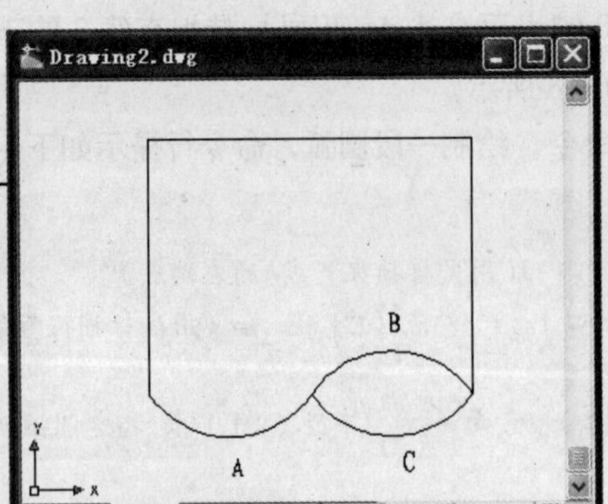


图 16-62

删除直线

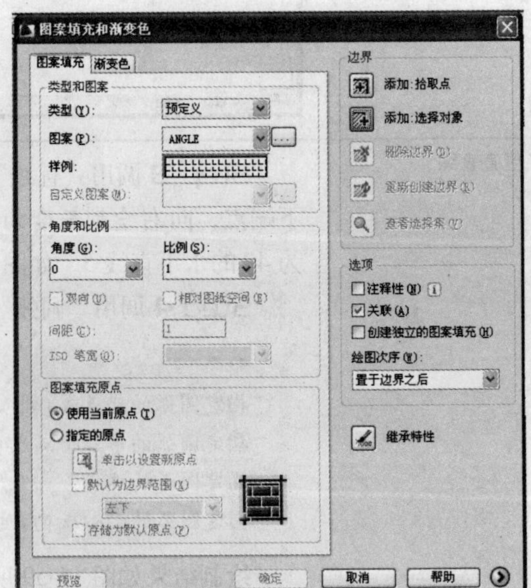


图 16-63

“图案填充和渐变色”对话框

**Step 9** 单击“图案”按钮，弹出“填充图案选项板”对话框，如图 16-64 所示。在“ANSI”选项卡中选择“ANSI31”图案，单击“确定”按钮，回到“图案填充和渐变色”对话框，将角度设置为“0”，比例设置为“1”，其他按默认值。

**Step 10** 在绘图窗口中分别选择圆弧 B 和 C，再次回到“图案填充和渐变色”对话框，单击“确定”按钮，完成图案的填充，填充结果如图 16-65 所示，圆波导上部分完成。

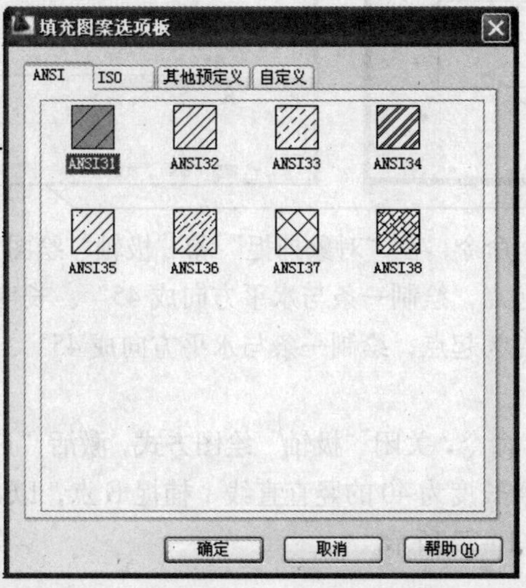


图 16-64
“填充图案选项板”对话框

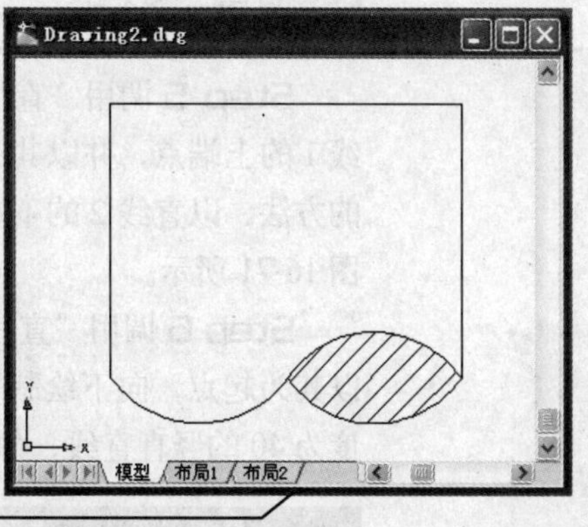


图 16-65
圆波导管的上部

**Step 11** 将图 16-65 所示的圆波导的上部绕屏幕任意一点旋转 180°，即得到圆波导管的下部，如图 16-66 所示。

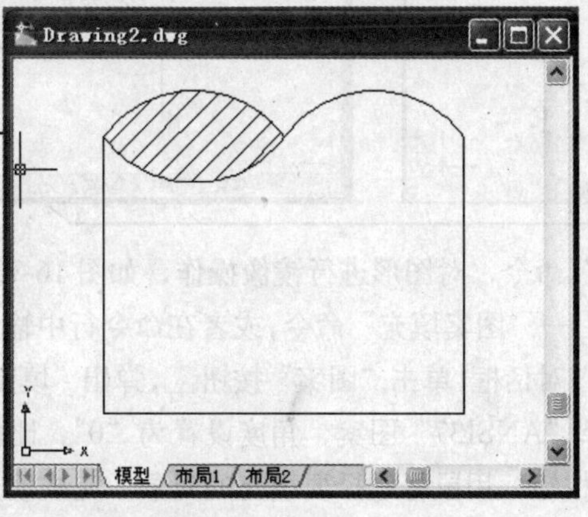


图 16-66
圆波导管的下部

### 3. 绘制极化补偿节

操作步骤如下：

**Step 1** 调用“矩形”命令，绘制一个长为 120、宽为 30 的矩形，如图 16-67 所示。

**Step 2** 调用“直线”命令，在“对象捕捉”模式下捕捉 A 点，并以其为起点，绘制一条与水平方向成 135°、长度为 20 的直线 1，如图 16-68 所示。

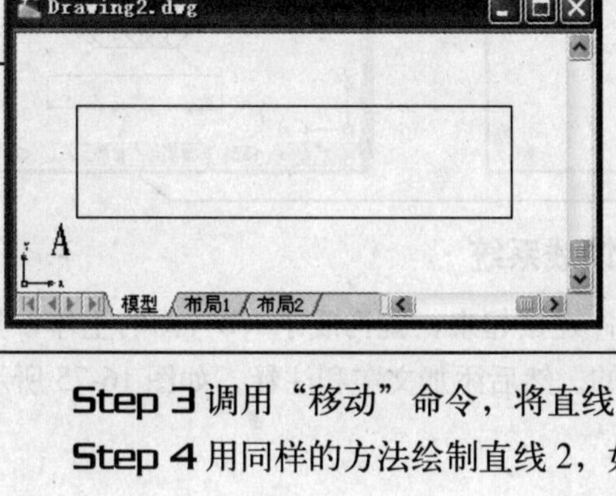


图 16-67
绘制矩形

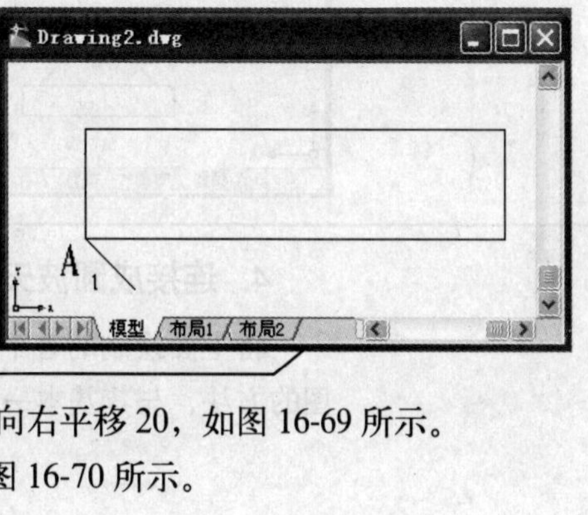


图 16-68
绘制直线 1

**Step 3** 调用“移动”命令，将直线 1 向右平移 20，如图 16-69 所示。

**Step 4** 用同样的方法绘制直线 2，如图 16-70 所示。

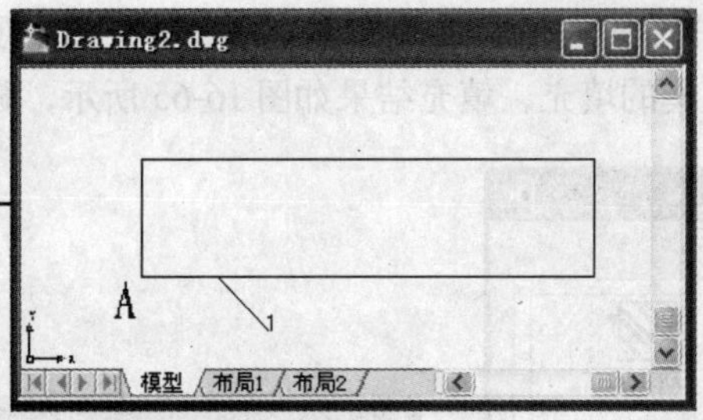


图 16-69
平移直线 1

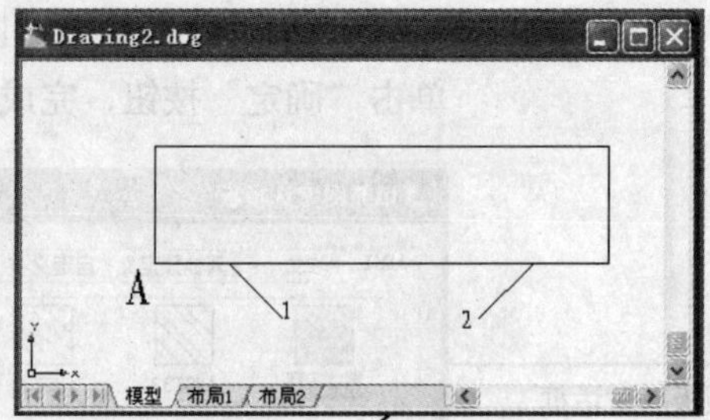


图 16-70
绘制直线 2

**Step 5** 调用“直线”命令，在“对象捕捉”和“极轴”绘图方式下，用鼠标捕捉直线 1 的上端点，并以其为起点，绘制一条与水平方向成 45°、长度为 40 的直线；用同样的方法，以直线 2 的下端点为起点，绘制一条与水平方向成 45°、长度为 40 的直线，如图 16-71 所示。

**Step 6** 调用“直线”命令，关闭“极轴”绘图方式，激活“正交”功能，捕捉 E 点。以其为起点，向下绘制一条长度为 40 的竖直直线；捕捉 F 点，以其为起点，向下绘制长度为 40 的竖直直线，如图 16-72 所示。

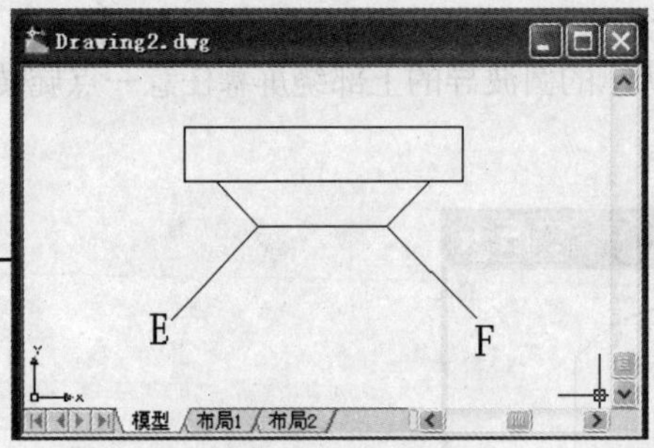


图 16-71
绘制直线

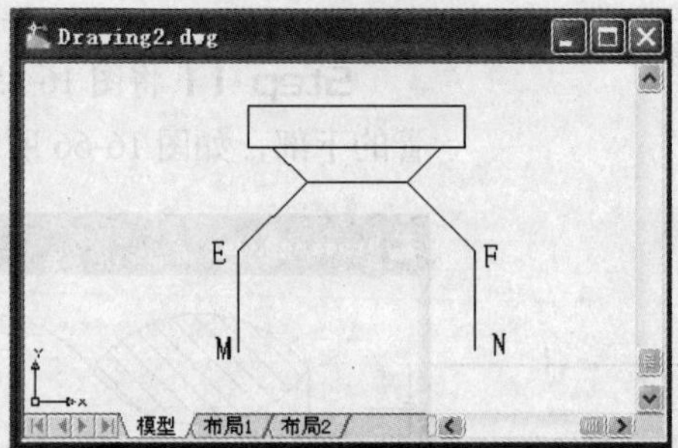


图 16-72
绘制两条直线

**Step 7** 调用“镜像”命令，对图形进行镜像操作，如图 16-73 所示。

**Step 8** 选择“绘图”→“图案填充”命令，或者在命令行中输入“BHATCH”命令，弹出“图案填充和渐变色”对话框，单击“图案”按钮，弹出“填充图案选项板”对话框，在“ANSI”选型卡中选择“ANSI37”图案，角度设置为“0”，比例设为“1”，其他为默认值。单击“选择对象”按钮，用鼠标选择要填充的对象，完成填充，如图 16-74 所示。

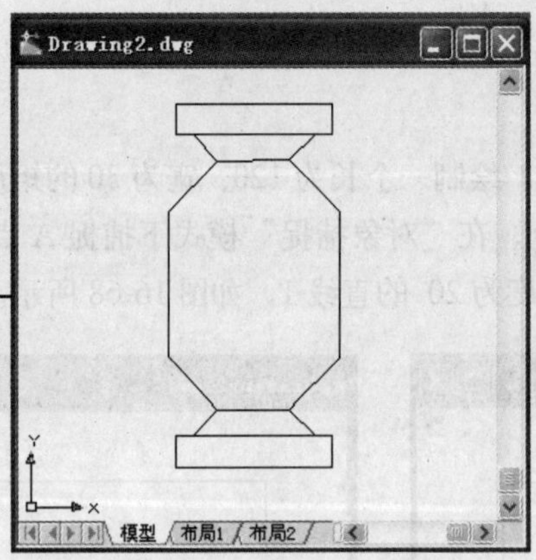


图 16-73
镜像图形

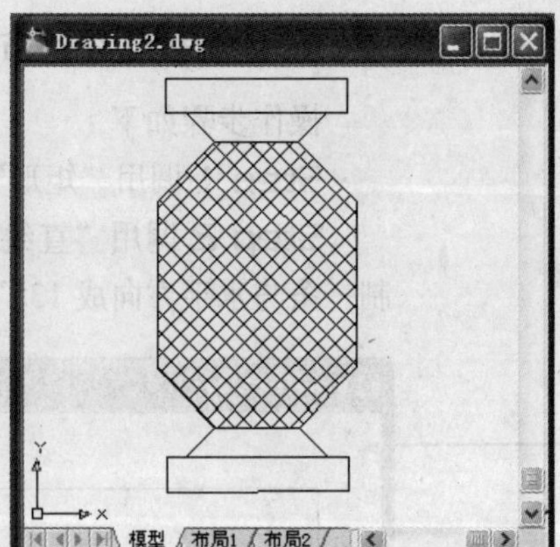


图 16-74
填充结果

### 4. 连接成圆波天线馈线系统

将上面绘制的各个元件连接起来，就构成了（b）图的主体，具体操作方法参考（a）图的方法，与其基本一致的。然后添加文字和注释，如图 16-75 所示。

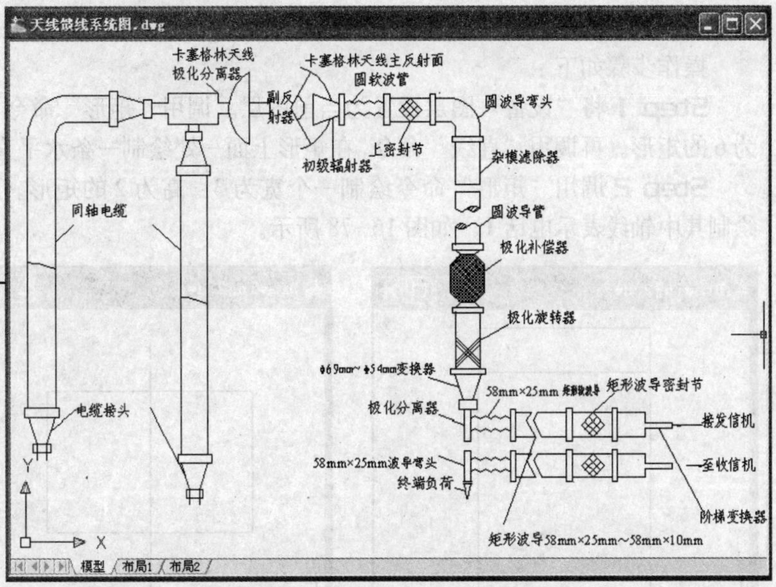


图 16-75

天线馈线系统（b）图

## 16.3 精通必备：结构图

在本章开始对通信工程图进行了基本概念的介绍，接着介绍如何绘制一个通信系统图。接下来介绍怎样绘制结构图，它们分别为无线电寻呼系统、数字交换机系统结构图。

### 16.3.1 无线电寻呼系统

本节绘制的无线寻呼系统的绘制思路为：先根据需要绘制一些基本图例，然后绘制机房区域示意模块，再绘制设备图形，接下来绘制连接线路，最后添加文字和注释。

#### 1. 设置绘图环境

操作步骤如下：

**Step 1** 打开 AutoCAD 2009 应用程序，在命令行中输入命令“NEW”或选择“文件”→“新建”命令，弹出“选择样板”对话框，单击“打开”按钮，则会返回绘图区域，用户在该对话框中选择需要的样板图。

**Step 2** 在“创建新图形”对话框中选择已经绘制的样板图后，单击“打开”按钮，则会返回绘图区域。同时选择的样板也会出现在绘图区域内，其中样板图左下端点坐标为(0,0)，本例选用 A3 样板。

**Step 3** 在工具栏中右击，在弹出的快捷菜单中分别选择“图层”、“对象特性”、“绘图”、“修改”和“标注”5 个命令，调出这些工具栏，并将它们移到绘图窗口的适当位置。

**Step 4** 选择“格式”→“图层”命令，一共设置 8 个图层，各图层的颜色、线型及线宽分别如图 16-76 所示。其中将“中心线”层设置为当前图层。

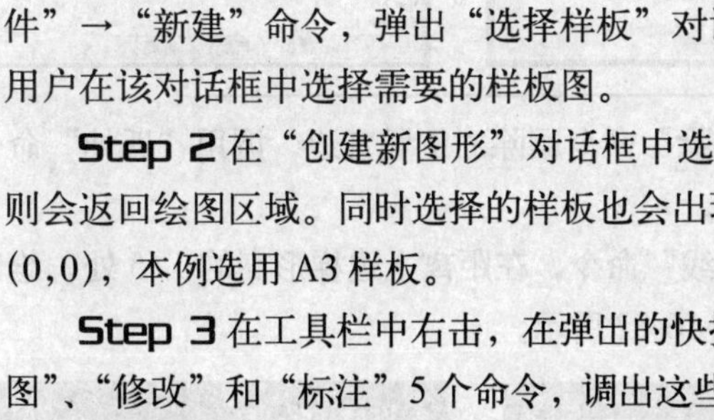


图 16-76

设置图层

## 2．绘制基本图例

操作步骤如下：

**Step 1** 将“设备”图层设置为当前图层。调用“矩形”命令，绘制一个宽为 4、高为 6 的矩形。再调用“直线”命令，在矩形上面一处绘制一条水平直线，如图 16-77 所示。

**Step 2** 调用“矩形”命令绘制一个宽为 3、高为 2 的矩形。再调用“直线”命令，绘制其中轴线表示电话 1，如图 16-78 所示。

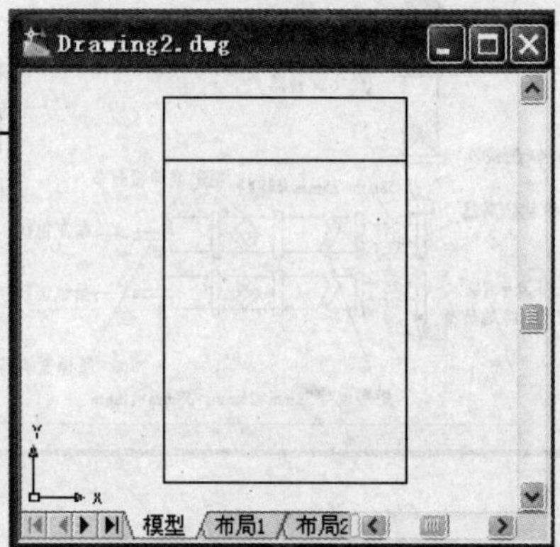


图 16-77
绘制水平线

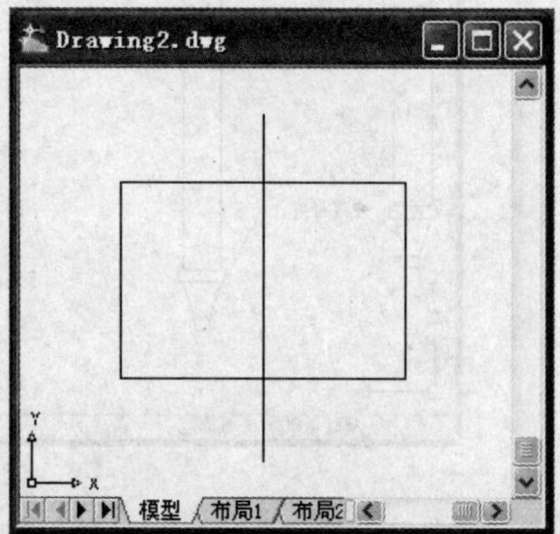


图 16-78
绘制矩形和中轴线

**Step 3** 然后选择矩形，将其底边的左侧部分向左拉伸一部分，形成直角梯形，如图 16-79 所示。

**Step 4** 调用“分解”命令将梯形分解。再调用“镜像”命令，将梯形左侧斜边以中线为对称轴镜像到右侧，如图 16-80 所示。

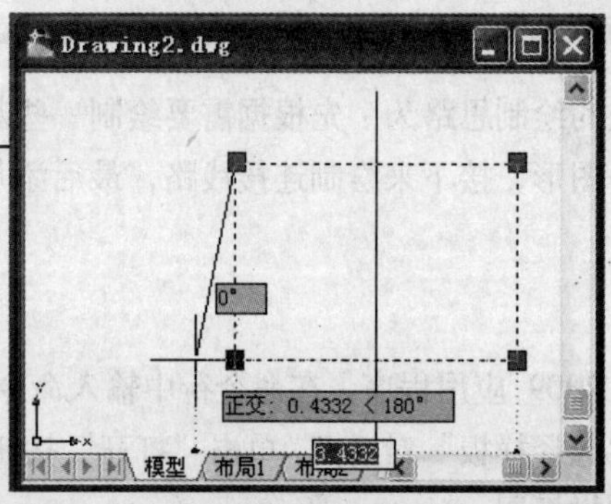


图 16-79
拉伸操作

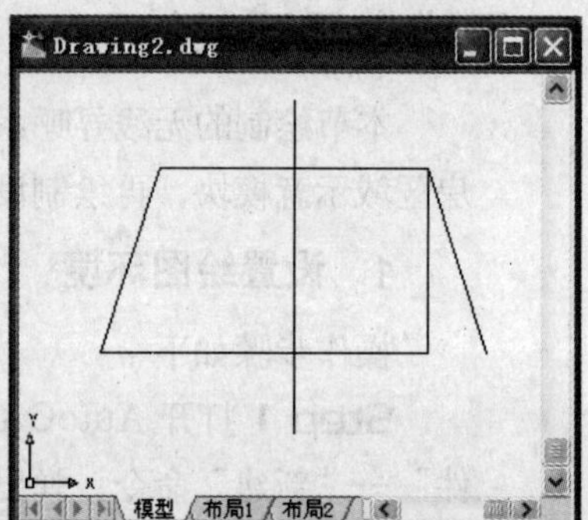


图 16-80
镜像操作

**Step 5** 调用“删除”命令删除右侧竖直边，调用“延伸”命令延长底边，形成等腰梯形，如图 16-81 所示。

**Step 6** 调用“直线”命令，在距离上边梯形高的 1/5 处，绘制一条水平线，并使其中点位于中线上，如图 16-82 所示。

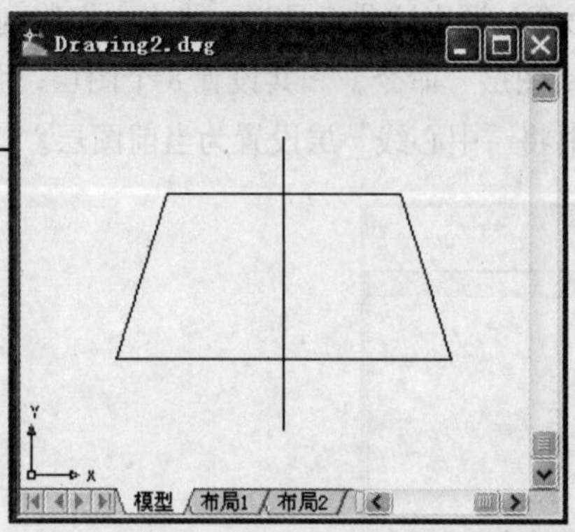


图 16-81
删除操作

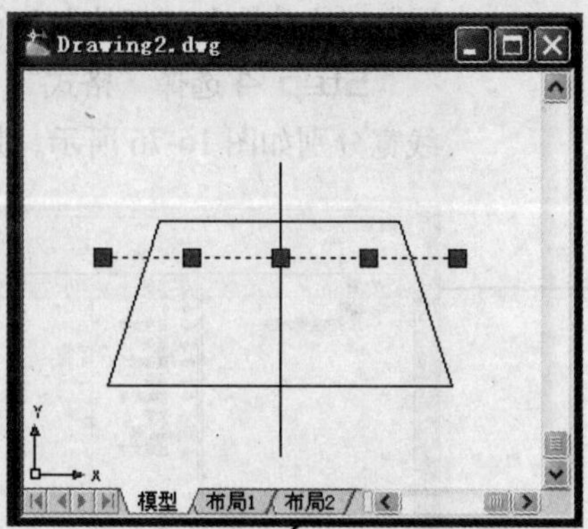


图 16-82
绘制直线

**Step 7** 调用“圆弧”命令，绘制通过水平线两端点和中线上一点的圆弧，如图 16-83 所示。

**Step 8** 调用“修剪”命令，对图形进行修剪。然后调用“删除”命令，删除中心轴线，完成电话模块的绘制，如图 16-84 所示。用“WBLOCK”命令保存为“电话”模块。

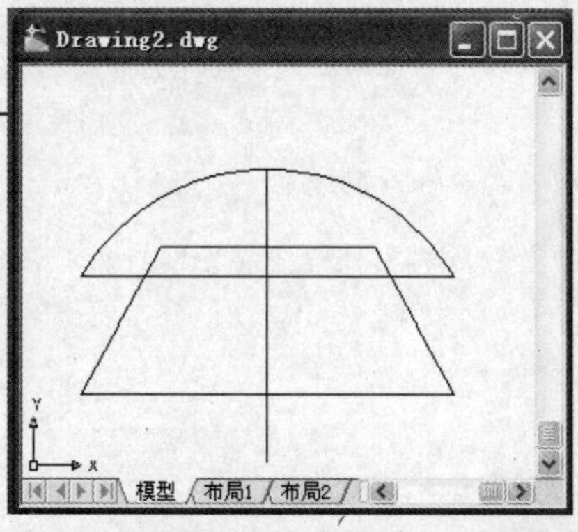


图 16-83
绘制圆弧

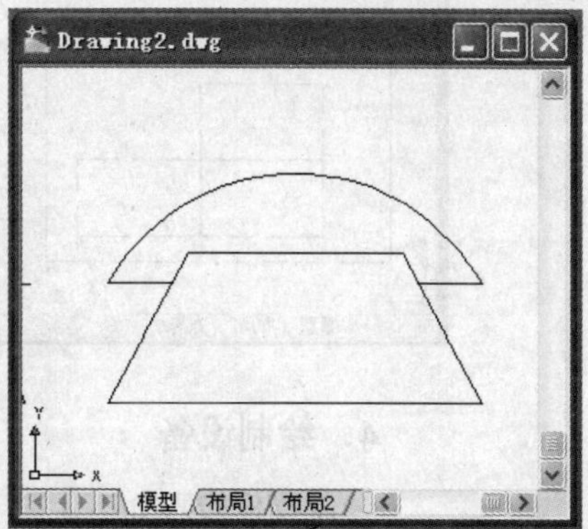


图 16-84
电话模块

### 3. 绘制天线和机房区域模块

具体操作步骤如下：

**Step 1** 调用天线模块，如图 16-85 所示。

**Step 2** 将当前线型改为“ISO dash”虚线线型。调用“矩形”命令，绘制一个长度为 30、宽度为 40 的矩形，并将线型比例设为 0.3，如图 16-86 所示。

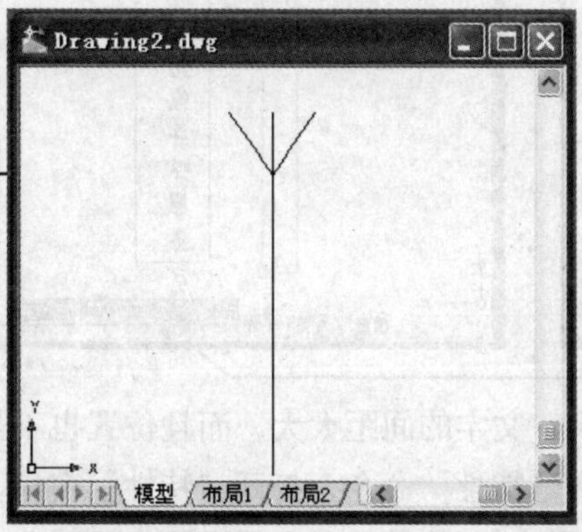


图 16-85
天线模块

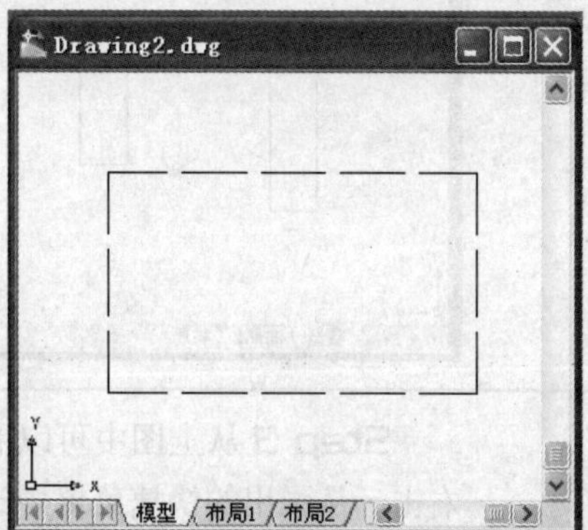


图 16-86
绘制矩形

**Step 3** 调用“分解”命令，将矩形分解。再选择“绘图”→“点”→“定数等分”命令，将底边分为 5 份，用辅助线分隔，如图 16-87 所示。

**Step 4** 调用“矩形”命令，用虚线绘制两个矩形，将中心区域标出，删除辅助线，如图 16-88 所示。

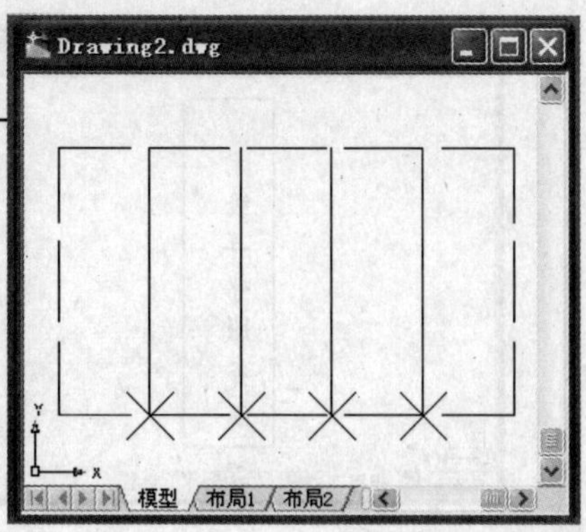


图 16-87
分解矩形

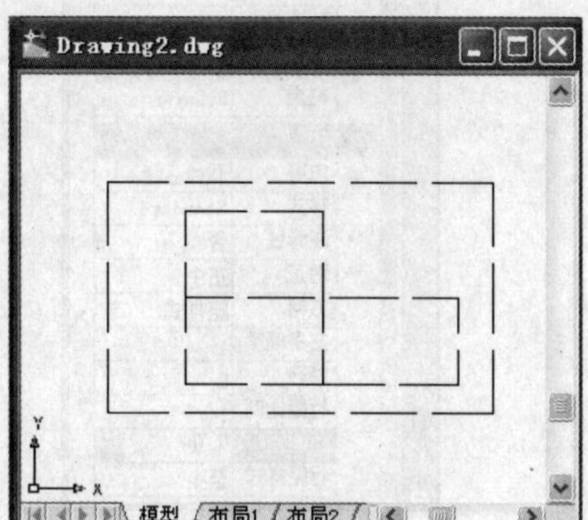


图 16-88
绘制内部区域

**Step 5** 调用“矩形”命令，在大矩形右上角绘制一个长度为 20、宽度为 15 的小矩形，作为前端室区域，如图 16-89 所示。

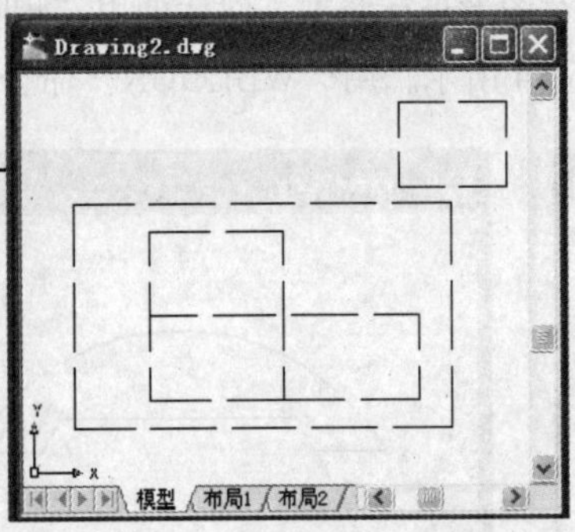


图 16-89
绘制前端室

## 4．绘制设备

具体操作步骤如下：

**Step 1** 将线型还原为“bylayer”，并将线宽改为 0.5。调用“矩形”命令，分别绘制两个宽度为 4、高度为 15 和 10 的矩形，作为设备的标志框，如图 16-90 所示。

**Step 2** 单击“注释”工具栏中的“多行文字”按钮，然后以刚刚绘制的框为区域输入文字，如图 16-91 所示。

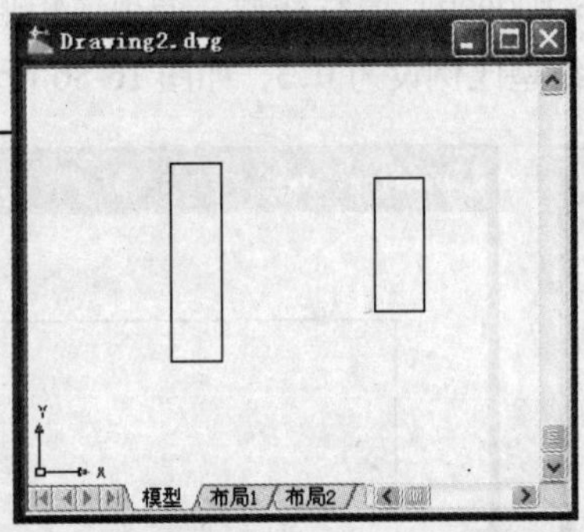


图 16-90
绘制设备标志框

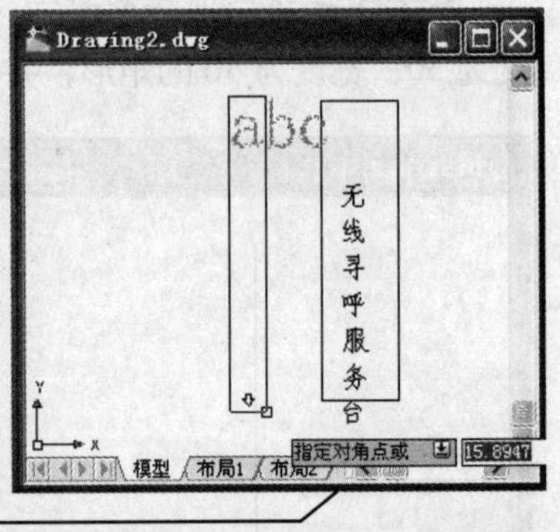


图 16-91
输入文字

**Step 3** 从上图中可以看到，文字的间距太大，而且位置也不是在正中。选择文字后右击，从弹出的快捷菜单中选择“特性”命令，打开“特性”窗口，如图 16-92 所示。

**Step 4** 将文字的行间距设置为“0.7”，文字的位置设置为“正中”，修改后如图 16-93 所示。

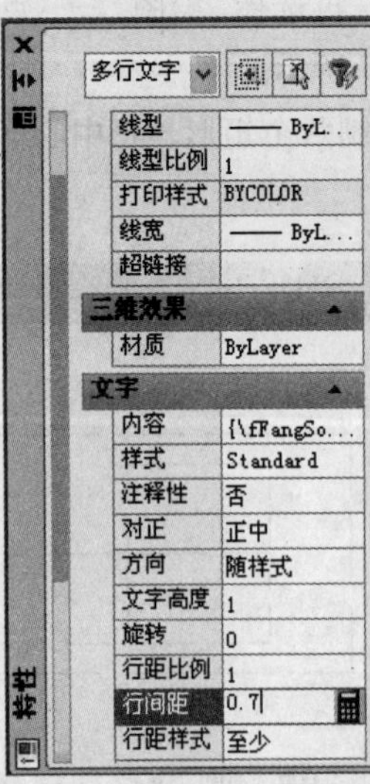


图 16-92
“特性”窗口

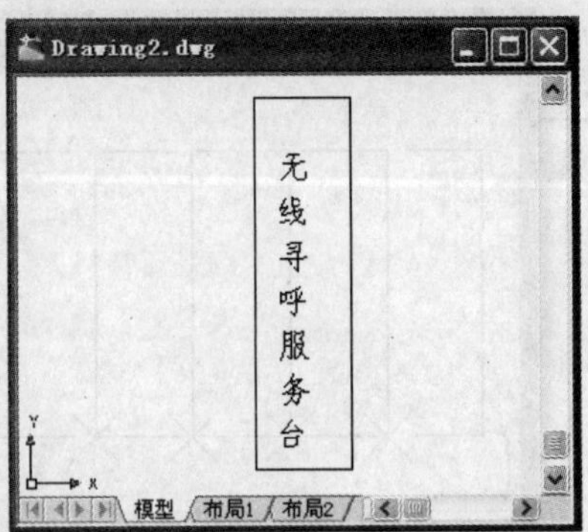


图 16-93
修正文字

**Step 5** 调用“复制”命令，将其复制移动到相应的机房区域内，并用“捕捉”和“追踪”功能对齐，放入后如图 16-94 所示。

**Step 6** 在左侧插入“电话”模块，在右侧插入“天线”和“寻呼接收机”模块，如图 16-95 所示。

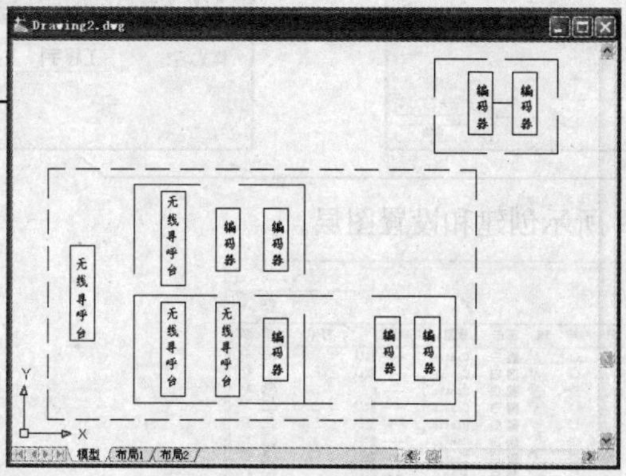


图 16-94
插入设备标签

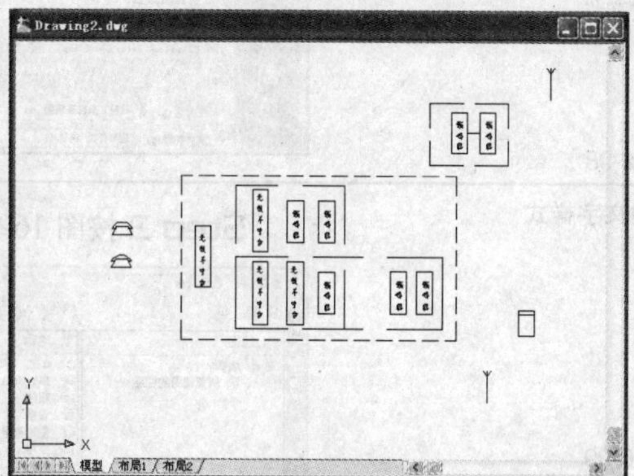


图 16-95
插入其他模块

### 5．绘制线路、添加注释文字

将图层转换为“线路”层，调用“直线”命令绘制设备之间的线路。可以利用“中点捕捉”等功能进行绘制。线宽保持为 0.5，“电话”模块之间用虚线连接，完成线路连接后在适当位置添加注释文字等，最终的效果如图 16-96 所示。

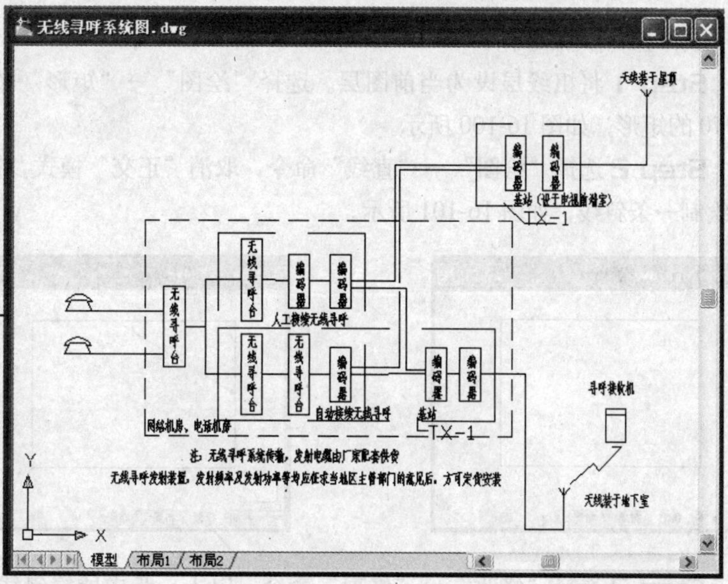


图 16-96
无线寻呼系统图

## 16.3.2 数字交换机系统结构图

数字交换机系统结构图较为简单，是由一些比较简单的几何图形用不同类型的直线连接而成的。其绘制思路为：先根据需要绘制一些简单的梯形和矩形，然后将这些梯形和矩形按照图示的位置摆放好，再用导线连接起来，最后添加注释、文字。

### 1．配置绘图环境

具体操作步骤如下：

**Step 1** 打开 AutoCAD 2009 应用程序，建立新文件。将新文件命名为“程控交换机系统图 .dwg”，并保存，如图 16-97 所示。

**Step 2** 设置“绘图”工具栏，创建“工程字”文字样式，如图 16-98 所示。

图 16-97
新建文件

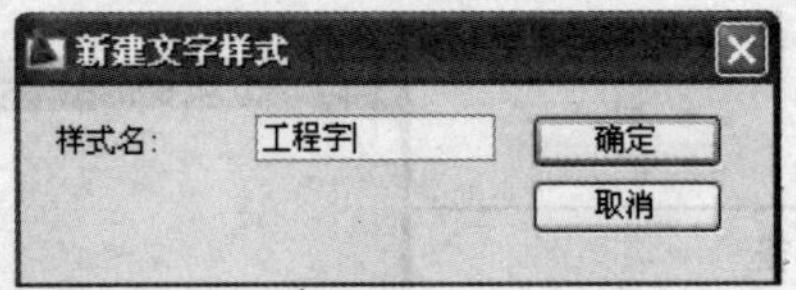


图 16-98
创建文字样式

**Step 3** 按图 16-99 所示创建和设置图层。

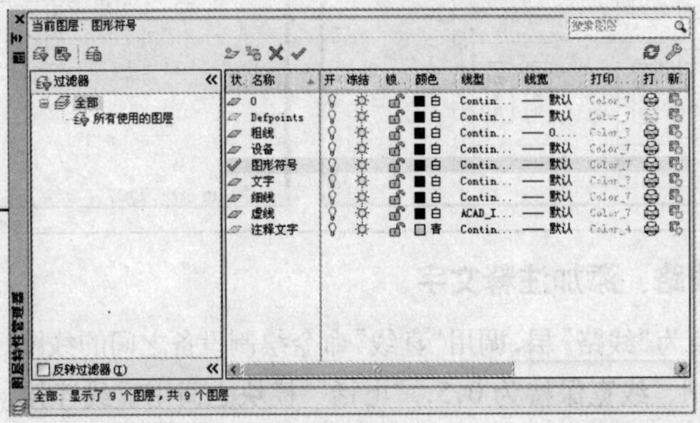

图 16-99
创建和设置新的图层

## 2．常见设备元件的画法

具体操作步骤如下：

**Step 1** 将粗线层设为当前图层。选择“绘图”→“矩形”命令，绘制一个长 100、宽 70 的矩形，如图 16-100 所示。

**Step 2** 选择“绘图”→“直线”命令，取消“正交”模式，在矩形相邻两边选择两点绘制一条斜线，如图 16-101 所示。

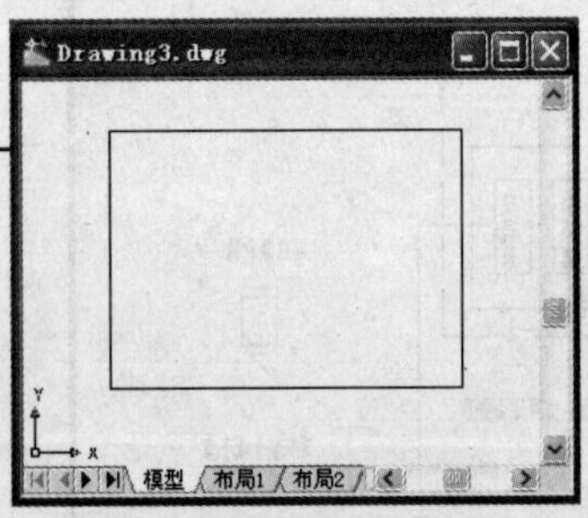

图 16-100
绘制矩形

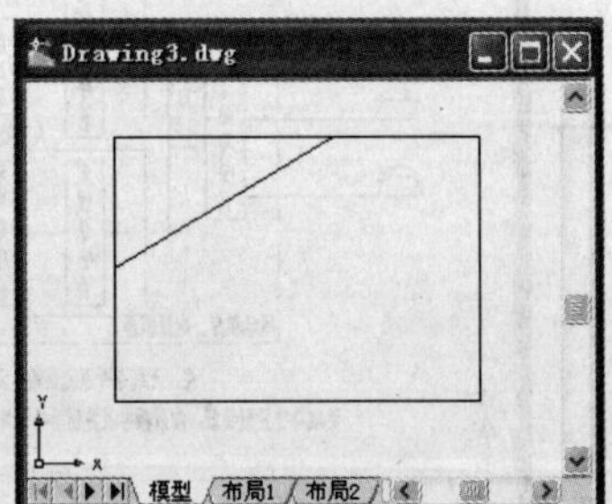

图 16-101
绘制斜线

**Step 3** 选择“修改”→“修剪”命令，以上一步中所绘斜线为剪切线，裁剪矩形，如图 16-102 所示。话务台符号绘制完成。

**Step 4** 选择“绘图”→“矩形”命令，绘制一条长 120、宽 60 的矩形，如图 16-103 所示。

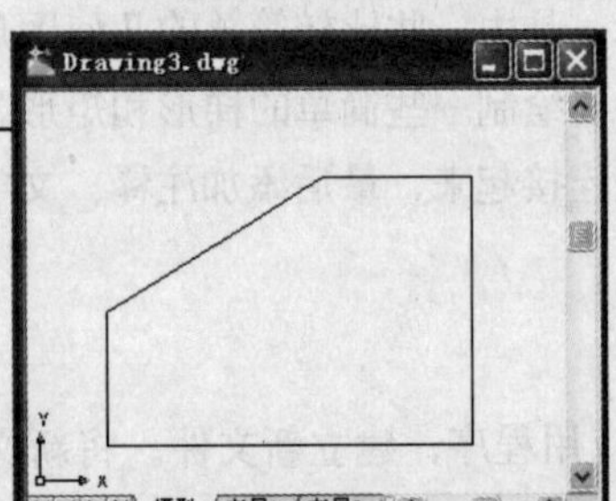

图 16-102
话务台符号

图 16-103
绘制矩形

**Step 5** 选择“绘图”→“直线”命令，捕捉矩形宽边的中点，在取消“正交”模式的情况下，连接该点与矩形的一对角点，如图 16-104 所示。

**Step 6** 选择“修改”→“镜像”命令，以上一步中绘制的斜线为镜像对象，捕捉矩形宽边的中点为镜像轴，对斜线进行镜像后的效果如图 16-105 所示。调用“块创建”绘图命令后，将以上绘制的芯片放大器符号生成图块，并保存，方便后面绘制数字电路系统时调用。

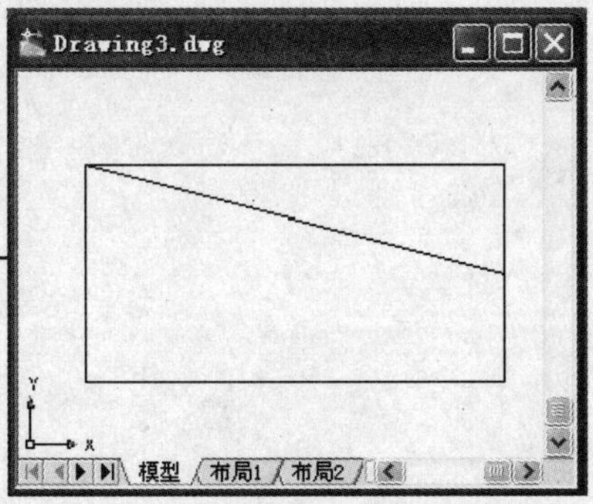


图 16-104
绘制中点与端点连接的斜线

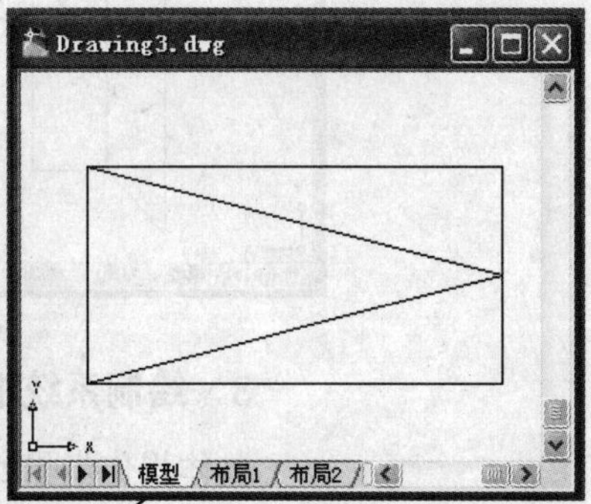


图 16-105
镜像斜线

**Step 7** 选择“绘图”→“矩形”命令，绘制长为 36、宽为 90 的矩形，如图 16-106 所示。

**Step 8** 选择“绘图”→“直线”命令，关闭“正交”模式。再选择“工具”→“草图设置”命令，弹出“草图设置”对话框。在对话框中设置角度，如图 16-107 所示。

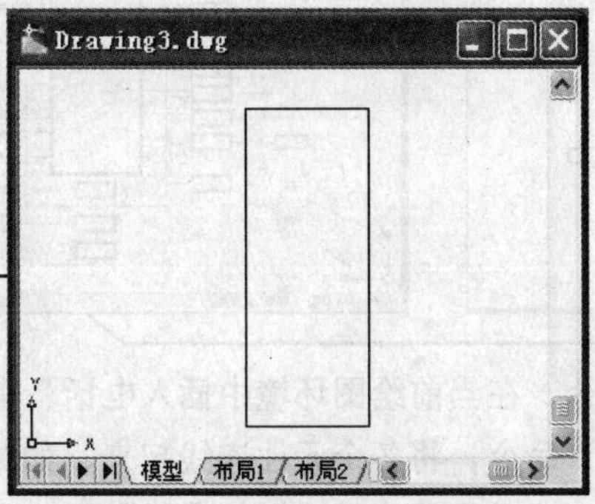


图 16-106
绘制矩形

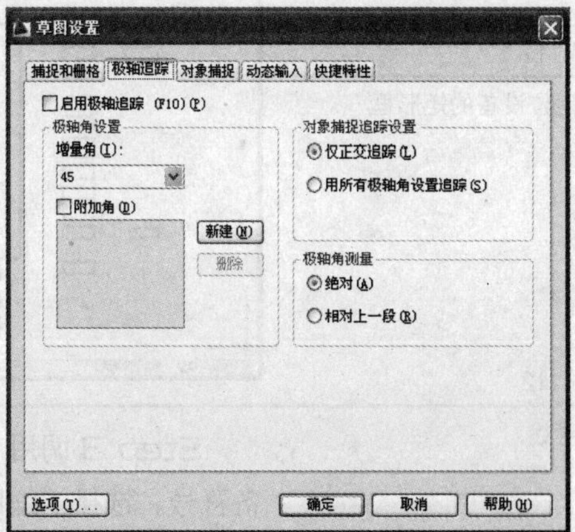


图 16-107
“草图设置”对话框

**Step 9** 绘制与矩形上面的边呈 45° 的直线，如图 16-108 所示。

**Step 10** 选择“修改”→“镜像”命令，将上一步中绘制的斜线对称复制到下边，选择矩形两宽边的中点为镜像轴，如图 16-109 所示。

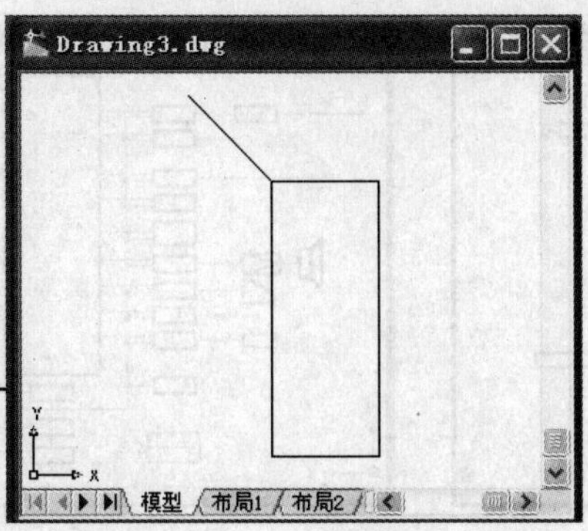


图 16-108
绘制斜线

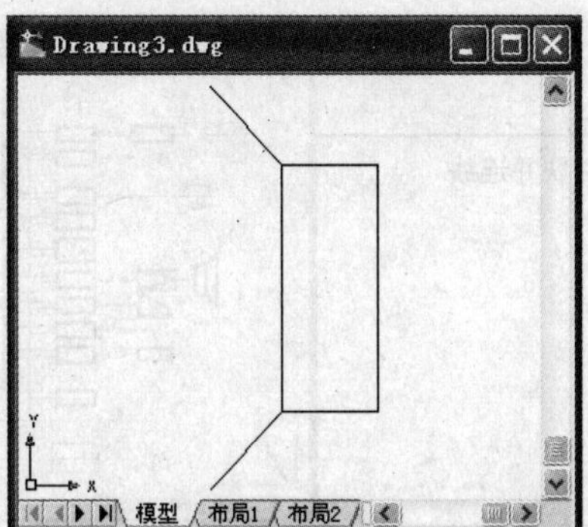


图 16-109
镜像斜线

**Step 11** 选择“绘图”→“直线”命令，连接两斜线端点，如图 16-110 所示，即得到所要的喇叭符号图形。调用“块创建”命令，将以上绘制的芯片喇叭符号生成图块，并保存，方便后面绘制数字电路系统时调用。

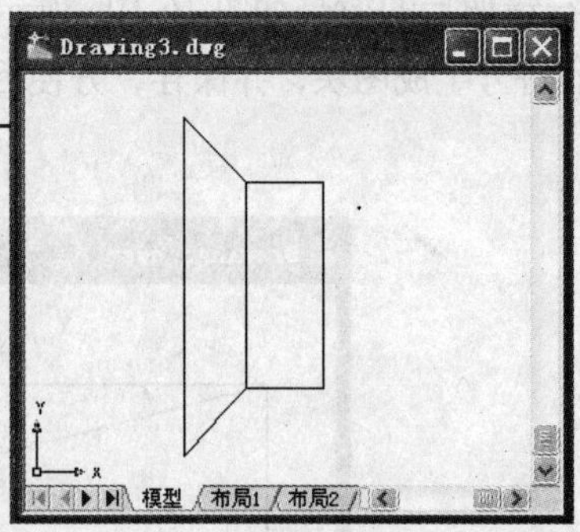


图 16-110
绘制完成的喇叭符号

## 3．绘制系统框图

具体操作步骤如下：

**Step 1** 选择“粗线”层为当前操作层。选择“绘图”→“矩形”命令，绘制定位设备的矩形框，如图 16-111 所示。

**Step 2** 选择“细线”层为当前操作层。选择“绘图”→“直线”命令，将代表各部分的方框用直线连接起来，如图 16-112 所示。

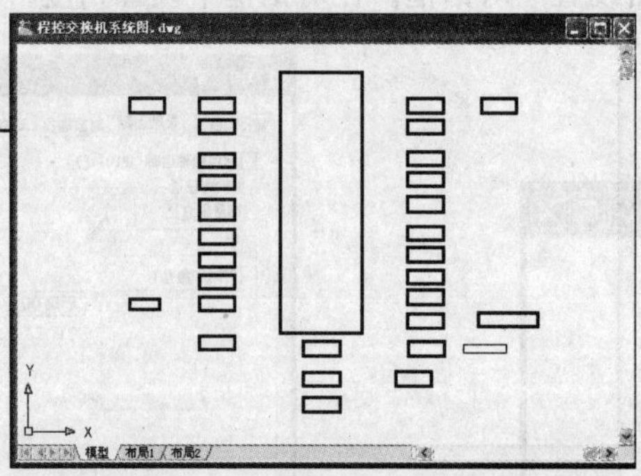


图 16-111
绘制定位设备的矩形框

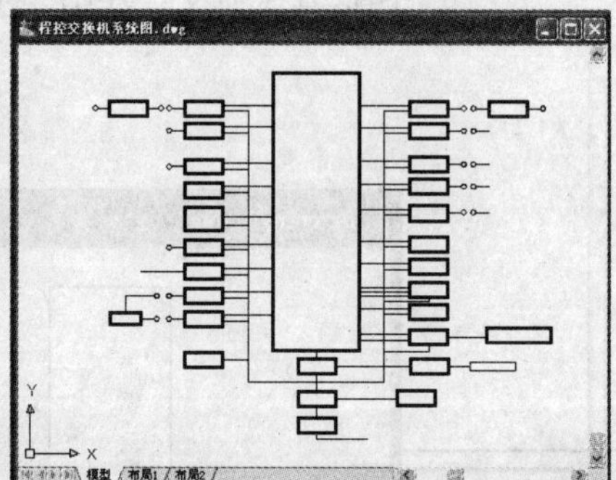


图 16-112
绘制导线

**Step 3** 调用“块插入”命令，在当前绘图环境中插入电话、喇叭和打印机等外围设备符号。选择“绘图”→“直线”命令，将各个元件连线起来，如图 16-113 所示。

**Step 4** 在相交点处画圆圈，连虚线。此时选择“虚线”层为当前操作层。下面介绍一下连线交点的画法。可用绘制圆环的方法来绘制。选择“绘图”→“圆环”命令，指定圆环内径为 0，外径为 20，在屏幕任意处单击指定圆心，按回车键结束，即可绘制出实心圆环。然后调用“复制”命令，将圆环复制到接线交接处，如图 16-114 所示。

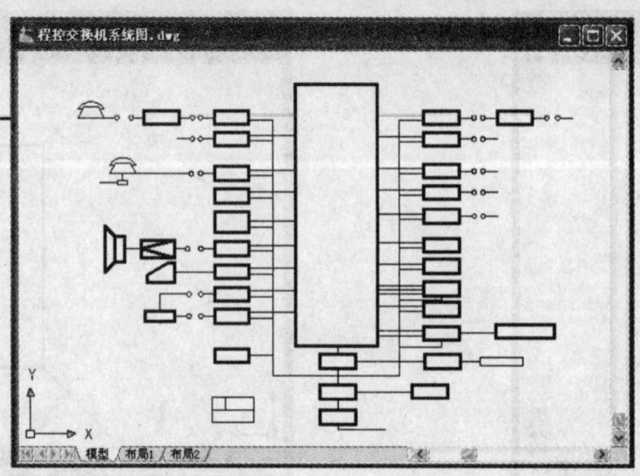


图 16-113
插入外围设备块并连线

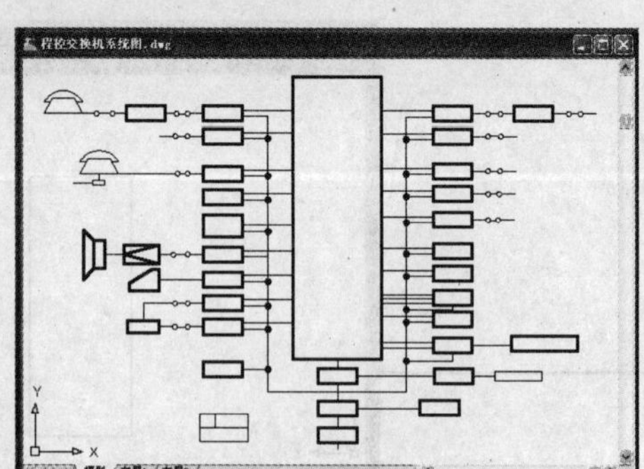


图 16-114
绘制连接圆环后的效果

### 4．标注文字

所有文字标注均使用“工程字”文字样式，把“文字标注”层设为当前操作层。调用“文字边界”功能，图形内的文字应使用“单行文字”命令进行标注，字型选择“仿宋_GB2312”，大小为“7 号”，标注完成后数字交换机的系统图如图 16-115 所示。

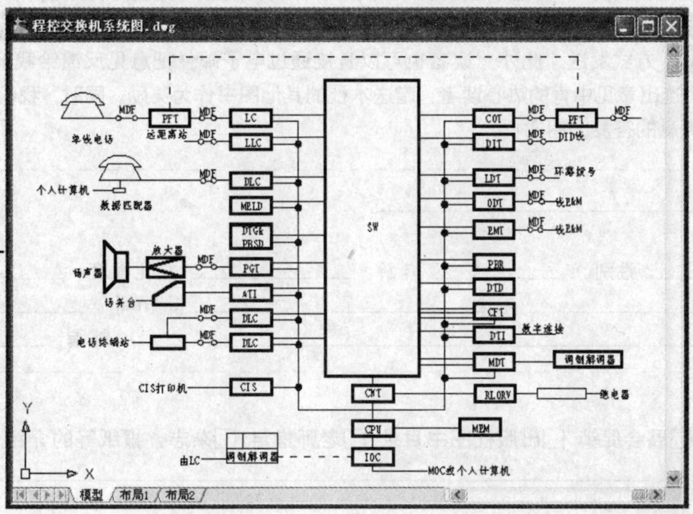


图 16-115
数字交换机系统图

图 16-115 所示的主要电路板的介绍如表 16-1 所示。

**表16-1 电路板的名称及意义**

| 名　称 | 意　义 | 名　称 | 意　义 |
|---|---|---|---|
| LLC | 远距离用户板 | LC | 用户电路板 |
| LDT | 环路拨号中继 | COT | 局用中继板 |
| EMT | 2线E和M中继 | ODT | 4线E和M中继 |
| DLC | 数字式用户电路 | DIT | 直入拨号中继 |
| ATI | 话务台控制电路板 | DTD | 拨号音检测器 |
| MEM | 储存器电路板 | | |

# 读 者 意 见 反 馈 表

亲爱的读者：

感谢您对中国铁道出版社的支持，您的建议是我们不断改进工作的信息来源，您的需求是我们不断开拓创新的基础。为了更好地服务读者，出版更多的精品图书，希望您能在百忙之中抽出时间填写这份意见反馈表发给我们。随书纸制表格请在填好后剪下寄到：北京市宣武区右安门西街8号中国铁道出版社计算机图书中心927室 苏茜 收（邮编：100054）。或者采用传真（010-63549458）方式发送。此外，读者也可以直接通过电子邮件把意见反馈给我们，E-mail地址是：suqian@tqbooks.net。我们将选出意见中肯的热心读者，赠送本社的其他图书作为奖励。同时，我们将充分考虑您的意见和建议，并尽可能地给您满意的答复。谢谢！

---

所购书名：________________

个人资料：

姓名：__________ 性别：__________ 年龄：__________ 文化程度：__________

职业：__________ 电话：__________ E-mail：__________

通信地址：____________________ 邮编：__________

---

**您是如何得知本书的：**

□书店宣传 □网络宣传 □展会促销 □出版社图书目录 □老师指定 □杂志、报纸等的介绍 □别人推荐

□其他（请指明）____________________

**您从何处得到本书的：**

□书店 □邮购 □商场、超市等卖场 □图书销售的网站 □培训学校 □其他

**影响您购买本书的因素（可多选）：**

□内容实用 □价格合理 □装帧设计精美 □带多媒体教学光盘 □优惠促销 □书评广告 □出版社知名度

□作者名气 □工作、生活和学习的需要 □其他

**您对本书封面设计的满意程度：**

□很满意 □比较满意 □一般 □不满意 □改进建议

**您对本书的总体满意程度：**

从文字的角度 □很满意 □比较满意 □一般 □不满意

从技术的角度 □很满意 □比较满意 □一般 □不满意

**您希望书中图的比例是多少：**

□少量的图片辅以大量的文字 □图文比例相当 □大量的图片辅以少量的文字

**您希望本书的定价是多少：**

**本书最令您满意的是：**

1.

2.

**您在使用本书时遇到哪些困难：**

1.

2.

**您希望本书在哪些方面进行改进：**

1.

2.

**您需要购买哪些方面的图书？对我社现有图书有什么好的建议？**

**您更喜欢阅读哪些类型和层次的计算机书籍（可多选）？**

□入门类 □精通类 □综合类 □问答类 □图解类 □查询手册类 □实例教程类

**您在学习计算机的过程中有什么困难？**

**您的其他要求：**